2026

건설안전산업기사 필기
11개년 과년도

- 한국산업인력공단의 출제기준 완벽하게 분석하였음
- 핵심이론 요약하여 수록하였음
- 계산문제는 풀이과정과 공식을 상세하게 정리
- 상세한 해설을 수록하여 이해가 쉽도록 하였음
- 최신 과년도 기출문제 수록 하였음

경국현 저

한번에 합격

명인북스
Myungin Books

머리말

　본서는 수십 년간의 실무경험과 강의 경험을 통해 열악한 환경과 모자라는 시간 속에서 건설안전산업기사를 준비하는 수험생들에게 단기간에 가장 효율적인 학습이 될 수 있도록 구성하였고 수험자가 반드시 알아야 할 중요한 내용을 요약·정리하였으며 건설안전산업기사 시험을 단기간에 대비할 수 있도록 최선을 다하였다.

본 교재의 특징
- 핵심이론을 요약하여 시간을 절약할 수 있도록 하였다.
- 수험자가 단기간에 완성할 수 있도록 한국산업인력공단의 출제 기준안에 맞도록 체계적으로 정리하였다.
- 연도별 과년도 기출문제를 체계적으로 학습하기 쉽도록 정리하였다
- 계산문제는 공식과 풀이과정을 상세하게 정리하였다.
- 수험생 스스로 문제를 해결할 수 있도록 상세하게 해설을 수록하였다.

　본 교재를 충분히 활용하여 건설안전산업기사 자격시험에 합격되시기를 기원하며 차후 변경되는 출제경향 및 과년도 문제 등을 추가로 수록하여 계속 보완하도록 하겠습니다.

　끝으로 본서를 출간함에 있어 도움을 주시고 지도하여 주신 모든 선·후배님들께 감사 드립니다.

지은이 경국현

출제기준

직무분야	안전관리	중직무분야	안전관리	자격종목	건설안전산업기사	적용기간	2026.1.1.~ 2030.12.31.

○ 직무내용 : 건설현장의 생산성 향상과 인적-물적 손실을 최소화하기 위한 안전계획을 수립하고, 그에 따른 작업환경의 점검 및 개선, 현장 근로자의 교육계획 수립 및 실시, 작업환경 순회감독, 위험성 평가 실시에 따른 관리 등 안전관리 업무를 통해 인명과 재산을 보호하고, 사고 발생시 효과적이며 신속한 처리 및 재발 방지를 위한 대책 안을 수립, 이행하는 등 안전에 관한 기술적인 관리 업무를 수행하는 직무이다.

필기검정방법	객관식	문제수	80	시험시간	2시간

필기과목명	출제문제수	주요항목	세부항목	세세항목
산업재해예방 및 안전보건교육	20	1. 산업재해예방 계획 수립	1. 안전관리	1. 안전과 위험의 개념 2. 안전보건관리 제이론 3. 생산성과 경제적 안전도 5. KOSHA GUIDE 6. 안전보건예산 편성 및 계상
			2. 안전보건관리 체제 및 운용	1. 안전보건관리조직 구성 2. 산업안전보건위원회 운영 3. 안전보건경영시스템 4. 안전보건관리규정
		2. 안전보호구 관리	1. 보호구 및 안전장구 관리	1. 보호구의 개요 2. 보호구의 종류별 특성 3. 보호구의 성능기준 및 시험 방법 4. 안전보건표지의 종류, 용도 및 적용 5. 안전보건표지의 색채 및 색도기준
		3. 산업안전심리	1. 산업심리와 심리검사	1. 심리검사의 종류 2. 심리학적 요인 3. 지각과 정서 4. 동기·좌절·갈등 5. 불안과 스트레스
			2. 직업적성과 배치	1. 직업적성의 분류 2. 적성검사의 종류 3. 직무분석 및 직무평가 4. 선발 및 배치 5. 인사관리의 기초
			3. 인간의 특성과 안전과의 관계	1. 안전사고 요인 2. 산업안전심리의 요소 3. 착상심리 4. 착오 5. 착시 6. 착각현상
		4. 인간의 행동과학	1. 조직과 인간행동	1. 인간관계 2. 사회행동의 기초 3. 인간관계 메커니즘 4. 집단행동 5. 인간의 일반적인 행동 특성
			2. 재해 빈발성 및 행동과학	1. 사고 경향 2. 성격의 유형 3. 재해 빈발성 4. 동기 부여 5. 주의와 부주의

필기과목명	출제문제수	주요항목	세부항목	세세항목
산업재해예방 및 안전보건교육	20	4. 인간의 행동과학	3. 집단관리와 리더십	1. 리더십의 유형 2. 리더십과 헤드십 3. 사기와 집단역학
			4. 생체리듬과 피로	1. 피로의 증상 및 대책 2. 피로의 측정법 3. 작업강도와 피로 4. 생체리듬 5. 위험일
		5. 안전보건교육 내용 및 방법	1. 교육의 필요성과 목적	1. 교육목적 2. 교육의 개념 3. 학습지도 이론 4. 교육심리학의 이해
			2. 교육방법	1. 교육훈련기법 2. 안전보건교육방법(TWI, OJ.T, OFF J.T 등) 3. 학습목적의 3요소 4. 교육법의 4단계 5. 교육훈련의 평가방법
			3. 교육실시 방법	1. 강의법　　　2. 토의법 3. 실연법　　　4. 프로그램학습법 5. 모의법　　　6. 시청각교육법 등
			4. 안전보건교육계획 수립 및 실시	1. 안전보건교육의 기본방향 2. 안전보건교육의 단계별 교육과정 3. 안전보건교육 계획
			5. 교육내용	1. 근로자 정기안전보건 교육내용 2. 관리감독자 정기안전보건 교육내용 3. 신규채용시와 작업내용변경시 안전보건 교육내용 4. 특별교육대상 작업별 교육 내용
		6. 산업안전관계법규	1. 산업안전보건법령	1. 산업안전보건법 2. 산업안전보건법 시행령 3. 산업안전보건법 시행규칙 4. 산업안전보건기준 관한 규칙 5. 관련 고시 및 지침에 관한 사항
인간공학 및 위험성	20	1. 안전과 인간공학	1. 인간공학의 정의	1. 정의 및 목적 2. 배경 및 필요성 3. 작업관리와 인간공학 4. 사업장에서의 인간공학 적용분야
			2. 인간-기계체계	1. 인간-기계 시스템의 정의 및 유형 2. 시스템의 특성
			3. 체계설계와 인간요소	1. 목표 및 성능명세의 결정 2. 기본설계 3. 계면설계 4. 촉진물 설계 5. 시험 및 평가 6. 감성공학
			4. 인간요소와 휴먼에러	1. 인간실수의 분류 2. 형태적 특성 3. 인간실수 확률에 대한 추정기법 4. 인간실수 예방기법

필기 과목명	출제 문제수	주요항목	세부항목	세세항목
인간공학 및 위험성	20	2. 위험성 파악·결정	1. 위험성 평가	1. 위험성 평가의 정의 및 개요 2. 평가대상 선정 3. 평가항목 4. 관련법에 관한 사항
			2. 시스템 위험성 추정 및 결정	1. 시스템 위험성 분석 및 관리 2. 위험분석 기법 3. 결함수 분석 4. 정성적, 정량적 분석 5. 신뢰도 계산
		3. 위험성 감소 대책 수립·실행	1. 위험성 감소대책 수립 및 실행	1. 위험성 개선대책(공학적·관리적)의 종류 2. 허용가능한 위험수준 분석 3. 감소대책에 따른 효과 분석 능력
		4. 근골격계질환 예방관리	1. 근골격계 유해요인	1. 근골격계 질환의 정의 및 유형 2. 근골격계 부담작업의 범위
			2. 인간공학적 유해요인 평가	1. OWAS 2. RULA 3. REBA 등
			3. 근골격계 유해요인 관리	1. 작업관리의 목적 2. 방법연구 및 작업측정 3. 문제해결절차 4. 작업개선안의 원리 및 도출 방법
		5. 유해요인 관리	1. 물리적 유해요인 관리	1. 물리적 유해요인 파악 2. 물리적 유해요인 노출기준 3. 물리적 유해요인 관리대책 수립
			2. 화학적 유해요인 관리	1. 화학적 유해요인 파악 2. 화학적 유해요인 노출기준 3. 화학적 유해요인 관리대책 수립
			3. 생물학적 유해요인 관리	1. 생물학적 유해요인 파악 2. 생물학적 유해요인 노출기준 3. 생물학적 유해요인 관리대책 수립
		6. 작업환경 관리	1. 인체계측 및 체계제어	1. 인체계측 및 응용원칙 2. 신체반응의 측정 3. 표시장치 및 제어장치 4. 통제표시비 5. 양립성 6. 수공구
			2. 신체활동의 생리학적	1. 신체반응의 측정 2. 신체역학 3. 신체활동의 에너지 소비 4. 동작의 속도와 정확성
			3. 작업 공간 및 작업자세	1. 부품배치의 원칙 2. 활동분석 3. 개별 작업 공간 설계지침
			4. 작업측정	1. 표준시간 및 연구 2. work sampling의 원리 및 절차 3. 표준자료 (MTM, Work factor 등)

필 기 과목명	출제 문제수	주요항목	세 부 항 목	세 세 항 목
인간 공학 및 위험성	20	6. 작업환경 관리	5. 작업환경과 인간공학	1. 빛과 소음의 특성 2. 열교환과정과 열압박 3. 진동과 가속도 4. 실효온도와 Oxford 지수 5. 이상환경(고열, 한랭, 기압, 고도 등) 및 노출에 따른 사고와 부상 6. 사무/VDT 작업 설계 및 관리
			6. 중량물 취급 작업	1. 중량물 취급 방법 2. NIOSH Lifting Equation
건설 재료 및 시공	20	1. 건설재료 일반	1. 건설재료의 발달	1. 구조물과 건설재료 2. 건설재료의 생산과 발달과정
			2. 건설재료의 분류 및 특성	1. 건설재료의 분류 2. 건설재료의 특성 3. 새로운 재료 및 특성
			3. 불연성재료의 분류 및 성능	1. 불연·준불연·난연재료의 종류 2. 불연·준불연·난연재료의 성능
			4. 건설현장 유해·위험 물질 관리	1. 건설현장 유해·위험물질 파악 2. 건설현장 유해·위험물질 관련 정보제공 3. 건설현장 유해·위험물질 관리 4. 건설현장 유해·위험물질 사고 대응 5. 유해·위험물질 종류 및 성능
		2. 각종 건설재료의 특성, 용도, 규격 에 관한 사항	1. 목재	1. 목재일반 2. 목재제품
			2. 점토재	1. 일반적인 사항 2. 점토제품
			3. 시멘트 및 콘크리트	1. 시멘트의 종류 및 성질 2. 시멘트의 배합 등 사용법 3. 시멘트 제품 4. 콘크리트 일반사항 5. 골재
			4. 강재	1. 강재의 종류 및 특성 2. 철근의 종류 및 특성
			5. 미장재	1. 미장재의 종류 및 특성 2. 제조법 및 사용법
			6. 합성수지	1. 합성수지의 종류 및 특성 2. 합성수지 제품
			7. 도료 및 접착제	1. 도료 및 접착제의 종류 및 특성 2. 도료 및 접착제의 용도
			8. 석재	1. 석재의 종류 및 특성 2. 석재제품
			9. 단열재 및 흡음재	1. 단열재의 종류 및 특성 2. 흡음재의 종류 및 특성
			10. 방수	1. 방수재료의 종류 및 특성 2. 방수 재료별 용도
			11. 기타재료	1. 유리 2. 벽지 3. 금속재료 4. 기타 건설재료

필기 과목명	출제 문제수	주요항목	세부항목	세세항목
건설 재료 및 시공	20	3. 시공일반	1. 공사시공방식	1. 직영공사　　2. 도급의 종류 3. 도급방식　　4. 도급업자의 선정 5. 입찰집행　　6. 공사계약 7. 시방서
			2. 공사계획	1. 제반확인절차　2. 공사기간의 결정 3. 공사계획　　4. 재료계획 5. 노무계획
			3. 공사현장관리	1. 공사 및 공정관리　2. 품질관리 3. 안전 및 환경관리
			4. 건설공사 특성분석	1. 건설공사 특수성 분석 2. 안전관리 고려사항 확인 3. 관련 공사자료 활용
			5. 건설공사 전기작업 안전관리	1. 건설공사 전기작업 위험성 파악 2. 건설공사 정전작업 수행 지원 3. 건설공사 활선작업 수행 지원 4. 건설공사 충전전로 근접작업 안전 확보 5. 건설공사 감전 시 응급조치
			6. 건설기계·운송장비 안전관리	1. 건설기계·운송장비 위험요인 파악 2. 건설기계·운송장비 안전대책 제시 3. 건설현장 보행자 안전 확보
		4. 가설공사	1. 가설공사	1. 가설공사의 종류 2. 가설공사의 설치기준
		5. 토공사	1. 흙막이 가시설	1. 공법의 종류 및 특성 2. 흙막이 지보공
			2. 토공 및 기계	1. 토공기계의 종류 및 선정 2. 토공기계의 운용계획
			3. 흙파기	1. 기초 터파기　　2. 배수 3. 되메우기 및 잔토처리
			4. 계측관리	1. 계측기의 종류　　2. 계측기의 용도
			5. 기타 토공사	1. 흙깎기, 흙쌓기, 운반 등 기타 토공사
		6. 기초 공사	1. 지정 및 기초	1. 지정　　　　2. 기초
		7. 철근콘크리트 공사	1. 콘크리트공사	1. 시멘트　　　2. 골재 3. 물　　　　　4. 혼화재료
			2. 철근공사	1. 재료시험 2. 가공도 3. 철근가공 4. 철근의 이음, 정착길이 및 배근 간격, 피복두께 5. 철근의 조립 6. 철근 이음 방법
			3. 거푸집공사	1. 거푸집, 동바리 2. 긴결재, 격리재, 박리제, 전용회수 3. 거푸집의 종류 4. 거푸집의 설치 5. 거푸집의 해체

필기 과목명	출제 문제수	주요항목	세부항목	세세항목
건설 재료 및 시공	20	8. 철골공사	1. 철골작업공작	1. 공장작업 2. 원척도, 본뜨기 등 3. 절단 및 가공 4. 공장조립법 5. 접합방법 6. 녹막이칠 7. 운반
			2. 철골세우기	1. 현장세우기 준비 2. 세우기용 기계설비 3. 세우기 4. 접합방법 5. 현장 도장
		9. 해체공사	1. 해체공사	1. 해체작업용 기계·기구 2. 해체공법
건설 공사 안전 관리	20	1. 건설공사 특성분석	1. 건설공사 특수성 분석	1. 안전관리 계획 수립 2. 공사장 작업환경 특수성 3. 계약조건의 특수성
			2. 안전관리 고려사항 확인	1. 설계도서 검토 2. 안전관리 조직 3. 시공 및 재해사례검토
		2. 건설공사 위험성	1. 건설공사 유해·위험요인 파악	1. 유해·위험요인 선정 2. 안전보건자료 3. 유해위험방지계획서
			2. 건설공사 위험성 추정·결정	1. 위험성 추정 및 평가 방법 2. 위험성 결정 관련 지침 활용
		3. 건설업	1. 건설업 산업안전 보건관리비 규정	1. 건설업산업안전보건관리비의 계상 및 사용기준 2. 건설업산업안전보건관리비 대상액 작성요령 3. 건설업산업안전보건관리비의 항목별 사용내역
		4. 건설현장 안전시설관리	1. 안전시설 설치 및 관리	1. 추락 방지용 안전시설 2. 붕괴 방지용 안전시설 3. 낙하, 비래방지용 안전시설
			2. 건설공구 및 장비 안전 수칙	1. 건설공구의 종류 및 안전수칙 2. 건설장비의 종류 및 안전수칙
		5. 비계·거푸집 가시설 위험방지	1. 건설 가시설물 설치 및 관리	1. 비계 2. 작업통로 및 발판 3. 거푸집 및 동바리 4. 흙막이
		6. 공사 및 작업 종류별 안전	1. 양중 및 해체 공사	1. 양중공사 시 안전수칙 2. 해체공사 시 안전수칙
			2. 콘크리트 및 PC 공사	1. 콘크리트공사 시 안전수칙 2. PC공사 시 안전수칙
			3. 운반 및 하역작업	1. 운반작업 시 안전수칙 2. 하역작업 시 안전수칙

차 례

2015 시행
- 1회 기출문제[3월 8일 시행] ········· 14
- 2회 기출문제[5월 31일 시행] ········ 36
- 4회 기출문제[9월 19일 시행] ········ 55

2016 시행
- 1회 기출문제[3월 6일 시행] ········· 76
- 2회 기출문제[5월 8일 시행] ········· 98
- 4회 기출문제[10월 1일 시행] ······· 120

2017 시행
- 1회 기출문제[3월 5일 시행] ········ 144
- 2회 기출문제[5월 7일 시행] ········ 167
- 4회 기출문제[9월 23일 시행] ······· 188

2018 시행
- 1회 기출문제[3월 4일 시행] ········ 212
- 2회 기출문제[4월 28일 시행] ······· 234
- 4회 기출문제[9월 15일 시행] ······· 258

2019 시행
- 1회 기출문제[3월 3일 시행] ········ 282
- 2회 기출문제[4월 27일 시행] ······· 305
- 4회 기출문제[9월 21일 시행] ······· 329

2020 시행
- 1·2회 기출문제[6월 6일 시행] ·· 354
- 3회 기출문제[8월 22일 시행] ·· 377
- 4회 CBT복원 기출문제 ·· 398

2021 시행
- 1회 CBT복원 기출문제 ·· 420
- 2회 CBT복원 기출문제 ·· 438
- 4회 CBT복원 기출문제 ·· 458

2022 시행
- 1회 CBT복원 기출문제 ·· 478
- 2회 CBT복원 기출문제 ·· 499
- 4회 CBT복원 기출문제 ·· 520

2023 시행
- 1회 CBT복원 기출문제 ·· 544
- 2회 CBT복원 기출문제 ·· 567
- 4회 CBT복원 기출문제 ·· 588

2024 시행
- 1회 CBT복원 기출문제 ·· 612
- 2회 CBT복원 기출문제 ·· 632
- 3회 CBT복원 기출문제 ·· 653

2025 시행
- 1회 CBT복원 기출문제 ·· 676
- 2회 CBT복원 기출문제 ·· 698
- 3회 CBT복원 기출문제 ·· 722

2015년 시행

건설안전산업기사

2015년 1회 기출문제
[3월 8일 시행]

건설안전산업기사

제1과목 / 산업안전관리론

01 Alderfer의 ERG 이론 중 생존(Existence) 욕구에 해당되는 Maslow의 욕구단계는?

① 자아실현의 욕구
② 존경의 욕구
③ 사회적 욕구
④ 생리적 욕구

해설 매슬로우와 알더퍼 욕구이론

매슬로우의 욕구 5단계	알더퍼의 ERG 이론
1) 제1단계 : 생리적욕구 2) 제2단계 : 안전의욕구	1) Existence(생존)욕구
3) 제3단계 : 사회적욕구	2) Relatedness(관계)욕구
4) 제4단계 : 자기존경의 욕구 5) 제5단계 : 자아실현의 욕구	3) Growth(성장)욕구

02 사업장의 안전준수 정도를 알아보기 위한 안전평가는 사전평가와 사후평가로 구분되어지는데 다음 중 사전평가에 해당하는 것은?

① 재해율
② 안전샘플링
③ 연천인율
④ safe-T-score

해설 안전평가
1) **사전평가** : 안전샘플링
2) **사후평가** : 재해율(연천인율, 도수율, 강도율 등), Safe T. Score 등

03 O.J.T(On the Job Training) 교육의 장점과 가장 거리가 먼 것은?

① 훈련에만 전념할 수 있다.
② 개개인의 업무능력에 적합한 자세한 교육이 가능하다.
③ 직장의 실정에 맞게 실제적 훈련이 가능하다.
④ 교육을 통하여 상사와 부하간의 의사소통과 신뢰감이 깊게 된다.

해설 OJT와 off-JT의 특징

O·J·T (현장중심교육)	off J·T (현장외 중심교육)
① 개개인에게 적합한 지도훈련이 가능 ② 직장의 실정에 맞는 실체적 훈련을 할 수 있다. ③ 훈련 필요한 업무의 계속성이 끊어지지 않음 ④ 즉시 업무에 연결되는 관계로 신체와 관련 있음 ⑤ 효과가 곧 업무에 나타나며 훈련의 좋고 나쁨에 따라 개선이 용이함 ⑥ 교육을 통한 훈련 효과에 의해 상호 신뢰 이해도가 높아짐	① 다수의 근로자에게 조직적 훈련이 가능 ② 훈련에만 전념하게 된다. ③ 특별설비기구를 이용할 수 있음 ④ 전문가를 강사로 초청할 수 있음 ⑤ 각 직장의 근로자가 많은 지식이나 경험을 교류할 수 있음 ⑥ 교육훈련 목표에 대해서 집단적 노력이 흐트러질 수도 있음

■ 정답 ■ 01.④ 02.② 03.①

04 질병에 의한 피로의 방지대책으로 가장 적합한 것은?

① 기계의 사용을 배제한다.
② 작업의 가치를 부여한다.
③ 보건상 유해한 작업환경을 개선한다.
④ 작업장에서의 부적절한 관계를 배제한다.

해설 허세이(Hershey)의 피로회복법
  1) 질병에 의한 피로회복법
    ① 속히 유효적절한 의료를 밟게 하는 일
    ② 보건상 유해한 작업상의 조건을 개선하는 일
    ③ 적당한 예방법을 가르치는 일
  2) 신체활동의 피로회복법
    ① 기계력의 사용
    ② 작업의 교대
    ③ 작업중의 휴식
  3) 단조감, 권태감 회복법
    ① 일의 가치를 가르치는 일
    ② 동작의 교대를 가르치는 일
    ③ 휴식
  4) 환경과의 관계의 의한 피로회복법
    ① 작업장에서의 부적절한 제관계를 배제하는 일
    ② 가정생활의 위생에 관한 교육 및 운동의 필요에 관한 계동

05 안전관리의 4M 가운데 Media에 관한 내용으로 가장 올바른 것은?

① 인간과 기계를 연결하는 매개체
② 인간과 관리를 연결하는 매개체
③ 기계와 관리를 연결하는 매개체
④ 인간과 작업환경을 연결하는 매개체

해설 안전관리의 4M(인간과오의 배후요인 4요소)
  1) Man : 본인 이외의 사람
  2) Machine : 장치나 기기 등의 물적요인
  3) Media : 인간과 기계를 잇는 매체(작업방법, 순서, 작업정보의 실태, 작업환경, 정리정돈 등)
  4) Management : 안전법규의 준수방법, 단속, 점검 관리 외에 지휘 감독, 교육훈련 등

06 산업안전보건법령상 의무안전인증 대상 보호구에 해당하지 않는 것은?

① 보호복
② 안전장갑
③ 방독마스크
④ 보안면

해설 안전인증대상 보호구 및 자율안전확인대상보호구

안전인증대상보호구	자율안전확인대상보호구
1. 추락 및 감전위험방지용 안전모 2. 안전화 3. 안전장갑 4. 방진마스크 5. 방독마스크 6. 송기마스크 7. 전동식 호흡용 보호구 8. 보호복 9. 안전대 10. 차광 및 비산물 위험방지용 보안경 11. 용접용 보안면 12. 방음용 귀마개 및 귀덮개	1. 안전모(추락 및 감전 위험방지용은 제외) 2. 보안경(차광 및 비산물 위험방지용은 제외) 3. 보안면(용접용 보안면은 제외)

07 안전태도교육의 기본과정을 가장 올바르게 나열한 것은?

① 청취한다 → 이해하고 납득한다 → 시범을 보인다 → 평가한다
② 이해하고 납득한다 → 들어본다 → 시범을 보인다 → 평가한다
③ 청취한다 → 시범을 보인다 → 이해하고 납득한다 → 평가한다
④ 시범을 보인다 → 이해하고 납득한다 → 들어본다 → 평가한다

해설 태도교육의 4가지 기본과정
  ∴ 1) 청취 → 2) 이해 → 3) 모범(시험) → 4) 평가

■ 정답 ■   04.③   05.①   06.④   07.①

08 안전 · 보건교육 및 훈련은 인간행동 변화를 안전하게 유지하는 것이 목적이다. 이러한 행동변화의 전개과정 순서가 알맞은 것은?

① 자극 – 욕구 – 판단 – 행동
② 욕구 – 자극 – 판단 – 행동
③ 판단 – 자극 – 욕구 – 행동
④ 행동 – 욕구 – 자극 – 판단

해설 인간행동변화의 전개과정순서 : 자극 – 욕구 – 판단 – 행동

> **길잡이** 인간행동변화의 4단계
> 1) 1단계 : 지식의 변화
> 2) 2단계 : 태도의 변화
> 3) 3단계 : 개인행동의 변화
> 4) 4단계 : 집단 또는 조직에 대한 행동의 변화

09 위험예지훈련 기초 4라운드(4R)에 관한 내용으로 옳은 것은?

① 1R : 목표설정
② 2R : 현상파악
③ 3R : 대책수립
④ 4R : 본질추구

해설 위험예지훈련의 문제해결 4라운드(4Round)
1) 1R-현상파악 : 전원이 토의를 통해서 잠재 위험요인을 발견하는 단계
2) 2R-본질추구 : 가장 위험한 요인(위험 포인트)을 합의로 결정하는 단계
3) 3R-대책수립 : 구체적인 대책을 수립하는 단계
4) 4R-행동목표 설정 : 행동계획을 정하고 수립한 대책 가운데서 질이 높은 항목에 합의하는 단계

10 산업안전보건법령상 사업 내 안전 · 보건교육의 교육과정에 해당하지 않는 것은?

① 특별안전 · 보건교육
② 근로자 정기안전 · 보건교육
③ 관리감독자 정기안전 · 보건교육
④ 안전관리자 신규 및 보수교육

해설 법상 안전보건교육의 종류
1) 근로자 정기안전 · 보건교육
2) 관리감독자 정기안전 · 보건교육
3) 신규채용자 교육
4) 작업내용변경자 교육
5) 특별안전 · 보건교육

11 안전관리 조직 중 대규모 사업장에서 가장 이상적인 조직 형태는?

① 직계형 조직
② 직능전문화 조직
③ 라인스태프(line - staff)형 조직
④ 테스크포스(task - force)조직

해설 안전관리 조직
1) line형 : 100명 이하의 소규모 사업장
2) staff형 : 100~1,000명의 중규모 사업장
3) line-staff의 혼합형 : 1,000명 이상의 대규모 사업장

12 강의식 교육지도에서 가장 많은 시간이 할당되는 단계는?

① 도입 ② 제시
③ 적용 ④ 확인

해설 교육시간의 배분(60분)

육법의 4단계	강의식	토의식
1단계-도입(준비)	5분	5분
2단계-제시(설명)	40분	10분
3단계-작용(응용)	10분	40분
4단계-확인(총괄)	5분	5분

■ 정답 ■ 08.① 09.③ 10.④ 11.③ 12.②

13 산업안전보건법령상 안전검사대상 유해·위험기계에 해당하지 않는 것은?

① 곤돌라
② 전기용접기
③ 리프트
④ 산업용원심기

해설 안전검사대상 유해·위험기계·설비 등
(시행령 제28조의 6)
1) 프레스
2) 전단기
3) 크레인(이동식 크레인과 정격하중 2톤 미만인 호이스트는 제외)
4) 리프트
5) 압력용기
6) 곤돌라
7) 국소배기장치(이동식은 제외)
8) 원심기(산업용에 한정)
9) 롤러기(밀폐구조는 제외)
10) 사출성형기(형체결력 294kN 미만은 제외)
11) 고소작업대(화물자동차 또는 특수자동차에 탑재한 고소작업대로 한정)
12) 컨베이어
13) 산업용 로봇

14 적성검사의 유형 중 체력검사에 포함되지 않는 것은?

① 감각기능검사
② 근력검사
③ 신경기능검사
④ 크루즈 지수(Kruse's Index)

해설 1) 체력검사 : 감각기능검사, 근력검사, 신경기능검사 등
2) 크루즈 지수(Kruse's index) : 가슴둘레의 제곱과 신장의 비로 나타낸다.

15 기업조직의 원리 가운데 지시 일원화의 원리를 가장 잘 설명하고 있는 것은?

① 지시에 따라 최선을 다해서 주어진 임무나 기능을 수행하는 것
② 책임을 완수하는데 필요한 수단을 상사로부터 위임 받은 것
③ 언제나 직속 상사에게서만 지시를 받고 특정 부하 직원들에게만 지시하는 것
④ 조직의 각 구성원이 가능한 한 가지 특수 직무만을 담당하도록 하는 것

해설 일원화의 원리 : 지시를 항상 직속상사에게서 받고 특정 부하 직원에게만 지시하는 것

16 산업재해 발생의 직접원인에 해당되지 않는 것은?

① 안전수칙의 오해
② 물(物) 자체의 결함
③ 위험 장소의 접근
④ 불안전한 속도 조작

해설 안전수칙의 오해 : 교육적 원인

길잡이 직접원인 : 불안전한 행동 및 불안전한 상태

1. 불안전한 행동	2. 불안전한 상태
① 위험장소 접근 ② 안전장치의 기능 제거 ③ 복장 보호구의 잘못 사용 ④ 기계 기구 잘못 사용 ⑤ 운전 중인 기계장치의 손실 ⑥ 불안전한 속도 조작 ⑦ 위험물 취급 부주의 ⑧ 불안전한 상태방지 ⑨ 불안전한 자세동작 ⑩ 감독 및 연락 불충분	① 물 자체 결함 ② 안전 방호장치 결함 ③ 복장 보호구의 결함 ④ 물의 배치 및 작업장소 결함 ⑤ 작업환경의 결함 ⑥ 생산 공정의 결함 ⑦ 경계표시, 설비의 결함

■ 정답 ■ 13.② 14.④ 15.③ 16.①

17 무재해운동의 기본이념 3가지에 해당하지 않는 것은?

① 무의 원칙
② 자주 활동의 원칙
③ 참가의 원칙
④ 선취 해결의 원칙

해설 무재해운동이념 3원칙
1) 무의 원칙 : 사망, 휴업 및 불휴재해는 물론 일체의 장래위험요인을 사전에 발견, 파악, 해결함으로써 근원적인 산업재해를 없애는 것을 말한다.
2) 참가의 원칙 : 재해 및 일체의 위험요인을 발견, 해결하기 위해 전원이 무재해운동에 참가하여 문제 해결 등을 실천하는 것을 말한다.
3) 선취해결의 원칙 : 선취란 궁극의 목표로서 무재해, 무질병의 직장을 실현하기 위해 일체의 위험요인을 행동하기 전에 발견, 파악, 해결하여 재해를 예방하거나 방지하는 것을 말한다.

18 과거에 경험하였던 것과 비슷한 상태에 부딪혔을 때 떠오르는 것을 무엇이라 하는가?

① 재생
② 기명
③ 파지
④ 재인

해설 기억의 과정 : 기억은 기명, 파지, 재생, 재인의 단계를 거친다.
1) 기억 : 과거의 경험이 어떠한 형태로 미래의 행동에 영향을 주는 작용
2) 기명 : 사물의 인상을 마음속에 간직하는 것
3) 파지 : 간직, 인상이 보존되는 것
4) 재생 : 보존된 인상이 다시 의식으로 떠오른 것
5) 재인 : 과거에 경험했던 것과 같은 비슷한 상태에 부딪혔을 때 떠오르는 것

19 산업안전보건법령상 안전·보건표지의 색채별 색도기준이 올바르게 연결된 것은? (단, 순서는 색상 명도/채도이며, 색도기준은 KS에 따른 색의 3속성에 의한 표시방법에 따른다.)

① 빨간색 – 5R 4/13
② 노란색 – 2.5Y 8/12
③ 파란색 – 7.5PB 2.5/7.5
④ 녹색 – 2.5G 4/10

해설 안전표지의 색채·색도기준 및 용도
(시행규칙 별표3)

색채	색도기준	용도	사용예
빨간색	7.5R 4/14	금지	정지신호, 소화설비 및 그 장소, 유해행위 금지
		경고	화학물질 취급장소에서의 유해·위험 경고
노란색	5Y 8.5/12	경고	화학물질 취급장소에서의 유해·위험 경고, 그 밖의 위험경고, 주의표지 또는 기계방호물
파란색	2.5PB 4/10	지시	특정 행위의 지시 및 사실의 고지
녹색	2.5G 4/10	안내	비상구 및 피난소, 사람 또는 차량의 통행표지
흰색	N 9.5		파란색 또는 녹색에 대한 보조색
검은색	N 0.5		문자 및 빨간색 또는 노란색에 대한 보조색

20 1,000명의 근로자가 주당 45시간씩 연간 50주를 근무하는 A 기업에서 질병 및 기타 사유로 인하여 5%의 결근율을 나타내고 있다. 이 기업에서 연간 60건의 재해가 발생하였다면 이 기업의 도수율은 약 얼마인가?

① 25.121
② 26.67
③ 28.07
④ 51.64

해설 도수율 $= \dfrac{재해건수}{연근로시간수} \times 10^6$
$= \dfrac{60}{1000 \times 50 \times 45 \times 0.95} \times 10^6$
$= 28.07$

제2과목
인간공학 및 시스템안전공학

21 근골격계 질환을 예방하기 위한 관리적 대책을 옳은 것은?

① 작업공간 배치
② 작업재료 변경
③ 작업순환 배치
④ 작업공구 설계

해설 근골격계 질환을 예방하기 위한 대책
1) 관리적 대책 : 작업순환 배치
2) 기술적 대책 : 작업공간배치, 작업재료 변경, 작업공구 설계 등

22 청각신호의 위치를 식별할 대 사용하는 척도는?

① AI(Articulation Index)
② JND(Just Noticeable Difference)
③ MAMA(Minimum Audible Movement Angle)
④ PNC(Preferred Noise Criteria)

해설 MAMA(Minimum Audible Movement Angle) : 최소 청음 운동각

23 인체측정치 응용원칙 중 가장 우선적으로 고려해야 하는 원칙은?

① 조절식 설계
② 최대치 설계
③ 최소치 설계
④ 평균치 설계

해설 인체측정치 응용원칙 중 가장 우선적으로 고려해야 할 원칙 : 조절식 설계

24 일반적으로 연구조사에 사용되는 기준 중 기준척도의 신뢰성이 의미하는 것은?

① 보편성
② 적절성
③ 반복성
④ 객관성

해설 기준척도의 신뢰성 : 반복성

25 정보를 유리나 차양판에 중첩시켜 나타내는 표시장치는?

① CRT
② LCD
③ HUD
④ LED

해설
1) HUD(Head Up Display) : 헤드업디스플레이
2) CRT(Cathode Ray Tube) : 음극선관
3) LCD(Liquid Crystal Display) : 액정표시장치
4) LED(Light Emitting Diode) : 발광다이오드

■ 정답 ■ 20.③ 21.③ 22.③ 23.① 24.③ 25.③

26 40세 이후 노화에 의한 인체의 시지각 능력 변화로 틀린 것은?

① 근시력 저하
② 휘광에 대한 민감도 저하
③ 망막에 이르는 조명량 감소
④ 수정체 변색

해설 40세 이후 노화시 : 휘광에 대한 민감도가 증대

27 조종장치를 3cm 움직였을 때 표시장치의 지침이 5cm 움직였다면 C/R 비는?

① 0.25   ② 0.6
③ 1.5   ④ 1.7

해설 $\dfrac{C}{R} = \dfrac{\text{조종장치 변위량}}{\text{표시장치 변위량}} = \dfrac{3}{5} = 0.6$

28 고열환경에서 심한 육체노동 후에 탈수와 체내 염분농도 부족으로 근육의 수축이 격렬하게 일어나는 장해는?

① 열경련(heat cramp)
② 열사병(heat stroke)
③ 열쇠약(heat prostration)
④ 열피로(heat exhaustion)

해설 열중독증
1) **열경련**(heat cramp)
   ① 고온환경에서 작업중이거나 작업 후 수시간 내에 발생한다.
   ② 주로 염분섭취의 제한이나 지나친 발한으로 인한 염분 손실과 관계된다.
   ③ 작업시 사용하는 근육(특히 팔, 다리, 복부)에 통증 있는 경련이 생긴다.
2) **열사병**(heat stroke) : 체온이 과도하게 상승할 때 생기는 급성의 의학적 응급상태이다.
3) **열발진**(heat rash) : 땀띠가 나는 것을 말한다.
4) **열피로**(heat exhaustion) : 주로 탈수 때문에 생기며 특징은 근육무력, 구역질 및 구토, 현기증, 실신 등이다.

29 인간 - 기계 시스템 평가에 사용되는 인간기준 척도 중에서 유형이 다른 것은?

① 심박수
② 안락감
③ 산소소비량
④ 뇌전위(EEG)

해설 인간기준 척도
1) **퍼포먼스 척도**(performance measure) : 빈도척도, 강도척도, 지연성척도, 지속성척도 등
2) **생리지표**
   ① 심장혈행지표 : 심박수, 혈합 등
   ② 호흡지표 : 호흡률, 산소소비량 등
   ③ 신경지표 : 뇌전위(EEG), 근육활동 등
   ④ 감각지표 : 시력, 눈 깜빡이는 속도, 청력 등
   ⑤ 혈액 화학지표 : 카테콜아민 등
3) **주관적 반응** : 의자의 안락감, 컴퓨터시스템의 사용편의성, 도구 손잡이 길이에 대한 선호도 등

30 인체의 피부와 허파로부터 하루에 600g의 수분이 증발될 때 열손실율은 약 얼마인가? (단, 37℃의 물 1g을 증발시키는데 필요한 에너지는 2410 J/g 이다.)

① 약 15 Watt
② 약 17 Watt
③ 약 19 Watt
④ 약 21 Watt

해설 열손실률 $= \dfrac{2410(\text{J/g}) \times \text{증발량}(g)}{\text{시간}(\sec)}$

$= \dfrac{2410\text{J/g} \times 600\text{g}}{24\text{hr} \times \dfrac{3600\sec}{1\text{hr}}}$

$= 16.74 ≒ 17 (\text{J/sec} = \text{watt})$

31 톱사상 T를 일으키는 컷셋에 해당하는 것은?

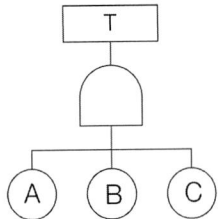

① {A}
② {A, B}
③ {B, C}
④ {A, B, C}

해설 **컷셋을 구하는 방법** : AND gate는 가로로 나열시키고 OR rate는 세로로 나열시켜서 말단사상까지 진행시켜 나간다.

32 시스템 수명주기에서 FMEA가 적용되는 단계는?

① 개발단계
② 구상단계
③ 생산단계
④ 운전단계

해설 **시스템 수명주기의 단계**
  1) **구상단계** : 시작단계
    ① PHA(예비사고분석) : 이용
    ② 리스크(위험)분석 시행
    ③ SSPP(시스템 안전프로그램계획)
  2) **정의단계** : 예비설계와 생산기술을 확인하는 단계
  3) **개발단계** : 정의단계에 환경적 충격, 생산기술, 운용연구 등을 포함시키는 단계
    ① OHA(운용위험분석)이용
    ② FMEA(고장의 형태 및 영향분석)과 관련된 신뢰 성공학 적용
  4) **생산단계** : 생산이 시작되면 품질관리부서는 생산물을 검사하고 조사하는 역할을 함
  5) **운전단계** : 시스템을 운전하는 단계

33 시스템에 영향을 미치는 모든 요소의 고장을 형태별로 분석하여 그 방향을 검토하는 시스템안전 분석기법은?

① FMEA
② PHA
③ HAZOP
④ FTA

해설 1) FMEA(고장의 형태와 영향분석) : 정성적, 귀납적 분석법
  2) PHA(예비사고분석) : 최초단계분석, 정성적 분석
  3) HAZOP(위험과 운전성연구) : 정성적 평가
  4) FTA(결함수분석법) : 연역적, 정량적 분석

34 표와 관련된 시스템위험분석 기법으로 가장 적합한 것은?

프로그램 :				시스템 :				
#1 구성요소 명칭	#2 구성요소 위험방식	#3 시스템 작동방식	#4 서브시스템에서 위험영향	#5 서브시스템, 대표적 시스템 위험영향	#6 환경적 요인	#7 위험영향을 받을 수 있는 2차 요인	#8 위험수준	#9 위험관리

① 예비위험분석(PHA)
② 결함위험분석(FHA)
③ 운용위험분석(OHA)
④ 사상수분석(ETA)

해설 **결함위험분석(FHA)** : 서브시스템(sub system) 분석법

35 동작경제의 원칙에 해당하지 않는 것은?

① 가능하다면 낙하식 운반방법을 사용한다.
② 양손을 동시에 반대 방향으로 움직인다.
③ 자연스러운 리듬이 생기지 않도록 동작을 배치한다.
④ 양손으로 동시에 작업을 시작하고, 동시에 끝낸다.

[해설] ③항, 자연스러운 리듬이 생기도록 배치한다 (동작이 자동적으로 이루어지는 순서로 한다.)

36 FT도에서 입력현상이 발생하여 어떤 일정 시간이 지속된 후 출력이 발생하는 것을 나타내는 게이트나 기호로 옳은 것은?

① 위험 지속 기호
② 조합 AND 게이트
③ 시간 단축 기호
④ 억제 게이트

[해설] 수정기호의 종류
 1) 우선적 AND Gate : 입력사상 가운데 어느 사상이 다른 사상보다 먼저 일어났을 때에 출력사상이 생긴다. 예를 들면 「A는 B보다 먼저」 와 같이 기입한다.
 2) 짜맞춤 AND Gate : 3개 이상의 입력사상 가운데 어느 것이든 2개가 일어나면 출력사상이 생긴다. 예를 들면 「어느 것이든 2개」 라고 기입한다.
 3) 위험지속기호 : 입력사상이 생겨서 어느 일정시간 지속하였을 때에 출력사상이 생긴다. 예를 들면 「위험지속시간」 과 같이 기입한다.
 4) 배타적 OR Gate : OR Gate로 2개 이상의 입력이 동시에 존재할 때에는 출력사상이 생기지 않는다. 예를 들면 「동시에 발생하지 않는다」 라고 기입한다.

37 FT도상에서 정상 사상 T의 발생 확률은?(단, 기본사상 ①, ②의 발생 확률은 각각 1×10^{-2} 과 2×10^{-2} 이다.)

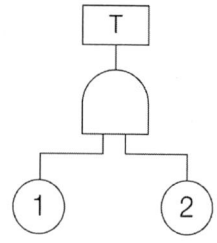

① 2×10^{-2}
② 2×10^{-4}
③ 2.98×10^{-2}
④ 2.98×10^{-4}

[해설] $T = ① \times ②$
$= (1 \times 10^{-2}) \times (2 \times 10^{-2})$
$= 2 \times 10^{-4}$

38 사후 보전에 필요한 수리시간의 평균치를 나타내는 것은?

① MTTF
② MTBF
③ MDT
④ MTTR

[해설] MTTR(Mean Time To Repair) : 평균수리시간(총수리 시간을 그 기간을 수리횟수로 나눈 시간)

39 안전 설계방법 중 페일세이프 설계(fail-safe design)에 대한 설명으로 가장 적절한 것은?

① 오류가 전혀 발생하지 않도록 설계
② 오류가 발생하기 어렵게 설계
③ 오류의 위험을 표시하는 설계
④ 오류가 발생하였더라도 피해를 최소화 하는 단계

[해설] 페일세이프 설계(fail-safe design) : 오류(실수)가 발생하더라도 피해(손해)를 최소화하는 설계

■ 정답 ■ 35.③ 36.① 37.② 38.④ 39.④

40 다음 중 음성 인식에서 이해도가 가장 좋은 것은?

① 음소 ② 음절
③ 단어 ④ 문장

해설 1) 음성용해도 : 음성 메세지를 정확하게 인지할 수 있는 정도를 말한다.
2) 일반적 상황에서는 문장의 이해도 가장 좋고 개별 단어는 이보다 낮으며 무의미 음절이 가장 나쁘다.

제3과목 / 건설시공학

41 철골공사에서의 용접작업 시 유의사항으로 옳지 않은 것은?

① 용접자세는 하향자세로 하는 것이 좋다.
② 수축량이 작은 부분부터 용접하고 수축량이 큰 부분은 최후에 용접한다.
③ 용접 전에 용접 모재 표면의 수분, 슬래그, 도료 등 용접에 지장을 주는 불순물을 제거한다.
④ 감전방지를 위해 안전홀더를 사용한다.

해설 ②항, 수축량이 큰 부분부터 용접하고 수축량이 작은 부분을 최후에 용접한다.

42 역타공법(top-down method)과 관련된 내용으로 옳지 않은 것은?

① 지하굴착공사장에는 중장비 때문에 급배기 환기시설이 필요하다.
② 기둥천공 시 슬라임 처리가 완벽해야 한다.
③ 한 현장에 지하연속벽과 강성이 다른 흙막이벽을 병행 조성하는 것이 안전상 유리하다.
④ 지하연속벽과 구조체와의 연결철근의 위치가 정확히 유지되어 있어야 한다.

해설 1) ③항, 한 현장에 지하연속벽과 강성이 다른 흙막이벽을 병행 조성하는 것은 안전상 불리하다.
2) 용접할 소재는 용접열에 의해 수축변형이 생기고 또한 마무리 자리도 고려해야 되므로 차수에 여분을 두어야 한다.

43 숏크리트(shotcrete)공정이 필요한 공법은?

① 강재널말뚝 공법
② 엄지말뚝식 흙막이공법
③ 지하연속법 공법
④ 소일네일링 공법

해설 숏크리트(shotcrete)공법 : 압축공기로 모르타르 또는 콘크리트를 타설장소까지 강압적으로 뿜칠하여 시공하는 공법으로 「뿜칠콘크리트 공법」이라고도 한다.

44 공동도급(Join Venture)의 장점이 아닌 것은?

① 융자력 증대 ② 공기 단축
③ 위험 분산 ④ 기술 확충

해설 공동도급 : 2명 이상의 도급업자가 공동출자하여 기업체를 조직해서 협동으로 공사를 도급하는 방식
1) 장점
① 소자본으로 대규모 공사 도급이 가능
② 기술, 자본, 위험부담의 분산 및 감소
③ 기술의 확충, 강화 및 경험의 증대
④ 공사계획과 시공이행의 확실
2) 단점
① 각 업체의 업무 방식에서 오는 혼란
② 현장관리의 곤란
③ 일식도급보다 경비 증대

■ 정답 ■ 40.④ 41.② 42.③ 43.④ 44.②

45 점토지반에 모래를 깔고 그 위에 성토에 의해 하중을 가하면 장기간 걸쳐 점토 중의 물이 샌드파일을 통하여 지상에 배수되어 지반을 압밀·강화시키는 공법은?

① 샌드드레인 공법
② 바이브로플로테이션 공법
③ 웰포인트 공법
④ 그라우팅 공법

해설 1) **샌드드레인 공법** : 점성토지반의 개량공법 (탈수공법)
　　　2) **사질토지반의 개량공법**
　　　　　① 바이브로플로테이션 공법
　　　　　② 웰포인트 공법
　　　　　③ 그라우팅 공법(고결안전공법)

46 굴착토사와 안정액 및 공수내의 혼합물을 드릴 파이프 내부를 통해 강제로 역순환시켜 지상으로 배출하는 공법으로 다음과 같은 특징이 있는 현장타설 콘크리트 말뚝공법은?

- 점토, 실토층 등에 적용한다.
- 시공심도는 통상 30~70m 까지로 한다.
- 시공직경은 0.9~3m 정도까지로 한다.

① 어스드릴공법
② 리버스서큘레이션공법
③ 뉴메틱케이슨공법
④ 심초공법

해설 **리버스서큘레이션 말뚝공법**(reverse circulation pile method)
　　　1) **리버스서큘레이션 말뚝**(reverse circulation pile) : 굴착구멍 내에 지하수 위보다 2m 이상 높게 물을 채워 굴착벽면에 $2t/m^2$이상의 정수압에 의해 벽면붕괴를 방지하며 굴착한 후 형성시킨 제자리콘크리트 말뚝
　　　2) **리버스서큘레이션의 특징**
　　　　　① 벤토나이트 용액으로 구멍벽이 무너지는 것을 방지하면서 굴착하므로 케이싱이 필요 없다.
　　　　　② 점토, 실트층 등에 적용한다.
　　　　　③ 시공심도는 통상 30~70m 정도까지로 한다. (최고 100~200mL가능)
　　　　　④ 시공직경(0.9~3m)을 크게 할 수 있다.
　　　　　⑤ 무진동, 무소음이다.
　　　　　⑥ 단점 : 누수대책이 필요하고 조약돌 등의 토질은 굴착이 곤란하다.

47 거푸집공사의 부속자재에 대한 설명으로 옳지 않은 것은?

① 폼타이 – 거푸집의 간격을 유지하고 측압에 의해 벌어지는 것을 방지함
② 세퍼레이터 – 거푸집이 오그라드는 것을 방지하고 상호간의 간격을 유지시킴
③ 스페이서 – 슬래브와 벽체 등에 배근되는 철근이 거푸집에 밀착되는 것을 방지함
④ 인서트 – 바닥판, 보의 중앙부에 매립하여 처짐을 방지함

해설 1) **인서트**(insert) : 달대를 매달기 위해 사전에 배선시키는 수장철물
　　　2) **파이프서포트**(pipe surport) : 바닥 거푸집을 지지하는데 쓰이는 철제기구

48 콘크리트 타설에 관한 설명 중 옳지 않은 것은?

① 부어넣기는 기둥(벽) → 보 → 슬래브 순으로 한다.
② 한 구획의 타설이 시작되면 콘크리트가 일체가 되도록 연속적으로 부어 넣는다.
③ 비비는 장소 또는 플로어호퍼에서 가까운 곳부터 부어 넣는다.
④ 콘크리트의 자유낙하 높이는 콘크리트가 분리되지 않도록 가능한 한 낮게 타설한다.

해설 ③항, 비비기 장소 또는 플로어호퍼에서 먼 곳부터 부어 넣는다.

■ 정답 ■　45.①　46.②　47.④　48.③

49 토공사에서 토량 변화율 L=1.3, C=0.8인 사질토를 가지고 성토하여 다진 후에 40,000m³를 만들기 위한 굴착 및 운반 토량은?

① 굴착토량 50,000m³, 운반토량 65,000m³
② 굴착토량 65,000m³, 운반토량 70,000m³
③ 굴착토량 70,000m³, 운반토량 75,000m³
④ 굴착토량 75,000m³, 운반토량 80,000m³

해설 1) 굴착토량 = $\dfrac{40,000}{0.8}$ = 50,000m³

2) 운반토량 = $40,000 \times \dfrac{L}{C}$
= $40,000 \times \dfrac{1.3}{0.8}$
= 65.000m³

50 말뚝박기 기계인 디젤 해머(diesel hammer)에 대한 설명으로 옳지 않은 것은?

① 박는 속도가 빠르다.
② 타격음이 작다.
③ 타격에너지가 크다.
④ 운전이 용이하다.

해설 디젤해머(diesel hammer)말뚝박기
1) ①, ③, ④항
2) 타격소음이 크다.

51 건설공사 시공방식 중 직영공사의 장점에 속하지 않는 것은?

① 영리를 도외시한 확실성 있는 공사를 할 수 있다.
② 임기응변의 처리가 가능하다.
③ 공사기일이 단축된다.
④ 발주, 계약 등의 수속이 절감된다.

해설 1) 장점
① 도급공사의 입찰 및 계약의 번잡한 수속이나 감독상의 곤란, 경쟁의 피해 등을 피할 수 있다.
② 영리를 도외시한 확실성 있는 공사를 할 수 있다.
③ 계약에 구속되지 않고, 임기응변의 처리가 가능하다.
2) 단점
① 사무가 번잡해지고, 작업관리가 어려우며 공사기간이 지연되기 쉽다.
② 공사비가 증대될 우려가 있다. (가설재, 시공기계의 비경제성과 시공관리 능력 부족 등으로 경제상 불리)

52 T.S Bolt를 체결작업할 때의 유의사항으로 옳지 않은 것은?

① 부재와 부재의 접합면은 완전히 밀착되어야 한다.
② 용접과 볼트를 병행이음 할 경우에는 용접 완료 후에 체결한다.
③ 볼트의 표면온도가 250℃ 이상일 경우 기계적 성질이 변할 수 있으므로 볼트 주변에서 용접 시 주의한다.
④ 1차 조임을 한 볼트의 본 체결은 2일 정도의 시간적 여유를 두고 나서 한다.

해설 본접합
1) 가조임볼트수 : 전 리벳수의 20~30% 또는 현장치기 리벳수의 1/5 이상을 표준으로 한다.
2) 본접합이 끝난 후 접합부와의 수직·수평으로 검사한 후 리벳치기를 한다.

■ 정답 ■ 49.① 50.② 51.③ 52.④

53 토공사용 장비에 해당되지 않는 것은?

① 불도저(Bulldozer)
② 트럭 크레인(Truck crane)
③ 그레이더(Grader)
④ 스크레이퍼(Scraper)

해설 1) 토공사용 장비 : 불도저, 그레이더(토공용 정지기계), 스크레이퍼
2) 트럭크레인 : 이동식 크레인(화물인양작업 : 양중기)

54 고력볼트 접합에서 축부가 굵게 되어 있어 볼트 구멍에 빈틈이 남지 않도록 고안된 볼트는?

① TC볼트
② PI볼트
③ 그립볼트
④ 지압형 고장력볼트

해설 1) 고장력볼트(고력볼트) : 접합부에 높은 강성과 강도를 얻기 위해 사용되는 고인장강도의 볼트

55 조강포틀랜드시멘트를 사용한 기둥에서 거푸집널 존치기간 중의 평균기온이 20℃ 이상인 경우 콘크리트의 재령이 최소 며칠 이상 경과하면 압축강도시험을 하지 않고 거푸집을 떼어낼 수 있는가?

① 2일
② 3일
③ 4일
④ 6일

해설 거푸집의 존치기강
1) 시멘트의 종류에 의한 거푸집 존치기간

부위	기초, 보옆, 기둥 및 벽		바닥 및 지붕 슬래브, 보 밑	
시멘트의 종류	포틀랜드 시멘트	조강포틀랜드 시멘트	포틀랜드 시멘트	조강포틀랜드 시멘트
콘크리트의 재령 (일) 평균 20℃ 이상	4	2	7	4
평균 10~20℃ 미만	6	3	8	5
콘크리트의 압축강도	50kg/cm²		설계기준강도의 50%	

2) 평균 20℃ 이상인 경우 : 콘크리트 재령 2일 (최소기준) 이상이면 거푸집을 해체할 수 있다.

56 재료분리를 일으키지 않고 타설, 다지기 등의 작업이 용이하게 될 수 있는 정도를 나타내는 굳지 않은 콘크리트의 성질을 말하는 것은?

① 워커빌리티
② 피니셔빌리티
③ 펌퍼빌리티
④ 플라스티시티

해설 굳지 않는 콘크리트의 성질
1) 워커빌리티(workability, 시공연도) : 반죽질기 여하에 따른 작업의 난이 정도를 나타낸다.
2) 컨시스턴시(consistency, 반죽질기, 유동성) : 물의 양에 따라 결정되는 반죽질기의 정도를 나타낸다.
3) 플라스티시티(plasticity, 성형성) : 콘크리트가 거푸집에 잘 채워질 수 있는지의 난이 정도를 나타낸다.
4) 피니시어빌리티(finishability, 마감성) : 도로포장 등에서 골재의 최대치수에 따르는 표면정리 난이 정도를 나타낸다.
5) 펌프어빌리티(pumpability, 압송성) : 펌프에서 콘크리트가 잘 밀려가는지의 난이 정도를 나타낸다.

■ 정답 ■ 53.② 54.④ 55.① 56.①

57 네트워크 공정표에서 얻을 수 있는 정보가 아닌 것은?

① 작업방법과 능률의 파악
② 크리티컬 패스(critical path)와 중점작업의 파악
③ 작업순서와 상호관계의 파악
④ 작업변경이 있을 때 전체에 대한 영향의 파악

해설 1) 네트워크 공정표 : 공기단축 및 공사비 절감을 위한 공정표로 작업방법 및 능률 등은 파악할 수 없다.
2) network 공정표의 특징

장점	단점
1. 개개의 작업관련이 도시되어 있어 내용을 알기 쉽다.(작업의 상호관계가 명확)	1. 작성 및 검사에 특별한 기능이 요구된다. (기법에 대한 습득이 어렵다)
2. 작성자 이외의 사람도 이해하기 쉽다.	2. 공정계획의 작성에 많은 시간이 소요된다.
3. 공정계획 관리면에서 신뢰도가 높다.	3. 진척관리에 있어서 특별한 연구가 필요하다.
4. 공사진척상황을 쉽게 알 수 있다.	4. 작업의 세분화 정도에는 한계가 있다.
5. 계획단계에서 공정상의 문제점이 명확하게 되어 사전에 적절히 수행할 수 있다.	5. 효과적인 예산통제의 기능은 없다.

58 지반 개량 공법에 해당되지 않는 것은?

① 다짐법
② 탈수법
③ 치환법
④ 아일랜드 컷 공법

해설 아일랜드 컷 공법 : 흙파기 공법

59 돌 공사에서 건식공법의 장점이 아닌 것은?

① 동결, 백화현상이 없다.
② 고층건물에 유리하다.
③ 겨울철공사가 가능하다.
④ 구조체와의 긴결이 매우 쉬운 편이다.

해설 석재(石材)는 구조체와의 긴결이 어렵다(단점).

60 착공 단계에서 공사계획은 각 공사마다 고유의 여건에 맞게 수립되어야 한다. 공사 계획의 주요 내용이 아닌 것은?

① 공정표의 작성
② 실행예산의 편성
③ 원척도의 작성
④ 현장원의 편성

해설 시공계획의 내용 및 순서 : 1) 현장원 편성(가장 먼저 실시) → 2) 공정표 작성 → 3) 실행예산 편성 → 4) 하도급자의 선정 → 5) 가설준비물 결정 → 6) 재료선정 및 결정 → 7) 재해방지대책 및 의료대책

■ 정답 ■   57.①   58.④   59.④   60.③

제4과목 / 건설재료학

61 각종 금속의 성질 및 사용법에 관한 설명으로 틀린 것은?

① 아연판은 철과 접촉하면 침식되므로 아연못을 사용한다.
② 동은 대기 중에서 내구성이 있으나 암모니아에 침식된다.
③ 연은 산과 알칼리에 강하므로 콘크리트에 직접 매설하여도 침식이 적다.
④ 동은 전연성이 풍부하므로 가공하기 쉽다.

해설 연(Pb, 납) : 산(염산, 황산, 농질산)에는 침해되지 않으나(묽은 질산에는 부동태 현상에 의해 녹는다) 알칼리에는 약하므로 콘크리트와 접촉되는 곳은 아스팔트 등으로 보호한다.

62 콘크리트용 골재에 요구되는 성질이 아닌 것은?

① 콘크리트의 유동성을 확보할 수 있도록 정방형의 입형과 적절한 입도일 것
② 물리적, 화학적으로 안정성을 가질 것
③ 시멘트 페이스트의 강도보다 강할 것
④ 유해한 물질을 함유하지 않을 것

해설 골재의 형태 : 표면이 거칠고 구형(球形)이나 입방체 가까운 것이 좋다.

63 도료의 사용 용도에 관한 설명 중 틀린 것은?

① 아스팔트 페인트 : 방수, 방청, 전기절연용으로 사용
② 유성 바니쉬 : 내후성이 우수하여 외부용으로 사용
③ 징크로메이트 : 알루미늄판이나 아연철판의 초벌용으로 사용
④ 합성수지페인트 : 콘크리트나 플라스터면에 사용

해설 유성 바니시(oil varnish)
1) 유성 바니시 : 유용성수지를 건성유에 가열 용해하여 휘발성 용제로 희석한 것이다.
2) 일반적으로 유성페인트보다 내후성이 작아서 옥외에서는 별로 사용하지 않는다.
3) 목재부 도장에 사용한다.

64 플라스틱재료의 일반적인 성질에 대한 설명 중 옳은 것은?

① 산이나 알칼리, 염류 등에 대한 저항성이 약하다.
② 전기저항성이 불량하여 절연재료로 사용할 수 없다.
③ 내수성 및 내투습성이 좋지 않아 방수피막제 등으로 사용이 불가능하다.
④ 상호간 계면 접착이 잘되며 금속, 콘크리트, 목재, 유리 등 다른 재료에도 잘 부착된다.

해설 플라스틱의 성질
1) 내산성 및 내알칼리성, 내약품성 등이 우수하다.
2) 전기저항성이 커서 전기절연재료로 사용한다.
3) 내수성이 양호하여 방수재료로 사용한다.
4) 접착성이 우수하여 접착제로 사용한다.

65 아치벽돌, 원형벽체를 쌓는데 쓰이는 원형벽돌과 같이 형상, 치수가 규격에서 정한 바와 다른 벽돌로서 특수한 구조체에 사용될 목적으로 제조되는 것은?

① 오지벽돌   ② 이형벽돌
③ 포도벽돌   ④ 다공벽돌

해설 이형벽돌
1) 보통벽돌보다 형상, 치수가 규격에 정한 바와 다른 특이한 벽돌로서 특수한 형태의 구조체에 목적으로 만든 것이다.
2) 종류 : 홍예벽돌(아치벽돌), 원형벽돌, 둥근모벽돌, 팔모벽돌 등이 있다.

■ 정답 ■ 61.③ 62.① 63.② 64.④ 65.②

66 각종 접착제에 관한 설명으로 틀린 것은?

① 요소수지 접착제는 요소와 포름알데히드를 사용하여 만들며 목공용에 적당하다.
② 멜라민수지 접착제는 내수성이 우수하여 금속, 고무, 유리 등에 사용한다.
③ 실리콘수지 접착제는 내수성이 대단히 크고 전기절연성도 우수하여 유리섬유판, 가죽 등의 접합에 사용된다.
④ 에폭시수지 접착제는 내수성, 내약품성, 전기절연성이 모두 우수한 만능형 접착제이다.

해설 멜라민수지 접착제 : 액상 접착제로 내수성·내열성 등이 좋고 목재에 접착성이 우수하므로 내수합판 등의 접착제로 쓰인다.

67 콘크리트의 인장강도는 압축강도의 대략 얼마 정도인가?

① 동일하다
② 약 1/3 ~ 1/5
③ 약 1/10 ~ 1/13
④ 약 1/30 ~ 1/35

해설 콘크리트의 강도 : 표준양생을 한 재령 28일의 압축강도를 기준으로 한다.
① 인장강도 : 압축강도의 1/10~1/13
② 휨강도 : 압축강도의 1/5~1/8(인장강도의 1.6~2배)
③ 전단강도 : 압축강도의 1/4~1/6
∴ 콘크리트 강도크기 순서 : 압축강도 〉 전단강도 〉 휨강도 〉 인장강도

68 양모, 마사, 폐지 등을 원료로 하여 만든 원지에 연질의 스트레이트 아스팔트를 가열·용융시켜 충분히 흡수시킨 후 회전로에서 건조와 함께 두께를 조정하여 롤형으로 만든 것은?

① 아스팔트 루핑
② 알루미늄 루핑
③ 아스팔트 펠트
④ 개량 아스팔트 루핑

해설 아스팔트 펠트(asphalt felt)
1) 제조법 : 유기질 섬유인 양모, 마사, 목면, 폐지 등을 펠트(felt)상으로 만든 원지에 연질의 스트레이트 아스팔트를 침투시켜 롤러로 압착하여 제조한다.
2) 용도 : 아스팔트방수 중간층 재료, 내외벽 라스, 몰탈 바탕의 방수 및 방습재료로 사용된다.

69 점토제품에 대한 설명으로 틀린 것은?

① 습식제법이 건식제품에 비해 타일의 치수정밀도가 좋다.
② 도기질 제품으로 내장 타일이 있다.
③ 석기질 제품으로 클링커타일이 있다.
④ 외장타일은 습식제법으로 제조된다.

해설 건식타일 및 습식타일

명칭	성형방법	제조가능한 형태	정밀도	용도
건식타일	프레스성형	보통타일 (간단한 형태)	치수·정밀도가 높고, 고능률이다.	내장타일 바닥타일 모자이크타일
습식타일	압출성형	보통타일 (복잡한 형태도 가능)	프레스성형에 비해 정밀도가 낮다.	외장타일 바닥타일

70 납(Pb)에 대한 설명 중 틀린 것은?

① 방사선의 투과도 낮아 건축에서 방사선 차폐용 벽체에 이용된다.
② 비중이 11.4로 아주 크고 연질이며 전·연성이 크다.
③ 콘크리트 중에 매입할 경우 적당히 표면을 피복할 필요가 있다.
④ 증류수에 용해가 되지 않으며, 인체에도 무해하며 주로 수도관에 사용된다.

■정답■ 66.② 67.③ 68.③ 69.① 70.④

해설 납(Pb)
1. 비중(11.4)이 크고, 연질이며 전·연성이 크다.
2. 인장강도가 극히 작다(주물은 1.25kg/mm², 상온압연재는 1.7~2.3kg/mm²).
3. X선의 차단효과가 크다(콘크리트의 100배 이상).
4. 공기 중에서 습기(H_2O)와 CO_2에 의하여 표면이 산화하여 $PbCO_3 \cdot Pb(OH)_2$의 염기성 탄산납을 만들어 내부를 보호한다.
5. 염산, 황산, 농질산 에는 침해되지 않으나 묽은질산에는 녹는다(부동태 현상).
6. 알칼리에 약하므로 콘크리트와 접촉되는 곳은 아스팔트 등으로 보호한다.

71 다음 재료 중 비강도(比强度)가 가장 높은 것은?

① 목재   ② 콘크리트
③ 강재   ④ 석재

해설 1) 비강도 = $\dfrac{강도}{비중}$
2) 비강도는 강도가 클수록 비중이 작을수록 즉 가벼울수록 커진다.

72 시멘트의 수화반응속도에 영향을 주는 요인으로 가장 거리가 먼 것은?

① 시멘트의 화학성분
② 골재의 강도
③ 분말도
④ 혼화재

해설 골재의 강도 : 수화반응속도에 영향을 주지 않는다.

73 보통 콘크리트용 쇄석의 원석으로 가장 부적당한 것은?

① 현무암   ② 안산암
③ 화강암   ④ 응회암

해설 응회암 : 화산회, 화산사 등이 퇴적 응고된 암석으로 흡수성이 크고 강도 및 내구성이 부족하여 콘크리트용 쇄석의 원석으로는 부적당하다.

74 감람석 또는 섬록암이 변질된 것으로, 색조는 암녹색 바탕에 흑백색의 아름다운 무늬가 있고, 경질이나 풍화성이 있어 외벽보다는 실내장식용으로 사용되는 석재는?

① 사문암   ② 대리석
③ 트래버틴   ④ 점판암

해설 사문암
1) 사문암 : 감람석 중에 포함되어 있는 철분이 변질된 것이다.
2) 성질 및 용도
① 색조는 암녹색 바탕에 흑백색의 아름다운 무늬가 있다.
② 경질이나 풍화성이 있다.
③ 외벽보다는 실내장식용으로 쓰인다.

75 폴리에스테르수지에 관한 설명 중 틀린 것은?

① 전기절연성이 우수하다.
② 도료, 파이프 등에 사용된다.
③ 건축용으로는 판상제품으로 주로 사용된다.
④ 불포화 폴리에스테르수지는 열가소성 수지이다.

해설 불포화폴리에스테르수지 : 열경화성 수지

76 다음 중 목재의 결점이 아닌 것은?

① 옹이   ② 도관
③ 껍질박이   ④ 지선

해설 목재의 도관 : 활엽수에만 있는 것으로 변재에서 수액의 운반역할을 하는 세포이다.

77 철근콘크리트 구조용 골재로 해사를 사용할 경우 우선 조치하여야 할 사항은?

① 해사를 충분히 건조시킨 후 사용한다.
② 물-시멘트비를 증가시킨다.
③ 조골재를 많이 넣어 잔골재율을 낮춘다.
④ 해사를 충분히 물에 씻어 사용한다.

해설 해사 사용시 우선적 조치사항 : 물로 충분히 씻는다.

78 대기 중의 이산화탄소와 반응하여 경화하는 기경성 미장재료는?

① 돌로마이트 플라스터
② 시멘트 모르타르
③ 순석고 플라스터
④ 혼합석고 플라스터

해설 1) 기경성 미장재료 : 회반죽 및 회사벽, 돌로마이트 플라스틱, 진흙 등
2) 수경성 미장재료 : 시멘트모르타르, 순석고 등 혼합 석고 플라스터, 인조석 바름 등

79 콘크리트의 워커빌리티(workability)에 영향을 주는 요소가 아닌 것은?

① 시멘트의 성질   ② 공기량
③ 혼합재료   ④ 풍향

해설 워커빌리티에 영향을 주는 요인
1) 시멘트의 품질   2) 시멘트의 양
3) 골재의 입도와 형상 4) 단위수량
5) 배합 및 비빔   6) 혼화재료 등

80 콘크리트의 혼화재료와 그 작용의 조합으로 틀린 것은?

① 염화칼슘 - 응결 경화 촉진
② 포졸란 - 시공연도 증진
③ 알루미늄 분말 - 발포, 경량
④ 슬래그 분말 - 초기강도 증진

해설 슬래그 분말 : 장기강도 증진

제5과목 / 건설안전기술

81 낙하·비래 재해 방지설비에 대한 설명으로 틀린 것은?

① 투하설비는 높이 10m 이상 되는 장소에서만 사용한다.
② 투하설비의 이음부는 충분히 겹쳐 설치한다.
③ 투하입구 부근에는 적정한 낙하방지설비를 설치한다.
④ 물체를 투하시에는 감시인을 배치한다.

해설 투하설비등(안전보건규칙 제15조) : 높이가 3m 이상인 장소로부터 물체를 투하하는 경우 적당한 투하설비를 설치하거나 감시인을 배치할 것

82 안전난간 설치시 발끝막이판은 바닥면으로부터 최소 얼마 이상의 높이를 유지해야 하는가?

① 5cm 이상
② 10cm 이상
③ 15cm 이상
④ 20cm 이상

해설 안전난간에 설치하는 발끝막이판의 높이 : 바닥면으로 부터 최소 10cm 이상

■ 정답 ■ 77.④ 78.① 79.④ 80.④ 81.① 82.②

83 PC(Precast Concrete) 조립 시 안전대책으로 틀린 것은?

① 신호수를 지정한다.
② 인양 PC부재 아래에 근로자 출입을 금지한다.
③ 크레인에 PC부재를 달아 올린 채 주행한다.
④ 운전자는 PC부재를 달아 올린 채 운전대에서 이탈을 금지한다.

해설 크레인 주행시에는 PC부재 등 화물을 달아 올린채로 주행하지 않는다.

84 시스템 비계를 사용하여 비계를 구성하는 경우에 준수하여야 할 기준으로 틀린 것은?

① 수직재·수평재·가새재를 견고하게 연결하는 구조가 되도록 할 것
② 비계 밑단의 수직재와 받침철물은 밀착되도록 설치하고, 수직재와 받침철물의 연결부의 겹침길이는 받침철물 전체길이의 4분의 1 이상이 되도록 할 것
③ 수평재는 수직재와 직각으로 설치하여야 하며, 체결 후 흔들림이 없도록 견고하게 설치할 것
④ 수직재와 수직재의 연결철물은 이탈되지 않도록 견고한 구조로 할 것

해설 비계밑단의 수직재와 받침철물은 밀착되도록 설치하고, 수직재와 받침철물의 연결부의 겹침길이는 받침철물 전체길이의 1/3 이상이 되도록 할 것

85 굴착작업에 있어서 지반의 붕괴 또는 토석의 낙하에 의하여 근로자에게 위험을 미칠 우려가 있는 경우에 사전에 필요한 조치로 거리가 먼 것은?

① 인화성 가스의 농도 측정
② 방호망의 설치
③ 흙막이 지보공의 설치
④ 근로자의 출입금지 조치

해설 굴착작업시 지반의 붕괴 또는 토석의 낙하로 인한 위험방지 조치사항
1) 흙막이지보공 설치
2) 방호망 설치
3) 근로자의 출입금지

86 콘크리트 타설작업을 하는 경우의 준수사항으로 틀린 것은?

① 콘크리트 타설작업 중 이상이 있으면 작업을 중지하고 근로자를 대피시킬 것
② 콘크리트를 타설하는 경우에는 편심을 유발하여 콘크리트를 거푸집 내에 밀실하게 채울 것
③ 설계도서상의 콘크리트 양생기간을 준수하여 거푸집 동바리 등을 해체할 것
④ 콘크리트 타설작업 시 거푸집 붕괴의 위험이 발생할 우려가 있으면 충분한 보강조치를 할 것

해설 ②항, 콘크리트를 타설하는 경우에는 편심이 발생하지 않도록 골고루 분산하여 타설할 것

87 재해발생과 관련된 건설공사의 주요 특징으로 틀린 것은?

① 재해 강도가 높다.
② 추락재해의 비중이 높다.
③ 근로자의 직종이 매우 단순하다.
④ 작업 환경이 다양하다.

해설 건설공사의 주요특징
1) ①, ②, ④항
2) 재해발생형태가 다양하다.
3) 재해기인물이 매우 복잡하다.
4) 복합적인 재해가 동시에 자주 발생한다.

■ 정답 ■ 83.③ 84.② 85.① 86.② 87.③

88 암반사면의 파괴 형태가 아닌 것은?

① 평면파괴
② 압축파괴
③ 쐐기파괴
④ 전도파괴

해설 암반사면의 파괴형태 : 평면파괴, 전도파괴, 쐐기파괴 등

89 철근 콘크리트 공사에서 슬래브에 대하여 거푸집동바리를 설치할 때 고려해야 할 사항으로 가장 거리가 먼 것은?

① 철근콘크리트의 고정하중
② 타설시의 충격하중
③ 콘크리트의 측압에 의한 하중
④ 작업인원과 장비에 의한 하중

해설
1) 슬래브(slab)에 대한 거푸집동바리 설치시 고려해야 할 하중 : 연직방향하중
2) 거푸집의 연직방향하중(W)
   ∴ W=고정하중+충격하중+작업하중
   =고정하중+휨하중(=충격하중+작업하중)
   ① 고정하중 : 콘크리트 자중(=철근콘크리트 비중 ×슬래브 두께)
   ② 충격하중 : 고정하중×1/2
   ③ 작업하중 : 작업원 중량+장비 및 가설설비의 등의 중량=150kg/m²

90 강관비계를 설치하는 경우 첫 번째 띠장의 설치 기준은?

① 지상으로부터 1m 이하
② 지상으로부터 2m 이하
③ 지상으로부터 3m 이하
④ 지상으로부터 4m 이하

해설 강관비계의 구조
1) 비계기둥의 간격은 띠장방향에서는 1.85m 이하, 장선방향에서는 1.5m 이하로 할 것
2) 띠장간격은 2.0m 이하로 할 것
3) 비계기둥의 최고부로부터 31m 되는 지점 밑부분의 비계기둥은 2본의 강관으로 묶어 울 것(브래킷 등으로 보강하여 그 이상의 강도가 유지되는 경우에는 그러하지 아니하다)
4) 비계기둥 간의 적재하중은 400kg을 초과하지 아니하도록 할 것

91 비계의 높이가 2m 이상인 작업장소에 설치하는 작업발판의 최소폭 기준은? (단, 달비계, 달대비계 및 말비계는 제외)

① 30cm 이상
② 40cm 이상
③ 50cm 이상
④ 60cm 이상

해설 작업발판의 구조
1) 작업발판의 폭은 40cm 이상, 발판재료의 틈은 3cm 이하로 할 것
2) 추락의 위험이 있는 장소에는 안전난간을 설치할 것
3) 작업발판재료는 2이상의 지지물에 연결하거나 고정시킬 것

92 철골구조물의 건립 순서를 계획할 때 일반적인 주의사항으로 틀린 것은?

① 현장건립 순서와 공장제작 순서를 일치시킨다.
② 건립기계의 작업반경과 진행방향을 고려하여 조립 순서를 결정한다.
③ 건립 중 가볼트 체결기간을 가급적 길게 하여 안정을 기한다.
④ 연속기둥 설치시 기둥을 2개 세우면 기둥 사이의 보도 동시에 설치하도록 한다.

해설 가볼트 체결기간 : 가급적 짧게 할 것

■ 정답 ■ 88.② 89.③ 90.② 91.② 92.③

93 흙의 동상방지 대책으로 틀린 것은?

① 동결되지 않는 흙으로 치환하는 방법
② 흙속의 단열재료를 매입하는 방법
③ 지표의 흙을 화학약품으로 처리하는 방법
④ 세립토층을 설치하여 모관수의 상승을 촉진시키는 방법

해설 흙의 동상방지대책
1) 지표의 흙을 화학약품으로 처리한다.
2) 지하수위를 저하시킨다.
3) 동결깊이 상부의 흙을 동결이 잘되지 않는 재료로 치환한다.
4) 단열재료를 삽입한다.
5) 보온시공을 한다.

94 강관비계의 구조에서 비계기둥 간의 적재하중 기준으로 옳은 것은?

① 200kg 이하   ② 300kg 이하
③ 400kg 이하   ④ 500kg 이하

해설 강관비계의 비계기둥 간의 적재하중 : 400kg을 초과하지 아니하도록 할 것

95 철골공사 작업 중 작업을 중지해야 하는 기후조건의 기준으로 옳은 것은?

① 풍속 : 10m/sec 이상,
   강우량 : 1mm/h 이상
② 풍속 : 5m/sec 이상,
   강우량 : 1mm/h 이상
③ 풍속 : 10m/sec 이상,
   강우량 : 2mm/h 이상
④ 풍속 : 5m/sec 이상,
   강우량 : 2mm/h 이상

해설 철골작업을 중지해야하는 기상조건
1) 풍속 : 10m/sec 이상
2) 강우량 : 1mm/hr 이상
3) 강설량 : 1cm/hr 이상

96 개착식 굴착공사(Open cut)에서 설치하는 계측기기와 거리가 먼 것은?

① 수위계   ② 경사계
③ 응력계   ④ 내공변위계

해설 깊이 10.5m 이상의 굴착시 설치해야 할 계측기기
1) 수위계   2) 경사계
3) 하중 및 침하계   4) 응력계

97 달비계 또는 높이 5m 이상의 비계를 조립·해체하거나 변경하는 작업 시 준수사항으로 틀린 것은?

① 근로자가 관리감독자의 지휘에 따라 작업하도록 할 것
② 비, 눈, 그 밖의 기상상태의 불안정으로 날씨가 몹시 나쁜 경우에는 그 작업을 중지시킬 것
③ 비계재료의 연결·해체작업을 하는 경우에는 폭 20cm이상의 발판을 설치할 것
④ 강관비계 또는 통나무비계를 조립하는 경우 외줄로 구성하는 것을 원칙으로 할 것

해설 강관비계 또는 통나무비계 : 외줄비계, 쌍줄비계 또는 돌출비계로 구성할 것

98 양중기의 와이어로프 등 달기구의 안전계수 기준으로 옳은 것은? (단, 화물의 하중을 직접 지지하는 달기와이어로프 또는 달기체인의 경우)

① 3 이상   ② 4 이상
③ 5 이상   ④ 6 이상

해설 양중기의 와이어로프 또는 달기체인(고리걸이용 포함)의 안전계수
∴ 안전계수
$= \dfrac{절단하중}{최대사용하중(허용하중)}$

■ 정답 ■   93.④   94.③   95.①   96.④   97.④   98.③

1) 근로자가 탑승하는 운반구를 지지하는 경우 : 10이상
2) 화물의 하중을 직접 지지하는 경우 : 5이상
3) 훅, 샤클, 클램프, 리프팅 빔의 경우 : 3이상
4) 그 밖의 경우 : 4이상

99 토사붕괴의 내적 원인에 해당하는 것은?

① 토석의 강도 저하
② 절토 및 성토 높이의 증가
③ 사면법면의 경사 및 기울기 증가
④ 지표수 및 지하수의 침투에 의한 토사 중량 증가

해설 토사붕괴의 원인(고용노동부고시)
1) 외적요인
① 사면, 법면의 경사 및 구배의 증가
② 절토 및 성토 높이의 증가
③ 공사에 의한 진동 및 반복하중의 증가
④ 지표수 및 지하수의 침투에 의한 토사중량 증가
⑤ 지진, 차량, 구조물의 하중
2) 내적요인
① 절토사면의 토질, 암석
② 성토사면의 토질
③ 토석의 강도저하

100 다음 건설기계의 명칭과 각 용도가 옳게 연결된 것은?

① 드래그라인 – 암반굴착
② 드래그쇼벨 – 흙 운반작업
③ 클램셀 – 정지작업
④ 파워쇼벨 – 지반면보다 높은 곳의 흙파기

해설 1) 드래그라인 : 연약지반굴착
2) 드래그쇼벨(백호우) : 중기가 위치한 지반보다 낮은 곳 굴착
3) 클램셀 : 좁은 곳 굴착, 수중굴착 등

■ 정답 ■ 99.① 100.④

2015년 2회 기출문제
[5월 31일 시행]

건설안전산업기사

제1과목 / 산업안전관리론

01 다음 중 산업안전보건법령상 안전인증대상 보호구의 안전인증제품에 안전인증 표시 외에 표시하여야 할 사항과 가장 거리가 먼 것은?

① 안전인증 번호
② 형식 또는 모델명
③ 제조번호 및 제조연월
④ 물리적, 화학적 성능기준

해설 안전인증 제품의 표시사항
  1) 형식 또는 모델명
  2) 규격 또는 등급 등
  3) 제조자명
  4) 제조번호 및 제조연월
  5) 안전인증 번호

02 도수율이 13.0, 강도율 1.20인 사업장이 있다. 이 사업장의 환산도수율은 얼마인가? (단, 이 사업장 근로자의 평생근로시간은 10만 시간으로 가정한다.)

① 1.3
② 10.8
③ 12.0
④ 92.3

해설 환산도수율 $= \dfrac{도수율}{10} = \dfrac{13.0}{10} = 1.3$

03 다음 중 사고예방대책 제5단계의 "시정책의 적용"에서 3E와 관계가 없는 것은?

① 교육(Education)
② 재정(Economics)
③ 기술(Engineering)
④ 관리(Enforcement)

해설 3E : Education(교육), Engineering(기술), Enforcement(독려, 관리)

04 다음 중 조건반사설에 의거한 학습이론의 원리가 아닌 것은?

① 강도의 원리
② 일관성의 원리
③ 계속성의 원리
④ 시행착오의 원리

해설 조건반사설에 의한 학습이론의 원리
  1) **시간의 원리** : 조건자극(종소리)이 무조건자극(음식물)보다 시간적으로 동시 또는 조금 앞서서 주어야만 조건화, 즉시 강화가 잘 된다는 원리이다.
  2) **강도의 원리** : 조건 반사적인 행동이 이루어지려면 먼저 준 자극의 정도에 비해 적어도 같거나 그보다 강한 자극을 주어야 바람직한 결과를 낳게 된다.
  3) **일관성의 원리** : 조건자극은 일관된 자극물을 사용하여야 한다는 원리이다.
  4) **계속성의 원리** : 자극과 반응과의 관계를 반복하여 횟수를 거듭할수록 조건화가 잘 형성된다는 원리이다.

■ 정답 ■ 01.④ 02.① 03.② 04.④

05 어떤 상황의 판단 능력과 사실의 분석 및 문제의 해결 능력을 키우기 위하여 먼저 사례를 조사하고, 문제적 사실들과 그의 상호 관계에 대하여 검토하고, 대책을 토의하도록 하는 교육 기법은 무엇인가?

① 심포지엄(symposium)
② 로울 플레잉(role playing)
③ 케이스 메소드(case method)
④ 패널 디스커션(panel discussion)

해설 사례연구법(case method) : 먼저 사례를 제시하고 문제가 되는 사실들과 그의 상호관계에 대해서 검토하며, 대책을 토의하는 방식으로 토의법을 응용한 교육기법

06 다음 중 재해 예방의 4원칙에 해당하지 않는 것은?

① 예방 가능의 원칙
② 손실 우연의 원칙
③ 원인 계기의 원칙
④ 선취 해결의 원칙

해설 재해예방의 4원칙
 1) ①, ②, ③항
 2) 대책선정의 원칙

07 다음 중 안전교육의 종류에 포함되지 않는 것은?

① 태도교육
② 지식교육
③ 직무교육
④ 기능교육

해설 안전교육의 3단계
 1) 1단계 : 지식교육
 2) 2단계 : 기능교육
 3) 3단계 : 태도교육

08 다음 중 산업안전보건법령상 자율안전확인 대상에 해당하는 방호장치는?

① 압력용기 압력방출용 파열판
② 보일러 압력방출용 안전밸브
③ 교류 아크용접기용 자동전격방지기
④ 방폭구조(防爆構造) 전기기계 · 기구 및 부품

해설 안전인증 및 자율안전확인 대상 방호장치

안전인증대상 방호장치	자율안전확인대상 방호장치
① 프레스 및 전단기 방호장치 ② 양중기용 과부하 방지장치 ③ 보일러 압력방출용 안전밸브 ④ 압력용기 압력방출용 안전밸브 ⑤ 압력용기 압력방출용 파열판 ⑥ 절연용 방호구 및 활선작업용 기구 ⑦ 방폭구조 전기기계 · 기구 및 부품 ⑧ 추락·낙하 및 붕괴 등의 위험방호에 필요한 가설기자재로서 고용노동부장관이 정하여 고시하는 것	① 아세틸렌 용접장치용 또는 가스집합용접 장치용 안전기 ② 교류아크 용접기용 자동전격방지기 ③ 롤러기 : 급정지장치 ④ 연삭기 덮개 ⑤ 목재가공용 둥근 톱 반발예방장치 및 날 접촉예방장치 ⑥ 동력식 수동 대패용 칼날접촉방지장치 ⑦ 추락·낙하 및 붕괴 등의 위험방지·보호에 필요한 가설기자재(고용노동부고시)

09 인간의 특성에 관한 측정검사에 대한 과학적 타당성을 갖기 위하여 반드시 구비해야 할 조건에 해당되지 않는 것은?

① 주관성   ② 신뢰도
③ 타당도   ④ 표준화

해설 인간특성에 대한 측정검사의 구비조건
 1) 객관성   2) 신뢰도
 3) 타당도   4) 표준화
 5) 규준(norms)

■ 정답 ■ 05.③ 06.④ 07.③ 08.③ 09.①

10 다음 중 산업안전보건법령상 특별안전·보건교육의 대상 작업에 해당하지 않는 것은?

① 석면해체·제거작업
② 밀폐된 장소에서 하는 용접작업
③ 화학설비 취급품의 검수·확인 작업
④ 2m 이상의 콘크리트 인공구조물의 해체 작업

해설 특별안전·보건교육 대상 작업별 교육내용(시행규칙 별표 5)

11 다음 중 산업안전보건법령상 안전보건개선 계획서에 반드시 포함되어야 할 사항과 가장 거리가 먼 것은?

① 안전·보건교육
② 안전·보건관리체제
③ 근로자 채용 및 배치에 관한 사항
④ 산업재해예방 및 작업환경의 개선을 위하여 필요한 사항

해설 안전보건개선계획서에 포함되는 내용
　1) 시설
　2) 안전·보건관리체제
　3) 안전·보건교육
　4) 산업재해예방 및 작업환경의 개선을 위해서 필요한 사항

12 다음 중 인간의 행동 변화에 있어 가장 변화시키기 어려운 것은?

① 지식의 변화
② 집단의 행동 변화
③ 개인의 태도 변화
④ 개인의 행동 변화

해설 인간행동변화의 4단계
　1) 1단계 : 지식의 변화
　2) 2단계 : 태도의 변화
　3) 3단계 : 개인행동의 변화
　4) 4단계 : 집단 또는 조직에 대한 행동의 변화

13 다음 중 타박, 충돌, 추락 등으로 피부 표면보다는 피하조직 등 근육부를 다친 상해를 무엇이라 하는가?

① 골절　　　　② 자상
③ 부종　　　　④ 좌상

해설 1) **골절** : 뼈가 부러진 상해
　2) **자상(찔림)** : 칼날 등 날카로운 물건에 찔린 상해
　3) **부종** : 국부의 혈액순환 이상으로 몸이 퉁퉁 부어오르는 상해
　4) **좌상** : 본문 설명

14 산업안전보건법령상 안전·보건표지에 사용하는 색채 가운데 비상구 및 피난소, 사람 또는 차량의 통행표지 등에 사용하는 색채는?

① 흰색　　　　② 녹색
③ 노란색　　　④ 파란색

해설 안전표지의 색채·색도기준 및 용도
(시행규칙 별표8)

색채	색도기준	용도	사용예
빨간색	7.5R 4/14	금지	정지신호, 소화설비 및 그 장소, 유해행위 금지
		경고	화학물질 취급장소에서의 유해·위험경고
노란색	5Y 8.5/12	경고	화학물질 취급장소에서의 유해·위험 경고, 그 밖의 위험 경고, 주의표지 또는 기계방호물
파란색	2.5PB 4/10	지시	특정 행위의 지시 및 사실의 고지
녹색	2.5G 4/10	안내	비상구 및 피난소, 사람 또는 차량의 통행표지
흰색	N 9.5		파란색 또는 녹색에 대한 보조색
검은색	N 0.5		문자 및 빨간색 또는 노란색에 대한 보조색

■ 정답 ■　10.③　11.③　12.②　13.④　14.②

15 앞에 실시한 학습의 효과는 뒤에 실시하는 새로운 학습에 직접 또는 간접으로 영향을 주는데 이러한 현상을 전이(轉移, transfer)라 한다. 다음 중 전이의 조건이 아닌 것은?

① 학습자료의 유사성 요인
② 학습 평가자의 지식 요인
③ 선행학습정도의 요인
④ 학습자의 태도 요인

해설 학습전이의 조건
1) 학습정도의 요인 : 선행학습의 정도에 따라 전이의 기능 정도가 다르다.
2) 유사성의 요인 : 선행학습과 후행학습에 유사성이 있어야 한다는 것으로 자극의 유사성, 반응의 유사성, 원리의 유사성이 있다.
3) 시간적 간격의 요인 : 선행학습과 후행학습의 시간간격에 따라 전이의 효과가 다르다.
4) 학습자의 지능요인 : 학습자의 지능정도에 따라 전이효과가 달라진다.
5) 학습자의 태도요인 : 학습자의 주의력 및 능력, 특히 태도에 따라 전이의 정도가 다르다.

16 다음 중 매슬로우(Maslow)의 욕구위계 이론 5단계를 올바르게 나열한 것은?

① 생리적 욕구 → 안전의 욕구 → 사회적 욕구 → 존경의 욕구 → 자아 실현의 욕구
② 생리적 욕구 → 안전의 욕구 → 사회적 욕구 → 자아 실현의 욕구 → 존경의 욕구
③ 안전의 욕구 → 생리적 욕구 → 사회적 욕구 → 자아 실현의 욕구 → 존경의 욕구
④ 안전의 욕구 → 생리적 욕구 → 사회적 욕구 → 존경의 욕구 → 자아 실현의 욕구

해설 매슬로우(Maslow)의 욕구 5단계
1) 1단계-생리적 욕구(신체적 욕구) : 기아, 갈등, 호흡, 배설, 성욕 등 기본적 욕구
2) 2단계-안전의 욕구 : 안전을 구하려는 욕구
3) 3단계-사회적 욕구(친화욕구) : 애정, 소속에 대한 욕구
4) 4단계-인정받으려는 욕구(자기존경의 욕구, 승인욕구) : 자존심, 명예, 성취, 지위 등에 대한 욕구
5) 5단계-자아실현의 욕구(성취욕구) : 잠재적인 능력을 실현하고자 하는 욕구

17 다음 중 리더십(leadership)의 특성으로 볼 수 없는 것은?

① 민주주의적 지휘 형태
② 부하와의 넓은 사회적 간격
③ 밑으로부터의 동의에 의한 권한 부여
④ 개인적 영향에 의한 부하와의 관계 유지

해설 ②항, 부하와의 좁은 사회적 간격

18 다음 중 리스크 테이킹(risk taking)의 빈도가 가장 높은 사람은?

① 안전지식이 부족한 사람
② 안전기능이 미숙한 사람
③ 안전태도가 불량한 사람
④ 신체적 결함이 있는 사람

해설 리스크 테이킹(risk taking)
1) 리스크 테이킹 : 객관적인 위험을 자기 나름대로 판정해서 의지결정을 하고 행동에 옮기는 것을 말한다.
2) 안전태도가 양호한 자는 리스크 테이킹의 정도가 적고, 같은 수준의 안전태도에서도 작업의 달성 동기, 성격, 능률 등 각종 요인의 영향에 의해 리스크 테이킹의 정도가 변하게 된다.

19 무재해운동의 추진기법 중 "지적·확인"이 불안전 행동 방지에 효과가 있는 이유와 가장 거리가 먼 것은?

① 긴장된 의식의 이완
② 대상에 대한 집중력의 향상
③ 자신과 대상의 결합도 증대
④ 인지(cognition)확률의 향상

해설 ①항, 이완된 의식의 긴장

■ 정답 ■ 15.② 16.① 17.② 18.③ 19.①

20 다음 중 기업의 산업재해에 대한 과거와 현재의 안전성적을 비교, 평가한 점수로 안전관리의 수행도를 평가하는데 유용한 것은?

① safe - T - score
② 평균강도율
③ 종합재해지수
④ 안전활동률

해설 1) Safe T. Score
$$= \frac{(현재)빈도율 - (과거)빈도율}{\sqrt{\frac{(과거)빈도율}{근로총시간수} \times 10^6}}$$

2) 판정기준
① +2.0 이상 : 과거보다 심각하게 나빠짐
② +2.0~-2.0 : 심각한 차이 없음
③ -2.0 이하 : 과거보다 좋아짐

제2과목
인간공학 및 시스템안전공학

21 다음 중 작업장에서 구성요소를 배치하는 인간 공학적 원칙과 가장 거리가 먼 것은?

① 선입선출의 원칙
② 사용빈도의 원칙
③ 중요도의 원칙
④ 기능성의 원칙

해설 부품배치의 4원칙(작업장에서 구성요소를 배치하는 인간공학적 원칙)
1) 중요성의 원칙
2) 사용빈도의 원칙
3) 기능별 배치의 원칙
4) 사용 순서의 원칙

22 크기가 다른 복수의 조종장치를 촉감으로 구별할 수 있도록 설계할 때 구별이 가능한 최소의 직경 차이와 최소의 두께 차이로 가장 적합한 것은?

① 직경 차이 : 0.95cm, 두께 차이 : 0.95cm
② 직경 차이 : 1.3cm, 두께 차이 : 0.95cm
③ 직경 차이 : 0.95cm, 두께 차이 : 1.3cm
④ 직경 차이 : 1.3cm, 두께 차이 : 1.3cm

해설 1) 촉감으로 구별할 수 있는 최소 직경 차이 : 1.3cm(13mm)
2) 촉감으로 구별할 수 있는 최소 두께 차이 : 0.95cm(9.5mm)

23 다음 중 시각적 표시장치에 있어 성격이 다른 것은?

① 디지털 온도계
② 자동차 속도계기판
③ 교통신호등의 좌회전 신호
④ 은행의 대기인원 표시등

해설 디지털(digital)형
1) 디지털온도계
2) 자동차 속도계기판
3) 은행의 대기인원표시등

24 서서하는 작업의 작업대 높이에 대한 설명으로 틀린 것은?

① 경작업의 경우 팔꿈치 높이보다 5 ~ 10cm 낮게 한다.
② 중작업의 경우 팔꿈치 높이보다 10 ~ 20cm 낮게 한다.
③ 정밀작업의 경우 팔꿈치 높이보다 약간 높게 한다.
④ 부피가 큰 작업물을 취급하는 경우 최대치 설계를 기본으로 한다.

해설 부피가 큰 작업물 취급 : 최소치 설계

■ 정답 ■ 20.① 21.① 22.② 23.③ 24.④

25 인간공학의 주된 연구 목적과 가장 거리가 먼 것은?

① 제품품질 향상
② 작업의 안전성 향상
③ 작업환경의 쾌적성 향상
④ 기계조작의 능률성 향상

해설 인간공학의 목적
  1) 첫째 : 안전성 향상
  2) 둘째 : 기계조작의 능률성과 생산성 향상
  3) 셋째 : 환경의 쾌적성 향상

26 동전던지기에서 앞면이 나올 확률 P(앞) = 0.9이고, 뒷면이 나올 확률 P(뒤) = 0.1일 때, 앞면과 뒷면이 나올 사건 각각의 정보량은?

① 앞면 : 0.10bit, 뒷면 : 3.32bit
② 앞면 : 0.15bit, 뒷면 : 3.32bit
③ 앞면 : 0.10bit, 뒷면 : 3.52bit
④ 앞면 : 0.15bit, 뒷면 : 3.52bit

해설 1) 앞면이 나올 정보량(H_1)
$$H_1 = \log_2\left(\frac{1}{P}\right) = \log_2\left(\frac{1}{0.9}\right) = 0.15\,bit$$
  2) 뒷면이 나올 정보량(H_2)
$$H_2 = \log_2\left(\frac{1}{0.1}\right) = 3.32\,bit$$

27 소음을 측정하는 단위는?

① 데시벨(dB)   ② 지멘스(S)
③ 루멘(lumen) ④ 거스트(Gust)

해설 소음의 단위 : dB(데시벨), phon, sone 등

28 FTA에서 사용되는 논리게이트 중 여러 개의 입력 사상이 정해진 순서에 따라 순차적으로 발생해야만 결과가 출력되는 것은?

① 억제 게이트
② 우선적 AND 게이트
③ 배타적 OR 게이트
④ 조합 AND 게이트

해설 수정기호의 종류
  1) **우선적 AND Gate** : 입력사상 가운데 어느 사상이 다른 사상보다 먼저 일어났을 때에 출력사상이 생긴다. 예를 들면 「A는 B보다 먼저」와 같이 기입
  2) **짜맞춤 AND Gate** : 3개 이상의 입력사상 가운데 어느 것이든 2개가 일어나면 출력사상이 생긴다. 예를 들면 「어느 것이든 2개」라고 기입
  3) **위험지속기호** : 입력사상이 생겨서 어느 일정시간 지속하였을 때에 출력사상이 생긴다. 예를 들면 「위험지속시간」과 같이 기입
  4) **배타적 OR Gate** : OR Gate로 2개 이상의 입력이 동시에 존재할 때에는 출력사상이 생기지 않는다. 예를 들면 「동시에 발생하지 않는다」라고 기입

29 인체의 동작 유형 중 굽혔던 팔꿈치를 펴는 동작을 나타내는 용어는?

① 내전(adduction)   ② 회내(pronation)
③ 굴곡(flexion)   ④ 신전(extension)

해설 신체부위의 동작
  1) 굴곡(flexion) : 부위 간의 각도 감소
  2) 신전(extension) : 부위 간의 각도 증가
  3) 외전(abduction) : 몸의 중심선으로부터의 이동
  4) 내전(adduction) : 몸의 중심선으로의 이동
  5) 외선(lateral rotation) : 몸의 중심선으로부터의 회전
  6) 내선(medial rotation) : 몸의 중심선으로의 회전

30 다음 중 시스템 내의 위험요소가 어떤 상태에 있는가를 정성적으로 분석·평가하는 가장 첫 번째 단계에 실시하는 위험분석기법은?

① 결함수분석   ② 예비위험분석
③ 결함위험분석   ④ 운용위험분석

■ 정답 ■ 25.① 26.② 27.① 28.② 29.④ 30.②

해설 예비위험분석(PHA)
1) 최초단계(구상단계, 설계단계)에 실시
2) 위험상태를 정성적으로 평가하는 안전해석 기법

31 FT도에서 정상사상 A의 발생확률은? (단, 기본 사상 ①과 ②의 발생확률은 각각 2×10^{-3}/h, 3×10^{-2}/h 이다.)

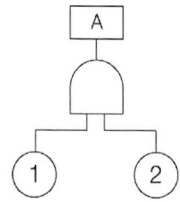

① 5×10^{-5}/h
② 6×10^{-5}/h
③ 5×10^{-6}/h
④ 6×10^{-6}/h

해설 A = ① × ②
$= (2 \times 10^{-3}) \times (3 \times 10^{-2})$
$= 6 \times 10^{-5}$/h

32 종이의 반사율이 50%이고, 종이상의 글자 반사율이 10%일 때 종이에 의한 글자의 대비는 얼마인가?

① 10% ② 40%
③ 60% ④ 80%

해설 대비 $= \dfrac{L_b - L_t}{L_b} \times 100$
$= \dfrac{50 - 10}{50} \times 100 = 80\%$

길잡이
1) L_b(배경의 광속 발산도) : 종이 반사율
2) L_t(표적의 광속 발산도) : 글자 반사율

33 다음 중 인간-기계 인터페이스(human-machine interface)의 조화성과 가장 거리가 먼 것은?

① 인지적 조화성   ② 신체적 조화성
③ 통계적 조화성   ④ 감성적 조화성

해설 인간·기계 계면(interface)의 조화성
1) 인지적 조화성
2) 신체적 조화성
3) 감성적 조화성

34 눈의 피로를 줄이기 위해 VDT 화면과 종이문서 간의 밝기의 비는 최대 얼마를 넘지 않도록 하는가?

① 1 : 20   ② 1 : 5
③ 1 : 10   ④ 1 : 30

해설 VDT 화면 : 종이문서의 밝기의 비 = 1 : 10

35 시스템의 성능 저하가 인원의 부상이나 시스템 전체에 중대한 손해를 입히지 않고 제어가 가능한 상태의 위험 강도는?

① 범주 1 : 파국적
② 범주 2 : 위기적
③ 범주 3 : 한계적
④ 범주 4 : 무시

해설 위험성 분류

구분	내용	
	인원	시스템
범주-1 : 파국적	사망·중상	중대손상
범주-2 : 위기적(위험)	상해 발생	손해 발생(즉시 시정조치 필요)
범주-3 : 한계적	상해 없음	손해 없음(배제 또는 제어가능)
범주-4 : 무시	상해에 이르지 않음	손해에 이르지 않음

■정답■ 31.② 32.④ 33.③ 34.③ 35.③

36 다음 중 귀의 구조에서 고막에 가해지는 미세한 압력의 변화를 증폭하는 곳은?

① 외이(Outer Ear)
② 중이(Middle Ear)
③ 내이(Inner Ear)
④ 달팽이관(Cochlea)

해설 귀의 구조
1) 외이 : 귓바퀴(소리모음), 외이도(소리 이동 경로)
2) 중이
   ① 고막 : 소리에 의해 최초로 진동하는 얇은 막
   ② 청소골 : 고막의 소리를 증폭시켜 내이로 전달
3) 내이 : 달팽이관, 전정기관, 반고리관

37 다음 중 단순반복 작업으로 인한 질환의 발생 부위가 다른 것은?

① 요부염좌
② 수완진동증후군
③ 수근관증증후군
④ 결절종

해설 1) 요부염좌(허리) : 무거운 물건을 들거나 기타 사고 등으로 허리에 압력을 받아서 접질린 상태
2) 수완진동 증후군(손) : 손과 팔에 진동에 의해서 나타나는 질환
3) 수근관 증후군(손) : 수근관(손목 앞쪽의 작은 통로)이 좁아지면 여기를 통과하는 정중신경이 눌려서 이상증상이 나타나는 질환
4) 결절종(손) : 손에 발생하는 종양

38 어떤 공장에서 10,000시간 동안 15,000개의 부품을 생산하였을 때 설비고장으로 인하여 15개의 불량품이 발생하였다면 평균 고장간격(MTBF)은 얼마인가?

① 1×10^6 시간
② 2×10^6 시간
③ 1×10^7 시간
④ 2×10^7 시간

해설 $MTBR\left(=\frac{1}{\lambda}\right) = \frac{고장시간}{불량품 개수}$
$= \frac{1 \times 10^4 \times 1.5 \times 10^4}{15}$
$= 1.0 \times 10^7 \text{hr}$

39 다음 중 FTA 분석을 위한 기본적인 가정에 해당하지 않는 것은?

① 중복사상은 없어야 한다.
② 기본사상들의 발생은 독립적이다.
③ 모든 기본사상은 정상사상과 관련되어 있다.
④ 기본사상의 조건부 발생확률은 이미 알고 있다.

해설 FTA 분석
1) 기본사상발생 : 독립적
2) 정상사상 : 기본사상이 기본이 되어 정상사상과 관련
3) 기본사상 : 조건부 발생확률 인지

40 신기술, 신공법을 도입함에 있어서 설계, 제조, 사용의 전 과정에 걸쳐서 위험성의 여부를 사전에 검토하는 관리기술은?

① 예비위험 분석
② 위험성 평가
③ 안전분석
④ 안전성 평가

해설 안전성 평가(safety assessment) : 설비나 제품의 설계, 제조, 사용에 있어서 기술적, 관리적 측면에 대하여 종합적인 안전성을 사전에 평가하여 개선책을 시정하는 것을 말한다.

■ 정답 ■ 36.② 37.① 38.③ 39.① 40.④

제3과목 / 건설시공학

41 자연 함수비가 어떤 상태에 있을 때 점토 지반이 가장 안정한가?

① 소성한계
② 소성과 수축한계 사이
③ 액성한계
④ 수축한계

해설 흙의 경연도
1) **소성한계** : 파괴 없이 변형을 일으킬 수 있는 최소의 함수비
2) **액성한계** : 외력에 전단 저항이 0이 되는 최소 함수비로 액성한계가 크면 수축, 팽창이 커진다.
3) **수축한계** : 함수비가 감소해도 부피의 감소가 없는 최대의 함수비(가장 안전)

42 공정계획 및 관리에 있어 작업의 집약화와 가장 관계가 먼 것은?

① 부분공사로서 이미 자료화 되어 있는 작업군
② 투입되는 자원의 종류가 다른 작업군
③ 관리외의 작업군
④ 현시점에서 관리상의 중요도가 적은 작업군

43 용접봉의 용접 방향에 대하여 서로 엇갈리게 움직여서 금속을 용착시키는 운봉방식은?

① 언더컷(undercut)
② 오버랩(overlap)
③ 위빙(weaving)
④ 크랙(crack)

해설 1) **용접결함** : 언더컷(undercut), 오버랩(overlap), 크랙(crack)
2) **위빙**(weaving) : 본문 설명

44 기둥 거푸집의 고정 및 측압 버팀용으로 사용하는 것은?

① 턴버클
② 세퍼레이터
③ 플랫타이
④ 컬럼밴드

해설 1) **턴버클**(turnbuckle) : 지지용 로프 등을 잡아당기거나 늦출 때 사용하는 연결부품
2) **세퍼레이터**(separator) : 거푸집의 상호간의 간격을 유지시켜주는 격리재
3) **플랫타이**(flat tie) : 철재패널폼에 사용하는 폼타이(formite, 긴장재)
4) **칼럼밴드**(column band) : 본문 설명

45 시공계획서에 기재되어야 할 사항으로 부적합한 것은?

① 작업의 질과 양
② 시공조건
③ 사용재료
④ 마감시공도

해설 **마감시공도** : 시공계획서에 포함되지 않음

46 철골구조의 조립 및 설치와 관계 없는 것은?

① 토크렌치(torque wrench)
② 타워크레인(tower crane)
③ 임팩트 렌치(impact wrench)
④ 트렌치 컷(Trench cut)

해설 1) **트렌치 컷 공법** : 흙파기 공법
2) **철골조립시 사용기계·기구**
① **토크렌치**(torque wrench) : 볼트를 죄는 회전력을 눈금 또는 숫자로 확실히 알고 죌 수 있는 공구
② **타워크레인** : 철골세우기용 장비
③ **임팩트 렌치**(impact wrench) : 압축공기 등을 이용하여 충격적으로 너트를 체결하는 렌치

■ 정답 ■ 41.④ 42.② 43.③ 44.④ 45.④ 46.④

47 토질시험 항목 중 흙속에 수분이 있어 끈기가 있는 상태의 정도를 알아내기 위해 실시하는 시험항목은?

① 함수비 시험
② 흙의 비중시험
③ 흙의 액성한계시험
④ 흙의 소성한계시험

해설 토질시험
1) 함수비 시험 : 흙의 함수량을 결정하기 위한 시험이다.
2) 흙의 비중시험 : 피크노메타 비중병에 증류수를 채운 중량 및 흙입자와 물을 채울 때의 중량의 관계, 흙입자의 건조중량을 측정하여 비중을 구한다.
3) 흙의 액성 한계시험 : 흙속에 수분이 있어 끈기가 있는 상태의 정도를 알아내기 위해 실시하는 실험이다.
4) 흙의 소성 한계실험 : 흙속에 수분이 거의 없고 바삭바삭한 상태의 정도를 알아보기 위해 실시하는 실험이다.

48 철골 공사에서 각 용접부의 명칭에 관한 설명으로 옳지 않은 것은?

① 앤드 탭(End Tab) : 모재 양 쪽에 모재와 같은 개선 형상을 가진 판
② 뒷댐재 : 루트 간격 아래에 판을 부착한 것
③ 스캘럽 : 용접선의 교차를 피하기 위하여 모재에 설치한 부채꼴
④ 스패터 : 모살 용접이 각진 부분에서 끝날 경우 각진 부분에서 그치지 않고 연속적으로 그 각을 돌아가며 용접하는 것

해설 스패터(spatter) : 아크용접과 가스용접에서 용접 중 튀어나오는 슬래그 또는 금속입자를 말한다.

49 지형과 지반의 상태에 따라 지하수가 펌프 사용없이 솟아나는 자분샘물을 무엇이라 하는가?

① 히빙　　　　② 보일링
③ 정압수　　　④ 피압수

해설 피압수 : 지형과 지반의 상태에 따라 지하수가 정수압 보다 높은 압력을 가질 때를 나타내는 것으로 펌프의 사용없이 물이 솟아나는 자분샘물을 말한다.

50 수입을 수반한 공공 프로젝트에 있어서 자금을 조달하고, 설계·엔지니어링, 시공전부를 도급받아 시설물을 완성하고, 그 시설을 10~30년 동안 운영하는 것으로 운영수입으로부터 투자자금을 회수한 후 발주자에게 그 시설을 인도하는 방식은?

① BOT(Build - Operate - Transfer)방식
② Partnering 방식
③ Project management 방식
④ Design Build 방식

해설 BOT 방식 : 본문 설명

51 콘크리트 비파괴검사 중에서 강도를 추정하는 측정 방법과 거리가 먼 것은?

① 슈미트 해머법
② 초음파 속도법
③ 인발법
④ 방사선 투과법

해설 콘크리트 강도를 추정하는 측정법
1) 슈미트 해머법
2) 초음파 속도법
3) 인발법

■정답■　47.③　48.④　49.④　50.①　51.④

52 공사 도급계약 체결시 첨부하지 않아도 좋은 서류는?

① 도급계약서   ② 설계도
③ 공사시방서   ④ 공사 공정표

해설 도급계약시 첨부서류
1) 도급계약서   2) 도급계약 약관
3) 설계도   4) 공사시방서

53 보일링(Boiling)현상을 방지하기 위한 방법으로 옳지 않은 것은?

① 약액주입 등으로 굴착 지면의 지수를 한다.
② 안전율을 만족하도록 흙막이 벽의 타입 깊이를 늘린다.
③ 지하수위를 저하하는 공법을 사용한다.
④ 흙막이 벽의 배면 지하수위와 굴착저면과의 수위차를 크게 한다.

해설 ④항, 흙막이벽의 배면 지하수위와 굴착 저면과의 수위차를 작게 한다.

54 철근콘크리트 보강 블록공사에 대한 설명 중 옳지 않은 것은?

① 보강근이 들어간 부분은 블록 2단마다 콘크리트나 모르타르를 충분히 충전시켜 철근이 녹스는 것을 방지한다.
② 블록 쌓기 시 되도록 고저차가 없도록 수평이 되게 쌓아 올린다.
③ 벽의 세로근은 원칙적으로 이음을 만들지 않고 기초와 테두리보에 정착시킨다.
④ 블록의 빈속을 철근과 콘크리트로 보강하여 장막벽을 구성하는 것이다.

해설 ④항, 블록의 빈속을 철근과 콘크리트로 보강하며 내력벽 또는 이에 준하는 장막벽을 구성하는 것이다.

55 콘크리트 보양에 관한 설명으로 옳지 않은 것은?

① 경화온도를 높이기 위하여 직사일광에 노출시킨다.
② 수화작용이 충분히 일어나도록 항상 습윤상태를 유지한다.
③ 콘크리트를 부어넣은 후 1일간은 원칙적으로 그 위를 보행해서는 안된다.
④ 평균기온이 연속적으로 2일 이상 5℃ 미만인 경우, 담당원 또는 책임기술자의 지시에 따라 가열보온양생을 고려해야 한다.

해설 직사광선이나 급격한 건조 및 한기에 대하여 적절한 양생을 하여 콘크리트의 온도가 2℃이상 유지되도록 하여야 한다.

56 철골공사의 용접작업 시 맞댄용접의 앞벌림 모양과 관련이 없는 것은?

① I자형   ② U자형
③ Z자형   ④ H자형

해설 맞댄 용접이 앞벌린 모양 : I자형, U자형, H자형 등

57 배치도에 나타난 건물의 위치를 대지에 표시하여 대지경계선과 도로경계선 등을 확인하기 위한 것은?

① 수평규준틀
② 줄쳐보기
③ 기준점
④ 수직규준틀

해설 1) 수평규준틀(가로규준틀) : 터파기 공사에 사용
2) 줄쳐보기 : 본문 설명
3) 기준점(bench mart) : 공사 중 높이의 기준을 삼고자 설정하는 것
4) 수직규준틀(세로규준틀) : 조적공사에 사용

■ 정답 ■ 52.④ 53.④ 54.④ 55.① 56.③ 57.②

58 다음 용어에 대한 정의로 틀린 것은?

① 함수비 = $\dfrac{\text{물의 무게}}{\text{토립자의 무게(건조중량)}} \times 100(\%)$

② 간극비 = $\dfrac{\text{간극의 부피}}{\text{토립자의 부피}}$

③ 포화도 = $\dfrac{\text{물의 부피}}{\text{간극의 부피}} \times 100(\%)$

④ 간극률 = $\dfrac{\text{물의 부피}}{\text{전체의 부피}} \times 100(\%)$

해설 간극률 = $\dfrac{\text{간극의 부피}}{\text{토립자의 부피}} \times 100(\%)$

59 바닥판, 보의 거푸집 설계 시 고려하는 계산용 하중과 가장 거리가 먼 것은?

① 굳지 않은 콘크리트중량
② 거푸집의 자중
③ 작업하중
④ 충격하중

해설 거푸집 설계시 고려하중
　1) 바닥판, 보 밑 등 수평부재(연직방향 하중)
　　① 작업하중
　　② 충격하중
　　③ 생콘크리트의 자중
　2) 벽, 기둥 보 옆 등 수직부재(횡방향 하중)
　　① 생 콘크리트의 자중
　　② 생 콘크리트의 측압

60 콘크리트 타설에 앞서 거푸집에 물뿌리기를 하는 가장 큰 이유는?

① 콘크리트에 대한 거푸집의 수분흡수를 방지하기 위하여
② 거푸집에 발생하는 측압의 감소를 위하여
③ 거푸집의 휨을 방지하기 위하여
④ 콘크리트의 초기 강도 증진을 위하여

해설 거푸집에 물 뿌리기를 하는 이유 : 거푸집의 수분흡수를 방지하기 위하여

제4과목 / 건설재료학

61 합성수지에 대한 설명 중 틀린 것은?

① 요소수지 : 내수합판의 접착제로 널리 사용되며 도료, 마감재, 장식재로 쓰인다.
② 에폭시수지 : 내수성, 내약품성, 전기절연성이 우수하여 건축 분야에 널리 사용된다.
③ 실리콘 : 발수성이 좋지 않으며, 기포성 제품으로 가공하여 보온재나 쿠션대로 사용된다.
④ 아크릴수지 : 투명도가 높아 채광판, 도어판, 칸막이벽 등에 쓰인다.

해설 실리콘수지 : 내열성 및 내한성이 우수하고 내수성·발수성이 좋다.

62 기건상태인 목재의 함수율은 약 얼마인가?

① 10% 정도　② 15% 정도
③ 20% 정도　④ 25% 정도

해설 1) 목재의 기건함수율 : 15% 정도
　　　2) 목재의 섬유포화점 함수율 : 30% 정도

63 과소품(過燒品)벽돌의 특징으로 틀린 것은?

① 강도가 약하다.
② 형태가 고르지 못하다.
③ 균열이 많이 보인다.
④ 색체가 고르지 못하다.

해설 과소벽돌
　1) 소성온도가 지나치게 높아서 질이 견고하고 (강도가 크다), 두드리면 금속성 청음이 난다.
　2) 구조용 재료로는 부적당하고 장식용 또는 기초 조적재 등으로 쓰인다.

■ 정답 ■ 58.④　59.②　60.①　61.③　62.②　63.①

64 콘크리트의 워커빌리티 측정법이 아닌 것은?

① 슬럼프시험   ② 다짐계수시험
③ 비비시험   ④ 슈미트해머시험

해설 워커빌리티 측정법
1) 슬럼프시험
2) 다짐계수시험
3) 비비시험
4) 구관입시험
5) 흐름시험(flow test)
6) 리몰딩시험 등

65 목재의 성질에 관한 설명으로 틀린 것은?

① 비중이 큰 목재는 일반적으로 강도가 크다.
② 가공은 쉽지만 부패하기 쉽다.
③ 열전도율이 커서 보온재료로 사용이 불가능하다.
④ 섬유 방향에 따라서 전기전도율은 다르다.

해설 목재 : 열전도율 및 열팽창률이 작다.

66 다음 미장재료 중 경화속도가 가장 빠른 것은?

① 시멘트 모르타르
② 회반죽
③ 돌로마이트 플라스터
④ 석고 플라스터

해설 석고 플라스터 : 수경성 재료로 수화속도가 미장재료 중 가장 빠르다.

67 콘크리트의 건조수축에 대한 설명으로 옳은 것은?

① 단위수량이 증가하면 건조수축량이 감소한다.
② 부재치수가 클수록 건조수축량이 적다.
③ 골재 중에 포함한 미립분이나 점토는 건조수축을 감소시킨다.
④ 습윤양생기간은 건조수축에 큰 영향을 준다.

해설 1) 단위수량이 증가하면 건조수축량은 증대된다.
2) 골재 중에 포함된 미립분이나 점토는 건조수축을 증대시킨다.

68 보통포틀랜드 시멘트의 품질규정(KS L 5201)에서 비카시험의 초결시간과 종결시간으로 옳은 것은?

① 30분 이상 - 6시간 이하
② 60분 이상 - 6시간 이하
③ 60분 이상 - 10시간 이하
④ 2시간 이상 - 10시간 이하

해설 보통 포틀랜드시멘트의 초결시간과 종결시간 : 1시간 이상 ~ 10시간 이하

69 다음 중 석재 중 외장용으로 가장 부적합한 것은?

① 대리석   ② 화강석
③ 안산암   ④ 점판암

해설 대리석 용도 : 내장재(실내장식용), 조각재 등에 쓰임

70 도막 방수재료의 특징으로 틀린 것은?

① 복잡한 부위의 시공성이 좋다.
② 신속한 작업 및 접착성이 좋다.
③ 바탕면의 미세한 균열에 대한 저항성이 있다.
④ 누수시 결함 발견이 어렵고 국부적으로 보수가 어렵다.

해설 도막방수재 : 누수시 결함 발견이 쉽고 국부적으로 보수도 쉽다.

■정답■ 64.④ 65.③ 66.④ 67.② 68.③ 69.① 70.④

71 목재의 무늬나 바탕의 특징을 잘 나타낼 수 있는 마무리 도료는?

① 유성페인트 ② 클리어 래커
③ 에나멜 래커 ④ 수성페인트

해설 클리어 래커(clear lacquer) : 안료가 들어가지 않은 투명한 래커로 목재의 무늬나 바탕의 특징을 잘 나타낼 수 있는 도료이다.

72 재료의 열팽창계수에 대한 설명으로 틀린 것은?

① 온도의 변화에 따라 물체가 팽창·수축하는 비율을 말한다.
② 길이에 관한 비율인 선팽창계수와 용적에 관한 체적팽창계수가 있다.
③ 일반적으로 체적팽창계수는 선팽창계수의 3배이다.
④ 체적팽창계수의 단위는 W/m·K이다.

해설 체적팽창계수 단위 : L/℃

73 다음은 시멘트를 조기강도가 큰 것으로부터 작은 순서대로 열거한 것이다

옳은 것은?

① 알루미나 시멘트 – 고로 시멘트 – 보통 포틀랜드 시멘트
② 보통 포틀랜드 시멘트 – 고로 시멘트 – 알루미나 시멘트
③ 알루미나 시멘트 – 보통 포틀랜드 시멘트 – 고로 시멘트
④ 보통 포틀랜드 시멘트 – 알루미나 시멘트 – 고로 시멘트

해설 조기강도 크기순서 : 알루미나 시멘트 > 보통 포틀랜드 시멘트 > 고로시멘트

74 테라코타에 대한 설명으로 틀린 것은?

① 도토, 자토 등을 반죽하여 형틀에 넣고 성형하여 소성한 속이 빈 대형의 점토제품이다.
② 석재보다 가볍다.
③ 압축강도는 화강암과 거의 비슷하다.
④ 화강암보다 내화도가 높으며 대리석보다 풍화에 강하다.

해설 ③항, 압축강도($800 \sim 900 kg/cm^2$)는 화강암의 1/2정도이다.

75 다음 금속 중 이온화 경향이 가장 큰 것은?

① Zn ② Cu
③ Ni ④ Fe

해설 이온화 경향의 크기 순서 :
Zn > Fe > Ni > Cu

76 수화속도를 지연시켜 수화열을 작게 한 시멘트로, 건조수축이 작고 내황산염이 크며, 건축용 매스콘크리트 등에 사용되는 시멘트는?

① 중용열 포틀랜드시멘트
② 조강 포틀랜드시멘트
③ 초조강 포틀랜드시멘트
④ 백색 포틀랜드시멘트

해설 중용열 포틀랜드시멘트
1) 중용열 포틀랜드시멘트 : 수화열을 적게 하기 위해 C_3A9(알루민산삼석회)의 양을 8% 이하, C_3S(규산삼석회)의 양을 30% 이하로 만든 시멘트이다.
2) 특성 및 용도
  ① 조기강도는 작고 장기강도는 크다.
  ② 화학저항성이 크다.
  ③ 내산성 및 내구성이 우수하다.
  ④ 포틀랜드시멘트 중에서 건조수축이 가장 적다.
  ⑤ 댐 및 콘크리트 포장, 방사능 차폐용 등에 사용된다.

■ 정답 ■ 71.② 72.④ 73.③ 74.③ 75.① 76.①

77 내부에 몇 개의 구멍을 가진 벽돌로 단열, 방음을 위해 방음벽, 단열벽 등에 사용되며 경량으로 칸막이벽에도 사용되는 것은?

① 중공벽돌
② 이형벽돌
③ 규석벽돌
④ 샤모트벽돌

해설 중공벽돌 : 점토를 원료로 속이 비게 성형한 후 소성하여 만든 벽돌로 구멍벽돌, 속빈벽돌, 공동벽돌이라고도 한다.

78 강당, 집회장 등의 음향조절용으로 쓰이거나 일반건물의 벽 수장재로 사용하여 음향효과를 거둘 수 있는 목재제품은?

① 파키트리 블록
② 코펜하겐 리브
③ 플로링 보드
④ 파키트리 패널

해설 코펜하겐 리프판(copenhagen rib board)
1) 두께 5cm, 폭(너비) 10cm정도의 긴 판에다 표면을 리브로 가공한 것이다.
2) 면적이 넓은 강당, 집회장, 극장 등의 천장 또는 내벽에 붙여 음향조절용으로 쓰거나 수장제로 사용된다.

79 건물의 바닥 충격음을 저감시키는 방법에 대한 설명으로 틀린 것은?

① 유리면 등의 완충재를 바닥공간 사이에 넣는다.
② 부드러운 표면마감재를 사용하여 충격력을 작게 한다.
③ 바닥을 띄우는 이중바닥으로 한다.
④ 바닥슬래브의 중량을 작게 한다.

해설 ④항, 바닥 슬래브의 중량을 크게 한다.

80 콘크리트 혼화재료 중 플라이애시(Fly Ash)에 관한 설명으로 틀린 것은?

① 콘크리트의 워커빌리티 (workability)를 좋게 한다.
② 주성분은 탄소(C)이다.
③ 콘크리트의 수밀성을 향상시킨다.
④ 콘크리트의 수화초기 시 발열량을 감소시킨다.

해설 플라이애시(fly ash) : 분탄이 보일러에서 연소할 때 부유하는 회분을 전기집진기로 채집한, 표면이 매끄러운 구형의 미세립 분말

제5과목 / 건설안전기술

81 일반 거푸집 설계시 강도상 고려해야 할 사항이 아닌 것은?

① 고정하중
② 풍압
③ 콘크리트 강도
④ 측압

해설 거푸집 설계시 고려해야 할 하중
1) **연직방향하중** : 고정하중, 충격하중, 작업하중 등
2) **횡방향하중** : 진동, 충격, 시공오차 등에 기인되는 횡방향하중, 풍압, 유수압, 지진 등
3) **콘크리트의 측압** : 굳지 않은 콘크리트의 측압
4) **특수하중** : 시공 중에 예상되는 특수한 하중
5) 상기 1~4호의 하중에 안전율을 고려한 하중

■ 정답 ■ 77.① 78.② 79.④ 80.② 81.③

82 토사 붕괴의 내적 요인이 아닌 것은?

① 절토 사면의 토질구성 이상
② 성토 사면의 토질구성 이상
③ 토석의 강도 저하
④ 사면, 법면의 경사 증가

해설 ④항, 사면, 법면의 경사 증가 : 토사 붕괴의 외적요인

83 지반의 침하에 따른 구조물의 안전성에 중대한 영향을 미치는 흙의 간극비의 정의로 옳은 것은?

① $\dfrac{공기의\ 부피}{흙입자의\ 부피}$
② $\dfrac{공기와\ 물의\ 부피}{흙입자의\ 부피}$
③ $\dfrac{공기와\ 물의\ 부피}{흙입자에\ 포함된\ 물의\ 부피}$
④ $\dfrac{공기의\ 부피}{흙입자에\ 포함된\ 물의\ 부피}$

해설 1) 흙=토립자+공극(간극 : 물+공기)
2) 간극비(공극비)=$\dfrac{공극의\ 용적}{흙입자의\ 용적}$
=$\dfrac{공기와\ 물의\ 부피}{흙입자의\ 부피}$

84 추락재해 방지설비의 종류가 아닌 것은?

① 추락방망   ② 안전난간
③ 개구부 덮개   ④ 수직보호망

해설 수직보호망 : 낙하·비래 방지설비

85 옹벽이 외력에 대하여 안정하기 위한 검토 조건이 아닌 것은?

① 전도   ② 활동
③ 좌굴   ④ 지반 지지력

해설 옹벽이 외력에 대하여 안정하기 위한 검토조건
1) 전도
2) 활동
3) 지반지지력

86 감전재해의 방지대책에서 직접접촉에 대한 방지대책에 해당하는 것은?

① 충전부에 방호망 또는 절연덮개 설치
② 보호접지(기기외함의 접지)
③ 보호절연
④ 안전전압 이하의 전기기기 사용

해설 1) 직접접촉에 의한 감전방지대책
① 충전부 전체를 절연할 것
② 노출형 배전설비 등은 폐쇄 배전반형으로 하고 전동기 등은 적절한 방호구조의 형식을 사용할 것
③ 설치장소의 제한, 별도의 실내 또는 울타리 등을 설치하고 시건장치를 할 것
2) 간접접촉에 의한 감전방지대책
① 계통 또는 기기접지(보호접지)
② 누전차단기 설치
③ 비접지방식의 전로채용
④ 안전전압 이하의 전기기기 사용
⑤ 보호절연

87 흙파기 공사용 기계에 관한 설명 중 틀린 것은?

① 불도저는 일반적으로 거리 60m 이하의 배토 작업에 사용된다.
② 클램쉘은 좁은 곳의 수직파기를 할 때 사용한다.
③ 파워쇼벨은 기계가 위치한 면보다 낮은 곳을 파낼 때 유용하다.
④ 백호우는 토질의 구멍파기나 도랑파기에 이용된다.

해설 파워쇼벨 : 기계가 위치한 면보다 높은 곳을 굴착하는 기계

■정답■ 82.④ 83.② 84.④ 85.③ 86.① 87.③

88 콘크리트 측압에 관한 설명 중 옳지 않은 것은?

① 슬럼프가 클수록 측압은 커진다.
② 벽 두께가 두꺼울수록 측압은 커진다.
③ 부어 놓는 속도가 빠를수록 측압은 커진다.
④ 대기 온도가 높을수록 측압은 커진다.

해설 대기온도가 낮을수록 측압이 커진다.

89 차량계 하역운반기계에 화물을 적재할 때의 준수사항과 거리가 먼 것은?

① 하중이 한쪽으로 치우치지 않도록 적재할 것
② 구내운반차 또는 화물자동차의 경우 화물의 붕괴 또는 낙하에 의한 위험을 방지하기 위하여 화물에 로프를 거는 등 필요한 조치를 할 것
③ 운전자의 시야를 가리지 않도록 화물을 적재할 것
④ 제동장치 및 조정장치 기능의 이상 유무를 점검할 것

해설 ④항, 제동장치 및 조종장치 기능의 이상유무 : 지게차의 작업시작 전 점검사항

90 건설업 산업안전보건관리비의 사용항목으로 가장 거리가 먼 것은?

① 안전시설비
② 사업장의 안전진단비
③ 근로자의 건강관리비
④ 본사 일반관리비

해설 건설업 안전관리비 항목별 사용기준
1) 안전관리자 등의 인건비 및 각종 업무수당비 등
2) 안전시설비 등
3) 개인보호구 및 안전장구 구입비 등
4) 사업장의 안전진단비 등
5) 안전보건교육비 및 행사비 등
6) 근로자의 건강관리비 등
7) 건설재해예방 기술지도비
8) 본사사용비

91 철골공사 시 도괴의 위험이 있어 강풍에 대한 안전 여부를 확인해야 할 필요성이 가장 높은 경우는?

① 연면적당 철골양이 일반건물보다 많은 경우
② 기둥에 H형강을 사용하는 경우
③ 이음부가 공장용접인 경우
④ 호텔과 같이 단면구조가 현저한 차이가 있으며 높이가 20m 이상인 건물

해설 철골공사시 철공의 자립도 검토사항 : 구조안전의 위험성이 큰 다음 항목의 철골구조물은 건립 중 강풍에 의한 풍압 등 외압에 대한 내력이 설계에 고려되었는지 확인할 것
1) 높이 20m 이상의 구조물
2) 구조물의 폭과 높이의 비가 1:4 이상인 구조물
3) 단면구조에 현저한 차이가 있는 구조물
4) 연면적당 철골량이 50kg/m² 이하인 구조물
5) 기둥이 타이 플레이트(tie plate)형인 구조물
6) 이음부가 현장용접인 구조물

92 철골작업시 추락재해를 방지하기 위한 설비가 아닌 것은?

① 안전대 및 구명줄
② 트렌치박스
③ 안전난간
④ 추락방지용 방망

해설 철골공사시 추락재해 방지설비 : 안전대 및 구명줄, 안전난간 및 울타리, 추락방지용 방망 등

■ 정답 ■ 88.④ 89.④ 90.④ 91.④ 92.②

93 공사현장에서 낙하물방지망 또는 방호선반을 설치할 때 설치높이 및 벽면으로부터 내민 길이 기준으로 옳은 것은?

① 설치높이 : 10m 이내마다, 내면 길이 2m 이상
② 설치높이 : 15m 이내마다, 내면 길이 2m 이상
③ 설치높이 : 10m 이내마다, 내면 길이 3m 이상
④ 설치높이 : 15m 이내마다, 내면 길이 3m 이상

해설 낙하물방지망 또는 방호선반 설치시 준수사항
1) 설치 높이는 10m 이내마다 설치하고, 내민 길이는 벽면으로부터 2m 이상으로 할 것
2) 수평면과의 각도는 20° 내지 30°를 유지할 것

94 작업발판에 최대적재하중을 적재함에 있어 달비계의 하부 및 상부지점이 강재인 경우 안전계수는 최소 얼마 이상인가?

① 2.5 ② 5
③ 10   ④ 15

해설 달비계(곤돌라의 달비계는 제외)를 작업발판으로 사용할 때 최대적재하중을 정함에 있어서의 안전계수
1) 달기와이어로프 및 달기강선의 안전계수 : 10이상
2) 달기체인 및 달기훅의 안전계수 : 5이상
3) 달기강대와 달비계의 하부 및 상부지점의 안전계수
 ① 강재의 경우 2.5 이상
 ② 목재의 경우 5이상

95 달비계 설치 시 달기체인의 사용 금지 기준과 거리가 먼 것은?

① 달기체인의 길이가 달기체인이 제조된 때의 길이의 5%를 초과한 것
② 균열이 있거나 심하게 변형된 것
③ 이음매가 있는 것
④ 링의 단면지름이 달기체인이 제조된 때의 해당 링의 지름이 10%를 초과하여 감소한 것

해설 부적격한 달기체인 사용금지사항
1) 달기체인의 길이의 증가가 그 달기체인이 제조된 때의 길이의 5%를 초과한 것
2) 링의 단면지름 감소가 그 달기체인이 제조된 때의 해당 링의 지름의 10%를 초과한 것
3) 균열이 있거나 심하게 변형된 것

96 차량계 건설기계의 작업시 작업시작 전 점검사항에 해당되는 것은?

① 권과방지장치의 이상 유무
② 브레이크 및 클러치의 기능
③ 슬링·와이어 슬링의 매달린 상태
④ 언로드밸브의 이상 유무

해설 차량계 건설기계의 작업시작 전 점검사항 : 브레이크, 클러치 등의 기능

97 차량계 하역운반기계의 운전자가 운전위치를 이탈하는 경우 조치해야 할 내용 중 틀린 것은?

① 포크 및 버킷을 가장 높은 위치에 두어 근로자 통행을 방해하지 않도록 하였다.
② 원동기를 정지시켰다.
③ 브레이크를 걸어두고 확인 하였다.
④ 경사지에서 갑작스런 주행이 되지 않도록 바퀴에 블록 등을 놓았다.

해설 차량계 하역운반기계의 운전자가 운전위치를 이탈할 경우 준수할 사항
1) 포크 및 버킷시 등의 하역장치를 가장 낮은 위치에 둘 것
2) 원동기를 정지시키고 브레이크를 확실히 거는 등 불시 주행을 방지하기 위한 조치를 할 것

98 채석작업을 하는 경우 지반의 붕괴 또는 토석의 낙하로 인하여 근로자에게 발생할 우려가 있는 위험을 방지하기 위하여 취하여야 할 조치와 가장 거리가 먼 것은?

① 작업 시작 전 작업장소 및 그 주변 지반의 분석과 균열의 유무와 상태 점검
② 함수 · 용수 및 동결상태의 변화 점검
③ 진동치 속도 점검
④ 발파 후 발파장소 점검

해설 채석작업시 지반의 붕괴 또는 토석의 낙하에 의한 위험방지 조치사항
  1) 점검자를 지명하고 작업 장소 및 그 주변의 지반에 대하여 당일의 작업을 시작하기 전에 부석과 균열의 유무와 상태, 함수 · 용수 및 동결상태의 변화를 점검할 것
  2) 점검자는 발파를 행한 후 당해 발파를 행한 장소와 그 주변의 부석과 균열의 유무 및 상태를 점검할 것

99 산업안전보건기준에 관한 규칙에 따른 굴착면의 기울기 기준으로 틀린 것은?

① 보통흙 모래 – 1 : 1.8
② 풍화암 – 1 : 0.5
③ 보통흙 그 밖에 흙 – 1 : 1.2
④ 경암 – 1 : 0.5

해설 굴착작업시 굴착면의 기울기 기준

구분	지반의 종류	구배
보통 흙	모래	1 : 1.8
	그 밖에 흙	1 : 1.2
암반	풍화암	1 : 1.0
	연암	1 : 1.0
	경암	1 : 0.5

100 다음은 이음매가 있는 권상용 와이어로프의 사용금지 규정이다. ( )안에 알맞은 숫자는?

> 와이어로프의 한 꼬임에서 소선의 수가 ( )% 이상 절단된 것을 사용하면 안된다.

① 5
② 7
③ 10
④ 15

해설 부적격한 와이어로프의 사용금지사항
  1) 이음매가 있는 것
  2) 와이어로프의 한 꼬임에서 끊어진 소선(필러선 제외)의 수가 10%이상인 것
  3) 지름의 감소가 공칭지름의 7%를 초과하는 것
  4) 꼬인 것
  5) 심하게 변형 또는 부식된 것
  6) 열과 전기충격에 의해 손상된 것

■ 정답 ■ 98.③ 99.② 100.③

2015년 4회 기출문제
[9월 19일 시행]

건설안전산업기사

제1과목 / 산업안전관리론

01 안전·보건교육계획 수립 시 고려하여야 할 사항과 가장 거리가 먼 것은?

① 교육지도안 및 교재
② 교육의 종류와 교육대상
③ 교육 장소 및 교육 방법
④ 교육의 과목 및 교육 내용

해설 안전교육계획에 포함되어야 할 사항(안전교육계획의 내용)
1) 교육목표(첫째 과제)
   ① 교육 및 훈련의 범위
   ② 교육 보조자료의 준비 및 사용지침
   ③ 교육훈련의 의무와 책임관계 명시
2) 교육의 종류 및 교육대상(교육계획 수립 시 최우선적으로 고려해야 할 사항)
3) 교육의 과목 및 교육내용
4) 교육 장소
5) 교육 담당자 및 강사

02 위험예지훈련 기초 4라운드법의 진행에서 위험의 포인트를 결정하여 전원이 지적확인을 하는 단계로 가장 적절한 것은?

① 제1라운드 : 현상파악
② 제2라운드 : 본질추구
③ 제3라운드 : 대책수립
④ 제4라운드 : 목표설정

해설 1) 4R 중 BS원칙을 적용하는 단계 : 1R(현상파악)와 3R(대책수립)
2) 4R 중 원포인트(one point)지적확인을 하는 단계
   ① 2R(본질추구) : 위험 포인트를 결정하여 지적확인
   ② 4R(목표달성) : 수립대책 중 가장 질이 높은 항목에 합의한 후 지적확인

03 매슬로우의 욕구단계 이론에서 자기의 잠재능력을 극대화하여 원하는 것을 이루고자 하는 욕구에 해당되는 것은?

① 자아실현의 욕구
② 사회적 욕구
③ 존경의 욕구
④ 안전의 욕구

해설 매슬로우(Maslow)의 욕구 5단계
1) 1단계-생리적 욕구(신체적 욕구) : 기아, 갈등, 호흡, 배설, 성욕 등 기본적 욕구
2) 2단계-안전의 욕구 : 안전을 구하려는 욕구
3) 3단계-사회적 욕구(친화욕구) : 애정, 소속에 대한 욕구
4) 4단계-인정받으려는 욕구(자기존경의 욕구, 승인욕구) : 자존심, 명예, 성취, 지위 등에 대한 욕구
5) 5단계-자아실현의 욕구(성취욕구) : 잠재적인 능력을 실현하고자 하는 욕구

■정답■ 01.① 02.② 03.①

04 사고예방대책의 기본원리 5단계에서 "사실의 발견"단계에 해당하는 것은?

① 작업환경 측정
② 안전진단·평가
③ 점검 및 조사 실시
④ 안전관리 계획 수립

해설 사고예방대책의 기본원리 5단계

단계	과정	내용
1단계	조직	① 경영자의 안전목표 ② 안전관리자의 임명 ③ 안전의 라인 및 참모 조직구성 ④ 안전활동 방침 및 계획수립 ⑤ 조직을 통한 안전활동
2단계	사실의 발견	① 사고 및 안전활동 기록 검토 ② 작업분석 ③ 안전점검 및 안전진단 ④ 사고조사 ⑤ 안전회의 및 토의 ⑥ 근로자의 제안 및 여론조사 ⑦ 관찰 및 보고서의 연구 등을 통하여 불안전 요소 발견
3단계	분석평가	① 사고보고서 및 현장조사 ② 사고기록 및 인적 물적 조건의 분석 ③ 작업공정 분석 ④ 교육훈련 분석 등을 통하여 사고의 직접원인 및 간접원인 규명
4단계	시정책 선정	① 기술적 개선 ② 인사조정(배치조정) ③ 교육훈련의 개선 ④ 안전행정의 개선 ⑤ 규정 및 수칙 작업표준 제도의 개선 ⑥ 확인 및 통제체제 개선
5단계	시정책 적용	① 기술적(engineering)대책 ② 교육적(education)대책 ③ 단속적(enforcement)대책

05 파브로브(pavlov)의 조건반사설에 의한 학습이론의 원리에 해당되지 않는 것은?

① 일관성의 원리   ② 시간의 원리
③ 강도의 원리   ④ 준비성의 원리

해설 조건반사설에 의한 학습이론의 원리
1) **시간의 원리** : 조건자극(종소리)이 무조건자극(음식물)보다 시간적으로 동시 또는 조금 앞서서 주어야만 조건화, 즉시 강화가 잘 된다는 원리이다.
2) **강도의 원리** : 조건 반사적인 행동이 이루어지려면 먼저 준 자극의 정도에 비해 적어도 같거나 그보다 강한 자극을 주어야 바람직한 결과를 낳게 된다.
3) **일관성의 원리** : 조건자극은 일관된 자극물을 사용하여야 한다는 원리이다.
4) **계속성의 원리** : 자극과 반응과의 관계를 반복하여 횟수를 거듭할수록 조건화가 잘 형성된다는 원리이다.

06 정지된 열차 내에서 창밖으로 이동하는 다른 기차를 보았을 때, 실제로 움직이지 않아도 움직이는 것처럼 느껴지는 심리적 현상을 무엇이라 하는가?

① 가상운동   ② 유도운동
③ 자동운동   ④ 지각운동

해설 운동의 시지각(착각현상)
1) **자동운동** : 암실 내에서 정지된 소광점을 응시하고 있으면 그 광점이 움직이는 것을 볼 수 있는데 이것을 자동운동이라 한다. 자동운동이 생기기 쉬운 조건은 다음과 같다.
   ① 광점이 작을 것
   ② 시야의 다른 부분이 어두울 것
   ③ 광의 강도가 작을 것
   ④ 대상이 단순할 것
2) **유도운동** : 실제로 움직이지 않는 것이 어느 기준의 이동에 유도되어 움직이는 것처럼 느껴지는 현상을 말한다.
3) **가현운동** : 객관적으로 정지하고 있는 대상물이 급속히 나타난다든가 소멸하는 것으로 인하여 일어나는 운동으로 마치 대상물이 운동하는 것처럼 인식되는 현상을 말한다. (β운동 : 영화영상의 방법).

■정답■   04.③   05.④   06.②

07 재해 발생과 관련된 버드(Frank Bird)의 도미노 이론을 올바르게 나열한 것은?

① 기본원인 → 제어의 부족 → 직접원인 → 사고 → 상해
② 기본원인 → 직접원인 → 제어의 부족 → 사고 → 상해
③ 제어의 부족 → 기본원인 → 직접원인 → 사고 → 상해
④ 제어의 부족 → 직접원인 → 기본원인 → 상해 → 사고

해설 버드(Bird)의 최신사고연쇄성 이론(버드의 관리모델)
1) 1단계 : 통제의 부족 – 관리 소홀(재해발생의 근본적 원인)
2) 2단계 : 기본적인 – 기원
3) 3단계 : 직접원인 – 징후
4) 4단계 : 사고 – 접촉
5) 5단계 : 상해 – 손해 – 손실

08 산업안전보건법령상 사업 내 안전·보건 교육 중 채용시의 교육 내용에 해당하지 않는 것은? (단, 산업안전보건법 및 일반관리에 관한 사항은 제외한다.)

① 사고 발생시 긴급조치에 관한 사항
② 유해·위험 작업환경 관리에 관한 사항
③ 산업보건 및 직업병 예방에 관한 사항
④ 기계·기구의 위험성과 작업의 순서 및 동선에 관한 사항

해설 채용시 및 작업내용 변경시 교육내용
① 기계·기구의 위험성과 작업의 순서 및 동선에 관한 내용
② 작업 개시 전 점검에 관한 사항
③ 정리정돈 및 청소에 관한 사항
④ 사고발생 시 긴급조치에 관한 사항
⑤ 산업보건 및 직업병 예방에 관한 사항
⑥ 물질안전보건자료에 관한 사항
⑦ 산업안전보건법 및 일반관리에 관한 사항
⑧ 산업안전 및 사고 예방에 관한 사항
⑨ 산업안전보건법령 및 산업재해보상보험 제도에 관한 사항
⑩ 직무스트레스 예방 및 관리에 관한 사항
⑪ 직장 내 괴롭힘, 고객의 폭언 등으로 인한 건강장해 예방 및 관리에 관한 사항

09 기업 내 한 부서의 구성원 상호간의 선호도를 나타낸 소시오그램(sociogram)이다. 리더에 해당하는 인물은?

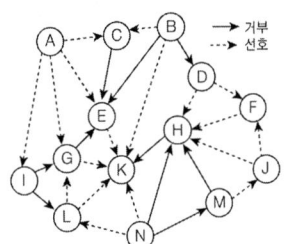

① E ② G
③ H ④ K

해설 선호선이 가장 많이 모이는 K : 리더자

10 75명의 상시근로자가 근무하는 사업장에서 1일 8시간, 연간 320일을 작업하는 동안에 6건의 재해가 발생하였다면 이 사업장의 도수율은 얼마인가?

① 17.65 ② 26.04
③ 31.25 ④ 33.33

해설 도수율 $= \dfrac{\text{재해건수}}{\text{연 근로시간수}} \times 10^6$
$= \dfrac{6}{75 \times 8 \times 320} \times 10^6 = 31.25$

11 A 사업장에서 각 부서별 안전경쟁제도를 실시할 때 위험도를 비교하는 수단과 안전관심을 높이는 데 가장 효과적인 것은?

① 강도율(severity rate of injury)
② 도수율(frequency rate of injury)
③ 세이프 티 스코어(safe-T-Score)
④ 종합재해지수(frequency severity indicator)

■ 정답 ■ 07.③ 08.② 09.④ 10.③ 11.④

해설 종합재해지수= $\sqrt{도수율 \times 강도율}$
1) 도수율 : 재해의 양을 나타냄
2) 강도율 : 재해의 질(강약)을 나타냄

12 안전모의 의무안전인증기준에 있어 시험성능 기준의 항목에 해당되지 않는 것은?

① 내관통성   ② 내수성
③ 내식성   ④ 난연성

해설 안전모의 성능시험항목에 내식성은 없다.

13 무재해운동의 근본이념으로 가장 적절한 것은?

① 인간존중의 이념   ② 이윤추구의 이념
③ 고용증진의 이념   ④ 복리증진의 이념

해설 무재해운동의 근본이념 : 인간존중

14 피로에 의한 정신적 증상과 가장 관련이 깊은 것은?

① 주의력이 감소 또는 경감된다.
② 작업의 효과나 작업량이 감퇴 및 저하된다.
③ 작업에 대한 몸의 자세가 흐트러지고 지치게 된다.
④ 작업에 대하여 무감각·무표정·경련 등이 일어난다.

해설 피로에 의한 정신적 증상 : 주의력의 감소, 경감

15 조직이 리더에게 부여한 권한으로 볼 수 없는 것은?

① 전문성의 권한   ② 보상적 권한
③ 강압적 권한   ④ 합법적 권한

해설 리더십의 권한
1) 조직이 지도자에게 부여한 권한
① 보상적 권한 : 지도자가 부하들에게 보상할 수 있는 능력으로 인해 부하직원들을 통제할 수 있으며 부하들의 행동에 대해 영향을 끼칠 수 있는 권한이다.
② 강압적 권한 : 부하직원들을 처벌할 수 있는 권한이다.
③ 합법적 권한 : 조직의 규정에 의해 지도자의 권한이 공식화 된 것을 말한다.
2) 지도자 자신이 자신에게 부여한 권한 : 부하직원들이 지도자의 성격이나 그 능력을 인정하고 지도자를 존경하며 자진해서 따르는 것이다.
① 전문성의 권한 : 지도자가 목표수행에 필요한 전문적인 지식을 갖고 업무수행을 하므로 부하직원들이 자발적으로 지도자를 따르게 된다.
② 위임된 권한 : 집단의 목표를 성취하기 위해 부하직원들이 지도자가 정한 목표를 자진해서 자신의 것으로 받아들여 지도자와 함께 일하는 것이다.

16 안전점검 시 점검자가 갖추어야 할 태도 및 마음가짐과 가장 거리가 먼 것은?

① 점검 본래의 취지 준수
② 점검 대상 부서의 협조
③ 모범적인 점검자의 자세
④ 점검결과 통보 생략

17 산업안전보건법령상 산업재해로 사망자가 발생하거나, 3일 이상의 휴업이 필요한 부상을 입거나, 질병에 걸린 사람이 발생한 경우, 산업재해가 발생한 날부터 얼마 이내에 산업재해조사표를 작성하여 관할 지방고용노동청장 또는 지청장에게 제출하여야 하는가?

① 24시간 이내   ② 7일 이내
③ 14일 이내   ④ 1개월 이내

해설 산업재해 발생보고(시행규칙 제4조) : 산업재해가 발생한 날 부터 1개월 이내에 산업재해조사표를 작성하여 지방고용노동관서의 장에게 제출할 것

■ 정답 ■   12.③   13.①   14.①   15.①   16.④   17.④

18 산업안전보건법령상 안전·보건표지에 있어 금지표지의 종류에 해당하지 않는 것은?

① 금연
② 물체이동금지
③ 접근금지
④ 차량통행금지

해설 금지표지 종류
1) 출입금지   2) 보행금지
3) 차량통행금지 4) 사용금지
5) 탑승금지   6) 금연
7) 화기금지   8) 물체이동금지

19 학업 성취에 직접적인 영향을 미치는 요인과 가장 거리가 먼 것은?

① 적성(Aptitude)
② 준비도(Readiness)
③ 동기유발(Motivating)
④ 기억과 망각(Memory, Forgetting)

20 Off JT(Off the Job Training)의 특징으로 옳지 않은 것은?

① 많은 지식, 경험을 교류할 수 있다.
② 직장의 실정에 맞게 실제적 훈련이 가능하다.
③ 다수의 근로자들에게 조직적 훈련이 가능하다.
④ 특별한 교재, 교구 및 설비 등을 이용하는 것이 가능하다.

해설 OJT와 off-JT의 특징

O·J·T (현장중심교육)	off J·T (현장외 중심교육)
① 개개인에게 적합한 지도 훈련을 할 수 있다.	① 다수의 근로자에게 조직적 훈련이 가능하다.
② 직장의 실정에 맞는 실체적 훈련을 할 수 있다.	② 훈련에만 전념하게 된다.
③ 훈련 필요한 업무의 계속성이 끊어지지 않는다.	③ 특별설비기구를 이용할 수 있다.
④ 즉시 업무에 연결되는 관계로 신체와 관련이 있다.	④ 전문가를 강사로 초청할 수 있다.
⑤ 효과가 곧 업무에 나타나며 훈련의 좋고 나쁨에 따라 개선이 용이하다.	⑤ 각 직장의 근로자가 많은 지식이나 경험을 교류할 수 있다.
⑥ 교육을 통한 훈련 효과에 의해 상호 신뢰 이해도가 높아진다.	⑥ 교육훈련 목표에 대해서 집단적 노력이 흐트러질 수도 있다.

제2과목
인간공학 및 시스템안전공학

21 설비의 성능 저하 또는 고장에 의한 정지 때문에 수리하는 설비보전 방법은?

① 예지보전(predictive maintenance)
② 개량보전(corrective maintenance)
③ 보전예방(maintenance prevention)
④ 사후보전(break-down maintenance)

해설 1) **예지보전** : 설비의 이상상태 여부를 검출·측정 또는 감시하여 열화의 정도가 사용한도에 이른 시점에서 분해, 검사, 부품교환, 수리하는 설비보전 방법을 뜻한다.
2) **개량보전** : 설비고장대책으로서 그 원인을 조사·해석하여 고장을 미연에 방지하기 위하여 설비를 개조하기도 하고, 설계에서 시정조치를 취하고, 설비의 체질개선을 도모하는 설비보전방법을 뜻한다.
3) **보전예방** : 설비보전 정보와 새로운 기술을

■ 정답 ■ 18.③ 19.① 20.② 21.④

기초로 신뢰성, 조작성, 보전성, 안전성, 경제성 등이 우수한 설비의 선정, 조달 또는 설계를 하고 궁극적으로는 설비의 설계, 제작단계에서 보전활동이 불필요한 체제를 목표로 한 설비보전 방법을 뜻한다.
4) 사후보존 : 본문 설명

22 주변 환경이 알맞은 온도에서 더운 환경으로 바뀔 때 인체의 적응 현상으로 틀린 것은?

① 발한이 시작된다.
② 직장 온도가 올라간다.
③ 피부 온도가 올라간다.
④ 피부를 경유하는 혈액량이 증가한다.

해설 온도변화에 대한 인체 적응
1) 적온에서 고온 환경으로 변할 때의 신체적 조절작용
① 많은 양의 혈액이 피부를 경유하게 되며 온도가 올라간다.
② 직장(直腸)온도가 내려간다.
③ 발한(發汗)이 시작된다.
2) 적온에서 한냉 환경으로 변할 때의 신체의 조절작용
① 피부 온도가 내려간다.
② 혈액은 피부를 경유하는 순환량이 감소하고, 많은 양의 혈액이 몸의 중심부를 순환한다.
③ 직장(直腸)온도가 약간 올라간다.
④ 소름이 돋고 몸이 떨린다.

23 FT도의 기호 중 전이기호에 해당하는 것은?

① 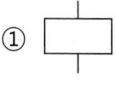 ②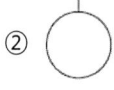
③   ④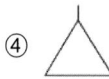

해설 ①항 : 결함사상
②항 : 기본사상
③항 : 통상사상
④항 : 전이기호(연결기호)

24 정량적 표시장치 중 정확한 정보전달 측면에서 가장 우수한 장치는?

① 디지털 표시 장치
② 지침고정형 표시장치
③ 원형 지침이동형 표시장치
④ 수직형 지침이동형 표시장치

해설 정량적 동적표시장치의 기본형
1) 정목동침(moving pointer)형 : 눈금이 고정되고 지침이 움직이는 형
2) 정침동목(moving scale)형 : 지침이 고정되고 눈금이 움직이는 형
3) 계수(digital)형 : 전력계나 택시요금 계기와 같이 기계, 전자적으로 숫자가 표시되는 형

25 FTA에서 패스셋(path set) 및 최소패스셋(minimal path set)에 관한 내용으로 틀린 것은?

① 패스셋은 포함된 모든 사상이 일어나지 않았을 때 정상사상이 발생하지 않는 기본사상의 집합이다.
② 최소패스셋은 시스템의 신뢰성을 표시한다.
③ 패스셋에서 구한 정상사상의 발생확률이 그 시스템의 위험도이다.
④ 최소패스셋은 어떤 고장이나 실수를 일으키지 않으면 재해가 일어나지 않는가를 나타내는 것이다.

해설 ③항, 패스셋에서 구한 정상사상의 발생확률이 그 시스템의 신뢰도이다.

26 표시장치의 지침을 움직이기 위한 회전형 노브(knob)의 반지름을 1cm에서 2cm로 바꾸었을 때 조정반응(C/R)비율의 변화에 대한 설명으로 옳은 것은?

① 4배 감소
② 2배 감소
③ 2배 증가
④ 4배 증가

해설 노브(knob)의 반지름을 1cm에서 2cm로 변경 시 C/R : 2배 증가

27 인간-기계 시스템에서 인간 실수가 발생하는 원인 중 출력 착오에 해당하는 것은?

① 감각의 착오
② 입력의 착오
③ 정보 처리 착오
④ 신체적 반응의 착오

해설 출력착오(out put error) : 신체적 반응의 착오

28 다음 중 인체계측 치수의 성격이 다른 것은?

① 팔 뻗침
② 눈 높이
③ 앉은 키
④ 엉덩이 너비

해설 1) 팔 뻗침 : 기능적 인체치수(동적인체계측)
2) 눈높이, 앉은 키, 엉덩이 너비 등 : 구조적 인체치수(정적인체계측)

29 인간에 의한 제어 정도에 따른 인간-기계 시스템의 유형에 해당하지 않는 것은?

① 기계화 시스템
② 자동화 시스템
③ 수동 시스템
④ 감시제어 시스템

해설 인간·기계체계의 유형
1) 수동체계
2) 기계화체계(반자동체계)
3) 자동체계

30 인적오류와 그에 따른 위험성을 예측하고 개선하기 위한 시스템 위험분석기법은?

① FMEA
② MORT
③ FHA
④ THERP

해설 THERP(인간과오율예측기법) : 인간의 과오를 정략적으로 평가하기 위한 안전해석기법이다.

31 기계설비의 본질 안전화를 개선시키기 위하여 검토하여야 할 사항으로 가장 적절한 것은?

① 재료, 제품, 공구 등을 놓아둘 수 있는 충분한 공간의 확보
② 작업자의 실수나 잘못이 있어도 사고가 발생하지 않도록 기계설비 설계
③ 안전한 통로를 설정하고, 작업장소와 통로를 명확히 구분
④ 작업의 흐름에 따라 기계설비를 배치시켜 운반작업 최소화

해설 기계설비의 본질안전화
1) 안전기능이 기계설비에 내장되어 있을것
2) 조작상 위험이 없도록 설계할 것
3) fail safe 기능을 가질 것
4) fool proof 기능을 가질 것

32 시스템의 위험분석기법에 해당하지 않는 것은?

① RULA
② ETA
③ FMEA
④ MORT

해설 시스템 위험분석기법
1) ETA : 사상수분석법
2) FMEA : 고장 형태와 영향분석
3) MORT : 경영소홀 및 위험수분석

■ 정답 ■ 26.③ 27.④ 28.① 29.④ 30.④ 31.② 32.①

33 다음 중 음성통신 시스템의 구성 요소에서 우수한 화자(speaker)의 조건으로 틀린 것은?

① 큰 소리로 말한다.
② 음절 지속시간이 길다.
③ 말할 때 기본 음성주파수의 변화가 작다.
④ 전체 발음시간이 길고, 쉬는 시간 짧다.

해설 ③항, 말할 때 기본 음성주파수의 변화가 크다.

34 휘도가 200cd/m²이고, 반사율이 40%인 작업장의 조도(lux)는?

① 80π ② 240π
③ 500π ④ 800π

해설 반사율 $= \pi \times \dfrac{휘도(cd/m^2)}{조도(lux)}$

∴ 조도(lux) $= \pi \times \dfrac{휘도(cd/m^2)}{반사율}$
$= \pi \times \dfrac{200}{0.4} = 500\pi \,[\text{lux}]$

35 다음 중 인체측정과 작업공간 설계에 관한 용어의 설명으로 틀린 것은?

① 정상작업영역 : 상완을 자연스럽게 수직으로 늘어뜨린 채, 손목을 움직여 닿을 수 있는 영역을 말한다.
② 최대작업영역 : 전완과 상완을 곧게 펴서 파악할 수 있는 영역을 말한다.
③ 정적 인체치수 : 마틴식 인체 측정기를 사용하여 측정한다.
④ 동적 인체치수 : 신체의 움직임에 따른 활동범위 등을 측정한다.

해설 정상작업역과 최대작업역
1) **정상작업역** : 상완(위팔)을 자연스럽게 수직으로 늘어뜨린 채 전완(아래팔)만으로 편하게 뻗어 파악할 수 있는 구역(34~45cm)
2) **최대작업역** : 저완과 상완을 곧게 펴서 파악할 수 있는 구역(55~65cm)

36 동전던지기에서 앞면이 나올 확률 P(앞) = 0.5이고, 뒷면이 나올 확률 P(뒤) = 0.25일 때, 앞면과 뒷면이 나올 사건의 정보량을 각각 올바르게 나타낸 것은?

① 앞면 : 0.2bit, 뒷면 : 0.4bit
② 앞면 : 1.0bit, 뒷면 : 2.0bit
③ 앞면 : 0.1bit, 뒷면 : 1.0bit
④ 앞면 : 2.0bit, 뒷면 : 1.0bit

해설 1) 앞면이 나올 사건의 정보량(H_1)
$H_1 = \log_2\left(\dfrac{1}{P}\right) = \log_2\left(\dfrac{1}{0.5}\right) = 1.0\,bit$

2) 뒷면이 나올 사건의 정보량(H_2)
$H_2 = \log_2\left(\dfrac{1}{0.25}\right) = 2.0\,bit$

37 FT도에서 정상사상 G_1의 발생확률은? (단, G_2 = 0.1, G_3 = 0.2, G_4 = 0.3의 발생확률을 갖는다.)

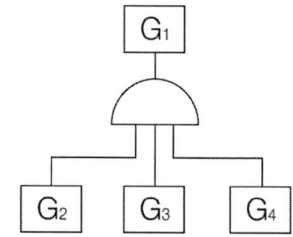

① 0.006   ② 0.300
③ 0.496   ④ 0.600

해설 $G_1 = G_2 \times G_3 \times G_4$
$= 0.1 \times 0.2 \times 0.3 = 0.006$

38 시스템의 평가척도 중 시스템의 목표를 잘 반영하는가를 나타내는 척도는?

① 신뢰성   ② 타당성
③ 민감도   ④ 무오염성

해설 타당성 : 측정하고자 하는 본래의 목적과 일치하느냐의 정도를 나타내는 기준이다.

39 산업안전보건법령상 95dB(A)의 소음에 대한 허용노출 기준시간은? (단, 충격소음은 제외한다.)

① 1시간　　② 2시간
③ 4시간　　④ 8시간

해설 음압과 허용노출한계

dB	90	95	100	105	110	115	120
허용노출시간	8시간	4시간	2시간	1시간	30분	15분	5~8분

∴ 120dB 이상 : 격리 또는 격벽 설비

40 다음 중 부품배치의 원칙에 해당하지 않는 것은?

① 중요성의 원칙
② 사용빈도의 원칙
③ 사용순서의 원칙
④ 작업공간의 원칙

해설 부품배치의 4원칙
1) **중요성의 원칙** : 부품을 작동하는 성능이 체계의 목표달성에 긴요한 정도에 따라 우선순위를 설정한다.
2) **사용빈도의 원칙** : 부품을 사용하는 빈도에 따라 우선순위를 설정한다.
3) **기능별 배치의 원칙** : 기능적으로 관련된 부품들(표시장치, 조정장치 등)을 모아서 배치한다.
4) **사용순서의 원칙** : 사용되는 순서에 따라 장치들을 가까이에 배치한다.

제3과목 / 건설시공학

41 콘크리트 재료적 성질에 기인하는 콘크리트 균열의 원인이 아닌 것은?

① 알칼리 골재반응
② 콘크리트의 중성화
③ 시멘트의 수화열
④ 혼화재료의 불균일한 분산

해설 콘크리트 균열의 원인
1) 알칼리 골재반응
2) 콘크리트의 중성화
3) 시멘트의 수화열
4) 염해

42 다음 중 토질시험 항목에 해당하지 않는 것은?

① 소성 한계시험
② 3축 압축시험
③ 할렬 인장시험
④ 비중 시험

해설 토질시험항목
1) 비중 시험
2) 소성한계 및 액성시험
3) 삼축압축시험
4) 압밀시험 등

43 다음 흙막이 공법 중 지하연속벽 공법이 아닌 것은?

① 이코스공법
② 웰 포인트 공법
③ 오거파일공법
④ 슬러리월공법

해설 ②항, 웰 포인트공법 : 배수에 의한 지반개량 공법

44 현장에서 철근공사와 관련된 사항으로 옳지 않은 것은?

① 철근공사 착공 전 구조도면과 구조계산서를 대조하는 확인작업 수행
② 도면오류를 파악한 후 정정을 요구하거나 철근상세도를 구조평면도에 표시하여 승인 후 시공
③ 품질이 규격값 이하인 철근의 사용배제
④ 구부러진 철근을 다시 펴는 가공작업을 거친 후 재사용

해설 구부러진 철근을 다시 펴서 재사용하지 않는다.

45 다음 중 시방서에 기재하는 사항이 아닌 것은?

① 재료, 장비, 설비의 유형과 품질
② 조립, 설치, 세우기의 방법
③ 도면의 도해적 표현
④ 시험 및 코드 요건

해설 시방서의 기재내용
  1) 공사전체의 개요
  2) 시방서의 적용범위, 공통 주의사항
  3) 시공방법(준비사항, 공사의 정도, 사용 장비, 주의사항 등)
  4) 사용재료(종류, 품질, 필요한 시험, 저장방법, 검사방법 등)
  5) 특기사항

46 거푸집 해체작업 시 주의사항 중 옳지 않은 것은?

① 지주를 바꾸어 세우는 동안에는 그 상부작업을 제한하여 하중을 적게 한다.
② 높은 곳에 위치한 거푸집은 제거하지 않고 미장 공사를 실시한다.
③ 제거한 거푸집은 재사용을 위해 묻어 있는 콘크리트를 제거한다.
④ 진동, 충격 등을 주지 않고 콘크리트가 손상되지 않도록 순서에 맞게 거푸집을 제거한다.

해설 거푸집 해체작업시 주의사항
  1) 거푸집의 제거는 보 옆이나 기둥을 먼저하고 보 밑이나 슬래브를 나중에 한다.
  2) 진동, 충격 등을 주지 않고 콘크리트가 손상되지 않도록 한다.
  3) 높은 곳 작업시에는 낙하사고에 유의해야 한다.
  4) 터널폼은 크레인에 연결시켜 충분히 젖힌 후 제거한다.
  5) 지주(받침기둥)를 바꾸어 세우기 할 때는 상부의 작업을 제한하여 적재하중을 적게 하고, 집중하중을 받는 부분의 지주는 그대로 둔다.
  6) 제거한 거푸집은 재사용할 수 있도록 적당한 장소에 정리하여 둔다.

47 섬유제 거푸집에 관한 설명으로 옳지 않은 것은?

① 탈수효과로 표면강도가 약간 감소한다.
② 경화시간이 단축된다.
③ 동결융해 저항성이 향상된다.
④ 통기효과로 인한 블리딩 감소 및 잉여수의 배출로 미관이 좋아진다.

해설 섬유제 거푸집을 사용하였을 경우 효과
  1) 경화시간의 단축
  2) 표면강도의 증가
  3) 동결융해 저항성의 향상
  4) 중성화 속도의 지연, 염분 침투성의 저감 등 내구성 향상
  5) 물곰보 방지로 미관향상 등

48 흙막이 벽은 보통 버팀대로 지지되어 있으나 그 대신 어스앵커를 사용하기도 하는데 어스앵커의 PC강선에 가하는 힘의 종류는?

① 인장력   ② 압축력
③ 비틀림   ④ 전단력

해설 어스앵커공법(earth anchor)
1) 흙막이벽 이면 지반에 어스앵커를 설치하여 인발력으로 토압에 저항한다.
2) 어스앵커는 소정의 각도로써 소정의 깊이까지 원통형으로 굴착한 후 PC강선을 넣고 모르타르를 정착장까지 그라우팅하여 모르타르가 경화한 후에 PC강선을 재키로 당겨 인장응력을 준 다음 끝을 정착시킨다.

주 타이로드(tie rod) : 대형의 둥근막대(인장봉)

49 당해 공사의 특수한 조건에 따라 표준시방서에 대하여 추가, 변경, 삭제를 규정한 시방서는?

① 특기시방서 ② 안내시방서
③ 자료시방서 ④ 성능시방서

해설 특기시방서 : 본문 설명

50 다음 금속 커튼월 공사의 작업흐름 중 ( )에 가장 적합한 것은?

기준먹매김 – ( ) – 커튼월 설치 및 보양 – 부속재료의 설치 – 유리설치

① 자재정리
② 구체 부착철물의 설치
③ seal 공사
④ 표면마감

해설 금속커튼월 공사 작업흐름도
1) 기준먹매김 → 2) 구체 부착철물의 설치 → 3) 커튼월 설치 및 보양 → 4) 부속 재료의 설치 → 5) 유리 설치

51 기초의 종류 중 기초슬래브의 형식에 따른 분류가 아닌 것은?

① 독립기초 ② 연속기초
③ 복합기초 ④ 직접기초

해설 푸팅(footing)기초 : 슬래브(slab)의 형식에 따라 다음과 같이 구분한다.
1) 독립기초 : 단일 기둥을 하나의 기초에 연결하여 지지하는 방식
2) 복합기초 : 2개 이상의 기둥을 하나의 기초에 연결하여 지지하는 방식
3) 연속기초(줄기초) : 연속된 기초판이 기둥 또는 벽의 하중을 지지하는 방식

52 철골공사에서 녹막이칠을 해야 하는 부분은?

① 고력볼트 마찰접합부의 마찰면
② 조립상 표면접합이 되는 면
③ 콘크리트에 매설되는 부분
④ 개방형 단면을 한 부재

해설 녹막이 칠을 할 필요가 없는 부분
1) 콘크리트에 밀착 또는 매입되는 부분
2) 조립에 의해 서로 밀착되는 면
3) 현장용접을 하는 부위 및 그곳에 인접하는 양측 10mm 이내(용접부에서 50mm 이내)
4) 고장력 볼트 마찰접합부의 마찰면
5) 폐쇄형 단면을 한 부재의 밀폐된 내면
6) 기계깎기 마무리면

53 건설도급회사의 공사실적 및 기술능력에 적합한 3~7개 정도의 시공회사를 선택한 후 그 시공회사로 하여금 입찰에 참여시키는 방법은?

① 특명입찰
② 공개경쟁입찰
③ 지명경쟁입찰
④ 제한경쟁입찰

해설 지명경쟁입찰 : 공사에 가장 적합하다고 인정되는 시공업자(3~7명 정도)를 지명하여 경쟁입찰에 붙이는 방식

■ 정답 ■ 49.① 50.② 51.④ 52.④ 53.③

54 그림과 같은 독립기초의 흙파기량으로 적당한 것은?

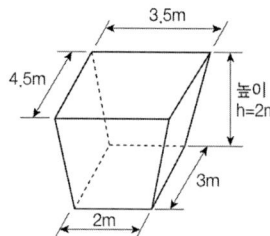

① 19.5m³   ② 21.0m³
③ 23.7m³   ④ 25.4m³

해설 길이가 서로 다른 것은 더한 후 2로 나누면 평균값이 나온다.

흙파기량 $= \left(\dfrac{4.5+3}{2}\right) \times \left(\dfrac{3.5+2}{2}\right) \times 2$
$= 20.63 m^3$

55 콘크리트 배합을 결정하는데 있어서 직접적으로 관계가 없는 것은?

① 물시멘트비   ② 골재의 강도
③ 단위시멘트량   ④ 슬럼프값

해설 콘크리트의 배합설계 순서
1) 소요강도(설계기준강도)·배합강도·시멘트강도 결정
2) 물·시멘트비 결정
3) 슬럼프값의 결정
4) 굵은골재 최대치수 및 잔골재율 결정
5) 단위수량 결정
6) 표준배합(시방배합)의 산출 및 현장배합의 조정

56 현장용접 시 발생하는 화재에 대한 예방조치와 가장 거리가 먼 것은?

① 용접기의 완전한 접지(earth)를 한다.
② 용접부분 부근의 가연물이나 인화물을 치운다.
③ 착의, 장갑, 구두 등을 건조상태로 한다.
④ 불꽃이 비산하는 장소에 주의한다.

57 철근의 가스압접이음에 대한 설명으로 옳지 않은 것은?

① 접합전에 압접면을 그라인더로 평탄하게 가공해야 한다.
② 이음공법 중 접합강도가 아주 큰 편이며 성분 원소의 조직변화가 적다.
③ 철근의 항복점 또는 재질이 다른 경우에도 적용가능하다.
④ 이음위치는 인장력이 가장 적은 곳에서 하고 한곳에 집중해서는 안된다.

해설 ③항, 철근의 항복점 또는 재질이 다른 경우에는 적용이 불가능하다.

58 콘크리트 타설시 물과 다른 재료와의 비중 차이로 콘크리트 표면에 물과 함께 유리석회, 유기불순물 등이 떠오르는 현상을 무엇이라 하는가?

① 블리딩   ② 컨시스턴시
③ 레이턴스   ④ 워커빌리티

해설 블리딩 및 레이턴스
1) 블리딩(bleeding) : 콘크리트 타설 후 시멘트, 골재등의 침하에 따라 물이 분리 상승되어 표면에 떠오르는 현상
2) 레이턴스(laitance) : 블리딩에 의해 떠오른 미립물이 물의 증발에 따라 콘크리트 표면에 얇은 막으로 침적되는 현상

59 다음 중 굳지 않은 콘크리트의 측압에 대한 영향이 가장 작은 것은?

① 굳지 않은 콘크리트의 다지기 방법
② 기온 및 대기의 습도
③ 콘크리트 부어넣기 속도
④ 콘크리트 발열

해설 콘크리트 발열 : 콘크리트 측압에 영향을 주지 않는다.

■정답■ 54.② 55.② 56.③ 57.③ 58.① 59.④

60 건축 목공사의 시공계획을 수립함에 있어서 필요치 않은 것은?

① 가설물 계획
② 시공계획도의 작성
③ 현치도 작성
④ 공정표 작성

해설 현치도(원척도) 및 시공도 작업 : 시공계획이 아닌 본공사 진행 중에 필요한 도면

제4과목 / 건설재료학

---

61 콘크리트 표면도장에 가장 적합한 도료는?

① 염화비닐수지도료
② 조합페인트
③ 클리어래커
④ 알루미늄페인트

해설 염화비닐수지도료 : 내산·내알칼리성이 있어 콘크리트나 플라스터(plaster)면에 적합한 도료이다.

62 목재의 부패 조건에 관한 설명 중 옳지 않은 것은?

① 대부분의 부패균은 섭씨 약 20~40°C 사이에서 가장 활동이 왕성하다.
② 목재의 증기 건조법은 살균효과도 있다.
③ 부패균의 활동은 습도는 약 90% 이상에서 가장 활발하고 약 20% 이하로 건조시키면 번식이 중단된다.
④ 수중에 잠겨진 목재는 습도가 높기 때문에 부패균의 발육이 왕성하다.

해설 수중에 잠겨진 목재 : 공기에 노출되지 않기 때문에 부패균의 발육이 중지된다.

63 점토제품 제조에 관한 설명으로 옳지 않은 것은?

① 원료조합에는 필요한 경우 제첨제를 첨가한다.
② 반죽과정에서는 수분이나 경도를 균질하게 한다.
③ 숙성과정에서는 반죽덩어리를 되도록 크게 뭉쳐둔다.
④ 성형은 건식, 반건식, 습식 등으로 구분한다.

64 점토 벽돌(KS L 4201)의 성능 시험방법과 관련된 항목이 아닌 것은?

① 겉모양   ② 압축강도
③ 내충격성   ④ 흡수율

해설 점토벽돌의 성능시험 항목(KS L 4201)
1) 겉모양
2) 흡수율 시험
3) 압축강도 시험

65 다음 중 열경화성 수지가 아닌 것은?

① 요소수지
② 폴리에틸렌수지
③ 실리콘수지
④ 알키드수지

해설 합성수지의 종류

열가소성 수지	열경화성 수지
1. 염화비닐수지(PVC)	1. 페놀수지
2. 에틸렌수지	2. 요소수지
3. 프로필렌수지	3. 멜라민수지
4. 아크릴수지	4. 알키드수지
5. 스틸렌수지	5. 폴리에스테르수지
6. 메타크릴수지	6. 실리콘
7. ABS수지	7. 에폭시수지
8. 폴리아미드수지	8. 우레탄수지
9. 비닐아세틸수지	9. 규소수지

■ 정답 ■   60.③   61.①   62.④   63.③   64.③   65.②

66 지하실 방수공사에 사용되며, 아스팔트 펠트, 아스팔트 루핑 방수재료의 원료로 사용되는 것은?

① 스트레이트 아스팔트
② 블로운 아스팔트
③ 아스팔트 컴파운드
④ 아스팔트 프라이머

해설 스트레이트 아스팔트(straight saphalt) : 잔류 유를 증류하여 남은 것으로 증기아스팔트와 진공아스팔트 2종이 있다.
1) 신장성, 접착성, 방수성이 풍부하다.
2) 연화점이 낮고 내후성 및 온도에 의한 변화가 크다.
3) 지하방수에 쓰이고 아스팔트 펠트 삼투용으로 사용한다.

67 코펜하겐 리브판에 관한 설명 중 옳지 않은 것은?

① 두께 50mm, 나비 100mm 정도의 판을 가공한 것이다.
② 집회장, 강당, 영화관, 극장에 붙여 음향조절 효과를 낸다.
③ 열의 차단성이 우수하며 강도도 커서 외장용으로 주로 사용된다.
④ 원래 코펜하겐의 방송국 벽에 음향효과를 내기 위해 사용한 것이 최초이다.

해설 코펜하겐 리프판(copenhagen rib board)
1) 두께 5cm, 폭(너비) 10cm 정도의 긴 판에다 표면을 리브로 가공한 것이다.
2) 면적이 넓은 강당, 집회장, 극장 등의 천장 또는 내벽에 붙여 음향조절용으로 쓰거나 수장제로 사용된다.

68 시멘트의 응결시험 방법으로 옳은 것은?

① 비카 시험   ② 오토클레이브 시험
③ 브레인 시험   ④ 비비 시험

해설 시멘트의 응결시험 방법 : 비카 시험

69 다음 중 열 및 전기 전도율이 가장 큰 금속은?

① 알루미늄   ② 크롬
③ 니켈   ④ 구리

해설 열 및 전기전도율이 가장 큰 공업용 금속 : 구리(Cu)

70 다음 중 실(seal)재가 아닌 것은?

① 코킹재   ② 퍼티
③ 개스킷   ④ 트래버틴

해설 트래버틴(travertin) : 벌레에 침식된 듯한 구멍이 있는 무늬를 가진 특수 대리석이 일종이다.

71 P.S 콘크리트 부재 제작 시 프리스트레스(prestress)를 도입시키기 위해 개발된 시멘트는?

① 제트 시멘트   ② 알루미나 시멘트
③ 인산 시멘트   ④ 팽창 시멘트

해설 P.S(prestressed)콘크리트 : 고강도 강재나 피아노선과 같은 특수 선재를 사용하여 재축 방향으로 콘크리트에 미리 압축력을 주어서 콘크리트의 강도를 증가시켜 휨 저항이 증대되도록 한 콘크리트

72 목재의 강도에 관한 설명 중 옳지 않은 것은?

① 목재의 제강도 중 섬유 평행방향의 인장강도가 가장 크다.
② 목재를 기둥으로 사용할 때 일반적으로 목재는 섬유의 평행방향으로 압축력을 받는다.
③ 함수율이 섬유포화점 이상으로 클 경우 함수율 변동에 따른 강도변화가 크다.
④ 목재의 인장강도 시험 시 죽은 옹이의 면적을 뺀 것을 재단면을 가정한다.

■정답■ 66.① 67.③ 68.① 69.④ 70.④ 71.④ 72.③

해설 ③항, 함수율이 섬유포화점 이상으로 클 경우 함수율 변동에 따른 강도 변화는 없다.

> 길잡이 섬유포화점과 목재의 강도
> 1) 섬유포화점 이상에서는 강도가 일정하다.
> 2) 섬유포화점 이하에서는 함수율의 감소에 따라 강도는 증가하고 탄성은 감소한다.

73 건축용 단열재 중 무기질이 아닌 것은?

① 암면
② 유리섬유
③ 세라믹파이퍼
④ 셀룰로즈파이버

해설 셀룰로즈파이버(cellulose fiver) : 식물성섬유 (유기질)

74 습기가 있는 콘크리트나 모르타르에 알루미늄 새시를 직접 닿지 않도록 해야 하는데 그 이유로 가장 적합한 것은?

① 연질이며 강도가 낮아서
② 내수성이 약해서
③ 산, 알칼리, 해수 등에 쉽게 침식되어서
④ 열팽창율이 달라서

해설 알루미늄(Al) : 내산성 및 내알칼리성이 약하여 콘크리트에 접하면 부식되기 쉽다.

75 혼화재료 중 사용량이 비교적 많아서 그 자체의 부피가 콘크리트 비비기 용적에 계산되는 혼화재에 해당되지 않는 것은?

① 플라이 애쉬
② 팽창재
③ 고성능 AE 감수제
④ 고로슬래그 미분말

해설 콘크리트의 혼화재료
1) 혼화제 : 사용량이 적어 콘크리트의 배합계산에서 무시되는 혼화재료
① AE제(Air Entraining agent) : 공기연행제
② 분산제(감수제)
③ 응결경화촉진제
④ 급결재 및 지연제
⑤ 방수제
2) 혼화재 : 사용량이 비교적 많아서 콘크리트 배합계산에서 고려되는 혼화재료
① 경화과정 중 팽창을 일으키는 것: 팽창제
② 포졸란 작용이 있는 것 : 고로슬래그, 플라이애시
③ 증량제 : 폴리머 증량재, 광물질미분말

76 철근콘크리트에 사용하는 굵은 골재의 최대치수를 정하는 가장 중요한 이유는?

① 재료분리현상을 막기 위해서
② 콘크리트가 철근사이를 자유롭게 통과할 수 있도록 하기 위해서
③ 균질한 콘크리트를 만들기 위해서
④ 사용골재를 줄이기 위해서

해설 굵은골재의 최대치수 : 굵은골재의 최대치수는 골재와 같은 크기의 중량비로 90% 이상 통과하여야 한다(콘크리트가 철근사이를 자유롭게 통과할 수 있어야 함)

77 스테인리스강에 대한 설명으로 옳지 않은 것은?

① 강도가 높고 열에 대한 저항성이 크다.
② 먼지가 잘 끼고 표면이 더러워지면 청소가 어렵다.
③ 크롬(Cr)의 첨가량이 증가할수록 내식성이 좋아진다.
④ 전기저항성이 크고 열전도율이 낮다.

해설 스테인리스강은 먼지가 잘 끼지 않고 표면이 더러워져도 청소하기 쉽다.

■정답■ 73.④ 74.③ 75.③ 76.② 77.②

78 매스콘크리트의 타설 및 양생에 대한 설명 중 옳은 것은?

① 외기온이 영하로 내려가도 자체의 수화열만으로 충분히 양생가능하므로 별도의 양생조치가 불필요하다.
② 내부 수화열에 의한 콘크리트의 온도 상승 및 하강 시 온도응력으로 인한 균열발생 가능성이 있다.
③ 부재의 단면크기가 작기 때문에 건조수축에 의한 균열발생 가능성이 가장 크다.
④ 매트기초의 경우 수화발열량이 커서 콘크리트 온도가 높으므로, 표면온도를 낮추기 위한 방안이 필요하다.

해설 1) **매스콘크리트** : 부재 또는 구조물의 치수가 커서 시멘트의 수화열에 의한 온도상승을 고려하여 시공하는 콘크리트이다.
2) **균열발생** : 콘크리트 부재표면과 내부와의 온도차 또는 부재전체의 온도가 강하할 때의 수축변형 구속 등에 의해 응력이 생겨 균열발생(온도균열)을 초래한다.

79 합성수지계 접착제가 아닌 것은?

① 비닐 수지 접착제
② 에폭시 수지 접착제
③ 요소 수지 접착제
④ 카세인

해설 **카세인** : 단백질(우유 중에 포함)접착제

80 점토제품의 원료와 그 역할이 올바르게 연결된 것은?

① 규석, 모래 – 점성 조절
② 장석, 석회석 – 균열방지
③ 샤모트(cahmotte) – 내화성 증대
④ 식염, 붕사 – 용융성 조절

해설 **규석** : 규산(SiO_2)을 화학성분으로 한 석영 및 수정 등의 광물로서 점성을 조절하는 효과가 있다.

제5과목 / 건설안전기술

81 액성한계(LL)가 32%, 소성한계(PL)가 12%일 경우 소성지수(IP)는 얼마인가?

① 10%
② 20%
③ 22%
④ 44%

해설 소성지수(IP)=액성한계(LL)−소성한계(PL)=32−12=20%

82 발파작업 시 유의사항과 거리가 먼 것은?

① 적절한 경보를 하여 근로자와 제3자의 대피조치를 취한다.
② 화약류, 뇌관 등은 충격을 주지 말고 화기에 접근을 금지한다.
③ 발파 후에는 불발 잔약의 확인과 진동에 의한 2차 붕괴 여부를 확인한다.
④ 낙반, 부석처리 완료 후 작업 재개한다.

해설 ②항 : 발파작업 전 유의사항

83 펌프카에 의한 콘크리트 타설 시 안전수칙으로 옳지 않은 것은?

① 타설 순서는 계획에 의거 실시
② 타설 속도 및 속도 준수
③ 장비사양의 적정호스 길이 초과 시 압송관 연결
④ 펌프카 전후에는 식별이 용이한 안전표지판 설치

■ 정답 ■ 78.② 79.④ 80.① 81.② 82.② 83.③

84 철골작업을 중지하여야 하는 풍속 기준은?

① 풍속이 초당 10미터 이상
② 풍속이 분당 10미터 이상
③ 풍속이 초당 1미터 이상
④ 풍속이 분당 1미터 이상

해설 철골작업을 중지해야하는 기상조건
 1) 풍속 : 10m/sec 이상
 2) 강우량 : 1mm/hr 이상
 3) 강설량: 1cm/hr 이상

85 근로자의 추락 등에 의한 위험을 방지하기 위하여 안전난간을 설치할 때 준수하여야 할 기준으로 옳지 않은 것은?

① 안전난간은 구조적으로 가장 취약한 지점에서 가장 취약한 방향으로 작용하는 100kg 이상의 하중에 견딜 수 있는 튼튼한 구조일 것
② 난간대는 지름 1.5cm 이상의 금속제 파이프나 그 이상의 강도를 가진 재료일 것
③ 난간기둥은 상부난간대와 중간난간대를 견고하게 떠받칠 수 있도록 적정한 간격을 유지할 것
④ 상부난간대와 중간난간대는 난간 길이 전체에 걸쳐 바닥면 등과 평행을 유지할 것

해설 ②항, 난간대는 지름 2.7cm 이상의 금속제 파이프나 그 이상의 강도를 가진 재료일 것

86 건설재해 방지대책으로 옳지 않은 것은?

① 공사 계획시부터 적정한 공법 및 공기를 선택하여 안전관리상에 무리가 없도록 한다.
② 하도급을 줄 때 안전관리 책임한계를 명확히 한다.
③ 매일 작업 시작 전에 안전보건에 관한 교육을 정기적 또는 수시로 실시한다.
④ 작업시간을 자유롭게 하여 근로자의 편의를 도모한다.

87 가설통로의 설치기준으로 옳지 않은 것은?

① 경사는 30° 이하로 하여야 한다.
② 수직갱에 가설된 통로의 길이가 15m 이상인 때에는 10m 이내마다 계단참을 설치한다.
③ 경사가 10°를 초과하는 때에는 미끄러지지 아니하는 구조로 한다.
④ 높이 8m 이상인 비계다리에는 7m 이내마다 계단참을 설치한다.

해설 ③항, 경사가 15°를 초과하는 때에는 미끄러지지 아니하는 구조로 할 것

88 다음은 고소작업대를 설치하는 경우에 대한 내용이다. (　)안에 알맞은 숫자는?

> 작업대를 와이어로프 또는 체인으로 올리거나 내릴 경우에는 와이어 로프 또는 체인이 끊어져 작업대가 떨어지지 아니하는 구조여야 하며, 와이어 로프 또는 체인의 안전율은 (　)이상일 것

① 5　　② 7
③ 8　　④ 10

해설 고소작업대 설치시 설치기준
 1) 작업대를 와이어로프 또는 체인으로 올리거나 내릴 경우에는 와이어로프 또는 체인이 끊어져 작업대가 낙하하지 않는 구조여야 하며, 와이어로프 또는 체인의 안전율은 5 이상일 것
 2) 작업대를 유압에 의하여 올리거나 내릴 경우에는 작업대를 일정한 위치에 유지할 수 있는 장치를 갖추고 압력의 이상저하를 방지할 수 있는 구조일 것
 3) 권과방지장치를 갖추거나 압력의 이상상승을 방지할 수 있는 구조일 것

■ 정답 ■ 84.①　85.②　86.④　87.③　88.①

4) 붐의 최대 지면경사각을 초과 운전하여 전도되지 않도록 할 것
5) 작업대에 전격하중(안전율 5이상)을 표시할 것
6) 작업대에 끼임·충돌 등 재해를 예방하기 위한 가드 또는 과상승방지 장치를 설치할 것
7) 조작반의 스위치는 눈으로 확인할 수 있도록 명칭 및 방향표시를 표지할 것

89 철골공사 중 볼트 작업을 하기 위하여 구조체인 철골에 매달아 작업발판을 만드는 비계로서 상하이동을 시킬 수 없는 것은?

① 말비계
② 이동식비계
③ 달대비계
④ 달비계

해설 달비계 및 달대비계
1) 달비계 : 와이어로프나 철선 등을 이용하여 상부지점에 승강할 수 있는 작업용 발판을 매다는 형식의 비계로서 건물외벽의 도장이나 청소 등의 작업에 사용
2) 달대비계 : 철골공사의 리벳치기, 볼트 작업시에 주로 이용되는 것으로 주체인 철골에 매달아서 작업발판을 만드는 비계로서 상하이동을 시킬 수 없는 것

90 스크레이퍼의 용도로 가장 거리가 먼 것은?

① 적재   ② 운반
③ 하역   ④ 양중

해설 스크레이퍼 : 굴착·싣기(적재)·운반·하역의 4가지 작업을 연속적으로 행하는 토공만능기

91 건설공사 현장에서 사다리식 통로 등을 설치하는 경우의 준수기준으로 옳지 않은 것은?

① 사다리의 상단은 걸쳐놓은 지점으로부터 40cm 이상 올라가도록 할 것
② 폭은 30cm 이상으로 할 것
③ 사다리식 통로의 기울기는 75° 이하로 할 것
④ 발판의 간격은 일정하게 할 것

해설 ①항, 사다리의 상단은 걸쳐놓은 지점으로부터 60cm이상 올라가도록 할 것

92 강관을 사용하여 비계를 구성하는 경우 띠장방향에서의 비계기둥의 간격으로 옳은 것은?

① 1.2m 이상 ~ 2.0m 이하
② 1.5m 이상 ~ 2.0m 이하
③ 1.2m 이상 ~ 1.8m 이하
④ 1.85m 이하

해설 강관비계의 구조
1) 비계기둥의 간격은 띠장방향에서는 1.85m 이하, 장선방향에서는 1.5m 이하로 할 것. 다만, 선박 및 보트 건조작업의 경우 안전성에 대한 구조검토를 실시하고 조립도를 작성하면 띠장방향 및 장선방향으로 각각 2.7m 이하로 할 수 있음
2) 띠장간격은 2m 이하로 설치할 것
3) 비계기둥의 최고부로부터 31m 되는 지점 밑부분의 비계기둥은 2본의 강관으로 묶어 둘 것(브라켓 등으로 보강하여 그 이상의 강도가 유지되는 경우에는 그러하지 아니하다)
4) 비계기둥 간의 적재하중은 400kg을 초과하지 아니하도록 할 것

93 콘크리트 타설 작업 시 준수사항으로 옳지 않은 것은?

① 바닥위에 흘린 콘크리트는 완전히 청소한다.
② 가능한 높은 곳으로부터 자연 낙하시켜 콘크리트를 타설한다.
③ 지나친 진동기 사용은 재료분리를 일으킬 수 있으므로 금해야 한다.
④ 최상부의 슬래브는 이어붓기를 되도록 피하고 일시에 전체를 타설하도록 한다.

해설 ②항, 높은 곳으로부터 콘크리트를 세기 거푸집에 부어넣지 않는다.

94 콘크리트 측압에 영향을 미치는 인자로 가장 거리가 먼 것은?

① 콘크리트의 컨시스턴시
② 콘크리트의 타설속도
③ 대기의 온도 및 습도
④ 콘크리트의 강도

해설 콘크리트 타설시 거푸집의 측압에 미치는 영향
1) 슬럼프가 클수록 크다(물-시멘트 비가 클수록 크다)
2) 기온이 낮을수록 크다(대기 중에 습도가 높을수록 크다)
3) 콘크리트의 치어붓기 속도가 클수록 크다.
4) 거푸집의 수밀성이 높을수록 크다.
5) 콘크리트의 다지기가 강할수록 크다(진동기 사용시 측압은 30% 정도 증가)
6) 거푸집의 수평단면이 클수록 크다(벽두께가 클수록 크다.)
7) 거푸집의 강성이 클수록 크다.
8) 거푸집 표면이 매끄러울수록 크다.
9) 콘크리트의 비중이 클수록 크다(단위중량이 클수록 크다)
10) 철근량이 적을수록 크다.

95 유해위험 방지계획서 제출대상공사에 해당하는 것은?

① 지상 높이가 21m인 건축물 해체공사
② 최대지간 거리가 50m인 교량의 건설공사
③ 연면적 5,000m²인 동물원 건설공사
④ 깊이가 9m인 굴착공사

해설 유해위험방지계획서 제출대상 사업의 종류
1) 지상높이가 31미터 이상인 건축물 또는 인공구조물, 연면적 3만 제곱미터 이상인 건축물 또는 연면적 5천 제곱미터 이상의 문화 및 집회시설(전시장 및 동물원·식물원은 제외), 판매시설, 운수시설(고속철도의 역사 및 집·배송시설은 제외), 종교시설, 의료시설 중 종합병원, 숙박시설 중 관광숙박시설, 지하도상가 또는 냉동·냉장 창고시설의 건설·개조 또는 해체(이하 "건설등"이라 함)
2) 연면적 5천 제곱미터 이상의 냉동·냉장 창고시설의 설비공사 및 단열공사
3) 최대 지간길이가 50미터 이상인 교량건설 등 공사
4) 터널 건설 등의 공사
5) 다목적댐, 발전용댐 및 저수용량 2천만톤 이상의 용수 전용 댐, 지방상수도 전용댐 건설 등의 공사
6) 깊이 10미터 이상인 굴착공사

96 산소결핍에 의한 재해의 예방대책에 대한 설명으로 옳지 않은 것은?

① 작업시작 전 산소농도를 측정한다.
② 공기호흡기 등의 필요한 보호구를 작업 전에 점검한다.
③ 승인받은 밀폐공간이 아니면 절대 들어가서는 안된다.
④ 산소결핍의 위험이 있는 장소에서는 산소농도가 10%이상 유지되도록 한다.

해설 ④항, 산소결핍의 위험이 있는 장소에서는 산소농도가 18%이상 유지되도록 한다.

■ 정답 ■ 93.② 94.④ 95.② 96.④

97 항타기 또는 항발기에서 와이어로프의 절단하중 값과 와이어로프에 걸리는 하중의 최대값이 보기항과 같을 때 사용가능한 경우는?

① 와이어로프의 절단하중 값 : 10ton
　와이어로프에 걸리는 하중의 최대값 : 2ton
② 와이어로프의 절단하중 값 : 15ton
　와이어로프에 걸리는 하중의 최대값 : 4 ton
③ 와이어로프의 절단하중 값 : 20ton
　와이어로프에 걸리는 하중의 최대값 : 6 ton
④ 와이어로프의 절단하중 값 : 25ton
　와이어로프에 걸리는 하중의 최대값 : 8ton

해설 1) 항타기·항발기의 권상용 와이어로프의 안전계수 : 5이상
　　2) 안전계수 $= \dfrac{절단하중}{최대사용하중}$

　　　①항, 안전계수 $= \dfrac{10}{2} = 5$
　　　②항, 안전계수 $= \dfrac{15}{5} = 3$
　　　③항, 안전계수 $= \dfrac{20}{6} = 3.3$
　　　④항, 안전계수 $= \dfrac{25}{8} = 3.1$

98 중량물을 들어올리는 자세에 대한 설명 중 옳은 것은?

① 다리는 곧게 펴고 허리를 굽혀 들어올린다.
② 되도록 자세를 낮추고 허리를 곧게 편 상태에서 들어올린다.
③ 무릎을 굽힌 자세에서 허리를 뒤로 젖히고 들어올린다.
④ 다리를 벌린 상태에서 허리를 숙여서 서서히 들어올린다.

해설 중량물을 들어 올릴 때 : 팔과 무릎을 사용하여 자세를 낮추고 허리(척추)를 곧게 편 상태에서 들어올린다.

99 히빙(heaving)현상이 가장 쉽게 발생하는 토질지반은?

① 연약한 점토 지반
② 연약한 사질토 지반
③ 견고한 점토 지반
④ 견고한 사질토 지반

해설 히빙(heaving) 현상
　1) 지반조건 : 연약성 점토 지반
　2) 현상
　　① 지보공파괴
　　② 배면 토사붕괴
　　③ 굴착저면의 솟아오름

100 양중기를 사용하는 작업에서 운전자가 보기 쉬운 곳에 부착하여야 하는 사항이 아닌 것은?

① 정격하중
② 운전속도
③ 작업위치
④ 경고표시

해설 양중기(승강기는 제외)를 사용하는 작업에서 운전자 또는 작업자가 보기 쉬우누 곳에 부착하여야 하는 사항
1) 정격하중
2) 운전속도
3) 경고표시

■ 정답 ■ 97.① 98.② 99.① 100.③

2016년 시행
건설안전산업기사

2016년 1회 기출문제
[3월 6일 시행]

건설안전산업기사

제1과목 / 산업안전관리론

01 다음 ( )안에 알맞은 것은?

> 사업주는 산업재해로 사망자가 발생하거나 ( )일 이상의 휴업이 필요한 부상을 입거나 질병에 걸린 사람이 발생한 경우 해당 산업재해가 발생한 날부터 1개월 이내에 산업재해조사표를 작성하여 관할 지방고용노동청장 또는 지청장에게 제출하여야 한다.

① 3   ② 4
③ 5   ④ 7

해설 산업재해 발생보고(시행규칙 제4조)
1) 사업주는 산업재해로 사망자가 발생하거나 3일 이상의 휴업이 필요한 부상을 입거나 질병에 걸린 사람이 발생한 경우
2) 해당 산업재해가 발생한 날부터 1개월 이내에 산업재해조사표를 작성하여
3) 지방 고용노동관서의 장에게 제출하여야 한다.

02 방독마스크의 흡수관의 종류와 사용조건이 옳게 연결된 것은?

① 보통가스용 – 산화금속
② 유기가스용 – 활성탄
③ 일산화탄소용 – 알칼리제제
④ 암모니아용 – 산화금속

해설 방독마스크의 흡수관(흡수통 또는 정화통)

종류	표지 기호	표지 색	대응독물	주성분
보통가스용(할로겐가스용)	A	흑색 회색	염소 및 할로겐류, 포스겐, 유기 및 산성가스	활성탄, 소다라임
유기가스용	C	흑색	유기가스 및 증기, 이황화탄소	활성탄
일산화탄소용	E	적색	TEL, 일산화탄소	호프카라이트, 방습제
암모니아용	H	녹색	암모니아	큐프라마이트
아황산용	I	황적색	아황산 및 황산미스트	산화금속 알카리제제

03 일선 관리감독자를 대상으로, 작업지도기법, 작업개선기법, 인간관계 관리기법 등을 교육하는 방법은?

① ATT(American Telephone & Telegram Co.)
② MTP(Management Training Program)
③ CCS(Civil Communication Section)
④ TWI(Training Within Industry)

해설 TWI(Training Within Industry)
1) 교육대상자 : 감독자
2) 교육내용
  ① JI(Job Instruction) : 작업지도 기법
  ② JM(Job Method) : 작업개선 기법
  ③ JR(Job Relation) : 인간관계관리 기법 (부하통솔 기법)
  ④ JS(Job Safety) : 작업안전 기법
3) 한 클래스는 10명 정도, 교육방법은 토의법, 1일 2시간씩 5일에 걸쳐 10시간 정도 한다.

■ 정답 ■ 01.① 02.② 03.④

04 재해원인을 직접원인과 간접원인으로 나눌 때, 직접원인에 해당하는 것은?

① 기술적 원인　　② 관리적 원인
③ 교육적 원인　　④ 물적 원인

해설 재해발생의 원인
1) 직접원인
　① 인적원인 : 불안전한 행동
　② 물적원인 : 불안전한 상태
2) 간접원인 : 기술적원인, 관리적원인, 교육적원인

05 성공적인 리더가 갖추어야 할 특성으로 가장 거리가 먼 것은?

① 강한 출세 욕구
② 강력한 조직 능력
③ 미래지향적 사고 능력
④ 상사에 대한 부정적 태도

해설 성실한 지도자가 공통적으로 갖는 속성
1) 업무수행능력 및 판단능력
2) 강력한 조직능력 및 강한 출세욕구
3) 자신에 대한 긍정적 태도
4) 상사에 대한 긍정적 태도
5) 조직의 목표에 대한 충성심
6) 실패에 대한 두려움
7) 원만한 사교성
8) 매우 활동적이며 공격적인 도전
9) 자신의 건강과 체력 단련
10) 부모로부터의 정서적 독립

06 산업안전보건법상 아세틸렌 용접장치 또는 가스집합 용접장치를 사용하여 행하는 금속의 용접·용단 또는 가열작업자에게 특별안전·보건교육을 시키고자 할 때의 교육 내용이 아닌 것은?

① 용접흄·분진 및 유해광선 등의 유해성에 관한 사항
② 작업방법·작업순서 및 응급처치에 관한 사항
③ 안전밸브의 취급 및 주의에 관한 사항
④ 안전기 및 보호구 취급에 관한 사항

해설 아세틸렌용접장치 또는 가스집합용접장치를 사용하여 금속의 용접·용단 또는 가열작업시 특별안전·보건교육의 교육내용
1) ①, ②, ④항
2) 가스용접기, 압력조정기, 호스 및 취관두 등의 기기점검에 관한 사항
3) 화재예방 및 초기대응에 관한 사항
4) 그 밖에 안전·보건관리에 필요한 사항

07 산업안전보건법상 바탕은 흰색, 기본모형은 빨간색, 관련 부호 및 그림은 검은색을 사용하는 안전·보건표지는?

① 안전복착용　　② 출입금지
③ 고온경고　　　④ 비상구

해설 산업안전표지의 종류와 색채
1) 금지표시 : 바탕은 흰색, 기본모형은 빨간색, 관련부호 및 그림은 검정색
2) 경고표시 : 바탕은 노란색, 기본모형, 관련부호 및 그림은 검정색[다만, 인화성물질 경고, 산화성물질 경고, 폭발성물질 경고, 급성독성물질 경고, 부식성물질 경고 및 발암성·변이원성·생식독성·전신독성·호흡기과민성물질 경고의 경우 바탕은 무색, 기본모형은 빨간색(흑색도 가능)]
3) 지시표지 : 바탕은 파란색, 관련그림은 흰색
4) 안내표지 : 바탕은 흰색, 기본모형 및 관련부호는 녹색, 바탕은 녹색, 관련부호 및 그림은 흰색
5) 관계자외 출입금지표지 : 바탕은 흰색, 글자는 흑색, 다음 글자는 적색
　① ○○○제조/사용/보관중
　② 석면취급/해체중
　③ 발암물질 취급중

■ 정답 ■　04.④　05.④　06.③　07.②

08 재해손실 코스트 방식 중 하인리히의 방식에 있어 1 : 4의 원칙 중 1에 해당하지 않는 것은?

① 재해예방을 위한 교육비
② 치료비
③ 재해자에게 지급된 급료
④ 재해보상 보험금

해설 하인리히의 재해손실비
  1) 총재해 cost=직접비+간접비
  2) 직접비 : 간접비= 1 : 4
     ① 직접비 : 법으로 정한 치료비 및 산재보상비(휴업보상비, 장해보상비, 요양보상비, 장의비, 유족보상비, 상병보상연금 등)
     ② 간접비 : 재산손실, 생산중단 등으로 인해 기업이 입은 손실(인적손실, 물적손실, 생산손실, 기타손실 등)

09 교육 대상자수가 많고, 교육 대상자의 학습능력의 차이가 큰 경우 집단안전 교육방법으로서 가장 효과적인 방법은?

① 문답식 교육   ② 토의식 교육
③ 시청각 교육   ④ 상담식 교육

해설 시청각 교육
  1) 시청각 교육 : 교육대상자수가 많고 교육대상자의 학습능력차이가 큰 경우 집단교육방법으로 효과적이다.
  2) 시청각 교육의 특징 : 교수의 효율성, 교재의 구조화, 교수의 평준화, 대량 수업체제 확립

10 레빈(Lewin)의 법칙 중 환경조건(E)이 의미하는 것은?

① 지능   ② 소질
③ 적성   ④ 인간관계

해설 레빈(Lewin)의 법칙
  $B = f(P \cdot E)$

  1) B(Behavior) : 인간의 행동
  2) f(function, 함수관계) : 적성 기타 P와 E에 영향을 미칠 수 있는 조건
  3) P(Person, 개체) : 연령, 경험, 심신상태, 성격, 지능 등 인간의 조건
  4) E(Environment, 심리적 환경) : 인간관계, 작업환경 등 환경조건

11 하버드 학파의 5단계 교수법에 해당되지 않는 것은?

① 교시(Presentation)
② 연합(Association)
③ 추론(Reasoning)
④ 총괄(Generalization)

해설 하버드 학파의 5단계 교수법
  1) 1단계 : 준비시킨다(preparation)
  2) 2단계 : 교시한다(presentation)
  3) 3단계 : 연합한다(association)
  4) 4단계 : 총괄시킨다(generalization)
  5) 5단계 : 응용시킨다(application)

12 다음과 같은 착시현상에 해당하는 것은?

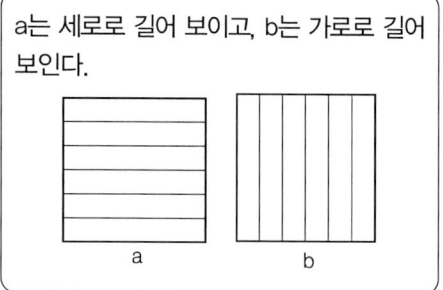

a는 세로로 길어 보이고, b는 가로로 길어 보인다.

① 뮬러 – 라이어(Muler – Lyer)의 착시
② 헬호츠(Helmhotz)의 착시
③ 헤링(Hering)의 착시
④ 포겐도프(Poggendorf)의 착시

해설 헬호츠(Helhotz)의 착시 : 가로, 세로의 길이가 같은데 선으로 나눈 부분이 길어져 보인다.

■ 정답 ■ 08.① 09.③ 10.④ 11.③ 12.②

13 매슬로우(A.H.Maslow)의 인간욕구 5단계 이론에서 각 단계별 내용이 잘못 연결된 것은?

① 1단계 : 자아실현의 욕구
② 2단계 : 안전에 대한 욕구
③ 3단계 : 사회적 욕구
④ 4단계 : 존경에 대한 욕구

해설 매슬로우(Maslow)의 욕구 5단계
1) 1단계 - 생리적 욕구(신체적 욕구) : 기아, 갈등, 호흡, 배설, 성욕 등 기본적 욕구
2) 2단계 - 안전의 욕구 : 안전을 구하려는 욕구
3) 3단계 - 사회적 욕구(친화욕구) : 애정, 소속에 대한 욕구
4) 4단계 - 인정받으려는 욕구(자기존경의 욕구, 승인욕구) : 자존심, 명예, 성취, 지위 등에 대한 욕구
5) 5단계 - 자아실현의 욕구(성취욕구) : 잠재적인 능력을 실현하고자 하는 욕구

14 TBM(Tool Box Meeting)의 의미를 가장 잘 설명한 것은?

① 지시나 명령의 전달회의
② 공구함을 준비한 후 작업하라는 뜻
③ 작업원 전원의 상호대화로 스스로 생각하고 납득하는 작업장 안전회의
④ 상사의 지시된 작업내용에 따른 공구를 하나하나 준비해야 한다는 뜻

해설 TBM(tool box meeting)
1) TBM은 통상 작업 시작 전에 5분~15분 정도의 시간을 들여 행하여진다. 또한 작업 종업시의 극히 짧은 3분~5분으로 행하는 미팅도 TBM의 하나이다.
2) TBM은 직장, 현장, 공구 상자 등의 근처에서 될 수 있는 한 작은 원을 만들어 이루어진다(인원 5~7명 정도).
3) TBM은 직장이나 작업의 상황에 잠재된 위험을 모두가 말을 하는 가운데 스스로 생각하고 납득하고 합의하는 것이다.

15 안전관리에 관한 계획에서 실시에 이르기까지 모든 권한이 포괄적이며 하향적으로 행사되며, 전문 안전담당 부서가 없는 안전관리조직은?

① 직계식 조직
② 참모식 조직
③ 직계-참모식 조직
④ 안전보건 조직

해설 직계식 조직(line 형)
1) 생산 또는 현장 라인(line)에서 생산 및 안전 업무를 동시에 실시하는 조직 형태이다 (100명 미만 소규모 사업장에 적합)
2) 장점
① 안전지시나 개선조치 등 명령이 철저하고 신속하게 수행된다.
② 상하관계만 있기 때문에 명령과 보고가 간단명료하다.
③ 참모식 조직보다 경제적인 조직체계이다.
3) 단점
① 안전전담부서(staff)가 없기 때문에 안전에 대한 정보가 불충분하고 안전지식 및 기술축적이 어렵다.
② 라인(line)에 과중한 책임을 지우기 쉽다.

16 교육훈련의 효과는 5관을 최대한 활용하여야 하는데 다음 중 효과가 가장 큰 것은?

① 청각   ② 시각
③ 촉각   ④ 후각

해설 5관의 효과순서 : 시각 〉 청각 〉 촉각 〉 미각 〉 후각

■ 정답 ■ 13.① 14.③ 15.① 16.②

17 산업안전보건법상 프레스 작업 시 작업시작 전 점검사항에 해당하지 않는 것은?

① 클러치 및 브레이크의 기능
② 매니퓰레이터(manipulator) 작동의 이상 유무
③ 프레스의 금형 및 고정볼트 상태
④ 1행정 1정지기구·급정지장치 및 비상정지 장치의 기능

해설 프레스 작업시 작업시작 전 점검사항
1) 클러치 및 브레이크의 기능
2) 크랭크축, 플라이휠, 슬라이드, 연결봉 및 연결나사의 볼트 풀림 유무
3) 1행정 1정지 기구, 급정지장치, 비상정지장치의 기능
4) 슬라이드 또는 칼날에 의한 위험방지기구의 기능
5) 프레스의 금형 및 고정 볼트 상태
6) 당해 방호장치의 기능 점검

18 산업안전보건법상 중대재해에 해당하지 않는 것은?

① 추락으로 인하여 1명이 사망한 재해
② 건물의 붕괴로 인하여 15명의 부상자가 동시에 발생한 재해
③ 화재로 인하여 4개월의 요양이 필요한 부상자가 동시에 3명 발생한 재해
④ 근로환경으로 인하여 직업성질병자가 동시에 5명 발생한 재해

해설 중대재해의 정의(시행규칙 제2조제1항)
1) 사망자가 1명 이상 발생한 재해
2) 3개월 이상의 요양이 필요한 부상자가 동시에 2명 이상 발생한 재해
3) 부상자 또는 직업성 질병자가 동시에 10명 이상 발생한 재해

19 피로의 예방과 회복대책에 대한 설명이 아닌 것은?

① 작업부하를 크게 할 것
② 정적 동작을 피할 것
③ 작업속도를 적절하게 할 것
④ 근로시간과 휴식을 적정하게 할 것

해설 피로의 예방대책
1) 작업부하를 작게 할 것
2) 근로시간과 휴식을 적정하게 할 것
3) 작업속도 및 작업정도 등을 적당하게 할 것
4) 불필요한 마찰을 배제 할 것
5) 정적동작을 피할 것
6) 직장체조를 통해 혈액순환을 촉진할 것(운동을 적당히 할 것)
7) 충분한 영양을 섭취할 것(건강식품의 준비, 비타민 B·C등의 적정한 영양제보급 등)

20 연간 총 근로시간 중에 발생하는 근로손실일수를 1,000시간 당 발생하는 근로손실일수로 나타내는 식은?

① 강도율
② 도수율
③ 연천인율
④ 종합재해지수

해설 1) 강도율 : 연근로시간 1000시간 당 재해로 인해서 잃어버린 근로손실일수를 말한다.
2) 관계식
$$강도율 = \frac{근로손실일수}{연근로시간수} \times 1,000$$

제2과목
인간공학 및 시스템안전공학

21 옥내 조명에서 최적 반사율의 크기가 작은 것부터 큰 순서대로 나열된 것은?

① 벽 < 천장 < 가구 < 바닥
② 바닥 < 가구 < 천장 < 벽
③ 가구 < 바닥 < 천장 < 벽
④ 바닥 < 가구 < 벽 < 천장

해설 옥내 최적 반사율
1) 천장 : 80~90%
2) 벽, 창문 발(blind) : 40~60%
3) 가구, 사무기기, 책상 : 25~45%
4) 바닥 : 20~40%

22 작업자가 소음 작업환경에 장기간 노출되어 소음성 난청이 발병하였다면 일반적으로 청력손실이 가장 크게 나타나는 주파수는?

① 1,000 Hz ② 2,000 Hz
③ 4,000 Hz ④ 6,000 Hz

해설 유해주파수 : 4,000Hz

23 결함수분석법에 있어 정상사상(top event)이 발생하지 않게 하는 기본사상들의 집합을 무엇이라고 하는가?

① 컷셋(cut set)
② 페일셋(fail set)
③ 트루셋(truth set)
④ 페스셋(path set)

해설 1) 컷셋과 미니멀 컷
① 컷셋(cut sets) : 정상사상을 일으키는 기본사상(통상사상, 생략사상 포함)의 집합을 컷이라 한다.
② 미니멀 컷(minimal cut sets) : 정상사상을 일으키기 위해 필요한 최소한의 컷을 말한다. (시스템의 위험성을 나타냄)

2) 패스셋과 미니멀 패스
① 패스셋(path sets) : 정상사상이 일어나지 않는 기본사상의 집합을 말한다.
② 미니멀 패스(minimal path sets) : 필요한 최소한의 패스를 말한다.(시스템의 신뢰성을 나타냄)

24 다음 중 일반적으로 가장 신뢰도가 높은 시스템의 구조는?

① 직렬연결구조
② 병렬연결구조
③ 단일부품구조
④ 직·병렬 혼합구조

해설 1) 병렬연결 : 신뢰도가 가장 높음
2) 관계식
$$R = 1 - \prod_{i=1}^{n}(1-R_i)$$

25 다음 중 시스템 안전성 평가의 순서를 가장 올바르게 나열한 것은?

① 자료의 정리 → 정량적 평가 → 정성적 평가 → 대책 수립 → 재평가
② 자료의 정리 → 정성적 평가 → 정량적 평가 → 재평가 → 대책 수립
③ 자료의 정리 → 정량적 평가 → 정성적 평가 → 재평가 → 대책 수립
④ 자료의 정리 → 정성적 평가 → 정량적 평가 → 대책 수립 → 재평가

해설 공장설비의 안전성 평가의 5단계
1) 1단계 : 관계 자료의 작성준비
2) 2단계 : 정성적 평가
3) 3단계 : 정량적 평가
4) 4단계 : 안전대책
5) 5단계 : 재평가

■정답■ 21.④ 22.③ 23.④ 24.② 25.④

26 FT도에 사용되는 논리기호 중 AND 게이트에 해당하는 것은?

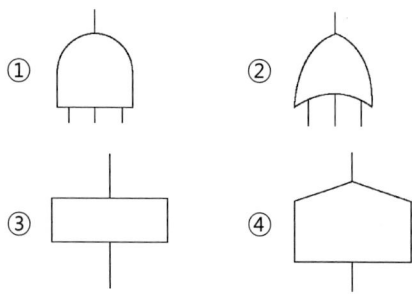

해설 ① 항 : AND gate
② 항 : OR gate
③ 항 : 결함사상
④ 항 : 통상사상

27 관측하고자 하는 측정값을 가장 정확하게 읽을 수 있는 표시장치는?

① 계수형   ② 동침형
③ 동목형   ④ 묘사형

해설 정량적 동적표시장치의 기본형
1) 정목동침(moving pointer)형 : 눈금이 고정되고 지침이 움직이는 형
2) 정침동목(moving scale)형 : 지침이 고정되고 눈금이 움직이는 형
3) 계수(digital)형 : 전력계나 택시요금 계기와 같이 기계·전자적으로 숫자가 표시되는 형

28 페일 세이프(fail-safe)의 원리에 해당되지 않는 것은?

① 교대 구조
② 다경로하중 구조
③ 배타설계 구조
④ 하중경감 구조

해설 구조적 페일 세이프(팡공기의 엔진, 압력용기의 안전밸브)
1) **저균열속도 구조** : 기계·장치 등에 균열이 발생하더라도 그 진전속도가 늦어 정지를 일으키는 구조
2) **조합구조** : 다층재 등에서와 같이 여러 개의 재료를 조합시켜 하나의 재료에서 균열이 생겨도 다른 재료가 하중을 받아주는 구조
3) **다경로하중 구조** : 하중을 받아주는 부재가 몇 개로 나뉘어져 있어 일부 부재가 파열되어도 다른 부재로 인해 하중을 받아줄 수 있는 구조
4) **하중해방 구조** : 안전파열판 등과 같이 어딘가가 파열되면 그 이상의 하중이 걸리지 않는 구조

29 조종반응비율(C/R비)에 관한 설명으로 틀린 것은?

① 조종장치와 표시장치의 물리적 크기와 성질에 따라 달라진다.
② 표시장치의 이동거리를 조종장치의 이동거리로 나눈 값이다.
③ 조종반응비율이 낮다는 것은 민감도가 높다는 의미이다.
④ 최적의 조종반응비율은 조종장치의 조종시간과 표시장치의 이동시간이 교차하는 값이다.

해설 조종반응비율(C/R비 또는 C/D또는 ; 통제표시비)

$$\frac{C}{R}비 = \frac{조종장치\ 이동거리}{표시장치\ 이동거리}$$

■정답■ 26.① 27.① 28.③ 29.②

30 인간-기계 시스템 설계 과정의 주요 6단계를 올바른 순서로 나열한 것은?

> ⓐ 기본설계
> ⓑ 시스템 정의
> ⓒ 목표 및 성능 명세 결정
> ⓓ 인간-기계 인터페이스(human-machine interface)설계
> ⓔ 매뉴얼 및 성능보조자료 작성
> ⓕ 시험 및 평가

① ⓒ → ⓑ → ⓐ → ⓓ → ⓔ → ⓕ
② ⓐ → ⓑ → ⓒ → ⓓ → ⓔ → ⓕ
③ ⓑ → ⓒ → ⓐ → ⓔ → ⓓ → ⓕ
④ ⓒ → ⓐ → ⓑ → ⓒ → ⓓ → ⓕ

해설 인간·기계 시스템 설계과정의 6단계
1) 1단계 : 목표 및 성능 명세 결정
2) 2단계 : 시스템 정의
3) 3단계 : 기본설계
4) 4단계 : 인간·기계 인터페이스(interface) 설계
5) 5단계 : 매뉴얼 및 성능보조자로 작성
6) 6단계 : 시험 및 평가
[주] interfase(계면) : 인간·기계체계에서 인간과 기계가 만나는 면(面)

31 FMEA의 위험성 분류 중 "카테고리 2"에 해당되는 것은?

① 영향 없음
② 활동의 지연
③ 사명 수행의 실패
④ 생명 또는 가옥의 상실

해설 FMEA의 위험성 분류
1) category 1 : 생명 또는 가옥의 상실
2) category 2 : 사명(작업) 수행의 실패
3) category 3 : 활동의 지연
4) category 4 : 영향 없음

32 동전던지기에서 앞면이 나올 확률이 0.7이고, 뒷면이 나올 확률이 0.3일 때, 앞면이 나올 사건의 정보량(A)과 뒷면이 나올 사건의 정보량(B)은 각각 얼마인가?

① A : 0.88bit, B : 1.74bit
② A : 0.51bit, B : 1.74bit
③ A : 0.88bit, B : 2.25bit
④ A : 0.51bit, B : 2.25bit

해설 1) 앞면이 나올 사건의 정보량(H_1)
$$H_1 = \log_2\left(\frac{1}{P}\right) = \log_2\left(\frac{1}{0.7}\right) = 0.51\,bit$$

2) 뒷면이 나올 사건의 정보량(H_2)
$$H_2 = \log_2\left(\frac{1}{0.3}\right) = 1.74\,bit$$

33 에너지대사율(Relative Metabolic Rate)에 관한 설명으로 틀린 것은?

① 작업대사량은 작업 시 소비에너지과 안정 시 소비에너지의 차로 나타낸다.
② RMR은 작업대사량을 기초대사량으로 나눈 값이다.
③ 산소소비량을 측정할 때 더글라스백(Douglas bag)을 이용한다.
④ 기초대사량은 의자에 앉아서 호흡하는 동안에 측정한 산소소비량으로 구한다.

해설 1) 기초대사량 : 생명을 유지하는데 필요한 최소한의 시간당 에너지를 말한다.
2) 기초대사량 : 1500~1800kcal/day

34 중량물을 반복적으로 드는 작업의 부하를 평가하기 위한 방법인 NIOSH 들기지수를 적용할 때 고려되지 않는 항목은?

① 들기빈도   ② 수평이동거리
③ 손잡이 조건   ④ 허리 비틀림

해설 1) NIOSH(미국 산업안전보건연구원)들기지수 (LI ; lifting index) : 실제작업물의 무게와 권장무게한계(RWL)의 비를 말한다.

$$LI = \frac{실제작업무게(L)}{권장무게한계(RWL)}$$

2) 권장무게한계(RWL)

RWL = Lc×HM×VM×DM×AM ×FM×CM

여기서, Lc : 중량상수(32kg)
HM : 수평계수
VM : 수직계수
DM : 이동거리계수
AM : 비대칭계수
FM : 작업빈도계수(들기빈도)
CM : 물체를 잡는데 따른 계수(커플링계수)(손잡이 조건)

35 청각적 표시장치 지침에 관한 설명으로 틀린 것은?

① 신호는 최소한 0.5~1초 동안 지속한다.
② 신호는 배경소음과 다른 주파수를 이용한다.
③ 소음은 양쪽 귀에, 신호는 한쪽 귀에 들리게 한다.
④ 300m 이상 멀리 보내는 신호는 2,000Hz 이상의 주파수를 사용한다.

해설 1) 300m 이상 멀리 보내는 신호는 1,000 Hz 이하의 주파수를 사용한다.
2) 장애물 칸막이 통과시는 500Hz이하의 진동수를 사용한다.

36 고온 작업자의 고온 스트레스로 인해 발생하는 생리적 영향이 아닌 것은?

① 피부와 직장온도의 상승
② 발한(Sweating)의 증가
③ 심박출량(cardiac output)의 증가
④ 근육에서의 젖산 감소로 인한 근육통과 근육피로 증가

해설 ④항, 근육에서의 젖산 증가로 인한 근육통과 근육피로 증가.

37 그림의 FT도에서 최소 컷셋(minimal cut set)으로 옳은 것은?

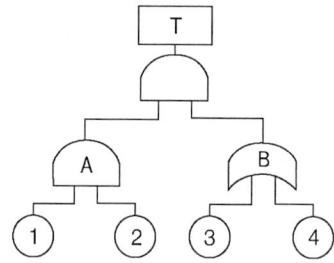

① {1, 2, 3, 4}
② {1, 2, 3}, {1, 2, 4}
③ {1, 3, 4}, {2, 3, 4}
④ {1, 3}, {1, 4}, {2, 3}, {2, 4}

해설 T→AB→①②B→①②③ / ①②④

38 설비의 보전과 가동에 있어 시스템의 고장과 고장 사이의 시간 간격을 의미하는 용어는?

① MTTR
② MDT
③ MTBF
④ MTBR

해설 1) MTTF(mean time to failure) : 평균 수명 또는 고장발생까지의 동작시간 평균이라고도 하며, 하나의 고장에서부터 다음 고장까지의 평균동작시간을 말한다.

∴ $MTTF = \dfrac{1}{\lambda(고장률)}$

2) MTTR(mean time to repair) : 평균수리시간(총수리시간을 그 기간의 수리회수로 나눈시간)
3) MTBF(mean time between failure) : 평균 고장간격
∴ MTBF=MTTF+MTTR

39 인체측정치를 이용한 설계에 관한 설명으로 옳은 것은?

① 평균치를 기준으로 한 설계를 제일 먼저 고려한다.
② 자세와 동작에 따라 고려해야 할 인체측정 치수가 달라진다.
③ 의자의 깊이와 너비는 작은 사람을 기준으로 설계한다.
④ 큰 사람을 기준으로 한 설계는 인체측정치의 5%tile을 사용한다.

해설 1) 최대치수나 최소치수, 조절식으로 하기가 곤란할 때 평균치를 기준으로 하여 설계한다.
2) 의자좌판의 깊이는 작은 사람에게, 나비(폭)는 큰 사람에게 맞도록 설계한다.
3) 큰 사람을 기준으로 한 설계(최대 집단치)는 인체측정치의 상위 백분위수를 기준으로 한 90, 95, 99%치를 사용한다. (최소집단치는 하위 백분위 수 1, 5, 10%치 사용)

40 음량 수준이 50phon일 때 sone값은?

① 2　　　② 5
③ 10　　　④ 100

해설 $sone = 2^{(phon-40)/10}$
$= 2^{(50/40)/10} = 2$

길잡이 phon과 sone
1) phon에 의한 음량수준 : 1,000Hz순음의 음압수준(dB)을 phon이라 한다.
2) sone에 의한 음량 : 40phon(1,000Hz, 40dB의 음압수준을 가진 순음의 크기)을 1sone이라 한다.

제3과목 / 건설시공학

41 다음 중 파내기 경사각이 가장 큰 토질은?

① 습윤 모래
② 일반 자갈
③ 건조한 진흙
④ 건조한 보통흙

해설 파내기 경사각
1) 습윤모래 : 40°
2) 일반자갈 : 60°
3) 건조한 진흙 : 80°
4) 건조한 보통흙 : 40°

42 서중콘크리트의 특징에 관한 설명으로 옳지 않은 것은?

① 콘크리트의 단위수량이 증가한다.
② 콘크리트의 응결이 촉진된다.
③ 균열이 발생하기 쉽다.
④ 슬럼프 로스가 발생하지 않는다.

해설 서중콘크리트
1) 서중콘크리트 : 하루 평균 기온이 25℃ 또는 최고온도가 30℃를 초과할 때 시공하는 콘크리트
2) 특징(문제점)
① 슬럼프 저하 등 워커빌리티의 변화가 생기기 쉽다.
② 동일 슬럼프를 얻기 위한 단위수량이 많아진다.
③ 콜드조인트가 발생하기 쉽다.
④ 초기강도의 발현은 빠르지만 장기강도의 증진이 작다.
⑤ 응결이 촉진되며 균열이 발생하기 쉽다.
3) 서중콘크리트 시공시의 주의사항
① 감수성이 큰 AE제를 충분히 활용한다(공기연행이 용이하며 공기량 조절이 쉽다)
② 균열방지를 위해 시멘트페이스트량을 적게 사용하여 수화열을 감축시킨다.

■ 정답 ■ 39.② 40.① 41.③ 42.④

43 시멘트 혼화재로써 규소합금 제조 시 발생하는 폐가스를 집진하여 얻어진 부산물의 초미립자($1\mu m$ 이하)로서 고강도 콘크리트를 제조하는데 사용하는 혼화재는?

① 플라이 애쉬   ② 실리카 흄
③ 고로 슬래그   ④ 포졸란

해설 실리카 흄(silica fume)
1) 주성분 : 이산화규소(SiO_2)가 90%이상을 차지한다.
2) 특징
   ① 투수성이 작아 수밀성이 향상되고 강도 증진효과가 뛰어나서 고강도 콘크리트를 제조하는데 사용된다.
   ② 발열량이 작아 온도상승 억제효과가 있다
   ③ 블리딩이 감소되고 화학저항성이 증대된다.

44 네트워크 공정표에서 결합점이 가지는 여유시간을 무엇이라 하는가?

① 액티비티(Activity)
② 더미(Dummy)
③ 패스(Path)
④ 슬랙(Slack)

해설
1) 액티비티(activity) : 프로젝트(project ; 대상공사)를 구성하는 작업단위
2) 더미 액티비티(dummy activity) : 시간이나 자원이 필요하지 않고 단지 활동 상호관계만을 점선화살표로 표시
3) 패스(path) : 네트워크 중 둘 이상의 작업이 이루어짐
4) 슬랙(slack) : 최종단계에서 완료기일을 변경하지 않는 범위내에서 각단계에 허용할 수 있는 시간적 여유(단계여유)

45 철골공사에 활용되는 고력볼트 M24의 표준구멍의 직경으로 옳은 것은?

① 25mm   ② 26mm
③ 27mm   ④ 28mm

해설
1) 고력볼트 : 접합부의 높은 강성과 강도를 얻기 위하여 사용되는 고인장강도의 볼트를 말한다.
2) 고력볼트 인장강도 ; $8t/cm^2$이상
3) M24 표준구멍의 직경 : 27mm

46 발주자와 수급자의 상호 신뢰를 바탕으로 팀을 구성해서 프로젝트의 성공과 상호이익 확보를 위하여 공동으로 프로젝트를 집행 및 관리하는 공사계약 방식은?

① BOT 방식   ② 파트너링 방식
③ CM 방식   ④ 공동도급 방식

해설 공사계약 방식
1) BOT(build operate transfer)방식 : 도급자가 자금을 조달하고 설계, 엔지니어링 시공의 전부를 도급받아 시설물을 완성하고 그 시설물을 일정시간 운영하여 수입을 올린 후 인도하는 방식이다.
2) 파트너링 방식 : 본문설명
3) CM(construction management) : 건설사업관리방식으로 설계, 시공을 통합관리하여 주문자를 위해 서비스하는 전문가 집단의 관리방식이다.

47 철근보관 및 취급에 관한 설명으로 옳지 않은 것은?

① 철근고임대 및 간격재는 습기방지를 위하여 직사일광을 받는 곳에 저장한다.
② 철근저장은 물이 고이지 않고 배수가 잘되는 곳이어야 한다.
③ 철근저장 시 철근의 종별, 규격별, 길이별로 적재한다.
④ 저장장소가 바닷가 해안 근처일 경우에는 창고 속에 보관하도록 한다.

해설 철근고임대 및 간격재는 습기방지를 위해 직사일광을 받지 않고 바람이 잘 통하는 곳에 저장한다.

■정답■ 43.② 44.④ 45.③ 46.② 47.①

48 콘크리트의 슬럼프를 측정할 때 다짐봉으로 모두 몇 번을 다져야 하는가?

① 30회   ② 45회
③ 60회   ④ 75회

해설 슬럼프 시험방법
1) 수밀성 평판을 수평으로 설치하고 슬럼프콘을 평판 중앙에 밀착시킨다.
2) 비빈 콘크리트를 슬럼프콘 안에 용적으로 1/3씩 3층으로 나누어 부어넣는다.
3) 다짐대(길이 50cm, ϕ16정도의 철봉)로 그 층의 깊이 만큼(1층은 다짐대가 평판에 닿지 않도록 하고, 2·3층은 전층에 닿지 않을 정도) 각각 25회씩 균등하게 찔러 다진다.(총 75회 다짐)
4) 2), 3)의 방법으로 하여 콘크리트 윗면이 수평이 되도록 고른다.
5) 슬럼프콘을 수직으로 가만히 들어올려 벗기고 측정자로 콘크리트가 미끌어 내린 높이를 측정한다.

49 철근의 가공에 관한 설명 중 옳지 않은 것은?

① 한 번 구부린 철근은 다시 펴서 사용해서는 안 된다.
② 철근은 시어 커터(shear cutter)나 전동톱에 의해 절단한다.
③ 인력에 의한 절곡은 규정상 불가하다.
④ 철근은 열을 가하여 절단하거나 절곡해서는 안 된다.

해설 철근의 절단은 동력기계로 하는 경우와 인력으로 하는 경우가 있다.

50 피어 기초공사와 가장 거리가 먼 용어는?

① 트레비 관
② 디젤 해머
③ 벤토나이트 액
④ 케이싱 관

해설
1) 피어(pier)기초 : 제자리콘크리트 말뚝기초 (깊은기초)
2) 피어기초에 사용되는 것
 ① 트레미(tremie)관
 ② 벤토나이트(ventonite)액
 ③ 케이싱(casing)

51 현장개설 후 자재수급 계획 시 필요조건이 아닌 것은?

① 자재 명세서
② 납입 계획서
③ 발주·구입시기
④ 세금계산서

해설 자재수급 계획시 필요조건
1) 자재 명세서
2) 납입 계획서
3) 발주·구입시기

52 건축공사 기간을 결정하는 요소 중 1차적으로 가장 큰 영향을 주는 것은?

① 건물의 구조 및 규모
② 시공자의 능력
③ 금융사정 및 노무사정
④ 발주자 측의 요구

해설 공기지배요소
1) 제1차적인 요인(내부적, 기술적)
 ① 건물용도(주택, 공장, 은행 등)
 ② 건물규모(건물면적, 층수 등)
 ③ 구조(목조, 철골조 등)
 ④ 기초의 구조, 정지(整地)의 정도, 마감의 정도, 타일의 유무 등
2) 제2차적인 요인(외부적, 사회적)
 ① 지리적 입지조건
 ② 기후, 계절 등의 천연현상
 ③ 노무사정, 금융사정, 자재상황 등의 사회적·경제적 조건
 ④ 도급자(시공자)의 능력

■정답■ 48.④ 49.③ 50.② 51.④ 52.①

53 도급계약서에 첨부하지 않아도 되는 서류는?

① 설계도면
② 시방서
③ 시공계획서
④ 현장설명서

해설 도급계약서 서류
1) 필요서류 : 도급계약서, 도급계약 약관, 설계도면, 시방서
2) 참고서류 : 공사내역서, 공정표, 현장설명서 및 질의응답서

54 철공공사에서 용접검사 중 초음파 탐상법의 특징이 아닌 것은?

① 기록성이 없다.
② 미소한 blow-hole의 검출이 가능하다.
③ 검사속도가 빠른 편이다.
④ 인체에 위험을 미치지 않는다.

해설 초음파탐상법
1) 용접부위에 초음파(20kHz이상)를 사용하여 용접부 내부결함을 검사하는 방법이다.
2) 특징
  ① 검사속도가 빠르다
  ② 복잡한 부위나 두꺼운 부재(5mm이상)는 검사가 불가능하다(T형 접합부 검사 가능)
  ③ 기록성이 없고 검사관의 기량에 판정을 의존한다.

55 지하 4층 상가건물 터파기공사 시 흙막이 오픈 컷 방식을 적용하고 지보공 없이 넓은 작업공간을 확보하고 기계화 시공을 실시하여 공기단축을 하고자 할 때 가장 적합한 공법은?

① 비탈지운 오픈컷공법
② 자립공법
③ 버팀대공법
④ 어스앵커공법

해설 어스앵커공법
1) 흙막이벽의 이면 지반에 어스앵커(earth anchor)를 설치하며 이 인발력으로 토압에 저항하는 공법이다.
2) 넓은 대지나 경사진 대지에 유리한 공법이다(시가지 공사에는 이용하기가 어렵다)
3) 굴착면에 지보공이 없어 기계화 작업에 의해 공기를 단축시킨다.

56 철근 콘크리트 공사에서 거푸집의 역할에 관한 설명으로 옳지 않은 것은?

① 콘크리트의 응결과 경화를 촉진시킨다.
② 콘크리트를 일정한 형상과 치수로 유지시킨다.
③ 콘크리트의 수분누출을 방지한다.
④ 콘크리트에 대한 외기의 영향을 방지한다.

해설 거푸집의 역할
1) 콘크리트 부어넣기 작업과 응결·경화하는 동안 일정한 형상과 치수로 유지시킨다.
2) 경화에 필요한 수분누출을 방지하고 외기의 영향을 방지한다.

57 콘크리트 공사 시 거푸집 측압의 증가 요인에 관한 설명으로 옳지 않은 것은?

① 타설 속도가 빠를수록 증가한다.
② 슬럼프가 클수록 증가한다.
③ 다짐이 적을수록 증가한다.
④ 경화속도가 늦을수록 증가한다.

해설 ③항, 다짐이 과다할수록 측압이 증가한다.

■정답■ 53.③ 54.② 55.④ 56.① 57.③

58 그림과 같은 줄기초 파기에서 파낸 흙을 한 번에 운반하고자 할 때 4ton 트럭 약 몇 대가 필요한가? (단, 파낸 흙의 부피증가율은 20%, 파낸 흙의 단위중량은 1.8t/m³)

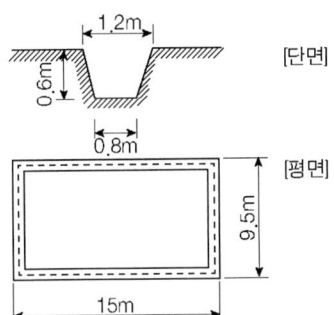

① 10대 ② 16대
③ 20대 ④ 25대

해설 1) 줄기초파기에서 파낸 흙의 부피(V)

$$V = \left(\frac{a+b}{2}\right) \times h \times L$$

여기서, a : 밑변 길이
b : 윗변 길이
h : 높이
L : 줄기초길이

2) $V = \left[\left(\frac{0.8+1.2}{2} \times 0.6 \times 15\right) \times 2\right] + \left[\left(\frac{0.8+1.2}{2} \times 0.6 \times 9.5\right) \times 2\right]$
$= 29.4\text{m}^3 \times 1.2$(부피 증가율)
$= 35.28\text{m}^3$

3) 파낸 흙의 중량
= 파낸 흙의 단위 중량×파낸 흙의 부피
= $1.8\text{ton/m}^3 \times 35.28\text{m}^3 = 63.5\text{ton}$

4) 트럭의 대수 = $\frac{63.5ton}{4ton/대} = 15.88 = 16$대

59 콘크리트 표준시방서에 따른 거푸집 존치기간이 가장 긴 것은?

① 보 밑면 ② 기둥
③ 보 측면 ④ 벽

해설 1) 포틀랜드 시멘트, 보밑면 : 거푸집존치기간 8일

2) 포틀랜드시멘트, 기둥 및 벽·보측면 : 거푸집존치기간 6일

길잡이 시멘트 종류에 의한 거푸집 존치기간

부위		기초, 보옆, 기둥 및 벽		바닥 및 지붕 슬래브, 보 밑	
시멘트의 종류		포틀랜드 시멘트	조강포틀랜드 시멘트	포틀랜드 시멘트	조강포틀랜드 시멘트
콘크리트의 재령 (일)	평균 20℃ 이상	4	2	7	4
	평균 10~20℃ 미만	6	3	8	5
콘크리트의 압축강도		50kg/cm²		설계기준강도의 50%	

60 트렌치와 같은 도랑파기에 가장 적합한 장비명은?

① 불도저 ② 리퍼
③ 백호우 ④ 파워쇼벨

해설 백호우(back hoe)
1) 중기가 위치한 지면보다 낮은 곳의 흙파기에 적합하다.
2) 경질지반의 굴착도 가능하고 도랑파기에 적합한 장비이다.

제4과목 / 건설재료학

---

61 화재에 의한 목재의 가연 발생을 막기 위한 방화법 중 옳지 않은 것은?

① 유성페인트 도포
② 난연처리
③ 불연석 막에 의한 피복
④ 대 단면화

해설 유성페인트 도포는 방습 및 방부효과는 있으나 방화법은 될 수 없다.

■ 정답 ■ 58.② 59.① 60.③ 61.①

62 흡음재료의 특성에 대한 설명으로 옳은 것은?

① 유공판재료는 재료내부의 공기진동으로 고음역의 흡음효과를 발휘한다.
② 판상재료는 뒷면의 공기층에 강제진동으로 흡음효과를 발휘한다.
③ 다공질재료는 적당한 크기나 모양의 관통구멍을 일정 간격으로 설치하여 흡음효과를 발휘한다.
④ 유공판재료는 연질섬유판, 흡음텍스가 있다.

해설 판상흡음재
1) 판상 또는 박막상의 재료를 견고한 바탕위에 설치한 띠 모양에 고정시킨 흡음재 이다.
2) 판상흡음재는 그 표면에 입사된 음파에 의하여 재료가 진동을 일으켜서 판상재에 생기는 내부마찰에 의하여 음에너지를 흡수한다.

63 다음 중 방청도료와 가장 거리가 먼 것은?

① 알루미늄 페인트
② 역청질 페인트
③ 워시 프라이머
④ 오일 서페이서

해설 방청도료
1) 광명단 도료
2) 산화철 도료
3) 알루미늄 도료
4) 징크로메이트 도료(zincromate paint)
5) 워시 프라이머(wash primer)
6) 역청질 도료

64 염화비닐과 적산비닐을 주원료로 하여 석면, 펄프 등을 충전제로 하고 안료를 혼합하여 롤러로 성형 가공한 것으로 폭 90cm, 두께 2.5mm 이하의 두루마리형으로 되어 있는 것은?

① 염화비닐 타일 ② 아스팔트 타일
③ 폴리스티렌 타일 ④ 비닐 시트

해설 비닐시트(polyvinyl chloride sheet)
1) 본문설명
2) 부드럽고 보행촉감이 좋으며 자국이 나도 회복되기 쉽고 마모도 적다
3) 목조마루, 온돌, 콘크리트바닥 등의 바탕에 자유로이 이용할 수 있다.

65 바닥강화재의 사용목적과 가장 거리가 먼 것은?

① 내마모성 증진 ② 내화확성 증진
③ 분진방지성 증진 ④ 내수성 증진

해설 바닥강화제의 사용목적
1) 내마모성 증진
2) 내화학성(내약품성)증진
3) 분진방지성 증진
4) 내구성 증진

66 수밀콘크리트의 배합에 관한 설명으로 옳지 않은 것은?

① 배합은 콘크리트의 소요품질이 얻어지는 범위 내에서 단위수량 및 물결합재비를 가급적 적게 한다.
② 콘크리트의 소요 슬럼프는 가급적 크게 하고 210mm 이하가 되도록 한다.
③ 콘크리트의 워커빌리티를 개선시키기 위해 공기연행제, 공기연행감수제 또는 고성능 공기연행감수제를 사용하는 경우라도 공기량은 4% 이하가 되게 한다.
④ 물결합재비는 50% 이하를 표준으로 한다.

해설 콘크리트의 소요슬럼프는 가급적 적게하여 180 mm 이하가 되도록 한다.

67 보통 포틀랜드시멘트와 비교한 고로시멘트의 특징으로 옳지 않은 것은?

① 장기강도가 크다.
② 해수나 하수 등에 대한 저항성이 우수하다.
③ 미분말로서 초기강도 발현이 용이하다.
④ 초기 수화열이 낮다.

[해설] 고로시멘트는 초기강도가 작고 장기강도는 크다.

68 다음 합성수지 중 투명도가 가장 큰 것은?

① 페놀수지　　② 메타크릴수지
③ 네오프렌수지　④ A.B.S수지

[해설] 메타크릴수지 : 무색투명하고 강인성, 내약품성이 매우 크다.

69 다음 접착제 중에서 내수성이 가장 강한 것은?

① 아교　　② 카세인
③ 실리콘수지　④ 혈액알부민

[해설] 실리콘수지 접착제
1) 특성 : 내수성이 뛰어나고 200℃열을 계속 가해도 견디는 내열성이 우수하며 전기절연성이 있다.
2) 용도 : 피혁류, 텍스, 유리섬유판 등의 접착제로 사용된다.

70 단열재의 특성에서 전열의 3요소가 아닌 것은?

① 전도　　② 대류
③ 복사　　④ 결로

[해설] 1) 단열재 : 열을 차단할 수 있는 성능을 가진 재료로서 상온에서 열전도율의 값이 0.05 kcal/m hr ℃ 내외의 값을 갖는 재료를 말한다.

2) 단열재로 전열의 3요소
① 전도
② 대류
③ 복사

71 일반적으로 목재의 강도 중 가장 작은 것은?

① 압축강도　　② 전단강도
③ 인장강도　　④ 휨강도

[해설] 목재강도의 크기순서 : 인장강도 〉 휨강도 〉 압축강도 〉 전단강도

72 점토의 종류와 제품과의 관계를 나타낸 것 중 옳지 않은 것은?

① 토기 - 벽돌
② 자기 - 기와
③ 도기 - 내장타일
④ 석기 - 외장타일

[해설] 전토의 종류와 제품

종류	원료	제품
토기	전답의흙(보통점토)	벽돌, 기와, 토관
도기	도토(석영·운모의풍화물)	타일, 테라코타, 위생용기
석기	양질점토(유기질없음)	벽돌, 타일, 토관, 테라코타
자기	양질점토또는 장석분	타일, 위생토기

73 보통포틀랜드시멘트의 비중에 관한 설명으로 옳지 않은 것은?

① 동일한 시멘트인 경우에 풍화한 것일수록 비중이 작아진다.
② 일반적으로 3.15 정도이다.
③ 르샤틀리에의 비중병으로 측정된다.
④ 소성온도와 상관없이 일정하며, 제조 직후의 값이 가장 작다.

■ 정답 ■　67.③　68.②　69.③　70.④　71.②　72.②　73.④

해설 보통포틀랜드시멘트의 비중
1) ①, ②, ③항
2) 소성이 불충분하거나 소성온도가 높을수록 비중은 작아진다.
3) 성분중에 SiO_2, Fe_2O_3가 부족할수록 비중이 작아진다.

74 수경성 미장재료를 시공할 때 주의사항이 아닌 것은?

① 적절한 통풍을 필요로 한다.
② 물을 공급하여 양생한다.
③ 습기가 있는 장소에서 시공이 유리하다.
④ 경화 시 직사일광 건조를 피한다.

해설 적절한 통풍이 필요한 것은 기경성 재료이다.

> **길잡이** 응결·경화방식에 따른 미장재료의 분류
> 1) 수경성 미장재료(팽창성) : 물(H_2O)과 수화반응에 의해 경화하는 미장재료이다.
>   ① 시멘트 모르타르 : 시멘트+모래+물
>   ② 석고 플라스터 : 석고+모래+여물+물
>   ③ 경석고 플라스터 : 무수석고+모래+여물+물
>   ④ 인조석 바름 : 시멘트모르타르+인조석
>   ⑤ 테라조(terrazzo)현장바름 : 백시멘트+안료+종석(대리석, 화강석 등)
> 2) 기경성 미장재료(수축성) : 공기중에서 경화하는 미장재료이며 종류는 다음과 같다.
>   ① 진흙 : 진흙+짚여물_물
>   ② 회반죽 : 소석회+모래+여물+해초풀
>   ③ 회사벽 : 석회죽(lime cream)+모래 (필요시 시멘트 또는 여물 혼입)
>   ④ 돌로마이트 플라스터 : 돌로마이트 석회(마그네시아 석회)+모래+여물+물

75 목재의 방부제 처리법 중 가장 침투깊이가 깊어 방부효과가 크고 내구성이 양호한 것은?

① 침지법
② 도포법
③ 가압주입법
④ 상압주입법

해설 목재의 방부제 처리법
1) 도포법 : 방주레르 목재 표면에 도포하는 방법이다.
2) 주입법 : 방부제를 목재 중에 주입하는 방법으로, 상압주입법, 가압주입법(침투깊이가 가장 깊음)이 있다.
3) 침지법 : 목재를 방부제 용액 중에 침지시키는 방법이다.

76 시멘트 혼화재료 중 연행공기를 발생시켜 볼베어링 효과가 나타나도록 하는 것은?

① 포졸란
② 플라이애시
③ A.E.제
④ 경화 촉진제

해설 AE제(air entraining agent) : 공기연행제
1) 계면활성제의 일종으로 콘크리트 속에 독립된 미세한 기포를 골고루 분산시키는 작용을 한다.
2) 콘크리트의 작업성 및 동결융해에 대한 저항성을 향상시킨다.
3) 블리딩을 감소시킨다.
4) 콘크리트 경화시 경화수축을 감소시키는 균열을 방지한다.
5) 물-시멘트비(W/C)가 일정할 경우 공기량이 10% 증가함에 따라 압축강도는 약 4~6%, 휨강도는 약 2~3%, 탄성계수는 $8 \times 10^3 kg/cm^2$ 정도 감소시킨다.

■ 정답 ■ 74.① 75.③ 76.③

77 시멘트의 저장과 관련된 기준으로 옳지 않은 것은?

① 3개월 이하 단기간 저장한 시멘트는 굳은 덩어리가 있더라도 사용이 가능하다.
② 시멘트를 쌓아올리는 높이는 13포대 이하로 하는 것이 바람직하다.
③ 시멘트의 온도는 일반적으로 50℃ 정도 이하를 사용하는 것이 좋다.
④ 시멘트는 방습적인 구조로 된 사일로 또는 창고에 품종별로 구분하여 저장하여야 한다.

해설 저장중의 시멘트에 덩어리가 생겼을 경우에는 구조물에 사용해서는 안된다.

78 벽, 기둥 등의 모서리를 보호하기 위하여 미장바름질을 할 때 붙이는 보호용 철물은?

① 줄눈대
② 코너비드
③ 드라이브 핀
④ 조이너

해설 1) 줄눈대 : 테라조, 인조석 등의 신축균열방지 및 의장효과를 위해 구획하는 줄눈에 넣는 철물(줄눈쇠라고도 함)
2) 코너비드(corner bead) : 본문설명(모서리쇠)
3) 드라이브 핀 : 못박이총(drivit)을 사용하여 콘크리트나 철판등에 순간적으로 처박는 특수못
4) 조이너(joiner) : 천정, 벽 등에 보드(board)류를 붙이고 그 이음새를 감추는 데 쓰이는 철물

79 각종 석재에 대한 설명으로 옳지 않은 것은?

① 대리석은 강도는 매우 높지만 내화성이 낮고 풍화되기 쉬우며 산에 약하기 때문에 실외용으로 적합하지 않다.
② 점판암은 박판으로 채취할 수 있으므로 슬레이트로서 지붕 등에 사용된다.
③ 화강암은 견고하고 대형재를 생산할 수 있으며 외장재로 사용이 가능하다.
④ 응회암은 화성암의 일종으로 내화벽 또는 구조재 등에 쓰인다.

해설 응회암 : 수성암의 일종이다.

80 알루미늄에 관한 설명으로 옳지 않은 것은?

① 250 ~ 300℃에서 풀림한 것은 콘크리트 등의 알칼리에 침식되지 않는다.
② 비중은 철의 1/3 정도이다.
③ 전연성이 좋고 내식성이 우수하다.
④ 온도가 상승함에 따라 인장강도가 급격히 감소하고 600℃에 거의 0이 된다.

해설 알루미늄(Al) : 250~300℃에서 풀림한 것은 특히 산이나 알칼리 및 해수에 침식되기 쉬우므로 콘크리트 및 해수에 접하거나 흙속에 매립된 경우에는 사용을 금하거나 특히 주의하여 사용하여야 한다.

■ 정답 ■ 77.① 78.② 79.④ 80.①

제5과목 / 건설안전기술

81 말뚝박기 해머(hammer)중 연약지반에 적합하고 상대적으로 소음이 적은 것은?

① 드롭 해머(drop hammer)
② 디젤 해머(diesel hammer)
③ 스팀 해머(steam hammer)
④ 바이브로 해머(vibro hammer)

해설 바이브로 해머(vibro hammer ; 진동해머)
1) 진동에 의한 말뚝박기 및 빼기 기구이다.
2) 소음이 적고 연약지반에 적합하다.

82 철골 작업을 중지해야 할 강설량 기준으로 옳은 것은?

① 강설량이 시간당 1mm 이상인 경우
② 강설량이 시간당 5mm 이상인 경우
③ 강설량이 시간당 1cm 이상인 경우
④ 강설량이 시간당 5cm 이상인 경우

해설 철골작업을 중지해야하는 기상조건
1) 풍속 : 10m/sec 이상
2) 강우량 : 1mm/hr 이상
3) 강우량 : 1cm/hr 이상

83 옥외에 설치되어 있는 주행크레인에 대하여 이탈방지장치를 작동시키는 등 이탈 방지를 위한 조치를 하여야 하는 순간 풍속 기준은?

① 초당 10m 초과
② 초당 20m 초과
③ 초당 30m 초과
④ 초당 40m 초과

해설 폭풍에 의한 이탈방지조치 및 이상유무 점검
1) 이탈방지조치 : 순간 풍속이 30m/sec를 초과하는 바람이 불어올 우려가 있을 때는 옥외 설치 주행 크레인에 대하여 이탈방지장치를 작동시킬 것
2) 이상유무점검 : 순간 풍속이 30m/sec를 초과하는 바람이 불어온 후 또는 중진 이상 진도의 지진 후에는 크레인의 각 부위의 이상유무를 점검할 것

84 철골조립 공사 중에 볼트작업을 하기 위해 주체인 철골에 매달아서 작업발판으로 이용하는 비계는?

① 달비계   ② 말비계
③ 달대비계   ④ 선반비계

해설 달비계 및 달대비계
1) 달비계 : 와이어로프나 철선 등을 이용하여 상부지점에 승강할 수 있는 작업용 발판을 매다는 형식의 비계로서 건물외벽의 도장이나 청소 등의 작업에 사용된다.
2) 달대비계 : 철골공사의 리벳치기, 볼트 작업 시에 주로 이용되는 것으로 주체인 철골에 매달아서 작업발판을 만드는 비계로서 상하 이동을 시킬 수 없는 것이다.

85 철골공사의 용접, 용단작업에 사용되는 가스의 용기는 최대 몇 ℃ 이하로 보존해야 하는가?

① 25℃   ② 36℃
③ 40℃   ④ 48℃

해설 금속의 용접·용단 또는 가열에 사용되는 가스 등의 용기의 온도 : 40℃이하로 유지할 것

86 기계가 서 있는 지면보다 높은 곳을 파는 작업에 가장 적합한 굴착기계는?

① 파워셔블   ② 드래그라인
③ 백호우   ④ 클램셸

해설
1) 파워셔블(power shovel) : 중기가 위치한 지면보다 높은 장소 굴착시 적합
2) 백호우(drag shovel, 드래그 셔블) : 중기가 위치한 지면보다 낮은 장소 굴착시 적합

■정답■ 81.④ 82.③ 83.③ 84.③ 85.③ 86.①

(앞쪽으로 끌어당기면서 작업)
3) 드래그 라인(drag line) : 지반보다 낮은 연질지반의 넓은 굴착에 적합(힘이 약함)
4) 클램셸(clamshell) : 붐의 선단에서 버킷을 와이어로프로 매달아 바로 아래로 떨어뜨려 흙을 떠 올리는 증기

87 이동식 사다리를 설치하여 사용하는 경우의 준수 기준으로 옳지 않은 것은?

① 길이가 6m를 초과해서는 안된다.
② 다리의 벌림은 벽 높이의 1/4 정도가 적당하다.
③ 미끄럼방지 발판은 인조고무 등으로 마감한 실내용을 사용하여야 한다.
④ 벽면 상부로부터 최소한 90cm 이상의 연장 길이가 있어야 한다.

해설 벽면 상부로부터 최소한 1m이상의 연장길이가 있어야 한다(고용노동부고시)

88 토석붕괴의 요인 중 외적 요인이 아닌 것은?

① 토석의 강도저하
② 사면, 법면의 경사 및 기울기의 증가
③ 절토 및 성토 높이의 증가
④ 공사에 의한 진동 및 반복하중의 증가

해설 토사붕괴의 원인(고용노동부고시)
1) 외적요인
① 사면, 법면의 경사 및 구배의 증가
② 절토 및 성토 높이의 증가
③ 공사에 의한 진동 및 반복하중의 증가
④ 지표수 및 지하수의 침투에 의한 토사중량 증가
⑤ 지진, 차량, 구조물의 하중
2) 내적요인
① 절토사면의 토질, 암석
② 성토사면의 토질
③ 토석의 강도저하

89 콘크리트의 양생 방법이 아닌 것은?

① 습윤 양생
② 건조 양생
③ 증기 양생
④ 전기 양생

해설 1) 습윤양생(수중양생, 살수양생)
2) 증기양생
3) 전기양생
4) 피막양생

90 안전난간의 구조 및 설치기준으로 옳지 않은 것은?

① 안전난간은 상부난간대, 중간난간대, 발끝막이판, 난간기둥으로 구성할 것
② 상부난간대와 중간난간대는 난간 길이 전체에 걸쳐 바닥면 등과 평행을 유지할 것
③ 발끝막이판은 바닥면 등으로부터 10cm이상의 높이를 유지할 것
④ 안전난간은 구조적으로 가장 취약한 지점에서 가장 취약한 방향으로 작용하는 80kg 이상의 하중에 견딜 수 있는 튼튼한 구조일 것

해설 안전난간의 구조 및 설치요건(안전보건규칙 제13조)
1) ①, ②, ③항
2) 안전난간은 구조적으로 가장 취약한 지점에서 가장 취약한 방향으로 작용하는 100kg이상의 하중에 견딜 수 있는 튼튼한 구조일 것
3) 상부난간대는 바닥면, 발판 또는 경사로의 표면(이하 "바닥면 등")으로부터 90cm 이상지점에 설치하고, 상부난간대를 120cm 이하에 설치하는 경우 중간난간대는 상부난간대와 바닥면 등의 중간에 설치하여야 하며, 120cm 이상 지점에 설치하는 경우에는 중간난간대를 2단 이상으로 균등하게 설치하고 난간의 상하간격은 60cm 이하가 되도록 할 것
4) 난간기둥은 상부난간대와 중간난간대를 견고하게 떠받칠 수 있도록 적정 간격을 유지할 것
5) 난간대는 지름 2.7cm 이상의 금속제 파이프나 그 이상의 강도가 있는 재료일 것

■ 정답 ■ 87.④ 88.① 89.② 90.④

91 공사종류 및 규모별 안전관리비 계상기준표에서 공사종류의 명칭에 해당되지 않는 것은?

① 철도·궤도신설공사
② 일반건설공사(병)
③ 중건설공사
④ 특수 및 기타건설공사

해설 안전관리비 계상기준에서 공사의 종류
1) 일반건설공사(갑)
2) 일반건설공사(을)
3) 중건설공사
4) 철도·궤도 신설공사
5) 특수 및 기타건설공사
[참고] 법 개정 : 내용 변경

92 철골공사에서 기둥의 건립작업 시 앵커볼트를 매립할 때 요구되는 정밀도에서 기둥중심은 기준선 및 인접기둥의 중심으로부터 얼마 이상 벗어나지 않아야 하는가?

① 3mm   ② 5mm
③ 7mm   ④ 10mm

해설 철골기둥 건립시 앵커볼트를매립할 때 요구되는 정밀도 : 철골기둥중심이 기준선 및 인접기둥 중심에서 5mm 이상 벗어나지 않을 것

93 추락재해를 방지하기 위하여 10cm 그물코인방망을 설치할 때 방망과 바닥면 사이의 최소 높이로 옳은 것은? (단, 설치된 방망의 단변 방향 길이 L = 2m, 장변방향 방망의 지지간격 A = 3m이다.)

① 2.0m   ② 2.4m
③ 3.0m   ④ 3.4m

해설 L<A일 때 10cm 그물코의 방망과 바닥면 사이의 높이(H)
$$H = \frac{0.85}{4}(L+3A)$$
$$= \frac{0.85}{4} \times (2+3\times3) = 2.34\text{m}$$

길잡이 허용낙하높이 및 방망과 바닥면 높이

높이 종류 조건	낙하높이(H_1)		방망과 바닥면 높이(H_2)		방망의 처짐길이 (S)
	단일 방망	복합 방망	10cm 그물코	5cm 그물코	
L < A	$\frac{1}{4}(L+2A)$	$\frac{1}{5}(L+2A)$	$\frac{0.85}{4}(L+3A)$	$\frac{0.95}{4}(L+3A)$	$\frac{1}{4}(L+2A)\times\frac{1}{3}$
L ≥ A	$\frac{3}{4}L$	$\frac{3}{5}L$	0.85L	0.95L	$\frac{3}{4}L\times\frac{1}{3}$

위 [표]에서,
L : 단편방향길이[m]
A : 장편방향 방망의 지지간격

94 화물용 승강기를 설계하면서 와이어로프의 안전하중은 10ton이라면 로프의 가닥수를 얼마로 하여야 하는가? (단, 와이어로프 한 가닥의 파단강도는 4ton이며, 화물용 승강기 와이어로프의 안전율은 6으로 한다.)

① 10가닥   ② 15가닥
③ 20가닥   ④ 30가닥

해설 1) 와이어로프 한가닥의 허용하중(안전하중)
$$\text{안전율} = \frac{\text{파단강도}}{\text{안전하중}}$$
$$\text{안전하중} = \frac{\text{파단강도}}{\text{안전율}}$$
2) 안전하중 10ton의 로프가닥수
$$\text{로프가닥수} = \frac{\text{안전하중}}{\text{한가닥 안전하중}}$$
$$= \frac{10}{4/6} = 15\text{가닥}$$

95 강재 거푸집과 비교한 합판 거푸집의 특성이 아닌 것은?

① 외기 온도의 영향이 적다.
② 녹이 슬지 않음으로 보관하기가 쉽다.
③ 중량이 무겁다.
④ 보수가 간단하다.

해설 합판거푸집 : 강재거푸집보다 중량이 가볍다.

96 다음은 지붕 위에서의 위험방지를 위한 내용이다. 빈 칸에 알맞은 수치로 옳은 것은?

> 슬레이트, 선라이트(sunlight)등 강도가 약한 재료로 덮은 지붕 위에서 작업을 할 때에 발이 빠지는 등 근로자가 위험해질 우려가 있는 경우 폭 ( ) 이상의 발판을 설치하거나 안전방망을 치는 등 위험을 방지하기 위하여 필요한 조치를 하여야 한다.

① 20cm ② 25cm
③ 30cm ④ 40cm

해설 슬레이트, 선라이트(sunlight)등 지붕 위에서의 작업시 위험방지조치사항
　1) 폭 30cm 이상의 발판 설치
　2) 안전방망 설치

97 다음 중 건설공사관리의 주요 기능이라 볼 수 없는 것은?

① 안전관리 ② 공정관리
③ 품질관리 ④ 재고관리

해설 건축시공의 5대관리
　1) 공정관리　2) 원가관리
　3) 품질관리　4) 안전관리
　5) 환경관리

98 다음은 작업으로 인하여 물체가 떨어지거나 날아올 위험이 있는 경우에 조치하여야 하는 사항이다. 빈 칸에 알맞은 내용으로 옳은 것은?

> 낙하물 방지망 또는 방호선반을 설치하는 경우 높이 10m 이내마다 설치하고, 내민 길이는 벽면으로부터 ( ) 이상으로 할 것

① 2m ② 2.5m
③ 3m ④ 3.5m

99 사다리를 설치하여 사용함에 있어 사다리 지주 끝에 사용하는 미끄럼 방지 재료로 적당하지 않은 것은?

① 고무 ② 코르크
③ 가죽 ④ 비닐

해설 미끄럼방지장치 : 사다리를 설치하여 사용할 때는 다음 사항을 준수하도록 할 것
　1) 미끄럼방지장치 사다리 지주의 끝에 고무, 코르크, 가죽, 강스파이크 등을 부착시켜 바닥과의 미끄럼을 방지하는 안전장치가 있어야 한다.
　2) 쐐기형 강스파이크는 지반이 평탄한 맨땅 위에 세울 때 사용하여야 한다.
　3) 미끄럼방지 판자 및 미끄럼방지 고정쇠는 돌마무리 또는 인조선 깔기마감한 바닥용으로 사용하여야 한다.
　4) 미끄럼방지 발판은 인조고무 등으로 마감한 실내용으로 사용하여야 한다.

100 현장에서 가설통로의 설치 시 준수사항으로 옳지 않은 것은?

① 건설공사에 사용하는 높이 8m 이상인 비계다리에는 10m 이내마다 계단참을 설치할 것
② 수직갱에 가설된 통로의 길이가 15m 이상인 때에는 10m 이내마다 계단참을 설치할 것
③ 경사가 15°를 초과하는 때에는 미끄러지지 아니하는 구조로 할 것
④ 경사는 30°이하로 할 것

해설 가설통로의 구조 : 가설통로 설치시 준수사항
　1) 견고한 구조로 할 것
　2) 경사는 30° 이하로 할 것(다만, 계단을 설치하거나 높이 2m 미만의 가설통로로서 튼튼한 손잡이를 설치한 때에는 그러하지 아니하다)
　3) 경사가 15°를 초과하는 때에는 미끄러지지 않는 구조로 할 것
　4) 추락의 위험이 있는 장소에는 안전난간을 설치할 것(작업상 부득이한 때에는 필요한 부분에 한하여 임시로 이를 해체할 수 있다)
　5) 수직갱에 가설된 통로의 길이가 15m 이상인 때에는 10m 이내마다 계단참을 설치할 것
　6) 건설공사에서 사용하는 높이 8m이상인 비계다리에는 7m 이내마다 계단을 설치할 것

■정답■ 96.③　97.④　98.①　99.④　100.①

2016년 2회 기출문제
[5월 8일 시행]

건설안전산업기사

제1과목 / 산업안전관리론

01 자율검사프로그램을 인정받으려는 자가 한국산업안전보건공단에 제출해야 하는 서류가 아닌 것은?

① 안전검사대상 유해·위험기계 등의 보유현황
② 유해·위험기계 등의 검사 주기 및 검사기준
③ 안전검사대상 유해·위험기계의 사용 실적
④ 향후 2년간 검사대상 유해·위험기계 등의 검사 수행계획

해설 자율검사프로그램을 인정받으려는 자가 산업안전보건공단에 제출해야 할 서류(시행규칙 제74조의 2)
1) ①, ②, ④항
2) 검사원 보유현황과 검사를 할 수 있는 장비 관리방법
3) 과거 2년간 자율검사프로그램 수행 실적(재신청의 경우만 해당)
4) 자율검사프로그램 인정신청서

02 도수율이 12.57, 강도율이 17.45인 사업장에서 1명의 근로자가 평생 근무한다면 며칠의 근로손실이 발생하겠는가? (단, 1인 근로자의 평생근로시간은 10^5시간이다.)

① 1257일   ② 126일
③ 1745일   ④ 175일

해설 1) 환산강도율 : 근로자가 평생(입사 → 퇴직, 40년, 10만 시간)근무하였을 때 발생하는 근로손실일수를 의미한다.
2) 환산강도율 = 강도율×100
= 17.45×100
= 1745일

03 피로를 측정하는 방법 중 동작분석, 연속반응시간 등을 통하여 피로를 측정하는 방법은?

① 생리학적 측정   ② 생화학적 측정
③ 심리학적 측정   ④ 생역학적 측정

해설 피로의 측정법
1) **생리학적 방법** : 근전도(EMG), 산소소비량 및 에너지대사율, 피부전기반사(GSR), 프릿가값(융합점멸주파수 : 대뇌활동측정) 등
2) **화학적 방법** : 혈색소농도, 혈액수준, 혈단백, 응혈시간, 혈액, 요전해질, 요단백, 요교질, 배설량 등
3) **심리학적 방법** : 피부(전위)저장, 동작분석, 연속반응시간, 행동기록, 정신작업, 전신자각증상, 집중유지기능 등

■ 정답 ■   01.③   02.③   03.③

04 자신의 약점이나 무능력, 열등감을 위장하여 유리하게 보호함으로써 안정감을 찾으려는 방어적 적응기제에 해당하는 것은?

① 보상　　　② 고립
③ 퇴행　　　④ 억압

해설 1) 보상 : 본문설명
2) 고립(isolation) : 자신이 없을 때 현실에서 피함으로서 곤란한 상황과의 접촉을 벗어나 자기 내부로 도피하려는 행동이다.
3) 퇴행(regression) : 현실의 곤란한 장면에서 이겨내지 못하고 옛날 어린 시절로 되돌아가려는 행동이다. 즉 발전단계를 역행함으로서 욕구를 충족하려는 행동이다.
4) 억압(repression) : 불쾌감이나 욕구불만 등의 갈등으로 생긴 욕구를 의식 밖으로 배제함으로서 얻는 행동이다.
즉 현실적인 필요(역망, 감정)를 묵살함으로서 오히려 자신의 안정을 유지하려는 행동이다.

05 ERG(Existence Relation Growth)이론을 주창한 사람은?

① 매슬로우(Maslow)
② 맥그리거(McGregor)
③ 테일러(Taylor)
④ 알더퍼(Alderfer)

해설 알더퍼(Alderfer)의 ERG이론
1) 생존(Existence)욕구(존재욕구) : 신체적인 차원에서 유기체의 생존과 유지에 관련된 욕구
2) 관계(Relatedness)욕구 : 타인과의 상호작용을 통해 만족되는 대인욕구
3) 성장(Growth)욕구 : 개인적인 발전과 증진에 관한 욕구

06 공장 내에 안전·보건표지를 부착하는 주된 이유는?

① 안전의식 고취
② 인간 행동의 변화 통제
③ 공장 내의 환경 정비 목적
④ 능률적인 작업을 유도

해설 1) 안전·보건표지를 부착하는 주된 이유 : 안전의식 고취
2) 안전표지의 사용목적 : 위험성을 표지로 경고 → 인간행동의 변화 및 작업환경 통제 → 사전에 재해예방

07 인간의 실수 및 과오의 요인과 직접적인 관계가 가장 먼 것은?

① 관리의 부적당　② 능력의 부족
③ 주의의 부족　　④ 환경조건의 부적당

해설 인간의 실수 및 과오의 3대요인
1) 능력의 부족
① 적성의 부적합　② 지식의 부족
③ 기술의 미숙　　③ 인간관계
2) 주의의 부족
① 개성　　　② 감성의 불안정
③ 습관성　　④ 감수성 미약
3) 환경조건의 불량
① 재해표준 및 작업조건 불량
② 연락 및 의사소통 불량
③ 계획 불충분
④ 불안과 동요

08 산업안전보건법상 사업 내 안전·보건교육의 교육과정에 해당하지 않는 것은?

① 검사원 정기점검교육
② 특별안전·보건교육
③ 근로자 정기안전·보건교육
④ 작업내용 변경 시의 교육

해설 안전보건교육의 교육과정(시행규칙 별표8)
1) 근로자 정기안전·보건교육
2) 관리감독자 정기안전·보건교육
3) 채용시 교육
4) 작업내용 변경시의 교육
5) 특별안전·보건교육

09 안전관리의 중요성과 가장 거리가 먼 것은?

① 인간존중이라는 인도적인 신념의 실현
② 경영 경제상의 제품의 품질 향상과 생산성 향상
③ 재해로부터 인적·물적 손실 예방
④ 작업환경 개선을 통한 투자 비용 증대

해설 산업안전의 이념(안전관리의 효과)
1) 인간존중 : 안전제일 이념
2) 생산성 향상 및 품질향상 : 안전태도 개선 및 손실예방
3) 기업의 경제적 손실예방 : 재해로 인한 인적·재산손실예방
4) 대외여론 개선으로 신뢰성 향상 : 노사협력의 경영태세 완성
5) 사회복지증진 : 경제성 향상

10 인지과정 착오의 요인이 아닌 것은?

① 정서 불안정
② 감각차단 현상
③ 작업자의 기능미숙
④ 생리·심리적 능력의 한계

해설 착오요인(대뇌의 휴먼에러)
1) 인지과정 착오
   ① 생리, 심리적 능력의 한계
   ② 정보량 저장능력의 한계
   ③ 감각차단현상(단조로운 업무, 반복작업 시 발생)
   ④ 정서불안정(공포, 불안, 불만)
2) 판단과정 착오
   ① 능력부족
   ② 정보부족
   ③ 자기합리화
   ④ 환경조건의 불비
3) 조치과정 착오 : 기술능력 미숙 및 경험부족에서 발생

11 토의식 교육지도에 있어서 가장 시간이 많이 소요되는 단계는?

① 도입 ② 제시
③ 적용 ④ 확인

12 위험예지훈련 기초 4라운드(4R)에서 라운드별 내용이 바르게 연결된 것은?

① 1라운드 : 현상파악
② 2라운드 : 대책수립
③ 3라운드 : 목표설정
④ 4라운드 : 본질추구

해설 위험예지훈련의 문제해결 4라운드 (4Round)
1) 1R - **현상파악** : 전원이 토의를 통해서 잠재 위험요인을 발견하는 단계
2) 2R - **본질추구** : 가장 위험한 요인(위험 포인트)을 합의로 결정하는 단계
3) 3R - **대책수립** : 구체적인 대책을 수립하는 단계
4) 4R - **행동목표 설정** : 행동계획을 정하고 수립한 대책 가운데서 질이 높은 항목에 합의하는 단계(요약)

13 안전모의 종류 중 머리 부위의 감전에 대한 위험을 방지할 수 있는 것은?

① A형 ② B형
③ AC형 ④ AE형

해설 안전모의 종류

안전인증대상	자율안전확인대상
① AB형 : 낙하 및 비래, 추락방지용 ② AE형 : 낙하 및 비래, 감전방지용 (내전압성 : 7,000V이하의 전압에서 견디는 것) ③ ABE형 : 낙하 및 비래, 추락, 감전방지용 (내전압성)	안전인증대상 안전모를 제외한 안전모

■ 정답 ■ 09.④ 10.③ 11.③ 12.① 13.④

14 적응기제에서 방어기제가 아닌 것은?

① 보상
② 고립
③ 합리화
④ 동일시

해설 적응기제
1) 방어적 기제 : 보상, 합리화, 동일시, 승화 등
2) 도피적 기제 : 고립, 퇴행, 억압, 백일몽 등

15 OJT(On the Job Training)에 관한 설명으로 옳은 것은?

① 집합교육형태의 훈련이다.
② 다수의 근로자에게 조직적 훈련이 가능하다.
③ 직장의 설정에 맞게 실제적 훈련이 가능하다.
④ 전문가를 강사로 활용할 수 있다.

해설 OJT와 offJT
1) OJT(현장중심교육) : 현장에서 개인에 대한 직속상사의 개별교육 및 지도
2) offJT(현장외중심교육) : 공통교육대상자에 대한 집합교육
3) 특징

O·J·T (현장중심교육)	off J·T (현장외 중심교육)
① 개개인에게 적합한 지도훈련이 가능	① 다수의 근로자에게 조직적 훈련이 가능
② 직장의 실정에 맞는 실제적 훈련을 할 수 있다.	② 훈련에만 전념하게 된다.
③ 훈련 필요한 업무의 계속성이 끊어지지 않음	③ 특별설비기구를 이용할 수 있음
④ 즉시 업무에 연결되는 관계로 신체와 관련 있음	④ 전문가를 강사로 초청할 수 있음
⑤ 효과가 곧 업무에 나타나며 훈련의 좋고 나쁨에 따라 개선이 용이함	⑤ 각 직장의 근로자가 많은 지식이나 경험을 교류할 수 있음
⑥ 교육을 통한 훈련 효과에 의해 상호 신뢰 이해도가 높아짐	⑥ 교육훈련 목표에 대해서 집단적 노력이 흐트러질 수도 있음

16 모랄 서베이(Morale Survey)의 주요 방법 중 태도조사법에 해당하는 것은?

① 사례연구법
② 관찰법
③ 실험연구법
④ 문답법

해설 모랄 서어베이(morale survey : 사기조사)의 주요방법
1) 통계에 의한 방법 : 사고 상해율, 생산고, 결근, 지각, 조퇴, 이직 등을 분석하여
2) 사례 연구법 : 경영 관리상의 여러 가지 제도에 나타나는 사례에 대해 케이스 스터디(case study)로서 현상을 파악하는 방법
3) 관찰법 : 종업원의 근무 실태를 계속 관찰함으로서 문제점을 찾아내는 방법
4) 실험연구법 : 실험 그룹과 통제 그룹으로 나누고 정황, 자극을 주어 태도 변화 여부를 조사하는 방법
5) 태도조사법(의견조사) : 질문지법, 면접법, 집단토의법, 투사법(projective technique) 등에 의해 의견을 조사하는 방법

17 하인리히(Heinrich)의 이론에 의한 재해 발생의 주요 원인에 있어 다음 중 불안전한 행동에 의한 요인이 아닌 것은?

① 권한 없이 행한 조작
② 전문지식의 결여 및 기술, 숙련도 부족
③ 보호구 미착용 및 위험한 장비에서 작업
④ 결함 있는 장비 및 공구의 사용

해설 ②항, 전문지식의 결여 및 기술, 숙련도 부족 : 간접원인 중 교육적 원인

18 재해예방의 4원칙에 해당되지 않는 것은?

① 손실발생의 원칙
② 원인계기의 원칙
③ 예방가능의 원칙
④ 대책선정의 원칙

해설 재해예방의 4원칙
1) 손실우연의 원칙
2) 원인계기의 원칙
3) 예방가능의 원칙
4) 대책선정의 원칙

■ 정답 ■ 14.② 15.③ 16.④ 17.② 18.①

19 재해손실비용 중 직접비에 해당되는 것은?

① 인적손실　　② 생산손실
③ 산재보상비　④ 특수손실

해설 하인리히의 재해손실비
1) 직접비 : 법정 산재보상비
2) 간접비 : 인적손실, 물적손실, 생산손실, 기타손실 등

20 산업안전보건법상 안전보건관리규정을 작성하여야 할 사업 중에 정보서비스업의 상시 근로자 수는 몇 명 이상인가?

① 50　　② 100
③ 300　　④ 500

해설 안전보건관리규정을 작성하여야 할 사업의 종류 및 규모(시행규칙 별표 6의 2)

사업의 종류	규모
1. 농업 2. 어업 3. 소프트웨어 개발 및 공급법 4. 컴퓨터 프로그래밍, 시스템 통합 및 관리업 5. 정보서비스업 6. 금융 및 보호법 7. 임대업 ; 부동산 제외 8. 전문, 과학 및 기술 서비스업(연구개발업은 제외한다) 9. 사업지원 서비스업 10. 사회복지 서비스업	상시근로자 300명 이상을 사용하는 사업장
11. 제1호부터 제10호까지의 사업을 제외한 사업	상시근로자 100명 이상을 사용하는 사업장

제2과목
인간공학 및 시스템안전공학

21 조종장치의 저항 중 갑작스런 속도의 변화를 막고 부드러운 제어동작을 유지하게 해주는 저항을 무엇이라 하는가?

① 점성저항　② 관성저항
③ 마찰저항　④ 탄성저항

해설 조종장치의 저항종류
1) 점성저항
   ① 출력과 반대방향으로 속도에 비례해서 작용하는 힘 때문에 생기는 저항이다.
   ② 점성저항은 갑작스러운 속도변화를 막고 원활한 제어동작을 유지하게 해준다.
2) 관성저항 : 물체의 질량으로 인한 운동에 대한 저항으로 가속도에 따라 변한다.
3) 마찰저항 : 정적마찰은 초기 동작에 대한 저항으로 동작초기에 최대이지만 급격히 감소하며, 미끄럼(coulomb)마찰은 동작에 대한 저항으로 계속되지만 마찰력은 속도나 변위와는 무관하다.
4) 탄성저항 : 조종장치의 변위에 따라 변한다 (변위가 클수록 저항이 커진다)

22 인간이 현존하는 기계를 능가하는 기능으로 거리가 먼 것은?

① 완전히 새로운 해결책을 도출할 수 있다.
② 원칙을 적용하여 다양한 문제를 해결할 수 있다.
③ 여러 개의 프로그램된 활동을 동시에 수행할 수 있다.
④ 상황에 따라 변하는 복잡한 자극 형태를 식별할 수 있다.

해설 기계가 우수한 기능 : 여러 개의 프로그램 된 활동을 동시에 수행할 수 있다.

길잡이 인간과 기계의 상대적 재능	
인간이 우수한 기능	기계가 우수한 기능
① 저 에너지 자극(시각, 청각, 후각 등) 감지	① 인간 감지범위 밖의 자극(X선, 초음파 등)감지
② 복잡 다양한 자극 형태 식별	② 인간 및 기계에 대한 모니터 기능
③ 예기치 못한 사건 감지(예감, 느낌)	③ 드물게 발생하는 사상 감지
④ 다량정보를 오래 보관	④ 암호화된 정보를 신속하게 대량보관
⑤ 귀납적 추리	⑤ 연역적 추리
⑥ 과부하 상황에서는 중요한 일에만 전념	⑥ 과부하시 효율적으로 작동
⑦ 임기응변, 융통성, 원칙적용, 주관적 추산, 독창력 발휘 등의 기능	⑦ 정량적 정보처리, 장시간 중량작업, 반복작업, 동시에 여러 가지 작업수행

23 시스템 수명주기에서 예비위험분석을 적용하는 단계는?

① 구상단계
② 개발단계
③ 생산단계
④ 운전단계

해설 시스템의 수명주기
1) **구상단계**
   ① 특정위험을 찾아내기 위해 예비위험분석(PHA)을 이용한다.
   ② 위험관리와 안전설계기준을 개발하고 우선적으로 필요한 사항을 결정하기 위해서 리스크 분석을 수행한다.
2) **정의단계** : 예비설계와 생산기술을 확인하는 단계이다.
3) **개발단계** : 고장형태 및 영향분석(FMEA)과 관련된 신뢰성공학이 적용된다.
4) **생산단계** : 안전부서에 의한 모니터링이 가장 중요하며 품질관리부서는 생산물을 검사하고 조사하는 역할을 한다.
5) **운전단계** : 교육훈련이 진행되고 사고 또는 사건으로 부터 자료가 축적된다.

24 실효온도(ET)의 결정요소가 아닌 것은?

① 온도
② 습도
③ 대류
④ 복사

해설 실효온도(ET)
1) 실효온도(체감온도 또는 감각온도)에 영향을 주는 요인 : 온도, 습도, 기류(공기유동)
2) 허용한계 : 정신(사무작업)(60~64°F), 중작업(50~55°F)

25 표시 값의 변화 방향이나 변화 속도를 관찰할 필요가 있는 경우에 가장 적합한 표시장치는?

① 동목형 표시장치
② 계수형 표시장치
③ 묘사형 표시장치
④ 동침형 표시장치

해설 정량적 동적표시장치의 기본형
1) **정목동침**(moving pointer)**형** : 눈금이 고정되고 지침이 움직이는 형
2) **정침동목**(moving scale)**형** : 지침이 고정되고 눈금이 움직이는 형
3) **계수**(digital)**형** : 전력계나 택시요금 계기와 같이 기계, 전자적으로 숫자가 표시되는 형

26 설비보전 방식의 유형 중 궁극적으로는 설비의 설계, 제작 단계에서 보전 활동이 불필요한 체계를 목표로 하는 것은?

① 개량보전(corrective maintenance)
② 예방보전(preventiv maintenance)
③ 사후보전(break-down maintenance)
④ 보전예방(maintenance prevention)

해설 설비보전방식의 유형
1) **예방보존** : 설비를 항상 정상, 양호한 상태로 유지하기 위한 정기검사와 초기단계에서 성능의 저하나 고장을 제거하거나 조정 또는 수복(修復)하기 위한 설비의 보수활동을 의미한다.
2) **일상보존** : 설비의 열화를 방지하고 그 진행을 지연시켜 수명을 연장하기 위한 설비의 점검,

청소, 주유, 교체 등의 활동을 의미한다.
3) **개량보존** : 고장을 미연에 방지하기 위해 설비를 개조하거나 설계에서부터 시정조치를 취하고 설비의 체질개선을 도모하는 설비보전 방법을 의미한다.
4) **보전예방** : 본문설명
5) **사후보전** : 수리를 행하는 설비보전방법을 의미한다.
6) **예지보전** : 설비의 이상 상태를 검출, 측정 또는 감시하여 열화의 정도가 사용한도에 이른 시점에서 분해, 검사, 부품교환, 수리하는 설비보전방법을 의미한다.

27 FT도에서 정상사상 A의 발생확률은?(단, 사상 B_1의 발생확률은 0.3이고, B_2의 발생확률은 0.2이다.)

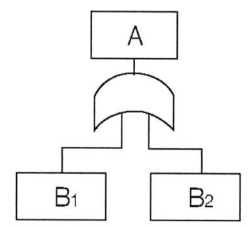

① 0.06　　　② 0.44
③ 0.56　　　④ 0.94

해설 $A = 1-(1-B_1)(1-B_2)$
$= 1-(1-0.3)(1-0.2) = 0.44$

28 청각신호의 수신과 관련된 인간의 기능으로 볼 수 없는 것은?

① 검출(detection)
② 순응(adaptation)
③ 위치 판별(directional judgement)
④ 절대적 식별(absolute judgement)

해설 청각적 신호의수신에 관계되는 인간의 기능(또는 과업)
1) **검출** : 경고신호와 같은 신호의 존재 여부 판단

2) **위치판별** : 신호가 오는 방향의 판별
3) **절대적식별** : 단독으로 존재하는 특정 신호의 확인
4) **상대적분간** : 인접해 있는 두가지 이상의 신호분간
[주] 순응(adaptation) : 빛에 대한 감도변화를 말한다.

29 녹색과 적색의 두 신호가 있는 신호등에서 1시간 동안 적색과 녹색이 각각 30분씩 켜진다면 이 신호등의 정보량은?

① 0.5 bit　　　② 1 bit
③ 2 bit　　　④ 4 bit

해설 신호등의 정보량(H)
$$H = \sum_{i=1}^{n} P_i \log_2 \left(\frac{1}{P_i}\right) = \left[\frac{1}{2}\log_2\left(\frac{1}{1/2}\right)\right] \times 2 = 1\,bit$$

30 FTA의 논리게이트 중에서 3개 이상의 입력사상 중 2개가 일어나면 출력이 나오는 것은?

① 억제 게이트
② 조합 AND 게이트
③ 배타적 OR 게이트
④ 우선적 AND 게이트

해설 수정기호의 종류
1) **우선적 AND Gate** : 입력사상 가운데 어느 사상이 다른 사상보다 먼저 일어났을 때에 출력사상이 생긴다. 예를 들면 「A는 B보다 먼저」와 같이 기입
2) **짜맞춤 AND Gate** : 3개 이상의 입력사상 가운데 어느 것이든 2개가 일어나면 출력사상이 생긴다. 예를 들면 「어느 것이든 2개」라고 기입
3) **위험지속기호** : 입력사상이 생겨서 어느 일정 시간 지속하였을 때에 출력사상이 생긴다. 예를 들면 「위험지속시간」과 같이 기입
4) **배타적 OR Gate** : OR Gate로 2개 이상의 입력이 동시에 존재할 때에는 출력사상이 생기지 않는다. 예를 들면 「동시에 발생하지 않는다」라고 기입

31 창문을 통해 들어오는 직사 휘광을 처리하는 방법으로 가장 거리가 먼 것은?

① 창문을 높이 단다.
② 간접 조명 수준을 높인다.
③ 차양이나 발(blind)을 사용한다.
④ 옥외 창 위에 드리우개(overhang)를 설치한다.

해설 창문으로부터의 직사휘광 처리
1) 창문을 높이 단다.
2) 창 위(실외)에 드리우개(overhang)를 설치한다.
3) 창문(안쪽)에 수직날개(fin)들을 달아서 직시선을 제한한다.
4) 차양(shade)혹은 발(blind)을 사용한다.

32 일반적으로 의자설계의 원칙에서 고려해야 할 사항과 거리가 먼 것은?

① 체중분포에 관한 사항
② 상반신의 안정에 관한 사항
③ 개인차의 반영에 관한 사항
④ 의자 좌판의 높이에 관한 사항

해설 의자설계의 원칙
1) **체중분포** : 체중이 좌골 결절에 실려야 한다.
2) **의자 좌판의 높이** : 좌판 앞부분이 오금의 높이 보다 높지 않아야 한다.
3) **의자 좌판의 깊이와 폭** : 폭은 큰 사람에게, 깊이는 작은 사람에게 맞도록 해야 한다.
4) **몸통의 안정** : 의자의 좌판 각도는 3°, 좌판 등판 간의 등판 각도는 100°가 몸통안정에 효과적이다.

33 사고의 발단이 되는 초기 사상이 발생할 경우 그 영향이 시스템에서 어떤 결과(정상 또는 고장)로 진전해 가는지를 나뭇가지가 갈라지는 형태로 분석하는 방법은?

① FTA
② PHA
③ FHA
④ ETA

해설 ETA(Event Tree Analysis, 사상분석법)
1) 사상(事象)의 안전도를 사용한 시스템의 안전도를 나타내는 시스템모델의 하나로서 귀납적이고 정량적인 분석방법이다.
2) 재해의 확대요인을 분석하는 데 적합한 방법이다.
3) 디시젼트리(decision tree)를 재해사고의 분석에 이용할 경우의 분석법을 ETA(사상수분석법)라 한다.

34 과전압이 걸리면 전기를 차단하는 차단기, 퓨즈 등을 설치하여 오류가 재해로 이어지지 않도록 사고를 예방하는 설계 원칙은?

① 에러복구 설계
② 풀 – 프루프(fool – proof)설계
③ 페일 – 세이프(fail – safe)설계
④ 템퍼 – 프루프(tamper proog)설계

해설 페일 세이프(fail safe) : 인간이나 기계에 과오(error)나 동작상의 실수가 있더라도 사고방지를 위해서 2중, 3중으로 통제를 가하도록 한 체계를 말함

35 인간공학적 수공구의 설계에 관한 설명으로 맞는 것은?

① 손잡이 크기를 수공구 크기에 맞추어 설계한다.
② 수공구 사용 시 무게 균형이 유지되도록 설계한다.
③ 정밀 작업용 수공구의 손잡이는 직경 5mm 이하로 한다.
④ 힘을 요하는 수공구의 손잡이는 직경을 60mm 이상으로 한다.

해설 수공구 설계원칙
1) 수공구 무게를 줄이고 사용시 무게 균형이 유지되도록 설계한다.
2) 손바닥면에 압력이 가해지지 않도록 설계한다.
3) 손가락이 지나치게 반복적인 동작을 하지

■ 정답 ■ 31.② 32.③ 33.④ 34.③ 35.②

않도록 한다.
4) 손목을 곧게 펼 수 있도록 한다.
5) 안전측면을 고려한 디자인이 이루어지도록 한다.

36 결함수 분석의 컷셋(cut set)과 패스셋(path set)에 관한 설명으로 틀린 것은?

① 최소 컷셋은 시스템의 위험성을 나타낸다.
② 최소 패스셋은 시스템의 신뢰도를 나타낸다.
③ 최소 패스셋은 정상사상을 일으키는 최소한의 사상 집합을 의미한다.
④ 최소 컷셋은 반복사상이 없는 경우 일반적으로 퍼셀(Fussell)알고리즘을 이용하여 구한다.

해설 최소 패스셋은 정상사상을 일으키지 않는 최소한의 사상 집합을 의미한다.

37 건강한 남성이 8시간 동안 특정 작업을 실시하고, 산소소비량이 1.2L/분 으로 나타났다면 8시간 총 작업시간에 포함되어야 할 최소 휴식시간은? (단, 남성의 권장 평균에너지소비량은 5kcal/분, 안정 시 에너지소비량은 1.5kcal/분으로 가정한다.)

① 107분 ② 117분
③ 127분 ④ 137분

해설 $R = \dfrac{T(W-S)}{W-1.5}$
$= \dfrac{480 \times (6-5)}{6-1.5} = 107분$

여기서, R : 필요한 휴식시간
T : 총 작업시간(8×60=480분)
W : 작업중 에너지소비량
(1.2L/분×5kcal/L=6kcal/분)
S : 권장 평균에너지소비량
(4~5kcal/분)

38 음의 세기인 데시벨(dB)을 측정할 때 기준 음압의 주파수는?

① 10 Hz   ② 100 Hz
③ 1,000 Hz ④ 10,000 Hz

해설 dB수준과 음압과의 관계식 : 음의 강도는 음압의 제곱에 비례하므로 dB수준은 다음과 같다.
dB수준 $= 20\log\left(\dfrac{P_1}{P_0}\right)$

여기서, P_1 : 측정하려는 음압
P_0 : 기준음의 음압(2×10^{-5}N/m² : 1,000Hz에서의 최소 가청치)

39 그림의 부품 A, B, C로 구성된 시스템의 신뢰도는? (단, 부품 A의 신뢰도는 0.85, 부품 B와 C의 신뢰도는 각각 0.9이다.)

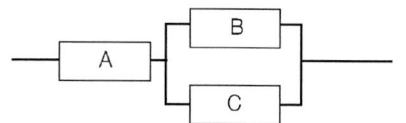

① 0.8415 ② 0.8425
③ 0.8515 ④ 0.8525

해설 R=A×[1−(1−B)(1−C)]
=0.85×[1−(1−0.9)(1−0.9)]=0.8415

40 인적 오류로 인한 사고를 예방하기 위한 대책 중 성격이 다른 것은?

① 작업의 모의훈련
② 정보의 피드백 개선
③ 설비의 위험요인 개선
④ 적합한 인체측정치 적용

해설 인적오류로 인한 사고예방대책
1) 정보의 피드백 개선
2) 설비의 위험요인 개선
3) 적합한 인체측정치 적용
4) 경보장치 및 방호장치 설치

제3과목 / 건설시공학

41 콘크리트 공사에서 비교적 간단한 구조의 합판거푸집을 적용할 때 사용되며 측압력을 부담하지 않고 단지 거푸집의 간격만 유지시켜 주는 역할을 하는 것은?

① 컬럼밴드 ② 턴버클
③ 폼타이 ④ 세퍼레이터

해설 1) 컬럼밴드(column band) : 기둥거푸집의 고정 및 측압버팀용으로 쓰이는 것으로서 주로 합판거푸집에 사용된다.
2) 턴버클(turn buckle) : 인장재(줄)를 팽팽히 당겨 조이는 나사있는 탕개쇠로 거푸집 연결시 철선을 조이는데 쓰는 긴장기를 말한다.
3) 폼타이(form tie) : 거푸집판을 일정한 간격으로 유지시켜 주는 동시에 콘크리트의 측압을 최종적으로 지지하는 역할을 하는 부재이다.
4) 세퍼레이터(separator) : 본문설명

42 공사에 필요한 특기 시방서에 기재하지 않아도 되는 사항은?

① 인도시 검사 및 인도시기
② 각 부위별 시공방법
③ 각 부위별 사용재료
④ 사용재료의 품질

해설 시방서의 기재내용
1) 공사전체의 개요
2) 시방서의 적용범위, 공통주의사항
3) 시공방법(준비사항, 공사의 정도, 사용 장비, 주의사항 등)
4) 사용재료(종류, 품질, 필요한 시험, 저장방법, 검사방법 등)
5) 특기사항

43 레디믹스트 콘크리트 중 믹싱플랜트에서 어느 정도 비빈 것을 트럭믹서에 실어 운반도중 완전히 비벼 만드는 것은?

① 제너럴믹스트 콘크리트
② 센트럴믹스트 콘크리트
③ 쉬링크믹스트 콘크리트
④ 트랜싯믹스트 콘크리트

해설 레디믹스트 콘크리트
1) 센트럴믹스트 콘크리트(Central mixed concrete) : 제조공정의 고정믹서에서 완전히 비벼진 콘크리트를 트럭믹서로 회전시키면서 목적지까지 운반하여 사용한다.(공장과 근거리 현장에 유리)
2) 쉬링크믹스트 콘크리트(shrink mixed concrete) : 본문설명
3) 트랜싯믹스트 콘크리트(transit mixed concrete) : 제조공장의 배처플랜트(batcher plant)에서 재료만을 공급받아 운반중에 트럭믹서 속에서 완전히 비벼 공급하는 것이다 (공장과 장거리 현장에 유리)

44 벽과 바닥의 콘크리트 타설을 한 번에 가능하도록 벽체용 거푸집과 슬래브 거푸집을 일체로 제작하여 한 번에 설치하고 해체할 수 있도록 한 시스템거푸집은?

① 갱폼 ② 클라이밍폼
③ 슬립폼 ④ 터널폼

해설 1) 갱폼 : 옹벽, 피어(pier)등에사용하는 거푸집이다.
2) 클라이밍폼(climbing form) : 벽체용 거푸집으로 거푸집과 벽체 마감공사를 위한 비계를 일체로 제작한 거푸집이다.
3) 슬립폼 : 거푸집공법 중 수평적 또는 수직적으로 반복된 구조물을 시공이음이 없이 균일한 형상으로 시공하기 위하여 거푸집을 연속적으로 이동시키면서 콘크리트를 타설하는데 사용되는 거푸집이다.

■ 정답 ■ 41.④ 42.① 43.③ 44.④

45 철근콘크리트공사에서 일반적으로 거푸집 존치기간이 가장 긴 부분은?

① 보옆 ② 기둥
③ 외벽 ④ 바닥판밑

해설 포틀랜드 시멘트에 의한 거푸집 존치기간(온도 : 평균 10~20℃미만)
1) 기초, 보옆, 기둥 및 벽 : 6일
2) 바닥 및 지붕슬래브, 보 밑 : 8일

길잡이 시멘트 종류에 의한 거푸집 존치기간

부위	기초, 보옆, 기둥 및 벽		바닥 및 지붕 슬래브, 보 밑	
시멘트의 종류	포틀랜드 시멘트	조강포틀랜드 시멘트	포틀랜드 시멘트	조강포틀랜드 시멘트
콘크리트의 재령(일) 평균 20℃이상	4	2	7	4
평균 10~20℃미만	6	3	8	5
콘크리트의 압축강도	50kg/cm²		설계기준강도의 50%	

46 초고층 건물의 콘크리트 타설시 가장 많이 이용되고 있는 방식은?

① 자유낙하에 의한 방식
② 피스톤으로 압송하는 방식
③ 튜브속의 콘크리트를 짜내는 방식
④ 물의 압력에 의한 방식

해설 콘크리트 펌프의 형식
1) **압축공기에 의한 압송방식** : 탱크내의 콘크리트를 압축공기의 압력으로 밀어보내는 방식이다.
2) **피스톤에 의한 압송방식**
   ① 피스톤의 왕복운동에 의하여 콘크리트를 압송하는 방식이다.
   ② 초고층 건물의 콘크리트 타설시 많이 사용되고 있다.
3) **튜브속의 콘크리트를 짜내어 압송하는 방식** : 원형의 진공실에서 회전하는 로울러에 의해 튜브속의 콘크리트를 짜내어 압송하는 방식이다.

47 다음 중 철골 공사와 관계가 없는 것은?

① 가이데릭(Gay derrick)
② 고력 볼트(High tension bolt)
③ 맞댐 용접(Butt welding)
④ 램머(Rammer)

해설 램머(rammer) : 흙을 다지는 기계

48 보일링(boiling)이나 부풀어오름을 방지하기 위한 대책으로 옳지 않은 것은?

① 흙막이벽의 타입깊이를 늘린다.
② 흙막이 외부의 지반면을 진동 가압한다.
③ 웰포인트 공법으로 지하수위를 낮춘다.
④ 약액주입 등으로 굴착지면을 지수한다.

해설 보일링(boiling) 현상
1) 보일링 : 투수성이 좋은 사질지반에서 흙막이벽 배면부의 수위가 높아서 지하수가 흙막이벽을 돌아서 굴착부 저면이 모래와 같이 액상화되어 솟아오르는 현상
2) 대책
   ① 굴착배면의 지하수위를 낮춘다.
   ② 흙막이벽(토류벽)의 근입깊이를 깊게 한다.
   ③ 흙막이벽 하단부에 버팀대를 보강한다.
   ④ 흙막이벽 선단에 코어 및 필터 층을 설치한다.

49 지반조사 방법 중 보링에 관한 설명으로 옳지 않은 것은?

① 보링은 지질이나 지층의 상태를 비교적 깊은 곳까지도 정확하게 확인할 수 있다.
② 충격식 보링은 토사를 분쇄하지 않고 연속적으로 채취할 수 있으므로 가장 정확한 방법이다.
③ 회전식보링은 불교란시료 채취, 암석 채취 등에 많이 쓰인다.
④ 수세식 보링은 30m 까지의 연질층에 주로 쓰인다.

■ 정답 ■ 45.④ 46.② 47.④ 48.② 49.②

해설 보링(boring) 방법
1) 오우거보링 : 나선형으로 된 송곳을 인력으로 지중에 틀어박는 방법이다.
2) 회전식보링 : 날을 회전시켜 천공하는 것으로 불교란 시료 채취가 가능하다(가장 정확한 방법).
3) 충격식보링 : 와이어로프 끝에 충격날(bit)을 달고 낙하 충격을 주어 경지층을 천공하는 방식이다.
4) 수세식보링 : 비교적 연약한 토사에 충격을 주며 물을 뿜어 파진 흙과 물을 같이 배출시켜 흙탕물이 침전되어 나타난 지층의 토질을 판별한다(30m까지의 연질층에 쓰이며 공사비도 싸다).

50 철골조와 목조건축에서는 지붕대들보를 올릴 때 행하는 의식이며, 철근콘크리트조에서는 최상층의 거푸집 혹은 철근배근 시 또는 콘크리트를 타설한 후 행하는 식은?

① 상량식(上梁式)
② 착공식(着工式)
③ 정초식(定礎式)
④ 준공식(竣工式)

해설 상량식 : 본문설명

51 공사의 진척에 따라 정해진 시기에 실비와 이실비에 미리 계약된 비율을 곱한 금액을 보수로서 시공자에게 지불하는 실비정산식 시공계약제도는?

① 실비비율보수가산식
② 실비한정비율보수가산식
③ 실비정액보수가산식
④ 단가도급식

해설 실비정산식 시공계약제도
1) 실비비율보수가산식 : 본문설명
2) 실비한정비율보수가산식 : 실비에 제한을 두고 시공자에게 제한된 금액내에서 공사를 완성시키는 책임을 지우는 방식이다.
3) 실비정액보수가산식 : 실비의 여하를 막론하고 미리계약된 일정액의 보수만을 지불하는 방식이다.
4) 실비변동보수가산식 : 실비를 몇 단계로 나누어 공사비가 각 단계의 금액보다 증가될 때는 반대로 빙류보수·정액보수를 체감하는 방식이다.

52 토량 6,000m³을 8톤 트럭으로 운반할 때 필요한 트럭 대수는? (단, 8톤 트럭 1대의 적재량은 6m³이고 트럭은 5회 운행함)

① 120대
② 150대
③ 180대
④ 200대

해설 필요한 트럭댓수 = $\dfrac{6,000\text{m}^3}{6\text{m}^3 댓수 \times 5회}$
= 200대

53 흙막이 벽에 사용되는 계측장비의 연결이 옳은 것은?

① 두부변형·침하 – 트랜싯
② 측압·수동토압 – 변형계
③ 응력 – 경사계
④ 중간부 변형 – 레벨

해설 흙막이벽의 측정항목 및 계측기에 의한 측정방법
1) 두부변형·침하 : 트랜싯, 레벨 등
2) 측압·수동토압 : 토압계, 수분계
3) 응력 : 변형계, 크랙육안
4) 중간부 변형 : 경사계

54 지하연속벽(slurry wall)공법에 관한 설명으로 옳지 않은 것은?

① 도심지 공사에서 탑다운 공법과 같이 병행할 수 있다.
② 단면강성이 높고 지수성이 뛰어나다.
③ 벽 두께를 자유로이 설계하기 어렵다.
④ 공사비가 비교적 높고 공기가 불리한 편이다.

해설 1) **지하연속벽 공법(slurry wall)** : 벤토나이트 이수(泥水)를 사용해서 지반을 굴착하여 여기에 철근망을 삽입하고 콘크리트를 타설하여 지중에 철근콘크리트 연속벽체를 형성하는 공법
2) **지하연속벽 공법의 특징**
① 무진동, 무소음 공법이다.
② 인접건물에 근접시공이 가능하다.
③ 차수성이 높다.
④ 벽체 강성이 높다(연약지반의 변형 및 이면침하를 최소한으로 억제할 수 있음)
⑤ 형상치수가 자유롭다.
⑥ 공사비가 고가이고 고도의 기술경험이 필요하다.

55 다음 중 사운딩 시험방법과 가장 거리가 먼 것은?

① 표준관입시험
② 공내재하시험
③ 콘 관입 시험
④ 베인전단시험

해설 1) **사운딩(sounding)** : 로드에 붙인 저항체를 지중에 넣고 관입, 회전, 빼올리기 등의 저항으로부터 토층의 성질을 탐사하는 법을 말한다.
2) **사운딩 시험방법**
① 표준관입시험
② 스웨덴식 사운딩시험
③ 화란식 관입시험
④ 베인시험

56 철골공사 중 고력볼트접합에 관한 설명으로 옳지 않은 것은?

① 고력볼트 세트의 구성은 고력볼트 1개, 너트 1개 및 와셔 2개로 구성한다.
② 접합방식의 종류는 마찰접합, 지압접합, 인장접합이 있다.
③ 볼트의 호칭지름에 의한 분류는 D16, D20, D22, D24로 한다.
④ 조임은 토크관리법과 너트회전법에 따른다.

해설 1) **고장력 볼트접합** : 인장강도 $9t/cm^2$(항복점 $7t/cm^2$)이상의 강도가 큰 볼트를 강한 힘으로 조여 접합재 사이의 마찰력에 의해 응력을 전달하는 방식의 접합
2) **고장력 볼트의 호칭 분류** : M16, M20, M22, M24, M27, M30

57 철근의 이음방법 중 용접이음의 종류가 아닌 것은?

① 아크(Arc)용접
② 플러시 버트(Flush Butt)용접
③ Cad Welding
④ 가스(Gas)압접

해설 철근의 용접이음 종류
1) **아크용접**(arc welding ; 전호용접) : 아크열을 이용하여 용접하는 방법이다.
2) **플러시 버트 용접**(flush butt welding ; 불꽃 맞대기 용접) : 전기용접으로 접합시킬 수 있는 철근을 클램프로 끼워 맞대고 전류를 통하게 하여 불꽃이 발생하면 큰 압력을 가하여 밀착시키면서 용접하는 방법이다.
3) **가스압접** : 가스버너에 의해 용접하는 방법이다.

58 철근콘크리트 구조용으로 쓰이는 것으로 보기 어려운 것은?

① 피아노 선(piano wire)
② 원형철근(round bar)
③ 이형철근(deformed bar)
④ 메탈라스(metal lath)

■정답■ 54.③ 55.② 56.③ 57.③ 58.④

해설 메탈라스(metal lath) : 연강판에 일정한 간격으로 그물눈을 내고 늘여 철망모양으로 만든 것이다. (천정, 벽 등의 모르타르바름 바탕용)

59 강말뚝(H형강, 강관말뚝)에 관한 설명 중 옳지 않은 것은?

① 깊은 지지층까지 도달시킬 수 있다.
② 휨강성이 크고 수평하중과 충격력에 대한 저항이 크다.
③ 부식에 대한 내구성이 뛰어나다.
④ 재질이 균일하고 절단과 이음이 쉽다.

해설 강재말뚝지정의 특징
1) 강한 타격에도 견디며 다져진 중간지층의 관통도 가능하다.
2) 지지력이 크고 이음이 안전하고 강하며 확실하므로 장척말뚝에 적당하다.
3) 상부구조와의 결합이 용이하나 가격이 고가이다.
4) 말뚝의 절단·가공 및 현장접합이 가능하다.
5) 휨 모멘트에 대한 저항성은 크나 흙에 묻히면 부식에 의해 내구성이 떨어진다.

60 공사 관리기법 중 VE(Value Engineering) 가치향상의 방법으로 옳지 않은 것은?

① 기능은 올리고 비용은 내린다.
② 기능은 많이 내리고 비용은 조금 내린다.
③ 기능은 많이 올리고 비용은 약간 올린다.
④ 기능은 일정하게 하고 비용은 내린다.

해설 VE(Value engineering, 가치공학) : 건설현장에서 필요한 기능을 품질저하 없이 유지하며 가장 적은 비용으로 공사를 관리하는 원가절감 기법

제4과목 / 건설재료학

61 금속의 기계적 성질에 대한 설명 중 옳은 것은?

① 강은 탄소의 함유량이 많을수록 강도는 작아진다.
② 신율은 탄소량이 증가할수록 비례해서 증가한다.
③ 경도는 탄소량 2%까지는 탄소량에 비례하고, 그 이상에서는 감소한다.
④ 봉강은 탄소량이 적을수록 연질이므로 굴곡가공이 용이하다.

해설 탄소함유량에 의한 탄소강의 특성
1) 강은 탄소함유량이 많을수록 강도는 증대되고 신도(연신율)는 감소된다.
2) 탄소함유량이 0.9%~1.0% 함유시 인장강도는 최대로 증대되고 이를 넣으면 감소된다.
3) 경도는 탄소함유량이 0.9% 함유시 최대가 되며 그 이상에서는 일정하다.

62 타일에 관한 설명으로 옳지 않은 것은?

① 타일은 점토 또는 암석의 분말을 성형, 소성하여 만든 박판제품을 총칭한 것이다.
② 타일은 용도에 따라 내장타일, 외장타일, 바닥타일 등으로 분류할 수 있다.
③ 일반적으로 모자이크타일 및 내장타일은 습식법, 외장타일은 건식법에 의해 제조된다.
④ 타일의 백화현상은 수산화석회와 공기 중 탄산가스의 반응으로 나타난다.

해설 건식타일 및 습식타일

명칭	성형방법	정밀도	용도
건식타일	프레스 성형	치수·정밀도가 높고, 고능률이다.	내장타일 바닥타일 모자이크타일
습식타일	압출 성형	프레스성형에 비해 정밀도가 낮다.	외장타일 바닥타일

■ 정답 ■ 59.③ 60.② 61.④ 62.③

63 유화제를 써서 아스팔트를 미립자로 수중에 분산시킨 다갈색 액체로서 깬 자갈의 점결제 등으로 쓰이는 아스팔트 제품은?

① 아스팔트 프라이머
② 아스팔트 에멀젼
③ 아스팔트 그라우트
④ 아스팔트 컴파운드

해설 1) **아스팔트 프라이머** : 블로운 아스팔트를 휘발성 용제에 용해한 저점도의 흙갈색 액체로 방수시공시 첫째 공정에 쓰이는 바탕처리제이다.
 2) **아스팔트 에멀젼** : 본문설명
 3) **아스팔트 컴파운드**(asphalt compound) : 블로운 아스팔트에 동·식물과 같은 유기질 물질을 혼합하여 유동성, 점성 등을 크게 하고 내후성, 내열성을 향상시킨 것이다.

64 목재의 함수율에 관한 설명 중 옳지 않은 것은?

① 목재의 함유수분 중 자유수는 목재의 중량에는 영향을 끼치지만 목재의 물리적 또는 기계적 성질과는 관계가 없다.
② 침엽수의 경우 심재의 함수율은 항상 변재의 함수율보다 크다.
③ 섬유포화상태의 함수율은 30%정도이다.
④ 기건상태란 목재가 통상 대기의 온도, 습도와 평형된 수분을 함유한 상태를 말하며, 이 때의 함수율은 15%정도이다.

해설 심재의 함수율(40~100%정도)은 변재의 함수율(80~200%정도)보다 작다.

65 콘크리트 제조에 사용되는 일반적인 구성재료가 아닌 것은?

① 혼화재료   ② 시멘트
③ 염화물   ④ 골재

해설 **콘크리트의 구성재료** : 시멘트, 골재, 혼화재료 등

66 목재의 역학적 성질 중 옳지 않은 것은?

① 섬유 평행방향의 휨 강도와 전단강도는 거의 같다.
② 강도와 탄성은 가력방향과 섬유방향과의 관계에 따라 현저한 차이가 있다.
③ 섬유에 평행방향의 인장강도는 압축강도보다 크다.
④ 목재의 강도는 일반적으로 비중에 비례한다.

해설 1) 목재의 섬유방향에 대한 강도가 가장 작은 것은 전단강도이다.
 2) **강도크기순서** : 인장강도 > 휨강도 > 압축강도 > 전단강도

67 목재가 건조과정에서 방향에 따른 수축률의 차이로 나이테에 직각방향으로 갈라지는 결함은?

① 변색   ② 뒤틀림
③ 할렬   ④ 수지낭

해설 **할렬**(갈라짐) : 불균일한 건조 및 수축에 의해서 생기는 것으로 나이테에 직각방향으로 갈라지는 결함을 말한다.

68 다음 시멘트 중 댐 등 단면이 큰 구조물에 적용하기 어려운 것은?

① 중용열포틀랜드 시멘트
② 고로시멘트
③ 플라이애쉬 시멘트
④ 조강포틀랜드 시멘트

해설 1) **조강포틀랜드시멘트** : 조기강도가 커지도록 만들어진 시멘트이다.
 2) **조강포틀랜드시멘트의 특성**
  ① 수화열이 크고 수화속도가 빠르므로 한중콘크리트의 시공에 적합하다.
  ② 거푸집을 빠른 시일 내에 제거할 수 있다.
  ③ 수화열을 크게 하기 위해 C_3A(알루민산

삼석회)를 많이 사용하는 조강포틀랜드 시멘트는 경화, 건조에 의한 수축이 크므로 시공, 양생시 주의하지 않으면 균열이 생기기 쉽다.

69 보의 이음부분에 볼트와 함께 보강철물로 사용되는 것으로 두 부재사이의 전단력에 저항하는 목구조용 철물은?

① 꺽쇠
② 띠쇠
③ 듀벨
④ 감잡이쇠

해설 **목재 이음용 철물**
  1) 꺽쇠 : 강봉 토막의 양끝을 뾰족하게 하고 ㄷ자형으로 구부려 2부대의 목재를 이어 연결 혹은 엇갈리게 고정시킬때 쓰이는 철물
  2) 띠쇠 : 띠모양으로 된 이음철물
  3) 듀벨 : 본문설명
  4) 감잡이쇠 : ㄷ자형으로 구부려 만든 띠쇠로 두부재를 감아 연결하는 목재이음, 맞춤을 보강하는 철물

70 합성수지의 일반적인 성질에 관한 설명으로 옳지 않은 것은?

① 마모가 크고 탄력성이 작으므로 바닥재료로 사용이 곤란하다.
② 내산, 내알칼리 등의 내화학성 우수하다.
③ 전성, 연성이 크고 피막이 강하다.
④ 내열성, 내화성이 적고 비교적 저온에서 연화, 연질된다.
⑤ 전성 및 연성이 크다.

해설 **합성수지의 성질**
  ① 경도 및 내마모성이 작다.(강성과 강도가 작다.)
  ② 내열성, 내화성, 내후성 등이 작다.
  ③ 열에 의한 변형 신축성이 크다.
  ④ 전성과 연성이 크고 피막이 강하여 도료에 적당하다.
  ⑤ 내산, 내알칼리 등의 내화학성 및 전기 절연성이 우수하다.

71 알루미나시멘트의 특징에 관한 설명으로 옳지 않은 것은?

① 초기강도가 크다.
② 해수에 대한 화학적 저항성이 크다.
③ 응결, 경화시에 발열량이 크다.
④ 내화 콘크리트용으로 사용이 불가능하다.

해설 **알루미나 시멘트** : Al_2O_3를 함유한 보크사이트(bauxite)에 석회석을 혼합하여 만든 시멘트로 그 특성은 다음과 같다.
  ① 조기강도가 매우 커서 급결성이 강하다.(재령 1일 보통 시멘트의 28일 강도를 나타냄)
  ② 발열량이 대단히 커서 $-10℃$의 동기(冬期) 공사 및 긴급공사에 이용된다.
  ③ 산에는 약하나 알칼리에 강하다.(해수에 대한 저항성이 크다.)
  ④ 내화성이 우수하여 내화로용 시멘트로 사용한다.

72 콘크리트내의 공극을 메워 조직을 치밀하게 하는 공극 충전에 이용되는 재료로 가장 적합한 것은?

① 포졸란계
② 실리콘계
③ 아스팔트계
④ 물유리

해설 **포졸란 시멘트** : 포틀랜드시멘트에 포졸란과 석고를 혼합하여 만든 시멘트로 실리카 시멘트(포틀랜드시멘트+포졸란+석고)라고 하며, 그 특성은 다음과 같다.
  1) 조기강도는 포틀랜드시멘트보다 약간 낮으나 장기강도는 약간 크다.
  2) 수밀성이 좋고 내구성이 있는 콘크리트를 만들 수 있다.
  3) 해수 등에 대한 화학저항이 크다.
  4) 워커빌리티가 좋아지고 블리딩을 감소시킨다.

■정답■ 69.③ 70.① 71.④ 72.①

73 시멘트에 물을 가하여 혼합하여 만들어진 시멘트 페이스트가 시간경과에 따라 유동성을 잃고 응고하는 현상을 무엇이라 하는가?

① 응결 ② 풍화
③ 건조수축 ④ 경화

해설 시멘트의 응결 및 경화
1) 응결 및 경화
   ① 응결 : 시멘트풀(cement paste)이 시간이 경과함에 따라 수화 반응에 의하여 유동성과 점성을 상실하고 고화하는 현상
   ② 경화 : 응결 이후에 점차 굳어져 가는 상태
   ③ 위응결 : 시멘트풀이 물과 혼합하여 발열하지 않고 10~20분 만에 굳어졌다가 다시 풀리면서 응결하는 현상
2) 응결의 시작과 종결시간 : 1시간 이후 ~10시간 이내

74 수장용 집성재(KS F 3118)의 품질기준 항목이 아닌 것은?

① 접착력
② 난연성
③ 함수율
④ 굽음 및 뒤틀림

해설
1) 집성목재 : 두께 1.52~5cm의 단판을 몇장 또는 몇십장 겹쳐서 접착제로 접착한 것으로 합판과 다른 점은 다음과 같다.
   ① 판의 섬유방향을 평행으로 붙인 것이다.
   ② 판의 홀수가 아니어도 된다.
   ③ 합판과 같은 얇은 판이 아니고
2) 수장용 집성재의 품질기준(KSF 3118)항목
   ① 접착력(침지박리시험, 블록전단시험)
   ② 함수율
   ③ 굽음 및 뒤틀림
   ④ 홈파기, 모서가공 및 대패가공
   ⑤ 재면의 품질(옹이, 수지선, 썩음, 구멍, 주선 등)

75 점토의 물리적 성질에 관한 설명으로 옳지 않은 것은?

① 점토의 압축강도는 인장강도의 약 5배 정도이다.
② 양질 점토일수록 가소성이 좋다.
③ 순수한 점토일수록 용융점이 높고 강도도 크다.
④ 불순 점토일수록 비중이 크다.

해설 점토의 비중
1) 2.5~2.6 정도이며 알루미나(Al_2O_3)가 많은 점토는 3.0정도이다.
2) 점토는 불순물이 많을수록 비중이 작아진다.

76 석회석을 900~1,200℃로 소성하면 생성되는 것은?

① 돌로마이트 석회
② 생석회
③ 회반죽
④ 소석회

해설 석회석의 열분해 반응식

$$CaCO_3 \xrightarrow{900 \sim 1200℃} CaO + CO_2$$
(석회석) (생석회) (탄산가스)

77 규산칼슘판 단열재에 대한 설명으로 옳은 것은?

① 용융유리를 흡착법 등으로 수 μm의 가는 섬유로 만든 것
② 각종 슬래그에 석회암을 첨가하여 가는 섬유형태로 만든 것
③ 주원료인 식물섬유를 쪄서 분해한 밀도 0.4g/cm³미만인 것
④ 내열성과 내파손성이 우수하여 철골내화피복으로 사용되는 것

■ 정답 ■ 73.① 74.② 75.④ 76.② 77.④

해설 규산칼슘판 단열재
1) 규산칼슘 보온재 : 규산질 분말, 석회 및 무기질 섬유를 균일하게 배합하여 가열성형 및 수열처리하여 만든다.
2) 특징
① 경량이고 강도가 높다.
② 내열 및 내수성이 우수하다
③ 화재로 인한 철골의 강도 저하를 방지하는 내화피복재료로 많이 사용한다.

78 어떤 석재의 질량이 다음과 같을 때 이 석재의 표면건조 포화상태의 비중은?

- 공시체의 건조 질량 : 400g
- 공시체의 물 속 질량 : 300g
- 공시체의 침수 후 표면건조 포화상태의 공시체의 질량 : 450g

① 1.33 ② 1.50
③ 2.67 ④ 4.51

해설 석재의 표면건조포화상태의 비중(r)

$$r = \frac{W_1}{W_3 - W_2}$$
$$= \frac{400}{450 - 300} = 2.67$$

여기서, W_1 : 절대건조중량(g)
W_2 : 수중에서 측정한 중량(g)
W_3 : 표면건조포화상태의 중량 (공기 중 측정중량)(g)

79 미장공사에서 코너비드가 사용되는 곳은?

① 계단 손잡이
② 기둥의 모서리
③ 거푸집 가장자리
④ 화장실 칸막이

해설 코너비드(corner bead) : 벽, 기둥 등의 모서리를 보호하기 위하여 미장바름질을 할 때 붙이는 보호용 철물로 모서리쇠라고도 한다.

80 돌로마이트 플라스터는 대기 중의 무엇과 화합하여 경화하는가?

① 이산화탄소(CO_2)
② 물(H_2O)
③ 산소(O_2)
④ 수소(H)

해설 돌로마이트 플라스터[$Ca(OH)_2$, $Mg(OH)_2$] : 공기 중의 탄산가스(CO_2)와 결합하여 경화하는 기경성 미장재료이다.

제5과목 / 건설안전기술

81 강관을 사용하여 비계를 구성하는 경우 비계기둥간의 적재하중은 얼마를 초과하지 않도록 하여야 하는가?

① 200kg ② 300kg
③ 400kg ④ 500kg

해설 강관비계의 구조
1) 비계기둥의 간격은 띠장방향에서는 1.5m 내지 1.8m, 장선방향에서는 1.5m 이하로 할 것
2) 띠장간격은 1.5m 이하로 설치하되, 첫 번째 띠장은 지상으로부터 2m 이하의 위치에 설치할 것
3) 비계기둥의 최고부로부터 31m 되는 지점 밑부분의 비계기둥은 2본의 강관으로 묶어 울 것(브라켓 등으로 보강하여 그 이상의 강도가 유지되는 경우에는 그러하지 아니하다)
4) 비계기둥 간의 적재하중은 400kg을 초과하지 아니하도록 할 것

82 흙의 액성한계 $W_L = 48\%$, 소성한계 $W_P = 26\%$ 일 때 소성지수(I_P)는 얼마인가?

① 18% ② 22%
③ 26% ④ 32%

해설 소성지수(I_P)
= 액성한계(W_L) - 소성한계(W_P)
= 48 - 26 = 22%

83 수중굴착 및 구조물의 기초바닥 등과 같은 협소하고 상당히 깊은 범위의 굴착과 호퍼작업에 가장 적당한 굴착기계는?

① 파워셔블
② 항타기
③ 클램쉘
④ 리버스서큘레이션드릴

해설 클램쉘(clamshell)
1) 붐의 선단에서 버킷을 와이어로프로 매달아 바로 아래로 떨어뜨려 흙을 떠 올리는 중기
2) 수직굴착, 수중굴착, 연약지반에 사용

84 토석붕괴의 내적 요인으로 옳은 것은?

① 사면의 경사 증가
② 공사에 의한 진동, 하중의 증가
③ 절토 및 성토 높이의 증가
④ 토석의 강도 저하

해설 토사붕괴의 원인(고용노동부고시)
1) 외적요인
   ① 사면, 법면의 경사 및 구배의 증가
   ② 절토 및 성토 높이의 증가
   ③ 공사에 의한 진동 및 반복하중의 증가
   ④ 지표수 및 지하수의 침투에 의한 토사중량 증가
   ⑤ 지진, 차량, 구조물의 하중
2) 내적요인
   ① 절토사면의 토질, 암석
   ② 성토사면의 토질
   ③ 토석의 강도저하

85 지반의 투수계수에 영향을 주는 인자에 해당하지 않는 것은?

① 토립자의 단위중량
② 유체의 점성계수
③ 토립자의 공극비
④ 유체의 밀도

해설 지반의 투수계수에 영향을 주는 인자
1) 유체의 점성계수
2) 토립자의 공극비
3) 유체의 밀도

86 철골작업에서 작업을 중지해야 하는 규정에 해당되지 않는 경우는?

① 풍속이 초당 10m 이상인 경우
② 강우량이 시간당 1mm 이상인 경우
③ 강설량이 시간당 1cm 이상인 경우
④ 겨울철 기온이 영상 4℃ 이상인 경우

해설 철골작업을 중지해야 할 기상조건
1) 풍속 : 10m/sec 이상
2) 강우량 : 1mm/hr 이상
3) 강설량 : 1cm/hr 이상

87 가설통로 중 경사로를 설치, 사용함에 있어 준수해야 할 사항으로 옳지 않은 것은?

① 경사로의 폭은 최소 90센티미터 이상이어야 한다.
② 비탈면의 경사각은 45도 내외로 한다.
③ 높이 7미터 이내마다 계단참을 설치하여야 한다.
④ 추락방지용 안전난간을 설치하여야 한다.

해설 ②항, 비탈면의 경사각은 30°이내로 한다.

■ 정답 ■ 82.② 83.③ 84.④ 85.① 86.④ 87.②

88 철골기둥 건립 작업 시 붕괴·도괴 방지를 위하여 베이스 플레이트의 하단은 기준 높이 및 인접기둥의 높이에서 얼마 이상 벗어나지 않아야 하는가?

① 2mm ② 3mm
③ 4mm ④ 5mm

해설 앵커볼트를 매립하는 경우 정밀도(고용노동부 고시)
  1) 기둥중심은 기준선 및 인접기둥의 중심에서 5mm이상 벗어나지 않을 것
  2) 인접기둥간·중심거리의 오차는 3mm이하일 것
  3) 앵커볼트는 기둥중심에서 2mm이상 벗어나지 않을 것
  4) 베이스플레이트 하단은 기준높이 및 인접기둥의 높이에서 3mm 이상 벗어나지 않을 것

89 가설공사와 관련된 안전율에 대한 정의로 옳은 것은?

① 재료의 파괴응력도와 허용응력도의 비율이다.
② 재료가 받을 수 있는 허용응력도이다.
③ 재료의 변형이 일어나는 한계응력도이다.
④ 재료가 받을 수 있는 허용하중을 나타내는 것이다.

해설 안전율 = $\dfrac{파괴응력}{허용응력}$

90 터널작업 중 낙반 등에 의한 위험방지를 위해 취할 수 있는 조치사항이 아닌 것은?

① 터널지보공 설치
② 록볼트 설치
③ 부석의 제거
④ 산소의 측정

해설 터널건설작업시 낙반 등에 의한 위험방지 조치사항
  1) 터널지보공 설치
  2) 록볼트의 설치
  3) 부석의 제거

91 콘크리트의 비파괴 검사방법이 아닌 것은?

① 반발경도법
② 자기법
③ 음파법
④ 침지법

해설 콘크리트의 비파괴검사법 : 반발경도법, 자기법, 음파법 등

92 다음 중 굴착기의 전부장치와 거리가 먼 것은?

① 붐(Boom)
② 암(Arm)
③ 버킷(Bucket)
④ 블레이드(Blade)

해설 굴착기의 전부장치 : 붐(Boom), 암(arm), 버킷(bucket)등으로 구성

93 콘크리트를 타설할 때 거푸집에 작용하는 콘크리트 측압에 영향을 미치는 요인과 가장 거리가 먼 것은?

① 콘크리트 타설 속도
② 콘크리트 타설 높이
③ 콘크리트의 강도
④ 기온

해설 콘크리트 측압산정시 고려되는 요소
  1) 굳지 않은 콘크리트의 단위용적중량(t/m³)
  2) 벽 길이(9m)
  3) 굳지 않은 콘크리트의 타설높이(m)
  4) 콘크리트의 타설속도(보통 10~50 m/h 정도)
  5) 거푸집 속의 콘크리트 온도

■ 정답 ■ 88.② 89.① 90.④ 91.④ 92.④ 93.③

94 콘크리트 타설시 안전에 유의해야 할 사항으로 옳지 않은 것은?

① 콘크리트 다짐효과를 위하여 최대한 높은 곳에서 타설한다.
② 타설 순서는 계획에 의하여 실시한다.
③ 콘크리트를 치는 도중에는 거푸집, 동바리 등의 이상 유무를 확인하여야 한다.
④ 타설시 비어있는 공간이 발생되지 않도록 밀실하게 부어 넣는다.

해설 콘크리트 타설 시 높은 곳으로부터 콘크리트를 세게 거푸집 내에 부어넣지 않는다.

95 토사붕괴를 방지하기 위한 대책으로 붕괴방지공법에 해당되지 않는 것은?

① 배토공법   ② 압성토공법
③ 집수정공법 ④ 공작물의 설치

해설 토사붕괴를 방지하기 위한 공법
 1) 배토공법
 2) 압성토공법
 3) 공작물의 설치

96 달비계에 설치되는 작업발판의 폭에 대한 기준으로 옳은 것은?

① 20cm 이상   ② 40cm 이상
③ 60cm 이상   ④ 80cm 이상

해설 달비계에 설치되는 작업발판의 폭 : 40cm 이상

97 산업안전보건기준에 관한 규칙에서 규정하는 현장에서 고소작업대 사용 시 준수사항이 아닌 것은?

① 작업자가 안전모·안전대 등의 보호구를 착용하도록 할 것
② 관계자가 아닌 사람이 작업구역 내에 들어오는 것을 방지하기 위하여 필요한 조치를 할 것
③ 작업을 지휘하는 자를 선임하여 그 자의 지휘하에 작업을 실시할 것
④ 안전한 작업을 위하여 적정수준의 조도를 유지할 것

해설 고소작업대 사용시 준수사항
 1) ①, ②, ④ 항
 2) 전로(電路)에 근접하여 작업을 하는 경우에는 작업감시자를 배치하는 등 감전사골르 방지하기 위하여 필요한 조치를 할 것
 3) 작업대를 정기적으로 점검하고 붐·작업대 등 각 부위의 이상 유무를 확인할 것
 4) 전환스위치는 다른 물체를 이용하여 고정하지 말 것
 5) 작업대는 정격하중을 초과하여 물건을 싣거나 탑승하지 말 것
 6) 작업대의 붐대를 상승시킨 상태에서 탑승자는 작업대를 벗어나지 말 것
 다만, 작업대에 안전대 부착설비를 설치하고 안전대를 연결하였을 때에는 그러하지 아니하다.

98 차량계 건설기계의 운전자 운전위치를 이탈하는 경우 준수해야 할 사항으로 옳지 않은 것은?

① 버킷은 지상에서 1m 정도의 위치에 둔다.
② 브레이크를 걸어둔다.
③ 디퍼는 지면에 내려둔다.
④ 원동기를 정지시킨다.

해설 운전위치 이탈시 조치사항
 1) 포크, 버킷, 디퍼 등의 장치를 가장 낮은 위치 또는 지면에 내려 둘 것
 2) 원동기를 정지시키고 브레이크를 확실히 거는 등 갑작스러운 주행이나 이탈을 방지하기 위한 조치를 할 것
 3) 운전석을 이탈하는 경우에는 시동키를 운전대에서 분리시킬 것
 다만, 운전석에 잠금장치를 하는 등 운전자가 아닌 사람이 운전하지 못하도록 조치한 경우에는 그러하지 아니하다.

■ 정답 ■ 94.① 95.③ 96.② 97.③ 98.①

99 다음 그림은 산업안전보건기준에 관한 규칙에 따른 풍화암에서 토사붕괴를 예방하기 위한 기울기를 나타낸 것이다. x의 값은?

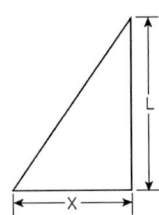

① 1.5   ② 1.0
③ 0.5   ④ 0.3

해설 굴착작업시 굴착면의 기울기 기준

구분	지반의 종류	구배
보통 흙	모래	1 : 1.8
	그 밖에 흙	1 : 1.2
암반	풍화암	1 : 1.0
	연암	1 : 1.0
	경암	1 : 0.5

100 거푸집에 작용하는 연직방향 하중에 해당하지 않는 것은?

① 고정하중
② 작업하중
③ 충격하중
④ 콘크리트측압

해설 거푸집의 연직방향 하중(W) 산정식
 W=고정하중+충격하중+작업하중
  =(r·t)+(1/2r·t)+150kg/m²
 여기서 ┌r : 철근콘크리트 비중(kg/m³)
     └t : 슬래브 두께(m)

1) 고정하중 : 콘크리트 자중(=철근콘크리트 비중×슬래브두께)
2) 충격하중 : 고정하중×1/2
3) 작업하중 : 작업원 중량+장비 및 가설설비의 등의 중량=150kg/m²

2016년 4회 기출문제
[10월 1일 시행]

건설안전산업기사

제1과목 / 산업안전관리론

01 근로자가 중요하거나 위험한 작업을 안전하게 수행하기 위해 인간의 의식수준(Phase) 중 몇 단계 수준에서 작업하는 것이 바람직한가?

① 0 단계　　② Ⅰ 단계
③ Ⅲ 단계　　④ Ⅳ 단계

해설 의식수준의 단계

단계	의식의상태	주의작용	생리적상태	신뢰성
Phase 0	무의식, 실신	없음	수면, 뇌발작	0
Phase Ⅰ	정상 이하 의식 몽롱함	부주의	피로, 단조, 졸음, 술취함	0.9이하
Phase Ⅱ	정상 이완상태	수동적 마음이 안쪽으로 향함	안정기거, 휴식시, 장례작업시	0.99~0.99999
Phase Ⅲ	정상 상쾌한 상태	능동적 앞으로 향하는 주의시야도 넓다.	적극 활동시	0.999999 이상
Phase Ⅳ	초정상 과긴장상태	일점으로 응집, 판단정지	긴급 방위 반응, 당황해서 panic	0.9이하

02 위험예지훈련 4라운드에 순서가 올바르게 나열된 것은?

① 현상파악 → 본질추구 → 대책수립 → 목표설정
② 현상파악 → 대책수립 → 본질추구 → 목표설정
③ 현상파악 → 본질추구 → 목표설정 → 대책수립
④ 현상파악 → 목표설정 → 본질추구 → 대책수립

해설 위험예지훈련의 4R
1) 1R(1단계)-현상파악 : 사실(위험요인)을 파악하는 단계
2) 2R(2단계)-본질추구 : 위험요인 중 위험의 포인트를 결정하는 단계(지적확인)
3) 3R(3단계)-대책수립 : 대책을 세우는 단계
4) 4R(4단계)-목표설정 : 행동계획(중점 실시 항목)을 정하는 단계

03 매슬로우(Maslow)의 욕구단계 이론 중 제2단계의 욕구에 해당하는 것은?

① 사회적 욕구
② 안전에 대한 욕구
③ 자아실현의 욕구
④ 존경과 긍지에 대한 욕구

해설 매슬로우(Maslow)의 욕구 5단계
1) 1단계-생리적 욕구(신체적 욕구) : 기아, 갈등, 호흡, 배설, 성욕 등 기본적 욕구
2) 2단계-안전의 욕구 : 안전을 구하려는 욕구
3) 3단계-사회적 욕구(친화욕구) : 애정, 소속에 대한 욕구

■ 정답 ■　01.③　02.①　03.②

4) 4단계-인정받으려는 욕구(자기존경의 욕구, 승인욕구) : 자존심, 명예, 성취, 지위 등에 대한 욕구
5) 5단계-자아실현의 욕구(성취욕구) : 잠재적인 능력을 실현하고자 하는 욕구

04 재해통계 작성 시 유의할 점 중 관계가 가장 적은 것은?

① 재해통계를 활용하여 방지대책을 수립이 가능할 수 있어야 한다.
② 재해통계는 구체적으로 표시되고, 그 내용은 용이하게 이해되며 이용할 수 있는 것이어야 한다.
③ 재해통계는 정성적인 표현의 도표나 그림으로 표시하여야 한다.
④ 재해통계는 항목 내용 등 재해요소가 정확히 파악될 수 있도록 하여야한다.

해설 1) 재해통계에 사용하는 도표나 그림은 여러 가지 형태가 있다
   2) **재해통계의 원인분석 방법**
   ① 파레이토도 : 사고의 유형, 기인물 등 분류항목을 큰 순서대로 도표화하여 분석하는 방법이다.
   ② 특성요인도 : 특성과 요인을 도표로 하여 어골상(魚骨狀)으로 세분화한다.
   ③ 크로즈 분석 : 데이터를 집계하고 표로 표시하여 요인별 결과내역을 교차한 크로즈 그림을 작성하여 분석한다. (2개 이상의 문제 관계를 분석하는데 이용)
   ④ 관리도 : 재해발생건수 등의 추이를 파악하고 목표관리를 행하는데 필요한 월별 재해발생수를 그래프화하여 관리선을 설정·관리하는 방법이다.

05 사고예방 대책 5단계 중 작업상황을 파악하고 사고조사를 실시하는 단계는?

① 사실의 발견
② 분석 평가
③ 시정 발법의 선정
④ 시정책의 적용

해설 사고예방 대책의 기본원리 5단계
1) 1단계-조직 : 안전의 라인 및 참모조직 구성 및 조직을 통한 안전활동을 실시하는 단계
2) 2단계-사실의 발견 : 작업상황을 파악하고 사고조사를 실시하여 위험요인(불안전한 요소)을 색출하는 단계
3) 3단계-분석·평가 : 사고의 직접원인 및 간접원인을 규명하는 단계
4) 4단계-시정책의 선정 : 개선책을 설정하는 단계
5) 5단계-시정책의 적용 : 3E(기술, 교육, 독려)를 적용시키는 단계

06 안전·보건표지에서 파란색 또는 녹색에 대한 보조색으로 사용되는 색채는?

① 빨간색　　② 검은색
③ 노란색　　④ 흰색

해설 안전표지의 색채·색도기준 및 용도(시행규칙 별표3)

색채	색도기준	용도	사용예
빨간색	7.5R 4/14	금지	정지신호, 소화설비 및 그 장소, 유해행위 금지
		경고	화학물질 취급장소에서의 유해·위험경고
노란색	5Y 8.5/12	경고	화학물질 취급장소에서의 유해·위험 경고, 그 밖의 위험 경고, 주의표지 또는 기계방호물
파란색	2.5PB 4/10	지시	특정 행위의 지시 및 사실의 고지
녹색	2.5G 4/10	안내	비상구 및 피난소, 사람 또는 차량의 통행표지
흰색	N 9.5		파란색 또는 녹색에 대한 보조색
검은색	N 0.5		문자 및 빨간색 또는 노란색에 대한 보조색

■ 정답 ■　04.③　05.①　06.④

07 안전관리조직의 형태 중 라인(line)형의 특징이 아닌 것은?

① 소규모 사업장에 적합하다.
② 경영자의 조언과 자문역할을 한다.
③ 생산조직 전체에 안전관리 기능을 부여한다.
④ 명령과 보고가 상하관계뿐이므로 간단 명료하다.

해설 staff형 특징 : ②항, 경영자의 조언과 자문역할을 한다.

08 그림에서 안전모의 부품명칭이 틀린 것은?

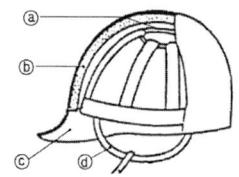

① ⓐ : 머리고정대
② ⓑ : 충격흡수재
③ ⓒ : 챙(차양)
④ ⓓ : 턱끈

해설 ⓐ : 머리받침고리

길잡이 안전모의 각부 명칭

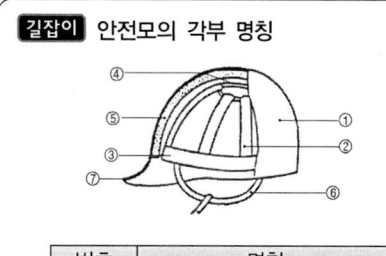

번호	명칭	
①	모체	
②	착장체	머리받침끈
③		머리고정대
④		머리받침 고리
⑤	충격흡수재	
⑥	턱끈	
⑦	챙(차양)	

09 산업재해조사표에서 재해발생 원인 중 작업·환경적 요인에 해당하지 않는 것은?

① 점검·정비의 부족
② 작업자세·동작의 결함
③ 작업방법의 부적절
④ 작업정보의 부적절

해설 재해발생원인(산업재해조사표 : 시행규칙 별지 제1호 서식)

재해발생 원인	세부내용
1) 인적요인	① 무의식 행동, ② 착오, ③ 피로, ④ 연령 ⑤ 커뮤니케이션 등
2) 설비적 요인	① 기계·설비의 설계상 결함 ② 방호장치의 불량 ③ 작업표준화의 부족 ④ 점검·정비의 부족 등
3) 작업· 환경적 요인	① 작업정보의 부적절 ② 작업자세·동작의 결함 ③ 작업방법의 부적절 ④ 작업환경 조건의 불량 등
4) 관리적 요인	① 관리조직의 결함 ② 규정·매뉴얼의 불비·불철저 ③ 안전교육의 부족 ④ 지도감독의 부족 등

10 일반적으로 태도교육의 효과를 높이기 위하여 취할 수 있는 가장 바람직한 교육방법은?

① 강의식   ② 프로그램 학습법
③ 토의식   ④ 문답식

해설 토의법
1) 토의법 개요
① 쌍방적 의사전달방법에 의한 교육으로 적극적, 지도성, 협동성을 기르는 데 적합한 방식이다.
② 태도교육에 효과적인 교육방법이다.
③ 보통 10~15인 정도의 소집단으로 하는 것이 좋으며, 인원수가 많은 경우에는 포럼(forum : 공개토론회), 심포지움(sympo-

sium) 등의 토의방식을 채용한다.
2) 토의법 적용의 경우
① 수업의 중간이나 마지막 단계
② 학교수업이나 직업훈련의 특정 분야
③ 알고 있는 지식을 심화시키거나 어떠한 자료에 대해 보다 명료한 생각을 갖도록 하는 경우
④ 팀웍이 필요한 경우

11 무재해운동의 3원칙에 해당되지 않는 것은?

① 참가의 원칙
② 무의 원칙
③ 예방의 원칙
④ 선취의 원칙

해설 무재해운동이념 3원칙
1) **무의 원칙** : 사망, 휴업 및 불휴재해는 물론 일체의 장래위험요인을 사전에 발견, 파악, 해결함으로써 근원적인 산업재해를 없애는 것을 말한다.
2) **참가의 원칙** : 재해 및 일체의 위험요인을 발견, 해결하기 위해 전원이 무재해운동에 참가하여 문제 해결 등을 실천하는 것을 말한다.
3) **선취해결의 원칙** : 선취란 궁극의 목표로서 무재해, 무질병의 직장을 실현하기 위해 일체의 위험요인을 행동하기 전에 발견, 파악, 해결하여 재해를 예방하거나 방지하는 것을 말한다.

12 안전점검표의 작성 시 유의사항이 아닌 것은?

① 중요도가 낮은 것부터 높은 순서대로 만들 것
② 점검표 내용은 구체적이고 재해방지에 효과가 있을 것
③ 사업장내 점검기준을 기초로 하여 점검자 자신이 점검목적, 사용시간 등을 고려하여 작성할 것
④ 현장감독자용의 점검표는 쉽게 이해할 수 있는 내용이어야 할 것

해설 안전점검표 작성시 유의사항
1) 사업장에 적합한 독자적인 내용일 것
2) 중점도가 높은 것부터 순서대로 작성할 것 (위험성이 높은 순이나 긴급을 요하는 순으로 작성)
3) 정기적으로 검토하여 재해방지에 실효성 있게 개조된 내용일 것
4) 일정양식을 정하여 점검대상을 정할 것
5) 점검표의 내용을 이해하기 쉽도록 표현하고 구체적일 것

13 스트레스(Stress)에 관한 설명으로 가장 적절한 것은?

① 스트레스 상황에 직면하는 기회가 많을수록 스트레스 발생 가능성은 낮아진다.
② 스트레스는 직무몰입과 생산성 감소의 직접적인 원인이 된다.
③ 스트레스는 부정적인 측면만 가지고 있다.
④ 스트레스는 나쁜 일에서만 발생한다.

해설 **스트레스(stres)** : 직무 스트레스는 신체적, 정신적 건강뿐만 아니라 직무불만족, 직무성과 등과 관련되어 직무몰입과 생산성 감소 등의 직접적인 원인이 된다.

14 직무만족에 긍정적인 영향을 미칠 수 있고, 그 결과 개인 생산능력의 증대를 가져오는 인간의 특성을 의미하는 용어는?

① 위생 요인
② 동기부여 요인
③ 성숙 – 미성숙
④ 의식의 우회

해설 1) **동기부여 요인** : 본문설명
2) **허즈버그(Herzberg)의 2요인**
① **위생요인** : 직무환경에 관계된 내용으로 기업정책, 개인 상호 간의 관계(친교, 대인관계), 감독형태, 작업조건, 임금(급료), 보수지위, 안전 등이 있다.
② **동기요인** : 직무내용(일의 내용)에 관한

■ 정답 ■ 11.③ 12.① 13.② 14.②

것으로 목표달성에 대한 성취감, 안정감, 도전감, 책임감, 성장과 발전, 작업자체 등이 있다(자아실현을 하려는 인간의 독특한 경향 반영).

15 적응기제(adjustment mechanism)중 다음에서 설명하는 것은 무엇인가?

> 자신조차도 승인할 수 없는 욕구를 타인이나 사물로 전환시켜 바람직하지 못한 욕구로 부터 자신을 지키려는 것

① 투사 ② 합리화
③ 보상 ④ 동일화

해설 적응기제
1) **투사** : 본문설명
2) **보상** : 자신의 결함과 무능에 의하여 생긴 열등감이나 긴장을 해소시키기 위해 장점 같은 것으로 그 결함을 보충하려는 행동으로 대상(代償)이라고도 한다.
3) **합리화** : 자기의 난처한 입장이나 실패 및 결점을 그럴듯한 이유를 들어 남의 비난을 받지 않도록 하며 또한 자위도 하는 행동 기제이다. (합리화의 자기방어 방식에 따른 분류 : 신포도형, 달콤한 레몬형, 투사형, 망상형)
4) **동일시** : 사실은 자기의 것이 못되고 또 아님에도 불구하고 자기의 것이나 된 듯이 행동을 하여 승인을 얻고자 하는 기제이다.

16 기억과정 중 과거에 경험하였던 것과 비슷한 상태에 부딪쳤을 때 떠오르는 것을 무엇이라 하는가?

① 파지(retention)
② 기명(memorizing)
③ 재생(recall)
④ 재인(recognition)

해설 기억의 과정 : 기억은 기명(記銘), 파지(把持), 재생(再生), 재인(再認)의 단계를 거친다.
1) **기억** : 과거의 경험이 어떠한 형태로 미래의 행동에 영향을 주는 작용
2) **기명** : 사물의 인상을 마음속에 간직하는 것
3) **파지** : 간직, 인상이 보존되는 것
4) **재생** : 보존된 인상이 다시 의식으로 떠오른 것
5) **재인** : 과거에 경험했던 것과 같은 비슷한 상태에 부딪혔을 때 떠오르는 것

17 산업안전보건법상 특별안전·보건교육 대상 작업이 아닌 것은?

① 건설용 리프트·곤돌라를 이용한 작업
② 전압이 50V인 정전 및 활선작업
③ 화학설비 중 반응기, 교반기·추출기의 사용 및 세척작업
④ 액화석유가스·수소가스 등 인화성 가스또는 폭발성물질 중 가스의 발생장치 취급 작업

해설 ②항, 전압이 75V 이상인 정전 및 활선작업

18 리더의 행동유형측면에서 부하들과 상담하며, 부하의 의견을 고려하는 형태의 리더십은?

① 참여적 리더십
② 지원적 리더십
③ 지시적 리더십
④ 성취 지향적 리더십

해설 참여적 리더십 : 민주적 리더십으로 참여적인 의사결정 및 목표설정을 한다.

■ 정답 ■ 15.① 16.④ 17.② 18.①

19 재해율의 지표 중 도수율에 관한 설명 중 다음 (   )안에 알맞은 것은?

> 사업장에서 발생하는 재해의 빈도를 표시하는 단위로서 근로시간 (㉠)시간당 발생하는 (㉡)를 나타낸다.

① ㉠ 100만, ㉡ 재해건수
② ㉠ 1,000, ㉡ 근로손실 일수
③ ㉠ 1,000, ㉡ 재해건수
④ ㉠ 100만, ㉡ 근로손실 일

해설 도수율
1) 도수율 : 연근로시간 100만(10^6)시간당 발생하는 재해건수
$$도수율 = \frac{재해건수}{연근로시간수} \times 10^6$$
2) 연근로시간수
  =근로자수×근로일수/년×근로시간/일
  =근로자수×2400시간/년

20 작업의 종류나 내용에 따라 교육범위나 정도가 달라지는 이론교육 방법은?

① 지식교육
② 정신교육
③ 태도교육
④ 기능교육

해설
1) **지식교육** : 작업의 종류나 내용에 따라 교육범위나 정도가 달라지는 이론교육
2) **기능교육** : 작업방법, 기계장치, 계기류 등의 조작행위 등을 몸으로 습득시키는 교육
3) **태도교육** : 생활지도, 작업동작지도 등을 통한 안전의 습관화교육으로 안전한 마음가짐을 몸에 익히는 교육

제2과목
인간공학 및 시스템안전공학

21 인간 성능에 관한 척도와 가장 거리가 먼 것은?

① 빈도수 척도
② 지속성 척도
③ 지연성 척도
④ 시스템 척도

해설 인간성능에 관한 척도
1) **빈도 척도**(frequency measure) : 검출한 과녁(target)의 수, 키를 누른 수, 'help'스크린을 사용한 수 등
2) **강도 척도**(intensity measure) : 핸들에 발생시킨 토크 등
3) **지연성 척도**(latency measure) : 반응시간, 스위치를 돌릴 때의 지체시간 등
4) **지속성 척도**(duration measure) : 컴퓨터 시스템을 사용하는 시간, 추적 과업에서 과녁에 머무르는 시간 등

22 결함수(FT) 기호의 정의로 틀린 것은?

① 1차 사상은 외적인 원인에 의해 발생하는 사상이다.
② 결함사상은 시스템 분석에 있어 좀 더 발전시켜야 하는 사상이다.
③ 기본사상은 고장원인이 분석되었기 때문에 더 이상 분석할 필요가 없는 사상이다.
④ 정상적인 사상은 두 가지 상태가 규정되는 시간 내에 일어날 것으로 기대 및 예정되는 사상이다.

해설
1) **1차적 사상** : 부품이 지니고 있는 고유한 특성 때문에 발생하는 사상이다.
2) **2차적 사상** : 외적인 원인에 의해 발생하는 사상이다.

■ 정답 ■ 19.① 20.① 21.④ 22.①

23 결함수분석의 최소 컷셋과 가장 관련이 없는 것은?

① Boolean Algebra
② Fussell Algorithm
③ Generic Algorithm
④ Limnios & Ziani Algorithm

해설 최소컷셋을 구하는 방법
1) Fueell Algorithm : 톱사상에서부터 차례로 상단의 사상을 하단의 사상으로 치환하면서 AND 게이트는 가로로 나열하고, OR 게이트는 세로로 나열하여 최소컷셋을 구한다.
  ① 1단계 : 불대수(Boolean algebra)이론을 적용하여 시스템 고장을 유발시키는 모든 기본사상 등의 조합인 컷셋을 구한다.
  ② 2단계 : 1단계에서 구한 컷셋중 각각의 컷셋에 대하여 중복되는 기본사상을 제거한다.
  ③ 3단계 : 컷셋 중 가장 적의 수의 기본사상들로 이루어진 컷셋을 포함하고 있는 집합을 제거한다.
2) Limnios 와 Ziani Algorithm : 전체의 컷셋을 반복사상을 포함하고 있는 컷셋과 비반복사상으로 분류하여 반복사상을 포함하고 있는 컷셋들만을 비교·분석하여 최소컷셋과 향하여 톱사상에 대한 최소컷셋을 구한다.

24 목과 어깨부위의 근골격계 질환 발생과 관련하여 인과관계가 가장 적은 것은?

① 진동   ② 반복작업
③ 과도한 힘   ④ 작업자세

해설 근골격계질환의 원인
1) 무리한 반복작업
2) 부적절한 작업 자세
3) 과도한 힘
4) 신체적 압박
5) 부족한 휴식시간
6) 차갑거나 무더운 온도의 작업환경

25 에너지 대사율(RMR)에 의한 작업강도에서 경작업이란 작업강도가 얼마인 작업을 의미하는가?

① 1~2   ② 2~4
③ 4~7   ④ 7~9

해설 에너지 대사율(RMR)에 의한 작업강도 구분
1) 0~2RMR : 輕(가벼운)작업
2) 2~4RMR : 中(보통)작업
3) 4~7RMR : 重(힘든)작업
4) 7RMR 이상 : 超重(아주 힘든)작업

26 레버를 10° 움직이면 표시장치는 1cm 이동하는 조종 장치가 있다. 레버의 길이가 20cm 라고 하면 이 조종 장치의 통제표시비(C/D 비)는 약 얼마인가?

① 1.27   ② 2.38
③ 3.49   ④ 4.51

해설 통제표시비(C/D비)

$$C/D비 = \frac{\frac{a}{360} \times 2\pi L}{표시계기의 이동거리} = \frac{\frac{10}{360} \times 2\pi \times 20}{1} = 3.49$$

27 작업장 인공조명 설계 시 고려사항으로 가장 거리가 먼 것은?

① 조도는 작업상 충분할 것
② 광색은 붉은색에 가까울 것
③ 취급이 간단하고 경제적일 것
④ 유해가스를 발생하지 않고, 폭발성이 없을 것

해설 인공조명 설계시 고려사항
1) 조도는 작업상 충분할 것
2) 광색은 주광색에 가까울 것
3) 유해가스를 발생하지 않고 폭발성과 발화성이 없을 것

■ 정답 ■ 23.③ 24.① 25.① 26.③ 27.②

4) 취급이 간단하고 경제적일 것
5) 작업장의 경우 공간전체에 빛이 골고루 퍼지게 할 것(전반조명방식 채택)

28 어떤 물체나 표면에 도달하는 빛의 단위 면적당 밀도를 무엇이라 하는가?

① 광량
② 광도
③ 조도
④ 반사율

해설
1) **조도** : 어떤 물체나 표면에 도달하는 빛의 단위면적당 밀도(단위 : fc, lux)
2) **광도** : 광원으로부터 나오는 빛의 세기(단위 : 칸델라, 촉광)
3) **반사율** : 반사광의 에너지와 입사광의 에너지의 비율

$$반사율 = \frac{광속발산도(fL)}{조명} \times 100(\%)$$

29 의자 좌판의 높이를 설계하기 위한 것으로 가장 적합한 인체계측자료의 응용 원칙은?

① 최소 집단치를 위한 설계
② 최대 집단치를 위한 설계
③ 평균치를 기준으로 한 설계
④ 최대 빈도치를 기준으로 한 설계

해설
1) 인간계측자료의 응용원칙
  ① **최대치수와 최소치수** : 최대치수 또는 최소치수를 기준으로 하여 설계한다. (극단에 속하는 사람을 위한 설계)
  ② **조절범위(조절식)** : 체격이 다른 여러 사람에게 맞도록 만드는 것 이다.(조절할 수 있도록 범위를 두는 설계)
  ③ **평균치를 기준으로 한 설계** : 최대치수나 최소치수, 조절식으로 하기가 곤란할 때 평균치를 기준으로 하여 설계한다.(평균적인 사람을 위한 설계)
2) 최대치수와 최소치수의 적용
  ① **최대치수(최대집단치를 위한 설계)** : 문, 탈출구, 통로 등의 공간여유를 정할 때 적용한다.
  ② **최소치수(최소집단치를 위한 설계)** : 조작자와 제어버튼 사이의 거리, 작업대·선반 등의 높이, 의자좌판의 높이, 조종 장치까지의 거리 및 조작에 필요한 힘 등을 정할 때 적용한다.

30 시스템안전 계획의 수립 및 작성 시 반드시 기술하여야 하는 것으로 거리가 가장 먼 것은?

① 안전성 관리 조직
② 시스템의 신뢰성 분석 비용
③ 작성되고 보존하여야 할 기록의 종류
④ 시스템 사고의 식별 및 평가를 위한 분석법

해설 시스템안전계획의 수립 및 작성시 내용
1) 안전성 관리 조직
2) 작성·보전하여야 할 기록(문서)의 종류
3) 시스템 사고의 식별 및 평가를 위한 분석법

31 촉각적 표시장치에서 기본 정보 수용기로 주로 사용되는 것은?

① 귀
② 눈
③ 코
④ 손

해설
1) 촉각적 표시장치에서 주로 사용하는 기본정보수용기 : 손
2) 동적인 촉각적 표시장치
  ① 기계적 자극을 사용하는 방법
    ㉠ 피부에 전동기를 부착하는 방법
    ㉡ 증폭된 음성을 하나의 진동기를 사용하여 피부에 전달하는 방법
  ② 전기적 자극방법 : 통증을 주지 않을 정도의 진동전류자극을 이용

■ 정답 ■ 28.③ 29.① 30.② 31.④

32 동작경제의 원칙이 아닌 것은?

① 동작의 범위는 최대로 할 것
② 동작은 연속된 곡선운동으로 할 것
③ 양손은 좌우 대칭적으로 움직일 것
④ 양손은 동시에 시작하고 동시에 끝내도록 할 것

해설 ①항, 동작범위는 최소로 할 것

> **길잡이** 동작경제의 3원칙
> 1) 동작능력의 활용의 원칙
>   ① 발 또는 왼손으로 할 수 있는 것은 오른손을 사용하지 않는다.
>   ② 양손으로 동시에 작업을 시작하고 동시에 끝낸다.
>   ③ 양손이 동시에 쉬지 않도록 함이 좋다.
> 2) 작업량 절약의 원칙
>   ① 적게 움직이게 한다.
>   ② 재료나 공구는 취급하는 부근에 정돈한다.
>   ③ 동작의 수를 줄인다.
>   ④ 동작의 양을 줄인다.
>   ⑤ 물건을 장시간 취급할 경우에는 장구를 사용할 것
> 3) 동작개선의 원칙
>   ① 동작이 자동적으로 이루어지는 순서로 한다.
>   ② 양손은 동시에 반대의 방향으로, 좌우 대칭적으로 운동한다.
>   ③ 관성, 중력, 기계력 등을 이용한다.
>   ④ 작업장의 높이를 적당히 하여 피로를 줄인다.

33 결함수 분석에서 사용되는 사상기호로서 결함사상이 아닌 발생이 예상되는 사상기호는 무엇인가?

① 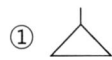   ②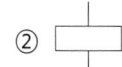

③ 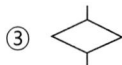   ④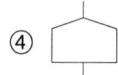

해설 ④항, 통상사상 : 시스템의 정상적인 가동상태에서 일어날 것이 기대되는 사상(발생이 예상되는 사상)

34 소음이 심한 기계로부터 1.5m 떨어진 곳의 음압수준이 100dB라면 이 기계로부터 5m 떨어진 곳의 음압수준은 약 얼마인가?

① 85dB   ② 90dB
③ 96dB   ④ 102dB

해설
$$dB_2 = dB_1 - 20\log\left(\frac{r_2}{r_1}\right)$$
$$= 100 - 20\log\left(\frac{5}{1.5}\right)$$
$$= 89.54 ≒ 90dB$$

35 화학설비에 대한 안전성 평가 5단계 중 정성적 평가의 실시 단계는?

① 제1단계   ② 제2단계
③ 제3단계   ④ 제4단계

해설 화학설비에 대한 안정성평가 5단계
1) 1단계 : 관계자료의 작성준비
2) 2단계 : 정성적 평가
3) 3단계 : 정량적 평가
4) 4단계 : 안전대책
5) 5단계 : 재평가

36 시스템 설계자가 통상적으로 하는 평가방법 중 거리가 먼 것은?

① 기능평가   ② 성능평가
③ 도입평가   ④ 신뢰성평가

해설 시스템 설계자에 의한 평가방법
1) **기능평가** : 시스템의 목적을 만족시키는 기능으로 되어 있는 지를 평가한다.
2) **성능평가** : 주어진 성능목표를 만족시키고

■ 정답 ■ 32.① 33.④ 34.② 35.② 36.③

있는지 수치인가를 검토한다.
3) 신뢰성평가 : 시스템 목표의 만족여부를 산정하기 위해 다음 사항을 검토한다.
① 시스템 전체의 가동률
② 시스템을 구성하는 각 요소의 신뢰도
③ 신뢰성 향상을 위해 시행한 처리의 경제적 효과

> **길잡이** 정략적 동적표시장치의 기본형
> 1) 정목동침(moving pointer)형 : 눈금이 고정되고 지침이 움직이는 형
> 2) 정침동목(moving scale)형 : 지침이 고정되고 눈금이 움직이는 형
> 3) 계수(digital)형 : 전력계나 택시요금 계기와 같이 기계·전자적으로 숫자가 표시되는 형

37 각각 10,000시간의 평균수명을 가진 A,B두 부품이 병렬로 이루어진 시스템의 평균수명은 얼마인가? (단, 요소 A,B의 평균수명은 지수분포를 따른다.)

① 5,000시간
② 10,000시간
③ 15,000시간
④ 20,000시간

해설 병렬계의 수명
$$= \text{MTTF} \times \left(1 + \frac{1}{2} + \cdots + \frac{1}{n}\right)$$
$$= 10,000 \times \left(1 + \frac{1}{2}\right) = 15,000\text{시간}$$
(여기서 MTTF : 평균수명)

38 아날로그(analog) 표시장치의 선택 시 고려해야 할 사항으로 가장 적절한 것은?

① 눈금의 증가는 시계반대 방향이 적합하다.
② 일반적으로 고정눈금에서 지침이 움직이는 것이 좋다.
③ 온도계나 고도계에 사용되는 누금이나 지침은 수평표시가 바람직하다.
④ 이동요소의 수동조절이 필요할 때에는 지침보다 눈금을 조절할 수 있어야 한다.

해설 아날로그(analog)표시장치 선택시 고려해야 할 사항
1) ②항(정목동침형)
2) 눈금의 증가는 시계 방향이 적합하다.
3) 온도계나 고도계에 사용되는 눈금이나 지침은 수직표시가 바람직하다.
4) 이동요소의 수동조절 필요시에는 눈금보다 지침을 조절할 수 있어야 한다.

39 인간-기계 시스템에서의 기본적인 기능으로 볼 수 없는 것은?

① 행동 기능
② 정보의 수용
③ 정보의 저장
④ 정보의 설계

해설 인간·기계체계의 기본기능
1) 감지(정보수용)
2) 정보저장(보관)
3) 정보처리 및 의사결정
4) 행동기능

40 어떤 장치의 이상을 알려주는 경보기가 있어서 그것이 울리면 일정시간 이내에 장치를 정지하고 상태를 점검하여 필요한 조치를 하게 된다. 그런데 담당 작업자가 정지조작을 잘못하여 장치에 고장이 발생하였다. 이때 작업자가 조작을 잘못한 실수를 무엇이라고 하는가?

① primary error
② command error
③ omission error
④ secondary error

해설 인간과오 원인의 level적 분류
1) Primary error(주과오) : 작업자 자신으로부터 error(안전교육의 통하여 제거)
2) Secondary error(2차 과오) : 작업형태나 작업조건 중에서 다른 문제가 생겨 그 때문에 필요한 사항을 실행할 수 없는 error. 어떤 결함으로부터 파생되어 발생하는 error
3) Command error(지시 과오) : 요구된 것

■정답■ 37.③ 38.② 39.④ 40.①

을 실행하고자 하여도 필요한 물건, 정보, 에너지 등의 공급이 없는 것처럼 작업자가 움직이려 해도 움직일 수 없으므로 발생하는 error

제3과목 / 건설시공학

41 공업화 공법(PC공법)에 의한 콘크리트 공사의 특징과 관련이 없는 것은?

① 프리패브 공법이기 때문에 현장에서의 공정이 단축된다.
② 기상의 영향을 덜 받는다.
③ 각 부품의 접합부가 일체화되기가 어렵다.
④ 품질의 균질성을 기대하기 어렵다.

[해설] 프리캐스트 콘크리트(precast concrete) : P.C concrete
1) P.C concrete : 공장에서 기성제품화한 콘크리트로 프리패브 콘크리트(prefab concrete)라고도 한다.
2) 장점
  ① 양질의 부재를 경제적으로 생산할 수 있다.(품질의 균질성을 기대할 수 있다.)
  ② 기계화 작업으로 공기 단축을 꾀할 수 있다.
  ③ 기상과 관계없이 작업이 가능하며, 특히 한냉기의 시공시 유리하다.
3) 단점
  ① 큰 치수의 부재를 운반할 때 도로 및 장비 등의 제약을 받는다.
  ② 접합의 임부가 약하다.

42 철근의 이음방식이 아닌 것은?

① 용접이음
② 겹침이음
③ 갈고리이음
④ 기계적이음

[해설] 철근이음의 종류
1) **겹침이음** : #18~#20철선으로 결속하여 이음
2) **용접이음** : 아크(arc)전기용접에 의한 이음
3) **가스압점** : 철근을 가열·가압하여 연결하는 일종의 용접이음(보와 같은 수평부재에서는 사용하지 않음)
4) **기계적 이음** : 각종연결재(sleeve, 나사 등)를 이용한 철근의 이음

43 거푸집공사의 발전방향으로 옳지 않은 것은?

① 소형 패널 위주의 거푸집 제작
② 설치의 단순화를 위한 유닛(unit)화
③ 높은 전용 횟수
④ 부재의 경량화

[해설] 거푸집공사에서 사회·기술환경의 변화에 따른 합리적인 공법으로서의 발전방향
1) 부재의 경량화
2) 부재단면의 효율화
3) 거푸집의 대형화
4) 설치의 단순화(설치의 unit화)
5) 공장제작 조립화
6) 높은 전용회수
7) 기계를 사용한 운반설치

44 주로 이음이 필요한 지중보 등에서 특수 리브라스(rib lath)와 목재프레임을 부속철물로 고정하고 콘크리트를 타설함으로써 거푸집 해체작업이 필요 없는 공법은?

① 터널 폼
② 메탈라스 폼
③ 슬라이딩 폼
④ 플라잉 폼

[해설] 1) **터널 폼**(tunnel form) : 벽식 철근콘크리트 구조를 시공할 경우 벽과 바닥의 콘크리트 타설을 한 번에 가능하게 하기 위하여 벽체용 거푸집과 슬래브 거푸집을 일체로 제작하

여 한 번에 설치하고 해체할 수 있도록 한 시스템 거푸집이다.
2) **메탈라스 폼**(metal lath form) : 본문 설명
3) **슬라이딩 폼**(sliding form) : 수직활동거푸집
　① 슬라이딩 폼 : 원형 철판거푸집을 요크(york)로 서서히 끌어올리면서 연속적으로 콘크리트를 타설하는 수직활동 거푸집이다.
　② 사일로(silo), 굴뚝 등의 단면형상 변화가 없는 구조물에 사용하며 돌출물이 있는 곳에는 사용할 수 없다.

45 콘크리트 타설 작업의 기본원칙 중 옳은 것은?

① 타설구획 내의 가까운 곳부터 타설한다.
② 타설구획 내의 콘크리트는 휴식시간을 가지면서 타설한다.
③ 낙하높이는 가능한 크게 한다.
④ 타설위치에 가까운 곳까지 펌프, 버킷 등으로 운반하여 타설한다.

[해설] 콘크리트 타설작업시 기본원칙
1) 타설구획 내의 먼 곳에서 가까운 곳으로 타설한다.
2) 타설구획 내의 콘크리트는 휴식시간에 연속적으로 타설하여야 한다.
3) 낙하높이는 작게 하고, 수직으로 낙하시킨다.
4) 타설 위치에 가까운 곳까지 펌프, 버킷 등으로 운반하여 타설한다.
5) 낮은 곳에서 높은 곳(기초-기둥-벽-계단-보의 순서)으로 부어넣는다.
6) 거푸집, 철근에 콘크리트를 충돌시키지 않는다.

46 말뚝설치 공법을 타입공법과 매입공법으로 구분할 때 다음 중 타입공법에 해당하는 것은?

① 진동 공법
② 중굴 공법
③ 선굴착 공법
④ 워트제트 공법

[해설] 말뚝설치 공법의 분류
1) **타입공법** : 진동공법, 타격공법 등
2) **매입공법** : 중굴공법, 선굴착(preboring)공법(매입말뚝공법), 워트제트 공법

47 지름 3～5cm 정도의 파이프 끝에 여과기를 달아 1～2m 간격으로 박고, 이를 수평으로 굵은 파이프에 연결하여 진공으로 물을 뽑아내어 지하수위를 저하시키는 공법은?

① 웰 포인트 공법
② 슬러르 월 공법
③ 페이퍼 드레인 공법
④ 샌드 드레인 공법

[해설] 1) **웰 포인트 공법**(well point) : 본문 설명
2) **지하연속벽 공법**(slurry wall) : 벤토나이트 이수(泥水)를 사용해서 지반을 굴착하여 여기에 철근망을 삽입하고 콘크리트를 타설하여 지중에 철근콘크리트 연속벽체를 형성하는 공법
3) **페이퍼 드레인**(paper drain)**공법** : 샌드파일(sand pile)을 형성한 후 모래대신에 흡수지를 삽입하여 지반의 물을 뽑아내는 공법이다.(연약점토층에 사용)
4) **샌드드레인**(sand drain)**공법** ; 적당한 간격으로 모래말뚝을 형성하고 그 지반위에 하중을 가하여 지반중의 물을 유출시키는 공법이다.

■ 정답 ■　45.④　46.①　47.①

48 지반의 토질시험 과정에서 보링구멍을 이용하여 +자형 날개를 지반에 박고 이것을 회전시켜 점토의 점착력을 판별하는 토질시험방법은?

① 표준관입시험
② 베인전단시험
③ 지내력시험
④ 압밀시험

해설 현장토질시험방법
1) 베인 테스트(vane test) : 십자형 날개의 vane test를 지반에 때려 박고 회전시켜 그 회전력에 의해 점토의 점착력을 판별하는 방법(연한 점토질에 주로 쓰이는 방법)
2) 표준관입시험 : 63.5kg의 추를 75cm의 높이에서 자유 낙하시켜 30cm 관입시킬 때의 타격회수(N)를 측정하여 흙의 경·연도의 정도를 판정하는 방법(사질지반)
3) 지내력시험(평판재하시험) : 지반면에 직접 재하하여 허용 지내력을 구하기 위한 시험방법으로 기초구조 결정을 위한 것이다.

49 다음 건설 기계 중 이동식 양중장비에 해당하는 것은?

① 타워크레인
② 크롤러 크레인
③ 러핑형 타워 크레인
④ 지브 크레인

해설 양중장비의 분류
1) 고정식
 ① 타워 크레인(T형, Luffing형, 미니 타워 크레인)
 ② 지브 크레인
2) 이동식
 ① 크롤러 크레인
 ② 트럭 크레인
 ③ 휠 크레인(hydro 크레인)
 ④ 카고 크레인

50 2개 이상의 기둥을 1개의 기초판으로 받치는 기초는?

① 독립기초
② 복합기초
③ 호박돌기초
④ 말뚝기초

해설 직접기초(얕은 기초)
1) 푸팅(footing)기초 : 슬래브(slab)의 형식에 따라 다음과 같이 구분한다.
 ① 독립기초 : 단일 기둥을 하나의 기초에 연결하여 지지하는 방식
 ② 복합기초 : 2개 이상의 기둥을 하나의 기초에 연결하여 지지하는 방식
 ③ 연속기초(줄기초) : 연속된 기초판이 기둥 또는 벽의 하중을 지지하는 방식
2) 온통기초(전체기초)
 ① 건물하부 전체를 하나의 기초 판으로 지지하는 방식
 ② 독립기초보다 구조·설계가 복잡하나 연약지반의 부동침하에 효과적

51 순수형 CM의 공사단계별 기본업무 중 시공단계의 업무가 아닌 것은?

① 품질검사
② 작업변화 승인 및 계약변경
③ 기록문서의 제출
④ 시공자와 발주간 분쟁 해결

해설 CM(construction management ; 건설관리) : 건설의 전 과정에 걸쳐 프로젝트를 보다 효율적이고 경제적으로 수행하기 위하여 각 부분의 전문가들로 구성된 통합된 관리기술을 건축주에게 서비스 하는 것을 말한다.

52 토공사용 굴착기계 중 위치한 지면보다 낮은 우물통과 같은 협소한 장소의 흙을 퍼올리는 데 가장 적합한 장비는?

① 파워쇼벨
② 지브크레인
③ 스크레이퍼
④ 클램쉘

해설 클램쉘(clam shell) : 붐의 선단에서 클램쉘 버킷을 와이어로프로 매달아 바로 아래로 떨어트려 흙을 퍼올리는 토공기계이다.

■ 정답 ■ 48.② 49.② 50.② 51.③ 52.④

53 공정계획에서 공정표 작성 시 주의사항으로 옳지 않은 것은?

① 기초공사는 옥외 작업이기 때문에 기후에 좌우되기 쉽고 공정변경이 많다.
② 노무, 재료, 시공기기는 적절하게 준비할 수 있도록 계획한다.
③ 공기를 단축하기 위하여 다른 공사와 중복하여 시공할 수 없다.
④ 마감공사는 기후에 좌우되는 것이 적으나 공정단계가 많으므로 충분한 공기(工期)가 필요하다.

해설 ③항, 공기를 단축하기 위하여 다른 공사와 중복하여 시공할 수 있다.

54 철근콘크리트공사에서 철근의 최소 피복두께를 확보하는 이유로 볼 수 없는 것은?

① 콘크리트 산화막에 의한 철근의 부식방지
② 콘크리트의 조기강도 증진
③ 철근과 콘크리트의 부착응력 확보
④ 화재, 염해, 중성화 등으로부터의 보호

해설 철근의 피복두께를 확보하는 이유
1) ①, ③, ④항
2) 콘크리트의 내구성 증진

55 콘크리트 공사에서 거푸집 설계시 고려사항으로 가장 거리가 먼 것은?

① 콘크리트의 측압
② 콘크리트 타설시의 하중
③ 콘크리트 타설시의 충격과 진동
④ 콘크리트의 강도

해설 거푸집 설계시 고려사항
1) 콘크리트의 측압
2) 콘크리트 타설시의 하중
3) 콘크리트 타설시의 충격과 진동

56 기둥거푸집의 고정 및 측압 버팀용으로 사용되는 부속재료는?

① 세퍼레이터
② 컬럼밴드
③ 스페이서
④ 잭 서포트

해설
1) 세퍼레이터(separator ; 격리제) : 거푸집의 상호간의 간격을 유지시켜주는 긴결재
2) 컬럼밴드(column band ; 긴결재) : 본문설명
3) 스페이서(spacer ; 간격제) : 철근과 거푸집간의 간격을 유지

57 공정관리에 있어서 자원배당의 대상이 아닌 것은?

① 인력   ② 장비
③ 자재   ④ 계약

해설 공정관리에서 자원배당(분배)의 대상
1) 인력(manpower)
2) 기계, 장치(machine)
3) 자재(material)
4) 자금(money)

길잡이 자원분배시 고려사항
1) 인력의 변동 최소화
2) 한정된 자원이용
3) 자원의 일정계획 효율적 관리

58 공사계약 방식 중 계약기간 및 예산에 따른 계약에서 계약의 이행에 수 년을 요하는 경우 체결하는 계약은?

① 단년도 계약
② 개산 계약
③ 장기계속 계약
④ 총액 계약

■ 정답 ■ 53.③ 54.② 55.④ 56.② 57.④ 58.③

해설 1) **단년도 계약** : 이행기간이 1회계연도인 경우로서 해당연도 세출예산에 계상된 예산을 재원으로 체결하는 계약방법이다.
2) **장기계속계약** : 본문설명
3) **개산계약** : 상세가 결정되지 않은 상태에서 계약을 맺고 공사종료까지 정산을 하는 계약으로 계약을 체결하기 전에 미리 예정가격을 정할 수 없을 때 개산가격으로 계약을 체결한다.
4) **총액계약** : 완성될 목적물의 전체 공사비를 정하여 체결하는 계약으로 정액계약이라고도 한다.

59 철골구조의 용접 결함에 대한 검사 방법이 아닌 것은?

① 자연전극 전위법
② 육안검사
③ 염색침투 탐상검사
④ 초음파 탐상검사

해설 **철골구조의 용접결함에 대한 검사방법**
1) ②, ③, ④항
2) 누설검사
3) 자분탐사검사
4) 와전류탐상검사
5) 방사선투과검사

60 입찰의 절차에 있어 입찰공고에 포함되는 주요항목이 아닌 것은?

① 계약에 관한 분쟁의 해결방법
② 입찰의 일시와 장소
③ 개략적인 공사의 특성, 유형 및 규모
④ 발주자와 설계자의 명칭과 주소

해설 ①항, **계약에 관한 분쟁의 해결방법** : 공사계약서의 내용

제4과목 / 건설재료학

61 KS L 5201에 따른 1종 보통 포틀랜드 시멘트의 28일 압축강도 기준으로 옳은 것은?

① 10MPa 이상
② 12.5MPa 이상
③ 22.5MPa 이상
④ 42.5MPa 이상

해설 1종 보통포틀랜드시멘트의 28일 압축강도 : 42.5MPa 이상

62 재료의 열에 관한 성질 중 '재료표면에서의 열전달 → 재료속에서의 열전도 → 재료표면에서의 열전달'과 같은 열이동을 나타내는 용어는?

① 열용량
② 열관류
③ 비열
④ 열팽창계수

해설 **재료의 열에 관한 성질**
1) **열용량** : 재료에 열을 저장할 수 있는 용량으로 비열에다 비중을 곱하여 구하며 단위는 kcal/℃ 이다.
2) **열관류** : 어떤 재료를 통과하는 열 이동과정은 다음의 세과정으로 이루어지며, 이 전 과정에 의한 열이동을 열관류라 한다.
① 재료표면에서의 열전달 → ② 재료속에서의 열전도 → ③ 재료표면에서의 열전달
3) **비열** : 중량 1g인 재료를 1℃ 높이는데 필요한 열량을 말한다(단위 : cal/g℃)
4) **열팽창계수** : 온도의 변화에 따라 재료가 팽창수축하는 비율을 말한다.

■ 정답 ■ 59.① 60.① 61.④ 62.②

63 금속의 종류 중 아연에 관한 설명으로 옳지 않은 것은?

① 인장강도나 연신율이 낮은 편이다.
② 이온화 경향이 크고, 구리 등에 의해 침식된다.
③ 아연은 수중에서 부식이 빠른 속도로 진행된다.
④ 철판의 아연도금에 널리 사용된다.

해설 아연(Zn)의 성질 및 용도
1) ①, ②, ④항
2) 아연은 습기와 탄산가스 존재하에 염기성 탄산염[$ZnCO_3 \cdot Zn(OH)_2$]을 만들어 내부의 산화를 방지한다.
3) 묽은 산류에 쉽게 용해되며 알칼리에도 침식된다.
4) 함석 제조에 사용되며 가장 큰 용도는 철판의 아연 도금이다.

64 금속, 유리, 플라스틱, 목재, 도자기, 고무 등의 접착에 우수한 성질을 나타내며 특히 알루미늄과 같은 경금속 접착에 사용되는 접착제는?

① 에폭시 수지 접착제
② 아크릴 수지 접착제
③ 알키드 수지 접착제
④ 폴리에스테르 수지 접착제

해설 에폭시수지 접착제
1) 내산성, 내알칼리성, 내수성, 내약품성, 전기절연성 등이 우수하다.
2) 강도 등의 기계적 성질도 뛰어나다.
3) 용도 : 금속접착에 적당하고 플라스틱, 도자기, 유리, 석재, 콘크리트 등의 접착에 사용되는 만능형 접착제이다.

65 점토소성제품의 특징에 관한 설명으로 옳은 것은?

① 내열성 및 전기절연성이 부족하다.
② 화학적 저항성, 내후성이 우수하다.
③ 백화현상 발생의 우려가 적다.
④ 연성이며 가공이 용이하다.

해설 점토소성제품의 특징
1) 내열성 및 전기절연성이 우수하다.
2) 화학적 저항성, 내후성이 우수하다.
3) 백화현상 발생의 우려가 있다.
4) 경성이며 가공이 어렵다.

66 9cm×9cm×210cm 목재의 건조 전 질량이 7.83kg이고 건조 후 질량이 6.8kg이었다면 이 목재의 대략적인 함수율은? (단, 절대건조상태가 될 때까지 건조)

① 15% ② 20%
③ 25% ④ 30%

해설 함수율
$$= \frac{건조전질량 - 건조후 질량}{건조후 질량} \times 100$$
$$= \frac{7.83 - 6.8}{6.8} \times 100 = 15.15\%$$

67 각종 도료 및 도료의 원료에 관한 설명으로 옳지 않은 것은?

① 알키드 수지를 활용한 도료는 건조 초기의 내수성이 떨어지며 내알칼리성이 좋지 못하다.
② 바니쉬는 수지류를 건성유 또는 휘발성 용제로 용해한 것이다.
③ 가소제는 건조된 도막에 탄성·교착성 등을 줌으로써 내구력을 증가시키는 데 쓰이는 도막형성 부요소이다.
④ 신너(Thinner)는 도막형성재로서 도막 주요소를 용해시킨다.

해설 시너(thinner) : 희석재로서 래커나 유상도료를 희석하는데 사용한다.
1) **래커용 시너** : 아세트산 에스테르, 부탄올, 톨루엔의 혼합액이다.
2) **유상도료용 시너** : 테레핀유나 미네랄 스피릿이 사용된다.

■ 정답 ■ 63.③ 64.① 65.② 66.① 67.④

68 회반죽 바름의 주원료가 아닌 것은?

① 소석회　② 점토
③ 모래　　④ 해초풀

해설 회반죽 재료 : 소석회+모래+여물+해초풀

69 점토의 종류별 특성과 용도에 대한 설명으로 옳지 않은 것은?

① 자토는 백색으로 가소성이 부족하며 도자기 원료로 쓰인다.
② 석기점토는 유색의 치밀한 구조로 내화도가 높으며 유색도기의 원료로 쓰인다.
③ 석회질 점토는 용해되기가 어려우며 경질도기의 원료로 쓰인다.
④ 내화점토는 회백색 또는 담색이며 내화벽돌, 유약원료로 쓰인다.

해설 석회점 점토
1) 백색이며 용해되기 쉽고, 백회질의 포함량이 많다.
2) 연질도기의 원료로 쓰인다.

70 물 시멘트 비 65%로 콘크리트 $1m^3$를 만드는데 필요한 물의 양으로 적당한 것은? (단, 콘크리트 $1m^3$당 시멘트 8포대이며, 1포대는 40kg임)

① $0.1m^3$　② $0.2m^3$
③ $0.3m^3$　④ $0.4m^3$

해설
1) 시멘트 중량=40kg/포×8포=320kg
2) 물 시멘트비(%)
$$= \frac{물의 중량(\%)}{시멘트 중량(kg)} \times 100$$
물의중량 = 시멘트중량×$\frac{물시멘트비}{100}$
$$= 320kg \times \frac{65}{100} = 208kg$$
3) 물의 용량=$\frac{물의 중량(W)}{물의 비중(W/V)}$
$$= \frac{208kg}{1000kg/m^3} = 0.208m^3$$

71 목재의 강도 중 가장 큰 것은? (단, 섬유에 평행한 가력방향 임)

① 인장강도
② 휨강도
③ 압축강도
④ 전단강도

해설 목재의 강도
1) 목재강도의 크기순서
　인장강도 〉 휨강도 〉 압축강도 〉 전단강도
2) 목재의 강도에 영향을 주는 요인
　① **비중** : 비중이 클수록 강도가 크다.
　② **함수율** : 함수율과 강도는 반비례하며, 섬유포화점 이상의 함수상태에서는 함수율이 변화해도 강도는 일정하다.
　③ **홈** : 홈이 있으면 강도가 매우 떨어진다.
　④ **목재수종** : 목재수종에 따라 강도가 큰 것이 있고 작은 것이 있다.

72 미장공사에서 바탕청소를 하는 가장 주된 목적은?

① 바름층의 경화 및 건조촉진
② 바탕층의 강도증진
③ 바름층과의 접착력 향상
④ 바름층의 강도증진

해설 미장공사시 바탕청소를 하는 주된 목적 : 바름층과의 접착력 향상

> **길잡이** 미장 바탕면의 요구조건
> 1) 바름층과 유해한 화학반응을 하지 않을 것
> 2) 바름층을 지지하는 데 필요한 접착강도를 얻을 수 있을 것
> 3) 바름층보다 강도, 강성이 클 것
> 4) 바름층의 경화, 건조를 방해하지 않을 것

73 경량콘크리트 제작에 사용되는 골재와 거리가 먼 것은?

① 펄라이트　　② 화산암
③ 중정석　　　④ 팽창질석

해설 중정석 : 중량콘크리트용 골재

74 강의 열처리란 금속재료에 필요한 성질을 주기 위하여 가열 또는 냉각하는 조작을 말하는데 다음 중 강의 열처리 방법에 해당하지 않는 것은?

① 늘림　　　② 불림
③ 풀림　　　④ 뜨임질

해설 강의 열처리 방법
① 풀림 : 강을 800~1,000℃로 가열 후 로속에서 서서히 냉각시키는 방법
② 불림 : 강을 800~1,000℃로 가열 후 대기 중에서 냉각시키는 방식
③ 담금질 : 강을 가열한 후 물 또는 기름속에서 급랭시키는 방식
④ 뜨임질 : 불림·담금질한 강을 200 ~ 600℃로 가열한 후 공기중에서 냉각시키는 방법

75 물을 가한 후 24시간 이내에 보통포틀랜드 시멘트의 4주 강도 정도가 발현되며, 내화성이 풍부한 시멘트는?

① 팽창시멘트
② 중용열시멘트
③ 고로시멘트
④ 알루미나시멘트

해설 알루미나시멘트
1) 제조법 : Al_2O_3를 함유한 보크사이트(bauxite)에 석회석을 혼합하여 만든다.
2) 알루미나시멘트의 특성
① 조기강도가 매우 커서 급결성이 강하다. (재령 1일 보통 시멘트의 28일 강도를 나타냄)
② 발열량이 대단히 커서 -10℃의 동기(冬期)공사 및 긴급공사에 이용된다.
③ 산에는 약하나 알칼리에 강하다.(해수에 대한 저항성이 크다.)
④ 내화성이 우수하여 내화로용 시멘트로 사용한다.
⑤ 포틀랜드시멘트와 혼합하여 사용할 때에는 순결현상이 있다.

76 다음 석재 중에서 외장용으로 적합하지 않은 것은?

① 대리석　　② 화강석
③ 안산암　　④ 점판암

해설 대리석
1) 대리석 : 석회암이 변성작용에 의해서 결정화된 석재로서 주성분은 탄산석회($CaCO_3$)이다.
2) 성질 및 용도
① 석질이 치밀하고 견고하며, 외관이 미려하여 연마하면 아름다운 광택을 낸다.
② 강도는 높지만 내산성이 낮고 풍화되기 쉽다.
③ 용도 : 내장재(실내장식용), 조각재 등에 쓰인다.

77 콘크리트용 골재에 관한 설명 중 옳지 않은 것은?

① 골재는 시멘트 페이스트와의 부착이 강한 표면구조를 가져야 한다.
② 부순골재는 실적률이 크고 콘크리트에 사용될 때 워커빌리티가 좋아진다.
③ 골재의 강도는 경화 시멘트 페이스트의 강도이상이어야 한다.
④ 골재는 비중이 작은 것일수록 공극과 내부균열이 많다.

해설 부순골재(쇄석)는 모래나 자갈보다 실적률이 작고 콘크리트에 사용될 때 워커빌리티도 나빠진다.

■ 정답 ■　73.③　74.①　75.④　76.①　77.②

78 천연수지·합성수지 또는 역청질 등을 건성유와 같이 열반응시켜 건조제를 넣고 용제에 녹인 것은?

① 유성페인트　② 래커
③ 바니쉬　　　④ 에나멜 페인트

해설
1) 유성페인트 : 보일유와 안료에 용제 및 희석제, 건조제 등을 혼합시켜 만든다.
2) 래커(lacguer) : 섬유소나 합성수지 용액에 수지, 가소제, 안료 등을 섞은 도료이다.
3) 바니쉬(Vernis) : 본문설명
4) 에나멜 페인트(enamel paint) : 전색제로 유성바니시나 중합유에 안료를 섞어서 만들며 통상 에나멜이라고 한다.

79 강재의 인장시험 시 탄성에서 소성으로 변하는 경계는?

① 비례한계점　② 변형경화점
③ 항복점　　　④ 인장강도점

해설 항복점
1) 재료에 인장 또는 압축을 가함에 따라 탄성역에서 소성역으로 넘어가는 점이다.
2) 금속재료 인장시험시 신장은 종점으로서 하중은 증가하지 않고 재료가 급격히 신장하기 시작하는 응력을 말한다.

80 시멘트 모르타르 바름의 작업성이나 부착력 향상을 위해 첨가하는 혼화제에 속하지 않는 것은?

① 메틸 셀룰로스(CMC)
② 합성수지에멀션
③ 고무계 라텍스
④ 에폭시수지

해설 작업성이나 부착력 향상을 위한 혼화제
1) 메틸 셀룰로스(CMC)
2) 합성수지에멀션
3) 고무계 라텍스

제5과목 / 건설안전기술

81 웰 포인트, 샌드드레인공법 작업 전에는 압밀침하를 예상하여 간극수압을 측정하여야 한다. 이 간극수압을 측정하는 기구는 무엇인가?

① Piezometer
② Tiltmeter
③ Inclinometer
④ Water level meter

해설 토공사에 사용되는 계측기기
1) 간극수압계 : 피에조 미터(piezo meter)
2) 경사계 : 인클리노 미터(inclino meter)
3) 인접구조물 기울기 측정 : 틸트 미터(tilt meter)
4) 버팀대 변형 측정계 : 스트레인게이지(strain gauge)
5) 인접구조물의 균열측정 : 크랙 게이지(crack gauge)
6) 지중침하계 : 익스텐션 미터(extension meter)
7) 지하수위계 : water level meter
8) 하중계 : 로드 셀(lad cell)
9) 토압측정계 : soil pressure gauge

82 다음 중 차량계 건설기계에 해당되지 않는 것은?

① 곤돌라　　　② 항타기 및 항발기
③ 어스드릴　　④ 앵글도저

해설 차량계 건설기계의 종류(별표 6)
1) 도저형 건설기계 : 불도저, 스트레이트도저, 틸트도저, 앵글도저, 버킷도저 등
2) 모터그레이더
3) 로더 : 포크 등 부착물 종류에 따른 용도 변경 형식을 포함
4) 스크레이퍼
5) 크레인형 굴착기계 : 클램셸, 드래그라인 등

■ 정답 ■ 78.③　79.③　80.④　81.①　82.①

6) 굴삭기 : 브레이커, 크러셔, 드릴 등 부착물 종류에 따른 용도 변경 형식을 포함
7) 항타기 및 항발기
8) 천공용 건설기계 : 어스드릴, 어스오거, 크롤러드릴, 점보드릴 등
9) 지반 압밀침하용 건설기계 : 샌드드레인머신, 페이퍼드레인머신, 팩드레인머신 등
10) 지반 다짐용 건설기계 : 타이어롤러, 매커덤롤러, 탠덤롤러 등
11) 준설용 건설기계 : 버킷준설선, 그래브준설선, 펌프준설선 등
12) 콘크리트 펌프카
13) 덤프트럭
14) 콘크리트 믹서 트럭
15) 도로포장용 건설기계 : 아스팔트 살포기, 콘크리트 살포기, 아스팔트 피니셔, 콘크리트 피니셔 등

83 철골작업을 중지하여야 하는 경우의 강우량 기준으로 옳은 것은?

① 시간당 0.5mm 이상
② 시간당 1mm 이상
③ 시간당 2mm 이상
④ 시간당 3mm 이상

해설 철골작업을 중지해야 하는 기상조건
1) 풍속이 10m/sec 이상인 경우
2) 강우량이 1mm/hr 이상인 경우
3) 강설량이 1cm/hr 이상인 경우

84 콘크리트 타설 시 안전수칙 사항으로 옳은 것은?

① 콘크리트는 한 곳으로 치우쳐 타설하여야 한다.
② 콘크리트 타설 작업 시 거푸집 붕괴의 위험이 발생할 우려가 있더라도 타설작업을 우선 완료하고 나서 상황을 판단한다.
③ 바닥 위에 흘린 콘크리트는 그대로 양생하도록 한다.
④ 최상부의 슬래브(Slab)는 이어붓기를 가급적 피하고 일시에 전체를 타설한다.

해설 콘크리트 타설시 안전수칙
1) 콘크리트는 한곳으로 치우쳐 타설하지 않도록 한다.
2) 콘크리트 타설 작업시 거푸집 붕괴의 위험이 발생할 우려가 있으면 즉시 작업을 중지시키고 필요한 조치를 하여야 한다.
3) 바닥 위에 흘린 콘크리트는 완전히 청소한다.

85 건설공사에서 발코니 단부, 엘리베이터 입구, 재료 반입구 등과 같이 벽면 혹은 바닥에 추락의 위험이 우려되는 장소를 의미하는 용어는?

① 중간난간대
② 가설통로
③ 개구부
④ 비상구

해설 개구부 : 벽이나 지붕, 바닥 등에 뚫린 구멍 또는 그 부분을 총칭하는 것

86 다음은 산업안전보건법령에 따른 추락의 방지를 위하여 설치하는 안전방망에 관한 내용이다. ( )안에 들어갈 내용으로 옳은 것은?

> 안전방망은 수평으로 설치하고, 망의 처짐은 짧은 변 길이의 ( )퍼센트 이상이 되도록 할 것

① 8
② 12
③ 15
④ 20

해설 추락방호망 설치기준
① 설치위치 : 가능하면 작업 면으로부터 가까운 지점에 설치하며, 작업 면으로부터 망의 설치지점까지의 수직거리는 10m를 초과하지 않을 것
② 안전방망은 수평으로 설치하고 망의 처짐은 짧은 변 길이의 12%이상이 되도록 할 것
③ 망의 내민 길이 : 벽면으로부터 3m 이상이 되도록 할 것(단, 그물코가 20mm 이하인 망을 사용할 경우에는 낙하물 방지망을 설치한 것으로 봄)

■ 정답 ■ 83.② 84.④ 85.③ 86.②

87 사다리식 통로의 설치기준으로 옳지 않은 것은?

① 폭은 30cm 이상으로 할 것
② 발판과 벽과의 사이는 15cm 이상의 간격을 유지할 것
③ 사다리의 상단은 걸쳐놓은 지점으로부터 60cm 이상 올라가도록 할 것
④ 사다리식 통로의 길이가 10m 이상인 경우에는 7m 이내마다 계단참을 설치할 것

해설 ④항, 사다리식 통로의 길이가 10m 이상일 경우에는 5m이내마다 계단참을 설치할 것

88 기계운반하역 시 걸이 작업의 준수사항으로 옳지 않은 것은?

① 와이어로프 등은 크레인의 후크 중심에 걸어야한다.
② 인양 물체의 안정을 위하여 2줄 걸이 이상을 사용하여야 한다.
③ 매다는 각도는 70°정도로 한다.
④ 근로자를 매달린 물체위에 탑승시키지 않아야 한다.

해설 매다는 각도는 60°정도로 한다.

89 콘크리트의 재료분리현상 없이 거푸집 내부에 쉽게 타설할 수 있는 정도를 나타내는 것은?

① Bleeding   ② Thixotropy
③ Workability ④ Finishability

해설
1) Bleeding(블리딩) : 콘크리트 타설 후 시멘트, 골재 입자 등의 침하에 따라 물이 분리 상승되어 콘크리트 표면에 떠오르는 현상이다.
2) Thixotropy(틱소트로피) : 응력에 의한 물체의 연화 현상 중 회복이 따르는 것을 말한다.
3) Workability(워커빌리티) : 본문 설명
4) Finishability(피니셔빌리티) : 굵은골재의 최대치수, 잔골재율, 잔골재의 입도, 반죽질기 등에 의한 콘크리트 표면의 마무리 정도를 나타내는 성질이다.

90 기존 건물에서 인접된 장소에서 새로운 깊은 기초를 시공하고자 한다. 이 때 기존 건물의 기초가 얕아 안전상 보강하려고 할 때 적당한 공법은?

① 압성토 공법
② 언더피닝 공법
③ 선행 재하공법
④ 치환공법\

해설 언더피닝 공법(underpinning) : 기존건물 가까이에 구조물을 축조할 때 기존건물의 지반과 기초를 보강하는 공법

91 비계 설치작업 시 유의사항으로 옳지 않은 것은?

① 항상 수평, 수직이 유지되도록 한다.
② 파괴, 도괴, 동요에 대한 안정성을 고려하여 설치한다.
③ 비계의 도괴 방지를 위해 가새 등 경사재는 설치하지 않는다.
④ 외쪽비계와 같은 특수비계는 문제점을 충분히 검토하여 설치한다.

해설 비계의 도괴방지를 위해 가새 등 경사재를 설치한다.

92 슬레이트, 선라이트 등 강도가 약한 재료로 덮은 지붕위에서 작업을 할 때 발이 빠지는 등의 위험을 방지하기 위한 산업안전보건법령에 따른 작업발판의 최소 폭 기준은?

① 20cm 이상   ② 30cm 이상
③ 40cm 이상   ④ 50cm 이상

■ 정답 ■ 87.④ 88.③ 89.③ 90.② 91.③ 92.②

해설 슬레이트, 선라이트(sunlight)등 지붕 위에서의 작업시 위험방지조치사항
1) 폭 30cm 이상의 발판 설치
2) 추락 방호망 설치

93 지반의 붕괴, 구축물의 붕괴 또는 토석의 낙하 등에 의하여 근로자가 위험해질 우려가 있는 경우 그 위험을 방지하기 위하여 취해야할 조치로 옳지 않은 것은?

① 흙막이 지보공 제거
② 토석의 낙하 원인이 되는 빗물이나 지하수 등을 배제
③ 낙하의 위험이 있는 토석 제거
④ 옹벽 설치

해설 지반의 붕괴·구축물의 붕괴 또는 토석의 낙하 등에 의한 위험방지 조치사항
1) 지반은 안전한 경사로 하고 낙하의 위험이 있는 토석을 제거하거나 옹벽, 흙막이 지보공 등을 설치할 것
2) 지반의 붕괴 또는 낙하원인이 되는 빗물이나 지하수 등을 배제할 것
3) 갱내에서의 낙반 또는 측벽의 붕괴에 의한 위험방지 조치사항
   ① 지보공 설치
   ② 부석 제거

94 현장에서 근로자가 안전하게 통행할 수 있도록 통로에 설치해야 하는 조명시설은 최소 몇 럭스 이상인가?

① 75Lux 이상
② 80Lux 이상
③ 85Lux 이상
④ 90Lux 이상

해설 통로에 설치하는 조명시설 : 75Lux 이상

95 인력에 의한 하물 운반 시 준수사항으로 옳지 않은 것은?

① 수평거리 운반을 원칙으로 한다.
② 운반시의 시선은 진행방향을 향하고 뒷걸음 운반을 하여서는 아니 된다.
③ 쌓여있는 하물을 운반할 때에는 중간 또는 하부에서 뽑아내어서는 아니 된다.
④ 어깨 높이보다 낮은 위치에서 하물을 들고 운반하여서는 아니 된다.

해설 1) 어깨보다 높이 들어 올리지 않는다.
2) 어깨보다 낮은 위치에서 하물을 들고 운반하여야 한다.

96 가설구조물 부재의 강성이 부족하여 가늘고 긴 부재가 압축력에 의하여 파괴되는 현상은?

① 좌굴   ② 피로파괴
③ 지압파괴   ④ 폭열현상

해설 좌굴 및 좌굴하중
1) 양단이 힌지(hinge, 상단에는 수직 변위를 자유롭게 하기 위하여 수평재를 설치)인 주재(主材)에 하중(P)을 가하면 중앙에 인장력을 가한 것과 같이 기둥이 수평으로 변곡하게 된다.
2) 하중(P)이 작으면 기둥은 쉽게 원상태로 복원되지만 일정한도 이상이 되면 변곡이 계속되어 파괴에 이르게 된다. 이 복원의 한계점 부근에서의 상태가 존재하게 되는데 이 상태를 좌굴이라 하고 이때의 하중을 좌굴하중(또는 한계하중)이라 한다.
3) 좌굴에 대한 억제대책
   ① 부재의 끝을 회전하지 않도록 구속한다.
   ② 부재의 중간에 사재를 연결한다.
   ③ 부재에 작용하는 하중을 감소시킨다.
   ④ 부재의 중간에 보를 연결한다.

97 항타기 또는 항발기의 권상용 와이어로프의 안전계수 기준은?

① 2이상　　② 3이상
③ 4이상　　④ 5이상

해설 1) 항타기 또는 항발기의 권상용 와이어로프의 안전계수 : 5이상

2) 안전계수 = $\dfrac{절단하중}{최대사용하중}$

98 건설공사 착공 시 유해·위험방지계획서 제출대상 사업규모에 해당되지 않는 것은?

① 터널건설 공사
② 깊이가 15m인 굴착공사
③ 지상높이가 25m인 건축물 건설 공사
④ 최대지간길이가 55m인 교량건설 공사

해설 건설업 중 유해위험방지계획서 제출대상 사업장 (시행규칙 제120조 제4항)
1) 지상높이가 31미터 이상인 건축물 또는 인공구조물, 연면적 3만 제곱미터 이상인 건축물 또는 연면적 5천 제곱미터 이상의 문화 및 집회시설(전시장 및 동물원·식물원은 제외), 판매시설, 운수시설(고속철도의 역사 및 집·배송시설은 제외), 종교시설, 의료시설 중 종합병원, 숙박시설 중 관광숙박시설, 지하도상가 또는 냉동·냉장 창고시설의 건설·개조 또는 해체(이하 "건설등" 이라 함)
2) 연면적 5천 제곱미터 이상의 냉동·냉장 창고시설의 설비공사 및 단열공사
3) 최대 지간길이가 50미터 이상인 교량건설 등 공사
4) 터널 건설 등의 공사
5) 다목적댐, 발전용댐 및 저수용량 2천만톤 이상의 용수 전용 댐, 지방상수도 전용댐 건설 등의 공사
6) 깊이 10미터 이상인 굴착공사

99 유한사면에서 사면기울기가 비교적 완만한 점성토에서 주로 발생되는 사면파괴의 형태는?

① 저부파괴
② 사면선단파괴
③ 사면내파괴
④ 국부전단파괴

해설 1) 저부파괴 : 본문 설명
2) 사면선단파괴 : 사면의 하단을 통과하는 활동면을 따라 발생하는 사면파괴

100 양중기의 와이어로프 등 달기구의 안전계수 기준으로 옳은 것은?(단, 화물의 하중을 직접 지지하는 달기와이어로프 또는 달기체인의 경우)

① 4 이상　　② 5 이상
③ 7 이상　　④ 10 이상

해설 양중기의 와이어로프 또는 달기체인(고리걸이용 포함)의 안전계수

안전계수 = $\dfrac{절단하중}{최대사용하중(허용하중)}$

1) 근로자가 탑승하는 운반구를 지지하는 경우 : 10이상
2) 화물의 하중을 직접 지지하는 경우 : 5이상
3) 훅, 샤클, 클램프, 리프팅 빔의 경우 : 3이상
4) 그 밖의 경우 : 4이상

2017년 시행

건설안전산업기사

2017년 1회 기출문제
[3월 5일 시행]

건설안전산업기사

제1과목 / 산업안전관리론

01 산업안전보건법령상 안전·보건표지에 관한 설명으로 틀린 것은?

① 안전·보건표지 속의 그림 또는 부호의 크기는 안전·보건표지의 크기와 비례하여야 하며, 안전·보건표지 전체 규격의 30%이상이 되어야 한다.
② 안전·보건표지 색채의 물감은 변질되지 아니하는 것에 색채 고정완료를 배합하여 사용하여야 한다.
③ 안전·보건표지는 그 표시내용을 근로자가 빠르고 쉽게 알아볼 수 있는 크기로 제작하여야 한다.
④ 안전·보건표지에서 야광물질을 사용하여서는 아니 된다.

해설 ④항, 야간에 필요한 안전·보건표지는 야광물질을 사용하는 등 쉽게 알아볼 수 있도록 제작하여야 한다.

02 무재해운동의 추진을 위한 3요소에 해당하지 않는 것은?

① 모든 위험잠재요인의 해결
② 최고경영자의 경영자세
③ 관리감독자(Line)의 적극적 추진
④ 직장 소집단의 자주활동 활성화

해설 무재해운동의 추진 3기둥(무재해운동의 3요소)
1) 최고경영자의 엄격한 안전경영자세
2) 관리감독자에 의한 안전보건의 추진(라인화의 철저)
3) 직장 소집단 자주 활동의 활발화

03 억측판단의 배경이 아닌 것은?

① 생략 행위
② 초조한 심정
③ 희망적 관측
④ 과거의 성공한 경험

해설 억측판단
1) **억측판단** : 자기 주관적인 판단
2) **억측판단이 발생하는 배경**
   ① 희망적인 관측 : 그때도 그랬으니까 괜찮겠지 하는 관측
   ② 정보나 지식의 불확실 : 위험에 대한 정보의 불확실 및 지식의 부족
   ③ 과거의 선입견 : 과거에 그 행위로 성공한 경험의 선입관
   ④ 초조한 심정 : 일을 빨리 끝내고 싶은 초조한 심정

04 재해의 기본원인 4M에 해당하지 않는 것은?

① Man   ② Machine
③ Media   ④ Measurement

해설 산업재해의 기본원인 4M(인간과오의 배후요인 4요소)
1) Man : 본인 이외의 사람
2) Machine : 장치나 기기 등의 물적요인
3) Media : 인간과 기계를 잇는 매체(작업방법, 순서, 작업정보의 실태, 작업환경, 정리정돈 등)

■정답■ 01.④ 02.① 03.① 04.④

4) Management : 안전법규의 준수방법, 단속, 점검 관리 외에 지휘 감독, 교육훈련 등

05 다음과 같은 스트레스에 대한 반응은 무엇에 해당하는가?

> 여동생이나 남동생을 얻게 되면서 손가락을 빠는 것과 같이 어린 시절의 버릇을 나타낸다.

① 투사 ② 억압
③ 승화 ④ 퇴행

해설 퇴행(regression) 현실의 곤란한 장면에서 이겨내지 못하고 옛날 어린 시절로 되돌아가려는 행동이다. 즉 발전단계를 역행함으로서 욕구를 충족하려는 행동이다.

06 산업안전보건법령상 사업주가 근로자에 대하여 실시하여야 하는 교육 중 특별안전·보건교육의 대상이 되는 작업이 아닌 것은?

① 화학설비의 탱크 내 작업
② 전압이 30V인 정전 및 활선작업
③ 건설용 리프트·곤돌라를 이용한 작업
④ 동력에 의하여 작동되는 프레스기계를 5대 이상 보유한 사업장에서 해당 기계로 하는 작업

해설 ②항, 전압이 75볼트 (V) 이상인 정전 및 활선 작업

07 인간의 행동 특성에 관한 레빈(Lewin)의 법칙에서 각 인자에 대한 내용으로 틀린 것은?

$$B = f(P \cdot E)$$

① B : 행동 ② f : 함수관계
③ P : 개체 ④ E : 기술

해설 레빈(K. Lewin)의 법칙 : Lewin은 인간의 행동(B)은 그 사람이 가진 자질 즉, 개체(P)와 심리학적 환경(E)과의 상호 함수관계에 있다고 하였다.
∴ $B = f(P \cdot E)$
여기서,
1) B(Behavior) : 인간의 행동
2) f(function, 함수관계) : 적성 기타 P와 E에 영향을 미칠 수 있는 조건
3) P(Person, 개체) : 연령, 경험, 심신상태, 성격, 지능 등 인간의 조건
4) E(Environment, 심리적 환경) : 인간관계, 작업환경 등 환경 조건

08 개인 카운슬링(Counseling)방법으로 가장 거리가 먼 것은?

① 직접적 충고
② 설득적 방법
③ 설명적 방법
④ 반복적 충고

해설 개인적인 카운셀링 방법
1) **직접충고** : 안전수칙 불이행시 적합, 지시적 방법
2) **설득적 방법** : 비지시적 방법
3) **설명적 방법** : 비지시적 방법

09 교육의 효과를 높이기 위하여 시청각 교재를 최대한으로 활용하는 시청각적 방법의 필요성이 아닌 것은?

① 교재의 구조화를 기할 수 있다.
② 대량 수업체제가 확립될 수 있다.
③ 교수의 평준화를 기할 수 있다.
④ 개인차를 최대한으로 고려할 수 있다.

해설 시청각 교육의 특징
1) 교수의 효율성 증대
2) 교재의 구조화
3) 대량 수업체제 확정
4) 교수의 평준화

■ 정답 ■ 05.④ 06.② 07.④ 08.④ 09.④

10 재해의 원인과 결과를 연계하여 상호관계를 파악하기 위해 도표화하는 분석 방법은?

① 특성요인도　② 파렛토도
③ 크로스분류도　④ 관리도

해설 통계적 원인 분석 방법
1) **파렛토도** : 분류항목을 큰 순서대로 도표화한 분석법
2) **특성요인도** : 특성과 요인관계를 도표로 하여 어골상으로 세분화 한 분석법
3) **클로즈(Close)분석** : 데이터(data)를 집계하고 표로 표시하여 요인별 결과내역을 교차한 클로즈그림을 작성하여 분석하는 방법
4) **관리도** : 재해발생건수 등의 추이를 파악하여 목표관리를 행하는데 필요한 월별 재해 발생수를 그래프화하여 관리선을 설정·관리하는 방법

11 보호구 안전인증 고시에 따른 안전모의 일반 구조 중 턱끈의 최소 폭 기준은?

① 5mm 이상
② 7mm 이상
③ 10mm 이상
④ 12mm 이상

해설 안전모의 일반구조 요약정리
1) 안전모의 착용높이는 85mm 이상이고, 외부수직거리는 80mm 미만일 것
2) 안전모의 내부수직거리는 25mm 이상 50mm 미만일 것
3) 안전모의 수평간격은 5mm 이상일 것
4) 머리받침끈이 섬유인 경우에는 각각의 폭은 15mm 이상이어야 하며, 교차되는 끈의 폭의 합은 72mm 이상일 것
5) 턱끈의 폭은 10mm 이상일 것
6) 안전모의 모체, 착장체 및 충격흡수재를 포함한 질량은 440g을 초과하지 않을 것

12 허츠버그(Herzberg)의 동기·위생 이론에 대한 설명으로 옳은 것은?

① 위생요인은 직무내용에 관련된 요인이다.
② 동기요인은 직무에 만족을 느끼는 주요인이다.
③ 위생요인은 매슬로우 욕구단계 중 존경, 자아실현의 욕구와 유사하다.
④ 동기요인은 매슬로우 욕구단계 중 생리적 욕구와 유사하다.

해설 허즈버그(Herzberg)의 위생요인 및 동기요인
1) **위생요인** : 직무환경에 관계된 내용으로 기업정책, 개인 상호간의 관계(친교, 대인관계), 감독형태, 작업조건, 임금(급료), 보수 지위, 안전 등이 있다.
2) **동기요인** : 직무내용 (일의 내용)에 관한 것으로 목표달성에 대한 성취감, 안정감, 도전감, 책임감, 성장과 발전, 작업자체 등이 있다. (자아실현을 하려는 인간의 독특한 경향 반영)

13 연평균 근로자수가 1,000명인 사업장에서 연간 6건의 재해가 발생한 경우, 이 때의 도수율은? (단, 1일 근로시간수는 4시간, 연평균 근로일수는 150일이다.)

① 1
② 10
③ 100
④ 1,000

해설 도수율 $= \dfrac{\text{재해건수}}{\text{연근로시간수}} \times 10^6$
$= \dfrac{6}{1,000 \times 4 \times 150} \times 10^6 = 10$

■ 정답 ■　10.①　11.③　12.②　13.②

14 산업안전보건법령상 일용근로자의 안전·보건교육 과정별 교육시간 기준으로 틀린 것은?

① 채용 시의 교육 : 1시간 이상
② 작업내용 변경 시의 교육 : 2시간 이상
③ 건설업 기초안전·보건교육(건설 일용근로자) : 4시간
④ 특별교육 : 2시간 이상(흙막이 지보공의 보강 또는 동바리를 설치하거나 해체하는 작업에 종사하는 일용근로자)

해설 일용근로자의 작업내용 변경 시의 교육시간 : 1시간 이상

15 산업안전보건법상 고용노동부장관이 산업재해 예방을 위하여 종합적인 개선조치를 할 필요가 있다고 인정할 때에 안전보건개선계획의 수립·시행을 명할 수 있는 대상 사업장이 아닌 것은?

① 산업재해율이 같은 업종의 규모별 평균 산업재해율보다 높은 사업장
② 사업주가 안전보건조치의무를 이행하지 아니하여 중대재해가 발생한 사업장
③ 고용노동부장관이 관보 등에 고시한 유해인자의 노출기준을 초과한 사업장
④ 경미한 재해가 다발로 발생한 사업장

해설 안전보건개선계획 수립대상 사업장
  1) ①, ②, ③항
  2) 대통령령으로 정하는 수 이상의 직업성 질병자가 발생한 사업장

16 산업안전보건법령상 안전인증대상 기계·기구 등이 아닌 것은?

① 프레스   ② 전단기
③ 롤러기   ④ 산업용 원심기

해설 안전인증대상 기계·기구

구분	안전인증대상 기계·기구	자율안전확인대상 기계·기구
기계·기구및설비	① 프레스 ② 전단기 및 절곡기 ③ 크레인 ④ 리프트 ⑤ 압력용기 ⑥ 롤러기 ⑦ 사출성형기 ⑧ 고소작업대 ⑨ 곤돌라	① 연삭기 또는 연마기(휴대형은 제외) ② 산업용 로봇 ③ 혼합기 ④ 파쇄기 또는 분쇄기 ⑤ 컨베이어 ⑥ 식품가공용기계(파쇄·절단·혼합·제면기만 해당) ⑦ 자동차정비용리프트 ⑧ 인쇄기 ⑨ 공작기계(선반, 드릴기, 평삭·형삭기, 밀링만 해당) ⑩ 고정형 목재가공용 기계(둥근톱, 대패, 루타기, 띠톱, 모떼기 기계만 해당)
방호장치	① 프레스 및 전단기 방호장치 ② 양중기용 과부하방지장치 ③ 보일러 압력추출용 안전밸브 ④ 압력용기 압력방출용 안전밸브 ⑤ 압력용기 압력방출용 파열판 ⑥ 절연용 방호구 및 활선작업용 기구 ⑦ 방폭구조 전기기계·기구 및 부품 ⑧ 추락·낙하 및 붕괴 등의 위험 방지 및 보호 필요한 가설기자재로서 고용노동부 장관이 정하여 고시하는 것 ⑨ 충돌협착 등의 위험방지에 필요한 산업용로봇 방호장치로서 고용노동부장관이 정하여 고시하는 것	① 아세틸렌 용접장치용 또는 가스집합 용접장치용 안전기 ② 교류아크 용접기용 자동전격방지기 ③ 롤러기 급정지장치 ④ 연삭기 덮개 ⑤ 목재가공용 둥근톱 반발예방장치 및 날접촉 예방장치 ⑥ 동력식 수동 대패용 칼날접촉방지장치 ⑦ 추락낙하 및 붕괴 등의 위험방지 및 보호에 필요한 가설기자재로서 고용노동부 장관이 정하여 고시하는 것
보호구	① 추락 및 감전 위험방지용 안전모 ② 차광 및 비산물 위험 방지용 보안경 ③ 방진마스크 ④ 방독마스크 ⑤ 송기마스크 ⑥ 전동식 호흡보호구 ⑦ 방음용 귀마개 또는 귀덮개 ⑧ 용접용 보안면 ⑨ 안전장갑 ⑩ 안전화 ⑪ 안전대 ⑫ 보호복	① 안전모(추락 및 감전 위험방지용 제외) ② 보안경(차광 및 비산물 위험방지용 제외) ③ 보안면(용접용 제외)

17 적응기제(Adjustment Mechanism)의 도피적 행동인 고립에 해당하는 것은?

① 운동시합에서 진 선수가 컨디션이 좋지 않았다고 말한다.
② 키가 작은 사람이 키 큰 친구들과 같이 사진을 찍으려 하지 않는다.
③ 자녀가 없는 여교사가 아동교육에 전념하게 되었다.
④ 동생이 태어나자 형이 된 아이가 말을 더듬는다.

해설 고립 : 현실을 피하고 자신의 내부로 도피하려는 행동기제

18 조직이 리더에게 부여하는 권한으로 볼 수 없는 것은?

① 보상적 권한   ② 강압적 권한
③ 합법적 권한   ④ 위임된 권한

해설 리더십의 권한
1) 조직이 지도자에게 부여한 권한
   ㉠ 보상적 권한
   ㉡ 강압적 권한
   ㉢ 합법적 권한
2) 지도자 자신이 자신에게 부여한 권한
   ㉠ 전문성의 권한
   ㉡ 위임된 권한

19 안전교육 훈련기법에 있어 태도 개발 측면에서 가장 적합한 기본교육 훈련방식은?

① 실습방식   ② 제시방식
③ 참가방식   ④ 시뮬레이션방식

해설 안전교육 훈련기법 (사업장에서의 기본교육 훈련방식)
1) **지식형성** : 제시방식
2) **기능숙련** : 실습방식
3) **태도개발** : 참가방식

20 무재해운동의 추진을 위한 3요소에 해당하지 않는 것은?

① 모든 위험잠재요인의 해결
② 최고경영자의 경영자세
③ 관리감독자(Line)의 적극적 추진
④ 직장 소집단의 자주활동 활성화

해설 무재해 운동 추진의 3기둥(무재해 운동의 3요소)
1) 최고 경영자의 경영자세
2) 라인화의 철저(관리감독자에 의한 안전보건의 추진)
3) 직장(소집단)의 자주 활동의 활발화

제2과목
인간공학 및 시스템안전공학

21 반복되는 사건이 많이 있는 경우에 FTA의 최소 컷셋을 구하는 알고리즘이 아닌 것은?.

① Fussel Algorithm
② Boolean Algorithm
③ Monte Carlo Algorithm
④ Limnios & Ziani Algorithm

해설 최소컷셋을 구하는 알고리즘(Algorithm)
1) Fussel 알고리즘
2) Boolean 알고리즘
3) Limnios & Ziani 알고리즘

22 1cd의 점광원에서 1m떨어진 곳에서의 조도가 3lux이었다. 동일한 조건에서 5m 떨어진 곳에서의 조도는 약 몇 lux인가?

① 0.12   ② 0.22
③ 0.36   ④ 0.56

해설 1) 조도는 거리의 제곱 (자승)에 반비례한다.

$$조도 = \frac{1}{(거리)^2}$$

2) 조도 $= 3(\text{lux}) \times \dfrac{1^2}{5^2} = 0.12 \text{lux}$

23 지게차 인장벨트의 수명은 평균이 100,000시간, 표준편차가 500시간인 정규분포를 따른다. 이 인장벨트의 수명이 101,000시간 이상일 확률은 약 얼마인가? (단, P(Z≤1)=0.8413, P(Z≤2)=0.9772, P(Z≤3)=0.9987이다.)

① 1.60%   ② 2.28%
③ 3.28%   ④ 4.28%

해설 1) $Z = \dfrac{101,000 - 100,000}{500} = 2$

2) $P(Z \leq 2) = 0.9772$
$P(Z \geq 2) = (1 - 0.9772) \times 100 = 2.28\%$

24 산업안전보건법령에서 정한 물리적 인자의 분류 기준에 있어서 소음은 소음성난청을 유발할 수 있는 몇 dB(A)이상의 시끄러운 소리로 규정하고 있는가?

① 70   ② 85
③ 100 ④ 115

해설 소음 : 소음성난청을 유발할 수 있는 85 dB(A)이상의 시끄러운 소리

25 모든 시스템 안전 프로그램 중 최초 단계의 분석으로 시스템 내의 위험요소가 어떤 상태에 있는지를 정성적으로 평가하는 방법은?

① CA   ② FHA
③ PHA   ④ FMEA

해설 1) PHA(예비위험분석) : 대부분 시스템 안전 프로그램에 있어서 최초단계의 분석으로, 시스템 내의 위험한 요소가 얼마나 위험한 상태에 있는가를 정성적으로 평가하는 것이다.

2) PHA의 목적 : 시스템의 개발 단계에 있어서 시스템 고유의 위험상태를 식별하고 예상되는 재해의 위험수준을 결정하는 데 있다.

26 인터페이스 설계 시 고려해야 하는 인간과 기계와의 조화성에 해당되지 않는 것은?

① 지적 조화성   ② 신체적 조화성
③ 감성적 조화성 ④ 심미적 조화성

해설 인간기계 체계에서의 계면설계
1) 계면(interface) : 인간기계 체계에서 인간과 기계가 만나는 면(面)
2) 인간과 기계(환경)의 계면에서의 조화성 : 다음 3가지 차원이 고려되어야 함
   ① 신체적 조화성
   ② 지적 조화성
   ③ 감성적 조화성

27 FTA에 의한 재해사례 연구의 순서를 올바르게 나열한 것은?

[다음]
A. 목표사상 선정
B. FT도 작성
C. 사상마다 재해원인 규명
D. 개선계획 작성

① A→B→C→D
② A→C→B→D
③ B→C→A→D
④ B→A→C→D

해설 FTA에 의한 재해사례의 연구순서
1) 1step : 톱사상의 선정
2) 2step : 사상마다 재해원인·요인의 규명
3) 3step : FT도의 작성
4) 4step : 개선계획의 작성
5) 5step : 개선안의 실시계획

■ 정답 ■   23.②   24.②   25.③   26.④   27.②

28 청각적 표시장치에서 300m 이상의 장거리용 경보기에 사용하는 진동수로 가장 적절한 것은?

① 800Hz 전후   ② 2,200Hz 전후
③ 3,500Hz 전후   ④ 4,000Hz 전후

해설 300m 이상의 장거리용 경보기는 1,000Hz 이하의 진동수를 사용하여야 한다.

> **길잡이** 경계 및 경보신호의 선택 또는 설계 시의 설계 지침
> 1) 500~3,000Hz(또는 2,000~5,000Hz)의 진동수 사용
> 2) 장거리 (300m 이상)용은 1,000Hz 이하의 진동수 사용 (고음은 멀리가지 못함)
> 3) 장애물 및 칸막이 통과시 500Hz 이하의 진동수 사용
> 4) 주의를 끌기 위해서는 변조된 신호 (초당 1~8번 나는 소리, 초당 1~3번 오르내리는 소리 등) 사용
> 5) 배경소음의 진동수와 구별되는 신호 사용

29 FT도에 사용되는 다음 기호의 명칭으로 맞는 것은?

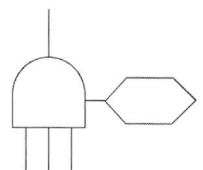

① 억제 게이트
② 부정 게이트
③ 배타적 OR 게이트
④ 우선적 AND 게이트

해설 수정기호의 종류
1) **우선적 AND 게이트** : 입력사상 가운데 어느 사상이 다른 사상보다 먼저 일어났을 때에 출력사상이 생긴다. (A는 B보다 먼저)와 같이 기입
2) **짜맞춤(조합) AND 게이트** : 3개 이상의 입력사상 가운데 어느 것인가 2개가 일어나면 출력사상이 생긴다. (어느 것이든 2개)라고 기입
3) **위험지속기호** : 입력사상이 생기어 어느 일정시간 지속하였을 때에 출력사상이 생긴다.(위험지속시간)과 같이 기입
4) **배타적 OR 게이트** : OR 게이트로 2개 이상의 입력이 동시에 존재한 때에는 출력사상이 생기지 않는다. (동시에 발생하지 않는다.)라고 기입

30 작업장 내의 색채조절이 적합하지 못한 경우에 나타나는 상황이 아닌 것은?

① 안전표지가 너무 많아 눈에 거슬린다.
② 현란한 색배합으로 물체 식별이 어렵다.
③ 무채색으로만 구성되어 중압감을 느낀다.
④ 다양한 색채를 사용하면 작업의 집중도가 높아진다.

해설 ④항, 다양한 색체를 사용하면 작업의 집중도가 낮아진다.

31 위험처리 방법에 관한 설명으로 틀린 것은?

① 위험처리 대책 수립 시 비용문제는 제외된다.
② 재정적으로 처리하는 방법에는 보류와 전가 방법이 있다.
③ 위험의 제어 방법에는 회피, 손실제어, 위험분리, 책임 전가 등이 있다.
④ 위험처리 방법에는 위험을 제어하는 방법과 재정적으로 처리하는 방법이 있다.

해설 ①항, 위험처리 대책 수립시 비용문제가 포함된다.

32 인간의 가청주파수 범위는?

① 2 ~ 10,000Hz
② 20 ~ 20,000Hz
③ 200 ~ 30,000Hz
④ 200 ~ 40,000Hz

해설 가청주파수 범위 : 20~20,000Hz

33 산업안전보건법에서 규정하는 근골격계 부담작업의 범위에 해당하지 않는 것은?

① 단기간작업 또는 간헐적인 작업
② 하루에 10회 이상 25kg 이상의 물체를 드는 작업
③ 하루에 총 2시간 이상 쪼그리고 앉거나 무릎을 굽힌 자세에서 이루어지는 작업
④ 하루에 4시간 이상 집중적으로 자료입력 등을 위해 키보드 또는 마우스를 조작하는 작업

해설 근골격계 부담작업의 범위 : "근골격계부담작업"이라 함은 다음 각 호의 1에 해당하는 작업을 말한다. 다만, 단기간작업 또는 간헐적인 작업은 제외된다.
1) 하루에 4시간 이상 집중적으로 자료입력 등을 위해 키보드 또는 마우스를 조작하는 작업
2) 하루에 총 2시간 이상 목, 어깨, 팔꿈치, 손목 또는 손을 사용하여 같은 동작을 반복하는 작업
3) 하루에 총 2시간 이상 머리위에 손이 있거나, 팔꿈치가 어깨위에 있거나, 팔꿈치를 몸통으로 들거나, 팔꿈치를 몸통뒤쪽에 위치하도록 하는 상태에서 이루어지는 작업
4) 지지되지 않은 상태이거나 임의로 자세를 바꿀 수 없는 조건에서, 하루에 총 2시간 이상 목이나 허리를 구부리거나 트는 상태에서 이루어지는 작업
5) 하루에 총 2시간 이상 쪼그리고 앉거나 무릎을 굽힌 자세에서 이루어지는 작업
6) 하루에 총 2시간 이상 지지되지 않은 상태에서 1kg이상의 물건을 한손의 손가락으로 집어 올리거나, 2kg이상에 상응하는 힘을 가하여 한손의 손가락으로 물건을 쥐는 작업
7) 하루에 총 2시간 이상 지지되지 않은 상태에서 4.5kg 이상의 물체를 드는 작업
8) 하루에 10회 이상 25kg 이상의 물체를 드는 작업
9) 하루에 25회 이상 10kg 이상의 물체를 무릎 아래에서 들거나, 어깨 위에서 들거나, 팔을 뻗은 상태에서 드는 작업
10) 하루에 총 2시간 이상, 분당 2회 이상 4.5kg이상의 물체를 드는 작업
11) 하루에 총 2시간 이상 시간당 10회 이상 손 또는 무릎을 사용하여 반복적으로 충격을 가하는 작업

34 기능식 생산에서 유연생산 시스템 설비의 가장 적합한 배치는?

① 합류(Y)형 배치
② 유자(U)형 배치
③ 일자(—)형 배치
④ 복수라인(=)형 배치

해설 시스템 설비의 배치 : 기능식 생산에서 생산성 향상을 위한 가장 효율적인 배치는 U자형으로 배치하는 것이다.

35 인간-기계 체계에서 인간의 과오에 기인된 원인 확률을 분석하여 위험성의 예측과 개선을 위한 평가 기법은?

① PHA   ② FMEA
③ THERP ④ MORT

해설
1) PHA(예비사고분석) : 최초단계 분석법, 정성적분석법
2) FMEA(고장형과 영향분석) : 정성적·귀납적분석법
3) THERP(인간과오율 예측기법) : 정량적 분석법
4) MORT(경영소홀 및 위험수 분석) : 광범위한 안전도모, 고도의 안전 달성

■정답■ 32.② 33.① 34.② 35.③

36 인체계측 자료에서 주로 사용하는 변수가 아닌 것은?

① 평균
② 5백분위수
③ 최빈값
④ 95 백분위수

해설 인체 측정자료의 응용원리
1) **최대치수와 최소치수**(극단적 개인용 설계) : 최대 및 최소 설계 매개변수로 서는 남성의 제 95백분위수와 여성의 제 5백분위수를 사용한다.
2) **조절식** (가변적 설계) : 여성의 제 5백분위수 및 남성의 제 95백분위 수 범위에서 조정하도록 한다.
3) **평균 설계** : 극단적 설계 및 가변적 설계가 곤란할 때 적용한다.

37 다음 그림은 C/R비와 시간관의 관계를 나타낸 그림이다. ㉠~㉣에 들어갈 내용이 맞는 것은?

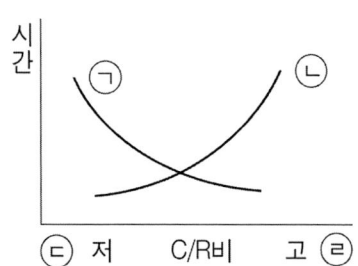

① ㉠ 이동시간 ㉡ 조정시간 ㉢ 민감 ㉣ 둔감
② ㉠ 이동시간 ㉡ 조정시간 ㉢ 둔감 ㉣ 민감
③ ㉠ 조정시간 ㉡ 이동시간 ㉢ 민감 ㉣ 둔감
④ ㉠ 조정시간 ㉡ 이동시간 ㉢ 둔감 ㉣ 민감

해설 통제표시비 (C/D비 또는 C/R비) : 통제표시비가 감소함에 따라 이동시간은 급격히 감소하다가 안정되며 조정시간은 이와 반대의 형태를 갖는다.
(최적 C/D비 : 1.18~2.42)

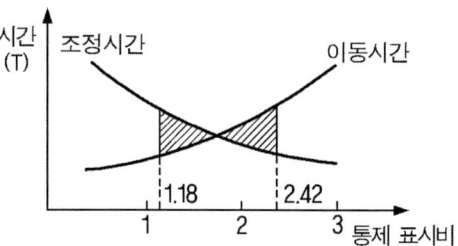

38 어떤 작업자의 배기량을 측정하였더니, 10분간 200L이었고, 배기량을 분석한 결과 O_2 : 16%, CO_2 : 4%였다. 분당 산소 소비량은 약 얼마인가?

① 1.05L/분
② 2.05L/분
③ 3.05L/분
④ 4.05L/분

해설
1) 배기량 = 200L/10min = 20L/min
2) 흡기량 × 79% = 배기량 × N_2%

$$흡기량 = 배기량 \times \frac{N_2\%}{79\%}$$
$$= 20 \times \frac{100-(16+4)}{79}$$
$$= 20.25 L/min$$

3) 산소소비량
$$= \left(흡기량 \times \frac{21}{100}\right) - \left(배기량 \times \frac{16}{100}\right)$$
$$= (20.25 \times 0.21) - (20 \times 0.16)$$
$$= 1.05 L/min$$

39 인간공학에 관련된 설명으로 틀린 것은?

① 편리성, 쾌적성, 효율성을 높일 수 있다.
② 사고를 방지하고 안전성과 능률성을 높일 수 있다.
③ 인간의 특성과 한계점을 고려하여 제품을 설계한다.
④ 생산성을 높이기 위해 인간을 작업 특성에 맞추는 것이다.

해설 인간공학의 정의 : 기계기구, 환경 등의 물적 조건을 인간의 특성과 능력에 잘 조화되도록 설계하기 위한 수단을 연구하는 학문이다.

40 설비나 공법 등에서 나타날 위험에 대하여 정성적 또는 정량적인 평가를 행하고 그 평가에 따른 대책을 강구하는 것은?

① 설비보전
② 동작분석
③ 안전계획
④ 안전성 평가

해설 안전성평가의 6단계
1) 제1단계 : 관계자료의 정비검토
2) 제2단계 : 정성적 평가
3) 제3단계 : 정략적 평가
4) 제4단계 : 안전대책
5) 제5단계 : 재해정보에 의한 재평가
6) 제6단계 : F.T.A에 의한 재평가

제3과목 / 건설시공학

41 토질시험 중 흙 속에 수분이 거의 없고 바삭바삭한 상태의 정도를 알아보기 위한 것은?

① 함수비시험
② 소성한계시험
③ 액성한계시험
④ 압밀시험

해설 소성한계 및 액성한계시험과 압밀시험
1) **소성한계시험** : 흙속에 수분이 거의 없고 바삭바삭한 상태의 정도를 알아보기 위한 시험
2) **액성한계시험** : 흙을 가볍게 충동시켰을 때 처음으로 흐르기 시작하는 함수비를 측정하는 시험
3) **압밀시험** : 흙의 표면을 구속하고 축방향으로 배수를 허용하면서 재하할 때의 압축량과 압축 속도를 구하는 시험

42 450m^3의 콘크리트를 타설할 경우 강도시험용 1회의 공시체는 몇 m^3마다 제작하는가?(단, KS 기준)

① 30m^3
② 50m^3
③ 100m^3
④ 150m^3

43 철골조 용접 공작에서 용접봉의 피복재 역할로 옳지 않은 것은?

① 함유 원소를 이온화하여 아크를 안정시킨다.
② 용착 금속에 합금 원소를 가한다.
③ 용착 금속의 산화를 촉진하여 고열을 발생시킨다.
④ 용융 금속의 탈산, 정련을 한다.

해설 용접봉 피복재 역할
1) ①, ②, ④항
2) 용접봉 속의 응고와 냉각속도를 완화시킨다.

44 공사계획에 있어서 공법 선택 시 고려할 사항과 가장 거리가 먼 것은?

① 공구 분할의 결정
② 품질 확보
③ 공기 준수
④ 작업의 안전성 확보와 제3자 재해의 방지

해설 공법선택시 고려할 사항 : 다음 3개의 사항을 고려한 뒤에 비용을 최소화(경비절감)하도록 하여야 한다.
1) 품질확보
2) 공기준수
3) 작업의 안전성 확보와 제3자 재해의 방지

■ 정답 ■ 40.④ 41.② 42.④ 43.③ 44.①

45 설계·시공 일괄계약제도에 관한 설명으로 옳지 않은 것은?

① 단계별 시공의 적용으로 전체 공사기간의 단축이 가능하다.
② 설계와 시공의 책임 소재가 일원화된다.
③ 발주자의 의도가 충분히 반영될 수 있다.
④ 계약 체결 시 총 비용이 결정되지 않으므로 공사비용이 상승할 우려가 있다.

해설 설계·시공 일괄계약제도는 발주자의 의도가 충분히 반영되지 않는다.

46 콘크리트 타설 시 다짐에 대한 설명으로 옳지 않은 것은?

① 내부진동기는 슬럼프가 15cm이하일 때 사용하는 것이 좋다.
② 슬럼프가 클수록 오래 다지도록 한다.
③ 진동기를 인발할 때에는 진동을 주면서 천천히 뽑아 콘크리트에 구멍을 남기지 않도록 한다.
④ 콘크리트 다짐 시 철근에 진동을 주지 않는다.

해설 슬럼프 값이 작을수록 오래 다지도록 하여야한다.

47 한 구획 전체의 벽판과 바닥판을 ㄱ자형 또는 ㄷ자형으로 짜서 이동시키는 형태의 기성재 거푸집은?

① 슬라이딩 폼(Sliding Form)
② 터널 폼(Tunnel Form)
③ 유로 폼(Euro Form)
④ 워플 폼(Waffle Form)

해설 1) **슬라이딩 폼** : 원형 철판거푸집을 요크(york)로 서서히 끌어올리면서 연속적으로 콘크리트를 타설하는 수직활동 거푸집이다.(사일로, 굴뚝 등에 사용)
2) **터널폼** : 벽식 철근콘크리트 구조를 시공할 경우 벽과 바닥의 콘크리트 타설을 한번에 가능하게 하기 위하여 벽채용 거푸집과 슬래브 거푸집을 일체로 제작하여 한번에 설치하고 해체할 수 있도록 한 시스템 거푸집이다.
3) **유로폼** : 공장에서 경량형강과 합판을 사용하여 벽판이나 바닥판용 거푸집을 제작한 것으로 현장에서 못을 쓰지 않고 간단히 조립할 수 있는 거푸집이다.
4) **와플폼** : 무량판구조, 평판구조에서 사용하는 특수상자모양으로 된 기성제 거푸집으로 돔팬(dome pan)이라고도 한다.

48 수직굴착, 수중굴착 등 일반적으로 협소한 장소의 깊은 굴착에 적합한 것으로 자갈 등의 적재에도 사용하는 토공장비는?

① 클램쉘
② 불도저
③ 캐리올 스크레이퍼
④ 로더

해설 클램쉘(clam shell) : 붐의 선단에서 클램쉘 버킷을 와이어로프로 매달아 바로 아래로 떨어뜨려 흙을 퍼올리는 토공기계이다.

49 프리스트레스를 도입하지 않는 부재의 현장치기 콘크리트에서 다음과 같은 조건을 가진 부재의 최소 피복두께로서 옳은 것은?

- 옥외의 공기나 흙에 직접 접하지 않는 콘크리트
- 보, 기둥

① 30mm
② 40mm
③ 50mm
④ 60mm

■ 정답 ■ 45.③ 46.② 47.② 48.① 49.②

50 철골부재의 내화피복에 관한 설명으로 옳지 않은 것은?

① 뿜칠공법은 큰 면적의 내화피복을 단시간에 시공할 수 있다.
② 성형판 붙임공법은 주로 기둥과 보의 내화피복에 사용된다.
③ 타설공법은 임의의 치수와 형상의 내화피복이 가능하다.
④ 미장공법은 바탕작업이 단순하고 양생에 소요되는 시간이 짧다.

해설 내화피복 공법 분류
1) 습식내화공법
   ① **타설공법** : 철골조에 콘크리트 또는 경량 콘크리트를 타설
   ② **미장공법** : 철골조에 철망을 치고 모르타르 또는 퍼얼라이트로 미장하는 공법
   ③ **뿜칠공법** : 철골조에 암면, 모르타르, 플라스터, 실리카, 알루미나 제 모르타르를 뿜칠하는 공법
   ④ **조적공법** : 철골조에 벽돌, 콘크리트, 블록, 경량 콘크리트 블록, 돌등으로 조적하는 공법
2) **건식내화공법** : 성형판 붙임공법으로 경량제품으로 구성하여 내단열성이 우수한 판을 철골부재에 접착제로 붙이는 공법

길잡이 내화피복 목적
1) 외기의 온도에 의한 구조체 영향을 최소화
2) 인명 및 재산의 보호
3) 간접적인 단열, 흡음, 결로 방지, 화재에 대한 구조체 보호
4) 마감재 및 건축물 보호

51 철근콘크리트구조 시공 시 콘크리트 이어붓기 위치에 관한 설명으로 옳지 않은 것은?

① 기둥이음은 기둥의 중간에서 수평으로 한다.
② 아치의 이음은 아치축에 직각으로 설치한다.
③ 보, 바닥판이음은 그 스팬의 중앙 부근에서 수직으로 한다.
④ 벽은 개구부 등 끊기 좋은 위치에서 수직 또는 수평으로 한다.

해설 콘크리트 이어붓기의 이음위치
1) **보, 바닥판** : 간사이(span)의 중앙에서 수직
2) **캔틸레버(cantilever)로 내민보나 바닥판** : 이어붓지 않음을 원칙으로 함
3) **중앙에 작은보가 있는 바닥판** : 중앙부에서 작은보 너비의 2배 떨어진 곳에서 수직
4) **기둥** : 바닥판(slab), 연결보 또는 기초상단에서 수평
5) **벽** : 개구부(문틀)주위에서 수직, 수평
6) **아치** : 아치축에 직각

52 굳지 않은 콘크리트에 실시하는 시험이 아닌 것은?

① 슬럼프시험
② 플로우시험
③ 슈미트해머시험
④ 리몰딩시험

해설 **슈미트해머시험** : 슈미트해머에 의한 경화된 콘크리트 강도의 비파괴시험

53 공동도급(Joint Venture Contract)의 이점이 아닌 것은?

① 융자력의 증대
② 위험부담의 분산
③ 기술의 확충, 강화 및 경험의 증대
④ 이윤의 증대

해설 **공동도급** : 2명 이상의 도급업자가 공동출자하여 기업체를 조직해서 협동으로 공사를 도급하는 방식(중소기업체에 유리)
1) 장점
   ㉠ 기술·자본·위험부담의 분산·감소
   ㉡ 신용도의 증대
   ㉢ 기술의 확충, 강화 및 경험의 증대
   ㉣ 공사계획과 시공이행의 확실
   ㉤ 공사도급 경쟁강화

■ 정답 ■ 50.④ 51.① 52.③ 53.④

2) 단점
   ㉠ 1개 회사에 도급시키는 것보다 경비 증대 (이윤의 감소)
   ㉡ 현장관리 곤란
   ㉢ 각 회사의 업무방식에서 오는 혼란

54 탑다운(top-down) 공법에 관한 설명으로 옳지 않은 것은?

① 1층 바닥을 조기에 완성하여 작업장 등으로 사용할 수 있다.
② 지하·지상을 동시에 시공하여 공기단축이 가능하다.
③ 소음·진동이 심하고 주변구조물의 침하 우려가 크다.
④ 기둥·벽 등 수직부재의 구조이음에 기술적 어려움이 있다.

해설 탑다운(top-down)공법(역구축공법)의 특징
1) 지하와 지상층 병행 작업으로 공사기간이 단축된다.
2) 소음·진동이 적어 도심지 공사에 적합하다.
3) 토질조건에 관계없이 시공이 가능하다.
4) 공사비가 많이 든다.

55 공공 혹은 공익 프로젝트에 있어서 자금을 조달하고, 설계, 엔지니어링 및 시공 전부를 도급 받아 시설물을 완성하고 그 시설을 일정 기간 운영하여 투자금을 회수한 후 발주자에게 시설을 인도하는 공사계약방식은?

① CM 계약 방식
② 공동도급 방식
③ 파트너링 방식
④ BOT 방식

해설 BOT방식(build operate transfer)
1) 정의 : 본문 설명
2) 사회간접자본(SOC)의 민간투자 유치 및 공공 또는 공익 프로젝트에 많이 이용된다.

56 기성콘크리트말뚝을 타설할 때 그 중심간격의 기준으로 옳은 것은?

① 말뚝머리지름의 2.5배 이상 또한 600mm이상
② 말뚝머리지름의 2.5배 이상 또한 750mm이상
③ 말뚝머리지름의 3.0배 이상 또한 600mm이상
④ 말뚝머리지름의 3.0배 이상 또한 750mm이상

해설 말뚝지정의 간격 및 특징비교

종류	간격	특징
나무말뚝	최소 2.5d 이상 또는 60cm 이상	① 부패방지를 위해 상수면 이하에 사용 ② 휨 정도는 길이의 1/50 이하
기성 콘크리트 말뚝	최소 2.5d 이상 또는 75cm 이상	① 대규모의 중량건물, 굳은 지층에 깊이 박을 때 사용 ② 재료구입이 용이, 주근의 개수는 6개 이상
강재말뚝	최소 2.5d 이상 또는 90cm 이상	① 해안 매립지, 경질지반이 깊을 때 사용 ② 부식시 내구성 저하
제자리 콘크리트 말뚝	최소 2.5d 이상 또는 90cm 이상	① 규모가 큰 구조물에 사용 ② 현장에서 직접 천공하여 사용

57 표준관입시험에 관한 설명으로 옳은 것은?

① 해머의 무게는 73.5kg이다.
② 해머의 낙하 높이는 100cm이다.
③ 점토지반에서 실시하여도 높은 신뢰성을 얻을 수 있다.
④ N값이 클수록 밀실한 토질이다.

■ 정답 ■ 54.③ 55.④ 56.② 57.④

해설 표준관입시험(penetration test) : 63.5 kg의 추를 75cm의 높이에서 자유 낙하시켜 30cm 관입시킬 때의 타격횟수(N)를 측정하여 흙의 경·연도의 정도를 판정하는 방법
1) 사질지반의 상대밀도 등 토질 조사시 신뢰성이 높다.
2) N값과 모래의 상태

N의 값	모래의 상태
0~5	몹시 느슨하다
5~10	느슨하다
10~30	보통
50이상	다진 상태(밀실 상태)

58 Under Pinning 공법을 적용하기에 부적합한 경우는?

① 인접 지상구조물의 철거 시
② 지하구조물 밑에 지중구조물을 설치할 때
③ 기존구조물에 근접한 굴착 시 구조물의 침하나 경사를 미연에 방지할 경우
④ 기존구조물의 지지력 부족으로 건물에 침하나 경사가 생겼을 때 이것을 복원하는 경우

해설 언더피닝(under pinning)공법을 적용하는 경우
1) ②, ③, ④항
2) 기존건물에 근접하여 구조물을 구축할 때 기존 건물의 파일머리보다 깊은 건물을 건설할 때

59 흙막이벽 설계 시 고려하지 않아도 되는 것은?

① 히빙(heaving)
② 보일링(boiling)
③ 파이핑(piping)
④ 사운딩(sounding)

해설 사운딩(sounding) : 지하층의 저항을 탐사하는 시험으로 정적관입시험, 베인시험, 스웨덴식 사운딩, 표준관입시험 등이 있다.

60 철근공사의 철근트러스 입체화 공법의 특징이 아닌 것은?

① 현장조립의 거푸집공사를 공장제 기성품으로 대체
② 구조적 안정성 확보
③ 가설작업장의 면적 증가
④ Support감소, 지보공수량 감소로 작업의 안전성 확보

제4과목 / 건설재료학

61 콘크리트의 블리딩 현상에 대한 설명 중 옳지 않은 것은?

① 콘크리트의 컨시스턴시가 클수록 블리딩은 증대한다.
② AE콘크리트는 보통콘크리트에 비하여 블리딩 현상이 적다.
③ 블리딩 현상에 의해 떠오른 미립물은 상호 간 접착력을 증대시킨다.
④ 콘크리트 면이 침하되어 콘크리트 균열의 원인이 된다.

해설 블리딩 및 레이턴스
1) 블리딩(bleeding) : 콘크리트 타설 후 시멘트, 골재 등의 침하에 따라 물이 분리상승되어 표면에 떠오르는 현상
2) 레이턴스(laitance) : 블리딩에 의해 떠오른 미립물이 물의 증발에 따라 콘크리트 표면에 얇은 막으로 침적되는 현상

■ 정답 ■ 58.① 59.④ 60.③ 61.③

62 건축재료 중 압축강도가 일반적으로 가장 큰 것부터 작은 순서대로 나열된 것은?

① 화강암 – 보통콘크리트 – 시멘트벽돌 – 참나무
② 보통콘크리트 – 화강암 – 참나무 – 시멘트벽돌
③ 화강암 – 참나무 – 보통콘크리트 – 시멘트벽돌
④ 보통콘크리트 – 참나무 – 화강암 – 시멘트벽돌

해설 건축재료의 압축강도
1) 화강암 : 500~1,900kg/cm²
2) 참나무 : 641kg/cm²
3) 보통콘크리트 : 210kg/cm²
4) 시멘트벽돌 : 80kg/cm²

63 목재의 특징으로 옳지 않은 것은?

① 가연성이다.
② 진동 감속성이 작다.
③ 섬유포화점 이하에서 함수율 변동에 따라 변형이 크다.
④ 콘크리트 등 다른 건축재료에 비해 내구성이 약하다.

해설 목재의 장점·단점
1) 장점
① 가벼워 운반, 취급이 편리하며 가공이 용이하고, 시공성이 우수하다.(보수유지의 경제성이 크다.)
② 무게에 비해 강도와 탄성이 크다.
③ 열전도율 및 열팽창률이 작고 전기의 부도체이다.
④ 산성, 약품 및 염분 등에 대하여 저항력이 크다.
2) 단점
① 재질 강도에 균일성이 없고 비틀림이 생기기 쉽다.
② 착화점이 낮아 내화성이 적다.
③ 흡수성이 크며 변형되기 쉽고 또한 부식하기 쉽다.

64 콘크리트의 성질에 관한 설명으로 옳지 않은 것은?

① 화재 시 결합수를 방출하므로 강도가 저하된다.
② 수밀 콘크리트를 만들려면 된비빔 콘크리트를 사용한다.
③ 수밀성이 큰 콘크리트는 중성화작용이 적어진다.
④ 콘크리트의 열팽창계수는 철에 비해서 매우 작다.

해설 콘크리트와 철의 열팽창계수는 거의 같기 때문에 온도의 변화로 인하여 일어나는 두 재료 사이의 응력을 무시하고 사용할 수 있다.
1) 콘크리트의 열팽창계수 : $1.0 \times 10^{-5} \sim 1.3 \times 10^{-5}$
2) 철의 열팽창계수 : 1.2×10^{-5}

65 비철금속에 관한 설명으로 옳지 않은 것은?

① 비철금속은 철 이외의 금속을 말한다.
② 철금속에 비하여 내식성이 우수하고 경량이다.
③ 가공이 용이하여 건축용 장식에도 사용된다.
④ 비철금속의 종류는 철강과 탄소강이 있다.

해설 1) 철금속 : 철강, 탄소강 등
2) 비철금속 : 동과 금합금, 알루미늄과 그 합금, 아연과 그합금, 납, 주석, 니켈 등

66 목재 기건상태의 함수율은 약 얼마인가?

① 15% ② 30%
③ 45% ④ 60%

해설 목재의 함수율
1) 기건재와 전건재의 흡수율
① 기건재(공기중에서 건조한 상태) : 12~18%(보통 15%정도)

■ 정답 ■ 62.③ 63.② 64.④ 65.④ 66.①

② 전건재 : 함수율 0%
2) 섬유포화점의 함수율 : 25~30% 정도

67 점토소성제품의 흡수성이 큰 것부터 순서대로 올바르게 나열된 것은?

① 토기 > 도기 > 석기 > 자기
② 토기 > 도기 > 자기 > 석기
③ 도기 > 토기 > 석기 > 자기
④ 도기 > 토기 > 자기 > 석기

해설 점토소성제품의 흡수성의 크기 : 토기 > 도기 > 석기 > 자기

68 흙바름재의 외바탕에 바름하는 재래식 재료가 아닌 것은?

① 진흙　　② 새벽흙
③ 짚여물　④ 고무 라텍스

해설 1) 외바탕의 흙 바름재 : 진흙, 새벽흙, 짚여울 등
2) 고무 라텍스 : 고무나무에서 채취한 백색유액

69 각종 미장재료에 대한 설명으로 옳지 않은 것은?

① 석고플라스터는 가열하면 결정수를 방출하여 온도상승을 억제하기 때문에 내화성이 있다.
② 바라이트 모르타르는 방사선 방호용으로 사용된다.
③ 돌로마이트플라스터는 수축률이 크고 균열이 쉽게 발생한다.
④ 혼합석고플라스터는 약산성이며 석고라스보드에 적합하다.

해설 혼합석고 플라스터 : 소석고에 소석회나 돌로마이트 플라스터를 첨가하고 그 밖의 혼화재료를 배합한 것이다.

70 아스팔트 방수공사 시 바탕처리에 관한 설명으로 옳지 않은 것은?

① 바탕면을 충분히 건조시킬 것
② 바탕면에 물흘림 경사를 충분히 둘 것
③ 바탕면을 거칠게 마무리할 것
④ 구석, 모서리 등을 둥글게 처리할 것

해설 ③항. 바탕면은 모르타르 고형분, 요철부분 등을 제거하고 평활하게 유지한다.

71 콘크리트용 시멘트에 관한 설명으로 옳지 않은 것은?

① 콘크리트강도는 물시멘트비에 영향을 받지 않는다.
② 고로시멘트와 실리카시멘트는 보통포틀랜드 시멘트보다 수화작용이 느려서 초기강도가 작다.
③ 시멘트의 분말도가 클수록 초기 콘크리트강도 발현이 빠르다.
④ 알루미나시멘트, 고로시멘트, 실리카시멘트는 내해수성이 크다.

해설 콘크리트 강도에 가장 큰 영향을 주는 요인 : 물·시멘트 비 (w/c)

72 중용열 포틀랜드시멘트에 관한 설명으로 옳지 않은 것은?

① 수축이 작고 화학저항성이 일반적으로 크다.
② 매스콘크리트 등에 사용된다.
③ 단기강도는 보통포틀랜드시멘트보다 낮다.
④ 긴급 공사, 동절기 공사에 주로 사용된다.

해설 긴급공사, 동절기 공사에 주로 사용되는 시멘트 : 조강 포틀랜드 시멘트

■ 정답 ■ 67.① 68.④ 69.④ 70.③ 71.① 72.④

73 콘크리트 면에 주로 사용하는 도장재료는?

① 오일페인트
② 합성수지 에멀션페인트
③ 래커에나멜
④ 에나멜페인트

해설 콘크리트 면에 사용하는 도장재료 : 합성수지 에멀션 페인트 (수성페인트)

74 시멘트 종류에 따른 사용용도를 나타낸 것으로 옳지 않은 것은?

① 조강 포틀랜드시멘트 – 한중공사
② 중용열 포틀랜드시멘트 – 매스콘크리트 및 댐공사
③ 고로시멘트 – 타일 줄눈공사
④ 내황산염 포틀랜드시멘트 – 온천지대나 하수도공사

해설 고로시멘트의 용도
  1) 화학저항성이 높아 해수, 공장폐수, 하수 등에 접하는 콘크리트에 적합
  2) 수화열이 적어 매스콘트리트에 적합

75 강에 함유된 탄소량의 증감과 관련이 없는 것은?

① 경도의 증감
② 내산, 내알칼리성의 증감
③ 인장강도의 증감
④ 연성(신장률)의 증감

해설 탄소함유량에 의한 탄소강의 특성
  1) 탄소함유량이 많을수록 강도는 증대되고 신도(연신율)는 감소된다.
  2) 인장강도는 탄소함유량이 0.9~1.0% 함유 시 최대로 증대되고 이를 넘으면 감소된다.
  3) 경도는 탄소함유량이 0.9% 함유시 최대가 되며 그 이상에서는 일정하다.

76 목재의 건조속도에 관한 설명으로 옳지 않은 것은?

① 습도가 높을수록 건조속도는 늦어진다.
② 온도가 높을수록 건조속도가 빠르다.
③ 목재의 비중이 클수록 건조속도는 빠르다.
④ 목재의 두께가 두꺼울수록 건조시간이 길어진다.

해설 ③항. 목재의 비중이 클수록 건조속도는 느리다.

77 석재 백화현상의 원인이 아닌 것은?

① 빗물처리가 불충분한 경우
② 줄눈시공이 불충분한 경우
③ 줄눈폭이 큰 경우
④ 석재 배면으로부터의 누수에 의한 경우

해설 1) **백화** : 시멘트 벽돌, 타일, 석재, 콘크리트 등의 표면에 생기는 흰색의 수산화칼슘 결정체를 말한다.
  2) ③항, **줄눈폭이 큰 경우** : 백화현상 원인과 관련성이 없다.

78 다음 목재 중 실내 치장용으로 사용하기에 적합하지 않은 것은?

① 느티나무
② 단풍나무
③ 오동나무
④ 소나무

해설 용도에 의한 목재의 분류
  1) **구조용재** (건축물의 뼈대로 쓰이는 부재) : 주로 침엽수로 소나무, 낙엽송, 잣나무, 전나무, 삼송나무, 해송, 편백 등이 있다.
  2) **수장재** (실내 치장용 : 창호재, 가구재, 장식용재) : 침엽수로 적송, 홍송, 낙엽송 등이 있고 활엽수로 느티나무, 단풍나무, 박달나무, 오동나무, 참나무 등이 있다.

■ 정답 ■ 73.② 74.③ 75.② 76.③ 77.③ 78.④

79 점토광물 중 적갈색으로 내화성이 부족하고 보통벽돌, 기와, 토관의 원료로 사용되는 것은?

① 석기점토
② 사질점토
③ 내화점토
④ 자토

해설 점토의 종류

종류	성질	용도
자토	순백색이며 내화성이 있고 가소성은 부족함.	도자기의 원료
내화점토	회백색·담색이며 내화도 1,580℃ 이상이고 가소성이 있음.	내화벽돌 및 도자기의 원료
석기점토	내화도가 높고 가소성이 있으며, 유색·견고·치밀함.	유색도기의 원료
석회질점토	백색이며 용해되기 쉽고, 백회질의 포함량이 많음	연질도기의 원료
사질점토	적갈색이며 내화성이 부족하고 세사 및 불순물이 포함.	보통벽돌·기와·토관 등의 원료

80 발포제로서 보드상으로 성형하여 단열재로 널리 사용되며 천장재, 전기용품 등에도 쓰이는 열가소성 수지는?

① 폴리스티렌수지
② 실리콘수지
③ 폴리에스테르수지
④ 요소수지

해설 발포폴리스티렌 : 열가소성수지인 폴리스티렌수지에 발포제를 넣은 다공질의 기포플라스틱으로서 스티로폴(styropor)이라고도 한다.

제5과목 / 건설안전기술

81 콘크리트 타설작업을 하는 경우에 준수해야 할 사항으로 옳지 않은 것은?

① 당일의 작업을 시작하기 전에 해당 작업에 관한 거푸집동바리등의 변형·변위 및 지반의 침하 유무 등을 점검하고 이상이 있으면 보수할 것
② 작업 중에는 거푸집동바리등의 변형·변위 및 침하 유무 등을 감시할 수 있는 감시자를 배치하여 이상이 있으면 작업을 중지하고 근로자를 대피시킬 것
③ 설계도서상의 콘크리트 양생기간을 준수하여 거푸집동바리 등을 해체할 것
④ 콘크리트를 타설하는 경우에는 편심을 유발하여 한쪽 부분부터 밀실하게 타설되도록 유도할 것

해설 콘크리트 타설작업시 준수해야 할 사항
1) ①, ②, ③항
2) 콘크리트를 타설하는 경우에는 편심이 발생하지 않도록 골고루 분산하여 타설할 것
3) 콘크리트의 타설 작업시 거푸집 붕괴의 위험이 발생할 우려가 있는 때에는 충분한 보강 조치를 할 것

82 철골공사에서 나타나는 용접결함의 종류에 해당하지 않는 것은?

① 가우징(gouging)
② 오버랩(overlap)
③ 언더 컷(under cut)
④ 블로우 홀(blow gole)

해설 가우징(gouging) : 용접시 쪼아 따내기 등에 의해 여분을 제거하는 작업

■정답■ 79.② 80.① 81.④ 82.①

83 버팀대(Strut)의 축하중 변화상태를 측정하는 계측기는?

① 경사계(Inclino meter)
② 수위계(Water level meter)
③ 침하계(Extension)
④ 하중계(Load cell)

해설 계측기의 종류 및 계측내용
1) **하중계** (load cell) : 버팀보(지주) 또는 어스앵커(earth anchor) 등의 실제 축하중 변화상태를 측정 (부재의 안전상태를 파악하는 기기)
2) **간극 수압계** (piezometer) : 지하수의 수압을 측정
3) **수위계** (water level meter) : 지반내 지하수위 변화를 측정
4) **경사계** (inclinometer) : 흙막이벽의 수평변위(변형) 측정
5) **변형계** (stain gauge) : 흙막이벽의 변형과 응력을 측정

84 이동식비계를 조립하여 작업을 하는 경우의 준수사항으로 옳지 않은 것은?

① 이동식비계의 바퀴에는 뜻밖의 갑작스러운 이동 또는 전도를 방지하기 위하여 브레이크·쐐기 등으로 바퀴를 고정시킨 다음 비계의 일부를 견고한 시설물에 고정하거나 아웃트리거(outrigger)를 설치하는 등 필요한 조치를 할 것
② 작업발판은 항상 수평을 유지하고 작업발판 위에서 안전난간을 딛고 작업을 하지 않도록 하며, 대신 받침대 또는 사다리를 사용하여 작업할 것
③ 비계의 최상부에서 작업을 하는 경우에는 안전난간을 설치할 것
④ 작업발판의 최대적재하중은 250kg을 초과하지 않도록 할 것

해설 이동식 비계를 조립하여 작업을 할 때 준수사항
1) ①, ③, ④항

2) 작업 발판은 항상 수평으로 유지하고 작업 발판 위에서 안전난간을 딛고 작업을 하거나 받침대 또는 사다리를 사용하여 작업하지 않도록 할 것
3) 승강용사다리는 견고하게 설치할 것

85 건설업에서 사업주의 유해·위험 방지 계획서 제출 대상 사업장이 아닌 것은?

① 지상 높이가 31m 이상인 건축물의 건설, 개조 또는 해체공사
② 연면적 5,000m² 이상 관광숙박시설의 해체공사
③ 저수용량 5,000톤 이하의 지방상수도 전용댐 건설 등의 공사
④ 깊이 10m 이상인 굴착공사

해설 다목적댐, 발전용댐 및 저수용량 2천만 톤 이상의 용수 전용댐, 지방상수도 전용댐 건설 등의 공사

86 굴착작업을 하는 경우 지반의 붕괴 또는 토석의 낙하에 의한 근로자의 위험을 방지하기 위하여 관리감독자로 하여금 작업시작 전에 점검하도록 해야 하는 사항과 가장 거리가 먼 것은?

① 부석·균열의 유무
② 함수·용수
③ 동결상태의 변화
④ 시계의 상태

해설 굴착작업시 지반의 붕괴 또는 토석의 낙하에 의한 위험방지를 위해 관리감독자가 작업시작 전에 점검해야 할 사항
1) 작업장소 및 그 주변의 부석·균열의 유무
2) 함수·용수 및 동결상태의 변화

87 다음은 산업안전보건법령에 따른 지붕 위에서의 위험 방지에 관한 사항이다. (   )안에 알맞은 것은?

> 슬레이트, 선라이트 등 강도가 약한 재료로 덮은 지붕 위에서 작업을 할 때에 발이 빠지는 등 근로자가 위험해질 우려가 있는 경우 폭 (   )센티미터 이상의 발판을 설치하거나 안전방망을 치는 등 근로자의 위험을 방지하기 위하여 필요한 조치를 하여야 하는가?

① 20 ② 25
③ 30 ④ 40

해설 슬레이트, 선라이트(sunlight) 등 지붕 위에서의 작업시 위험방지조치사항
1) 폭 30cm 이상의 발판 설치
2) 추락방호망 설치

88 안전방망을 건축물의 바깥쪽으로 설치하는 경우 벽면으로부터 망의 내민 길이는 최소 얼마 이상이어야 하는가?

① 2m ② 3m
③ 5m ④ 10m

해설 안전방망(추락 방호망) 설치기준
1) 설치위치 : 작업면에 가장 가까운 지점에 설치하여야 하며, 작업면에서 방망설치 지점까지의 수직거리는 10m를 초과하지 않을 것
2) 방망 : 수평으로 설치
3) 방망의 처짐 : 짧은 변 길이의 12% 이상일 것
4) 방망의 내민 길이 : 벽면으로부터 3m 이상 (다만, 그물코가 20mm 이하인 망을 사용한 경우에는 낙하물방지망을 설치한 것으로 봄)

89 다음에서 설명하고 있는 건설장비의 종류는?

> 앞뒤 두 개의 차륜이 있으며(2축 2륜), 각각의 차축이 평행으로 배치된 것으로 찰흙, 점성토 등의 두꺼운 흙을 다짐하는데 적당하나 단단한 각재를 다지는 데는 부적당하며 머캐덤 롤러 다짐 후의 아스팔트 포장에 사용된다.

① 클램쉘
② 탠덤 롤러
③ 트랙터 셔블
④ 드래그 라인

해설
1) 크렘쉘 : 붐의 선단에서 버킷을 와이어로프로 매달아 바로 아래로 떨어뜨려 흙을 떠올리는 중기
2) 텐덤롤러 : 본문설명
3) 트랙터셔블 : 트랙터 앞면에 버킷을 장착한 적재기계
4) 드래그라인 : 지반보다 낮은 연질지반의 넓은 굴착에 적합

90 작업으로 인하여 물체가 떨어지거나 날아올 위험이 있는 경우 설치하는 낙하물 방지망의 수평면과의 각도 기준으로 옳은 것은?

① 10°이상 20°이하를 유지
② 20°이상 30°이하를 유지
③ 30°이상 40°이하를 유지
④ 40°이상 45°이하를 유지

해설 낙하물방지망 또는 방호선반 설치시 준수사항
1) 설치 높이 : 10m 이내마다 설치
2) 내민 길이 : 벽면으로부터 2m 이상으로 할 것
3) 수평면과의 각도 : 20° 내지 30°를 유지할 것

■정답■ 87.③ 88.② 89.② 90.②

91 다음은 산업안전보건법령에 따른 말비계를 조립하여 사용하는 경우에 관한 준수사항이다. ( )안에 알맞은 숫자는?

> 말비계의 높이가 2m를 초과한 경우에는 작업발판의 폭을 ( )cm 이상으로 할 것

① 10　　② 20
③ 30　　④ 40

해설 말비계를 조립하여 사용시 준수사항
1) 지주부재의 하단에는 미끄럼 방지장치를 하고, 양측 끝부분에 올라서서 작업하지 아니하도록 할 것
2) 지주부재와 수평면과의 기울기를 75°이하로 하고, 지주부재와 지주부재 사이를 고정시키는 보조부재를 설치할 것
3) 말비계의 높이가 2m를 초과할 경우에는 작업발판의 폭을 40cm 이상으로 할 것

92 건설업 산업안전보건관리비의 안전시설비로 사용가능하지 않은 항목은?

① 비계·통로·계단에 추가 설치하는 추락방지용 안전난간
② 공사수행에 필요한 안전통로
③ 틀비계에 별도로 설치하는 안전난간·사다리
④ 통로의 낙하물 방호선반

해설 안전통로는 안전시설에 해당되지 않는다.

93 터널 지보공을 설치한 경우에 수시로 점검하여야 할 사항에 해당하지 않는 것은?

① 기둥침하의 유무 및 상태
② 부재의 긴압 정도
③ 매설물 등의 유무 또는 상태
④ 부재의 접속부 및 교차부의 상태

해설 터널지보공 설치시 수시점검사항
1) 부재의 손상·변형·부식·변위 탈락의 유무 및 상태
2) 부재의 긴압의 정도
3) 부재의 접속부 및 교차부의 상태
4) 기둥침하의 유무 및 상태

94 통나무 비계를 건축물, 공작물 등의 건조·해체 및 조립 등의 작업에 사용하기 위한 지상 높이 기준은?

① 2층 이하 또는 6m 이하
② 3층 이하 또는 9m 이하
③ 4층 이하 또는 12m 이하
④ 5층 이하 또는 15m 이하

해설 통나무비계를 사용할 수 있는 경우 : 지상높이 4층 이하 또는 12m 이하인 건축물·공작물 등의 건조·해체 및 조립 등 작업시

95 굴착공사 중 암질변화구간 및 이상암질 출현시에는 암질판별시험을 수행하는데 이 시험의 기준과 거리가 먼 것은?

① 함수비
② R.Q.D
③ 탄성파속도
④ 일축압축강도

해설 굴착공사중 암질변화구간 및 이상암질의 출현시 암질판별기준
1) R·Q·D(%)
2) 탄성파 속도 (m/sec)
3) R·M·R
4) 일축압축강도(kg/cm^2)
5) 진동치속도 (cm/sec=Kine)

96 거푸집동바리등을 조립하거나 해체하는 작업을 하는 경우 준수사항으로 옳지 않은 것은?

① 해당 작업을 하는 구역에는 관계 근로자가 아닌 사람의 출입을 금지할 것
② 비, 눈, 그 밖의 기상상태의 불안전으로 날씨가 몹시 나쁜 경우에는 그 작업을 중지할 것
③ 낙하·충격에 의한 돌발적 재해를 방지하기 위하여 버팀목을 설치하고 거푸집동바리 등을 인양장비에 매단 후에 작업을 하도록 하는 등 필요한 조치를 할 것
④ 재료, 기구 또는 공구 등을 올리거나 내리는 경우에는 근로자로 하여금 달줄·달포대 등의 사용을 금지하도록 할 것

[해설] 거푸집동바리 등을 조립·해체작업을 하는 경우 준수사항
1) ①, ②, ③항
2) 재료, 기구 또는 공구 등을 올리거나 내리는 경우에는 근로자로 하여금 달줄·달포대 등을 사용하도록 할 것

97 크레인을 사용하여 작업을 하는 경우 준수해야 할 사항으로 옳지 않은 것은?

① 인양할 하물(荷物)을 바닥에서 끌어당기거나 밀어 정위치 작업을 할 것
② 유류드럼이나 가스통 등 운반 도중에 떨어져 폭발하거나 누출될 가능성이 있는 위험물 용기는 보관함(또는 보관고)에 담아 안전하게 매달아 운반할 것
③ 미리 근로자의 출입을 통제하여 인양 중인 하물이 작업자의 머리 위로 통과하지 않도록 할 것
④ 인양할 하물이 보이지 아니하는 경우에는 어떠한 동작도 하지 아니할 것(신호하는 사람에 의하여 작업을 하는 경우는 제외한다)

[해설] ①항, 인양할 하물을 바닥에서 끌어당기거나 밀어내는 방법으로 작업을 하지 않도록 할 것

98 고소작업대가 갖추어야 할 설치조건으로 옳지 않은 것은?

① 작업대를 와이어로프 또는 체인으로 올리거나 내릴 경우에는 와이어로프 또는 체인이 끊어져 작업대가 떨어지지 아니하는 구조여야 하며, 와이어로프 또는 체인의 안전율은 3이상일 것
② 작업대를 유압에 의해 올리거나 내릴 경우에는 작업대를 일정한 위치에 유지할 수 있는 장치를 갖추고 압력의 이상저하를 방지할 수 있는 구조일 것
③ 작업대에 정격하중(안전율 5이상)을 표시할 것
④ 작업대에 끼임·충돌 등 재해를 예방하기 위한 가드 또는 과상승방지장치를 설치할 것

[해설] ①항, 와이어로프 또는 체인의 안전율은 5이상일 것

99 추락방지망의 방망 지지점은 최소 얼마 이상의 외력에 견딜 수 있는 강도를 보유하여야 하는가?

① 500kg ② 600kg
③ 700kg ④ 800kg

[해설] 방망지지점 강도
1) 600kg 외력에 견딜 수 있을 것
2) 연속적인 구조물이 방망지지점인 경우의 외력
$F = 200B$
여기서, F: 외력(kg)
B: 지지점 간격(m)

■정답■ 96.④ 97.① 98.① 99.②

100 아스팔트 포장도로의 노반의 파쇄 또는 토사 중에 있는 암석제거에 가장 적당한 장비는?

① 스크레이퍼(Scraper)
② 롤러(Roller)
③ 리퍼(Ripper)
④ 드래그라인(Dragline)

해설 리퍼(ripper) : 단단한 흙이나 연약한 암석을 파내는 갈고리 모양의 기계장비

■ 정답 ■ 100.③

2017년 2회 기출문제
[5월 7일 시행]

건설안전산업기사

제1과목 / 산업안전관리론

01 인간의 착각현상 중 버스나 전동차의 움직임으로 인하여 자신이 승차하고 있는 정지된 차량이 움직이는 것 같은 느낌을 받는 현상은?

① 자동운동
② 유도운동
③ 가현운동
④ 플리커현상

해설 운동의 시지각(착각현상)
1) **자동운동** : 암실 내에서 정지된 소광점을 응시하고 있으면 그 광점이 움직이는 것을 볼 수 있는데 이것을 자동운동이라 한다. 자동운동이 생기기 쉬운 조건은 다음과 같다.
   ① 광점이 작을 것
   ② 시야의 다른 부분이 어두울 것
   ③ 광의 강도가 작을 것
   ④ 대상이 단순할 것
2) **유도운동** : 실제로 움직이지 않는 것이 어느 기준의 이동에 유도되어 움직이는 것처럼 느껴지는 현상을 말한다.
3) **가현운동** : 객관적으로 정지하고 있는 대상물이 급속히 나타나든가 소멸하는 것으로 인하여 일어나는 운동으로 마치 대상물이 운동하는 것처럼 인식되는 현상을 말한다. (β운동 : 영화영상의 방법).

02 토의법의 유형 중 다음에서 설명하는 것은?

> 교육과제에 정통한 전문가 4~5명이 피교육자 앞에서 자유로이 토의를 실시한 다음에 피교육자 전원이 참가하여 사회자의 사회에 따라 토의하는 방법

① 포럼 (forum)
② 패널 디스커션(panel discussion)
③ 심포지엄 (symposium)
④ 버즈 세션(buzz session)

해설 토의법 종류
1) **forum(공개토론회)** : 새로운 자료나 교재를 제시하고 거기서의 문제점을 피교육자로 하여금 제기케 하거나 의견을 여러 가지 방법으로 발표하게 하여 다시 깊이 파고들어 토의를 행하는 방법
2) **symposium** : 몇 사람의 전문가에 의하여 과제에 대한 견해를 발표한 뒤 참가자로 하여금 의견이나 질문을 하게 하여 토의하는 방법
3) **panel discussion** : 패널멤버(교육과제에 정통한 전문가 4~5명)가 피교육자 앞에서 자유로이 토의하고 뒤에 피교육자 전원이 참가하여 사회자의 사회에 따라 토의하는 방법
4) **버즈세션(buzz session)** : 6-6 회의라고도 하며, 먼저 사회자와 기록계를 선출한 후 나머지 사람은 6명씩 소집단으로 구분하고 소집단별로 각각 사회자를 선발하여 6분간씩 자유토의를 행하여 의견을 종합하는 방법.

■ 정답 ■ 01.② 02.②

03 산업안전보건법령상 근로자 안전·보건교육의 기준으로 틀린 것은?

① 사무직 종사 근로자의 정기교육 : 매분기 3시간 이상
② 일용근로자의 작업내용 변경시의 교육 : 1시간 이상
③ 관리감독자의 지위에 있는 사람의 정기교육 : 연간 16시간 이상
④ 건설 일용근로자의 건설업 기초안전·보건교육 : 2시간 이상

해설 ④항, 건설일용근로자의 건설업 기초안전 보건 교육 : 4시간 이상

04 안전·보건표지의 기본모형 중 다음 그림의 기본모형의 표시사항으로 옳은 것은?

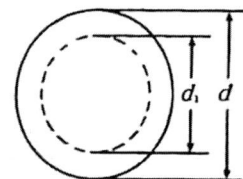

① 지시   ② 안내
③ 경고   ④ 금지

해설 지시표지
1) 기본모형 : 원형
2) 색상 : 바탕은 파랑, 관련그림은 흰색

05 맥그리거(McGregor)외 X이론에 따른 관리처방이 아닌 것은?

① 목표에 의한 관리
② 권위주의적 리더십 확립
③ 경제적 보상체제의 강화
④ 면밀한 감독과 엄격한 통제

해설 X,Y 이론의 관리처방

X 이론의 관리처방	Y이론의 관리처방
1. 경제적 보상체제의 강화 2. 권위주의적 리더십의 확보 3. 면밀한 감독과 엄격한 통제 4. 상부책임제도의 강화 5. 조직구성의 고층성	1. 민주적 리더십의 확립 2. 분권화의 권한과 위임 3. 목표에 의한 관리 4. 직무확장 5. 비공식적 조직의 활용 6. 자체평가제도의 활성화

06 산업안전보건법령상 안전검사 대상 유해·위험 기계 등이 아닌 것은?

① 곤돌라
② 이동식 국소 배기장치
③ 산업용 원심기
④ 건조설비 및 그 부속설비

해설 안전검사대상 유해·위험기계·설비 등 (시행령 제28조의 6)
1) 프레스
2) 전단기
3) 크레인(정격하중 2톤 미만인 것은 제외)
4) 리프트
5) 압력용기
6) 곤돌라
7) 국소배기장치(이동식은 제외)
8) 원심기(산업용에 한정)
9) 롤러기(밀폐구조는 제외)
10) 사출성형기(형체결력 294kN 미만은 제외)
11) 고소작업대(화물자동차 또는 특수자동차에 탑재한 고소작업대로 한정함)
12) 컨베이어
13) 산업용 로봇

07 지도자가 추구하는 계획과 목표를 부하직원이 자신의 것으로 받아들여 자발적으로 참여하게 하는 리더십의 권한은?

① 보상적 권한   ② 강압적 권한
③ 위임된 권한   ④ 합법적 권한

해설 **리더십의 권한**
1) 조직이 지도자에게 부여한 권한
    ① 보상적 권한 : 지도자가 부하들에게 보상할 수 있는 능력으로 인해 부하직원들을 통제할 수 있으며 부하들의 행동에 대해 영향을 끼칠 수 있는 권한이다.
    ② 강압적 권한 : 부하직원들을 처벌할 수 있는 권한이다.
    ③ 합법적 권한 : 조직의 규정에 의해 지도자의 권한이 공식화 된 것을 말한다.
2) 지도자 자신이 자신에게 부여한 권한 : 부하직원들이 지도자의 성격이나 그 능력을 인정하고 지도자를 존경하며 자진해서 따르는 것이다.
    ① 전문성의 권한 : 지도자가 목표수행에 필요한 전문적인 지식을 갖고 업무수행을 하므로 부하직원들의 자발적으로 지도자를 따르게 된다.
    ② 위임된 권한 : 집단의 목표를 성취하기 위해 부하직원들이 지도자가 정한 목표를 자진해서 자신의 것으로 받아들여 지도자와 함께 일하는 것이다.

08 안전관리조직의 형태 중 라인·스탭형에 대한 설명으로 틀린 것은?

① 안전스탭은 안전에 관한 기획. 입안. 조사. 검토 및 연구를 행한다.
② 안전업무를 전문적으로 담당하는 스탭 및 생산라인의 각 계층에도 겸임 또는 전임의 안전담당자를 둔다.
③ 모든 안전관리업무를 생산라인을 통하여 직선적으로 이루어지도록 편성된 조직이다.
④ 대규모 사업장(1,000명 이상)에 효율적이다.

해설 ③항 : line형(직계형)의 특성

09 강의계획에 있어 학습목적의 3요소가 아닌 것은?

① 목표
② 주제
③ 학습 내용
④ 학습 정도

해설 **학습목적의 3요소**
1) 목표(Goal) : 학습목적의 핵심으로 학습을 통하여 달성하려는 지표
2) 주제(Subject) : 목표달성을 위한 테마
3) 학습 정도(Level of Learning) : 학습범위와 내용의 정도

10 학습정도(level of learning)의 4단계 요소가 아닌 것은?

① 지각
② 적용
③ 인자
④ 정리

해설 **학습정도(Level of Leaning)** : 학습범위와 내용의 정도를 말하며 다음 단계에 의해 이루어진다.
1) 인지 : ~을 인지하여야 한다.
2) 지각 : ~을 알아야 한다.
3) 이해 : ~을 이해하여야 한다.
4) 적용 : ~을~에 적용할 줄 알아야 한다.

11 부주의의 발생원인과 그 대책이 옳게 연결된 것은?

① 의식의 우회 – 상담
② 소질적 조건 – 교육
③ 작업환경 조건 불량 – 작업순서 정비
④ 작업순서의 부적당 – 작업자 재배치

해설 **부주의 발생원인 및 대책**
1) 내적원인 및 대책
    ① 소질적 조건 : 적성배치
    ② 경험 및 미경험 : 교육
    ③ 의식의 우회 : 상담
2) 외적원인 및 대책
    ① 작업환경 조건 불량 : 환경정비
    ② 작업순서의 부적당 : 작업순서의 정비

■ 정답 ■ 08.③ 09.③ 10.④ 11.①

12 무재해운동 추진기법 중 지적확인에 대한 설명으로 옳은 것은?

① 비평을 금지하고, 자유로운 토론을 통하여 독창적인 아이디어를 끌어낼 수 있다.
② 참여자 전원의 스킨십을 통하여 연대감, 일체감을 조성할 수 있고 느낌을 교류한다.
③ 작업 전 5분간의 미팅을 통하여 시나리오상의 역할을 연기하여 체험하는 것을 목적으로 한다.
④ 오관의 감각기관을 총동원하여 작업의 정확성과 안전을 확인한다.

해설 지적확인 : 인간의 실수를 없애기 위해 눈, 손, 입, 귀 등을 이용하여 작업을 착수하기 전에 대뇌를 자극시켜 안전을 확보하기 위한 기법

13 재해발생의 주요원인 중 불안전한 상태에 해당하지 않는 것은?

① 기계설비 및 장비의 결함
② 부적절한 조명 및 환기
③ 작업장소의 정리·정돈 불량
④ 보호구 미착용

해설 ④항, 보호구 미착용 : 불안전한 행동

14 재해손실비의 평가방식 중 시몬즈(R.H. Simonds) 방식에 의한 계산방법으로 옳은 것은?

① 직접비 + 간접비
② 공동비용 + 개별비용
③ 보험 코스트 + 비보험 코스트
④ (휴업상해건수 × 관련비용 평균치)+(통원상해건수 × 관련비용 평균치)

해설 시몬즈 방식
1) 총재해 코스트(cost) = 산재보험 코스트(cost) + 비보험 코스트(cost)
2) 비보험 코스트 = (휴업 상해건수 × A) + (통원상해건수 × B) + (응급조치 건수 × C) + (무상해 사고건수 × D)
A,B,C,D : 재해정도별 비보험 코스트의 평균치

15 비통제의 집단행동 중 폭동과 같은 것을 말하며, 군중보다 합의성이 없고, 감정에 의해서만 행동하는 특성은?

① 패닉(Panic)
② 모브(Mob)
③ 모방(Imitation)
④ 심리적 전염(Mental Epidemic)

해설 비통제의 집단행동 : 성원의 감정, 정서에 의해 좌우되고 연속성이 희박하다.
1) 군중(crowd) : 성원 사이에 지위나 역할의 분화가 없고, 성원 각자는 책임감을 가지지 않으며 비판력도 가지지 않는다.
2) 모브(mob) : 폭동과 같은 것을 말하며 군중봐 한층 합의성이 없고 가정만에 의해서 행동한다.
3) 패닉(panic) : 이상인 상황에서도 모브가 공격적일 때 패닉은 방어적 특징이다.
4) 심리적 전염(mental epidemin) : 유행과 비슷하면서 해동양식이 이상적이며 비합리성이 강한 것으로 어떤 사상이 상당한 기간을 걸쳐 광범위하게 논리적 사고적 근거 없이 무비판하게 받아들여지는 것을 의미한다.

16 재해예방의 4원칙에 해당하지 않는 것은?

① 예방가능의 원칙
② 대책선정의 원칙
③ 손실우연의 원칙
④ 원인추정의 원칙

해설 재해예방의 4원칙
1) 손실우연의 원칙 : 사고에 의해 생기는 손실의 종류와 정도는 우연적이다
2) 원인계기의 원칙 : 모든 재해는 필연적인 원인에 의해서 발생되며 재해발생은 직접원인이 아니고 많은 간접원인의 연쇄로 발생되는 것이다
3) 예방가능의 원칙 : 재해는 원칙적으로 모든 방지가 가능하다
4) 대책선정의 원칙 : 가장 효과적인 재해방지 대책의 선정은 사고원인의 정확한 분석에 의해서 얻어진다.

17 보호구 자율안전확인 고시상 사용구분에 따른 보안경의 종류가 아닌 것은?

① 차광보안경
② 유리보안경
③ 프라스틱보안경
④ 도수렌즈보안경

해설 안전인증 및 자율안전확인대상 보안경

안전인증대상	자율안전확인대상
차광 및 비산물 위험방지용 보안경 ① 자외선용 : 자외선이 발생하는 장소 ② 적외선용 : 적외선이 발생하는 장소 ③ 복합용 : 자외선 및 적외선이 발생하는 장소 ④ 용접용 : 산소용접작업 등과 같이 자외선, 적외선 및 강렬한 가시광선이 발생하는 장소	안전인증대성 보안경을 제외한 보안경 ① 유리 보안경 ② 플라스틱 보안경 ③ 도수렌즈 보안경

18 기업 내 정형교육 중 TWI의 훈련내용이 아닌 것은?

① 작업방법훈련   ② 작업지도훈련
③ 사례연구훈련   ④ 인간관계훈련

해설 TWI(Training Within Industry)
1) 교육대상자 : 감독자
2) 교육내용
 ① JI(Job Instruction) : 작업지도 기법
 ② JM(Job Method) : 작업개선 기법
 ③ JR(Job Relation) : 인간관계관리 기법 (부하통솔 기법)
 ④ JS(Job Safety) : 작업안전 기법
3) 교육방법 : 한 클래스는 10명 정도, 교육방법은 토의법, 1일 2시간씩 5일에 걸쳐 10시간 정도 한다

19 어느 공장의 재해율을 조사한 결과 도수율이 20이고, 강도율이 1.2로 나타났다. 이 공장에서 근무하는 근로자가 입사부터 정년퇴직할 때까지 예상되는 재해건수(a)와 이로 인한 근로손실 일수(b)는? (단, 이 공장의 1인당 입사부터 정년퇴직 할 때까지 평균 근로시간은 100000시간으로 한다.)

① a = 20, b = 1.2
② a = 2, b = 120
③ a = 20, b = 0.12
④ a = 120, b = 2

해설
1) 환산도수율(a) = $\frac{도수율}{10} = \frac{20}{10} = 2$
2) 환산강도율(b) = 강도율 × 100
   = 1.2 × 100
   = 120

20 하인리히의 사고방지 5단계 중 제1단계 안전조직의 내용이 아닌 것은?

① 경영자의 안전목표 설정
② 안전관리자의 선임
③ 안전활동의 방침 및 계획수립
④ 안전회의 및 토의

해설 ④항, 안전회의 및 토의 : 제2단계(사실의 발견)

제2과목
인간공학 및 시스템안전공학

21 FT 작성 시 논리게이트에 속하지 않는 것은 무엇인가?

① OR 게이트
② 억제 게이트
③ AND 게이트
④ 동등 게이트

해설 FT도의 논리게이트
1) AND게이트
2) OR 게이트
3) 억제 게이트
4) 부정 게이트

22 의자의 등받이 설계에 관한 설명으로 가장 적절하지 않은 것은?

① 등받이 폭은 최소 30.5cm가 되게 한다.
② 등받이 높이는 최소 50cm가 되게 한다.
③ 의자의 좌판과 등받이 각도는 90~105°를 유지한다.
④ 요부받침의 높이는 25~35cm로 하고 폭은 30.5cm로 한다.

해설 등받이 높이
1) 최소 50cm 이상으로 하고 등받이가 위로 제쳐진다 하더라도 요부 받침이 척주에 상대적으로 같은 위치에 있도록 할 것
2) 요부 받침의 높이는 15.2~22.9cm, 폭은 30.5cm 일 것

23 일반적인 인간-기계 시스템의 형태 중 인간이 사용자나 동력원으로 기능하는 것은?

① 수동체계
② 기계화체계
③ 자동체계
④ 반자동체계

해설 인간-기계체계의 유형
1) **수동체계** : 인간의 신체적인 힘을 동력원으로 사용
2) **기계화체계** : 인간이 기계의 표시장치를 보고 조정장치를 통하여 통제하는 체계
3) **자동체계** : 기계자체가 모든 임무를 수행하는 체계

24 작업기억과 관련된 설명으로 틀린 것은?

① 단기기억이라고도 한다.
② 오랜 기간 정보를 기억하는 것이다.
③ 작업기억 내의 정보는 시간이 흐름에 따라 쇠퇴할 수 있다.
④ 리허설(rehearsal)은 정보를 작업기억 내에 유지하는 유일한 방법이다.

해설 작업기억 : 정보들을 일시적으로 보유하고 각종 인지적 과정을 계획하고 순서 지으며 실제로 수행하는 작업량으로서의 기능을 수행하는 단기적 기억을 말한다.

25 어떤 전자기기의 수명은 지수분포를 따르며, 그 평균수명이 1000 시간이라고 할 때, 500 시간동안 고장 없이 작동할 확률은 약 얼마인가?

① 0.1353
② 0.3935
③ 0.6065
④ 0.8647

해설 고장없이 작동할 확률(R_t)
$$R_t = e^{-t/t_0} = e^{-500/1000} = 0.6065$$
여기서, t : 가동시간,
t_0 : 평균수명

26 FT도에 의한 컷셋(cut set)이 다음과 같이 구해졌을 때 최소 컷셋(minimal cut set)으로 맞는 것은?

[다음]
- (X_1, X_3)
- (X_1, X_2, X_3)
- (X_1, X_3, X_4)

① (X_1, X_3)
② (X_1, X_2, X_3)
③ (X_1, X_3, X_4)
④ (X_1, X_2, X_3, X_4)

해설
X_1, X_3
$X_1, X_2, X_3 \rightarrow X_1, X_3$
X_1, X_3, X_4 (최소컷셋)
(컷셋)

27 1에서 15까지 수의 집합에서 무작위로 선택할 때, 어떤 숫자가 나올지 알려주는 경우의 정보량은 약 몇 bit 인가?

① 2.91 bit
② 3.91 bit
③ 4.51 bit
④ 4.91 bit

해설 $H = \log_2 n$
$= \log_2 15 = \dfrac{\log 15}{\log 2} = 3.91\,\text{bit}$

28 한 사무실에서 타자기의 소리 때문에 말소리가 묻히는 현상을 무엇이라 하는가?

① dBA
② CAS
③ phon
④ masking

해설 은폐현상(masking) : dB이 높은 음과 낮은 음이 공존할 때 낮은 음이 높은 음에 가로막혀 숨겨져 들리지 않게 되는 현상이다.

29 체계분석 및 설계에 있어서 인간공학의 가치와 가장 거리가 먼 것은?

① 성능의 향상
② 훈련비용의 증가
③ 사용자의 수용도 향상
④ 생산 및 보전의 경제성 증대

해설 체계설계 과정에서의 인간공학의 기여도
1) 성능향상
2) 훈련비용의 절감
3) 인력이용률의 향상
4) 사고 및 오용으로부터의 손실감소
5) 생산 및 정비유지의 경제성 증액
6) 사용자의 수용도 향상

30 FTA의 용도와 거리가 먼 것은?

① 고장의 원인을 연역적으로 찾을 수 있다.
② 시스템의 전체적인 구조를 그림으로 나타낼 수 있다.
③ 시스템에서 고장이 발생할 수 있는 부분을 쉽게 찾을 수 있다.
④ 구체적인 초기사건에 대하여 상향식(bottom-up) 접근방식으로 재해경로를 분석하는 정량적 기법이다.

해설 FTA(결함수분석법) : 하향식(Top-down)에 의한 연역적 해석 및 재해의 정량적 해석(재해발생확률계산)을 할 수 있다.

31 정보 전달용 표시장치에서 청각적 표현이 좋은 경우가 아닌 것은?

① 메시지가 복잡하다.
② 시각장치가 지나치게 많다.
③ 즉각적인 행동이 요구된다.
④ 메시지가 그 때의 사건을 다룬다.

해설 표시장치의 선택(청각장치와 시각장치의 선택)

청각장치 사용	시각장치 사용
1) 전언이 간단하고 짧다	1) 전언이 복잡하고 길다.
2) 전언이 후에 재참조 되지 않는다.	2) 전언이 후에 재창조 된다.
3) 전언이 즉각적인 사상(event)을 다룬다.	3) 전언이 공간적인 위치를 다룬다.
4) 전언이 즉각적인 행동을 요구한다.	4) 전언이 즉각적인 행동을 요구하지 않는다.
5) 수신자가 시각계통이 과부하 상태일 때	5) 수신자의 청각계통이 과부하 상태일 때
6) 수신장소가 너무 밝거나 암조의 유지가 필요할 때	6) 수신장소가 너무 시끄러울 때
7) 직무상 수신자가 자주 움직이는 경우	7) 직무상 수신자가 한곳에 머무르는 경우

32 보전효과 측정을 위해 사용하는 설비고장 강도율의 식으로 맞는 것은?

① 부하시간 ÷ 설비가동시간
② 총 수리시간 ÷ 설비가동시간
③ 설비고장건수 ÷ 설비가동시간
④ 설비고장 정지시간 ÷ 설비가동시간

해설 1) 설비고장강도율 = $\dfrac{설비고장정지시간}{설비가동시간}$

2) 설비고장도수율 = $\dfrac{설비고장건수}{설비가동시간}$

33 휘도(luminance)가 $10cd/m^2$ 이고, 조도(illuminance)가 100lx 일 때 반사율(reflectance) (%)은?

① 0.1π ② 10π
③ 100π ④ 1000π

해설 반사율 = $\dfrac{광속발산도(fL)}{소요조명(fc)} \times 100$
= $\dfrac{cd/m^2 \times \pi}{lux} = \dfrac{10 \times \pi}{100} = 0.1\pi$

34 안전가치분석의 특징으로 틀린 것은?

① 기능위주로 분석한다.
② 왜 비용이 드는가를 분석한다.
③ 특정 위험의 분석을 위주로 한다.
④ 그룹 활동은 전원의 중지를 모은다.

해설 안전가치분석은 특정위험분석보다는 일반 위험의 분석에 더 중점을 둔다.

35 산업안전보건법에 따라 상시 작업에 종사하는 장소에서 보통작업을 하고자 할 때 작업면의 최소 조도(lux)로 맞는 것은?(단, 작업장은 일반적인 작업장소이며, 감광재료를 취급하지 않는 장소이다.)

① 75 ② 150
③ 300 ④ 750

해설 작업상 작업면의 조도(안전보건규칙 제8조)
1) 초정밀작업 : 750럭스(lux) 이상
2) 정밀작업 : 300럭스 이상
3) 보통작업 : 150럭스 이상
4) 그밖의 작업 : 75럭스 이상

36 사람의 감각기관 중 반응속도가 가장 느린 것은?

① 청각 ② 시각
③ 미각 ④ 촉각

해설 감각기관의 자극에 대한 반응시간

감각기관	청각	후각	시각	미각	통각
반응시간	0.17초	0.18초	0.20초	0.29초	0.70초

37 단일 차원의 시각적 암호중 구성암호, 영문자암호, 숫자암호에 대하여 암호로서의 성능이 가장 좋은 것부터 배열한 것은?

① 숫자암호 - 영문자암호 - 구성암호
② 구성암호 - 숫자암호 - 영문자암호
③ 영문자암호 - 숫자암호 - 구성암호
④ 영문자암호 - 구성암호 - 숫자암호

■정답■ 32.④ 33.① 34.③ 35.② 36.③ 37.①

[해설] 암호로서의 성능이 가장 좋은 것부터의 순서
1) 숫자 → 2) 영문자 → 3) 기하학적 형상 → 4) 구성

38 정보처리기능 중 정보보관에 해당되는 것과 관계가 깊은 것은?

① 감지   ② 정보처리
③ 출력   ④ 행동기능

[해설] 인간기계체계의 기능

39 시스템 안전 분석기법 중 인적 오류와 그로 인한 위험성의 예측과 개선을 위한 기법은 무엇인가?

① FTA   ② ETBA
③ THERP   ④ MORT

[해설] THERP(인간과오율예측기법) : 인간의 과오를 정량적으로 평가하기 위한 안전해석기법이다.

40 인재 측정치 중 기능적 인체치수에 해당되는 것은?

① 표준자세
② 특정작업에 국한
③ 움직이지 않는 피측정자
④ 각 지체는 독립적으로 움직임

[해설] 1) 기능적 인체 치수
  ① 움직이는 몸의 자세로부터 측정
  ② 특정작업등에 활용
2) 구조적 인체치수
  ① 표준자세에서 움직이지 않는 피측정자를 인체측정기로 측정
  ② 설계표준이 되는 기초적치수 설정

제3과목 / 건설시공학

41 건축 공사관리에 관한 설명으로 옳지 않은 것은?

① 공사현장의 관리에는 산업안전보건법령의 적용을 받지 않는다.
② 지급재료는 검수 후 도급자가 보관하되 다른 자재와 구분하여 보관한다.
③ 정기안전점검은 정해진 시기에 반드시 실시한다.
④ 현장에 반입한 재료는 모두 검사를 받아야 하나, KS표준에 의하여 제작된 합격품은 검사를 생략할 수 있다.

[해설] ①항, 공사현장의 관리에는 산업안전보건법령의 적용을 받는다.

42 철근가공에 관한 설명으로 옳지 않은 것은?

① D35 이상의 철근은 산소절단기를 사용하여 절단한다.
② 한번 구부린 철근은 다시 펴서 사용해서는 안 된다.
③ 공장가공은 현장가공에 비해 절단손실을 줄일 수 있다.
④ 표준갈고리를 가공할 때에는 정해진 크기 이상의 곡률 반지름을 가져야 한다.

[해설] 철근의 가공(구부리기)
1) 직경 25mm 이하 : 상온가공(냉간가공)
2) 직경 28mm 이상 : 가열가공

■정답■ 38. 전항 정답 39.③ 40.② 41.① 42.①

43 콘크리트에 관한 설명으로 옳지 않은 것은?

① 진동다짐한 콘크리트의 경우가 그렇지 않은 경우의 콘크리트보다 강도가 커진다.
② 공기연행제는 콘크리트의 시공연도를 좋게 가다.
③ 물시멘트비가 커지면 콘크리트의 강도가 커진다.
④ 양생온도가 높을수록 콘크리트의 강도발현이 촉진되고 초기강도는 커진다.

해설 ③ 항, 물시멘트비가 커지면 콘크리트의 강도가 작아진다.

> **길잡이** 콘크리트의 장점 및 단점
> 1) 장점
> ① 압축강도가 크다.
> ② 내화성, 내구성, 내전성, 내수성, 차음성 등이 좋다
> ③ 강과의 접착이 잘 되고 강알칼리성이 있어 방청력이 크다.
> ④ 크기에 제한을 받지 않으므로 임의의 크기, 모형의 구조물을 만들 수 가 있다.
> 2) 단점
> ① 자체중량이 비교적 크고, 압축강도에 비하여 인장강도와 휨강도가 적다.(철근을 사용하여 보강한다.)
> ② 경화시에 수축균열이 발생하기 쉽다.

44 용접작업에서 용접봉을 용접방향에 대하여 서로 엇갈리게 움직여서 용가금속을 용착시키는 운봉방법은?

① 단속용접   ② 개선
③ 레그   ④ 위빙

해설 1) 단속용접 : 하나의 이음 중에서 연속으로 용접비드(끈모양의 돌기)를 잇지 않고 일정간격으로 일정길이씩 띄엄띄엄 하는 용접
2) 개선(開先) : 용접을 하기 위해 모재의 용접해야 할 면을 절삭하는 것(모떼기)
3) 레그(leg) : 용접부의 다리
4) 위빙 : 본문 설명

45 경량콘크리트(Lightweight Concrete)에 관한 설명으로 옳지 않은 것은?

① 기건비중은 2.0 이하, 단위중량은 1,400 ~ 2,000kg/m³ 정도이다.
② 열전도율이 보통 콘크리트와 유사하여 동일한 열성능을 갖는다.
③ 물과 접하는 지하실 등의 공사에는 부적합하다.
④ 경량이어서 인력에 의한 취급이 용이하고, 가공도 쉽다.

해설 경량콘크리트 : 보통콘크리트보다 열전도율이 작으며 내화성, 방음성 등이 크다.

46 철근단면을 맞대고 산소-아세틸렌염으로 가열하여 접합단면을 녹이지 않고 적열상태에서 부풀려 가압, 접합하는 철근이음방식은?

① 나사방식이음   ② 겹침이음
③ 가스압접이음   ④ 충전식이음

해설 가스압점이음 : 피용접제를 미리 밀착시키고 주위에서 가스불꽃으로 가열하여 용융되지 않은 상태로 가열하여 압력을 가해서 압접시키는 이음방법이다.
1) 화염을 사용해야 하며 기후에 따라 작업이 용이하지 않다.
2) 조립된 철근이음에는 부적합하고 이음부에 강도저하가 나타난다.

47 파헤쳐진 흙을 담아 올리거나 이동하는데 사용하는 기계로 쇼벨, 버킷을 장착한 트랙터 또는 크롤러 형태의 기계는?

① 불도저   ② 앵글도저
③ 로더   ④ 파워쇼벨

■ 정답 ■ 43.③ 44.④ 45.② 46.③ 47.③

해설
1) 불도저(bull dozer) : 블레이드를 트랙터 앞부분에 90°로 설치하여 블레이드를 상하로 조정하면서 임의의 각도로 기울일 수 없게 한 정지용 기계
2) 앵글도저(angle dozer) : 블레이드 길이가 길고 높이를 30°의 각도로 회전시킬 수 있어 흙을 측면으로 보낼 수 있다.
3) 로더(loader) : 본문 설명
4) 파워셔블(power shovel) : 중기가 위치한 지면보다 높은 곳의 땅을 파는데 적합하다.

48 콘크리트의 경화 후 거푸집 제거 작업 시 주의사항 중 옳지 않은 것은?

① 진동, 충격 등을 주지 않고 콘크리트가 손상되지 않도록 순서대로 제거한다.
② 지주를 바꾸어 세울 동안에는 상부의 작업을 제한하여 적재하중을 적게 하고, 집중하중을 받는 부분의 지주는 그대로 둔다.
③ 제거한 거푸집은 재사용할 수 있도록 적당한 장소에 정리하여 둔다.
④ 구조물의 손상을 고려하여 남은 거푸집 쪽널은 그대로 두고 미장공사를 한다.

해설 ④항, 남은 거푸집쪽널은 제거한 후에 미장공사를 한다.

49 민간자본 유치방식 중 사회간접시설을 설계, 시공한 후 소유권을 발주자에게 이양하고, 투자자는 일정기간 동안 시설물의 운영권을 행사하는 계약방식은?

① BOT(Build Operate Transfer)
② BTO(Build Transfer Operate)
③ BOO(Build Operate Own)
④ BTL(Build Transfer Lease)

해설 BTO : 민간이 시설을 건설하고 일정기간 직접 시설을 운영해 민간사업자가 사업에서 수익을 거두는 방식으로 건설(Build) → 이전(Transfer) → 운영(Operate)방식으로 진행되는 수익형 민간투자사업방식을 말한다.

50 연약한 점토질 지반에서 진흙의 점착력을 판별하는 토질시험은?

① 표준관입시험
② 지내력시험
③ 슈미트해머시험
④ 베인테스트

해설 현장토질 시험방법
1) **베인테스트** : 연약한 점토질 지반에서 점토의 점착력을 판별하는 시험
2) **표준관입시험** : 사질지반의 흙의 경·연도의 정도를 판정하는 시험
3) **지내력시험** : 지반면의 허용지내력을 구하기 위한 시험

51 무게 63.5kg의 추를 76cm 높이에서 낙하시켜 샘플러가 30cm 관입하는데 필요한 타격횟수(N)를 측정하는 토질시험의 종류는?

① 전단시험
② 지내력시험
③ 표준관입시험
④ 베인시험

해설 **표준관입시험** : 63.5kg의 추를 76cm의 높이에서 자유낙하시켜 30cm관입시킬 때의 타격회수(N)를 측정하여 흙의 경 연도의 정도를 판정하는 방법
1) 사질지반의 상대밀도 등 토질조사시 신뢰성이 높다
2) N값과 모래의 상태

N값	모래의 상태
0~5	몹시 느슨하다
5~10	느슨하다
10~30	보통
50이상	다진상태(밀실상태)

■ 정답 ■ 48.④ 49.② 50.④ 51.③

52 입찰방식에 관한 설명으로 옳지 않은 것은?

① 공개경쟁입찰은 관보, 신문, 게시판 등에 입찰공고를 하여야 한다.
② 지명경쟁입찰은 경쟁입찰에 의하지 않고 그 공사에 특히 적당하다고 판단되는 1개의 회사를 선정하여 발주하는 방식이다.
③ 제한경쟁입찰은 양질의 공사를 위하여 업체 자격에 대한 조건을 만족하는 업체라면 입찰에 참가하는 방식이다.
④ 부대입찰은 발주자가 입찰참가자에게 하도급할 공종, 하도급 금액 등에 대한 사항을 미리 기재하게 하여 입찰시 입찰서류에 첨부하여 입찰하는 제도이다.

해설 지명경쟁입찰 : 공사에 가장 적합하다고 인정되는 시공업자(3~7명 정도)를 지명하여 경쟁입찰에 붙이는 방식이다.

53 다음 중 언더피닝 공법이 아닌 것은?

① 2중널말뚝 공법
② 강재말뚝 공법
③ 웰 포인트 공법
④ 모르타르 및 약액 주입법

해설 1) 언더피닝 공법(underpinning) : 기존건물 가까이에 구조물을 축조할 때 기존 건물의 지반과 기초를 보강하는 공법
2) 언더피닝 공법의 종류
① 2중널말뚝 공법
② 강재말뚝공법
③ 모르타르 및 약액주입법
④ 현장타설콘크리트 말뚝 설치

54 흙을 이김에 따라 약해지는 정도를 표시한 것은?

① 간극비   ② 함수비
③ 포화도   ④ 예민비

해설 예민비 : 자연시료에 대한 함수율을 변화시키지 않고 이기면 약하게 되는 성질이 있는데 그 정도를 나타낸 것을 예민비라 한다.

$$예민비 = \frac{자연시료의\ 강도}{이간시료의\ 강도}$$

55 콘크리트를 양생하는데 있어서 양생분(養生粉)을 뿌리는 목적으로 옳은 것은?

① 빗물의 침입을 막기 위해서
② 표면의 양생분을 경화시키기 위해서
③ 표면에 떠 있는 물을 양생분으로 제거하기 위해서
④ 혼합수(混合水)의 증발을 막기 위해서

해설 콘크리트 양생시 양생분을 뿌리는 목적 : 혼합수의 증발을 막기 위함

56 V.E(Value Engineering)에서 원가절감을 실현할 수 있는 대상 선정이 잘못된 것은?

① 수량이 많은 것
② 반복효과가 큰 것
③ 장시간 사용으로 숙달되어 개선효과가 큰 것
④ 내용이 간단한 것

해설 VE(가치공학)
1) VE(Value engineering, 가치공학) : 건설현장에서 필요한 기능을 품질저하 없이 유지하며 가장 적은 비용으로 공사를 관리하는 원가절감기법을 말한다.
2) VE 대상선정
① 건설업자와 직접 관련이 있을 것
② 일체공사에서 반복이 많을 것
③ 금액, 기간 등의 규모가 클 것

■ 정답 ■ 52.② 53.③ 54.④ 55.④ 56.④

57 보통의 철근콘크리트 구조에서 콘크리트 1m³당 필요한 거푸집의 개략 면적으로서 가장 적당한 것은?

① 1 ~ 2m² ② 3 ~ 4m²
③ 6 ~ 8m² ④ 15 ~ 16m²

해설 콘크리트 1m³당 거푸집 면적 : 6~8m²

58 거푸집 측압에 영향을 주는 요인과 거리가 먼 것은?

① 기온
② 콘크리트의 강도
③ 콘크리트의 슬럼프
④ 콘크리트 타설 높이

해설 거푸집의 측압에 영향을 미치는 요인 및 커지는 조건

측압에 영향을 미치는 요인	측압이 커지는 조건
1. 거푸집의 강성	강성이 클수록
2. 거푸집의 수평단면, 벽두께	단면 벽 두께가 클수록
3. 철근 및 철골량	철근 및 철골량이 적을수록
4. 콘크리트의 비중	비중이 클수록
5. 온도	온도가 낮을수록
6. 대기중의 습도	습도가 높을수록
7. 투수성	투수성이 클수록
8. 물-시멘트비	물-시멘트비시멘트비가 클수록(묽은 콘크리트 일수록)
9. 슬럼프	슬럼프가 클수록
10. 다짐(다지기)	콘크리트 다짐이 과할수록
11. 타설속도 (치어붓기속도)	타설속도가 빠를수록
12. 콘크리트의 배합	부배합일수록
13. 커푸집의 수밀성	수밀성이 높을수록
14. 거푸집의 표면	표면이 매끄러울수록

59 철골공사에서 철골세우기 계획을 수립할 때 철골제작공장과 협의해야 할 사항이 아닌 것은?

① 철골 세우기 검사 일정 확인
② 반입 시간의 확인
③ 반입 부재수의 확인
④ 부재 반입의 순서

해설 철골세우기 계획 수립시 철골제작공장과 협의해야 할 사항
1) 반입시간의 확인
2) 반입부재의 확인
3) 부재반입의 순서

60 공정계획에 관한 설명으로 옳지 않은 것은?

① 지정된 공사기간 안에 완성시키기 위한 통제수단이다.
② 사업성과 원가관리와는 관계가 없다.
③ 공정표의 종류는 횡선식공정표, 네트워크 공정표 등이 있다.
④ 우기와 혹한기, 명절 등은 공정계획 시 반영한다.

해설 공정계획 : 공사를 공사기간 내에 완성하기위해 공사가 원활하게 진행되도록 계획하는 것이다.

■ 정답 ■ 57.③ 58.② 59.① 60.②

제4과목 / 건설재료학

61 유리 섬유를 불규칙하게 혼입하고 상온 가압하여 성형한 판으로 설비재·내외수장재로 쓰이는 것은?

① 멜라민 치장판
② 폴리에스테르 강화판
③ 아크릴 평판
④ 염화비닐판

해설 폴리에스테르 강화판(유리섬유 보강 플라스틱 FIRP)
  1) 제법 : 가는 유리섬유에 불포화폴리에스테르 수지를 넣어 상온 가압하여 성형한 것으로서 건축재료로서는 섬유를 불규칙하게 넣어 사용한다.
  2) 용도
    ① 설비재료 (세면기, 변기 등), 내외수장재료로 사용
    ② 항공기 차량 등의 구조재 및 욕조 창호재 등으로 사용

62 석고보드공사에 관한 설명으로 옳지 않은 것은?

① 석고보드는 두께 9.5mm이상의 것을 사용한다.
② 목조 바탕의 띠장 간격은 200mm 내외로 한다.
③ 경량철골 바탕의 칸막이벽 등에서는 기둥, 샛기둥의 간격을 450mm 내외로 한다.
④ 석고보드용 평머리못 및 기타 설치용 철물은 용융아연 도금 또는 유니크롬 도금이 된 것으로 한다.

해설 석고보드(석고판) : 경석고에 톱밥, 석면 등을 넣어서 판상으로 굳히고 그 양면에 석고액을 침지시킨 회색의 두꺼운 종이를 부착시켜 압축 성형한 것이다.(목조바탕의 띠장간격은 450mm 내외)

63 목재에 관한 설명으로 옳지 않은 것은?

① 석재나 금속에 비하여 손쉽게 가공할 수 있다.
② 다른 재료에 비하여 열전도율이 매우 크다.
③ 건조한 것은 타기 쉬우며 건조가 불충분한 것은 썩기 쉽다.
④ 건조재는 전기의 불량 도체이지만 함수율이 커질수록 전기전도율도 증가한다.

해설 목재는 열전도율 및 열팽창률이 작다.

64 최근 에너지저감 및 자연친화적인 건축물의 확대정책에 따라 에너지저감, 유해물질저감, 자원의 재활용, 온실가스 감축 등을 유도하기 위한 건설자재 인증제도와 거리가 먼 것은?

① 환경표지 인증제도
② GR(Good Recycle) 인증제도
③ 탄소성적표지 인증제도
④ GD(Good Design)마크 인증제도

해설 건설자재 인증제도
  1) 환경표지 인증제도
  2) GR(good reycle) 인증제도
     (GR :우수재활용제품)
  3) 탄소성적표지 인증제도

65 화재 시 유리가 파손되는 원인과 관계가 적은 것은?

① 열팽창 계수가 크기 때문이다.
② 급가열시 부분적 면내(面內)온도차가 커지기 때문이다.
③ 용융온도가 낮아 녹기 때문이다.
④ 열전도율이 작기 때문이다.

해설 화재시 유리가 파손되는 원인
  1) ①, ②, ④항
  2) 충격강도가 약하다.

■정답■ 61.② 62.② 63.② 64.④ 65.③

66 알루미늄창호의 특징에 관한 설명으로 옳지 않은 것은?

① 알칼리성에 강하다.
② 비중이 철의 1/3 정도이다.
③ 금속과 접촉하면 부식된다.
④ 적고 열에 의한 팽창·수축이 크다.

해설 알루미늄(Al)은 내산성 및 내알칼리성에 약하여 콘크리트면에 접하면 부식되기 쉽다

67 콘크리트의 배합설계 시 표준이 되는 골재의 상태는?

① 절대건조상태
② 기건상태
③ 표면건조 내부포화상태
④ 습윤상태

해설 1) 콘크리트 배합설계시 표준이 되는 골재의 상태 : 표면건조 내부포화사태(표건상태)
2) 표면건조 내부포화상태 : 골재의 표면에는 물이 없으나 내부의 공극에는 물이 가득 차 있는 상태

68 철근콘크리트 1m³ 무게는 대략 얼마 정도인가?

① 1t   ② 2t
③ 2.4t   ④ 3t

해설 철근콘크리트 1m³의 무게 : 2.4t(단위용적중량 : 2.4t/m³)

69 돌로마이트 플라스터(dolomite plaster)에 관한 설명으로 옳지 않은 것은?

① 점성이 커서 풀이 필요 없다.
② 수경성 미장재료에 해당된다.
③ 회반죽에 비해 조기강도가 크다.
④ 냄새, 곰팡이가 없어 변색될 염려가 없다.

해설 돌로마이트 플라스터
1) 미장재료 중 점도가 가장 크고 풀이 필요 없다.
2) 경화시 건조수축이 커서 균열이 생기기 쉽다.
3) 공기중의 탄산가스(CO_2)에 의해 경화하는 기경성 미장재료이다.

70 미장재료인 회반죽을 혼합할 때 소석회와 함께 사용되는 것은?

① 카세인   ② 아교
③ 목섬유   ④ 해초풀

해설 회반죽(기경성) : 소석회 + 모래 + 여물 + 해초풀

71 콘크리트의 건조수축 시 발생하는 균열을 보완, 개선하기 위하여 콘크리트 속에 다량의 거품을 넣거나 기포를 발생시키기 위해 첨가하는 혼화재는?

① 고로슬래그   ② 플라이애쉬
③ 실리카 흄   ④ 팽창재

해설 팽창재 : 콘크리트의 경화과정 중 팽창을 일으키는 혼화재

72 시멘트를 저장할 때의 주의사항 중 옳지 않은 것은?

① 쌓을 때 너무 압축력을 받지 않게 13포대 이내로 한다.
② 통풍을 좋게 한다.
③ 3개월 이상된 것은 재시험하여 사용한다.
④ 저장소는 방습구조로 한다.

해설 시멘트 저장소는 습기가 없고 통풍이 되지 않는 기밀한 구조여야 한다.

■ 정답 ■ 66.① 67.③ 68.③ 69.② 70.④ 71.④ 72.②

73 다음은 특정 콘크리트의 절대용적배합을 나타낸 것이다. 이 콘크리트의 물시멘트비는? (단, 시멘트의 밀도는 3.15g/cm³이다.)

- 단위수량(kg/m³): 180
- 절대용적(L/m³): 시멘트 95, 모래 305, 자갈 380

① 50% ② 55%
③ 60% ④ 65%

해설 1) 단위수량 (물의용질량 중량) : 180kg/m³
2) 시멘트의 용적당중량
  = 3.15kg/L × 95L/m³ = 299.25kg/m³
3) 물시멘트비 = $\frac{물의중량}{시멘트중량} \times 100$
  = $\frac{180 kg/m^3}{299.25 kg/m^3} \times 100 = 60.15\%$

74 화재 시 개구부에서의 연소(延燒)를 방지하는 효과가 있는 유리는?

① 망입유리   ② 접합유리
③ 열선흡수유리 ④ 열선반사유리

해설 망입유리
1) **망입유리** : 유리내부에 금속망을 삽입하고 압착 성영한 판유리로 철망유리 또는 그물유리라고도 한다.
2) **용도** : 유리의 파손방지, 파편비산방지, 도난방지, 연소 및 화재방지, 위험한 천장, 엘리베이터의 문 등에 쓰인다.

75 점토 제품 중 흡수성이 가장 작은 것은?

① 도기류 ② 토기류
③ 자기류 ④ 석기류

해설 1) 점토제품의 소성온도 크기순서 : 자기 > 석기 > 도기 > 토기
2) 점토제품의 흡수율의 크기순서 : 자기 < 석기 < 도기 < 토기

76 점토제품으로 소성온도가 가장 높은 것은?

① 도기 ② 토기
③ 자기 ④ 석기

77 방사선 차단성이 가장 큰 금속은?

① 납   ② 알루미늄
③ 동   ④ 주철

해설 납(Pb)의 성질
1) 비중이 크고 연질이며 연성, 전성이 크다.
2) x선 차단효과가 크다 (콘크리트의 100배 이상).
3) 염산, 황산, 진한 질산에는 침해되지 않으나 묽은 질산에 녹는다.
4) 알칼리에 약하다.

78 인조석 및 석재가공제품에 관한 설명으로 옳지 않은 것은?

① 테라죠는 대리석, 사문암 등의 종석을 백색 시멘트나 수지로 결합시키고 가공하여 생산한다.
② 에보나이트는 주로 가구용 테이블 상판, 실내벽면 등에 사용된다.
③ 초경량 스톤패널은 로비(lobby) 및 엘리베이터의 내장재 등으로 사용된다.
④ 블스톤은 조약돌의 질감을 내지만 백화현상의 우려가 있다.

79 다음 중 목재의 건조법이 아닌 것은?

① 주입건조법 ② 공기건조법
③ 증기건조법 ④ 송풍건조법

해설 목재건조법
1) **수액제거법** : 현지에 방치하는 방식, 강물에 장기간 담가두는 방식, 물에 삶는 방식
2) **자연건조법** : 대기(공기)건조법, 침수건조법 등

■ 정답 ■ 73.③ 74.① 75.③ 76.③ 77.① 78.④ 79.①

3) 인공건조법 : 증기법, 훈연법, 진공법, 열기법, 자비법 등

80 다음 중 마루판으로 사용되지 않는 것은?

① 플로링 보드
② 파키트리 패널
③ 파키트리 블록
④ 코펜하겐 리브

해설 마루판류(floorng board)
1) 플로링 보드(flooring board)
2) 파키트리보드(parquetry board)
3) 파키트리 패널(parquetry panel)
4) 파키트리 블록(parquetry block)
5) 플로링 블록(flooring block)

제5과목 / 건설안전기술

81 토류벽에 거치된 어스 앵커의 인장력을 측정하기 위한 계측기는?

① 하중계 (Load cell)
② 변형계(Strain gauge)
③ 지하수위계 (Piezometer)
④ 지중경사계(Inclinometer)

해설
1) **하중계(load cell)** : 흙막이 버팀대에 작용하는 토압 및 어스앵커의 인장력 등을 측정하는 기기
2) **변형계(strain gauge)** : 흙막이 버팀대의 변형정도를 측정하는 기기
3) **지하수위계(Piezometer)** : 지하수의 수위 변화를 측정하는 기기
4) **지중경사계(inclino meter)** : 지중 수평변위를 측정하여 흙막이의 기울어진 정도를 측정하는 기기

82 달비계에 사용하는 와이어로프는 지름의 감소가 공칭지름의 몇 %를 초과할 경우에 사용할 수 없도록 규정되어 있는가?

① 5%
② 7%
③ 9%
④ 10%

해설 달비계에 설치하는 와이어로프 등의 사용금지사항
1) 이음매가 있는 것
2) 와이어로프의 한 꼬임에서 끊어진 소선(필러선 제외)의 수가 10%이상(비자전로프의 경우에는 끊어진 소선의 수가 와이어로프 호칭지름의 6배 길이 이내에서 4개 이상이거나 호칭지름의 30배 길이 이내에서 8개 이상)인 것
3) 지름의 감소가 공칭지름의 7%를 초과하는 것
4) 꼬인 것
5) 심하게 변형 또는 부식된 것
6) 열과 전기충격에 의해 손상된 것

83 다음 셔블계 굴착장비 중 좁고 깊은 굴착에 가장 적합한 장비는?

① 드래그라인(dragline)
② 파워셔블(power shovel)
③ 백호(back hoe)
④ 클램셸(clam shell)

해설 셔블계 굴착기계
1) **파워셔블(power shovel)** : 중기가 위치한 지면보다 높은 장소 굴착시 적합
2) **백호우(drag shovel : 드래그 셔블)** : 중기가 위치한 지면보다 낮은 장소 굴착시 적합 (앞쪽으로 끌어당기면서 작업)
3) **드래그 라인(drag line)** : 지반보다 낮은 연질지반의 넓은 굴착에 적합(힘이 약함)
4) **크렘셀(clamshell)** : 붐의 선단에서 버킷을 와이어로프로 매달아 바로 아래로 떨어뜨려 흙을 떠 올리는 중기

■ 정답 ■ 80.④ 81.① 82.② 83.④

84 건설업 산업안전보건관리비 계상 및 사용기준을 적용하는 공사금액 기준으로 옳은 것은?(단, 「산업재해보상보험법」 제6조에 따라 「산업재해보상보험법」의 적용을 받는 공사)

① 총공사금액 2천만원 이상인 공사
② 총공사금액 4천만원 이상인 공사
③ 총공사금액 6천만원 이상인 공사
④ 총공사금액 1억원 이상인 공사

해설 안전관리비 계상 및 사용기준 적용범위 : 산업재해보상보험법의 적용을 받는 총 공사금액 2천만원 이상인 공사

85 건설작업용 리프트에 대하여 바람에 의한 붕괴를 방지하는 조치를 한다고 할 때 그 기준이 되는 풍속은?

① 순간 풍속 30m/sec 초과
② 순간 풍속 35m/sec 초과
③ 순간 풍속 40m/sec 초과
④ 순간 풍속 45m/sec 초과

해설 건설작업용 리프트 등의 붕괴 방지 : 순간풍속이 35m/sec초과시 받침수를 증가시키는 등 붕괴방지를 위한 조치를 하여야 한다

86 거푸집 해체 시 작업자가 이행해야 할 안전수칙으로 옳지 않은 것은?

① 거푸집 해체는 순서에 입각하여 실시한다.
② 상하에서 동시작업을 할 때는 상하의 작업자가 긴밀하게 연락을 취해야 한다.
③ 거푸집 해체가 용이하지 않을 때에는 큰 힘을 줄 수 있는 지렛대를 사용해야 한다.
④ 해체된 거푸집, 각목 등을 올리거나 내릴 때는 달줄, 달포대 등을 사용한다.

해설 거푸집 해체작업시 주의사항
1) 거푸집의 제거는 보 옆이나 기둥을 먼저하고 보 밑이나 슬래브를 나중에 한다.
2) 진동, 충격 등을 주지 않고 콘크리트가 손상되지 않도록 한다.
3) 높은 곳 작업시에는 낙하사고에 유의해야 한다.
4) 거푸집 해체시 큰 힘을 줄 수 있는 지렛대 사용은 금지한다.
5) 지주(받침기둥)를 바꾸어 세우기 할 때는 상부의 작업을 제한하여 적재하중을 적게 하고, 집중하중을 받는 부분의 지주는 그대로 둔다.
6) 제거한 거푸집은 재사용할 수 있도록 적당한 장소에 정리하여 둔다.

87 추락방지망의 달기로프를 지지점에 부착할 때 지지점의 간격이 1.5m인 경우 지지점의 강도는 최소 얼마 이상이어야 하는가?(단, 연속적인 구조물이 방망 지지점인 경우)

① 200kg
② 300kg
③ 400kg
④ 500kg

해설 추락방지망의 달기로프를 지지점에 부착할 경우 : 지지점의 간격이 1.5m인 경우 지지점의 강도는 300kg 이상일 것

88 철근의 인력 운반 방법에 관한 설명으로 옳지 않은 것은?

① 긴 철근은 두 사람이 1조가 되어 같은 쪽의 어깨에 메고 운반한다.
② 양끝은 묶어서 운반한다.
③ 1회 운반시 1인당 무게는 50kg 정도로 한다.
④ 공동작업 시 신호에 따라 작업한다.

해설 ③항 1회 운반시 1인당 무게는 30kg 이하로 한다.

■ 정답 ■ 84.① 85.② 86.③ 87.② 88.③

89 차량계 건설기계의 작업계획서 작성 시 그 내용에 포함되어야 할 사항이 아닌 것은?

① 사용하는 차량계 건설기계의 종류 및 성능
② 차량계 건설기계의 운행 경로
③ 차량계 건설기계에 의한 작업방법
④ 브레이크 및 클러치 등의 기능 점검

해설 차량계 건설기계 작업시 작업계획서에 포함되어야 할 사항
1) 사용하는 차량계 건설기계의 종류 및 능력
2) 차량계 건설기계의 운행경로
3) 차량계 건설기계에 의한 작업방법

90 강관비계의 구조에서 비계기둥 간의 최대 허용 적재 하중으로 옳은 것은?

① 500kg ② 400kg
③ 300kg ④ 200kg

해설 강관비계의 구조
1) 비계기둥의 간격 : 띠장방향에서 1.5m 내지 1.8m, 장선방향에서 1.5m 이하
2) 띠장간격 : 1.5m 이하, 첫 번째 띠장은 지상에서 2m 이하
3) 비계기둥의 최고부에서 31m 되는 밑부분의 비계기둥 : 2본의 강관으로 묶어 세울 것
4) 비계기둥간의 적재하중 : 400kg 이하

91 지반의 조사방법 중 지질의 상태를 가장 정확히 파악할 수 있는 보링방법은?

① 충격식 보링(percussion boring)
② 수세식 보링 (wash boring)
③ 회전식 보링(rotary boring)
④ 오거 보링(auger boring)

해설 보링(boring)
1) 인력식 : 오우거보링(auger boring)(가장 간단)
2) 기계식
  ① 충격식 보링(percussion boring)
  ② 회전식 보링(rotary boring)
     (가장 정확한 방법)
  ③ 수세식 보링(wash boring)

92 추락에 의한 위험방지와 관련된 승강설비의 설치에 관한 사항이다. ( )에 들어갈 내용으로 옳은 것은?

> 사업주는 높이 또는 깊이가 ( )를 초과하는 장소에서 작업하는 경우 해당 작업에 종사하는 근로자가 안전하게 승강하기 위한 건설작업용 리프트 기둥의 설비를 설치하여야 한다.

① 1.0 m ② 1.5 m
③ 2.0 m ④ 2.5 m

해설 승강설비의 설치 : 높이 또는 깊이가 2m를 초과하는 작업장소에서 안전하게 승강하기 위한 건설작업용 리프트를 설치할 것

93 작업에서의 위험요인과 재해형태가 가장 관련이 적은 것은?

① 무리한 자재적재 및 통로 미확보 → 전도
② 개구부 안전난간 미설치 → 추락
③ 벽돌 등 중량물 취급 작업 → 협착
④ 항만 하역 작업 → 질식

해설 항만하역작업시 위험요인과 재해형태
1) 급성독성물질에 의한 중독
2) 낙하 및 비래
3) 추락 등

94 산업안전보건관리비 중 안전시설비의 항목에서 사용할 수 있는 항목에 해당하는 것은?

① 외부인 출입금지, 공사장 경계표시를 위한 가설울타리
② 작업발판
③ 절토부 및 성토부 등의 토사유실 방지를 위한 설비
④ 사다리 전도방지장치

해설 1) 사다리 전도방지 장치 : 안전시설
     2) ①, ②, ③ 항 : 안전시설 아님

95 다음 중 차량계 건설기계에 속하지 않는 것은?

① 배쳐플랜트 ② 모터그레이더
③ 크롤러드릴 ④ 탠덤롤러

해설 차량계 건설기계의 종류(별표6)
1) 도저형 건설기계 : 불도저, 스트레이트도저, 틸트도저, 앵글도저, 버킷도저 등
2) 모터그레이더
3) 로더 : 포크 등 부착물 종류에 따른 용도 변경 형식을 포함
4) 스크레이퍼
5) 크레인형 굴착기계 : 클램셸, 드래그라인 등
6) 굴삭기 : 브레이커, 크러셔, 드릴 등 부착물 종류에 따른 용도 변경 형식을 포함
7) 항타기 및 항발기
8) 천공용 건설기계 : 어스드릴, 어스오거, 크롤러드릴, 점보드릴 등
9) 지반 압밀침하용 건설기계 : 샌드드레인머신, 페이퍼드레인머신, 팩드레인머신 등
10) 지반 다짐용 건설기계 : 타이어롤러 메커덤롤러 텐덤롤러 등
11) 준설용 건설기계 : 버킷준설선, 그래브준설선, 펌프준설선 등
12) 콘크리트 펌프카
13) 덤프트럭
14) 콘크리트 믹서 트럭
15) 도로포장용 건설기계 : 아스팔트 살포기, 콘크리트 살포기, 아스팔트 피니셔, 콘크리트 피니셔 등

96 사다리식 통로를 설치할 때 사다리의 상단은 걸쳐 놓은 지점으로부터 최소 얼마 이상 올라가도록 하여야 하는가?

① 45cm 이상
② 60cm 이상
③ 75cm 이상
④ 90cm 이상

해설 사다리 상단길이 : 걸쳐놓은 지점으로부터 60cm 이상(여장길이) 올라가도록 할 것

97 콘크리트 측압에 관한 설명으로 옳지 않은 것은?

① 대기의 온도가 높을수록 크다.
② 콘크리트의 타설속도가 빠를수록 크다.
③ 콘크리트의 타설높이가 높을수록 크다.
④ 배근된 철근량이 적을수록 크다.

해설 콘크리트 타설시 거푸집의 측압에 미치는 영향
1) 슬럼프가 클수록 크다(물, 시멘트 비가 클수록 크다)
2) 기온이 낮을수록 크다(대기 중에 습도가 높을수록 크다)
3) 콘크리트의 치어붓기 속도가 클수록 크다
4) 거푸집의 수밀성이 높을수록 크다.
5) 콘크리트의 다지기가 강할수록 크다(진동기 사용시 측압은 30% 정도 증가)
6) 거푸집의 수평단면이 클수록 크다(벽 두께가 클수록 크다)
7) 거푸집의 강성이 클수록 크다.
8) 거푸집의 표면이 매끄러울수록 크다.
9) 콘크리트의 비중이 클수록 크다(단위중량이 클수록 크다)
10) 묽은 콘크리트일수록 크다.
11) 철근량이 적을수록 크다.

98 개착식 굴착공사(Open cut)에서 설치하는 계측기기와 거리가 먼 것은?

① 수위계   ② 경사계
③ 응력계   ④ 내공변위계

해설 깊이 10.5m 이상의 굴착시 설치해야 할 계측기기
1) 수위계
2) 경사계
3) 하중 및 침하계
4) 응력계

■ 정답 ■ 95.① 96.② 97.① 98.④

99 차량계 하역운반기계 등을 이송하기 위하여 자주(自走) 또는 견인에 의하여 화물자동차에 싣거나 내리는 작업을 할 때 발판·성토 등을 사용하는 경우 기계의 전도 또는 전락에 의한 위험을 방지하기 위하여 준수하여야 할 사항으로 옳지 않은 것은?

① 싣거나 내리는 작업은 견고한 경사지에서 실시할 것
② 가설대 등을 사용하는 경우에는 충분한 폭 및 강도와 적당한 경사를 확보할 것
③ 발판을 사용하는 경우에는 충분한 길이·폭 및 강도를 가진 것을 사용할 것
④ 지정운전자의 성명·연락처 등을 보기 쉬운 곳에 표시하고 지정운전자 외에는 운전하지 않도록 할 것

해설 ①항, 싣거나 내리는 작업을 평탄하고 견고한 장소에서 실시할 것

100 건설공사현장에 가설통로를 설치하는 경우 경사는 몇 도 이내를 원칙으로 하는가?

① 15° ② 20°
③ 25° ④ 30°

해설 가설통로의 구조(안전보건규칙) : 가설통로 설치시 준수사항
1) 견고한 구조로 할 것
2) 경사는 30° 이하로 할 것(다만, 계단을 설치하거나 높이 2m 미만의 가설통로로서 튼튼한 손잡이를 설치한 때에는 그러하지 아니하다)
3) 경사가 15°를 초과하는 때에는 미끄러지지 않는 구조로 할 것
4) 추락의 위험이 있는 장소에는 안전난간을 설치할 것(작업상 부득이한 때에는 필요한 부분에 한하여 임시로 이를 해체할 수 있다)
5) 수직갱에 가설된 통로의 길이가 15m 이상인 때에는 10m 이내마다 계단참을 설치할 것
6) 건설공사에서 사용하는 높이 8m 이상인 비계다리에는 7m 이내마다 계단을 설치할 것

■ 정답 ■ 99.① 100.④

2017년 4회 기출문제
[9월 23일 시행]

건설안전산업기사

제1과목 / 산업안전관리론

01 안전모에 있어 착장체의 구성요소가 아닌 것은?

① 턱끈
② 머리고정대
③ 머리받침고리
④ 머리받침끈

해설 착장체의 구성요소
1) 머리 고정대
2) 머리 받침고리
3) 머리 받침끈

02 리더십에 대한 설명 중 틀린 것은?

① 조직원에 의하여 선출된다.
② 지휘의 형태는 민주주의적이다.
③ 조직원과의 사회적 간격이 넓다.
④ 권한의 근거는 개인의 능력에 의한다.

해설 헤드십과 리더십의 구분

구분	헤드십	리더십
선출방식 (권한부여)	위에서 위임하여 임명	아래로부터 동의에 의한 선출
권한근거	법적 또는 공식적	개인능력
상사와 부하와의 관계 및 책임귀속	지배적, 상사	개인적 경향, 상사와 부하
지휘 형태	권위주의적	민주주의적
부하와의 사회적 간격	넓다	좁다

03 산업안전보건법령상 자율안전확인대상에 해당하는 방호장치는?

① 압력용기 압력방출용 파열판
② 가스집합 용접장치용 안전기
③ 양중기용 과부하방지장치
④ 방폭구조 전기기계·기구 및 부품

해설 안전인증 및 자율안전확인대상

안전인증대상 방호장치	자율 안전인증대상 방호장치
① 프레스 및 전단기 방호장치 ② 양중기용 과부하 방지장치 ③ 보일러 압력방출용 안전밸브 ④ 압력용기 압력방출용 안전밸브 ⑤ 압력용기 압력방출용 파열판 ⑥ 절연용 방호구 및 활선작업용 기구 ⑦ 방폭구조 전기기계·기구 및 부품 ⑧ 추락·낙하 및 붕괴 등의 위험방호에 필요한 가설기자재로서 고용노동부장관이 정하여 고시하는 것	① 아세틸렌 용접장치용 또는 가스집합용접 장치용 : 안전기 ② 교류아크 용접기용 : 자동전격방지기 ③ 롤러기 : 급정지장치 ④ 연삭기 : 덮개 ⑤ 목재가공용 둥근 톱 : 반발예방장치 및 날접촉예방장치 ⑥ 동력식 수동 대패용 : 칼날접촉방지장치

04 사업장에서 발생한 990회의 사고 중 사망재해가 3건이었다면 하인리히의 재해구성비율에 따를 경우 경상이 예상되는 발생 건수는?

① 60
② 87
③ 120
④ 330

■ 정답 ■ 01.① 02.③ 03.② 04.②

해설 1) 하인릿히의 재해구성비율
   중상 또는 사망 : 경상 : 무상해사고
   = 1 : 29 : 300
2) 사망 : 경상 = 1 : 29
   경상 = 사망 $\times \frac{29}{1} = 3 \times \frac{29}{1} = 87$건

05 산업안전보건위원회의 근로자위원 구성 기준 중 틀린 것은?

① 근로자대표
② 해당 사업의 대표자가 지명하는 9명 이내의 해당 사업장 부서의 장
③ 명예산업안전감독관이 위촉되어 있는 사업장의 경우 근로자대표가 지명하는 1명 이상의 명예산업안전감독관
④ 근로자대표가 지명하는 9인 이내의 해당 사업장의 근로자

해설 산업안전보건위원회의 구성(시행령 제25조의2)
1) 근로자 위원
   ① 근로자대표(근로자 과반수를 대표하는 자, 근로자 과반수로 조직된 노동조합의 대표자 또는 노동단체의 대표자)
   ② 근로자대표가 지명하는 1인 이상의 명예산업안전감독관(명예산업안전감독관이 위촉되어 있는 경우에 한함)
   ③ 근로자대표가 지명하는 9인 이내의 당해 사업장의 근로자(명예산업안전감독관이 지명되어 있는 경우에는 그 수를 제외한 수의 근로자)
2) 사용자 위원
   ① 해당 사업의 대표자(동일 사업 내에 지역을 달리하는 사업장은 그 사업장의 최고 책임자)
   ② 안전관리자 1인(안전관리대행기관에 위탁한 사업장은 대행기관의 당해 사업장 담당자)
   ③ 보건관리자 1인(보건관리대행기관에 위탁한 사업장은 대행기관의 당해 사업장 담당자)
   ④ 산업보건의(선임되어 있는 경우에 한함)
   ⑤ 해당 사업의 대표자가 지명하는 9인 이내의 당해 사업장 부서의 장

06 적응기제(Adjustment Mechanism) 중 방어적 기제에 해당하는 것은?

① 고립   ② 퇴행
③ 억압   ④ 보상

해설 적응기제
1) **방어적 기제** : 보상, 합리화, 동일시, 승화
2) **도피적 기제** : 고립, 퇴행, 억압, 백일몽 등
3) **공격적 기제** : 직접적 공격 기제, 간접적 공격 기제

07 레윈(LewinK)의 B=f(P·E) 이론에 대한 설명으로 옳은 것은?

① B : 인간의 행동
② f : 인간관계, 작업환경
③ P : 적성
④ E : 심신상태, 성격, 지능, 연령

해설 레빈(Lewin·K)의 법칙 : Lewin은 인간의 행동(B)은 그 사람이 가진 자질 즉, 개체(P)와 심리학적 환경(E)과의 상호함수관계에 있다고 하였다.

$$B = f(P \cdot E)$$

1) **B**(Behavior) : 인간의 행동
2) **f**(function, 합수 관계) : 적성 기타 P와 E에 영향을 미칠 수 있는 조건
3) **P**(Person, 개체) : 연력, 경험, 심신상태, 성격, 지능 등 인간의 조건
4) **E**(Environment, 심리적 환경) : 인간관계, 작업환경 등 환경조건

■ 정답 ■ 05.② 06.④ 07.①

08 경보기가 올려도 전철이 오기까지 아직 시간이 있다고 스스로 판단하여 건널목을 건너다가 사고를 당한 것은 무엇에 의한 것인가?

① 생략행위 ② 근도반응
③ 억측판단 ④ 초조반응

해설 억측판단
1) 억측판단 : 자기 주관적인 판단
2) 억측판단이 발생하는 배경
   ① 희망적인 관측 : 그때도 그랬으니까 괜찮겠지 하는 관측
   ② 정보나 지식의 불확실 : 위험에 대한 정보의 불확실 및 지식의 부족
   ③ 과거의 선입견 : 과거에 그 행위로 성공한 경험의 선입관
   ④ 초조한 심정 : 일을 빨리 끝내고 싶은 초조한 심정

09 산업안전보건법령상 사업주가 근로자에 대하여 실시하여야 하는 교육 중 특별안전·보건교육의 대상 작업 기준으로 틀린 것은?

① 동력에 의하여 작동되는 프레스기계를 3대 이상 보유한 사업장에서 해당 기계로 하는 작업
② 1톤 미만의 크레인 또는 호이스트를 5대 이상 보유한 사업장에서 해당 기계로 하는 작업
③ 굴착면의 높이가 2m이상이 되는 암석의 굴착작업
④ 전압이 75V인 정전 및 활선작업

해설 ①항, 동력에 의하여 작동되는 프레스기계를 5대 이상 보유한 사업장에서 해당 기계로 하는 작업

10 브레인 스토밍(Brain Storming)의 4원칙에 해당하는 것은?

① 점검정비 ② 본질추구
③ 목표달성 ④ 자유분방

해설 브레인스토밍(BS, brain storming)의 4원칙
1) 비평금지 : 좋다, 나쁘다고 비평하지 않는다.
2) 자유분방 : 마음대로 편안히 발언한다.
3) 다량발언 : 무엇이건 좋으니 많이 발언한다.
4) 수정발언 : 타인의 아이디어에 수정하거나 덧붙여 말하여도 좋다.

11 맥그리거(McGregor)의 Y이론의 관리처방에 해당하는 것은?

① 목표에 의한 관리
② 권위주의적 리더십 확립
③ 경제적 보상체제의 강화
④ 면밀한 감독과 엄격한 통제

해설 맥그리거(McGregor)의 X·Y이론의 관리처방

X이론의 관리처방	Y이론의 관리처방
1) 경제적 보상체제의 강화 2) 권위주의적 리더십의 확보 3) 면밀한 감독과 엄격한 통제 4) 상부책임제도의 강화 5) 조직구조의 고층성 6) 자체평가제도의 활성화	1) 민주적 리더십의 확립 2) 분권화의 권한과 위임 3) 목표에 의한 관리 4) 직무 확장 5) 비공식적 조직의 활용

12 학습의 전이에 영향을 주는 조건이 아닌 것은?

① 학습자의 지능 원인
② 학습자의 태도 요인
③ 학습장소의 요인
④ 선행학습과 후행학습간 시간적 간격의 원인

해설 학습전이의 조건
1) 학습정도의 요인 : 선행학습의 정도에 따라 전이의 가능정도가 다르다.
2) 유사성의 요인 : 선행학습과 후행학습에 유사성이 있어야 한다는 것으로 자극의 유사성, 반응의 유사성, 원리의 유사성이 있다.
3) 시간적 간격의 요인 : 선행학습과 후행학습의 시간간격에 따라 전이의 효과가 다르다.

■ 정답 ■ 08.③ 09.① 10.④ 11.① 12.③

4) 학습자의 지능요인 : 학습자의 지능정도에 따라 전이효과가 달라진다.
5) 학습자의 태도요인 : 학습자의 주의력 및 능력, 특히 태도에 따라 전이의 정도가 다르다.

13 눈으로는 작업 내용을 보고 손과 발로는 습관적으로 작업을 하고 있지만 머릿속에는 고민이나 공상으로 가득 차 있어서 작업에 필요한 주의력이 점차 약화되고 작업자가 눈으로 보고 있는 작업 상황이 의식에 전달되지 않는 상태를 의미하는 것은?

① 의식의 과잉
② 의식의 단절
③ 의식의 우회
④ 의식수준의 저하

해설 부주의 현상
1) 의식의 단절 : 지속적인 의식의 흐름에 단절이 생기고 공백의 상태가 나타나는 것으로 특수한 질병이 있는 경우에 나타난다.(의식수준 : Phase 0)
2) 의식의 우회 : 의식의 흐름이 옆으로 빗나가 발생하는 경우로서 작업도중 걱정, 고뇌, 욕구 불만 등에 의해 다른 것에 정신을 빼앗기는 경우이다.
(의식수준 : Phase 0)
3) 의식수준의 저하 : 혼미한 정신 상태에서 심신이 피로할 경우나 단조로운 반복작업 시 일어나기 쉽다.
(의식수준 : Phase Ⅰ 이하)
4) 의식의 과잉 : 지나친 의욕에 의해서 생기는 부주의 현상으로 긴급사태시 순간적으로 긴장이 한 방향으로만 쏠리게 되는 경우이다.
(의식수준 : Phase Ⅳ)

14 O.J.T(On the Job Training)의 특징 중 틀린 것은?

① 직장의 실정에 맞게 실제적 훈련이 가능하다.
② 훈련과 업무의 계속성이 끊어지지 않는다.
③ 훈련의 효과가 곧 업무에 나타나며, 훈련의 개선이 용이하다.
④ 다수의 근로자들에게 조직적 훈련이 가능하다.

해설 1) OJT와 off-JT
① OJT(on the job training, 현장중심 교육) : 직속상사가 현장에서 업무상의 개별교육이나 지도훈련을 하는 교육 형태
② off-JT(off the job training, 현장 외 중심교육) : 계층별 또는 직능별 등과 같이 공통된 교육대상자를 현장 외의 한 장소에 모아 집체 교육 훈련을 실시하는 교육형태

2) OJT와 off-JT의 특징

OJT	off-JT
① 개개인에게 적합한 지도 훈련 가능	① 다수의 근로자에게 조직적 훈련이 가능
② 직장의 실정에 맞는 실체적 훈련이 가능	② 훈련에만 전념하게 됨
③ 훈련에 필요한 업무의 계속성이 끊어지지 않음	③ 특별설비기구를 이용할 수 있음
④ 즉시 업무에 연결되는 관계로 신체와 관련 있음	④ 전문가를 강사로 초청할 수 있음
⑤ 효과가 곧 업무에 나타나며 훈련의 좋고 나쁨에 따라 개선이 용이함	⑤ 각 직장의 근로자끼리 많은 지식이나 경험을 교류할 수 있음
⑥ 교육을 통한 훈련효과에 의해 상호 신뢰 이해도가 높아짐	⑥ 교육훈련 목표에 대해서 집단적 노력이 흐트러질 수도 있음

15 산업안전보건법령상 다음 안전·보건표지의 종류로 옳은 것은?

① 산화성물질 경고
② 폭발성물질 경고
③ 부식성물질 경고
④ 인화성물질 경고

■정답■ 13.③ 14.④ 15.④

해설

산화성물질 경고	폭발성물질 경고	부식성물질 경고	인화성물질 경고

16 무재해운동을 추진하기 위한 세 기둥이 아닌 것은?

① 관리감독자의 적극적 추진
② 소집단 자주활동의 활성화
③ 전 종업원의 안전요원화
④ 최고경영자의 경영자세

해설 무재해운동의 추진 3기둥(무재해운동의 3요소)
   1) 최고경영자의 엄격한 안전경영자세
   2) 관리감독자에 의한 안전보건의 추진 (라인화의 철저)
   3) 직장 소집단 자주활동의 활발화

17 학습지도 중 구안법(Project Method)의 4단계 순서로 옳은 것은?

① 계획 → 목적 → 수행 → 평가
② 계획 → 수행 → 목적 → 평가
③ 목적 → 수행 → 계획 → 평가
④ 목적 → 계획 → 수행 → 평가

해설 구안법(project method) : 학습자 스스로가 계획을 세워서 수행하는 학습활동으로 이루어지는 교육형태
   1) **구안법의 단계** : 목적 – 계획 – 수행 – 평가
   2) **특징**
      ① 동기부여가 충분하다.
      ② 현실적인 학습방법이다.
      ③ 작업에 대하여 창조력이 생긴다.
      ④ 시간과 에너지가 많이 소비된다. (단점)

18 재해발생의 주요원인 중 불안전한 행동이 아닌 것은?

① 불안전한 적재
② 불안전한 설계
③ 권한 없이 행한 조작
④ 보호구 미착용

해설 불안전한 설계 : 불안전한 상태

19 강도율이 5.5이라 함은 연 근로시간 몇 시간 중 재해로 인한 근로손실이 110일 발생하였음을 의미하는가?

① 10,000
② 20,000
③ 50,000
④ 100,000

해설 강도율 $= \dfrac{근로손실일수}{연근로시간수} \times 1000$

연근로시간수 $= \dfrac{근로손실일수}{강도율} \times 1000$

$= \dfrac{110}{5.5} \times 1000 = 20,000$ 시간

20 기업의 산업재해에 대한 과거와 현재의 안전성적을 비교, 평가한 점수로 안전관리의 수행도를 평가하는데 유용한 것은?

① Safe-T-Score
② 평균강도율
③ 종합재해지수
④ 안전활동률

해설 세이프 티 스코어(Safe T. Score)
   1) **의미** : 과거와 현재의 안전성적을 비교·평가하는 방법으로 단위가 없으며 (+)이면 나쁜 기록, (−)이면 과거에 비해 좋은 기록으로 본다.
   2) **공식**
      Safe T. Score
      $= \dfrac{(현재)빈도율 - (과거)빈도율}{\sqrt{\dfrac{(과거)빈도율}{근로총시간수(현재)} \times 10^6}}$
   3) **판정**

구분	내용
+2.0 이상	· 과거보다 심각하게 나쁘다.
+2.0~−2.0	· 심각한 차이 없음
−2.0 이하	· 과거보다 좋아졌다.

■ 정답 ■ 16.③ 17.④ 18.② 19.② 20.①

제2과목
인간공학 및 시스템안전공학

21 fail-safe의 종류가 아닌 것은?

① 중복구조
② 상하 경감구조
③ 교대구조
④ 다경로 하중 구조

해설 1) 페일세이프(fail-safe) : 인간이나 기계에 과오나 동작상의 실수가 있더라도 사고방지를 위해 2중, 3중으로 통제를 가하는 것
2) 구조적 페일세이프
  ① 저균열 속도 구조
  ② 조합구조
  ③ 다경로 하중구조
  ④ 하중해방 구조
3) 중복구조(중복설계 : redundancy), 교대구조 등도 fail safe에 해당된다.

22 결함수분석법에 관한 설명으로 틀린 것은?

① 잠재위험을 효율적으로 분석한다.
② 연역적 방법으로 원인을 규명한다.
③ 정성적 평가보다 정량적 평가를 먼저 실시한다.
④ 복잡하고 대형화된 시스템의 분석에 사용한다.

해설 결함수분석법(FTA) 특징
1) 정성적 평가 실시 후 정량적 평가(재해발생 확률계산)
2) 연역적 해석(Top down형식)
3) 잠재위험의 효율적 분석
4) 컴퓨터 처리가능
5) 복잡하고 대형화된 시스템분석

23 일반적으로 사람의 청력으로 감지할 수 있는 주파수 영역은?

① 0 ~ 20Hz   ② 20 ~ 20000Hz
③ 20000 ~ 50000Hz   ④ 50000 ~ 100000Hz

해설 가청주파수 : 20~20,000Hz

24 감지되는 모든 우발상황에 대하여 적절한 행동을 취하게 완전히 프로그램화되어 있으며, 인간은 주로 감시, 프로그램, 정비유지 등의 기능을 수행하는 인간-기계 체계는?

① 수동 체계   ② 자동화 체계
③ 반자동화 체계   ④ 기계화 체계

해설 인간기계체계의 유형
1) **수동체계** : 인간의 신체적인 힘을 동원력으로 사용
2) **기계화체계(반자동체계)** : 인간이 기계의 표시장치를 보고 조종장치를 통하여 통제하는 체계
3) **자동체계**
  ① 기계자체가 감지, 정보처리 및 의사결정, 행동을 포함한 모든 임무를 수행하는 체계
  ② 인간의 역할 : 감시(Monitor), 프로그램, 정비유지 등의 기능을 수행함

25 부품검사 작업자가 한 로트 당 5000개를 검사하여 400개의 부적합품을 검출하였다. 실제 로트 당 1000개의 부적합품이 있었다고 가정할 때, 휴먼에러 확률(HEP)은?

① 0.12   ② 0.22
③ 0.32   ④ 0.42

해설 휴먼에러확률 (HEP)
$$HEP = \frac{인간의 실수 수}{전체실수 발생기회의 수} = \frac{1000-400}{5000} = 0.12$$

■정답■ 21.② 22.③ 23.② 24.② 25.①

26 광원으로부터의 직사 휘광을 줄이기 위한 처리방법으로 틀린 것은?

① 가리개 및 차양을 사용한다.
② 광원을 시선에서 멀리 위치시킨다.
③ 광원의 휘도를 줄이고 수를 늘린다.
④ 휘광원의 주위를 밝게 하여 광도비를 높인다.

해설 광원으로부터의 직사휘광 처리
1) 광원의 휘도를 줄이고 수를 증가시킨다.
2) 광원을 시선에서 멀리 위치시킨다.
3) 휘광원 주위를 밝게 하여 광속발산비(휘도)를 줄인다.
4) 가리개(shield), 갓(hood), 혹은 차양(visor)을 사용한다.

27 가청 주파수내에서 사람의 귀가 가장 민감하게 반응하는 주파수 대역은?

① 20Hz ~ 20000Hz
② 50Hz ~ 15000Hz
③ 100Hz ~ 10000Hz
④ 500Hz ~ 3000Hz

해설
1) 가청주파수 : 20~20,000Hz
2) 저진동범위 : 20~500Hz
3) 가장 민감한 주파수 범위(회화범위) : 500~3,000Hz

28 인간-기계 체계에서 시스템 활동의 흐름과정을 탐지 분석하는 방법이 아닌 것은?

① 가동분석
② 운반공정분석
③ 신뢰도분석
④ 사무공정분석

해설 시스템 활동의 흐름과정 탐지분석법
1) 가동분석 : 기계와 작업자의 움직이는 상황을 알기위해 실행하는 분석으로 표준작업시간
2) 운반공정분석 : 물재의 흐름 중에서 특히 운반에 주안을 두어 행하여지는 공정분석이다.
3) 사무공정분석 : 사무 흐름도 작성에 관한 분석이다.

29 반사율이 80%인 종이에 인쇄된 글자의 반사율이 20%라 하면, 대비는 몇 %인가?

① -75%
② -33%
③ 25%
④ 75%

해설 대비 $= \dfrac{Lb - Lt}{Lb} \times 100$

$= \dfrac{80-20}{80} \times 100 = 75\%$

여기서, Lb : 배경의 광속발산도
Lt : 표적의 광속발산도

30 실내면의 추천반사율이 낮은 것에서부터 높은 순으로 올바르게 배열된 것은?

① 바닥 < 가구 < 벽 < 천장
② 바닥 < 벽 < 가구 < 천장
③ 천장 < 가구 < 벽 < 바닥
④ 천장 < 벽 < 가구 < 바닥

해설 옥내 최적 반사율
1) 천장 : 80~90%
2) 벽, 창문 발(blind) : 40~60%
3) 가구, 사무기기, 책상 : 25~45%
4) 바닥 : 20~40%

31 물품을 일정기간 가동시켜 결함을 찾아내고 제거하여 고장율을 안정시키는 기간은?

① 우발고장 기간
② 말기고장 기간
③ 초기고장 기간
④ 마모고장 기간

■ 정답 ■ 26.④ 27.④ 28.③ 29.④ 30.① 31.③

해설 고장률의 유형
1) **초기고장** : 불량제조나 생산과정에서의 품질 관리 미비로 생기는 고장으로 점검 작업이나 시운전 등에 의해 사전에 방지할 수 있는 고장
   ① 디버깅(debugging)기간 : 결함을 찾아내 고장률을 안정시키는 기간
   ② 번인(burn in)기간 : 실제로 장시간 움직여 보고 그동안 고장난 것을 제거하는 공정 기간
2) **우발고장** : 예측할 수 없을 때 생기는 고장으로 시운전이나 점검 작업으로는 방지할 수 없는 고장
3) **마모고장** : 수명이 다해 생기는 고장으로, 안전진단 및 적당한 보수(정비)에 의해서 방지할 수 있는 고장

32 시스템을 성공적으로 작동시키는 경로의 집합을 시스템 신뢰도 측면에서는 무엇이라 하는가?

① cut set
② true set
③ path set
④ module set

해설 1) 컷셋과 미니멀 컷
   ① 컷셋(cut sets) : 정상사상을 일으키는 기본사상(통상사상, 생략사상 포함)의 집합을 컷이라 한다.
   ② 미니멀 컷(minimal cut sets) : 정상사상을 일으키기 위해 필요한 최소한의 컷을 말한다.(시스템의 위험성을 나타냄)
2) 패스셋과 미니멀 패스
   ① 패스셋(path sets) : 정상사상이 일어나지 않는 기본사상의 집합을 말한다.
   ② 미니멀 패스(minimal path sets) : 필요한 최소한의 패스를 말한다.(시스템의 신뢰성을 나타냄)

33 원자력 산업과 같이 이미 상당한 안전이 확보되어 있는 장소에서 관리, 설계, 생산, 보전 등 광범위하고 고도의 안전달성을 목적으로 하는 시스템 해석법은?

① ETA
② MORT
③ FHA
④ FMECA

해설 MORT(Management Oversight and Risk Tree)
1) MORT(경영소홀 및 위험수분석) : FTA(결함수분석법)와 같은 논리기법을 이용하여 관리, 설계, 생산, 보존 등의 광범위한 안전을 도모하고 고도의 안전을 달성하는 것을 목적으로 한 안전해석이다.
2) 미국 에너지 연구 개발청(ERDA)의 Johnson에 의해 개발된 시스템 안전프로그램이다.

34 복권추첨을 할 때 복권에 당첨되지 않을 확률과 당첨될 확률이 각각 0.9, 0.1이라면, 정보량은 약 몇 bits인가?

① 0.47
② 0.50
③ 3.32
④ 3.47

해설 평균정보량(Hav)

$$H_{av} = \sum_{i=1}^{n} P_i \log_2\left(\frac{1}{P_i}\right) = \left[0.9 \times \frac{\log(\frac{1}{0.9})}{\log(2)}\right] + \left[0.1 \times \frac{\log(\frac{1}{0.1})}{\log(2)}\right] = 0.47$$

35 위험조정을 위해 필요한 방법으로 틀린 것은?

① 위험보류(retention)
② 위험감축(reduction)
③ 위험회피(avoidance)
④ 위험확인(confirmation)

■ 정답 ■ 32.③ 33.② 34.① 35.④

해설 위험(risk)의 처리방법
1) 보류(retention) 2) 감축(reduction)
3) 회피(avoidance) 4) 전가(transfer)

36 부품을 작동하는 성능이 체계의 목표달성에 긴요한 정도를 고려하여 우선순위를 설정하는 원칙은?

① 중요도의 원칙
② 사용빈도의 원칙
③ 기능성의 원칙
④ 사용순서의 원칙

해설 부품배치의 4원칙
1) **중요성의 원칙** : 부품을 작동하는 성능이 체계의 목표달성에 긴요한 정도에 따라 우선순위를 설정한다.
2) **사용빈도의 원칙** : 부품을 사용하는 빈도에 따라 우선순위를 설정한다.
3) **기능별 배치의 원칙** : 기능적으로 관련된 부품들(표시장치, 조정장치 등)을 모아서 배치한다.
4) **사용 순서의 원칙** : 사용되는 순서에 따라 장치들을 가까이 배치한다.

37 조종 장치의 촉각적 암호화를 위하여 고려하는 특성이 아닌 것은?

① 형상   ② 무게
③ 크기   ④ 표면 촉감

해설 조종 장치의 촉각적 암호화를 위하여 고려하는 특성
1) 형상   2) 크기
3) 표면촉감

38 인체계측자료를 응용하여 제품을 설계하고자 할 때, 제품과 적용기준으로 틀린 것은?

① 공구 – 평균치 설계기준
② 출입문 – 최대 집단치 설계기준
③ 안내 데스크 – 평균치 설계기준
④ 선반 높이 – 최대 집단치 설계기준

해설 선반높이 : 최소 집단치 설계기준

39 FTA에서 사용하는 논리기호 중 3개 이상의 입력현상 중 2개가 발생할 경우 출력이 되는 것은?

① 조합 AND 게이트
② 배타적 OR 게이트
③ 우선적 AND 게이트
④ 위험지속 AND 게이트

해설 수정기호의 종류
1) **우선적 AND게이트** : 입력사상 가운데 어느 사상이 다른 사상보다 먼저 일어났을 때에 출력사상이 생긴다. 「A는 B보다 먼저」와 같이 기입
2) **짜맞춤(조합) AND게이트** : 3개 이상의 입력사상 가운데 어느 것인가 2개가 일어나면 출력사상이 생긴다. 「어느 것이든 2개」라고 기입
3) **위험지속기호** : 입력사상이 생겨 어느 일정 시간 지속하였을 때에 출력사상이 생긴다. 「위험지속시간」과 같이 기입
4) **배타적 OR게이트** : OR게이트로 2개 이상의 입력이 동시에 존재한 때에는 출력사상이 생기지 않는다. 「동시에 발생하지 않는다.」라고 기입

40 심장의 박동주기 동안 심근의 전기적 신호를 피부에 부착한 전극들로부터 측정하는 것으로 심장이 수축과 확장을 할 때, 일어나는 전기적 변동을 기록한 것은?

① 뇌전도계   ② 근전도계
③ 심전도계   ④ 안전도계

해설 심전도계
1) 심전도계 : 본문 설명
2) 심전도를 기록하는 장치로 입력부, 증폭부, 기록부, 전원부로 구성되어 있다.

■ 정답 ■ 36.① 37.② 38.④ 39.① 40.③

제3과목 / 건설시공학

41 건설공사 완료 후 보수 및 재시공을 보증하기 위하여 공사 발주체 등에 예치하는 공사금액의 명칭은?

① 입찰보증금
② 계약보증금
③ 지체보증금
④ 하자보증금

해설 하자보수보증금 : 공사계약을 체결할 때에 계약이행이 완료(건설공사완료)된 후 일정기간 그 계약 목적물에 시공 상의 하자 발생에 대비하여 이에 대한 담보적 성격으로 납부하게 하는 일정 금액을 말한다.

42 L.W(Labiles Wasserglass)공법에 관한 설명으로 옳지 않은 것은?

① 물유리용액과 시멘트 현탁액을 혼합하면 규산수화물을 생성하여 겔(gel)화하는 특성을 이용한 공법이다.
② 지반강화와 차수 목적을 얻기 위한 약액주입공법의 일종이다.
③ 미세공극의 지반에서도 그 효과가 확실하여 널리 쓰인다.
④ 배합비 조절로 겔타임 조절이 가능하다.

해설 LW(Labiles Wasserglass)공법
1) LW공법 : 규산소다수용액(물유리용액)과 시멘트 현탁액을 혼합한 후 지상의 Y자관을 통하여 지반에 주입시키는 공법으로 지반의 공극을 시멘트 입자로 추진시켜 지반의 밀도를 높여 지반강화 및 지수성을 향상시키는 저압침투공법이다.
2) 장점
① 약액주입공법 중에서 고결강도가 높고 침투성이 양호하다.
② 타공법에 비해 공사비가 저렴하다.
③ 협소한 위치에서도 시공이 가능하다.
④ 겔타임의 조절은 시멘트량 증감에 의하므로 간단하다.
3) 단점
① 미세공극의 지반에서는 효과가 불확실하다.
② 주입압력의 세심한 측정이 필요하다.
③ 외력에 의한 진동 및 충격에 저항이 적다
④ 장기적 상태에서는 치수효과가 떨어진다.

43 혼화재(混和材)에 관한 설명으로 옳지 않은 것은?

① 시멘트량의 1%정도 이하로 배합설계에서 그 자체의 용적을 무시한다.
② 종류로는 플라이애시, 고로슬래그, 실리카퓸 등이 있다.
③ 포졸란 반응이 있는 것은 플라이애시, 고로슬래그, 규산백토 등이 있다.
④ 인공산으로는 플라이애시, 고로슬래그, 소성점토 등이 있다.

해설 혼화재(混和材) : 혼화재료 중 사용량이 비교적 많아서(시멘트량의 5%이상) 그 자체의 부피가 콘크리트의 배합계산에 관계되는 혼화재료이다.

44 철근콘크리트공사에서의 철근이음에 관한 설명으로 옳지 않은 것은?

① 철근의 이음위치는 되도록 응력이 큰 곳을 피한다.
② 일반적으로 이음을 할 때는 한 곳에서 철근 수의 반 이상을 이어야 한다.
③ 철근이음에는 겹침이음, 용접이음, 기계적 이음 등이 있다.
④ 철근이음은 힘이 전달이 연속적이고, 응력집중 등 부작용이 생기지 않아야 한다.

해설 일반적으로 이음을 할 때는 한곳에 이음이 집중되지 않게 하여야 한다.

■정답■ 41.④ 42.③ 43.① 44.②

45 토공사의 굴착기계 용도에 관한 설명으로 옳지 않은 것은?

① 백호는 기계보다 낮은 곳을 굴착하는데 사용한다.
② 파워쇼벨은 기계보다 높은 곳을 굴착하는데 사용한다.
③ 드래그라인은 기계보다 낮은 곳의 흙을 긁어모으는데 사용한다.
④ 클램쉘은 기계보다 높은 곳의 흙과 자갈을 긁어내리는데 사용한다.

해설 클램쉘(clam shell)
1) 붐의 선단에서 클램쉘버킷을 와이어로프로 매달아 바로 아래로 떨어뜨려 흙을 퍼 올리는 토공기계이다.
2) 깊은 흙파기용, 흙막이 버팀대가 있는 좁은 곳, 케이슨(caossion) 내의 굴착 등 좁은 곳의 수직굴착, 자갈 등의 적재, 연약지반 및 수직굴착 등에 쓰인다.

46 거푸집 공사에서 거푸집 검사 시 받침기둥(지주의 안전하중)검사와 가장 거리가 먼 것은?

① 서포트의 수직 여부 및 간격
② 폼타이 등 조임철물의 재질
③ 서포트의 편심, 처짐 및 나사의 느슨함 정도
④ 수평연결대 설치 여부

해설 ②항, 「폼타이 등 조임철물의 재질」은 받침기둥 검사항목에 해당되지 않는다.

47 강재면에 강필로 볼트구멍 위치와 절단개소 등을 그리는 일은?

① 원척도　　② 본뜨기
③ 금매김　　④ 변형바로잡기

해설 1) 원척도 : 철골가공 공장 내에 철판 또는 검정칠한 합판마루 등으로 되어있는 원척소(原尺所)에서 설계도서에 따라 철골의 각부 상세 및 재(材)의 길이 등을 원척으로 그린 것이다.
2) 본뜨기 : 원척도에 따라서 얇은 철판 또는 보르지(Board紙)·투명한 폴리에스틸 필름 등을 사용하여 이음판이나 밑창판 등의 본뜨기를 하여 본판을 작성한다.
3) 금매김(금긋기) : 공작도, 원척, 본판 및 그림쇠 등을 사용하여 강재면에 강필로 리벳 구멍위치, 절단개소 등의 필요한 지시사항을 그려 넣는 것을 말한다.
4) 변형바로잡기 : 변형이 있을 경우 금매김 전에 변형바로잡기를 한다.

48 공사 계약서 내용에 포함되어야 할 내용과 가장 거리가 먼 것은?

① 공사내용(공사명, 공사장소)
② 재해방지대책
③ 도급금액 및 지불방법
④ 천재지변 및 그 외의 불가항력에 의한 손해부담

해설 공사계약서 내용
1) 공사내용
2) 도급금액
3) 공사착수기기 및 완공시기
4) 도급금액 지불방법, 지불시기
5) 천재지변에 의한 손해부담
6) 준공검사 및 인도시기

49 철근가공에 관한 설명으로 옳지 않은 것은?

① 대지의 여유가 없어도 정밀도 확보를 위해 현장가공을 우선적으로 고려한다.
② 철근 가공은 현장가공과 공장가공으로 나눌 수 있다.
③ 공장가공은 현장 가공에 비해 절단손실을 줄일 수 있다.
④ 공장가공은 현장가공보다 운반비가 높은 경우가 많다.

■정답■　45.④　46.②　47.③　48.②　49.①

해설 ①항, 대지의 여유가 없어도 정밀도 확보를 위해 공장가공을 우선적으로 고려한다.

길잡이 현장가공·공장가공 장·단점

구분	장점	단점
현장가공	1. 현장여건의 변화(설계변경)시 대체 용이 2. 가공조립을 동시에 시행하므로 하급 시공이 용이	1. 단척활용 및 자재활용관리 곤란 2. 도심지-가공 작업장 확보 불가능 3. 가공기능공 확보 곤란 4. 장비부족에 의한 생산성 저하 및 정밀가공 어려움, 공기차질 우려 5. 작업장 및 야적장 확보 및 관리비용 증감
공장가공	1. 정밀가공으로 구조물 정밀시공 가능, 부실공사 방지 2. 정밀성이 요구되는 복잡한 가공이 가능 3. 철근추가 Loss줄임, 철근 공사비 절감으로 총 공사비 절감 4. 재고관리 및 가공품·관리 용이 5. 선 가공가능, 공기단축 가능	1. 현장여건의 변화에 대한 신속한 대처 곤란 2. 초기 설비투자비용 증대 3. 소량계약 시 변호계약 기피

50 콘크리트에 사용하는 AE제의 특징이 아닌 것은?

① 내구성, 수밀성 증대
② 블리딩 현상 증가
③ 단위수량 감소
④ 건조수축 감소

해설 AE제 : 블리딩 현상을 감소시킨다.

51 기성콘크리트 말뚝시공에 관한 설명으로 옳지 않은 것은

① 말뚝중심간격은 2.5D이상 또한 750 mm이상으로 한다.
② 적재 장소는 시공장소와 가깝고 배수가 양호하고 지반이 견고한 곳이어야 한다.
③ 2단 이하로 저장하고 말뚝받침대는 동일선상에 위치하여야 파손이 적다.
④ 시공순서는 주변 다짐효과를 높이기 위하여 주변부에서 중앙부로 박는다.

해설 기성콘크리트 말뚝 시공 및 저장
1) 대규모의 중량건물 또는 굳은 지층에 깊어서 말뚝을 깊이 박아야 할 경우에 쓰인다.
2) 말뚝의 외경은 25~50cm, 말뚝 1개의 길이는 외경의 45배 이하로 한다.
3) 말뚝박기의 중심간격 : 말뚝외경의 2.5배 이상 또는 75cm 이상
4) 15m 이상의 장척물이 필요한 경우에는 이어서 사용한다.
5) 적재장소는 지반이 견고하고 배수가 잘되며 시공장소나 가까운 곳으로 한다.
6) 2단 이하로 저장하고 파손방지를 위해 말뚝받침대는 동일 선상에 위치하여야 한다.

52 공사에 필요한 표준시방서의 내용에 포함되지 않는 사항은?

① 재료에 관한 사항
② 공법에 관한 사항
③ 공사비에 관한 사항
④ 검사 및 시험에 관한 사항

해설 시방서의 기재내용
1) 공사전체의 개요
2) 시방서의 적용범위, 공통주의 사항
3) 시공방법(준비사항, 공사의 정도, 사용 장비, 주의사항 등)
4) 사용재료(종류, 품질, 필요한 시험, 저장방법, 검사방법 등)
5) 특기사항

■ 정답 ■ 50.② 51.④ 52.③

53 거푸집 공사 중 콘크리트의 측압에 관한 설명으로 옳지 않은 것은?

① 치어붓기 속도가 빠를수록 측압이 크다.
② 묽은 콘크리트일수록 측압이 작다.
③ 거푸집의 수평단면이 작을수록 측압이 작다.
④ 철골 또는 철근량이 많을수록 측압이 작아진다.

해설 콘크리트 타설을 할 때 거푸집의 측압에 미치는 영향
1) 슬럼프가 클수록 크다(물-시멘트 비가 클수록 크다).
2) 기온이 낮을수록 크다(대기 중에 습도가 높을수록 크다).
3) 콘크리트의 치어붓기 속도가 클수록 크다.
4) 거푸집의 수밀성이 높을수록 크다.
5) 콘크리트의 다지기가 강할수록 크다(진동기 사용시 측압은 30% 정도가 증가).
6) 거푸집의 수평단면이 클수록 크다(벽두께가 클수록 크다).
7) 거푸집의 강성이 클수록 크다.
8) 거푸집 표면이 매끄러울수록 크다.
9) 콘크리트의 비중이 클수록 크다(단위중량이 클수록 크다).
10) 묽은 콘크리트일수록 크다.
11) 철근량이 적을수록 크다.
12) 측압은 생콘크리트의 높이가 높을수록 커지는 것이나, 일정한 높이에 이르면 측압의 증대는 없게 된다.

54 연약한 점성토 지반을 굴착할 때 주로 발생하며 흙막이 바깥에 있는 흙이 안으로 밀려들어와 흙막이가 파괴되는 현상은?

① 파이핑(Piping)
② 보일링(Boiling)
③ 히빙(Heaving)
④ 캠버(Camber)

해설 히빙(Heaving) : 히빙이란 점성토 지반의 굴착이 진행됨에 따라 흙막이벽 뒤쪽 흙의 중량과 상부재하 하중이 굴착부 바닥의 지지력 이상이 되면 흙막이벽 근입(根入) 부분의 지반 이동이 발생하여 굴착부 저면이 솟아오르는 현상이다. 이 현상이 발생하면 흙막이벽의 근입부분이 파괴되면서 흙막이벽 전체가 붕괴되는 경우가 많다.

55 모래의 부피증가계수(L)가 15%이고, 굴토량이 261m³라면 잔토처리량은?

① 300m³
② 250m³
③ 231m³
④ 200m³

해설 잔토처리량 = 흙파기체적 × 토량환산계수(흙의 부피증가량)
= $261m^3 \times 1.15 ≒ 300m^3$

> **길잡이** 1.15%를 곱하는 이유
> 원래 굴토량(흙 분량)이 100%(261m³)이고 이 흙을 파내고 나니 흙의 부피가 15% 증가하였으므로 흙의 총 부피는 1.15%가 되기 때문에 1.15를 곱한 것이다.

56 무량판구조에 사용되는 특수상자모양의 기성재 거푸집은?

① 터널폼
② 유로폼
③ 슬라이딩폼
④ 와플폼

해설 와플폼(waffle form)
1) 와플폼 : 무량판구조, 평판구조에서 사용하는 특수상자모양으로 된 기성제 거푸집으로 돔팬(dome pan)이라고도 한다.
2) 특징
 ① 층높이를 낮추거나 슬래브(slab)의 스팬(span)을 크게 하기 위한 목적으로 사용된다.
 ② 격자형(格子形)의 보와 슬래브(slab)의 거푸집으로 적합하다.

57 네트워크 공정표의 구성요소중 부주공정(Semi-Critical Path)에 관한 설명으로 옳지 않은 것은?

① 여유시간이 상대적으로 적은 공정을 의미한다.
② 공정이 부분적 또는 불연속적으로 발생한다.
③ 공기단축 시 관리대상에서는 제외된다.
④ 주공정화 할 가능성이 많은 공정이다.

해설 부주공정(semi-critical path)
1) ①, ②, ④항
2) 공기단축 시 유의해야할 공정이다.

> **길잡이** 주 공정(critical path)
> 1) TF(총 여유시간)가 o(zero)인 작업을 주 공정작업이라 하며 이들을 연결한 공정을 주 공정이라 한다.
> 2) 총 공기는 공사착수에서부터 공사만공까지의 주 공정상의 소요시간의 합계이며 최장시간이 소요되는 경로이다.
> 3) 주 공정은 고정적이거나 절대적인 것이 아니며 가변적이다.
> 4) 주 공정은 명목상의 활동(Dummy Activity)상도 통과할 수 있다.
> 5) 주 공정은 여러 개가 성립할 수 있다.

58 건축생산 조직에 관한 설명으로 옳은 것은?

① CM은 시공자가 직접 공사의 타당성조사, 설계, 시공, 사용 등을 포함하는 건설공사 전 과정을 조정하는 것이다.
② EC화는 종래의 단순한 시공업과 비교하여 건설사업 전반에 걸쳐 종합, 기획, 관리하는 업무 영역의 확대를 말한다.
③ 발주자와 직접 공사 계약을 하는 업자를 하도급자라고 한다.
④ 감리자란 시공자의 위탁을 받아 공사의 시공과정을 검사·승인하는 자를 말한다.

해설 EC(Engineering Constructor)화 : 기계·장치·시스템 등을 포함한 시설 전체를 기획·설계·시공·보수 등 포괄적이고 종합적으로 하는 방법을 말한다.

59 철골공사에 관한 설명으로 옳지 않은 곳은?

① 현장용접 시 기온과 관계없이 부재를 예열하지 않는다.
② 세우기 장비는 철골구조의 형태 및 총중량을 고려한다.
③ 철골 세우기는 가조립 후 변형 바로잡기를 한다.
④ 가조립 시 최소 2개 이상 가볼트 조임한다.

해설 현장용접 시 기온 : 기온이 0℃ 이하일 때에는 용접을 하여서는 아니 된다. 다만, 기온이 0℃~-15℃일 때라도 용접 시작부에서 100mm 이내의 거리에 있는 모재의 온도가 36℃ 이상이 되도록 가열하였을 때에는 무방하다.

60 한중 콘크리트 공사에서 콘크리트의 물-결합재비는 원칙적으로 얼마 이하이어야 하는가?

① 50% ② 55%
③ 60% ④ 65%

해설 1) 한중콘크리트 : 동결위험이 있는 기간(겨울) 중에 시공하는 콘크리트(치어붓기 후 28일간의 예상 평균기온이 약 3℃ 이하인 경우에 적용)
2) 한중콘크리트 시공시의 주의사항
① 물-시멘트비(W/C)를 60% 이하로 가급적 작게 한다.
② 압축강도는 초기양생 기간 내에 약 50kg/cm² 정도가 얻어지도록 한다.
③ 동결의 위험이 있으므로 AE제, AE감수제 등을 반드시 사용한다.

■정답■ 57.③ 58.② 59.① 60.③

제4과목 / 건설재료학

61 다음 중 골재로 사용할 수 없는 것은?

① 락크 울(rock wool)
② 질석(vermiculite)
③ 펄라이트(perlitr)
④ 화산자갈(volcanic gravel)

해설 락크울(rock wool)
1) 락크울(암면) : 내열성이 높은 광물질인 현무암·안산암·혈암·돌로마이트 등을 용융한 것을 원심력 압축공기 또는 고압증기 등으로 섬유화시킨 것이다.
2) 락크울은 단열·보온 및 흡음성 등이 우수하고 내화성도 있어 열이나 음의 차단에도 이용되고 있다.

62 풍화된 시멘트를 사용했을 경우에 관한 설명으로 옳지 않은 것은?

① 응결이 늦어진다.
② 수화열이 증가한다.
③ 비중이 작아진다.
④ 강도가 감소된다.

해설 ②항, 수화열이 감소한다.

63 고온소성의 무수석고를 특별히 화학처리한 것으로 킨스시멘트라고도 하는 것은?

① 혼합석고 플라스터
② 보드용 석고 플라스터
③ 경석고 플라스터
④ 돌로마이트 플라스터

해설 킨스시멘트(keene's cement) : 경석고 플라스터라고도 하며 경석고에 명반 등의 촉진제를 배합한 것으로 약간 붉은 빛을 띤 백색을 나타내는 플라스터이다.
1) 석고계 플라스터 중 가장 경질이며, 경화한 것은 현저히 강도가 크고 표면의 경도가 커서 광택성을 갖고 있으며 방습적인 매끈한 면을 갖는다.
2) 산성을 나타내어 금속재료를 부식시킨다.
3) 점도가 있어서 바르기 쉬우며, 벽바름 재료나 바닥바름 재료로 쓰인다.

64 굳지 않은 콘크리트의 성질을 나타낸 용어에 관한 설명으로 옳지 않은 것은?

① 컨시스턴시(Consistency) - 콘크리트에 사용되는 물의 양에 의한 콘크리트 반죽의 질기
② 워커빌리티(Workability) - 콘크리트의 부어넣기 작업 시의 작업 난이도 및 재료분리에 대한 저항성
③ 피니셔빌리티(Finishability) - 굵은골재의 최대치수, 잔골재율, 잔골재의 입도 등에 따른 마무리 작업의 난이도
④ 플라스티시티(Plasticity) - 콘크리트를 펌핑하여 부어넣는 위치까지 이동시킬 때의 펌핑성

해설 1) 플라스티시티(plasticity ; 성형성) : 거푸집의 형상에 순응하여 채우기 쉽고 분리가 일어나지 않는 성실
2) 펌퍼빌리티(pumpability ; 압송성) : 콘크리트를 펌핑하여 부어넣는 위치까지 이동시킬 때의 펌핑성

65 보통벽돌에 관한 설명으로 옳지 않은 것은?

① 일반적으로 잘 구워진 것일수록 치수가 작아지고 색이 엷어지며, 두드리면 탁음이 난다.
② 건축용 점토소성벽돌의 적생은 원료의 산화철성분에서 기인한다.
③ 보통벽돌의 기본치수는 190 × 90 × 57 mm이다.
④ 진흙을 빚어 소성하여 만든 벽돌로서 점토벽돌이라고도 한다.

■정답■ 61.① 62.② 63.③ 64.④ 65.①

해설 **보통벽돌**
1) **보통벽돌** : 진흙을 빚어 소성하여 만든 벽돌로서 불완전 연소로 구운 검은 벽돌과 완전 연소로 구운 붉은 벽돌이 있다.
2) 일반적으로 벽돌은 잘 구워진 것일수록 치수가 작아지고 색이 짙어지며 두드리면 청음이 난다.

66 플라스틱의 특성에 관한 설명으로 옳지 않은 것은?

① 전기절연성이 양호하다.
② 내열성 및 내후성이 강하다.
③ 착색이 자유롭고 높은 투명성을 가질 수 있다.
④ 내약품성이 있고 접착성이 우수하다.

해설 플라스틱은 내열성 및 내후성이 약하다.

67 시멘트의 안정성 시험에 해당하는 것은?

① 슬럼프 시험
② 브레인법
③ 길모아 시험
④ 오토클레이브 팽창도 시험

해설 **시멘트의 안정성 시험** : 오토클레이브를 이용한 팽창도 시험법을 통하여 안정성의 한계를 규정하고 있다.
1) 팽창도 계산식

$$팽창도 = \frac{L_2 - L_1}{L_1} \times 100\%$$

여기서, L_1 : 시험전 시험체의 유효표점길이
L_2 : 시험후 시험체의 길이

2) 판정기준 : 포틀랜트시멘트의 팽창도가 0.8% 이하일 때를 합격으로 한다.

68 합판에 관한 설명으로 옳은 것은?

① 곡면가공 시 균열이 발생하기 때문에 곡면가공이 불가능하다.
② 함수율 변화에 따른 팽창·수축의 방향성이 크다.
③ 표면가공법으로 흡음효과를 낼 수 있다.
④ 내수성이 매우 작기 때문에 내장용으로만 사용된다.

해설 **합판의 특성**
1) 단판을 서로 직교시켜서 붙인 것이므로 잘 갈라지지 않으며, 방향에 따른 강도의 차가 적다.
2) 판재에 비해 균질이며, 유리한 재료를 많이 얻을 수가 있다.
3) 나비가 큰 판을 얻을 수 있고, 쉽게 곡면판으로 만들 수가 있다.
4) 아름다운 무늬가 되도록 얇게 벗긴 단판을 합판 양 표면에 사용하면 값싸게 무늬가 좋은 판을 얻을 수 있다.
5) 합판은 함수율 변화에 의한 신축변형이 작고 방향성이 적으며 곡면가공을 하여도 균열이 생기지 않고 표면가공법으로 흡음효과를 낼 수 있다.
6) 주조 내장용(천장, 칸막이벽, 내벽의 바탕 등)으로 사용되고 거푸집재로도 사용된다.

69 콘크리트 인장강도는 압축강도의 대략 얼마 정도인가?

① 2배
② 1배
③ 1/10
④ 1/30

해설 **콘크리트의 강도** : 표준양생을 한 재령 28일의 압축강도를 기중으로 한다.
1) **인장강도** : 압축강도의 1/10~1/13
2) **휨강도** : 압축강도의 1/5~1/8
   (인장강도의 1.6~2배)
3) **전단강도** : 압축강도의 1/4~1/6
∴ 콘크리트 강도크기 순서 : 압축강도 〉전단강도 〉휨강도 〉인장강도

■정답■ 66.② 67.④ 68.③ 69.③

70 다음 중 천연석에 해당되지 않는 것은?

① 트래버틴
② 대리석
③ 화강석
④ 테라조

해설 테라조(terrazzo) : 대리석종석+백색시멘트+ 안료 등을 물로 반죽하여 다지고 경화한 후 대리석 계통의 색조가 나게 표면을 물갈기한 석조 제품이다.

71 다음 단열재료 중 가장 높은 온도에서 사용할 수 있는 것은?

① 세라믹 파이버
② 암면
③ 석면
④ 그래스울

해설 세라믹 파이버(ceramics fibers)
 1) 내화벽돌과 같은 조성의 것을 섬유화하여 단열보온과 방재용(防災用)으로 사용되는 세라믹계 섬유이다.
 2) 내열성, 단열성, 보온성이 매우 우수하다.

72 알루미늄의 용도로 가장 적합하지 않은 것은?

① 창호철물
② 콘크리트에 면하는 마감재
③ 새시
④ 라디에이터

해설 알루미늄(Al)은 내산성 및 내알칼리성에 약하기 때문에 콘크리트에 접하면 부식되기 쉽다.

73 수분 상승으로 인하여 콘크리트의 표면에 떠올라 얇은 피막으로 되어 침적한 물질은?

① 레이턴스   ② 폴리머
③ 마그네시아   ④ 포졸란

해설 레이턴스(laitance)
 1) 레이턴스 : 블리딩에 의해 떠오른 미립물이 콘크리트 표면에 얇은 막으로 침적되는 현상
 2) 레이턴스가 생기는 원인
  ① 물-시멘트비(W/C)가 큰 콘크리트일 경우
  ② 풍화한 시멘트를 사용하였을 경우
  ③ 불순물 및 미세입분이 많은 골재를 사용하였을 경우

74 마루판으로 사용할 때 적합하지 않은 것은?

① 코펜하겐 리브
② 프로어링 보드
③ 파키트 블록
④ 파키트 패널

해설 코펜하겐 리브판(copenhagen rib board)
 1) 두께 5cm, 폭(너비) 10cm 정도의 긴 판에다 표면을 리브로 가공한 것이다.
 2) 면적이 넓은 강당, 집회장, 극장 등의 전장 또는 내벽에 붙여 음향조절용으로 쓰거나 수장제로 사용된다.

75 어떤 목재의 건조 전 질량이 200g, 건조 후 전건질량이 150g 일 때, 이 목재의 함수율은?

① 10%   ② 25%
③ 33.3%   ④ 66.7%

해설 목재의 함수율
$= \dfrac{W_1 - W_2}{W_2} \times 100$
$= \dfrac{200 - 150}{150} \times 100 = 33.33\%$

여기서, W_1 : 건조전 목재중량
W_2 : 건조후 전건중량

■정답■ 70.④ 71.① 72.② 73.① 74.① 75.③

76 에폭시 도장에 관한 설명으로 옳지 않은 것은

① 내마모성이 우수하고 수축, 팽창이 거의 없다.
② 내약품성, 내수성, 접착력이 우수하다.
③ 자외선에 특히 강하여 외부에 주로 사용한다.
④ Non-Slip 효과가 있다.

해설 엑폭시수지 도료 특성
1) 내산, 내알칼리성이 특히 우수하다.
2) 금속의 접착성이 크고 내약품성 및 내열성도 우수하다.
3) 내마모성이 우수하다.
[주] Nom-slip(논슬립) : 계단코에 대어 미끄러짐을 막는 철물

77 다음 중 20℃ 기건상태에서 단열성이 가장 우수한 것은?

① 화강암 ② 판유리
③ 알루미늄 ④ ALC

해설 ALC의 특성
1) 경량으로 인력에 의한 취급이 가능하고, 필요에 따라 현장에서 전단 및 가공이 용이하다.
2) 열전도율은 보통콘크리트의 약 1/10 정도로서 단열성이 있다
3) 보통콘크리트에 비하여 중성화의 우려가 높다.
4) 압축강도에 비해 휨강도나 인장강도는 상당히 약하다.
5) 흡수율이 커서 동결, 융해에 대한 저항성이 낮다.
6) 석면슬레이트나 석고보드 등의 박판상 제품에 비해 단열성, 차음성이 우수하다.

78 대리석의 성질과 용도에 관한 설명으로 옳은 것은?

① 석질이 치밀하고, 판석으로서 지붕 외벽 등에 사용되며 비석, 숫돌로도 이용된다.
② 조적재, 기초석재 등으로 주로 쓰인다.
③ 내화도는 높으나 조잡하여 경량골재, 내화재 등에 사용한다.
④ 열, 산에는 약하지만 외관이 미려하므로 장식용으로 사용된다.

해설 대리석
1) 대리석 : 석회암이 변성작용에 의해서 결정화된 석재로서 주성분은 탄산석회($CaCO_3$)이다.
2) 성질 및 용도
① 석질이 치밀하고 견고하며 외관이 미려하여 연마하면 아름다운 광택을 낸다.
② 강도는 높지만 내산성 및 내화성이 낮고 풍화되기 쉽다.

79 공기 중의 탄산가스와 화학반응을 일으켜 경화하는 미장재료는?

① 경석고 플라스터
② 시멘트 모르타르
③ 돌로마이트 플라스터
④ 혼합석고 플라스터

해설 응결·경화방식에 따른 미장재료의 분류
1) 수경성 미장재료(팽창성) : 물(H_2O)과 수화반응에 의해 경화하는 미장재료이다.
① 시멘트 모르타르 : 시멘트+모래+물
② 석고 플라스터 : 석고+모래+여물+물
③ 경석고 플라스터 : 무수석고+모래+여물+물
④ 인조석 바름 : 시멘트모르타르+인조석
⑤ 테라조(terrazzo) 현장바름 : 백시멘트+안료+종석(대리석, 화강석 등)
2) 기경성 미장재료(수축성) : 공기 중에서 경화하는 미장재료이며 종류는 다음과 같다.
① 진흙 : 진흙+짚여물+물
② 회반죽 : 소석회+모래+여물+해초풀
③ 회사벽 : 석회죽(lime cream)+모래(필요시 시멘트 또는 여물 혼입)
④ 돌로마이트 플라스터 : 돌로마이트 석회(마그네시아 석회)+모래+여물+물

■ 정답 ■ 76.③ 77.④ 78.④ 79.③

80 금속성형 가공제품 중 천장, 벽 등의 모르타르 바름 바탕용으로 사용되는 것은?

① 인서트 ② 메탈라스
③ 와이어클리퍼 ④ 와이어로프

해설 메탈라스(metal lath)
1) 열강판에 일정한 간격으로 그물눈을 내고 늘여 철망모양으로 만든 것이다.
2) 천장, 벽 등의 모르타르 바름 바탕용으로 사용된다.

제5과목 / 건설안전기술

81 철골 작업 시 강우량에 대해 작업을 중단하는 기준으로 옳은 것은?

① 시간당 1mm이상인 경우
② 시간당 5mm이상인 경우
③ 시간당 10mm이상인 경우
④ 시간당 15mm이상인 경우

해설 철골작업을 중지해야할 기상조건
1) 풍속 : 10m/sec 이상
2) 강우량 : 1mm/hr 이상
3) 강설량 : 1cm/hr 이상

82 안전난간은 구조적으로 가장 취약한 지점에서 가장 취약한 방향으로 작용하는 최소 얼마 이상의 하중에 견딜 수 있는 구조이어야 하는가?

① 100kg ② 150kg
③ 200kg ④ 250kg

해설 안전난간은 구조적으로 가장 취약한 지점에서 가장 취약한 방향으로 작용하는 100kg 이상의 하중에 견딜 수 있는 튼튼한 구조일 것

83 건설산업기본법 시행령에 따른 토목공사업에 해당되는 토목 건설공사현장에서 전담 안전관리자 최소 1인을 두어야 하는 공사금액의 기준으로 옳은 것은?

① 150억원 이상
② 180억원 이상
③ 210억원 이상
④ 250억원 이상

해설 건설업의 규모별 안전관리자 수

사업의 종류	규모	안전관리자 수
45. 건설업	1. 공사금액 50억원(관계수급인은 100억원) 이상 120억원 미만(토목공사업은 150억원 미만)	1명 이상
	2. 공사금액 120억원(토목공사업은 150억원) 이상 800억원 미만	2명 이상
	3. 공사금액 800억원 이상 1500억원 미만	2명 이상
	• 전체 공사시간 중 전후 15에 해당하는 기간	1명 이상

84 양끝이 힌지(Hinge)인 기둥에 수직하중을 가하면 기둥이 수평방향으로 휘게 되는 현상은?

① 피로파괴 ② 폭열현상
③ 좌굴 ④ 전단파괴

해설 좌굴 및 좌굴하중
1) 양단이 힌지(hinge, 상단에는 수직 변위를 자유롭게 하기 위하여 수평재를 설치)인 주재(主材)에 하중(P)을 가하면 중앙에 인장력을 가한 것과 같이 기둥이 수평으로 변곡하게 된다.
2) 하중이 작으면 기둥은 쉽게 원상태로 복원되지만 일정한도 이상이 되면 변곡이 계속되어 파괴에 이르게 된다. 이 복원의 한계점 부근에서의 상태가 존재하게 되는데 이 상태를 좌굴이라 하고 이때의 하중을 좌굴하중(또는 한계하중)이라 한다.

■정답■ 80.② 81.① 82.① 83.① 84.③

85 고소작업대를 설치 및 이동하는 경우의 준수사항으로 옳지 않은 것은?

① 바닥과 고소작업대는 가능하면 수평을 유지하도록 할 것
② 이동하는 경우에는 작업대를 가장 높게 올릴 것
③ 이동통로의 요철상태 또는 장애물의 유무 등을 확인할 것
④ 갑작스러운 이동을 방지하기 위하여 아웃리거 또는 브레이크 등을 확실히 사용할 것

해설 ②항. 이동하는 경우에는 작업대를 가장 낮게 할 것

86 발파작업에 종사하는 근로자가 발파 시 준수하여야 할 기준으로 옳지 않은 것은?

① 벼락이 떨어질 우려가 있는 경우에는 화약 또는 폭약의 장전 작업을 중지하고 근로자들을 안전한 장소로 대피시켜야 한다.
② 근로자가 안전한 거리에 피난할 수 없는 경우에는 전면과 상부를 견고하게 방호한 피난장소를 설치하여야 한다.
③ 전기뇌관 외의 것에 의하여 점화 후 장전된 화약류의 폭발여부를 확인하기 곤란한 경우에는 점화한 때부터 15분 이내에 신속히 확인하여 처리하여야 한다.
④ 얼어붙은 다이나마이트는 화기에 접근시키거나 그 밖의 고열물에 직접 접촉시키는 등 위험한 방법으로 융해되지 않도록 한다.

해설 점화 후 장진된 화약류가 폭발하지 아니한 때 또는 장진된 화약류의 폭발여부를 확인하기 곤란할 때에는 다음 항목이 정하는 바에 따를 것
1) 전기뇌관에 의한 때에는 발파모선을 점화기에서 떼어 그 끝을 단락시켜 놓는 등 재점화되지 아니하도록 조치하고 그때부터 5분 이상 경과한 후가 아니면 화약류의 장진장소에 접근시키지 아니하도록 할 것
2) 전기뇌관 외의 것에 의한 때에는 점화한 때부터 15분 이상 경과한 후가 아니면 화약류의 장진장소에 접근시키지 아니하도록 할 것

87 낙하물에 위한 위험의 방지를 위하여 낙하물 방지망을 설치하는 경우 수평면과의 유지각도로 옳은 것은?

① 20도 이상 30도 이하
② 30도 이상 40도 이하
③ 40도 이상 45도 이하
④ 45도 초과

해설 낙하물방지망 또는 방호선반 설치시 준수사항
1) 설치높이는 10m 이내마다 설치하고, 내민 길이는 벽면으로부터 2m 이상으로 할 것
2) 수평면과의 각도는 20° 내지 30°를 유지할 것

88 강관을 사용하여 비계를 구성하는 경우의 준수사항으로 옳지 않은 것은?

① 비계기둥의 간격은 띠장 방향에서는 1.85m 이하, 장선방향에서는 1.5 이하로 할 것
② 비계기둥 간의 적재하중은 300kg을 초과하지 않도록 할 것
③ 띠장의 간격은 2m이하로 설치할 것
④ 비계기둥의 제일 윗부분으로부터 31m 되는 지점 밑부분의 비계기둥은 2개의 강관으로 묶어 세울 것

해설 ②항. 비계기둥 간의 적재하중은 400kg을 초과하지 아니하도록 할 것

89 공사용 가설도로에서 일반적으로 허용되는 최고 경사도는 얼마인가?

① 5% ② 10%
③ 20% ④ 30%

해설 1) 가설도로의 최고 허용경사도 : 10%를 넘지 않도록 할 것
2) 도로는 배수를 위해 도로중심부를 약간 넓게 하거나 배수시설을 할 것

90 산업안전보건법령에 따른 크레인을 사용하여 작업을 하는 때 작업시작 전 점검사항에 해당되지 않는 것은?

① 권과방지장치·브레이크·클러치 및 운전장치의 기능
② 주행로의 상측 및 트롤리(trolley)가 횡행하는 레일의 상태
③ 원동기 및 풀리(pulley)기능의 이상 유무
④ 와이어로프가 통하고 있는 곳의 상태

해설 1) 크레인의 작업시작 전 점검사항 : ①, ②, ④ 항 3개뿐
2) 원동기 및 풀리 기능의 이상 유무 : 컨베이어의 작업시작 전 점검사항

91 차량계 건설기계 중 도로포장용 건설기계에 해당되지 않는 것은?

① 아스팔트 살포기
② 아스팔트 피니셔
③ 콘크리트 피니셔
④ 어스오거

해설 1) 도로포장용 건설기계
(안전보건규칙 별표6)
① 아스팔트 살포기
② 콘크리트 살포기
③ 아스팔트 피니셔
④ 콘크리트 피니셔
2) 어스오거 : 땅을 천공할 때에 쓰이는 기계

92 다음은 산업안전보건법령 중 계단 형상으로 조립하는 거푸집 동바리에 관한 사항이다. ( )안에 들어갈 내용으로 알맞은 것은?

> 거푸집의 형상에 따른 부득이한 경우를 제외하고는 깔판·깔목 등을 ( )이상 끼우지 않도록 할 것

① 2단 ② 3단
③ 4단 ④ 5단

해설 계단 형상으로 조립하는 거푸집 : 깔판 및 깔목 등을 끼워서 계단 형상으로 조립하는 거푸집동바리에 대한 준수사항(안전보건규칙 제333조)
1) 거푸집 형상에 따른 부득이한 경우를 제외하고는 깔판·깔목 등을 2단 이상 끼우지 않도록 할 것
2) 깔판·깔목 등을 이어서 사용하는 경우에는 그 깔판·깔목 등을 단단히 연결할 것
3) 동바리는 상·하부의 동바리와 동일 수직선상에 위치하도록 하여 깔판·깔목 등에 고정시킬 것

93 다음은 ( )안에 들어갈 내용으로 옳은 것은?

> 콘크리트 측압은 콘크리트 타설속도, ( ), 단위용적질량, 온도, 철근배근상태 등에 따라 달라진다.

① 골재의 형상 ② 콘크리트 강도
③ 박리재 ④ 타설높이

해설 콘크리트 측압산정시 고려되는 요소
1) 굳지 않은 콘크리트의 단위 용적중량(t/m^3)
2) 벽길이(m)
3) 굳지 않은 콘크리트의 타설높이(m)
4) 콘크리트의 타설속도
(보통 10m~50 m/h정도)
5) 거푸집 속의 콘크리트 온도

94 인력에 의한 굴착작업 시 준수해야할 사항으로 옳지 않은 것은?

① 지반의 종류에 따라서 정해진 굴착면의 높이와 기울기로 진행시켜야 한다.
② 굴착면 및 굴착심도 기준을 준수하여 작업 중 붕괴를 예방하여야 한다.
③ 굴착토사나 자재 등을 경사면 및 토류벽 천단부 주변에 쌓아두어 하중을 보강한다.
④ 용수 등의 유입수가 있는 경우 배수시설을 한 뒤에 작업을 하여야 한다.1

해설 굴착작업 시 준수사항(고용노동부고시)
1) ①, ②, ④항
2) 굴착토사나 자재 등을 경사면 및 토류벽 전단부 주변에 쌓아두어서는 안된다.
3) 굴착면 및 흙막이지보공의 상태를 주의하여 작업을 진행시켜야 한다.
4) 매설물, 장애물 등에 항상 주의하고 대책을 강구한 후에 작업을 하여야한다.
5) 수중펌프나 벨트컨베이어 등 전동기를 사용할 경우는 누전차단기를 설치하고 작동여부를 확인하여야 한다.

95 파이핑(pipung) 현상에 의한 흙 댐(earth dam)의 파괴를 방지하기 위한 안전대책 중 옳지 않은 것은?

① 흙 댐의 하류측에 필터를 설치한다.
② 흙 댐의 상류측에 차수판을 설치한다.
③ 흙 댐 내부에 점토코어(core)를 넣는다.
④ 흙 댐에서 물의 침투유도 길이를 짧게 한다.

해설 1) piping : 연약 사질토지반에서 굴착면에 침투수류가 용출하여 급격히 지반파괴가 생기는 현상
2) 파이핑현상에 의한 흙 댐의 파괴 방지 대책 : ①, ②, ③항

96 굴착공사에서 굴착 깊이가 5m, 굴착 저면의 폭이 5m인 경우, 양단면 굴착을 할 때 굴착부 상단면의 폭은?(단, 굴착면의 기울기는 1 : 1로 한다.)

① 10m   ② 15m
③ 20m   ④ 25m

해설 1) 굴착깊이 5m, 굴착저면의 폭 5m, 굴착면의 기울기 1 : 1

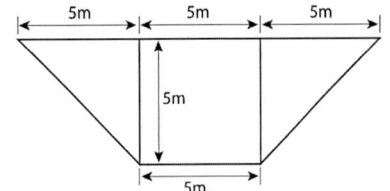

2) 굴찰부 상단면의 폭=5+5+5=15m

97 토석의 붕괴 원인 중 외적 요인이 아닌 것은?

① 법면의 경사 증가
② 절토 및 성토 높이 증가
③ 진동 및 각종 하중 작용
④ 토석의 강도 저하

해설 토사붕괴의 원인
1) 외적요인
   ① 사면, 법면의 경사 및 구배의 증가
   ② 절토 및 성토의 높이의 증가
   ③ 지표수 및 지하수의 침투에 의한 토사중량의 증가
   ④ 공사에 의한 진동 및 반복하중의 증가
   ⑤ 지진, 차량, 구조물의 증가
2) 내적요인
   ① 절토사면의 토질, 암석
   ② 성토사면의 토질
   ③ 토석의 강도저하

■정답■ 94.③ 95.④ 96.② 97.④

98 철골보 인양작업 시 준수사항으로 옳지 않은 것은?

① 선회와 인양작업은 가능한 동시에 이루어지도록 한다.
② 인양용 와이어로프의 매달기 각도는 양변 60°정도가 되도록 한다.
③ 유도 로프로 방향을 잡으며 이동시킨다.
④ 철골보의 와이어로프 체결지점은 부재의 1/3지점을 기준으로 한다.

해설 철골보 인양 작업 시 준수사항(표준안전작업지침-고용노동부 고시)
1) 인양와이어 로프의 매달기 각도는 양변 60°를 기준으로 2열로 매달고 와이어 체결 지점은 수평 부재의 1/3 기점을 기준하여야 한다.
2) 조립되는 순서에 따라 사용될 부재가 하단부에 적치되어 있을 대에는 상당부의 부재를 무너뜨리는 일이 없도록 주의하여 옆으로 옮긴 후 부재를 인양하여야 한다.
3) 클램프로 부재를 체결할 때는 다음 각 목의 사항을 준수하여야 한다.
   ① 클램프는 부재를 수평으로 하는 두 곳의 위치에 사용하여야 하며 부재 양단 방향을 등간격이어야 한다.
   ② 부득이 한군데만을 사용할 때는 위험이 적은 장소로서 간단한 이동을 하는 경우에 한하여야 하며 부재의 길이의 1/3지점을 기준하여야 한다.
   ③ 두 곳을 매어 인양시킬 때 와이어로프의 내각은 60°이하여야 한다.
   ④ 클램프의 정격 용량 이상 매달지 않아야 한다.
   ⑤ 체결 작업 중 클램프 본체가 장애물에 부딪히지 않게 주의하여야 한다.
   ⑥ 클램프의 작동 상태를 점검한 후 사용하여야 한다.
4) 유도 로프는 확실히 매야 한다.
5) 인양할 때는 다음 각 목의 사항을 준수하여야 한다.
   ① 인양 와이어로프는 훅의 중심에 걸어야 하며 훅은 용접의 경우 용접장 등 용접 규격을 확인하여 인양 시 취성 파괴에 의한 탈락을 방지하여야 한다.
   ② 신호자는 운전가가 잘 보이는 곳에서 신호하여야 한다.
   ③ 불안정하거나 매단 부재가 경사지면 지상에 내려 다시 체결하여야 한다.
   ④ 부재의 균형을 확인하며 서서히 인양하여야 한다.
   ⑤ 흔들리거나 선회하지 않도록 유도 로프로 유도하며 장애물에 닿지 않도록 주의하여야 한다.

99 크레인의 와이어로프가 일정 한계 이상 감기지 않도록 작동을 자동으로 정지시키는 장치는?

① 훅 해지장치   ② 권과방지장치
③ 비상정지장치   ④ 과부하방지장치

해설
1) **훅 해지장치** : 훅걸이용 와이어로프 등이 훅으로부터 벗겨지는 것을 방지하기 위한 장치
2) **권과방지장치** : 본문설명
3) **비상정지장치** : 위험상태의 발생이 예상되는 경우 이것을 방지하기 위하여 인위적으로 급정지 시키는 장치
4) **과부하방지장치** : 기계설비에 허용 이상의 부하가 가해졌을 때에 그 동작을 정지 또는 방지하기 위해 안전 쪽으로 작동시키는 장치

100 강관비계 중 단관비계의 벽이음 및 버팀 설치 시 수직 및 수평 방향 조립간격으로 옳은 것은?

① 수직방향 : 3m, 수평방향 : 3m
② 수직방향 : 5m, 수평방향 : 5m
③ 수직방향 : 6m, 수평방향 : 8m
④ 수직방향 : 8m, 수평방향 : 6m

해설 강관비계의 조립간격

강관비계의 종류	조립간격(단위 : m)	
	수직방향	수평방향
단관비계	5	5
틀비계(높이가 5m 미만의 것은 제외)	6	8

■ 정답 ■ 98.① 99.② 100.②

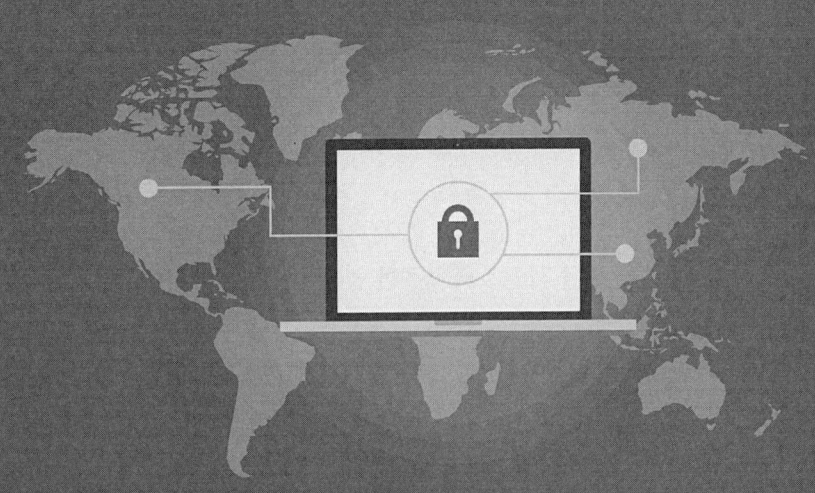

2018년 시행

건설안전산업기사

2018년 1회 기출문제
[3월 4일 시행]

건설안전산업기사

제1과목 / 산업안전관리론

01 주의(attention)의 특성 중 여러 종류의 자극을 받을 때 소수의 특정한 것에만 반응하는 것은?

① 선택성   ② 방향성
③ 단속성   ④ 변동성

해설 주의의 특징
1) **선택성** : 여러 종류의 자극을 자각할 때 소수의 특정한 것에 한하여 선택하는 기능
2) **방향성** : 주시점만 인지하는 기능
3) **변동성** : 주의에는 주기적으로 부주의의 리듬이 존재

02 기업 내 정형교육 중 대상으로 하는 계층이 한정되어 있지 않고, 한번 훈련을 받은 관리자는 그 부하인 감독자에 대해 지도원이 될 수 있는 교육방법은?

① TWI(Training Within Industry)
② MTP(Management Training Program)
③ CCS(Civil Communication Section)
④ ATT(American Telephone&Telegram Co)

해설 ATT(American Telephone & Telegram Co.)
1) **교육대상** : 대상계층이 한정되어 있지 않고, 한번 훈련을 받은 관리자는 그 부하인 감독자에 대해 지도원이 될 수 있다.
2) **교육내용** : 계획적 감독, 작업의 계획 및 인원배치 작업의 감독, 공구와 자료보고 및 기록, 개인작업의 개선, 종업원의 향상, 인사관계, 훈련, 고객관계, 안전부대 군인의 복무조정 등
3) 코스는 1차 훈련(1일 8시간씩 2주간), 2차 과정에서는 문제가 발생할 때마다 하도록 되어있으며, 진행방법은 통상 토의식에 의하여 지도자의 유도로 과제에 대한 의견을 제시하도록 하여 결론을 내려가는 방식을 취한다.

03 산업안전보건법령상 근로자 안전·보건 교육 기준 중 다음 (   )안에 알맞은 것은?

교육과정	교육대상	교육시간
채용시의교육	일용근로자	(㉠)시간 이상
	일용근로자를 제외한 근로자	(㉡)시간 이상

① ㉠ 1, ㉡ 8
② ㉠ 2, ㉡ 8
③ ㉠ 1, ㉡ 2
④ ㉠ 3, ㉡ 6

■ 정답 ■   01.①   02.④   03.①

해설 사업 내 안전보건교육(시행규칙 별표8)

교육과정	교육대상	교육시간
1. 정기교육	1) 사무직·판매직 근로자	매반기 6시간 이상
	2) 사무직·판매직 근로자 외의 근로자	매반기 12시간 이상
2. 채용시 교육	1) 일용직 근로자 및 근로계약기간이 1주일 이하인 기간제 근로자	1시간 이상
	2) 근로계약기간이 1주일 초과 1개월 이하인 기간제 근로자	4시간 이상
	3) 그 밖에 근로자	8시간 이상
3. 작업내용 변경시 교육	1) 일용근로자 및 근로계약기간이 1주일 이하인 기간제 근로자	1시간 이상
	2) 그 밖에 근로자	2시간 이상
4. 특별교육	1) 특별교육대상 작업에 종사하는 일용근로자 및 근로계약기간이 1주일 이하인 기간제 근로자	2시간 이상
	2) 특별교육대상 작업중 타워크레인 신호작업에 종사하는 일용근로자 및 근로계약기간이 1주일 이하인 기간제 근로자	8시간 이상
	3) 특별교육대상 작업에 종사하는 일용근로자 및 근로계약기간이 1주일 이하인 기간제 근로자를 제외한 근로자	• 16시간 이상(최초 작업에 종사하기 전 4시간 이상 실시하고 12시간은 3개월 이내에서 분할하여 실시 가능) • 단기간 작업, 간헐적 작업인 경우 2시간 이상
5. 건설업 기초 안전·보건 교육	건설일용근로자	4시간 이상

04 시행착오설에 의한 학습법칙이 아닌 것은?

① 효과의 법칙
② 준비성의 법칙
③ 연습의 법칙
④ 일관성의 법칙

해설 시행착오설에 의한 학습법칙
 1) 연습의 법칙
 2) 효과의 법칙
 3) 준비성의 법칙

05 산업안전보건법령상 건설현장에서 사용하는 크레인, 리프트 및 곤돌라의 안전검사의 주기로 옳은 것은? (단, 이동식 크레인, 이삿짐 운반용 리프트는 제외한다.)

① 최초로 설치한 날부터 6개월마다.
② 최초로 설치한 날부터 1년마다
③ 최초로 설치한 날부터 2년마다
④ 최초로 설치한 날부터 3년마다

해설 안전검사대상 유해·위험기계 등의 검사주기(시행규칙 제73조의 3)
 1) 크레인(이동식크레인은 제외), 리프트(이삿짐 운반용 리프트는 제외) 및 곤돌라 : 사업장이 설치가 끝난 날부터 3년 이내에 최초 안전검사를 실시하되, 그 이후부터 2년마다(건설현장에 사용하는 것은 최초로 설치한 날부터 6개월 마다)
 2) 이동식크레인, 이삿짐운반용 리프트 및 고소작업대 : 신규등록이후 3년 이내에 최초 안전검사를 실시하되, 그 이후부터 2년마다
 3) 프레스, 전단기, 압력용기, 국소배기장치, 원심기, 화학설비 및 그 부속설비, 건조설비 및 그 부속설비, 롤러기, 사출성형기, 컨베이어 및 산업용 로봇(11종) : 사업장에 설치가 끝난 날부터 3년 이내에 최초 안전검사를 실시하되, 그 이후부터 2년마다 (공정안전보고서를 제출하여 확인을 받은 압력용기는 4년마다)

06 재해예방의 4원칙이 아닌 것은?

① 원인계기의 원칙
② 예방가능의 원칙
③ 사실보존의 원칙
④ 손실우연의 원칙

해설 재해예방의 4원칙
 1) 손실우연의 원칙
 2) 원인계기의 원칙
 3) 예방가능의 원칙
 4) 대책선정의 원칙

■ 정답 ■ 04.④ 05.① 06.③

07 재해발생 시 조치사항 중 대책수립의 목적은?

① 재해발생 관련자 문책 및 처벌
② 재해 손실비 산정
③ 재해발생 원인 분석
④ 동종 및 유사재해 방지

해설 재해발생 시의 조치사항

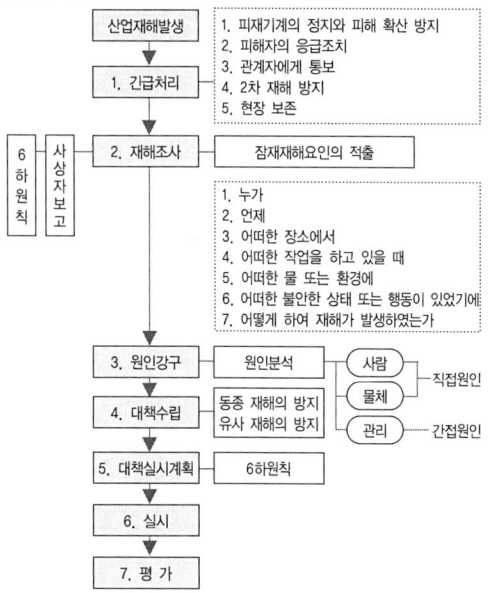

08 추락 및 감전 위험방지용 안전모의 일반 구조가 아닌 것은?

① 착장체　　② 충격흡수재
③ 선심　　　④ 모체

해설 안전모의 구조

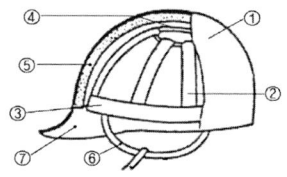

번호	명칭	
1	모체	
2	착장체	머리받침끈
3		머리고정대
4		머리받침고리

번호	명칭
5	충격흡수재(자율안전확인에서는 제외)
6	턱끈
7	모자챙(차양)

09 학습을 자극에 의한 반응으로 보는 이론에 해당하는 것은?

① 손다이크(Thorndike)의 시행착오설
② 퀠러(Kohler)의 통찰설
③ 톨만(Tolman)의 기호형태설
④ 레빈(Lewin)의 장이론

해설 S-R이론 : 유기체에 자극(stimulus)을 주면 반응(response)함으로써 새로운 행동이 발달된다는 이론이다.
1) 손다이크(Thorndike)의 시행착오설
2) 파브로브(Pavlov)의 조건반사설
3) 스키너(Skinner)의 작동적(도구적) 조건화설
4) 구드리(Guthrie)의 접근적 조건화설

10 Safe-T-score에 대한 설명으로 틀린 것은?

① 안전관리의 수행도를 평가하는데 유용하다.
② 기업의 산업재해에 대한 과거와 현재의 안전성적을 비교 평가한 점수로 단위가 없다.
③ Safe-T-score가 +2.0이상인 경우는 안전관리가 과거보다 좋아졌음을 나타낸다.
④ Safe-T-score가 +2.0~-2.0사이인 경우는 안전관리가 과거에 비해 심각한 차이가 없음을 나타낸다.

해설 세이프 티 스코어(Safe T. Score)
1) 의미 : 과거와 현재의 안전성적을 비교·평가하는 방법으로 단위가 없으며(+)이면 나쁜 기록, (-)이면 과거에 비해 좋은 기록으로 본다.

■정답■　07.④　08.③　09.①　10.③

2) 공식

∴ Safe T. Score
$$= \frac{(현재)빈도율 - (과거)빈도율}{\sqrt{\frac{(과거)빈도율}{근로총시간수} \times 10^6}}$$

3) 판정

구분	내 용
+2.0이상	· 과거보다 심각하게 나쁘다.
+2.0~-2.0	· 심각한 차이 없음.
-2.0이하	· 과거보다 좋아졌다.

11 사고예방대책의 기본원리 5단계 중 제4단계의 내용으로 틀린 것은?

① 인사조정
② 작업분석
③ 기술의 개선
④ 교육 및 훈련의 개선

해설 사고예방대책의 기본원리 5단계

단계	과정	내용
1단계	조직	① 경영자의 안전목표 ② 안전관리자의 임명 ③ 안전의 라인 및 참모 조직구성 ④ 안전활동 방침 및 계획수립 ⑤ 조직을 통한 안전활동
2단계	사실의 발견	① 사고 및 안전활동 기록 검토 ② 작업분석 ③ 안전점검 및 안전진단 ④ 사고조사 ⑤ 안전회의 및 토의 ⑥ 근로자의 제안 및 여론조사 ⑦ 관찰 및 보고서의 연구 등을 통하여 불안전 요소 발견
3단계	분석 평가	① 사고보고서 및 현장조사 ② 사고기록 및 인적 물적 조건의 분석 ③ 작업공정 분석 ④ 교육훈련 분석 등을 통하여 사고의 직접원인 및 간접원인 규명
4단계	시정책 선정	① 기술적 개선 ② 인사조정(배치조정) ③ 교육훈련의 개선 ④ 안전행정의 개선 ⑤ 규정 및 수칙 작업표준 제도의 개선 ⑥ 확인 및 통제체제 개선
5단계	시정책 적용	① 기술적(engineering)대책 ② 교육적(education)대책 ③ 단속적(enforcement)대책

12 위험예지훈련 4R방식 중 각 라운드(Round) 별 내용 연결이 옳은 것은?

① 1R - 목표설정
② 2R - 본질추구
③ 3R - 현상파악
④ 4R - 대책수립

해설 위험예지훈련의 4R
1) 1R(현상파악) : 어떤 위험이 잠재하고 있는지 사실을 파악하는 라운드(BS적용)
2) 2R(본질추구) : 가장 위험한 요인(위험 포인트)을 합의로 결정하는 라운드(요약)
3) 3R(대책수립) : 구체적인 대책을 수립하는 라운드(BS)적용
4) 4R(목표달성-설정) : 수립한 대책 가운데 질이 높은 항목에 합의하는 라운드(요약)

13 400명의 근로자가 종사하는 공장에서 휴업일수 127일, 중대 재해 1건이 발생한 경우 강도율은?(단, 1일 8시간으로 연 300일 근무 조건으로 한다.)

① 10
② 0.1
③ 1.0
④ 0.01

해설 강도율 $= \frac{근로손실일수}{연근로시간수} \times 1000$

$= \frac{127 \times \frac{300}{365}}{400 \times 8 \times 300} \times 1000 = 0.14$

14 산업안전보건법령상 관리감독자의 업무의 내용이 아닌 것은?

① 해당 작업에 관련되는 기계·기구 또는 설비의 안전·보건점검 및 이상유무의 확인
② 해당 사업장 산업보건의 지도·조언에 대한 협조
③ 위험성평가를 위한 업무에 기인하는 유해·위험요인의 파악 및 그 결과에 따라 개선조치의 시행
④ 작성된 물질안전보건자료의 게시 또는 비치에 관한 보좌 및 조언·지도

해설 관리감독자의 업무내용
1) 사업장 내 관리감독자가 지휘·감독하는 작업(이하 "당해작업")과 관련되는 기계기구 또는 설비의 안전·보건 점검 및 이상 유무의 확인
2) 관리감독자에게 소속된 근로자의 작업복·보호구 및 방호장치의 점검과 그 착용·사용에 관한 교육·지도
3) 해당 작업에서 발생한 산업재해에 관한 보고 및 이에 대한 응급조치
4) 해당 작업의 작업장 정리·정돈 및 통로확보에 대한 확인·감독
5) 해당 사업장의 산업보건의·안전관리자 및 보건관리자, 안전보건관리담당자의 지도·조언에 대한 협조
6) 위험성평가를 위한 업무에 기인하는 유해·위험요인의 파악 및 그 결과에 따른 개선조치의 시행
7) 그 밖에 당해 작업의 안전·보건에 관한 사항으로서 고용노동부령으로 정하는 사항

15 산업안전보건법령상 안전·보건표지 중 지시 표지사항의 기본모형은?

① 사각형 ② 원형
③ 삼각형 ④ 마름모형

해설 안전보건표지의 기본모형
1) 금지표시 : 원형
2) 경고표지 : 삼각형, 마름모형
3) 지시표지 : 원형
4) 안내표지 : 원형, 사각형

16 안전심리의 5대 요소에 해당하는 것은?

① 기질(temper)
② 지능(intelligence)
③ 감각(sense)
④ 환경(environment)

해설 안전심리의 5대 요소
1) 습관   2) 습성
3) 동기   4) 기질
4) 감정

17 헤드십(Headship)에 관한 설명으로 틀린 것은?

① 구성원과의 사회적 간격이 좁다.
② 지휘의 형태는 권위주의적이다.
③ 권한의 부여는 조직으로부터 위임받는다.
④ 권한귀속은 공식화된 규정에 의한다.

해설 헤드십은 구성원과의 사회적 간격이 넓다.

길잡이 헤드십과 리더십의 구분

구분	헤드십	리더십
1. 권한부여 및 행사	위에서 위임하여 임명	아래로부터 동의에 의한 선출
2. 권한근거	법적 또는 공식적	개인능력
3. 상관과 부하의 관계	지배적	개인적인 경향
4. 지휘형태	권위주의적	민주주의적
5. 부하와의 사회적 간격	넓다	좁다

■ 정답 ■ 14.④ 15.② 16.① 17.①

18 매슬로우(Maslow)의 욕구단계 이론의 요소가 아닌 것은?

① 생리적 욕구
② 안전에 대한 욕구
③ 사회적 욕구
④ 심리적 욕구

해설 매슬로우(Maslow)의 욕구 5단계
1) 1단계-생리적 욕구(신체적 욕구) : 기아, 갈등, 호흡, 배설, 성욕 등 기본적 욕구
2) 2단계-안전의 욕구 : 안전을 구하려는 욕구
3) 3단계-사회적 욕구(친화욕구) : 애정, 소속에 대한 욕구
4) 4단계-인정받으려는 욕구(자기존경의 욕구, 승인욕구) : 자존심, 명예, 성취, 지위 등에 대한 욕구
5) 5단계-자아실현의 욕구(성취욕구) : 잠재적인 능력을 실현하고자 하는 욕구

19 학생이 마음속에 생각하고 있는 것을 외부에 구체적으로 실현하고 형상화하기 위하여 자기 스스로가 계획을 세워 수행하는 학습활동으로 이루어지는 학습지도의 형태는?

① 케이스 메소드(Case method)
② 패널 디스커션(Panel discussion)
③ 구안법(Project method)
④ 문제법(Problem method)

해설 구안법(Project Method)
1) 학습자가 스스로 계획을 세워서 수행하는 학습활동으로 이루어지는 교육형태
2) 구안법의 단계 : 목적 - 계획 - 수행 - 평가

20 부하의 행동에 영향을 주는 리더십 중 조언, 설명, 보상조건 등의 제시를 통한 적극적인 방법은?

① 강요
② 모범
③ 제언
④ 설득

해설 설득 : 본문설명

제2과목
인간공학 및 시스템안전공학

21 체계분석 및 설계에 있어서 인간공학의 가치와 가장 거리가 먼 것은?

① 성능의 향상
② 인력 이용율의 감소
③ 사용자의 수용도 향상
④ 사고 및 오용으로부터의 손실 감소

해설 체계설계 과정에서의 인간공학의 기여도
1) 성능 향상
2) 인력이용률의 향상
3) 사용자의 수용도 향상
4) 사고 및 오용으로부터의 손실감소
5) 훈련비용의 절감
6) 생산 및 정비유지의 경제성 증대

22 소음을 방지하기 위한 대책으로 틀린 것은?

① 소음원 통제
② 차폐장치 사용
③ 소음원 격리
④ 연속 소음 노출

해설 소음대책
1) 소음원의 제거(가장 적극적 대책)
2) 소음원의 통제
3) 소음의 격리
4) 차폐장치 및 흡음재료 사용
5) 음향처리제 사용
6) 적절한 배치(layout)
7) 방음보호구 사용

■ 정답 ■ 18.④ 19.③ 20.④ 21.② 22.④

23 자연습구온도가 20℃이고, 흑구온도가 30℃일 때, 실내의 습구흑구온도지수(WBGT : wet-bulb globe temperature)는 얼마인가?

① 20℃   ② 23℃
③ 25℃   ④ 30℃

해설 실내의 WBGT
= (0.7×자연습구온도)+(0.3×흑구온도)
= (0.7×20)+(0.3×30)=23℃

> **길잡이** 실외(햇빛이 내리쬐는 곳)의 WBGT
> = (0.7×자연습구온도)+(0.2×흑구온도)+(0.1×건구온도)

24 안전성의 관점에서 시스템을 분석 평가하는 접근방법과 거리가 먼 것은?

① "이런 일은 금지한다."의 개인판단에 따른 주관적인 방법
② "어떻게 하면 무슨 일이 발생할 것인가?"의 연역적인 방법
③ "어떤 일은 하면 안 된다."라는 점검표를 사용하는 직관적인 방법
④ "어떤 일이 발생하였을 때 어떻게 처리하여야 안전한가?"의 귀납적인 방법

해설 ① 항, 개인 판단에 따른 주관적인 방법은 시스템 분석평가를 하는 접근방법으로 적합하지 않다.

25 시각적 표시 장치를 사용하는 것이 청각적 표시장치를 사용하는 것보다 좋은 경우는?

① 메시지가 후에 참고되지 않을 때
② 메시지가 공간적인 위치를 다룰 때
③ 메시지가 시간적인 사건을 다룰 때
④ 사람의 일이 연속적인 움직임을 요구할 때

해설 표시장치의 선택(청각장치와 시각장치의 선택)

청각장치사용	시각장치사용
① 전언이 간단하고 짧다.	① 전언이 복잡하고 길다.
② 전언이 후에 재참조되지 않는다.	② 전언이 후에 재참조된다.
③ 전언이 즉각적인 사상(event)을 이룬다.	③ 전언이 공간적인 위치를 다룬다.
④ 전언이 즉각적인 행동을 요구한다.	④ 전언이 즉각적인 행동을 요구하지 않는다.
⑤ 수신자가 시각계통이 과부하 상태일 때	⑤ 수신자의 청각계통이 과부하 상태일 때
⑥ 수신장소가 너무 밝거나 암조의 유지가 필요할 때	⑥ 수신장소가 너무 시끄러울 때
⑦ 직무상 수신자가 자주 움직이는 경우	⑦ 직무상 수신자가 한 곳에 머무르는 경우

26 인체 측정치의 응용 원칙과 거리가 먼 것은?

① 극단치를 고려한 설계
② 조절 범위를 고려한 설계
③ 평균치를 기준으로 한 설계
④ 기능적 치수를 이용한 설계

해설 인체계측자료의 응용원칙
1) 최대치수와 최소치수 : 최대치수 또는 최소치수를 기준으로 하여 설계한다. (극단에 속하는 사람을 위한 설계)
2) 조절범위(조절식) : 체격이 다른 여러 사람에게 맞도록 만드는 것 이다.(조절할 수 있도록 범위를 두는 설계)
3) 평균치를 기준으로 한 설계 : 최대치수나 최소치수, 조절식으로 하기가 곤란할 때 평균치를 기준으로 하여 설계한다.(평균적인 사람을 위한 설계)

27 다음의 연산표에 해당하는 논리연산은?

입력		출력
X_1	X_2	
0	0	0
0	1	1
1	0	1
1	1	0

① XOR ② AND
③ NOT ④ OR

해설 1) XOR(배타적 논리합) : 두 가지 조건이 서로 반대의 값을 가지면 결과가 참으로 나타난다.
2) 연산표에서 X_1, X_2의 값이 서로 다를 때 출력이 "1"이 된다.

28 산업현장에서 사용하는 생산설비의 경우 안전장치가 부착되어 있으나 생산성을 위해 제거하고 사용하는 경우가 있다. 이러한 경우를 대비하여 설계 시 안전장치를 제거하면 작동이 안 되는 구조를 채택하고 있다. 이러한 구조는 무엇인가?

① Fail Safe ② Fool Proof
③ Lock Out ④ Tamper Proof

해설 Tamper proof(템퍼 프루프) : 설비에 부착된 안전장치를 제거하면 설비가 작동되지 않도록 하는 안전설계

29 항공기 위치 표시장치의 설계원칙에 있어, 다음 보기의 설명에 해당하는 것은?

[보기]
항공기의 경우 일반적으로 이동 부분의 영상은 고정된 눈금이나 좌표계에 나타내는 것이 바람직하다.

① 통합 ② 양립적 이동
③ 추종표시 ④ 표시의 현실성

해설 양립적 이동 : 본문 [보기]설명

30 시스템안전프로그램계획(SSPP)에서 "완성해야 할 시스템안전업무"에 속하지 않는 것은?

① 정성 해석
② 운용 해석
③ 경제성 분석
④ 프로그램 심사의 참가

해설 시스템 안전프로그램계획(SSPP)중 완성해야 할 시스템 안전 업무
1) ①, ②, ④항
2) 정량해석
3) 설계심사에의 참가
4) 계약업자의 감사활동

31 휘도(luminance)의 척도 단위(unit)가 아닌 것은?

① fc ② fL
③ mL ④ cd/m²

해설 휘도의 단위 : cd/m^2(칸델레/제곱미터) 또는 nt(nit, 니트), fL(후트램버트), mL(밀리램버트)

32 선형 조정장치를 16cm 옮겼을 때, 선형 표시장치가 4cm 움직였다면, C/R비는 얼마인가?

① 0.2 ② 2.5
③ 4.0 ④ 5.3

해설 C/R비 = $\dfrac{\text{조정장치 변위량}}{\text{표시장치 변위량}}$
= $\dfrac{16}{4} = 4.0$

■정답■ 27.① 28.④ 29.② 30.③ 31.① 32.③

33 신체 반응의 척도 중 생리적 스트레인의 척도로 신체적 변화의 측정 대상에 해당하지 않는 것은?

① 혈압   ② 부정맥
③ 혈액성분   ④ 심박수

해설 생리적 스트레인의 척도에 대한 신체적 변화의 측정대상 : 혈압, 부정맥, 심박수, 뇌전도 등

34 10시간 설비 가동 시 설비고장으로 1시간 정지하였다면 설비고장강도율은 얼마인가?

① 0.1%   ② 9%
③ 10%   ④ 11%

해설 설비고장강도율 $= \dfrac{\text{고장정지시간}}{\text{부하시간}} \times 100$
$= \dfrac{1}{10} \times 100 = 10\%$

길잡이 설비고장도수율 $= \dfrac{\text{고장횟수}}{\text{부하시간}} \times 100$

35 인간공학적 부품배치의 원칙에 해당하지 않는 것은?

① 신뢰성의 원칙   ② 사용 순서의 원칙
③ 중요성의 원칙   ④ 사용 빈도의 원칙

해설 부품배치의 4원칙
1) **중요성의 원칙** : 부품을 작동하는 성능이 체계의 목표달성에 긴요한 정도에 따라 우선순위를 설정한다.
2) **사용빈도의 원칙** : 부품을 사용하는 빈도에 따라 우선순위를 설정한다.
3) **기능별 배치의 원칙** : 기능적으로 관련된 부품들(표시장치, 조정장치 등)을 모아서 배치한다.
4) **사용순서의 원칙** : 사용되는 순서에 따라 장치들을 가까이에 배치한다.

36 근골격계 질환의 인간공학적 주요 위험요인과 가장 거리가 먼 것은?

① 과도한 힘   ② 부적절한 자세
③ 고온의 환경   ④ 단순 반복 작업

해설 근골격계질환 : 반복적인 동작, 부적절한 작업자세, 무리한 힘의 사용, 날카로운 면과의 신체접촉, 진동 및 온도 등의 요인에 의해서 발생하는 건강장해로서 목, 어깨, 허리, 상·하지의 신경·근육 및 그 주변 신체조직등에 나타나는 질환을 말한다.

37 FTA의 활용 및 기대효과가 아닌 것은?

① 시스템의 결함 진단
② 사고원인 규명의 간편화
③ 사고원인 분석의 정량화
④ 시스템의 결함 비용 분석

해설 FTA의 활용에 따른 기대효과
1) 사고원인 규명의 간편화
2) 사고원인 분석의 일반화
3) 사고원인 분석의 정량화
4) 노력시간의 절감
5) 시스템의 결함 진단
6) 안전점검표의 작성

38 시스템 안전을 위한 업무 수행 요건이 아닌 것은?

① 안전활동의 계획 및 관리
② 다른 시스템 프로그램과 분리 및 배제
③ 시스템 안전에 필요한 사람의 동일성 식별
④ 시스템 안전에 대한 프로그램 해석 및 평가

해설 시스템 안전관리
1) 시스템 안전에 필요한 사항의 동일성의 식별(identification)
2) 안전활동의 계획, 조직과 관리
3) 다른 시스템 프로그램 영역과 조정
4) 시스템 안전에 대한 목표를 유효하게 적시에 실현시키기 위한 프로그램의 해석검토 및 평가 등의 시스템 안전업무

■ 정답 ■ 33.③ 34.③ 35.① 36.③ 37.④ 38.②

39 컷셋(cut sets)과 최소 패스셋(minimal path sets)을 정의한 것으로 맞는 것은?

① 컷셋은 시스템 고장을 유발시키는 필요 최소한의 고장들의 집합이며, 최소 패스셋은 시스템의 신뢰성을 표시한다.
② 컷셋은 시스템 고장을 유발시키는 기본고장들의 집합이며, 최소 패스셋은 시스템의 불신뢰도를 표시한다.
③ 컷셋은 그 속에 포함되어 있는 모든 기본사상이 일어났을 때 톱 사상을 일으키는 기본사상의 집합이며, 최소 패스셋은 시스템의 신뢰성을 표시한다.
④ 컷셋은 그 속에 포함되어 있는 모든 기본사상이 일어났을 때 톱 사상을 일으키는 기본사상의 집합이며, 최소 패스셋은 시스템의 성공을 유발하는 기본사상의 집합이다.

해설 1) 컷셋과 미니멀 컷
① 컷셋(cut sets) : 정상사상을 일으키는 기본사상(통상사상, 생략사상 포함)의 집합을 컷이라 한다.
② 미니멀 컷(minimal cut sets) : 정상사상을 일으키기 위해 필요한 최소한의 컷을 말한다. (시스템의 위험성을 나타냄)
2) 패스셋과 미니멀 패스
① 패스 셋 : 정상사상이 일어나지 않는 기본사상의 집합을 말한다.
② 미니멀 패스 : 필요한 최소한의 패스를 말한다.(시스템의 신뢰성을 나타냄)

40 산업안전 분야에서의 인간공학을 위한 제반 언급사항으로 관계가 먼 것은?

① 안전관리자와의 의사소통 원활화
② 인간과오 방지를 위한 구체적 대책
③ 인간행동 특성자료의 정량화 및 축적
④ 인간-기계체계의 설계 개선을 위한 기금의 축적

해설 ④항 : 인간공학과 관계없음

제3과목 / 건설시공학

41 평판재하시험용 시험기구와 거리가 먼 것은?

① 잭(Jack)
② 틸트미터(Tilt meter)
③ 로드셀(Load cell)
④ 다이얼 게이지(Dial gauge)

해설 평판재하시험용 시험기구
1) 잭(jack) : 기어·나사·유압 등을 이용해서 무거운 것을 수직으로 들어올리는 기구
2) 로드셀(load cell) : 하중측정계
3) 다이얼 게이지(dial gauge) : 길이를 측정하는 계기

42 표준관입시험은 63.5kg의 추를 76cm 높이에서 자유낙하시켜 샘플러가 일정 깊이까지 관입하는데 소요되는 타격 회수(N)로 시험하는데 그 깊이로 옳은 것은?

① 15cm   ② 30cm
③ 45cm   ④ 60cm

해설 표준관입시험(penetration test) : 63.5 kg의 추를 76cm의 높이에서 자유 낙하시켜 30cm 관입시킬 때의 타격횟수(N)를 측정하여 흙의 경·연도의 정도를 판정하는 방법
1) 모래의 전단력의 차이에 의해 모래의 불교란 시료를 채취하기 곤란한 경우 현지의 지반에서 직접 밀도를 측정하는 시험방법이다.
2) 사질지반의 상대밀도 등 토질 조사시 신뢰성이 높다.
3) N값과 모래의 상태

N의 값	모래의 상태
0~5	몹시 느슨하다
5~10	느슨하다
10~30	보통
50 이상	다진 상태(밀실 상태)

■ 정답 ■ 39.③　40.④　41.②　42.②

43 철근 콘크리트 공사에서 콘크리트 타설 후 거푸집 존치기간을 가장 길게 해야 할 부재는?

① 슬래브 밑　② 기둥
③ 기초　　　④ 벽

해설 거푸집의 존치기간

부위	기초, 보옆, 기둥 및 벽		바닥 및 지붕 슬래브, 보 밑	
시멘트의 종류	포틀랜드 시멘트	조강포틀랜드 시멘트	포틀랜드 시멘트	조강포틀랜드 시멘트
콘크리트의 재령(일) 평균 20℃ 이상	4	2	7	4
평균 10~20℃ 미만	6	3	8	5
콘크리트의 압축강도	50kg/cm²		설계기준강도의 50%	

44 철골공사의 녹막이칠에 관한 설명으로 옳지 않은 것은?

① 초음파탐상검사에 지장을 미치는 범위는 녹막이칠을 하지 않는다.
② 바탕만들기를 한 강재표면은 녹이 생기기 쉽기 때문에 즉시 녹막이칠을 하여야 한다.
③ 콘크리트에 묻히는 부분에는 녹막이칠을 하여야 한다.
④ 현장 용접 예정부분은 용접부에서 100mm 이내에 녹막이칠을 하지 않는다.

해설 녹막이 칠을 할 필요가 없는 부분
1) 콘크리트에 밀착 또는 매입되는 부분
2) 조립에 의해 서로 밀착되는 면
3) 현장용접을 하는 부위 및 그곳에 인접하는 양측 10mm 이내(용접부에서 50 mm 이내)
4) 고장력 볼트 마찰접합부의 마찰면
5) 폐쇄형 단면을 한 부재의 밀폐된 내면
6) 기계깎기 마무리면

45 공사현장의 소음·진동 관리를 위한 내용 중 옳지 않은 것은?

① 일정면적 이상의 건축공사장은 특정공사 사전신고를 한다.
② 방음벽 등 차음·방진 시설을 설치한다.
③ 파일공사는 가능한 타격공법을 시행한다.
④ 해체공사 시 압쇄공법을 채택한다.

해설 타격공법은 소음이 심하므로 가능한 피한다.

46 단가 도급계약 제도에 관한 설명으로 옳지 않은 것은?

① 시급한 공사인 경우 계약을 간단히 할 수 있다.
② 설계변경으로 인한 수량증감의 계산이 어렵고 일식도급보다 복잡하다.
③ 공사비가 높아질 염려가 있다.
④ 총공사비를 예측하기 힘들다.

해설 단가도급 : 공사에 필요한 각종 재료와 노임 또는 공사의 내용을 상세항목으로 나누어 각 항목에 대한 단가만을 가지고 계약을 체결하는 방식
1) 장점 : 긴급공사 시 계약을 간단히 할 수 있고 공사를 빨리 착공할 수 있으며 설계 변경 시에 수량증감이 용이하다.
2) 단점 : 총 공사비를 예측하기 어렵고, 공사 수량에 대한 관념이 희박하여 공사비가 높아진다.

47 철골부재의 절단 및 가공조립에 사용되는 기계의 선택이 잘못된 것은?

① 메탈터치부위 가공 - 페이싱머신(facing machine)
② 형강류 절단 - 해크소(hack saw)
③ 판재류 절단 - 플레이트 쉐어링기(plate shearing)
④ 볼트접합부 구멍 가공 - 로터리 플레이너(rotary planer)

해설 1) 볼트접합부 구멍가공 - 리머(reamer)
2) 로터리 플레이너(rotary planer) : 로터리 베니어용의 폭이 넓은 대패를 갖는 평삭반

48 콘크리트 타설 후 콘크리트의 소요강도를 단기간에 확보하기 위하여 고온·고압에서 양생하는 방법은?

① 봉합양생
② 습윤양생
③ 전기양생
④ 오토클레이브양생

해설 오토클레이브 양생 : 고온, 고압의 가마 속에 콘크리트를 넣어 촉진 양생하는 방법으로 고압증기양생이라고도 한다.

49 거푸집 박리제 시공 시 유의사항으로 옳지 않은 것은?

① 박리제가 철근에 묻어도 부착강도에는 영향이 없으므로 충분히 도포하도록 한다.
② 박리제의 도포 전에 거푸집면의 청소를 철저히 한다.
③ 콘크리트 색조에는 영향이 없는지 확인 후 사용한다.
④ 콘크리트 타설시 거푸집의 온도 및 탈형시간을 준수한다.

해설 박리제가 철근에 묻으면 부착강도가 저하되므로 철근에 묻지 않도록 주의하여야 한다.

50 슬럼프 저하 등 워커빌리티의 변화가 생기기 쉬우며 동일슬럼프를 얻기 위한 단위수량이 많아 콜드조인트가 생기는 문제점을 갖고 있는 콘크리트는?

① 한중콘크리트 ② 매스콘크리트
③ 서중콘크리트 ④ 팽창콘크리트

해설 서중콘크리트 : 일평균 기온이 25℃를 넘는 시기에 시공되는 콘크리트

51 거푸집공사에서 거푸집상호간의 간격을 유지하는 것으로서 보통 철근제, 파이프제를 사용하는 것은?

① 데크 플레이트(Deck plate)
② 격리재(Separator)
③ 박리제 (Form oil)
④ 캠버(Camber)

해설 1) 데크플레이트(Deck plate) : 바닥구조에 사용하는 파형(波形)으로 성형된 판
2) 격리제(Separator) : 본문설명
3) 박리제(form oil) : 콘크리트 거푸집의 탈형을 쉽게 하기 위해 미리 내면에 칠하는 약제
4) 캠버(camber) : 높이 조절용 쐐기

52 정액도급 계약제도에 관한 설명으로 옳지 않은 것은?

① 경쟁입찰 시 공사비가 저렴하다.
② 건축주와의 의견조정이 용이하다.
③ 공사설계변경에 따른 도급액 증감이 곤란하다.
④ 이윤관계로 공사가 조악해질 우려가 있다.

해설 정액도급 : 총 공사비를 미리 결정하여 입찰자와 계약하는 방식으로 일식도급, 분할도급 등과 병용되며 정액일시도급제도가 가장 많이 채용된다.
1) 장점
① 경쟁입찰로 공사비를 절약할 수 있다.
② 공사관리업무가 간단하고 총공사비가 판명되어 건축주가 자금을 조달하는데 편리하다.
2) 단점
① 입찰 전에 설계도서가 완성 되어야 한다.
② 공사변경에 따른 도급금액의 증감이 어렵다.
③ 공사비가 낮아 공사가 조잡해질 우려가 있다.

■정답■ 48.④ 49.① 50.③ 51.② 52.②

53 주문받은 건설업자가 대상계획의 금융, 토지조달, 설계, 시공 등 기타 모든 요소를 포괄한 도급계약 방식은?

① 실비정산 보수가산 도급
② 턴키도급(trun-key)
③ 정액도급
④ 공동도급(joint venture)

해설 턴키(turn-key)도급 : 건설업자는 주문자가 필요로 하는 모든 것(대상계획의 기업·금융, 토지조달, 설계, 시공, 기계·기구 설치, 시운전까지의 모든 것)을 조달하여 주문자에게 인도하는 도급방식

54 건축물의 철근 조립 순서로서 옳은 것은?

① 기초 – 기둥 – 보 – slab – 벽 – 계단
② 기초 – 기둥 – 벽 – slab – 보 – 계단
③ 기초 – 기둥 – 벽 – 보 – slab – 계단
④ 기초 – 기둥 – slab – 보 – 벽 – 계단

해설 철근 조립순서 : 기초 - 기둥 - 벽 - 보 - slab - 계단

55 말뚝의 이음 공법 중 강성이 가장 우수한 방식은?

① 장부식 이음
② 충전식 이음
③ 리벳식 이음
④ 용접식 이음

해설 용접식 이음 : 강성이 가장 우수한 말뚝의 이음 공법

56 토공사 시 발생하는 히빙파괴(heaving failure)의 방지대책으로 가장 거리가 먼 것은?

① 흙막이벽의 근입깊이를 늘린다.
② 터파기 밑면 아래의 지반을 개량한다.
③ 지하수위를 저하시킨다.
④ 아일랜드컷 공법을 적용하여 중량을 부여한다.

해설 지하수위 저하 : 보일링 현상의 방지대책

57 토공사와 관련된 용어에 관한 설명으로 옳지 않은 것은?

① 간극비 : 흙의 간극 부분 중량과 흙입자 중량의 비
② 겔타임(gel-time) : 약액을 혼합한 후 시간의 경과하여 유동성을 상실하게 되기까지의 시간
③ 동결심도 : 지표면에서 지하 동결선까지의 길이
④ 수동활동면 : 수동토압에 의한 파괴 시 토체의 활동면

해설 간극비 : 흙(토립자)용적에 대한 간극(공극)용적의 비

$$간극비 = \frac{간극의\ 용적}{흙(토립자)의\ 용적} \times 100(\%)$$

58 다음 중 건설공사용 공정표의 종류에 해당되지 않는 것은?

① 횡선식 공정표
② 네트워크공정표
③ PDM기법
④ WBS

해설 WBS(work breakdown structure) : 작업명세구조도(작업분할구조도)

59 중용열포틀랜드시멘트의 특성이 아닌 것은?

① 블리딩 현상이 크게 나타난다.
② 장기강도 및 내화학성의 확보에 유리하다.
③ 모르타르의 공극 충전효과가 크다.
④ 내침식성 및 내구성이 크다.

해설 ①항, 블리딩 현상이 적어진다.

■ 정답 ■ 53.② 54.③ 55.④ 56.③ 57.① 58.④ 59.①

60 철근이음공법 중 지름이 큰 철근을 이음할 경우 철근의 재료를 절감하기 위하여 활용하는 공법이 아닌 것은?

① 가스압접이음
② 맞댄용접이음
③ 나사식커플링이음
④ 겹친이음

해설 철근 재료를 절감하기 위한 철근이음공법
1) 가스압점이음
2) 맞댄용접이음
3) 나사식커플링이음

제4과목 / 건설재료학

61 도막방수에 관한 설명으로 옳지 않은 것은?

① 복잡한 형상에도 시공이 용이하다.
② 시트간의 접착이 불완전 할 수 있다.
③ 내약품성이 우수하다.
④ 균일한 두께의 시공이 곤란하다.

해설 도막방수 : 합성수지 재료를 바탕에 발라 방수도막을 만드는 공법이다.

62 단열재료 중 무기질 재료가 아닌 것은?

① 유리면
② 경질우레탄 폼
③ 세라믹 섬유
④ 암면

해설 경질우레탄폼 : 화학합성물 단열재

63 알루미늄의 성질에 관한 설명으로 옳지 않은 것은?

① 반사율이 작으므로 열차단재로 쓰인다.
② 독성이 없으며 무취이고 위생적이다.
③ 산과 알칼리에 약하여 콘크리트에 접하는 면에는 방식처리를 요한다.
④ 융점이 낮기 때문에 용해주조도는 좋으나 내화성이 부족하다.

해설 알루미늄(Al)은 광선 및 열에 대한 반사율이 매우 크다.

64 점토 재료에서 SK 번호는 무엇을 의미하는가?

① 소성하는 가마의 종류를 표시
② 소성온도를 표시
③ 제품의 종류를 표시
④ 점토의 성분을 표시

해설 SK : 점토제품의 소성온도를 나타냄

65 목재의 재료적 특징으로 옳지 않은 것은?

① 온도에 대한 신축이 적다.
② 열전도율이 작아 보온성이 뛰어나다.
③ 강재에 비하여 비강도가 작다.
④ 음의 흡수 및 차단성이 크다.

해설 1) 목재는 강재에 비하여 비강도가 크다.
2) **비강도** : 재료의 강도를 비중량으로 나눈값을 말한다.

■ 정답 ■ 60.④ 61.② 62.② 63.① 64.② 65.③

66 점토재료 중 자기에 관한 설명으로 옳은 것은?

① 소지는 적색이며, 다공질로써 두드리면 탁음이 난다.
② 흡수율이 5% 이상이다.
③ 1000℃ 이하에서 소성된다.
④ 위생도기 및 타일 등으로 사용된다.

해설 자기
① 소지는 백색이며 두드리면 청음이 난다.
② 흡수율 5%이하로 흡수성이 극히 작다.
③ 소성온도 : 1230~1460℃
④ 점토제품 중 경도와 강도가 가장 크다.

67 보통 콘크리트에서 인장강도/압축강도의 비로 가장 알맞은 것은?

① 1/2 ~ 1/5
② 1/5 ~ 1/7
③ 1/9 ~ 1/13
④ 1/17 ~ 1/20

해설 콘크리트의 강도 : 표준양생을 한 재령 28일의 압축강도를 기준으로 한다.
① **인장강도** : 압축강도의 1/10~1/13
② **휨강도** : 압축강도의 1/5~1/8(인장강도의 1.6~2배)
③ **전단강도** : 압축강도의 1/4~1/6
∴ **콘크리트 강도크기 순서** : 압축강도 〉전단강도 〉휨강도 〉인장강도

68 구조용 강재에 관한 설명으로 옳지 않은 것은?

① 탄소의 함유량을 1%까지 증가시키면 강도와 경도는 일반적으로 감소한다.
② 구조용 탄소강은 보통 저탄소강이다.
③ 구조용강 중 연강은 철근 또는 철골재로 사용된다.
④ 구조용 강재의 대부분은 압연강재이다.

해설 탄소함유량에 의한 탄소강의 특성
1) 강은 탄소함유량이 많을수록 강도는 증대되고 신도(연신율)는 감소된다.
2) 탄소함유량이 0.9%~1.0% 함유시 인장강도는 최대로 증대되고 이를 넣으면 감소된다.
3) 경도는 탄소함유량이 0.9% 함유시 최대가 되며 그 이상에서는 일정하다.

69 플라스틱 제품에 관한 설명으로 옳지 않은 것은?

① 내수성 및 내투습성이 양호하다.
② 전기절연성이 양호하다.
③ 내열성 및 내후성이 약하다.
④ 내마모성 및 표면강도가 우수하다.

해설 플라스틱 제품은 내마모성 및 표면강도가 적다.

길잡이 플라스틱의 장점 및 단점
(1) 장점
① 가볍고 강인성이 있다.
  (비중이 적어 건축물의 경량화에 적합)
② 투광성이 양호하다.
③ 내수성, 내산 및 내알칼리성, 내약품성 등이 크고 전기절연성도 우수하다.
④ 성형성, 가공성이 우수하다.
(2) 단점
① 경도 및 내마모성이 작다.
  (강성과 강도가 작다.)
② 내열성, 내화성, 내후성 등이 작다.
③ 열에 의한 변형 신축성이 크다.

70 벽, 기둥 등의 모서리 부분에 미장바름을 보호하기 위한 철물은?

① 줄눈대   ② 조이너
③ 인서트   ④ 코너비드

해설 코너비드(cornerbead) : 모서리쇠

■ 정답 ■ 66.④ 67.③ 68.① 69.④ 70.④

71 극장 및 영화관 등의 실내천장 또는 내벽에 붙여 음향조절 및 장식효과를 겸하는 재료는?

① 플로링 보드
② 프린트 합판
③ 집성 목재
④ 코펜하겐 리브

해설 코펜하겐 리프판(copenhagen rib board)
1) 두께 5cm, 폭(너비) 10cm 정도의 긴 판에 다 표면을 리브로 가공한 것이다.
2) 면적이 넓은 강당, 집회장, 극장 등의 천장 또는 내벽에 붙여 음향조절용으로 쓰거나 수장제로 사용된다.

72 2장 이상의 판유리 사이에 강하고 투명하면서 접착성이 강한 플라스틱 필름을 삽입하여 제작한 안전유리를 무엇이라 하는가?

① 접합유리
② 복층유리
③ 강화유리
④ 프리즘유리

해설 ① 접합유리 : 본문설명
② 복층유리 : 2장 또는 3장의 유리를 일정한 간격을 띄고 둘레에는 틈을 끼워서 내부를 기밀하게 만들고 여기에 공기 등을 넣어 만든 판유리(이중유리 또는 겹유리)
③ 강화유리 : 강도를 높인 안전유리
④ 프리즘유리 : 프리즘의 이론을 응용하여 만든 유리제품

73 보통 벽돌이 적색 또는 적갈색을 띠고 있는 것을 원료점토 중에 무엇을 포함하고 있기 때문인가?

① 산화철
② 산화규소
③ 산화칼륨
④ 산화나트륨

해설 보통벽돌이 적색 또는 적갈색을 띠고 있는 것은 점토 중에 포함되고 있는 산화철분(Fe_2O_3)에 기인한다.

74 프리플레이스트 콘크리트에서 주입용 모르타르에 쓰이는 모래의 조립률(FM값)범위로 가장 알맞은 것은?

① 0.7 ~ 1.2
② 1.4 ~ 2.2
③ 2.3 ~ 3.7
④ 3.8 ~ 4.0

해설 프리플레이스트 콘크리트 (preplaced concrete)
1) 굵은 골재를 거푸집 속에 미리 넣어두고 후에 파이프를 통해서 모르타르를 압입하여 타설하는 콘크리트이다.
2) 주입용 모르타르에 쓰이는 모래의 조립률 (FM 값)범위 : 1.4~2.2
3) 굵은 골재의 최소치수는 15mm이상, 굵은 골재의 최대치수는 부재단면 최소치수의 1/4이하, 철근콘크리트의 경우 철근 순간격의 2/3이하로 하여야 한다.

75 도막의 일부가 하지로부터 부풀어 지름이 10mm되는 것부터 좁쌀 크기 또는 미세한 수포가 발생하는 도막결함은?

① 백화
② 변색
③ 부풀음
④ 번짐

해설 부풀음 : 본문 설명

76 돌로마이트 플라스터에 관한 설명으로 옳은 것은?

① 소석회에 비해 점성이 낮고, 작업성이 좋지 않다.
② 여물을 혼합하여도 건조수축이 크기 때문에 수축 균열이 발생되는 결점이 있다.
③ 회반죽에 비해 조기강도 및 최종강도가 작다.
④ 물과 반응하여 경화하는 수경성 재료이다.

해설 돌로마이트 플라스터
1) 돌로마이트 플라스터 : 돌로마이트석회(마그네시아석회)에 모래, 여물, 필요한 경우에는

■정답■ 71.④ 72.① 73.① 74.② 75.③ 76.②

시멘트를 혼합하여 반죽한 미장재료이다.
2) 특성
① 미장재료 중 점도가 가장 크고 풀이 필요 없으며 응결시간이 길어 바르기도 좋다. (변색, 냄새, 곰팡이가 없다.)
② 기경성 재료로 경화시 건조수축이 커서 균열이 생기기 쉽다. (물에 약한 것이 결점)
③ 회반죽에 비해 강도가 높다.

77 목재의 함수율에 관한 설명으로 옳지 않은 것은?

① 약 30%의 함수상태를 섬유포화점이라 한다.
② 목재는 비중과 함수율에 따라 강도와 수축에 영향을 받는다.
③ 기건상태는 목재의 수분이 전혀 없는 상태를 말한다.
④ 함수율이란 절건상태인 목재중량에 대한 함수량의 백분율이다.

해설 **목재의 기건상태** : 공기 중에서 건조한 상태로 함수율이 12~18%(보통 15%정도)이다.

78 시멘트의 분말도에 관한 설명으로 옳지 않은 것은?

① 시멘트의 분말도는 단위중량에 대한 표면적이다.
② 분말도가 큰 시멘트일수록 물과 접촉하는 표면적이 증대되어 수화반응이 촉진된다.
③ 분말도 측정은 슬럼프 시험으로 한다.
④ 분말도가 지나치게 클 경우에는 풍화되기가 쉽다.

해설 **시멘트 분말도 측정**
1) **체가름 방법** : 표준체 μ의 잔분
2) **비표면적**(cm^2/g)**시험** : 블레인 공기투과장치 이용

79 석유 아스팔트에 속하지 않는 것은?

① 블로운 아스팔트
② 스트레이트 아스팔트
③ 아스팔타이트
④ 컷백 아스팔트

해설 아스팔트 분류

천연아스팔트	석유아스팔트
① 로크 아스팔트 ② 레이크 아스팔트 ③ 아스팔트 타이트	① 스트레이트 아스팔트 ② 블로운 아스팔트 ③ 아스팔트 컴파운드

80 석재를 다듬을 때 쓰는 방법으로 양날 망치로 정다듬한 면을 일정방향으로 찍어 다듬는 석재 표면 마무리 방법은?

① 잔다듬　　② 도드락다듬
③ 혹두기　　④ 거친갈기

해설 석재의 표면가공(손다듬기)의 순서와 가공용 공구(다듬기구)

① 혹두기 - 쇠메 → ② 정다듬 - 정 →
③ 도드락다듬 - 도드락망치 →
④ 잔다듬 - 날망치 → ⑤ 돌갈기 - 숫돌

■ 정답 ■　77.③　78.③　79.③　80.①

제5과목 / 건설안전기술

81 흙의 연경도(Consistency)에서 반고체 상태와 소성상태의 한계를 무엇이라 하는가?

① 액성한계　② 소성한계
③ 수축한계　④ 반수축한계

해설 1) 흙의 연경도 : 점착성이 있는 흙이 함수량이 점차 감소함에 따라 액성 → 소성 → 반고체 → 고체 상태로 변하는 성질을 흙의 연경도라 한다.
2) 연경도의 한계

```
고체상태(절건상태)
  ↓ [수축한계]
반고체상태(끈기 없는 상태)
  ↓ [소성한계]
소성상태(반죽상태)
  ↓ [액성한계]
액체상태(유동성상태)
```

① 수축한계 : 고체와 반고체 경계의 함수비(함수량이 감소하여도 부피가 변하지 않는 상태)
② 소성한계 : 반고체와 소성경계의 함수비(파괴없이 변형시킬 수 있는 최소함수비 상태)
③ 액성한계 : 소성과 액체 경계의 함수비(전단력이 0인 최소 함수비 상태)

82 층고가 높은 슬래브 거푸집 하부에 적용하는 무지주 공법이 아닌 것은?

① 보우빔(bow beam)
② 철근일체형 데크플레이트(deck plate)
③ 페코빔(pecco beam)
④ 솔져시스템(soldier system)

해설 솔져시스템(soldier system ; 합벽지지대) : 건물지하 터파기 공사 후 벽면에 콘크리트 타설 시 유로폼 설치 후 지지해주는 지지대

83 굴착작업 시 근로자의 위험을 방지하기 위하여 해당 작업, 작업장에 대한 사전조사를 실시하여야 하는데 이 사전조사 항목에 포함되지 않는 것은?

① 지반의 지하수위 상태
② 형상·지질 및 지층의 상태
③ 굴착기의 이상 유무
④ 매설물 등의 유무 또는 상태

해설 굴착작업시 굴착시기와 작업순서를 정하기 위해 작업 장소 및 그 주변의 지반에 대한 조치사항
1) 형상, 지질 및 지층의 상태
2) 균열·함수·용수 및 동결의 유무 또는 상태
3) 매설물의 유무 또는 상태
4) 지반의 지하수위 상태

84 사질토지반에서 보일링(boiling)현상에 의한 위험성이 예상될 경우의 대책으로 옳지 않은 것은?

① 흙막이 말뚝의 밑둥넣기를 깊게 한다.
② 굴착 저면보다 깊은 지반을 불투수로 개량한다.
③ 굴착 밑 투수층에 만든 피트(pit)를 제거한다.
④ 흙막이벽 주위에서 배수시설을 통해 수두차를 적게 한다.

해설 보일링 현상 방지대책
1) ①, ②, ④ 항
2) 굴착토를 즉시 원상매립한다.

■ 정답 ■　81.②　82.④　83.③　84.③

85 재료비가 30억원, 직접노무비가 50억원인 건설공사의 예정가격상 안전관리비로 옳은 것은? (단, 일반건설공사(갑)에 해당되며 계상기준은 1.97%임)

① 56,400,000원 ② 94,000,000원
③ 150,400,000원 ④ 157,600,000원

해설 안전관리비 = 대상액 × $\dfrac{비율(\%)}{100}$

= (30억+50억) × $\dfrac{1.97}{100}$

= 1억 5천 7백 6십만원(157,600,000원)

86 다음 (   )안에 알맞은 수치는?

> 슬레이트, 선라이트(sunlight) 등 강도가 약한 재료로 덮은 지붕 위에서 작업을 할 때에 발이 빠지는 등 근로자가 위험해질 우려가 있는 경우 폭 (   )이상의 발판을 설치하거나 안전방망을 치는 등 위험을 방지하기 위하여 필요한 조치를 하여야 한다.

① 30cm ② 40cm
③ 50cm ④ 60cm

해설 슬레이트, 선라이트(sunlight) 등 지붕 위에서의 작업시 위험방지조치사항
1) 폭 30cm 이상의 발판 설치
2) 안전방망(추락방호망) 설치

87 발파공사 암질 변화구간 및 이상암질 출현 시 적용하는 암질 판별방법과 거리가 먼 것은?

① R.Q.D ② RMR 분류
③ 탄성파 속도 ④ 하중계(Load Cell)

해설 굴착공사 중 암질변화구간 및 이상암질의 출현 시 암질판별기준(고용노동부고시)
1) R·Q·D(%)
2) 탄성파 속도(m/sec)
3) R·M·R
4) 일축압축강도(kg/cm²)
5) 진동치속도(cm/sec=Kine)

88 화물을 적재하는 경우 준수하여야 할 사항으로 옳지 않은 것은?

① 침하 우려가 없는 튼튼한 기반 위에 적재할 것
② 화물의 압력정도와 관계없이 건물의 벽이나 칸막이 등을 이용하여 화물을 기대어 적재할 것
③ 하중이 한쪽으로 치우치지 않도록 쌓을 것
④ 불안정할 정도로 높이 쌓아 올리지 말 것

해설 화물적재시 준수사항
1) 침하의 우려가 없는 튼튼한 기반 위에 적재할 것
2) 건물의 칸막이나 벽 등이 화물의 압력이 견딜 만큼의 강도를 지니지 아니한 때에는 칸막이나 벽에 기대어 적재하지 아니하도록 할 것
3) 불안정할 정도로 높이 쌓아 올리지 말 것
4) 하중이 한쪽으로 치우치지 않도록 적재할 것

89 토사 붕괴의 내적 요인이 아닌 것은?

① 사면, 법면의 경사 증가
② 절토 사면의 토질구성 이상
③ 성토 사면의 토질구성 이상
④ 토석의 강도 저하

해설 토사붕괴의 원인(고용노동부고시)
1) 외적요인
  ① 사면, 법면의 경사 및 구배의 증가
  ② 절토 및 성토 높이의 증가
  ③ 공사에 의한 진동 및 반복하중의 증가
  ④ 지표수 및 지하수의 침투에 의한 토사중량 증가
  ⑤ 지진, 차량, 구조물의 하중
2) 내적요인
  ① 절토사면의 토질, 암질
  ② 성토사면의 토질
  ③ 토석의 강도저하

90 철골용접 작업자의 전격 방지를 위한 주의사항으로 옳지 않은 것은?

① 보호구와 복장을 구비하고, 기름기가 묻었거나 젖은 것은 착용하지 않을 것
② 작업 중지의 경우에는 스위치를 떼어 놓을 것
③ 개로 전압이 높은 교류 용접기를 사용할 것
④ 좁은 장소에서의 작업에서는 신체를 노출시키지 않을 것

해설 ③항, 개로 전압이 낮은 교류용접기를 사용할 것

91 유해·위험 방지계획서 제출 시 첨부서류의 항목이 아닌 것은?

① 보호장비 폐기계획
② 공사개요서
③ 산업안전보건관리비 사용계획
④ 전체공정표

해설 유해·위험방지계획서 제출 시 첨부서류(공사개요 및 안전보건관리계획)
1) 공사개요서(별지 제45호 서식)
2) 공사현장의 주변현황 및 주변과의 관계를 나타내는 도면(매설물 현황 포함)
3) 건설물·공사용 기계설비 등의 배치를 나타내는 도면 및 서류
4) 전체공정표
5) 산업안전보건관리비 사용계획(별지 제46호 서식)
6) 안전관리조직표
7) 재해발생위험시 연락 및 대피방법

92 철골작업을 중지하여야 하는 풍속과 강우량 기준으로 옳은 것은?

① 풍속 : 10m/sec 이상, 강우량 : 1mm/h이상
② 풍속 : 5m/sec 이상, 강우량 1mm/h 이상
③ 풍속 : 10m/sec 이상, 강우량 : 2mm/h이상
④ 풍속 : 5m/sec 이상, 강우량 : 2mm/h이상

해설 철골작업을 중지해야 하는 기상조건
1) 풍속이 10m/sec 이상
2) 강우량이 1mm/hr 이상
3) 강설량이 1cm/hr 이상

93 잠함 또는 우물통의 내부에서 근로자가 굴착작업을 하는 경우의 준수사항으로 옳지 않은 것은?

① 산소결핍 우려가 있는 경우에는 산소의 농도를 측정하는 사람을 지명하여 측정하도록 할 것
② 근로자가 안전하게 오르내리기 위한 설비를 설치할 것
③ 굴착깊이가 20m를 초과하는 경우에는 해당 작업장소와 외부와의 연락을 위한 통신설비 등을 설치할 것
④ 잠함 또는 우물통의 급격한 침하에 의한 위험을 방지하기 위하여 바닥으로부터 천장 또는 보까지의 높이는 2m 이내로 할 것

해설 잠함·우물통·수직갱 기타 이와 유사한 건설물 또는 설비의 내부에서 굴착작업시 준수사항
① 산소결핍의 우려가 있는 때에는 산소의 농도를 측정하는 자를 지명하여 측정하도록 할 것
② 근로자가 안전하게 승강하기 위한 설비를 설치할 것
③ 굴착 깊이가 20m를 초과하는 때에는 해당 작업장소와 외부와의 연락을 위한 통신설비 등을 설치할 것
④ 산소결핍이 인정되거나 굴착 깊이가 20m를 초과할 때에는 송기설비를 설치하여 필요한 양의 공기를 송급할 것

■ 정답 ■ 90.③ 91.① 92.① 93.④

94 도심지에서 주변에 주요시설물이 있을 때 침하와 변위를 적게 할 수 있는 가장 적당한 흙막이 공법은?

① 동결공법
② 샌드드레인공법
③ 지하연속벽공법
④ 뉴매틱케이슨공법

해설 지하연속벽공법(slurry wall method) : 안정액을 사용하여 굴착한 뒤 지중에 연속된 철근콘크리트 벽을 형성하는 현장타설말뚝공법을 말한다.

95 지반 종류에 따른 굴착면의 기울기 기준으로 옳지 않은 것은?

① 보통 흙의 모래 - 1 : 1.8
② 연암 - 1 : 0.7
③ 풍화암 - 1 : 1.0
④ 경암 - 1 : 1.0

해설 굴착작업시 굴착면의 기울기 기준

구분	지반의 종류	구배
보통 흙	모래	1 : 1.8
	그 밖에 흙	1 : 1.2
암반	풍화암	1 : 1.0
	연암	1 : 1.0
	경암	1 : 0.5

96 다음은 산업안전보건법령에 따른 작업장에서의 투하설비 등에 관한 사항이다. 빈 칸에 들어갈 내용으로 옳은 것은?

> 사업주는 높이가 ( )이상인 장소로부터 물체를 투하하는 경우 적당한 투하설비를 설치하거나 감시인을 배치하는 등 위험을 방지하기 위하여 필요한 조치를 하여야 한다.

① 2m
② 3m
③ 5m
④ 10m

해설 높이가 3m 이상인 장소에 물체를 투하하는 경우 위험방지 조치사항
1) 투하설비 설치
2) 감시인 배치

97 달비계(곤돌라의 달비계는 제외)의 최대 적재하중을 정하는 경우 달기와이어로프 및 달기강선의 안전계수 기준으로 옳은 것은?

① 5이상
② 7이상
③ 8이상
④ 10이상

해설 달비계(곤돌라의 달비계는 제외)를 작업발판으로 사용할 때 최대적재하중을 정함에 있어서의 안전계수
1) 달기와이어로프 및 달기강선의 안전계수 : 10이상
2) 달기체인 및 달기훅의 안전계수 : 5이상
3) 달기강대와 달비계의 하부 및 상부지점의 안전계수
   ① 강재의 경우 2.5 이상
   ② 목재의 경우 5이상

98 다음은 비계발판용 목재재료의 강도상의 결점에 대한 조사기준이다. ( )안에 들어갈 내용으로 옳은 것은?

> 발판의 폭과 동일한 길이 내에 있는 결점치수의 총합이 발판폭의 ( )을 초과하지 않을 것

① 1/2
② 1/3
③ 1/4
④ 1/6

해설 발판의 폭과 동일한 길이 내에 있는 결점치수의 총합 : 발판폭의 1/4을 초과하지 않을 것

■정답■ 94.③ 95.② 96.② 97.④ 98.③

99 근로자의 추락 등의 위험을 방지하기 위하여 안전난간을 설치하는 경우 안전난간은 구조적으로 가장 취약한 지점에서 가장 취약한 방향으로 작용하는 얼마 이상의 하중에 견딜 수 있는 튼튼한 구조이어야 하는가?

① 50kg
② 100kg
③ 150kg
④ 200kg

해설 안전난간은 구조적으로 가장 취약한 지점에서 가장 취약한 방향으로 작용하는 100kg이상의 하중에 견딜 수 있는 튼튼한 구조일 것

100 다음 중 쇼벨계 굴착기계에 속하지 않는 것은?

① 파워쇼벨(power shovel)
② 크램쉘(clamshell)
③ 스크레이퍼(scraper)
④ 드래그라인(dragline)

해설 쇼벨계 굴착기계
① 파워쇼벨   ② 크램쉘
③ 드래그라인   ④ 백호우

■ 정답 ■ 99.② 100.③

2018년 2회 기출문제
[4월 28일 시행]

건설안전산업기사

제1과목 / 산업안전관리론

01 안전모의 시험성능기준 항목이 아닌 것은?

① 내관통성 ② 충격흡수성
③ 내구성   ④ 난연성

해설 안전모의 시험항목

구분	시험항목
1) 시험성능기준	① 내관통성 ② 충격흡수성 ③ 내전압성 ④ 내수성 ⑤ 난연성 ⑥ 턱끈풀림
2) 부가성능기준	① 측면변형방호 ② 금속용융물분사방호

02 안전교육 방법 중 TWI의 교육과정이 아닌 것은?

① 작업지도 훈련
② 인간관계 훈련
③ 정책수립 훈련
④ 작업방법 훈련

해설 TWI 교육내용
1) JI(Job Instruction) : 작업지도기법
2) JM(Job Method) : 작업개선기법
3) JR(Job Relation) : 인간관계관리기법(부하통솔기법)
4) JS(Job Safety) : 작업안전기법

03 재해율 중 재직 근로자 1000명 당 1년간 발생하는 재해자 수를 나타내는 것은?

① 연천인율
② 도수율
③ 강도율
④ 종합재해지수

해설 1) **연천인율** : 1000명 당 1년간 발생하는 재해자(상해자) 수
2) **도수율** : 100만 시간당 발생하는 재해건수
3) **강도율** : 1000시간당 잃어버린 근로손실일수
4) **종합재해지수** : 도수율과 강도율의 평균치

04 모랄 서베이(Morale Suvey)의 효용이 아닌 것은?

① 조직 또는 구성원의 성과를 비교·분석한다.
② 종업원의 정화(Catharsis)작용을 촉진시킨다.
③ 경영관리를 개선하는 자료를 얻는다.
④ 근로자의 심리 또는 욕구를 파악하여 불만을 해소하고, 노동의욕을 높인다.

해설 1) **모랄 서베이**(morale suvey) : 사기 조사
2) 조직 또는 구성원의 성과를 비교·분석하는 것은 모랄 서베이의 역효과를 초래할 수 있다.

■정답■ 01.③ 02.③ 03.① 04.①

05 내전압용절연장갑의 성능기준상 최대사용 전압에 따른 절연장갑의 구분 중 00등급의 색상으로 옳은 것은?

① 노란색　　② 흰색
③ 녹색　　　④ 갈색

해설 절연장갑 등급

등급	최대사용전압		색상
	교류(V, 실효값)	직류(V)	
00	500	750	갈색
0	1000	1500	빨강색
1	750	11250	흰색
2	17000	25500	노랑색
3	26500	39750	녹색
4	36000	54000	등색

주 직류 = 교류×1.5배

06 착오의 요인 중 인지과정의 착오에 해당하지 않는 것은?

① 정서불안정
② 감각차단현상
③ 정보부족
④ 생리·심리적 능력의 한계

해설 착오요인(대뇌의 휴먼에러)
　1) 인지과정 착오
　　① 생리, 심리적 능력의 한계
　　② 정보량 저장능력의 한계
　　③ 감각차단현상(단조로운 업무, 반복작업 시 발생)
　　④ 정서불안정(공포, 불안, 불만)
　2) 판단과정 착오
　　① 능력부족
　　② 정보부족
　　③ 자기합리화
　　④ 환경조건의 불비
　3) 조치과정 착오

07 산업안전보건법령상 안전·보건표지의 색채, 색도기준 및 용도 중 다음 ( )안에 알맞은 것은?

색채	색도기준	용도	사용례
( )	5Y 8.5/12	경고	화학물질 취급 장소에서의 유해·위험경고 이외의 위험경고, 주의표지 또는 기계방호물

① 파란색　　② 노란색
③ 빨간색　　④ 검은색

해설 안전표지의 색채·색도기준 및 용도(시행규칙 별표3)

색채	색도기준	용도	사용예
빨간색	7.5R 4/14	금지	정지신호, 소화설비 및 그 장소, 유해행위 금지
		경고	화학물질 취급장소에서의 유해·위험경고
노란색	5Y 8.5/12	경고	화학물질 취급장소에서의 유해·위험경고, 그 밖의 위험경고, 주의표지 또는 기계방호물
파란색	2.5PB 4/10	지시	특정 행위의 지시 및 사실의 고지
녹색	2.5G 4/10	안내	비상구 및 피난소, 사람 또는 차량의 통행표지
흰색	N 9.5		파란색 또는 녹색에 대한 보조색
검은색	N 0.5		문자 및 빨간색 또는 노란색에 대한 보조색

■ 정답 ■ 05.④　06.③　07.②

08 안전교육 훈련의 기법 중 하버드 학파의 5단계 교수법을 순서대로 나열한 것으로 옳은 것은?

① 총괄 → 연합 → 준비 → 교시 → 응용
② 준비 → 교시 → 연합 → 총괄 → 응용
③ 교시 → 준비 → 연합 → 응용 → 총괄
④ 응용 → 연합 → 교시 → 준비 → 총괄

해설 하버드 학파의 5단계 교수법
1) 1단계 : 준비시킨다(preparation)
2) 2단계 : 교시한다(presentation)
3) 3단계 : 연합한다(association)
4) 4단계 : 총괄시킨다(generalization)
5) 5단계 : 응용시킨다(application)

09 보호구 안전인증 고시에 따른 안전화의 정의 중 다음 (   )안에 알맞은 것은?

> 경작업용 안전화란 (㉠)mm의 낙하높이에서 시험했을 때 충격과 (㉡ ± 0.1)kN의 압축하중에서 시험했을 때 압박에 대하여 보호해 줄 수 있는 선심을 부착하여, 착용자를 보호하기 위한 안전화를 말한다.

① ㉠ 500, ㉡ 10.0
② ㉠ 250, ㉡ 10.0
③ ㉠ 500, ㉡ 4.4
④ ㉠ 250, ㉡ 4.4

해설 안전화에 대한 용어의 정리
1) 중작업용 안전화 : 1000mm의 낙하 높이에서 시험했을 때 충격과(15.0±0.1)kN의 압축하중에서 시험했을 때 압박에 대하여 보호해줄 수 있는 선심을 부착하여 착용자를 보호하기 위한 안전화를 말한다.
2) 보통작업용 안전화 : 500mm의 낙하높이에서 시험했을 때 충격과(10.0±0.1)kN의 압축하중에서 시험했을 때 압박에 대하여 보호해줄 수 있는 선심을 부착하여 착용자를 보호하기 위한 안전화를 말한다.
3) 경작업용 안전화 : 250mm의 낙하높이에서 시험했을 때 충격과(4.4±0.1) kN의 압축하중에서 시험했을 때 압박에 대하여 보호해 줄 수 있는 선심을 부착하여 착용자를 보호하기 위한 안전화를 말한다.

10 산업재해에 있어 인명이나 물적 등 일체의 피해가 없는 사고를 무엇이라고 하는가?

① Near Accident
② Good Accident
③ True Accident
④ Original Accident

해설 Near accident(무상해 무사고)
1) 사고가 일어나더라도 손실을 수반하지 않는 경우
2) 인명이나 물적 등 일체의 피해가 없는 사고 (앗차사고 등)

11 산업안전보건법령상 안전관리자가 수행하여야 할 업무가 아닌 것은? (단, 그밖에 안전에 관한 사항으로서 고용노동부장관이 정하는 사항은 제외한다.)

① 위험성평가에 관한 보좌 및 조언 · 지도
② 물질안전보건자료의 게시 또는 비치에 관한 보좌 및 조언 · 지도
③ 사업장 순회점검 · 지도 및 조치의 건의
④ 산업재해에 관한 통계의 유지 · 관리 · 분석을 위한 보좌 및 조언 · 지도

해설 안전관리자의 업무내용(시행령 제13조)
1) 산업안전보건위원회 또는 안전보건에 관한 노사협의체에서 심의 · 의결한 직무와 당해 사업장의 안전보건 관리규정 및 취업규칙에 정한 직무
2) 안전인증대상 기계 · 기구등과 자율안전확인 대상 기계 · 기구 등 구입시 적격품의 선정에 관한 보좌 및 조언 · 지도
3) 위험성 평가에 관한 보좌 및 조언 · 지도
4) 해당사업장 안전교육계획의 수립 및 안전교육 실시에 관한 보좌 및 조언 · 지도

■ 정답 ■ 08.② 09.④ 10.① 11.②

5) 사업장 순회점검·지도 및 조치의 건의
6) 산업재해발생의 원인조사분석 및 재발방지를 위한 기술적 보좌 및 조언·지도
7) 산업재해에 관한 통계의 유지·관리·분석을 위한 보좌 및 조언·지도
8) 법 또는 법에 따른 명령으로 정한 안전에 관한 사항의 이행에 관한 보좌 및 조언·지도
9) 업무수행 내용의 기록·유지
10) 그 밖에 안전에 관한 사항으로서 고용노동부장관이 정하는 사항

12 근로자가 작업대 위에서 전기공사 작업 중 감전에 의하여 지면으로 떨어져 다리에 골절 상해를 입은 경우의 기인물과 가해물로 옳은 것은?

① 기인물 – 작업대, 가해물 – 지면
② 기인물 – 전기, 가해물 – 지면
③ 기인물 – 지면, 가해물 – 전기
④ 기인물 – 작업대, 가해물 – 전기

해설 재해원인분석
1) **기인물** : 불안전상태에 있는 물체(환경포함)
2) **가해물** : 직접 사람에게 접촉되어 위해를 가한 물체
3) **사고의 형(재해형태)** : 물체와 사람과의 접촉현상(추락, 전도, 충돌, 낙하 및 비래, 협착, 감전, 폭발, 붕괴 및 도괴, 파열, 화재, 이상온도 접촉, 유해물 접촉 등)

13 지난 한 해 동안 산업재해로 인하여 직접 손실 비용이 3조 1600억원이 발생한 경우의 총재해 코스트는? (단, 하인리히의 재해 손실비 평가방식을 적용한다.)

① 6조 3200억원   ② 9조 4800억원
③ 12조 6400억원 ④ 15조 8000억원

해설 총재해코스트=직접비+간접비
= 3조 1600억+(3조 1600억×4)
= 15조 8000억원

14 산업안전보건법령상 특별안전·보건교육 대상 작업별 교육내용 중 밀폐공간에서의 작업별 교육내용이 아닌 것은? (단, 그 밖에 안전·보건관리에 필요한 사항은 제외한다.)

① 산소농도 측정 및 작업환경에 관한 사항
② 유해물질의 인체에 미치는 영향
③ 보호구 착용 및 사용방법에 관한 사항
④ 사고 시의 응급처치 및 비상 시 구출에 관한 사항

해설 밀폐공간에서 작업시 특별안전보건교육내용
1) 산소농도 측정 및 작업환경에 관한 사항
2) 사고 시의 응급처치 및 비상 시 구출에 관한 사항
3) 보호구 착용 및 사용방법에 관한 사항
4) 밀폐공간작업의 안전작업방법에 관한 사항
5) 그 밖에 안전·보건관리에 필요한 사항

15 인간관계의 매커니즘 중 다른 사람으로부터의 판단이나 행동을 무비판적으로 논리적, 사실적 근거 없이 받아들이는 것은?

① 모방(imitation)
② 투사(projection)
③ 동일화(identification)
④ 암시(suggestion)

해설 인간관계의 메커니즘
1) **동일화**(identification) : 다른 사람의 행동 양식이나 태도를 투입시키거나, 다른 사람 가운데서 자기와 비슷한 것을 발견하는 것
2) **투사**(projection) : 자기 속의 억압된 의식을 다른 사람의 의식으로 만드는 것
3) **커뮤니케이션**(communication) : 갖가지 행동 양식이나 기호를 매개로 하여 어떤 사람으로부터 다른 사람에게 전달되는 과정
4) **모방**(imitation) : 남의 행동이나 판단을 표본으로 하여 그것과 같거나 또는 그것에 가까운 행동 또는 판단을 취하려는 것
5) **암시**(suggestion) : 다른 사람으로부터의 판단이나 행동을 무비판적으로 논리적, 사실적 근거 없이 받아들이는 것

■ 정답 ■ 12.② 13.④ 14.② 15.④

16 점검시기에 의한 안전점검의 분류에 해당하지 않는 것은?

① 성능점검   ② 정기점검
③ 임시점검   ④ 특별점검

해설 점검시기에 의한 안전점검의 종류
 1) 수시점검(일상점검)
 2) 정기점검(계획점검)
 3) 임시점검
 4) 특별점검

17 매슬로우(Maslow)의 욕구단계 이론 중 제5단계 욕구로 옳은 것은?

① 안전에 대한 욕구
② 자아실현의 욕구
③ 사회적(애정적) 욕구
④ 존경과 긍지에 대한 욕구

해설 매슬로우의 욕구 5단계
 1) 1단계 : 생리적 욕구
 2) 2단계 : 안전욕구
 3) 3단계 : 사회적 욕구(친화욕구)
 4) 4단계 : 인정받으려는 욕구(자기존경의 욕구)
 5) 5단계 : 자아실현의 욕구

18 부주의 현상 중 의식의 우회에 대한 예방대책으로 옳은 것은?

① 안전교육
② 표준작업제도 도입
③ 상담
④ 적성배치

해설 부주의 발생원인 및 대책
 1) 내적원인 및 대책
  ① 소질적 조건 : 적성배치
  ② 경험 및 미경험 ; 교육
  ③ 의식의 우회 : 상담
 2) 외적원인 및 대책
  ① 작업환경 조건 불량 : 환경정비
  ② 작업순서의 부적당 : 작업순서의 정비

19 산업안전보건법령상 근로자 안전·보건교육 중 채용 시의 교육 및 작업내용 변경시의 교육 사항으로 옳은 것은?

① 물질안전보건자료에 관한 사항
② 건강증진 및 질병 예방에 관한 사항
③ 유해·위험 작업환경 관리에 관한 사항
④ 표준안전작업방법 및 지도 요령에 관한 사항

해설 1) 관리감독자의 정기안전·보건교육의 내용
  ① 작업공정의 유해·위험과 재해예방대책에 관한 사항
  ② 표준안전작업방법 및 지도요령에 관한 사항
  ③ 관리감독자의 역할과 임무에 관한 사항
  ④ 유해·위험 작업환경관리에 관한 사항
  ⑤ 산업보건 및 직업병 예방에 관한 사항(공통사항)
  ⑥ 산업안전 및 사고예방에 관한 사항
  ⑦ 산업안전보건법령 및 산업재해보상보험 제도에 관한 사항
  ⑧ 직무스트레스 예방 및 관리에 관한 사항
  ⑨ 직장 내 괴롭힘, 고객의 폭언 등으로 인한 건강장해 예방 및 관리에 관한 사항
  ⑩ 안전보건교육 능력 배양에 관한 사항
 2) **채용시 및 작업내용 변경시 교육내용**(시행규칙 별표 8의 2)
  ① 기계·기구의 위험성과 작업의 순서 및 동선에 관한 사항
  ② 작업개시 전 점검에 관한 사항
  ③ 정리정돈 및 청소에 관한 사항
  ④ 사고발생시 긴급조치에 관한 사항
  ⑤ 물질안전보건자료에 관한 사항
  ⑥ 산업보건 및 직업병 예방에 관한 사항(공통사항)
  ⑦ 산업안전 및 사고예방에 관한 사항
  ⑧ 산업안전보건법령 및 산업재해보상보험 제도에 관한 사항
  ⑨ 직무스트레스 예방 및 관리에 관한 사항
  ⑩ 직장 내 괴롭힘, 고객의 폭언 등으로 인한 건강장해 예방 및 관리에 관한 사항

■ 정답 ■ 16.① 17.② 18.③ 19.①

20 파블로프(Pavlov)의 조건반사설에 의한 학습 이론의 원리에 해당되지 않는 것은?

① 일관성의 원리 ② 시간의 원리
③ 강도의 원리 ④ 준비성의 원리

해설 조건반사설에 의한 학습이론의 원리
1) **시간의 원리** : 조건자극(종소리)이 무조건자극(음식물)보다 시간적으로 동시 또는 조금 앞서서 주어야만 조건화, 즉시 강화가 잘 된다는 원리이다.
2) **강도의 원리** : 조건 반사적인 행동이 이루어지려면 먼저 준 자극의 정도에 비해 적어도 같거나 그보다 강한 자극을 주어야 바람직한 결과를 낳게 된다.
3) **일관성의 원리** : 조건자극은 일관된 자극물을 사용하여야 한다는 원리이다.
4) **계속성의 원리** : 자극과 반응과의 관계를 반복하여 횟수를 거듭할수록 조건화가 잘 형성된다는 원리이다.

제2과목
인간공학 및 시스템안전공학

---

21 그림과 같은 시스템에서 전체 시스템의 선뢰도는 얼마인가? (단, 네모 안의 숫자는 각 부품의 신뢰도이다.)

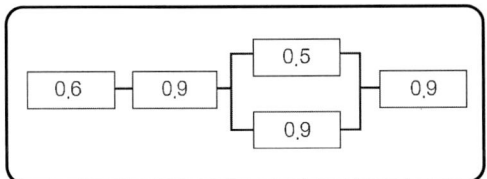

① 0.4104 ② 0.4617
③ 0.6314 ④ 0.6804

해설 R=0.6×0.9×[1−(1−0.5)(1−0.9)]×0.9
=0.4617

22 건습지수로서 습구온도와 건구온도의 가중 평균치를 나타내는 Oxford지수의 공식으로 맞는 것은?

① WD = 0.65WB + 0.35DB
② WD = 0.75WB + 0.25DB
③ WD = 0.85WB + 0.15DB
④ WD = 0.95WB + 0.05DB

해설 WD=0.85WB+0.15DB
여기서, WD : 건습지수 또는 습건지수
WB : 습구온도
DB : 건구온도

23 시스템의 정의에 포함되는 조건 중 틀린 것은?

① 제약된 조건 없이 수행
② 요소의 집합에 의해 구성
③ 시스템 상호간에 관계를 유지
④ 어떤 목적을 위하여 작용하는 집합체

해설 1) **시스템(system)의 정의** : 시스템이란 여러 개의 요소 또는 요소의 집합에 의해서 구성되고 시스템 상호 간의 관계를 유지하면서 정해진 조건하에서 어떤 목적을 위해 작용하는 집합체를 말한다.
2) **시스템의 구성요소**(sub system) : 재료, 부품, 기계설비, 일하는 사람 등

24 체계분석 및 설계에 있어서 인간공학적 노력의 효능을 산정하는 척도의 기준에 포함되지 않는 것은?

① 성능의 향상
② 훈련비용의 절감
③ 인력 이용율의 저하
④ 생산 및 보전의 경제성 향상

해설 체계설계 과정에서의 인간공학의 기여도
1) 성능 향상 2) 인력이용률의 향상
3) 사용자의 수용도 향상
4) 사고 및 오용으로부터의 손실감소
5) 훈련비용의 절감
6) 생산 및 정비유지의 경제성 증대

■정답■ 20.④ 21.② 22.③ 23.① 24.③

25 인간의 기대하는 바와 자극 또는 반응들이 일치하는 관계를 무엇이라 하는가?

① 관련성   ② 반응성
③ 양립성   ④ 자극성

해설 1) 양립성 : 정보입력 및 처리와 관련한 양립성은 인간의 기대와 모순되지 않는 자극들 간의, 반응들 간의 또는 자극반응 조합의 관계를 말하는 것이다.
2) 양립성의 종류
① 공간적 양립성 : 표시장치나 조종 장치에서 물리적 형태나 공간적인 배치의 양립성
② 운동 양립성 : 표시 및 조종 장치, 체계반응에 대한 운동방향의 양립성
③ 개념적 양립성 : 사람들이 가지고 있는 개념적 연상(어떤 암호체계에서 청색이 정상을 나타내듯이)의 양립성

26 FTA에서 어떤 고장이나 실수를 일으키지 않으면 정상사상(top event)은 일어나지 않는다고 하는 것으로 시스템의 신뢰성을 표시하는 것은?

① cut set
② minimal cut set
③ free event
④ minimal path set

해설 1) 컷셋과 미니멀 컷
① **컷셋**(cut sets) : 정상사상을 일으키는 기본사상(통상사상, 생략사상 포함)의 집합을 컷이라 한다.
② **미니멀 컷**(minimal cut sets) : 정상사상을 일으키기 위해 필요한 최소한의 컷을 말한다. (시스템의 위험성을 나타냄)
2) 패스셋과 미니멀 패스
① **패스셋**(path sets) : 정상사상이 일어나지 않는 기본사상의 집합을 말한다.
② **미니멀 패스**(minimal path sets) : 필요한 최소한의 패스를 말한다.(시스템의 신뢰성을 나타냄)

27 반경 10cm의 조종구(ball control)를 30° 움직였을 때, 표시장치가 2cm 이동하였다면 통제표시비(C/R비)는 약 얼마인가?

① 1.3   ② 2.6
③ 5.2   ④ 7.8

해설
$$C/R\text{비} = \frac{\frac{a}{360} \times 2\pi L}{\text{표시장치 이동거리}}$$
$$= \frac{\frac{30}{360} \times 2 \times 3.14 \times 10}{2} = 2.62$$

28 결함수분석법에서 일정 조합 안에 포함되어 있는 기본사상들이 모두 발생하지 않으면 틀림없이 정상사상(top event)이 발생되지 않는 조합을 무엇이라고 하는가?

① 컷셋(cut set)
② 패스셋(path set)
③ 결함수셋 (fault tree set)
④ 부울대수 (boolean algebra)

해설 패스셋(path set) : 정상사상이 일어나지 않는 기본사상의 집합

29 인간의 눈에서 빛이 가장 먼저 접촉하는 부분은?

① 각막   ② 망막
③ 초자체   ④ 수정체

해설 1) **망막** : 인간의 눈의 부위 중에서 실제로 빛을 수용하여 두뇌로 전달하는 역할을 하는 부분 (상이 맺히는 곳)
2) **각막** : 눈의 가장 바깥쪽에 있는 투명한 무혈관조직으로 눈에서 빛이 가장 먼저 접촉하는 부분
3) **수정체** : 빛을 굴절시켜 망막에 상이 맺히는 역할(카메라 렌즈 역할)
4) **모양체** : 수정체의 두께를 조절하는 근육
5) **홍체** : 눈으로 들어가는 빛의 양을 조절(카메라 조리개 역할)

■ 정답 ■ 25.③ 26.④ 27.② 28.② 29.①

30 FT도에서 사용되는 기호 중 "전이기호"를 나타내는 기호는?

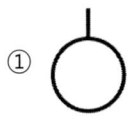 ①　　　　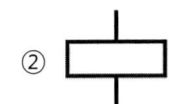 ②

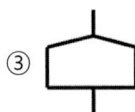 ③　　　　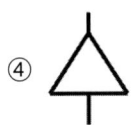 ④

해설 ①항 : 기본사상
②항 : 결함사상
③항 : 통상사상
④항 : 전이기호(연결기호)

31 인체에서 뼈의 주요 기능으로 볼 수 없는 것은?

① 대사작용　　② 신체의지지
③ 조혈작용　　④ 장기의 보호

해설 인체 뼈의 기능
1) 인체의 지주　2) 장기 보호
3) 조혈 기능

32 작업기억(working memory)에서 일어나는 정보코드화에 속하지 않는 것은?

① 의미 코드화　　② 음성 코드화
③ 시각 코드화　　④ 다차원 코드화

해설 작업기억의 정보코드화
① 의미(semantic)코드화
② 음성(표음 ; phonetic)코드화
③ 시각(visual)코드화

33 휴먼 에러의 배후 요소 중 작업방법, 작업순서, 작업정보, 작업환경과 가장 관련이 깊은 것은?

① man　　　　② machine
③ media　　　④ management

해설 인간과오의 배후요인 4요소(4M)
① 맨(man) : 본인 이외의 사람(팀워크, 커뮤니케이션)
② 머신(machine) : 장치나 기계 등의 물적요인(본질안전화, 표준화, 점검, 정비)
③ 미디어(media) : 인간과 기계를 잇는 매체란 뜻으로 작업의 방법이나 순서, 작업정보의 실태나 환경과의 관계, 정리정돈 등이 포함된다. (환경개선, 작업방법개선 등)
④ 매니지먼트(management) : 안전법규의 준수방법, 단속, 점검 관리 외에 지휘감독, 교육훈련 등이 여기에 속한다. (적성배치, 교육·훈련)

34 소음성 난청 유소견자로 판정하는 구분을 나타내는 것은?

① A　　　　② C
③ D_1　　　④ D_2

해설 건강진단에 의한 건강관리 구분

건강관리 구분		판정기준	조치사항
A		정상자 (건강자)	사후관리가 필요없는 자
C	C_1	직업병 요관찰자	추적검사 등 관찰이 필요한 자
	C_2	일반질병 요관찰자	추적관찰이 필요한 자
D_1		직업병 유소견자	사후관리자 필요한 자
D_2		일반질병 유소견자	사후관리자 필요한 자
R		질환 의심자	제 2차 건강진단 대상자(통보일로부터 10일 이내 실시)

35 설비의 위험을 예방하기 위한 안전성 평가 단계 중 가장 마지막에 해당하는 것은?

① 재평가 ② 정성적 평가
③ 안전대책 ④ 정량적 평가

해설 공장설비의 안전성 평가의 5단계
 1) 1단계 : 관계 자료의 작성준비
 2) 2단계 : 정성적 평가
 3) 3단계 : 정량적 평가
 4) 4단계 : 안전대책
 5) 5단계 : 재평가

36 Chapanis의 위험수준에 의한 위험발생률 분석에 대한 설명으로 맞는 것은?

① 자주 발생하는(frequent) > 10^{-3}/day
② 가끔 발생하는(occasional) > 10^{-5}/day
③ 거의 발생하지 않는(remote) > 10^{-6}/day
④ 극히 발생하지 않는(impossible) > 10^{-8}/day

해설 확률수준과 그에 따른 위험발생률
 1) frequent(자주 발생하는) : 발생빈도 > 10^{-2}/day
 2) reasonably probable(보통 발생하는) : 발생빈도 > 10^{-3}/day
 3) occasional(가끔 발생하는) : 발생빈도 > 10^{-4}/day
 4) remote(거의 발생하지 않는) : 발생빈도 > 10^{-5}/day
 5) extremely unlikely(극히 발생하지 않을 것 같은) : 발생빈도 > 10^{-6}/day
 6) impossible(발생이 불가능한) : 발생빈도 > 10^{-8}/day

37 윤활관리시스템에서 준수해야 하는 4가지 원칙이 아닌 것은?

① 적정량 준수
② 다양한 윤활제의 혼합
③ 올바른 윤활법의 선택
④ 윤활기간의 올바른 준수

해설 윤활관리의 4대원칙
 1) 적정량 준수(적량)
 2) 올바른 윤활법의 선택(적법)
 3) 윤활기간의 올바른 준수(적기)
 4) 적절한 윤활유 선정(적유)

38 인간공학적인 의자설계를 위한 일반적 원칙으로 적절하지 않은 것은?

① 척추의 허리부분은 요부 전만을 유지한다.
② 허리 강화를 위하여 쿠션을 설치하지 않는다.
③ 좌판의 앞 모서리 부분은 5cm 정도 낮아야 한다.
④ 좌판과 등받이 사이의 각도는 90~105°를 유지하도록 한다.

해설 의자의 설계원칙
 1) **체중분포** : 체중이 좌골 결절에 실려야 편안하다.
 2) **의자 좌판의 높이** : 좌판 앞부분이 오금의 높이보다 높지 않아야 한다.
 3) **의자 좌판의 깊이와 폭** : 폭은 큰 사람에게, 깊이는 작은 사람에게 맞도록 해야 한다.
 4) **몸통의 안정** : 의자의 좌판각도는 3°, 좌판 등판 간의 각도는 100°가 몸통안정에 효과적이다. (좌판 앞 모서리 부분은 5cm정도 낮을 것)

39 단위 면적 당 표면을 떠나는 빛의 양을 설명한 것으로 맞는 것은?

① 휘도 ② 조도
③ 광도 ④ 반사율

해설 1) **휘도** : 단위면적당 표면에서 반사 또는 발산되는 광량(단위 : nit= cd/m^2)
 2) **조도** : 어떤 물체나 표면에 도달하는 빛의 단위면적당 밀도(단위 : fc, lux)
 3) **광도** : 광원으로부터 나오는 빛의 세기(단위 : 칸델라, 촉광)

■ 정답 ■ 35.① 36.④ 37.② 38.② 39.①

4) 반사율 : 반사광의 에너지와 입사광의 에너지의 비율

$$반사율 = \frac{광속발산도(fL)}{조명} \times 100(\%)$$

40 정보를 전송하기 위해 청각적 표시장치를 사용해야 효과적인 경우는?

① 전언이 복잡할 경우
② 전언이 후에 재참조될 경우
③ 전언이 공간적인 위치를 다룰 경우
④ 전언이 즉각적인 행동을 요구할 경우

해설 표시장치의 선택(청각장치와 시각장치의 선택)

청각장치 사용	시각장치 사용
1) 전언이 간단하고 짧다.	1) 적언이 복잡하고 길다.
2) 전언이 후에 재참조 되지 않는다.	2) 전언이 후에 재참조 된다.
3) 전언이 즉각적인 사상(event)을 이룬다.	3) 전언이 공간적인 위치를 다룬다.
4) 전언이 즉각적인 행동을 요구한다.	4) 전언이 즉각적인 행동을 요구하지 않는다.
5) 수신자가 시각계통이 과부하 상태일 때	5) 수신자의 청각계통이 과부하 상태일 때
6) 수신장소가 너무 밝거나 암조의 유지가 필요할 때	6) 수신장소가 너무 시끄러울 때
7) 직무상 수신자가 자주 움직이는 경우	7) 직무상 수신자가 한 곳에 머무르는 경우

제3과목 / 건설시공학

41 다음 중 콘크리트 타설 공사와 관련된 장비가 아닌 것은?

① 피니셔(Finisher)
② 진동기(Vibrator)
③ 콘크리트 분배기(concrete distributor)
④ 항타기(Air hammer)

해설 항타기 : 말뚝 또는 널말뚝을 박는 기계와 그 부속장치

42 대상지역의 지반특성을 규명하기 위하여 실시하는 사운딩시험에 해당되는 것은?

① 함수비시험 ② 액성한계시험
③ 표준관입시험 ④ 1축 압축시험

해설 사운딩(sounding)
  1) 사운딩 : 로드에 붙인 저항체를 지중에 넣고 관입, 회전, 빼올리기 등의 저항으로부터 토층의 성상을 탐사하는 방법이다.
  2) 사운딩시험의 종류
    ① 표준관입시험
    ② 베인시험
    ③ 스웨덴식 사운딩 시험
    ④ 화란식 관입시험

43 흙막이 공사 후 지표면의 재하 하중에 못견디어 흙막이 벽의 바깥에 있는 흙이 안으로 밀려 흙파기 저면이 불룩하게 솟아오르는 현상은?

① 히빙 현상
② 보일링 현상
③ 수동토압 파괴 현상
④ 전단 파괴 현상

해설 히빙현상 : 연약성 점토지반 굴착시 흙막이벽 바깥에 있는 흙의 중량과 지표면의 재하하중에 못 견디어 저면 흙이 붕괴되고 흙막이벽 바깥에 있는 흙깅 저면 지표안으로 밀려 불룩하게 솟아오르는 현상

44 철골공사에서 쓰이는 내화피복 공법의 종류가 아닌 것은?

① 성형판 붙임공법
② 뿜칠공법
③ 미장공법
④ 나중매입공법

해설 철골 내화피복공법의 종류
1) 타설공법
2) 미장공법
3) 뿜칠공법
4) 성형판붙임공법(건식공법)
5) 복합내화피복(Membrene 공법)
6) 합성 내화피복

45 VE적용 시 일반적으로 원가절감의 가능성이 가장 큰 단계는?

① 기획 설계   ② 공사 착수
③ 공사 중   ④ 유지관리

해설 가치공학(VE)
1) VE(Value engineering) : 건설현장에서 필요한 기능을 품질저하 없이 유지하며 가장 적은 비용으로 공사를 관리하는 원가절감기법
2) VE 대상
① 건설업자와 직접관련이 있을 것
② 일체 공사에서 반복이 많을 것
③ 금액, 기간 등의 규모가 클 것
3) VE적용시 원가절감이 가장 큰 단계 : 기획설계

46 독립 기초판(3.0m×3.0m) 하부에 말뚝머리지름이 40cm인 기성콘크리트 말뚝을 9개 시공하려고 할 때 말뚝의 중심간격으로 가장 적당한 것은?

① 110cm
② 100cm
③ 90cm
④ 80cm

해설 1) 기성콘크리트 말뚝의 말뚝간격 :
   최소 2.5d(d : 말뚝머리지름) 이상 또는 75cm 이상
2) 말뚝간격 = 2.5×40cm = 100cm

47 건설공사 입찰방식 중 공개경쟁입찰의 장점에 속하지 않는 것은?

① 유자격자는 모두 참가할 수 있는 기회를 준다.
② 제한경쟁입찰에 비해 등록사무가 간단하다.
③ 담합의 가능성을 줄인다.
④ 공사비가 절감된다.

해설 공개경쟁입찰의 장점·단점
1) 장점
① 도급업자에게 균등한 기회부여
② 담합의 우려가 적음
③ 입찰자의 선정이 공정
④ 공사비 절감
2) 단점
① 입찰자가 많으므로 입찰수속이 복잡(사무가 번잡)
② 부적격자 낙찰우려
③ 과대경쟁으로 조잡한 공사 우려

48 건축공사의 착수 시 대지에 설정하는 기준점에 관한 설명으로 옳지 않은 것은?

① 공사 중 건축물 각 부위의 높이에 대한 기준을 삼고자 설정하는 것을 말한다.
② 건축물의 그라운드 레벨(Ground level)은 현장에서 공사 착수 시 설정한다.
③ 기준점은 바라보기 좋고, 공사에 지장이 없는 곳에 설정한다.
④ 기준점은 대개 지정 지반면에서 0.5~1m의 위치에 두고 그 높이를 적어둔다.

해설 Bench mark(기준점)
1) 공사 중 높이의 기준을 삼고자 설정하는 것으로 바라보기 좋고 공사의 지장이 없는 곳에 설정한다(높이의 기준점으로 공사완료시까지 보존).
2) 기준점(B·M)은 최소 2개소 이상 가급적 많은 장소에 표시해 두는 것이 좋고 이동될 우려가 없는 인근 건물, 벽돌담 등을 이용한다(인접건물, 담장에 지표면(G·L)에서 0.5~1.0m 사이에 표시).

49 프리스트레스트 콘크리트를 프리텐션방식으로 프리스트레싱할 때 콘크리트의 압축강도는 최소 얼마 이상이어야 하는가?

① 15MPa   ② 20MPa
③ 30MPa   ④ 50MPa

해설 프리스트레스트 콘크리트의 프리텐션 방식
1) 프리텐션방식(pretension) : 강재에 미리 인장력을 가한 상태로 콘크리트를 부어놓고 경화한 후에 단부에서 인장력을 풀어주는 방식(공장에서 소규모 부재 제작시 이용)
• 순서 : 강선 긴장 – 콘크리트타설, 경화 – 부착
2) 프리텐션 방식으로 프리 스트레싱(pre stressing) 할 때 콘크리트 압축강도 : 30MPa 이상

길잡이 포스트텐션 방식(posttension) : 콘크리트 타설, 경화 후 미리 묻어둔 시드 내에 강재를 삽입, 긴장, 정착시킨 다음 그라우팅(grouting)하는 방식(현장에서 대규모 부재 제작시 이용)
• 순서 : 시드-타설, 경화-강선, 삽입·긴장·고정-그라우팅

50 기초파기 저면보다 지하수위가 높을 때의 배수공법으로 가장 적합한 것은?

① 웰포인트 공법
② 샌드드레인 공법
③ 언더피닝 공법
④ 페이퍼드레인 공법

해설 웰포인트(well point)공법의 특징
1) 사질지반에 유효한 공법이다.
2) 지하수위를 낮추기 위해 펌프를 통해 강제로 지하수를 뽑아내는 공법이다.
3) 지하수위의 저하에 따라서 부력이 감소되어 지반을 다지게 된다.
4) 지반이 압밀되어 흙의 전단저항이 증가된다.
5) 인접지반의 침하를 야기시키기 쉽다.

51 공사계약제도에 관한 설명으로 옳지 않은 것은?

① 일식도급계약제도는 전체 건축공사를 한 도급자에게 도급을 주는 제도이다.
② 분할도급계약제도는 보통 부대설비공사와 일반공사로 나누어 도급을 준다.
③ 공사진행 중 설계변경이 빈번한 경우에는 직영공사제도를 채택한다.
④ 직영공사제도는 근로자의 능률이 상승된다.

해설 직영공사의 장점과 단점
1) 장점
① 도급공사의 입찰 및 계약의 번잡한 수속이나 감독상의 곤란, 경쟁의 피해 등을 피할 수 있다.

■ 정답 ■   48.②   49.③   50.①   51.④

② 영리를 도외시한 확실성 있는 공사를 할 수 있다.
③ 계약에 구속되지 않고, 임기응변의 처리가 가능하다.
2) 단점
① 사무가 번잡해지고, 작업관리가 어려우며 공사기간이 지연되기 쉽다.
② 공사비가 증대될 우려가 있다. (가설재, 시공기계의 비경제성과 시공관리 능력 부족 등으로 경제상 불리)

52 철근이음의 종류 중 기계적 이음과 가장 거리가 먼 것은?

① 나사식 이음   ② 가스압점 이음
③ 충전식 이음   ④ 압착식 이음

해설 기계적 철근이음의 종류
1) 나사식 이음
2) (슬리브)압착식 이음
3) 충전식 이음
4) 병용이음(압착나사병용, 충전압착 병용)

53 콘크리트 타설 및 다짐에 관한 설명으로 옳은 것은?

① 타설한 콘크리트는 거푸집 안에서 횡방향으로 이동시켜도 좋다.
② 콘크리트 타설은 타설기계로부터 가까운 곳부터 타설한다.
③ 이어치기 기준시간이 경과되면 콜드조인트의 발생 가능성이 높다.
④ 노출콘크리트에는 다짐봉으로 다지는 것이 두드림으로 다지는 것보다 품질관리상 유리하다.

해설 콘크리트 타설작업시 기본원칙
1) 타설구획 내의 먼 곳에서 가까운 곳으로 타설한다.
2) 타설구획 내의 콘크리트는 휴식시간에 연속적으로 타설하여야 한다.
3) 낙하높이는 작게 하고, 수직으로 낙하시킨다.
4) 타설 위치에 가까운 곳까지 펌프, 버킷 등으로 운반하여 타설한다.
5) 낮은 곳에서 높은 곳(기초-기둥-벽-계단-보의 순서)으로 부어넣는다.
6) 거푸집, 철근에 콘크리트를 충돌시키지 않는다.

54 기성 콘크리트 말뚝설치 공법 중 진동공법에 관한 설명으로 옳지 않은 것은?

① 정확한 위치에 타입이 가능하다.
② 타입은 물론 인발도 가능하다.
③ 경질지반에서는 충분한 관입깊이를 확보하기 어렵다.
④ 사질지반에서는 진동에 따른 마찰저항의 감소로 인해 관입이 쉽다.

해설 기성콘크리트 말뚝설치 공법 중 진동공법
1) 정확한 위치에 타입가능
2) 두부손상이 적고 타입, 인발가능
3) 경질지반에서는 관입깊이 확보곤란(경질지반 관입능력 저하)
4) 연약지반에서는 속도 빠르고 소음 적음

55 콘크리트의 압축강도를 시험하지 않을 경우 거푸집널의 해체 시기로 옳은 것은?(단, 조강포틀랜드시멘트를 사용한 기둥으로서 평균기온이 20℃이상일 경우)

① 2일   ② 3일
③ 4일   ④ 6일

해설 거푸집의 존치기강
1) 시멘트의 종류에 의한 거푸집 존치기간

부위		기초, 보옆, 기둥 및 벽		바닥 및 지붕 슬래브, 보 밑	
시멘트의 종류		포틀랜드 시멘트	조강포틀랜드 시멘트	포틀랜드 시멘트	조강포틀랜드 시멘트
콘크리트의 재령(일)	평균 20℃ 이상	4	2	7	4
	평균 10~20℃미만	6	3	8	5
콘크리트의 압축강도		50kg/cm²		설계기준강도의 50%	

■ 정답 ■ 52.② 53.③ 54.④ 55.①

2) 평균 20℃이상인 경우 : 콘크리트 재령 2일(최소기준) 이상이면 거푸집을 해체할 수 있다.

56 공사계획을 수립할 때의 유의사항으로 옳지 않은 것은?

① 마감공사는 구체공사가 끝나는 부분부터 순차적으로 착공하는 것이 좋다.
② 재료입수의 난이, 부품제작 일수, 운반조건 등을 고려하여 발주시기를 조절한다.
③ 방수공사, 도장공사, 미장공사 등과 같은 공정에는 일기를 고려하여 충분한 공기를 확보한다.
④ 공사 전반에 쓰이는 모든 시공장비는 착공 개시 전에 현장에 반입되도록 조치해야 한다.

해설 공사계획 수립시 유의사항
1) 기초공사 : 옥외작업이므로 공정의 변경이 많고 기후에 좌우되기 쉬우므로 지연되는 점을 감안한다.
2) 골조공사 : 기후에 좌우되기는 하나 비교적 공정이 적으므로 공기를 단축하기 쉽다는 점을 감안한다.
3) 마감공사 : 주체공사가 끝나는 부분부터 순차적으로 착공하여 타공사 기간과 중복시키는 것이 좋다.
4) 발주시기 : 재료일수의 난이, 부품제작 일수, 운반조건 등을 고려하여 발주시기를 조절한다.
5) 공기확보 : 방수공사, 도장공사, 미장공사 등과 같은 공정에는 일기를 고려하여 발주시기를 조절한다.
6) 공사에 사용하는 사용기계, 기구 : 공사 진행 및 순서에 따라 현장에 반입하도록 조치한다.

57 철골공사에서 용접을 할 때 발생하는 용접결함과 직접 관계가 없는 것은?

① 크랙   ② 언더컷
③ 크레이터   ④ 위핑

해설 1) 용접결함
① 균열(crack) : 공기구멍 또는 선상조직, 용접의 구속, 살 붙임 불량 등으로 생기는 결함
② 슬래그 섞임(slag inclusion 슬래그 감싸돌기) : 용접에서 용융금속이 급속하게 냉각 되면 슬래그의 일부분이 달아나지 못하고 용착 금속 내에 혼입되는 결함
③ 피드(pit) : 공기의 구멍이 발생함으로서 용접부의 표면에 생기는 작은 구멍
④ 공기구멍(blow hole=gas pocket) : 용접 금속의 내부에 생기는 구멍으로 주로 용융금속이 응고할 때 방출되어야 할 가스가 남아서 생기는 결함
⑤ 언더 컷(under cut) : 용접상부(모재표면과 용접표면이 교차되는 점)에 따라 모재가 녹아 용착금속이 채워지지 않고 홈으로 남게 되는 부분
⑥ 오버랩(over lap : 겹치기) : 용접금속과 모재가 융합되지 않고 겹쳐지는 결함
⑦ 위핑 홀(weeping hole) : 용접부 내에 생기는 미세한 구멍
⑧ 기타 결함 : 외관 비틀림 결함, 불용착(녹아 붙기 불량)변형, 용접치수의 불규칙, 용입부족 등
2) 위빙(weaving≒weeping) : 용접봉을 용접방향과 직각으로 움직이면서 용접너비를 증가시키는 운봉법

58 벽체와 기둥의 거푸집이 굳지 않은 콘크리트 측압에 저항할 수 있도록 최종적으로 잡아 주는 부재는?

① 스페이서   ② 폼타이
③ 턴버클   ④ 듀벨

해설 1) 스페이서(spacer) : 거푸집널과 철근 또는 철근끼리의 간격을 유지하기 위한 블록이나 기구(버팀대), 간격재

■ 정답 ■ 56.④ 57.④ 58.②

2) **폼타이**(form-tie) : 거푸집간의 간격을 유지하기 위한 거푸집의 조임기구
3) **턴버클**(tun buckle) : 인장재를 팽팽히 당겨 조이는 나사있는 탕개쇠로 거푸집 연결 시 철선 조임에 사용
4) **듀벨**(duwel) : 목재사이의 접합부에 끼워 볼트접합을 보강하기 위한 철물

59 흙막이벽체 공법 중 주열식 흙막이 공법에 해당하는 것은?

① 슬러리 월 공법
② 엄지말뚝+토류판공법
③ C.I.P공법
④ 시트파일 공법

해설 주열식 흙막이 공법
1) CIP공법
2) PIP공법
3) MIP공법

60 콘크리트 이어붓기 위치에 관한 설명으로 옳지 않은 것은?

① 보 및 슬래브는 전단력이 작은 스팬의 중앙부에 수직으로 이어 붓는다.
② 기둥 및 벽에서는 바닥 및 기초의 상단 또는 보의 하단에 수평으로 이어 붓는다.
③ 캔틸레버로 내민보나 바닥판은 간사이의 중앙부에 수직으로 이어 붓는다.
④ 아치는 아치축에 직각으로 이어 붓는다.

해설 콘크리트 이어붓기의 이음위치
1) **보, 바닥판** : 간 사이(span)의 중앙에서 수직
2) **캔틸레버**(cantilever)**로 내민보나 바닥판** : 이어붓지 않음을 원칙으로 함
3) **중앙에 작은보가 있는 바닥판** : 중앙부에서 작은보 너비의 2배 떨어진 곳에서 수직
4) **기둥** : 바닥판(slab), 연결보 또는 기초상단에서 수평
5) **벽** : 개구부(문틀) 주위에서 수직, 수평
6) **아치** : 아치축에 직각

제4과목 / 건설재료학

61 체가름 시험을 하였을 때 각 체에 남는 누계량의 전체 시료에 대한 질량백분율의 합을 100으로 나눈 값은?

① 실적률
② 유효흡수율
③ 조립율
④ 함수율

해설 골재의 조립률
조립률(FM)
$$= \frac{각 체에 남은 골재량 누계(\%)의 합}{100}$$
1) 골재입자의 지름이 클수록 조립률은 크다.
2) 굵은골재일수록, 조립률이 클수록 남는 중량은 크고 통과중량은 작다.

62 목재의 무늬를 가장 잘 나타내는 투명 도료는?

① 유성페인트
② 클리어래커
③ 수성페인트
④ 에나멜페인트

해설
1) **유성페인트** : 보일유와 안료에 용제 및 희석제, 건조제 등을 혼합하여 만든다.
2) **클리어래커** : 투명도료이다.
3) **수성페인트** : 물을 용제로 하는 도료를 총칭한 것이다.
4) **에나멜페인트** : 전색제로 유성바니시나 중합유에 안료를 섞어서 만든다.

63 구리(Cu)와 주석(Sn)을 주체로 한 합금으로 주조성이 우수하고 내식성이 크며 건축장식철물 또는 미술공예 재료에 사용되는 것은?

① 청동
② 황동
③ 양백
④ 두랄루민

해설
1) **청동** : 동(Cu)과 주석(Sn)의 합금(공업용은 주석의 함유량이 15%이하)
① 황동보다 내식성이 크고 주조하기 쉽다.

■정답■ 59.③ 60.③ 61.③ 62.② 63.①

② 용도 : 표면이 특유의 아름다운 색깔을 지니고 있어 건축물의 장식부품, 미술 공예재료 등에 사용된다.
③ 포금 : 동(Cu)에 주석(Sn) 10% 정도를 포함한 것으로 강도와 경도가 크다.
2) 황동(일명 놋쇠) : 동(Cu)과 아연(Zn)의 합금

64 금속제 용수철과 완충유와의 조합작용으로 열린문이 자동으로 닫히게 하는 것으로 바닥에 설치되며, 일반적으로 무게가 큰 중량창호에 사용되는 것은?

① 레버터리 힌지
② 플로어 힌지
③ 피벗 힌지
④ 도어 클로저

해설 플로어힌지(floor hinge, 마루정첩)
1) 자재여닫이 문을 열면 저절로 닫히게 되는 장치를 바닥에 설치하여 문장부를 끼우고 상부는 지도리를 축대로 하여 돌게 한 철문이다.
2) 중량이 큰 문에 쓰인다.

65 각종 시멘트의 특성에 관한 설명으로 옳지 않은 것은?

① 중용열포틀랜드시멘트는 수화 시 발열량이 비교적 크다.
② 고로세멘트를 사용한 콘크리트는 보통 콘크리트보다 초기강도가 작은편이다.
③ 알루미나시멘트는 내화성이 좋은 편이다.
④ 실리카시멘트로 만든 콘크리트는 수밀성과 화학저항성이 크다.

해설 중용열포틀랜드시멘트 : 수화열을 작게하기 위해 C_3A(알루민산 3석회)의 양을 8%이하, C_3S(규산3석회)의 양을 30%이하로 만든 시멘트이다.

66 절대건조비중이 0.69인 목재의 공극률은?

① 31.0%
② 44.8%
③ 55.2%
④ 69.0%

해설 목재내부의 공극률(v)
$$V = \left(1 - \frac{r}{1.54}\right) \times 100$$
$$= \left(1 - \frac{0.69}{1.54}\right) \times 100 = 55.2\%$$
여기서, r : 절건비중
1.54 : 목재의 진 비중

67 실링재와 같은 뜻의 용어로 부재의 접합부에 충전하여 접합부를 기밀·수밀하게 하는 재료는?

① 백업재
② 코킹재
③ 가스켓
④ AE감수제

해설 코킹재
1) 실링재의 일종
2) 무브먼트(movement)가 거의 없는 줄눈에 충전하여 수밀성, 기밀성을 확보하는 부정형의 재료

68 콘크리트의 배합을 정할 때 목표로 하는 압축강도로 품질의 편차 및 양생온도 등을 고려하여 설계기준강도에 할증한 것을 무엇이라 하는가?

① 배합강도
② 설계강도
③ 호칭강도
④ 소요강도

해설 설계기준강도 및 배합강도
1) 설계기준강도(소요강도) : 구조체에 요구되는 재령 28일의 콘크리트의 압축강도(180 kg/cm² 이상)
2) 배합강도 : 설계기준강도×할증계수(안전율)

■ 정답 ■ 64.② 65.① 66.③ 67.② 68.①

69 석재를 대상으로 실시하는 시험의 종류와 거리가 먼 것은?

① 비중 시험
② 흡수율 시험
③ 압축강도 시험
④ 인장강도 시험

해설 석재 대상 시험 종류
1) 석재의 강도 : 압축강도를 기준으로 한다.
2) 석재의 비중 : 겉보기비중으로 나타낸다. 보통 2.5~3.0(평균 2.65정도)
3) 석재의 흡수율 : 다공성으로 흡수율이 크다.
   흡수율의 크기 : 응회암 〉 사암 〉 안산암 〉 화강암 = 점판암 〉 대리석

70 미리 거푸집 속에 특정한 입도를 가지는 굵은골재를 채워놓고 그 간극에 모르타르를 주입하여 제조한 콘크리트는?

① 폴리머 시멘트 콘크리트
② 프리플레이스트 콘크리트
③ 수밀 콘크리트
④ 서중 콘크리트

해설
1) 폴리머 시멘트 콘크리트(polymer cement concrete) : 콘크리트 결합재료 시멘트와 폴리머(polymer)를 사용한 콘크리트이다 (폴리머 시멘트 5%이상)
2) 프리플레이스트 콘크리트(preplaced concrete) : 굵은 골재를 거푸집속에 미리 넣어두고 그 골재사이의 공극에 파이프를 통해 모르타르를 압입 주입하여 콘크리트를 형성한 것으로 주입콘크리트라고도 한다.
3) **수밀콘크리트** : 방수를 목적으로 만들어진 콘크리트이다(물시멘트비 55% 이하)
4) **서중콘크리트** : 일평균기온이 25℃를 넘는 온도에서 시공하는 콘크리트이다

71 철근콘크리트구조의 부착강도에 관한 설명으로 옳지 않은 것은?

① 최초 시멘트페이스트의 점착력에 따라 발생한다.
② 콘크리트 압축강도가 증가함에 따라 일반적으로 증가한다.
③ 거푸집강성이 클수록 부착강도의 증가율은 높아진다.
④ 이형철근의 부착강도가 원형철근보다 크다.

해설 철근콘크리트의 부착강도
1) 콘크리트의 부착강도는 압축강도가 증가함에 따라 증가하나 압축강도가 커질수록 부착강도의 증가율은 낮아진다.
2) 압축강도가 350kg/cm² 이상에서 부착강도는 증가하지 않는다.
3) 이형철근의 부착강도가 원형철근보다 크다.

72 단백질 계 접착제 중 동물성 단백질이 아닌 것은?

① 카세인
② 아교
③ 알부민
④ 아마인유

해설 단백질 접착제
1) 동물성 단백질
   ① 카세인(casein) : 우유 중에 포함되어 있는 단백질
   ② 아교 : 가축의 혈액 중에 있는 단백질
   ③ 알부민(albumin) : 달걀의 흰자
2) 식물성 단백질
   ① 콩풀 : 탈지 대두분말
   ② 소맥 등 : 곡류 분말

73 점토벽돌 1종의 흡수율과 압축강도 기준으로 옳은 것은?

① 흡수율 10% 이하 – 압축강도 24.50MPa이상
② 흡수율 10% 이하 – 압축강도 20.59MPa이상
③ 흡수율 15% 이하 – 압축강도 24.50MPa이상
④ 흡수율 15% 이하 – 압축강도 20.59MPa이상

해설 점토벽돌의 압축강도 및 흡수율

종류(등급)	압축강도	흡수율
1종	24.5MPa이상 (210kg/cm² 이상)	10%이하
2종	20.59MPa이상 (160kg/cm² 이상)	13%이하
3종	10.78MPa이상 (100kg/cm² 이상)	15%이하

74 미장재료 중 돌로마이트 플라스터에 관한 설명으로 옳지 않은 것은?

① 돌로마이트에 모래, 여물을 섞어 반죽한 것이다.
② 소석회보다 점성이 크다.
③ 회반죽에 비하여 최종강도는 작고 착색이 어렵다.
④ 건조수축이 커서 균열이 생기기 쉽다.

해설 돌로마이트 플라스터
1) 돌로마이트 플라스터 : 돌라마이트석회(마그네시아석회)에 모래, 여물, 필요한 경우에는 시멘트를 혼합하여 반죽한 미장재료이다.
2) 특성
  ① 미장재료 중 점도가 가장 크고 풀이 필요 없으며 응결시간이 길어 바르기도 좋다. (변색, 냄새, 곰팡이가 없다.)
  ② 경화시 건조수축이 커서 균열이 생기기 쉽다. (물에 약한 것이 결점)
  ③ 회반죽에 비해 강도가 높다.

75 멤브레인 방수공사와 관련된 용어에 관한 설명으로 옳지 않은 것은?

① 멤브레인 방수층 – 불투수성 피막을 형성하는 방수층
② 절연용 테이프 – 바탕과 방수층 사이의 국부적인 응력집중을 막기 위한 바탕면 부착 테이프
③ 프라이머 – 방수층과 바탕을 견고하게 밀착시킬 목적으로 바탕면에 최초로 도포하는 액상 재료
④ 개량 아스팔트 – 아스팔트 방수층을 형성하기 위해 사용하는 시트 형상의 재료

해설 개량 아스팔트 : 스트레이트 아스팔트(석유 아스팔트)에 고무(SBS : styren butadiene styrene)합성수지(APP : atactic poly propylene)를 배합하여 감온성 등 성질을 개량한 아스팔트이다.

76 합성수지 중 열경화성 수지가 아닌 것은?

① 페놀 수지
② 요소 수지
③ 에폭시 수지
④ 아크릴 수지

해설 1) **열가소성 수지** : 아크릴 수지, 염화비닐 수지, 에틸렌 수지, 스티렌 수지 등
2) **열경화성 수지** : 페놀 수지, 멜라민 수지, 폴리우레탄 수지, 에폭시 수지 등

■정답■ 73.① 74.③ 75.④ 76.④

77 미장바름의 종류 중 돌로마이트에 화강석 부스러기, 색모래, 안료 등을 섞어 정벌바름하고 충분히 굳지 않은 때에 거친 솔 등으로 긁어 거친면으로 마무리한 것은?

① 모조석
② 라프코트
③ 리신바름
④ 흙바름

해설 리신바름(lithin coat)
1) 돌로마이트에 화강석 부스러기, 색모래, 안료 등을 섞어 정벌바름하고 충분히 굳지 않은 때에 거친 솔, 얼레빗 등으로 긁어 거친면으로 마무리 하는 것이다.
2) 인조석 바름의 일종이다.

78 시멘트의 수화열에 의한 온도의 상승 및 하강에 따라 작용된 구속응력에 의해 균열이 발생할 위험이 있어, 이에 대한 특수한 고려를 요하는 콘크리트는?

① 매스 콘크리트
② 유동화 콘크리트
③ 한중 콘크리트
④ 수밀 콘크리트

해설 매스콘크리트(mass concrete) : 부재 또는 구조물의 치수가 커서 시멘트의 수화열에 의한 온도의 상승을 고려하여 시공하는 콘크리트를 말한다.

79 목재의 조직에 관한 설명으로 옳지 않은 것은?

① 수선은 침엽수와 활엽수가 다르게 나타난다.
② 심재는 색이 진하고 수분이 적고 강도가 크다.
③ 봄에 이루어진 목질부를 춘재라 한다.
④ 수간의 횡단면을 기준으로 제일 바깥쪽의 껍질을 형성층이라 한다.

해설 1) 수목의 횡단면을 기준으로 제일 바깥쪽에 수피(외수피와 내수피)가 있고 그 안쪽에 형성층이 있다.
2) 형성층은 점질의 조직으로서 모세포가 분열하여 새로운 목질을 내부에 형성하여 수목이 점차 바깥쪽으로 성장한다.

80 모래의 함수율과 용적변화에서 이넌데이트(inundate)현상이란 어떤 상태를 말하는가?

① 함수율 0~8%에서 모래의 용적이 증가하는 현상
② 함수율 8%의 습윤상태에서 모래의 용적이 감소하는 현상
③ 함수율 8%에서 모래의 용적이 최고가 되는 현상
④ 절건상태와 습윤상태에서 모래의 용적이 동일한 현상

해설 bulking 및 inundate
1) bulking(벌킹) : 건조상태의 잔골재(모래)가 함수(含水)함에 따라 부풀어 오른 것을 bulking이라 하며,
2) inundate(이넌데이트) : 최대로 부푼(약 8% 함수되었을 때)것에 물을 더 가하면 이번에는 용적이 감소되고 포화상태(25~35%)일 경우에는 마른모래와 거의 같은 용적이 되는데 이를 inundate라고 한다.

제5과목 / 건설안전기술

81 달비계에 사용이 불가한 와이어로프의 기준으로 옳지 않은 것은?

① 이음매가 없는 것
② 지름의 감소가 공칭지름의 7%를 초과하는 것
③ 심하게 변형되거나 부식된 것
④ 와이어로프의 한 꼬임에서 끊어진 소선(素線)의 수가 10% 이상인 것

해설 달비계에 설치하는 이음매가 있는 와이어로프 등의 사용금지사항
1) 이음매가 있는 것
2) 와이어로프의 한 꼬임에서 끊어진 소선(필러선 제외)의 수가 10%이상(비전로프의 경우에는 끊어진 소선의 수가 와이어로프 호칭지름의 6배 길이 이내에서 4개 이상이거나 호칭지름의 30배 길이 이내에서 8개 이상)인 것
3) 지름의 감소가 공칭지름의 7%를 초과하는 것
4) 꼬인 것
5) 심하게 변형 또는 부식된 것
6) 열과 전기충격에 의해 손상된 것

82 다음은 산업안전보건기준에 관한 규칙 중 가설통로의 구조에 관한 사항이다. (   )안에 들어갈 내용으로 옳은 것은?

> 수직갱에 가설된 통로의 길이가 15m이상인 경우에는 10m 이내마다 (   )을/를 설치할 것

① 손잡이　　② 계단참
③ 클램프　　④ 버팀대

해설 가설통로의 구조
(가설통로 설치시 준수사항)
1) 견고한 구조로 할 것
2) 경사는 30° 이하로 할 것(다만, 계단을 설치하거나 높이 2m 미만의 가설통로로서 튼튼한 손잡이를 설치한 때에는 그러하지 아니하다)
3) 경사가 15°를 초과하는 때에는 미끄러지지 않는 구조로 할 것
4) 추락의 위험이 있는 장소에는 안전난간을 설치할 것(작업상 부득이한 때에는 필요한 부분에 한하여 임시로 이를 해체할 수 있다)
5) 수직갱에 가설된 통로의 길이가 15m 이상인 때에는 10m 이내마다 계단참을 설치할 것
6) 건설공사에서 사용하는 높이 8m이상인 비계다리에는 7m 이내마다 계단을 설치할 것

83 다음 중 구조물의 해체작업을 위한 기계·기구가 아닌 것은?

① 쇄석기　　② 데릭
③ 압쇄기　　④ 철제 해머

해설 해체용 기계기구의 종류
① 압쇄기　　② 대형브레이커
③ 철제해머　　④ 핸드브레이커
⑤ 팽창제　　⑥ 절단톱 및 절단줄톱
⑦ 잭(jack)　　⑧ 쐐기타입기(rock jack)
⑨ 화염방사기　　⑩ 화약류

84 강풍 시 타워크레인의 설치·수리·점검 또는 해체 작업을 중지하여야 하는 순간풍속 기준으로 옳은 것은?

① 순간풍속이 초당 10m를 초과하는 경우
② 순간풍속이 초당 15m를 초과하는 경우
③ 순간풍속이 초당 20m를 초과하는 경우
④ 순간풍속이 초당 30m를 초과하는 경우

해설 1) 타워크레인의 운전작업을 중지해야 할 순간풍속 : 15m/sec 초과시
2) 타워크레인의 설치·수리·점검 또는 해체작업을 중지해야 할 순간풍속 : 10 m/sec 초과시

■정답■ 81.① 82.② 83.② 84.①

85 근로자의 추락 위험이 있는 장소에서 발생하는 추락재해의 원인으로 볼 수 없는 것은?

① 안전대를 부착하지 않았다.
② 덮개를 설치하지 않았다.
③ 투하설비를 설치하지 않았다.
④ 안전난간을 설치하지 않았다.

해설 작업대 끝 및 개구부로부터의 추락재해의 원인
  1) 난간이 없었다.
  2) 덮개가 없었다.
  3) 안전대를 사용하지 않았다.
  4) 방책이 없었다.
  5) 난간, 방책, 덮개를 제거하고 작업했다.

86 기상상태의 악화로 비계에서의 작업을 중지시킨 후 그 비계에서 작업을 다시 시작하기 전에 점검해야 할 사항에 해당하지 않는 것은?

① 기둥의 침하·변형·변위 또는 흔들림 상태
② 손잡이의 탈락 여부
③ 격벽의 설치여부
④ 발판재료의 손상 여부 및 부착 또는 걸림 상태

해설 비, 눈, 그 밖의 기상상태의 악화로 작업을 중지시킨 후 또는 비계를 조립·해체하거나 변경한 후 그 비계에서 작업을 하는 경우 작업시작전 점검사항
  1) 발판재료의 손상여부 및 부착 또는 걸림상태
  2) 당해 비계의 연결부 또는 접속부의 풀림상태
  3) 연결재료 및 연결철물의 손상 또는 부식상태
  4) 손잡이의 탈락여부
  5) 기둥의 침하·변경·변위 또는 흔들림 상태
  6) 로프의 부착상태 및 매단장치의 흔들림 상태

87 사다리식 통로 등을 설치하는 경우 발판과 벽과의 사이는 최소 얼마 이상의 간격을 유지하여야 하는가?

① 5cm ② 10cm
③ 15cm ④ 20cm

해설 사다리식 통로의 구조
  1) 견고한 구조로 할 것
  2) 심한 손상·부식 등이 없는 재료를 사용할 것
  3) 발판의 간격은 동일하게 할 것
  4) 발판과 벽과의 사이는 15cm 이상의 간격을 유지할 것
  5) 폭은 30cm 이상으로 할 것
  6) 사다리가 넘어지거나 미끄러지는 것을 방지하기 위한 조치를 할 것
  7) 사다리의 상단은 걸쳐놓은 지점으로부터 60cm 이상 올라가도록 할 것
  8) 사다리식 통로의 길이가 10m 이상인 때에는 5m 이내마다 계단참을 설치할 것
  9) 이동식 사다리식 통로의 기울기는 75° 이하로 할 것(다만, 고정식 사다리식 통로의 기울기는 90° 이하로 하고 높이 7m 이상인 경우 바닥으로부터 2.5m 되는 지점부터 등받이 울을 설치할 것)
  10) 접이식 사다리기둥은 사용시 접혀지거나 펼쳐지지 않도록 철물 등을 사용하여 견고하게 조치할 것

88 드럼에 다수의 돌기를 붙여 놓은 기계로 점토층의 내부를 다지는 데 적합한 것은?

① 탠덤 롤러
② 타이어 롤러
③ 진동 롤러
④ 탬핑 롤러

해설 탬핑 롤러(tamping roller)
  1) 롤러의 표면에 돌기를 만들어 부착한 것으로 돌기가 전압층에 매입되어 풍화암을 파쇄하고 흙 속의 간극수압을 제거하는 롤러이다.
  2) 실트, 점토 등 충분한 결합재가 있는 기층재료의 다지기 등에 사용된다.

■정답■ 85.③ 86.③ 87.③ 88.④

89 산업안전보건법령에 따른 중량물을 취급하는 작업을 하는 경우의 작업계획서 내용에 포함되지 않는 사항은?

① 추락위험을 예방할 수 있는 안전대책
② 낙하위험을 예방할 수 있는 안전대책
③ 전도위험을 예방할 수 있는 안전대책
④ 위험물 누출위험을 예방할 수 있는 안전대책

해설 중량물 취급작업시 작업계획의 작성내용
1) 추락위험을 예방할 수 있는 안전대책
2) 낙하위험을 예방할 수 있는 안전대책
3) 전도위험을 예방할 수 있는 안전대책
4) 협착위험을 예방할 수 있는 안전대책
5) 붕괴위험을 예방할 수 있는 안전대책

90 산업안전보건관리비 계상을 위한 대상액이 56억원인 교량공사의 산업안전보건관리비는 얼마인가? (단, 일반건설공사(갑)에 해당)

① 104,160천원   ② 110,320천원
③ 144,800천원   ④ 150,400천원

해설 1) 일반건설공사(갑)인 경우 50억원 이상일 때 비율(x) : 1.97%
2) 안전관리비 = 대상액 × $\frac{비율(\%)}{100}$

$= 56억 \times \frac{1.97}{100}$

= 110320천원(1억1천3십2만원)

참고 법 개정: 25.1.1.

91 콘크리트 구조물에 적용하는 해체작업 공법의 종류가 아닌 것은?

① 연삭 공법   ② 발파 공법
③ 오픈컷 공법 ④ 유압 공법

해설 해체공법의 종류
1) **연삭공법** : ① 절단공법
② 다이아몬드 와이어 쏘우 공법(diamond wire saw method)
2) **발파공법** : ① 도화선발파 ② 전기발파
③ 도폭선 발파
3) **유압공법** : ① 잭 공법 ② 압쇄공법
③ 유압식 확대기 공법
4) **충격공법** : ① 핸드 브레이커 공법
② 대형 브레이커 공법
③ 강구(steel ball) 공법

92 콘크리트 타설작업 시 거푸집에 작용하는 연직하중이 아닌 것은?

① 콘크리트의 측압
② 거푸집의 중량
③ 굳지 않은 콘크리트의 중량
④ 작업원의 작업하중

해설 거푸집 및 지보공(동바리) 설계시 고려해야 할 하중(고용노동부 고시)
1) **연직방향 하중** : 거푸집, 지보공(동바리), 콘크리트, 철근, 작업원, 타설용 기계, 기구, 가설설비 등의 중량 및 충격하중
2) **횡방향 하중** : 작업할 때의 진동, 충격, 시공오차 등에 기인되는 횡방향 하중 이외에 필요에 따라 풍압, 유압, 지진 등
3) **콘크리트의 측압** : 굳지 않은 콘크리트의 측압
4) **특수하중** : 시공 중에 예상되는 특수한 하중
5) 상기 1~4호의 하중에 안전율을 고려한 하중

93 거푸집 공사에 관한 설명으로 옳지 않은 것은?

① 거푸집 조립 시 거푸집이 이동하지 않도록 비계 또는 기타 공작물과 직접 연결한다.
② 거푸집 치수를 정확하게 하여 시멘트 모르타르가 새지 않도록 한다.
③ 거푸집 해체가 쉽게 가능하도록 박리제 사용 등의 조치를 한다.
④ 측압에 대한 안전성을 고려한다.

■ 정답 ■ 89.④ 90.② 91.③ 92.① 93.①

해설 거푸집동바리 조립시 준수사항(거푸집동바리 등의 안전조치)
1) 깔목의 사용, 콘크리트 타설(打設), 말뚝박기 등 동바리의 침하를 방지하기 위한 조치를 할 것
2) 개구부 상부에 동바리를 설치하는 때에는 상부하중을 견딜 수 있는 견고한 받침대를 설치할 것
3) 동바리의 상하고정 및 미끄러짐 방지조치를 하고, 하중의 지지상태를 유지할 것
4) 동바리의 이음은 맞댄이음 또는 장부이음으로 하고 같은 품질의 재료를 사용할 것
5) 강재와 강재와의 접속부 및 교차부는 볼트·클램프 등 전용철물을 사용하여 단단히 연결할 것
6) 거푸집이 곡면인 때에는 버팀대의 부착 등 그 거푸집의 부상(浮上)을 방지하기 위한 조치를 할 것

94 개착식 굴착공사에서 버팀보공법을 적용하여 굴착할 때 지반붕괴를 방지하기 위하여 사용하는 계측장치로 거리가 먼 것은?

① 지하수위계 ② 경사계
③ 변형률계   ④ 록볼트응력계

해설 굴착공사에 사용되는 계측기기
1) 간극수압계(piezometer) : 지하수의 수압을 측정
2) 수위계(water level meter) : 지반 내 지하수위 변화를 측정
3) 경사계(inclinometer) : 흙막이벽의 수평변위(변형)측정
4) 하중계(load cell) : 버팀보(지주) 또는 어스앵커(earth anchor)등의 실제 축하중 변화상태를 측정(부재의 안전상태를 파악하는 기기)
5) 변형계(strain gauge) : 흙막이벽의 변형과 응력을 측정

95 다음 중 유해·위험방지 계획서 제출 대상 공사에 해당하는 것은?

① 지상높이가 25m인 건축물 건설공사
② 최대 지간길이가 45m인 교량건설공사
③ 깊이가 8m인 굴착공사
④ 제방 높이가 50m인 다목적댐 건설공사

해설 건설업 중 유해위험방지계획서 제출대상 사업장
(시행규칙 제120조 제4항)
1) 지상높이가 31미터 이상인 건축물 또는 인공구조물, 연면적 3만 제곱미터 이상인 건축물 또는 연면적 5천 제곱미터 이상의 문화 및 집회시설(전시장 및 동물원·식물원은 제외), 판매시설, 운수시설(고속철도의 역사 및 집·배송시설은 제외), 종교시설, 의료시설 중 종합병원, 숙박시설 중 관광숙박시설, 지하도상가 또는 냉동·냉장 창고시설의 건설·개조 또는 해체(이하 "건설등"이라 함)
2) 연면적 5천 제곱미터 이상의 냉동·냉장 창고시설의 설비공사 및 단열공사
3) 최대 지간길이가 50미터 이상인 교량건설 등 공사
4) 터널 건설 등의 공사
5) 다목적댐, 발전용댐 및 저수용량 2천만톤 이상의 용수 전용 댐, 지방상수도 전용댐 건설 등의 공사
6) 깊이 10미터 이상인 굴착공사

96 차량계 하역운반기계 등을 사용하는 작업을 할 때, 그 기계가 넘어지거나 굴러떨어짐으로써 근로자에게 위험을 미칠 우려가 있는 경우에 이를 방지하기 위한 조치사항과 거리가 먼 것은?

① 유도자 배치
② 지반의 부동침하방지
③ 상단부분의 안정을 위하여 버팀줄 설치
④ 갓길 붕괴방지

해설 차량계 하역운반기계의 전도(넘어짐), 전락(굴러 떨어짐) 등에 의한 근로자의 위험방지 조치사항
1) 유도자 배치
2) 지반의 부동침하 방지
3) 갓길(노견)의 붕괴 방지

■정답■ 94.④ 95.④ 96.③

97 추락재해 방지용 방망의 신품에 대한 인장강도는 얼마인가? (단, 그물코의 크기가 10cm 이며, 매듭 없는 방망)

① 220kg ② 240kg
③ 260kg ④ 280kg

해설 방망사의 신품에 대한 인장강도

그물코의 크기 (단위 : cm)	방망의 종류(단위 : kg)	
	매듭 없는 방망	매듭 방망
10	240	200
5		110

98 발파작업에 종사하는 근로자가 준수하여야 할 사항으로 옳지 않은 것은?

① 장전구는 마찰·충격·정전기 등에 의한 폭발의 위험이 없는 안전한 것을 사용할 것
② 발파공의 충진재료는 점토·모래 등 발화성 또는 인화성의 위험이 없는 재료를 사용할 것
③ 얼어붙은 다이나마이트는 화기에 접근시키거나 그 밖의 고열물에 직접 접촉시켜 단시간 안에 융해시킬 수 있도록 할 것
④ 전기뇌관에 의한 발파의 경우 점화하기 전에 화약류를 장전한 장소로부터 30m 이상 떨어진 안전한 장소에서 전선에 대하여 저항측정 및 도통시험을 할 것

해설 ③항, 얼어붙은 다이너마이트는 화기에 접근시키거나 기타의 고열물에 직접 접촉시키는 등 위험한 방법으로 융해하지 않도록 할 것

99 다음은 산업안전보건법령에 따른 근로자의 추락위험 방지를 위한 추락방호망의 설치기준이다. ( )안에 들어갈 내용으로 옳은 것은?

추락방호망은 수평으로 설치하고, 망의 처짐은 짧은 변 길이의 ( )이상이 되도록 할 것

① 10% ② 12%
③ 15% ④ 18%

해설 추락방호망 설치기준
1) 설치위치 : 작업면에 가장 가까운 지점에 설치하여야 하며, 작업면에서 방망설치지점까지의 수직거리는 10m를 초과하지 않을 것
2) 방망 : 수평으로 설치
3) 방망의 처짐 : 짧은 변 길이의 12% 이상일 것
4) 방망의 내민 길이 : 벽면으로부터 3m 이상 (다만, 그물코가 20mm 이하인 망을 사용한 경우에는 낙하물 방지망을 설치한 것으로 봄)

100 거푸집동바리등을 조립하는 경우의 준수사항으로 옳지 않은 것은?

① 동바리로 사용하는 파이프 서포트는 최소 3개 이상 이어서 사용하도록 할 것
② 동바리의 상하 고정 및 미끄러짐 방지조치를 하고, 하중의 지지상태를 유지할 것
③ 동바리의 이음은 맞댄이음이나 장부이음으로 하고 같은 품질의 재료를 사용할 것
④ 강재와 강재의 접속부 및 교차부는 볼트·클램프 등 전용철물을 사용하여 단단히 연결할 것

해설 동바리로 사용하는 파이프서포트의 설치기준
1) 파이프서포트를 3개 이상 이어서 사용하지 아니하도록 할 것
2) 파이프서포트를 이어서 사용할 때에는 4개 이상의 볼트 또는 전용철물을 사용하여 이을 것
3) 높이가 3.5m를 초과할 때에는 높이 2m 이내마다 수평연결재를 2개 방향으로 만들고 수평연결재의 변위를 방지할 것

■정답■ 97.② 98.③ 99.② 100.①

2018년 4회 기출문제
[9월 15일 시행]

건설안전산업기사

제1과목 / 산업안전관리론

01 상해의 종류 중 타박, 충돌, 추락 등으로 피부 표면보다는 피하조직 등 근육부를 다친 상해를 무엇이라 하는가?

① 골절 ② 자상
③ 부종 ④ 좌상

해설 1) 골절 : 뼈가 부러진 상해
2) 자상(찔림) : 칼날 등 날카로운 물건에 찔린 상해
3) 부종 : 국부의 혈액순환 이상으로 몸이 퉁퉁 부어오르는 상해
4) 좌상 : 본문 설명

02 재해원인의 분석방법 중 사고의 유형, 기인물 등 분류항목을 큰 순서대로 도표화하는 통계적 원인분석 방법은?

① 특성 요인도 ② 관리도
③ 크로스도 ④ 파레토도

해설 통계적 원인 분석 방법
1) 파렛토도 : 분류항목을 큰 순서대로 도표화한 분석법
2) 특성 요인도 : 특성과 요인관계를 도표로 하여 어골상으로 세분화한 분석법
3) 클로즈(Close)분석 : 데이터(data)를 집계하고 표로 표시하여 요인별 결과 내역을 교차한 클로즈 그림을 작성하여 분석하는 방법
4) 관리도 : 재해발생 건수 등의 추이를 파악하여 목표관리를 행하는데 필요한 월별 재해 발생수를 그래프화하여 관리선을 설정관리하는 방법

03 모랄 서베이(Morale Survey)의 주요방법 중 태도조사법에 해당하는 것은?

① 사례연구법 ② 관찰법
③ 실험연구법 ④ 면접법

해설 모랄 서어베이(morale survey : 사기조사)의 주요방법
1) **통계에 의한 방법** : 사고 상해율, 생산고, 결근, 지각, 조퇴, 이직 등을 분석하여
2) **사례 연구법** : 경영 관리상의 여러 가지 제도에 나타나는 사례에 대해 케이스 스터디(case study)로서 현상을 파악하는 방법
3) **관찰법** : 종업원의 근무 실태를 계속 관찰함으로서 문제점을 찾아내는 방법
4) **실험연구법** : 실험 그룹과 통제 그룹으로 나누고 정황, 자극을 주어 태도 변화 여부를 조사하는 방법
5) **태도조사법(의견조사)** : 질문지법, 면접법, 집단토의법, 투사법(projective technique) 등에 의해 의견을 조사하는 방법

04 평균 근로자수가 1,000명인 사업장의 도수율이 10.25이고 강도율이 7.25이었을 때 이 사업장의 종합재해지수는?

① 7.62 ② 8.62
③ 9.62 ④ 10.62

■ 정답 ■ 01.④ 02.④ 03.④ 04.②

해설 종합재해지수
$= \sqrt{도수율 \times 강도율}$
$= \sqrt{10.25 \times 7.25} = 8.62$

05 산업안전보건법령에 따른 근로자 안전·보건교육 중 건설업 기초안전·보건교육 과정의 건설 일용근로자의 교육시간으로 옳은 것은?

① 1시간　　② 2시간
③ 4시간　　④ 6시간

해설 건설업 기초안전보건교육 교육시간 : 4시간

06 인간의 의식수준 5단계 중 의식수준의 저하로 인한 피로와 단조로움의 생리적 상태가 일어나는 단계는?

① Phase Ⅰ　　② Phase Ⅱ
③ Phase Ⅲ　　④ Phase Ⅳ

해설 의식수준의 단계

단계	의식의상태	주의작용	생리적상태	신뢰성
Phase0	무의식, 실신	없음	수면, 뇌발작	0
Phase Ⅰ	정상 이하 의식 몽롱함	부주의	피로, 단조, 졸음, 술취함	0.9이하
Phase Ⅱ	정상 이완상태	수동적 마음이 안쪽으로 향함	안정기거, 휴식시, 장례작업시	0.99~0.99999
Phase Ⅲ	정상 상쾌한 상태	능동적 앞으로 향하는 주의시야도 넓다.	적극 활동시	0.999999 이상
Phase Ⅳ	초정상 과긴장상태	일점으로 응집, 판단정지	긴급 방위 반응, 당황해서 panic	0.9이하

07 산업안전보건법령에 따른 안전·보건표지 중 금지표지의 종류가 아닌 것은?

① 금연
② 물체이동금지
③ 접근금지
④ 차량통행금지

해설 금지표지 종류
1) 출입금지
2) 보행금지
3) 차량통행금지
4) 사용금지
5) 탑승금지
6) 금연
7) 화기금지
8) 물체이동금지

08 산업재해의 발생형태 종류 중 상호자극에 의하여 순간적으로 재해가 발생하는 유형으로 재해가 일어난 장소나 그 시점에 일시적으로 요인이 집중하는 것은?

① 단순 자극형
② 단순 연쇄형
③ 복합 연쇄형
④ 복합형

해설 산업재해의 발생형태 종류
1) **단순자극형(집중형)** : 상호자극에 의해 순간적으로 재해가 발생하는 유형.
2) **연쇄형** : 하나의 사고요인이 또 다른 요인을 발생시키며 재해를 발생하는 유형.
3) **복합형** : 연쇄형과 단순자극형의 복합적인 발생유형.

■정답■　05.③　06.①　07.③　08.①

09 보호구 안전인증 고시에 따른 다음 방진 마스크의 형태로 옳은 것은?

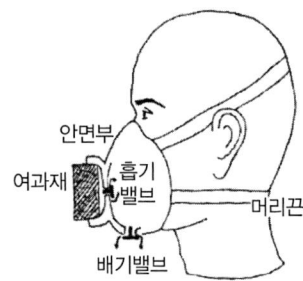

① 격리식 반면형 ② 직결식 반면형
③ 격리식 전면형 ④ 직결식 전면형

해설 방진마스크의 종류별 공기흡입 방식
1) 분리식
   ① 격리식(전면형, 반면형) : 여과재→연결관→흡기밸브
   ② 직결식(전면형, 반면형) : 여과재→흡기밸브
2) 안면 여과식 : 여과재인 안면부에 의해 흡입

10 학습지도의 형태 중 몇 사람의 전문가에 의하여 과제에 관한 견해가 발표된 뒤 참가자로 하여금 의견이나 질문을 하게 하여 토의하는 방법은?

① 패널 디스커션(panel discussion)
② 심포지엄(symposium)
③ 포럼(forum)
④ 버즈 세션(buzz session)

해설 토의법 종류
1) forum(공개토론회) : 새로운 자료나 교제를 제시하고 거기서의 문제점을 피교육자로 하여금 제기케 하거나 의견을 여러 가지 방법으로 발표하게 하여 다시 깊이 파고들어 토의를 행하는 방법
2) symposium : 몇 사람의 전문가에 의하여 과제에 대한 견해를 발표한 뒤 참가자로 하여금 의견이나 질문을 하게 하여 토의하는 방법
3) panel discussion : 패널멤버(교육과제에 정통한 전문가 4~5명)가 피교육자 앞에서 자유로이 토의하고 뒤에 피교육자 전원이 참가하여 사회자의 사회에 따라 토의하는 방법
4) 버즈세션(buzz session) : 6-6 회의라고도 하며, 먼저 사회자와 기록계를 선출한 후 나머지 사람은 6명씩 소집단으로 구분하고 소집단 별로 각각 사회자를 선발하여 6분간씩 자유토의를 행하여 의견을 종합하는 방법.

11 산업안전보건법령에 따른 교육대상별 교육 내용 중 근로자 정기안전·보건교육 내용이 아닌 것은? (단, 산업안전보건법 및 일반관리에 관한 사항은 제외한다.)

① 산업재해보상보험 제도에 관한 사항
② 산업보건 및 직업병 예방에 관한 사항
③ 유해·위험 작업환경 관리에 관한 사항
④ 작업공정의 유해·위험과 재해 예방대책에 관한 사항

해설 ④ 작업공정의 유해·위험과 재해예방대책에 관한 사항 : 관리감독자의 교육내용

12 공정안전보고서의 안전운전계획에 포함하여야 할 세부 내용이 아닌 것은?

① 설비배치도
② 안전작업허가
③ 도급업체 안전관리계획
④ 설비점검·검사 및 보수계획, 유지계획 및 지침서

해설 안전운전계획의 세부내용
1) 안전운전지침서
2) 설비점검·검사 및 보수 계획, 유지계획 및 지침서
3) 안전작업허가
4) 도급업체 안전관리계획
5) 근로자 등 교육계획
6) 가동전 점검지침
7) 변경요소 관리계획
8) 자체검사 및 사고조사 계획
9) 기타 안전운전에 필요한 사항

■ 정답 ■ 09.② 10.② 11.④ 12.①

13 다음에서 설명하는 착시 현상과 관계가 깊은 것은?

> 그림에서 선 ab와 선 cd는 그 길이가 동일한 것이지만, 시각적으로는 선 ab가 선 cd보다 길어 보인다.
>
>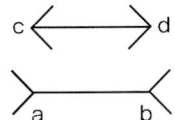

① 헬몰쯔의 착시
② 쾰러의 착시
③ 뮬러 – 라이어의 착시
④ 포겐 도르프의 착시

해설 뮬러·라이어(Muler·Lyer)의 착시(시각의 착각)현상 : 본문설명

14 자신의 결함과 무능에 의하여 생긴 열등감이나 긴장을 해소시키기 위하여 장점 같은 것으로 그 결함을 보충하려는 행동의 방어기제는?

① 보상   ② 승화
③ 투사   ④ 합리화

해설 적응기제
1) 투사 : 받아들일 수 없는 충동이나 욕망 또는 실패 등을 타인의 탓으로 돌리는 행위이다.
2) 보상 : 자신의 결함과 무능에 의하여 생긴 열등감이나 긴장을 해소시키기 위해 장점 같은 것으로 그 결함을 보충하려는 행동으로 대상(代償)이라고도 한다.
3) 합리화 : 자기의 난처한 입장이나 실패 및 결점을 그럴듯한 이유를 들어 남의 비난을 받지 않도록 하며 또한 자위도 하는 행동 기제이다. (합리화의 자기방어 방식에 따른 분류 : 신포도형, 달콤한 레몬형, 투사형, 망상형)
4) 동일시 : 사실은 자기의 것이 못되고 또 아님에도 불구하고 자기의 것이나 된 듯이 행동을 하여 승인을 얻고자 하는 기제이다.
5) 승화 : 정신적인 역량의 전환을 의미하는 것이다.

15 앞에 실시한 학습의 효과는 뒤에 실시하는 새로운 학습에 직접 또는 간접으로 영향을 주는 현상을 의미하는 것은?

① 통찰(Insight)
② 전이(Transference)
③ 반사(Reflex)
④ 반응(Reaction)

해설 전이(transference) : 학습의 전이란 어떤 내용을 학습한 결과가 다른 학습이나 반응에 영향을 주는 현상을 말한다.

16 작업을 하고 있을 때 걱정거리, 고민거리, 욕구불만 등에 의해 다른데 정신을 빼앗기는 부주의 현상은?

① 의식의 중단
② 의식의 우회
③ 의식의 과잉
④ 의식수준의 저하

해설 부주의 현상
1) 의식의 단절 : 지속적인 의식의 흐름에 단절이 생기고 공백의 상태가 나타나는 것으로 특수한 질병이 있는 경우에 나타난다(의식수준 : Phase 0).
2) 의식의 우회 : 의식의 흐름이 옆으로 빗나가 발생하는 경우로서 작업도중 걱정, 고뇌, 욕구불만 등에 의해 다른 것에 정신을 빼앗기는 경우이다(의식수준 : Phase 0).
3) 의식수준의 저하 : 혼미한 정신상태에서 심신이 피로할 경우나 단조로운 반복작업시 일어나기 쉽다(의식수준 : Phase I 이하)
4) 의식의 과잉 : 지나친 의욕에 의해서 생기는 부주의 현상으로 긴급사태시 순간적으로 긴장이 한 방향으로만 쏠리게 되는 경우이다(의식수준 : Phase IV).

■ 정답 ■ 13.③ 14.① 15.② 16.②

17 산업안전보건법령에 따른 안전검사 대상 유해·위험기계에 해당하지 않는 것은?

① 산업용 원심기
② 이동식 국소 배기장치
③ 롤러기(밀폐형 구조는 제외)
④ 크레인(정격 하중이 2톤 미만인 것은 제외)

해설 안전검사대상 유해·위험기계·설비 등
(시행령 제28조의 6)
1) 프레스
2) 전단기
3) 크레인(이동식 크레인과 정격하중 2톤 미만인 호이스트는 제외)
4) 리프트
5) 압력용기
6) 곤돌라
7) 국소배기장치(이동식은 제외)
8) 원심기(산업용에 한정)
9) 롤러기(밀폐구조는 제외)
10) 사출성형기(형체결력 294kN 미만은 제외)
11) 고소작업대(화물자동차 또는 특수자동차에 탑재한 고소작업대로 한정)
12) 컨베이어
13) 산업용 로봇

18 보호구 안전인증 고시에 따른 안전화 정의 중 다음 (　　)안에 알맞은 것은?

중작업용 안전화란 (㉠)mm의 낙하높이에서 시험했을 때 충격과 (㉡ ±0.1)kN의 압축하중에서 시험했을 때 압박에 대하여 보호해 줄 수 있는 선심을 부착하여, 착용자를 보호하기 위한 안전화를 말한다.

① ㉠ 250, ㉡ 4.4
② ㉠ 500, ㉡ 10
③ ㉠ 750, ㉡ 7.5
④ ㉠ 1000, ㉡ 15

해설 작업구분에 따른 안전화의 내충격성 및 내압박성 시험방법

작업구분	내충격성 및 내압박성 시험방법
1. 중작업용	・1000mm낙하높이에서 내충격성 시험 ・(15.0±0.1)KN의 압축하중시험
2. 보통작업용	・500mm낙하높이에서 내충격성 시험 ・(10.0±0.1)KN의 압축하중시험
3. 경작업용	・250mm낙하높이에서 내충격성 시험 ・(4.4±0.1)KN의 압축하중시험

19 OJT(On the Job Training)교육방법에 대한 설명으로 옳은 것은?

① 교육훈련 목표에 대한 집단적 노력이 흐트러질 수 있다.
② 다수의 근로자에게 조직적 훈련이 가능하다.
③ 직장의 실정에 맞게 실제적 훈련이 가능하다.
④ 전문가를 강사로 초빙 가능하다.

해설 OJT와 off-JT의 특징

O·J·T (현장중심교육)	off J·T (현장외 중심교육)
① 개개인에게 적합한 지도훈련이 가능 ② 직장의 실정에 맞는 실체적 훈련을 할 수 있다. ③ 훈련 필요한 업무의 계속성이 끊어지지 않음 ④ 즉시 업무에 연결되는 관계로 신체와 관련 있음 ⑤ 효과가 곧 업무에 나타나며 훈련의 좋고 나쁨에 따라 개선이 용이함 ⑥ 교육을 통한 훈련 효과에 의해 상호 신뢰 이해도가 높아짐	① 다수의 근로자에게 조직적 훈련이 가능 ② 훈련에만 전념하게 된다. ③ 특별설비기구를 이용할 수 있음 ④ 전문가를 강사로 초청할 수 있음 ⑤ 각 직장의 근로자가 많은 지식이나 경험을 교류할 수 있음 ⑥ 교육훈련 목표에 대해서 집단적 노력이 흐트러질 수도 있음

20 매슬로우(Maslow)의 욕구단계 이론 중 제3단계로 옳은 것은?

① 생리적 욕구
② 안전에 대한 욕구
③ 존경과 긍지에 대한 욕구
④ 사회적(애정적)욕구

해설 매슬로우의 욕구 5단계
  1) 1단계 : 생리적 욕구
  2) 2단계 : 안전의 욕구
  3) 3단계 : 사회적 욕구
  4) 4단계 : 인정받으려는 욕구
  5) 5단계 : 자아실현의 욕구

제2과목
인간공학 및 시스템안전공학

---

21 조정장치를 15mm움직였을 때, 표시계기의 지침이 25mm움직였다면 이 기기의 C/R비는?

① 0.4 ② 0.5
③ 0.6 ④ 0.7

해설 $\dfrac{C}{R}$비 $= \dfrac{X(조종장치\ 이동거리)}{Y(표시장치\ 이동거리)}$
$= \dfrac{15}{25} = 0.6$

22 조작자와 제어버튼 사이의 거리, 조작에 필요한 힘 등을 정할 때, 가장 일반적으로 적용되는 인체측정자료 응용원칙은?

① 조절식 설계원칙 ② 평균치 설계원칙
③ 최대치 설계원칙 ④ 최소치 설계원칙

해설 1) 인간계측자료의 응용원칙
  ① **최대치수와 최소치수** : 최대치수 또는 최소치수를 기준으로 하여 설계한다. (극단에 속하는 사람을 위한 설계)
  ② **조절범위(조절식)** : 체격이 다른 여러 사람에게 맞도록 만드는 것 이다.(조절할 수 있도록 범위를 두는 설계)
  ③ **평균치를 기준으로 한 설계** : 최대치수나 최소치수, 조절식으로 하기가 곤란할 때 평균치를 기준으로 하여 설계한다.(평균적인 사람을 위한 설계)
  2) 최대치수와 최소치수의 적용
  ① **최대치수(최대집단치를 위한 설계)** : 문, 탈출구, 통로 등의 공간여유를 정할 때 적용한다.
  ② **최소치수(최소집단치를 위한 설계)** : 조작자와 제어버튼 사이의 거리, 작업대·선반 등의 높이, 의자좌판의 높이, 조종 장치까지의 거리 및 조작에 필요한 힘 등을 정할 때 적용한다.

23 어떤 상황에서 정보 전송에 따른 표시장치를 선택하거나 설계할 때, 청각장치를 주로 사용하는 사례로 맞는 것은?

① 메시지가 길고 복잡한 경우
② 메시지를 나중에 재참조하여야 할 경우
③ 메시지가 즉각적인 행동을 요구하는 경우
④ 신호의 수용자가 한 곳에 머무르고 있는 경우

해설 청각장치와 시각장치의 선택

청각장치 사용	시각장치 사용
① 전언이 간단하고 짧다.	① 전언이 복작하고 길다.
② 전언이 후에 재참조되지 않는다.	② 전언이 후에 재참조된다.
③ 전언이 즉각적인 사상(event)을 이룬다.	③ 전언이 공간적인 위치를 다룬다.
④ 전언이 즉각적인 행동을 요구한다.	④ 전언이 즉각적인 행동을 요구하지 않는다.
⑤ 수신자의 시각계통이 과부하 상태일 때	⑤ 수신자의 청각계통이 과부하 상태일 때
⑥ 수신 장소가 너무 밝거나 암조용 유지가 필요할 때	⑥ 수신 장소가 너무 시끄러울 때
⑦ 직무상 수신자가 자주 움직이는 경우	⑦ 직무상 수신자가 한 곳에 머무르는 경우

■ 정답 ■ 20.④ 21.③ 22.④ 23.③

24 사고 시나리오에서 연속된 사건들의 발생 경로를 파악하고 평가하기 위한 귀납적이고 정량적인 시스템안전 분석기법은?

① ETA
② FMEA
③ PHA
④ THERP

해설 ETA(Event Tree Analysis, 사상분석법)
1) 사상(事象)의 안전도를 사용한 시스템의 안전도를 나타내는 시스템모델의 하나로서 귀납적이고 정량적인 분석방법이다.
2) 재해의 확대요인을 분석하는 데 적합한 방법이다.
3) 디시젼트리(decision tree)를 재해사고의 분석에 이용할 경우의 분석법을 ETA(사상수분석법)라 한다.

25 체계 설계 과정의 주요 단계가 다음과 같을 때, 가장 먼저 시행되는 단계는?

[다음]
- 기본 설계
- 계면 설계
- 체계의 정의
- 촉진물 설계
- 시험 및 평가
- 목표 및 성능 명세 결정

① 기본 설계
② 계면 설계
③ 체계의 정의
④ 목표 및 성능 명세 결정

해설 인간·기계 시스템 설계과정의 6단계
1) 1단계 : 목표 및 성능 명세 결정
2) 2단계 : 시스템 정의
3) 3단계 : 기본설계
4) 4단계 : 인간·기계 인터페이스(interface) 설계
5) 5단계 : 매뉴얼 및 성능보조자료 작성
6) 6단계 : 시험 및 평가

26 반사 눈부심을 최소화하기 위한 옥내 추천반사율이 높은 순서대로 나열한 것은?

① 천정 > 벽 > 가구 > 바닥
② 천정 > 가구 > 벽 > 바닥
③ 벽 > 천정 > 가구 > 바닥
④ 가구 > 천정 > 벽 > 바닥

해설 옥내 최적 반사율
1) 천장 : 80~90%
2) 벽, 창문 발(blind) : 40~60%
3) 가구, 사무기기, 책상 : 25~45%
4) 바닥 : 20~40%

27 인간-기계 시스템에서 기본적인 기능에 해당하지 않는 것은?

① 감각 기능
② 정보 저장 기능
③ 작업환경 측정 기능
④ 정보처리 및 결정 기능

해설 인간·기계체계의 기본기능
1) 감지(정보수용)
2) 정보저장(보관)
3) 정보처리 및 의사결정
4) 행동기능

28 기능적으로 분류한 전형적인 안전성 설계기준과 거리가 먼 것은?

① 수송설비
② 기계시스템
③ 유연생산시스템
④ 화기 또는 폭약시스템

해설 기능적으로 분류한 안전성 설계
1) 기계 시스템(system)
2) 수송설비
3) 화기 또는 폭약시스템

■정답■ 24.① 25.④ 26.① 27.③ 28.③

29 동전던지기에서 앞면이 나올 확률이 0.2이고, 뒷면이 나올 확률이 0.8일 때, 앞면이 나올 확률의 정보량과 뒷면이 나올 확률의 정보량이 맞게 연결된 것은?

① 앞면 : 약 2.32bit, 뒷면 : 약 0.32bit
② 앞면 : 약 2.32bit, 뒷면 : 약 1.32bit
③ 앞면 : 약 3.32bit, 뒷면 : 약 0.32bit
④ 앞면 : 약 3.32bit, 뒷면 : 약 1.52bit

해설 1) 앞면이 나올 확률의 정보량
$= \log_2 \left(\frac{1}{0.2} \right) = 2.32 bit$

2) 뒷면이 나올 확률의 정보량
$= \log_2 \left(\frac{1}{0.8} \right) = 0.32 bit$

30 상황해석을 잘못하거나 목표를 착각하여 행하는 인간의 실수는?

① 착오(Mistake)
② 실수(Slip)
③ 건망증(Lapse)
④ 위반(Violation)

해설 1) 착오 : 본문설명
2) 실수 : 주의력이 부족한 상태에서 발생하는 에러
3) 건망증 : 기억을 잊어서 해야 할 일을 못해 발생하는 에러
4) 위반 : 규정을 어기거나 지키지 않는 것

31 인간이 느끼는 소리의 높고 낮은 정도를 나타내는 물리량은?

① 음압　　　② 주파수
③ 지속시간　④ 명료도

해설 1) 음압 : 매질 속을 지나는 음파에 의해서 발생하는 압력
2) 주파수(단위 ; Hz, 헤르츠)
① 인간이 느끼는 소리의 높고 낮은 정도를 나타낸다.
② 진동운동에서 단위시간당 반복운동이 일어난 횟수를 말한다.

32 FT도 작성에 사용되는 기호에서 그 성격이 다른 하나는?

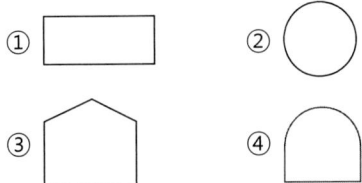

해설 ①항, 결함사상 : 해석하고자 하는 정상사상과 중간사상에 사용한다.
②항, 기본사상 : 더 이상 해석할 필요가 없는 기본적인 기계의 결함 또는 오작동을 나타낸다.
③항, 통상사상 : 결함사상이 아닌 발생이 예상되는 사상을 나타낸다.
④항, AND gate : 출력사상이 일어나기 위해서는 입력 A, B, C의 사상이 일어나지 않으면 안된다는 논리조작을 나타낸다.

33 수평 작업대에서 윗팔과 아래팔을 곧게 뻗어서 파악할 수 있는 작업 영역은?

① 작업 공간 포락면
② 정상 작업 영역
③ 편안한 작업 영역
④ 최대 작업 영역

해설 정상작업역과 최대작업역
1) 정상작업역 : 상완(위팔)을 자연스럽게 수직으로 늘어뜨린 채 전완(아래팔)만으로 편하게 뻗어 파악할 수 있는 구역(34~45cm)
2) 최대작업역 : 전완과 상완을 곧게 펴서 파악할 수 있는 구역(55~65cm)

34 거리가 있는 한 물체에 대한 약간 다른 상이 두 눈의 망막에 맺힐 때, 이것을 구별할 수 있는 능력은?

① vernier acuity
② stereoscopic acuity
③ dynamic visual acuity
④ miniumum perceptible acuity

해설 스터레오스코픽(입체시력) : 본문설명

35 다음 FT에서 G_1의 발생확률은?

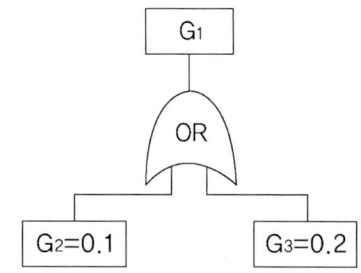

① 0.02   ② 0.28
③ 0.98   ④ 0.72

$G_1 = 1 - (1 - G_2)(1 - G_3)$
$\quad\quad = 1 - (1 - 0.1)(1 - 0.2) = 0.28$

36 중추신경계의 피로 즉, 정신피로의 척도로 사용되는 것으로서 점멸률을 점차 증가(감소)시키면서 피실험자가 불빛이 계속 켜져 있는 것으로 느끼는 주파수를 측정하는 방법은?

① VFF   ② EMF
③ EEG   ④ MTM

해설 VFF(시각적 점멸융합주파수)
  1) VFF : 본문설명
  2) VFF에 영향을 주는 변수
    ① VFF는 조명강도의 대수치에 선형적으로 비례한다.
    ② 시표(視標)와 주변의 휘도가 같을 때에 VFF는 최대로 된다.
    ③ 휘도만 같으면 색은 VFF에 영향을 주지 않는다.
    ④ 암조응 때는 VFF에 영향을 주지 않는다.
    ⑤ VFF는 사람들 간에는 큰 차이가 있으나, 개인의 경우 일관성이 있다.
    ⑥ 연습의 효과는 아주 적다.

37 시스템 주명주기(Life Cycle)단계에서 운용단계와 가장 거리가 먼 것은?

① 설계변경 검토
② 교육 훈련의 진행
③ 안전담당자의 사고조사 참여
④ 최종 생산물의 수용여부 결정

해설 1) 시스템 수명주기 단계
    ① 1단계 : 구상단계
    ② 2단계 : 정의단계
    ③ 3단계 : 개발단계
    ④ 4단계 : 생산단계
    ⑤ 5단계 : 운용(운반)단계
  2) 운용단계(5단계)
    ① 교육훈련이 진행되고 사고·사건으로부터 자료축적
    ② 시스템안전담당자의 조사업무에 참여하여 위험상태 확인 및 설계변경검토

38 설계 강도 이상의 급격한 스트레스에 의해 발생하는 고장에 해당하는 것은?

① 초기고장
② 우발고장
③ 마모고장
④ 열화고장

해설 고장의 유형
  ① **초기고장(감소형)** : 불량제조나 생산과정에서의 품질관리 미비로 생기는 고장
  ② **우발고장(일정형)** : 예측할 수 없을 때 생기는 고장
  ③ **마모고장(증가형)** : 시스템의 일부가 수명을 다하여 생기는 고장

■정답■ 34.② 35.② 36.① 37.④ 38.②

39 신체와 환경 간의 열교환 과정을 바르게 나타낸 식은? (단, W는 수행한 일, M은 대사 열발생량, S는 열함량 변화, R은 복사 열교환량, C는 대류 열교환량, E는 증발 열발산량, Clo는 의복의 단열률이다.)

① $W = (M + S) \pm R \pm C - E$
② $S = (M - W) \pm R \pm C - E$
③ $W = Clo \times (M - S) \pm R \pm C - E$
④ $S = Clo \times (M - W) \pm R \pm C - E$

해설 열교환 과정의 관계식
$S = (M-W) - E \pm R \pm C$
여기서, S : 열함량 변화(열이득 및 열손실량)
M : 대사열 발생량
W : 수행한 일(한 일)
E : 증발열 발산량
R : 복사 열교환량
(+는 열이득, -는 열손실)
C : 대류 열교환량
(+는 열이득, -는 열손실)

40 결함수 분석을 적용할 필요가 없는 경우는?

① 여러 가지 지원 시스템이 관련된 경우
② 시스템의 강력한 상호작용이 있는 경우
③ 설계특성상 바람직하지 않은 사상이 시스템에 영향을 주지 않는 경우
④ 바람직하지 않은 사상 때문에 하나 이상의 시스템이나 기능이 정지될 수 있는 경우

해설 결함수분석법(FTA)을 적용하는 경우
1) 여러 가지 지원시스템이 관련된 경우
2) 시스템의 강력한 상호작용이 있는 경우
3) 바람직하지 않은 사상 때문에 하나 이상의 시스템이나 기능이 정지될 수 있는 경우

제3과목 / 건설시공학

41 거푸집 내에 자갈을 먼저 채우고, 공극부에 유동성이 좋은 모르타르를 주입해서 일체의 콘크리트가 되도록 한 공법은?

① 수밀 콘크리트
② 진공 콘크리트
③ 숏크리트
④ 프리팩트 콘크리트

해설 프리팩트 콘크리트(pre-packed concrete)
1) 비교적 시공이 쉽고 grout는 유동성이 크고 또 물과 잘 섞이지 않으므로 수중 콘크리트의 시공이나 지수벽 등에 이용된다.
2) 주입 콘크리트라고도 하며, 거푸집 속에 미리 자갈을 충진하고 특수 모르타르를 주입하여 불투성 및 내구성을 갖도록 한 특수시공법으로 만들어진 것이다.

42 콘크리트 타설 시 거푸집에 작용하는 측압에 관한 설명으로 옳은 것은?

① 타설속도가 빠를수록 측압이 작아진다.
② 철골 또는 철근량이 많을수록 측압이 커진다.
③ 온도가 높을수록 측압이 작아진다.
④ 슬럼프가 작을수록 측압이 커진다.

해설 콘크리트 타설 때 거푸집의 측압에 미치는 영향
1) 슬럼프가 클수록 크다(물-시멘트비가 클수록 크다.)
2) 기온이 낮을수록 크다(대기 중에 습도가 높을수록 크다).
3) 콘크리트의 치어붓기 속도가 클수록 크다.
4) 거푸집의 수밀성이 높을수록 크다.
5) 콘크리트의 다지기가 강할수록 크다(진동기를 사용할 때 측압은 30% 정도 증가)
6) 거푸집의 수평단면이 클수록 크다.
7) 거푸집의 강성이 클수록 크다.

■ 정답 ■ 39.② 40.③ 41.④ 42.③

8) 커푸집 표면이 매끄러울수록 크다.
9) 콘크리트의 비중이 클수록 크다(단위중량이 클수록 크다).
10) 묽은 콘크리트일수록 크다.
11) 철근량이 적을수록 크다.
12) 측압은 생콘크리트의 높이가 커지는 것이나, 일정한 높이에 이르면 측압의 증대는 없게 된다.

43 토질시험을 흙의 물리적 성질시험과 역학적 성질시험으로 구분할 때 물리적 성질시험에 해당되지 않는 것은?

① 직접전단시험
② 비중시험
③ 액성한계시험
④ 함수량시험

해설 흙의 물리적 성질시험
1) 함수비 시험 : 흙의 함수량을 결정하기 위한 시험이다.
2) 흙의 비중시험 : 피크노메타 비중병에 증류수를 채운 중량 및 흙입자와 물을 채울 때의 중량의 관계, 흙입자의 건조중량을 측정하여 비중을 구한다.
3) 흙의 액성 한계시험 : 흙속에 수분이 있어 끈기가 있는 상태의 정도를 알아내기 위해 실시하는 실험이다.
4) 흙의 소성 한계실험 : 흙속에 수분이 거의 없고 바삭바삭한 상태의 정도를 알아보기 위해 실시하는 실험이다.

44 기계가 서 있는 위치보다 낮은 곳, 넓은 범위의 굴착에 주로 사용되며 주로 수로, 골재 채취에 많이 이용되는 기계는?

① 드래그 셔블
② 드래그 라인
③ 로더
④ 케리올 스크레이퍼

해설 드래그 라인(drag line)
1) 지반보다 낮은 연질지반의 넓은 굴착에 적합하다.
2) 8m 정도의 기초흙파기, 깊은 곳 굴착 등에 쓰인다.

45 공동도급의 장점 중 옳지 않은 것은?

① 공사이행의 확실성을 기대할 수 있다.
② 공사수급의 경쟁완화를 기대할 수 있다.
③ 일식도급보다 경비 절감을 기대할 수 있다.
④ 기술, 자본 및 위험 등의 부담을 분산시킬 수 있다.

해설 공동도급 : 2명 이상의 도급업자가 공동출자하여 기업체를 조직해서 협동으로 공사를 도급하는 방식(중소기업체에 유리)
1) 장점
  ① 기술·자본·위험부담의 분산·감소
  ② 신용도의 증대
  ③ 기술의 확충, 강화 및 경험의 증대
  ④ 공사계획과 시공이행의 확실
  ⑤ 공사도급 경쟁강화
2) 단점
  ① 1개 회사에 도급시키는 것보다 경비 증대
  ② 현장관리 곤란
  ③ 각 회사의 업무방식에서 오는 혼란

46 건설시공분야의 향후 발전방향으로 옳지 않은 것은?

① 친환경 시공화
② 시공의 기계화
③ 공법의 습식화
④ 재료의 프리패브(pre-fab)화

해설 건설시공분야의 향후 발전방향(건설시공분야의 근대화)
1) 시공의 기계화
2) 재료의 건식화
3) 건축의 공업화
4) 가설구조의 강재화
5) 재료의 프리패브(pre-fab)·시스템화
6) 친환경 시공화

■ 정답 ■ 43.① 44.② 45.③ 46.③

47 건축공사의 일반적인 시공순서로 가장 알맞은 것은?

① 토공사 → 방수공사 → 철근콘크리트공사 → 창호공사 → 마무리공사
② 토공사 → 철근콘크리트공사 → 창호공사 → 마무리공사 → 방수공사
③ 토공사 → 철근콘크리트공사 → 방수공사 → 창호공사 → 마무리공사
④ 토공사 → 방수공사 → 창호공사 → 철근콘크리트공사 → 마무리공사

해설 공사 도급 계약 체결 후 공사순서

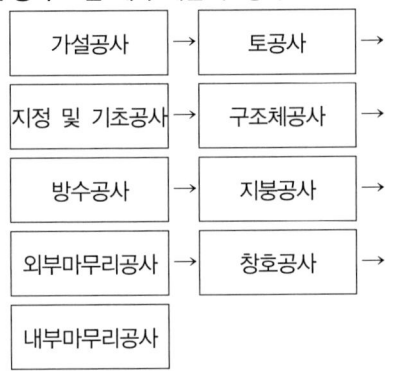

48 철근가공에 관한 설명으로 옳지 않은 것은?

① D35이상의 철근은 산소절단기를 사용하여 절단한다.
② 유해한 휨이나 단면결손, 균열 등의 손상이 있는 철근은 사용하면 안된다.
③ 한번 구부린 철근은 다시 펴서 사용해서는 안된다.
④ 표준갈고리를 가공할 때에는 정해진 크기 이상의 곡률 반지름을 가져야 한다.

해설 철근의 가공(구부리기)
  1) 직경 25mm 이하 : 상온가공(냉간가공)
  2) 직경 28mm 이상 : 가열가공

49 철골공사에서 현장 용접부 검사 중 용접전검사가 아닌 것은?

① 비파괴 검사
② 개선 정도 검사
③ 개선면의 오염 검사
④ 가부착 상태 검사

해설 용접검사
  1) 용접착수전 검사 : 트임새모양, 모아대기법, 구속법, 자세의 적부, 개선면 오염검사, 가부착 상태검사
  2) 용접작업중 검사 : 용접봉, 운봉, 전류
  3) 용접완료후 검사 : 외관검사, 비파괴검사(방사선투과검사, 초음파탐상시험, 자기분말탐상법)

50 철근콘크리트 슬래브의 배근 기준에 관한 설명으로 옳지 않은 것은?

① 1방향 슬래브는 장변의 길이가 단변길이의 1.5배 이상되는 슬래브이다.
② 건조수축 또는 온도변화에 의하여 콘크리트 균열이 발생하는 것을 방지하기 위해 수축·온도철근을 배근한다.
③ 2방향 슬래브는 단변방향의 철근을 주근으로 본다.
④ 2방향 슬래브는 주열대와 중간대의 배근방식이 다르다.

해설 ①항. 1방향 슬래브는 장변의 길이가 단변길이의 2배 이상(장변/단변=2이상)되는 슬래브이다.

51 철골공사의 용접결함에 해당되지 않는 것은?

① 언더컷   ② 오버랩
③ 가우징   ④ 블로우홀

해설 가우징(gouging) : 용접시 쪼아 따내기 등에 의해 여분을 제거하는 작업

■ 정답 ■ 47.③ 48.① 49.① 50.① 51.③

52 바닥판, 보 밑 거푸집 설계에서 고려하는 하중에 속하지 않는 것은?

① 굳지 않은 콘크리트 중량
② 작업하중
③ 충격하중
④ 측압

해설 거푸집 설계시 고려하중
1) 바닥판, 보밑 등 수평부재
  ① 작업하중
  ② 충격하중
  ③ 생콘크리트의 중량
2) 벽, 기둥, 보옆 등 수직부재
  ① 생콘크리트의 중량
  ② 측압

53 콘크리트 타설작업 시 진동기를 사용하는 가장 큰 목적은?

① 재료분리 방지
② 작업능률 증진
③ 경하작용 촉진
④ 콘크리트 밀실화 유지

해설 콘크리트 타설시 진동기 사용목적 : 콘크리트 밀실화 유지

54 시트 파일(sheet pile)이 쓰이는 공사로 옳은 것은?

① 마감공사   ② 구조체공사
③ 기초공사   ④ 토공사

해설 시트 파일(sheet pile)
1) 토공사시 사용하는 판상의 말뚝이다.
2) 종류 : 목재, 강재, 철근콘크리트제 등이 있다.

55 굳지 않은 콘크리트의 품질측정에 관한 시험이 아닌 것은?

① 슬럼프 시험
② 블리딩 시험
③ 공기량 시험
④ 블레인 공기투과 시험

해설 굳지 않는 콘크리트 품질측정시험
1) 슬럼프 시험(KSF 2402)
2) 공기량 시험(KSF 2409)
3) 블리딩 시험
4) 염화물량 측정(KSF 4009)
5) 온도 측정

56 보통 콘크리트 공사에서 굳지 않은 콘크리트에 포함된 염화물량은 염소이온량으로서 얼마 이하를 원칙으로 하는가?

① $0.2kg/m^3$ ② $0.3kg/m^3$
③ $0.4kg/m^3$ ④ $0.7kg/m^3$

해설 염화물(Cl^-) 규정
1) 잔골재의 염화물이온(Cl^-)량 : 골재 절건중량의 0.02% 이하, 염분(NaCl, 염화나트륨)으로 환산하면 0.04%에 해당
2) 콘크리트의 염화물이온(Cl^-)량 : $0.3kg/m^3$ 이하

57 기초지반의 성질을 적극적으로 개량하기 위한 지반개량 공법에 해당하지 않는 것은?

① 다짐공법   ② SPS공법
③ 탈수공법   ④ 고결안정공법

해설 지반개량공법
1) 다짐공법 : 바이브로 플로테이션 공법, 샌드 콤팩션말뚝 공법
2) 탈수공법 : 웰포인트 공법, 샌드드레인 공법
3) 고결안정공법 : 약액 주입법
4) 치환공법 : 성토 자중에 의한 치환법, 굴착 치환공법 및 폭파치환공법

길잡이 SPS공법 : 흙막이벽 지지공법 중 버팀대 방식인 가설 스트러트(strut)공법을 개선한 흙막이벽 공법이다.

58 콘크리트의 공기량에 관한 설명으로 옳은 것은?

① 공기량은 잔골재의 입도에 영향을 받는다.
② AE제의 양이 증가할수록 공기량은 감소하나 콘크리트의 강도는 증대한다.
③ 공기량은 비빔 초기에는 기계비빔이 손비빔의 경우보다 적다.
④ 공기량은 비빔시간이 길수록 증가한다.

해설 콘크리트의 공기량
1) 공기량은 잔골재의 입도에 영향을 받으며 단위 잔골재량이 많을수록 많아진다.
2) AE제의 양이 증가할수록 공기량은 증가하나 콘크리트의 강도는 감소한다.
3) 공기량은 비빔초기에는 손비빔이 기계비빔의 경우보다 적다.
4) 공기량은 비빔시간이 길수록 감소한다.
5) 공기량은 콘크리트의 온도가 낮을수록 많게 된다.

59 건설공사 원가 구성체계 중 직접공사비에 포함되지 않는 것은?

① 자재비   ② 일반관리비
③ 경비   ④ 노무비

해설 공사비의 산정
1) 공사비 구성체계
   총공사비(견적가격)=총원가+이윤
   ① 총원가=공사원가+일반관리비
   ② 이윤=총원가+이윤율(%)
2) 공사원가 및 일반관리비
   ① 공사원가 : 시공과정에서 필요한 재료비, 노무비, 경비 등의 직접공사비와 간접공사비의 합계액
   공사원가=직접공사비+간접공사비
   ② 일반관리비 : 기업의 유지를 위한 관리활동에서 발생되는 비용(본사직원급여, 수당, 퇴직금 등)
3) 직접공사비 : 재료비(자재비)+노무비+외주비+경비
   ① 재료비 : 공사목적물의 실체를 적용하는 직접재료비와 공사목적물의 실체를 형성하지는 않으나 공사에 보조적으로 소비되는 간접재료비로 구성된다.
   ② 노무비 : 직접노무비+간접노무비
      ㉠ 직접노무비 : 작업에 종사하는 종업원, 노무자의 기본급, 제수당, 퇴직급여 등에 포함된다.
      ㉡ 간접노무비 : 직접노무비 외의 노무비
   ③ 외주비 : 건축물의 일부를 위탁하고 그 비용을 지급하는 것
   ④ 경비 : 현장에서 발생하는 순공사비 이외의 비용으로 가설비, 보험료, 안전관리비, 운반비, 전력비 등이 포함된다.

60 기존 건물의 파일 머리보다 깊은 건물을 건설할 때, 지하수면의 이동이 일어나거나 기존 건물 기초의 침하나 이동이 예상될 때 지하에 실시하는 보강공법은?

① 리버스 서큘레이션 공법
② 프리보링 공법
③ 베노토 공법
④ 언더피닝 공법

해설 언더피닝 공법(underpinning) : 기존 건물 가까이에 구조물을 축조할 때 기존 건물의 지반과 기초를 보강하는 공법

제4과목 / 건설재료학

61 판유리를 특수 열처리하여 내부 인장응력에 견디는 압축응력층을 유리 표면에 만들어 파괴강도를 증가시킨 유리는?

① 자외선투과유리
② 스테인드글라스
③ 열선흡수유리
④ 강화유리

해설 강화유리 : 평면 및 곡면의 판유리를 열처리(600℃정도)한 후 냉각공기로 양면을 급랭강화하여 강도를 높인 안전유리이다.

62 건설 구조용으로 사용하고 있는 각 재료에 관한 설명으로 옳지 않은 것은?

① 레진 콘크리트는 결합재로 시멘트, 폴리머와 경화제를 혼합한 액상 수지를 골재와 배합하여 제조한다.
② 섬유보강콘크리트는 콘크리트의 인장강도와 균열에 대한 저항성을 높이고 인성을 대폭개선시킬 목적으로 만든 복합재료이다.
③ 폴리머 함침 콘크리트는 미리 성형한 콘크리트에 액상의 폴리머원료를 침투시켜 그 상태에서 고결시킨 콘크리트이다.
④ 폴리머시멘트 콘크리트는 시멘트와 폴리머를 혼합하여 결합재로 사용한 콘크리트이다.

해설 레진콘크리트
1) 불포화폴리에스테르수지, 에폭시수지 등을 액상으로 하여 모래, 자갈 등의 골재와 혼합하여 만든 콘크리트이다.
2) 보통 콘크리트보다 강도, 내구성, 내약준성 등이 우수하다.

63 집성목재의 특징에 관한 설명으로 옳지 않은 것은?

① 응력에 따라 필요로 하는 단면의 목재를 만들 수 있다.
② 목재의 강도를 인공적으로 자유롭게 조절할 수 있다.
③ 3장 이상의 단판인 박판을 홀수로 섬유방향에 직교하도록 접착제로 붙여 만든 것이다.
④ 외관이 미려한 박판 또는 치장합판, 프린트합판을 붙여서 구조재, 마감재, 화장재를 겸용한 인공목재의 제조가 가능하다.

해설 집성목재 : 두께 1.52~5cm의 단판을 몇 장 또는 몇십장 겹쳐서 접착제로 접착한 것으로 합판과 다른 것은 다음과 같다.
1) 판의 섬유방향에 평행으로 붙인 것이다.
2) 보나 기둥에 사용할 수 있는 단면을 가진다.

64 다음 합성수지 중 열가소성수지가 아닌 것은?

① 염화비닐수지 ② 페놀수지
③ 아크릴수지   ④ 폴리에틸렌수지

해설 합성수지의 종류
1) **열가소성 수지** : 고형상에 열을 가하면 연화되거나 용융되어 점성 또는 가소성이 생기고 다시 냉각하면 고형상으로 되는 수지이다.
① 염화비닐수지 ② 폴리에틸렌수지
③ 폴리프로필렌수지 ④ 아크릴수지
⑤ 폴리스티렌수지 ⑥ 메타크릴수지
⑦ ABS수지 ⑧ 폴리아미드수지
⑨ 셀룰로이드 ⑩ 비닐아세탈수지
⑪ 플루오르수지
2) **열경화성수지** : 고형상에 열을 가하여도 연화되지 않는 수지로서 보통축합반응에 의하여 합성시킨 고분자 물질이다.
① 페놀수지 ② 요소수지
③ 멜라민수지 ④ 알키드수지
⑤ 불포화 폴리에스테르수지
⑥ 실리콘 ⑦ 에폭시수지
⑧ 우레탄수지 ⑨ 규소수지
⑩ 프란수지

■정답■ 61.④ 62.① 63.③ 64.②

65 시멘트에 관한 설명으로 옳지 않은 것은?

① 시멘트의 강도는 시멘트의 조성, 물시멘트비, 재령 및 양생조건 등에 따라 다르다.
② 응결시간은 분말도가 미세한 것일수록, 또한 수량이 작을수록 짧아진다.
③ 시멘트의 풍화란 시멘트가 습기를 흡수하여 생성된 수산화칼슘과 공기 중의 탄산가스가 작용하여 탄산칼슘을 생성하는 작용을 말한다.
④ 시멘트의 안정성은 단위중량에 대한 표면적에 의하여 표시되며, 브레인법에 의해 측정된다.

해설 1) **시멘트의 안정성** : 시멘트가 경화 중에 체적이 팽창하여 팽창균열이나 뒤틀림 등이 생기는 정도를 나타내는 것을 말한다.
2) **시멘트의 분말도** : 단위중량에 대한 표면적에 의하여 표시되며, 브레인법에 의해 측정된다(브레인값 : cm^2/g으로 표시)

66 벽돌면 내벽의 시멘트 모르타르 바름두께 표준으로 옳은 것은?

① 24mm
② 18mm
③ 15mm
④ 12mm

해설 모르타르 바름두께

구분	바름두께
1회 바름두께	바닥을 제외하고 6mm표준
외벽, 바닥	24mm
안벽(내벽)	18mm
천장, 차양	15mm

67 초속경시멘트의 특징에 관한 설명으로 옳지 않은 것은?

① 주수 후 2~3시가 내에 $100kgf/cm^2$이상의 압축강도를 얻을 수 있다.
② 응결시간이 짧으나 건조수축이 매우 큰 편이다.
③ 긴급공사 및 동절기 공사에 주로 사용된다.
④ 장기간에 걸친 강도증진 및 안정성이 높다.

해설 초속경시멘트의 특징
1) ①, ③, ④항
2) 응결시간이 짧으나 건조수축이 적은 편이다.
3) 경화시 발열이 크고 2~3시간만에 강도를 발현한다.

68 도료의 사용부위별 페인트를 연결한 것으로 옳지 않은 것은?

① 목재면 – 목재용 래커 페인트
② 모르타르면 – 실리콘 페인트
③ 외부 철재구조물 – 조합페인트
④ 내부 철재구조물 – 수성페인트

해설 내부 철재구조물 – 유성페인트 중 견련페인트, 에멀션페인트

69 콘크리트의 건조수축, 구조물의 균열방지를 주목적으로 사용되는 혼화재료는?

① 팽창재
② 지연제
③ 플라이애시
④ 유동화제

해설 팽창제
1) 경화과정에서 팽창을 일으키는 혼화재이다.
2) 콘크리트의 건조수축, 구조물의 균열방지를 주목적으로 사용된다.

■정답■ 65.④ 66.② 67.② 68.④ 69.①

70 골재의 입도분포가 적정하지 않을 때 콘크리트에 나타날 수 있는 현상으로 옳지 않은 것은?

① 유동성, 충전성이 불충분해서 재료분리가 발생할 수 있다.
② 경화콘크리트의 강도가 저하될 수 있다.
③ 콘크리트의 곰보 발생의 원인이 될 수 있다.
④ 콘크리트의 응결과 경화에 크게 영향을 줄 수 있다.

해설 1) 골재의 입도 : 골재의 작고 큰 입자의 혼합될 정도를 말한다.
2) 골재의 입도분포가 적정하지 않을 때 콘크리트에 나타나는 현상
① 불충분한 유동성, 충전성 등에 의한 재료분리 발생
② 경화콘크리트의 강도 저하
③ 콘크리트의 곰보발생

71 콘크리트 배합설계에 있어서 기준이 되는 골재의 함수상태는?

① 절건상태 ② 기건상태
③ 표건상태 ④ 습윤상태

해설 표건상태(표면건조내부포화상태)
1) 골재의 표면에는 물이 없으나 내부의 공극에는 물이 꽉 차있는 상태
2) 콘크리트 배합설계시 기준이 되는 골재의 함수상태

72 미장재료의 균열방지를 위해 사용되는 보강재료가 아닌 것은?

① 여물
② 수염
③ 종려잎
④ 강섬유

해설 미장재료의 균열방지를 위해 사용되는 보강재료 : 여물, 수염, 종려잎, 풀 등

73 석고플라스터의 일반적인 특성에 관한 설명으로 옳지 않은 것은?

① 해초풀을 섞어 사용한다.
② 경화시간이 짧다.
③ 신축이 적다.
④ 내화성이 크다.

해설 석고 플라스터
1) 석고에 풀 등의 접착제, 응결시간조절제, 혼화제 등을 혼합한 플라스터이다.
2) 벽, 천정 등에 사용하는 미장 재료이다.
3) 특성
① 경화시간이 짧고 신축이 적다
② 내화성이 크다.

74 돌로마이트 플라스터에 관한 설명으로 옳지 않은 것은?

① 소석회에 비해 점성이 높다.
② 풀이 필요하지 않아 변색, 냄새, 곰팡이가 없다.
③ 회반죽에 비하여 조기강도 및 최종강도가 작다.
④ 건조수축이 크기 때문에 수축균열이 발생한다.

해설 돌라마이트 플라스터
1) 미장재료 중 점도가 가장 크고 풀이 필요 없다.
2) 경화시 건조수축이 커서 균열이 생기기 쉽다.
3) 공기중의 탄산가스(CO_2)에 의해 경화하는 기경성 미장재료이다.
4) 회반죽에 비해 강도가 크다.

75 어떤 목재의 전건비중을 측정해 보았더니 0.77이었다. 이 목재의 공극율은?

① 25% ② 37.5%
③ 50% ④ 75%

■ 정답 ■ 70.④ 71.③ 72.④ 73.① 74.③ 75.③

해설 공극률(V)

$$V = (1 - \frac{r}{1.54}) \times 100$$
$$= (1 - \frac{0.77}{1.54}) \times 100 = 50\%$$

여기서, r : 전건비중
1.54 : 진비중

76 금속의 부식을 최소화하기 위한 방법으로 옳지 않은 것은?

① 표면을 평활하게 하고 가능한 한 습한상태를 유지할 것
② 가능한 한 이종금속을 인접 또는 접촉시켜 사용하지 말 것
③ 큰 변형을 준 것은 가능한 한 풀림하여 사용할 것
④ 부분적으로 녹이 나면 즉시 제거할 것

해설 금속의 부식을 최소화하기 위한 방법
1) ②, ③, ④항
2) 표면을 평활하고 깨끗이 하며 가능한 한 건조상태를 유지할 것
3) 균질의 것을 선택하고 사용시 큰 변형을 주지 않도록 할 것

77 강의 물리적 성질 중 탄소함유량이 증가함에 따라 나타나는 현상으로 옳지 않은 것은?

① 비중이 낮아진다.
② 열전도율이 커진다.
③ 팽창계수가 낮아진다.
④ 비열과 전기저항이 커진다.

해설 강의 물리적 성질 : 강은 탄소함유량의 증가에 따라 다음과 같은 성질을 갖는다.
1) 비중, 열전도율, 열팽창계수 등은 감소한다.
2) 비열, 전기저항 등은 증가한다.

78 ALC 제품의 특성에 관한 설명으로 옳지 않은 것은?

① 흡수성이 크다.
② 단열성이 크다.
③ 경량으로서 시공이 용이하다.
④ 강알칼리성이며 변형과 균열의 위험이 크다.

해설 경량기포콘크리트(ALC)의 특징
1) 열전도율이 콘크리트의 약 1/10 정도로서 단열성이 있다.
2) 경량으로 인력에 의한 취급이 가능하고, 필요에 따라 현장에서 절단 및 가공이 용이하다.
3) 흡수율이 커서 동결, 융해에 대한 저항성이 낮다.
4) 압축강도에 비해 휨강도나 인장강도가 상당히 약하다.
5) 박판상 제품에 비해 단열성, 차음성이 우수하다.

79 목면·마사·양모·폐지 등을 원료로 하여 만든 원지에 스트레이트 아스팔트를 가열·용융하여 충분히 흡수시켜 만든 방수지로 주로 아스팔트 방수 중간층재로 이용되는 것은?

① 콜타르
② 아스팔트 프라이머
③ 아스팔트 펠트
④ 합성 고분자 루핑

해설 아스팔트 펠트 : 펠트(felt)상으로 만든 원지에 연질의 스트레이트 아스팔트를 침투시켜 롤러로 압착하여 제조한 것으로 아스팔트방수 중간층 재료, 내외벽라스, 몰탈 바탕의 방수 및 방습재료로 사용된다.

■ 정답 ■ 76.① 77.② 78.④ 79.③

80 목재에 관한 설명으로 옳지 않은 것은?

① 활엽수는 침엽수에 비해 경도가 크다.
② 제재 시 취재율은 침엽수가 높다.
③ 생재를 건조하면 수축하기 시작하고 함수율이 섬유포화점 이하로 되면 수축이 멈춘다.
④ 활엽수는 침엽수에 비해 건조시간이 많이 소요되는 편이다.

해설 함수율에 의한 목재 재질의 변화
1) 목재의 재질 변동(수축, 팽창 등)은 섬유포화점 이하의 함수 상태에서만 발생한다.
   ① 변재는 심재보다 수축이 크다.
   ② 활엽수가 침엽수보다 수축이 크다.
2) 섬유 포화점 이하에서 함수율의 감소에 따라 강도는 증가하고 탄성은 감소한다.

제5과목 / 건설안전기술

81 동바리로 사용하는 파이프 서포트의 높이가 3.5m를 초과하는 경우 수평연결재의 설치 높이 기준은?

① 1.5m 이내 마다
② 2.0m 이내 마다
③ 2.5m 이내 마다
④ 3.0m 이내 마다

해설 거푸집의 동바리로 사용하는 파이프 서포트에 대한 설치기준
1) 파이프 서포트를 3개 이상 이어서 사용하지 아니하도록 할 것
2) 파이프 서포트를 이어서 사용할 때에는 4개 이상의 볼트 또는 전용철물을 사용하여 이을 것
3) 높이가 3.5m를 초과할 때에는 높이가 2m 이내마다 수평 연결재를 2개 방향으로 만들고 수평연결재의 변위를 방지할 것

82 굴착공사를 위한 기본적인 토질조사 시 조사내용에 해당되지 않는 것은?

① 주변에 기 절토된 경사면의 실태조사
② 사운딩
③ 물리탐사(탄성파조사)
④ 반발경도시험

해설 굴착공사를 위한 토질조사시 조사내용
1) **지하탐사** : 시험파기(터파보기), 짚어보기, 물리적탐사(탄성파식 지하탐사, 전기저항탐사)
2) **사운딩** : 베인시험, 표준관입시험, 스웨덴식 사운딩 시험, 화란식관입시험
3) **절토면 조사** : 주변에 기절토된 경사면의 실태조사

83 철도(鐵道)의 위를 가로질러 횡단하는 콘크리트 고가교가 노후화되어 이를 해체하려고 한다. 철도의 통행을 최대한 방해하지 않고 해체하는데 가장 적당한 해체용 기계·기구는?

① 철제해머   ② 압쇄기
③ 핸드브레이커   ④ 절단기

해설 절단공법 : 절단기에 의해 질서정연한 해체나 무진동이 요구될 때 유리하다.

84 산업안전보건법령에서 정의하는 산소결핍증의 정의로 옳은 것은?

① 산소가 결핍된 공기를 들여 마심으로써 생기는 증상
② 유해가스로 인한 화재·폭발 등의 위험이 있는 장소에서 생기는 증상
③ 밀폐공간에서 탄산가스·황화수소 등의 유해물질을 흡입하여 생기는 증상
④ 공기 중의 산소농도가 18% 이상 23.5% 미만의 환경에 노출될 때 생기는 증상

해설 1) **산소결핍** : 공기 중의 산소농도가 18% 미만인 상태

■ 정답 ■ 80.③ 81.② 82.④ 83.④ 84.①

2) 산소결핍증 : 산소가 결핍된 공기를 들이마심으로써 생기는 증상

85 연약점토 굴착 시 발생하는 히빙현상의 효과적인 방지대책으로 옳은 것은?

① 언더피닝공법 적용
② 샌드드레인공법 적용
③ 아일랜드공법 적용
④ 버팀대공법 적용

해설 1) 히빙(Heaving)현상
  ① 히빙 : 굴착이 진행됨에 따라 흙막이 벽 뒤쪽 흙의 중량이 굴착부 바닥의 지지력 이상이 되면 흙막이 벽 근입 부분의 지반 이동이 발생하여 굴착부 저면이 솟아오르는 현상
  ② 지반조건 : 연약성 점토지반
2) 아일랜트 컷 공법
  ① 얕고 면적이 넓은 기초파기에 쓰이는 공법이다.(히빙현상 방지대책으로 효과적임)
  ② 좁은 대지에서는 비탈면 온통파기가 곤란하므로 흙막이를 주위에 박고, 그 주위는 비탈면으로 남겨두고 중앙 부분을 먼저 파고 구조물의 기초를 여기에 축조한 다음 버팀대를 여기에 지지시켜 주변 흙을 파내고 지하 구조물을 완성하는 공법이다.

86 비탈면 붕괴 재해의 발생 원인으로 보기 어려운 것은?

① 부석의 점검을 소홀히 하였다.
② 지질조사를 충분히 하지 않았다.
③ 굴착면 상하에서 동시작업을 하였다.
④ 안식각으로 굴착하였다.

해설 비탈면 붕괴 재해의 발생원인
  1) 부석의 점검 소홀
  2) 지질조사 불충분
  3) 굴착면 상하에서 동시 작업

87 철골구조에서 강풍에 대한 내력이 설계에 고려되었는지 검토를 실시하지 않아도 되는 건물은?

① 높이 30m인 구조물
② 연면적당 철골량이 45kg인 구조물
③ 단면구조가 일정한 구조물
④ 이음부가 현장용접인 구조물

해설 철골구조물 건립시 강풍에 의한 풍압 등 외압에 대한 내력이 설계에 고려되었는지 검토할 사항
  1) 높이 20m 이상의 구조물
  2) 구조물의 폭과 높이의 비가 1 : 4이상인 구조물
  3) 단면구조의 현저한 차이가 있는 구조물
  4) 연면적당 철골량이 50kg/m² 이하인 구조물
  5) 기둥이 타이 플레이트(tie plate)형인 구조물
  6) 이음부가 현장용접인 경우

88 토중수(soil water)에 관한 설명으로 옳은 것은?

① 화학수는 원칙적으로 이동과 변화가 없고 공학적으로 토립자와 일체로 보며 100℃이상 가열하여 제거할 수 있다.
② 자유수는 지하의 물이 지표에 고인 물이다.
③ 모관수는 모관작용에 의해 지하수면 위쪽으로 솟아 올라온 물이다.
④ 흡착수는 이동과 변화가 없고 110±5℃이상으로 가열해도 제거되지 않는다.

해설 1) 토중수 : 흙 속에 포함되는 물의 총칭
  2) 모관수
    ① 모관작용에 의해 지하수면 위쪽으로 솟아 올라온 물
    ② 모관력에 의하여 유지되고 있는 물
  3) 중력수
    ① 중력에 의하여 흙 입자사이를 자유로이 이동할 수 있는 물
    ② 지표에서 지하수면을 향하여 침투하는 물
  4) 지하수 : 지하수면 이하에 존재하는 물
  5) 보유수 : 흙의 틈이나 표면에 보유되고 있는 물

89 항타기 및 항발기의 도괴방지를 위하여 준수해야할 기준으로 옳지 않은 것은?

① 버팀대만으로 상단부분을 안정시키는 경우에는 버팀대는 2개 이상으로 하고 그 하단 부분은 견고한 버팀·말뚝 도는 철골 등으로 고정시킬 것
② 버팀줄만으로 상단 부분을 안정시키는 경우에는 버팀줄을 3개 이상으로 하고 같은 간격으로 배치할 것
③ 평형추를 사용하여 안정시키는 경우에는 평형추의 이동을 방지하기 위하여 가대에 견고하게 부착시킬 것
④ 연약한 지반에 설치하는 경우에는 각부(脚部)나 가대(架臺)의 침하를 방지하기 위하여 깔판·깔목 등을 사용할 것

해설 항타기·항발기의 도괴를 방지하기 위하여 준수해야 할 사항
1) ②, ③, ④항
2) 시설 또는 가설물 등에 설치하는 때에는 그 내력을 확인하고 내력이 부족하 때에는 그 내력을 보강할 것
3) 각부 또는 가대가 미끄러질 우려가 있는 때에는 말뚝 또는 쐐기 등을 사용하여 각부 또는 는 가대를 고정시킬 것
4) 궤도 또는 차로 이동하는 항타기 또는 항발기에 대하여는 불시에 이동하는 것을 방지하기 위하여 레일클램프 및 쐐기 등으로 고정시킬 것
5) 버팀대만으로 상단부분을 안정시키는 때에는 버팀대는 3개 이상으로 하고 그 하단 부분은 견고한 버팀·말뚝 또는 철골 등으로 고정시킬 것

90 일반적으로 사면이 가장 위험한 경우에 해당하는 것은?

① 사면이 완전 건조 상태일 때
② 사면의 수위가 서서히 상승할 때
③ 사면이 완전 포화 상태일 때
④ 사면의 수위가 급격히 하강할 때

해설 사면이 가장 위험한 때 : 사면의 수위가 급격히 하강할 때

91 철골기둥 건립 작업 시 붕괴·도괴 방지를 위하여 베이스 플레이트의 하단은 기준 높이 및 인접기둥의 높이에서 얼마 이상 벗어나지 않아야 하는가?

① 2mm
② 3mm
③ 4mm
④ 5mm

해설 철골기둥 건립 작업시 붕괴·도괴방지 : 베이스트 플레이트 하단은 기준높이 및 인접기둥의 높이에서 3mm 이상 벗어나지 않을 것

92 건설공사 현장에서 사다리식 통로 등을 설치하는 경우 준수해야할 기준으로 옳지 않은 것은?

① 사다리의 상단은 걸쳐놓은 지점으로부터 40cm 이상 올라가도록 할 것
② 폭은 30cm 이상으로 할 것
③ 사다리식 통로의 기울기는 75°이하로 할 것
④ 발판의 간격은 일정하게 할 것

해설 ①항, 사다리의 상단은 걸쳐놓은 지점으로부터 60cm이상 올라가도록 할 것

93 유해·위험방지계획서 제출대상 공사의 규모기준으로 옳지 않은 것은?

① 최대 지간길이가 50m 이상인 교량 건설등 공사
② 다목적댐, 발전용댐 및 저수용량 2천만톤 이상의 용수 전용 댐, 지방상수도 전용 댐 건설 등의 공사
③ 깊이 12m 이상인 굴착공사
④ 터널 공사 등의 공사

■정답■ 89.① 90.④ 91.② 92.① 93.③

해설 유해위험방지계획서 제출대상 사업의 종류
1) 지상높이가 31미터 이상인 건축물 또는 인공구조물, 연면적 3만 제곱미터 이상인 건축물 또는 연면적 5천 제곱미터 이상의 문화 및 집회시설(전시장 및 동물원·식물원은 제외), 판매시설, 운수시설(고속철도의 역사 및 집·배송시설은 제외), 종교시설, 의료시설 중 종합병원, 숙박시설 중 관광숙박시설, 지하도상가 또는 냉동·냉장 창고시설의 건설·개조 또는 해체(이하 "건설등"이라 함)
2) 연면적 5천 제곱미터 이상의 냉동·냉장 창고시설의 설비공사 및 단열공사
3) 최대 지간길이가 50미터 이상인 교량건설 등 공사
4) 터널 건설 등의 공사
5) 다목적댐, 발전용댐 및 저수용량 2천만톤 이상의 용수 전용 댐, 지방상수도 전용댐 건설 등의 공사
6) 깊이 10미터 이상인 굴착공사

94 화물용 승강기를 설계하면서 와이어로프의 안전하중이 10ton 이라면 로프의 가닥수를 얼마로 하여야 하는가? (단, 와이어로프 한 가닥의 파단강도는 4ton이며, 화물용 승강기 와이어로프의 안전율은 6으로 한다.)

① 10가닥 ② 15가닥
③ 20가닥 ④ 30가닥

해설 1) 와이어로프 한가닥의 허용하중(안전하중)

$$\text{안전율} = \frac{\text{파단강도}}{\text{안전하중}}$$

$$\text{안전하중} = \frac{\text{파단강도}}{\text{안전율}}$$

2) 안전하중 10ton의 로프가닥수

$$\text{로프가닥수} = \frac{\text{안전하중}}{\text{한가닥 안전하중}} = \frac{10}{4/6} = 15\text{가닥}$$

95 산업안전보건관리비 중 안전관리자 등의 인건비 및 각종 업무수당 등의 항목에서 사용할 수 없는 내역은?

① 교통 통제를 위한 교통정리 신호수의 인건비
② 공사장 내에서 양중기·건설기계 등의 움직임으로 인한 위험으로부터 주변 작업자를 보호하기 위한 유도자 또는 신호자의 인건비
③ 전담 안전·보건관리자의 인건비
④ 고소작업대 작업 시 낙하물 위험예방을 위한 하부통제, 화기작업 시 화재감시 등 공사현장의 특성에 따라 근로자 보호만을 목적으로 배치된 유도자 및 신호자 또는 감시자의 인건비

해설 교통통제를 위한 교통정리 신호수의 인건비는 안전관리비 항목에서 제외된다.

96 달비계에 설치되는 작업발판의 폭에 대한 기준으로 옳은 것은?

① 20cm 이상
② 40cm 이상
③ 60cm 이상
④ 80cm 이상

해설 달비계에 설치되는 작업발판의 폭 : 40cm 이상

97 다음 중 작업부위별 위험요인과 주요사고 형태와의 연관관계로 옳지 않은 것은?

① 암반의 절취법면 – 낙하
② 흙막이 지보공 설치 작업 – 붕괴
③ 암석의 발파 – 비산
④ 흙막이 지보공 토류판 설치 – 접촉

해설 흙막이 지보공 토류판 설치 - 붕괴

98 다음 중 양중기에 해당하지 않는 것은?

① 크레인
② 곤돌라
③ 항타기
④ 리프트

해설 양중기의 종류
　1) 크레인(hoist 포함)
　2) 이동식 크레인
　3) 리프트(이삿짐운반용 리프트는 적재하중이 0.1톤 이상인 것)
　4) 곤돌라
　5) 승강기

99 지반을 구성하는 흙의 지내력시험을 한 결과 총 침하량이 2cm가 될 때까지의 하중(P)이 32tf이다. 이 지반의 허용 지내력을 구하면? (단, 이때 사용된 재하판은 40cm×40cm 임)

① 50tf/m²
② 100tf/m²
③ 150tf/m²
④ 200tf/m²

해설 지반의 허용지내력
$$= \frac{하중(\text{tf})}{재하판면적(\text{m}^2)}$$
$$= \frac{32\text{tf}}{0.4\text{m} \times 0.4\text{m}} = 200\text{tf/m}^2$$

100 낮은 지면에서 높은 곳을 굴착하는데 가장 적합한 굴착기는?

① 백호우
② 파워셔블
③ 드래그라인
④ 클램쉘

해설 파워셔블(power shovel) : 중기가 위치한 지면보다 높은 곳의 땅을 파는데 적합하다.

■ 정답 ■　98.③　99.④　100.②

2019년 시행

건설안전산업기사

2019년 1회 기출문제
[3월 3일 시행]

건설안전산업기사

제1과목 / 산업안전관리론

01 다음 중 스트레스(Stress)에 관한 설명으로 가장 적절한 것은?

① 스트레스는 나쁜 일에서만 발생한다.
② 스트레스는 부정적인 측면만 가지고 있다.
③ 스트레스 직무몰입과 생산성 감소의 직접적인 원인이 된다.
④ 스트레스 상황에 직면하는 기회가 많을수록 스트레스 발생 가능성은 낮아진다.

해설 1) 스트레스의 정의
① 스트레스(stress) : 인체에 가해지는 여러 가지 자극에 대해 체내에 일어나는 반응을 말한다.
② 직무스트레스의 정의(NIOSH) : 직무스트레스란 직무요구조건이 개인의 능력, 자원 또는 근로자의 욕구와 맞지 않을 때 발생하는 유해한 신체적, 정서적 반응이라고 할 수 있다.
2) 스트레스의 특성
① 스트레스는 위협적인 환경특성에 대한 개인의 반응이라고 볼 수 있다.
② 스트레스 수준은 작업성과와 반비례의 관계에 있다.
③ 적정수준의 스트레스는 작업성과에 긍정적으로 작용할 수 있다.
④ 지나친 스트레스를 지속적으로 받으면 인체는 자기조절능력을 상실할 수 있다.

02 모랄 서베이(Morale Survey)의 효용이 아닌 것은?

① 조직 또는 구성원의 성과를 비교·분석한다.
② 종업원의 정화(Catharsis)작용을 촉진시킨다.
③ 경영관리를 개선하는 데에 대한 자료를 얻는다.
④ 근로자의 심리 또는 욕구를 파악하며 불만을 해소하고, 노동의욕을 높인다.

해설 조직 또는 구성원의 성과를 비교·분석하는 것은 모랄 서베이(사기조사)의 효용을 저하시키는 행위이다.

03 산업안전보건법령상 특별안전·보건 교육의 대상 작업의 해당하지 않는 것은?

① 석면해체·제거작업
② 밀폐된 장소에서 하는 용접작업
③ 화학설비 취급품의 검수·확인 작업
④ 2m 이상의 콘크리트 인공구조물의 해체 작업

해설 화학설비 관련 특별안전·보건교육의 대상작업
1) 화학설비 중 반응기, 교반기, 추출기의 사용 및 세척작업
2) 화학설비의 탱크 내 작업
3) 분말·원재료 등을 담은 호퍼·저장탱크 등 저장탱크의 내부작업
4) 건조설비에 의한 물건의 가열·건조작업

■ 정답 ■ 01.③ 02.① 03.③

04 산업안전보건법상 직업병 유소견자가 발생하거나 다수 발생할 우려가 있는 경우에 실시하는 건강진단은?

① 특별 건강진단
② 일반 건강진단
③ 임시 건강진단
④ 채용시 건강진단

해설 임시건강진단 : 다음 각 목의 어느 하나에 해당하는 경우에 특수건강진단 대상 유해인자 또는 그 밖의 유해인자에 의한 중독 여부, 질병에 걸렸는지 여부 또는 질병의 발생 원인 등을 확인하기 위하여 지방고용노동관서의 장의 명령에 따라 사업주가 실시하는 건강진단을 말한다.
1) 같은 부서에 근무하는 근로자 또는 같은 유해인자에 노출되는 근로자에게 유사한 질병의 자각·타각증상이 발생한 경우
2) 직업병 유소견자가 발생하거나 여러 명이 발생할 우려가 있는 경우
3) 그밖에 지방고용노동관서의 장이 필요하다고 판단하는 경우

05 안전교육의 3단계에서 생활지도, 작업동작지도 등을 통한 안전의 습관화를 위한 교육은?

① 지식교육 ② 기능교육
③ 태도교육 ④ 인성교육

해설 안전교육의 3단계
1) 지식교육(제1단계) : 강의, 시청각교육을 통한 지식의 전달과 이해
2) 기능교육(제2단계) : 시범, 견학, 실습, 현장실습교육을 통한 경험체득과 이해
3) 태도교육(제3단계) : 작업동작지도, 생활지도 등을 통한 안전의 습관화

06 OJT(On the Job Training)의 특징이 아닌 것은?

① 훈련에 필요한 업무의 계속성이 끊어지지 않는다.
② 교육효과가 업무에 신속히 반영된다.
③ 다수의 근로자들을 대상으로 동시에 조직적 훈련이 가능하다.
④ 개개인에게 적절한 지도훈련이 가능하다.

해설 O.J.T와 off.J.T의 특징

O. J. T	off. J. T
① 개개인에게 적합한 지도훈련을 할 수 있다.	① 다수의 근로자에게 조직 훈련이 가능하다.
② 직장의 실정에 맞는 실제적 훈련을 할 수 있다.	② 훈련에만 전념하게 된다.
③ 훈련에 필요한 업무의 계속성이 끊어지지 않는다.	③ 특별 설비 기구를 이용할 수 있다.
④ 즉시 업무에 연결되는 관계로 신체와 관련이 있다.	④ 전문가를 강사로 초청할 수 있다.
⑤ 효과가 곧 업무에 나타나며 훈련의 좋고 나쁨에 따라 개선이 용이하다.	⑤ 각 직장의 근로자가 많은 지식이나 경험을 교류할 수 있다.
⑥ 교육을 통한 훈련 효과에 의해 상호 신뢰 이해도 높아진다.	⑥ 교육 훈련 목표에 대해서 집단적 노력이 흐트러질 수 있다.

07 객관적인 위험을 자기 나름대로 판정해서 의지결정을 하고 행동에 옮기는 인간의 심리특성은?

① 세이프 테이킹(safe taking)
② 액션 테이킹(action taking)
③ 리스크 테이킹(risk taking)
④ 휴먼 테이킹(human taking)

해설 1) 리스크 테이킹(risk taking) : 본문설명
2) 안전태도가 양호한 자는 리스크 테이킹 정도가 적고 안전태도가 불량한 자는 리스크 테이킹 정도가 크다.

■ 정답 ■ 04.③ 05.③ 06.③ 07.③

08 방독마스크의 정화통 색상으로 틀린 것은?

① 유기화합물용 – 갈색
② 할로겐용 – 회색
③ 황화수소용 – 회색
④ 암모니아용 – 노란색

해설 정화통의 외부 측면의 표시색

종류	표시색
유기화합물용 정화통	갈색
할로겐용 정화통	회색
황화수소용 정화통	
시안화수소용 정화통	
아황산용 정화통	노란색
암모니아용 정화통	녹색
복합용 및 겸용의 정화통	· 복합용의 경우 : 해당가스 모두 표시(2층 분리) · 겸용의 경우 : 백색과 해당가스 모두 표시(2층 분리)

09 위험예지훈련 중 TMB(Tool Box Meeting)에 관한 설명으로 틀린 것은?

① 작업 장소에서 원형의 형태를 만들어 실시한다.
② 통상 작업시작 전·후 10분 정도 시간으로 미팅한다.
③ 토의는 다수인(30인)이 함께 수행한다.
④ 근로자 모두가 말하고 스스로 생각하고 "이렇게 하자"라고 합의한 내용이 되어야 한다.

해설 ③항, 토의는 소수인(5~7명)이 함께 수행한다.

10 제조업자는 제조물의 결함으로 인하여 생명·신체 또는 재산에 손해를 입은 자에게 그 손해를 배상하여야 하는데 이를 무엇이라 하는가?(단, 당해 제조물에 대해서만 발생한 손해는 제외한다.)

① 입증 책임
② 담보 책임
③ 연대 책임
④ 제조물 책임

11 재해발생 형태별 분류 중 물건이 주체가 되어 사람이 상해를 입는 경우에 해당되는 것은?

① 추락
② 전도
③ 충돌
④ 낙하·비래

해설 재해 형태별 분류

분류항목	세부항목
1. 추락	사람이 건축물, 비계, 기계, 사다리, 계단, 경사면, 나무 등에서 떨어지는 것
2. 전도	사람이 평면상으로 넘어졌을 때를 말함(과속, 미끄러짐 포함)
3. 충돌	사람이 정지물에 부딪힌 경우
4. 낙하, 비래	물건이 주체가 되어 사람이 맞은 경우
5. 협착	물건에 끼워진 상태, 말려든 상태
6. 감전	전기 접촉이나 방전에 의해 사람이 충격을 받은 경우
7. 폭발	압력의 급격한 발생, 개방으로 폭음을 수반한 팽창이 일어난 경우
8. 붕괴, 도괴	적재물, 비계, 건축물이 무너진 경우
9. 파열	용기 또는 장치가 물리적인 압력에 의해 파열한 경우
10. 화재	화재로 인한 경우를 말하며 관련물체는 발화물을 기재
11. 무리한 동작	무거운 물건을 들다 허리를 삐거나 부자연할 자세나 반동으로 상해를 입는 경우
12. 이상온도 접촉	고온이나 저온에 접촉한 경우
13. 유해물 접촉	유해물 접촉으로 중독이나 질식된 경우
14. 기타	1-13 항으로 구분 불능 시 발생형태를 기재할 것

12 하인리히의 재해구성비율에 따라 경상사고가 87건 발생하였다면 무상해사고라는 몇 건이 발생하였겠는가?

① 300건　　② 600건
③ 900건　　④ 1200건

해설 1) 하인리히의 재해구성 비율
중상 또는 사망 : 경상 : 무상해사고
= 1 : 29 : 300

2) 무상해사고 = 87건 × $\frac{300}{29}$ = 900건

13 재해예방의 4원칙에 해당하지 않는 것은?

① 예방 가능의 원칙
② 손실 우연의 원칙
③ 원인 계기의 원칙
④ 선취 해결의 원칙

해설 재해예방의 4원칙
1) 손실우연의 원칙 : 사고에 의해 생기는 손실(상해)의 종류와 정도는 우연적이다.
2) 원인계기의 원칙 : 모든 재해는 필연적인 원인에 의해서 발생되며 재해발생은 직접원인만이 아니고 많은 간접원인의 연쇄로 발생되는 것이다.
3) 예방가능의 원칙 : 재해는 원칙적으로 모든 방지가 가능하다.
4) 대책선정의 원칙 : 가장 효과적인 재해방지 대책의 선정은 이들 원인의 정확한 분석에 의해서 얻어진다.

14 인간의 적응기제(適應機制)에 포함되지 않는 것은?

① 갈등(conflict)
② 억압(repression)
③ 공격(aggression)
④ 합리화(rationalization)

해설 적응기제의 분야
1) 방어적 기제 : 보상, 합리화, 동일시, 승화 등
2) 도피적 기제 : 고립, 퇴행, 억압, 백일몽 등
3) 공격적 기제 : 직접적 공격기제(폭행, 싸움 등), 간접적 공격기제(조소, 비난, 욕설 등)

15 산업안전보건법상 안전·보건 표지에서 기본모형의 색상이 빨강이 아닌 것은?

① 산화성물질 경고　② 화기금지
③ 탑승금지　　　　 ④ 고온 경고

해설 고온 경고
1) 바탕은 노랑색
2) 기본모형·관련부호 및 그림은 검정색

16 안전을 위한 동기부여로 틀린 것은?

① 기능을 숙달시킨다.
② 경쟁과 협동을 유도한다.
③ 상벌제도를 합리적으로 시행한다.
④ 안전목표를 명확히 설정하여 주지시킨다.

해설 안전 동기의 유발방법
1) 안전의 기본이념(참 가치)을 인식시킬 것.
2) 안전 목표를 명확히 설정할 것
3) 결과를 알려줄 것(K.R법 : Knowledge Results).
4) 상과 벌을 줄 것.
5) 경쟁과 협동을 유도할 것.
6) 동기유발 수준을 유지할 것.

17 주의(Attention)의 특징 중 여러 종류의 자극을 자각할 때, 소수의 특정한 것에 한하여 주의가 집중되는 것은?

① 선택성　　② 방향성
③ 변동성　　④ 검출성

해설 (1) 주의의 특징
1) 선택성 : 여러 종류의 자극을 자각할 때 수소의 특정한 것에 한하여 선택하는 기능
2) 반향성 : 주시점만 인지하는 기능

■ 정답 ■　12.③　13.④　14.①　15.④　16.①　17.①

3) 변동성 : 주의에는 주기적으로 부주의의 리듬이 존재
(2) 주의의 특성
1) 주의력의 중복집중의 곤란 : 주의는 동시에 2개 방향에 집중하지 못한다(선택성).
2) 주의력의 단속성 : 고도의 주의는 장시간 지속할 수 없다(변동성).
3) 한 지점에 주의를 집중하면 다른데 주의는 약해진다(방향성).

18 누전차단장치 등과 같은 안전장치를 정해진 순서에 따라 작동시키고 동작상황의 양부를 확인하는 점검은?

① 외관점검　② 작동점검
③ 기술점검　④ 종합점검

해설 안전점검방법
1) 외관점검 : 기기의 적정한 배치, 설치 상태, 변형, 균열, 손상, 부식, 볼트의 여유 등의 유무를 외관에서 시각 및 촉감 등에 의해 조사하고, 점검 기준에 의해 양부를 확인하는 것이다.

> **참고** (1) 장치 구조의 점검
> (2) 오염상태의 점검
> (3) 부식, 손모의 점검
> (4) 균열, 깨어짐의 점검
> (5) 액누출, 가스누출의 점검
> (6) 볼트·너트의 여유, 탈락, 파손의 점검
> (7) 윤활유의 점검
> (8) 이상음의 발생상황 유무의 점검

2) 기능점검 : 간단한 조작을 행하여 대상 기기의 기능의 양부를 확인하는 것이다.

> **참고** (1) 축수부의 니플 등이 벗겨지거나 윤활유의 상태에 이상이 없는가를 점검
> (2) V벨트를 손가락으로 가볍게 눌러 여유가 없는가를 점검
> (3) 전동기를 가동시켜 그 회전상황에 이상이 없는가를 점검
> (4) 회전은 정상인 회전방향인가를 점검
> (5) 이상음, 이상 진동이 없는가를 점검

3) 작동점검 : 안전장치나 누전차단장치 등을 정해진 순서에 의해 작동시켜 작동상황의 양부를 확인하는 것이다.
4) 종합점검 : 정해진 점검 기준에 의해 측정, 검사를 행하고 또 일정한 조건하에서 운전시험을 행하여 그 기계 설비의 종합적인 기능을 확인하는 것이다.

19 하버드 학파의 5단계 교수법에 해당되지 않는 것은?

① 교시(Presentation)
② 연합(Association)
③ 추론(Reasoning)
④ 총괄(Generalization)

해설 하버드 학파의 5단계 교수법
1) 1단계 : 준비시킨다(preparation).
2) 2단계 : 교시한다(presentation).
3) 3단계 : 연합한다(association).
4) 4단계 : 총괄시킨다(generalization).
5) 5단계 : 응용시킨다(application).

20 재해사례연구에 관한 설명으로 틀린 것은?

① 재해사례연구는 주관적이며 정확성이 있어야 한다.
② 문제점과 재해요인의 분석은 과학적이고, 신뢰성이 있어야 한다.
③ 재해사례를 과제로 하여 그 사고와 배경을 체계적으로 파악한다.
④ 재해요인을 규명하여 분석하고 그에 대한 대책을 세운다.

해설 ①항, 재해사례연구는 객관적이며 정확성이 있어야 한다.

제2과목
인간공학 및 시스템안전공학

21 일반적인 수공구의 설계원칙으로 볼 수 없는 것은?

① 손목을 곧게 유지한다.
② 반복적인 손가락 동작을 피한다.
③ 사용이 용이한 검지만 주로 사용한다.
④ 손잡이는 접촉면적을 가능하면 크게 한다.

해설 수공구의 개선방법(수공구의 인간공학적 설계원칙)
1) 손목을 곧게 유지할 것(손목을 똑바로 펴서 사용, 손목대신 손잡이를 굽힘)
2) 손바닥에 과도한 압박을 피할 것(조직에 가해지는 접촉 스트레스를 피할 것)
3) 사용자의 손크기에 적합하게 설계(design)할 것
4) 반복적 손가락 동작을 피할 것
5) 가장 큰 힘을 낼 수 있는 가운데 손가락이나 엄지손가락을 사용할 것
6) 정적 근육부하가 오래 지속되지 않도록 할 것
7) 팔을 회전하는 작업에는 팔꿈치를 구부린 자세에서 행할 것
8) 힘을 발휘하는 작업에는 파워쥐기(power grip), 정밀을 요하는 작업에는 핀치쥐기(pinch grip)을 사용할 것
 ① 파워쥐기(power grip) : 모든 손가락을 핸들을 감싸 쥐듯이 잡는 것
 ② 핀치쥐기(pinch grip) : 엄지와 나머지 손사락으로 꼬집듯이 잡는 것
9) 수공구 대신 동력공구를 사용하도록 할 것
10) 손잡이는 가능한 접촉면을 넓게 한다.

22 신뢰성과 보전성을 효과적으로 개선하기 위해 작성하는 보전기록 자료로서 가장 거리가 먼 것은?

① 자재관리표   ② MTBF분석표
③ 설비이력카드 ④ 고장원인대책표

해설 보전기록 자료의 종류
1) MTBF 분석표 : 설비의 고장정지 발생시기, 현상, 원인, 소요공수, 정지시간 등의 일체를 기록한 것
2) 설비이력카드 : 설비의 운전개시점에서부터 현재까지 발생한 고장이력, 중요한 수리공사 내용 및 수리후 성능등을 설비마다 기록한 것
3) 고장원인 대책표 : 중요설비의 기술적 조치에 대한 상세한 자료 등을 설비고장이 발생할 때마다 기록한 것

23 동전던지기에서 앞면이 나올 확률 P(앞) = 0.6, 뒷면이 나올 확률 P(뒤)=0.4일 때, 앞면과 뒷면이 나올 사건의 정보량을 각각 맞게 나타낸 것은?

① 앞면 : 0.10bit, 뒷면 : 1.00bit
② 앞면 : 0.74bit, 뒷면 : 1.32bit
③ 앞면 : 1.32bit, 뒷면 : 0.74bit
④ 앞면 : 2.00bit, 뒷면 : 1.00bit

해설 1) 앞면 :
$$H = \log_2\left(\frac{1}{P}\right) = \log_2\left(\frac{1}{0.6}\right) = 0.74 bit$$
2) 뒷면 : $H = \log_2\left(\frac{1}{P}\right) = \log_2\left(\frac{1}{0.4}\right) = 1.32 bit$

24 FT도에 사용되는 기호 중 입력신호가 생긴 후, 일정시간이 지속된 후에 출력이 생기는 것을 나타내는 것은?

① OR 게이트
② 위험 지속 기호
③ 억제 게이트
④ 배타적 OR 게이트

해설 FT도의 수정기호
1) 우선적 AND Gate : 입력사상 가운데 어느 사상이 다른 사상보다 먼저 일어났을 때에 출력사상이 생긴다. 예를 들면 「A는 B보다 먼저」와 같이 기입한다.

■ 정답 ■ 21.③ 22.① 23.② 24.②

2) 짜 맞춤 AND Gate : 3개 이상의 입력사상 가운데 어느 것이든 2개가 일어나면 출력사상이 생긴다. 예를 들면 「어느 것이든 2개」라고 기입한다.
3) 위험지속기호 : 입력사상이 생겨서 어느 일정시간 지속하였을 때에 출력사상이 생긴다. 예를 들면 「위험지속시간」과 같이 기입한다.
4) 배타적 OR Gate : OR Gate로 2개 이상의 입력이 동시에 존재할 때에는 출력사상이 생기지 않는다. 예를 들면 「동시에 발생하지 않는다」라고 기입한다.

25 다음 FTA 그림에서 a, b, c의 부품고장률이 각각 0.01일 때, 최소 컷셋(minimal cut sets)과 신뢰도로 옳은 것은?

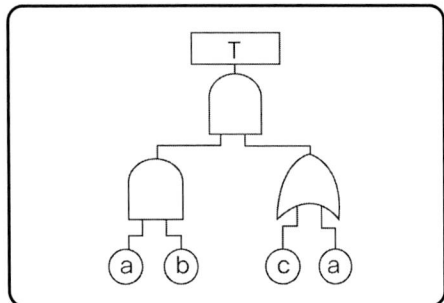

① $\{a, b\}$, $R(t) = 99.99\%$
② $\{a, b, c\}$, $R(t) = 98.99\%$
③ $\{a, c\}$, $R(t) = 96.99\%$
　$\{a, b\}$
④ $\{a, c\}$, $R(t) = 97.99\%$
　$\{a, b, c\}$

해설 1) 최소컷셋
T→1・2→a・b・2→$\begin{bmatrix}abc\\aba\end{bmatrix}$→[a・b]
　　　　　　　　　(컷셋)　(최소컷셋)
2)
$F_t = a \times b \times [1-(1-C)(1-a)]$
$\quad = 0.01 \times 0.01 \times [1-(1-0.01)(1-0.01)]$
$\quad = 1.99 \times 10^6$
$R_t = 1 - F_t = 1 - 1.99 \times 10^{-6}$
$\quad = 0.9999 = 99.99\%$

26 광원으로부터의 직사 휘광을 줄이기 위한 방법으로 적절하지 않은 것은?
① 휘광원 주위를 어둡게 한다.
② 가리개, 갓, 차양 등을 사용한다.
③ 광원을 시선에서 멀리 위치시킨다.
④ 광원의 수는 늘리고 휘도는 줄인다.

해설 광원으로부터의 직사휘광 처리
1) 광원의 휘도를 줄이고 수를 증가시킨다.
2) 광원을 시선에서 멀리 위치시킨다.
3) 휘광원 주위를 밝게 하여 광속발산비(휘도)를 줄인다.
4) 가리개(shield), 갓(hood), 혹은 차양(visor)을 사용한다.

27 작업장에서 구성요소를 배치하는 인간공학적 원칙과 가장 거리가 먼 것은?
① 중요도의 원칙　② 선입선출의 원칙
③ 기능성의 원칙　④ 사용빈도의 원칙

해설 부품배치의 4원칙
1) 중요성의 원칙 : 부품을 작동하는 성능이 체계의 목표달성에 긴요한 정도에 따라 우선순위를 설정한다.
2) 사용빈도의 원칙 : 부품을 사용하는 빈도에 따라 우선순위를 설정한다.
3) 기능별 배치의 원칙 : 기능적으로 관련된 부품들(표시장치, 조정장치 등)을 모아서 배치한다.
4) 사용 순서의 원칙 : 사용되는 순서에 따라 장치들을 가까이에 배치한다.

28 체내에서 유기물을 합성하거나 분해하는 데는 반드시 에너지의 전환이 뒤따른다. 이것을 무엇이라 하는가?
① 에너지 변환　② 에너지 합성
③ 에너지 대사　④ 에너지 소비

해설 에너지 대사 : 체내에서 유기물의 합성 및 분해에 따른 에너지의 방출, 전환, 저장 및 이용의 모든 과정을 말한다.

■ 정답 ■　25.①　26.①　27.②　28.③

29 통제표시비(contol/display ratio)를 설계할 때 고려하는 요소에 관한 설명으로 틀린 것은?

① 통제표시비가 낮다는 것은 민감한 장치라는 것을 의미한다.
② 목시거리(目示距離)가 길면 길수록 조절의 정확도는 떨어진다.
③ 짧은 주행 시간 내에 공차의 인정범위를 초과하지 않는 계기를 마련한다.
④ 계기의 조절시간의 짧게 소요되도록 계기의 크기(size)는 항상 작게 설계한다.

해설 통제표시비(조종반응비율) 설계시 고려사항
1) 계기의 크기 : 계기의 조절시간에 짧게 소요되는 크기를 선택하되 너무 작으면 오차발생이 커지므로 상대적으로 고려한다.
2) 공차 : 짧은 주행시간 내에 공차의 인정범위를 초과하지 않는 계기를 마련한다.
3) 목측거리 : 목시거리가 길면 길수록 조절의 정확도는 떨어진다.
4) 조작시간 : 조작시간의 지연은 직접적으로 조종반응비에 크게 영향을 주어 필요시 통제비 감소조치를 하여야 한다.
5) 방향성 : 조작방향과 표시계기의 운동방향이 일치하지 않으면 조작의 정확성이 감소한다.

30 위험조정을 위해 필요한 기술은 조직형태에 따라 다양하며 4가지로 분류하였을 때 이에 속하지 않는 것은?

① 전가(transfer)
② 보류(retention)
③ 계속(continuation)
④ 감축(reduction)

해설 위험조정을 위한 처리기술
1) 전가(transfer)
2) 보류(retention)
3) 감축(reduetion)
4) 회피(avoidance)

31 어떤 결함수의 쌍대결함수를 구하고, 컷셋을 찾아내어 결함(사고)을 예방할 수 있는 최소의 조합을 의미하는 것은?

① 최대 컷셋
② 최소 컷셋
③ 최대 패스셋
④ 최소 패스셋

해설 1) 패스셋과 미니멀 패스
① 패스셋(path sets) : 정상사상이 일어나지 않는 기본사상의 집합을 말한다.
② 미니멀 패스(minimal path sets) : 필요한 최소한의 패스를 말한다.(시스템의 신뢰성을 나타냄)
2) 패스와 미니멀 패스 구하는 법 : 쌍대 FT(AND게이트를 OR게이트로, OR게이트를 AND게이트로 치환시킨 FT도)를 구하여 쌍대 FT의 미니멀 컷을 구하면 원하는 FT의 미니멀 패스가 되는 것이다.

32 자동차나 항공기의 앞유리 혹은 차양판 등에 정보를 중첩 투사하는 표시장치는?

① CRT
② LCD
③ HUD
④ LED

해설 HUD(head up display) : 전방표시장치

33 전통적인 인간 - 기계(Man - Machine) 체계의 대표적 유형과 거리가 먼 것은?

① 수동체계
② 기계화체계
③ 자동체계
④ 인공지능체계

해설 인간기계체계의 유형
1) 수동체계 : 인간의 신체적인 힘을 동원력으로 사용
2) 기계화체계(반자동체계) : 인간이 기계 표시장치를 보고 조종장치를 통하여 통제하는 체계

■ 정답 ■ 29.④ 30.③ 31.④ 32.③ 33.④

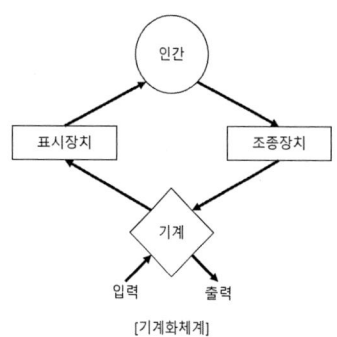

3) 자동체계
① 기계자체가 감지, 정보처리 및 의사결정, 행동을 포함한 모든 임무를 수행하는 체계
② 인간의 역할 : 감시(Monitor), 프로그램, 정비유지 등의 기능을 수행함

34 다음의 설명에서 (　) 안의 내용을 맞게 나열한 것은?

> 40 phon은 (㉠) sone을 나타내며, 이는 (㉡)dB의 (㉢)Hz 순음의 크기를 나타낸다.

① ㉠ 1, ㉡ 40, ㉢ 1000
② ㉠ 1, ㉡ 32, ㉢ 1000
③ ㉠ 2, ㉡ 40, ㉢ 2000
④ ㉠ 2, ㉡ 32, ㉢ 2000

해설 음의 크기의 수준
1) phon : 1000Hz 순음의 음압수준(dB)을 나타낸다.
2) sone : 1000Hz, 40dB의 음압수준을 가진 순음의 크기(=40phon)를 1sone이라한다.
3) sone와 phon의 관계식
∴ $sone치 = 2^{(Phon-40)/10}$

35 인간 - 기계 시스템에서의 신뢰도 유지 방안으로 가장 거리가 먼 것은?

① lock system
② fail - safe system
③ fool - proof system
④ risk assessment system

해설 인간 · 기계시스템의 신뢰도 유지방법
1) lock system : interlock system은 인간과 기계 사이에 두는 lock system이다.
2) Fail safe : 인간이나 기계 등에 과오나 동작상의 실수가 있더라도 사고 · 재해를 발생시키지 않도록 철저하게 2중, 3중으로 통제를 가하는 것이다.
3) Fool proof : 인간이 기계 등의 취급을 잘 못해도 사고로 연결되는 일이 없도록 하는 안전기구로서 기계장치 설계단계에서 안전화를 도모하는 것이다.

36 다음 그림 중 형상 암호화된 조종 장치에서 단회전용 조종 장치로 가장 적절한 것은?

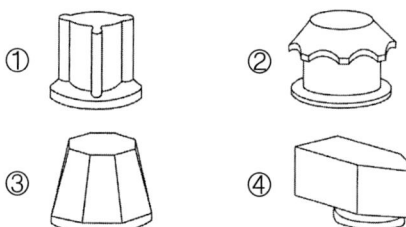

해설 형상 암호화된 조종장치
1) 만져봐서 식별되는 손잡이 : 단회전용, 다회전용, 이산멈춤위치용 등
2) 용도와 관련된 형상으로 식별되는 손잡이 : 회전수, 역출력, 착륙장치 등

37 화학설비의 안전성 평가 과정에서 제3단계인 정량적 평가 항목에 해당되는 것은?

① 목록   ② 공정계통도
③ 화학설비용량   ④ 건조물의 도면

해설 제3단계 : 정량적 평가 항목
1) 취급물질
2) 화학설비 용량
3) 온도
4) 압력
5) 조작

38. 암호체계 사용상의 일반적인 지침에 해당하지 않는 것은?

① 암호의 검출성
② 부호의 양립성
③ 암호의 표준화
④ 암호의 단일 차원화

해설 암호체계 사용상의 일반적인 지침
1) 암호의 검출성 : 검출이 가능해야 한다.
2) 암호의 변별성 : 다른 암호표시와 구별되어야 한다.
3) 부호의 양립성 : 양립성이란 자극들 간의, 반응들 간의, 또는 자극-반응 조합의 관계를 말하는 것으로 인간의 기대와 모순되지 않는다.
4) 부호의 의미 : 사용자가 그 뜻을 분명히 알아야 한다.
5) 암호의 표준화 : 암호를 표준화하여야 한다.
6) 다차원 암호의 사용 : 2가지 이상의 암호차원을 조합해서 사용하면 정보전달이 촉진된다.

39. 다음 중 연마작업장의 가장 소극적인 소음대책은?

① 음향 처리제를 사용할 것
② 방음 보호 용구를 착용할 것
③ 덮개를 씌우거나 창문을 닫을 것
④ 소음원으로부터 적절하게 배치할 것

해설 1) 소극적 소음대책 : 방음 보호구(귀마개 및 귀덮개) 착용
2) 적극적 소음대책
   ① 소음원 제거(가장 적극적인 소음대책)
   ② 소음원 통제(기계의 적절한 설계, 정비 및 주유)
   ③ 소음의 격리(덮개를 씌우거나 창문을 닫을 것)
   ④ 차폐장치 및 흡음재료 사용
   ⑤ 음향처리제 사용
   ⑥ 적절한 배치

40. 인간-기계시스템에 대한 평가에서 평가척도나 기준(criteria)으로서 관심의 대상이 되는 변수는?

① 독립변수
② 종속변수
③ 확률변수
④ 통제변수

해설 1) 독립변수 : 연구자가 조종하거나 통제하고자 하는 변수로서, 연구자가 선택하고 어떤 특정 수준을 설정하여 그것이 다른 변수에 미치는 효과를 측정한다.(평가척도도 관심대상이 되는 변수)
2) 종속변수 : 독립변수의 영향을 평가하기 위하여 측정하는 변수로 조사 연구되어야 할 인자(factor)이다.(실험연구에서 실험자가 연구하고 싶은 대상이 되는 변수)

제3과목 / 건설시공학

41. 다음과 같은 조건에서 콘크리트의 압축강도를 시험하지 않을 경우 거푸집널의 해체시기로 옳은 것은(단, 기초, 보, 기둥 및 벽의 측면)

- 조강포틀랜드시멘트 사용
- 평균기온 20℃ 이상

① 2일
② 3일
③ 4일
④ 6일

해설 시멘트의 종류에 의한 거푸집 존치기간

부위	기초, 보 옆, 기둥 및 벽		바닥 및 지붕 슬래브, 보 밑	
시멘트의 종류	포틀랜드시멘트	조강포틀랜드시멘트	포틀랜드시멘트	조강포틀랜드시멘트
콘크리트의 재령(일) 평균 20℃ 이상	4	2	7	4
평균 10~20℃ 미만	6	3	8	5
콘크리트의 압축강도	50kg/cm²		설계기준강도의 50%	

■ 정답 ■ 38.④ 39.② 40.② 41.①

42 콘크리트 타설작업에 있어 진동 다짐을 하는 목적으로 옳은 것은?

① 콘크리트 점도를 증진시켜 준다.
② 시멘트를 절약시킨다.
③ 콘크리트의 동결을 방지하고 경화를 촉진시킨다.
④ 콘크리트를 거푸집 구석구석까지 충전시킨다.

해설 콘크리트 타설작업시 진동다짐의 목적 : 콘크리트를 거푸집 구석구석까지 충전시키기 위해서이다.

43 전체공사의 진척이 원활하며 공사의 시공 및 책임한계가 명확하여 공사관리가 쉽고 하도급의 선택이 용이한 도급제도는?

① 공정별분할도급　② 일식도급
③ 단가도급　　　　④ 공구별분할도급

해설 일식도급 : 건축 공사전체를 한 사람의 도급 자에게 도급을 주는 공사 방식(도급 방법 중 가장 일반적 방법)
　1) 장점
　　① 계약 및 감독이 간단하다.
　　② 공사의 시공 책임 한계가 분명하여 공사관리가 쉽다.
　　③ 가설재의 중복이 없어 공사비가 절감된다.
　2) 단점
　　① 공사가 조잡해질 우려가 있다.
　　② 건축주의 의도나 설계도의 취지가 충분히 반영되지 못한다.

44 경량골재콘크리트 공사에 관한 사항으로 옳지 않은 것은?

① 슬럼프값은 180mm 이하로 한다.
② 경량골재는 배합 전 완전히 건조시켜야 한다.
③ 경량골재 콘크리트는 공기연행 콘크리트로 하는 것을 원칙으로 한다.
④ 물 – 결합재비의 최댓값은 60%로 한다.

해설 경량골재는 배합전에 표면건조내부포수상태(표건상태)로 하여 사용한다.

45 지반조사 방법 중 보링에 관한 설명으로 옳지 않은 것은?

① 보링은 지질이나 지층의 상태를 비교적 깊은 곳까지도 정확하게 확인할 수 있다.
② 회전식보링은 불교란시료 채취, 암석 채취 등에 많이 쓰인다.
③ 충격식 보링은 토사를 분쇄하지 않고 연속적으로 채취할 수 있으므로 가장 정확한 방법이다.
④ 수세식 보링은 30m까지의 연질층에 주로 쓰인다.

해설 보링(boring, 관입시험)
　1) 오우거보링
　2) 회전식보링(가장 정확한 방법)
　3) 충격식보링
　4) 수세식 보링

46 기존건물에 근접하여 구조물을 구축할 때 기존건물의 균열 및 파괴를 방지할 목적으로 지하에 실시하는 보강공법은?

① BH(Boring Hole) 공법
② 베노토(Benoto) 공법
③ 언더피닝(Under Pinning) 공법
④ 심초공법

해설 언더피닝 공법 : 기존 건물 가까이에 구조물을 축조할 때 기존건물의 지반과 기초를 보강하는 공법

■ 정답 ■　42.④　43.②　44.②　45.③　46.③

47 다음 용어에 대한 정의로 옳지 않은 것은?

① 함수비 = $\dfrac{\text{물의 무게}}{\text{토립자의 무게(건조중량)}} \times 100(\%)$

② 간극비 = $\dfrac{\text{간극의 부피}}{\text{토립자의 부피}}$

③ 포화도 = $\dfrac{\text{물의 부피}}{\text{간극의 부피}} \times 100(\%)$

④ 간극률 = $\dfrac{\text{물의 부피}}{\text{전체의 부피}} \times 100(\%)$

해설 흙의 성질
1) 간극률(공극률)
 = $\dfrac{\text{간극(공극)의 용적}}{\text{토립자의 용적}} \times 100(\%)$
2) 포화도 = $\dfrac{\text{물의 용적}}{\text{간극(공극)의 용적}} \times 100(\%)$
3) 함수율
 = $\dfrac{\text{물의 중량}}{\text{토립자(흙)의 중량}} \times 100(\%)$
 = $\dfrac{\text{물의 중량}}{\text{흙의 건조중량}} \times (\%)$

48 공사에 필요한 특기 시방서에 기재하지 않아도 되는 사항은?

① 인도시 검사 및 인도시기
② 각 부위별 시공방법
③ 각 부위별 사용재료
④ 사용재료의 품질

해설 시방서의 기재내용
1) 공사전체의 개요
2) 시방서의 적용, 범위, 공통주의사항
3) 시공방법(준비사항, 공사의 정도, 사용장비, 주의사항 등)
4) 사용재료(종류, 품질, 수량, 필요한 시험, 저장방법, 검사 방법 등)
5) 특기사항

49 토공사용 기계에 관한 설명으로 옳지 않은 것은?

① 파워쇼벨(power shovel)은 위치한 지면보다 높은 곳의 굴착에 유리하다.
② 드래그쇼벨(drag shovel)은 대형기초굴착에서 협소한 장소의 줄기초파기, 배수관 매설공사 등에 다양하게 사용된다.
③ 클램쉘(clam shell)은 연한 지반에는 사용이 가능하나 경질층에는 부적당하다.
④ 드래그라인(drag line)은 배토판을 부착시켜 정지작업에 사용된다.

해설 드래그라인(drag line) : 작업범위가 광범위하고 수중굴착 및 연약한 지반의 굴착에 적합하다.(8m 정도의 기초 흙파기에 적당)

50 벽과 바닥의 콘크리트 타설을 한 번에 가능하도록 벽체용 거푸집과 슬래브 거푸집을 일체로 제작하여 한 번에 설치하고 해체할 수 있도록 한 시스템거푸집은?

① 갱폼   ② 클라이밍폼
③ 슬립폼   ④ 터널폼

해설 터널폼(tunnel form)
1) 터널폼 : 벽식 철근콘크리트 구조를 시공할 경우 벽과 바닥의 콘크리트 타설을 한 번에 가능하게 하기 위하여 벽체용 거푸집과 슬래브 거푸집을 일체로 제작하여 한 번에 설치하고 해체할 수 있도록 한 시스템거푸집이다.
2) 특징
 ① 한 구획 전체의 벽판과 바닥판을 ㄱ자형 또는 ㄷ자형으로 짜서 이동식거푸집으로 이용되는 거푸집이다.
 ② 전용횟수가 200회 정도로 경제적이다. (초기투자비는 고가)

51 시공과정상 불가피하게 콘크리트를 이어치기할 때 서로 일체화 되지 않아 발생하는 시공불량 이음부를 무엇이라고 하는가?

① 컨스트럭션 조인트(construction joint)
② 콜드 조인트(cold joint)
③ 컨트롤 조인트(control joint)
④ 익스팬션 조인트(expansion joint)

해설 콘크리트의 이음(joint)
1) 콘스트럭션 조인트(construction, 시공줄눈) : 시공에 있어서 콘크리트를 한번에 계속하여 타설하지 못하는 경우에 생기는 줄눈이다.
2) 콜드 조인트(cold joint) : 시공과정 중 응결이 시작된 콘크리트에 새로운 콘크리트를 이어칠 때 일체화가 저해되어 생기는 줄눈이다.
3) 컨트롤 조인트(control joint, 조절줄눈) : 바닥판의 수축에 의한 표면 균열방지를 목적으로 설치하는 줄눈이다.
4) 익스팬드 조인트(expand joint, 신축줄눈) : 기초의 부동침하와 온도, 습도 등의 변화에 따라 신축팽창을 흡수시킬 목적으로 설치하는 줄눈이다.

52 철골공사와 직접적으로 관련된 용어가 아닌 것은?

① 토크렌치   ② 너트 회전법
③ 적산온도   ④ 스터드 볼트

해설 적산온도
1) 콘크리트 타설 후 조기 양생될 때까지의 온도누계의 합이다.
2) 콘크리트 양생온도와 시간을 곱으로 나타낸 함수이다.

53 철근의 이음을 검사할 때 가스압접이음의 검사항목이 아닌 것은?

① 이음위치   ② 이음길이
③ 외관검사   ④ 인장시험

해설 가스압점이음의 검사항목
1) 이음위치
2) 외관검사
3) 인장시험

54 철골작업에서 사용되는 철골세우기용 기계로 옳은 것은?

① 진폴(gin pole)
② 앵글 도저(angle dozer)
③ 모터 그레이더(motor grader)
④ 캐리올 스크레이퍼(carryall scraper)

해설 철골세우기용 기계
1) 가이데릭(guy derrick)
2) 스티프레그데릭(sitff leg derrick, 삼각데릭)
3) 진폴(gin pole)
4) 크레인(이동식 크레인, 고정식 크레인 등)

55 다음 중 가장 깊은 기초지정은?

① 우물통식 지정
② 긴 주춧돌 지정
③ 잡석 지정
④ 자갈 지정

해설 깊은 기초
1) 말뚝기초 : 나무말뚝, 강재말뚝, 기성콘크리트말뚝
2) 피어(pier)기초 : 제자리콘크리트 말뚝기초
3) 케이슨(caisson)기초(잠함기초)
  ① 개방잠함(open caisson) : 지하구조체를 지상에서 구축하고 그 밑을 파내어 침하시켜 지하실을 축조하는 공법
  ② 용기잠함(pneumatic caisson) 용수가 많은 경우에 잠함 속에 3~4 kg/cm²의 압축공기로 지하수의 유입을 막으면서 구조체를 침하시키는 공법(압축공기잠함공법)
4) 심초공법(well 공법) : 철근콘크리트재(材)의 우물통을 침하시켜 기초를 구성하는 공법(우물통기초)

■정답■ 51.② 52.③ 53.② 54.① 55.①

56 다음 철근 배근의 오류 중에서 구조적으로 가장 위험한 것은?

① 보늑근의 겹침
② 기둥주근의 겹침
③ 보하부 주근의 처짐
④ 기둥대근의 겹침

해설 구조적으로 가장 위험한 것 : 보하부 주근의 처짐

57 굳지 않은 콘크리트가 거푸집에 미치는 측압에 관한 설명으로 옳지 않은 것은?

① 묽은비빔 콘크리트가 측압은 크다.
② 온도가 높을수록 측압은 크다.
③ 콘크리트의 타설속도가 빠를수록 측압은 크다.
④ 측압은 굳지 않은 콘크리트의 높이가 높을수록 커지는 것이나 어느 일정한 높이에 이르면 측압의 증대는 없다.

해설 ②항, 온도가 높을수록 측압은 작아진다.

58 시공계획 시 우선 고려하지 않아도 되는 것은?

① 상세 공정표의 작성
② 노무, 기계, 재료 등의 조달, 사용 계획에 따른 수송계획 수립
③ 현장관리 조직과 인사계획 수립
④ 시공도의 작성

해설 공사계획의 내용 및 순서
1) 현장원(공사책임자, 현장주임, 사무주임 등)의 편성(가장 먼저 실시)
2) 공정표의 작성
3) 실행예산의 편성
4) 하도급업자의 선정
5) 가설준비물의 결정
6) 재료의 선정 및 결정
7) 재해방지 대책 및 의료대책

59 고력볼트 접합에서 축부가 굵게 되어 있어 볼트 구멍에 빈틈이 남지 않도록 고안된 볼트는?

① TC볼트
② PI볼트
③ 그립볼트
④ 지압형 고장력볼트

해설 지압형 고장력볼트 : 본문설명

60 철골조에서 판보(plate girder)의 보강재에 해당되지 않는 것은?

① 커버 플레이트
② 윙 플레이트
③ 필러 플레이트
④ 스티프너

해설 철골조의 판보(plate girder)의 보강재
1) 커버 플레이트
2) 필러 플레이트
3) 스티프너

제4과목 / 건설재료학

61 목재와 철강재 양쪽 모두에 사용할 수 있는 도료가 아닌 것은?

① 래커에나멜
② 유성페인트
③ 에나멜페인트
④ 광명단

해설 광명단(Pb_3O_4)도료 : 녹막이 도료로 주로 철강재에 사용된다.

■ 정답 ■ 56.③ 57.② 58.④ 59.④ 60.② 61.④

62 단열재의 특성과 관련된 전열의 3요소와 거리가 먼 것은?

① 전도　　② 대류
③ 복사　　④ 결로

해설 전열의 3요소
  1) 전도
  2) 대류
  3) 복사

63 다음 시멘트 조성화합물 중 수화속도가 느리고 수화열도 작게 해주는 성분은?

① 규산 3칼슘
② 규산 2칼슘
③ 알루민산 3칼슘
④ 알루민산철 4칼슘

해설 시멘트 구성 화합물의 특성
  1) C_3S(규산 3칼슘) : 시멘트의 초기강도(조기강도)를 좌우하며 시멘트 중 함유율이 5% 이하이다.
  2) C_2S(규산 2칼슘) : 시멘트의 후기강도(장기강도)에 영향을 주고 수화열이 낮다.
  3) C_3A(알루민산 3칼슘) : 수화작용이 빠르고 발열량이 많다.
  4) C_4AF(알루민산철 4칼슘) : 수화작용, 수화열, 조기강도가 가장 낮으며 시멘트 중 함유율 35~37%이다.

64 비철금속 중 동(銅)에 관한 설명으로 옳지 않은 것은?

① 맑은 물에는 침식되나 해수에는 침식되지 않는다.
② 전．연성이 좋아 가공하기 쉬운 편이다.
③ 철강보다 내식성이 우수하다.
④ 건축재료로는 아연 또는 주석 등을 활용한 합금을 주로 사용한다.

해설 동(Cu)은 해수나 암모니아 등 알칼리에 약하다.

65 목재 가공품 중 판재와 각재를 접착하여 만든 것으로 보, 기둥, 아치, 트러스 등의 구조 부재로 사용되는 것은?

① 파키트 패널　　② 집성목재
③ 파티클 보드　　④ 석고 보드

해설 집성목재 : 두께 1.52~5cm의 단판을 몇 장 또는 몇 십 장 겹쳐서 접착제로 접착한 것으로 합판과 다른 점은 다음과 같다.
  1) 판의 섬유방향을 평행으로 붙인 것이다.
  2) 판은 홀수가 아니어도 된다.
  3) 합판과 같은 얇은 판이 아니고 보나 기둥에 사용할 수 있는 단면을 가진다.
  4) 방화성 및 방부성, 방충성이 큰 목재를 만들 수 있다.
  5) 구조재, 마감재, 화장재를 겸용한 인공목재 제조가 가능하다.

66 목재의 역학적 성질에 관한 설명으로 옳지 않은 것은?

① 섬유 평행방향의 휨 강도와 전단강도는 거의 같다.
② 강도와 탄성은 가력방향과 섬유방향과의 관계에 따라 현저한 차이가 있다.
③ 섬유에 평행방향의 인장강도는 압축강도보다 크다.
④ 목재의 강도는 일반적으로 비중에 비례한다.

해설 목재의 강도
  1) 목재강도의 크기순서
    ∴ 인장강도 > 휨강도 > 압축강도 > 전단강도
  2) 목재의 강도에 영향을 주는 요인
    ① 비중 : 비중이 클수록 강도가 크다.
    ② 함수율 : 함수율과 강도는 반비례하며, 섬유포화점 이상의 함수상태에서는 함수율이 변화해도 강도는 일정하다.
    ③ 홈 : 홈이 있으면 강도가 매우 떨어진다.
    ④ 목재수종 : 목재수종에 따라 강도가 큰 것이 있고 작은 것이 있다.

■ 정답 ■　62.④　63.②　64.①　65.②　66.①

67 화성암의 일종으로 내구성 및 강도가 크고 외관이 수려하며, 절리의 거리가 비교적 커서 대재를 얻을 수 있으나, 함유광물의 열팽창계수가 달라 내화성이 약한 석재는?

① 안산암 ② 사암
③ 화강암 ④ 응회암

해설 화강암(쑥돌)
1) 화강암의 성분 : 석영 30%, 장석 65%, 기타(운모, 휘석, 각섬석) 5%
2) 성질
   ① 석질이 견고하고 풍화나 마멸이 강하다.
   ② 대재를 용이하게 채취할 수 있다.
   ③ 외관의 아름다워 장식제를 쓸 수 있다.
   ④ 내화도가 낮아서 고열을 받는 곳에는 부적당하다.(화재시 화강암이 파괴되는 이유는 각 조암광물들의 팽창계수가 다르기 때문)
3) 용도 : 외장 및 내장재, 구조재, 도로포장재, 콘크리트골재 등에 사용

68 콘크리트의 워커빌리티에 영향을 주는 인자에 관한 설명으로 옳지 않은 것은?

① 단위수량이 많을수록 콘크리트의 컨시스턴시는 커진다.
② 일반적으로 부배합의 경우는 빈배합의 경우보다 콘크리트의 플라스티서티가 증가하므로 워커빌리티가 좋다고 할 수 있다.
③ AE제가 감수제에 의해서 콘크리트 중에 연행된 미세한 공기는 볼베어링 작용을 통해 콘크리트의 워커빌리티를 개선한다.
④ 둥근형상의 강자갈의 경우보다 편평하고 세장한 입형의 골재를 사용할 경우 워커빌리티가 개선된다.

해설 ④항, 편평하고 세장한 입형의 골재보다 둥근형상의 강자갈을 사용할 경우 워커빌리티가 개선된다.

69 다음 중 천연 접착제로 볼 수 없는 것은?

① 전분 ② 아교
③ 멜라민수지 ④ 카세인

해설 멜라인수지 : 합성수지 접착제

70 유리를 600℃ 이상의 연화점까지 가열하여 특수한 장치로 균등히 공기를 내뿜어 급랭시킨 것으로 강하고 또한 파괴되어도 세립상으로 되는 유리는?

① 에칭유리 ② 망입유리
③ 강화유리 ④ 복층유리

해설 강화유리
1) 평면 및 곡면의 판유리를 약 600℃까지 가열한 후 냉각공기로 양면을 급랭강화하여 강도를 높인 안전유리이다.
2) 강화유리는 잘 깨지지 않고 깨져도 파편이 비산하지 않도록 만든 특수유리이다.

71 표면에 여러 가지 직물무늬 모양이 나타나게 만든 타일로서 무늬, 형상 또는 색상이 다양하여 주로 내장타일로 쓰이는 것은?

① 폴리싱타일
② 태피스트리타일
③ 논슬립타일
④ 모자이크타일

해설 태피스트리타일(tapestry tile) : 본문설명

72 알루미늄과 그 합금 재료의 일반적인 성질에 관한 설명으로 옳지 않은 것은?

① 산, 알칼리에 강하다.
② 내화성이 작다.
③ 열·전기 전도성이 크다.
④ 비중이 철의 약 1/3이다.

■정답■ 67.③ 68.④ 69.③ 70.③ 71.② 72.①

해설 **알루미늄 및 그 합금**
1) 경량질에 비해 강도가 크다.
2) 광선 및 열에 대한 반사율이 크다.
3) 내화성이 적고 열팽창이 크다.
4) 공기 중에서 Al_2O_3의 피막을 만들어 내부를 보호한다.
5) 내산성 및 내알칼리성에 약하다.

73 건축재료의 화학적 조성에 의한 분류에서 유기재료에 속하지 않는 것은?

① 목재   ② 아스팔트
③ 플라스틱   ④ 시멘트

해설 **화학적 조성에 의한 건축재료의 분류**
1) 유기재료
  ① 천연재료 : 목재, 섬유류, 아스팔트 등
  ② 합성수지 : 플라스틱, 접착재, 도료 등
2) 무기재료
  ① 금속재료 : 철강, 동, 알루미늄, 아연, 주석, 납 등
  ② 비금속재료 : 시멘트 및 콘크리트, 석회, 석재, 유리, 벽돌 등

74 잔골재를 각 상태에서 계량한 결과 그 무게가 다음과 같을 때 이 골재의 유효흡수율은?

- 절건상태 : 2000g
- 기건상태 : 2066g
- 표면건조 내부 포화상태 : 2124g
- 습윤상태 : 2152g

① 1.32%   ② 2.81%
③ 6.20%   ④ 7.60%

해설 **유효흡수율**

$$= \frac{표건상태중량 - 기건상태중량}{기건상태중량} \times 100$$

$$= \frac{2124 - 2066}{2066} \times 100 = 2.81\%$$

75 물 – 시멘트 비 65%로 콘크리트 1㎥를 만드는데 필요한 물의 양으로 적당한 것은?(단, 콘크리트 1㎥당 시멘트 8포대이며, 1포대는 40kg임)

① 0.1㎥   ② 0.2㎥
③ 0.3㎥   ④ 0.4㎥

해설 1) 물-시멘트비 = $\frac{물의 중량}{시멘트중량} \times 100$

물의 중량
= (물-시멘트비/100) × 시멘트 중량
= (65/100)×320kg=208kg
여기서, 시멘트중량=40kg/표×8포
=320kg

2) 물의 부피 = $\frac{물의 중량}{물의 비중} = \frac{208kg}{1000kg/m^3}$
= $0.208m^3$

76 유기천연섬유 또는 석면섬유 결합한 원지에 연질의 스트레이트 아스팔트를 침투시킨 것으로 아스팔트방수 중간층재료로 사용되는 것은?

① 아스팔트 펠트
② 아스팔트 컴파운드
③ 아스팔트 프라이머
④ 아스팔트 루핑

해설 **아스팔트 펠트** : 펠트(felt)상으로 만든 원지에 연질의 스트레이트 아스팔트를 침투시켜 롤러로 압착하여 제조한 것으로 아스팔트방수 중간층재료, 내외벽라스, 몰탈바탕의 방수 및 방습재료로 사용된다.

77 미장재료의 분류에서 물과 화학반응 하여 경화하는 수경성 재료가 아닌 것은?

① 순석고플라스터
② 경석고플라스터
③ 혼합석고플라스터
④ 돌로마이트플라스터

해설 응결·경화방식에 따라 미장재료의 분류
1) 수경성 미장재료(팽창성) : 물(H_2O)과 수화반응에 의해 경화하는 미장재료이다.
   ① 시멘트 모르타르 : 시멘트+모래+물
   ② 석고 플라스터 : 석고+모래+여물+물
   ③ 경석고 플라스터 : 무수석고+모래+여물+물
   ④ 인조석 바름 : 시멘트모르타르+인조석
   ⑤ 테라조(terrazzo) 현장바름 : 백시멘트+안료+종석(대리석, 화강석 등)
2) 기경성 미장재료(수축성) : 공기 중에서 경화하는 미장재료이며 종류는 다음과 같다.
   ① 진흙 : 진흙+짚여물+물
   ② 회반죽 : 소석회+모래+여물+해초풀
   ③ 회사벽 : 석회죽(lime ceram)+모래(필요시 시멘트 또는 여물 혼입)
   ④ 돌로마이트 플라스터 : 돌로마이트 석회(마그네시아 석회)+모래+여물+물

78 접착제를 사용할 때의 주의사항으로 옳지 않은 것은?

① 피착제의 표면은 가능한 한 습기가 없는 건조상태로 한다.
② 용제, 희석제를 사용할 경우 과도하게 희석시키지 않도록 한다.
③ 용제성의 접착제는 도포 후 용제가 휘발한 적당한 시간에 접착시킨다.
④ 접착처리 후 일정한 시간 내에는 가능한 한 압축을 피해야 한다.

해설 접착제는 접착처리 후 일정한 시간 내에 압축을 가하여 접착력을 강화시킨다.

79 미장공사에서 코너비드가 사용되는 곳은?

① 계단 손잡이
② 기둥의 모서리
③ 거푸집 가장자리
④ 화장실 칸막이

해설 코너비드(corner bead) : 벽, 기둥 등의 모서리 보호하기 위하여 미장바름질을 할 때 붙이는 보호용 철물로 모서리쇠라고도 한다.

80 점토 제품에 관한 설명으로 옳지 않은 것은?

① 점토의 주요 구성 성분은 알루미나, 규산이다.
② 점토입자가 미세할수록 가소성이 좋으며 가소성이 너무 크면 샤모트 등을 혼합 사용한다.
③ 점토제품의 소성온도는 도기질의 경우 1230~1460℃ 정도이며, 자기질은 이보다 현저히 낮다.
④ 소성온도는 점토의 성분이나 제품에 따라 다르며, 온도측정은 제게르 콘(Seger cone)으로 한다.

해설 점토제품 소성온도

종류	소성온도
토기	790~1000
도기	1100~1230
석기	1160~1350
자기	1230~1460

■정답■ 78.④ 79.② 80.③

제5과목 / 건설안전기술

81 핸드 브레이커 취급 시 안전에 관한 유의사항으로 옳지 않은 것은?

① 기본적으로 현장 정리가 잘되어 있어야 한다.
② 작업 자세는 항상 하향 45°방향으로 유지하여야 한다.
③ 작업 전 기계에 대한 점검을 철저히 한다.
④ 호스의 교차 및 꼬임여부를 점검하여야 한다.

해설 핸드 브레이커 작업 자세 : 하향 90°방향으로 유지할 것

82 유한사면에서 사면기울기가 비교적 완만한 점성토에서 주로 발생되는 사면파괴의 형태는?

① 저부파괴　② 사면선단파괴
③ 사면내파괴　④ 국부전단파괴

해설 저부파괴 : 본문설명

83 산업안전보건관리비 중 안전시설비 등의 항목에서 사용가능한 내역은?

① 외부인 출입금지, 공사장 경계표시를 위한 가설울타리
② 비계・통로・계단에 추가 설치하는 추락방지용 안전난간
③ 절토부 및 성토부 등의 토사유실 방지를 위한 설비
④ 공사 목적물의 품질 확보 또는 건설장비 자체의 운행 감시, 공사 진척상황 확인, 방범 등의 목적을 가진 CCTV 등 감시용 장비

해설 원활한 공사 수행을 위한 가설시설, 장치, 도구, 자재 등(안전시설비 등의 항목에서 사용불가내역)
1) 외부인 출입금지, 공사장 경계표시를 위한 가설울타리
2) 각종 비계, 작업발판, 가설계단・통로, 사다리 등
 ① 안전발판, 안전통로, 안전계단 등과 같이 명칭에 관계없이 공사 수행에 필요한 가시설들은 사용 불가
 ② 다만, 비계・통로・계단에 추가 설치하는 추락방지용 안전난간, 사다리 전도방지장치, 틀비계에 별도로 설치하는 안전난간・사다리, 통로의 낙하물방호선반 등은 사용 가능함
3) 절토부 및 성토부 등의 토사유실 방지를 위한 설비
4) 작업장 간 상호 연락, 작업 상황 파악 등 통신수단으로 활용되는 통신시설・설비
5) 공사 목적물의 품질 확보 또는 건설장비 자체의 운행 감시, 공사 진척상황 확인, 방법 등의 목적을 가진 CCTV 등 감시용 장비

84 사다리식 통로 등을 설치하는 경우 준수해야 할 기준으로 옳지 않은 것은?

① 접이식 사다리 기둥은 사용 시 접혀지거나 펼쳐지지 않도록 철물 등을 사용하여 견고하게 조치할 것
② 발판과 벽과의 사이는 25cm 이상의 간격을 유지할 것
③ 폭은 30cm 이상으로 할 것
④ 사다리식 통로의 길이가 10m 이상인 경우에는 5m 이내마다 계단참을 설치할 것

해설 사다리식 통로의 설치기준
1) 견고한 구조로 할 것
2) 심한 손상・부식 등이 없는 재료를 사용할 것
3) 발판의 간격은 일정하게 할 것
4) 발판과 벽과의 사이는 15cm 이상의 간격을 유지할 것
5) 폭은 30cm 이상으로 할 것

■정답■ 81.② 82.① 83.② 84.②

6) 사다리가 넘어지거나 미끄러지는 것을 방지하기 위한 조치를 할 것
7) 사다리의 상단은 걸쳐놓은 지점으로부터 60cm 이상 올라가도록 할 것
8) 사다리식 통로의 길이가 10m 이상인 경우에는 5m 이내마다 계단참을 설치할 것
9) 사다리식 통로의 기울기는 75° 이하로 할 것. 다만, 고정식 사다리식 통로의 기울기는 90° 이하로 하되, 그 높이가 7m 이상인 경우에는 바닥으로부터 높이가 2.5m 되는 지점부터 등받이울을 설치할 것
10) 접이식 사다리 기둥은 사용 시 접혀지거나 펼쳐지지 않도록 철물 등을 사용하여 견고하게 조치할 것

85 추락방지용 방망을 구성하는 그물코의 모양과 크기로 옳은 것은?

① 원형 또는 사각으로서 그 크기는 10cm 이하이어야 한다.
② 원형 또는 사각으로서 그 크기는 20cm 이하이어야 한다.
③ 사각 또는 마름모로서 그 크기는 10cm 이하이어야 한다.
④ 사각 또는 마름모로서 그 크기는 20cm 이하이어야 한다.

해설 방망의 구조 및 치수(표준안전작업지침) : 방망은 망, 테두리 로프, 달기 로프, 시험용사로 구성되어진 것으로서 각 부분은 다음 각 호에 정하는 바에 적합하여야 한다.
1) 소재 : 합성섬유 또는 그 이상의 물리적 성질을 갖는 것이어야 한다.
2) 그물코 : 사각 또는 마름모로서 그 크기는 10cm 이하이어야 한다.
3) 방망의 종류 : 매듭방망으로서 매듭은 원칙적으로 단 매듭을 한다.
4) 테두리 로프와 방망의 재봉 : 테두리 로프는 각 그물코를 관통시키고 서로 중복됨이 없이 재봉사로 결속한다.
5) 테두리 로프 상호의 접합 : 테두리 로프를 중간에서 결속하는 경우는 충분한 강도를 갖도록 한다.
6) 달기 로프의 결속 : 달기 로프는 3회 이상 엮어 묶는 방법 또는 이와 동등 이상의 강도를 갖는 방법으로 테두리 로프에 결속하여야 한다.

86 지반조사의 방법 중 지반을 강관으로 천공하고 토사를 채취 후 여러 가지 시험을 시행하여 지반의 토질 분포, 흙의 층상과 구성 등을 알 수 있는 것은?

① 보링
② 표준관입시험
③ 베인테스트
④ 평판재하시험

해설 보링(boring)
1) 보링 : 지하에 깊게 작은 구멍을 뚫어 깊이에 따른 토질의 시료를 채취하여 그에 따라 지층의 상태를 판단하는 방법이다.
2) 종류
① 기계식 보링 : 수세식 보링, 충격식 보링, 회전식 보링(가장 정확한 방법)
② 오우거 보링(Auger boring) : 인력으로 간단하게 실시하는 방법

87 화물을 적재하는 경우에 준수하여야 하는 사항으로 옳지 않은 것은?

① 침하 우려가 없는 튼튼한 기반 위에 적재할 것
② 건물의 칸막이나 벽 등이 화물의 압력에 견딜 만큼의 강도를 지니지 아니한 경우에는 칸막이나 벽에 기대어 적재하지 않도록 할 것
③ 불안정할 정도로 높이 쌓아 올리지 말 것
④ 편하중이 발생하도록 쌓아 적재효율을 높일 것

해설 ④항, 편하중이 발생하지 않도록 적재할 것

■ 정답 ■ 85.③ 86.① 87.④

88 가설통로를 설치하는 경우 준수해야 할 기준으로 옳지 않은 것은?

① 경사는 45° 이하로 할 것
② 경사가 15°를 초과하는 경우에는 미끄러지지 아니하는 구조로 할 것
③ 추락할 위험이 있는 장소에는 안전난간을 설치할 것
④ 수직갱에 가설된 통로의 길이가 15m 이상인 경우에는 10m 이내마다 계단참을 설치할 것

해설 가설통로의 구조(가설통로 설치시 준수사항)
1) 견고한 구조로 할 것
2) 경사는 30도 이하로 할 것. 다만, 계단을 설치하거나 높이 2미터 미만의 가설통로로서 튼튼한 손잡이를 설치한 경우에는 그러하지 아니하다.
3) 경사가 15도를 초과하는 경우에는 미끄러지지 아니하는 구조로 할 것
4) 추락할 위험이 있는 장소에는 안전난간을 설치할 것. 다만, 작업상 부득이한 경우에는 필요한 부분만 임시로 해체할 수 있다.
5) 수직갱에 가설된 통로의 길이가 15m 이상인 경우에는 10m 이내마다 계단참을 설치할 것
6) 건설공사에 사용하는 높이 8m 이상인 비계다리에는 7m이내마다 계단참을 설치할 것

89 콘크리트 타설용 거푸집에 작용하는 외력 중 연직방향 하중이 아닌 것은?

① 고정하중 ② 충격하중
③ 작업하중 ④ 풍하중

해설 거푸집의 연직방향 하중(W) 산정식
W = 고정하중 + 충격하중 + 작업하중
  = $(r \cdot t) + (1/2r \cdot t) + 150 kg/m^2$
여기서, r : 철근콘크리트 비중(kg/m^3)
        t : 슬래브 두께(m)
1) 고정하중 : 콘크리트 자중(=철근콘크리트 비중×슬래브 두께)
2) 충격하중 : 고정하중×1.2
3) 작업하중 : 작업원 중량+장비 및 가설설비 등의 중량=150kg/m²

90 철골작업을 중지하여야 하는 제한 기준에 해당되지 않는 것은?

① 풍속이 초당 10m 이상인 경우
② 강우량이 시간당 1mm 이상인 경우
③ 강설량이 시간당 1cm 이상인 경우
④ 소음이 65dB 이상인 경우

해설 철골작업을 중지해야 하는 기상조건
1) 풍속이 10m/sec 이상인 경우
2) 강우량이 1mm/hr 이상인 경우
3) 강설량이 1cm/hr 이상인 경우

91 추락방지망의 달기로프를 지지점에 부착할 때 지지점의 간격이 1.5m인 경우 지지점의 강도는 최소 얼마 이상이어야 하는가?

① 200kg ② 300kg
③ 400kg ④ 500kg

해설 방망 지지점의 강도(F : 외력)
$F = 200B$
  $= 200 \times 1.5 = 300 kg$
여기서, B : 지지점의 간격(m)

92 흙막이 가시설의 버팀대(Strut)의 변형을 측정하는 계측기에 해당하는 것은?

① Water level meter
② strain gauge
③ Piezometer
④ Load cell

해설 굴착공사에 사용되는 계측기기의 계측내용(계측기기 설치목적)
1) 변형계(strain gauge) : 흙막이벽의 변형과 응력을 측정
2) 간극수압계(piezometer) : 지하수의 수압을 측정
3) 수위계(water level meter) : 지반내 지하

■ 정답 ■ 88.① 89.④ 90.④ 91.② 92.②

수위 변화를 측정
4) 경사계(inclinometer) : 흙막이벽의 수평변위(변형) 측정
5) 하중계(load cell) : 버팀보(지주) 또는 어스앵커(earth anchor) 등의 실제 축하중 변화상태를 측정(부재의 안전상태를 파악하는 기기)

93 흙막이지보공을 설치하였을 때 정기적으로 점검하고 이상을 발견하면 즉시 보수하여야 하는 사항으로 거리가 먼 것은?

① 부재의 손상 변형, 부식, 변위 및 탈락의 유무와 상태
② 부재의 접속부, 부착부 및 교차부의 상태
③ 침하의 정도
④ 발판의 지지 상태

해설 흙막이지보공 설치시 붕괴 등의 위험방지를 위한 정기점검사항
1) 부재의 손상·변형·부식·변위 및 탈락의 유무와 상태
2) 버팀대의 긴압의 정도
3) 부재의 접속부·부착부 및 교차부의 상태
4) 침하의 정도

94 중량물의 취급작업 시 근로자의 위험을 방지하기 위하여 사전에 작성하여야 하는 작업계획서 내용에 해당되지 않는 것은?

① 추락위험을 예방할 수 있는 안전대책
② 낙하위험을 예방할 수 있는 안전대책
③ 전도위험을 예방할 수 있는 안전대책
④ 침수위험을 예방할 수 있는 안전대책

해설 중량물 취급 작업시 작업계획의 작성내용
1) 추락위험을 예방할 수 있는 안전대책
2) 낙하위험을 예방할 수 있는 안전대책
3) 전도위험을 예방할 수 있는 안전대책
4) 협착위험을 예방할 수 있는 안전대책
5) 붕괴위험을 예방할 수 있는 안전대책

95 철골공사에서 용접작업을 실시함에 있어 전격예방을 위한 안전조치 중 옳지 않은 것은?

① 전격방지를 위해 자동전격방지기를 설치한다.
② 우천, 강설시에는 야외작업을 중단한다.
③ 개로 전압이 낮은 교류 용접기는 사용하지 않는다.
④ 절연 홀더(Holder)를 사용한다.

해설 ③항, 개로 전압이 낮은 교류용접기를 사용한다.

96 유해위험방지계획서를 제출해야 하는 공사의 기준으로 옳지 않은 것은?

① 최대 지간길이 30m 이상인 교량 건설등 공사
② 깊이 10m 이상인 굴착공사
③ 터널 건설등의 공사
④ 다목적댐, 발전용댐 및 저수용량 2천만톤 이상의 용수 전용 댐, 지방상수도 전용 댐 건설등의 공사

해설 유해·위험 방지 계획서 제출 대상 공사(건설업)
1) 지상 높이가 31m 이상인 건축물 또는 인공구조물, 연면적 3만m² 이상인 건축물 또는 연면적 5천m² 이상의 문화 및 집회시설(전시장·동물원·식물원은 제외)·판매시설·운수시설(고속철도의 역사 및 집배송시설은 제외)·종교시설·의료시설 중 종합병원·숙박시설 중 관광숙박시설 또는 지하도상가 또는 냉동·냉장창고시설의 건설·개조 또는 해체공사
2) 연면적 5천m² 이상의 냉동·냉장창고시설이 설비 공사 및 단열공사
3) 최대지간 길이가 50m 이상인 교량건설 등 공사
4) 터널건설 등의 공사
5) 다목적댐, 발전용댐 및 저수용량 2천만톤 이상의 용수전용댐, 지방상수도 전용댐 건설 등의 공사
6) 깊이 10m 이상인 굴착공사

■ 정답 ■ 93.④ 94.④ 95.③ 96.①

97 강관틀비계의 높이가 20m를 초과하는 경우 주틀간의 간격은 최대 얼마 이하로 사용해야 하는가?

① 1.0m ② 1.5m
③ 1.8m ④ 2.0m

해설 강관틀비계
1) 비계기둥의 밑둥에는 밑받침 철물을 사용하여야 하며 밑받침에 고저차(高低差)가 있는 경우에는 조절형 밑받침 철물을 사용하여 각각의 강관틀비계가 항상 수평 및 수직을 유지하도록 할 것
2) 높이가 20m를 초과하거나 중량물의 적재를 수반하는 작업을 할 경우에는 주틀간의 간격을 1.8m 이하로 할 것
3) 주틀 간에 교차 가새를 설치하고 최상층 및 5층 이내마다 수평재를 설치할 것
4) 수직방향으로 6m, 수평방향으로 8m 이내마다 벽이음을 할 것
5) 길이가 띠장 방향으로 4m 이하이고 높이가 10m를 조과하는 경우에는 10m 이내마다 띠장 방향으로 버팀기둥을 설치할 것

98 굴착이 곤란한 경우 발파가 어려운 암석의 파쇄굴착 또는 암석제거에 적합한 장비는?

① 리퍼 ② 스크레이퍼
③ 롤러 ④ 드래그라인

해설 리퍼(ripper) : 암석 파쇄 공구

99 말비계를 조립하여 사용하는 경우의 준수사항으로 옳지 않은 것은?

① 지주부재의 하단에는 미끄럼 방지장치를 할 것
② 지주부재와 수평면과의 기울기는 85°이하로 할 것
③ 말비계의 높이가 2m를 초과할 경우에는 작업발판의 폭을 40cm 이상으로 할 것
④ 지주부재와 지주부재 사이를 고정시키는 부조부재를 설치할 것

해설 ②항, 지주부재와 수평면과의 기울기는 75°이하로 할 것

100 타워크레인의 운전작업을 중지하여야 하는 순간풍속기준으로 옳은 것은?

① 초당 10m 초과
② 초당 12m 초과
③ 초당 15m 초과
④ 초당 20m 초과

해설 강풍시 타워크레인의 작업제한
1) 순간풍속이 매초당 10m를 초과하는 경우 : 타워크레인의 설치·수리·점검 또는 해체 작업을 중지할 것
2) 순간풍속이 매초당 15m를 초과하는 경우 : 타워크레인의 운전작업을 중지할 것

■ 정답 ■ 97.③ 98.① 99.② 100.③

2019년 2회 기출문제
[4월 27일 시행]

건설안전산업기사

제1과목 / 산업안전관리론

01 산업안전보건법령상 안전검사 대상 유해·위험기계의 종류에 포함되지 않는 것은?

① 전단기 ② 리프트
③ 곤돌라 ④ 교류아크용접기

해설 안전검사대상 유해·위험기계의 종류
(시행령 제28조의 6)
1) 프레스
2) 전단기
3) 크레인(이동식 크레인과 정격하중 2톤 미만인 호이스트는 제외)
4) 리프트
5) 압력용기
6) 곤돌라
7) 국소배기장치(이동식은 제외)
8) 원심기(산업용에 한정)
9) 롤러기(밀폐구조는 제외)
10) 사출성형기(형체결력 294kN 미만은 제외)
11) 고소작업대(화물자동차 또는 특수자동차에 탑재한 고소작업대로 한정)
12) 컨베이어
13) 산업용 로봇

02 산업안전보건법령상 안전모의 종류(기호) 중 사용구분에서 "물체의 낙하 또는 비래 및 추락에 의한 위험을 방지 또는 경감하고, 머리부위 감전에 의한 위험을 방지하기 위한 것"으로 옳은 것은?

① A   ② AB
③ AE ④ ABE

해설 안전모의 종류

종류 (기호)	사용 구분	내전압성
AB	물체의 낙하 또는 비래 및 추락(1)에 의한 위험을 방지 또는 경감시키기 위한 것	비 내전압성
AE	물체의 낙하 및 비래에 의한 위험을 방지 또는 경감하고 머리 부위 감전에 의한 위험을 방지하기 위한 것	내전압성 (2)
ABE	물체의 낙하 또는 비래 및 추락에 의한 위험을 방지 또는 경감하고, 머리 부위 감전에 의한 위험을 방지하기 위한 것	내전압성 (2)

㈜ (1) 추락 : 높이 2m 이상의 고소 작업, 굴착 및 하역 작업 등에 있어서의 추락을 의미
  (2) 내전압성 : 7,000V 이하의 전압에 견디는 것을 의미

■정답■ 01.④ 02.④

03 레빈(Lewin)은 인간행동과 인간의 조건 및 환경조건의 관계를 다음과 같이 표시하였다. 이 때 'f'의 의미는?

$$B = f(P \cdot E)$$

① 행동　② 조명
③ 지능　④ 함수

해설 레빈(K. Lewin)의 법칙 : Lewin은 인간의 행동(B)은 그 사람이 가진 자질 즉, 개체(P)와 심리학적 환경(E)과의 상호 함수관계에 있다고 하였다.
$B = f(P \cdot E)$
여기서, 1) B : Behavior(인간의 행동)
2) f : function(함수관계 : P와 E에 영향을 미칠 수 있는 조건)
3) P : Person(개체 : 연령, 경험, 심신상태, 성격, 지능 등)
4) E : Environment(심리적 환경 : 인간관계, 작업환경 등)

04 주의의 수준에서 중간 수준에 포함되지 않는 것은?

① 다른 곳에 주의를 기울이고 있을 때
② 가시시야 내 부분
③ 수면 중
④ 일상과 같은 조건일 경우

해설 수면중 : 의식수준(Phase)0, 무의식 상태

05 적응기제(Adjustment Mechanism)의 유형에서 "동일화(identification)"의 사례에 해당하는 것은?

① 운동시합에 진 선수가 컨디션이 좋지 않았다고 한다.
② 결혼에 실패한 사람이 고아들에게 정열을 쏟고 있다.
③ 아버지의 성공을 자신의 성공인 것처럼 자랑하며 거만한 태도를 보인다.
④ 동생이 태어난 후 초등학교에 입학한 큰 아이가 손가락을 빨기 시작했다.

해설 동일화 : 자신의 것이 아님에도 불구하고 자기의 것이나 된 듯이 행동을 하여 승인을 얻고자 하는 적응기제

06 산업안전보건법령상 특별안전·보건교육 대상 작업별 교육내용 중 밀폐공간에서의 작업 시 교육내용에 포함되지 않는 것은?(단, 그 밖에 안전·보건관리에 필요한 사항은 제외한다.)

① 산소농도측정 및 작업환경에 관한 사항
② 유해물질이 인체에 미치는 영향
③ 보호구 착용 및 사용방법에 관한 사항
④ 사고 시의 응급처리 및 비상 시 구출에 관한 사항

해설 밀폐공간에서의 작업시 특별안전보건교육내용
1) 산소농도 측정 및 작업환경에 관한 사항
2) 사고 시의 응급처치 및 비상 시 구출에 관한 사항
3) 보호구 착용 및 사용방법에 관한 사항
4) 밀폐공간작업의 안전작업방법에 관한 사항
5) 그 밖에 안전·보건관리에 필요한 사항

07 하인리히의 재해발생 원인 도미노이론에서 사고의 직접원인으로 옳은 것은?

① 통제의 부족
② 관리 구조의 부적절
③ 불안전한 행동과 상태
④ 유전과 환경적 영향

해설 하인리히(Heinrich)의 사고연쇄성 이론[도미노(domino)현상]
1) 1단계 : 사회적 환경 및 유전적 요소
2) 2단계 : 개인적 결함
3) 3단계 : 불안전한 행동 및 불안전한 상태(사고의 직접원인)
4) 4단계 : 사고
5) 5단계 : 재해

■ 정답 ■　03.④　04.③　05.③　06.②　07.③

08 산업안전보건법령상 다음 그림에 해당하는 안전·보건표지의 종류로 옳은 것은?

① 부식성물질경고
② 산화성물질경고
③ 인화성물질경고
④ 폭발성물질경고

해설

인화성물 질경고	부식성물 질경고	산화성물 질경고	폭발성물 질경고

09 산업안전보건법령상 산업재해 조사표에 기록되어야 할 내용으로 옳지 않은 것은?

① 사업장 정보
② 재해정보
③ 재해발생개요 및 원인
④ 안전교육 계획

해설 산업재해조사표에 기록되어야 할 내용(시행규칙 별지 제1호의 2서식)
1) 사업장 정보
2) 재해정보
3) 재해발생 개요 및 원인
4) 재발방지계획

10 산업안전보건법령상 상시 근로자수의 산출내역에 따라, 연간 국내공사 실적액이 50억원이고 건설업평균임금이 250만원이며, 노무비율은 0.06인 사업장의 상시 근로자수는?

① 10인 ② 30인
③ 33인 ④ 75인

해설 상시근로자수

$$= \frac{\text{연간국내공사실적액} \times \text{노무비율}}{\text{건설업 월평균임금} \times 12}$$

$$= \frac{5,000,000,000 \times 0.06}{2,500,000 \times 12} = 10\text{일}$$

길잡이 산업재해발생률 산정기준(시행규칙 별표1)
1) 환산재해율 = $\frac{\text{환산재해자수}}{\text{상시근로자수}} \times 100$
2) 상시근로자수
$= \frac{\text{연간국내공사실적액} \times \text{노무비율}}{\text{건설업 월평균임금} \times 12}$
3) 환산재해자수 : 건설현장에서 산업재해를 입은 연간 근로자수의 합계

11 다음 중 산업심리의 5대 요소에 해당하지 않는 것은?

① 적성 ② 감정
③ 기질 ④ 동기

해설 산업심리의 5대요소 : 1) 습관 2) 습성 3) 동기 4) 기질 5) 감정

12 다음 중 무재해운동의 기본이념 3원칙에 포함되지 않는 것은?

① 무의 원칙 ② 선취의 원칙
③ 참가의 원칙 ④ 라인화의 원칙

해설 무재해운동이념 3원칙
1) 무의 원칙 : 사망, 휴업 및 불휴재해는 물론 일체의 장래위험요인을 사전에 발견, 파악, 해결함으로써 근원적인 산업재해를 없애는 것을 말한다.
2) 참가의 원칙 : 재해 및 일체의 위험요인을 발견, 해결하기 위해 전원이 무재해운동에 참가하여 문제 해결 등을 실천하는 것을 말한다.
3) 선취해결의 원칙 : 선취란 궁극의 목표로서 무재해, 무질병의 직장을 실현하기 위해 일체의 위험요인을 행동하기 전에 발견, 파악, 해결하여 재해를 예방하거나 방지하는 것을 말한다.

■정답■ 08.③ 09.④ 10.① 11.① 12.④

13 다음 중 작업표준의 구비조건으로 옳지 않은 것은?

① 작업의 실정에 적합할 것
② 생산성과 품질의 특성에 적합할 것
③ 표현은 추상적으로 나타낼 것
④ 다른 규정 등에 위배되지 않을 것

해설 작업표준의 구비조건
1) 작업의 실정에 적합할 것
2) 표현은 구체적으로 나타낼 것
3) 이상시의 조치기준에 대해 정해 둘 것
4) 생산성과 품질의 특성에 적합할 것
5) 좋은 작업의 표준일 것
6) 다른 규정 등에 위배되지 않을 것

14 다음 중 산업재해 통계에 관한 설명으로 적절하지 않은 것은?

① 산업재해 통계는 구체적으로 표시되어야 한다.
② 산업재해 통계는 안전 활동을 추진하기 위한 기초자료이다.
③ 산업재해 통계만을 기반으로 해당 사업장의 안전수준을 추측한다.
④ 산업재해 통계의 목적은 기업에서 발생한 산업재해에 대하여 효과적인 대책을 강구하기 위함이다.

해설 ③항, 산업재해 통계만을 기반으로 해당 사업장의 안전수준을 추측할 수는 없다.

15 안전지식교육 실시 4단계에서 지식을 실제의 상황에 맞추어 문제를 해결해 보고 그 수법을 이해시키는 단계로 옳은 것은?

① 도입　　② 제시
③ 적용　　④ 확인

해설 교육법의 4단계
1) 제1단계 - 도입(준비) : 배우고자 하는 마음가짐을 일으키도록 도입한다.
2) 제2단계 - 제시(설명) : 상대의 능력에 따라 교육하고 내용을 확실하게 이해시키고 납득시켜 다시 기능으로서 습득시킨다.
3) 제3단계 - 적용(응용) : 이해시킨 내용을 구체적인 문제 또는 실제 문제로 활용시키거나 응용시킨다.
4) 제4단계 - 확인(총괄) : 교육내용을 정확하게 이해하고 습득하였는지의 여부를 확인한다.

16 다음 중 안전 태도 교육의 원칙으로 적절하지 않은 것은?

① 청취위주의 대화를 한다.
② 이해하고 납득한다.
③ 항상 모범을 보인다.
④ 지적과 처벌 위주로 한다.

해설 안전태도 교육의 원칙(기본과정)
1) 청취(hearing) 한다.
2) 이해(understand)하고 납득한다.
3) 항상모범(example)을 보여준다.
4) 권장한다.
5) 처벌한다.
6) 좋은 지도자를 얻도록 힘쓴다.
7) 적정배치한다.
8) 평가(evaluation)한다.

17 French와 Raven이 제시한, 리더가 가지고 있는 세력의 유형이 아닌 것은?

① 전문세력(expert power)
② 보상세력(reward power)
③ 위임세력(entrust power)
④ 합법세력(legitimate power)

해설 리더가 가지고 있는 세력의 유형(French와 Raven)
1) 전문세력 : 어떤분야에 대한 개인의 전문성에 근거한 세력
2) 보상세력 : 바람직한 행동에 대해 정적인 인센티브를 제공해 줄 수 있는 세력
3) 합법세력 : 조직이 종업원에게 영향을 미치

정답 13.③ 14.③ 15.③ 16.④ 17.③

는 것이 창업적이고 규준과 기대에 의해 합법세력의 정도가 결정됨
4) 감압세력 : 바람직하지 않은 행동을 할 경우 처벌할 수 있는 세력
5) 참조세력 : 참조대상이 되는 사람의 개인적 자질에 의해 참조세력 발생

18 특성에 따른 안전교육의 3단계에 포함되지 않는 것은?

① 태도교육　② 지식교육
③ 직무교육　④ 기능교육

[해설] 안전교육의 3단계
1) 제1단계 - 지식교육 : 강의 시청각 교육을 통한 지식의 전달과 이해
2) 제2단계 - 기능교육 : 시범, 실습, 현장실습 교육, 견학을 통한 이해와 경험 채득
3) 3단계 - 태도교육 : 생활지도, 작업종작지도 등을 통한 안전의 습관화

19 다음 중 위험예지훈련 4라운드의 순서가 올바르게 나열된 것은?

① 현상파악 → 본질추구 → 대책수립 → 목표설정
② 현상파악 → 대책수립 → 본질추구 → 목표설정
③ 현상파악 → 본질추구 → 목표설정 → 대책수립
④ 현상파악 → 목표설정 → 본질추구 → 대책수립

[해설] 위험예지훈련의 4Round(4단계)
1) 1R-현상파악 : 잠재위험요인을 발견하는 단계(BS적용)
2) 2R-본질추구 : 가장 위험한 요인(위험 포인트)을 합의로 결정하는 단계(요약)
3) 3R-대책수립 : 대책을 수립하는 단계(BS적용)
4) 4R-행동목표 설정 : 행동계획을 정하고 수립한 대책 가운데서 질이 높은 항목에 합의하는 단계(요약)

20 매슬로우(Maslow)의 욕구단계 이론 중 제2단계의 욕구에 해당하는 것은?

① 사회적 욕구
② 안전에 대한 욕구
③ 자아실현의 욕구
④ 존경과 긍지에 대한 욕구

[해설] 매슬로우(Maslow)의 욕구 5단계
1) 1단계 - 생리적 욕구(신체적 욕구) : 기아, 갈등, 호흡, 배설, 성욕 등 기본적 욕구
2) 2단계 - 안전의 욕구 : 안전을 구하려는 욕구
3) 3단계 - 사회적 욕구(친화욕구) : 애정, 소속에 대한 욕구
4) 4단계 - 인정받으려는 욕구(자기존경의 욕구, 승인욕구) : 자존심, 명예, 성취, 지위 등에 대한 욕구
5) 5단계 - 자아실현의 욕구(성취욕구) : 잠재적인 능력을 실현하고자 하는 욕구

제2과목
인간공학 및 시스템안전공학

21 다음의 FT도에서 몇 개의 미니멀패스셋(minimal path sets)이 존재하는가?

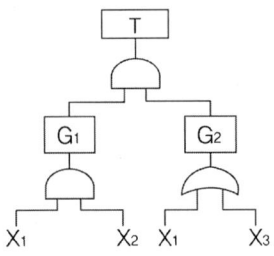

① 1개　② 2개
③ 3개　④ 4개

[해설] 1) 쌍대 FT(AND게이트를 OR게이트, OR게이트를 AND게이트로 치환시킨 FT도)를 구한다.

■ 정답 ■　18.③　19.①　20.②　21.③

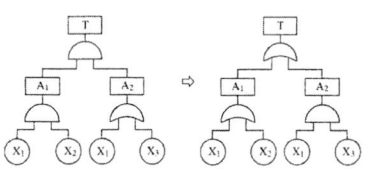

[FT도]   [쌍대 FT도]

2) 쌍대 FT도에 의해 미니멀 컷을 구하면 원하는 FT의 미니멀 패스를 구하게 되는 것이다.

$$T \to \begin{matrix} A_1 \\ A_2 \end{matrix} \to \begin{matrix} X_1 \\ X_2 \\ A_2 \end{matrix} \to \begin{matrix} X_1 \\ X_2 \\ X_1 X_3 \end{matrix}$$ (미니멀 패스=3개)

22 레버를 10° 움직이면 표시장치는 1cm 이동하는 조종 장치가 있다. 레버의 길이가 20cm라고 하면 이 조종 장치의 통제표시비(C/D비)는 약 얼마인가?

① 1.27
② 2.38
③ 3.49
④ 4.51

해설 $\dfrac{C}{D}$비 = $\dfrac{(a/360) \times 2\pi L}{표시 계기의 이동거리}$

$= \dfrac{(10/360) \times 2 \times 3.14 \times 20}{1} = 3.49$

여기서, C/D : 통제표시비
a : 조종장치가 움직인 각도
L : 레버의 길이

23 신뢰성과 보전성 개선을 목적으로 하는 효과적인 보전기록 자료에 해당하지 않는 것은?

① 설비이력카드 ② 자재관리표
③ MTBF분석표 ④ 고장원인대책표

해설 신뢰성과 보전성 개선을 목적으로 하는 효과적인 보전기록 자료
1) 설비이력 카드
2) MTBF 분석표
3) 고장원인대책표

24 위팔은 자연스럽게 수직으로 늘어뜨린 채, 아래팔만을 편하게 뻗어 작업할 수 있는 범위는?

① 정상작업역 ② 최대작업역
③ 최소작업역 ④ 작업포락면

해설 정상작업역과 최대작업역
1) 정상작업역 : 상완(위팔)을 자연스럽게 수직으로 늘어뜨린 채 전완(아래팔)만으로 편하게 뻗어 파악할 수 있는 구역(34~45cm)
2) 최대작업역 : 전완과 상완을 곧게 펴서 파악할 수 있는 구역(55~65cm)

25 FT도에 사용되는 논리기호 중 AND게이트에 해당하는 것은?

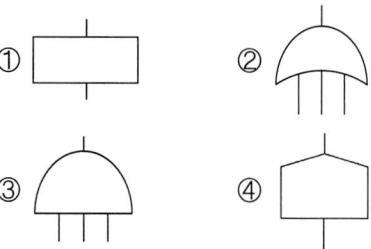

해설 ① 결함사상
② OR게이트
③ AND게이트
④ 통상사상

26 작업장 내부의 추천반사율이 가장 낮아야 하는 것은?

① 벽 ② 천장
③ 바닥 ④ 기구

해설 옥내 최적 반사율
1) 천정 : 80~90%
2) 벽, 창문 발(blind) : 40~60%
3) 가구, 사무기기, 책상 : 25~45%
4) 바닥 : 20~40%

■ 정답 ■ 22.③ 23.② 24.① 25.③ 26.③

27 정보를 전송하기 위해 청각적 표시장치를 이용하는 것이 바람직한 경우로 적합한 것은?

① 전언이 복잡한 경우
② 전언이 이후에 재참조되는 경우
③ 전언이 공간적인 사건을 다루는 경우
④ 전언이 즉각적인 행동을 요구하는 경우

해설 표시장치의 선택(청각장치와 시각장치의 선택)

청각장치 사용	시각장치 사용
① 전언이 간단하고 짧다. ② 전언이 후에 재참조되지 않는다. ③ 전언이 즉각적인 사상을 이룬다. ④ 전언이 즉각적인 행동을 요구한다. ⑤ 수신자의 시각계통이 과부하 상태일 때 ⑥ 수신장소가 너무 밝거나 암조용 유지가 필요할 때 ⑦ 직무상 수신자가 자주 움직이는 경우	① 전언이 복잡하고 길다 ② 전언이 후에 재참조된다. ③ 전언이 공간적인 위치를 이룬다 ④ 전언이 즉각적인 행동을 요구하지 않는다. ⑤ 수신자의 청각계통이 과부하 상태일 때 ⑥ 수신장소가 너무 시끄러울 때 ⑦ 직무상 수신자가 한 곳에 머무르는 경우

28 인간의 시각특성을 설명한 것으로 옳은 것은?

① 적응은 수정체의 두께가 얇아져 근거리의 물체를 볼 수 있게 되는 것이다.
② 시야는 수정체의 두께 조절로 이루어진다.
③ 망막은 카메라의 렌즈에 해당된다.
④ 암조응에 걸리는 시간은 명조응보다 길다.

해설 1) 암조응에 걸리는 시간 : 30~40분
2) 명조응에 걸리는 시간 : 1~2분

29 예비위험분석(PHA)에 대한 설명으로 옳은 것은?

① 관련된 과거 안전점검결과의 조사에 적절하다.
② 안전관련 법규 조항의 준수를 위한 조사방법이다.
③ 시스템 고유의 위험성을 파악하고 예상되는 재해의 위험 수준을 결정한다.
④ 초기 단계에서 시스템 내의 위험요소가 어떠한 위험상태에 있는가를 정성적으로 평가하는 것이다.

해설 1) PHA(Preliminary Hazards Analysis) : 대부분 시스템 안전 프로그램에 있어서 최초단계의 분석으로, 시스템 내의 위험한 요소가 얼마나 위험한 상태에 있는가를 정성적으로 평가하는 것이다.
2) PHA의 목적 : 시스템의 개발 단계에 있어서 시스템 고유의 위험상태를 식별하고 예상되는 재해의 위험수준을 결정하는데 있다.

30 FTA에서 모든 기본사상이 일어났을 때 톱(top)사상을 일으키는 기본사상의 집합을 무엇이라 하는가?

① 컷셋(Cut set)
② 최소 컷셋(Minimal Cut set)
③ 패스셋(Path set)
④ 최소 패스셋(Minimal Path set)

해설 1) 컷셋과 미니멀 컷
① 컷셋(Cut sets) : 정상사상을 일으키는 기본사상(통상사상, 생략사상 포함)의 집합을 컷이라 한다.
② 미니멀 컷(minimal cut sets) : 정상사상을 일으키기 위한 필요 최소한의 컷을 말한다. (시스템의 위험성을 나타냄)
2) 패스 셋과 미니멀 패스
① 패스 셋 : 정상사상이 일어나지 않는 기본사상의 집합을 말한다.
② 미니멀 패스 : 필요 최소한의 패스를 말한다.(시스템의 신뢰성을 나타냄)

■ 정답 ■ 27.④ 28.④ 29.④ 30.①

31 다음 중 생리적 스트레스를 전기적으로 측정하는 방법으로 옳지 않은 것은?

① 뇌전도(EEG)
② 근전도(EMG)
③ 전기 피부 반응(GSR)
④ 안구 반응(EOG)

해설 생리적 스트레스를 전기적으로 측정하는 방법
1) EMG(electromyogram ; 근전도) : 국부적인 근육활동의 전위차를 기록한 것
2) EEG(electroencephalogram ; 뇌전도) : 뇌의 활동에 대한 전위차를 기록한 것
3) GSR(galvanic skin reflex ; 전기피부반응) : 작업부하의 정신적 부담이 피로와 함께 증대하는 양상을 손바닥 안쪽의 전기저항의 변화를 이용해 측정하는 것으로 피부전기저항 또는 정신전류현상이라고도 한다.

32 인간오류의 분류 중 원인에 의한 분류의 하나로, 작업자 자신으로부터 발생하는 에러로 옳은 것은?

① Command error
② Secondary error
③ Primary error
④ Third error

해설 인간과오(human error)의 원인의 level적 분류
1) primary error : 작업자 자신으로부터의 error
2) secondary error : 작업형태나 작업조건 중에서 다른 문제가 생겨 그 때문에 필요한 사항을 시행할 수 없는 error, 어떤 결함으로부터 파생하여 발생하는 error
3) command error : 요구된 것 실행하고자 하여도 필요한 물건, 정보, 에너지 등의 공급이 없는 것처럼 작업자가 움직이려 해도 움직일 수 없으므로 발생하는 error

33 일반적으로 인체에 가해지는 온·습도 및 기류 등의 외적변수를 종합적으로 평가하는데에는 "불쾌지수"라는 지표가 이용된다. 불쾌지수의 계산식이 다음과 같은 경우, 건구온도와 습구온도의 단위로 옳은 것은?

$$\text{불쾌지수} = 0.72 \times (건구온도+습구온도) + 40.6$$

① 실효온도
② 화씨온도
③ 절대온도
④ 섭씨온도

해설 불쾌지수
1) 불쾌지수산정식
 ① 불쾌지수=섭씨(건구온도+습구온도)×0.72+40.6
 ② 불쾌지수=화씨(건구온도+습구온도)×0.4+15
2) 불쾌지수
 ① 70이하 : 모든 사람들이 불쾌를 느끼지 않음
 ② 70~75 : 10명 중 2~3명이 불쾌 감지
 ③ 75~80 : 10명 중 5명 이상이 불쾌 감지
 ④ 80 이상 : 모든 사람이 불쾌를 느낌

34 음의 강약을 나타내는 기본 단위는?

① dB
② pont
③ hertz
④ diopter

해설 dB(decibel)
1) 음의 강약을 나타내며 음압수준을 표시하는 단위로 사용한다.
2) dB은 소리의 세기에 대한 물리적 측정단위이다.

■정답■ 31.④ 32.③ 33.④ 34.①

35 인간의 정보처리 기능 중 그 용량이 7개 내외로 작아, 순간적 망각 등 인적 오류의 원인이 되는 것은?

① 지각　　　　② 작업기억
③ 주의력　　　④ 감각보관

해설 단기기억(작업기억)
1) 단기기억은 소량의 정보를 일시적으로 저장하는 장소이다.
2) 감각보관에서 정보를 암호화하여 단기기억으로 이전하는 데는 주위(attention)를 집중해야 한다.
3) 정보를 작업기억 내에 유지하는 유일한 방법 : 반복(rehearsal)(반복은 시간의 흐름에 따라 쇠퇴하고 항목이 많을수록 빨리 일어남)
4) 작업기억 중에 유지할 수 있는 최대항목수(Miller) : 7±2 chunk (5~9)

36 체계 설계 과정의 주요 단계 중 가장 먼저 실시되어야 하는 것은?

① 기본설계
② 계면설계
③ 체계의 정의
④ 목표 및 성능 명세 결정

해설 시스템 설계과정의 단계
1) 1단계 : 목표 및 성능 명세(performance specification) 결정
2) 2단계 : 시스템의 정의
3) 3단계 : 기본설계
4) 4단계 : 계면(interface) 설계
5) 5단계 : 편의수단(facilitator) 설계
6) 6단계 : 검사와 평가

37 조종장치를 통한 인간의 통제 아래 기계가 동력원을 제공하는 시스템의 형태로 옳은 것은?

① 기계화 시스템　② 수동 시스템
③ 자동화 시스템　④ 컴퓨터 시스템

해설 인간 · 기계체계의 유형
1) 수동체계
① 인간과 공구가 직접 연결된 체계
② 인간의 신체적인 힘을 동력원으로 사용
2) 기계화체계(반자동체계)
① 인간이 기계의 표시장치를 보고 조정 장치를 통하여 통제하는 체계
② 인간(운전자)의 조종에 의해 운용되며 융통성이 없는 체계의 형태
3) 자동체계
① 기계자체가 감지, 정보처리 및 의사결정, 행동을 포함한 모든 임무를 수행하는 체계
② 인간은 감시(monitor), 프로그램, 정비 유지 등의 기능을 수행함

38 그림과 같은 시스템의 신뢰도로 옳은 것은?(단, 그림의 숫자는 각 부품의 신뢰도이다.)

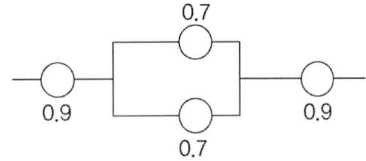

① 0.6261　　② 0.7371
③ 0.8481　　④ 0.9591

해설 R=0.9×[1−(1−0.7)(1−0.7)]×0.9=0.7371

39 서서 하는 작업의 작업대 높이에 대한 설명으로 옳지 않은 것은?

① 정밀작업의 경우 팔꿈치 높이보다 약간 높게 한다.
② 경작업의 경우 팔꿈치 높이보다 약간 낮게 한다.
③ 중작업의 경우 경작업의 작업대 높이보다 약간 낮게 한다.
④ 작업대의 높이는 기준을 지켜야 하므로 높낮이가 조절되어서는 안된다.

해설 ④항, 작업대 높이는 높낮이가 조절될 수 있어야 한다.

■정답■ 35.② 36.④ 37.① 38.② 39.④

40 고장형태 및 영향분석(FMEA : Failure Mode and Effect Analysis)에서 치명도 해석을 포함시킨 분석 방법으로 옳은 것은?

① CA
② ETA
③ FMETA
④ FMECA

해설 FMECA(고장의 형과 영향 및 치명도 분석)
1) FMEA와 CA를 병용한 안전해석기법으로 정량적 해석이 가능하다.
2) 시스템고장의 치명도를 분석하는 치명도 분석을 구성부품의 고장형태 및 발생확률로부터 치명도 지수(C, Criticality Number)를 계산한다.

제3과목 / 건설시공학

41 철근콘크리트구조에서 철근이음 시 유의사항으로 옳지 않은 것은?

① 동일한 곳에 철근 수의 반 이상을 이어야 한다.
② 이음의 위치는 응력이 큰 곳을 피하고 엇갈리게 잇는다.
③ 주근의 이음은 인장력이 가장 작은 곳에 두어야 한다.
④ 큰 보의 경우 하부주근의 이음 위치는 보 경간의 양단부이다.

해설 철근 이음시 주의사항
1) 이음은 응력이 큰 곳은 피하고 동일개소에 이음이 집중되지 않게 할 것
2) D29(ϕ28)이상은 겹침 이음을 하지 않을 것
3) 보의 상단근은 중앙에서, 하단근은 단부에서 이음할 것
4) 기둥주근의 이음은 기둥높이의 2/3 이내에서 이음할 것

42 철골 용접 관련 용어 중 스패터(spatter)에 관한 설명으로 옳은 것은?

① 전단절단에서 생기는 뒤꺾임 현상
② 수동 가스절단에서 절단선이 곧지 못하여 생기는 잘록한 자국의 흔적
③ 철골용접에서 용접부의 상부를 덮는 불순물
④ 철골용접 중 튀어나오는 슬래그 및 금속입자

해설 철골 용접 관련 용어
1) 스패터(spatter) : 용접 중 튀어나오는 슬래그 및 금속입자
2) 가스가우징(gas gouging) : 철골공사에서 홈을 파기위한 목적으로 한 화구(火口)로서 산소아세틸렌 불꽃을 이용하여 녹여 깎은 재의 뒷부분을 깨끗이 깎는 것
3) 테르미트(thermit) : 알루미늄+산화철분(가열하여 철의 용접에 사용)
4) 플럭스(flux) : 용접봉의 피복재 역할을 하는 분말상의 재료
5) 위빙(weaving≒weeping) : 용접봉을 용접방향과 직각으로 움직이면서 용접너비를 증가시키는 운봉법

43 데크플레이트에 관한 설명으로 옳지 않은 것은?

① 합판거푸집에 비해 중량이 큰 편이다.
② 별도의 동바리가 필요하지 않다.
③ 철근트러스형은 내화피복이 불필요하다.
④ 시공환경이 깨끗하고 안전사고 위험이 적다.

해설 데크플레이트(deck plate) : 바닥구조에 사용하는 파형(波形)으로 성형된 판을 말한다.

44 당해 공사의 특수한 조건에 따라 표준시방서에 대하여 추가, 변경, 삭제를 규정한 시방서는?

① 특기시방서　② 안내시방서
③ 자료시방서　④ 성능시방서

해설 특기시방서 : 본문설명

> **길잡이** 시방서 : 설계자가 도면에 표시하기 어려운 사항을 자세히 기술하여 설계자의 의사를 충분히 전달하기 위한 문서로 처음에는 일반시방을 쓰고 뒤에는 특기 시방을 쓴다.
> 1) 일반시방 : 공사의 명칭, 종류, 규모, 구조 등 일반사항을 기록
> 2) 특기시방 : 재료의 품질, 종류, 시공방법, 마감정도 등을 상세하게 기록

45 슬라이딩 폼에 관한 설명으로 옳지 않은 것은?

① 내·외부 비계발판을 따로 준비해야 하므로 공기가 지연될 수 있다.
② 활동(滑動) 거푸집이라고도 하며 사일로 설치에 사용할 수 있다.
③ 요오크로 서서히 끌어 올리며 콘크리트를 부어 넣는다.
④ 구조물의 일체성확보에 유효하다.

해설 슬라이딩 폼(sliding form) : 수직활동거푸집
1) 슬라이딩 폼 : 원형 철판거푸집을 요크(york)로 서서히 끌어올리면서 연속적으로 콘크리트를 타설하는 수직활동거푸집이다.
2) 사일로(silo), 굴뚝 등의 단면형상 변화가 없는 구조물에 사용하며 돌출물이 있는 곳에는 사용할 수 없다.
3) 특징
　① 공기를 단축할 수 있다.(1/3정도 단축)
　② 내·외부 비계발판이 필요 없다.
　③ 콘크리트의 일체성을 확보하기가 용이하다.

46 KCS에 따른 철근 가공 및 이음 기준에 관한 내용으로 옳지 않은 것은?

① 철근은 상온에서 가공하는 것을 원칙으로 한다.
② 철근상세도에 철근의 구부리는 내면 반지름이 표시되어 있지 않은 때에는 콘크리트 구조설계기준에 규정된 구부림의 최소 내면 반지름 이상으로 철근을 구부려야 한다.
③ D32 이하의 철근은 겹침이음을 할 수 없다.
④ 장래의 이음에 대비하여 구조물로부터 노출시켜 놓은 철근은 손상이나 부식이 생기지 않도록 보호하여야 한다.

해설 ③항, D29(ϕ28)이상은 겹침이음을 하지 않을 것

47 토공사에서 사면의 안정성 검토에 직접적으로 관계가 없는 것은?

① 흙의 입도
② 사면의 경사
③ 흙의 단위체적 중량
④ 흙의 내부마찰각

해설 토공사시 사면의 안정성 검토에 영향을 주는 요인
1) 사면의 경사
2) 흙의 단위체적 중량(kg/m³)
3) 흙의 내부마찰각

48 굴착, 상차, 운반, 정지 작업 등을 할 수 있는 기계로, 대량의 토사를 고속으로 운반하는데 적당한 기계는?

① 불도저　② 앵글도저
③ 로더　　④ 캐리올 스크레이퍼

해설 캐리오올 스크레이퍼
1) 흙의 굴착, 싣기, 운반, 하역 등 작업을 연속적으로 행할 수 있는 토공만능기다.
2) 100~200m의 중거리 정지공사에 적합하다.

■정답■ 44.① 45.① 46.③ 47.① 48.④

49 계획과 실제의 작업상황을 지속적으로 측정하여 최종 사업비용과 공정을 예측하는 기법은?

① CAD
② EVMS
③ PMIS
④ WBS

해설 1) CAD(computer aided design) : 컴퓨터를 사용한 자동설계
2) EVMS(earned value management system) : 성과가치관리시스템(본문설명)
3) PMIS(project management information system) : 프로젝트의 효율적 정보관리 시스템
4) WBS(work breakdown structure) : 작업명세구조

50 강구조물 제작 시 마킹(금긋기)에 관한 설명으로 옳지 않은 것은?

① 강판 절단이나 형강 절단 등, 외형 절단을 선행하는 부재는 미리 부재 모양별로 마킹 기준을 정해야 한다.
② 마킹검사는 띠철이나 형판 또는 자동가공기(CNC)를 사용하여 정확히 마킹되었는가를 확인한다.
③ 주요 부재의 강판에 마킹할 때에는 펀치(punch) 등을 사용한다.
④ 마킹 시 용접열에 의한 수축 여유를 고려하여 최종 교정, 다듬질 후 정확한 치수를 확보할 수 있도록 조치해야 한다.

해설 금긋기(금매김) : 공작도·원척·본판 등을 사용하여 강필로 리벳 구멍위치, 절단개소 등의 필요한 사항을 그려 넣는 것을 말한다.

51 콘크리트 보양방법 중 초기강도가 크게 발휘되어 거푸집을 가장 빨리 제거할 수 있는 방법은?

① 살수보양
② 수중보양
③ 피막보양
④ 증기보양

해설 콘크리트 보양방법
1) 증기보양 : 거푸집을 빨리 제거하고 단시일에 소요강도를 내기 위해 고온, 고압증기로 보양하는 방법(기성 콘크리트제품, 한중 콘크리트 보양에 유리)
2) 습윤보양(수중보양과 살수보양) : 콘크리트 강도가 충분히 나도록 하고 수축, 균열을 작게 하기 위한 보양방법
3) 전기보양 : 콘크리트 중에 전기를 통하여 콘크리트의 전기저항에 의해서 발생하는 열을 이용하여 보양하는 방법
4) 피막보양 : 콘크리트 표면에 방수막이 생기는 피막 보양제를 뿌려 수분 증발을 방지하는 보양방법

52 주문받은 건설업자가 대상계획의 기업·금융, 토지조달, 설계, 시공, 기계기구 설치 등 주문자가 필요로 하는 모든 것을 조달하여 주문자에게 인도하는 도급계약 방식은?

① 공동도급
② 실비정산 보수가산도급
③ 턴키(turn-key)도급
④ 일식도급

해설 턴키도급 : 본문설명

53 철골공사의 철골부재 용접에서 용접결함이 아닌 것은?

① 언더컷(under cut)
② 오버랩(overlap)
③ 블로우홀(blow hole)
④ 루트(root)

해설 용접결함
1) 언더 컷(under cut) : 용접상부(모재표면과 용접표면이 교차되는 점)에 따라 모재가 녹아 용착금속이 채워지지 않고 홈으로 남게 되는 부분
2) 오버랩(over lap : 겹치기) : 용접금속과 모

■정답■ 49.② 50.③ 51.④ 52.③ 53.④

재가 융합되지 않고 겹쳐지는 결함
3) 위핑 홀(weeping hole) : 용접부 내에 생기는 미세한 구멍
4) 균열(crack) : 공기구멍 또는 선상조직, 용접의 구속, 살 붙임 불량 등으로 생기는 결함
5) 슬래그 섞임(slag inclusion 슬래그 감싸돌기) : 용접에서 용융금속이 급속하게 냉각되면 슬래그의 일부분이 달아나지 못하고 용착 금속 내에 혼입되는 결함
6) 피트(pit) : 공기의 구멍이 발생함으로서 용접부의 표면에 생기는 작은 구멍
7) 공기구멍(blow hole=gas pocket) : 용접 금속의 내부에 생기는 구멍으로 주로 용융 금속이 응고할 때 방출되어야 할 가스가 남아서 생기는 결함

54 독립기초에서 지중보의 역할에 관한 설명으로 옳은 것은?

① 흙의 허용 지내력도를 크게 한다.
② 주각을 서로 연결시켜 고정상태로 하여 부동침하를 방지한다.
③ 지반 압밀하여 지반강도를 증가시킨다.
④ 콘크리트의 압축강도를 크게 한다.

해설 지중보 : 땅속에 설치되어 기둥과 기둥을 잡아주는 구조부재

55 굴착토사와 안정액 및 공수내의 혼합물을 드릴 파이프 내부를 통해 강제로 역순환시켜 지상으로 배출하는 공법으로 다음과 같은 특징이 있는 현장타설 콘크리트 말뚝공법은?

· 점토, 실트층 등에 적용된다.
· 시공심도는 통상 30~70m까지로 한다.
· 시공직경은 0.9~3m 정도까지로 한다.

① 어스드릴공법
② 리버스서큘레이션공법
③ 뉴메틱케이슨공법
④ 심초공법

해설 리버스서큘레이션 공법
1) 리버스서큘레이션 말뚝(reverse circulation pile) : 굴착구멍 내에 지하수위보다 2m 이상 높게 물을 채워 굴착벽면에 $2t/m^2$ 이상의 정수압에 의해 벽면붕괴를 방지하며 굴착한 후 형성시킨 제자리콘크리트 말뚝
2) 리버스서큘레이션의 특징
① 벤토나이트 용액으로 구멍벽이 무너지는 것을 방지하면서 굴착하므로 케이싱이 필요 없다.
② 점토, 실트층 등에 적용한다.
③ 시공심도는 통상 30~70m 정도까지로 한다. (최고 100~200mL 가능)
④ 시공직경(0.9~3m)을 크게 할 수 있다.
⑤ 무진동, 무소음이다.
⑥ 단점 : 누수대책이 필요하고 조약돌 등의 토질은 굴착이 곤란하다.

56 사질지반에서 지하수를 강제로 뽑아내어 지하수위를 낮추어서 기초공사를 하는 공법은?

① 케이슨 공법
② 웰포인트 공법
③ 샌드드레인 공법
④ 레이먼드파일 공법

해설 지반개량공법 중 탈수공법
1) 웰 포인트 공법(well point) : 투수성이 좋은 사질(砂質)지반에 사용되는 강제 탈수 공법이다.
2) 페이퍼 드레인(paper drain)공법 : 샌드파일(sand pile)을 형성한 후 모래 대신에 흡수지를 삽입하여 지반의 물을 뽑아내는 공법이다.(연약점토층에 사용)
3) 샌드드레인(sand drain)공법 : 적당한 간격으로 모래말뚝을 형성하고 그 지반위에 하중을 가하여 지반중의 물을 유출시키는 공법이다.

■ 정답 ■ 54.② 55.② 56.②

57 콘크리트 배합설계 시 강도에 가장 큰 영향을 미치는 요소는?

① 모래와 자갈의 비율
② 물과 시멘트의 비율
③ 시멘트와 모래의 비율
④ 시멘트와 자갈의 비율

해설 콘크리트강도에 가장 큰 영향을 미치는 요인 : 물·시멘트(W/C)

> **길잡이** 콘크리트강도에 영향을 주는 요인
> 1) 사용재료(시멘트, 골재, 혼합수, 혼화재료 등)의 품질 : 시멘트 물 비가 동일하면 콘크리트의 강도는 시멘트 강도(사용 시멘트의 품질)에 비례하여 증감한다.
> 2) 물 시멘트 비 : 콘크리트 강도에 영향을 미치는 가장 중요한 요인이다.
> 3) 공기량 : 공기량 1% 증가에 따라 콘크리트의 강도는 4~6% 감소한다.
> 4) 시공방법 : 손 비빔보다 기계비빔이 강도 면에서 10~20% 정도 증대되며, 진동기는 묽은 반죽에는 효과가 적다.
> 5) 양생방법 : 습윤 양생 후 공기 중에서 건조시키면 강도가 20~40% 증가되며 일반적으로 4~40℃의 범위에서는 온도가 높을수록 재령 28일까지의 강도는 증가된다.

58 철근콘크리트공사에서 거푸집의 상호 간 간격을 유지하는 데 사용하는 것은?

① 폼 데크(form deck)
② 세퍼레이터(separator)
③ 스페이서(spacer)
④ 파이프 서포트(pipe support)

해설 거푸집의 부재
1) 세퍼레이터(separrator ; 격리제) : 거푸집의 상호간의 간격을 유지시켜주는 긴결재
2) 스페이서(spacer ; 간격재) : 철근과 거푸집의 간격을 유지 피복간격 유지
3) 폼타이(formtie ; 긴장재) : 콘크리트를 부어 넣을 때 거푸집의 벌어짐을 방지하는 것
4) 박리제(formoil) : 거푸집의 박리를 용이하게 하는 것으로 동·식물성유, 파라핀 석유 등
5) 캠버(camber) : 처짐을 고려하여 보나 슬래브 중앙부를 1/300~1/500정도 미리 치켜올림, 높이 조절용 쐐기
6) 인서트(insert) : 달대를 매달기 위해 사전에 매설시키는 수장철물
7) 파이프서포트(pipe support) : 바닥 거푸집을 지지하는데 쓰이는 철제 지주

59 지상에서 일정 두께의 폭과 길이로 대지를 굴착하고 지반 안정액으로 공벽의 붕괴를 방지하면서 철근콘크리트벽을 만들어 이를 가설 흙막이벽 또는 본 구조물의 옹벽으로 사용하는 공법은?

① 슬러리월공법 ② 어스앵커공법
③ 엄지말뚝공법 ④ 시트파일공법

해설 (1) **지하연속벽 공법**(slurry wall) : 벤토나이트 이수(泥水)를 사용해서 지반을 굴착하여 여기에 철근망을 삽입하고 콘크리트를 타설하여 지중에 철근콘크리트 연속벽체를 형성하는 공법
(2) **지하연속벽 공법의 특징**
1) 무진동, 무소음 공법이다.
2) 인접건물에 근접시공이 가능하다.
3) 차수성이 높다.
4) 벽체 강성이 높다(연약지반의 변형 및 이면침하를 최소한으로 억제할 수 있음)
5) 형상치수가 자유롭다.
6) 공사비가 고가이고 고도의 기술경험이 필요하다.

60 자연시료의 압축강도가 6MPa이고, 이긴 시료의 압축강도가 4MPa이라면 예민비는 얼마인가?

① -2   ② 0.67
③ 1.5   ④ 2

해설 예민비 $= \dfrac{\text{자연시료의 강도}}{\text{이긴시료의 강도}} = \dfrac{6}{4} = 1.5$

■ 정답 ■ 57.② 58.② 59.① 60.③

제4과목 / 건설재료학

61 그물유리라고도 하며 주로 방화 및 방재용으로 사용하는 유리는?

① 강화유리 ② 망입유리
③ 복층유리 ④ 열선반사유리

해설 1) 강화유리 : 평면 및 곡면의 판유리를 열처리(600℃)한 후 냉각공기로 양면을 급냉강화하여 강도를 높인 안전유리
2) 망입유리 : 본문설명
3) 복층유리 : 2장 또는 3장의 유리를 일정한 간격을 띄고 둘레에는 틀을 끼워서 내부를 기밀하게 만들고 여기에 깨끗한 공기들의 건조기체를 넣어 만든 판유리(이중유리 또는 겹유리라고도 함)
4) 열선반사유리 : 유리표면에 반사막을 입힌 판유리로 열선에너지의 단열효과 매우 우수

62 탄소함유량이 많은 것부터 순서대로 옳게 나열한 것은?

① 연철 > 탄소강 > 주철
② 연철 > 주철 > 탄소강
③ 탄소강 > 주철 > 연철
④ 주철 > 탄소강 > 연철

해설 철강의 탄소함유량 및 성질

명칭	탄소함유량	성질
연철	0.04%이하	연질이고, 가단성이 크다.
강	0.04~1.7%	가단성, 주조성, 담금질, 효과가 있다.
주철	1.7%이상	경질이고, 주조성이 좋고, 취성이 크다.

63 점토소성제품의 흡수성이 큰 것부터 순서대로 옳게 나열한 것은?

① 토기 > 도기 > 석기 > 자기
② 토기 > 도기 > 자기 > 석기
③ 도기 > 토기 > 석기 > 자기
④ 도기 > 토기 > 자기 > 석기

해설 점토 소성제품의 분류

종류	원료	소성온도(℃)	특성	제품
토기	보통점토(전답의 흙)	700~1000	흡수성이 크고 깨지기 쉽다.	벽돌, 기와, 토관
도기	도토(석영, 운모의 풍화작용)	1100~1230	다공질로서 흡수성이 있고, 질이 좋으며 두드리면 탁음이 난다	타일, 테라코타, 위생도기
석기	양질점토(유기질 없음)	1160~1350	흡수성이 작고 경도와 강도가 크다.	경질기와, 타일, 테라코타
자기	양질점토 또는 장석분	1230~1460	흡수성이 극히 작고 경도와 강도가 가장 크다.	타일, 위생도기

64 골재의 함수상태 사이의 관계를 옳게 나타낸 것은?

① 유효흡수량 = 표건상태 – 기건상태
② 흡수량 = 습윤상태 – 표건상태
③ 전함수량 = 습윤상태 – 기건상태
④ 표면수량 = 기건상태 – 절건상태

해설 골재의 함수량 관계식
1) 기건함수량=기건상태수량−절건상태수량
2) 유효함수량=표건상태수량−기건상태수량
3) 흡수량=표건상태수량−절건상태수량
4) 표면수량=습윤상태수량−표건상태수량
5) 함수량=습윤상태수량−절건상태수량

65 단열재에 관한 설명으로 옳지 않은 것은?

① 열전도율이 낮은 것일수록 단열효과가 좋다.
② 열관류율이 높은 재료는 단열성이 낮다.
③ 같은 두께인 경우 경량재료인 편이 단열효과가 나쁘다.
④ 단열재는 보통 다공질의 재료가 많다.

해설 ③항, 같은 두께인 경우 경량재료인 편이 단열효과가 우수하다.

■정답■ 61.② 62.④ 63.① 64.① 65.③

66 금속면의 보호와 부식방지를 목적으로 사용하는 방청도료와 가장 거리가 먼 것은?

① 광명단조합페인트
② 알루미늄 도료
③ 에칭프라이머
④ 캐슈수지 도료

해설 방청도료(녹막이 도료 또는 녹막이페인트)
1) 광명단 도료 : 광명단(Pb_3O_4)을 보일드유에 복인 유성페인트의 일종으로 광명단 등의 알칼리성 안료는 기름과 잘 반응하여 단단한 도막을 만들어 수분의 투과를 막게 되므로 부식을 방지한다.
2) 산화철 도료 : 산화철에 안료(아연화, 아연분말, 연단 등)를 가하고 이것을 스테인오일(stain oil), 합성수지 등에 녹인 도료로서 도막의 내구성이 좋다.
3) 알루미늄 도료 : 알루미늄 분말을 안료로 하는 도료로서 방청효과 및 광선, 열반사의 효과를 내기도 하며 전색제에 따라 여러 가지가 있고 녹막이 효과는 적색제에 따라 정해진다.
4) 징크로메이트 도료(zincromate paint) : 크롬산아연을 안료로 하고 알키드수지를 전색제로 한 도료로서 녹막이 효과가 좋고 아연철판이나 알루미늄판의 초벌용으로 적합하다.
5) 워시 프라이머(wash primer) : 합성수지의 전색제에 소량의 안료와 인산을 첨가한 도료로서 엣칭 프라이머(catching primer)라고도 하며 금속면의 바탕처리를 위해 사용되는 것으로 프라이머를 바른 위에 방청도료를 바르면 부착성이 좋고 방청효과도 크다.
6) 역청질 도료 : 역청질(아스팔트, Tar, pitch 등)에 건성유, 수지유를 첨가한 도료로서 안료에 의해 착색한 것과 알루미늄 분을 배합한 것이 있다.

67 다음 중 흡음재료로 보기 어려운 것은?

① 연질우레아폼 ② 석고보드
③ 테라조   ④ 연질섬유판

해설
1) 흡음재료
 ① 연질우레아폼
 ② 석고보드
 ③ 연질섬유판 등
2) 테라조(terazzo) : 대리석에 백색시멘트를 가하여 경화 후 표면을 닦은 것

68 열선흡수유리의 특징에 관한 설명으로 옳지 않은 것은?

① 여름철 냉방부하를 감소시킨다.
② 자외선에 의한 상품 등의 변색을 방지한다.
③ 유리의 온도 상승이 매우 적어 실내의 기온에 별로 영향을 받지 않는다.
④ 채광을 요구하는 진열장에 이용된다.

해설 열선흡수유리는 태양의 복사에너지를 흡수(판유리보다 4~6배)하여 유리의 온도가 상당히 올라 열에 의하여 파손되기 쉽기 때문에 창면의 일부만이 그늘지거나 온도차를 유발하는 곳에서는 사용하지 않는 것이 좋다.

69 목재의 함수율에 관한 설명으로 옳지 않은 것은?

① 함수율이 30% 이상에서는 함수율이 증감에 따라 강도의 변화가 심하다.
② 기건재의 함수율은 15% 정도이다.
③ 목재의 진비중은 일반적으로 1.54 정도이다.
④ 목재의 함수율 30% 정도를 섬유포화점이라 한다.

해설 함수율에 의한 목재 재질의 변화
1) 목재의 재질 변동(수축, 팽창 등)은 섬유포화점(함수율 30%정도)이하의 함수 상태에서만 발생한다.
 ① 변재는 심재보다 수축이 크다.
 ② 활엽수가 침엽수 보다 수축이 크다.
2) 섬유 포화점 이하에서 함수율의 감소에 따라 강도는 증가하고 탄성은 감소한다.

■정답■ 66.④ 67.③ 68.③ 69.①

70 중용열포틀랜드시멘트에 관한 설명으로 옳지 않은 것은?

① 수화열이 작고 수화속도가 비교적 느리다.
② C₃A가 많으므로 내황산염성이 작다.
③ 건조수축이 작다.
④ 건축용 매스콘크리트에 사용된다.

해설 중용열 포틀랜드시멘트
1) 중용열 포틀랜드시멘트 : 수화열을 적게 하기 위해 C₃A(알루민산삼석회)의 양을 8% 이하, C₃S(규산삼석회)의 양을 30% 이하로 만든 시멘트다.
2) 특성 및 용도
① 조기강도는 작고 장기강도는 크다.
② 화학저항성이 크다.
③ 내산성 및 내구성이 우수하다.
④ 포틀랜드시멘트 중에서 건조수축이 가장 적다.
⑤ 댐 및 콘크리트 포장, 방사능 차폐용 등에 사용된다.

71 기본 점성이 내수성, 내약품성, 전기 절연성이 우수하고 금속, 플라스틱, 도자기, 유리, 콘크리트 등의 접합에 사용되는 만능형 접착제는?

① 아크릴수지 접착제
② 페놀수지 접착제
③ 에폭시수지 접착제
④ 멜라민수지 접착제

해설 에폭시수지 접착제
1) 특성
① 기본점성이 크며 급경성이다.
② 내산성, 내알칼리성, 내수성, 내약품성, 전기절연성 등이 우수하다.
③ 강도 등의 기계적 성질도 뛰어나다
2) 용도 : 금속접착에 적당하고 플라스틱, 도자기, 유리, 석재, 콘크리트 등의 접착에 사용되는 만능형 접착제이다.

72 내화벽돌은 최소 얼마 이상의 내화도를 가진 것을 의미하는가?

① SK 26
② SK 28
③ SK 30
④ SK 32

해설 내화벽돌의 내화도에 의한 분류
1) 저급품 : 1580~1650℃(SK26~29)
2) 중급품 : 1670~1730℃(SK30~33)
3) 고급품 : 1750~2000℃(SK34~42)

73 합판에 관한 설명으로 옳은 것은?

① 곡면 가공이 어렵다.
② 함수율의 변화에 따른 신축변형이 적다.
③ 2매 이상의 박판을 짝수배로 겹쳐 만든 것이다.
④ 합판 제조 시 목재의 손실이 많다.

해설 합판
1) 합판 : 3매 이상의 얇은 판을 1매마다 섬유 방향에 직교하도록 붙여서 만든 것
2) 합판의 특성
① 단판을 서로 직교시켜서 붙인 것이므로 잘 갈라지지 않고 방향에 따른 강도의 차가 적다.
② 판재에 비해 균질이다.
③ 큰판 및 곡면판을 만들 수 있다.
④ 무늬가 좋은 판을 만들 수 있다.

74 진주석 또는 흑요석 등을 900~1200℃로 소성한 후에 분쇄하여 소성팽창하면 만들어지는 작은 입자에 접착제 및 무기질 섬유를 균등하게 혼합하여 성형한 제품은?

① 규조토 보온재
② 규산칼슘 보온재
③ 질석 보온재
④ 펄라이트 보온재

해설 펄라이트 보온재
1) 화산석으로 핀진주석을 900~1200℃로 소성한 후 분쇄하여 소성팽창하면 내부에 미

■정답■ 70.② 71.③ 72.① 73.② 74.④

세공극을 가지는 가벼운 구상물(球狀物)의 펄라이트가 된다.
2) 단면성이 크고 화학적으로 안정하며 내화성도 크다.
3) 건축용으로는 단열, 보온, 흡음 등의 목적으로 사용된다.

75 바닥 바름재로 백시멘트와 안료를 사용하며 종석으로 화강암, 대리석 등을 사용하고 갈기로 마감을 하는 것은?

① 리신 바름 ② 인조석 바름
③ 라프코트 ④ 테라조 바름

해설 테라조 현장 바름 : 백색 시멘트와 안료 및 종석(대리석, 화강암 등)을 섞어서 정벌 바름을 하고 연마, 광내기 등에 의해 광택이 있는 표면을 만드는 것을 말한다.

76 불림하거나 담금질한 강을 다시 200 ~ 600℃로 가열한 후에 공기 중에서 냉각하는 처리를 말하며, 내부응력을 제거하며 연성과 인성을 크게 하기 위해 실시하는 것은?

① 뜨임질 ② 압출
③ 중합 ④ 단조

해설 강의 열처리 방법
1) 풀림 : 강을 800~1000℃로 가열 후 로속에서 서서히 냉각시키는 방법(신도증대, 인장강도 감소)
2) 불림 : 강을 800~1000℃로 가열 후 대기 중에서 냉각시키는 방식(취성 감소)
3) 담금질 : 강을 가열한 후 물 또는 기름속에서 급랭시키는 방식(강도 및 경도 증대, 신도 및 단면수축률 감소)
4) 뜨임질 : 불림·담금질한 강을 200 ~ 600℃로 가열한 후 공기중에서 냉각시키는 방식(강도 및 경도 감소, 신도 및 단면수축률·충격값 증대)

77 콘크리트에 사용하는 혼화제 중 AE제의 특징으로 옳지 않은 것은?

① 워커빌리티를 개선시킨다.
② 블리딩을 감소시킨다.
③ 마모에 대한 저항성을 증대시킨다.
④ 압축강도를 증가시킨다.

해설 AE제는 압축강도를 감소시킨다.

78 콘크리트용 골재의 입도에 관한 설명으로 옳지 않은 것은?

① 입도란 골재의 작고 큰 입자의 혼합된 정도를 말한다.
② 입도가 정당하지 않은 골재를 사용할 경우에는 콘크리트의 재료분리가 발생하기 쉽다.
③ 골재의 입도를 표시하는 방법으로 조립률이 있다.
④ 골재의 입도는 블레인 시험으로 구한다.

해설 1) 골재의 입도 : 골재의 작고 큰 입자가 혼합된 정도를 말한다.
2) 골재의 입도시험 : 체가름시험(KSF 2502)으로 구한다.

79 블론 아스팔트를 용제에 녹인 것으로 액상이며, 아스팔트 방수의 바탕처리재로 이용되는 것은?

① 아스팔트 펠트
② 콜타르
③ 아스팔트 프라이머
④ 피치

해설 아스팔트 프라이머(asphalt primer)
1) 솔, 롤러 등으로 용이하게 도포할 수 있도록 블로운 아스팔트를 휘발성용제(휘발유 등)에 용해한 비교적·저점도의 흑갈색 액체이다.
2) 방수시공시 첫째 공정에 쓰는 바탕처리제이다.

■ 정답 ■ 75.④ 76.① 77.④ 78.④ 79.③

80 화강암이 열을 받았을 때 파괴되는 가장 주된 원인은?

① 화학성분의 열분해
② 조직의 용융
③ 조암광물의 종류에 따른 열팽창계수의 차이
④ 온도상승에 따른 압축강도 저하

해설 화강암의 성질
1) 석질이 견고하고 풍화나 마멸에 강하다.
2) 대재를 용이하게 채취할 수 있다.
3) 외관이 아름다워 장식제로 쓸 수 있다.
4) 내화도가 낮아서 고열을 받는 곳에는 부적당하다. (화재시 화강암이 파괴되는 이유는 각 조암광물들의 팽창계수가 다르기 때문)

제5과목 / 건설안전기술

---

81 사다리식 통로 등을 설치하는 경우 발판과 벽과의 사이는 최소 얼마 이상의 간격을 유지하여야 하는가?

① 10cm 이상
② 15cm 이상
③ 20cm 이상
④ 25cm 이상

해설 사다리식 통로 설치시 준수사항(사다리식 통로의 구조)
1) 견고한 구조로 할 것
2) 심한 손상·부식 등이 없는 재료를 사용할 것
3) 발판의 간격은 동일하게 할 것
4) 발판과 벽과의 사이는 15cm 이상의 간격을 유지할 것
5) 폭은 30cm 이상으로 할 것
6) 사다리가 넘어지거나 미끄러지는 것을 방지하기 위한 조치를 할 것
7) 사다리의 상단은 걸쳐놓은 지점으로부터 60cm 이상 올라가도록 할 것
8) 사다리식 통로의 길이가 10m 이상인 때에는 5m 이내마다 계단참을 설치할 것
9) 이동식 사다리는 통로의 기울기는 75°이하로 할 것(다만, 고정식 사다리식 통로의 기울기는 90°이하로 하고 그 높이가 7m 이상인 경우에는 바닥으로부터 2.5m 되는 지점부터 등받이 울을 설치할 것)
10) 접이식 사다리 기둥은 사용시 접혀지거나 펼쳐지지 않도록 철물 등을 사용하여 견고하게 조치할 것

82 철근콘크리트 공사 시 활용되는 거푸집의 필요조건이 아닌 것은?

① 콘크리트의 하중에 대해 뒤틀림이 없는 강도를 갖출 것
② 콘크리트 내 수분 등에 대한 물빠짐이 원활한 구조를 갖출 것
③ 최소한의 재료로 여러 번 사용할 수 있는 전용성을 가질 것
④ 거푸집은 조립·해체·운반이 용이하도록 할 것

해설 거푸집의 필요조건
1) 수분이나 모르타르(mortar) 등의 누출을 방지할 수 있는 수밀성이 있을 것
2) 시공 정도에 알맞은 수평, 수직, 직각을 견지하고 변형이 생기지 않는 구조일 것
3) 콘크리트의 자중 및 부어 넣기 할 때의 충격과 작업하중에 견디며, 변형(처짐, 배부름, 뒤틀림 등)을 일으키지 않을 강도를 가질 것
4) 조립, 해체, 운반이 용이할 것
5) 최소한의 재료로 여러 번 사용할 수 있는 형상과 크기일 것

■ 정답 ■ 80.③ 81.② 82.②

83 콘크리트를 타설할 때 안전상 유의하여야 할 사항으로 옳지 않은 것은?

① 콘크리트를 치는 도중에는 거푸집, 지보공 등의 이상유무를 확인한다.
② 진동기 사용 시 지나친 진동은 거푸집 도괴의 원인이 될 수 있으므로 적절히 사용해야 한다.
③ 최상부의 슬래브는 되도록 이어붓기를 하고 여러 번에 나누어 콘크리트를 타설한다.
④ 타워에 연결되어 있는 슈트의 접속이 확실한지 확인한다.

해설 콘크리트 타설 시 유의사항
1) ①, ②, ④항
2) 최상부의 슬래브는 이어붓기를 되도록 피하고 일시에 전체를 타설하도록 한다.
3) 타설속도는 하계 1.5m/h, 동계 1.0m/h를 표준으로 한다.
4) 비비기로부터 타설시까지의 시간은 25℃이상에서는 1.5시간을 넘어서는 안된다
5) 손수레(wheel barrow)로 콘크리트를 운반할 때에는 적당한 간격을 유지하여야 한다
6) 타설시 콘크리트의 재료분리는 가능한 한 적게 일어나도록 해야 한다.
7) 운반통로에는 장애물 등이 없는지 확인하고, 있으면 즉시 제거하도록 한다.
8) 타설한 콘크리트를 거푸집 안에서 횡방향으로 이동시켜서는 안 된다.
9) 높은 곳으로부터 콘크리트를 세게 거푸집 내에 부어넣지 않는다.
10) 타설시 공동이 발생되지 않도록 밀실하게 부어 넣는다.

84 다음 중 유해·위험방지계획서 작성 및 제출대상에 해당되는 공사는?

① 지상높이가 20m인 건축물의 해체공사
② 깊이 9.5m인 굴착공사
③ 최대 지간거리가 50m인 교량건설공사
④ 저수용량 1천만톤인 용수전용 댐

해설 건설업 중 유해위험방지계획서 제출대상 사업장 (시행규칙 제120조 제4항)
1) 지상높이가 31미터 이상인 건축물 또는 인공구조물, 연면적 3만 제곱미터 이상인 건축물 또는 연면적 5천 제곱미터 이상의 문화 및 집회시설(전시장 및 동물원·식물원은 제외), 판매시설, 운수시설(고속철도의 역사 및 집·배송시설은 제외), 종교시설, 의료시설 중 종합병원, 숙박시설 중 관광숙박시설, 지하도상가 또는 냉동·냉장 창고시설의 건설·개조 또는 해체(이하"건설등"이라 함)
2) 연면적 5천 제곱미터 이상의 냉동·냉장 창고시설의 설비공사 및 단열공사
3) 최대 지간길이가 50미터 이상인 교량건설 등 공사
4) 터널 건설 등의 공사
5) 다목적댐, 발전용댐 및 저수용량 2천만 톤 이상의 용수 전용 댐, 지방상수도 전용댐 건설 등의 공사
6) 깊이 10미터 이상인 굴착공사

85 산업안전보건기준에 관한 규칙에 따른 토사 굴착 시 굴착면의 기울기기준으로 옳지 않은 것은?

① 보통흙인 모래 − 1 : 1.8
② 풍화암 − 1 : 1.0
③ 연암 − 1 : 1.0
④ 경암 − 1 : 1.2

해설 굴착작업시 굴착면의 기울기 기준

구분	지반의 종류	구배
보통 흙	모래	1 : 1.8
	그 밖에 흙	1 : 1.2
암반	풍화암	1 : 1.0
	연암	1 : 1.0
	경암	1 : 0.5

정답 83.③ 84.③ 85.④

86 말비계를 조립하여 사용하는 경우에 준수해야 하는 사항으로 옳지 않은 것은?

① 지주부재의 하단에는 미끄럼 방지장치를 한다.
② 근로자는 양측 끝부분에 올라서서 작업하도록 한다.
③ 지주부재와 수평면의 기울기를 75° 이하로 한다.
④ 말비계의 높이가 2m를 초과하는 경우에는 작업발판의 폭을 40cm 이상으로 한다.

해설 말비계를 조립하여 사용시 준수사항
  1) 지주부재의 하단에는 미끄럼 방지장치를 하고, 양측 끝부분에 올라서서 작업하지 아니하도록 할 것
  2) 지주부재와 수평면과의 기울기를 75°이하로 하고, 지주부재와 지주부재 사이를 고정시키는 보조부재를 설치할 것
  3) 말비계의 높이가 2m를 초과할 경우에는 작업발판의 폭을 40cm 이상으로 할 것

87 근로자가 추락하거나 넘어질 위험이 있는 장소에서 추락방호망의 설치 기준으로 옳지 않은 것은?

① 망의 처짐은 짧은 변 길이의 10% 이상이 되도록 할 것
② 추락방호망은 수평으로 설치할 것
③ 건축물 등의 바깥쪽으로 설치하는 경우 추락방호망의 내민 길이는 벽면으로부터 3m 이상 되도록 할 것
④ 추락방호망의 설치위치는 가능하면 작업면으로부터 가까운 지점에 설치하여야 하며, 작업면으로부터 망의 설치지점까지의 수직거리는 10m를 초과하지 아니할 것

해설 추락방호망 설치기준(안전보건규칙 제42조)
  1) 추락방호망의 설치위치는 가능하면 작업면으로부터 가까운 지점에 설치하여야 하며, 작업면으로부터 망의 설치지점까지의 수직거리는 10m를 초과하지 아니할 것
  2) 추락방호망은 수평으로 설치하고, 망의 처짐은 짧은 변 길이의 12% 이상이 되도록 할 것
  3) 건축물 등의 바깥쪽으로 설치하는 경우 추락방호망의 내민 길이는 벽면으로부터 3m 이상 되도록 할 것. 다만, 그물코가 20mm 이하인 추락방호망을 사용한 경우

88 가설구조물이 갖추어야 할 구비요건과 가장 거리가 먼 것은?

① 영구성   ② 경제성
③ 작업성   ④ 안전성

해설 가설구조물이 갖추어야 할 구비요건
  1) 안전성   2) 작업성
  3) 경제성

89 차량계 하역운반기계에 화물을 적재할 때의 준수사항과 거리가 먼 것은?

① 하중이 한쪽으로 치우치지 않도록 적재할 것
② 구내운반차 또는 화물자동차의 경우 화물의 붕괴 또는 낙하에 의한 위험을 방지하기 위하여 화물에 로프를 거는 등 필요한 조치를 할 것
③ 운전자의 시야를 가리지 않도록 화물을 적재할 것
④ 제동장치 및 조정장치 기능의 이상 유무를 점검할 것

해설 차량계하역운반기계에 화물적재시 준수사항
  1) 하중이 한쪽으로 치우치지 않도록 적재할 것
  2) 구내운반차 또는 화물자동차의 경우 화물의 붕괴 또는 낙하에 의한 위험을 방지하기 위하여 화물에 로프를 거는 등 필요한 조치를 할 것
  3) 운전자의 시야를 가리지 않도록 화물을 적재할 것

■ 정답 ■ 86.② 87.① 88.① 89.④

90 무한궤도식 장비와 타이어식(차륜식) 장비의 차이점에 관한 설명으로 옳은 것은?

① 무한궤도식은 기동성이 좋다.
② 타이어식은 승차감과 주행성이 좋다.
③ 무한궤도식은 경사지반에서의 작업에 부적당하다.
④ 타이어식은 땅을 다지는 데 효과적이다.

해설 무한궤도식과 타이어식장비의 차이점

구분	내용
1) 무한궤도식	① 경사지반에서의 작업에 적당한다 ② 땅을 다지는데 효과적이다
2) 타이어식 (차륜식)	① 승차감과 주행성이 좋다 ② 기동성이 좋다

91 산업안전보건관리비에 관한 설명으로 옳지 않은 것은?

① 발주자는 수급인이 안전관리비를 다른 목적으로 사용한 금액에 대해서는 계약금액에서 감액 조정할 수 있다.
② 발주자는 수급인이 안전관리비를 사용하지 아니한 금액에 대하여는 반환을 요구할 수 있다.
③ 자기공사자는 원가계산에 의한 예정가격 작성 시 안전관리비를 계상한다.
④ 발주자는 설계변경 등으로 대상액의 변동이 있는 경우 공사 완료 후 정산하여야 한다.

해설 ④항, 발주자 또는 자기공사자는 설계변경 등으로 대상액의 변동이 있는 경우에 지체없이 안전관리비를 조정계상하여야 한다.

92 추락방지용 방망 그물코의 모양 및 크기의 기준으로 옳은 것은?

① 원형 또는 사각으로서 그 크기는 5cm 이하이어야 한다.
② 원형 또는 사각으로서 그 크기는 10cm 이하이어야 한다.
③ 사각 또는 마름모로서 그 크기는 5cm 이하이어야 한다.
④ 사각 또는 마름모로서 그 크기는 10cm 이하이어야 한다.

해설 추락방지용 방망의 구조 등
1) 소재 : 합성섬유 또는 그 이상의 물리적 성질을 갖는 것이어야 한다.
2) 그물코 : 사각 또는 마름모로서 그 크기는 10cm 이하이어야 한다.
3) 방망의 종류 : 매듭방망으로서 매듭은 원칙적으로 단 매듭을 한다.
4) 테두리 로프와 방망의 재봉 : 테두리 로프는 각 그물코를 관통시키고 서로 중복됨이 없이 재봉사로 결속한다.
5) 테두리 로프 상호의 접합 : 테두리 로프를 중간에서 결속하는 경우는 충분한 강도를 갖도록 한다.
6) 달기 로프의 결속 : 달기 로프는 3회 이상 엮어 묶는 방법 또는 이와 동등 이상의 강도를 갖는 방법으로 테두리 로프에 결속하여야 한다.

93 슬레이트, 선라이트 등 강도가 약한 재료로 덮은 지붕 위에서 작업을 할 때 발이 빠지는 등 근로자의 위험을 방지하기 위하여 필요한 발판의 폭 기준은?

① 10cm 이상
② 20cm 이상
③ 25cm 이상
④ 30cm 이상

해설 슬레이트 등 지붕위에서의 위험방지 조치사항
1) 폭 30cm 이상의 발판 설치
2) 추락방호망 설치

■ 정답 ■ 90.② 91.④ 92.④ 93.④

94 굴착면 붕괴의 원인과 가장 거리가 먼 것은?

① 사면경사의 증가
② 성토 높이의 감소
③ 공사에 의한 진동하중의 증가
④ 굴착높이의 증가

해설 토석붕괴의 원인
1) 외적요인
   ① 사면, 법면의 경사 및 구배의 증가
   ② 절토 및 성토 높이의 증가
   ③ 지표수 및 지하수의 침투에 의한 토사중량의 증가
   ④ 공사에 의한 진동 및 반복하중의 증가
   ⑤ 지진, 차량, 구조물의 하중
2) 내적요인
   ① 절토사면의 토질, 암석
   ② 토석의 강도저하
   ③ 성토사면의 토질

95 가설통로를 설치하는 경우 준수하여야 할 기준으로 옳지 않은 것은?

① 견고한 구조로 할 것
② 경사는 30°이하로 할 것
③ 경사가 30°를 초과하는 경우에는 미끄러지지 아니하는 구조로 할 것
④ 수직갱에 가설된 통로의 길이가 15m 이상인 경우에는 10m 이내마다 계단참을 설치할 것

해설 가설통로의 구조(가설통로 설치시 준수사항)
1) 견고한 구조로 할 것
2) 경사는 30도 이하로 할 것. 다만, 계단을 설치하거나 높이 2미터 미만의 가설통로로서 튼튼한 손잡이를 설치한 경우에는 그러하지 아니하다.
3) 경사가 15도를 초과하는 경우에는 미끄러지지 아니하는 구조로 할 것
4) 추락할 위험이 있는 장소에는 안전난간을 설치할 것. 다만, 작업상 부득이한 경우에는 필요한 부분만 임시로 해체할 수 있다.
5) 수직갱에 가설된 통로의 길이가 15m 이상인 경우에는 10m 이내마다 계단참을 설치할 것
6) 건설공사에 사용하는 높이 8m 이상인 비계다리에는 7m 이내마다 계단참을 설치할 것

96 연약지반을 굴착할 때, 흙막이벽 뒷쪽 흙의 중량이 바닥의 지지력보다 커지면 굴착저면에서 흙이 부풀어 오르는 현상은?

① 슬라이딩(Sliding)   ② 보일링(Boiling)
③ 파이핑(Piping)   ④ 히빙(Heaving)

해설 히빙(Heaving)현상
1) 히빙 : 굴착이 진행됨에 따라 흙막이 벽 뒤쪽 흙의 중량이 굴착부 바닥의 지지력 이상이 되면 흙막이 벽 근입 부분의 지반이동이 발생하여 굴착부 저면이 솟아오르는 현상
2) 대책
   ① 굴착주변의 상재하중 제거
   ② 강성이 높고 강력한 흙막이 벽의 밑을 양질의 지반 속까지 깊게 박음(가장 좋은 방법)
   ③ 트랜치공법 및 부분굴착, 케이슨공법이나 아일랜드공법 고려
   ④ 1.3m 이하 굴착시 버팀대설치 및 버팀대, 브라켓, 흙막이 등 점검

97 시스템 비계를 사용하여 비계를 구성하는 경우에 준수하여야 할 사항으로 옳지 않은 것은?

① 수직재와 수직재의 연결철물은 이탈되지 않도록 견고한 구조로 할 것
② 수직재·수평재·가새재를 견고하게 연결하는 구조가 되도록 할 것
③ 수직재와 받침철물의 연결부 겹침길이는 받침철물 전체길이의 4분의 1 이상이 되도록 할 것
④ 수평재는 수직재와 직각으로 설치하여야 하며, 체결 후 흔들림이 없도록 견고하게 설치할 것

■ 정답 ■　94.②　95.③　96.④　97.③

[해설] ③항, 수직재와 받침철물의 연결부 겹침길이는 받침철물 전체길이의 1/3이상이 되도록 할 것

98 정기안전점검 결과 건설공사의 물리적·기능적 결함 등이 발견되어 보수·보강 등의 조치를 하기 위하여 필요한 경우에 실시하는 것은?

① 자체안전점검
② 정밀안전점검
③ 상시안전점검
④ 품질관리점검

[해설] 정밀안전점검 : 본문설명

99 철근콘크리트 슬래브에 발생하는 응력에 관한 설명으로 옳지 않은 것은?

① 전단력은 일반적으로 단부보다 중앙부에서 크게 작용한다.
② 중앙부 하부에는 인장응력이 발생한다.
③ 단부 하부에는 압축응력이 발생한다.
④ 휨응력은 일반적으로 슬래브의 중앙부에서 크게 작용한다.

[해설] ①항, 전단력은 일반적으로 중앙부보다 단부에서 크게 작용한다.

100 공사현장에서 낙하물방지망 또는 방호선반을 설치할 때 설치높이 및 벽면으로부터 내민 길이 기준으로 옳은 것은?

① 설치높이 : 10m 이내마다, 내민 길이 2m 이상
② 설치높이 : 15m 이내마다, 내민 길이 2m 이상
③ 설치높이 : 10m 이내마다, 내민 길이 3m 이상
④ 설치높이 : 15m 이내마다, 내민 길이 3m 이상

[해설] 낙하물 방지망 또는 방호선반의 설치기준
1) 높이 10m 이내마다 설치하고, 내민 길이는 벽면으로부터 2m 이상으로 할 것
2) 수평면과의 각도는 20° 이상 30° 이하를 유지할 것

2019년 4회 기출문제
[9월 21일 시행]

건설안전산업기사

제1과목 / 산업안전관리론

01 산업안전보건법령상 안전모의 성능시험 항목 6가지 중 내관통성시험, 충격흡수성시험, 내전압성시험, 내수성시험 외의 나머지 2가지 성능시험 항목으로 옳은 것은?

① 난연성시험, 턱끈풀림시험
② 내한성시험, 내압박성시험
③ 내답발성시험, 내식성시험
④ 내산성시험, 난연성시험

해설 안전모의 성능시험항목
　1) 내관통성 시험
　2) 충격흡수성 시험
　3) 내전압성 시험
　4) 내수성 시험
　5) 난연성 시험
　6) 턱끈 풀림시험

02 안전·보건교육 계획수립에 반드시 포함하여야 할 사항이 아닌 것은?

① 교육 지도안
② 교육의 목표 및 목적
③ 교육장소 및 방법
④ 교육의 종류 및 대상

해설 안전교육계획에 포함되어야 할 사항
　(안전교육계획의 내용)
　1) 교육목표(첫째 과제)
　　① 교육 및 훈련의 범위
　　② 교육 보조자료의 준비 및 사용지침
　　③ 교육훈련의 의무와 책임관계 명시
　2) 교육의 종류 및 교육대상(교육계획 수립 시 최우선적으로 고려해야 할 사항)
　3) 교육의 과목 및 교육내용
　4) 교육 장소
　5) 교육 담당자 및 강사

03 팀워크에 기초하여 위험요인을 작업 시작 전에 발견·파악하고 그에 따른 대책을 강구하는 위험예지훈련에 해당하지 않는 것은?

① 감수성 훈련
② 집중력 훈련
③ 즉흥적 훈련
④ 문제해결 훈련

해설 작업시작전 위험요인을 발견·파악하고 대책을 강구하는 위험예지훈련
　1) 감수성 훈련
　2) 집중적 훈련(단시간 미팅훈련)
　3) 문제해결훈련

04 개인과 상황변수에 대한 리더십(leadership)의 특징으로 옳은 것은?(단, 비교대상은 헤드십(headship)으로 한다.)

① 권한행사 : 선출된 리더
② 권한근거 : 개인능력
③ 지휘형태 : 권위주의적
④ 권한귀속 : 집단목표에 기여한 공로 인정

■ 정답 ■　01.①　02.①　03.③　04.①②④

해설 헤드십과 리더십의 비교

구분	헤드십	리더십
1) 권한근거	법적 또는 공식적	개인능력
2) 권한부여 및 행사	위에서 위안하여 임명	아래로부터의 동의에 의한 선출
3) 상관과 부하와의 관계 및 책임귀속	지배적 상사	개인적인 경향 상사와 부하
4) 부하와의 사회적 간격	넓다	좁다
5) 지휘형태	권위주의적	민주주의적

05 산업재해의 분류방법에 해당하지 않는 것은?

① 통계적 분류
② 상해 종류에 의한 분류
③ 관리적 분류
④ 재해 형태별 분류

해설 산업재해의 분류방법
1) **통계적 분류** : ① 사망, ② 중경상, ③ 경상해 ④ 부상해 사고 등
2) **상해 정도별 분류** : ① 사망, ② 영구전노동불능, ③ 영구일부노동불능, ④ 일시전노동불능, ⑤ 일시일부노동불능, ⑥구급처치상해 등
3) **상해종류에 의한 분류** : ① 골절, ② 동상, ③ 부종, ④ 찔림, ⑤ 타박상, ⑥ 절단, ⑦ 중독·질식, ⑧ 찰과상, ⑨ 베임, ⑩ 화상, ⑪ 청력장해, ⑫ 시력장해 등
4) **재해형태별 분류** : ① 추락, ② 전도, ③ 충돌, ④ 낙하, 비래, ⑤ 협착, ⑥ 감전, ⑦ 폭발, ⑧ 붕괴·도괴, ⑨ 파열, ⑩ 화재, ⑪ 무리한 동작, ⑫ 이상온도 접촉, ⑬ 유해물 접촉 등

06 파블로프(Pavlov)의 조건반사설에 의한 학습이론의 원리에 해당되지 않는 것은?

① 일관성의 원리
② 시간의 원리
③ 강도의 원리
④ 준비성의 원리

해설 조건반사설에 의한 학습이론의 원리
1) **시간의 원리** : 조건자극(종소리)이 무조건자극(음식물)보다 시간적으로 동시 또는 조금 앞서서 주어야만 조건화, 즉시 강화가 잘 된다는 원리이다.
2) **강도의 원리** : 조건 반사적인 행동이 이루어지려면 먼저 준 자극의 정도에 비해 적어도 같거나 그보다 강한 자극을 주어야 바람직한 결과를 낳게 된다.
3) **일관성의 원리** : 조건자극은 일관된 자극물을 사용하여야 한다는 원리이다.
4) **계속성의 원리** : 자극과 반응과의 관계를 반복하여 횟수를 거듭할수록 조건화가 잘 형성된다는 원리이다.

07 안전교육의 순서가 옳게 나열된 것은?

① 준비 - 제시 - 적용 - 확인
② 준비 - 확인 - 제시 - 적용
③ 제시 - 준비 - 확인 - 적용
④ 제시 - 준비 - 적용 - 확인

해설 교육법의 4단계
1) **제1단계-도입(준비)** : 배우고자 하는 마음가짐을 일으키도록 도입한다.
2) **제2단계-제시(설명)** : 상대의 능력에 따라 교육하고 내용을 확실하게 이해시키고 납득시켜 다시 기능으로서 습득시킨다.
3) **제3단계-적용(응용)** : 이해시킨 내용을 구체적인 문제 또는 실제 문제로 활용시키거나 응용시킨다.
4) **제4단계-확인(총괄)** : 교육내용을 정확하게 이해하고 습득하였는지의 여부를 확인한다.

08 산업안전보건법령상 안전·보건표지의 종류에 관한 설명으로 옳은 것은?

① '위험장소'는 경고표지로서 바탕은 노란색, 기본모형은 검은색, 그림은 흰색으로 한다.
② '출입금지'는 금지표시로서 바탕은 흰색, 기본모형은 빨간색, 그림은 검은색으로 한다.
③ '녹십자표지'는 안내표지로서 바탕은 흰색, 기본모형과 관련 부호는 녹색, 그림은 검은색으로 한다.
④ '안전모착용'은 경고표지로서 바탕은 파란색, 관련그림은 검은색으로 한다.

해설 산업안전표지의 종류와 색채
1) 금지표시 : 바탕은 흰색, 기본모형은 빨간색, 관련부호 및 글미은 검정색
2) 경고표시 : 바탕은 노란색, 기본모형, 관련부호 및 그림은 검정색[다만, 인화성물질 경고, 산화성물질 경고, 폭발성물질 경고, 급성독성물질 경고, 부식성물질 경고 및 발암성·변이원성·생식독성·전신독성·호흡기과민성물질 경고의 경우 바탕은 무색, 기본모형은 빨간색(흑색도 가능)]
3) 지시표지 : 바탕은 파란색, 관련그림은 흰색
4) 안내표지 : 바탕은 흰색, 기본모형 및 관련부호는 녹색, 바탕은 녹색, 관련부호 및 그림은 흰색
5) 관계자외 출입금지표지 : 바탕은 흰색, 글자는 흑색, 다음 글자는 적색
   ① ○○○제조/사용/보관중
   ② 석면취급/해체중
   ③ 발암물질 취급중

09 알더퍼(Alderfer)의 ERG 이론에 해당하지 않는 것은?

① 생존 욕구   ② 관계 욕구
③ 안전 욕구   ④ 성장 욕구

해설 알더퍼(Alderfer)의 ERG이론
1) 생존(Existence)욕구(존재욕구) : 신체적인 차원에서 유기체의 생존과 유지에 관련된 욕구
2) 관계(Relatedness)욕구 : 타인과의 상호작용을 통해 만족되는 대인욕구
3) 성장(Growth)욕구 : 개인적인 발전과 증진에 관한 욕구

10 직장에서의 부적응 유형 중, 자기 주장이 강하고 대인관계가 빈약하며, 사소한 일에 있어서도 타인이 자신을 제외했다고 여겨 악의를 나타내는 특징을 가진 유형은?

① 망상인격   ② 분열인격
③ 무력인격   ④ 강박인격

해설 부적응의 유형(인격 이상자의 유형)
1) **망상인격**(편집성 인격) : 자기주장이 강하고 빈약한 대인관계를 가지고 있는 성격의 소유자(냉혹성, 과민성, 완고, 질투, 시기심이 강함)
2) **순환인격** : 외적자극과는 관계없이 울적상태(우울한 시기)에서 조적상태(명랑한 시기)로 상당한 장기간에 걸쳐 기분이 변동하는 특징이 있다.
3) **분열인격** : 극단적으로 수줍어하고, 말이 없고, 자폐적이고, 사교를 싫어하고, 친밀한 인간관계를 피하려고 하는 특징이 있다.
4) **폭발인격** : 사소한 일로 갑자기 노여움을 폭발시키거나, 폭언 및 폭력적인 공격성을 나타내는 특징이 있다.
5) **강박인격** : 엄격하고 지나치게 양심적이고, 우유부단, 욕망을 제지하고, 기준에 적합하도록 지나치게 신경을 쓰는 특징이 있다.(완전주의 지향)
6) **반사회적인격** : 정서 불안정, 윤리 도덕성의 규범 결여, 무감각, 쾌락주의, 자기애적임
7) **부적합인격** : 정상적인 정신적, 신체적 능력을 가지고 있으면서도 일상생활의 요구에 적응 못함.
8) **무력인격** : 활력이 결여되고, 감정이 둔하고, 만성적 비관론자임.
9) **소극적 공격적 인격** : 적의(敵意)를 처리하는데 온갖 음흉한 방법으로 교묘히 활용함.

■ 정답 ■ 08.② 09.③ 10.①

11 자체검사의 종류 중 검사대상에 의한 분류에 포함되지 않는 것은?

① 형식검사 ② 규격검사
③ 기능검사 ④ 육안검사

해설 자체검사의 종류

구분	종류
1) 검사대상에 의한 분류	① 기능검사(성능검사) ② 형식검사 ③ 규격검사
2) 검사방법에 의한 분류	① 육안검사 ② 타진에 의한 검사 ③ 검사기기에 의한 검사 ④ 시험에 의한 검사

12 무재해운동의 근본이념으로 가장 적절한 것은?

① 인간존중의 이념
② 이윤추구의 이념
③ 고용증진의 이념
④ 복리증진의 이념

해설 무재해운동의 근본이념 : 인간존중

13 상해의 종류별 분류에 해당하지 않는 것은?

① 골절 ② 중독
③ 동상 ④ 감전

해설 감전 : 재해형태(사고유형)

14 근로자가 360명인 사업장에서 1년 동안 사고로 인한 근로손실일수가 210일 이었다. 강도율은 약 얼마인가?(단, 근로자는 1일 8시간씩 연간 300일을 근무하였다.)

① 0.20 ② 0.22
③ 0.24 ④ 0.26

해설 강도율 $= \dfrac{\text{근로손실일수}}{\text{연근로시간수}} \times 1000$

$= \dfrac{210}{360 \times 8 \times 300} \times 1000 = 0.24$

15 산업안전보건법령상 산업재해의 정의로 옳은 것은?

① 고의성 없는 행동이나 조건이 선행되어 인명의 손실을 가져올 수 있는 사건
② 안전사고의 결과로 일어난 인명피해 및 재산손실
③ 근로자가 업무에 관계되는 설비 등에 의하여 사망 또는 부상하거나 질병에 걸리는 것
④ 통제를 벗어난 에너지의 광란으로 인하여 입은 인명과 재산의 피해 현상

해설 법상 산업재해 정의 : 근로자가 업무에 관계되는 건설물·설비·원재료·가스·증기·분진 등에 의하거나 작업 또는 그 밖의 업무로 인하여 사망 또는 부상하거나 질병에 걸리는 것을 말한다.

16 산업안전보건법령상 일용근로자의 안전·보건교육 과정별 교육시간 기준으로 틀린 것은?(단, 도매업과 숙박 및 음식점업 사업장의 경우는 제외한다.)

① 채용 시의 교육 : 1시간 이상
② 작업내용 변경 시의 교육 : 2시간 이상
③ 건설업 기초안전 . 보건교육(건설일용근로자) : 4시간
④ 특별교육 : 2시간 이상(흙막이 지보공의 보강 또는 동바리를 설치하거나 해체하는 작업에 종사하는 일용근로자)

해설 일용근로자의 작업내용 변경 시의 교육시간 : 1시간 이상

17 1000명 이상의 대규모 기업에 효율적이며, 안전스탭이 안전에 관한 업무를 수행하고, 라인의 관리감독자에게도 안전에 관한 책임과 권한이 부여되는 조직의 형태는?

① 라인 방식
② 스탭 방식
③ 라인 – 스탭 방식
④ 인간 – 기계 방식

해설 안전관리 조직
1) line형 : 100명 이하의 소규모 사업장
2) staff형 : 100~1,000명의 중규모 사업장
3) line-staff의 혼합형 : 1,000명 이상의 대규모 사업장

18 다음 중 적성배치 시 작업자의 특성과 가장 관계가 적은 것은?

① 연령
② 작업조건
③ 태도
④ 업무경력

해설 적성배치시 작업 및 작업자의 특성
1) 작업의 특성 : 작업조건, 작업내용, 환경조건, 형태, 법적자격 및 제한 등
2) 작업자의 특성 : 연령, 태도, 지적능력, 기능, 성격, 신체적 특성, 업무경력 등

19 기억과정 중 다음의 내용이 설명하는 것은?

[다음]
과거에 경험하였던 것과 비슷한 상태에 부딪쳤을 때 과거의 경험이 떠오르는 것

① 재생
② 기명
③ 파지
④ 재인

해설 기억의 과정 : 기억은 기명, 파지, 재생, 재인의 단계를 거친다.
1) 기억 : 과거의 경험이 어떠한 형태로 미래의 행동에 영향을 주는 작용
2) 기명 : 사물의 인상을 마음속에 간직하는 것
3) 파지 : 간직, 인상이 보존되는 것
4) 재생 : 보존된 인상이 다시 의식으로 떠오른 것
5) 재인 : 과거에 경험했던 것과 같은 비슷한 상태에 부딪혔을 때 떠오르는 것

20 교육훈련의 평가방법에 해당하지 않는 것은?

① 관찰법
② 모의법
③ 면접법
④ 테스트법

해설 교육훈련의 평가방법
1) 관찰법 : 관찰, 면접, 노트
2) 테스트법 : 질문, 평가시험

제2과목
인간공학 및 시스템안전공학

---

21 시각적 표시장치와 비교하여 청각적 표시장치를 사용하기 적당한 경우는?

① 메시지가 짧다.
② 메시지가 복잡하다.
③ 한 자리에서 일을 한다.
④ 메시지가 공간적 위치를 다룬다.

해설 표시장치의 선택(청각장치와 시각장치의 선택)

청각장치사용	시각장치사용
① 전언이 간단하고 짧다.	① 전언이 복잡하고 길다.
② 전언이 후에 재참조되지 않는다.	② 전언이 후에 재참조된다.
③ 전언이 즉각적인 사상(event)을 이룬다.	③ 전언이 공간적인 위치를 다룬다.
④ 전언이 즉각적인 행동을 요구한다.	④ 전언이 즉각적인 행동을 요구하지 않는다.
⑤ 수신자가 시각계통이 과부하 상태일 때	⑤ 수신자의 청각계통이 과부하 상태일 때
⑥ 수신장소가 너무 밝거나 암조의 유지가 필요할 때	⑥ 수신장소가 너무 시끄러울 때
⑦ 직무상 수신자가 자주 움직이는 경우	⑦ 직무상 수신자가 한 곳에 머무르는 경우

■정답■ 17.③ 18.② 19.④ 20.② 21.①

22 실내의 빛을 효과적으로 배분하고 이용하기 위하여 실내면의 반사율을 결정해야 한다. 다음 중 반사율이 가장 높아야 하는 곳은?

① 벽 ② 바닥
③ 가구 및 책상 ④ 천장

해설 옥내 최적 반사율
  1) 천장 : 80~90%
  2) 벽, 창문 발(blind) : 40~60%
  3) 가구, 사무기기, 책상 : 25~45%
  4) 바닥 : 20~40%

23 이동전화의 설계에서 사용성 개선을 위해 사용자의 인지적 특성이 가장 많이 고려되어야 하는 사용자 인터페이스 요소는?

① 버튼의 크기 ② 전화기의 색깔
③ 버튼의 간격 ④ 한글 입력 방식

해설 사용자의 인지적 특성이 고려되어야 하는 인터페이스 요소 : 한글입력방식

24 안전색채와 표시사항이 맞게 연결된 것은?

① 녹색 - 안내표시
② 황색 - 금지표시
③ 적색 - 경고표시
④ 회색 - 지시표시

해설 안전표지의 색채
  1) **금지표지** : 적색(빨간색)
  2) **경고표지** : 황색(노란색) 또는 적색(빨간색)
  3) **지시표지** : 청색(파란색)
  4) **안내표지** : 녹색

25 작업종료 후에도 체내에 쌓인 젖산을 제거하기 위하여 추가로 요구되는 산소량을 무엇이라고 하는가?

① ATP ② 에너지대사율
③ 산소부채 ④ 산소최대섭취능

해설 산소부채(oxygen debt)현상
  1) 격렬한 운동을 할 때에는 산소 섭취량이 산소 소모량보다 부족하게 되어 산소량이 산소부채(산소빚)를 일으킨다.
  2) 작업이나 운동시 빚진 산소 부족분을 작어비나 운동이 끝난 후에 갚기 위해 작업이나 운동 후 호흡이 즉시 정상으로 회복하지 않고 서서히 회복되는 산소부채의 보상현상이 발생한다.

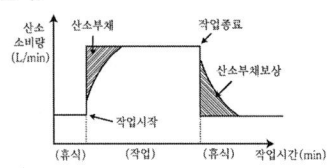

[그림] 산소부채의 형성과 보상

26 급작스러운 큰 소음으로 인하여 생기는 생리적 변화가 아닌 것은?

① 혈압상승
② 근육이완
③ 동공팽창
④ 심장박동수 증가

해설 ②항, 근육수축

27 FTA에 사용되는 논리기호 중 기본사상은?

① 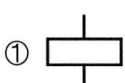   ②

③ 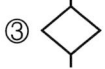   ④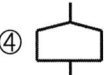

해설 ①항 : 결함사상
  ②항 : 기본사상
  ③항 : 생략사상
  ④항 : 통상사상

28 FTA(Fault Tree Analysis)에 의한 재해 사례연구 순서 중 3단계에 해당하는 것은?

① FT도의 작성
② 개선계획의 작성
③ 톱(Top) 사상의 선정
④ 사상의 재해 원인의 규명

해설 D.R Cherition의 FTA에 의한 재해사례 연구순서
1) 1단계 : 톱(Top) 사상의 선정
2) 2단계 : 사상의 재해 원인의 규명
3) 3단계 : FT의 작성
4) 4단계 : 개선 계획의 작성

29 입식작업을 위한 작업대의 높이를 결정하는데 있어 고려하여야 할 사항과 가장 관계가 적은 것은?

① 작업의 빈도
② 작업자의 신장
③ 작업물의 크기
④ 작업물의 무게

해설 입식작업대 높이 결정시 고려해야 할 사항
1) 작업자의 신장
2) 작업물의 크기
3) 작업물의 무게

30 조종장치의 저항 중 갑작스러운 속도의 변화를 막고 부드러운 제어동작을 유지하게 해주는 저항은?

① 점성저항
② 관성저항
③ 마찰저항
④ 탄성저항

해설 조종장치의 저항종류
1) 점성저항
① 출력과 반대방향으로 속도에 비례해서 작용하는 힘 때문에 생기는 저항이다.
② 점성저항은 갑작스러운 속도변화를 막고 원활한 제어동작을 유지하게 해준다.
2) 관성저항 : 물체의 질량으로 인한 운동에 대한 저항으로 가속도에 따라 변한다.
3) 마찰저항 : 정적마찰은 초기 동작에 대한 저항으로 동작초기에 최대이지만 급격히 감소하며, 미끄럼(coulomb)마찰은 동작에 대한 저항으로 계속되지만 마찰력은 속도나 변위와는 무관하다.
4) 탄성저항 : 조종장치의 변위에 따라 변한다 (변위가 클수록 저항이 커진다)

31 근골격계 질환을 예방하기 위한 관리적 대책으로 맞는 것은?

① 작업공간 배치
② 작업재료 변경
③ 작업순환 배치
④ 작업공구 설계

해설 근골격계 질환을 예방하기 위한 대책
1) 관리적 대책 : 작업순환 배치
2) 기술적 대책 : 작업공간배치, 작업재료 변경, 작업공구 설계 등

32 다음의 위험관리 단계를 순서대로 나열한 것으로 맞는 것은?

[다음]
㉠ 위험의 분석   ㉡ 위험의 파악
㉢ 위험의 처리   ㉣ 위험의 평가

① ㉠→㉡→㉣→㉢
② ㉡→㉠→㉣→㉢
③ ㉠→㉢→㉡→㉣
④ ㉡→㉢→㉠→㉣

해설 위험관리의 단계
1) 1단계 : 위험의 파악
2) 2단계 : 위험의 분석
3) 3단계 : 위험의 평가
4) 4단계 : 위험의 처리

길잡이
1) 리스크(risk, 위험성)의 통제방법
① 회피(avoidance)
② 감축(reduction)
③ 보류(retention)
④ 전가(transfer)
2) 위험률 산정식
위험률 = 사고발생빈도 × 손실
= 사고의 빈도 × 사고의 크기

■정답■ 28.① 29.① 30.① 31.③ 32.②

33 다음과 같은 실험 결과는 어느 실험에 의한 것인가?

[다음]
조명강도를 높인 결과 작업자들의 생산성이 향상되었고, 그 후 다시 조명강도를 낮추어도 생산성의 변화는 거의 없었다. 이는 작업자들이 받게 된 주의 및 관심에 대한 반응에 기인한 것으로, 이것은 인간관계가 작업 및 작업 공간 설계에 큰 영향을 미친다는 것을 암시한다.

① Birds 실험
② Compes 실험
③ Hawthorne 실험
④ Heinrich 실험

해설 호오손(Hawthorne)시험
1) 실험연구자 : 메이오(Mayo)
2) 실험연구결과 : 작업능률(생산성향상)은 물리적인 작업조건보다는 인간의 심리적인 태도, 감정을 규제하고 있는 인간관계에 의해서 결정됨을 밝혔다.

34 시스템 안전(system safety)에 관한 설명으로 맞는 것은?

① 과학적, 공학적 원리를 적용하여 시스템의 생산성 극대화
② 사고나 질병으로부터 자기 자신 또는 타인을 안전하게 호신하는 것
③ 시스템 구성 요인의 효율적 활용으로 시스템 전체의 효율성 증가
④ 정해진 제약 조건하에서 시스템이 받는 상해나 손상을 최소화하는 것

해설 시스템 안전관리
1) 시스템 안전에 필요한 사항의 동일성의 식별(identification)
2) 안전활동의 계획, 조직과 관리
3) 다른 시스템 프로그램 영역과 조정
4) 시스템 안전에 대한 목표를 유효하게 적시에 실현시키기 위한 프로그램의 해석검토 및 평가 등의 시스템 안전업무

35 인간과 기계의 능력에 대한 실용성 한계에 관한 설명으로 틀린 것은?

① 기능의 수행이 유일한 기준이 아니다.
② 상대적인 비교는 항상 변하기 마련이다.
③ 일반적인 인간과 기계의 비교가 항상 적용된다.
④ 최선의 성능을 마련하는 것이 항상 중요한 것은 아니다.

해설 ③항, 일반적인 인간과 기계의 비교가 항상 적용되는 것은 아니다.

36 인간 - 기계시스템 설계의 주요 단계를 6단계로 구분하였을 때 3단계인 기본설계(Basic Design)에 해당하지 않는 것은?

① 직무분석
② 기능의 할당
③ 보조물 설계 결정
④ 인간 성능 요건 명세 결정

해설 기본설계 : 다음의 인간공학적 활동을 수정하고 새롭게 해야하는 단계이다.
1) 인간, 하드웨어 및 소프트웨어에 대한 기능의 할당
2) 인간성능 요건 명세 결정
3) 직무(과업)분석
4) 직무설계

길잡이 인간·기계시스템의 설계과정(단계)
1) 1단계 : 목표 및 성능명세 결정
2) 2단계 : 시스템의 정의
3) 3단계 : 기본설계
4) 4단계 : 인터페이스(interface)설계
5) 5단계 : 촉진물 설계
6) 6단계 : 검사와 평가

■ 정답 ■ 33.③ 34.④ 35.③ 36.③

37 다음의 데이터를 이용하여 MTBF(Mean Time Between Failure)를 구하면 약 얼마인가?

가동시간	정지시간
t_1=2.7시간	t_a=0.1시간
t_2=1.8시간	t_b=0.2시간
t_3=1.5시간	t_c=0.3시간
t_4=2.3시간	t_e=0.3시간
부하시간=8시간	

① 1.8시간/회 ② 2.1시간/회
③ 2.8시간/회 ④ 3.1시간/회

해설 1) 고장률(λ) = $\dfrac{\text{고장건수(회)}}{\text{총 가동시간}}$

2) 평균고장간격(MTBF)
$= \dfrac{1}{\lambda} = \dfrac{\text{총 가동시간}}{\text{고장건수(회)}}$
$= \dfrac{(2.7+1.8+1.5+2.3)\text{시간}}{4\text{회}}$
$= 2.1$시간/회

38 산업안전을 목적으로 ERDA(미국에너지연구개발청)에서 개발된 시스템안전 프로그램으로 관리, 설계, 생산, 보전 등의 넓은 범위의 안전성을 검토하기 위한 기법은?

① FTA ② MORT
③ FHA ④ FMEA

해설 MORT(Management Oversight and Risk Tree)
1) MORT(경영소홀 및 위험수분석) : FTA(결함수분석법)와 같은 논리기법을 이용하여 관리, 설계, 생산, 보존 등의 광범위한 안전을 도모하고 고도의 안전을 달성하는 것을 목적으로 한 안전해석이다.
2) 미국 에너지 연구 개발청(ERDA)의 Johnson에 의해 개발된 시스템 안전프로그램이다.

39 다음의 FT도에서 최소 컷 셋(minimal cut set)으로 맞는 것은?

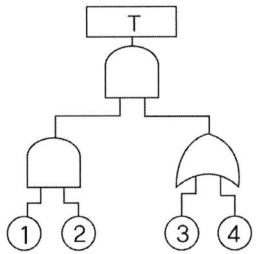

① {1, 2, 3, 4}
② {1, 2, 3}, {1, 2, 4}
③ {1, 3, 4}, {2, 3, 4}
④ {1, 3}, {1, 4}, {2, 3}, {2, 4}

해설 FT도를 다음과 같이 그린 후에 최소컷 셋을 구한다.

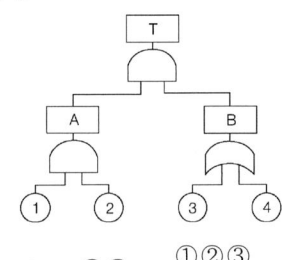

T→AB→①②B→①②③
                  ①②④

40 작업자가 평균 1000시간 작업을 수행하면서 4회의 실수를 한다면, 이 사람이 10시간 근무했을 경우의 신뢰도는 약 얼마인가?

① 0.018 ② 0.04
③ 0.67   ④ 0.96

해설 (1) λ(고장률) = $\dfrac{\text{고장건수}}{\text{시간}}$
$= \dfrac{4}{1000} = 4 \times 10^{-3}$

(2) R_t(신뢰도 : 고장이 일어나지 않을 확률)
$R_t = e^{-\lambda t}$
$= e^{-(4 \times 10^{-3} \times 10)} = 0.96$
여기서 λ : 고장률, t : 가동시간

■정답■ 37.② 38.② 39.② 40.④

제3과목 / 건설시공학

41 건설공사에서 래머(rammer)의 용도는?

① 철근절단 ② 철근절곡
③ 잡석다짐 ④ 토사적재

해설 래머(rammer) : 흙을 다지는 기계

42 콘크리트 공사 시 거푸집 측압의 증가 요인에 관한 설명으로 옳지 않은 것은?

① 콘크리트의 타설 속도가 빠를수록 증가한다.
② 콘크리트의 슬럼프가 클수록 증가한다.
③ 콘크리트에 대한 다짐이 적을수록 증가한다.
④ 콘크리트의 경화속도가 늦을수록 증가한다.

해설 거푸집의 측압에 영향을 미치는 요인 및 커지는 조건

측압에 영향을 미치는 요인	측압이 커지는 조건
1. 거푸집의 강성	강성이 클수록
2. 거푸집의 수평단면, 벽 두께	단면 벽두께가 클수록
3. 철근 및 철골량	철근 및 철골량이 적을수록
4. 콘크리트의 비중	비중이 클수록
5. 온도	온도가 낮을수록
6. 대기중의 습도	습도가 높을수록
7. 투수성	투수성이 클수록
8. 물-시멘트비	물-시멘트비가 클수록 (묽은 콘크리트 일수록)
9. 스럼프	슬럼프가 클수록
10. 다짐(다지기)	콘크리트 다짐이 과할수록
11. 타설속도 (치어붓기속도)	타설속도가 빠를수록
12. 콘크리트의 배합	부배합일수록
13. 거푸집의 수밀성	수밀성이 높을수록
14. 거푸집의 표면	표면이 매끄러울수록

43 경쟁입찰에서 예정가격 이하의 최저가격으로 입찰한 자 순으로 당해계약 이행능력을 심사하여 낙찰자를 선정하는 방식은?

① 제한적 평균가 낙찰제
② 적격심사제
③ 최적격 낙찰제
④ 부찰제

해설 적격심사제 : 공사의 입찰비리를 방지하기 위해 입찰참가업체를 심사한 후 낙찰업체를 결정하는 제도로 적격심사낙찰제라고도 한다.

44 고장력 볼트 접합에 관한 설명으로 옳지 않은 것은?

① 현장에서의 시공설비가 간편하다.
② 접합부재 상호간의 마찰력에 의하여 응력이 전달된다.
③ 불량개소의 수정이 용이하지 않다.
④ 작업 시 화재의 위험이 적다.

해설 고장력 볼트 접합의 특징
 1) 장점
  ① 화재위험이 없고 소음이 적다.
  ② 현장 시공 설비가 간단하다.
  ③ 응력집중이 적고 반복응력에 강하다.
  ④ 불량개소의 수정이 용이하다.
  ⑤ 노동력이 절감되고 공기가 단축된다.
 2) 단점
  ① 나사의 마무리 정도가 어렵다.
  ② 판의 접촉면 상황의 관리가 어렵다.
  ③ 조이는 방법과 조이는 힘이 부족하다.

45 강구조공사 시 볼트의 현장시공에 관한 설명으로 옳지 않은 것은?

① 볼트조임 작업 전에 마찰접합면의 녹, 밀스케일 등은 마찰력 확보를 위하여 제거하지 않는다.
② 마찰내력을 저감시킬 수 있는 틈이 있는 경우에는 끼움판을 삽입해야 한다.

■정답■ 41.③ 42.③ 43.②③ 44.③ 45.①

③ 현장조임은 1차 조임, 마킹, 2차 조임(본조임), 육안검사의 순으로 한다.
④ 1군의 볼트조임은 중앙부에서 가장자리의 순으로 한다.

해설 ①항, 볼트조임 작업 전에 마찰접합면의 녹, 밀스케일 등은 마찰력 확보를 위하여 제거하여야 한다.

46 공사 또는 제품의 품질상태가 만족한 상태에 있는가의 여부를 판단하는데 가장 적합한 품질관리 기법은?

① 특성요인도　② 히스토그램
③ 파레토그램　④ 체크시트

해설 품질관리(QC, Quality Control)활동의 7가지 도구(QC 7가지 수법)
1) 히스토그램(histogram) : 길이, 무게, 강도 등과 같이 계량치의 데이터가 어떠한 분포를 하고 있는지 알아보기 위하여 작성하는 주상(柱狀)기둥그래프(막대그래프)이다.
2) 특성요인도 : 결과에 원인이 어떻게 관계하고 있는가를 생선뼈 모양으로 나타낸 그림이다.
3) 파렛토도(pareto diagram) : 시공불량의 내용이나 원인을 분류 항목으로 나누어 크기 순서대로 나열해 놓은 그림이다.
4) 관리도 : 공정의 상태를 나타내는 특성치에 관해서 그려진 꺾은선 그래프이다.
5) 산점도(산포도, scatter diagram) : 서로 대응되는 두 종류의 데이터의 상호관계를 보는 것이다.
6) 체크시트 : 불량수, 결점수 등 셀 수 있는 데이터를 분류하여 항목별로 나누었을 때 어디에 집중되어 있는가를 알기 쉽도록 한 그림 또는 표이다.
7) 층별 : 데이터의 특성을 적당한 범주마다 얼마간의 그룹으로 나누어 도표로 나타낸 것이다.

47 타워크레인 등의 시공장비에 의해 한 번에 설치하고 탈형만 하므로 사용할 때마다 부재의 조립 및 분해를 반복하지 않아 평면상 상하부 동일단면의 구조인 아파트 건축물에 적용효과가 큰 대형 벽체거푸집은?

① 갱폼(Gang form)
② 유로 폼(Euro form)
③ 트래블링 폼(Traveling form)
④ 슬라이딩 폼(Sliding form)

해설 갱폼(gang form) : 본문 설명

길잡이	갱폼의 장점·단점
장점	·조립, 해체가 생략되고 설치와 탈형만하므로 인력절감 ·콘크리트 이음부위(joint)감소로 마감 단순화 및 비용절감 ·기능공의 기능도에 크게 좌우되지 않음 ·1개 현장 사용 후 합판 교체하여 재사용 가능
단점	·장비 필요 ·초기 투자비 과다 ·거푸집 조립시간 필요 ·기능공의 교육 및 숙달기간 필요

48 철근공사 작업 시 유의사항으로 옳지 않은 것은?

① 철근공사 착공 전 구조도면과 구조계산서를 대조하는 확인작업 수행
② 도면오류를 파악한 후 정정을 요구하거나 철근상세도를 구조평면도에 표시하여 승인 후 시공
③ 품질이 규격값 이하인 철근의 사용배제
④ 구부러진 철근은 다시 펴는 가공작업을 거친 후 재사용

해설 구부러진 철근을 다시 펴서 재사용하지 않는다.

49 도급제도 중 긴급 공사일 경우에 가장 적합한 것은?

① 단가 도급 계약 제도
② 분할 도급 계약 제도
③ 일식 도급 계약 제도
④ 정액 도급 계약 제도

해설 단가도급 : 긴급공사시 계약을 간단히 할 수 있고 공사를 빨리 착공할 수 있으며 설계변경시에 수량증감이 용이하다.

50 구조물의 시공과정에서 발생하는 구조물의 팽창 또는 수축과 관련된 하중으로, 신축량이 큰 장경간, 연도, 원자력발전소 등을 설계할 때나 또는 일교차가 큰 지역의 구조물에 고려해야 하는 하중은?

① 시공 하중 ② 충격 및 진동하중
③ 온도 하중 ④ 이동 하중

51 턴키도급(Turn-Key base Contract)의 특징이 아닌 것은?

① 공기, 품질 등의 결함이 생길 때 발주자는 계약자에게 쉽게 책임을 추궁할 수 있다.
② 설계와 시공이 일괄로 진행된다.
③ 공사비의 절감과 공기단축이 가능하다.
④ 공사기간 중 신공법, 신기술의 적용이 불가하다.

해설 턴키(turn-key)도급 : 건설업자는 주문자가 필요로 하는 모든 것(대상계획의 기업·금융, 토지조달, 설계, 시공, 기계·기구 설치, 시운전까지의 모든 것)을 조달하여 주문자에게 인도하는 도급방식
1) 장점
① 공사비 절감 및 공사 단축이 가능하다.
② 공사방법의 연구 및 개발을 할 수 있다.
2) 단점
① 설계·견적 기간이 짧아 계획이 불충분하다.
② 최저 낙찰제로 건축물의 질이 저하될 수 있다.
③ 설계지침이 자주 변경될 수 있다.
④ 소수업자로 한정되며, 과다경쟁으로 덤핑(dumping)의 우려가 있다.

52 콘크리트의 탄산화에 관한 설명으로 옳지 않은 것은?

① 일반적으로 경량 콘크리트는 탄산화의 속도가 매우 느리다.
② 경화한 콘크리트의 수산화석회가 공기 중의 탄산가스의 영향을 받아 탄산석회로 변화하는 현상을 말한다.
③ 콘크리트의 탄산화에 의해 강재표면의 보호피막이 파괴되어 철근의 녹이 발생하고, 궁극적으로 피복 콘크리트를 파괴한다.
④ 조강 포틀랜드시멘트를 사용하면 탄산화를 늦출 수 있다.

해설 ①항, 경량콘크리트 일수록 탄산화(중성화)속도가 빠르다.

53 H-Pile+토류판 공법이라고도 하며 비교적 시공이 용이하나, 지하수위가 높고 투수성이 큰 지반에서는 차수공법을 병행해야 하고, 연약한 지층에서는 히빙현상이 생길 우려가 있는 것은?

① 지하연속벽공법
② 시트파일공법
③ 엄지말뚝공법
④ 주열벽공법

해설 엄지말뚝공법 : 본문설명

■정답■ 49.① 50.③ 51.④ 52.① 53.③

54 강말뚝(H형강, 강관말뚝)에 관한 설명으로 옳지 않은 것은?

① 깊은 지지층까지 도달시킬 수 있다.
② 휨강성이 크고 수평하중과 충격력에 대한 저항이 크다.
③ 부식에 대한 내구성이 뛰어나다.
④ 재질이 균일하고 절단과 이음이 쉽다.

해설 강재말뚝4지정의 특징
1) 강한 타격에도 견디며 다져진 중간지층의 관통도 가능하다.
2) 지지력이 크고 이음이 안전하고 강하며 확실하므로 장척말뚝에 적당하다.
3) 상부구조와의 결합이 용이하나 가격이 고가이다.
4) 말뚝의 절단·가공 및 현장접합이 가능하다.
5) 휨 모멘트에 대한 저항성은 크나 흙에 묻히면 부식에 의해 내구성이 떨어진다.

55 철골세우기용 기계가 아닌 것은?

① 드래그 라인(Drag line)
② 가이 데릭(Guy derrick)
③ 타워 크레인(Tower crane)
④ 트럭 크레인(Truck crane)

해설 철골세우기용 장비
1) 크레인 : 이동식크레인, 타워크레인 등
2) 데릭 : 가이데릭, 스티프레그데릭(삼각데릭), 진폴데릭 등
3) 윈치(Winch) : 기중기의 일종

56 철근콘크리트 공사 시 철근의 정착위치로 옳지 않은 것은?

① 벽철근은 기둥, 보 또는 바닥판에 정착한다.
② 바닥철근은 기둥에 정착한다.
③ 큰보의 주근은 기둥에, 작은보의 주근은 큰보에 정착한다.
④ 기둥의 주근은 기초에 정착한다.

해설 바닥철근은 보 또는 벽체에 정착

57 강구조물에 실시하는 녹막이 도장에서 도장하는 작업 중이거나 도료의 건조기간 중 도장하는 장소의 환경 및 기상조건이 좋지 않아 공사감독자가 승인할 때까지 도장이 금지되는 상황이 아닌 것은?

① 주위의 기온이 5℃ 미만일 때
② 상대습도가 85% 이하일 때
③ 안개가 끼었을 때
④ 눈 또는 비가 올 때

해설 강구조물의 녹막이 도장이 금지되는 상황
1) 주위의 기온이 5℃미만일 때
2) 눈 또는 비가 올 때
3) 안개가 끼었을 때

58 대형 봉상진동기를 진동과 워터젯에 의해 소정의 깊이까지 삽입하고 모래를 진동시켜 지반을 다지는 연약지반 개량공법은?

① 고결안정공법
② 인공동결공법
③ 전기화학공법
④ Vibro Flotation 공법

해설 바이브로플로테이션(vibro floatation) 공법
1) 사질토지반에 대해 물다짐, 진동다짐의 효과를 지중에서 이용한 공법이다.
2) 대형봉상진동기를 진동과 워터젯에 의해 소정의 깊이까지 삽입하고 모래를 진동시켜 지반을 다지는 공법이다.

59 콘크리트를 타설하는 펌프차에서 사용하는 압송장치의 구조방식과 가장 거리가 먼 것은?

① 압축공기의 압력에 의한 방식
② 피스톤으로 압송하는 방식
③ 튜브 속의 콘크리트를 짜내는 방식
④ 물의 압력으로 압송하는 방식

■ 정답 ■ 54.③ 55.① 56.② 57.② 58.④ 59.④

해설 콘크리트 펌프카에서 사용하는 압송장치의 구조방식
1) 압축공기의 압력에 의한 방식
2) 피스톤으로 압송하는 방식
3) 튜브 속의 콘크리트를 짜내는 방식

60 용접 시 나타나는 결함에 관한 설명으로 옳지 않은 것은?

① 위핑홀(weeping hole) : 용접 후 냉각 시 용접부위에 공기가 포함되어 공극이 발생되는 것
② 오버랩(overlap) : 용접금속과 모재가 융합되지 않고 겹쳐지는 것
③ 언더컷(undercut) : 모재가 녹아 용착금속이 채워지지 않고 홈으로 남게 된 부분
④ 슬래그(slag) 감싸기 : 용접봉의 피복재 심선과 모재가 변하여 생긴 회분이 용착금속 내에 혼입된 것

해설 1) 용접결함
① 균열(crack) : 공기구멍 또는 선상조직, 용접의 구속, 살 붙임 불량 등으로 생기는 결함
② 슬래그 섞임(slag inclusion 슬래그 감싸돌기) : 용접에서 용융금속이 급속하게 냉각되면 슬래그의 일부분이 달아나지 못하고 용착 금속 내에 혼입되는 결함
③ 피드(pit) : 공기의 구멍이 발생함으로서 용접부의 표면에 생기는 작은 구멍
④ 공기구멍(blow hole=gas pocket) : 용접금속의 내부에 생기는 구멍으로 주로 용융금속이 응고할 때 방출되어야 할 가스가 남아서 생기는 결함
⑤ 언더 컷(under cut) : 용접상부(모재표면과 용접표면이 교차되는 점)에 따라 모재가 녹아 용착금속이 채워지지 않고 홈으로 남게 되는 부분
⑥ 오버랩(over lap : 겹치기) : 용접금속과 모재가 융합되지 않고 겹쳐지는 결함
⑦ 위핑 홀(weeping hole) : 용접부 내에 생기는 미세한 구멍
⑧ 기타 결함 : 외관 비틀림 결함, 불용착(녹아 붙기 불량)변형, 용접치수의 불규칙, 용입부족 등
2) 위빙(weaving≒weeping) : 용접봉을 용접방향과 직각으로 움직이면서 용접너비를 증가시키는 운봉법

제4과목 / 건설재료학

61 경화제를 필요로 하는 접착제로서 그 양의 다소에 따라 접착력이 좌우되며 내산, 내알칼리, 내수성이 뛰어나고 금속 접착에 특히 좋은 것은?

① 멜라민수지 접착제
② 페놀수지 접착제
③ 에폭시수지 접착제
④ 푸란수지 접착제

해설 에폭시수지 접착제
1) 내산성, 내알칼리성, 내수성, 내약품성, 전기절연성 등이 우수하다.
2) 강도 등의 기계적 성질도 뛰어나다.
3) 용도 : 금속접착에 적당하고 플라스틱, 도자기, 유리, 석재, 콘크리트 등의 접착에 사용되는 만능형 접착제이다.

62 다음 유리 중 현장에서 절단 가공할 수 없는 것은?

① 망입 유리
② 강화 유리
③ 소다석회 유리
④ 무늬 유리

해설 강화유리
1) 내충격강도 및 하중강도가 보통판유리보다 3~5배 높고 200℃이상의 온도에서도 견디므로 강철유리라고도 한다.
2) 강화유리는 현장에서 절단이 불가능하므로 강화열처리전에 소요치수로 절단하여야 한다.

■정답■ 60.① 61.③ 62.②

63 중용열 포틀랜드시멘트의 일반적인 특정 중 옳지 않은 것은?

① 수화발열량이 적다.
② 초기강도가 크다.
③ 건조수축이 적다.
④ 내구성이 우수하다.

해설 중용열 포틀랜드시멘트
1) 중용열 포틀랜드시멘트 : 수화열을 적게 하기 위해 C_3A_9(알루민산삼석회)의 양을 8% 이하, C_3S(규산삼석회)의 양을 30% 이하로 만든 시멘트이다.
2) 특성 및 용도
① 조기강도는 작고 장기강도는 크다.
② 화학저항성이 크다.
③ 내산성 및 내구성이 우수하다.
④ 포틀랜드시멘트 중에서 건조수축이 가장 적다.
⑤ 댐 및 콘크리트 포장, 방사능 차폐용 등에 사용된다.

64 집성목재에 관한 설명으로 옳지 않은 것은?

① 옹이, 균열 등의 각종 결점을 제거하거나 이를 적당히 분산시켜 만든 균질한 조직의 인공목재이다.
② 보, 기둥, 아치, 트러스 등의 구조재료로 사용할 수 있다.
③ 직경이 작은 목재들을 접착하여 장대재(長大材)로 활용할 수 있다.
④ 소재를 약제처리 후 집성 접착하므로 양산이 어려우며, 건조균열 및 변형 등을 피할 수 없다.

해설 집성목재 : 두께 1.52~5cm의 단판을 몇 장 또는 몇십장 겹쳐서 접착제로 접착한 것으로 합판과 다른 것은 다음과 같다.
1) 판의 섬유방향에 평행으로 붙인 것이다.
2) 보나 기둥에 사용할 수 있는 단면을 가진다.

65 한중콘크리트의 계획배합 시 물결합재비는 원칙적으로 얼마 이하로 하여야 하는가?

① 50%   ② 55%
③ 60%   ④ 65%

해설 한중콘크리트 시공시의 주의사항
1) 물·시멘트비(W/C)를 60% 이하로 가급적 작게 한다.
2) 압축강도는 초기양생기간 내에 약 5MPa (50kg/cm²)정도가 얻어지도록 한다.
3) 동결의 위험이 있으므로 AE제, AE감수제 등을 반드시 사용한다.
4) 단위수량을 가급적 적게 한다.

66 골재의 수량과 관련된 설명으로 옳지 않은 것은?

① 흡수량 : 습윤상태의 골재 내외에 함유하는 전수량
② 표면수량 : 습윤상태의 골재표면의 수량
③ 유효흡수량 : 흡수량과 기건상태의 골재 내에 함유된 수량의 차
④ 절건상태 : 일정 질량이 될 때까지 110℃ 이하의 온도로 가열 건조한 상태

해설 ①항, 흡수량 : 표면건조내부포화상태의 전수량

길잡이 골재의 함수상태
1) 절대 건조상태(절건상태) : 110℃정도에서 24시간 이상 골재를 건조시킨 상태
2) 공기중 건조상태(기건상태) : 공기중에서 골재의 표면과 내부의 일부가 건조된 상태
3) 표면건조 내부포화상태(표건상태) : 골재의 표면에는 물이 없으나 내부의 공극에는 물이 꽉차 있는 상태
4) 습윤상태 : 표면에도 물이 부착되어 있고, 내부에도 물이 채워져 있는 상태

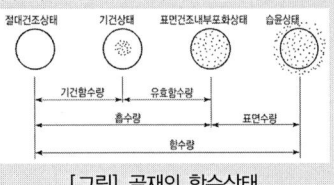

[그림] 골재의 함수상태

67 내열성·내한성이 우수한 열경화성 수지로 -60~260℃의 범위에서는 안정하고 탄성이 있으며 내후성 및 내화학성이 우수한 것은?

① 폴리에틸렌 수지 ② 염화비닐 수지
③ 아크릴 수지 ④ 실리콘 수지

해설 실리콘 수지
1) 내열성 및 내한성이 매우 뛰어나고 전기절연성 및 내수성이 있다.
   ① -60℃~260℃ : 탄성을 유지하며 안정하다.
   ② 150℃~177℃ : 장시간 연속사용에 견딘다.
   ③ 270℃ : 수시간 사용이 가능하다.
2) 도료의 경우 안료로서 알루미늄 분말을 혼합한 것은 500℃에서는 수시간, 250℃에서는 장시간을 견딘다.

68 금속의 부식 방지대책으로 옳지 않은 것은?

① 가능한 한 두 종의 서로 다른 금속은 틈이 생기지 않도록 밀착시켜서 사용한다.
② 균질한 것을 선택하고 사용할 때 큰 변형을 주지 않도록 주의한다.
③ 표면을 평활, 청결하게 하고 가능한 한 건조상태를 유지하며 부분적인 녹은 빨리 제거한다.
④ 큰 변형을 준 것은 가능한 한 풀림하여 사용한다.

해설 금속의 부식을 최소화하기 위한 방법
1) 가능한 한 이종금속을 인접 또는 접촉시켜 사용하지 말 것
2) 큰 변형을 준 것은 가능한 한 풀림하여 사용할 것
3) 부분적으로 녹이 나면 즉시 제거할 것
4) 표면을 평활하고 깨끗이 하며 가능한 한 건조상태를 유지할 것
5) 균질의 것을 선택하고 사용시 큰 변형을 주지 않도록 할 것

69 비철금속에 관한 설명으로 옳은 것은?

① 알루미늄은 융점이 높기 때문에 용해주조도는 좋지 않으나 내화성이 우수하다.
② 황동은 동과 주석 또는 기타의 원소를 가하여 합금한 것으로, 청동과 비교하여 주조성이 우수하다.
③ 니켈은 아황산가스가 있는 공기에서는 부식되지 않지만 수중에서는 색이 변한다.
④ 납은 내식성이 우수하고 방사선의 투과도가 낮아 건축에서 방사선 차폐용 벽체에 이용된다.

해설 1) 알루미늄(Al)은 내화성이 적고 열팽창성이 크다.
2) 황동은 동(Cu)과 아연(Zn)의 합금이다.
3) 니켈(Ni)은 아황산가스(SO_2)가 있는 공기에서는 심하게 부식되지만 공기 중이나 수중에서는 색이 거의 변하지 않는다.

70 시멘트가 시간의 경과에 따라 조직이 굳어져 최종강도에 이르기까지 강도가 서서히 커지는 상태를 무엇이라고 하는가?

① 중성화 ② 풍화
③ 응결 ④ 경화

해설 경화 : 본문설명

71 목재의 가공제품인 MDF에 관한 설명으로 옳지 않은 것은?

① 샌드위치 판넬이나 파티클 보드 등 다른 보드류 제품에 비해 매우 경량이다.
② 습기에 약한 결점이 있다.
③ 다른 보드류에 비하여 곡면가공이 용이한 편이다.
④ 가공성 및 접착성이 우수하다.

해설 MDF(medium density fiberboard) : 나무의 섬유질을 추출하여 접착제와 혼합하여 열과 압력으로 가공한 목재제품이다.

72 열적외선을 반사하는 은소재 도막으로 코팅하여 방사율과 열관류율을 낮추고 가시광선 투과율을 높인 유리는?

① 스팬드럴 유리 ② 배강도유리
③ 로이유리 ④ 에칭유리

해설 로이유리 : 본문설명

73 내화벽돌에 관한 설명으로 옳은 것은?

① 내화점토를 원료로 하여 소성한 벽돌로서, 내화도는 600~800℃의 범위이다.
② 표준형(보통형) 벽돌의 크기는 250 × 120 × 60mm이다.
③ 내화벽돌의 종류에 따라 내화 모르타르도 반드시 그와 동질의 것을 사용하여야 한다.
④ 내화도는 일반벽돌과 동등하며 고온에서보다 저온에서 경화가 잘 이루어진다.

해설 내화벽돌
1) 내화벽돌의 내화도는 1580~2000℃(SK 26~42) 의 범위이다.
2) 보통형벽돌의 크기 : 230×114×65mm이다.
3) 내화도는 저온에서보다 고온에서 경화가 잘 이루어진다.

74 퍼티, 코킹, 실런트 등의 총칭으로서 건축물의 프리패브 공법, 커튼월 공법 등의 공장 생산화가 추진되면서 주목받기 시작한 재료는?

① 아스팔트 ② 실링재
③ 셀프 레벨링재 ④ FRP 보강재

해설 실링재 : 본문설명

75 다음 시멘트 중 조기강도가 가장 큰 시멘트는?

① 보통포틀랜드 시멘트
② 고로 시멘트
③ 알루미나 시멘트
④ 실리카 시멘트

해설 알루미나시멘트
1) 제조법 : Al_2O_3를 함유한 보크사이트(bauxite)에 석회석을 혼합하여 만든다.
2) 알루미나시멘트의 특성
① 조기강도가 매우 커서 급결성이 강하다. (재령 1일 보통 시멘트의 28일 강도를 나타냄)
② 발열량이 대단히 커서 −10℃의 동기(冬期)공사 및 긴급공사에 이용된다.
③ 산에는 약하나 알칼리에 강하다.(해수에 대한 저항성이 크다.)
④ 내화성이 우수하여 내화로용 시멘트로 사용한다.
⑤ 포틀랜드시멘트와 혼합하여 사용할 때에는 순결현상이 있다.

76 방사선 차폐용 콘크리트 제작에 사용되는 골재로서 적합하지 않은 것은?

① 흑요석 ② 적철광
③ 중정석 ④ 자철광

해설 흑요석은 흑색의 유리질 화산암으로 방사선차폐용 콘크리트(중량콘크리트) 골재로는 적합하지 않다.

77 두꺼운 아스팔트 루핑을 4각형 또는 6각형 등으로 절단하여 경사지붕재로 사용되는 것은?

① 아스팔트 싱글
② 망상 루핑
③ 아스팔트 시트
④ 석면 아스팔트 펠트

해설 아스팔트 싱글(asphalt shingle) : 아스팔트 루핑을 두께 1.3mm정도, 넓이 30cm 정도로 4각형·6각형 등의 모양으로 쓰이는 지붕재료

■ 정답 ■ 72.③ 73.③ 74.② 75.③ 76.① 77.①

78 목재 건조방법 중 인공건조법이 아닌 것은?

① 증기건조법 ② 수침법
③ 훈연건조법 ④ 진공건조법

해설 목재건조법
1) 수액제거법 : 현지에 방치하는 방식, 강물에 장기간 담가두는 방식, 물에 삶는 방식
2) 자연건조법 : 대기(공기)건조법, 침수건조법 등
3) 인공건조법 : 증기법, 훈연법, 진공법, 열기법, 자비법 등

79 미장재료인 회반죽을 혼합할 때 소석회와 함께 사용되는 것은?

① 카세인 ② 아교
③ 목섬유 ④ 해초풀

해설 회반죽(기경성) : 소석회 + 모래 + 여물 + 해초풀

80 다음 미장재료 중 균열 발생이 가장 적은 것은?

① 회반죽
② 시멘트 모르타르
③ 경석고 플라스터
④ 돌로마이트 플라스터

해설 석고플라스터는 경화속도(응결시간)가 빠르고 경화·건조시 수축균열이 적어 치수 안정성을 갖는다. (경화시 팽창하기 때문에 균열발생이 적음)

제5과목 / 건설안전기술

81 건설공사현장에서 재해방지를 위한 주의사항으로 옳지 않은 것은?

① 야간작업을 할 때나 어두운 곳에서 작업할 때 채광 및 조명설비는 작업에 지장이 있더라도 물건을 식별할 수 있을 정도의 조도만을 확보·유지하면 된다.
② 불안전한 가설물이 있나 확인하고 특히 작업발판, 안전난간 등의 안전을 점검한다.
③ 과격한 노동으로 심히 피로한 노무자는 휴식을 취하게 하여 피로회복 후 작업을 시킨다.
④ 작업장을 잘 정돈하여 안전사고 요인을 최소화한다.

해설 야간작업 및 어두운 곳에서 작업시 채광 및 조명설비 : 작업에 적합한 조도를 확보·유지하여야 한다.

82 인력에 의한 하물 운반 시 준수사항으로 옳지 않은 것은?

① 수평거리 운반을 원칙으로 한다.
② 운반시의 시선은 진행방향을 향하고 뒷걸음 운반을 하여서는 아니 된다.
③ 쌓여있는 하물을 운반할 때에는 중간 또는 하부에서 뽑아내어서는 아니 된다.
④ 어깨 높이보다 낮은 위치에서 하물을 들고 운반하여서는 아니 된다.

해설 1) 어깨보다 높이 들어 올리지 않는다.
2) 어깨보다 낮은 위치에서 하물을 들고 운반하여야 한다.

■정답■ 78.② 79.④ 80.③ 81.① 82.④

83 철근가공작업에서 가스절단을 할 때의 유의사항으로 옳지 않은 것은?

① 가스절단 작업 시 호스는 겹치거나 구부러지거나 밟히지 않도록 한다.
② 호스, 전선 등은 작업효율을 위하여 다른 작업장을 거치는 곡선상의 배선이어야 한다.
③ 작업장에서 가연성 물질에 인접하여 용접작업할 때에는 소화기를 비치하여야 한다.
④ 가스절단 작업 중에는 보호구를 착용하여야 한다.

해설 철근가공작업을 할 때 가스절단시 유의사항(고용노동부 고시)
1) 가스절단 작업시 호스는 겹치거나 구부러지거나 밟히지 않도록 한다.
2) 작업장에서 가연성 물질에 인접하여 용접작업 할 때에는 소화기를 비치하여야 한다.
3) 가스절단 작업 중에는 보호구를 착용하여야 한다.
2) 호스, 전선 등은 다른 작업장을 거치지 않는 직선상의 배선이어야 하며, 길이가 짧아야 한다.

84 다음은 가설통로를 설치하는 경우 준수하여야 할 사항이다. ( )안에 들어갈 내용으로 옳은 것은?

> 수직갱에 가설된 통로의 길이가 (A) 이상인 경우에는 (B) 이내마다 계단참을 설치할 것

① A : 8m, B : 10m
② A : 8m, B : 7m
③ A : 15m, B : 10m
④ A : 15m, B : 7m

해설 가설통로의 구조 : 가설통로 설치시 준수사항
1) 견고한 구조로 할 것
2) 경사는 30° 이하로 할 것(다만, 계단을 설치하거나 높이 2m 미만의 가설통로로서 튼튼한 손잡이를 설치한 때에는 그러하지 아니하다)
3) 경사가 15°를 초과하는 때에는 미끄러지지 않는 구조로 할 것
4) 추락의 위험이 있는 장소에는 안전난간을 설치할 것(작업상 부득이한 때에는 필요한 부분에 한하여 임시로 이를 해체할 수 있다)
5) 수직갱에 가설된 통로의 길이가 15m 이상인 때에는 10m 이내마다 계단참을 설치할 것
6) 건설공사에서 사용하는 높이 8m이상인 비계다리에는 7m 이내마다 계단을 설치할 것

85 토석붕괴의 요인 중 외적 요인이 아닌 것은?

① 토석의 강도저하
② 사면, 법면의 경사 및 기울기의 증가
③ 절토 및 성토 높이의 증가
④ 공사에 의한 진동 및 반복하중의 증가

해설 토사붕괴의 원인(고용노동부고시)
1) 외적요인
  ① 사면, 법면의 경사 및 구배의 증가
  ② 절토 및 성토 높이의 증가
  ③ 공사에 의한 진동 및 반복하중의 증가
  ④ 지표수 및 지하수의 침투에 의한 토사중량 증가
  ⑤ 지진, 차량, 구조물의 하중
2) 내적요인
  ① 절토사면의 토질, 암석
  ② 성토사면의 토질
  ③ 토석의 강도저하

86 거푸집 공사 관련 재료의 선정 시 고려사항으로 옳지 않은 것은?

① 목재거푸집 : 흠집 및 옹이가 많은 거푸집과 합판은 사용을 금지한다.
② 강재거푸집 : 형상이 찌그러진 것은 교정한 후에 사용한다.
③ 지보공재 : 변형, 부식이 없는 것을 사용한다.
④ 연결재 : 연결부위의 다양한 형상에 적응 가능한 소철선을 사용한다.

해설 ④항, 연결재 : 연결부위(접속부, 교차부 등)는 연결철물(볼트, 클램프 등 전용철물)을 사용하여 단단하게 연결하여야 한다.

87 추락재해방지를 위한 방망의 그물코의 크기는 최대 얼마 이하이어야 하는가?

① 5cm ② 7cm
③ 10cm ④ 15cm

해설 추락방지용 방망의 구조
 1) 구성 : 방망, 망테두리, 재봉사, 메다는 망 등
 2) 재료 : 합성섬유 또는 그 이상의 재질을 보유한 것
 3) 그물코 : 가로, 세로 10cm 이하
 4) 그물바닥 : 뒤틀리거나 어긋나지 않는 구조

88 다음 중 거푸집동바리 설계 시 고려하여야 할 연직방향 하중에 해당하지 않는 것은?

① 적설하중
② 풍하중
③ 충격하중
④ 작업하중

해설 1) 슬래브(slab)에 대한 거푸집동바리 설치시 고려해야 할 하중 : 연직방향하중
 2) 거푸집의 연직방향하중(W)
  ∴ W=고정하중+충격하중+작업하중
   =고정하중+휨하중(=충격하중+작업하중)
  ① 고정하중 : 콘크리트 자중(=철근콘크리트 비중 ×슬래브 두께)
  ② 충격하중 : 고정하중×1/2
  ③ 작업하중 : 작업원 중량+장비 및 가설설비의 등의 중량=150kg/m²

89 철골작업을 중지하여야 하는 강우량 기준으로 옳은 것은?

① 시간당 1mm 이상인 경우
② 시간당 3mm 이상인 경우
③ 시간당 5mm 이상인 경우
④ 시간당 1cm 이상인 경우

해설 철골작업을 중지해야하는 기상조건
 1) 풍속 : 10m/sec 이상
 2) 강우량 : 1mm/hr 이상
 3) 강설량 : 1cm/hr 이상

90 가열에 사용되는 가스 등의 용기를 취급하는 경우에 준수하여야 할 사항으로 옳지 않은 것은?

① 밸브의 개폐는 최대한 빨리 할 것
② 전도의 위험이 없도록 할 것
③ 용기의 온도를 섭씨 40도 이하로 유지할 것
④ 운반하는 경우에는 캡을 씌울 것

해설 금속의 용접·용단 또는 가열에 사용되는 가스 등의 용기취급시 준수사항
 1) 다음 각 항목에 해당하는 장소에서 사용하거나 해당 장소에 설치·저장 또는 방치하지 않도록 할 것
  ① 통풍이나 환기가 불충분한 장소
  ② 화기를 사용하는 장소 및 그 부근
  ③ 위험물 또는 제236조에 따른 인화성 액체를 취급하는 장소 및 그 부근
 2) 용기의 온도를 섭씨 40도 이하로 유지할 것
 3) 전도의 위험이 없도록 할 것

■ 정답 ■ 86.④ 87.③ 88.② 89.① 90.①

4) 충격을 가하지 않도록 할 것
5) 운반하는 경우에는 캡을 씌울 것
6) 사용하는 경우에는 용기의 마개에 부착되어 있는 유류 및 먼지를 제거할 것
7) 밸브의 개폐는 서서히 할 것
8) 사용 전 또는 사용 중인 용기와 그 밖의 용기를 명확히 구별하여 보관할 것
9) 용해아세틸렌의 용기는 세워 둘 것
10) 용기의 부식·마모 또는 변형상태를 점검한 후 사용할 것

91 건설업 산업안전보건관리비의 사용항목으로 가장 거리가 먼 것은?

① 안전시설비
② 사업장의 안전진단비
③ 근로자의 건강관리비
④ 본사 일반관리비

해설 건설업 안전관리비 항목별 사용기준
1) 안전관리자 등의 인건비 및 각종 업무수당 등
2) 안전시설비 등
3) 개인보호구 및 안전장구 구입비 등
4) 사업장의 안전진단비 등
5) 안전보건교육비 및 행사비 등
6) 근로자의 건강관리비 등
7) 건설재해예방 기술지도비
8) 본사 사용비

92 사다리식 통로의 설치기준으로 옳지 않은 것은?

① 발판과 벽과의 사이는 15cm 이상의 간격을 유지할 것
② 사다리의 상단은 걸쳐놓은 지점으로부터 40cm 이상 올라가도록 할 것
③ 폭은 30cm 이상으로 할 것
④ 사다리식 통로의 기울기는 75° 이하로 할 것

해설 사다리식 통로의 구조
1) 견고한 구조로 할 것
2) 심한 손상·부식 등이 없는 재료를 사용할 것
3) 발판의 간격은 동일하게 할 것
4) 발판과 벽과의 사이는 15cm 이상의 간격을 유지할 것
5) 폭은 30cm 이상으로 할 것
6) 사다리가 넘어지거나 미끄러지는 것을 방지하기 위한 조치를 할 것
7) 사다리의 상단은 걸쳐놓은 지점으로부터 60cm 이상 올라가도록 할 것
8) 사다리식 통로의 길이가 10m 이상인 때에는 5m 이내마다 계단참을 설치할 것
9) 이동식 사다리식 통로의 기울기는 75° 이하로 할 것(다만, 고정식 사다리식 통로의 기울기는 90° 이하로 하고 높이가 7m 이상인 경우 바닥으로부터 2.5m 되는 지점부터 등받이 울을 설치할 것)
10) 접이식 사다리기둥은 사용시 접혀지거나 펼쳐지지 않도록 철물 등을 사용하여 견고하게 조치할 것

93 다음 중 유해·위험방지계획서 제출 시 첨부해야 하는 서류와 가장 거리가 먼 것은?

① 건축물 각 층의 평면도
② 기계. 설비의 배치도면
③ 원재료 및 제품의 취급, 제조 등의 작업방법의 개요
④ 비상조치계획서

해설 제조업 등의 유해·위험방지계획서 제출 시 첨부 서류
1) 건축물 각 층의 평면도
2) 기계·설비의 개요를 나타내는 서류
3) 기계·설비의 배치도면
4) 원재료 및 제품의 취급, 제조 등의 작업방법의 개요
5) 그 밖에 고용노동부장관이 정하는 도면 및 서류

■ 정답 ■ 91.④ 92.② 93.④

> **길잡이** 건설업 등의 유해·위험방지계획서 제출 시 첨부서류(공사개요 및 안전보건관리계획)
> 1) 공사개요서(별지 제45호 서식)
> 2) 공사현장의 주변현황 및 주변과의 관계를 나타내는 도면(매설물 현황 포함)
> 3) 건설물·공사용 기계설비 등의 배치를 나타내는 도면 및 서류
> 4) 전체공정표
> 5) 산업안전보건관리비 사용계획
> 6) 안전관리조직표
> 7) 재해발생위험시 연락 및 대피방법

94 비계의 수평재의 최대 휨모멘트가 50000×10^2 N·mm, 수평재의 단면 계수가 5×10^6 mm³일 때 휨응력(σ)은 얼마인가?

① 0.5MPa ② 1MPa
③ 2MPa   ④ 2.5MPa

해설 휨응력(σ) = $\dfrac{\text{휨모멘트}}{\text{단면계수}}$
$= \dfrac{50,000 \times 10^2 N \cdot mm}{5 \times 10^6 mm^3}$
$= 1N/mm^2 = 1MPa$

95 달비계(곤돌라의 달비계는 제외)의 최대 적재하중을 정하는 경우 달기 체인 및 달기 훅의 안전계수 기준으로 옳은 것은?

① 2 이상   ② 3 이상
③ 5 이상   ④ 10 이상

해설 달비계(곤돌라의 달비계는 제외)를 작업발판으로 사용할 때 최대적재하중을 정함에 있어서의 안전계수
1) 달기와이어로프 및 달기강선의 안전계수 : 10이상
2) 달기체인 및 달기훅의 안전계수 : 5이상
3) 달기강대와 달비계의 하부 및 상부지점의 안전계수
   ① 강재의 경우 2.5 이상
   ② 목재의 경우 5이상

96 부두·안벽 등 하역작업을 하는 장소에 대하여 부두 또는 안벽의 선을 따라 통로를 설치할 때 통로의 최소 폭 기준은?

① 70cm 이상   ② 80cm 이상
③ 90cm 이상   ④ 100cm 이상

해설 부두, 안벽 등 하역작업을 하는 장소에 대한 조치사항
1) 작업장 및 통로의 위험한 부분에는 안전하게 작업할 수 있는 조명을 유지할 것
2) 부두 또는 안벽의 선을 따라 통로를 설치할 때에는 폭을 90cm이상으로 할 것
3) 육상에서의 통로 및 작업장소로서 다리 또는 선거의 갑문을 넘는 보도 등의 위험한 부분에는 안전난간 또는 울 등을 설치할 것

97 흙의 휴식각에 관한 설명으로 옳지 않은 것은?

① 흙의 마찰력으로 사면과 수평면이 이루는 각도를 말한다.
② 흙의 종류 및 함수량 등에 따라 다르다.
③ 흙파기의 경사각은 휴식각의 1/2로 한다.
④ 안식각이라고도 한다.

해설 ③항, 흙파기의 경사각 : 휴식각(안식각)의 2배

98 건설현장에서 가설 계단 및 계단참을 설치하는 경우 안전율은 최소 얼마 이상으로 하여야 하는가?

① 3   ② 4
③ 5   ④ 6

해설 가설계단 및 계단참을 설치하는 경우 매 m²당 500kg이상의 하중에 견딜 수 있는 장소를 가진 구조로 설치하여야 하며, 안전율은 4이상으로 할 것

■ 정답 ■ 94.② 95.③ 96.③ 97.③ 98.②

99 이동식비계를 조립하여 작업을 하는 경우에 준수해야 할 사항과 거리가 먼 것은?

① 비계의 최상부에서 작업을 하는 경우에는 안전난간을 설치할 것
② 작업발판의 최대적재하중은 250kg을 초과하지 않도록 할 것
③ 승강용사다리는 견고하게 설치할 것
④ 지주부재와 수평면과의 기울기를 75° 이하로 하고, 지주부재와 지주부재 사이를 고정시키는 보조부재를 설치할 것

해설 이동식 비계를 조립하여 작업을 할 때 준수사항
1) 이동식비계의 바퀴에는 뜻밖의 갑작스러운 이동 또는 전도를 방지하기 위하여 브레이크·쐐기 등으로 바퀴를 고정시킨 다음 비계의 일부를 견고한 시설물에 고정하거나 아웃트리거(outrigger)를 설치하는 등 필요한 조치를 할 것
2) 비계의 최상부에서 작업을 하는 경우에는 안전난간을 설치할 것
3) 작업발판의 최대적재하중은 250kg을 초과하지 않도록 할 것
4) 작업 발판은 항상 수평으로 유지하고 작업 발판 위에서 안전난간을 딛고 작업을 하거나 받침대 또는 사다리를 사용하여 작업하지 않도록 할 것
5) 승강용사다리는 견고하게 설치할 것

100 다음 그림의 형태 중 클램쉘(Clam Shell) 장비에 해당하는 것은?

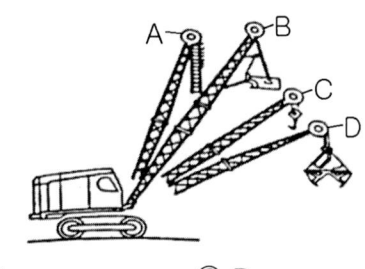

① A
② B
③ C
④ D

해설 클램쉘 : D

■정답■ 99.④ 100.④

2020년 시행
건설안전산업기사

2020년 1·2회 기출문제
[6월 6일 시행]

건설안전산업기사

제1과목 / 산업안전관리론

01 심리검사의 특징 중 "검사의 관리를 위한 조건과 절차의 일관성과 통일성"을 의미하는 것은?

① 규준
② 표준화
③ 객관성
④ 신뢰성

해설 심리검사의 구비조건
1) **표준화** : 검사관리를 위한 조건 및 검사철차의 일관성과 통일성을 표준화
2) **객관성** : 체험하는 과정에서 채점자의 편견이나 주관성 배제
3) **규준**(noms) : 검사결과를 해석하기 위한 비교할 수 있는 참조 또는 비교의 틀
4) **신뢰성** : 검사응답의 일관성(반복성)
5) **타당성** : 측정하고자 하는 것을 실제로 잘 측정하는가 여부를 판별하는 것

02 산업 재해의 발생 유형으로 볼 수 없는 것은?

① 지그재그형
② 집중형
③ 연쇄형
④ 복합형

해설 산업재해의 발생형태 종류
1) **단순자극형(집중형)** : 상호자극에 의해 순간적으로 재해가 발생하는 유형
2) **연쇄형** : 하나의 사고요인이 또 다른 요인을 발생시키며 재해를 발생하는 유형
3) **복합형** : 연쇄형과 단순자극형의 복합적인 발생유형

03 산업재해 예방의 4원칙 중 "재해발생에는 반드시 원인이 있다."라는 원칙은?

① 대책 선정의 원칙
② 원인 계기의 원칙
③ 손실 우연의 원칙
④ 예방 가능의 원칙

해설 재해예방의 4원칙
1) **손실우연의 원칙** : 사고에 의해 생기는 손실의 종류와 정도는 우연적이다.
2) **원인계기의 원칙** : 모든 재해는 필연적인 원인에 의해서 발생되며 재해발생은 직접원인이 아니고 많은 간접원인의 연쇄로 발생되는 것이다.
3) **예방가능의 원칙** : 재해는 원칙적으로 모든 방지가 가능하다.
4) **대책선정의 원칙** : 가장 효과적인 재해방지대책의 선정은 사고원인의 정확한 분석에 의해서 얻어진다.

04 기계·기구 또는 설비의 신설, 변경 또는 고장 수리 등 부정기적인 점검을 말하며, 기술적 책임자가 시행하는 점검은?

① 정기 점검
② 수시 점검
③ 특별 점검
④ 임시 점검

해설 안전점검의 종류
1) **수시점검(일상점검)** : 작업 전, 중, 후에 실시하는 점검
2) **정기점검** : 일정기간마다 정기적으로 실시하는 점검
3) **임시점검** : 이상발견 시 임시로 실시하거나 정기점검과 정기점검 사이에 실시하는 점검
4) **특별점검**
   ① 기계·기구 및 설비의 신설, 변경 및 수리 시 등
   ② 천재지변 발생 후 실시

■정답■ 01.② 02.① 03.② 04.③

③ 안전강조 기간 내 실시

05 산업안전보건법령상 근로자 안전·보건교육 중 채용 시의 교육 및 작업내용 변경 시의 교육 사항으로 옳은 것은?

① 물질안전보건자료에 관한 사항
② 건강증진 및 질병 예방에 관한 사항
③ 유해·위험 작업환경 관리에 관한 사항
④ 표준안전작업방법 및 지도 요령에 관한 사항

해설 1) 관리감독자의 정기안전·보건교육의 내용
　① 작업공정의 유해·위험과 재해예방대책에 관한 사항
　② 표준안전작업방법 및 지도요령에 관한 사항
　③ 관리감독자의 역할과 임무에 관한 사항
　④ 유해·위험 작업환경관리에 관한 사항
　⑤ 산업보건 및 직업병 예방에 관한 사항(공통사항)
　⑥ 산업안전 및 사고예방에 관한 사항
　⑦ 산업안전보건법령 및 산업재해보상보험 제도에 관한 사항
　⑧ 직무스트레스 예방 및 관리에 관한 사항
　⑨ 직장 내 괴롭힘, 고객의 폭언 등으로 인한 건강장해 예방 및 관리에 관한 사항
　⑩ 안전보건교육 능력 배양에 관한 사항
2) **채용시 및 작업내용 변경시 교육내용**(시행규칙 별표 8의 2)
　① 기계·기구의 위험성과 작업의 순서 및 동선에 관한 사항
　② 작업개시 전 점검에 관한 사항
　③ 정리정돈 및 청소에 관한 사항
　④ 사고발생시 긴급조치에 관한 사항
　⑤ 물질안전보건자료에 관한 사항
　⑥ 산업보건 및 직업병 예방에 관한 사항(공통사항)
　⑦ 산업안전 및 사고예방에 관한 사항
　⑧ 산업안전보건법령 및 산업재해보상보험 제도에 관한 사항
　⑨ 직무스트레스 예방 및 관리에 관한 사항
　⑩ 직장 내 괴롭힘, 고객의 폭언 등으로 인한 건강장해 예방 및 관리에 관한 사항

06 상시 근로자수가 75명인 사업장에서 1일 8시간씩 연간 320일을 작업하는 동안에 4건의 재해가 발생하였다면 이 사업장의 도수율은 약 얼마인가?

① 17.68　② 19.67
③ 20.83　④ 22.83

해설 도수율 = $\dfrac{재해건수}{연근로시간수} \times 10^6$
　　　= $\dfrac{4}{75 \times 8 \times 320} \times 10^6$
　　　= 20.83

07 위험예지훈련 기초 4라운드(4R)에서 라운드별 내용이 바르게 연결된 것은?

① 1라운드 : 현상파악
② 2라운드 : 대책수립
③ 3라운드 : 목표설정
④ 4라운드 : 본질추구

해설 위험예지훈련의 문제해결 4라운드(4Round)
1) 1R-현상파악 : 전원이 토의를 통해서 잠재위험요인을 발견하는 단계
2) 2R-본질추구 : 가장 위험한 요인(위험 포인트)을 합의로 결정하는 단계
3) 3R-대책수립 : 구체적인 대책을 수립하는 단계
4) 4R-행동목표 설정 : 행동계획을 정하고 수립한 대책 가운데서 질이 높은 항목에 합의하는 단계

08 O.J.T(On the Job Training) 교육의 장점과 가장 거리가 먼 것은?

① 훈련에만 전념할 수 있다.
② 직장의 실정에 맞게 실제적 훈련이 가능하다.
③ 개개인의 업무능력에 적합하고 자세한 교육이 가능하다.
④ 교육을 통하여 상사와 부하간의 의사소통과 신뢰감이 깊게 된다.

■정답■　05.①　06.③　07.①　08.①

해설 OJT와 off-JT의 특징

O·J·T (현장중심교육)	off J·T (현장외 중심교육)
① 개개인에게 적합한 지도훈련이 가능	① 다수의 근로자에게 조직적 훈련이 가능
② 직장의 실정에 맞는 실체적 훈련을 할 수 있다.	② 훈련에만 전념하게 된다.
③ 훈련 필요한 업무의 계속성이 끊어지지 않음	③ 특별설비기구를 이용할 수 있음
④ 즉시 업무에 연결되는 관계로 신체와 관련 있음	④ 전문가를 강사로 초청할 수 있음
⑤ 효과가 곧 업무에 나타나며 훈련의 좋고 나쁨에 따라 개선이 용이함	⑤ 각 직장의 근로자가 많은 지식이나 경험을 교류할 수 있음
⑥ 교육을 통한 훈련 효과에 의해 상호 신뢰 이해도가 높아짐	⑥ 교육훈련 목표에 대해서 집단적 노력이 흐트러질 수도 있음

09 일반적으로 사업장에서 안전관리조직을 구성할 때 고려할 사항과 가장 거리가 먼 것은?

① 조직 구성원의 책임과 권한을 명확하게 한다.
② 회사의 특성과 규모에 부합되게 조직되어야 한다.
③ 생산조직과는 동떨어진 독특한 조직이 되도록 하여 효율성을 높인다.
④ 조직의 기능이 충분히 발휘될 수 있는 제도적 체계가 갖추어져야 한다.

해설 ③항, 안전관리조직은 생산라인과 밀착된 조직이어야 한다.

10 다음 중 매슬로우(Maslow)가 제창한 인간의 욕구 5단계 이론을 단계별로 옳게 나열한 것은?

① 생리적 욕구 → 안전 욕구 → 사회적 욕구 → 존경의 욕구 → 자아실현의 욕구
② 안전 욕구 → 생리적 욕구 → 사회적 욕구 → 존경의 욕구 → 자아실현의 욕구
③ 사회적 욕구 → 생리적 욕구 → 안전 욕구 → 존경의 욕구 → 자아실현의 욕구
④ 사회적 욕구 → 안전 욕구 → 생리적 욕구 → 존경의 욕구 → 자아실현의 욕구

해설 매슬로우(Maslow)의 욕구 5단계
1) 1단계-생리적 욕구(신체적 욕구) : 기아, 갈등, 호흡, 배설, 성욕 등 기본적 욕구
2) 2단계-안전의 욕구 : 안전을 구하려는 욕구
3) 3단계-사회적 욕구(친화욕구) : 애정, 소속에 대한 욕구
4) 4단계-인정받으려는 욕구(자기존경의 욕구, 승인욕구) : 자존심, 명예, 성취, 지위 등에 대한 욕구
5) 5단계-자아실현의 욕구(성취욕구) : 잠재적인 능력을 실현하고자 하는 욕구

11 보호구 안전인증 고시에 따른 안전화의 정의 중 ( )안에 알맞은 것은?

경작업용 안전화란 (㉠)mm의 낙하높이에서 시험했을 때 충격과 (㉡ ± 0.1)kN의 압축하중에서 시험했을 때 압박에 대하여 보호해 줄 수 있는 선심을 부착하여, 착용자를 보호하기 위한 안전화를 말한다.

① ㉠ 500, ㉡ 10.0
② ㉠ 250, ㉡ 10.0
③ ㉠ 500, ㉡ 4.4
④ ㉠ 250, ㉡ 4.4

■정답■ 09.③ 10.① 11.④

해설 안전화에 대한 용어의 정리
1) 중작업용 안전화 : 1000mm의 낙하 높이에서 시험했을 때 충격과(15.0±0.1)kN의 압축하중에서 시험했을 때 압박에 대하여 보호해줄 수 있는 선심을 부착하여 착용자를 보호하기 위한 안전화를 말한다.
2) 보통작업용 안전화 : 500mm의 낙하높이에서 시험했을 때 충격과(10.0±0.1)kN의 압축하중에서 시험했을 때 압박에 대하여 보호해줄 수 있는 선심을 부착하여 착용자를 보호하기 위한 안전화를 말한다.
3) 경작업용 안전화 : 250mm의 낙하높이에서 시험했을 때 충격과(4.4±0.1) kN의 압축하중에서 시험했을 때 압박에 대하여 보호해줄 수 있는 선심을 부착하여 착용자를 보호하기 위한 안전화를 말한다.

12 조직이 리더에게 부여하는 권한으로 볼 수 없는 것은?

① 보상적 권한
② 강압적 권한
③ 합법적 권한
④ 위임된 권한

해설 리더십의 권한
1) 조직이 지도자에게 부여한 권한
   ① **보상적 권한** : 지도자가 부하들에게 보상할 수 있는 능력으로 인해 부하직원들을 통제할 수 있으며 부하들의 행동에 대해 영향을 끼칠 수 있는 권한이다.
   ② **강압적 권한** : 부하직원들을 처벌할 수 있는 권한이다.
   ③ **합법적 권한** : 조직의 규정에 의해 지도자의 권한이 공식화 된 것을 말한다.
2) 지도자 자신이 자신에게 부여한 권한 : 부하직원들이 지도자의 성격이나 그 능력을 인정하고 지도자를 존경하며 자진해서 따르는 것이다.
   ① **전문성의 권한** : 지도자가 목표수행에 필요한 전문적인 지식을 갖고 업무수행을 하므로 부하직원들이 자발적으로 지도자를 따르게 된다.
   ② **위임된 권한** : 집단의 목표를 성취하기 위해 부하직원들이 지도자가 정한 목표를 자진해서 자신의 것으로 받아들여 지도자와 함께 일하는 것이다.

13 테크니컬 스킬즈(technical skills)에 관한 설명으로 옳은 것은?

① 모럴(morale)을 앙양시키는 능력
② 인간을 사물에게 적응시키는 능력
③ 사물을 인간에게 유리하게 처리하는 능력
④ 인간과 인간의 의사소통을 원활히 처리하는 능력

해설 테크니컬 스킬즈와 소시얼 스킬즈
1) **테크니컬 스킬즈**(technical skills) : 사물을 인간의 목적에 유익하도록 처리하는 능력을 말함
2) **소시얼 스킬즈**(social skills) : 사람과 사람 사이의 커뮤니케이션을 양호하게 하고, 사람들의 요구를 충족케 하고 모랄을 앙양시키는 능력을 말함

14 산업안전보건법령상 특별교육 대상 작업별 교육 작업 기준으로 틀린 것은?

① 전압이 75V 이상인 정전 및 활선작업
② 굴착면의 높이가 2m 이상이 되는 암석의 굴착작업
③ 동력에 의하여 작동되는 프레스기계를 3대 이상 보유한 사업장에서 해당 기계로 하는 작업
④ 1톤 미만의 크레인 또는 호이스트를 5대 이상 보유한 사업장에서 해당 기계로 하는 작업

해설 ③항, 동력에 의하여 작동되는 프레스기계를 5대 이상 보유한 사업장에서 해당 기계로 하는 작업

■ 정답 ■ 12.④ 13.③ 14.③

15 재해의 원인 분석법 중 사고의 유형, 기인물 등 분류 항목을 큰 순서대로 도표화하여 문제나 목표의 이해가 편리한 것은?

① 관리도(control chart)
② 파렛토도(pareto diagram)
③ 클로즈분석(close analysis)
④ 특성요인도(cause-reason diagram)

해설 통계적 원인 분석 방법
1) 파렛트도 : 분류항목을 큰 순서대로 도표화한 분석법
2) 특성요인도 : 특성과 요인관계를 도표로 하여 어골상으로 세분화 한 분석법
3) 클로즈(Close)분석 : 데이터(data)를 집계하고 표로 표시하여 요인별 결과내역을 교차한 클로즈그림을 작성하여 분석하는 방법
4) 관리도 : 재해발생건수 등의 추이를 파악하여 목표관리를 행하는데 필요한 월별 재해 발생 수를 그래프화하여 관리선을 설정·관리하는 방법

16 하인리히 재해 발생 5단계 중 3단계에 해당하는 것은?

① 불안전한 행동 또는 불안전한 상태
② 사회적 환경 및 유전적 요소
③ 관리의 부재
④ 사고

해설 하인리히 사고연쇄성 이론(domino 현상)
1) 1단계 : 사회적 환경 및 유전적 요소
2) 2단계 : 개인적 결함
3) 3단계 : 불안전한 행동 및 불안전한 상태(사고방지를 위해 중점적으로 배재해야 할 사항)
4) 4단계 : 사고
5) 5단계 : 재해

17 주의의 특성으로 볼 수 없는 것은?

① 변동성   ② 선택성
③ 방향성   ④ 통합성

해설 주의의 특징
1) 선택성 : 여러 종류의 자극을 자각할 때 소수의 특정한 것에 한하여 선택하는 기능
2) 방향성 : 주시점만 인지하는 기능
3) 변동성 : 주의에는 주기적으로 부주의의 리듬이 존재

18 기억의 과정 중 과거의 학습경험을 통해서 학습된 행동이 현재와 미래에 지속되는 것을 무엇이라 하는가?

① 기명(memorizing)
② 파지(retention)
③ 재생(recall)
④ 재인(recognition)

해설 기억의 과정 : 기억은 기명, 파지, 재생, 재인의 단계를 거친다.
1) 기억 : 과거의 경험이 어떠한 형태로 미래의 행동에 영향을 주는 작용
2) 기명 : 사물의 인상을 마음속에 간직하는 것
3) 파지 : 간직, 인상이 보존되는 것
4) 재생 : 보존된 인상이 다시 의식으로 떠오른 것
5) 재인 : 과거에 경험했던 것과 같은 비슷한 상태에 부딪혔을 때 떠오르는 것

19 교육의 3요소 중 교육의 주체에 해당하는 것은?

① 강사   ② 교재
③ 수강자   ④ 교육방법

해설 교육의 3요소
1) 주체 : 교도자, 강사, 교사 등
2) 객체 : 학생, 수강자, 피교육자 등
3) 매개체 : 교재

■정답■ 15.② 16.① 17.④ 18.② 19.①

20 산업안전보건법령상 안전보건표지의 종류와 형태 중 그림과 같은 경고 표지는? (단, 바탕은 무색, 기본모형은 빨간색, 그림은 검은색이다.)

① 부식성물질 경고
② 폭발성물질 경고
③ 산화성물질 경고
④ 인화성물질 경고

22 결함수 분석법에서 일정 조합 안에 포함되는 기본사상들이 동시에 발생할 때 반드시 목표사상을 발생시키는 조합을 무엇이라 하는가?

① Cut set
② Decision tree
③ Path set
④ 불대수

제2과목 / 인간공학 및 시스템안전공학

---

21 가청 주파수 내에서 사람의 귀가 가장 민감하게 반응하는 주파수 대역은?

① 20 ~ 20000 Hz
② 50 ~ 15000 Hz
③ 100 ~ 10000 Hz
④ 500 ~ 3000 Hz

23 통제표시비(C/D비)를 설계할 때의 고려할 사항으로 가장 거리가 먼 것은?

① 공차
② 운동성
③ 조작시간
④ 계기의 크기

24 FTA에 사용되는 기호 중 다음 기호에 해당하는 것은?

① 생략사상 ② 부정사상
③ 결함사상 ④ 기본사상

해설

생략사상	기본사상	결함사상	통상사상

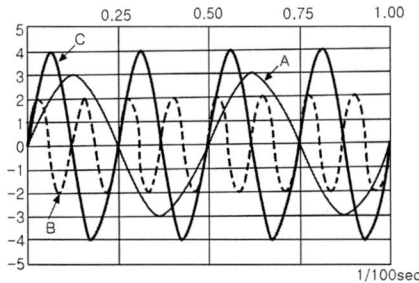

25 다음은 1/100초 동안 발생한 3개의 음파를 나타낸 것이다. 음의 세기가 가장 큰 것과 가장 높은 음은 무엇인가?

① 가장 큰 음의 세기 : A, 가장 높은 음 : B
② 가장 큰 음의 세기 : C, 가장 높은 음 : B
③ 가장 큰 음의 세기 : C, 가장 높은 음 : A
④ 가장 큰 음의 세기 : B, 가장 높은 음 : C

해설 음의 세기와 음의 높이
1) 음의 세기 : 음의 진행방향에 직각이고 단위면적(m^2)을 단위시간(sec)에 통과하는 음의 에너지양을 파워(power)로 나타낸 것을 말한다.
2) 음의 높이 : 인간이 갖는 심리적 감각의 하나로서 저주파수에서부터 고주파수에 대한 청각의 성질을 말한다.

26 건강한 남성이 8시간 동안 특정 작업을 실시하고, 분당 산소 소비량이 1.1L/분으로 나타났다면 8시간 총 작업시간에 포함될 휴식시간은 약 몇 분인가? (단, Murrell의 방법을 적용하며, 휴식 중 에너지소비율은 1.5kcal/min이다.)

① 30분 ② 54분
③ 60분 ④ 75분

해설 1) 작업시 소비에너지
   = 1.1L/분×5kcal/L = 5.5kcal/min
2) 1시간(60분)당 휴식시간(R)
$$R = \frac{60 \times (E-5)}{E-1.5}$$
$$= \frac{60 \times (5.5-5)}{5.5-1.5}$$
$$= 7.5분$$
3) 7.5분/시간 × 8시간 = 60분

27 인간공학적 수공구의 설계에 관한 설명으로 옳은 것은?

① 수공구 사용 시 무게 균형이 유지되도록 설계한다.
② 손잡이 크기를 수공구 크기에 맞추어 설계한다.
③ 힘을 요하는 수공구의 손잡이는 직경을 60mm 이상으로 한다.
④ 정밀 작업용 수공구의 손잡이는 직경을 5mm 이하로 한다.

해설 수공구 설계원칙
1) 수공구 무게를 줄이고 사용시 무게 균형이 유지되도록 설계한다.
2) 손바닥면에 압력이 가해지지 않도록 설계한다.
3) 손가락이 지나치게 반복적인 동작을 하지 않도록 한다.
4) 손목을 곧게 펼 수 있도록 한다.
5) 안전측면을 고려한 디자인이 이루어지도록 한다.

■ 정답 ■ 24.④ 25.② 26.③ 27.①

28 반복되는 사건이 많이 있는 경우, FTA의 최소 컷셋과 관련이 없는 것은?

① Fussel Algorithm
② Boolean Algorithm
③ Monte Carlo Algorithm
④ Limnios & Ziani Algorithm

해설 최소컷셋을 구하는 알고리즘(Algorithm)
1) Fussel 알고리즘
2) Boolean 알고리즘
3) Limnios & Ziani 알고리즘

29 작업자가 100개의 부품을 육안 검사하여 20개의 불량품을 발견하였다. 실제 불량품이 40개라면 인간에러(human error) 확률은 약 얼마인가?

① 0.2
② 0.3
③ 0.4
④ 0.5

해설 인간에러확률(HEP)

$$HEP = \frac{\text{실제안전실수 횟수}}{\text{전체실수기회의 수}}$$
$$= \frac{40-20}{100}$$
$$= 0.2$$

30 휴먼 에러(human error)의 분류 중 필요한 임무나 절차의 순서 착오로 인하여 발생하는 오류는?

① ommission error
② sequential error
③ commission error
④ extraneous error

해설 휴먼에러(human error)의 심리적 분류
1) ommission error : 필요한 task 또는 절차를 수행하지 않는데 기인한 error
2) Time error : 필요한 task 또는 절차의 수행 지연으로 인한 error
3) commission error : 필요한 task 또는 절차의 불확실한 수행으로 인한 error
4) sequential error : 필요한 task 또는 절차의 순서 착오로 인한 error
5) extraneous error : 불필요한 task 또는 절차를 수행함으로써 기인한 error

31 모든 시스템 안전 프로그램 중 최초 단계의 분석으로 시스템 내의 위험요소가 어떤 상태에 있는지를 정성적으로 평가하는 방법은?

① CA
② FHA
③ PHA
④ FMEA

해설
1) PHA(예비위험분석) : 대부분 시스템 안전 프로그램에 있어서 최초단계의 분석으로, 시스템 내의 위험한 요소가 얼마나 위험한 상태에 있는가를 정성적으로 평가하는 것이다.
2) PHA의 목적 : 시스템의 개발 단계에 있어서 시스템 고유의 위험상태를 식별하고 예상되는 재해의 위험수준을 결정하는 데 있다.

32 시스템의 성능 저하가 인원의 부상이나 시스템 전체에 중대한 손해를 입히지 않고 제어가 가능한 상태의 위험강도는?

① 범주 Ⅰ : 파국적
② 범주 Ⅱ : 위기적
③ 범주 Ⅲ : 한계적
④ 범주 Ⅳ : 무시

해설 위험성 분류

구분	내용	
	인원	시스템
범주-1 : 파국적	사망·중상	중대손상
범주-2 : 위기적(위험)	상해 발생	손해 발생(즉시 시정조치 필요)
범주-3 : 한계적	상해 없음	손해 없음(배제 또는 제어가능)
범주-4 : 무시	상해에 이르지 않음	손해에 이르지 않음

■ 정답 ■ 28.③ 29.① 30.② 31.③ 32.③

33 공간 배치의 원칙에 해당되지 않는 것은?

① 중요성의 원칙
② 다양성의 원칙
③ 사용 빈도의 원칙
④ 기능별 배치의 원칙

해설 부품배치의 4원칙
1) **중요성의 원칙**: 부품을 작동하는 성능이 체계의 목표달성에 긴요한 정도에 따라 우선순위를 설정한다.
2) **사용 빈도의 원칙**: 부품을 사용하는 빈도에 따라 우선순위를 설정한다.
3) **기능별 배치의 원칙**: 기능적으로 관련된 부품들(표시장치, 조정장치 등)을 모아서 배치한다.
4) **사용 순서의 원칙**: 사용되는 순서에 따라 장치들을 가까이 배치한다.

34 글자의 설계 요소 중 검은 바탕에 쓰여진 흰 글자가 번져 보이는 현상과 가장 관련 있는 것은?

① 획폭비
② 글자체
③ 종이 크기
④ 글자 두께

해설
1) **획폭비**: 문자나 숫자의 높이에 대한 획 굵기의 비로 나타낸다.
   ① 흰 바탕에 검은 글자(양각)-1 : 6~1 : 8
   ② 검은 바탕에 흰 글자(음각)-1 : 8~1 : 10
2) **광삼현상(irradiation)**
   ① 검은 바탕의 흰 글자일 경우 흰색이 주위의 검은 배경으로 번져보이는 현상을 말한다.
   ② 검은 바탕에 흰 글자의 획폭은 흰 바탕의 검은 글자보다 더 가늘게 할 수 있다.

35 인간-기계 시스템에서 기계와 비교한 인간의 장점으로 볼 수 없는 것은? (단, 인공지능과 관련된 사항은 제외한다.)

① 완전히 새로운 해결책을 찾아낸다.
② 여러 개의 프로그램 된 활동을 동시에 수행한다.
③ 다양한 경험을 토대로 하여 의사결정을 한다.
④ 상황에 따라 변화하는 복잡한 자극 형태를 식별한다.

해설 기계가 우수한 기능: 여러 개의 프로그램 된 활동을 동시에 수행할 수 있다.

36 건구온도 38℃, 습구온도 32℃일 때의 Oxford 지수는 몇 ℃인가?

① 30.2   ② 32.9
③ 35.3   ④ 37.1

해설 WD = 0.85WB + 0.15DB
       = 0.85 × 32 + 0.15 × 38
       = 32.9
여기서, WD : 건습지수 또는 습건지수
       WB : 습구온도
       DB : 건구온도

37 점광원(point source)에서 표면에 비추는 조도(lux)의 크기를 나타내는 식으로 옳은 것은? (단, D는 광원으로부터의 거리를 말한다.)

① $\dfrac{광도[fc]}{D^2[m^2]}$ ② $\dfrac{광도[lm]}{D[m]}$

③ $\dfrac{광도[cd]}{D^2[m^2]}$ ④ $\dfrac{광도[fL]}{D[m]}$

해설 조도(E): 광도(candle, 단위 cd)에 비례하고 거리의 제곱(D^2)에 반비례한다.

$$E(lux) = \dfrac{광도(cd)}{D^2(m)^2}$$

38 화학공장(석유화학사업장 등)에서 가동문제를 파악하는 데 널리 사용되며, 위험요소를 예측하고, 새로운 공정에 대한 가동문제를 예측하는 데 사용되는 위험성평가방법은?

① SHA ② EVP
③ CCFA ④ HAZOP

해설 위험 및 운전성 검토(HAZOP : hazard and operability study) : 각각의 장비에 대해 잠재된 위험이나 기능저하, 운전 잘못 등과 전체로서의 시설에 결과적으로 미칠 수 있는 영향을 평가하기 위해서 공정이나 설계도 등에 체계적이고 비판적인 검토를 행하는 것을 말한다.

39 인터페이스 설계 시 고려해야 하는 인간과 기계와의 조화성에 해당되지 않는 것은?

① 지적 조화성 ② 신체적 조화성
③ 감성적 조화성 ④ 심미적 조화성

해설 인간기계 체계에서의 계면설계
1) 계면(interface) : 인간기계 체계에서 인간과 기계가 만나는 면(面)
2) 인간과 기계(환경)의 계면에서의 조화성 : 다음 3가지 차원이 고려되어야 함
   ① 신체적 조화성
   ② 지적 조화성
   ③ 감성적 조화성

40 다음 중 설비보전관리에서 설비이력카드, MTBF분석표, 고장원인대책표와 관련이 깊은 관리는?

① 보전기록관리 ② 보전자재관리
③ 보전작업관리 ④ 예방보전관리

해설 설비보전관리
1) **보전기록관리** : 신뢰성과 보전성 개선을 목적으로 한 가장 일반적이고 효과적인 보전기록으로는 설비이력카드, MTBF분석표, 고장원인대책표 등이 있다.
2) **보전자재관리** : 설비의 정상적인 운전을 유지하기 위하여 상비해 둘 부품들의 조달, 보관, 지불을 계획적·경제적으로 행하여 설비보전의 효과를 높이기 위한 활동을 말한다.
3) **보전작업관리** : 적절한 보전작업표준의 설정과 일정계획의 수립은 보전인력의 효율적 활용, 낭비시간의 절감, 설계보전의 실행을 위해 필요한 요인이다.
4) **예방보전관리** : 계획에 의한 주기적인 검사와 정기적인 분해수리로 사전에 불량요소를 발견하여 설비에 대한 고장을 미연에 방지하고 수리나 조정을 최소한도로 유지하고자 하는 것이다.

제3과목 / 건설시공학

41 벽체로 둘러싸인 구조물에 적합하고 일정한 속도로 거푸집을 상승시키면서 연속하여 콘크리트를 타설하며 마감작업이 동시에 진행되는 거푸집공법은?

① 플라잉 폼 ② 터널 폼
③ 슬라이딩 폼 ④ 유로 폼

해설 슬라이딩 폼(sliding form) : 수직활동거푸집
1) 슬라이딩 폼 : 원형 철판거푸집을 요크로 서서히 끌어올리면서 연속적으로 콘크리트를 타설하는 수직활동 거푸집이다.
2) 사일로(silo), 굴뚝 등의 단면형상 변화가 없는 구조물에 사용하며 돌출물이 있는 곳에는 사용할 수 없다.

42 철근의 이음방식이 아닌 것은?

① 용접이음 ② 겹침이음
③ 갈고리이음 ④ 기계적이음

해설 철근이음의 종류
1) **겹침이음** : #18~#20철선으로 결속하여 이음
2) **용접이음** : 아크(arc)전기용접에 의한 이음

■ 정답 ■ 38.④ 39.④ 40.① 41.③ 42.③

3) **가스압점** : 철근을 가열·가압하여 연결하는 일종의 용접이음(보와 같은 수평부재에서는 사용하지 않음)
4) **기계적 이음** : 각종 연결재(sleeve, 나사 등)를 이용한 철근의 이음

43 철근보관 및 취급에 관한 설명으로 옳지 않은 것은?

① 철근고임대 및 간격재는 습기방지를 위하여 직사일광을 받는 곳에 저장한다.
② 철근저장은 물이 고이지 않고 배수가 잘되는 곳에 이루어져야 한다.
③ 철근저장 시 철근의 종별, 규격별, 길이별로 적재한다.
④ 저장장소가 바닷가 해안 근처일 경우에는 창고 속에 보관하도록 한다.

해설 철근고임대 및 간격재는 습기방지를 위해 직사일광을 받지 않고 바람이 잘 통하는 곳에 저장한다.

44 기성콘크리트 말뚝에 관한 설명으로 옳지 않은 것은?

① 공장에서 미리 만들어진 말뚝을 구입하여 사용하는 방식이다.
② 말뚝간격은 2.5d 이상 또는 750mm 중 큰 값을 택한다.
③ 말뚝이음 부위에 대한 신뢰성이 매우 우수하다.
④ 시공과정상의 항타로 인하여 자재균열의 우려가 높다.

해설 **기성콘크리트 말뚝 시공 및 저장**
1) 대규모의 중량건물 또는 굳은 지층에 깊어서 말뚝을 깊이 박아야 할 경우에 쓰인다.
2) 말뚝의 외경은 25~50cm, 말뚝 1개의 길이는 외경의 45배 이하로 한다.
3) **말뚝박기의 중심간격** : 말뚝외경의 2.5배 이상 또는 75cm 이상
4) 15m 이상의 장척물이 필요한 경우에는 이어서 사용한다.
5) 적재장소는 지반이 견고하고 배수가 잘되며 시공장소나 가까운 곳으로 한다.
6) 2단 이하로 저장하고 파손방지를 위해 말뚝받침대는 동일 선상에 위치하여야 한다.

45 철골공사에서 철골세우기 계획을 수립할 때 철골제작공장과 협의해야 할 사항이 아닌 것은?

① 철골 세우기 검사 일정 확인
② 반입 시간의 확인
③ 반입 부재수의 확인
④ 부재 반입의 순서

해설 **철골세우기 계획 수립시 철골제작공장과 협의해야 할 사항**
1) 반입시간의 확인
2) 반입부재의 확인
3) 부재반입의 순서

46 철골공사에서 산소아세틸렌 불꽃을 이용하여 강재의 표면에 홈을 따내는 방법은?

① Gas gouging
② Blow hole
③ Flux
④ Weaving

해설 **가스 가우징**(gas gouging) : 철골공사에서 홈을 파기 위한 목적으로 한 화구(火口)로서 산소아세틸렌 불꽃을 이용하여 녹여 깎은 재의 뒷부분을 깨끗이 깎는 것

■ 정답 ■ 43.① 44.③ 45.① 46.①

47 토공사용 기계장비 중 기계가 서 있는 위치보다 높은 곳의 굴착에 적합한 기계장비는?

① 백호우
② 드래그 라인
③ 크램쉘
④ 파워셔블

해설 1) **파워 셔블**(power shovel) : 중기가 위치한 지면보다 높은 장소 굴착시 적합
2) **백호우**(drag shovel, 드래그 셔블) : 중기가 위치한 지면보다 낮은 장소에 굴착시 적합(앞쪽으로 끌어당기면서 작업)
3) **드래그 라인**(grag line) : 지반보다 낮은 연질 지반의 넓은 굴착에 적합(힘이 약함)
4) **클램셸**(clamshell) : 붐의 선단에서 버킷을 와이어로프로 매달아 바로 아래로 떨어뜨려 흙을 떠올리는 중기

48 수밀 콘크리트 공사에 관한 설명으로 옳지 않은 것은?

① 배합은 콘크리트의 소요의 품질이 얻어지는 범위 내에서 단위수량 및 물-결합재비는 되도록 작게 하고, 단위 굵은 골재량은 되도록 크게 한다.
② 소요 슬럼프는 되도록 크게 하되, 210mm를 넘지 않도록 한다.
③ 연속 타설 시간간격은 외기 온도가 25°C 이하일 경우에는 2시간을 넘어서는 안 된다.
④ 타설과 관련하여 연직 시공 이음에는 지수판 등 물의 통과 흐름을 차단할 수 있는 방수처리재 등의 재료 및 도구를 사용하는 것을 원칙으로 한다.

해설 콘크리트의 소요슬럼프는 가급적 적게하여 180mm 이하가 되도록 한다.

49 거푸집 제거작업 시 주의사항 중 옳지 않은 것은?

① 진동, 충격을 주지 않고 콘크리트가 손상되지 않도록 순서에 맞게 제거한다.
② 지주를 바꾸어 세울 동안에는 상부의 작업을 제한하여 집중하중을 받는 부분의 지주는 그대로 둔다.
③ 제거한 거푸집은 재사용을 할 수 있도록 적당한 장소에 정리하여 둔다.
④ 구조물의 손상을 고려하여 제거 시 찢어져 남은 거푸집 쪽널은 그대로 두고 미장공사를 한다.

해설 ④항, 남은 거푸집 쪽널은 제거한 후에 미장공사를 한다.

50 공정별 검사항목 중 용접 전 검사에 해당되지 않는 것은?

① 트임새모양
② 비파괴검사
③ 모아대기법
④ 용접자세의 적부

해설 용접검사
1) **용접착수 전 검사** : 트임새 모양, 모아대기법, 구속법, 자세의 적부
2) **용접작업 중 검사** : 용접봉, 운봉, 전류
3) **용접완료 후 검사** : 외관검사, 비파괴검사(방사선투과검사, 초음파탐상시험, 자기분말탐상법)

51 철골 내화피복공사 중 멤브레인 공법에 사용되는 재료는?

① 경량 콘크리트
② 철망 모르타르
③ 뿜칠 플라스터
④ 암면 흡음판

해설 철골 내화피복공법별 사용재료

공법	사용재료
1. 뿜칠공법	뿜칠모르타르, 뿜칠플라스터, 뿜칠암면, 알루미늄계열 모르타르, 실리카
2. 미장공법	철망모르타르, 철망펄라이트 모르타르
3. 타설공법	경량콘크리트
4. 성형판붙임공법	ALC판, 석면시멘트판, 무기섬유강화석고보드, 프리캐스트콘크리트, 무기섬유규산칼륨판, 조립식패널
5. 내화도료공법	팽창성 내화도료
6. 멤브레인공법	암면흡음판

52 콘크리트용 혼화재 중 포졸란을 사용한 콘크리트의 효과로 옳지 않은 것은?

① 워커빌리티가 좋아지고 블리딩 및 재료 분리가 감소된다.
② 수밀성이 크다.
③ 조기강도는 매우 크나 장기강도의 증진은 낮다.
④ 해수 등에 화학적 저항이 크다.

해설 포졸란 시멘트 : 포클랜드시멘트에 포졸란과 석고를 혼합하여 만든 시멘트로 실리카 시멘트(포클랜드시멘트+석고)라고 하며 그 특성은 다음과 같다.
  1) 조기강도는 포클랜드시멘트보다 약간 낮으나 장기강도는 약간 크다.
  2) 수밀성이 좋고 내구성이 있는 콘크리트를 만들 수 있다.
  3) 해수 등에 대한 화학저항이 크다.
  4) 워커빌리티가 좋아지고 블리딩을 감소시킨다.

53 콘크리트의 측압에 관한 설명으로 옳지 않은 것은?

① 콘크리트 타설 속도가 빠를수록 측압이 크다.
② 콘크리트의 비중이 클수록 측압이 크다.
③ 콘크리트의 온도가 높을수록 측압이 작다.
④ 진동기를 사용하여 다질수록 측압이 작다.

해설 콘크리트 타설 시 거푸집의 측압에 미치는 영향
  1) 슬럼프가 클수록 크다(물, 시멘트 비가 클수록 크다).
  2) 기온이 낮을수록 크다(대기 중에 습도가 높을수록 크다).
  3) 콘크리트의 치어붓기 속도가 클수록 크다.
  4) 거푸집의 수밀성이 높을수록 크다.
  5) 콘크리트의 다지기가 강할수록 크다(진동기 사용시 측압은 30% 정도 증가).
  6) 거푸집의 수평단면이 클수록 크다(벽 두께가 클수록 크다).
  7) 거푸집의 강성이 클수록 크다.
  8) 거푸집의 표면이 매끄러울수록 크다.
  9) 콘크리트의 비중이 클수록 크다(단위중량이 클수록 크다).
  10) 묽은 콘크리트일수록 크다.
  11) 철근량이 적을수록 크다.

54 도급계약서에 첨부하지 않아도 되는 서류는?

① 설계도면   ② 공사시방서
③ 시공계획서 ④ 현장설명서

해설 도급계약서 서류
  1) 필요서류 : 도급계약서, 도급계약 약관, 설계도면, 시방서
  2) 참고서류 : 공사내역서, 공정표, 현장설명서 및 질의응답서

55 기초공사의 지정공사 중 얕은 지정공법이 아닌 것은?

① 모래지정   ② 잡석지정
③ 나무말뚝지정 ④ 밑창콘크리트 지정

해설 지정
  1) 얕은 지정 : 모래지정, 자갈 및 잡석지정, 밑창콘크리트지정, 긴주춧돌지정 등
  2) 깊은 지정 : 나무말뚝지정, 철근콘크리트말뚝지정, 현장타설콘크리트말뚝지정, 강말뚝지정 등

■정답■ 52.③ 53.④ 54.③ 55.③

56 시방서에 관한 설명으로 옳지 않은 것은?

① 설계도면과 공사시방서에 상이점이 있을 때는 주로 설계도면이 우선한다.
② 시방서 작성 시에는 공사 전반에 걸쳐 시공 순서에 맞게 빠짐없이 기재한다.
③ 성능시방서란 목적하는 결과, 성능의 판정기준, 이를 판별할 수 있는 방법을 규정한 시방서이다.
④ 시방서에는 사용재료의 시험검사방법, 시공의 일반사항 및 주의사항, 시공정밀도, 성능의 규정 및 지시 등을 기술한다.

해설 시방서 작성 시 주의사항
1) 간단명료하게 그 의미가 충분히 전달되어야 한다.
2) 재료의 품질은 명확하게 규정하고, 그 지점은 신중해야 한다.
3) 공사 전체를 빠짐없이 기재하고(시방서 작성 시 가장 중요한 사항), 공사 진행순서와 일치하여야 한다.
4) 공정의 정밀도와 손질의 정밀도(마무리 정도)를 명확하게 규정한다.
5) 시방서와 도면의 내용이 서로 다른 경우에는 시방서에 준하는 것이 원칙이나 먼저 감독관에 신고하여 그의 지시에 따라 시공한다.

57 Earth Anchor 시공에서 앵커의 스트랜드는 어디에 정착되는가?

① Angle Bracket ② Packer
③ Sheath ④ Anchor Head

해설 어스앵커(earth anchor)공법
1) 흙막이 벽의 이면 지반에 어스앵커를 설치하여 이것의 인발력으로 토압에 저항하도록 한 공법이다.
2) 넓은 대지나 경사진 대지에서 유리한 공법이다.

58 건설공사의 공사비 절감요소 중에서 집중분석하여야 할 부분과 거리가 먼 것은?

① 단가가 높은 공종
② 지하공사 등의 어려움이 많은 공종
③ 공사비 금액이 큰 공종
④ 공사실적이 많은 공종

해설 건설공사비 절감요소 중 집중분석하여야 할 부분
1) 단가가 높은 공종
2) 지하공사 등의 어려움이 많은 공종
3) 공사비 금액이 큰 공종

59 그림과 같은 독립기초의 흙파기량을 옳게 산출한 것은?

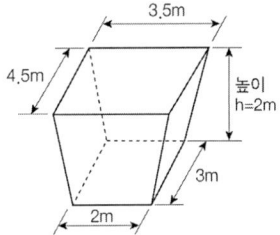

① 19.5m³ ② 21.0m³
③ 23.7m³ ④ 25.4m³

해설 길이가 서로 다른 것은 더한 후 2로 나누면 평균값이 나온다.

$$흙파기량 = \left(\frac{4.5+3}{2}\right) \times \left(\frac{3.5+2}{2}\right) \times 2$$
$$= 20.63 m^3$$

60 한중콘크리트에 관한 설명으로 옳지 않은 것은?

① 골재가 동결되어 있거나 골재에 빙설이 혼입되어 있는 골재는 그대로 사용할 수 없다.
② 재료를 가열할 경우, 시멘트를 직접 가열하는 것으로 하며, 물 또는 골재는 어떠한 경우라도 직접 가열할 수 없다.
③ 한중 콘크리트에는 공기연행콘크리트를 사

용하는 것을 원칙으로 한다.
④ 단위수량은 초기동해를 적게 하기 위하여 소요의 워커빌리티를 유지할 수 있는 범위 내에서 되도록 적게 정하여야 한다.

해설 재료를 가열할 경우
1) 시멘트는 어떠한 경우에도 직접 가열해서는 안 되고 골재도 직접 불꽃에 대어 가열해서는 안 된다.
2) 가열한 재료를 사용할 경우 시멘트를 넣기 직전의 믹서 내의 골재 및 물의 온도는 40℃ 이하로 한다.
3) −3∼0℃에서는 물 또는 골재를 가열할 필요가 있는 동시에 어느 정도의 보온이 필요하다.

제4과목 / 건설재료학

61 점토제품 제조에 관한 설명으로 옳지 않은 것은?
① 원료조합에는 필요한 경우 제점제를 첨가한다.
② 반죽과정에서는 수분이나 경도를 균질하게 한다.
③ 숙성과정에서는 반죽덩어리를 되도록 크게 뭉쳐 둔다.
④ 성형은 건식, 반건식, 습식 등으로 구분한다.

해설 ③항, 숙성과정에서는 반죽덩어리를 되도록 작게 뭉쳐둔다.

62 목재의 수용성 방부제 중 방부효과는 좋으나 목질부를 약화시켜 전기전도율이 증가되고 비내구성인 것은?
① 황산동 1% 용액
② 염화아연 4% 용액
③ 크레오소트 오일
④ 염화 제2수은 1% 용액

해설 목재 방부제의 종류
1) 수용성 방부제 : 황산동 1%용액, 불화소다 2%용액, 염화아연 4%용액, 염화제2수은 1%용액
2) 유성 방부제 : 콜타르 및 아스팔트, 크레오소트유, 페인트

63 유리면에 부식액의 방호막을 붙이고 이 막을 모양에 맞게 오려낸 후 그 부분에 유리부식액을 발라 소요 모양으로 만들어 장식용으로 사용하는 유리는?
① 샌드 블라스트 유리
② 에칭 유리
③ 매직 유리
④ 스팬드럴 유리

해설 에칭유리(etching glass)
1) 유리가 불화수소(HF)에 부식되는 성질을 이용하여 5mm 이상의 후판 유리면에 그림, 무늬 모양, 문자 등을 화학적으로 새긴 유리이다(조각유리라고도 함).
2) 에칭유리는 주로 장식용으로 사용한다.

64 목재 및 기타 식물의 섬유질소편에 합성수지접착제를 도포하여 가열압착성형한 판상제품은?
① 파티클 보드
② 시멘트목질판
③ 집성목재
④ 합판

해설 파티클보드(particle board) : 목재를 주원료로 하여 접착제로 성형, 열압하여 제판한 비중 0.4 이상의 판을 말하며 칩보드라고도 한다. 그 특성은 다음과 같다.
1) 두께는 비교적 자유로이 선택할 수 있다(가공성 양호).
2) 강도에 방향성이 없고, 큰 면적의 판을 만들 수 있다.
3) 방충·방부성이 크다.
4) 표면이 평활하고 경도가 크다.

■ 정답 ■ 61.③ 62.② 63.② 64.①

65 용이하게 거푸집에 충전시킬 수 있으며 거푸집을 제거하면 서서히 형태가 변화하나, 재료가 분리되지 않아 굳지 않는 콘크리트의 성질은 무엇인가?

① 워커빌리티　　② 컨시스턴시
③ 플라스티서티　④ 피니셔빌리티

해설 콘크리트 성질을 나타내는 용어의 정의
1) 워커빌리티(workability : 시공연도) : 반죽질기(콘시스텐시)에 의한 작업의 난이도 및 재료분리에 저항하는 정도를 나타내는 콘크리트의 성질
2) 콘시스텐시(consistency : 반죽질기) : 주로 수량의 다소에 의해서 변화하는 콘크리트의 유동성 정도
3) 플라스티시티(plasticity : 성형성) : 거푸집의 형상에 순응하여 채우기 쉽고 분리가 일어나지 않은 성질
4) 피니셔빌리티(finishability : 마무리성) : 굵은 골재의 최대치수, 잔골재율, 잔골재의 입도, 반죽질기 등에 의한 콘크리트 표면의 마무리 정도를 나타내는 성질

66 다음 중 점토 제품이 아닌 것은?

① 테라죠　　② 테라코타
③ 타일　　　④ 내화벽돌

해설 테라조 : 석재제품

67 콘크리트 혼화제 중 AE제를 사용하는 목적과 가장 거리가 먼 것은?

① 동결 융해에 대한 저항성 개선
② 단위수량 감소
③ 워커빌리티 향상
④ 철근과의 부착강도 증대

해설 AE제(air entraining agent) : 공기연행제
1) 계면활성제의 일종으로 콘크리트 속에 독립된 미세한 기포를 골고루 분산시키는 작용을 말한다.
2) 콘크리트의 작업성 및 동결융해에 대한 정항성을 향상시킨다.
3) 블리딩을 감소시킨다.
4) 콘크리트 경화시 경화수축을 감소시키는 균열을 방지한다.
5) 물, 시멘트비(W/C)가 일정할 경우 공기량이 10% 증가함에 따라 압축강도는 약 4~6%, 휨강도는 약 2~3%, 탄성계수는 $8 \times 10^3 kg/cm^2$ 정도 감소시킨다.

68 KS F 2527에 규정된 콘크리트용 부순 굵은 골재의 물리적 성질을 알기 위한 실험항목 중 흡수율의 기준으로 옳은 것은?

① 1% 이하　　② 3% 이하
③ 5% 이하　　④ 10% 이하

해설 부순 굵은 골재의 물리적 성질
1) 절대건조밀도 : $2.5g/cm^3$
2) 흡수율 : 3% 이하
3) 안정성 : 12% 이하
4) 마모율 : 40% 이하

69 건출물에 통상 사용되는 도료 중 내후성, 내알칼리성, 내산성 및 내수성이 가장 좋은 것은?

① 에나멜 페인트
② 페놀수지 바니시
③ 알루미늄 페인트
④ 에폭시수지 도료

해설 에폭시수지의 성질 및 용도
1) 성질 : 에폭시수지는 접착성이 매우 우수하여 금속, 유리, 플라스틱, 도자기, 목재, 고무 등에 탁월한 접착성을 발휘하며, 특히 알루미늄과 같은 경금속의 접착에 가장 좋다. 또한 내약품성, 내용제성이 뛰어나고 농질산을 제외하고는 산, 알칼리에 강하다.
2) 용도 : 주형재료, 접착제, 도료, 적층품으로는 유리섬유의 보강품 등에 쓰인다.

■ 정답 ■　65.③　66.①　67.④　68.②　69.④

70 콘크리트 타설 중 발생되는 재료분리에 대한 대책으로 가장 알맞은 것은?

① 굵은골재의 최대치수를 크게 한다.
② 바이브레이터로 최대한 진동을 가한다.
③ 단위수량을 크게 한다.
④ AE제나 플라이애시 등을 사용한다.

해설 재료분리현상을 줄이기 위한 대책
1) 콘크리트의 플라스티시티(plasticity)를 증가시킨다.
2) 잔골재율을 크게 한다(잔골재 중의 0.15~0.3mm 정도의 세립분을 많게 한다).
3) 물시멘트비를 작게 한다(단위수량을 작게 한다).
4) AE제·플라이애시 등을 사용한다.

71 콘크리트 바닥강화재의 사용목적과 가장 거리가 먼 것은?

① 내마모성 증진
② 내화학성 증진
③ 분진방지성 증진
④ 내화성 증진

해설 바닥강화제의 사용목적
1) 내마모성 증진
2) 내화학성(내약품성) 증진
3) 분진방지성 증진
4) 내구성 증진

72 구리에 관한 설명으로 옳지 않은 것은?

① 상온에서 연성, 전성이 풍부하다.
② 열 및 전기전도율이 크다.
③ 암모니아와 같은 약알칼리에 강하다.
④ 황동은 구리와 아연을 주체로 한 합금이다.

해설 구리(Cu)는 암모니아 등의 약알칼리에 약하며 초산이나 진한 황산에는 녹기 쉬우나 염산에는 매우 강하다.

73 다음 중 플라스틱(plastic)의 장점으로 옳지 않은 것은?

① 전기절연성이 양호하다.
② 가공성이 우수하다.
③ 비강도가 콘크리트에 비해 크다.
④ 경도 및 내마모성이 강하다.

해설 플라스틱 제품은 내마모성 및 표면강도가 적다.

> **길잡이** 플라스틱의 장점 및 단점
> 1) 장점
>   ① 가볍고 강인성이 있다(비중이 적어 건축물의 경량화에 적합).
>   ② 투광성이 양호하다.
>   ③ 내수성, 내산 및 내알칼리성, 내약품성 등이 크고 전기절연성도 우수하다.
>   ④ 성형성, 가공성이 우수하다.
> 2) 단점
>   ① 경도 및 내마모성이 작다(강성과 강도가 작다).
>   ② 내열성, 내화성, 내후성 등이 작다.
>   ③ 열에 의한 변형, 신축성이 크다.

74 지하실 방수공사에 사용되며, 아스팔트 펠트, 아스팔트 루핑 방수재료의 원료로 사용되는 것은?

① 스트레이트 아스팔트
② 블루운 아스팔트
③ 아스팔트 컴파운드
④ 아스팔트 프라이머

해설 스트레이트 아스팔트(straight saphalt) : 잔류유를 증류하여 남은 것으로 증기아스팔트와 진공아스팔트 2종이 있다.
1) 신장성, 접착력, 방수성이 풍부하다.
2) 연화점이 낮고 내후성 및 온도에 의한 변화가 크다.
3) 지하방수에 쓰이고 아스팔트 펠트 삼투용으로 사용한다.

■ 정답 ■ 70.④ 71.④ 72.③ 73.④ 74.①

75 다음 중 화성암에 속하는 석재는?

① 부석 ② 사암
③ 석회석 ④ 사문암

해설 성인에 의한 석재의 종류

성인에 의한 분류	종류
1. 화성암	화강암, 안산암, 현무암, 황화석, 부석 등
2. 수성암	석회암, 사암, 점판암, 응회암 등
3. 변성암	대리석, 사문암, 석면 등

76 다음 재료 중 건물외벽에 사용하기에 적합하지 않은 것은?

① 유성페인트
② 바니쉬
③ 에나멜페인트
④ 합성수지 에멀션페인트

해설 바니시(varnish)
1) 유성 바니시 : 유용성수지를 건성유에 가열 용해하여 휘발성 용제로 희석한 것이다.
2) 일반적으로 유성페인트보다 내후성이 작아서 옥외에서는 별로 사용하지 않는다.
3) 목재부 도장에 사용한다.

77 고온소성의 무수석고를 특별한 화학처리를 한 것으로 경화 후 아주 단단해지며 킨스시멘트라고도 하는 것은?

① 돌로마이터 플라스터
② 스탁코
③ 순석고 플라스터
④ 경석고 플라스터

해설 킨스시멘트(keene's cement) : 경석고 플라스터라고도 하며 경석고에 명반 등의 촉진제를 배합한 것으로 약간 붉은 빛을 띤 백색을 나타내는 플라스터이다.
1) 석고계 플라스터 중 가장 경질이며, 경화한 것은 현저히 강도가 크고 표면의 경도가 커서 광택성을 갖고 있으며 방습적인 매끈한 면을 갖는다.
2) 산성을 나타내어 금속재료를 부식시킨다.
3) 점도가 있어서 바르기 쉬우며, 벽바름 재료나 바닥바름 재료로 쓰인다.

78 내열성이 매우 우수하며 물을 튀기는 발수성을 가지고 있어서 방수재료는 물론 개스킷, 패킹, 전기절연재, 기타 성형품의 원료로 이용되는 합성수지는?

① 멜라민 수지 ② 페놀 수지
③ 실리콘 수지 ④ 폴리에틸렌 수지

79 금속재료의 부식을 방지하는 방법이 아닌 것은?

① 이종 금속을 인접 또는 접촉시켜 사용하지 말 것
② 균질한 것을 선택하고 사용 시 큰 변형을 주지 말 것
③ 큰 변형을 준 것은 풀림(annealing)하지 않고 사용할 것
④ 표면을 평활하고 깨끗이 하며, 가능한 건조 상태로 유지할 것

해설 금속의 부식을 최소화하기 위한 방법
1) 가능한 한 이종금속을 인접 또는 접촉시켜 사용하지 말 것
2) 큰 변형을 준 것은 가능한 한 풀림하여 사용할 것
3) 부분적으로 녹이 나면 즉시 제거할 것
4) 표면을 평활하고 깨끗이 하며 가능한 한 건조상태를 유지할 것
5) 균질의 것을 선택하고 사용 시 큰 변형을 주지 않도록 할 것

■정답■ 75.① 76.② 77.④ 78.③ 79.③

80 투사광선의 방향을 변화시키거나 집중 또는 확산시킬 목적으로 만든 이형 유리제품으로 주로 지하실 또는 지붕 등의 채광용으로 사용되는 것은?

① 프리즘 유리 ② 복층 유리
③ 망입 유리 ④ 강화 유리

해설 ① **프리즘유리** : 프리즘의 이론을 응용하여 만든 유리제품
② **복층유리** : 2장 또는 3장의 유리를 일정한 간격을 띄고 둘레에는 틈을 끼워서 내부를 기밀하게 만들고 여기에 공기 등을 넣어 만든 판유리(이중유리 또는 겹유리)
③ **망입유리** : 유리 내부에 금속망을 삽입하고 압착 성형한 판유리(그물유리)
④ **강화유리** : 강도를 높인 안전유리

제5과목 / 건설안전기술

81 가설통로 설치 시 경사가 몇 도를 초과하면 미끄러지지 않는 구조로 설치하여야 하는가?

① 15° ② 20°
③ 25° ④ 30°

해설 가설통로의 구조 : 가설통로 설치시 준수사항
1) 견고한 구조로 할 것
2) 경사는 30° 이하로 할 것(다만, 계단을 설치하거나 높이 2m 미만의 가설통로로서 튼튼한 손잡이를 설치한 때에는 그러하지 아니하다)
3) 경사가 15°를 초과하는 때에는 미끄러지지 않는 구조로 할 것
4) 추락의 위험이 있는 장소에는 안전난간을 설치할 것(작업상 부득이한 때에는 필요한 부분에 한하여 임시로 이를 해체할 수 있다)
5) 수직갱에 가설된 통로의 길이가 15m 이상인 때에는 10m 이내마다 계단참을 설치할 것
6) 건설공사에서 사용하는 높이 8m이상인 비계다리에는 7m 이내마다 계단을 설치할 것

82 콘크리트용 거푸집의 재료에 해당되지 않는 것은?

① 철재 ② 목재
③ 석면 ④ 경금속

해설 콘크리트용 거푸집 재료
1) 철재 2) 목재
3) 경금속 4) 플라스틱

83 건설현장에서의 PC(Precast Concrete) 조립 시 안전대책으로 옳지 않은 것은?

① 달아 올린 부재의 아래에서 정확한 상황을 파악하고 전달하여 작업한다.
② 운전자는 부재를 달아 올린 채 운전대를 이탈해서는 안된다.
③ 신호는 사전 정해진 방법에 의해서만 실시한다.
④ 크레인 사용 시 PC판의 중량을 고려하여 아웃트리거를 사용한다.

해설 ①항, 달아 올린 부재의 아래에서는 절대로 작업을 금지하여야 한다.

84 건설현장에서 사용하는 공구 중 토공용이 아닌 것은?

① 착암기 ② 포장 파괴기
③ 연마기 ④ 점토 굴착기

해설 연마기(grinder) : 공작기계용 연삭기, 전동공구

85 운반작업 중 요통을 일으키는 인자와 가장 거리가 먼 것은?

① 물건의 중량
② 작업 자세
③ 작업 시간
④ 물건의 표면마감 종류

해설 운반작업 중 요통발생 인자
1) 물체의 중량 2) 작업자세 3) 작업시간

86 철근 콘크리트 공사에서 거푸집동바리의 해체시기를 결정하는 요인으로 가장 거리가 먼 것은?

① 시방서 상의 거푸집 존치기간의 경과
② 콘크리트 강도시험 결과
③ 동절기일 경우 적산온도
④ 후속공정의 착수시기

해설 거푸집동바리의 해체시기 결정요인
1) 시방서 상의 거푸집 존치기간의 경과
2) 콘크리트 강도시험 결과
3) 동절기일 경우 착수시기

87 산업안전보건관리비 중 안전시설비의 항목에서 사용할 수 있는 항목에 해당하는 것은?

① 외부인 출입금지, 공사장 경계표시를 위한 가설울타리
② 작업발판
③ 절토부 및 성토부 등의 토사유실 방지를 위한 설비
④ 사다리 전도방지장치

해설 1) 사다리 전도방지 장치 : 안전시설
2) ①, ②, ③ 항 : 안전시설 아님

88 다음 그림은 풍화암에서 토사붕괴를 예방하기 위한 기울기를 나타낸 것이다. x의 값은?(2021년 11월 19일 개정된 규정 적용됨)

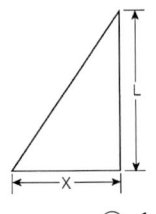

① 1.5 ② 1.0
③ 0.8 ④ 0.5

해설 굴착작업시 굴착면의 기울기 기준

구분	지반의 종류	구배
보통 흙	모래	1 : 1.8
	그 밖에 흙	1 : 1.2
암반	풍화암	1 : 1.0
	연암	1 : 1.0
	경암	1 : 0.5

89 건설현장에서 계단을 설치하는 경우 계단의 높이가 최소 몇 미터 이상일 때 계단의 개방된 측면에 안전난간을 설치하여야 하는가?

① 0.8m   ② 1.0m
③ 1.2m   ④ 1.5m

해설 가설계단
1) **계단의 강도** : 계단 및 계단참은 500kg/m²(매 m²당 500kg) 이상의 하중에 견딜 수 있는 강도를 가진 구조로 설치하여야 하며, 안전율(파괴응력도/허용응력도)은 4 이상으로 하여야 한다.
2) **계단의 폭** : 계단은 그 폭을 1m 이상으로 하여야 한다(단, 급유용·보수용·비상용 계단 및 나선형 계단은 제외).
3) **계단참의 높이** : 높이가 3m를 초과하는 계단에 높이 3m 이내마다 너비 1.2m 이상의 계단참을 설치하여야 한다.
4) **천장의 높이** : 계단 설치시는 바닥면으로부터 2m이내의 공간에 장애물이 없도록 한다(단, 급유용·보수용·비상용 계단 및 나선형 계단은 제외).
5) **계단의 난간** : 높이 1m 이상인 계단의 개방된 측면에 안전난간을 설치하여야 한다.

90 공사종류 및 규모별 안전관리비 계상 기준표에서 공사종류의 명칭에 해당되지 않는 것은?

① 철도·궤도신설공사
② 일반건설공사(병)
③ 중건설공사
④ 특수 및 기타건설공사

■ 정답 ■ 86.④ 87.④ 88.② 89.② 90.②

해설 **안전관리비 계상기준에서 공사의 종류**
1) 일반건설공사(갑)
2) 일반건설공사(을)
3) 중건설공사
4) 철도·궤도 신설공사
5) 특수 및 기타건설공사

참고 법 개정 : 내용 변경

91 포화도 80%, 함수비 28%, 흙 입자의 비중 2.7일 때 공극비를 구하면?

① 0.940　　② 0.945
③ 0.950　　④ 0.955

해설 공극비 = $\dfrac{비중 \times 함수비}{포화도}$

= $\dfrac{2.7 \times 28}{80}$

= 0.945

92 크레인의 운전실을 통하는 통로의 끝과 건설물 등의 벽체와의 간격은 최대 얼마 이하로 하여야 하는가?

① 0.3m　　② 0.4m
③ 0.5m　　④ 0.6m

해설 **건축물 등의 벽체와 통로의 간격 등을 0.3m이하로 유지해야 할 경우**(안전보건규칙 제145조)
1) 크레인의 운전실 또는 운전대를 통하는 통로의 끝과 건설물 등의 벽체의 간격
2) 크레인 거더(girder)의 통로 끝과 크레인 거더의 간격
3) 크레인 거더의 통로로 통하는 통로의 끝과 건설물 등의 벽체의 간격

93 콘크리트 타설작업을 하는 경우에 준수해야 할 사항으로 옳지 않은 것은?

① 콘크리트를 타설하는 경우에는 편심을 유발하여 한쪽 부분부터 밀실하게 타설되도록 유도할 것
② 당일의 작업을 시작하기 전에 해당 작업에 관한 거푸집동바리 등의 변형·변위 및 지반의 침하 유무 등을 점검하고 이상이 있으면 보수할 것
③ 작업 중에는 거푸집동바리 등의 변형·변위 및 침하 유부 등을 감시할 수 있는 감시자를 배치하여 이상이 있으면 작업을 중지하고 근로자를 대피시킬 것
④ 설계도서상의 콘크리트 양생기간을 준수하여 거푸집 동바리 등을 해체할 것

해설 ①항, 콘크리트를 타설하는 경우에는 편심이 발생하지 않도록 골고루 분산하여 타설할 것

94 물체가 떨어지거나 날아올 위험 또는 근로자가 추락할 위험이 있는 작업 시 착용하여야 할 보호구는?

① 보안경　　② 안전모
③ 방열복　　④ 방한복

해설 **작업조건에 적합한 보호구**
1) 물체가 떨어지거나 날아올 위험 또는 근로자가 추락할 위험이 있는 작업 : 안전모
2) 높이 또는 깊이 2m 이상의 추락할 위험이 있는 장소에서 하는 작업 : 안전대
3) 물체의 낙하, 충격, 물체의 끼임, 감전 또는 정전기의 대전(帶電)에 의한 위험이 있는 작업 : 안전화
4) 물체가 흩날릴 위험이 있는 작업 : 보안경
5) 용접시 불꽃이나 물체가 흩날릴 위험이 있는 작업 : 보안면
6) 감전의 위험이 있는 작업 : 절연용보호구
7) 고열에 의한 화상 등의 위험이 있는 작업 : 방열복
8) 선창 등에서 분진이 심하게 발생하는 하역작업 : 방진마스크
9) 섭씨 영하 18도 이하인 급냉동 어창에서 하는 하역작업 : 방한모, 방한복, 방한화, 방한장갑
10) 물건을 운반하거나 수거·배달하기 위하여 자동차관리법에 따른 이륜차를 운행하는 작업 : 「도로교통법 시행규칙」에 적합한 승차용 안전모

95 지반의 사면파괴 유형 중 유한사면의 종류가 아닌 것은?

① 사면내파괴 ② 사면선단파괴
③ 사면저부파괴 ④ 직립사면파괴

해설 1) 유한사면 : 활동하는 깊이가 사면의 높이에 비해 비교적 큰 사면(제방, 댐의 사면 등)
2) 유한사면 파괴(붕괴)유형
① 사면내 파괴
② 사면저부 파괴
③ 사면선단 파괴

96 다음 터널 공법 중 전단면 기계 굴착에 의한 공법에 속하는 것은?

① ASSM(American Steel Supported Method)
② NATM(New Austrian Tunneling Method)
③ TBM(Tunnel Boring Machine)
④ 개착식 공법

해설 TBM(Tunnel Boring Machine)공법
화약발파 없이 유압기계 장치에 의해서 기계적으로 굴착하는 공법이다.

97 옹벽 축조를 위한 굴착작업에 관한 설명으로 옳지 않은 것은?

① 수평 방향으로 연속적으로 시공한다.
② 하나의 구간을 굴착하면 방치하지 말고 기초 및 본체구조물 축조를 마무리 한다.
③ 절취경사면에 전석, 낙석의 우려가 있고 혹은 장기간 방치할 경우에는 숏크리트, 록볼트, 캔버스 및 모르타르 등으로 방호한다.
④ 작업위치의 좌우에 만일의 경우에 대비한 대피통로를 확보하여 둔다.

해설 ①항, 수평방향의 연속시공을 금하여 블록으로 나누어 단위시공 단면적을 최소화하여 분단시공을 한다.

98 부두 등의 하역작업장에서 부두 또는 안벽의 선을 따라 설치하는 통로의 최소폭 기준은?

① 30cm 이상 ② 50cm 이상
③ 70cm 이상 ④ 90cm 이상

해설 부두, 안벽 등 하역작업을 하는 장소에 대한 조치사항
1) 작업장 및 통로의 위험한 부분에는 안전하게 작업할 수 있는 조명을 유지할 것
2) 부두 또는 안벽의 선을 따라 통로를 설치할 때에는 폭을 90cm 이상으로 할 것
3) 육상에서의 통로 및 작업장소로서 다리 또는 선거의 갑문을 넘는 보도 등의 위험한 부분에는 안전난간 또는 울 등을 설치할 것

99 이동식 비계 작업 시 주의사항으로 옳지 않은 것은?

① 비계의 최상부에서 작업을 하는 경우에는 안전난간을 설치한다.
② 이동 시 작업지휘자가 이동식 비계에 탑승하여 이동하며 안전여부를 확인하여야 한다.
③ 비계를 이동시키고자 할 때는 바닥의 구멍이나 머리 위의 장애물을 사전에 점검한다.
④ 작업발판은 항상 수평을 유지하고 작업발판 위에서 안전난간을 딛고 작업을 하거나 받침대 또는 사다리를 사용하여 작업하지 않도록 한다.

해설 이동식 비계를 조립하여 작업을 할 때 준수사항
1) 이동식비계의 바퀴에는 뜻밖의 갑작스러운 이동 또는 전도를 방지하기 위하여 브레이크, 쐐기 등으로 바퀴를 고정시킨 다음 비계의 일부를 견고한 시설물에 고정하거나 아웃트리거(outrigger)를 설치하는 등 필요한 조치를 할 것
2) 비계의 최상부에서 작업을 하는 경우에는 안전난간을 설치할 것
3) 작업발판의 최대적재하중은 250kg을 초과하지 않도록 할 것

■ 정답 ■ 95.④ 96.③ 97.① 98.④ 99.②

4) 작업 발판은 항상 수평으로 유지하고 작업발판 위에서 안전난간을 딛고 작업을 하거나 받침대 또는 사다리를 사용하여 작업하지 않도록 할 것
5) 승강용 사다리는 견고하게 설치할 것

100 가설구조물의 특징이 아닌 것은?

① 연결재가 적은 구조로 되기 쉽다.
② 부재결합이 불완전 할 수 있다.
③ 영구적인 구조설계의 개념이 확실하게 적용된다.
④ 단면에 결함이 있기 쉽다.

해설 ③항, 가설구조물은 영구적인 구조물에 비해 불안전한 구조를 가지고 있다.

2020년 3회 기출문제
[8월 22일 시행]

건설안전산업기사

제1과목 / 산업안전관리론

01 리더십(leadership)의 특성에 대한 설명으로 옳은 것은?

① 지휘형태는 민주적이다.
② 권한여부는 위에서 위임된다.
③ 구성원과의 관계는 지배적 구조이다.
④ 권한근거는 법적 또는 공식적으로 부여된다.

해설 헤드십과 리더십의 특성

구분	헤드십	리더십
권한 부여 및 행사	위에서 위임하여 임명	아래에서 동의에 의해 선출
권한근거	법적 또는 공식적	개인 능력
상관과 부하의 관계 및 책임귀속	지배적상사	개인적 경향, 상사와 부하
부하와의 사회적 간격	넓다	좁다
지휘형태	권위주의적	민주주의적

02 재해 원인을 통상적으로 직접원인과 간접원인으로 나눌 때 직접원인에 해당되는 것은?

① 기술적 원인
② 물적 원인
③ 교육적 원인
④ 관리적 원인

해설 재해발생의 원인

1) 직접원인
   ① 인적원인 : 불안전한 행동
   ② 물적원인 : 불안전한 상태
2) 간접원인 : 기술적원인, 관리적원인, 교육적원인

03 인간관계인 메커니즘 중 다른 사람의 행동 양식이나 태도를 투입시키거나, 다른 사람 가운데서 자기와 비슷한 것을 발견한 것을 무엇이라고 하는가?

① 투사(Projection)
② 모방(Imitation)
③ 암시(Suggestion)
④ 동일화(Identification)

해설 인간관계의 메커니즘

1) **모방** : 남의 행동이나 판단을 표본으로 하여 그것과 같거나 또는 그것에 가까운 행동 판단을 취하는 것
2) **암시** : 다른 사람으로부터의 판단이나 행동을 무비판적으로 논리적, 사실적 근거없이 받아들이는 것을 말함
3) **투사** : 자기 속의 억압된 것을 다른 사람의 것으로 생각하는 것
4) **동일화** : 다른 사람의 행동양식이나 태도를 투입하거나 다른 사람 가운데서 자기와 비슷한 것을 발견하는 것
5) **커뮤니케이션** : 갖가지 행동양식이나 기호를 매개로 하여 어떤 사람으로부터 다른 사람에게 전달되는 과정

■ 정답 ■ 01.① 02.② 03.④

04 알더퍼의 ERG(Existence Relation Growth)이론에서 생리적 욕구, 물리적 측면의 안전욕구 등 저차원적 욕구에 해당하는 것은?

① 관계욕구　　② 성장욕구
③ 존재욕구　　④ 사회적욕구

해설 매슬로우와 알더퍼더 욕구이론

매슬로우의 욕구5단계	알더퍼더의 ERG이론
제1단계 생리적욕구 제2단계 안전의 욕구	Existence(생존)욕구(존재욕구)
제3단계 사회적 욕구	Relatedness(관계)욕구
제4단계 자기존경의 욕구 제5단계 자아실현의 욕구	Growth(성장)욕구

05 안전교육 계획 수립 시 고려하여야 할 사항과 관계가 가장 먼 것은?

① 필요한 정보를 수집한다.
② 현장의 의견을 충분히 반영한다.
③ 법 규정에 의한 교육에 한정한다.
④ 안전교육 시행 체계와의 관련을 고려한다.

해설 안전교육 계획수립시의 고려할 사항
  1) 필요한 정보를 수집한다.
  2) 현장의 의견을 충분히 반영한다.
  3) 안전교육시행 체계와의 관련을 고려한다.
  4) 법 규정에 의한 교육에만 그치지 않는다.

06 기능(기술)교육의 진행방법 중 하버드 학파의 5단계 교수법의 순서로 옳은 것은?

① 준비 → 연합 → 교시 → 응용 → 총괄
② 준비 → 교시 → 연합 → 총괄 → 응용
③ 준비 → 총괄 → 연합 → 응용 → 교시
④ 준비 → 응용 → 총괄 → 교시 → 연합

해설 하버드 학파의 5단계 교수법
  1) 1단계 : 준비시킨다(preparation)
  2) 2단계 : 교시한다(presentation)
  3) 3단계 : 연합한다(association)
  4) 4단계 : 총괄시킨다(generalization)
  5) 5단계 : 응용시킨다(application)

07 산업안전보건법령상 안전모의 시험성능 기준 항목이 아닌 것은?

① 난연성　　② 인장성
③ 내관통성　　④ 충격흡수성

해설 안전모의 시험항목

구분	시험항목
1) 시험성능기준	① 내관통성 ② 충격흡수성 ③ 내전압성 ④ 내수성 ⑤ 난연성 ⑥ 턱끈풀림
2) 부가성능기준	① 측면변형방호 ② 금속용융물분사방호

08 위험예지훈련 4라운드 기법의 진행방법에 있어 문제점 발견 및 중요 문제를 결정하는 단계는?

① 대책수립 단계
② 현상파악 단계
③ 본질추구 단계
④ 행동목표설정 단계

해설 위험예지훈련의 4R
  1) 1R(현상파악) : 어떤 위험이 잠재하고 있는지 사실을 파악하는 라운드(BS적용)
  2) 2R(본질추구) : 가장 위험한 요인(위험 포인트)을 합의로 결정하는 라운드(요약)
  3) 3R(대책수립) : 구체적인 대책을 수립하는 라운드(BS)적용
  4) 4R(목표달성-설정) : 수립한 대책 가운데 질이 높은 항목에 합의하는 라운드(요약)

■ 정답 ■ 04.③　05.③　06.②　07.②　08.③

09 태풍, 지진 등의 천재지변이 발생한 경우나 이상상태 발생 시 기능상 이상 유·무에 대한 안전점검의 종류는?

① 일상점검 ② 정기점검
③ 수시점검 ④ 특별점검

해설 안전점검의 종류
1) **수시점검** : 작업 전, 중, 후에 실시하는 점검
2) **정기점검** : 일정 기간마다 정기적으로 실시하는 점검
3) **특별점검**
   ① 기계, 설비의 신설시 변경 내지 고장수리 시 실시하는 점검
   ② 천재지변 발생 후 실시하는 점검
   ③ 안전강조 기간 내에 실시하는 점검
4) **임시점검** : 이상 발견시 임시로 실시하는 점검 정기점검과 정기점검 사이에 실시하는 점검

10 산업안전보건법령상 근로자 안전보건교육 대상과 교육기간으로 옳은 것은?

① 정기교육인 경우 : 사무직 종사근로자 – 매 분기 6시간 이상
② 정기교육인 경우 : 관리감독자 지위에 있는 사람 – 연간 10시간 이상
③ 채용 시 교육인 경우 : 일용근로자 – 4시간 이상
④ 작업내용 변경 시 교육인 경우 : 일용근로자를 제외한 근로자 – 1시간 이상

해설 사업 내 안전보건교육(시행규칙 별표8)

교육과정	교육대상	교육시간
1. 정기교육	1) 사무직·판매직 근로자	매반기 6시간 이상
	2) 사무직·판매직 근로자 외의 근로자	매반기 12시간 이상
2. 채용시 교육	1) 일용직 근로자 및 근로계약기간이 1주일 이하인 기간제 근로자	1시간 이상
	2) 근로계약기간이 1주일 초과 1개월 이하인 기간제 근로자	4시간 이상
	3) 그 밖에 근로자	8시간 이상
3. 작업내용 변경시 교육	1) 일용근로자 및 근로계약기간에 1주일 이하인 기간제 근로자	1시간 이상
	2) 그 밖에 근로자	2시간 이상

11 재해예방의 4원칙에 해당하는 내용이 아닌 것은?

① 예방가능의 원칙 ② 원인계기의 원칙
③ 손실우연의 원칙 ④ 사고조사의 원칙

해설 재해예방의 4원칙
1) **손실우연의 원칙** : 사고에 의해 생기는 손실(상해)의 종류와 정도는 우연적이다.
2) **원인계기의 원칙** : 모든 재해는 필연적인 원인에 의해서 발생되며 재해발생은 직접 원인만이 아니고 많은 간접원인의 연쇄로 발생되는 것이다.
3) **예방가능의 원칙** : 재해는 원칙적으로 모든 방지가 가능하다.
4) **대책선정의 원칙** : 가장 효과적인 재해방지대책의 선정은 이들 원인의 정확한 분석에 의해서 얻어진다.

12 학습 성취에 직접적인 영향을 미치는 요인과 가장 거리가 먼 것은?

① 적성 ② 준비도
③ 개인차 ④ 동기유발

해설 학습성취에 직접적인 영향을 미치는 요인 (학습조건)
1) 준비도(readiness)
2) 개인차
3) 동기유발
4) 파지와 망각
5) 연습
6) 학습의 전이

13 산업안전보건법령상 안전보건표지의 종류 중 인화성물질에 관한 표지에 해당하는 것은?

① 금지표시   ② 경고표시
③ 지시표시   ④ 안내표시

해설 산업안전표지의 종류와 색채
1) 금지표시 : 바탕은 흰색, 기본모형은 빨간색, 관련부호 및 그림은 검정색
2) 경고표시 : 바탕은 노란색, 기본모형·관련부호 및 그림은 검정색(다만, 인화성물질 경고, 산화성물질 경고, 폭발성물질 경고, 급성독성물질 경고, 부식성물질 경고, 및 발암성·변이원성·생식독성·전신독성·호흡기과민성물질 경고의 경우 바탕은 무색, 기본모형은 빨간색(흑색도 가능)
3) 지시표시 : 바탕은 파란색, 관련그림은 흰색
4) 안내표시 : 바탕은 흰색, 기본모형 및 관련부호는 녹색, 바탕은 녹색, 관련부호 및 그림은 흰색
5) 관계자 외 출입금지표시 : 바탕은 흰색, 글자는 흑색, 다음 글자는 적색
   ① ○○○제조/사용/보관중
   ② 석면취급/해체중
   ③ 발암물질 취급중

14 인지과정 착오의 요인이 아닌 것은?

① 정서 불안정
② 감각차단 현상
③ 작업자의 기능미숙
④ 생리·심리적 능력의 한계

해설 착오요인(대뇌의 휴먼에러)
1) 인지과정 착오
   ① 생리, 심리적 능력의 한계
   ② 정보량 저장능력의 한계
   ③ 감각차단현상(단조로운 업무, 반복작업시 발생)
   ④ 정서불안정(공포, 불안, 불만)
2) 판단과정 착오
   ① 능력부족
   ② 정보부족
   ③ 자기합리화
   ④ 환경조건의 불비
3) 조치과정 착오 : 기술능력 미숙 및 경험부족에서 발생

15 안전관리조직의 형태 중 라인스탭형에 대한 설명으로 틀린 것은?

① 대규모 사업장(1000명 이상)에 효율적이다.
② 안전과 생산업무가 분리될 우려가 없기 때문에 균형을 유지할 수 있다.
③ 모든 안전관리 업무를 생산라인을 통하여 직선적으로 이루어지도록 편성된 조직이다.
④ 안전업무를 전문적으로 담당하는 스탭 및 생산라인의 각 계층에도 겸임 또는 전임의 안전담당당자를 둔다.

해설 직계형(line형) : 모든 안전관리 업무를 생산라인을 통하여 직선적으로 이루어지도록 편성된 조직이다(생산과 안전을 동시에 실시하는 조직형태).

16 O.J.T(On the Job Traning)의 특징 중 틀린 것은?

① 훈련과 업무의 계속성이 끊어지지 않는다.
② 직장과 실정에 맞게 실제적 훈련이 가능하다.
③ 훈련의 효과가 곧 업무에 나타나며, 훈련의 개선이 용이하다.
④ 다수의 근로자들에게 조직적 훈련이 가능하다.

해설 1) OJT와 off-JT
   ① OJT(on the job training, 현장중심 교육) : 직속상사가 현장에서 업무상의 개별교육이나 지도훈련을 하는 교육 형태
   ② off-JT(off the job training, 현장 외 중심교육) : 계층별 또는 직능별 등과 같이 공통된 교육대상자를 현장 외의 한 장소에 모아 집체 교육 훈련을 실시하는 교육형태

■ 정답 ■ 13.② 14.③ 15.③ 16.④

2) OJT와 off-JT의 특징

OJT	off-JT
① 개개인에게 적합한 지도 훈련 가능	① 다수의 근로자에게 조직적 훈련이 가능
② 직장의 실정에 맞는 실체적 훈련이 가능	② 훈련에만 전념하게 됨
③ 훈련에 필요한 업무의 계속성이 끊어지지 않음	③ 특별설비기구를 이용할 수 있음
④ 즉시 업무에 연결되는 관계로 신체와 관련 있음	④ 전문가를 강사로 초청할 수 있음
⑤ 효과가 곧 업무에 나타나며 훈련의 좋고 나쁨에 따라 개선이 용이함	⑤ 각 직장의 근로자끼리 많은 지식이나 경험을 교류할 수 있음
⑥ 교육을 통한 훈련효과에 의해 상호 신뢰 이해도가 높아짐	⑥ 교육훈련 목표에 대해서 집단적 노력이 흐트러질 수도 있음

17 재해의 원인과 결과를 연계하여 상호 관계를 파악하기 위해 도표화하는 분석방법은?

① 관리도
② 파레토도
③ 특성요인도
④ 크로스분류도

해설 통계적 원인 분석 방법
1) 파렛토도 : 분류항목을 큰 순서대로 도표화한 분석법
2) 특성요인도 : 특성과 요인관계를 도표로 하여 어골상으로 세분화 한 분석법
3) 클로즈(Close)분석 : 데이터(data)를 집계하고 표로 표시하여 요인별 결과내역을 교차한 클로즈그림을 작성하여 분석하는 방법
4) 관리도 : 재해발생건수 등의 추이를 파악하여 목표관리를 행하는데 필요한 월별 재해 발생수를 그래프화하여 관리선을 설정·관리하는 방법

18 연간 근로자수가 300명인 A공장에서 지난 1년간 1명의 재해자(신체장해등급:1급)가 발생하였다면 이 공장의 강도율은? (단, 근로자 1인당 1일 8시간씩 연간 300일을 근무하였다.)

① 4.27
② 6.42
③ 10.05
④ 10.42

해설 강도율 = $\dfrac{\text{근로손실일수}}{\text{연간근로시간수}} \times 100$

= $\dfrac{7500}{300 \times 8 \times 300} \times 1000$

= 10.42

여기서, 신체장애등급 1·2·3등급 근로손실일수 : 7500일

19 무재해 운동의 이념 가운데 직장의 위험요인을 행동하기 전에 예지하여 발견, 파악, 해결하는 것을 의미하는 것은?

① 무의 원칙
② 선취의 원칙
③ 참가의 원칙
④ 인간 존중의 원칙

해설 무재해운동이념 3원칙
1) **무의 원칙** : 사망, 휴업 및 불휴재해는 물론 일체의 장래위험요인을 사전에 발견, 파악, 해결함으로써 근원적인 산업재해를 없애는 것을 말한다.
2) **참가의 원칙** : 재해 및 일체의 위험요인을 발견, 해결하기 위해 전원이 무재해운동에 참가하여 문제 해결 등을 실천하는 것을 말한다.
3) **선취해결의 원칙** : 선취란 궁극의 목표로서 무재해, 무질병의 직장을 실현하기 위해 일체의 위험요인을 행동하기 전에 발견, 파악, 해결하여 재해를 예방하거나 방지하는 것을 말한다.

20 상황성 누발자의 재해유발원인과 거리가 먼 것은?

① 작업의 어려움 ② 기계설비의 결함
③ 심신의 근심 ④ 주의력의 산만

해설 사고 경향성
1) **상황성 누발자**: 작업의 어려움, 기계설비의 결함, 환경상 주의력의 집중곤란, 심신의 근심 등 때문에 재해유발
2) **소질적 누발자**: 재해의 소질적 요인(주의력 산만, 도덕적 결여, 감각운동 부적합 등) 때문에 재해 유발
3) **습관성 누발자**: 재해의 경험으로 겁쟁이가 되거나 신경과민이 되어 재해를 유발하거나 슬럼프 상태에 빠져서 재해유발
4) **미숙성 누발자**: 기능미숙, 환경에 익숙하지 못하기 때문에 재해 유발

제2과목 / 인간공학 및 시스템안전공학

21 다음 형상 암호화 조종장치 중 이산 멈춤 위치용 조종장치는?

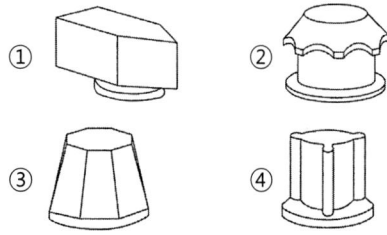

해설 형상 암호화된 조종장치
1) **만져봐서 식별되는 손잡이**: 단회전용, 다회전용, 이산멈춤위치용 등
2) **용도와 관련된 형상으로 식별되는 손잡이**: 회전수, 역출력, 착륙장치 등

22 작업기억(working memory)과 관련된 설명으로 옳지 않은 것은?

① 오랜 기간 정보를 기억하는 것이다.
② 작업기억 내의 정보는 시간이 흐름에 따라 쇠퇴할 수 있다.
③ 작업기억의 정보는 일반적으로 시각, 음성, 의미 코드의 3가지로 코드화된다.
④ 리허설(rechearsal)은 정보를 작업기억 내에 유지하는 유일한 방법이다.

해설 작업기억: 정보들을 일시적으로 보유하고 각종 인지적 과정을 계획하고 순서 지으며 실제로 수행하는 작업량으로서의 기능을 수행하는 단기적 기억을 말한다.

23 다음 중 육체적 활동에 대한 생리학적 측정방법과 가장 거리가 먼 것은?

① EMG ② EEG
③ 심박수 ④ 에너지소비량

해설 피로의 측정법
1) **생리학적 방법**: 근전도(EMG), 산소소비량 및 에너지 대사율, 피부전기반사(GSR), 프릿가값(융합점멸주파수: 대뇌활동측정) 등
2) **화학적 방법**: 혈색소농도, 혈액수준, 혈단백, 응형시간, 혈액, 요전해질, 요단백, 요교질, 배설량 등
3) **심리학적 방법**: 피부(전위)저장, 동작분석, 연속반응시간, 행동기록, 정신작업, 전신자각증상, 집중유지기능 등

> **길잡이** EEG(뇌전도)
> 1) 뇌의 활동에 따른 전위차를 기록한 것이다.
> 2) 정신적 작업 부하 척도로 사용된다.

24 주물공장 A작업자의 작업지속시간과 휴식시간을 열압박지수(HSI)를 활용하여 계산하니 각각 45분, 15분이었다. A작업자의 1일 작업량(TW)은 얼마인가? (단, 휴식시간은 포함하지 않으며, 1일 근무시간은 8시간이다.)

① 4.5시간 ② 5시간
③ 5.5시간 ④ 6시간

해설 1일 작업량(TW)
TW = 작업지속시간 × 1일 근무시간
  = 45분/시간 × 8시간
  = 360분
  = 6시간

25 한국산업표준상 결함 나무 분석(FTA) 시 다음과 같이 사용되는 사상기호가 나타내는 사상은?

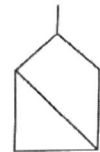

① 공사상 ② 기본사상
③ 통상사상 ④ 심층분석사상

해설 FTA 기호

① 공사상	② 기본사상	③ 통상사상
△	○	⌂

26 작업자의 작업공간과 관련된 내용으로 옳지 않은 것은?

① 서서 작업하는 작업공간에서 발바닥을 높이면 뻗침길이가 늘어난다.
② 서서 작업하는 작업공간에서 신체의 균형에 제한을 받으면 뻗침길이가 늘어난다.
③ 앉아서 작업하는 작업공간은 동적 팔뻗침에 의해 포락면(reach envelope)의 한계가 결정된다.
④ 앉아서 작업하는 작업공간에서 기능적 팔뻗침에 영향을 주는 제약이 적을수록 뻗침 길이가 늘어난다.

해설 ②항, 서서 작업하는 작업공간에서 신체의 균형에 제한을 받으면 뻗침길이가 줄어든다.

27 FTA에 의한 재해사례 연구의 순서를 올바르게 나열한 것은?

[다음]
A. 목표사상 선정
B. FT도 작성
C. 사상마다 재해원인 규명
D. 개선계획 작성

① A → B → C → D
② A → C → B → D
③ B → C → A → D
④ B → A → C → D

해설 FTA에 의한 재해사례의 연구순서
1) 1step : 톱사상의 선정
2) 2step : 사상마다 재해원인·요인의 규명
3) 3step : FT도의 작성
4) 4step : 개선계획의 작성
5) 5step : 개선안의 실시계획

28 표시 값의 변화 방향이나 변화 속도를 나타내어 전반적인 추이의 변화를 관측할 필요가 있는 경우에 가장 적합한 표시장치 유형은?

① 계수형(digital)
② 묘사형(descriptive)
③ 동목형(moving scale)
④ 동침형(moving pointer)

해설 정량적 동적표시장치의 기본형
1) 정목동침(moving pointer)형 : 눈금이 고정되고 지침이 움직이는 형

2) **정침동목(moving scale)형** : 지침이 고정되고 눈금이 움직이는 형
3) **계수(digital)형** : 전력계나 택시요금 계기와 같이 기계·전자적으로 숫자가 표시되는 형

29 반복되는 사건이 많이 있는 경우에 FTA의 최소 컷셋을 구하는 알고리즘이 아닌 것은?

① Fussel Algorithm
② Boolean Algorithm
③ Monte Carlo Algorithm
④ Limnios &Ziani Algorithm

해설 최소컷셋을 구하는 알고리즘(Algorithm)
1) Fussel 알고리즘
2) Boolean 알고리즘
3) Limnios & Ziani 알고리즘

30 산업안전보건법령상 정밀작업 시 갖추어져야할 작업면의 조도 기준은? (단, 갱내 작업장과 감광재료를 취급하는 작업장은 제외한다.)

① 75럭스 이상
② 150럭스 이상
③ 300럭스 이상
④ 750럭스 이상

해설 작업상 작업면의 조도(안전보건규칙 제8조)
1) 초정밀작업 : 750럭스 이상
2) 정밀작업 : 300럭스 이상
3) 보통작업 : 150럭스 이상
4) 그 밖의 작업 : 75럭스 이상

31 신뢰도가 0.4인 부품 5개가 병렬결합 모델로 구성된 제품이 있을 때 이 제품의 신뢰도는?

① 0.90
② 0.91
③ 0.92
④ 0.93

해설 $R = 1 - (1 - 0.4)^5 = 0.92$

32 조작자 한 사람의 신뢰도가 0.9일때 요원을 중복하여 2인 1조가 되어 작업을 진행하는 공정이 있다. 작업 기간 중 항상 요원 지원을 한다면 이 조의 인간 신뢰도는?

① 0.93
② 0.94
③ 0.96
④ 0.99

해설 $R = 1 - (1 - A)(1 - B)$
$= 1 - (1 - 0.9)(1 - 0.9) = 0.99$

33 사용자의 잘못된 조작 또는 실수로 인해 기계의 고장이 발생하지 않도록 설계하는 방법은?

① FMEA
② HAZOP
③ fail safe
④ fool proof

해설 fail safe와 fool proof
1) fail safe : 인간이나 기계 등의 과오나 동작상의 실수가 있더라도 사고·재해를 발생시키지 않도록 철저하게 2중, 3중으로 통제를 가하는 것
2) fool proof : 인간이 기계 등의 취급을 잘못해도 사고로 연결되는 일이 없도록 하는 안전기구로서 기계장치 설계단계에서 안전화를 도모하는 것

34 인간-기계 시스템을 설계하기 위해 고려해야 할 사항과 거리가 먼 것은?

① 시스템 설계 시 동작 경제의 원칙이 만족되도록 고려한다.
② 인간과 기계가 모두 복수인 경우, 종합적인 효과 보다 기계를 우선적으로 고려한다.
③ 대상이 되는 시스템이 위치할 환경 조건이 인간에 대한 한계치를 만족하는가의 여부를 조사한다.
④ 인간이 수행해야 할 조작이 연속적인가 불연속적인가를 알아보기 위해 특성조사를 실시한다.

해설 ②항, 인간과 기계가 모두 복수인 경우, 종합적인

■ 정답 ■ 29.③ 30.③ 31.③ 32.④ 33.④ 34.②

효과보다 인간을 우선적으로 고려한다.

> **길잡이** 인간·기계 시스템 설계과정의 6단계
> 1) 1단계 : 목표 및 성능 명세 결정
> 2) 2단계 : 시스템의 정의
> 3) 3단계 : 기본설계
> 4) 4단계 : 인간·기계 인터페이스설계
> 5) 5단계 : 매뉴얼 및 성능보조자료 작성
> 6) 6단계 : 시험 및 평가

35 MIL-STD-882E에서 분류한 심각도(severity) 카테고리 범주에 해당하지 않는 것은?

① 재앙수준(catastrophic)
② 임계수준(critical)
❸ 경계수준(precautionary)
④ 무시가능수준(negligible)

해설 위험강도 범주 및 심각도 범주(카테고리)

범주	위험강도범주	심각도
범주 I	파국적(catastrophic)	재앙수준
범주 II	위기적(critical)	임계수준
범주 III	한계적(marginal)	미미한수준
범주 IV	무시(negligible)	무시가능수준

36 시스템 수명주기 단계 중 이전 단계들에서 발생되었던 사고 또는 사건으로부터 축적된 자료에 대해 실증을 통한 문제를 규명하고 이를 최소화하기 위한 조치를 마련하는 단계는?

① 구상단계   ② 정의단계
③ 생산단계   ④ 운전단계

해설 시스템 수명주기의 단계
1) **구상단계** : 시작단계
   ① PHA(예비사고분석) : 이용
   ② 리스크(위험)분석 시행
   ③ SSPP(시스템 안전프로그램계획)
2) **정의단계** : 예비설계와 생산기술을 확인하는 단계
3) **개발단계** : 정의단계에 환경적 충격, 생산기술, 운용연구 등을 포함시키는 단계
   ① OHA(운용위험분석)이용
   ② FMEA(고장의 형태 및 영향분석)과 관련된 신뢰 성공학 적용
4) **생산단계** : 생산이 시작되면 품질관리부서는 생산물을 검사하고 조사하는 역할을 함
5) **운전단계** : 시스템을 운전하는 단계

37 다수의 표시장치(디스플레이)를 수평으로 배열할 경우 해당 제어장치를 각각의 표시장치 아래에 배치하면 좋아지는 양립성의 종류는?

① 공간 양립성   ② 운동 양립성
③ 개념 양립성   ④ 양식 양립성

해설 양립성의 종류
1) **개념양립성** : 코드와 기호를 인간들의 사고에 일치시키는 것을 말한다.
   [예] 더운물 : 빨간색 수도꼭지, 차가운 물 : 청색 수도꼭지, 비행장 : 비행기 모형 등
2) **운동양립성** : 표시장치와 조종장치의 움직임과 사용시스템의 응답을 관련시키는 것이다.
   [예] 라디오 음량을 크게 할 때 : 조절장치를 시계방향으로 회전, 전원스위치 : 올리면 켜지고 내리면 꺼짐
3) **공간양립성** : 조종장치와 표시장치의 물리적 배열(공간적 배열)이 사용자 기대와 일치되도록 하는 것을 말한다.
4) **양식양립성** : 직무에 알맞은 자극과 응답방식(양식)에 대한 것을 말한다.

38 조종장치의 촉각적 암호화를 위하여 고려하는 특성으로 볼 수 없는 것은?

① 형상   ② 무게
③ 크기   ④ 표면 촉감

해설 조종 장치의 촉각적 암호화를 위하여 고려하는 특성
1) 형상   2) 크기
3) 표면촉감

■ 정답 ■ 35.③ 36.④ 37.① 38.②

39 활동의 내용마다 "우·양·가·불가"로 평가하고 이 평가내용을 합하여 다시 종합적으로 정규화하여 평가하는 안전성 평가기법은?

① 평점척도법 ② 쌍대비교법
③ 계층적 기법 ④ 일관성 검정법

해설 평점 척도법
1) 활동의 내용마다 "우, 양, 가, 불가"로 평가한다.
2) 평가내용은 합하여 다시 종합적으로 정규화하여 평가한다.

40 환경요소의 조합에 의해서 부과되는 스트레스나 노출로 인해서 개인에 유발되는 긴장(strain)을 나타내는 환경요소 복합지수가 아닌 것은?

① 카타온도(kata temperature)
② Oxford 지수(wet-dry index)
③ 실효온도(effective temperature)
④ 열 스트레스 지수(heat stress index)

해설 긴장(strain)을 나타내는 환경요소 복합지수
1) Oxford 지수(wet-dry index)
2) 실효온도(effective temperature)
3) 열 스트레스 지수(heat stress index)

제3과목 / 건설시공학

41 공종별 시공계획서에 기재되어야 할 사항으로 거리가 먼 것은?

① 작업일정
② 투입인원수
③ 품질관리기준
④ 하자보수계획서

해설 공종별 시공계획서에 기재사항
1) 작업일정
2) 인력동원계획(투입인원수)
3) 품질관리기준
4) 안전관리기준
5) 주요장비 및 설비

42 모래 채취나 수중의 흙을 퍼 올리는 데 가장 적합한 기계장비는?

① 불도저 ② 드래그 라인
③ 롤러 ④ 스크레이퍼

해설 드래그 라인(drag line)
1) 지반보다 낮은 연질기반의 넓은 굴착에 적합하다.
2) 8m 정도의 기초 흙파기, 깊은 곳 굴착 등에 쓰인다.

43 용접작업에서 용접봉을 용접방향에 대하여 서로 엇갈리게 움직여서 용가금속을 용착시키는 운봉방법은?

① 단속용접 ② 개선
③ 위빙 ④ 레그

해설 위빙(weaving) : 본문 설명

44 기성콘크리트 말뚝을 타설할 때 그 중심 간격의 기준으로 옳은 것은?

① 말뚝머리지름의 1.5배 이상 또한 750mm 이상
② 말뚝머리지름의 1.5배 이상 또한 1000mm 이상
③ 말뚝머리지름의 2.5배 이상 또한 750mm 이상
④ 말뚝머리지름의 2.5배 이상 또한 1000mm 이상

■ 정답 ■ 39.① 40.① 41.④ 42.② 43.③ 44.③

해설 말뚝지정의 간격 및 특징 비교

종류	간격	특징
나무말뚝	최소 2.5d 이상 또는 60cm 이상	① 부패방지를 위해 상수면 이하에 사용 ② 휨 정도는 길이의 1/50 이하
기성 콘크리트 말뚝	최소 2.5d 이상 또는 75cm 이상	① 대규모의 중량건물, 굳은 지층에 깊이 박을 때 사용 ② 재료구입이 용이, 주근의 개수는 6개 이상
강재말뚝	최소 2.5d 이상 또는 90cm 이상	① 해안매립지, 경질지반이 깊을 때 사용 ② 부식시 내구성 저하
제자리 콘크리트 말뚝	최소 2.5d 이상 또는 60cm 이상	① 규모가 큰 구조물에 사용 ② 현장에서 직접 천공하여 사용

45 철근단면을 맞대고 산소-아세틸렌염으로 가열하여 적열상태에서 부풀려 가압, 접합하는 철근이음방식은?

① 나사방식이음
② 겹침이음
③ 가스압접이음
④ 충전식이음

해설 가스압점이음 : 피용접제를 미리 밀착시키고 주위에서 가스불꽃으로 가열하여 용융되지 않은 상태로 가열하여 압력을 가해서 압접시키는 이음방법이다.
1) 화염을 사용해야 하며 기후에 따라 작업이 용이하지 않다.
2) 조립된 철근이음에는 부적합하고 이음부에 강도저하가 나타난다.

46 콘크리트의 건조수축을 크게 하는 요인에 해당되지 않는 것은?

① 분말도가 큰 시멘트 사용
② 흡수량이 많은 골재를 사용할 때
③ 부재의 단면치수가 클 때
④ 온도가 높을 경우, 습도가 낮을 경우

해설 ③항, 부재의 단면치수가 작을 때

47 지하수가 많은 지반을 탈수하여 건조한 지반으로 개량하기 위한 공법에 해당하지 않는 것은?

① 생석회말뚝(Chemico pile) 공법
② 페이퍼드레인(Paper deain) 공법
③ 잭파일(Jacked pile) 공법
④ 샌드드레인(Sand drain) 공법

해설 지반개량의 탈수공법
1) **생석회말뚝공법** : 모래말뚝 대신에 생석회를 주입하여 흙속에 수분과 화학반응에 의한 발열에 의해 수분을 증발시키는 공법
2) **페이퍼드레인공법** : 모래 대신 종이 또는 섬유벨트 등을 연약지반에 압입하여 배수시킴으로써 압밀을 촉진시키는 공법
3) **샌드드레인공법** : 연약성 점토지반에 투수성이 좋은 모래 기둥을 시공하여 토층 속의 물을 지표면으로 배수시켜 지반을 압밀하는 공법

48 건설현장에 설치되는 자동식 세륜시설 중 측면살수시설에 관한 설명으로 옳지 않은 것은?

① 측면살수시설의 슬러지는 컨베이어에 의한 자동배출이 가능한 시설을 설치하여야 한다.
② 측면살수시설의 살수 길이는 수송차량 전장의 1.5배 이상이어야 한다.
③ 측면살수시설은 수송차량의 바퀴부터 적재함 하단부 높이까지 살수할 수 있어야 한다.
④ 용수공급은 기 개발된 지하수를 이용하고, 우수 또는 공사용수의 활용을 금한다.

해설 측면살수시설의 설치기준
1) **살수높이** : 수송차량의 바퀴부터 적재함 하단부까지

■정답■ 45.③ 46.③ 47.③ 48.④

2) 살수길이 : 수송차량 전장의 1.5배 이상
3) 살수압 : 3kg/cm² 이상
4) 슬러지 : 컨베이어에 의한 자동배출이 가능한 시설 설치
5) 용수공급 : 우수를 모아서 사용함과 공사용수를 활용함을 원칙으로 하되 기 개발된 지하수 및 상수도 이용도 가능

49 보기는 지하연속벽(slurry wall)공법의 시공내용이다. 그 순서를 옳게 나열한 것은?

A. 트레미관을 통한 콘크리트 타설
B. 굴착
C. 철근망의 조립 및 삽입
D. guide wall 설치
E. end pipe 설치

① A → B → C → E → D
② D → B → E → C → A
③ B → D → E → C → A
④ B → D → C → E → A

해설 지하연속벽공법의 시공순서
1) guide wall 설치 → 2) 굴착 → 3) end pipe 설치 → 4) 철근망의 조립 및 삽입 → 5) 트레미관을 통한 콘크리트 타설

50 알루미늄거푸집에 관한 설명으로 옳지 않은 것은?

① 거푸집해체 시 소음이 매우 적다.
② 패널과 패널 간 연결부위의 품질이 우수하다.
③ 기존 재래식 공법과 비교하여 건축폐기물을 억제하는 효과가 있다.
④ 패널의 무게를 경량화하여 안전하게 작업이 가능하다.

해설 ①항, 거푸집 해체시 소음이 매우 크다.

51 철골 세우기 장비의 종류 중 이동식 세우기 장비에 해당하는 것은?

① 크롤러 크레인
② 가이 데릭
③ 스티프 레그 데릭
④ 타워크레인

해설 양중장비의 분류
1) 고정식
 ① 타워크레인(T형, Luffing형, 미니타워크레인)
 ② 지브크레인
2) 이동식
 ① 크롤러 크레인
 ② 트럭 크레인
 ③ 휠 크레인(hydro 크레인)
 ④ 카고 크레인

52 철골부재의 용접 접합 시 발생되는 용접결함의 종류가 아닌 것은?

① 엔드탭
② 언더컷
③ 블로우홀
④ 오버랩

해설 용접결함
1) 공기구멍(blow hole = gas pocket) : 용접금속의 내부에 생기는 구멍으로 주로 용융금속이 응고할 때 방출되어야 할 가스가 남아서 생기는 결함
2) 언더 컷(under cut) : 용접상부(모재표면과 용접표면이 교차되는 점)에 따라 모재가 녹아 용착금속이 채워지지 않고 홈으로 남게 되는 부분
3) 오버 랩(over lap : 겹치기) : 용접금속과 모재가 융합되지 않고 겹쳐지는 결함

길잡이 앤드탭 : 용접결함이 생기기 쉬운 용접시작부분이나 끝부분에 설치하는 부재

53 철골조 건물의 연면적이 5000m² 일 때 이 건물 철골재의 무게산출량은? (단, 단위면적당 강재사용량은 0.1~0.15 ton/m² 이다.)

① 30~40 ton
② 100~250 ton
③ 300~400 ton
④ 500~750 ton

■ 정답 ■ 49.② 50.① 51.① 52.① 53.④

해설 건물철골재의 무게(W)
W = 면적당 강재사용량 × 건물 연면적
= 0.1 ~ 0.15ton/m² × 5000m²
= 500 ~ 750ton

54 수밀콘크리트의 배합에 관한 설명으로 옳지 않은 것은?

① 배합은 콘크리트의 소요의 품질이 얻어지는 범위 내에서 단위수량 및 물-결합재비는 되도록 크게 하고, 단위 굵은 골재량은 되도록 작게 한다.
② 콘크리트의 소요 슬럼프는 되도록 작게 하여 180mm를 넘지 않도록 하며, 콘크리트 타설이 용이할 때에는 120mm 이하로 한다.
③ 콘크리트의 워커빌리티를 개선시키기 위해 공기연행제, 공기연행감수제 또는 고성능 공기연행감수제를 사용하는 경우라도 공기량은 4% 이하가 되게 한다.
④ 물-결합재비는 50% 이하를 표준으로 한다.

해설 콘크리트의 소요슬럼프는 가급적 적게 하여 180mm 이하가 되도록 한다.

55 철근이음의 종류에 따른 검사시기와 횟수의 기준으로 옳지 않은 것은?

① 가스압접 이음 시 외관검사는 전체개소에 대해 시행한다.
② 가스압접 이음 시 초음파탐사검사는 1검사 로트마다 30개소 발취한다.
③ 기계적 이음의 외관검사는 전체개소에 대해 시행한다.
④ 용접이음의 인장시험은 700개소마다 시행한다.

해설 철근 용접이음의 인장시험
1) 시기횟수 : 500개소마다 시행
2) 판정기준 : 설계기준 항복강도의 125%

56 다음 중 벽체전용 시스템 거푸집에 해당되지 않는 것은?

① 갱 폼   ② 클라이밍 폼
③ 슬립 폼   ④ 테이블 폼

해설 1) 벽체전용 시스템 거푸집
① 갱폼(gang form)
② 클라이밍 폼(climbing form)
③ 슬립 폼(slip form)
2) 테이블 폼(table form) : 바닥슬래브의 콘크리트를 타설하기 위한 거푸집

57 건축주가 시공회사의 신용, 자산, 공사경력, 보유기술 등을 고려하여 그 공사에 가장 적격한 단일 업체에게 입찰시키는 방법은?

① 공개경쟁입찰   ② 특명입찰
③ 사전자격심사   ④ 대안입찰

해설 특명입찰 : 공사 시공에 적합한 1명의 업자를 선정하여 입찰시키는 수의계약방식(후속공사, 추가공사 등에 채용)
1) 장점
① 입찰수속이 간단하고 도급자를 신용할 수 있다.
② 공사기밀유지에 유리하고 양호한 공사를 기대할 수 있다.
2) 단점 : 공사비가 많아질 우려가 있다.

58 공동도급에 관한 설명으로 옳지 않은 것은?

① 각 회사의 소요자금이 경감되므로 소자본으로 대규모 공사를 수급할 수 있다.
② 각 회사가 위험을 분산하여 부담하게 된다.
③ 상호기술의 확충을 통해 기술축적의 기회를 얻을 수 있다.
④ 신기술, 신공법의 적용이 불리하다.

해설 공동도급 : 2명 이상의 도급업자가 공동출자하여 기업체를 조직해서 협동으로 공사를 도급하는 방식(중소기업체에 유리)

■ 정답 ■   54.①   55.④   56.④   57.②   58.④

1) 장점
   ① 기술·자본·위험부담의 분산·감소
   ② 신용도의 증대
   ③ 기술의 확충, 강화 및 경험의 증대
   ④ 공사계획과 시공이행의 확실
   ⑤ 공사도급 경쟁강화
2) 단점
   ① 1개의 회사에 도급시키는 것보다 경비증대 (이윤의 감소)
   ② 현장관리 곤란
   ③ 각 회사의 업무방식에서 오는 혼란

59 한중 콘크리트의 시공에 관한 설명으로 옳지 않은 것은?

① 하루의 평균기온이 4℃ 이하가 예상되는 조건일 때는 콘크리트가 동결할 염려가 있으므로 한중 콘크리트로 시공하여야 한다.
② 기상조건이 가혹한 경우나 부재 두께가 얇을 경우에는 타설할 때의 콘크리트의 최저온도는 10℃ 정도를 확보하여야 한다.
③ 콘크리트를 타설할 마무리된 지반이 이미 동결되어 있는 경우에는 녹이지 않고 즉시 콘크리트를 타설하여야 한다.
④ 타설이 끝난 콘크리트는 양생을 시작할 때까지 콘크리트 표면의 온도가 급랭할 가능성이 있으므로, 콘크리트를 타설한 후 즉시 시트나 적당한 재료로 표면을 덮는다.

해설 콘크리트를 타설할 마무리된 지반이 동결되어 있는 경우에는 충분히 녹인 후에 콘크리트를 타설하여야 한다.

60 기초하부의 먹매김을 용이하게 하기 위하여 60mm 정도의 두께로 강도가 낮은 콘크리트를 타설하여 만든 것은?

① 밑창콘크리트   ② 매스콘크리트
③ 제자리콘크리트 ④ 잡석지정

해설 밑창콘크리트 : 본문 설명

제4과목 / 건설재료학

61 건축공사의 일반창유리로 사용되는 것은?

① 석영유리   ② 붕규산유리
③ 칼라석회유리 ④ 소다석회유리

해설 소다석회유리
1) 유리 : 탄산나트륨(Na_2CO_3, 소석회) 및 목탄, 코크스 등
2) 성질
   ① 용융하기 쉽고 산에는 강하나 알칼리에는 약하다.
   ② 풍화되기 쉽고 비교적 팽창율이 크고 강도도 크다.
3) 용도 : 건축 일반 창유리, 병유리 등

62 목재의 함수율에 관한 설명으로 옳지 않은 것은?

① 목재의 함유수분 중 자유수는 목재의 중량에는 영향을 끼치지만 목재의 물리적 성질과는 관계가 없다.
② 침엽수의 경우 심재의 함수율은 항상 변재의 함수율보다 크다.
③ 섬유포화상태의 함수율은 30% 정도이다.
④ 기건상태란 목재가 통상 대기의 온도, 습도와 평형된 수분을 함유한 상태를 말하며, 이때의 함수율은 15% 정도이다.

해설 심재의 함수율(40~100%정도)은 변재의 함수율(80~200%정도)보다 작다.

63 건물의 바닥 충격음을 저감시키는 방법에 관한 설명으로 옳지 않은 것은?

① 완충재를 바닥 공간 사이에 넣는다.
② 부드러운 표면마감재를 사용하여 충격력을 작게 한다.
③ 바닥을 띄우는 이중바닥으로 한다.
④ 바닥슬래브의 중량을 작게 한다.

해설 ④항, 바닥 슬래브의 중량을 크게 한다.

64 KS F 2503(굵은 골재의 밀도 및 흡수율 시험방법)에 따른 흡수율 산정식은 다음과 같다. 여기에서 A가 의미하는 것은?

$$Q = \frac{B-A}{A} \times 100(\%)$$

① 절대건조상태 시료의 질량(g)
② 표면건조포화상태 시료의 질량(g)
③ 시료의 수중질량(g)
④ 기건상태시료의 질량(g)

해설 흡수율(Q) 산정식

$Q = \frac{B-A}{A} \times 100$

여기서, A : 절대건조상태 시료의 질량(g)
       B : 표면건조포화상태 시료의 질량(g)

65 KS F 4052에 따라 방수공사용 아스팔트는 사용용도에 따라 4종류로 분류된다. 이 중, 감온성이 낮은 것으로서 주로 일반지역의 노출지붕 또는 기온이 비교적 높은 지역의 지붕에 사용하는 것은?

① 1종(침입도 지수 3 이상)
② 2종(침입도 지수 4 이상)
③ 3종(침입도 지수 5 이상)
④ 4종(침입도 지수 6 이상)

해설 방수공사용 아스팔트 4종류(KSF 4052)

종별	성질·용도 등
1종	1) 보통의 감온성을 갖고 있으며 비교적 연질이다. 2) 실내 및 지하구조부분에 사용한다.
2종	1) 1종보다 감온성이 적다. 2) 일반지역의 경사가 완만한 옥내구조부에 사용한다.
3종	1) 2종보다 감온성이 적다. 2) 일반지역의 노출지붕 또는 기온이 비교적 높은 지역의 지붕에 사용한다.
4종	1) 감온성이 아주 작고 취화점이 -20℃ 이하이다. 2) 주로 한랭지역의 지붕 등에 사용한다.

66 콘크리트의 건조수축 현상에 관한 설명으로 옳지 않은 것은?

① 단위 시멘트량이 작을수록 커진다.
② 단위 수량이 클수록 커진다.
③ 골재가 경질이면 작아진다.
④ 부재치수가 크면 작아진다.

해설 ①항, 단위시멘트량이 많을수록 커진다.

67 용제 또는 유제상태의 방수제를 바탕면에 여러 번 칠하여 방수막을 형성하는 방수법은?

① 아스팔트 루핑 방수
② 도막 방수
③ 시멘트 방수
④ 시트 방수

해설 도막방수 : 합성수지 재료를 바탕에 발라 방수 도막을 만드는 공법이다.

■ 정답 ■ 63.④ 64.① 65.③ 66.① 67.②

68 콘크리트의 워커빌리티 측정법에 해당되지 않는 것은?

① 슬럼프시험
② 다짐계수시험
③ 비비시험
④ 오토클레이브 팽창도시험

해설 워커빌리티 측정법
  1) 슬럼프시험
  2) 다짐계수시험
  3) 비비시험
  4) 구관입시험
  5) 흐름시험(flow test)
  6) 리몰딩시험 등

69 단열재의 선정조건으로 옳지 않은 것은?

① 흡수율이 낮을 것
② 비중이 클 것
③ 열전도율이 낮을 것
④ 내화성이 좋을 것

해설 단열재의 선정조건
  1) 흡수율이 낮을 것
  2) 비중이 작을 것
  3) 열전도율이 낮을 것
  4) 투기성이 낮을 것
  5) 내화성 및 내부식성이 좋을 것
  6) 시공성이 좋을 것
  7) 기계적 강도가 있을 것
  8) 사용연한에 따른 변질이 없고 균질한 품질일 것
  9) 유독성 가스가 발생하지 않을 것
  10) 가격이 저렴할 것

70 비철금속에 관한 설명으로 옳지 않은 것은?

① 청동은 동과 주석의 합금으로 건축장식철물 또는 미술공예재료에 사용된다.
② 황동은 동과 아연의 합금으로 산에는 침식되기 쉬우나 알칼리나 암모니아에는 침식되지 않는다.
③ 알루미늄은 광선 및 열의 반사율이 높지만 연질이기 때문에 손상되기 쉽다.
④ 납은 비중이 크고 전성, 연성이 풍부하다.

해설 동합금
  1) 황동(일명 : 놋쇠)
    ① 동+아연(10~45%정도 함유)의 합금
    ② 동보다 단단하고 주조가 잘되며 압연, 인발 등의 가공이 용이하다.
    ③ 내식성이 크다(산, 알칼리에는 침식됨).
  2) 청동
    ① 동+주석(Sn)의 합금
    ② 황동보다 내식성이 크고 주조하기 쉽다.

71 돌붙임공법 중에서 석재를 미리 붙여놓고 콘크리트를 타설하여 일체화시키는 방법은?

① 조적공법
② 앵커긴결공법
③ GPC공법
④ 강재트러스 지지공법

해설 GPC공법 : 본문 설명

72 건축용 소성 점토벽돌의 색채에 영향을 주는 주요한 요인이 아닌 것은?

① 철화합물   ② 망간화합물
③ 소성온도   ④ 산화나트륨

해설 산화나트륨(Na_2O) : 색채와 관계없음

73 다음 중 실(seal)재가 아닌 것은?

① 코킹재   ② 퍼티
③ 트래버틴   ④ 개스킷

해설 트래버틴(travertin) : 벌레에 침식된 듯한 구멍이 있는 무늬를 가진 특수 대리석이 일종이다.

74 콘크리트의 배합 설계 시 굵은 골재의 절대용적이 500cm³, 잔골재의 절대용적이 300cm³라 할 때 잔골재율(%)은?

① 37.5% ② 40.0%
③ 52.5% ④ 60.0%

해설 잔골재율(%)

$= \dfrac{\text{잔골재 절대용적}}{\text{잔골재절대용적+굵은골재절대용적}} \times 100$

$= \dfrac{300}{300+500} \times 100 = 37.5\%$

75 열가소성 수지가 아닌 것은?

① 염화비닐수지
② 초산비닐수지
③ 요소수지
④ 폴리스티렌수지

해설 합성수지의 종류

열가소성 수지	열경화성 수지
1. 염화비닐수지(PVC)	1. 페놀수지
2. 에틸렌수지	2. 요소수지
3. 프로필렌수지	3. 멜라민수지
4. 아크릴수지	4. 알키드수지
5. 스틸렌수지	5. 폴리에스테르수지
6. 메타크릴수지	6. 실리콘
7. ABS수지	7. 에폭시수지
8. 폴리아미드수지	8. 우레탄수지
9. 비닐아세틸수지	9. 규소수지

76 미장재료에 관한 설명으로 옳지 않은 것은?

① 회반죽벽은 습기가 많은 장소에서 시공이 곤란하다.
② 시멘트 모르타르는 물과 화학반응하여 경화되는 수경성 재료이다.
③ 돌로마이트 플라스터는 마그네시아 석회에 모래, 여물을 섞어 반죽한 바름벽 재료를 말한다.
④ 석고 플라스터는 공기 중의 탄산가스를 흡수하여 경화한다.

해설 석고 플라스터
1) 석고에 풀 등의 접착제, 응결시간 조절제, 혼화제 등을 혼합한 플라스터이다.
2) 벽, 천정 등에 사용하는 미장재료이다.
3) 석고플라스터는 물(H_2O)과 수화반응에 의해 경화하는 수경성 미장재료이다.

77 내약품성, 내마모성이 우수하여 화학공장의 방수층을 겸한 바닥 마무리재로 가장 적합한 것은?

① 합성고분자 방수
② 무기질 침투방수
③ 아스팔트 방수
④ 에폭시 도막방수

해설 에폭시 도막방수
1) 에폭시수지(epoxy resin)를 발라서 도막방수층을 형성한다.
2) 에폭시수지는 처음에는 액상이고 경화제를 가하면 상온·상압에서도 중합체로 되어 갈색을 띤 투명수지로 경화한다.
3) 내약품성, 내마모성이 우수하여 화학공장의 방수층을 겸한 바닥마무리 재료로 적합하다.
4) 수지 자체가 단단하고 잘 늘어지지 않으므로 바탕균열에 내균열성을 기대하기는 어렵다.

78 일반적으로 철, 크롬, 망간 등의 산화물을 혼합하여 제조한 것으로 염색품의 색이 바래는 것을 방지하고 채광을 요구하는 진열장 등에 이용되는 유리는?

① 자외선흡수유리
② 망입유리
③ 복층유리
④ 유리블록

■ 정답 ■ 74.① 75.③ 76.④ 77.④ 78.①

해설 1) 자외선 흡수유리
① 자외선을 흡수하는 세륨, 티타늄, 바나듐을 함유시킨 담청색의 유리로서 자외선 차단 유리라고도 한다.
② 자외선의 화학작용을 피하여야 할 곳, 의류의 진열함, 식품, 약품창고의 참유리 등으로 사용된다.
2) 자외선 투과유리
① 보통 유리성분 중 철분을 줄이거나 철분을 산화제이철(Fe_2O_3)의 상태에서 산화제일철(FeO)로 환원시켜 자외선투과율을 높인 유리이다.
② 자외선을 50% 이상 90% 내외를 투과시키므로 병원의 sun room, 결핵요양소의 창유리, 온실 등에 사용된다.

79 회반죽 바름의 주원료가 아닌 것은?

① 소석회 ② 점토
③ 모래   ④ 해초풀

해설 회반죽 재료 : 소석회+모래+여물+해초풀

80 목재의 건조에 관한 설명으로 옳지 않은 것은?

① 대기건조 시 통풍이 잘되게 세워 놓거나, 일정 간격으로 쌓아올려 건조시킨다.
② 마구리부분은 급격히 건조되면 갈라지기 쉬우므로 페인트 등으로 도장한다.
③ 인공건조법으로 건조 시 기간은 통상 약 5~6주 정도이다.
④ 고주파건조법은 고주파 에너지를 열에너지로 변화시켜 발열현상을 이용하여 건조한다.

해설 인공건조법 : 건조한 실내에서 온도와 습도의 조절에 건조시키는 방법으로 단시간에 사용목적에 따라 함수율을 건조시킬 수 있다.

제5과목 / 건설안전기술

81 동바리로 사용하는 파이프 서포트에 관한 설치 기준으로 옳지 않은 것은?

① 파이프 서포트를 3개 이상 이어서 사용하지 않도록 할 것
② 파이프 서포트를 이어서 사용하는 경우에는 4개 이상의 볼트 또는 전용철물을 사용하여 이을 것
③ 높이가 3.5m를 초과하는 경우에는 높이 2m 이내마다 수평연결재를 2개 방향으로 만들고 수평연결재의 변위를 방지할 것
④ 파이프 서포트 사이에 교차가새를 설치하여 수평력에 대하여 보강 조치할 것

해설 동바리로 사용하는 파이프 서포트의 설치기준
1) 파이프 서포트를 3개 이상 이어서 사용하지 아니하도록 할 것
2) 파이프 서포트를 이어서 사용할 때에는 4개 이상의 볼트 또는 전용철물을 사용하여 이을 것
3) 높이가 3.5m를 초과하는 경우에는 높이 2m 이내마다 수평연결재를 2개 방향으로 만들고 수평연결재의 변위를 방지할 것

82 블레이드의 길이가 길고 낮으며 블레이드의 좌우를 전후 25~30° 각도로 회전시킬 수 있어 흙을 측면으로 보낼 수 있는 도저는?

① 레이크 도저   ② 스트레이트 도저
③ 앵글도저   ④ 틸트도저

해설 앵글도저(angle dozer) : 블레이드 길이가 길고 높이를 30°의 각도로 회전시킬 수 있어 흙을 측면으로 보낼 수 있다.

■ 정답 ■ 79.② 80.③ 81.④ 82.③

83 리프트(Lift)의 방호장치에 해당하지 않는 것은?

① 권과방지장치   ② 비상정지장치
③ 과부하방지장치 ④ 자동경보장치

해설 리프트의 방호장치 : 권과방지장치, 과부하방지장치, 비상정지장치 등

84 작업발판 및 통로의 끝이나 개구부로서 근로자가 추락할 위험이 있는 장소에서의 방호조치로 옳지 않은 것은?

① 안전난간 설치
② 와이어로프 설치
③ 울타리 설치
④ 수직형 추락방망 설치

해설 높이 2m 이상인 작업발판 및 통로의 끝이나 개구부 등에서의 추락재해방지 조치사항
1) 안전난간, 울타리, 수직형 추락방망 등 설치
2) 덮개설치
3) 개구부 표시
4) 안전방망 설치
5) 안전대 착용

85 건물외부에 낙하물 방지망을 설치할 경우 벽면으로부터 돌출되는 거리의 기준은?

① 1m 이상   ② 1.5m 이상
③ 1.8m 이상   ④ 2m 이상

해설 낙하물 방지망 또는 방호선반의 설치기준
1) 높이 10m이내마다 설치하고, 내민 길이는 벽면으로부터 2m 이상으로 할 것
2) 수평면과 각도는 20° 이상 30° 이하를 유지할 것

86 다음은 비계를 조립하여 사용하는 경우 작업발판 설치에 관한 기준이다. ( )에 들어갈 내용으로 옳은 것은?

> 사업주는 비계(달비계, 달대비계 및 말비계는 제외한다)의 높이가 ( )이상인 작업장소에 다음 각호의 기준에 맞는 작업발판을 설치하여야 한다.
> 1. 발판재료는 작업할 때의 하중을 견딜 수 있도록 견고한 것으로 할 것
> 2. 작업발판의 폭은 40센티미터 이상으로 하고, 발판재료 간의 틈은 3센티미터 이하로 할 것

① 1m   ② 2m
③ 3m   ④ 4m

해설 작업발판의 구조(안전보건규칙 제56조) : 비계의 높이가 2m 이상인 작업장소에서는 다음 각 호의 기준에 적합한 작업발판을 설치하여야 한다.
1) 발판재료는 작업시의 하중치를 견딜 수 있도록 견고한 것으로 할 것
2) 작업발판의 폭은 40cm 이상, 발판재료 간의 틈은 3cm 이하로 할 것
3) 선박 및 보트 건조작업의 경우 선반블록 또는 엔진실 등의 좁은 작업공간에 작업발판을 설치하기 위하여 필요하면 작업발판의 폭을 30cm 이상으로 할 수 있고, 결침비계의 경우 강관기둥 때문에 발판재료간의 틈을 3cm 이하로 유지하기 곤란하면 5cm 이하로 할 수 있다. 이 경우 그 틈사이로 물체 등이 떨어질 우려가 있는 곳에는 출입금지 등의 조치를 하여야 한다.
4) 추락의 위험이 있는 장소에는 안전난간을 설치할 것
5) 작업발판의 지지물은 하중에 의하여 파괴될 우려가 없는 것을 사용할 것
6) 작업발판 재료는 뒤집히거나 떨어지지 아니하도록 2개 이상의 지지물에 부착시킬 것
7) 작업발판을 작업에 따라 이동시킬 때에는 위험방지에 필요한 조치를 할 것

■정답■ 83.④ 84.② 85.④ 86.②

87 신축공사 현장에서 강관으로 외부비계를 설치할 때 비계기둥의 최고 높이가 45m라면 관련 법령에 따라 비계기둥을 2개의 강관으로 보강하여야 하는 높이는 지상으로부터 얼마까지인가?

① 14m ② 20m
③ 25m ④ 31m

해설 비계기둥의 제일 윗부분으로부터 31m되는 지점 밑부분의 비계기둥은 2개의 강관으로 묶어 세워둘 것

88 암질 변화구간 및 이상 암질 출현 시 판별 방법과 가장 거리가 먼 것은?

① R.Q.D ② R.M.R
③ 지표침하량 ④ 탄성파 속도

해설 굴착공사중 암질변화구간 및 이상암질의 출현시 암질판별기준
1) R·Q·D(%)
2) 탄성파 속도 (m/sec)
3) R·M·R
4) 일축압축강도(kg/cm²)
5) 진동치속도 (cm/sec=Kine)

89 산업안전보건법령에 따른 크레인을 사용하여 작업을 하는 때 작업시작 전 점검사항에 해당되지 않는 것은?

① 권과방지장치·브레이크·클러치 및 운전장치의 기능
② 주행로의 상측 및 트롤리(trolley)가 횡행하는 레일의 상태
③ 원동기 및 풀리(pulley)기능의 이상 유무
④ 와이어로프가 통하고 있는 곳의 상태

해설 1) 크레인의 작업시작 전 점검사항 : ①, ②, ④ 항 3개뿐
2) 원동기 및 풀리 기능의 이상 유무 : 컨베이어의 작업시작 전 점검사항

90 부두·안벽 등 하역작업을 하는 장소에서 부두 또는 안벽의 선을 따라 통로를 설치하는 경우 그 폭을 최소 얼마 이상으로 하여야 하는가?

① 60cm ② 90cm
③ 120cm ④ 150cm

해설 부두, 안벽 등 하역작업을 하는 장소에 대한 조치사항
1) 작업장 및 통로의 위험한 부분에는 안전하게 작업할 수 있는 조명을 유지할 것
2) 부두 또는 안벽의 선을 따라 통로를 설치할 때에는 폭을 90cm이상으로 할 것
3) 육상에서의 통로 및 작업장소로서 다리 또는 선거의 갑문을 넘는 보도 등의 위험한 부분에는 안전난간 또는 울 등을 설치할 것

91 다음과 같은 조건에서 추락 시 로프의 지지점에서 최하단까지의 거리 h를 구하면 얼마인가?

- 로프 길이 150cm
- 로프 신율 30%
- 근로자 신장 170cm

① 2.8m ② 3.0m
③ 3.2m ④ 3.4m

해설 바닥면(지면)으로부터 안전대 고정점까지의 최소높이
1) 추락시 로프의 지지점에서 신체의 최하단까지의 거리(h)
   h = 로프길이+(로프의 길이×신장률)+(작업자 신장×1/2)
2) 로프를 지지한 위치에서 바닥면까지의 거리를 H라 하면 H > h가 되어야만 한다.
3) h = 로프길이+(로프의 길이×신장률)+(작업자 신장×1/2)
   = 150cm+(150cm×0.3)+(170cm×1/2)
   = 280cm = 2.8m

■ 정답 ■ 87.① 88.③ 89.③ 90.② 91.①

92 건설공사 유해위험방지계획서 제출 시 공통적으로 제출하여야 할 첨부서류가 아닌 것은?

① 공사개요서
② 전체 공정표
③ 산업안전보건관리비 사용계획서
④ 가설도로계획서

해설 건설업의 유해·위험방지계획서 첨부서류(공사개요 및 안전보건관리계획)
  1) 공사개요서
  2) 공사현장의 주변현황 및 주변과의 관계를 나타내는 도면(매설물 현황을 포함)
  3) 건설물, 사용 기계설비 등의 배치를 나타내는 도면
  4) 전체 공정표
  5) 산업안전보건관리비 사용계획서
  6) 안전관리 조직표
  7) 재해발생 위험시 연락 및 대피방법

93 흙막이 지보공을 설치하였을 때 붕괴 등의 위험방지를 위하여 정기적으로 점검하고, 이상 발견 시 즉시 보수하여야 하는 사항이 아닌 것은?

① 침하의 정도
② 버팀대의 긴압의 정도
③ 지형·지질 및 지층상태
④ 부재의 손상·변형·변위 및 탈락의 유무와 상태

해설 흙막이지보공 설치시 붕괴 등의 위험방지를 위한 정기점검사항
  1) 부재의 손상·변형·부식·변위 및 탈락의 유무와 상태
  2) 버팀대의 긴압의 정도
  3) 부재의 접속부·부착부 및 교차부의 상태
  4) 침하의 정도

94 다음은 산업안전보건법령에 따른 승강설비의 설치에 관한 내용이다. ( )에 들어갈 내용으로 옳은 것은?

> 사업주는 높이 또는 깊이가 ( )를 초과하는 장소에서 작업하는 경우 해당 작업에 종사하는 근로자가 안전하게 승강하기 위한 건설작업용 리프트 기둥의 설비를 설치하여야 한다. 다만, 승강설비를 설치하는 것이 작업의 성질상 곤란한 경우에는 그러하지 아니하다.

① 2m   ② 3m
③ 4m   ④ 5m

해설 승강설비의 설치 : 높이 또는 깊이가 2m를 초과하는 작업장소에서 안전하게 승강하기 위한 건설작업용 리프트를 설치할 것

95 항타기 및 항발기를 조립하는 경우 점검하여야 할 사항이 아닌 것은?

① 과부하장치 및 제동장치의 이상 유무
② 권상장치의 브레이크 및 쐐기장치 기능의 이상 유무
③ 본체 연결부의 풀림 또는 손상의 유무
④ 권상기의 설치상태의 이상 유무

해설 항타기, 항발기 조립시 사용 전 점검사항
  1) 본체의 연결부의 풀림 또는 손상의 유무
  2) 권상용 와이어로프, 드럼 및 도르래의 부착상태의 이상 유무
  3) 권상장치의 브레이크 및 쐐기장치 기능의 이상 유무
  4) 권상기의 설치상태의 이상 유무
  5) 버팀의 방법 및 고정상태의 이상 유무

■ 정답 ■ 92.④ 93.③ 94.① 95.①

96 강관을 사용하여 비계를 구성하는 경우의 준수사항으로 옳지 않은 것은?

① 비계기둥의 간격은 띠장 방향에서는 1.85m 이하로 할 것
② 비계기둥의 간격은 장선(長線) 방향에서는 1.0m 이하로 할 것
③ 띠장 간격은 2.0m 이하로 할 것
④ 비계기둥 간의 적재하중은 400kg을 초과하지 않도록 할 것

해설 ②항. 비계기둥의 간격은 장선방향에서는 1.5m 이하로 할 것

97 철근콘크리트 현장타설공법과 비교한 PC(precast concrete)공법의 장점으로 볼 수 없는 것은?

① 기후의 영향을 받지 않아 동절기 시공이 가능하고, 공기를 단축할 수 있다.
② 현장작업이 감소되고, 생산성이 향상되어 인력절감이 가능하다.
③ 공사비가 매우 저렴하다.
④ 공장 제작이므로 콘크리트 양생 시 최적조건에 의한 양질의 제품생산이 가능하다.

해설 PC(Precast concrete)공법 : 인건비 및 관리비가 절감되지만 현장타설공법과 비교하였을 때 공사비는 높아진다.

98 콘크리트를 타설할 때 거푸집에 작용하는 콘크리트 측압에 영향을 미치는 요인과 가장 거리가 먼 것은?

① 콘크리트 타설 속도
② 콘크리트 타설 높이
③ 콘크리트의 강도
④ 기온

해설 콘크리트 타설시 거푸집의 측압에 미치는 영향
1) 슬럼프가 클수록 크다(물-시멘트 비가 클수록 크다)
2) 기온이 낮을수록 크다(대기 중에 습도가 높을수록 크다)
3) 콘크리트의 치어붓기 속도가 클수록 크다.
4) 거푸집의 수밀성이 높을수록 크다.
5) 콘크리트의 다지기가 강할수록 크다(진동기 사용시 측압은 30% 정도 증가)
6) 거푸집의 수평단면이 클수록 크다(벽두께가 클수록 크다.)
7) 거푸집의 강성이 클수록 크다.
8) 거푸집 표면이 매끄러울수록 크다.
9) 콘크리트의 비중이 클수록 크다(단위중량이 클수록 크다)
10) 철근량이 적을수록 크다.

99 히빙(heaving)현상이 가장 쉽게 발생하는 토질지반은?

① 연약한 점토 지반
② 연약한 사질토 지반
③ 견고한 점토 지반
④ 견고한 사질토 지반

해설 히빙현상이 발생하는 토질지반
: 연약한 점토지반

100 안전관리비의 사용 항목에 해당하지 않는 것은?

① 안전시설비
② 개인보호구 구입비
③ 접대비
④ 사업장의 안전·보건진단비

해설 건설업 안전관리비 항목별 사용기준
1) 안전관리자 등의 인건비 및 각종 업무수당비 등
2) 안전시설비 등
3) 개인보호구 및 안전장구 구입비 등
4) 사업장의 안전진단비 등
5) 안전보건교육비 및 행사비 등
6) 근로자의 건강관리비 등
7) 건설재해예방 기술지도비
8) 본사 사용비

■ 정답 ■ 96.② 97.③ 98.③ 99.① 100.③

2020년 4회 CBT복원 기출문제
건설안전산업기사

제1과목 / 산업안전관리론

01 다음 중 일반적인 안전관리조직의 기본 유형으로 볼 수 없는 것은?

① line system
② staff system
③ safety system
④ line-staff system

해설 안전관리조직의 기본유형
  1) line system : 직계형
  2) staff system : 참모형
  3) line-staff system : 직계·참모 혼합형

02 다음 중 적성배치시 작업자의 특성과 가장 관계가 적은 것은?

① 연령　　　② 작업조건
③ 태도　　　④ 업무경력

해설 적성배치시 작업 및 작업자의 특성
  1) **작업의 특성** : 작업조건, 작업내용, 환경조건, 형태, 법적자격 및 제한 등
  2) **작업자의 특성** : 연령, 태도, 지적능력, 기능, 성격, 신체적 특성, 업무경력 등

03 다음 중 안전태도교육의 원칙으로 적절하지 않은 것은?

① 적성배치를 한다.
② 이해하고 납득한다.
③ 항상 모범을 보인다.
④ 지적과 처벌 위주로 한다.

해설 안전태도교육의 원칙
  1) ①, ②, ③항
  2) 청취한다.
  3) 권장한다.
  4) 처벌한다.
  5) 좋은 지도자를 얻도록 힘쓴다.
  6) 평가한다.

04 연평균 1,000명의 근로자를 채용하고 있는 사업장에서 연간 24명의 재해자가 발생하였다면 이 사업장의 연천인율은 얼마인가? (단, 근로자는 1일 8시간씩 연간 300일을 근무한다.)

① 10　　　② 12
③ 24　　　④ 48

해설 연천인율 = $\dfrac{\text{사상자수}}{\text{연평균근로자수}} \times 1000$
　　　　　　 = $\dfrac{24}{1000} \times 1000 = 24$

■정답■　01.③　02.②　03.④　04.③

05 다음 중 산업재해로 인한 재해손실비 산정에 있어 하인리히의 평가방식에서 직접비에 해당하지 않는 것은?

① 통신급여 ② 유족급여
③ 간병급여 ④ 직업재활급여

해설 1) 직접비 : 유족급여, 간병급여, 직업재활급여 등 법정산재보상비
2) 간접비 : 통신급여 등 산재보상비외의 손실비

06 다음 중 산업안전보건법령상 안전·보건 표지의 용도 및 사용장소에 대한 표지의 분류가 가장 올바른 것은?

① 폭발성 물질이 있는 장소 : 안내표지
② 비상구가 좌측에 있음을 알려야 하는 장소 : 지시표지
③ 보안경을 착용해야만 작업 또는 출입을 할 수 있는 장소 : 안내표지
④ 정리·정돈 상태의 물체나 움직여서는 안 될 물체를 보존하기 위하여 필요한 장소 : 금지표지

해설 1) 폭발성 물질이 있는 장소 : 경고표지
2) 비상구가 좌측에 있음을 알려야 하는 장소 : 안내표지
3) 보안경을 착용해야만 하는 작업 또는 출입을 할 수 있는 장소 : 지시표지

07 하인리히의 재해발생 5단계 이론 중 재해 국소화 대책은 어느 단계에 대비한 대책인가?

① 제1단계→제2단계
② 제2단계→제3단계
③ 제3단계→제4단계
④ 제4단계→제5단계

해설 1) 하인리히의 재해발생 5단계
① 1단계 : 사회적 환경 및 유전적 요소
② 2단계 : 개인적 결함
③ 3단계 : 불안전한 행동 및 불안전한 대책
④ 4단계 : 사고
⑤ 5단계 : 재해
2) 재해 국소화 대책은 4단계(사고) → 5단계(재해)를 대비한 대책이다.

08 다음 중 [그림]에 나타난 보호구의 명칭으로 옳은 것은?

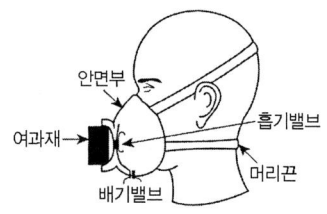

① 격리식 반면형 방독마스크
② 직결식 반면형 방진마스크
③ 격리식 전면형 방독마스크
④ 안면부 여과식 방진마스크

해설 방진마스크의 종류별 공기흡입 방식
1) 분리식
① 격리식(전면형, 반면형) : 여과재 → 연결관 → 흡기밸브
② 직결식(전면형, 반면형) : 여과재 → 흡기밸브
2) 안면 여과식 : 여과재인 안면부에 의해 흡입

09 작업장에서 매일 작업자가 작업 전·중·후에 시설과 작업동작 등에 대하여 실시하는 안전점검의 종류를 무엇이라 하는가?

① 정기점검 ② 일상점검
③ 임시점검 ④ 특별점검

해설 일상점검 : 작업 전·중·후에 실시하는 점검으로 수시점검이라고도 한다.

■정답■ 05.① 06.④ 07.④ 08.② 09.②

10 다음 중 매슬로우의 욕구위계 5단계 이론을 올바르게 나열한 것은?

① 생리적 욕구 → 사회적 욕구 → 안전의 욕구 → 존경의 욕구 → 자아실현의 욕구
② 안전의 욕구 → 생리적 욕구 → 사회적 욕구 → 존경의 욕구 → 자아실현의 욕구
③ 생리적 욕구 → 안전의 욕구 → 사회적 욕구 → 존경의 욕구 → 자아실현의 욕구
④ 사회적 욕구 → 생리적 욕구 → 안전의 욕구 → 자아실현의 욕구 → 존경의 욕구

해설 매슬로우의 욕구위계 5단계
1) 1단계 : 생리적 욕구(신체적 욕구)
2) 2단계 : 안전의 욕구(위험방지욕구)
3) 3단계 : 사회적 욕구(친화욕구)
4) 4단계 : 존경의 욕구(인정받으려는 욕구)
5) 5단계 : 자아실현의 욕구(성취욕구)

11 산업안전보건법령상 사업 내 안전·보건교육에 있어 "채용시의 교육 및 작업내용 변경시의 교육 내용"에 해당하지 않는 것은? (단, 산업안전보건법 및 일반관리에 관한 사항은 제외한다.)

① 물질안전보건자료에 관한 사항
② 사고발생시 긴급조치에 관한 사항
③ 작업개시 전 점검에 관한 사항
④ 표준안전작업방법 및 지도 요령에 관한 사항

해설 채용시 및 작업내용 변경시 교육
1) ①, ②, ③항
2) 기계·기구의 위험성과 작업의 순서 및 동선에 관한 사항
3) 정리정돈 및 청소에 관한 사항
4) 산업보건 및 직업병 예방에 관한 사항
5) 산업안전 및 사고예방에 관한 사항
6) 산업안전보건법령 및 산업재해보상보험 제도에 관한 사항
7) 직무스트레스 예방 및 관리에 관한 사항
8) 직장 내 괴롭힘, 고객의 폭언 등으로 인한 건강장해 예방 및 관리에 관한 사항

12 안전교육의 방법 중 TWI(Training Within Industry for supervisor0의 교육내용에 해당하지 않는 것은?

① 작업지도기법(JIT)
② 작업개선기법(JMT)
③ 작업환경 개선기법(JET)
④ 인간관계 관리기법(JRT)

해설 TWI 교육내용
1) JI(Job Instruction) : 작업지도기법
2) JM(Job Method) : 작업개선기법
3) JR(Job Relation) : 인간관계관리기법(부하통솔기법)
4) JS(Job Safety) : 작업안전기법

13 다음 중 재해조사시 유의사항으로 가장 적절하지 않은 것은?

① 가급적 재해현장이 변형되지 않은 상태에서 실시한다.
② 목격자가 제시한 사실 이외의 추측되는 말은 정밀분석한다.
③ 과거 사고발생 경향 등을 참고하여 조사한다.
④ 객관적 입장에서 재해방지에 우선을 두고 조사한다.

해설 ②항, 목격자가 제시한 사실 이외의 추측되는 말을 참고로만 한다.

14 적용기제(Adjustment Mechanism)중 방어적 기제(Defence Mechanism)에 해당하는 것은?

① 고립(Isolation)
② 퇴행(Refression)
③ 억압(Suppression)
④ 합리화(Rationalization)

■정답■ 10.③ 11.④ 12.③ 13.② 14.④

해설 적응기제
1) 방어적 기제
① 보상   ② 합리화
③ 동일시 ④ 승화
2) 도피적 기제
① 고립   ② 퇴행
③ 억압   ④ 백일몽

15 다음 중 사고의 위험이 불안전한 행위 외에 불안전한 상태에서도 적용된다는 것과 가장 관계가 있는 것은?

① 이념성   ② 개인차
③ 부주의   ④ 지능성

해설 부주의의 개념 특성
1) 부주의는 불안전한 행위나 행동뿐만 아니라 불안전한 상태에서도 통용된다.
2) 부주의란 말은 결과를 표현한 것이다.
3) 부주의에는 발생 원인이 있다.
4) 부주의와 유사한 현상 구분 : 착각이나 인간능력의 한계를 초과하는 요인에 의한 동작실패는 부주의에서 제외한다.
5) 부주의는 무의식 행위나 그것에 가까운 의식의 주변에서 행해지는 행위에 한정한다.

16 다음 중 기억과 망각에 관한 내용으로 틀린 것은?

① 학습된 내용은 학습 직후의 망각률이 가장 낮다.
② 의미없는 내용은 의미있는 내용보다 빨리 망각한다.
③ 사고력을 요하는 내용이 단순한 지식보다 기억, 파지의 효과가 높다.
④ 연습은 학습한 직후에 시키는 것이 효과가 있다.

해설 학습된 내용은 학습 직후의 망각률이 가장 높다.

17 재해예방의 4원칙 중 대책선정의 원칙에서 관리적 대책에 해당되지 않는 것은?

① 안전교육 및 훈련
② 동기부여와 사기 향상
③ 각종 규정 및 수칙의 준수
④ 경영자 및 관리자의 솔선수범

해설 안전교육 및 훈련 : 교육적 대책

18 다음 중 안전교육의 4단계를 올바르게 나열한 것은?

① 도입→확인→제시→적용
② 도입→제시→적용→확인
③ 확인→제시→도입→적용
④ 제시→확인→도입→적용

해설 안전교육의 4단계 : 도입(준비) → 제시(설명) → 적용(응용) → 확인(총괄)

19 다음 중 무재해운동에서 실시하는 위험예지훈련에 관한 설명으로 틀린 것은?

① 근로자 자신이 모르는 작업에 대한 것도 파악하기 위하여 참가집단의 대상범위를 가능한 넓혀 많은 인원이 참가토록 한다.
② 직장의 팀워크로 안전을 전원이 빨리 올바르게 선취하는 훈련이다.
③ 아무리 좋은 기법이라도 시간이 많이 소요되는 것은 현장에서 큰 효과는 없다.
④ 정해진 내용의 교육보다는 전원의 대화방식으로 진행한다.

해설 위험예지훈련은 10명 이하의 소수인원(5~7인 최적인원)으로 편성하여 실시하는 것이 좋다.

■ 정답 ■ 15.③ 16.① 17.① 18.② 19.①

20 다음 중 리더가 가지고 있는 세력의 유형이 아닌 것은?

① 전문세력(expert power)
② 보상세력(reward power)
③ 위임세력(entrust power)
④ 합법세력(legitimate power)

해설 리더가 가지고 있는 세력의 유형
1) 전문세력
2) 보상세력
3) 합법세력

제2과목 / 인간공학 및 시스템안전공학

---

21 인간 오류의 분류에 있어 원인에 의한 분류 중 작업의 조건이나 작업의 형태 중에서 다른 문제가 생겨 그 때문에 필요한 사항을 실행할 수 없는 오류(error)를 무엇이라고 하는가?

① secondary error
② primary error
③ command error
④ commission error

해설 human error의 원인의 level적 분류
1) primary error : 작업자 자신으로부터의 error
2) secondary error : 작업형태나 작업조건 중에서 다른 문제가 생겨 그 때문에 필요한 사항을 실행할 수 없는 error, 어떤 결함으로부터 파생하여 발생하는 error
3) command error : 요구된 것을 실행하고자 하여도 필요한 물건, 정보, 에너지 등의 공급이 없는 것처럼 작업자가 움직이려 해도 움직일 수 없으므로 발생하는 error

22 일반적으로 스트레스로 인한 신체반응의 척도 가운데 정신적 작업의 스트레인 척도와 가장 거리가 먼 것은?

① 뇌전도
② 부정맥지수
③ 근전도
④ 심박수의 변화

해설 (1) 근전도(EMG) : 근육활동 전위차의 기록
(2) 정신적 작업의 스트레인 척도 : 뇌전도, 부정맥지수, 심박수의 변화 등

23 다음 중 인간공학에 관련된 설명으로 옳지 않은 것은?

① 인간의 특성과 한계점을 고려하여 제품을 변경한다.
② 생산성을 높이기 위해 인간의 특성을 작업에 맞추는 것이다.
③ 사고를 방지하고 안전성과 능률성을 높일 수 있다.
④ 편리성, 쾌적성, 효율성을 높일 수 있다.

해설 인간공학의 정의 : 기계기구, 환경 등의 물적 조건을 인간의 특성과 능력에 잘 조화되도록 설계하기 위한 수단을 연구하는 학문이다.

24 다음 중 조도의 단위에 해당하는 것은?

① fL
② diopter
③ lumen/m²
④ lumen

해설 조도(illuminance) : 물체의 표면에 도달하는 빛의 단위면적당 밀도를 조도라 하며, 척도 기준은 다음과 같다.
1) foot-candle(fc) : 1촉광의 점광원으로부터 1foot 떨어진 곡면에 비추는 광의 밀도 (1 lumen/ft²)
2) lux(meter-candle) : 1촉광의 점광으로부터 1m 떨어진 곡면에 비추는 광의 밀도 (1 lumen/m²)
3) 거리가 증가할 때 조도는 역자승의 법칙에 따라 감소한다. (조도는 광도에 비례하고 거리의 제곱에 반비례한다.)

$$조도 = \frac{광도}{(거리)^2}$$

■ 정답 ■ 20.③ 21.① 22.③ 23.② 24.③

25 그림과 같이 ①~④의 기본사상을 가진 FT도에서 minimal cut set으로 옳은 것은?

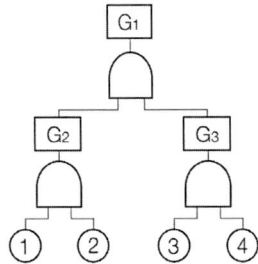

① {①, ②, ③, ④}
② {①, ③, ④}
③ {①, ②}
④ {③, ④}

해설 $G_1 \to G_2 G_3 \to$ ①②$G_3 \to$ ① ② ③ ④
　　　　　　　　　　　　　　　　　　　[미니멀 컷셋]

26 2개 공정의 소음수준 측정결과 1공정은 100dB에서 2시간, 2공정은 90dB에서 1시간 소요될 때 총소음량(TND)과 소음설계의 적합성을 올바르게 나타낸 것은? (단, 우리나라는 90dB에 8시간 노출 될 때를 허용기준으로 하며, 5dB 증가할 때 허용시간은 1/2로 감소되는 법칙을 적용한다.)

① TND =약 0.83, 적합
② TND =약 0.93, 적합
③ TND =약 1.03, 부적합
④ TND =약 1.13, 부적합

해설 (1) 소음의 부분투여 및 허용소음노출

　① 소음의 부분투여 = $\dfrac{\text{실제노출시간}}{\text{최대허용시간}}$

　총소음 투여량 = 부분투여의 합
　② 허용소음노출

음압수준 (dB)	90	95	100	105	110	115	120
허용시간 (hr)	8	4	2	1	0.5	0.25	0.0125

(2) TND(총소음량)

∴ TND = $\dfrac{1}{8} + \dfrac{2}{2} = 1.125$

27 다음 중 불대수(Boolean algebra)의 관계식으로 옳은 것은?

① A(A · B)=B
② A+B=A · B
③ A+A · B=A · B
④ (A+B)(A+C)=A+B · C

해설 (1) A(A · B)=AB
　　(2) A+B=B+A
　　(3) A+A · B=A

28 다음 중 시스템안전의 최종분석단계에서 위험을 고려하는 결정인자가 아닌 것은?

① 효율성
② 피해가능성
③ 비용산정
④ 시스템의 고장모드

해설 시스템안전의 단계
　1) 1단계 : 잠재적인 위험을 확인하고 분석하여 이들에 의한 불안전한 결과가 최소화되도록 관리하는 것이다.
　2) 2단계 : 설계단계에서 위험을 제거하고 경보장치의 설치, 개정된 운전절차 또는 다른 효과적인 수단에 의해 위험의 영향을 최소화하는 것이다.
　3) 최종분석단계 : 안전기술의 적용과 관리적 판단에 따라 허용할 수 있는 리스크(risk)를 결정하는 것이 핵심요소가 되며 리스크 결정시 고려해야 할 인자는 다음과 같다.
　　① 비용산정
　　② 효율성
　　③ 피해가능성
　　④ 폭발빈도
　　⑤ 손익계산 등

■ 정답 ■　25.①　26.④　27.④　28.④

29 시스템이 저장되고, 이동되고, 실행됨에 따라 발생하는 작동시스템의 기능이나 과업, 활동으로부터 발생되는 위험에 초점을 맞추어 진행하는 위험분석방법은?

① FHA
② OHA
③ PHA
④ SHA

해설
1) FHA(fault hazard analysis, 결함위험분석) : 기본적인 분석접근을 특수한 분야에서 일반적인 것까지 할 수 있는 귀납적인 분석방법이다.
2) OHA(operating hazard analysis, 운용위험분석) : 본문 설명
3) PHA(preliminary hazard analysis, 예비위험분석) : 최초단계의 분석으로 시스템 내의 위험요소가 어떤 상태에 있는지를 정성적으로 평가하기 위한 분석법이다.
4) SHA(system hazard analysis, 시스템위험분석) : 귀납적인 분석법이다.

30 품질검사 작업자가 한 로트에서 검사 오류를 범할 확률이 0.1이고, 이 작업자가 하루에 5개의 로트를 검사한다면, 5개 로트에서 에러를 범하지 않을 확률은?

① 90%
② 75%
③ 59%
④ 40%

해설 $R_t = (1-HEP)^n$
$= (1-0.1)^5 = 0.59 = 59\%$

31 다음 중 인체계측에 관한 설명으로 틀린 것은?

① 의자, 피복과 같이 신체모양과 치수와 관련성이 높은 설비의 설계에 중요하게 반영된다.
② 일반적으로 몸의 측정 치수는 구조적 치수(structural dimension)와 기능적 치수(functional dimension)로 나눌 수 있다.
③ 인체계측치의 활용시에는 문화적 차이를 고려 하여야 한다.
④ 인체계측치를 활용한 설계는 인간의 신체적 안락에는 영향을 미치지만 성능수행과는 관련성이 없다.

해설 인체계측치를 활용한 설계는 인간의 신체적 안락 및 성능수행에도 영향을 미친다.

32 다음 중 작업방법의 개선원칙(ECRS)에 해당되지 않는 것은?

① 교육(Education)
② 결합(Combine)
③ 재배치(Rearrange)
④ 단순화(Simplify)

해설 (1) 작업방법의 개선원칙(ECRS) : 작업분석방법, 새로운 작업방법의 개발원칙
① 제거(eliminate)
② 결합(combine)
③ 재조정(rearrange)
④ 단순화(simplify)
(2) 작업개선단계
① 1단계 : 작업분해
② 2단계 : 세부내용 검토
③ 3단계 : 작업분석
④ 4단계 : 새로운 방법의 적용

33 다음 중 망막의 원추세포가 가장 낮은 민감성을 보이는 파장의 색은?

① 적색
② 회색
③ 청색
④ 녹색

해설 (1) 망막의 감광요소
① 원추체(cone) : 밝은 곳에서 기능, 색 구별
② 간상체(rod) : 조도수준이 낮을 때 기능, 흑백의 음영구분
(2) 원추세포가 가장 낮은 민감성을 보이는 파장의 색 : 회색

34 다음 중 얼음과 드라이아이스 등을 취급하는 작업에 대한 대책으로 적절하지 않은 것은?

① 더운 물과 더운 음식을 섭취한다.
② 가능한 한 식염을 많이 섭취한다.
③ 혈액순환을 위해 틈틈이 운동을 한다.
④ 오랫동안 한 장소에 고정하여 작업하지 않는다.

[해설] 식염 섭취 : 고온장소작업시 대책

35 다음 중 시스템의 수명곡선(욕조곡선)에서 우발고장기간에 발생하는 고장의 원인으로 볼 수 없는 것은?

① 사용자의 과오 때문에
② 안전계수가 낮기 때문에
③ 부적절한 설치나 시동 때문에
④ 최선의 검사방법으로도 탐지되는 않는 결함 때문에

[해설] (1) 부적절한 설치나 시동 때문에 고장 발생 : 초기고장
(2) 고장의 유형
① **초기고장**(감소형) : 불량제조나 생산과정에서의 품질관리 미비로 생기는 고장
② **우발고장**(일정형) : 예측할 수 없을 때 생기는 고장
③ **마모고장**(증가형) : 시스템의 일부가 수명을 다하여 생기는 고장

36 다음 중 시스템 안전성 평가기법에 관한 설명으로 틀린 것은?

① 가능성을 정량적으로 다룰 수 있다.
② 시각적 표현에 의해 정보전달이 용이하다.
③ 원인, 결과 및 모든 사상들의 관계가 명확해진다.
④ 연역적 추리를 통해 결함사상을 빠짐없이 도출하나, 귀납적 추리로는 불가능하다.

37 정보를 전송하기 위한 표시장치 중 시각장치보다 청각장치를 사용해야 더 좋은 경우는?

① 메시지나 나중에 재참조되는 경우
② 직무상 수신자가 자주 움직이는 경우
③ 메시지가 공간적인 위치를 다루는 경우
④ 수신자의 청각계통이 과부하상태인 경우

[해설] 청각장치와 시각장치의 선택(특정 감각의 선택)

청각장치사용	시각장치사용
1) 전언이 간단하고 짧다.	1) 적언이 복잡하고 길다.
2) 전언이 후에 재참조되지 않는다.	2) 전언이 후에 재참조된다.
3) 전언이 즉각적인 사상(event)을 이룬다.	3) 전언이 공간적인 위치를 다룬다.
4) 전언이 즉각적인 행동을 요구한다.	4) 전언이 즉각적인 행동을 요구하지 않는다.
5) 수신자가 시각계통이 과부하 상태일 때	5) 수신자의 청각계통이 과부하 상태일 때
6) 수신장소가 너무 밝거나 암조의 유지가 필요할 때	6) 수신장소가 너무 시끄러울 때
7) 직무상 수신자가 자주 움직이는 경우	7) 직무상 수신자가 한 곳에 머무르는 경우

38 FT도에 사용되는 기호 중 "시스템의 정상적인 가동상태에서 일어날 것이 기대되는 사상"을 나타내는 것은?

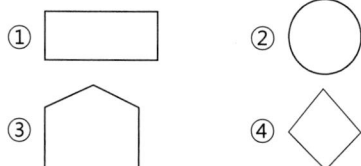

[해설] ① 항, 결함사상 : 해석하고자 하는 정상사상과 중간사상에 사용한다.
② 항, 기본사상 : 더 이상 해석할 필요가 없는 기본적인 기계의 결함 또는 오작동을 나타낸다.
③ 항, 통상사상 : 본문 설명
④ 항, 생략사상 : 사상과 원인의 관계를 충분히 알 수 없거나 필요한 정보를 얻을 수 없기 때문에 이것 이상 전개할 수 없는 최후적 사상을 나타낼 때 사용한다.

■ 정답 ■ 34.② 35.③ 36.④ 37.② 38.③

39 인간공학의 중요한 연구과제인 계면(interface)설계에 있어서 다음 중 계면에 해당되지 않는 것은?

① 작업공간　② 표시장치
③ 조종장치　④ 조명시설

해설 계면(interface)
1) 계면 : 인간·기계체계에서 인간과 기계가 만나는 면을 말한다.
2) 계면설계시 감정적인 부문을 고려하지 않았을 때 나타나는 현상 : 진부감
3) 인간·기계체계의 계면에서 조화성의 차원으로 고려해야 할 사항
　① 지적 조화성
　② 신체적 조화성
　③ 감성적 조화성
4) 계면설계를 위한 인간요소자료
　① 상식과 경험
　② 전문가의 판단
　③ 상대적인 정량적 자료
　④ 정량적 자료집
　⑤ 수학적 함수와 등식
　⑥ 원칙
　⑦ 설계표준 및 기준
　⑧ 도식적 설명문

40 다음 중 통제표시비(control/display ratio)를 설계할 때 고려하는 요소에 관한 설명으로 틀린 것은?

① 계기의 조절시간이 짧게 소요되도록 계기의 크기(size)는 항상 작게 설계한다.
② 짧은 주행 시간 내에 공차의 인정범위를 초과하지 않는 계기를 마련한다.
③ 목시거리가 길면 길수록 조절의 정확도는 떨어진다.
④ 통제표시비가 낮다는 것은 민감한 장치라는 것을 의미한다.

해설 (1) 조종·반응비율(C/R비) 또는 통제표시비(C/D비) : 통제기기와 표시장치의 관계를 나타낸 비율을 말한다.

(2) 조종·반응비율 설계시 고려사항
① 계기의 크기 : 계기의 조절시간이 짧게 소요되는 사이즈를 선택하되 너무 작으면 오차 발생이 증대되므로 상대적으로 고려한다.
② 공차 : 짧은 주행시간 내에 공차의 인정범위를 초과하지 않는 계기를 마련한다.
③ 목시거리 : 눈의 목시거리가 길면 길수록 조절의 정확도는 떨어지며 시간이 증가한다.
④ 조작시간 : 조작시간의 지연은 직접적으로 조종반응비가 가장 크게 작용한다. (필요시 통제비 감소조치)
⑤ 방향성 : 조종기기의 조작방향과 표시기기의 운동방향이 일치하지 않으면 조작의 정확성이 감소한다.(작업자 혼란초래)
⑥ 조종기기의 민감성 : 조종반응비(통제표시비)가 작을수록 이동시간은 짧고 조종은 어려워서 민감한 조정장치이다.

제3과목 / 건설시공학

41 공사감리자에 대한 설명 중 틀린 것은?

① 시공계획의 검토 및 조언을 한다.
② 문서화된 품질관리에 대한 지시를 한다.
③ 품질하자에 대한 수정방법을 제시한다.
④ 건축의 형상, 구조, 규모 등을 결정한다.

해설 공사감리자 : 공사시공에 있어서 설계도서대로 실시되는지의 여부를 확인하고 시공방법의 지도·조언자를 말한다.

■정답■　39.④　40.①　41.④

42 건설공사 완료 후 부실시공부분에 재시공을 보장하기 위하여 공사발주처 등에 예치하는 공사금액의 명칭은?

① 입찰보증금　② 계약보증금
③ 지체보증금　④ 하자보증금

해설 하자보증금 : 건설공사 완료 후 건축물에 부실한 곳이 생겼을 때에는 일정한 기간동안 시공자는 담보의 책임을 져야 하며 이것을 하자보증이라 하고, 하자보증을 위해 은행에 예치하는 금액을 하자보증금이라 한다.

43 VE(Value Engineering)에서 원가절감을 실현할 수 있는 대상 선정이 잘못된 것은?

① 수량이 많은 것
② 반복효과가 큰 것
③ 장시간 사용으로 숙달된 것
④ 내용이 간단한 것

해설 VE(가치공학)
1) VE(Value engineering, 가치공학) : 건설현장에서 필요한 기능을 품질저하 없이 유지하며 가장 적은 비용으로 공사를 관리하는 원가절감기법을 말한다.
2) VE 대상선정
 ① 건설업자와 직접 관련이 있을 것
 ② 일체공사에서 반복이 많을 것
 ③ 금액, 기간 등의 규모가 클 것

44 거푸집 존치기간 결정요인과 가장 거리가 먼 것은?

① 시멘트의 종류　② 골재의 입도
③ 구조물 부위　　④ 기온

해설 (1) 골재의 입도는 거푸집 존치기간 결정요인과 관계가 있다.
(2) 거푸집의 존치기간

부위	기초, 보옆, 기둥 및 벽		바닥 및 지붕 슬래브, 보 밑	
시멘트의 종류	포틀랜드 시멘트	조강포틀랜드 시멘트	포틀랜드 시멘트	조강포틀랜드 시멘트
콘크리트의 재령 (일) 평균 20℃ 이상	4	2	7	4
평균 10~20℃미만	6	3	8	5
콘크리트의 압축강도	50kg/cm²		설계기준강도의 50%	

45 파헤쳐진 흙을 담아 올리거나 이동하는데 사용하는 기계로 셔블, 버킷을 장착한 트랙터 또는 크롤러 형태의 기계는?

① 불도저　② 앵글도저
③ 로더　　④ 파워셔블

해설 ① 불도저(bull dozer) : 블레이드를 트랙터 앞부분에 90°로 설치하여 블레이드를 상하로 조정하면서 임의의 각도로 기울일 수 없게 한 정지용 기계
② 앵글도저(angle dozer) : 블레이드 길이가 길고 높이를 30°의 각도로 회전시킬 수 있어 흙을 측면으로 보낼 수 있다.
③ 로더(loader) : 본문 설명
④ 파워셔블(power shovel) : 중기가 위치한 지면보다 높은 곳의 땅을 파는데 적합하다.

46 철골공사와 직접적으로 관련된 용어가 아닌 것은?

① 토크렌치　② 너트 회전법
③ 적산온도　④ 스터드 볼트

해설 (1) 토크렌치(torque wrench) : 볼트를 죄는 회전력을 눈금 또는 숫자로 확실히 알고 죌 수 있는 공구이다.
(2) 너트 회전법 : 너트(볼트에 끼워 부품을 체결하는 것)를 회전하는 방법
(3) 스터드 볼트 : 환봉의 양단에 나사를 절삭한 볼트이다.

■정답■　42.④　43.④　44.②　45.③　46.③

47 민간자본 유치방식 중 사회간접시설을 설계, 시공한 후 소유권을 발주자에게 이양하고, 투자자는 일정기간 동안 시설물의 운영권을 행사하는 계약방식은?

① BOT(Build Operate Transfer)
② BTO(Build Transfer Operate)
③ BOO(Build Operate Own)
④ BTL(Build Transfer Lease)

해설 BTO : 본문설명

48 KS L 5201(포틀랜드시멘트)에 규정되어 있는 포틀랜드시멘트의 종류가 아닌 것은?

① 중용열포틀랜드시멘트
② 고로포틀랜드시멘트
③ 조강포틀랜드시멘트
④ 내황산염 포틀랜드시멘트

해설 포틀랜드시멘트 종류(KS L 5201)
 1) 보통포틀랜드시멘트
 2) 중용열포틀랜드시멘트
 3) 조강포틀랜드시멘트
 4) 저열포틀랜드시멘트
 5) 내황산염 포틀랜드시멘트

49 철골공사의 접합방법 중 용접시공에 관한 사항으로 틀린 것은?

① 항상 용접열의 분포가 균등하도록 조치하고 일시에 다량의 열이 한 곳에 집중되지 않도록 해야 한다.
② 용접자세는 가능한 한 회전지그를 이용하여 아래보기 또는 수평자세로 한다.
③ 아크 발생은 필히 용접부 내에서 일어나도록 해야 한다.
④ 부재이음에 용접과 볼트를 불가피하게 병용할 경우에는 볼트를 조인 후에 용접하는 것을 원칙으로 한다.

해설 용접접합 : 철골의 접합을 리벳 대신 용접으로 하는 것이며, 전부 용접으로 할 때와 리벳치기 및 고장력볼트와 병용할 경우도 있다.

50 건설업법에 의한 공사계약서에 포함해야 할 사항이 아닌 것은?

① 공사내용
② 공사착수의 시기
③ 공법분석내용
④ 공사대금 지불방법

해설 공사도급계약서의 내용(건설업법 시행령)
 1) 공사내용(규모, 도급금액 등)
 2) 공사착수시기 및 완공시기(물가변동에 대한 도급액 변경)
 3) 도급액 지불방법 및 지불시기
 4) 인도·검사 및 인도시기
 5) 설계변경, 공사중지의 경우 도급액 변경, 손해부담에 대한 사항(계약에 관한 분쟁 해결방안)

51 도급계약 방식 중 주문받은 건설업자가 대상계획의 기업·금융, 토지조달, 설계, 시공, 기계·기구 설치 등 주문자가 필요로 하는 모든 것을 조달하여 주문자에게 인도하는 도급계약 방식은?

① 공동도급
② 실비정산 보수가산도급
③ 턴키(turn-key)도급
④ 일식도급

해설 턴키(turn-key)도급 : 건설업자는 주문자가 필요로 하는 모든 것(대상계획의 기업·금융, 토지조달, 설계, 시공, 기계·기구 설치, 시운전까지의 모든 것)을 조달하여 주문자에게 인도하는 도급방식
 1) 장점
  ① 공사비 절감 및 공사 단축이 가능하다.
  ② 공사방법의 연구 및 개발을 할 수 있다.

■ 정답 ■ 47.② 48.② 49.④ 50.③ 51.③

2) 단점
① 설계·견적 기간이 짧아 계획이 불충분하다.
② 최저 낙찰제로 건축물의 질이 저하될 수 있다.
③ 설계지침이 자주 변경될 수 있다.
④ 소수업자로 한정되며, 과다경쟁으로 덤핑(dumping)의 우려가 있다.

52 주로 해안구조물과 교량의 상판, 난간벽체등의 지지구조물, 내구성이 요구되는 건축물 등에 쓰이며, 탄소강 철근에 비해 내식성이 5~10배 정도 좋은 철근은?

① 스테인리스철근　② 일반 이형철근
③ 일반 원형철근　④ 고강도 이형철근

해설 스테인리스 철근 : 내식성이 보통철근에 비해 5~10배 정도로 큰 철근으로 강재가 부식되기 쉬운 장소에 사용한다.

53 철골구조물에 콘크리트슬래브를 설치하기 위한 구조재료로서 거푸집을 대용할 수 있는 것은?

① 엑세스플로어(access floor)
② 데크 플레이트(deck plate)
③ 커튼 월(curtain wall)
④ 익스팬션 조인트(expansion joint)

해설 데크 플레이트(deck plate)
1) 얇은 강판을 골 모양으로 내어 만든 재료이다.
2) 지붕잇기·벽 널 및 콘크리트 바닥과 거푸집 대용으로 쓰인다.

54 철근콘크리트공사에서의 철근이음에 대한 설명 중 틀린 것은?

① 철근의 이음위치는 되도록 응력이 큰 곳은 피한다.
② 일반적으로 이음을 할 때는 한 곳에서 철근 수의 반 이상을 이어야 한다.
③ 철근이음에는 겹침이음, 용접이음, 기계적 이음 등이 있다.
④ 철근이음은 힘의 전달이 연속적이고, 응력집중 등 부작용이 생기지 않아야 한다.

해설 철근이음시 주의사항
1) 이음은 응력이 큰 곳을 피하고 동일개소에 이음이 집중되지 않도록 할 것
2) D29(ϕ28)이상은 겹침이음을 하지 않도록 할 것
3) 보의 상단근은 중앙에서, 하단근은 단부에서 이음할 것
4) 기둥주근의 이음은 기둥 높이의 2/3이내에서 이음할 것

55 콘크리트를 타설하는 데 사용하는 것으로 콘크리트가 흘러내려 가는 유도로서, 길이는 가능한 짧게 또 굴곡이 없도록 하며 된 비빔 콘크리트에서는 사용하기 어려운 것은?

① 버킷　② 호퍼
③ 슈트　④ 카트

해설 콘크리트의 운반 및 타설
1) 버킷(bucket) : 콘크리트 타워에 설치되어 비빈 콘크리트를 담아 운반하는 용기이다.
2) 호퍼(hopper) : 타워의 상부에 설치하여 버킷으로 담아 올린 콘크리트를 받아 슈트(chute)로 보내는 깔때기처럼 생긴 틈이다.
3) 슈트(chute) : 본문설명

56 콘크리트 공사에서 발생하는 결함이라고 보기 어려운 것은?

① 재료분리의 발생
② 콜드조인트의 발생
③ 컨스트럭션 조인트의 발생
④ 동해에 의한 콘크리트 강도 저하

해설 콘스트럭션 조인트(construction joint, 시공줄눈) : 콘크리트 시공시 한 번에 계속하여 타설하지 못하는 경우에 생기는 줄눈이다.

■정답■ 52.① 53.② 54.② 55.③ 56.③

57 철골기둥세우기의 순서를 올바르게 나열한 것은?

> ㉠ 기둥세우기
> ㉡ 주각모르타르 채움
> ㉢ 기둥 중심선 먹매김
> ㉣ 기초볼트위치 점검

① ㉢ - ㉣ - ㉠ - ㉡
② ㉢ - ㉠ - ㉣ - ㉡
③ ㉡ - ㉢ - ㉠ - ㉣
④ ㉡ - ㉢ - ㉣ - ㉠

해설 철골기둥세우기 순서
1) 기둥 중심선 먹매김 → 2) 기초볼트위치 재점검 → 3) 베이스 플레이트 레벨 조정용 라이너 플레이트 고정 → 4) 기둥세우기 → 5) 주각모르타르 채움

58 공동도급(joint venture contract)의 이점이 아닌 것은?

① 융자력의 증대
② 위험부담의 분산
③ 기술의 확충, 강화 및 경험의 증대
④ 이윤의 증대

해설 공동도급 : 2명 이상의 도급업자가 공동출자하여 기업체를 조직해서 협동으로 공사를 도급하는 방식(중소기업체에 유리)
1) 장점
  ① 기술·자본·위험부담의 분산·감소
  ② 신용도의 증대
  ③ 기술의 확충, 강화 및 경험의 증대
  ④ 공사계획과 시공이행의 확실
  ⑤ 공사도급 경쟁강화
2) 단점
  ① 1개 회사에 도급시키는 것보다 경비 증대
  ② 현장관리 곤란
  ③ 각 회사의 업무방식에서 오는 혼란

59 흙막이벽 자체의 휨 강성과 밑넣기 부분의 가로저항에 의해 주동토압을 부담시키고 굴착하는 흙막이 공법은?

① 버팀대식 공법
② 자립식 공법
③ 앵커방식 공법
④ 강재 널말뚝 공법

해설 자립식 흙막이 공법 : 굴착부 주위에 흙막이벽을 타입하여 토사의 붕괴를 흙막이벽 자체의 저항력으로 방지하여 굴착하는 공법이다.

60 연약한 점토질 지반에서 진흙의 점착력을 판별하는 토질시험은?

① 표준관입시험
② 지내력도시험
③ 보링
④ 베인테스트

해설 현장토질 시험방법
1) **베인테스트** : 연약한 점토질 지반에서 점토의 점착력을 판별하는 시험
2) **표준관입시험** : 사질지반의 흙의 경·연도의 정도를 판정하는 시험
3) **지내력시험** : 지반면의 허용지내력을 구하기 위한시험

■ 정답 ■ 57.① 58.④ 59.② 60.④

제4과목 / 건설재료학

61 목재의 자연건조시 주의사항으로 틀린 것은?

① 건조시간의 절약을 위해 가능한 한 마구리를 노출한다.
② 목재 상호간의 간격을 충분히 하고 지면에서는 20cm 이상 높이의 굄목을 놓고 쌓는다.
③ 건조를 균일하게 하기 위해 때때로 상하 좌우로 환적한다.
④ 뒤틀림을 막기 위해 오림목을 고루 괴어둔다.

해설 자연건조법
1) 자연조건에 의해 건조하는 방법으로 특별한 장치를 필요로 하지 않는다.
2) 많은 목재를 일시에 건조시킬 수 있다.
3) 건조시간이 길며 넓은 장소가 필요하다.
4) 변색, 부패 등 손상을 입기 쉽다.

62 콘크리트 배합설계에 있어서 기준이 되는 골재의 함수상태는?

① 절건상태   ② 기건상태
③ 표건상태   ④ 습윤상태

63 강재의 경우 저온에서 인장할 때 또는 결함부가 있게 되면 연실율과 단면수축률이 없이 파단되는 현상을 무엇이라 하는가?

① 연성파괴   ② 취성파괴
③ 청열취성   ④ 저온취성

해설 (1) 연성파괴 : 금속이 하중을 받아서 충분한 소성 변형을 일으킨 후에 파단하면 결정이 미끄럼 변형의 영향을 받아서 가늘고 길게 늘어나며 파면(연성파면 또는 전단파면)이 미세한 회색이 되는 것
(2) 취성파괴 : 본문 설명

64 매스콘크리트에서 균열제어를 하기 위한 대책으로 틀린 것은?

① 콘크리트의 온도상승을 적게 한다.
② 굵은골재의 최대치수는 건조수축 등을 고려하여 되도록 작은 값을 사용한다.
③ 급격한 온도 변화를 피한다.
④ 저발열성 시멘트를 사용한다.

해설 매스콘크리트(mass concrete) : 부재 또는 구조물의 치수가 커서 시멘트의 수화열에 의한 온도의 상승을 고려하여 시공하는 콘크리트를 말한다.

65 주철의 최대 장점인 주조성을 가지며 또한 결점인 취성을 제거하여 강과 같이 단조할 수 있는 제품으로 듀벨, 창호철물, 파이프 등에 사용되는 것은?

① 고급주철   ② 강성주철
③ 가단주철   ④ 백주철

해설 (1) 주철 : 강보다 용융점이 낮아서 복잡한 형태의 것이라도 주조하기 쉬우나 압연·단조성이 없는 것으로 탄소량 1.7~6.67%까지의 것을 주철이라고 한다. (보통 탄소량 2.5~4.5%)
(2) 가단주철 : 본문 설명

66 아스팔트는 온도에 의한 반죽질기가 현저하게 변화하는데, 이러한 변화가 일어나기 쉬운 정도를 무엇이라 하는가?

① 감온성   ② 침입도
③ 신도   ④ 연화성

해설 감온성 : 아스팔트는 온도에 따라 견고성의 변화가 매우 크며, 이 변화의 정도를 감온성이라 한다.

■정답■ 61.① 62.③ 63.② 64.② 65.③ 66.①

67 화성암에 속하지 않는 석재는?

① 화강암   ② 현무암
③ 안산암   ④ 사암

해설 사암 : 수성암

68 석회암이 열에 약한 이유로 가장 타당한 것은?

① 석재 내부에서 발생하는 열압력에 의한 균열 때문이다.
② 조암광물의 열팽창계수의 차이 때문이다.
③ 조암광물의 융점의 차이 때문이다.
④ 주성분이 열분해되기 때문이다.

해설 (1) 석회암 : 석회질이 용해·침전되어 퇴적·응고된 석재이다.
(2) 석회암은 열에 의해 분해되기 때문에 내화성이 부족하다.

69 구리와 주석의 합금으로 내식성이 크며 주조하기 쉽고 표면에 특유의 아름다운 청록색을 가지고 있어 건축장식철물 또는 미술공예자료에 사용되는 것은?

① 황동   ② 청동
③ 양은   ④ 적동

해설 (1) 황동 : 구리(Cu)+아연(Zn)의 합금
(2) 청동 : 구리(Cu)+주석(Sn)의 합금

70 펄라이트 모르타르 바름에 대한 설명으로 틀린 것은?

① 재료는 진주암 또는 흑요석을 소성 팽창시킨 것이다.
② 펄라이트는 비중 0.3 정도의 백색입자이다.
③ 내화피복재 바름으로 쓰인다.
④ 균열이 거의 발생하지 않는다.

해설 펄라이트 모르타르 바름은 경량골재(진주암 또는 흑요석 등)를 사용하기 때문에 균열이 쉽게 발생한다.

71 재료의 단열성에 영향을 미치는 요인이 아닌 것은?

① 재료의 두께   ② 재료의 밀도
③ 재료의 강도   ④ 재료의 표면상태

해설 (1) 단열성에 영향을 미치는 요인 : 재료의 두께, 재료의 밀도, 재료의 표면상태 등
(2) 단열재의 구비조건(선정조건)
① 열전도율·흡수율 등이 낮을 것
② 투기성·비중 등이 작을 것
③ 시공성(가공, 접착 등)이 좋을 것
④ 내화성, 내부식성 등이 좋을 것
⑤ 유독성 가스가 발생되지 않을 것
⑥ 균질한 품질이고 어느 정도의 기계적인 강도가 있을 것
⑦ 사용연한에 따른 변질이 없을 것

72 합판(plywood)의 특성에 관한 설명 중 틀린 것은?

① 방향성이 있다.
② 신축변형이 적다.
③ 흡음효과를 낼 수 있다.
④ 곡면가공시에도 균열이 적다.

해설 합판 : 3매 이상의 얇은 판을 1매마다 섬유방향이 직교하도록 겹쳐서 붙여 만든 것이다. (겹치는 매수 : 3, 5, 7매 등 홀수)
1) 단판을 서로 직교시켜서 붙인 것이므로 잘 갈라지지 않으며 방향에 따른 강도의 차가 적다. (방향성 없음)
2) 판재에 비해 균질이며 나비가 큰 판을 얻을 수 있다.

■ 정답 ■ 67.④ 68.④ 69.② 70.④ 71.③ 72.①

73 석고플라스터 미장재료에 대한 설명으로 옳지 않은 것은?

① 응결시간이 길고, 건조수축이 크다.
② 가열하면 결정수를 방출하므로 온도상승이 억제된다.
③ 물에 용해되므로 물과 접촉하는 부위에서의 사용은 부적합하다.
④ 일반적으로 소석고를 주성분을 한다.

해설 석고플라스터는 경화속도(응결시간)가 빠르고 경화·건조시 수축균열이 적어 치수 안정성을 갖는다. (경화시 팽창하기 때문에 균열발생이 적음)

74 시멘트의 분말도가 클수록 나타나는 특징에 해당하지 않는 것은?

① 수화작용이 촉진된다.
② 초기강도가 증대된다.
③ 풍화작용이 억제된다.
④ 초기에 균열이 많이 발생한다.

해설 시멘트는 지나치게 분말도가 미세한 것은 풍화되기 쉽고 건조수축이 커져서 균열이 발생하기 쉽다.

75 재료가 외력을 받으면서 발생하는 변형에 저항하는 정도를 나타내는 것은?

① 가소성   ② 강성
③ 취성   ④ 좌굴

해설 ① **가소성** : 변형이 비교적 쉽고 탄성한도 이상의 힘을 가해도 쉽게 파괴되지 않고 계속 변형하며 외력을 제거하여도 원형으로 복귀하지 않는 물체의 성질
② **강성** : 본문 설명
③ **취성(취약성)** : 어떤 재료에 외력을 가했을 때 작은 변형만 나타나도 곧 파괴되는 성질
④ **좌굴** : 가는 기둥이나 얇은판 등을 압축하면 어떤 하중에 이르러 갑자기 가는 방향으로 휘어지며 이후 그 힘이 급격히 증대하는 현상

76 1,000℃이상의 고온에서도 견디는 단열재로 최근 철골의 내화피복재로 많이 사용되는 것은?

① 규산칼슘판   ② 펄라이트판
③ 세라믹섬유   ④ 경질우레탄폼

해설 ① **규산칼슘판** : 규산질분말, 석회 및 무기질 섬유를 균일하게 배합하여 가열성형 및 수열처리하여 만들어진 제품으로 경량이고 강도가 높으며 내열 및 내수성이 우수하다.
② **펄라이트판** : 가볍고 단열성이 크며 표면이 요철형으로 되어 있고 화학적으로 안정하며 내화성도 크다.
③ **세라믹섬유** : 본문 설명
④ **경질우레탄폼** : 단열성이 크고 공사현장에서 발포시공이 가능하며 열대하여 안전한 단열재이다.

77 콘크리트의 워커빌리티에 영향을 줄 수 있는 요소에 대한 설명 중 틀린 것은?

① 단위수량이 증가하면 워커빌리티는 좋아지지만 재료의 분리가 발생하기 쉽다.
② 일반적으로 부(富)배합의 경우는 빈(貧)배합의 경우보다 워커빌리티가 좋다.
③ 골재로 강자갈을 사용한 경우가 깬자갈이나 깬모래를 사용한 경우보다 워커빌리티가 나쁘다.
④ 비빔시간이 과도하게 길면 콘크리트의 워커빌리티는 나빠진다.

해설 (1) **워커빌리티**(workability, 시공년도) : 콘크리트의 반죽질기(consistency)에 의한 작업의 난이도 및 재료분리에 저항하는 정도를 나타내는 성질이다.
(2) 골재는 둥근 강자갈이나 강모래가 깬자갈이나 깬모래보다 워커빌리티가 좋으며 시멘트 풀도 적어진다.

길잡이 워커빌리티에 영향을 주는 요인
1) 시멘트의 품질   2) 시멘트의 양
3) 골재의 입도와 형상   4) 단위수량
5) 배합 및 비빔   6) 혼화재료 등

■ 정답 ■ 73.①   74.③   75.②   76.③   77.③

78 점토 벽돌의 규격에 해당되는 기본치수로 옳은 것은?

① 190×90×57   ② 190×90×60
③ 210×90×57   ④ 210×90×60

해설 점토 소성벽돌의 규격

구분	길이(mm)	너비(mm)	두께(mm)
기존형 (재래형)	210	100	60
표준형 (장려형)	190	90	57
허용치	±3%	±3%	±4%

79 KS F 3211(건설용 도막방수재)에서 주요 원료에 따른 방수재의 종류에 해당하지 않는 것은?

① 우레탄 고무계 방수재
② 아크릴 고무계 방수재
③ 에폭시 수지계 방수재
④ 고무 아스팔트계 방수재

해설 건설용 도막방수재의 종류(KS F 3211)
 1) 우레탄 고무계
 2) 아크릴 고무계
 3) 클로로프렌 고무계
 4) 실리콘 고무계
 5) 고무아스팔트계

80 강의 물리적 성질 중 탄소함유량이 증가함에 따라 나타나는 현상으로 틀린 것은?

① 비중이 낮아진다.
② 열전도율이 커진다.
③ 팽창계수가 낮아진다.
④ 비열과 전기저항이 커진다.

해설 강의 물리적 성질 : 강은 탄소함유량의 증가에 따라 다음과 같은 성질을 갖는다.
 1) 비중, 열전도율, 열팽창계수 등은 감소한다.
 2) 비열, 전기저항 등은 증가한다.

제5과목 / 건설안전기술

81 흙막이 가시설 공사 중 발생할 수 있는 히빙(Heaving)현상에 관한 설명으로 틀린 것은?

① 흙막이 벽체 내·외의 토사의 중량차에 의해 발생한다.
② 연약한 점토지반에서 굴착면의 융기로 발생한다.
③ 연약한 사질토 지반에서 주로 발생한다.
④ 흙막이벽의 근입장 깊이가 부족할 경우 발생한다.

해설 히빙현상 : 연약한 점토질 지반에서 발생

82 다음 빈칸에 알맞은 숫자를 순서대로 옳게 나타낸 것은?

> 강관비계의 경우, 띠장간격은 (   )m 이하로 설치하되, 첫 번째 띠장은 지상으로부터 (   )m 이하의 위치에 설치한다.

① 2, 2   ② 2.5, 3
③ 1.5, 2   ④ 1, 3

해설 강관비계의 구조
 1) 비계기둥의 간격 : 띠장방향에서 1.85m 이하, 장선방향에서 1.5m 이하
 2) 띠장간격 : 2m 이하
 3) 비계기둥의 최고부에서 31m 되는 밑부분의 비계기둥 : 2본의 강관으로 묶어 세울 것
 4) 비계기둥간의 적재하중 : 400kg 이하

83 굴착기계 중 주행기면보다 하빙의 굴착에 적합하지 않은 것은?

① 백호우   ② 클램셸
③ 파워셔블   ④ 드래그라인

해설 파워셔블(power shovel) : 중기가 위치한 지면보다 높은 장소 굴착

■ 정답 ■ 78.① 79.③ 80.② 81.③ 82.③ 83.③

84 크레인을 사용하여 양중작업을 하는 때에 안전한 작업을 준수하여야 할 내용으로 틀린 것은?

① 인양할 하물(何物)을 바닥에서 끌어당기거나 밀어 정위치 작업을 할 것
② 가스통 등 운반 도중에 떨어져 폭발 가능성이 있는 위험물 용기는 보관함에 담아 매달아 운반할 것
③ 인양 중인 하물이 작업자의 머리 위로 통과하지 않도록 할 것
④ 인양할 하물이 보이지 아니하는 경우에는 어떠한 동작도 하지 아니할 것

해설 크레인을 사용하여 작업시는 인양할 하물을 바닥에서 끌어당기거나 밀어내는 작업을 하지 아니할 것(안전보건규칙 제146조)

85 다음 (   )안에 들어갈 말로 옳은 것은?

> 콘크리트 측압은 콘크리트 타설 속도, (   ), 단위용적질량, 온도, 철근배근상태 등에 따라 달라진다.

① 타설높이   ② 골재의 형상
③ 콘크리트 강도   ④ 박리제

해설 콘크리트 측압 산정시 고려되는 요소
　　1) 타설속도(보통 10~50m/h 정도)
　　2) 타설높이(m)
　　3) 굳지 않은 콘크리트 단위용적중량(t/m^3)
　　4) 콘크리트 온도(℃)
　　5) 벽길이

86 주행크레인 및 선회크레인과 건설물 사이에 통로를 설치하는 경우, 그 폭은 최소 얼마 이상으로 하여야 하는가? (단, 건설물의 기둥에 접촉하지 않는 부분인 경우)

① 0.3m   ② 0.4m
③ 0.5m   ④ 0.6m

해설 건설물 등과의 사이 통로
　　1) 주행크레인 또는 선회크레인과 건설물 또는 설비와의 사이에 통로를 설치하는 경우 그 폭을 0.6m 이상으로 하여야 한다.
　　2) 다만, 그 통로 중 건설물의 기둥에 접촉하는 부분에 대해서는 0.4m 이상으로 할 수 있다.

87 철골공사에서 나타나는 용접결함의 종류에 해당하지 않는 것은?

① 오버랩(over lap)
② 언더 컷(under cut)
③ 블로우 홀(blow hole)
④ 가우징(gouging)

해설 가우징(gouging) : 용접시 쪼아 따내기 등에 의해 여분을 제거하는 작업

88 와이어로프나 철선 등을 이용하여 상부지점에서 작업용 발판을 매다는 형식의 비계로서 건물 외벽도장이나 청소 등의 작업에서 사용되는 비계는?

① 브라켓 비계   ② 달비계
③ 이동식 비계   ④ 말비계

해설 (1) 달비계 : 본문 설명(상하이동 가능)
　　 (2) 달대비계 : 철골에 매달아 사용하는 비계, 상하이동 불가능

89 건설공사시 계측관리의 목적이 아닌 것은?

① 지역의 특수성보다는 토질의 일반적인 특성 파악을 목적으로 한다.
② 시공 중 위험에 대한 정보제공을 목적으로 한다.
③ 설계시 예측치와 시공시 측정치와의 비교를 목적으로 한다.
④ 향후 거동 파악 및 대책 수립을 목적으로 한다.

해설 계측관리의 목적에는 지역의 특수성을 파악하는 것도 포함된다.

■ 정답 ■　84.①　85.①　86.④　87.④　88.②　89.①

90 유해·위험방지계획서 검토자의 자격 요건에 해당되지 않는 것은?

① 건설안전분야 산업안전지도사
② 건설안전기사로서 실무경력 3년인 자
③ 건설안전산업기사 이상으로서 실무경력 7년인자
④ 건설안전기술사

해설 ②항, 건설안전기사로서 실무경력 5년인 자

91 흙의 동상을 방지하기 위한 대책으로 틀린 것은?

① 물의 유통을 원활하게 하여 지하수위를 상승시킨다.
② 모관수의 상승을 차단하기 위하여 지하수위 상층에 조립토층을 설치한다.
③ 지표의 흙을 화학약품으로 처리한다.
④ 흙속에 단열재료를 매입한다.

해설 흙의 동상을 방지하기 위해서는 물의 유통을 차단하고 지하수위를 감소시켜야 한다.

92 차량계 하역운반기계에서 화물을 싣거나 내리는 작업에서 작업지휘자가 준수해야 할 사항과 가장 거리가 먼 것은?

① 작업순서 및 그 순서마다의 작업방법을 정하고 작업을 지휘하는 일
② 기구 및 공구를 점검하고 불량품을 제거하는 일
③ 당해 작업을 행하는 장소에 관계근로자외의 자의 출입을 금지하는 일
④ 총 화물량을 산출하는 일

해설 차량계 하역운반기계등에 단위화물의 무게가 100kg 이상인 화물을 싣거나 내리는 작업을 하는 경우 작업지휘자의 준수사항(안전보건규칙 제 177조)
1) ①, ②, ③항
2) 로프 풀기작업 또는 덮개 벗기기 작업은 적재함의 화물이 떨어질 위험이 없음을 확인한 후에 하도록 할 것

93 타워크레인을 벽체에 지지하는 경우 서면심사 서류 등이 없거나 명확하지 아니할 때 설치를 위해서는 특정기술자의 확인을 필요로 하는데, 그 기술자에 해당하지 않는 것은?

① 건설안전기술사
② 기계안전기술사
③ 건축시공기술사
④ 건설안전분야 산업안전지도사

해설 타워크레인을 벽체에 지지하는 경우 서면심사서류 등이 없거나 명확하지 아니할 경우 설치를 위해서 확인을 받아야할 기술자의 자격
1) 건축구조·건설기계·기계안전·건설안전기술사
2) 건설안전분야 산업안전지도사

94 안전난간의 구조 및 설치요건과 관련하여 발끝막이판의 바닥으로부터 설치높이 기준으로 옳은 것은?

① 10cm 이상   ② 15cm 이상
③ 20cm 이상   ④ 30cm 이상

해설 안전난간의 발끝막이판의 설치높이 : 바닥면 등에서 10cm 이상

95 산업안전보건기준에 관한 규칙에 따른 토사붕괴를 예방하기 위한 굴착면의 기울기 기준으로 틀린 것은?

① 모래 1 : 1.8
② 그 밖에 흙 1 : 1.2
③ 풍화암 1 : 0.8
④ 경암 1 : 0.5

■ 정답 ■ 90.② 91.① 92.④ 93.③ 94.① 95.③

해설 굴착작업시 굴착면의 기울기 기준

구분	지반의 종류	구배
보통 흙	모래	1 : 1.8
	그 밖에 흙	1 : 1.2
암반	풍화암	1 : 1.0
	연암	1 : 1.0
	경암	1 : 0.5

96 콘크리트 타설시 거푸집의 측압에 영향을 미치는 인자들에 대한 설명으로 틀린 것은?

① 슬럼프가 클수록 측압은 크다.
② 거푸집의 강성이 클수록 측압은 크다.
③ 철근량이 많을수록 측압은 작다.
④ 타설속도가 느릴수록 측압은 크다.

해설 ④항, 타설속도가 빠를수록 측압은 크다.

97 항타기·항발기의 권상용 와이어로프로 사용 가능한 것은?

① 이음매가 있는 것
② 와이어로프의 한 꼬임에서 끊어진 소선의 수가 5%인 것
③ 지름의 감소가 호칭지름의 8%인 것
④ 심하게 변형된 것

해설 ②항, 와이어로프의 한 꼬임에서 끊어진 소선의 수가 10% 이상인 것

98 철근가공작업에서 가스절단을 할 때의 유의사항으로 틀린 것은?

① 가스절단 작업시 호스는 겹치거나 구부러지거나 밟히지 않도록 한다.
② 호스, 전선 등은 작업효율을 위하여 다른 작업장을 거치는 곡선상의 배선이어야 한다.
③ 작업장에서 가연성 물질에 인접하여 용접작업 할 때에는 소화기를 비치하여야 한다.
④ 가스절단 작업 중에는 보호구를 착용하여야 한다.

해설 철근가공작업을 할 때 가스절단시 유의사항(고용노동부 고시)
1) ①, ③, ④항
2) 호스, 전선 등은 다른 작업장을 거치지 않는 직선상의 배선이어야 하며, 길이가 짧아야 한다.

99 사다리식 통로의 설치기준으로 틀린 것은?

① 폭은 30cm 이상으로 할 것
② 발판과 벽과의 사이는 15cm 이상의 간격을 유지할 것
③ 사다리의 상단은 걸쳐놓은 지점으로부터 60cm 이상 올라가도록 할 것
④ 사다리식 통로의 길이가 10m 이상인 경우에는 7m 이내마다 계단참을 설치할 것

해설 사다리식 통로의 길이가 10m 이상인 경우에는 5m 이내마다 계단참을 설치할 것

100 추락방지망의 달기로프를 지지점에 부착할 때 지지점의 간격이 1.5m인 경우 지지점의 강도는 최소 얼마 이상이어야 하는가? (단, 연속적인 구조물이 방망지지점인 경우임)

① 200kg ② 300kg
③ 400kg ④ 500kg

해설 추락방지망의 달기로프를 지지점에 부착할 경우 : 지지점의 간격이 1.5m인 경우 지지점의 강도는 300kg 이상일 것

■ 정답 ■ 96.④ 97.② 98.② 99.④ 100.②

2021년 시행
건설안전산업기사

2021년 1회 CBT복원 기출문제

건설안전산업기사

제1과목 / 산업안전관리론

01 버드(Bird)는 사고가 5개의 연쇄반응에 의하여 발생되는 것으로 보았다. 다음 중 재해 발생의 첫 단계에 해당하는 것은?

① 개인적 결함
② 사회적 환경
③ 전문적 관리의 부족
④ 불안전한 행동 및 불안전한 상태

해설 버드의 사고연쇄성 이론 5단계
 1) 1단계 : 통제의 부족-관리 소홀(경영)
 2) 2단계 : 기본원인-기원(원인론)
 3) 3단계 : 직접원인-징후
 4) 4단계 : 사고-접촉
 5) 5단계 : 상해-손해-손실

02 무재해운동의 추진에 있어 무재해운동을 개시한 날부터 며칠 이내에 무재해운동 개시신청서를 관련 기관에 제출하여야 하는가?

① 4일 ② 7일
③ 14일 ④ 30일

해설 무재해운동 개시 신청서 : 무재해운동을 개시한 날로부터 14일 이내에 신청

03 다음 중 부주의 현상을 그림으로 표시한 것으로 의식의 우회를 나타낸 것은?

① 의식의 흐름 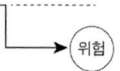 위험

② 의식의 흐름 위험

③ 의식의 흐름  위험

④ 의식의 흐름  위험

해설 부주의 현상
 1) 의식의 단절 : 지속적인 의식의 흐름에 단절이 생기고 공백의 상태가 나타나는 것
 2) 의식의 우회 : 의식의 흐름이 옆으로 빗나가 발생하는 것
 3) 의식수준의 저하 : 심신이 피로할 경우, 단조로운 반복작업시 발생
 4) 의식수준의 과잉 : 지나친 의욕에 의해서 생기는 부주의 현상

04 재해손실비 중 직접 손실비에 해당하지 않는 것은?

① 요양급여
② 휴업급여
③ 간병급여
④ 생산손실급여

해설 생산손실급여 : 간접 손실비

■ 정답 ■ 01.③ 02.③ 03.④ 04.④

05 산업안전보건법령에 따라 건설현장에서 사용하는 크레인, 리프트 및 곤돌라는 최초로 설치한 날부터 얼마마다 안전검사를 실시하여야 하는가?

① 6개월   ② 1년
③ 2년   ④ 3년

해설 안전검사의 주기
1) 크레인, 리프트 및 곤돌라 : 사업장에 설치가 끝난 날부터 3년 이내에 최초 안전검사를 실시하되, 그 이후부터 매 2년(건설현장에서 사용하는 것은 최초로 설치한 날부터 매 6개월)
2) 그 밖의 유해·위험기계 등 : 사업장에 설치가 끝난 날부터 3년 이내에 최초 안전검사를 실시하되, 그 이후부터 매 2년(공정안전보고서를 제출하여 확인을 받은 압력용기는 4년)

06 산업안전보건법령상 안전·보건표지의 종류에 있어 "안전모 착용"은 어떤 표지에 해당하는가?

① 경고 표지
② 지시 표지
③ 안내 표지
④ 관계자 외 출입금지

해설 안전모 착용 등 보호구 착용 표지 : 지시표지

07 어떤 사업장의 종합재해지수가 16.95이고, 도수율이 20.83이라면 강도율은 약 얼마인가?

① 20.45   ② 15.92
③ 13.79   ④ 10.54

해설 종합재해지수 $= \sqrt{도수율 \times 강도율}$

$\therefore 강도율 = \dfrac{(종합재해지수)^2}{도수율} = \dfrac{16.95^2}{20.83}$

$= 13.79$

08 인간관계 메커니즘 중에서 다른 사람으로부터의 판단이나 행동을 무비판적으로 논리적, 사실적 근거 없이 받아들이는 것을 무엇이라 하는가?

① 모방(imitation)
② 암시(suggestion)
③ 투사(projection)
④ 동일화(identification)

해설 인간관계의 메커니즘
1) **모방** : 남의 행동이나 판단을 표본으로 하여 그것과 같거나 또는 그것에 가까운 행동 판단을 취하는 것
2) **암시** : 본문설명
3) **투사** : 자기 속의 억압된 것을 다른 사람의 것으로 생각하는 것
4) **동일화** : 다른 사람의 행동양식이나 태도를 투입하거나 다른 사람 가운데서 자기와 비슷한 것을 발견하는 것
5) **커뮤니케이션** : 갖가지 행동양식이나 기호를 매개로 하여 어떤 사람으로부터 다른 사람에게 전달되는 과정

09 다음 중 산업안전보건법령에서 정한 안전보건관리규정의 세부내용으로 가장 적절하지 않은 것은?

① 산업안전보건위원회의 설치·운영에 관한 사항
② 사업주 및 근로자의 재해예방 책임 및 의무 등에 관한 사항
③ 근로자 건강진단, 작업환경측정의 실시 및 조치절차 등에 관한 사항
④ 산업재해 및 중대산업사고의 발생시 손실비용산정 및 보상에 관한 사항

해설 ④항, 산업재해 및 중대산업사고의 발생시 처리절차 및 긴급조치에 관한 사항
주 안전보건관리규정의 세부내용 : 시행규칙 별표 3(2019.12.26. 개정)

■ 정답 ■ 05.① 06.② 07.③ 08.② 09.④

10 다음 중 교육훈련의 학습을 극대화시키고, 개인의 능력개발을 극대화시켜 주는 평가방법이 아닌 것은?

① 관찰법　　② 배제법
③ 자료분석법　　④ 상호평가법

해설 교육훈련의 학습 극대화 및 개인능력 개발의 극대화를 위한 평가방법
1) 관찰법
2) 자료분석법
3) 상호평가법

11 다음 중 안전심리의 5대 요소에 해당하는 것은?

① 기질(temper)
② 지능(intelligence)
③ 감각(sense)
④ 환경(environment)

해설 안전심리의 5대 요소
1) 습관　2) 습성　3) 동기
4) 기질　5) 감정

12 다음 중 시행착오설에 의한 학습법칙에 해당하지 않은 것은?

① 효과의 법칙　　② 준비성의 법칙
③ 연습의 법칙　　④ 일관성의 법칙

해설 시행착오설에 의한 학습법칙
1) 연습의 법칙(빈도의 법칙)
2) 효과의 법칙(결과의 법칙)
3) 준비성의 법칙

13 다음 중 재해조사시의 유의사항으로 가장 적절하지 않은 것은?

① 사실을 수집한다.
② 사람, 기계설비, 양면의 재해요인을 모두 도출한다.
③ 객관적인 입장에서 공정하게 조사하며, 조사는 2인 이상이 한다.
④ 목격자는 증언과 추측의 말을 모두 반영하여 분석하고, 결과를 도출한다.

해설 목격자의 증언과 추측의 말은 참고로만 한다.

14 산업안전보건법령상 특별안전·보건교육에 있어 대상 작업별 교육내용 중 밀폐공간에서의 작업에 대해 교육 내용과 가장 거리가 먼 것은? (단, 기타 안전·보건관리에 필요한 사항은 제외한다.)

① 산소농도측정 및 작업환경에 관한 사항
② 유해물질의 인체에 미치는 영향
③ 보호구 착용 및 사용방법에 관한 사항
④ 사고시의 응급처치 및 비상시 구출에 관한 사항

해설 밀폐공간에서 작업시 특별안전보건교육의 교육 내용 (시행규칙 별표 8의 2)
1) ①, ③, ④항
2) 밀폐공간작업의 안전작업방법에 관한 사항

15 다음 중 매슬로우의 욕구 5단계 이론에서 최종 단계에 해당하는 것은?

① 존경의 욕구
② 성장의 욕구
③ 자아실현 욕구
④ 생리적 욕구

해설 매슬로우의 욕구 5단계
1) 1단계 : 생리적 욕구
2) 2단계 : 안전의 욕구
3) 3단계 : 사회적 욕구
4) 4단계 : 인정받으려는 욕구
5) 5단계 : 자아실현의 욕구

■ 정답 ■　10.②　11.①　12.④　13.④　14.②　15.③

16 다음 중 안전대의 각 부품(용어)에 관한 설명으로 틀린 것은?

① "안전그네"란 신체지지의 목적으로 전신에 착용하는 띠 모양의 것으로서 상체 등 신체 일부분만 지지하는 것은 제외한다.
② "버클"이란 벨트 또는 안전그네와 신축조절기를 연결하기 위한 사각형의 금속 고리를 말한다.
③ "U자걸이"란 안전대의 죔줄을 구조물 등에 U자 모양으로 돌린 뒤 훅 또는 카라비너를 D링에, 신축조절기를 각링 등에 연결하는 걸이 방법을 말한다.
④ "1개걸이"란 죔줄의 한쪽 끝을 D링에 고정시키고 훅 또는 카라비너를 구조물 또는 구명줄에 고정시키는 걸이 방법을 말한다.

해설 버클 : 벨트 또는 안전그네를 신체에 착용하기 위해 그 끝에 부착한 금속장치

17 다음 중 무재해운동 추진기법에 있어 지적확인의 특성을 가장 적절하게 설명한 것은?

① 오관의 감각기관을 총동원하여 작업의 정확성과 안전을 확인한다.
② 참여자 전원의 스킨십을 통하여 연대감, 일체감을 조성할 수 있고 느낌을 교류한다.
③ 비평을 금지하고, 자유로운 토론을 통하여 독창적인 아이디어를 끌어낼 수 있다.
④ 작업 전 5분간의 미팅을 통하여 시나리오상의 역할을 연기하여 체험하는 것을 목적으로 한다.

해설 지적확인 : 인간의 실수를 없애기 위해 눈, 손, 입, 귀 등을 이용하여 작업을 착수하기 전에 대뇌를 자극시켜 안전을 확보하기 위한 기법

18 다음 중 학습목적의 3요소에 해당하지 않는 것은?

① 주제 ② 대상
③ 목표 ④ 학습정도

해설 학습목적의 3요소
1) 목표 : 학습을 통하여 달성하려는 지표
2) 주제 : 목표달성을 위한 테마(thema)
3) 학습정도 : 학습범위와 내용의 정도

19 다음 중 안전교육의 3단계에서 생활지도, 작업동작지도 등을 통한 안전의 습관화를 위한 교육을 무엇이라 하는가?

① 지식교육 ② 기능교육
③ 태도교육 ④ 인성교육

해설 안전교육의 3단계
1) 1단계-지식교육 : 안전의식 향상, 안전 책임감 주입, 안전규정 숙지 등
2) 2단계-기능교육 : 안전기술기능, 방호장치관리기능, 정비·검사·점검 등에 관한 기능
3) 3단계-태도교육 : 안전의 정착화 및 습관화

20 다음 중 헤드십에 관한 내용으로 볼 수 없는 것은?

① 부하와의 사회적 간격이 좁다.
② 지휘의 형태는 권위주의적이다.
③ 권한의 부여는 조직으로부터 위임받는다.
④ 권한에 대한 근거는 법적 또는 규정에 의한다.

해설 헤드십은 부하와의 사회적 간격이 넓다.

제2과목 / 인간공학 및 시스템안전공학

21 다음 중 음(音)의 크기를 나타내는 단위로만 나열된 것은?

① dB, nit ② phon, lb
③ dB, psi ④ phon, dB

해설 음의 크기를 나타내는 단위 : dB(데시벨), phon(폰), sone(손) 등

22 다음 중 결함수분석법(FTA)에 관한 설명으로 틀린 것은?

① 최초 Watson이 군용으로 고안하였다.
② 미니멀 패스(Minimal path sets)를 구하기 위해서는 미니멀 컷(Minimal cut sets)의 상대성을 이용한다.
③ 정상사상의 발생확률을 구한 다음 FT를 작성한다.
④ AND게이트의 확률 계산은 각 입력사상의 곱으로 한다.

해설 정상사상의 발생확률은 FT도를 작성한 후에 산정한다.

23 다음 통제용 조종장치의 형태 중 그 성격이 다른 것은?

① 노브(knob)
② 푸시 버튼(push button)
③ 토글스위치(toggle switch)
④ 로터리선택스위치(rotary select switch)

해설 통제장치 유형
1) 양의 조절에 의한 통제 : 연속조절(knob, crank, handle, lever, pedal 등)
2) 개폐에 의한 통제 : 불연속 조절(푸시버튼, 토글스위치, 로터리스위치 등)
3) 반응에 의한 통제 : 자동경보시스템

24 다음 중 공간배치의 원칙에 해당되지 않는 것은?

① 중요성의 원칙
② 다양성의 원칙
③ 기능별 배치의 원칙
④ 사용빈도의 원칙

해설 부품배치의 4원칙
1) 중요성의 원칙
2) 사용빈도의 원칙
3) 기능별 배치의 원칙
4) 사용순서의 원칙

25 다음 중 위험 및 운전성 분석(HAZOP)수행에 가장 좋은 시점은 어느 단계인가?

① 구상단계 ② 생산단계
③ 설치단계 ④ 개발단계

해설 위험 및 운전성 검토를 수행하기에 가장 좋은 시점 : 설계완료단계(개발단계)

26 1Cd의 점광원에서 1m 떨어진 곳에서의 조도가 3Lux이었다. 동일한 조건에서 5m 떨어진 곳에서의 조도는 약 몇 Lux인가?

① 0.12 ② 0.22
③ 0.36 ④ 0.56

해설 조도 $= 3 \times \dfrac{1}{5^2} = 0.12 \text{Lux}$

27 다음 중 신체와 환경간의 열교환 과정을 가장 올바르게 나타낸 식은? (단, W는 일, M은 대사, S는 열축적, R은 복사, C는 대류, E는 증발, Clo는 의복의 단열률이다.)

① $W = (M+S) \pm R \pm C - E$
② $S = (M-W) \pm R \pm C - E$
③ $W = Clo \times (M-S) \pm R \pm C - E$
④ $S = Clo \times (M-W) \pm R \pm C - E$

■ 정답 ■ 21.④ 22.③ 23.① 24.② 25.④ 26.① 27.②

해설 열축적(S)=대사(M)-일(W)±복사(R)±대류(C)-증발(E)

28 다음 중 위험을 통제하는데 있어 취해야 할 첫 단계 조사는?

① 작업원을 선발하여 훈련한다.
② 덮개나 격리 등으로 위험을 방호한다.
③ 설계 및 공정계획서에 위험을 제거토록 한다.
④ 점검과 필요한 안전보호구를 사용하도록 한다.

해설 위험을 통제하기 위한 단계
1) 1단계 : 설계 및 공정계획서에 위험 제거
2) 2단계 : 작업원 선발 및 훈련
3) 3단계 : 덮개, 격리 등 위험의 방호
4) 4단계 : 안전보호구 등 사용

29 FT도에서 사용되는 다음 기호의 의미로 옳은 것은?

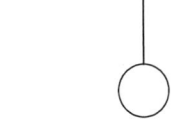

① 결함사상　　② 기본사상
③ 통상사상　　④ 제외사상

해설 ① 결함사상 :
② 기본사상 :
③ 통상사상 :

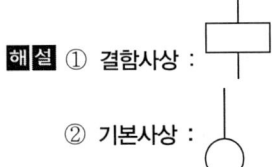

30 System 요소 간의 link 중 인간 커뮤니케이션 link에 해당되지 않는 것은?

① 방향성 link　　② 통신계 link
③ 시각 link　　④ 컨트롤 link

해설 인간 커뮤니케이션 link
1) 방향성 link
2) 통신계 link
3) 시각 link

31 다음 중 일반적인 수공구의 설계원칙으로 볼 수 없는 것은?

① 손목을 곧게 유지한다.
② 반복적인 손가락 동작을 피한다.
③ 사용이 용이한 검지만을 주로 사용한다.
④ 손잡이는 접촉면적을 가능하면 크게 한다.

해설 수공구의 설계원칙
1) 손목을 곧게 펼 수 있도록 할 것(손목이 팔과 일직선일 때 가장 이상적)
2) 손가락으로 지나친 반복동작을 하지 않도록 할 것 (검지의 지나친 사용은 「방아쇠 손가락」 증세 유발)
3) 손바닥면에 압력이 가해지지 않도록 손잡이 접촉면적을 가능한 크게 할 것

32 인간 오류의 분류에 있어 원인에 의한 분류 중 작업자가 기능을 움직이려 해도 필요한 물건, 정보, 에너지 등의 공급이 없는 것처럼 작업자가 움직이려 해도 움직일 수 없어서 발생하는 오류는?

① primary error
② secondary error
③ command error
④ omission error

해설 휴먼에러의 원인의 level적 분류
1) primary error(주과오) : 작업자 자신으로부터의 error
2) secondary error(2차과오) : 작업형태나 작업조건 중에서 다른 문제나 생겨 그 때문에 필요한 사항을 실행할 수 없는 error
3) command error(지시과오) : 본문 설명

■정답■　28.③　29.②　30.④　31.③　32.③

33 다음 중 신호의 강도, 진동수에 의한 신호의 상대식별 등 물리적 자극의 변화여부를 감지 할 수 있는 최소의 자극 범위를 의미하는 것은?

① Chunking
② Stimulus Range
③ SDT(Signal Detection Theory)
④ JND(Just Noticeable Difference)

해설 JND(Just Noticeable Difference, 판별한계)
1) 가장 통용되는 식별도의 척도로서 사람이 50%를 검출(의식)할 수 있는 자극차원(신호강도 세기나 주파수)의 최소변화 또는 차이이다.
2) JND가 작을수록 그 차원의 변화를 검출하기 쉽다.

34 조도가 400Lux인 위치에 놓인 흰색 종이 위에 짙은 회색의 글자가 씌어져 있다. 종이의 반사율은 80%이고, 글자의 반사율은 40%라 할 때 종이와 글자의 대비는 얼마인가?

① −100%
② −50%
③ 50%
④ 100%

해설 대비 $= \dfrac{L_b - L_t}{L_b} \times 100$
$= \dfrac{80-40}{80} \times 100 = 50\%$

35 다음 중 인간-기계시스템에서 기계에 비교한 인간의 장점과 가장 거리가 먼 것은?

① 완전히 새로운 해결책을 찾아낸다.
② 여러 개의 프로그램된 활동을 동시에 수행한다.
③ 다양한 경험을 토대로 하여 의사결정을 한다.
④ 상황에 따라 변화하는 복잡한 자극 형태를 식별한다.

해설 ②항, 기계의 장점

36 성인이 하루에 섭취하는 음식물의 열량 중 일부는 생명을 유지하기 위한 신체기능에 소비되고, 나머지는 일을 한다거나 여가를 즐기는 데 사용될 수 있다. 이 중 생명을 유지하기 위한 최소한의 대사량을 무엇이라 하는가?

① BMR
② RMR
③ GSR
④ EMG

해설 ①항, BMR : 생명을 유지하기 위한 최소한의 대사량
②항, RMR : 에너지대사율(작업대사량/기초대사량)
③항, GSR : 피부전기반사
④항, EMG : 근전도

37 Chapanis의 위험분석에 발생이 불가능한 (impossible) 경우의 위험발생률은?

① 10^{-2}/day
② 10^{-4}/day
③ 10^{-6}/day
④ 10^{-8}/day

해설 위험발생이 불가능한 위험발생률 : $1/10^8$ (10^{-8}/day)

38 세발자전거에서 각 바퀴의 신뢰도가 0.9일 때 이 자전거의 신뢰도는 얼마인가?

① 0.729
② 0.810
③ 0.891
④ 0.999

해설 $R = 0.9 \times 0.9 \times 0.9 = 0.729$

39 다음 중 형상 암호화된 조종장치에서 "이산 멈춤 위치용" 조종장치로 가장 적절한 것은?

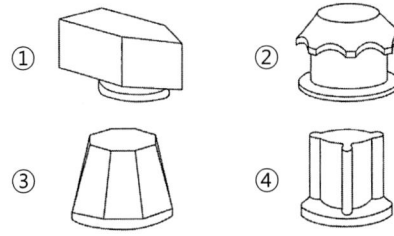

해설 촉각적 암호와의 종류
1) 형상 암호화된 조정장치
   ① 만져봐서 식별되는 손잡이 : 다회선용, 단회전용, 이산 멈춤 위치용 등
   ② 용도와 관련된 형상으로 식별되는 손잡이 : 착륙장치, 회전수 등
2) 표면촉감을 이용한 조정장치 : 매끄러운 면, 세로홈, 깔쭉면 등
3) 크기를 이용한 조정장치 : 크기 차이를 쉽게 구별할 수 있도록 설계

40 다음 중 보전용 자재에 관한 설명으로 가장 적절하지 않은 것은?

① 소비속도가 느려 순환사용이 불가능하므로 폐기시켜야 한다.
② 휴지손실이 적은 자재는 원자재나 부품의 형태로 재고를 유지한다.
③ 열화상태를 경향검사로 예측이 가능한 품목은 적시 발주법을 적용한다.
④ 보전의 기술수준, 관리수준이 재고량을 좌우한다.

해설 순환사용이 불가능하다고 폐기시켜는 안 된다.

제3과목 / 건설시공학

41 경량콘크리트(Lightweight Concrete)에 대한 설명 중 옳지 않은 것은?

① 기건비중은 2.0 이하, 단위중량은 1,700 kg/m³정도이다.
② 열전도율은 보통콘크리트와 유사하나 단열성은 우수하다.
③ 물과 접하는 지하실 등의 공사에는 부적합하다.
④ 경량이어서 인력에 의한 취급이 용이하고, 가공도 쉽다.

해설 경량콘크리트 : 보통콘크리트보다 열전도율이 작으며 내화성, 방음성 등이 크다.

42 철골공사의 철골부재 용접에서 용접결함이 아닌 것은?

① 언더컷(under cut)
② 오버랩(over lap)
③ 루트(root)
④ 블로우홀(blow hole)

해설 (1) 용접결함 : 언더컷, 오버랩, 블로우홀(공기구멍), 균열(crak), 슬래그섞임, 피트(pit), 위핑홀(weeping hole)등
(2) 루트(root) : 용접의 단면에서 용착금속의 밑바닥과 모재와의 교차점

43 공사계획에 있어서 공법 선택시 고려할 사항이 아닌 것은?

① 품질확보
② 공기 준수
③ 작업의 안전성 확보와 제3자 재해의 방지
④ 공구 분할의 결정

정답 39.① 40.① 41.② 42.③ 43.④

[해설] **공법선택시 고려할 사항** : 다음 3개의 사항을 고려한 뒤에 비용을 최소화하도록 하여야 한다.
1) 품질확보
2) 공기준수
3) 작업의 안전성 확보와 제3자 재해의 방지

44 바닥판, 보 밑 거푸집 설계에서 고려하는 하중에 속하지 않는 것은?

① 굳지 않은 콘크리트 중량
② 작업하중
③ 충격하중
④ 측압

[해설] **거푸집 설계시 고려하중**
1) 바닥판, 보밑 등 수평부재
   ① 작업하중
   ② 충격하중
   ③ 생콘크리트의 중량
2) 벽, 기둥, 보옆 등 수직부재
   ① 생콘크리트의 중량
   ② 측압

45 말뚝의 이음 공법 중 강성이 가장 우수한 방식은?

① 장부식 이음   ② 충전식 이음
③ 리벳식 이음   ④ 용접식 이음

[해설] **용접식 이음** : 이음에 대한 강성은 가장 우수하나 용접부위에 대한 부식의 우려가 있다.

46 용접작업에서 용접봉을 용접방향에 대하여 서로 엇갈리게 움직여서 용가금속을 용착시키는 운봉방법은?

① 단속용접   ② 개선
③ 레그   ④ 위빙

[해설] (1) **단속용접** : 하나의 이음 중에서 연속으로 용접비드(끈모양의 돌기)를 잇지 않고 일정간격으로 일정길이씩 띄엄띄엄 하는 용접
(2) **개선(開先)** : 용접을 하기 위해 모재의 용접해야 할 면을 절삭하는 것(모떼기)
(3) **레그(leg)** : 용접부의 다리
(4) **위빙** : 본문 설명

47 철근콘크리트 구조물의 내구성 저하 요인과 거리가 먼 것은?

① 백화   ② 염해
③ 중성화   ④ 동해

[해설] **철근콘크리트 내구성 저하요인**
1) **콘크리트의 중성화** : 탄산가스(CO_2) 작용을 받아 알칼리성을 상실하는 현상
2) **염해** : 염화물에 의해 철근이 부식함으로서 구조물에 손상을 끼치는 현상
3) **동해** : 콘크리트가 동결·융해과정에서 손상을 입는 것
4) **알칼리골재반응** : 콘크리트의 알칼리 성분과 골재 등의 실리카 광물이 화학반응을 일으켜 팽창을 유발하는 현상

48 보기는 지하연속벽(slurry wall)공법의 시공내용이다. 그 순서를 알맞게 연결한 것은?

[보기]
A : 트레미관을 통한 콘크리트 타설
B : 굴착
C : 철근망의 조립 및 삽입
D : guide wall 설치
E : end pipe 설치

① A → B → C → E → D
② D → B → E → C → A
③ B → D → E → C → A
④ B → D → C → E → A

[해설] **지하연속벽공법의 시공순서**
1) guide wall설치 → 2) 굴착 → 3) end pipe설치 → 4) 철근망의 조립 및 삽입 → 5)트레미관을 통한 콘크리트 타설

■ 정답 ■　44.④　45.④　46.④　47.①　48.②

49 철골공사 중 고장력볼트접합에 대한 설명 중 옳지 않은 것은?

① 고장력볼트란 항복강도 700MPa이상, 인장강도 900MPa 이상인 볼트다.
② 접합방식의 종류는 마찰접합, 지압접합, 인장접합이 있다.
③ 볼트의 호칭지름에 의한 분류는 D16, D20, D22, D24로 한다.
④ 조임은 토크관리법과 너트회전법에 따른다.

해설 고장력볼트접합 : 인장강도 $9t/cm^2$(항복점 $7t/cm^2$)이상의 강도가 큰 볼트를 강한 힘으로 조여 접합제 사이의 마찰력에 의해 응력을 전달하는 방식의 접합

50 주문받은 건설업자가 대상계획의 금융, 토지조달, 설계, 시공 등 기타 모든 요소를 포괄한 도급계약 방식은?

① 실비정산 보수가산도급
② 턴키도급(turn-key)
③ 정액도급
④ 공동도급(joint ventrue)

해설 턴키도급은 새로운 플랜트 공사와 특정공사 등에 적용하고 있으며 해외공사 발주시에 주로 채택한다.

51 콘크리트의 측압에 대한 설명 중 옳지 않은 것은?

① 부어넣기 속도가 빠를수록 측압이 크다.
② 콘크리트의 비중이 클수록 측압이 크다.
③ 콘크리트의 온도가 높을수록 측압이 작다.
④ 진동기를 사용하여 다질수록 측압이 작다.

해설 진동기를 사용하여 다질수록 측압은 커진다.

52 거푸집 중 슬라이딩 폼에 대한 설명으로 옳지 않은 것은?

① 곡물창고, 굴뚝, 사일로, 교각 등에 사용한다.
② 공기단축이 가능하다.
③ 내외부에 비계발판을 설치하여 시공한다.
④ 연속적으로 콘크리트를 부어 넣어 일체성을 확보할 수 있다.

해설 슬라이딩 폼(sliding form) : 수직활동 거푸집
1) 특징
① 공기를 단축할 수 있다(1/3정도 단축)
② 내·외부 비계발판이 필요 없다.
③ 콘크리트의 일체성을 확보하기가 용이하다.
2) 용도 : 사일로(silo), 굴뚝 등 돌출물이 없는 곳에 사용

53 발주자는 시공자에게 시공을 위임하고 실제로 시공에 소요된 비용, 즉 공사실비(cost)와 미리 정해 놓은 보수(fee)를 시공자가 받는 방식으로 발주자, 컨설턴트 또는 엔지니어 및 시공자 3자가 협의하여 공사비를 결정하는 도급계약 방식은?

① 실비정산 보수가산계약
② 공동도급 계약방식
③ 파트너링 방식
④ 분할 도급계약방식

해설 실비정산 보수가산계약 : 본문 설명

54 가설공사 중 직접 가설공사 항목이 아닌 것은?

① 시험설비
② 규준틀 설치
③ 비계 설치
④ 건축물 보양 설비

■ 정답 ■ 49.③ 50.② 51.④ 52.③ 53.① 54.①

해설 가설공사의 주된 항목
1) 가설울타리 및 출입구
2) 가설건물
3) 가설운반로
4) 규준틀 및 줄치기
5) 공사용 전기설비 및 급배수설비
6) 비계
7) 건축물 보양설비
8) 위험방지설비 등

55 지반개량공법의 종류에 속하지 않는 것은?

① 탈수다짐법　② 치환법
③ 표준관입시험법　④ 약액주입법

해설 표준관입시험 : 현장토질시험방법

56 트렌치 컷 공법에 관한 설명으로 옳은 것은?

① 온통파기를 할 수 없을 때, 히빙 현상이 예상될 때 효과적이다.
② 중앙부의 흙을 먼저 파내고 다음에 주위 부분의 흙을 파내는 공법이다.
③ 면적이 넓을수록 효과적이다.
④ 시공 깊이는 안전상 10m 내외로 한정된다.

해설 트렌치 컷 공법
1) 구조물 위치 전체를 동시에 파내지 않고 측벽기초와 지하구조체를 축조한 다음 중앙부의 나머지 부분을 파내어 지하구조물을 완성하는 방식이다. (아일랜드 공법의 역순)
2) 지반이 극히 연약하여 온통파기를 할 수 없거나 히빙현상이 예상될 때 효과적이다.

57 위치한 지면보다 낮은 우물통과 같은 협소한 장소의 흙을 퍼올리는 장비로서, 연한 지반에는 가능하나 경질층에는 부적당한 장비는?

① 클램셸(clam shell)
② 트랙터셔블(tractor shovel)
③ 드래그라인(drag line)
④ 앵글도저(angle dozer)

해설 클램셸(clam shell) : 셔블계 굴착기계

58 콘크리트 시공에 있어서 다지거나 진동을 주는 목적으로 가장 타당한 것은?

① 점도를 증가시켜 준다.
② 시멘트를 절약시킨다.
③ 동결을 방지하고 경화를 촉진시킨다.
④ 콘크리트를 거푸집 구석구석까지 충전시킨다.

해설 1) 진동기 사용목적 : 본문 설명
2) 진동기 종류
① 막대형(꽂이식) 진동기
② 표면진동기
③ 거푸집 진동기

59 철근 피복두께에 대한 설명 중 옳지 않은 것은?

① 철근 피복두께는 콘크리트의 표면에서 가장 가까운 주근의 표면까지의 거리이다.
② 철근을 피복하는 목적은 내구성, 내화성, 콘크리트 타설시 유동성 확보 등에 있다.
③ 흙에 접하는 D16이하의 철근을 사용한 내력벽의 최소피복두께는 40mm이다.
④ 과다한 피복두께는 콘크리트 균열을 유발시켜 구조물의 사용수명을 감소시킨다.

해설 철근 피복두께 : 콘크리트 표면에서 제일 외측에 가까운 철근표면까지의 거리

■ 정답 ■　55.③　56.①　57.①　58.④　59.①

60 단가 도급계약 제도에 대한 설명으로 옳지 않은 것은?

① 시급한 공사인 경우 계약을 간단히 할 수 있다.
② 설계변경으로 인한 수량증감의 계산이 어렵고 일시 도급보다 복잡하다.
③ 공사비가 높아질 염려가 있다.
④ 총공사비를 예측하기 힘들다.

해설 단가도급 : 긴급공사시 계약을 간단히 할 수 있고 공사를 빨리 착공할 수 있으며 설계변경시에 수량증감이 용이하다.

제4과목 / 건설재료학

61 콘크리트 골재에 요구되는 성질로 옳지 않은 것은?

① 골재는 청정, 내구적인 것으로 유해량의 먼지, 흙, 유기불순물 등을 포함하지 않을 것
② 골재의 강도는 콘크리트 중의 경화 시멘트 페이스트의 강도 이상일 것
③ 골재의 입형은 세장하고, 표면이 매끈할 것
④ 입도는 조립에서 세립까지 연속적으로 균등히 혼합되어 있을 것

해설 골재의 입형(粒形, 알모양) : 구형으로 표면이 거친 것이 좋음

62 접착제를 사용할 때의 주의사항으로 옳지 않은 것은?

① 피착제의 표면은 가능한 한 습기가 없는 건조상태로 한다.
② 용제, 희석제를 사용할 경우 과도하게 희석시키지 않도록 한다.
③ 용제성의 접착제는 도포 후 용제가 휘발한 적당한 시간에 접착시킨다.
④ 접착처리 후 일정한 시간 내에는 가능한 한 압축을 피해야 한다.

해설 접착제는 일정한 시간이 경과한 후에는 압축에 의해 접착력을 높인다.

63 목재의 방화법과 가장 관계가 먼 것은?

① 부재의 소단면화
② 불연성 막이나 층에 의한 피복
③ 방화페인트의 도포
④ 난연처리

해설 목재의 방화법
1) 목재표면에 불연성 피막층 형성
2) 방화페인트, 규산나트륨 등의 도포
3) 목재표면에 몰리브덴(Mo), 인산 등의 약제를 도포·주입하여 가연성가스 발생억제
4) 불연 및 단열성이 큰 재료를 붙여서 위험온도 (260℃내외)에 도달하지 않도록 난연처리)

64 에폭시 도장에 대한 설명 중 옳지 않은 것은?

① 내마모성은 우수하고 수축, 팽창이 거의 없다.
② 내약품성, 내수성, 접착력이 우수하다.
③ 자외선에 특히 강하여 외부에 주로 사용한다.
④ Non-Slip효과가 있다.

해설 에폭시 접착제 : 금속, 플라스틱류, 도기, 유리, 목재, 천, 콘크리트 등의 접착에 사용한다.

65 방수공사에서 아스팔트 품질결정요소와 가장 거리가 먼 것은?

① 침입도 ② 신도
③ 연화점 ④ 마모도

해설 아스팔트 품질결정요소
1) ①, ②, ③항 2) 비중
3) 인화점 4) 감온성 등

■정답■ 60.② 61.③ 62.④ 63.① 64.③ 65.④

66 알루미늄과 그 합금 재료의 일반적인 성질에 관한 설명 중 옳지 않은 것은?

① 산, 알칼리에 강하다.
② 내화성이 작다.
③ 열·전기 전도성이 크다.
④ 비중이 철의 약 1/3이다.

해설 알루미늄과 그 합금재료는 산·알칼리에 약하다.

67 중용열 포틀랜드시멘트에 대한 설명 중 옳지 않은 것은?

① 수화열량이 적어 한중공사에 적합하다.
② 단기강도는 조강포틀랜드시멘트보다 작다.
③ 내구성이 크며 장기강도가 크다.
④ 방사선 차단용 콘크리트에 적합하다.

해설 중용열 포틀랜드시멘트
1) 수화열량을 적게 하여 장기강도를 크게 한 시멘트이다.
2) 한중공사에는 적합하지 않다.

68 콘크리트 배합(mix proprotion)중 실제 현장골재의 표면수·흡수량 및 입도상태를 고려하여 시방배합을 현장상태에 적합하게 보정하는 배합은?

① 현장배합(job mix)
② 용적배합(volume mix)
③ 중량배합(weight mix)
④ 계획배합(specified mix)

해설 ① **현장배합** : 본문 설명
② **절대용적배합** : 콘크리트 비벼내기 1m³에 소요되는 각 재료의 양을 절대용적으로 표시한 배합
③ **중량배합** : 콘크리트 비벼내기 1m³에 소요되는 각 재료의 양을 중량(kg)으로 표시한 배합

69 열가소성 수지(thermoplastic resin)에 해당하는 것은?

① 페놀 수지   ② 아크릴 수지
③ 멜라민 수지   ④ 폴리우레탄 수지

해설 (1) **열가소성 수지** : 아크릴 수지, 염화비닐 수지, 에틸렌 수지, 스티렌 수지 등
(2) **열경화성 수지** : 페놀 수지, 멜라민 수지, 폴리우레탄 수지, 에폭시 수지 등

70 암석의 가장 쪼개지기 쉬운 면을 말하며 절리보다 불분명하지만 방향이 대체로 일치되어 있는 것은?

① 석리   ② 입상조직
③ 석목   ④ 선상조직

해설 석목(石目) : 돌 눈으로 암석의 가장 쪼개지기 쉬운 면을 말한다.
1) 석목은 채석 및 가공성에 영향을 준다.
2) 석목이 분명하게 나타나는 석재는 화강암이다.

71 콘크리트의 건조수축, 구조물의 균열 및 변형을 방지할 목적으로 사용되는 혼화재료는?

① 지연제(Retarder)
② 플라이 애시(Fly ash)
③ 실리카흄(Silica fume)
④ 팽창재(Expansive producing admixtures)

해설 **팽창재**
1) 콘크리트는 건조하면 수축하는 성질이 있으며 이로 인하여 균열이 발생하기 쉽다. 이러한 결점을 보완·개선하기 위하여 콘크리트 속에 다량의 거품을 넣거나 기포를 발생시키거나 또는 콘크리트를 부풀게 하기 위해 팽창재를 첨가한다.
2) **팽창재의 종류** : 산화제를 혼합한 철분계, 석고를 주성분으로 하는 석고계, 칼슘설포알루미늄산업(CSA, calcium sulfo aluminate, 생석회+석고+알루미나를 조합 소성한 광물) 등

72 목재의 강도에 관한 설명 중 옳지 않은 것은?

① 심재의 강도가 변재보다 크다.
② 함수율이 높을수록 강도가 크다.
③ 추재의 강도가 춘재보다 크다.
④ 절건비중이 클수록 강도가 크다.

해설 목재의 강도 : 섬유포화점(함수율 30%) 이상에서는 강도가 일정하며, 섬유포화점 이하에서 함수율이 낮을수록 강도가 커진다.

73 각종 미장재료에 대한 설명으로 옳지 않은 것은?

① 석고플라스터는 가열하면 결정수를 방출하여 온도상승을 억제하기 때문에 내화성이 있다.
② 바라이트 모르타르는 방사선 방호용으로 사용된다.
③ 돌로마이트플라스터는 수축률이 크고 균열이 쉽게 발생한다.
④ 혼합석고플라스터는 약산성이며 석고라스보드에 적합하다.

해설 석고 플라스터
1) 소석고플라스터 : 혼합석고플라스터(가장 많이 사용), 순석고플라스터(크림용 석고플라스터), 보드용 석고플라스터
2) 경석고플라스터 : 무수석고($CaSO_4$)

74 ALC(Autoclave Lightweight Concrete) 제품에 대한 설명 중 옳지 않은 것은?

① 대형판제조가 불가능하다.
② 시공이 용이하고 내화성이 크다.
③ 제품 발포제로서 알루미늄 분말을 사용한다.
④ 절건상태에서 비중이 0.45~0.55 정도이다.

해설 ALC(경량기포콘크리트) : 대형판 제조가 가능하다.

75 건축재료 중 점토에 대한 설명으로 옳지 않은 것은?

① 양질의 점토는 습윤상태에서 현저한 가소성을 나타낸다.
② 점토는 수성암에서만 생성된다.
③ 점토의 주성분은 실리카와 알루미나이다.
④ 점토의 압축강도는 인장강도의 약 5배 정도이다.

해설 점토
1) 잔류점토(1차점토) : 암석이 풍화한 위치에 그대로 잔류되어 있는 점토
2) 침적점토(2차점토) : 암석이 분해된 미립자들이 바람 또는 물의 힘으로 이동하여 침적된 점토(양질의 점토 이지만 유기물이 포함됨)

76 강(鋼)에 함유된 탄소 성분이 강재성질에 끼치는 영향이 아닌 것은?

① 강도의 증감
② 연율(신율)의 증감
③ 내산성의 증감
④ 경도의 증감

해설 탄소함유량에 의한 탄소강의 특성
1) 탄소함유량이 많을수록 강도는 증대되고 신도(연신율)는 감소된다.
2) 인장강도는 탄소함유량이 0.9~1.0% 함유시 최대로 증대되고 이를 넘으면 감소된다.
3) 경도는 탄소함유량이 0.9% 함유시 최대가 되며 그 이상에서는 일정하다.

77 실적률이 큰 골재를 사용한 콘크리트에 대한 설명 중 옳지 않은 것은?

① 단위시멘트량을 줄일 수 있다.
② 콘크리트의 마모저항의 증대를 기대할 수 있다.
③ 콘크리트의 내구성 및 강도를 높일 수 있다.
④ 콘크리트의 투수성이나 흡수성이 커진다.

해설
1) 실적률 : 일정용기 내에 골재입자가 차지하는 실용적의 백분율(%)
2) 실적률이 큰 골재 : 투수성, 흡습성 등이 작아진다.

■정답■ 72.② 73.④ 74.① 75.② 76.③ 77.④

78 목재 가공품 중 판재와 각재를 접착하여 만든 것으로 보, 기둥, 아치, 트러스 등의 구조부재로 사용되는 것은?

① 파키트 패널 ② 집성목재
③ 파티클 보드 ④ 코펜하겐 리브

해설 집성목재 : 두께 1.52~5cm의 단판을 몇 장 또는 몇십장 겹쳐서 접착제로 접착한 것으로 합판과 다른 것은 다음과 같다.
1) 판의 섬유방향에 평행으로 붙인 것이다.
2) 보나 기둥에 사용할 수 있는 단면을 가진다.

79 속빈 콘크리트블록(KS F 4002)의 성능을 평가하는 시험항목과 거리가 먼 것은?

① 기건비중시험
② 전단면적에 대한 압축강도시험
③ 내충격성 시험
④ 흡수율 시험

해설 속빈 콘크리트블록의 성능시험항목
1) 기건비중시험
2) 전단면적에 대한 압축강도시험
3) 흡수율 시험

80 강재의 인장시험에서 탄성에서 소성으로 변하는 경계는?

① 비례한계점 ② 변형경화점
③ 항복점   ④ 인장강도점

해설 항복점(yield point) : 금속재료의 인장시험 때 신장의 종점으로 하중이 증가하지 않고 재료가 급격히 늘어나기 시작할 때의 응력

제5과목 / 건설안전기술

81 리프트(Lift)의 안전장치에 해당하지 않는 것은?

① 권과방지장치
② 비상정지장치
③ 과부하방지장치
④ 조속기

해설 조속기 : 승강기의 안전장치

82 벽체 콘크리트 타설시 거푸집이 터져서 콘크리트가 쏟아진 사고가 발생하였다. 다음 중 이 사고의 주요 원인으로 추정할 수 있는 것은?

① 콘크리트를 부어 넣는 속도가 빨랐다.
② 거푸집에 박리제를 다량 도포했다.
③ 대기온도가 매우 높았다.
④ 시멘트 사용량이 많았다.

해설 콘크리트 타설시 거푸집이 터졌을 경우 사고원인 : 콘크리트 타설속도(부어넣는 속도)과속

83 산업안전보건기준에 관한 규칙에 따른 굴착면의 기울기 기준으로 옳지 않은 것은?

① 경암 = 1 : 0.5
② 연암 = 1 : 1.0
③ 풍화암 = 1 : 1.0
④ 모래 = 1 : 1.2

해설 굴착면의 기울기 기준

구분	지반의 종류	구배
보통 흙	모래	1 : 1.8
	그 밖에 흙	1 : 1.2
암반	풍화암	1 : 1.0
	연암	1 : 1.0
	경암	1 : 0.5

■ 정답 ■ 78.② 79.③ 80.③ 81.④ 82.① 83.④

84 비계발판의 크기를 결정하는 기준은?

① 비계의 제조회사
② 재료의 부식 및 손상정도
③ 지점의 간격 및 작업시 하중
④ 비계의 높이

해설 비계에 설치하는 발판의 크기는 지지물의 간격 및 작업하중 등을 고려하여 결정한다.

85 작업발판 및 통로의 끝이나 개구부로서 근로자가 추락할 위험이 있는 장소에 설치하는 것과 거리가 먼 것은?

① 교차가새
② 안전난간
③ 울타리
④ 수직형 추락방망

해설 작업발판 및 통로의 끝이나 개구부 등에서의 추락재해방지 조치사항
  1) 안전난간, 울타리, 수직형추락방망 등 설치
  2) 덮개 설치 및 개구부 표시
  3) 추락 방호망 설치
  4) 안전대 착용

86 콘크리트를 타설할 때 거푸집에 작용하는 콘크리트 측압에 영향을 미치는 요인과 가장 거리가 먼 것은?

① 콘크리트 타설 속도
② 콘크리트 타설 높이
③ 콘크리트의 강도
④ 콘크리트의 단위용적질량

해설 콘크리트 측압 산정시 고려되는 요소
  1) 굳지 않은 콘크리트의 단위용적중량(t/m^3)
  2) 콘크리트의 타설높이 및 타설속도(보통 10~50m/h 정도)
  3) 거푸집 속의 콘크리트 온도
  4) 벽길이(m) 등

87 토사붕괴재해의 발생 원인으로 보기 어려운 것은?

① 부석의 점검을 소홀히 했다.
② 지질조사를 충분히 하지 않았다.
③ 굴착면 상하에서 동시작업을 했다.
④ 안식각으로 굴착했다.

해설 안식각(휴식각)으로 굴착시는 토사붕괴가 발생되지 않는다.

88 추락에 의한 위험방지를 위해 조치해야 할 사항과 거리가 먼 것은?

① 추락방지망 설치
② 안전난간 설치
③ 안전모 착용
④ 투하설비 설치

해설 투하설비 설치는 높이가 3m 이상인 장소에서 물체를 투하할 경우에 위험방지 조치사항이다.

89 가설계단 및 계단참의 하중에 대한 지지력은 최소 얼마 이상이어야 하는가?

① $300 kg/m^2$
② $400 kg/m^2$
③ $500 kg/m^2$
④ $600 kg/m^2$

해설 가설계단 및 계단참을 설치하는 경우 매 m^2당 500kg이상의 하중에 견딜 수 있는 장소를 가진 구조로 설치하여야 하며, 안전율은 4이상으로 할 것

90 강관비계 중 단관비계의 조립간격(벽체와의 연결간격)으로 옳은 것은?

① 수직방향 : 6m, 수평방향 : 8m
② 수직방향 : 5m, 수평방향 : 5m
③ 수직방향 : 4m, 수평방향 : 6m
④ 수직방향 : 8m, 수평방향 : 6m

■ 정답 ■ 84.③ 85.① 86.③ 87.④ 88.④ 89.③ 90.②

해설 비계의 조립간격(벽체와의 연결간격)

구분	수직방향	수평방향
통나무비계	5.5m	7.5m
단관비계	5m	5m
강관틀비계	6m	8m

91 철골구조에서 강풍에 대한 내력이 설계에 고려되었는지 검토를 실시하지 않아도 되는 건물은?

① 높이 30m인 건물
② 연면적당 철골량이 45kg인 건물
③ 단면구조가 일정한 구조물
④ 이음부가 현장용접인 건물

해설 철골구조물 건립시 강풍에 의한 풍압 등 외압에 대한 내력이 설계에 고려되었는지 검토할 사항
1) 높이 20m 이상의 구조물
2) 구조물의 폭과 높이의 비가 1 : 4이상인 구조물
3) 단면구조의 현저한 차이가 있는 구조물
4) 연면적당 철골량이 50kg/m² 이하인 구조물
5) 기둥이 타이 플레이트(tie plate)형인 구조물
6) 이음부가 현장용접인 경우

92 콘크리트의 재료분리현상 없이 거푸집 내부에 쉽게 타설 할 수 있는 정도를 나타낸 것은?

① Workability   ② Bleeding
③ Consistency   ④ Finishability

해설 Workability(워커빌리티) : 반죽질기에 의한 작업의 난이도 및 재료분리에 저항하는 정도를 나타내는 콘크리트 성질(시공연도라고도 함)

93 굴착공사에서 굴착 깊이가 5m, 굴착 저면의 폭이 5m인 경우 양단면 굴착을 할 때 굴착부 상단면의 폭은? (단, 굴착면의 기울기는 1 : 1로 한다.)

① 10m   ② 15m
③ 20m   ④ 25m

해설 (1) 굴착깊이 5m, 굴착저면의 폭 5m, 굴착면의 기울기 1 : 1

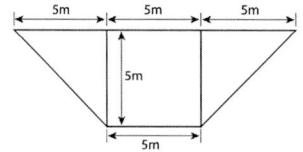

(2) 굴착부 상단면의 폭=5+5+5=15m

94 하물을 적재하는 경우에 준수하여야 하는 사항으로 옳지 않은 것은?

① 침하 우려가 없는 튼튼한 기반 위에 적재할 것
② 건물의 칸막이나 벽 등이 화물의 압력에 견딜 만큼의 강도를 지니지 아니한 경우에는 칸막이나 벽에 기대어 적재하지 않도록 할 것
③ 불안정할 정도로 높이 쌓아 올리지 말 것
④ 편하중이 발생하도록 쌓을 것

해설 ④항, 편하중이 발생하지 않도록 쌓을 것

95 거푸집의 일반적인 조립순서를 옳게 나열한 것은?

① 기둥→보받이 내력벽→큰보→작은보→바닥판→내벽→외벽
② 외벽→보받이 내력벽→큰보→작은보→바닥판→내벽→기둥
③ 기둥→보받이 내력벽→작은보→큰보→바닥판→내벽→외벽
④ 기둥→보받이 내력벽→바닥판→큰보→작은보→내벽→외벽

해설 거푸집의 조립순서
1) 기둥 → 1) 보받이 내력벽 → 3) 큰보 → 4) 작은보 → 5) 바닥판 → 6) 내벽 → 7) 외벽

96 건설기계에 관한 설명 중 옳은 것은?

① 백호는 장비가 위치한 지면보다 높은 곳의 땅을 파는 데에 적합하다.
② 바이브레이션 롤러는 노반 및 소일시멘트 등의 다지기에 사용된다.
③ 파워셔블은 지면에 구멍을 뚫어 낙하해머 또는 디젤해머에 의해 강관말뚝, 널말뚝 등을 박는데 이용된다.
④ 가이데릭은 지면을 일정한 두께로 깎는 데에 이용된다.

해설
① 백호우 : 지면보다 낮은 곳 굴착
③ 파워셔블 : 지면보다 높은 곳 굴착
④ 가이데릭 : 철골세우기용 장비

97 일반적으로 사면이 가장 위험한 경우는 어느 때인가?

① 사면이 완전건조상태일 때
② 사면의 수위가 서서히 상승할 때
③ 사면이 완전포화상태일 때
④ 사면의 수위가 급격히 하강할 때

해설 사면이 가장 위험한 때 : 사면의 수위가 급격히 하강할 때

98 산업안전보건기준에 관한 규칙에 따른 작업장 근로자의 안전한 통행을 위하여 통로에 설치하여야 하는 조명시설의 조도기준(Lux)은?

① 30Lux 이상   ② 75Lux 이상
③ 150Lux 이상   ④ 300Lux 이상

해설 통로의 조명 : 75Lux이상의 채광 또는 조명시설을 할 것

99 정기안전점검 결과 건설공사의 물리적·기능적 결함 등이 발견되어 보수·보강 등의 조치를 하기 위하여 필요한 경우에 실시하는 것은?

① 자체안전점검
② 정밀안전점검
③ 상시안전점검
④ 품질관리점검

해설 정밀안전점검 : 본문 설명

100 건설작업용 리프트에 대하여 바람에 의한 붕괴를 방지하는 조치를 한다고 할 때 그 기준이 되는 최소풍속은?

① 순간풍속 30m/sec 초과
② 순간풍속 35m/sec 초과
③ 순간풍속 40m/sec 초과
④ 순간풍속 45m/sec 초과

해설 폭풍에 의한 붕괴·도괴 등의 방지
1) 건설작업용 리프트 : 순간풍속이 35m/sec 초과시 받침수를 증가시키는 등 붕괴방지조치를 할 것
2) 옥외에 설치된 승강기 : 순간풍속이 35 m/sec 초과시 받침수를 증가시키는 등 도괴방지조치를 할 것

■정답■ 96.② 97.④ 98.② 99.② 100.②

2021년 2회 CBT복원 기출문제
건설안전산업기사

제1과목 / 산업안전관리론

01 심리검사의 특징 중 "검사의 관리를 위한 조건과 절차의 일관성과 통일성"을 의미하는 것은 무엇인가?

① 규준   ② 표준화
③ 객관성 ④ 신뢰성

해설 심리검사의 구비조건
1) **표준화** : 검사관리를 위한 조건 및 검사절차의 일관성과 통일성을 표준화
2) **객관성** : 체험하는 과정에서 채점자의 편견이나 주관성 배제
3) **규준**(norms) : 검사결과를 해석하기 위한 비교할 수 있는 참조 또는 비교의 틀
4) **신뢰성** : 검사응답의 일관성(반복성)
5) **타당성** : 측정하고자 하는 것을 실제로 잘 측정하는가 여부를 판별하는 것

02 다음 중 안전성적을 나타내는 지표로서 재해 빈도의 다수와 상해 정도의 강약을 종합하여 나타내는 지표는 무엇인가?

① 종합재해지수   ② 근로손실계수
③ 안전활동률   ④ safe-t-score

해설 종합재해지수= $\sqrt{도수율 \times 강도율}$
1) **도수율** : 재해의 양, 재해 빈도의 다수를 나타낸다.
2) **강도율** : 재해의 질, 상해 정도의 강약을 나타낸다.

03 산업스트레스의 요인 중 직무특성과 관련된 요인으로 볼 수 없는 것은 무엇인가?

① 조직구조   ② 작업속도
③ 근무시간   ④ 업무의 반복성

해설 직무특성과 관련된 스트레스 요인 : 작업속도, 작업량, 근무시간, 업무의 반복성 등

04 안전관리자가 안전교육의 효과를 높이기 위해서 안전퀴즈대회를 열어 우승자에게 상을 주었다면 이는 어떤 학습 원리를 학습자에게 적용한 것인지 고르시오.

① Thorndike의 "연습의 법칙"
② Thorndike의 "준비성의 법칙"
③ Pavlov의 "강도의 원리"
④ Skinner의 "강화의 원리"

해설 Skinner의 강화의 원리 : 어떤 반응에 대해 체계적이고 선택적으로 강화를 주어 그 반응이 반복해서 일어날 확률을 증가시키는 원리이다. (도구적 조건 형성이론)

05 다음 중 교육훈련 평가방법의 종류로 볼 수 없는 것은 무엇인가?

① 관찰법   ② 면접법
③ 실연법   ④ 자료분석법

해설 실연법 : 수업의 중간이나 마지막 단계에 행하는 교육방법이다.

■정답■ 01.② 02.① 03.① 04.④ 05.③

06 다음 중 안전사고를 방지하기 위한 동기부여의 방법으로 가장 적합하지 않은 것은 무엇인가?

① 상벌을 줄 것
② 경쟁과 협동을 유도할 것
③ 결과의 지식을 알리지 않을 것
④ 안전 목표를 명확히 설정할 것

해설 안전동기의 유발방법
1) ①, ②, ④항
2) 결과를 알려줄 것(KR법-Knowledge Results)
3) 안전의 기본이념을 인식시킬 것
4) 동기유발의 최적수준(적정수준)을 유지할 것

07 다음 중 모랄 서베이(morale survey)의 효용으로 볼 수 없는 것은 무엇인가?

① 조직 또는 구성원의 성과를 비교·분석한다.
② 종업원의 정화(catharsis)작용을 촉진시킨다.
③ 경영관리를 개선하는 데에 대한 자료를 얻는다.
④ 근로자의 심리 또는 욕구를 파악하여 불만을 해소하고, 노동의욕을 높인다.

해설 1) 모랄 서베이(morale suvey) : 사기 조사
2) 조직 또는 구성원의 성과를 비교·분석하는 것은 모랄 서베이의 역효과를 초래할 수 있다.

08 산업안전보건법령상 사업 내 안전·보건교육 중 근로자 정기안전·보건교육의 내용이 아닌 것은 무엇인가? (단, 산업안전보건법 및 일반관리에 관한 사항은 제외한다.)

① 산업안전 및 사고 예방에 관한 사항
② 건강증진 및 질병 예방에 관한 사항
③ 유해·위험 작업환경 관리에 관한 사항
④ 작업 개시 전 점검에 관한 사항

해설 근로자의 정기안전·보건교육내용
1) ①, ②, ③항
2) 산업보건 및 직업병 예방에 관한 사항
3) 산업안전 및 사고예방에 관한 사항
4) 산업안전보건법령 및 산업재해보상보험 제도에 관한 사항
5) 직무스트레스 예방 및 관리에 관한 사항
6) 직장 내 괴롭힘, 고객의 폭언 등으로 인한 건강장해 예방 및 관리에 관한 사항

09 다음 중 안전교육의 진행에서 "새로운 지식이나 기능을 설명하고 실연하는 단계"에 해당되는 것은 무엇인가?

① 확인   ② 제시
③ 적용   ④ 도입

해설 교육법의 4단계
1) 제1단계-도입(준비) : 배우고자 하는 마음가짐을 일으키도록 도입한다.
2) 제2단계-제시(설명) : 상대의 능력에 따라 교육하고 내용을 확실하게 이해시키고 납득시켜 다시 기능으로서 습득시킨다.
3) 제3단계-적용(응용) : 이해시킨 내용을 구체적인 문제 또는 실제 문제로 활용시키거나 응용시킨다.(작업습관을 확립하는 단계)
4) 제4단계-확인(총괄) : 교육내용을 정확하게 이해하고 습득하였는지의 여부를 확인한다.

10 작업현장에서 매일 작업 전, 작업 중, 작업 후에 실시하는 점검으로서 현장 작업자 스스로가 정해진 사항에 대하여 이상여부를 확인하는 안전점검의 종류는 무엇인가?

① 정기점검   ② 임시점검
③ 일상점검   ④ 특별점검

해설 안전점검의 종류
1) 수시점검(일상점검) : 작업 전·중·후에 실시하는 점검
2) 정기점검 : 일정기간마다 정기적으로 실시하는 점검
3) 임시점검 : 이상발견시 임시로 실시하거나 정기점검과 정기점검 사이에 실시하는 점검
4) 특별점검
  ① 기계·기구 및 설비의 신설·변경 및 수리 시 등
  ② 천재지변 발생 후 실시
  ③ 안전강조기간 내 실시

■ 정답 ■ 06.③ 07.① 08.④ 09.② 10.③

11 부주의의 현상 중 긴장상태에서 일정시간이 경과하면 피로가 발생하여 의식이 점차적으로 이완되는 현상을 무엇이라 하는지 고르시오.

① 의식의 단절
② 의식의 우회
③ 의식수준의 저하
④ 의식의 혼란

해설 부주의 현상
1) **의식의 단절** : 지속적인 의식의 흐름에 단절이 생기고 공백의 상태가 나타나는 것으로 특수한 질병이 있는 경우에 나타난다. (의식수준 : Phase 0)
2) **의식의 우회** : 의식의 흐름이 옆으로 빗나가 발생하는 경우로서 작업도중 걱정, 고뇌, 욕구불만 등에 의해 다른 것에 정신을 빼앗기는 경우이다. (의식수준 : Phase 0)
3) **의식수준의 저하** : 혼미한 정신상태에서 심신이 피로할 경우나 단조로운 반복작업시 일어나기 쉽다. (의식 수준 : Phase Ⅰ 이하)
4) **의식의 과잉** : 지나친 의욕에 의해서 생기는 부주의 현상으로 긴급사태시 순간적으로 긴장이 한 방향으로만 쏠리게 되는 경우이다. (의식수준 : Phase Ⅳ)

12 다음 중 안전관리조직의 구비조건으로 가장 적절하지 않은 것은 무엇인가?

① 회사의 특성과 규모에 부합되게 조직되어야 한다.
② 조직을 구성하는 관리자의 책임과 권한이 분명해야 한다.
③ 조직의 기능이 충분히 발휘될 수 있는 제도적 체계를 갖추어야 한다.
④ 부서간의 충돌을 방지하기 위하여 생산 라인과 관계가 적은 조직이어야 한다.

해설 ④항, 안전관리조직은 생산라인과 밀착된 조직이어야 한다.

13 다음 중 안전모의 착장체를 구성하는 요소에 해당하지 않는 것은 무엇인가?

① 머리받침끈   ② 머리고정대
③ 머리받침고리 ④ 머리모체

해설 착장체 : 머리받침끈, 머리고정대 및 머리받침고리로 구성되어 추락 및 감전위험방지용 안전모 머리부위에 고정시켜 주며, 안전모에 충격이 가해졌을 때 착용자의 머리부위에 전해지는 충격을 완화시켜 주는 기능을 갖는 부품을 말한다.

14 산업안전보건법령상 안전·보건표지의 종류에 있어 인화성물질경고, 폭발성물질경고의 색채기준으로 올바른 것은 무엇인가?

① 바탕은 무색, 기본모형은 빨간색
② 바탕은 노란색, 기본모형은 검은색
③ 바탕은 노란색, 기본모형은 빨간색
④ 바탕은 흰색, 기본모형은 녹색

해설 산업안전표지의 종류와 색채
1) **금지표시** : 바탕은 흰색, 기본모형은 빨간색, 관련부호 및 그림은 검정색
2) **경고표시** : 바탕은 노란색, 기본모형, 관련부호 및 그림은 검정색[다만, 인화성물질 경고, 산화성물질 경고, 폭발성물질 경고, 급성독성물질 경고, 부식성물질 경고 및 발암성·변이원성·생식독성·전신독성·호흡기과민성 물질 경고의 경우 바탕은 무색, 기본모형은 빨간색(흑색도 가능)]
3) **지시표지** : 바탕은 파란색, 관련그림은 흰색
4) **안내표지** : 바탕은 흰색, 기본모형 및 관련부호는 녹색, 바탕은 녹색, 관련부호 및 그림은 흰색
5) **관계자외 출입금지표지** : 바탕은 흰색, 글자는 흑색, 다음 글자는 적색
  ① ○○○제조/사용/보관중
  ② 석면취급/해체중
  ③ 발암물질 취급중

■ 정답 ■ 11.③ 12.④ 13.④ 14.①

15 도수율이 8.24인 기업체의 연천인율은 약 얼마인지 고르시오.

① 3.43   ② 19.78
③ 121.35   ④ 197.76

해설 연천인율 = 도수율×2.4
　　　　　 = 8.24×2.4 = 19.78

16 다음 중 위험예지훈련의 방법으로 적절하지 않은 것은 무엇인가?

① 반복 훈련한다.
② 사전에 준비한다.
③ 단위 인원수를 많게 한다.
④ 자신의 작업으로 실시한다.

해설 위험예지훈련의 적정인원 : 5~7명

17 재해의 발생형태 분류 중 사람이 평면상으로 넘어졌을 경우를 무엇이라 하는지 고르시오.

① 추락   ② 충돌
③ 전도   ④ 협착

해설 ① 추락 : 사람이 건축물 비계, 기계, 사다리, 계단경사면, 나무 등에서 떨어지는 것
② 충돌 : 사람이 정지물에 부딪힌 경우
③ 전도 : 사람이 평면상으로 넘어졌을 경우(과속, 미끄러짐 포함)
④ 협착 : 물건에 끼워진 상태, 말려든 상태

18 다음 중 교육의 주체(subject of education)에 해당하는 것은 무엇인가?

① 강사   ② 수강자
③ 교재   ④ 교육방법

해설 교육의 3요소
1) 주체 : 교도자, 강사, 교사 등
2) 객체 : 학생, 수강자, 피교육자 등
3) 매개체 : 교재

19 다음 중 무재해운동을 추진하기 위한 3가지 요소(기둥)에 해당되지 않는 것은 무엇인가?

① 최고 경영자의 경영자세
② 소집단 자주 활동의 활성화
③ 라인 관리자에 의한 안전보건 추진
④ 직장 상·하 간의 체계 확립 및 명령이행

해설 무재해운동의 추진 3기둥(무재해운동의 3요소) : ①, ②, ③항

20 재해의 발생은 관리구조의 결함에서 작전적, 전술적 에러로 이어져 사고 및 재해가 발생한다고 정의한 사람은 누구인가?

① 버드(Bird)
② 아담스(Adams)
③ 웨버(Weaver)
④ 하인리히(Heinrich)

해설 아담스의 사고연쇄성 이론
1) 1단계 : 관리구조
2) 2단계 : 작전적(전략적) 에러
3) 3단계 : 전술적 에러
4) 4단계 : 사고
5) 5단계 : 상해 또는 손실(대인, 대물)

■ 정답 ■　15.②　16.③　17.③　18.①　19.④　20.②

제2과목 / 인간공학 및 시스템안전공학

21 다음 중 주로 어깨, 팔목, 손목, 목 등 상지의 작업 자세로 인한 작업부하를 평가하기 위하여 영국에서 개발된 방법은 무엇인가?

① RULA 기법
② OWAS 기법
③ NIOSH의 들기작업 지침
④ Grag 에너지소비량 예측 모델

해설 작업자세 평가기법
1) RULA 기법
  ① RULA : 어깨, 팔목, 손목, 목 등의 상지에 초점을 두고 작업자세로 인한 작업부하를 평가하기 위하여 개발된 기법이다.
  ② 특징 : 근육피로, 정적 또는 반복적인 작업, 작업에 필요한 힘의 크기 등에 관한 평가 및 부적절한 작업자세의 비율을 파악한다.
2) OWAS 기법
  ① OWAS : 부적절한 작업 자세를 정의하고 평가하기 위한 기법이다.
  ② 특징 : 현장에 적용하기 쉬우나 몸통과 팔의 자세분류가 부정확하고 팔목 등에 대한 정보가 반영되지 않았다.

22 다음 설명 중 ( ) 안의 내용을 바르게 나열한 것은 무엇인가?

> 40 phon은 (㉠) sone을 나타내며, 이는 (㉡) dB의 (㉢) Hz 순음의 크기를 나타낸다.

① ㉠ 1, ㉡ 40, ㉢ 1,000
② ㉠ 1, ㉡ 32, ㉢ 1,000
③ ㉠ 2, ㉡ 40, ㉢ 2,000
④ ㉠ 2, ㉡ 32, ㉢ 2,000

해설 1) 1phon : 1,000Hz 순음의 음압수준 1dB을 나타낸다.
2) 1sone : 40phon(1,000Hz, 40dB의 음압수준을 가진 수음의 크기)을 1sone이라 한다.

23 다음 중 작업장에서 발생하는 소음에 대한 대책으로 가장 먼저 고려하여야 할 적극적인 방법은 무엇인가?

① 소음원의 격리
② 소음원의 제거
③ 귀마개 등 보호구의 착용
④ 덮개 등 방호장치의 설치

해설 소음원의 제거 : 가장 적극적(근본적)인 소음대책

24 안전제어장치 중 사출기의 도어에 설치되어 도어가 열려있는 경우에는 사출기가 동작되지 않도록 하는 것을 무엇이라 하는지 고르시오.

① 비상제어장치   ② 인터록장치
③ 인트라록장치   ④ 트랜스록장치

해설 인터록(interlock) : 기기의 오동작 방지 또는 안전을 위해 관련장치 간에 전기적 또는 기계적으로 연락을 취하게 되는 시스템으로 연동기구라고도 한다.

25 다음 중 반복되는 사건이 많이 있는 경우에 FTA의 최소 컷셋을 구하는 알고리즘과 관계가 가장 적은 것은 무엇인가?

① MOCUS Algorithm
② Boolean Algorithm
③ Monte Carlo Algorithm
④ Limnios & Ziani Algorithm

해설 최소컷셋을 구하는 알고리즘(Algorithm)
1) MOCUS 알고리즘
2) Boolean 알고리즘
3) Limnios & Ziani 알고리즘

■정답■ 21.① 22.① 23.② 24.② 25.③

26 다음 중 시각적 표시장치에 관한 설명으로 올바른 것은 무엇인가?

① 정량적 표시장치는 연속적으로 변하는 변수의 근사값, 변화경향 등을 나타낼 때 사용한다.
② 계기가 고정되어 있고, 지침이 움직이는 표시장치를 동목형(moving scale) 장치라고 한다.
③ 계수형(digital) 장치는 수치를 정확하게 읽어야 할 경우에 사용한다.
④ 정량적 표시장치의 눈금은 2 또는 3의 배수로 배열을 사용하는 것이 좋다.

해설 정량적 동적표시장치의 기본형
 1) **정목동침형** : 눈금이 고정되고 지침이 움직이는 형
 2) **정침동목형** : 지침이 고정되고 눈금이 움직이는 형
 3) **계수형** : 기계·전자적으로 숫자가 표시되는 형

27 건강한 남성이 8시간 동안 특정 작업을 실시하고, 분당 산소 소비량이 1.3L/분으로 나타났다면 8시간 총 작업시간에 포함될 휴식시간은 약 몇 분인지 고르시오. (단, Murrell의 방법을 적용하며, 휴식 중 에너지소비율은 1.5kcal/min이다.)

① 96분 ② 144분
③ 172분 ④ 192분

해설 (1) 작업시 소비에너지
  = 1.3L/분×5kcal/L
  = 6.5kcal/분
 (2) 1시간(60분)당 휴식시간(R)
  $R = \dfrac{60 \times (E-5)}{E-1.5}$
  $= \dfrac{60 \times (6.5-5)}{6.5-1.5} = 18$분
 (3) 8시간동안 총 휴식시간=18×8=144분

28 다음 중 입식작업을 위한 작업대의 높이를 결정하는데 있어 고려하여야 할 사항과 가장 관계가 적은 것은 무엇인가?

① 작업자의 신장 ② 작업의 빈도
③ 작업물의 크기 ④ 작업물의 무게

해설 입식작업대 높이 결정시 고려해야 할 사항
 1) 작업자의 신장
 2) 작업물의 크기
 3) 작업물의 무게

29 다음 중 신뢰도가 R인 요소 n개가 직렬로 구성된 시스템의 신뢰도를 나타낸 것은 무엇인가?

① $\prod_{i=1}^{n} R_i$ ② $1 - \prod_{i=1}^{n} R_i$
③ $1 - \prod_{i=1}^{n}(1-R_i)$ ④ $\prod_{i=1}^{n}(1-R_i)$

해설 시스템의 신뢰도 산정식
 1) 직렬연결 : $R = \prod_{i=1}^{n} R_i$
 2) 병렬연결 : $R = 1 - \prod_{i=1}^{n}(1-R_i)$

30 다음 중 인간-기계 시스템의 종류와 가장 관계가 먼 것은 무엇인가?

① 기계 시스템 ② 생태 시스템
③ 수동 시스템 ④ 자동 시스템

해설 인간·기계체계의 유형
 1) 수동체계
  ① 인간과 공구가 직접 연결된 체계
  ② 인간의 신체적인 힘을 동원력으로 사용
 2) 기계화체계(반자동체계)
  ① 인간이 기계의 표시장치를 보고 조정장치를 통하여 통제하는 체계
  ② 인간(운전자)의 조종에 의해 운용되며 융통성이 없는 체계의 형태

■ 정답 ■ 26.③ 27.② 28.② 29.① 30.②

3) 자동체계
   ㉠ 기계자체가 감지, 정보처리 및 의사결정, 행동을 포함한 모든 임무를 수행하는 체계
   ㉡ 인간은 감시(monitor), 프로그램, 정비유지 등의 기능을 수행함

31 다음 중 FT도 작성에 사용되는 기호에서 그 성격이 다른 하나는 무엇인가?

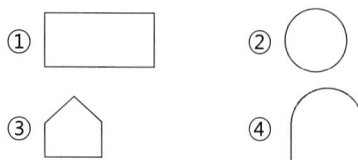

해설 1) FT도 작성시 사용되는 기호

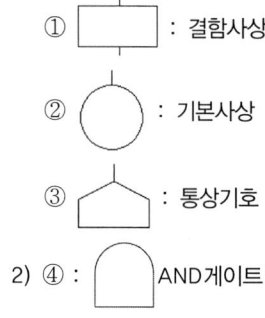

2) ④ : AND게이트

32 시스템안전분석기법 중 FMEA에 관한 설명으로 올바른 것은 무엇인가?

① 원자력발전 및 화학설비 등에 적용하기 위해 개발되었고 전문가와 브레인스토밍 팀을 구성하여 분석한다.
② 휴먼에러와 휴먼에러에 의한 영향을 예견하기 위해 사용되며 HAZOP과 함께 사용할 수 있다.
③ 그래픽 모델을 사용하여 분석과정을 가시화시키는 분석방법이며 논리기호를 사용한다.
④ 시스템을 구성요소로 나누어 고장의 가능성을 정하고 그 영향을 결정하여 분석하는 방법이다.

해설 FMEA(고장의 형태와 영향분석) : 시스템에 미치는 전체요소의 고장을 형태별로 분석하여 그 영향을 검토하는 것으로 정성적, 귀납적 분석방법이다.

33 다음 중 FT도에서의 컷셋(cut set)에 관한 설명으로 바르지 않은 것은?

① 시스템의 약점을 표현한 것이다.
② 정상 사상(Top event)을 발생시키는 조합이다.
③ 시스템이 고장나지 않도록 하는 사상의 조합이다.
④ 패스셋(path set)과는 반대되는 개념이다.

해설 ③항, 패스셋(path set)의 정의

34 다음 중 설비보전관리에서 설비이력카드, MTBF분석표, 고장원인 대책표와 관련이 깊은 관리는 무엇인가?

① 보전기록관리   ② 보전자재관리
③ 보전작업관리   ④ 예방보전관리

해설 설비보전관리
1) **보전기록관리** : 신뢰성과 보전성 개선을 목적으로 한 가장 일반적이고 효과적인 보전기록으로는 설비이력카드, MTBF분석표, 고장원인대책표 등이 있다.
2) **보전자재관리** : 설비의 정상적인 운전을 유지하기 위하여 상비해 둘 부품들의 조달, 보관, 지불을 계획적·경제적으로 행하여 설비보전의 효과를 높이기 위한 활동을 말한다.
3) **보전작업관리** : 적절한 보전작업표준의 설정과 일정계획의 수립은 보전인력의 효율적 활용, 낭비시간의 절감, 설계보전의 실행을 위해 필요한 요인이다.
4) **예방보전관리** : 계획에 의한 주기적인 검사와 정기적인 분해수리로 사전에 불량요소를 발견하여 설비에 대한 고장을 미연에 방지하고 수리나 조정을 최소한도로 유지하고자 하는 것이다.

■정답■ 31.④ 32.④ 33.③ 34.①

35 정보를 전송하기 위해 표시장치를 선택하고자 할 때 다음 중 시각적 표시장치보다 청각적 표시장치를 사용하는 것이 효과적인 경우는 무엇인가?

① 정보의 내용이 복잡한 경우
② 수신자가 한 곳에 머물러 있는 경우
③ 정보의 내용이 후에 재참조되는 경우
④ 정보의 내용이 즉각적인 행동을 요구하는 경우

해설 표시장치(청각장치와 시각장치)의 선택

청각장치사용	시각장치사용
1) 전언이 간단하고 짧다.	1) 적언이 복잡하고 길다.
2) 전언이 후에 재참조되지 않는다.	2) 전언이 후에 재참조된다.
3) 전언이 즉각적인 사상(event)을 이룬다.	3) 전언이 공간적인 위치를 다룬다.
4) 전언이 즉각적인 행동을 요구한다.	4) 전언이 즉각적인 행동을 요구하지 않는다.
5) 수신자가 시각계통이 과부하 상태일 때	5) 수신자의 청각계통이 과부하 상태일 때
6) 수신장소가 너무 밝거나 암조의 유지가 필요할 때	6) 수신장소가 너무 시끄러울 때
7) 직무상 수신자가 자주 움직이는 경우	7) 직무상 수신자가 한 곳에 머무르는 경우

36 흑판의 반사율이 30%이고, 백묵의 반사율이 75%일 때 흑판과 백묵에 대한 대비는 얼마인지 고르시오.

① −150% ② −60%
③ 60%   ④ 150%

해설 대비 $= \dfrac{L_b - L_t}{L_b} \times 100$

$= \dfrac{30 - 75}{30} \times 100 = -150\%$

37 작업자가 평균 1,000시간 작업을 수행하면서 4회의 실수를 한다면, 이 사람이 10시간 근무했을 경우의 신뢰도는 약 얼마인지 고르시오.

① 0.04   ② 0.018
③ 0.67   ④ 0.96

해설 (1) λ(고장률) $= \dfrac{\text{고장건수}}{\text{시간}}$

$= \dfrac{4}{1000} = 4 \times 10^{-3}$

(2) R_t(신뢰도 : 고장이 일어나지 않을 확률)
$R_t = e^{-\lambda t}$
$= e^{-(4 \times 10^{-3} \times 10)} = 0.96$
여기서 λ : 고장률, t : 가동시간

38 다음 중 인체측정 특성의 최대치수를 기준으로 설계해야 하는 대상이 아닌 것은 무엇인가?

① 출입문의 크기
② 통로의 크기
③ 그네의 하중
④ 선반의 높이

해설 선반의 높이 : 최소치수를 기준으로 하여 설계

39 다음 중 통제표시비를 설계할 때 고려해야 할 5가지 요소가 아닌 것은 무엇인가?

① 공차   ② 조작시간
③ 일치성 ④ 목측거리

해설 통제비 설계시 고려해야 할 사항
① 계기의 크기 ② 공차
③ 방향성   ④ 조작시간
⑤ 목측거리

■정답■ 35.④ 36.① 37.④ 38.④ 39.③

40 다음 중 MIL-STD-882A에서 분류한 위험 강도의 범주에 해당하지 않는 것은 무엇인가?

① 위기(critical)
② 무시(negligible)
③ 경계(precautionary)
④ 파국(catastrophic)

해설 위험강도의 범주(MIL-STD-882A)
1) 범주 Ⅰ : 파국적
2) 범주 Ⅱ : 위기적
3) 범주 Ⅲ : 한계적
4) 범주 Ⅳ : 무시

제3과목 / 건설시공학

41 시방서(Specification)는 발주자가 의도하는 건축물을 건설하기 위하여 시공자에게 요구하는 모든 사항을 나타낸 것 중 도면을 제외한 모든 것이라 할 수 있다. 다음 중 시방서 작성 시 서술내용에 해당하지 않는 것은 무엇인가?

① 재료, 장비, 설비의 유형과 품질
② 시험 및 코드요건
③ 조립, 설치, 세우기의 방법
④ 입찰참가 자격 평가기준

해설 시방서의 기재내용
1) 공사전체의 개요
2) 시방서의 적용범위, 공통주의사항
3) 시공방법(준비사항, 공사의 정도, 사용 장비, 주의사항 등)
4) 사용재료(종류, 품질, 필요한 시험, 저장방법, 검사방법 등)
5) 특기사항

42 철골조립 및 설치에 있어서 사용되는 기계와 거리가 먼 것은 무엇인가?

① 진폴(Gin-pole)
② 윈치(Winch)
③ 타워크레인(Tower crane)
④ 리버스 서큘레이션 드릴(Reverse circulation drill)

해설 철골세우기용 장비
1) 크레인 : 이동식크레인, 타워크레인 등
2) 데릭 : 가이데릭, 스티프레그데릭(삼각데릭), 진폴데릭 등
3) 윈치(Winch) : 기중기의 일종

43 아일랜드 컷(island cut)공법에서 토압의 대부분을 저항하는 것은 무엇인가?

① 흙막이 벽의 자체강성
② 주변부 구조물
③ 앵커 인발력
④ 중앙부 구조물

해설 아일랜드 컷 공법
1) 깊고 면적이 좁은 기초파기에 쓰이는 공법이다.
2) 좁은 대지에서는 비탈면 온통파기가 곤란하므로 흙막이를 주위에 박고, 그 주위는 비탈면으로 남겨두고 중앙 부분을 먼저 파고 구조물의 기초를 여기에 축조한 다음, 버팀대를 여기에 지지시켜 주변 흙을 파내고 지하구조물을 완성하는 공법이다.

44 한중 콘크리트 공사에서 콘크리트의 초기동해 방지에 필요한 압축강도는 얼마인지 고르시오.

① 5 MPa   ② 10 MPa
③ 15 MPa   ④ 20 MPa

해설 한중콘크리트 시공시의 주의사항
1) 물·시멘트비(W/C)를 60% 이하로 가급적 작게 한다.

■정답■ 40.③ 41.④ 42.④ 43.④ 44.①

2) 압축강도는 초기양생기간 내에 약 5MPa (50kg/cm^2)정도가 얻어지도록 한다.
3) 동결의 위험이 있으므로 AE제, AE감수제 등을 반드시 사용한다.
4) 단위수량을 가급적 적게 한다.

45 지하수가 많은 지반을 탈수하여 건조한 지반으로 개량하기 위한 공법에 해당하지 않는 것은 무엇인가?

① 생석회말뚝(Chemico pile) 공법
② 페이퍼드레인(Paper drain) 공법
③ 잭파일(Jacked pile) 공법
④ 샌드드레인(Sand drain) 공법

해설 지반개량의 탈수공법
1) **생선회말뚝 공법**: 모래말뚝 대신에 생석회를 주입하여 흙속의 수분과 화학반응에 의한 발열에 의해 수분을 증발시키는 공법
2) **페이퍼드레인 공법**: 모래 대신 종이 또는 섬유벨트 등을 연약지반에 압입하여 배수시킴으로써 압밀을 촉진시키는 공법
3) **샌드드레인 공법**: 연약성 점토지반에 투수성이 좋은 모래 기둥을 시공하여 토층속의 물을 지표면으로 배수시켜 지반을 압밀하는 공법

46 잡석지정에 대한 설명으로 바르지 않은 것은 무엇인가?

① 잡석지정은 세워서 깔아야 한다.
② 견고한 자갈층이나 굳은 모래층에서는 잡석지정이 불필요하다.
③ 잡석지정을 사용하면 콘크리트 두께를 절약할 수 있다.
④ 잡석지정은 지내력을 증진시키기 위해서 중앙에서 가장자리로 다진다.

해설 잡석지정은 가장자리에서 중앙으로 다져야 한다.

47 모래 채취나 수중의 흙을 퍼올리는데 적당한 기계장비는 무엇인가?

① 불도저
② 드래그 라인
③ 로더
④ 캐리어 스크레이퍼

해설 드래그 라인(drag line)
1) 지반보다 낮은 연질지반의 넓은 굴착에 적합하다.
2) 8m 정도의 기초흙파기, 깊은 곳 굴착 등에 쓰인다.

48 전체공사의 진척이 원활하며 공사의 시공 및 책임한계가 명확하여 공사관리가 쉽고 하도급의 선택이 용이한 도급제도는 무엇인가?

① 공정별분할도급
② 일식도급
③ 단가도급
④ 공구별분할도급

해설 일식도급: 건축공사 전체를 한 사람의 도급자에게 도급을 주는 방식이다.
1) 장점
① 예약 및 감독이 간단하다.
② 공사의 시공책임한계가 분명하여 공사관리가 쉽다.
③ 가설재의 중복이 없어 공사비가 절감된다.
2) 단점
① 공사가 조잡해질 우려가 있다.
② 건축주의 의도나 설계도의 취지가 충분히 반영되지 못한다.

49 용접 착수전 검사항목에 속하지 않는 것은 무엇인가?

① 트임새 모양
② 모아대기법
③ 운봉
④ 구속법

해설 용접검사
1) **용접착수전 검사**: 트임새 모양, 모아대기법, 구속법, 자세의 적부
2) **용접작업중 검사**: 용접봉, 운봉, 전류
3) **용접완료후 검사**: 외관검사, 비파괴검사(방사선투과검사, 초음파탐상시험, 자기분말탐상법)

■정답■ 45.③ 46.④ 47.② 48.② 49.③

50 철골공사의 녹막이칠에 관한 설명으로 바르지 않은 것은?

① 초음파탐상검사에 지장을 미치는 범위는 녹막이칠을 하지 않는다.
② 바탕만들기를 한 강재표면은 녹이 생기기 쉽기 때문에 즉시 녹막이칠을 하여야 한다.
③ 콘크리트에 묻히는 부분에는 녹막이칠을 하여야 한다.
④ 현장 용접부분은 용접부에서 100mm 이내에 녹막이칠을 하지 않는다.

해설 콘크리트에 묻히는 부분에는 녹막이칠을 할 필요가 없다.

51 무지주공법 중 보우빔(Bow Beam)의 특징이 아닌 것은 무엇인가?

① 안보가 있어 스팬의 조정이 가능하다.
② 층고가 높고 큰 스팬에 유리하다.
③ 무폼타이 거푸집이다.
④ 구조적으로 안전성이 확보된다.

해설 무지주공법
1) 무지주공법 : 받침기둥(지주, support)을 사용하지 않고 보에 걸어서 거푸집널을 지지하는 방식으로 보빔과 페코빔이 있다.
  ① 보빔(bow beam) : 수평조절이 불가능한 무지주공법의 수평지지보
  ② 페코빔(pecco beam) : 수평조절이 가능한 무지주공법의 수평지지보
2) 특징
  ① 바닥의 장기균열의 원인이 되는 상부의 동바리(지보공)하중이 감소된다.
  ② 후속작업이 적어져 공기가 단축된다.

52 발포제의 한 종류로 시멘트와의 화학반응에 의해 특수한 가스를 발생시켜 기포를 도입하는 혼화제는 무엇인가?

① 알루미늄 분말   ② 포졸란
③ 플라이애쉬   ④ 실리카흄

해설 발포제 : 콘크리트의 수축을 방지하기 위해 알루미늄분말을 섞어 시멘트풀에 기포가 생기게 하는 혼화제로 기포발생제 또는 가스발생제라고도 한다.

53 벽식 철근 콘크리트 구조를 시공할 때 벽과 바닥 콘크리트를 한번에 타설하기 위해 벽체용 거푸집과 슬래브 거푸집을 일체로 제작하여 한번에 설치하고 해체할 수 있도록 한 대형거푸집으로 트윈 쉘과 모노쉘로 구분되는 대형 거푸집은 무엇인가?

① 플라잉폼(Flying Form)
② 터널 폼(Tunnel Form)
③ 슬라이딩 폼(Sliding Form)
④ 갱폼(Gang Form)

해설 ① 플라잉 폼(Flying Form) : 바닥전용 거푸집
② 터널 폼 : 본문 설명
③ 슬라이딩 폼 : 수직활동 거푸집
④ 갱폼 : 옹벽, 피어(pier)등에 사용하는 거푸집

54 일반적인 공사입찰의 순서로 올바른 것은 무엇인가?

① 입찰통지→현장설명→입찰→개찰→낙찰→계약
② 현장설명→입찰통지→입찰→개찰→낙찰→계약
③ 현장설명→입찰통지→입찰→낙찰→개찰→계약
④ 입찰통지→입찰→개찰→낙찰→현장설명→계약

해설 공사 입찰순서
1) 입찰공고(입찰공지) → 2) 현장설명 → 3) 견적 → 4) 입찰 → 5) 개찰 → 6) 낙찰 → 7) 계약

■정답■ 50.③ 51.① 52.① 53.② 54.①

55 철근콘크리트 공사에서 철근의 정착위치에 관한 설명으로 바르지 않은 것은?

① 기둥의 주근은 벽에 정착
② 지중보의 주근은 기초 또는 기둥에 정착
③ 벽철근은 기둥, 보, 바닥판에 정착
④ 바닥판 철근은 보 또는 벽체에 정착

해설 기둥의 주근 : 기초에 정착

56 지반개량 공법 중 주로 점토질 지반에서만 이용되는 공법은 무엇인가?

① 웰포인트 공법
② 그라우팅 공법
③ 바이브로 프로테이션공법
④ 샌드드레인 공법

해설 점토질 지반의 개량공법
  1) 샌드드레인 공법
  2) 페이퍼드레인 공법
  3) 팩드레인 공법
  4) 압밀공법(재해공법)
  5) 고결공법 등

57 흙막이 벽은 보통 버팀대로 지지되어 있으나 그 대신 어스앵커를 사용하기도 하는데 어스앵커내부에서 인장응력을 받는 가장 중요한 역할을 하는 재료는 무엇인가?

① 철근
② 철망
③ PC강선
④ 철골부재

해설 어스앵커 흙막이 공법
  1) 어스앵커(earth anchor)를 사용하여 흙막이 벽이 전도되지 않도록 하는 공법을 말한다.
  2) 어스앵커는 소정의 각도로 소정의 깊이까지 원통형으로 굴착한 후 PC강선을 넣고 모르타르를 정착장까지 그라우팅 한다.
  3) 그라우팅 모르타르의 경화 후에 외부에서 PC강선에 인장응력을 준 다음 끝을 정착시킨다.

58 정액도급 계약제도에 관한 설명으로 바르지 않은 것은?

① 경쟁입찰로 공사비가 저렴하다.
② 건축주와의 의견조정이 용이하다.
③ 공사설계변경에 따른 도급액 증감이 곤란하다.
④ 이윤관계로 공사가 조악해질 우려가 있다.

해설 정액도급의 장·단점
  1) 장점
    ① 경쟁입찰로 공사비를 절약할 수 있다.
    ② 공사관리업무가 간단하다.
    ③ 총공사비가 판명되어 건축주가 자금을 조달하는데 편리하다.
  2) 단점
    ① 공사변경에 따른 도급금액의 증감이 어렵다.
    ② 공사비가 낮아 공사가 조잡해질 우려가 있다.

59 거푸집 탈형시 콘크리트와 거푸집판의 분리를 원활하게 해 주는 것은 무엇인가?

① 보강재
② 박리제
③ 긴결재
④ 지지재

해설 박리제 : 콘크리트와 거푸집의 분리를 용이하게 하는 것으로 동·식물성유, 파라핀, 석유 등이 사용된다.

60 지반의 토질시험 중에서 무게 63.5kg의 추를 76cm 높이에서 낙하시켜 샘플러가 30cm 관입하는데 따른 저항치를 측정하는 시험을 무엇이라 하는지 고르시오.

① 전단시험
② 지내력시험
③ 표준관입시험
④ 베인시험

해설 본 문제는 「표준관입시험」의 개념에 대해서 설명한 것이다.

■ 정답 ■ 55.① 56.④ 57.③ 58.② 59.② 60.③

제4과목 / 건설재료학

61 목재의 심재와 변재에 대한 설명으로 옳지 않은 것은?

① 심재는 변재보다 강도가 크다.
② 변재는 흡수성이 커서 신축이 크다.
③ 심재는 목재부 중 수심 부근에 위치한다.
④ 변재는 심재보다 다량의 수액을 포함하고 있다.

해설 변재와 심재

변재	심재
1. 목재의 표피 가까이 위치	1. 목재의 수심 가까이 위치
2. 담색	2. 암색
3. 역할 : 수액의 전달과 양분 저장	3. 변재가 변화되어 세포가 고화된 것
4. 수분을 많이 함유	4. 수분을 적게 함유
5. 수축변형이 크고 내구성이 작다.	5. 변형이 적고 내구성이 크다.

62 골재의 입도와 최대치수에 대한 설명으로 바르지 않은 것은?

① 골재의 입도는 골재의 입자크기의 분포정도를 나타낸다.
② 입도분포가 양호한 골재는 실적률이 낮다.
③ 단위용적당 굵은 골재의 최대치수가 지나치게 크면 재료분리 현상이 커진다.
④ 골재의 최대치수는 철근치수와 배근간격에 따라 결정된다.

해설 골재의 실적률 : 일정 용기 내에 골재입자가 차지하는 실용적 백분율(%)을 말한다.

$$실적률 = \frac{단위용적중량(W)}{골재의 비중(P)} \times 100\%$$

1) 실적률이 클수록 골재의 입도분포가 적당하며 시멘트풀이 적게 든다.
2) 입도란 골재의 대소립이 혼합되어 있는 정도를 말한다.

63 골재의 조립률(Fineness Modulus)에 관한 설명 중 옳지 않은 것은?

① 모래보다 자갈의 조립률이 크다.
② 자갈의 조립률이 2.6 ~ 3.1이면 입도가 좋은 편이다.
③ 같은 골재라도 입경(粒徑)이 크면 조립률은 커진다.
④ 조립률을 구하기 위해서 체가름 시험방법을 활용한다.

해설 골재의 조립률(FM)

$$FM = \frac{각 체에 남은 골재량 누계(\%)의 합}{100}$$

1) 조립률은 입경이 클수록 커진다.
2) 일반적으로 잔골재(모래)는 조립률이 2.6~3.1, 굵은골재(자갈)는 6~8이 되면 입도가 좋은 편이 된다.

64 침엽수에 있어서 가도관 역할을 하는 목세포는 수목 전체적의 몇 % 정도를 차지하는지 고르시오.

① 90 ~ 97   ② 75 ~ 90
③ 40 ~ 75   ④ 30 ~ 40

해설 목세포
1) **침엽수** : 수목 전체적의 90~97%
2) **활엽수** : 수목 전체적의 40~75%

65 목재 건조의 목적 및 효과가 아닌 것은 무엇인가?

① 중량의 경감   ② 강도의 증진
③ 가공성 증진   ④ 균류 발생의 방지

해설 목재의 건조목적
1) 수축, 균열, 변형 방지
2) 변색 및 부패 방지
3) 강도와 내구성 증진 및 가공성 용이
4) 방부제 주입 용이
5) 열전도성 개선 및 전기절연성 증가

■ 정답 ■ 61.④ 62.② 63.② 64.① 65.③

66 ALC 제품의 특징으로 올바른 것은?

① 방음, 단열효과가 떨어진다.
② 비내력벽으로 활용이 어렵다.
③ 흡수성이 크다.
④ 현장에서 절단 및 가공이 불가능하다.

해설 경량기포콘크리트(ALC)의 특징
1) 열전도율이 콘크리트의 약 1/10 정도로서 단열성이 있다.
2) 경량으로 인력에 의한 취급이 가능하고, 필요에 따라 현장에서 절단 및 가공이 용이하다.
3) 흡수율이 커서 동결, 융해에 대한 저항성이 낮다.
4) 압축강도에 비해 휨강도나 인장강도가 상당히 약하다.
5) 박판상 제품에 비해 단열성, 차음성이 우수하다.

67 백색시멘트와 종석, 안료를 혼입하여 천연석과 유사한 외관을 가진 인조석으로 만든 것으로서 의석 또는 캐스트 스톤(cast stone)이라고도 하는 것은 무엇인가?

① 모조석(imitation stone)
② 리신바름(lithin coat)
③ 라프코트(rough coat)
④ 테라조 바름(terrazo finish)

해설 ① 모조석 : 본문 설명
② 리신바름 : 돌로마이트에 화강석부스러기, 색모래, 안료 등을 섞어 정벌바름하고 충분히 굳지 아니한때 표면에 거친솔, 얼레빗 같은 것으로 긁어 거친면으로 마무리하는 것
③ 라프코트 : 거친면으로 마무리한 것(인조석 등)
④ 테라조 바름 : 백시멘트+안료+종석(대리석, 화강석)등을 배합반죽 후 모르타르 바탕바름 위에 바르는 것

68 금속재료의 부식 방지방법 중 바르지 않은 것은?

① 부분적이 녹은 빨리 제거할 것
② 큰 변형을 준 것은 가능한 한 담금질을 하여 사용할 것
③ 표면을 청결하게 하고, 가능한 한 건조상태로 유지할 것
④ 기밀 또는 수밀성 보호피막을 만들 것

해설 담금질은 금속재료에 강성을 주기위한 열처리 방법이다.

69 환경문제 해결에 부응하는 특수 콘크리트 중 제올라이트(zeolite) 등을 콘크리트에 적용하여 습도상승 등을 억제하는 콘크리트는 무엇인가?

① 조습성 콘크리트
② 저소음 콘크리트
③ 자원순환 콘크리트
④ 다공질 식생 콘크리트

해설 제올라이트 : 미세 다공성 알루미늄 규산염광물로 흡착제나 촉매로 이용된다.

70 플라이애시를 혼입한 콘크리트의 특성에 관한 설명 중 올바른 것은?

① 동일한 워커빌리티를 가진 보통콘크리트보다 많은 단위수량을 필요로 한다.
② 동일한 조건의 보통콘크리트보다 중성화 속도가 느리다.
③ 동일한 조건의 보통콘크리트보다 화학저항성이 증대된다.
④ 초기강도는 증가되지만 장기강도에는 큰 영향을 미치지 않는다.

해설 플라이애시 혼입 콘크리트의 특성
1) 동일한 워커빌리티를 가진 보통콘크리트보다 단위수량이 적게 든다.
2) 중성화속도가 빨라진다.
3) 조기강도는 작지만 장기강도는 크다.
4) 워커빌리티가 좋아지고 수밀성이 커진다.

■정답■ 66.③ 67.① 68.② 69.① 70.③

71 벽돌벽 두께 1.5B, 벽면적 $40m^2$ 쌓기에 소요되는 붉은벽돌(190×90×57)의 소요량은 얼마인가? (단, 할증률 고려)

① 8850장　　② 8960장
③ 9229장　　④ 9408장

해설 1) 벽돌규격 및 벽돌쌓기량

종류	규격(mm)	벽두께당 벽돌쌓기량(매/m^2)			
		0.5B	1.0B	1.5B	2.0B
표준형	190×90×57	75	145	224	298
기존형	210×100×60	65	130	195	260

2) 보통벽돌(붉은벽돌)의 소요량 산정
　① 표준형 벽돌 벽두께 1.5B당 벽돌쌓기량 : 224매/m^2
　② 벽쌓기면적 : 40m^2, 보통벽돌 할증률 : 3%
　③ 벽돌수량 =벽돌쌓기량×면적×할증률
　　　　　　 =224매/m^2×40m^2×1.03
　　　　　　 =9229매(장)

72 다음 미장재료 중 기경성 재료에 해당되지 않는 것은 무엇인가?

① 진흙
② 석고 플라스터
③ 회반죽
④ 돌로마이트 플라스터

해설 석고 플라스터 : 수경성 미장재료

73 전건(全乾)목재의 비중이 0.4일 때, 이전건(全乾)목재의 공극률은 얼마인가?

① 26%　　② 36%
③ 64%　　④ 74%

해설 목재의 공극률(V)
$$V = \left(1 - \frac{r}{1.54}\right) \times 100$$
$$= \left(1 - \frac{0.4}{1.54}\right) \times 100 = 74\%$$

74 다음 각종 미장재료에 대한 설명 중 바르지 않은 것은 무엇인가?

① 회반죽바름은 수경성 재료이며 소석회에 물과 풀을 넣고 여물을 섞어 바른다.
② 질석모르타르는 질석을 모르타르에 혼입한 것으로 내화 피복용 바름재로 쓰인다.
③ 돌로마이트 플라스터는 기경성 재료이며 건조수축이 크다.
④ 석고 플라스터는 석고를 주원료로 하고 혼화재, 접착제, 응결시간조절재 등을 혼합한 플라스터이다.

해설 회반죽바름 : 기경성 미장재료
　　　　　　　(소석회+모래+여물+해초풀)

75 탄소함유량이 많은 순서대로 바르게 나열한 것은 무엇인가?

① 연철 > 탄소강 > 주철
② 연철 > 주철 > 탄소강
③ 탄소강 > 주철 > 연철
④ 주철 > 탄소강 > 연철

해설 탄소함유량에 따른 철의 종류
　1) 연철 : 0.04% 이하
　2) 강 : 0.04~1.7%
　3) 주철 : 1.7% 이상

76 고강도 콘크리트 건축물의 폭렬방지 대책으로 콘크리트에 혼입하여 사용하는 섬유는 무엇인가?

① 강섬유
② 탄소섬유
③ 아라미드섬유
④ 폴리프로필렌섬유

해설 **고강도 콘크리트** : 설계기준강도가 보통콘크리트에서 300kg/cm^2이상, 경량콘크리트에서 270kg/cm^2이상인 경우의 콘크리트를 말한다.

■ 정답 ■　71.③　72.②　73.④　74.①　75.④　76.④

77 습도와 물을 특별히 고려할 필요가 없는 장소에 설치하는 목재 창호용 접착제로 적합한 것은 무엇인가?

① 페놀수지 목재 접착제
② 요소수지 목재 접착제
③ 초산비닐수지 에멀션 목재 접착제
④ 실리콘수지 접착제

해설 초산비닐수지 접착제
1) 알코올이나 아세톤에 용해되는 용액형과 수지가 수중에서 현탁되는 에멀션형이 있다.
2) 목재가구 및 창호, 종이도배, 천도배등의 접착에 사용된다.

78 점토에 대한 설명으로 바르지 않은 것은?

① 점토는 불순물이 많을수록 흡수율이 크며, 강도와 비중은 감소한다.
② 점토의 주성분은 SiO_2, Al_2O_3, Fe_2O_3, CaO, MgO 등이다.
③ 화학적으로 순수한 점토를 카올린, 구워진 점토분말을 샤모트라고 한다.
④ 침적점토는 바람이나 물에 의해 멀리 운반되어 침적되므로 입자가 크며 가소성이 적다.

해설 점토의 종류
1) **잔류점토** : 1차점토로서 암석이 풍화한 위치에 그대로 잔류되어 있는 점토이다.
2) **침적점토** : 암석이 분해된 미립자들이 바람 또는 물의 힘에 이동하여 침적된 것으로 유기물이 포함되어 있는 2차점토이다. (양질의 점토로 가소성이 크다.)

79 건물의 바닥 충격음을 저감시키는 방법에 대한 설명으로 바르지 않은 것은?

① 유리면 등의 완충재를 바닥공간 사이에 넣는다.
② 부드러운 표면마감재를 사용하여 충격력을 작게 한다.
③ 바닥을 띄우는 이중바닥으로 한다.
④ 바닥슬래브의 중량을 적게 한다.

해설 충격음을 저감시키기 위해서는 바닥 슬래브의 중량을 크게 하여야 한다.

80 열가소성수지로서 두께가 얇은 시트를 만들어 건축용 방수재료로 이용되며 내화학성의 파이프로도 활용되는 것은 무엇인가?

① 폴리스티렌수지
② 폴리에틸렌수지
③ 폴리우레탄수지
④ 요소수지

해설 폴리에틸렌수지
1) 성질
① 저온에서도 유연성이 크다. (취하온도 : -60℃ 이하)
② 내충격성이 일반 플라스틱의 5배 정도이다.
③ 내수성, 내화학약품성, 전기절연성 등이 우수하다.
2) **용도** : 건축용 방수재, 파이프, 전선피복 등에 쓰인다.

■정답■ 77.③ 78.④ 79.④ 80.②

제5과목 / 건설안전기술

81 굴착공사표준안전작업지침에 의하면 인력굴착 작업 시 굴착면이 높아 계단식 굴착을 할 때 소단의 폭은 수평거리 얼마 정도로 하여야 하는지 고르시오.

① 1m ② 1.5m
③ 2m ④ 2.5m

해설 굴착면이 높은 경우 : 계단식으로 굴착하고 소단의 폭은 수평거리 2m 정도로 하여야 한다.

82 건설현장에서 달비계 또는 높이 5m 이상의 비계를 조립·해체하거나 변경 시 안전대책으로 바르지 않은 것은 무엇인가?

① 근로자가 관리감독자의 지휘에 따라 작업하도록 할 것
② 조립·해체 또는 변경의 시기·범위 및 절차를 그 작업에 종사하는 근로자에게 주지시킬 것
③ 비계재료의 연결해체작업을 하는 경우에는 폭 10cm 이상의 발판을 설치할 것
④ 비, 눈, 그 밖의 기상상태의 불안정으로 날씨가 몹시 나쁜 경우에는 그 작업을 중지시킬 것

해설 비계재료의 연결·해체작업을 하는 경우 : 폭 20cm 이상의 발판을 설치할 것

83 건설업에서 사업주의 유해·위험 방지 계획서 제출 대상 사업장이 아닌 것은 무엇인가?

① 지상 높이가 31m 이상인 건축물의 건설, 개조 또는 해체공사
② 연면적 5,000m² 이상의 관광숙박시설의 해체공사
③ 저수용량 5,000ton(톤) 이상의 지방상수도 전용댐 건설 등의 공사
④ 깊이 10m 이상인 굴착공사

해설 다목적댐, 발전용댐 및 저수용량 2천만 톤 이상의 용수 전용댐, 지방상수도 전용댐 건설 등의 공사

84 다음 경사각에 따른 경사로의 미끄럼막이 간격으로 바르지 않은 것은?

① 30° - 30cm
② 27° - 33cm
③ 22° - 40cm
④ 17° - 45cm

해설 경사로의 미끄럼막이 간격

경사각	미끄럼막이 간격
30°	30cm
29°	33cm
27°	35cm
24°15′	37cm
22°	40cm
19°20′	43cm
17°	45cm
14°	47cm

85 아스팔트 포장도로의 파쇄굴착 또는 암석 제거에 적합한 장비는 무엇인가?

① 스크레이퍼 ② 리퍼
③ 롤러 ④ 드래그라인

해설 ① 스크레이퍼 : 굴착, 싣기, 운반, 하역 등의 작업을 연속적으로 행할 수 있는 토공만능기이다.
② 리퍼 : 본문 설명
③ 롤러 : 지반 다짐기계(전압 기계)
④ 드래그라인 : 지반보다 낮은 연질지반의 넓은 굴착에 적합한 굴착기계이다.

86 철골공사에서 용접작용을 실시함에 있어 전격예방을 위한 안전조치 중 바르지 않은 것은 무엇인가?

① 전격방지를 위해 자동전격방지기를 설치한다.
② 우천, 강설시에는 야외작업을 중단한다.
③ 개로 전압이 낮은 교류 용접기는 사용하지 않는다.
④ 절연 홀도(Holder)를 사용한다.

해설 ③항, 개로 전압이 낮은 교류 용접기를 사용한다.

87 다음 건설기계 중 굴착장비가 아닌 것은 무엇인가?

① 파워쇼벨 ② 모터그레이더
③ 백호우   ④ 드래그라인

해설 (1) 셔블계 굴착기계 :
① 파워셔블, ② 백호우,
③ 드래그라인, ④ 클램셸
(2) 모터그레이더 : 토공기계의 대패라고 하며, 지면을 절삭하여 평활하게 다듬는 것이 목적인 토공기계이다.

88 부두 등의 하역작업장에서 부두 또는 안벽의 선을 따라 설치하는 통로의 최소폭 기준은 무엇인가?

① 30cm 이상 ② 50cm 이상
③ 70cm 이상 ④ 90cm 이상

해설 부두, 안벽 등 하역작업을 하는 장소에 대한 조치사항
1) 작업장 및 통로의 위험한 부분에는 안전하게 작업할 수 있는 조명을 유지할 것
2) 부두 또는 안벽의 선을 따라 통로를 설치할 때에는 폭을 90cm이상으로 할 것
3) 육상에서의 통로 및 작업장소로서 다리 또는 선거의 갑문을 넘는 보도 등의 위험한 부분에는 안전난간 또는 울 등을 설치할 것

89 발파공법으로 해체작업 시 화약류 취급상 안전기준과 거리가 먼 것은 무엇인가?

① 화약 사용시에는 적절한 발파기술을 사용하며 사전에 문제점 등을 파악한 후 시행한다.
② 시공순서는 건설공사 표준시방서에 의한다.
③ 소음으로 인한 공해, 진동, 파편에 대한 예방 대책이 있어야 한다.
④ 화약류 취급에 대하여는 총포도검화약류등 단속법과 산업안전보건법 등 관계법의 규제를 받는다.

해설 ②항, 시공순서는 화약취급절차에 의한다.

90 석재가공 동력 공구 중 진동드릴 사용 시 주의사항으로 바르지 않은 것은?

① 드릴비트의 경도는 최대한 높은 것을 사용한다.
② 진동드릴의 손잡이는 충격완화를 위해 두꺼운 고무로 씌운다.
③ 작업중인 작업자의 앞에 접근하지 않는다.
④ 작업자는 안전화를 착용한다.

해설 ①항, 드릴비트(drill bit)의 경도는 적당히 높은 것을 사용한다.

91 연약지반을 굴착할 때, 흙막이벽 뒤쪽 흙의 중량이 바닥의 지지력보다 커지면, 굴착저면에서 흙이 부풀어 오르는 현상은 무엇인가?

① 슬라이딩(Sliding)
② 보일링(boiling)
③ 파이핑(Piping)
④ 히빙(Heaving)

해설 (1) 히빙(Heaving) : 본문 설명
(2) 히빙 방지대책
① 굴착주변의 상재하중을 제거한다.
② 흙막이벽 근입깊이를 깊게 한다.
③ 굴착방식을 개선한다.
④ 흙막이판을 강성이 높은 것을 사용한다.

■ 정답 ■ 86.③ 87.② 88.④ 89.② 90.① 91.④

92 리프트(Lift) 사용 중 조치사항으로 올바른 것은 무엇인가?

① 운반구 내부에 탑승조작장치가 설치되어 있는 리프트를 사람이 타지 않은 상태에서 작동하였다.
② 리프트 조작반은 관계근로자가 작동하기 편리하도록 항상 개방시켰다.
③ 피트 청소시에 리프트 운반구를 주행로 상에 달아 올린 상태에서 정지시키고 작업하였다.
④ 순간풍속이 초당 35m를 초과하는 태풍이 온다하여 붕괴 방지를 위한 받침수를 증가시켰다.

해설 ①항, 운반구의 내부에만 탑승조작장치가 설치되어 있는 리프트를 사람이 탑승하지 아니한 상태로 작동하게 해서는 안 된다.
②항, 리프트 조작반에 잠금장치를 설치하는 등 관계근로자가 아닌 사람이 리프트를 임의로 조작함으로써 발생하는 위험을 방지하기 위하여 필요한 조치를 하여야 한다.
③항, 리프트 운반구를 주행로 위에 달아 올린 상태로 정지시켜 두어서는 아니된다.

93 건설현장에서의 PC(Precast Concrete) 조립 시 안전대책으로 바르지 않은 것은 무엇인가?

① 달아 올린 부재의 아래에서 정확한 상황을 파악하고 전달하여 작업한다.
② 운전자는 부재를 달아 올린 채 운전대를 이탈해서는 안된다.
③ 신호는 사전 정해진 방법에 의해서만 실시한다.
④ 크레인 사용 시 PC판의 중량을 고려하여 아우트리거를 사용한다.

해설 ①항, 달아 올린 부재의 아래에서는 절대로 작업을 금지하여야 한다.

94 붕괴 등에 의한 위험방지에 관한 기준에 해당되지 않는 것은 무엇인가?

① 지반의 붕괴 또는 토석의 낙하 원인이 되는 빗물이나 지하수 등을 배제할 것
② 높이가 2m 이상인 장소로부터 물체를 투하하는 때에는 투하설비가 설치하거나 감시인을 배치할 것
③ 갱내의 낙반·측벽(側壁) 붕괴의 위험이 있는 경우에는 지보공을 설치하고 부석을 제거하는 등 필요한 조치를 할 것
④ 지반은 안전한 경사로 하고 낙하의 위험이 있는 토석을 제거하거나 옹벽, 흙막이 지보공 등을 설치할 것

해설 ②항, 높이 3m 이상인 장소로부터 물체를 투하하는 때에는 투하설비가 설치하거나 감시인을 배치할 것

95 콘크리트의 종류 중 수중공사에 주로 이용되며, 거푸집을 조립하고 골재를 미리 채운 후 특수한 모르타르를 그 사이에 주입하여 형성하는 콘크리트는 무엇인가?

① 프리플레이스트콘크리트
② 한중콘크리트
③ 경량콘크리트
④ 섬유보강콘크리트

해설 ① 프리플레이스트콘크리트 : 본문 설명
② 한중콘크리트 : 콘크리트 붓기 후 4주까지의 예상 평균기온이 약 4℃ 이하에서 시공되는 콘크리트를 말한다.
③ 경량콘크리트 : 중량 경감을 목적으로 만들어진 콘크리트로 기건단위용적중량이 1.4~2.0 t/m^3의 범위에 들어가는 것을 말한다.
④ 섬유보강콘크리트(FRC) : 콘크리트의 인장강도와 균열에 대한 저항성을 높이고 인성을 대폭 개선시킬 목적으로 모르타르 또는 콘크리트 중에 각종 섬유를 보강시켜 만든 복합재료 콘크리트이다.

■ 정답 ■ 92.④ 93.① 94.② 95.①

96 차량계 건설기계를 사용하여 작업을 하는 경우에 당해기계의 전도 또는 전락 등에 의한 근로자의 위험을 방지하기 위해 취해야 할 조치 사항과 가장 거리가 먼 것은 무엇인가?

① 갓길의 붕괴방지
② 지반의 부동침하 방지
③ 도로폭의 유지
④ 버킷, 디퍼 등 작업장치를 지면에 고정

해설 차량계 건설기계의 전도 또는 전락 등에 의한 근로자의 위험방지 조치사항
1) ①, ②, ③항
2) 유도자 배치

97 깊이 10.5m 이상의 깊은 굴착의 경우 흙막이 구조의 안전을 예측하기 위해 설치해야 할 계측 기기가 아닌 것은 무엇인가?

① 수위계
② 경사계
③ 하중 및 침하계
④ 내공변위 측정계

해설 깊이 10.5m 이상 굴착시 설치해야 할 계측기기 (고용노동부 고시)
1) ①, ②, ③항
2) 응력계

> **길잡이** 굴착공사에 사용되는 계측기기의 계측내용(계측기기 설치목적)
> 1) 간극수압계(piezometer) : 지하수의 수압을 측정
> 2) 수위계(water level meter) : 지반 내 지하수위 변화를 측정
> 3) 경사계(inclinometer) : 흙막이벽의 수평변위(변형)측정
> 4) 하중계(load cell) : 버팀도(지주) 또는 어스앵커(earth anchor) 등의 실제 축하중 변화상태를 측정(부재의 안전상태를 파악하는 기기)
> 5) 변형계(strain gauge) : 흙막이벽의 변형과 응력을 측정

98 시스템 비계의 구조에 대한 설명 중 바르지 않은 것은?

① 수직재와 수직재의 연결철물은 이탈되지 않도록 견고한 구조로 할 것
② 수직재·수평재·가새재를 견고하게 연결하는 구조가 되도록 할 것
③ 수직재와 받침철물의 연결부의 겹침길이는 받침철물 전체길이의 4분의 1 이상이 되도록 할 것
④ 수평재는 수직재와 직각으로 설치하여야 하며, 체결 후 흔들림이 없도록 견고하게 설치할 것

해설 ③항, 비계 밑단의 수직재와 받침철물은 밀착되도록 설치하고, 수직재와 받침철물의 연결부의 겹침길이는 받침철물 전체길이의 3분의 1이상이 되도록 할 것

99 철골 작업을 중지하여야 하는 강설량 기준은 무엇인가?

① 시간당 1cm 이상
② 시간당 2cm 이상
③ 시간당 3cm 이상
④ 시간당 4cm 이상

해설 철골작업을 중지해야 할 기상조건
1) 풍속 : 초당 10m 이상인 경우
2) 강우량 : 시간당 1mm 이상인 경우
3) 강설량 : 시간당 1cm 이상인 경우

100 콘크리트 측압에 대한 설명 중 바르지 않은 것은?

① 콘크리트의 타설속도가 클수록 크다.
② 콘크리트의 타설높이가 높을수록 크다.
③ 배근된 철근량이 적을수록 크다.
④ 대기의 온도가 높을수록 크다.

해설 ④항, 대기의 온도가 낮을수록 크다.

■ 정답 ■ 96.④ 97.④ 98.③ 99.① 100.④

2021년 4회 CBT복원 기출문제

건설안전산업기사

제1과목 / 산업안전관리론

01 다음 중 산업안전보건법령상 안전보건개선 계획서에 반드시 포함되어야 할 사항과 가장 거리가 먼 것은?

① 안전·보건교육
② 안전·보건관리체제
③ 근로자 채용 및 배치에 관한 사항
④ 산업재해예방 및 작업환경의 개선을 위하여 필요한 사항

해설 안전보건개선계획서에 포함되는 내용
1) 시설
2) 안전·보건관리체제
3) 안전·보건교육
4) 산업재해예방 및 작업환경의 개선을 위해서 필요한 사항

02 다음 중 인간의 행동 변화에 있어 가장 변화시키기 어려운 것은?

① 지식의 변화
② 집단의 행동 변화
③ 개인의 태도 변화
④ 개인의 행동 변화

해설 인간행동변화의 4단계
1) 1단계 : 지식의 변화
2) 2단계 : 태도의 변화
3) 3단계 : 개인행동의 변화
4) 4단계 : 집단 또는 조직에 대한 행동의 변화

03 다음 중 타박, 충돌, 추락 등으로 피부 표면보다는 피하조직 등 근육부를 다친 상해를 무엇이라 하는가?

① 골절
② 자상
③ 부종
④ 좌상

해설
1) 골절 : 뼈가 부러진 상해
2) 자상(찔림) : 칼날 등 날카로운 물건에 찔린 상해
3) 부종 : 국부의 혈액순환 이상으로 몸이 퉁퉁 부어오르는 상해
4) 좌상 : 본문 설명

04 앞에 실시한 학습의 효과는 뒤에 실시하는 새로운 학습에 직접 또는 간접으로 영향을 주는데 이러한 현상을 전이(轉移, transfer)라 한다. 다음 중 전이의 조건이 아닌 것은?

① 학습자료의 유사성 요인
② 학습 평가자의 지식 요인
③ 선행학습정도의 요인
④ 학습자의 태도 요인

해설 학습전이의 조건
1) 학습정도의 요인 : 선행학습의 정도에 따라 전이의 기능 정도가 다르다.
2) 유사성의 요인 : 선행학습과 후행학습에 유사성이 있어야 한다는 것으로 자극의 유사성, 반응의 유사성, 원리의 유사성이 있다.
3) 시간적 간격의 요인 : 선행학습과 후행학습의 시간간격에 따라 전이의 효과가 다르다.
4) 학습자의 지능요인 : 학습자의 지능정도에 따라 전이효과가 달라진다.
5) 학습자의 태도요인 : 학습자의 주의력 및 능력, 특히 태도에 따라 전이의 정도가 다르다.

■정답■ 01.③ 02.② 03.④ 04.②

05 다음 중 매슬로우(Maslow)의 욕구위계이론 5단계를 올바르게 나열한 것은?

① 생리적 욕구 → 안전의 욕구 → 사회적 욕구 → 존경의 욕구 → 자아 실현의 욕구
② 생리적 욕구 → 안전의 욕구 → 사회적 욕구 → 자아 실현의 욕구 → 존경의 욕구
③ 안전의 욕구 → 생리적 욕구 → 사회적 욕구 → 자아 실현의 욕구 → 존경의 욕구
④ 안전의 욕구 → 생리적 욕구 → 사회적 욕구 → 존경의 욕구 → 자아 실현의 욕구

해설 매슬로우(Maslow)의 욕구 5단계
1) 1단계-생리적 욕구(신체적 욕구) : 기아, 갈등, 호흡, 배설, 성욕 등 기본적 욕구
2) 2단계-안전의 욕구 : 안전을 구하려는 욕구
3) 3단계-사회적 욕구(친화욕구) : 애정, 소속에 대한 욕구
4) 4단계-인정받으려는 욕구(자기존경의 욕구, 승인욕구) : 자존심, 명예, 성취, 지위 등에 대한 욕구
5) 5단계-자아실현의 욕구(성취욕구) : 잠재적인 능력을 실현하고자 하는 욕구

06 다음 중 조건반사설에 의거한 학습이론의 원리가 아닌 것은?

① 강도의 원리
② 일관성의 원리
③ 계속성의 원리
④ 시행착오의 원리

해설 조건반사설에 의한 학습이론의 원리
1) **시간의 원리** : 조건자극(종소리)이 무조건자극(음식물)보다 시간적으로 동시 또는 조금 앞서서 주어야만 조건화, 즉 강화가 잘 된다는 원리이다.
2) **강도의 원리** : 조건 반사적인 행동이 이루어지려면 먼저 준 자극의 정도에 비해 적어도 같거나 그보다 강한 자극을 주어야 바람직한 결과를 낳게 된다.
3) **일관성의 원리** : 조건자극은 일관된 자극물을 사용하여야 한다는 원리이다.
4) **계속성의 원리** : 자극과 반응과의 관계를 반복하여 횟수를 거듭할수록 조건화가 잘 형성된다는 원리이다.

07 다음 중 산업안전보건법령상 안전인증대상 보호구의 안전인증제품에 안전인증 표시 외에 표시하여야 할 사항과 가장 거리가 먼 것은?

① 안전인증 번호
② 형식 또는 모델명
③ 제조번호 및 제조연월
④ 물리적, 화학적 성능기준

해설 안전인증 제품의 표시사항
1) 형식 또는 모델명
2) 규격 또는 등급 등
3) 제조자명
4) 제조번호 및 제조연월
5) 안전인증 번호

08 도수율이 13.0, 강도율 1.20인 사업장이 있다. 이 사업장의 환산도수율은 얼마인가? (단, 이 사업장 근로자의 평생근로시간은 10만 시간으로 가정한다.)

① 1.3
② 10.8
③ 12.0
④ 92.3

해설 환산도수율 $= \dfrac{도수율}{10} = \dfrac{13.0}{10} = 1.3$

09 무재해운동의 추진기법 중 "지적·확인"이 불안전 행동 방지에 효과가 있는 이유와 가장 거리가 먼 것은?

① 긴장된 의식의 이완
② 대상에 대한 집중력의 향상
③ 자신과 대상의 결합도 증대
④ 인지(cognition)확률의 향상

해설 ①항, 이완된 의식의 긴장

■정답■ 05.① 06.④ 07.④ 08.① 09.①

10 다음 중 사고예방대책 제5단계의 "시정책의 적용"에서 3E와 관계가 없는 것은?

① 교육(Education)
② 재정(Economics)
③ 기술(Engineering)
④ 관리(Enforcement)

해설 3E : Education(교육), Engineering(기술), Enforcement(독려, 관리)

11 어떤 상황의 판단 능력과 사실의 분석 및 문제의 해결 능력을 키우기 위하여 먼저 사례를 조사하고, 문제적 사실들과 그의 상호 관계에 대하여 검토하고, 대책을 토의하도록 하는 교육기법은 무엇인가?

① 심포지엄(symposium)
② 로울 플레잉(role playing)
③ 케이스 메소드(case method)
④ 패널 디스커션(panel discussion)

해설 사례연구법(case method) : 먼저 사례를 제시하고 문제가 되는 사실들과 그의 상호관계에 대해서 검토하며, 대책을 토의하는 방식으로 토의법을 응용한 교육기법

12 다음 중 재해 예방의 4원칙에 해당하지 않는 것은?

① 예방 가능의 원칙
② 손실 우연의 원칙
③ 원인 계기의 원칙
④ 선취 해결의 원칙

해설 재해예방의 4원칙
 1) ①, ②, ③항
 2) 대책선정의 원칙

13 다음 중 안전교육의 종류에 포함되지 않는 것은?

① 태도교육
② 지식교육
③ 직무교육
④ 기능교육

해설 안전교육의 3단계
 1) 1단계 : 지식교육
 2) 2단계 : 기능교육
 3) 3단계 : 태도교육

14 다음 중 산업안전보건법령상 자율안전확인 대상에 해당하는 방호장치는?

① 압력용기 압력방출용 파열판
② 보일러 압력방출용 안전밸브
③ 교류 아크용접기용 자동전격방지기
④ 방폭구조(防爆構造) 전기기계·기구 및 부품

해설 안전인증 및 자율안전확인 대상 방호장치

안전인증대상 방호장치	자율안전확인대상 방호장치
① 프레스 및 전단기 방호장치	① 아세틸렌 용접장치용 또는 가스집합용접 장치용 안전기
② 양중기용 과부하 방지장치	② 교류아크 용접기용 자동전격방지기
③ 보일러 압력방출용 안전밸브	③ 롤러기 : 급정지장치
④ 압력용기 압력방출용 안전밸브	④ 연삭기 덮개
⑤ 압력용기 압력방출용 파열판	⑤ 목재가공용 둥근 톱 반발예방장치 및 날 접촉예방장치
⑥ 절연용 방호구 및 활선작업용 기구	⑥ 동력식 수동 대패용 칼날접촉방지장치
⑦ 방폭구조 전기기계·기구 및 부품	⑦ 산업용 로봇 안전매트
⑧ 추락·낙하 및 붕괴등의 위험방호에 필요한 가설기자재로서 고용노동부장관이 정하여 고시하는 것	⑧ 추락·낙하 및 붕괴등의 위험방지·보호에 필요한 가설기자재(고용노동부고시)

■ 정답 ■ 10.② 11.③ 12.④ 13.③ 14.③

15 인간의 특성에 관한 측정검사에 대한 과학적 타당성을 갖기 위하여 반드시 구비해야 할 조건에 해당되지 않는 것은?

① 주관성
② 신뢰도
③ 타당도
④ 표준화

해설 인간특성에 대한 측정검사의 구비조건
1) 객관성
2) 신뢰도
3) 타당도
4) 표준화
5) 규준(norms)

16 다음 중 산업안전보건법령상 특별안전·보건교육의 대상 작업에 해당하지 않는 것은?

① 석면해체·제거작업
② 밀폐된 장소에서 하는 용접작업
③ 화학설비 취급품의 검수·확인 작업
④ 2m 이상의 콘크리트 인공구조물의 해체 작업

해설 특별안전·보건교육 대상 작업별 교육내용(시행규칙 별표 5)

17 다음 중 리스크 테이킹(risk taking)의 빈도가 가장 높은 사람은?

① 안전지식이 부족한 사람
② 안전기능이 미숙한 사람
③ 안전태도가 불량한 사람
④ 신체적 결함이 있는 사람

해설 리스크 테이킹(risk taking)
1) 리스크 테이킹 : 객관적인 위험을 자기 나름대로 판정해서 의지결정을 하고 행동에 옮기는 것을 말한다.
2) 안전태도가 양호한 자는 리스크 테이킹의 정도가 적고, 같은 수준의 안전태도에서도 작업의 달성 동기, 성격, 능률 등 각종 요인의 영향에 의해 리스크 테이킹의 정도가 변하게 된다.

18 산업안전보건법령상 안전·보건표지에 사용하는 색채 가운데 비상구 및 피난소, 사람 또는 차량의 통행표지 등에 사용하는 색채는?

① 흰색
② 녹색
③ 노란색
④ 파란색

해설 안전표지의 색채·색도기준 및 용도
(시행규칙 별표3)

색채	색도기준	용도	사용예
빨간색	7.5R 4/14	금지	정지신호, 소화설비 및 그 장소, 유해행위 금지
		경고	화학물질 취급장소에서의 유해·위험경고
노란색	5Y 8.5/12	경고	화학물질 취급장소에서의 유해·위험 경고, 그 밖의 위험경고, 주의표지 또는 기계방호물
파란색	2.5PB 4/10	지시	특정 행위의 지시 및 사실의 고지
녹색	2.5G 4/10	안내	비상구 및 피난소, 사람 또는 차량의 통행표지
흰색	N 9.5		파란색 또는 녹색에 대한 보조색
검은색	N 0.5		문자 및 빨간색 또는 노란색에 대한 보조색

19 다음 중 기업의 산업재해에 대한 과거와 현재의 안전성적을 비교, 평가한 점수로 안전관리의 수행도를 평가하는데 유용한 것은?

① safe - T - score
② 평균강도율
③ 종합재해지수
④ 안전활동률

해설 1) Safe T. Score
$$= \frac{(현재)빈도율 - (과거)빈도율}{\sqrt{\frac{(과거)빈도율}{근로총시간수}}} \times 10^6$$

2) 판정기준
① +2.0 이상 : 과거보다 심각하게 나빠짐
② +2.0~-2.0 : 심각한 차이 없음
③ -2.0 이하 : 과거보다 좋아짐

■ 정답 ■ 15.① 16.③ 17.③ 18.② 19.①

20 다음 중 리더십(leadership)의 특성으로 볼 수 없는 것은?

① 민주주의적 지휘 형태
② 부하와의 넓은 사회적 간격
③ 밑으로부터의 동의에 의한 권한 부여
④ 개인적 영향에 의한 부하와의 관계 유지

해설 ②항, 부하와의 좁은 사회적 간격

제2과목
인간공학 및 시스템안전공학

---

21 정보를 유리나 차양판에 중첩시켜 나타내는 표시장치는?

① CRT   ② LCD
③ HUD   ④ LED

해설
1) HUD(Head Up Display) : 헤드업디스플레이
2) CRT(Cathode Ray Tube) : 음극선관
3) LCD(Liquid Crystal Display) : 액정표시장치
4) LED(Light Emitting Diode) : 발광다이오드

22 40세 이후 노화에 의한 인체의 시지각 능력 변화로 틀린 것은?

① 근시력 저하
② 휘광에 대한 민감도 저하
③ 망막에 이르는 조명량 감소
④ 수정체 변색

해설 40세 이후 노화시 : 휘광에 대한 민감도가 증대

23 근골격계 질환을 예방하기 위한 관리적 대책을 옳은 것은?

① 작업공간 배치
② 작업재료 변경
③ 작업순환 배치
④ 작업공구 설계

해설 근골격계 질환을 예방하기 위한 대책
1) 관리적 대책 : 작업순환 배치
2) 기술적 대책 : 작업공간배치, 작업재료 변경, 작업공구 설계 등

24 인간 - 기계 시스템 평가에 사용되는 인간 기준 척도 중에서 유형이 다른 것은?

① 심박수   ② 안락감
③ 산소소비량   ④ 뇌전위(EEG)

해설 인간기준 척도
1) 퍼포먼스 척도(performance measure) : 빈도 척도, 강도척도, 지연성척도, 지속성척도 등
2) 생리지표
① 심장혈행지표 : 심박수, 혈합 등
② 호흡지표 : 호흡률, 산소소비량 등
③ 신경지표 : 뇌전위(EEG), 근육활동 등
④ 감각지표 : 시력, 눈 깜빡이는 속도, 청력 등
⑤ 혈액 화학지표 : 카테콜아민 등
3) 주관적 반응 : 의지의 안락감, 컴퓨터시스템의 사용편의성, 도구 손잡이 길이에 대한 선호도 등

25 인체측정치 응용원칙 중 가장 우선적으로 고려해야 하는 원칙은?

① 조절식 설계   ② 최대치 설계
③ 최소치 설계   ④ 평균치 설계

해설 인체측정치 응용원칙 중 가장 우선적으로 고려해야 할 원칙 : 조절식 설계

■정답■ 20.② 21.③ 22.② 23.③ 24.② 25.①

26 인체의 피부와 허파로부터 하루에 600g의 수분이 증발될 때 열손실율은 약 얼마인가? (단, 37℃의 물 1g을 증발시키는데 필요한 에너지는 2410 J/g 이다.)

① 약 15 Watt   ② 약 17 Watt
③ 약 19 Watt   ④ 약 21 Watt

해설 열손실률 $= \dfrac{2410(\text{J/g}) \times 증발량(\text{g})}{시간(\text{sec})}$

$= \dfrac{2410 \text{J/g} \times 600\text{g}}{24\text{hr} \times \dfrac{3600\text{sec}}{1\text{hr}}}$

$= 16.74 \fallingdotseq 17 (\text{J/sec} = \text{watt})$

27 청각신호의 위치를 식별할 대 사용하는 척도는?

① AI(Articulation Index)
② JND(Just Noticeable Difference)
③ MAMA(Minimum Audible Movement Angle)
④ PNC(Preferred Noise Criteria)

해설 MAMA(Minimum Audible Movement Angle) : 최소 청음 운동각

28 일반적으로 연구조사에 사용되는 기준 중 기준척도의 신뢰성이 의미하는 것은?

① 보편성   ② 적절성
③ 반복성   ④ 객관성

해설 기준척도의 신뢰성 : 반복성

29 조종장치를 3cm 움직였을 때 표시장치의 지침이 5cm 움직였다면 C/R 비는?

① 0.25   ② 0.6
③ 1.5   ④ 1.7

해설 $\dfrac{C}{R} = \dfrac{조종장치 \ 변위량}{표시장치 \ 변위량} = \dfrac{3}{5} = 0.6$

30 고열환경에서 심한 육체노동 후에 탈수와 체내 염분농도 부족으로 근육의 수축이 격렬하게 일어나는 장해는?

① 열경련(heat cramp)
② 열사병(heat stroke)
③ 열쇠약(heat prostration)
④ 열피로(heat exhaustion)

해설 열중독증
1) **열경련**(heat cramp)
   ① 고온환경에서 작업중이거나 작업 후 수시간 내에 발생한다.
   ② 주로 염분섭취의 제한이나 지나친 발한으로 인한 염분 손실과 관계된다.
   ③ 작업시 사용하는 근육(특히 팔, 다리, 복부)에 통증 있는 경련이 생긴다.
2) **열사병**(heat stroke) : 체온이 과도하게 상승할 때 생기는 급성의 의학적 응급상태이다.
3) **열발진**(heat rash) : 땀띠가 나는 것을 말한다.
4) **열피로**(heat exhaustion) : 주로 탈수 때문에 생기며 특징은 근육무력, 구역질 및 구토, 현기증, 실신 등이다.

31 표와 관련된 시스템위험분석 기법으로 가장 적합한 것은?

프로그램 :				시스템 :				
#1 구성요소 명칭	#2 구성요소 위험방식	#3 시스템 작동방식	#4 서브시스템에서 위험영향	#5 서브시스템, 대표적 시스템 위험영향	#6 환경적 요인	#7 위험영향을 받을 수 있는 2차 요인	#8 위험수준	#9 위험관리

① 예비위험분석(PHA)
② 결함위험분석(FHA)
③ 운용위험분석(OHA)
④ 사상수분석(ETA)

해설 결함위험분석(FHA) : 서브시스템(sub system) 분석법

■ 정답 ■ 26.② 27.③ 28.③ 29.② 30.① 31.②

32 시스템 수명주기에서 FMEA가 적용되는 단계는?

① 개발단계 ② 구상단계
③ 생산단계 ④ 운전단계

해설 시스템 수명주기의 단계
1) **구상단계** : 시작단계
   ① PHA(예비사고분석) : 이용
   ② 리스크(위험)분석 시행
   ③ SSPP(시스템 안전프로그램계획)
2) **정의단계** : 예비설계와 생산기술을 확인하는 단계
3) **개발단계** : 정의단계에 환경적 충격, 생산기술, 운용연구 등을 포함시키는 단계
   ① OHA(운용위험분석)이용
   ② FMEA(고장의 형태 및 영향분석)과 관련된 신뢰 성공학 적용
4) **생산단계** : 생산이 시작되면 품질관리부서는 생산물을 검사하고 조사하는 역할을 함
5) **운전단계** : 시스템을 운전하는 단계

33 FT도에서 입력현상이 발생하여 어떤 일정 시간이 지속된 후 출력이 발생하는 것을 나타내는 게이트나 기호로 옳은 것은?

① 위험 지속 기호 ② 조합 AND 게이트
③ 시간 단축 기호 ④ 억제 게이트

해설 수정기호의 종류
1) **우선적 AND Gate** : 입력사상 가운데 어느 사상이 다른 사상보다 먼저 일어났을 때에 출력사상이 생긴다. 예를 들면 「A는 B보다 먼저」와 같이 기입한다.
2) **짜맞춤 AND Gate** : 3개 이상의 입력사상 가운데 어느 것이든 2개가 일어나면 출력사상이 생긴다. 예를 들면 「어느 것이든 2개」라고 기입한다.
3) **위험지속기호** : 입력사상이 생겨서 어느 일정 시간 지속하였을 때에 출력사상이 생긴다. 예를 들면 「위험지속시간」과 같이 기입한다.
4) **배타적 OR Gate** : OR Gate로 2개 이상의 입력이 동시에 존재할 때에는 출력사상이 생기지 않는다. 예를 들면 「동시에 발생하지 않는다」라고 기입한다.

34 톱사상 T를 일으키는 컷셋에 해당하는 것은?

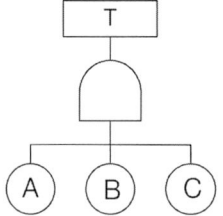

① {A} ② {A, B}
③ {B, C} ④ {A, B, C}

해설 컷셋을 구하는 방법 : AND gate는 가로로 나열시키고 OR rate는 세로로 나열시켜서 말단사상까지 진행시켜 나간다.

35 시스템에 영향을 미치는 모든 요소의 고장을 형태별로 분석하여 그 방향을 검토하는 시스템안전 분석기법은?

① FMEA ② PHA
③ HAZOP ④ FTA

해설
1) FMEA(고장의 형태와 영향분석) : 정성적, 귀납적 분석법
2) PHA(예비사고분석) : 최초단계분석, 정성적 분석
3) HAZOP(위험과 운전성연구) : 정성적 평가
4) FTA(결함수분석법) : 연역적, 정량적 분석

36 동작경제의 원칙에 해당하지 않는 것은?

① 가능하다면 낙하식 운반방법을 사용한다.
② 양손을 동시에 반대 방향으로 움직인다.
③ 자연스러운 리듬이 생기지 않도록 동작을 배치한다.
④ 양손으로 동시에 작업을 시작하고, 동시에 끝낸다.

해설 ③항, 자연스러운 리듬이 생기도록 배치한다 (동작이 자동적으로 이루어지는 순서로 한다.)

■정답■ 32.① 33.① 34.④ 35.① 36.③

37 FT도상에서 정상 사상 T의 발생 확률은?(단, 기본사상 ①, ②의 발생 확률은 각각 $1×10^{-2}$ 과 $2×10^{-2}$ 이다.)

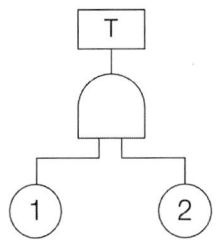

① $2×10^{-2}$
② $2×10^{-4}$
③ $2.98×10^{-2}$
④ $2.98×10^{-4}$

해설 T=①×②
$= (1×10^{-2}) × (2×10^{-2})$
$= 2×10^{-4}$

38 사후 보전에 필요한 수리시간의 평균치를 나타내는 것은?

① MTTF
② MTBF
③ MDT
④ MTTR

해설 MTTR(Mean Time To Repair) : 평균수리시간(총수리 시간을 그 기간을 수리횟수로 나눈 시간)

39 안전 설계방법 중 페일세이프 설계(fail-safe design)에 대한 설명으로 가장 적절한 것은?

① 오류가 전혀 발생하지 않도록 설계
② 오류가 발생하기 어렵게 설계
③ 오류의 위험을 표시하는 설계
④ 오류가 발생하였더라도 피해를 최소화 하는 단계

해설 페일세이프 설계(fail-safe design) : 오류(실수)가 발생하더라도 피해(손해)를 최소화하는 설계

40 다음 중 음성 인식에서 이해도가 가장 좋은 것은?

① 음소
② 음절
③ 단어
④ 문장

해설 1) 음성용해도 : 음성 메세지를 정확하게 인지할 수 있는 정도를 말한다.
2) 일반적 상황에서는 문장의 이해도 가장 좋고 개별 단어는 이보다 낮으며 무의미 음절이 가장 나쁘다.

제3과목 / 건설시공학

41 역타공법(top-down method)과 관련된 내용으로 옳지 않은 것은?

① 지하굴착공사장에는 중장비 때문에 급배기 환기시설이 필요하다.
② 기둥천공 시 슬라임 처리가 완벽해야 한다.
③ 한 현장에 지하연속벽과 강성이 다른 흙막이벽을 병행 조성하는 것이 안전상 유리하다.
④ 지하연속벽과 구조체와의 연결철근의 위치가 정확히 유지되어 있어야 한다.

해설 1) ③항, 한 현장에 지하연속벽과 강성이 다른 흙막이벽을 병행 조성하는 것은 안전상 불리하다.
2) 용접할 소재는 용접열에 의해 수축변형이 생기고 또한 마무리 자리도 고려해야 되므로 차수에 여분을 두어야 한다.

■ 정답 ■ 37.② 38.④ 39.④ 40.④ 41.③

42 숏크리트(shotcrete)공정이 필요한 공법은?

① 강재널말뚝 공법
② 엄지말뚝식 흙막이공법
③ 지하연속법 공법
④ 소일네일링 공법

해설 1) 숏크리트(shotcrete)공법 : 압축공기로 모르타르 또는 콘크리트를 타설장소까지 강압적으로 뿜칠하여 시공하는 공법으로 「뿜칠 콘크리트 공법」이라고도 한다.
2) 소일네일링 공법 : 보강재(철근 또는 네일)를 원지반에 삽입, 그라우팅에 의해 지반과 일체화하고 숏크리트, 현장타설콘크리트, 기성패널 등으로 절토면을 보호하는 표면보호공을 시공하는 비탈면 안정화공법이다.

43 공동도급(Join Venture)의 장점이 아닌 것은?

① 융자력 증대 ② 공기 단축
③ 위험 분산 ④ 기술 확충

해설 공동도급 : 2명 이상의 도급업자가 공동출자하여 기업체를 조직해서 협동으로 공사를 도급하는 방식
1) 장점
 ① 소자본으로 대규모 공사 도급이 가능
 ② 기술, 자본, 위험부담의 분산 및 감소
 ③ 기술의 확충, 강화 및 경험의 증대
 ④ 공사계획과 시공이행의 확실
2) 단점
 ① 각 업체의 업무 방식에서 오는 혼란
 ② 현장관리의 곤란
 ③ 일식도급보다 경비 증대

44 점토지반에 모래를 깔고 그 위에 성토에 의해 하중을 가하면 장기간 걸쳐 점토 중의 물이 샌드파일을 통하여 지상에 배수되어 지반을 압밀·강화시키는 공법은?

① 샌드드레인 공법
② 바이브로플로테이션 공법
③ 웰포인트 공법
④ 그라우팅 공법

해설 1) 샌드드레인 공법 : 점성토지반의 개량공법 (탈수공법)
2) 사질토지반의 개량공법
 ① 바이브로플로테이션 공법
 ② 웰포인트 공법
 ③ 그라우팅 공법(고결안전공법)

45 굴착토사와 안정액 및 공수내의 혼합물을 드릴 파이프 내부를 통해 강제로 역순환시켜 지상으로 배출하는 공법으로 다음과 같은 특징이 있는 현장타설 콘크리트 말뚝공법은?

- 점토, 실토층 등에 적용한다.
- 시공심도는 통상 30~70m 까지로 한다.
- 시공직경은 0.9~3m 정도까지로 한다.

① 어스드릴공법
② 리버스서큘레이션공법
③ 뉴메틱케이슨공법
④ 심초공법

해설 리버스서큘레이션 말뚝공법(reverse circulation pile method)
1) 리버스서큘레이션 말뚝(reverse circulation pile) : 굴착구멍 내에 지하수위보다 2m 이상 높게 물을 채워 굴착벽면에 2 t/m^2 이상의 정수압에 의해 벽면붕괴를 방지하며 굴착한 후 형성시킨 제자리콘크리트 말뚝
2) 리버스서큘레이션의 특징
 ① 벤토나이트 용액으로 구멍벽이 무너지는 것을 방지하면서 굴착하므로 케이싱이 필요 없다.
 ② 점토, 실트층 등에 적용한다.
 ③ 시공심도는 통상 30~70m 정도까지로 한다. (최고 100~200mL가능)
 ④ 시공직경(0.9~3m)을 크게 할 수 있다.
 ⑤ 무진동, 무소음이다.
 ⑥ 단점 : 누수대책이 필요하고 조약돌 등의 토질은 굴착이 곤란하다.

■ 정답 ■ 42.④ 43.② 44.① 45.②

46 거푸집공사의 부속자재에 대한 설명으로 옳지 않은 것은?

① 폼타이 – 거푸집의 간격을 유지하고 측압에 의해 벌어지는 것을 방지함
② 세퍼레이터 – 거푸집이 오그라드는 것을 방지하고 상호간의 간격을 유지시킴
③ 스페이서 – 슬래브와 벽체 등에 배근되는 철근이 거푸집에 밀착되는 것을 방지함
④ 인서트 – 바닥판, 보의 중앙부에 매립하여 처짐을 방지함

해설 인서트(insert) : 달대를 매달기 위해 사전에 배선시키는 수장철물

47 조강포틀랜드시멘트를 사용한 기둥에서 거푸집널 존치기간 중의 평균기온이 20℃ 이상인 경우 콘크리트의 재령이 최소 며칠 이상 경과하면 압축강도시험을 하지 않고 거푸집을 떼어낼 수 있는가?

① 2일 ② 3일
③ 4일 ④ 6일

해설 거푸집의 존치기강
1) 시멘트의 종류에 의한 거푸집 존치기간

부위	기초, 보옆, 기둥 및 벽		바닥 및 지붕 슬래브, 보 밑	
시멘트의 종류	포틀랜드 시멘트	조강포틀랜드 시멘트	포틀랜드 시멘트	조강포틀랜드 시멘트
콘크리트의 재령 (일) 평균 20℃ 이상	4	2	7	4
평균 10~20℃ 미만	6	3	8	5
콘크리트의 압축강도	50kg/cm²		설계기준강도의 50%	

2) 평균 20℃이상인 경우 : 콘크리트 재령 2일(최소기준) 이상이면 거푸집을 해체할 수 있다.

48 콘크리트 타설에 관한 설명 중 옳지 않은 것은?

① 부어넣기는 기둥(벽) → 보 → 슬래브 순으로 한다.
② 한 구획의 타설이 시작되면 콘크리트가 일체가 되도록 연속적으로 부어 넣는다.
③ 비비는 장소 또는 플로어호퍼에서 가까운 곳부터 부어 넣는다.
④ 콘크리트의 자유낙하 높이는 콘크리트가 분리되지 않도록 가능한 한 낮게 타설한다.

해설 ③항, 비비기 장소 또는 플로어호퍼에서 먼 곳부터 부어 넣는다.

49 고력볼트 접합에서 축부가 굵게 되어 있어 볼트 구멍에 빈틈이 남지 않도록 고안된 볼트는?

① TC볼트
② PI볼트
③ 그립볼트
④ 지압형 고장력볼트

해설 고장력볼트(고력볼트) : 접합부에 높은 강성과 강도를 얻기 위해 사용되는 고인장강도의 볼트

50 말뚝박기 기계인 디젤 해머(diesel hammer)에 대한 설명으로 옳지 않은 것은?

① 박는 속도가 빠르다.
② 타격음이 작다.
③ 타격에너지가 크다.
④ 운전이 용이하다.

해설 디젤해머(diesel hammer)말뚝박기
1) ①, ③, ④항
2) 타격소음이 크다.

■ 정답 ■ 46.④ 47.① 48.③ 49.④ 50.②

51 토공사에서 토량 변화율 L=1.3, C=0.8인 사질토를 가지고 성토하여 다진 후에 40,000m³를 만들기 위한 굴착 및 운반 토량은?

① 굴착토량 50,000m³, 운반토량 65,000m³
② 굴착토량 65,000m³, 운반토량 70,000m³
③ 굴착토량 70,000m³, 운반토량 75,000m³
④ 굴착토량 75,000m³, 운반토량 80,000m³

해설 1) 굴착토량 = $\frac{40,000}{0.8}$ = 50,000m³

2) 운반토량 = $40,000 \times \frac{L}{C}$
 = $40,000 \times \frac{1.3}{0.8}$
 = 65.000m³

52 건설공사 시공방식 중 직영공사의 장점에 속하지 않는 것은?

① 영리를 도외시한 확실성 있는 공사를 할 수 있다.
② 임기응변의 처리가 가능하다.
③ 공사기일이 단축된다.
④ 발주, 계약 등의 수속이 절검된다.

해설 1) **직영공사** : 건축주가 입찰 및 계약의 번잡한 수속이나 감독상의 곤란, 경쟁의 피해 등을 피할 수 있다.
2) **직영공사의 장점과 단점**
〈장점〉
 ① 도급공사의 입찰 및 계약의 번잡한 수속이나 감독상의 곤란, 경쟁의 피해 등을 피할 수 있다.
 ② 영리를 도외시한 확실성 있는 공사를 할 수 있다.
 ③ 계약에 구속되지 않고, 임기응변의 처리가 가능하다.
〈단점〉
 ① 사무가 번잡해지고, 작업관리가 어려우며 공사기간이 지연되기 쉽다.
 ② 공사비가 증대될 우려가 있다. (가설재, 시공기계의 비경제성과 시공관리 능력 부족 등으로 경제상 불리)

53 T.S Bolt를 체결작업할 때의 유의사항으로 옳지 않은 것은?

① 부재와 부재의 접합면은 완전히 밀착되어야 한다.
② 용접과 볼트를 병행이음 할 경우에는 용접 완료 후에 체결한다.
③ 볼트의 표면온도가 250℃ 이상일 경우 기계적 성질이 변할 수 있으므로 볼트 주변에서 용접 시 주의한다.
④ 1차 조임을 한 볼트의 본 체결은 2일 정도의 시간적 여유를 두고 나서 한다.

해설 **본접합**
1) **가조임볼트수** : 전 리벳수의 20~30% 또는 현장치기 리벳수의 1/5 이상을 표준으로 한다.
2) 본접합이 끝난 후 접합부와의 수직·수평으로 검사한 후 리벳치기를 한다.

54 재료분리를 일으키지 않고 타설, 다지기 등의 작업이 용이하게 될 수 있는 정도를 나타내는 굳지 않은 콘크리트의 성질을 말하는 것은?

① 워커빌리티   ② 피니셔빌리티
③ 펌퍼빌리티   ④ 플라스티시티

해설 **굳지 않는 콘크리트의 성질**
1) **워커빌리티**(workability, 시공연도) : 반죽질기 여하에 따른 작업의 난이 정도를 나타낸다.
2) **컨시스턴시**(consistency, 반죽질기, 유동성) : 물의 양에 따라 결정되는 반죽질기의 정도를 나타낸다.
3) **플라스티시티**(plasticity, 성형성) : 콘크리트가 거푸집에 잘 채워질 수 있는지의 난이 정도를 나타낸다.
4) **피니셔빌리티**(finishability, 마감성) : 도로 포장 등에서 골재의 최대치수에 따르는 표면 정리 난이 정도를 나타낸다.
5) **펌프어빌리티**(pumpability, 압송성) : 펌프에서 콘크리트가 잘 밀려가는지의 난이 정도를 나타낸다.

55 철골공사에서의 용접작업 시 유의사항으로 옳지 않은 것은?

① 용접자세는 하향자세로 하는 것이 좋다.
② 수축량이 작은 부분부터 용접하고 수축량이 큰 부분은 최후에 용접한다.
③ 용접 전에 용접 모재 표면의 수분, 슬래그, 도료 등 용접에 지장을 주는 불순물을 제거한다.
④ 감전방지를 위해 안전홀더를 사용한다.

해설 ②항, 수축량이 큰 부분부터 용접하고 수축량이 작은 부분을 최후에 용접한다.

56 토공사용 장비에 해당되지 않는 것은?

① 불도저(Bulldozer)
② 트럭 크레인(Truck crane)
③ 그레이더(Grader)
④ 스크레이퍼(Scraper)

해설 1) 토공사용 장비 : 불도저, 크레이더(토공용 정지기계), 스크레이퍼
2) 트럭크레인 : 이동식 크레인(화물인양작업 : 양중기)

57 지반 개량 공법에 해당되지 않는 것은?

① 다짐법　　② 탈수법
③ 치환법　　④ 아일랜드 컷 공법

해설 아일랜드 컷 공법 : 흙파기 공법

58 네트워크 공정표에서 얻을 수 있는 정보가 아닌 것은?

① 작업방법과 능률의 파악
② 크리티컬 패스(critical path)와 중점작업의 파악
③ 작업순서와 상호관계의 파악
④ 작업변경이 있을 때 전체에 대한 영향의 파악

해설 1) 네트워크 공정표 : 공기단축 및 공사비 절감을 공정표로 작업방법 및 능률 등은 파악할 수 없다.
2) network 공정표의 특징

장점	단점
1. 개개의 작업관련이 도시되어 있어 내용을 알기 쉽다.(작업의 상호관계가 명확)	1. 작성 및 검사에 특별한 기능이 요구된다. (기법에 대한 습득이 어렵다)
2. 작성자 이외의 사람도 이해하기 쉽다.	2. 공정계획의 작성에 많은 시간이 소요된다.
3. 공정계획 관리면에서 신뢰도가 높다.	3. 진척관리에 있어서 특별한 연구가 필요하다.
4. 공사진척상황을 쉽게 알 수 있다.	4. 작업의 세분화 정도에는 한계가 있다.
5. 계획단계에서 공정상의 문제점이 명확하게 되어 사전에 적절히 수행할 수 있다.	5. 효과적인 예산통제의 기능은 없다.

59 돌 공사에서 건식공법의 장점이 아닌 것은?

① 동결, 백화현상이 없다.
② 고층건물에 유리하다.
③ 겨울철공사가 가능하다.
④ 구조체와의 긴결이 매우 쉬운 편이다.

해설 석재(石材)는 구조체와의 긴결이 어렵다(단점).

60 착공 단계에서 공사계획은 각 공사마다 고유의 여건에 맞게 수립되어야 한다. 공사 계획의 주요 내용이 아닌 것은?

① 공정표의 작성　　② 실행예산의 편성
③ 원척도의 작성　　④ 현장원의 편성

해설 시공계획의 내용 및 순서 : 1) 현장원 편성(가장 먼저 실시) → 2) 공정표 작성 → 3) 실행예산 편성 → 4) 하도급자의 선정 → 5) 가설준비물 결정 → 6) 재료선정 및 결정 → 7) 재해방지대책 및 의료대책

■ 정답 ■　55.②　56.②　57.④　58.①　59.④　60.③

제4과목 / 건설재료학

61 다음 금속 중 이온화 경향이 가장 큰 것은?

① Zn ② Cu
③ Ni ④ Fe

해설 이온화 경향의 크기 순서 :
Zn 〉 Fe 〉 Ni 〉 Cu

62 수화속도를 지연시켜 수화열을 작게 한 시멘트로, 건조수축이 작고 내황산염이 크며, 건축용 매스콘크리트 등에 사용되는 시멘트는?

① 중용열 포틀랜드시멘트
② 조강 포틀랜드시멘트
③ 초조강 포틀랜드시멘트
④ 백색 포틀랜드시멘트

해설 중용열 포틀랜드시멘트
1) 중용열 포틀랜드시멘트 : 수화열을 적게 하기 위해 C_3A_9(알루민산삼석회)의 양을 8%이하, C_3S(규산삼석회)의 양을 30% 이하로 만든 시멘트이다.
2) 특성 및 용도
① 조기강도는 작고 장기강도는 크다.
② 화학저항성이 크다.
③ 내산성 및 내구성이 우수하다.
④ 포틀랜드시멘트 중에서 건조수축이 가장 적다.
⑤ 댐 및 콘크리트 포장, 방사능 차폐용 등에 사용된다.

63 합성수지에 대한 설명 중 틀린 것은?

① 요소수지 : 내수합판의 접착제로 널리 사용되며 도료, 마감재, 장식재로 쓰인다.
② 에폭시수지 : 내수성, 내약품성, 전기절연성이 우수하여 건축 분야에 널리 사용된다.
③ 실리콘 : 발수성이 좋지 않으며, 기포성 제품으로 가공하여 보온재나 쿠션대로 사용된다.
④ 아크릴수지 : 투명도가 높아 채광판, 도어판, 칸막이벽 등에 쓰인다.

해설 실리콘수지 : 내열성 및 내한성이 우수하고 내수성·발수성이 좋다.

64 다음은 시멘트를 조기강도가 큰 것으로부터 작은 순서대로 열거한 것이다 옳은 것은?

① 알루미나 시멘트 – 고로 시멘트 – 보통 포틀랜드 시멘트
② 보통 포틀랜드 시멘트 – 고로 시멘트 – 알루미나 시멘트
③ 알루미나 시멘트 – 보통 포틀랜드 시멘트 – 고로 시멘트
④ 보통 포틀랜드 시멘트 – 알루미나 시멘트 – 고로 시멘트

해설 조기강도 크기순서 : 알루미나 시멘트 〉 보통 포틀랜드 시멘트 〉 고로시멘트

65 과소품(過燒品)벽돌의 특징으로 틀린 것은?

① 강도가 약하다.
② 형태가 고르지 못하다.
③ 균열이 많이 보인다.
④ 색체가 고르지 못하다.

해설 과소벽돌
1) 소성온도가 지나치게 높아서 질이 견고하고 (강도가 크다), 두드리면 금속성 청음이 난다.
2) 구조용 재료로는 부적당하고 장식용 또는 기초 조적재 등으로 쓰인다.

66 콘크리트의 워커빌리티 측정법이 아닌 것은?

① 슬럼프시험 ② 다짐계수시험
③ 비비시험   ④ 슈미트해머시험

해설 워커빌리티 측정법
1) 슬럼프시험
2) 다짐계수시험
3) 비비시험
4) 구관입시험
5) 흐름시험(flow test)
6) 리몰딩시험 등

67 목재의 성질에 관한 설명으로 틀린 것은?

① 비중이 큰 목재는 일반적으로 강도가 크다.
② 가공은 쉽지만 부패하기 쉽다.
③ 열전도율이 커서 보온재료로 사용이 불가능하다.
④ 섬유 방향에 따라서 전기전도율은 다르다.

해설 목재 : 열전도율 및 열팽창률이 작다.

68 다음 미장재료 중 경화속도가 가장 빠른 것은?

① 시멘트 모르타르
② 회반죽
③ 돌로마이트 플라스터
④ 석고 플라스터

해설 석고 플라스터 : 수경성 재료로 경화속도가 미장재료 중 가장 빠르다.

69 콘크리트의 건조수축에 대한 설명으로 옳은 것은?

① 단위수량이 증가하면 건조수축량이 감소한다.
② 부재치수가 클수록 건조수축량이 적다.
③ 골재 중에 포함한 미립분이나 점토는 건조수축을 감소시킨다.
④ 습윤양생기간은 건조수축에 큰 영향을 준다.

해설 1) 단위수량이 증가하면 건조수축량은 증대된다.
2) 골재 중에 포함된 미립분이나 점토는 건조수축을 증대시킨다.

70 보통포틀랜드 시멘트의 품질규정(KS L 5201)에서 비카시험의 초결시간과 종결시간으로 옳은 것은?

① 30분 이상 - 6시간 이하
② 60분 이상 - 6시간 이하
③ 60분 이상 - 10시간 이하
④ 2시간 이상 - 10시간 이하

해설 보통 포틀랜드시멘트의 초결시간과 종결시간 : 1시간 이상 ~ 10시간 이하

71 기건상태인 목재의 함수율은 약 얼마인가?

① 10% 정도 ② 15% 정도
③ 20% 정도 ④ 25% 정도

해설 1) 목재의 기건함수율 : 15% 정도
2) 목재의 섬유포화점 함수율 : 30% 정도

72 도막 방수재료의 특징으로 틀린 것은?

① 복잡한 부위의 시공성이 좋다.
② 신속한 작업 및 접착성이 좋다.
③ 바탕면의 미세한 균열에 대한 저항성이 있다.
④ 누수시 결함 발견이 어렵고 국부적으로 보수가 어렵다.

해설 도막방수재 : 누수시 결함 발견이 쉽고 국부적으로 보수도 쉽다.

정답 66.④ 67.③ 68.④ 69.② 70.③ 71.② 72.④

73 목재의 무늬나 바탕의 특징을 잘 나타낼 수 있는 마무리 도료는?

① 유성페인트 ② 클리어 래커
③ 에나멜 래커 ④ 수성페인트

해설 클리어 래커(clear lacquer) : 안료가 들어가지 않은 투명한 래커로 목재의 무늬나 바탕의 특징을 잘 나타낼 수 있는 도료이다.

74 다음 중 석재 중 외장용으로 가장 부적합한 것은?

① 대리석 ② 화강석
③ 안산암 ④ 점판암

해설 대리석 용도 : 내장재(실내장식용), 조각재 등에 쓰임

75 테라코타에 대한 설명으로 틀린 것은?

① 도토, 자토 등을 반죽하여 형틀에 넣고 성형하여 소성한 속이 빈 대형의 점토제품이다.
② 석재보다 가볍다.
③ 압축강도는 화강암과 거의 비슷하다.
④ 화강암보다 내화도가 높으며 대리석보다 풍화에 강하다.

해설 ③항, 압축강도(800~900 kg/cm²)는 화강암의 1/2정도이다.

76 재료의 열팽창계수에 대한 설명으로 틀린 것은?

① 온도의 변화에 따라 물체가 팽창·수축하는 비율을 말한다.
② 길이에 관한 비율인 선팽창계수와 용적에 관한 체적팽창계수가 있다.
③ 일반적으로 체적팽창계수는 선팽창계수의 3배이다.
④ 체적팽창계수의 단위는 W/m·K이다.

해설 체적팽창계수 단위 : L/℃

77 내부에 몇 개의 구멍을 가진 벽돌로 단열, 방음을 위해 방음벽, 단열벽 등에 사용되며 경량으로 칸막이벽에도 사용되는 것은?

① 중공벽돌 ② 이형벽돌
③ 규석벽돌 ④ 샤모트벽돌

해설 중공벽돌 : 점토를 원료로 속이 비게 성형한 후 소성하여 만든 벽돌로 구멍벽돌, 속빈벽돌, 공동벽돌이라고도 한다.

78 강당, 집회장 등의 음향조절용으로 쓰이거나 일반건물의 벽 수장재로 사용하여 음향효과를 거둘 수 있는 목재제품은?

① 파키트리 블록
② 코펜하겐 리브
③ 플로링 보드
④ 파키트리 패널

해설 코펜하겐 리프판(copenhagen rib board)
1) 두께 5cm, 폭(너비) 10cm정도의 긴 판에다 표면을 리브로 가공한 것이다.
2) 면적이 넓은 강당, 집회장, 극장 등의 천장 또는 내벽에 붙여 음향조절용으로 쓰거나 수장제로 사용된다.

79 건물의 바닥 충격음을 저감시키는 방법에 대한 설명으로 틀린 것은?

① 유리면 등의 완충재를 바닥공간 사이에 넣는다.
② 부드러운 표면마감재를 사용하여 충격력을 작게 한다.
③ 바닥을 띄우는 이중바닥으로 한다.
④ 바닥슬래브의 중량을 작게 한다.

해설 ④항, 바닥 슬래브의 중량을 크게 한다.

■ 정답 ■ 73.② 74.① 75.③ 76.④ 77.① 78.② 79.④

80 콘크리트 혼화재료 중 플라이애쉬(Fly Ash)에 관한 설명으로 틀린 것은?

① 콘크리트의 워커빌리티 (workability)를 좋게 한다.
② 주성분은 탄소(C)이다.
③ 콘크리트의 수밀성을 향상시킨다.
④ 콘크리트의 수화초기 시 발열량을 감소시킨다.

해설 플라이애시(fly ash) : 분탄이 보일러에서 연소할 때 부유하는 회분을 전기집진기로 채집한, 표면이 매끄러운 구형의 미세립 분말

제5과목 / 건설안전기술

81 토사 붕괴의 내적 요인이 아닌 것은?

① 절토 사면의 토질구성 이상
② 성토 사면의 토질구성 이상
③ 토석의 강도 저하
④ 사면, 법면의 경사 증가

해설 ④항, 사면, 법면의 경사 증가 : 토사 붕괴의 외적요인

82 일반 거푸집 설계시 강도상 고려해야 할 사항이 아닌 것은?

① 고정하중   ② 풍압
③ 콘크리트 강도   ④ 측압

해설 거푸집 설계시 고려해야 할 하중
 1) **연직방향하중** : 고정하중, 충격하중, 작업하중 등
 2) **횡방향하중** : 진동, 충격, 시공오차 등에 기인되는 횡방향하중, 풍압, 유수압, 지진 등
 3) **콘크리트의 측압** : 굳지 않은 콘크리트의 측압
 4) **특수하중** : 시공 중에 예상되는 특수한 하중
 5) 상기 1~4호의 하중에 안전율을 고려한 하중

83 흙파기 공사용 기계에 관한 설명 중 틀린 것은?

① 불도저는 일반적으로 거리 60m 이하의 배토 작업에 사용된다.
② 클램쉘은 좁은 곳의 수직파기를 할 때 사용한다.
③ 파워쇼벨은 기계가 위치한 면보다 낮은 곳을 파낼 때 유용하다.
④ 백호우는 토질의 구멍파기나 도랑파기에 이용된다.

해설 파워쇼벨 : 기계가 위치한 면보다 높은 곳을 굴착하는 기계

84 철골작업시 추락재해를 방지하기 위한 설비가 아닌 것은?

① 안전대 및 구명줄
② 트렌치박스
③ 안전난간
④ 추락방지용 방망

해설 철골공사시 추락재해 방지설비 : 안전대 및 구명줄, 안전난간 및 울타리, 추락방지용 방망 등

85 작업발판에 최대적재하중을 적재함에 있어 달비계의 하부 및 상부지점이 강재인 경우 안전계수는 최소 얼마 이상인가?

① 2.5   ② 5
③ 10   ④ 15

해설 달비계(곤돌라의 달비계는 제외)를 작업발판으로 사용할 때 최대적재하중을 정함에 있어서의 안전계수
 1) 달기와이어로프 및 달기강선의 안전계수 : 10 이상
 2) 달기체인 및 달기훅의 안전계수 : 5이상
 3) 달기강대와 달비계의 하부 및 상부지점의 안전계수
  ① 강재의 경우 2.5 이상
  ② 목재의 경우 5이상

■ 정답 ■ 80.② 81.④ 82.③ 83.③ 84.② 85.①

86 지반의 침하에 따른 구조물의 안전성에 중대한 영향을 미치는 흙의 간극비의 정의로 옳은 것은?

① $\dfrac{공기의 부피}{흙입자의 부피}$
② $\dfrac{공기와 물의 부피}{흙입자의 부피}$
③ $\dfrac{공기와 물의 부피}{흙입자에 포함된 물의 부피}$
④ $\dfrac{공기의 부피}{흙입자에 포함된 물의 부피}$

해설 1) 흙=토립자+공극(간극 : 물+공기)
　　　2) 간극비(공극비)=$\dfrac{공극의 용적}{흙입자의 용적}$
　　　　　　　　　　　=$\dfrac{공기와 물의 부피}{흙입자의 부피}$

87 추락재해 방지설비의 종류가 아닌 것은?

① 추락방망　　② 안전난간
③ 개구부 덮개　④ 수직보호망

해설 수직보호망 : 낙하·비래 방지설비

88 옹벽이 외력에 대하여 안정하기 위한 검토 조건이 아닌 것은?

① 전도　　　② 활동
③ 좌굴　　　④ 지반 지지력

해설 옹벽이 외력에 대하여 안정하기 위한 검토조건
　　　1) 전도
　　　2) 활동
　　　3) 지반지지력

89 감전재해의 방지대책에서 직접접촉에 대한 방지대책에 해당하는 것은?

① 충전부에 방호망 또는 절연덮개 설치
② 보호접지(기기외함의 접지)
③ 보호절연
④ 안전전압 지하의 전기기기 사용

해설 1) 직접접촉에 의한 감전방지대책
　　　　① 충전부 전체를 절연할 것
　　　　② 노출형 배전설비 등은 폐쇄 배전반형으로 하고 전동기 등은 적절한 방호구조의 형식을 사용할 것
　　　　③ 설치장소의 제한, 별도의 실내 또는 울타리 등을 설치하고 시건장치를 할 것
　　　2) 간접접촉에 의한 감전방지대책
　　　　① 계통 또는 기기접지
　　　　② 누전차단기 설치
　　　　③ 비접지방식의 전로채용
　　　　④ 안전전압 이하의 전기기기 사용
　　　　⑤ 보호절연

90 콘크리트 측압에 관한 설명 중 옳지 않은 것은?

① 슬럼프가 클수록 측압은 커진다.
② 벽 두께가 두꺼울수록 측압은 커진다.
③ 부어 놓는 속도가 빠를수록 측압은 커진다.
④ 대기 온도가 높을수록 측압은 커진다.

해설 대기온도가 낮을수록 측압이 커진다.

91 차량계 하역운반기계에 화물을 적재할 때의 준수사항과 거리가 먼 것은?

① 하중이 한쪽으로 치우치지 않도록 적재할 것
② 구내운반차 또는 화물자동차의 경우 화물의 붕괴 또는 낙하에 의한 위험을 방지하기 위하여 화물에 로프를 거는 등 필요한 조치를 할 것
③ 운전자의 시야를 가리지 않도록 화물을 적재할 것
④ 제동장치 및 조정장치 기능의 이상 유무를 점검할 것

해설 ④항, 제동장치 및 조종장치 기능의 이상유무 : 지게차의 작업시작 전 점검사항

■ 정답 ■　86.②　87.④　88.③　89.①　90.④　91.④

92 차량계 건설기계의 작업시 작업시작 전 점검사항에 해당되는 것은?

① 권과방지장치의 이상 유무
② 브레이크 및 클러치의 기능
③ 슬링·와이어 슬링의 매달린 상태
④ 언로드밸브의 이상 유무

해설 차량계 건설기계의 작업시작 전 점검사항 : 브레이크, 클러치 등의 기능

93 공사현장에서 낙하물방지망 또는 방호선반을 설치할 때 설치높이 및 벽면으로부터 내민 길이 기준으로 옳은 것은?

① 설치높이 : 10m 이내마다, 내면 길이 2m 이상
② 설치높이 : 15m 이내마다, 내면 길이 2m 이상
③ 설치높이 : 10m 이내마다, 내면 길이 3m 이상
④ 설치높이 : 15m 이내마다, 내면 길이 3m 이상

해설 낙하물방지망 또는 방호선반 설치시 준수사항
1) 설치 높이는 10m 이내마다 설치하고, 내민 길이는 벽면으로부터 2m 이상으로 할 것
2) 수평면과의 각도는 20° 내지 30°를 유지할 것

94 철골공사 시 도괴의 위험이 있어 강풍에 대한 안전 여부를 확인해야 할 필요성이 가장 높은 경우는?

① 연면적당 철골양이 일반건물보다 많은 경우
② 기둥에 H형강을 사용하는 경우
③ 이음부가 공장용접인 경우
④ 호텔과 같이 단면구조가 현저한 차이가 있으며 높이가 20m 이상인 건물

해설 철골공사시 철공의 자립도 검토사항 : 구조안전의 위험성이 큰 다음 항목의 철골구조물은 건립 중 강풍에 의한 풍압 등 외압에 대한 내력이 설계에 고려되었는지 확인할 것
1) 높이 20m 이상의 구조물
2) 구조물의 폭과 높이의 비가 1:4 이상인 구조물
3) 단면구조에 현저한 차이가 있는 구조물
4) 연면적당 철골량이 50kg/m² 이하인 구조물
5) 기둥이 타이 플레이트(tie plate)형인 구조물
6) 이음부가 현장용접인 구조물

95 산업안전보건기준에 관한 규칙에 따른 굴착면의 기울기 기준으로 틀린 것은?

① 보통흙 모래 − 1 : 1.8
② 풍화암 − 1 : 0.5
③ 보통흙 그 밖에 흙 − 1 : 1.2
④ 경암 − 1 : 0.5

해설 굴착작업시 굴착면의 기울기 기준

구분	지반의 종류	구배
보통 흙	모래	1 : 1.8
	그 밖에 흙	1 : 1.2
암반	풍화암	1 : 1.0
	연암	1 : 1.0
	경암	1 : 0.5

96 달비계 설치 시 달기체인의 사용 금지 기준과 거리가 먼 것은?

① 달기체인의 길이가 달기체인이 제조된 때의 길이의 5%를 초과한 것
② 균열이 있거나 심하게 변형된 것
③ 이음매가 있는 것
④ 링의 단면지름이 달기체인이 제조된 때의 해당 링의 지름이 10%를 초과하여 감소한 것

해설 부적격한 달기체인 사용금지사항
1) 달기체인의 길이의 증가가 그 달기체인이 제조된 때의 길이의 5%를 초과한 것
2) 링의 단면지름 감소가 그 달기체인이 제조된 때의 해당 링의 지름의 10%를 초과한 것
3) 균열이 있거나 심하게 변형된 것

■ 정답 ■ 92.② 93.① 94.④ 95.② 96.③

97 차량계 하역운반기계의 운전자가 운전위치를 이탈하는 경우 조치해야 할 내용 중 틀린 것은?

① 포크 및 버킷을 가장 높은 위치에 두어 근로자 통행을 방해하지 않도록 하였다.
② 원동기를 정지시켰다.
③ 브레이크를 걸어두고 확인 하였다.
④ 경사지에서 갑작스런 주행이 되지 않도록 바퀴에 블록 등을 놓았다.

해설 차량계 하역운반기계의 운전자가 운전위치를 이탈할 경우 준수할 사항
  1) 포크 및 버킷시 등의 하역장치를 가장 낮은 위치에 둘 것
  2) 원동기를 정지시키고 브레이크를 확실히 거는 등 불시 주행을 방지하기 위한 조치를 할 것

98 채석작업을 하는 경우 지반의 붕괴 또는 토석의 낙하로 인하여 근로자에게 발생할 우려가 있는 위험을 방지하기 위하여 취하여야 할 조치와 가장 거리가 먼 것은?

① 작업 시작 전 작업장소 및 그 주변 지반의 분석과 균열의 유무와 상태 점검
② 함수·용수 및 동결상태의 변화 점검
③ 진동치 속도 점검
④ 발파 후 발파장소 점검

해설 채석작업시 지반의 붕괴 또는 토석의 낙하에 의한 위험방지 조치사항
  1) 점검자를 지명하고 작업 장소 및 그 주변의 지반에 대하여 당일의 작업을 시작하기 전에 부석과 균열의 유무와 상태, 함수·용수 및 동결상태의 변화를 점검할 것
  2) 점검자는 발파를 행한 후 당해 발파를 행한 장소와 그 주변의 부석과 균열의 유무 및 상태를 점검할 것

99 건설업 산업안전보건관리비의 사용항목으로 가장 거리가 먼 것은?

① 안전시설비
② 사업장의 안전진단비
③ 근로자의 건강관리비
④ 본사 일반관리비

해설 건설업 안전관리비 항목별 사용기준
  1) 안전관리자 등의 인건비 및 각종 업무수당비 등
  2) 안전시설비 등
  3) 개인보호구 및 안전장구 구입비 등
  4) 사업장의 안전진단비 등
  5) 안전보건교육비 및 행사비 등
  6) 근로자의 건강관리비 등
  7) 건설재해예방 기술지도비
  8) 본사사용비

100 다음은 이음매가 있는 권상용 와이어로프의 사용금지 규정이다. ( )안에 알맞은 숫자는?

> 와이어로프의 한 꼬임에서 소선의 수가 ( )% 이상 절단된 것을 사용하면 안된다.

① 5 ② 7
③ 10 ④ 15

해설 부적격한 와이어로프의 사용금지사항
  1) 이음매가 있는 것
  2) 와이어로프의 한 꼬임에서 끊어진 소선(필러선 제외)의 수가 10%이상인 것
  3) 지름의 감소가 공칭지름의 7%를 초과하는 것
  4) 꼬인 것
  5) 심하게 변형 또는 부식된 것
  6) 열과 전기충격에 의해 손상된 것

■정답■ 97.① 98.③ 99.④ 100.③

2022년 시행
건설안전산업기사

2022년 1회 CBT복원 기출문제

건설안전산업기사

제1과목 / 산업안전관리론

01 다음 ( )안에 알맞은 것은?

> 사업주는 산업재해로 사망자가 발생하거나 ( )일 이상의 휴업이 필요한 부상을 입거나 질병에 걸린 사람이 발생한 경우 해당 산업재해가 발생한 날부터 1개월 이내에 산업재해조사표를 작성하여 관할 지방고용노동청장 또는 지청장에게 제출하여야 한다.

① 3　　　　② 4
③ 5　　　　④ 7

해설 산업재해 발생보고(시행규칙 제4조)
 1) 사업주는 산업재해로 사망자가 발생하거나 3일 이상의 휴업이 필요한 부상을 입거나 질병에 걸린 사람이 발생한 경우
 2) 해당 산업재해가 발생한 날부터 1개월 이내에 산업재해조사표를 작성하여
 3) 지방 고용노동관서의 장에게 제출하여야 한다.

02 성공적인 리더가 갖추어야 할 특성으로 가장 거리가 먼 것은?

① 강한 출세 욕구
② 강력한 조직 능력
③ 미래지향적 사고 능력
④ 상사에 대한 부정적 태도

해설 성실한 지도자가 공통적으로 갖는 속성
 1) 업무수행능력 및 판단능력
 2) 강력한 조직능력 및 강한 출세욕구
 3) 자신에 대한 긍정적 태도
 4) 상사에 대한 긍적적 태도
 5) 조직의 목표에 대한 충성심
 6) 실패에 대한 두려움
 7) 원만한 사교성
 8) 매우 활동적이며 공격적인 도전
 9) 자신의 건강과 체력 단련
 10) 부모로부터의 정서적 독립

03 산업안전보건법상 아세틸렌 용접장치 또는 가스집합 용접장치를 사용하여 행하는 금속의 용접·용단 또는 가열작업자에게 특별안전·보건교육을 시키고자 할 때의 교육 내용이 아닌 것은?

① 용접흄·분진 및 유해광선 등의 유해성에 관한 사항
② 작업방법·작업순서 및 응급처치에 관한 사항
③ 안전밸브의 취급 및 주의에 관한 사항
④ 안전기 및 보호구 취급에 관한 사항

해설 아세틸렌용접장치 또는 가스집합용접장치를 사용하여 금속의 용접·용단 또는 가열작업시 특별안전·보건교육의 교육내용
 1) ①, ②, ④항
 2) 가스용접기, 압력조정기, 호스 및 취관두 등의 기기점검에 관한 사항
 3) 화재예방 및 초기대응에 관한 사항
 4) 그 밖에 안전·보건관리에 필요한 사항

■정답■　01.①　02.④　03.③

04 하버드 학파의 5단계 교수법에 해당되지 않는 것은?

① 교시(Presentation)
② 연합(Association)
③ 추론(Reasoning)
④ 총괄(Generalization)

해설 하버드 학파의 5단계 교수법
1) 1단계 : 준비시킨다(preparation)
2) 2단계 : 교시한다(presentation)
3) 3단계 : 연합한다(association)
4) 4단계 : 총괄시킨다(generalization)
5) 5단계 : 응용시킨다(application)

05 재해원인을 직접원인과 간접원인으로 나눌 때, 직접원인에 해당하는 것은?

① 기술적 원인
② 관리적 원인
③ 교육적 원인
④ 물적 원인

해설 재해발생의 원인
1) 직접원인
　① 인적원인 : 불안전한 행동
　② 물적원인 : 불안전한 상태
2) 간접원인 : 기술적원인, 관리적원인, 교육적원인

06 교육 대상자수가 많고, 교육 대상자의 학습능력의 차이가 큰 경우 집단안전 교육방법으로서 가장 효과적인 방법은?

① 문답식 교육
② 토의식 교육
③ 시청각 교육
④ 상담식 교육

해설 시청각 교육
1) 시청각 교육 : 교육대상자수가 많고 교육대상자의 학습능력차이가 큰 경우 집단교육방법으로 효과적이다.

07 방독마스크의 흡수관의 종류와 사용조건이 옳게 연결된 것은?

① 보통가스용 – 산화금속
② 유기가스용 – 활성탄
③ 일산화탄소용 – 알칼리제제
④ 암모니아용 – 산화금속

해설 방독마스크의 흡수관(흡수통 또는 정화통)

종류	표지 기호	표지 색	대응독물	주성분
보통가스용 (할로겐가스용)	A	흑색 회색	염소 및 할로겐류, 포스겐, 유기 및 산성가스	활성탄, 소다라임
유기가스용	C	흑색	유기가스 및 증기, 이황화탄소	활성탄
일산화탄소용	E	적색	TEL, 일산화탄소	호프카라이트, 방습제
암모니아용	H	녹색	암모니아	큐프라마이트
아황산용	I	황적색	아황산 및 황산미스트	산화금속 알카리제제

08 일선 관리감독자를 대상으로, 작업지도기법, 작업개선기법, 인간관계 관리기법 등을 교육하는 방법은?

① ATT(American Telephone & Telegram Co.)
② MTP(Management Training Program)
③ CCS(Civil Communication Section)
④ TWI(Training Within Industry)

해설 TWI(Training Within Industry)
1) 교육대상자 : 감독자
2) 교육내용
　① JI(Job Instruction) : 작업지도 기법
　② JM(Job Method) : 작업개선 기법
　③ JR(Job Relation) : 인간관계관리 기법 (부하통솔 기법)
　④ JS(Job Safety) : 작업안전 기법
3) 한 클래스는 10명 정도, 교육방법은 토의법, 1일 2시간씩 5일에 걸쳐 10시간 정도 한다.

■ 정답 ■ 04.③ 05.④ 06.③ 07.② 08.④

09 산업안전보건법상 바탕은 흰색, 기본모형은 빨간색, 관련 부호 및 그림은 검은색을 사용하는 안전·보건표지는?

① 안전복착용　② 출입금지
③ 고온경고　　④ 비상구

해설 산업안전표지의 종류와 색채
1) 금지표시 : 바탕은 흰색, 기본모형은 빨간색, 관련부호 및 그림은 검정색
2) 경고표시 : 바탕은 노란색, 기본모형, 관련부호 및 그림은 검정색[다만, 인화성물질 경고, 산화성물질 경고, 폭발성물질 경고, 급성독성물질 경고, 부식성물질 경고 및 발암성·변이원성·생식독성·전신독성·호흡기과민성물질 경고의 경우 바탕은 무색, 기본모형은 빨간색(흑색도 가능)]
3) 지시표지 : 바탕은 파란색, 관련그림은 흰색
4) 안내표지 : 바탕은 흰색, 기본모형 및 관련부호는 녹색, 바탕은 녹색, 관련부호 및 그림은 흰색
5) 관계자외 출입금지표지 : 바탕은 흰색, 글자는 흑색, 다음 글자는 적색
① ○○○제조/사용/보관중
② 석면취급/해체중
③ 발암물질 취급중

10 레빈(Lewin)의 법칙 중 환경조건(E)이 의미하는 것은?

① 지능　　② 소질
③ 적성　　④ 인간관계

해설 레빈(Lewin)의 법칙
$B = f(P \cdot E)$
1) B(Behavior) : 인간의 행동
2) f(function, 함수관계) : 적성 기타 P와 E에 영향을 미칠 수 있는 조건
3) P(Person, 개체) : 연령, 경험, 심신상태, 성격, 지능 등 인간의 조건
4) E(Environment, 심리적 환경) : 인간관계, 작업환경 등 환경조건

11 재해손실 코스트 방식 중 하인리히의 방식에 있어 1 : 4의 원칙 중 1에 해당하지 않는 것은?

① 재해예방을 위한 교육비
② 치료비
③ 재해자에게 지급된 급료
④ 재해보상 보험금

해설 하인리히의 재해손실비
1) 총재해 cost=직접비+근접비
2) 직접비 : 간접비= 1 : 4
① 직접비 : 법으로 정한 치료비 및 산재보상비(휴업보상비, 장해보상비, 요양보상비, 장의비, 유족보상비, 상병보상연금 등)
② 간접비 : 재산손실, 생산중단 등으로 인해 기업이 입은 손실(인적손실, 물적손실, 생산손실, 기타손실 등)

12 다음과 같은 착시현상에 해당하는 것은?

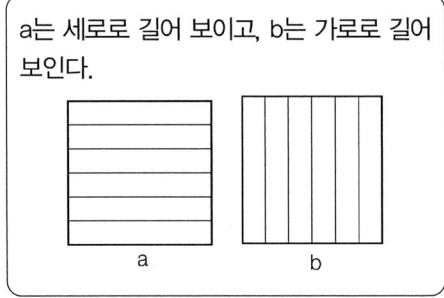

a는 세로로 길어 보이고, b는 가로로 길어 보인다.

① 뮬러-라이어(Muler-Lyer)의 착시
② 헬호츠(Helmhotz)의 착시
③ 헤링(Hering)의 착시
④ 포겐도프(Poggendorf)의 착시

해설 헬호츠(Helhotz)의 착시 : 가로, 세로의 길이가 같은데 선으로 나눈 부분이 길어져 보인다.

■ 정답 ■　09.②　10.④　11.①　12.②

13 산업안전보건법상 프레스 작업 시 작업시작 전 점검사항에 해당하지 않는 것은?

① 클러치 및 브레이크의 기능
② 매니퓰레이터(manipulator) 작동의 이상 유무
③ 프레스의 금형 및 고정볼트 상태
④ 1행정 1정지기구·급정지장치 및 비상정지 장치의 기능

해설 프레스 작업시 작업시작 전 점검사항
   1) 클러치 및 브레이크의 기능
   2) 크랭크축, 플라이휠, 슬라이드, 연결봉 및 연결나사의 볼트 풀림 유무
   3) 1행정 1정지 기구, 급정지장치, 비상정지장치의 기능
   4) 슬라이드 또는 칼날에 의한 위험방지기구의 기능
   5) 프레스의 금형 및 고정 볼트 상태
   6) 당해 방호장치의 기능 점검

14 매슬로우(A.H.Maslow)의 인간욕구 5단계 이론에서 각 단계별 내용이 잘못 연결된 것은?

① 1단계 : 자아실현의 욕구
② 2단계 : 안전에 대한 욕구
③ 3단계 : 사회적 욕구
④ 4단계 : 존경에 대한 욕구

해설 매슬로우(Maslow)의 욕구 5단계
   1) 1단계 - 생리적 욕구(신체적 욕구) : 기아, 갈등, 호흡, 배설, 성욕 등 기본적 욕구
   2) 2단계 - 안전의 욕구 : 안전을 구하려는 욕구
   3) 3단계 - 사회적 욕구(친화욕구) : 애정, 소속에 대한 욕구
   4) 4단계 - 인정받으려는 욕구(자기존경의 욕구, 승인욕구) : 자존심, 명예, 성취, 지위 등에 대한 욕구
   5) 5단계 - 자아실현의 욕구(성취욕구) : 잠재적인 능력을 실현하고자 하는 욕구

15 TBM(Tool Box Meeting)의 의미를 가장 잘 설명한 것은?

① 지시나 명령의 전달회의
② 공구함을 준비한 후 작업하라는 뜻
③ 작업원 전원의 상호대화로 스스로 생각하고 납득하는 작업장 안전회의
④ 상사의 지시된 작업내용에 따른 공구를 하나하나 준비해야 한다는 뜻

해설 TBM(tool box meeting)
   1) TBM은 통상 작업 시작 전에 5분~15분 정도의 시간을 들여 행하여진다. 또한 작업 종업시의 극히 짧은 3분~5분으로 행하는 미팅도 TBM의 하나이다.
   2) TBM은 직장, 현장, 공구 상자 등의 근처에서 될 수 있는 한 작은 원을 만들어 이루어진다 (인원 5~7명 정도).
   3) TBM은 직장이나 작업의 상황에 잠재된 위험을 모두가 말을 하는 가운데 스스로 생각하고 납득하고 합의하는 것이다.

16 산업안전보건법상 중대재해에 해당하지 않는 것은?

① 추락으로 인하여 1명이 사망한 재해
② 건물의 붕괴로 인하여 15명의 부상자가 동시에 발생한 재해
③ 화재로 인하여 4개월의 요양이 필요한 부상자가 동시에 3명 발생한 재해
④ 근로환경으로 인하여 직업성질병자가 동시에 5명 발생한 재해

해설 중대재해의 정의(시행규칙 제2조제1항)
   1) 사망자가 1명 이상 발생한 재해
   2) 3개월 이상의 요양이 필요한 부상자가 동시에 2명 이상 발생한 재해
   3) 부상자 또는 직업성 질병자가 동시에 10명 이상 발생한 재해

■ 정답 ■ 13.② 14.① 15.③ 16.④

17 안전관리에 관한 계획에서 실시에 이르기까지 모든 권한이 포괄적이며 하향적으로 행사되며, 전문 안전담당 부서가 없는 안전관리조직은?

① 직계식 조직
② 참모식 조직
③ 직계 – 참모식 조직
④ 안전보건 조직

해설 직계식 조직(line 형)
1) 생산 또는 현장 라인(line)에서 생산 및 안전업무를 동시에 실시하는 조직 형태이다 (100명 미만 소규모 사업장에 적합)
2) 장점
① 안전지시나 개선조치 등 명령이 철저하고 신속하게 수행된다.
② 상하관계만 있기 때문에 명령과 보고가 간단명료하다.
③ 참모식 조직보다 경제적인 조직체계이다.
3) 단점
① 안전전담부서(staff)가 없기 때문에 안전에 대한 정보가 불충분하고 안전지식 및 기술축적이 어렵다.
② 라인(line)에 과중한 책임을 지우기가 쉽다.

18 교육훈련의 효과는 5관을 최대한 활용하여야 하는데 다음 중 효과가 가장 큰 것은?

① 청각   ② 시각
③ 촉각   ④ 후각

해설 5관의 효과순서 : 시각 〉 청각 〉 촉각 〉 미각 〉 후각

19 피로의 예방과 회복대책에 대한 설명이 아닌 것은?

① 작업부하를 크게 할 것
② 정적 동작을 피할 것
③ 작업속도를 적절하게 할 것
④ 근로시간과 휴식을 적정하게 할 것

해설 피로의 예방대책
1) 작업부하를 작게 할 것
2) 근로시간과 휴식을 적정하게 할 것
3) 작업속도 및 작업정도 등을 적당하게 할 것
4) 불필요한 마찰을 배제 할 것
5) 정적동작을 피할 것
6) 직장체조를 통해 혈액순환을 촉진할 것(운동을 적당히 할 것)
7) 충분한 영양을 섭취할 것(건강식품의 준비, 비타민 B·C등의 적정한 영양제보급 등)

20 연간 총 근로시간 중에 발생하는 근로손실일수를 1,000시간 당 발생하는 근로손실일수로 나타내는 식은?

① 강도율   ② 도수율
③ 연천인율   ④ 종합재해지수

해설 1) 강도율 : 연근로시간 1000시간 당 재해로 인해서 잃어버린 근로손실일수를 말한다.
2) 관계식
$$강도율 = \frac{근로손실일수}{연근로시간수} \times 1,000$$

제2과목
인간공학 및 시스템안전공학

21 옥내 조명에서 최적 반사율의 크기가 작은 것부터 큰 순서대로 나열된 것은?

① 벽 < 천장 < 가구 < 바닥
② 바닥 < 가구 < 천장 < 벽
③ 가구 < 바닥 < 천장 < 벽
④ 바닥 < 가구 < 벽 < 천장

해설 옥내 최적 반사율
1) 천장 : 80~90%
2) 벽, 창문 발(blind) : 40~60%
3) 가구, 사무기기, 책상 : 25~45%
4) 바닥 : 20~40%

■정답■ 17.① 18.② 19.① 20.① 21.④

22 결합수분석법에 있어 정상사상(top event)이 발생하지 않게 하는 기본사상들의 집합을 무엇이라고 하는가?

① 컷셋(cut set)
② 페일셋(fail set)
③ 트루셋(truth set)
④ 패스셋(path set)

해설 1) 컷셋과 미니멀 컷
　① 컷셋(cut sets) : 정상사상을 일으키는 기본사상(통상사상, 생략사상 포함)의 집합을 컷이라 한다.
　② 미니멀 컷(minimal cut sets) : 정상사상을 일으키기 위해 필요한 최소한의 컷을 말한다. (시스템의 위험성을 나타냄)
2) 패스셋과 미니멀 패스
　① 패스셋(path sets) : 정상사상이 일어나지 않는 기본사상의 집합을 말한다.
　② 미니멀 패스(minimal path sets) : 필요한 최소한의 패스를 말한다.(시스템의 신뢰성을 나타냄)

23 다음 중 일반적으로 가장 신뢰도가 높은 시스템의 구조는?

① 직렬연결구조　② 병렬연결구조
③ 단일부품구조　④ 직·병렬 혼합구조

해설 1) 병렬연결 : 신뢰도가 가장 높음
2) 관계식
$$R = 1 - \prod_{i=1}^{n}(1-R_i)$$

24 다음 중 시스템 안전성 평가의 순서를 가장 올바르게 나열한 것은?

① 자료의 정리 → 정량적 평가 → 정성적 평가 → 대책 수립 → 재평가
② 자료의 정리 → 정성적 평가 → 정량적 평가 → 재평가 → 대책 수립
③ 자료의 정리 → 정량적 평가 → 정성적 평가 → 재평가 → 대책 수립
④ 자료의 정리 → 정성적 평가 → 정량적 평가 → 대책 수립 → 재평가

해설 공장설비의 안전성 평가의 5단계
　1) 1단계 : 관계 자료의 작성준비
　2) 2단계 : 정성적 평가
　3) 3단계 : 정량적 평가
　4) 4단계 : 안전대책
　5) 5단계 : 재평가

25 작업자가 소음 작업환경에 장기간 노출되어 소음성 난청이 발병하였다면 일반적으로 청력손실이 가장 크게 나타나는 주파수는?

① 1,000 Hz　② 2,000 Hz
③ 4,000 Hz　④ 6,000 Hz

해설 유해주파수 : 4,000Hz

26 페일 세이프(fail-safe)의 원리에 해당되지 않는 것은?

① 교대 구조
② 다경로하중 구조
③ 배타설계 구조
④ 하중경감 구조

해설 구조적 페일 세이프(항공기의 엔진, 압력용기의 안전밸브)
1) **저균열속도 구조** : 기계·장치 등에 균열이 발생하더라도 그 진전속도가 늦어 정지를 일으키는 구조
2) **조합구조** : 다층재 등에서와 같이 여러 개의 재료를 조합시켜 하나의 재료에서 균열이 생겨도 다른 재료가 하중을 받아주는 구조
3) **다경로하중 구조** : 하중을 받아주는 부재가 몇 개로 나누어져 있어 일부 부재가 파열되어도 다른 부재로 인해 하중을 받아줄 수 있는 구조
4) **하중해방 구조** : 안전파열판 등과 같이 어딘가가 파열되면 그 이상의 하중이 걸리지 않는 구조

■ 정답 ■ 22.④ 23.② 24.④ 25.③ 26.③

27 FT도에 사용되는 논리기호 중 AND 게이트에 해당하는 것은?

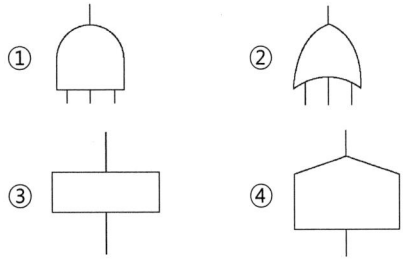

해설 ① 항 : AND gate
② 항 : OR gate
③ 항 : 결함사상
④ 항 : 통상사상

28 관측하고자 하는 측정값을 가장 정확하게 읽을 수 있는 표시장치는?

① 계수형　② 동침형
③ 동목형　④ 묘사형

해설 정량적 동적표시장치의 기본형
1) 정목동침(moving pointer)형 : 눈금이 고정되고 지침이 움직이는 형
2) 정침동목(moving scale)형 : 지침이 고정되고 눈금이 움직이는 형
3) 계수(digital)형 : 전력계나 택시요금 계기와 같이 기계·전자적으로 숫자가 표시되는 형

29 FMEA의 위험성 분류 중 "카테고리 2"에 해당되는 것은?

① 영향 없음
② 활동의 지연
③ 사명 수행의 실패
④ 생명 또는 가옥의 상실

해설 FMEA의 위험성 분류
1) category 1 : 생명 또는 가옥의 상실
2) category 2 : 사명(작업) 수행의 실패
3) category 3 : 활동의 지연
4) category 4 : 영향 없음

30 조종반응비율(C/R비)에 관한 설명으로 틀린 것은?

① 조종장치와 표시장치의 물리적 크기와 성질에 따라 달라진다.
② 표시장치의 이동거리를 조종장치의 이동거리로 나눈 값이다.
③ 조종반응비율이 낮다는 것은 민감도가 높다는 의미이다.
④ 최적의 조종반응비율은 조종장치의 조종시간과 표시장치의 이동시간이 교차하는 값이다.

해설 조종반응비율(C/R비 또는 C/D또는 ; 통제표시비)

$$\frac{C}{R}비 = \frac{조종장치\ 이동거리}{표시장치\ 이동거리}$$

31 인간 - 기계 시스템 설계 과정의 주요 6단계를 올바른 순서로 나열한 것은?

ⓐ 기본설계
ⓑ 시스템 정의
ⓒ 목표 및 성능 명세 결정
ⓓ 인간 – 기계 인터페이스(human-machine interface)설계
ⓔ 매뉴얼 및 성능보조자료 작성
ⓕ 시험 및 평가

① ⓒ → ⓑ → ⓐ → ⓓ → ⓔ → ⓕ
② ⓐ → ⓑ → ⓒ → ⓓ → ⓔ → ⓕ
③ ⓑ → ⓒ → ⓐ → ⓔ → ⓓ → ⓕ
④ ⓒ → ⓐ → ⓑ → ⓔ → ⓓ → ⓕ

해설 인간·기계 시스템 설계과정의 6단계
1) 1단계 : 목표 및 성능 명세 결정
2) 2단계 : 시스템 정의
3) 3단계 : 기본설계
4) 4단계 : 인간·기계 인터페이스 (interface) 설계
5) 5단계 : 매뉴얼 및 성능보조자료 작성
6) 6단계 : 시험 및 평가
[주] interfase(계면) : 인간·기계체계에서 인간과 기계가 만나는 면(面)

32 동전던지기에서 앞면이 나올 확률이 0.7이고, 뒷면이 나올 확률이 0.3일 때, 앞면이 나올 사건의 정보량(A)과 뒷면이 나올 사건의 정보량(B)은 각각 얼마인가?

① A : 0.88bit,　B : 1.74bit
② A : 0.51bit,　B : 1.74bit
③ A : 0.88bit,　B : 2.25bit
④ A : 0.51bit,　B : 2.25bit

해설 $A = \log_2\left(\frac{1}{0.7}\right) = \frac{\log(1/0.7)}{\log 2} = 0.51\,bit$

$B = \log_2\left(\frac{1}{0.3}\right) = \frac{\log(1/0.3)}{\log 2} = 1.74\,bit$

33 에너지대사율(Relative Metabolic Rate)에 관한 설명으로 틀린 것은?

① 작업대사량은 작업 시 소비에너지과 안정 시 소비에너지의 차로 나타낸다.
② RMR은 작업대사량을 기초대사량으로 나눈 값이다.
③ 산소소비량을 측정할 때 더글라스백(Douglas bag)을 이용한다.
④ 기초대사량은 의자에 앉아서 호흡하는 동안에 측정한 산소소비량으로 구한다.

해설 1) 기초대사량 : 생명을 유지하는데 필요한 최소한의 시간당 에너지를 말한다.
　　2) 기초대사량 : 1500~1800kcal/day

34 중량물을 반복적으로 드는 작업의 부하를 평가하기 위한 방법인 NIOSH 들기지수를 적용할 때 고려되지 않는 항목은?

① 들기빈도　　② 수평이동거리
③ 손잡이 조건　④ 허리 비틀림

해설 1) NIOSH(미국 산업안전보건연구원)들기지수 (LI ; lifting index) : 실제작업물의 무게와 권장무게한계(RWL)의 비를 말한다.

$LI = \dfrac{실제작업무게(L)}{권장무게한계(RWL)}$

2) 권장무게한계(RWL)
$RWL = Lc \times HM \times VM \times DM \times AM \times FM \times CM$

여기서, Lc : 중량상수(32kg)
HM : 수평계수
VM : 수직계수
DM : 이동거리계수
AM : 비대칭계수
FM : 작업빈도계수(들기빈도)
CM : 물체를 잡는데 따른 계수(커플링계수)(손잡이 조건)

35 인체측정치를 이용한 설계에 관한 설명으로 옳은 것은?

① 평균치를 기준으로 한 설계를 제일 먼저 고려한다.
② 자세와 동작에 따라 고려해야 할 인체측정 치수가 달라진다.
③ 의자의 깊이와 너비는 작은 사람을 기준으로 설계한다.
④ 큰 사람을 기준으로 한 설계는 인체측정치의 5%tile을 사용한다.

해설 1) 최대치수나 최소치수, 조절식으로 하기가 곤란할 때 평균치를 기준으로 하여 설계한다.
2) 의자좌판의 깊이는 작은 사람에게, 나비(폭)는 큰 사람에게 맞도록 설계한다.
3) 큰 사람을 기준으로 한 설계(최대 집단치)는 인체측정치의 상위 백분위수를 기준으로 한 90,95,99%치를 사용한다. (최소집단치는 하위 백분위 수 1,5,10%치 사용)

36 고온 작업자의 고온 스트레스로 인해 발생하는 생리적 영향이 아닌 것은?

① 피부와 직장온도의 상승
② 발한(Sweating)의 증가
③ 심박출량(cardiac output)의 증가
④ 근육에서의 젖산 감소로 인한 근육통과 근육피로 증가

해설 ④항, 근육에서의 젖산 증가로 인한 근육통과 근육피로 증가.

■ 정답 ■　32.②　33.④　34.②　35.②　36.④

37 청각적 표시장치 지침에 관한 설명으로 틀린 것은?

① 신호는 최소한 0.5~1초 동안 지속한다.
② 신호는 배경소음과 다른 주파수를 이용한다.
③ 소음은 양쪽 귀에, 신호는 한쪽 귀에 들리게 한다.
④ 300m 이상 멀리 보내는 신호는 2,000Hz 이상의 주파수를 사용한다.

해설 1) 300m 이상 멀리 보내는 신호는 1,000 Hz 이하의 주파수를 사용한다.
2) 장애물 칸막이 통과시는 500Hz이하의 진동수를 사용한다.

38 그림의 FT도에서 최소 컷셋(minimal cut set)으로 옳은 것은?

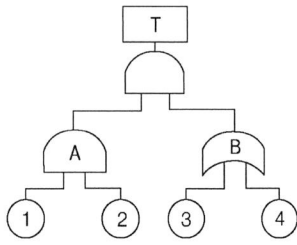

① {1, 2, 3, 4}
② {1, 2, 3}, {1, 2, 4}
③ {1, 3, 4}, {2, 3, 4}
④ {1, 3}, {1, 4}, {2, 3}, {2, 4}

해설 FT도를 다음과 같이 그린 후에 최소컷셋을 구한다.

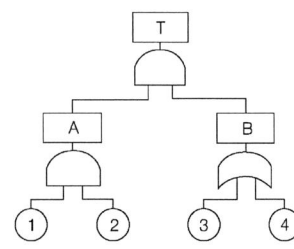

T→AB→①②B→①②③
　　　　　　　①②④

39 설비의 보전과 가동에 있어 시스템의 고장과 고장 사이의 시간 간격을 의미하는 용어는?

① MTTR   ② MDT
③ MTBF   ④ MTBR

해설 1) MTTF(mean time to failure) : 평균 수명 또는 고장발생까지의 동작시간 평균이라고도 하며, 하나의 고장에서부터 다음 고장까지의 평균동작시간을 말한다.
$$MTTF = \frac{1}{\lambda(고장률)}$$
2) MTTR(mean time to repair) : 평균수리시간(총수리시간을 그 기간의 수리회수로 나눈 시간)
3) MTBF(mean time between failure) : 평균 고장간격
MTBF = MTTF + MTTR

40 음량 수준이 50phon일 때 sone값은?

① 2   ② 5
③ 10   ④ 100

해설 $sone = 2^{(phon-40)/10}$
$= 2^{(50-40)/10} = 2$

길잡이 phon과 sone
1) phon에 의한 음량수준 : 1,000Hz순음의 음압수준(dB)을 phon이라 한다.
2) sone에 의한 음량 : 40phon(1,000Hz, 40dB의 음압수준을 가진 순음의 크기)을 1sone이라 한다.

$S = 2^{(p-40)/10}$
$\log S = \left(\frac{P-40}{10}\right) \times \log 2$
$P - 40 = \log S \times 10/\log 2$
$P = 33.3 \log S + 40$

제3과목 / 건설시공학

41 콘크리트 공사에서 비교적 간단한 구조의 합판거푸집을 적용할 때 사용되며 측압력을 부담하지 않고 단지 거푸집의 간격만 유지시켜 주는 역할을 하는 것은?

① 컬럼밴드
② 턴버클
③ 폼타이
④ 세퍼레이터

해설
1) 컬럼밴드(column band) : 기둥거푸집의 고정 및 측압버팀용으로 쓰이는 것으로서 주로 합판거푸집에 사용된다.
2) 턴버클(turn buckle) : 인장재(줄)를 팽팽히 당겨 조이는 나사있는 탕개쇠로 거푸집 연결시 철선을 조이는데 쓰는 긴장기를 말한다.
3) 폼타이(form tie) : 거푸집판을 일정한 간격으로 유지시켜 주는 동시에 콘크리트의 측압을 최종적으로 지지하는 역할을 하는 부재이다.
4) 세퍼레이터(separator) : 본문설명

42 공사에 필요한 특기 시방서에 기재하지 않아도 되는 사항은?

① 인도시 검사 및 인도시기
② 각 부위별 시공방법
③ 각 부위별 사용재료
④ 사용재료의 품질

해설 시방서의 기재내용
1) 공사전체의 개요
2) 시방서의 적용범위, 공통주의사항
3) 시공방법(준비사항, 공사의 정도, 사용 장비, 주의사항 등)
4) 사용재료(종류, 품질, 필요한 시험, 저장방법, 검사방법 등)
5) 특기사항

43 레디믹스트 콘크리트 중 믹싱플랜트에서 어느 정도 비빈 것을 트럭믹서에 실어 운반도중 완전히 비벼 만드는 것은?

① 제너럴믹스트 콘크리트
② 센트럴믹스트 콘크리트
③ 쉬링크믹스트 콘크리트
④ 트랜싯믹스트 콘크리트

해설 레디믹스트 콘크리트
1) 센트럴믹스트 콘크리트(Central mixed concrete) : 제조공정의 고정믹서에서 완전히 비벼진 콘크리트를 트럭믹서로 회전시키면서 목적지까지 운반하여 사용한다.(공장과 근거리 현장에 유리)
2) 쉬링크믹스트 콘크리트(shrink mixed concrete) : 본문설명
3) 트랜싯믹스트 콘크리트(transit mixed concrete) : 제조공장의 배처플랜트(batcher plant)에서 재료만을 공급받아 운반중에 트럭믹서 속에서 완전히 비벼 공급하는 것이다 (공장과 장거리 현장에 유리)

44 보일링(boiling)이나 부풀어오름을 방지하기 위한 대책으로 옳지 않은 것은?

① 흙막이벽의 타입깊이를 늘린다.
② 흙막이 외부의 지반면을 진동 가압한다.
③ 웰포인트 공법으로 지하수위를 낮춘다.
④ 약액주입 등으로 굴착지면을 지수한다.

해설 보일링(boiling) 현상
1) 보일링 : 투수성이 좋은 사질지반에서 흙막이벽 두시면의 수위가 높아서 지하수가 흙막이벽을 돌아서 굴착부 저면이 모래와 같이 액상화되어 솟아오르는 현상
2) 대책
① 굴착배면의 지하수위를 낮춘다.
② 흙막이벽(토류벽)의 근입깊이를 깊게 한다.
③ 흙막이벽 하단부에 버팀대를 보강한다.
④ 흙막이벽 선단에 코어 및 필터 층을 설치한다.

■정답■ 41.④ 42.① 43.③ 44.②

45 벽과 바닥의 콘크리트 타설을 한 번에 가능하도록 벽체용 거푸집과 슬래브 거푸집을 일체로 제작하여 한 번에 설치하고 해체할 수 있도록 한 시스템거푸집은?

① 갱폼 ② 클라이밍폼
③ 슬립폼 ④ 터널폼

해설 1) **갱폼** : 옹벽, 피어(pier)등에 사용하는 거푸집이다.
2) **클라이밍폼**(climbing form) : 벽체용 거푸집으로 거푸집과 벽체 마감공사를 위한 비계를 일체로 제작한 거푸집이다.
3) **슬립폼** : 거푸집공법 중 수평적 또는 수직적으로 반복된 구조물을 시공이음이 없이 균일한 형상으로 시공하기 위하여 거푸집을 연속적으로 이동시키면서 콘크리트를 타설하는데 사용되는 거푸집이다.

46 철근콘크리트공사에서 일반적으로 거푸집 존치기간이 가장 긴 부분은?

① 보옆 ② 기둥
③ 외벽 ④ 바닥판밑

해설 포틀랜드 시멘트에 의한 거푸집 존치기간(온도 : 평균 10~20℃미만)
1) 기초, 보옆, 기둥 및 벽 : 6일
2) 바닥 및 지붕슬래브, 보 밑 : 8일

길잡이 시멘트 종류에 의한 거푸집 존치기간

부위		기초, 보옆, 기둥 및 벽		바닥 및 지붕 슬래브, 보 밑	
시멘트의 종류		포틀랜드 시멘트	조강포틀랜드 시멘트	포틀랜드 시멘트	조강포틀랜드 시멘트
콘크리트의 재령 (일)	평균 20℃ 이상	4	2	7	4
	평균 10~20℃ 미만	6	3	8	5
콘크리트의 압축강도		50kg/cm²		설계기준강도의 50%	

47 초고층 건물의 콘크리트 타설시 가장 많이 이용되고 있는 방식은?

① 자유낙하에 의한 방식
② 피스톤으로 압송하는 방식
③ 튜브속의 콘크리트를 짜내는 방식
④ 물의 압력에 의한 방식

해설 콘크리트 펌프의 형식
1) **압축공기에 의한 압송방식** : 탱크내의 콘크리트를 압축공기의 압력으로 밀어보내는 방식이다.
2) **피스톤에 의한 압송방식**
① 피스톤의 왕복운동에 의하여 콘크리트를 압송하는 방식이다.
② 초고층 건물의 콘크리트 타설시 많이 사용되고 있다.
3) **튜브속의 콘크리트를 짜내어 압송하는 방식** : 원형의 진공실에서 회전하는 로울러에 의해 튜브속의 콘크리트를 짜내어 압송하는 방식이다.

48 철근의 이음방법 중 용접이음의 종류가 아닌 것은?

① 아크(Arc)용접
② 플러시 버트(Flush Butt)용접
③ Cad Welding
④ 가스(Gas)압접

해설 철근의 용접이음 종류
1) **아크용접**(arc welding ; 전호용접) : 아크열을 이용하여 용접하는 방법이다.
2) **플러시 버트 용접**(flush butt welding ; 불꽃 맞대기 용접) : 전기용접으로 접합시킬 수 있는 철근을 클램프로 끼워 맞대고 전류를 통하게 하여 불꽃이 발생하면 큰 압력을 가하여 밀착시키면서 용접하는 방법이다.
3) **가스압점** : 가스버너에 의해 용접하는 방법이다.

■ 정답 ■ 45.④ 46.④ 47.② 48.③

49 지반조사 방법 중 보링에 관한 설명으로 옳지 않은 것은?

① 보링은 지질이나 지층의 상태를 비교적 깊은 곳까지도 정확하게 확인할 수 있다.
② 충격식 보링은 토사를 분쇄하지 않고 연속적으로 채취할 수 있으므로 가장 정확한 방법이다.
③ 회전식보링은 불교란시료 채취, 암석 채취 등에 많이 쓰인다.
④ 수세식 보링은 30m 까지의 연질층에 주로 쓰인다.

해설 보링(boring) 방법
 1) **오우거보링** : 나선형으로 된 송곳을 인력으로 지중에 틀어박는 방법이다.
 2) **회전식보링** : 날을 회전시켜 천공하는 것으로 불교란 시료 채취가 가능하다(가장 정확한 방법)
 3) **충격식보링** : 와이어로프 끝에 충격날(bit)을 달고 낙하 충격을 주어 경지층을 천공하는 방식이다.
 4) **수세식보링** : 비교적 연약한 토사에 충격을 주며 물을 뿜어 파진 흙과 물을 같이 배출시켜 흙탕물이 침전되어 나타난 지층의 토질을 판별한다(30m까지의 연질층에 쓰이며 공사비도 싸다)

50 철골조와 목조건축에서는 지붕대들보를 올릴 때 행하는 의식이며, 철근콘크리트조에서는 최상층의 거푸집 혹은 철근배근 시 또는 콘크리트를 타설한 후 행하는 식은?

① 상량식(上梁式)
② 착공식(着工式)
③ 정초식(定礎式)
④ 준공식(竣工式)

해설 상량식 : 본문설명

51 다음 중 철골 공사와 관계가 없는 것은?

① 가이데릭(Gay derrick)
② 고력 볼트(High tension bolt)
③ 맞댐 용접(Butt welding)
④ 램머(Rammer)

해설 램머(rammer) : 흙을 다지는 기계

52 공사의 진척에 따라 정해진 시기에 실비와 이실비에 미리 계약된 비율을 곱한 금액을 보수로서 시공자에게 지불하는 실비정산식 시공계약제도는?

① 실비비율보수가산식
② 실비한정비율보수가산식
③ 실비정액보수가산식
④ 단가도급식

해설 실비정산식 시공계약제도
 1) **실비비율보수가산식** : 본문설명
 2) **실비한정비율보수가산식** : 실비에 제한을 두고 시공자에게 제한된 금액 내에서 공사를 완성시키는 책임을 지우는 방식이다.
 3) **실비정액보수가산식** : 실비의 여하를 막론하고 미리 계약된 일정액의 보수만을 지불하는 방식이다.
 4) **실비변동보수가산식** : 실비를 몇 단계로 나누어 공사비가 각 단계의 금액보다 증가될 때는 반대로 빙류보수·정액보수를 체감하는 방식이다.

53 토량 6,000m³을 8톤 트럭으로 운반할 때 필요한 트럭 대수는? (단, 8톤 트럭 1대의 적재량은 6m³이고 트럭은 5회 운행함)

① 120대   ② 150대
③ 180대   ④ 200대

해설 필요한 트럭댓수 $= \dfrac{6{,}000\text{m}^3}{6\text{m}^3 \text{댓수} \times 5\text{회}} = 200$대

■정답■ 49.② 50.① 51.④ 52.① 53.④

54 흙막이 벽에 사용되는 계측장비의 연결이 옳은 것은?

① 두부변형·침하 – 트랜싯
② 측압·수동토압 – 변형계
③ 응력 – 경사계
④ 중간부 변형 – 레벨

해설 흙막이벽의 측정항목 및 계측기에 의한 측정방법
1) 두부변형·침하 : 트랜싯, 레벨 등
2) 측압·수동토압 : 토압계, 수분계
3) 응력 : 변형계, 크랙육안
4) 중간부 변형 : 경사계

55 다음 중 사운딩 시험방법과 가장 거리가 먼 것은?

① 표준관입시험
② 공내재하시험
③ 콘 관입 시험
④ 베인전단시험

해설 1) 사운딩(sounding) : 로드에 붙인 저항체를 지중에 넣고 관입, 회전, 빼올리기 등의 저항으로부터 토층의 성질을 탐사하는 법을 말한다.
2) 사운딩 시험방법
① 표준관입시험
② 스웨덴식 사운딩시험
③ 화란식 관입시험
④ 베인시험

56 지하연속벽(slurry wall)공법에 관한 설명으로 옳지 않은 것은?

① 도심지 공사에서 탑다운 공법과 같이 병행할 수 있다.
② 단면강성이 높고 지수성이 뛰어나다.
③ 벽 두께를 자유로이 설계하기 어렵다.
④ 공사비가 비교적 높고 공기가 불리한 편이다.

해설 1) 지하연속벽 공법(slurry wall) : 벤토나이트 이수(泥水)를 사용해서 지반을 굴착하여 여기에 철근망을 삽입하고 콘크리트를 타설하여 지중에 철근콘크리트 연속벽체를 형성하는 공법
2) 지하연속벽 공법의 특징
① 무진동, 무소음 공법이다.
② 인접건물에 근접시공이 가능하다.
③ 차수성이 높다.
④ 벽체 강성이 높다(연약지반의 변형 및 이면 침하를 최소한으로 억제할 수 있음)
⑤ 형상치수가 자유롭다.
⑥ 공사비가 고가이고 고도의 기술경험이 필요하다.

57 철골공사 중 고력볼트접합에 관한 설명으로 옳지 않은 것은?

① 고력볼트 세트의 구성은 고력볼트 1개, 너트 1개 및 와셔 2개로 구성한다.
② 접합방식의 종류는 마찰접합, 지압접합, 인장접합이 있다.
③ 볼트의 호칭지름에 의한 분류는 D16, D20, D22, D24로 한다.
④ 조임은 토크관리법과 너트회전법에 따른다.

해설 고장력 볼트접합 : 인장강도 $9t/cm^2$(항복점 $7t/cm^2$)이상의 강도가 큰 볼트를 강한 힘으로 조여접합재 사이의 마찰력에 의해 응력을 전달하는 방식의 접합

58 철근콘크리트 구조용으로 쓰이는 것으로 보기 어려운 것은?

① 피아노 선(piano wire)
② 원형철근(round bar)
③ 이형철근(deformed bar)
④ 메탈라스(metal lath)

해설 메탈라스(metal lath) : 연강판에 일정한 간격으로 그물눈을 내고 늘여 철망모양으로 만든 것이다. (천정, 벽 등의 모르타르바름 바탕용)

■ 정답 ■ 54.① 55.② 56.③ 57.③ 58.④

59 강말뚝(H형강, 강관말뚝)에 관한 설명 중 옳지 않은 것은?

① 깊은 지지층까지 도달시킬 수 있다.
② 휨강성이 크고 수평하중과 충격력에 대한 저항이 크다.
③ 부식에 대한 내구성이 뛰어나다.
④ 재질이 균일하고 절단과 이음이 쉽다.

해설 강재말뚝지정의 특징
1) 강한 타격에도 견디며 다져진 중간지층의 관통도 가능하다.
2) 지지력이 크고 이음이 안전하고 강하며 확실하므로 장척말뚝에 적당하다.
3) 상부구조와의 결합이 용이하나 가격이 고가이다.
4) 말뚝의 절단·가공 및 현장접합이 가능하다.
5) 휨 모멘트에 대한 저항성은 크나 흙에 묻히면 부식에 의해 내구성이 떨어진다.

60 공사 관리기법 중 VE(Value Engineering) 가치향상의 방법으로 옳지 않은 것은?

① 기능은 올리고 비용은 내린다.
② 기능은 많이 내리고 비용은 조금 내린다.
③ 기능은 많이 올리고 비용은 약간 올린다.
④ 기능은 일정하게 하고 비용은 내린다.

해설 VE(Value engineering, 가치공학) : 건설현장에서 필요한 기능을 품질저하 없이 유지하며 가장 적은 비용으로 공사를 관리하는 원가절감 기법

제4과목 / 건설재료학

61 금속의 기계적 성질에 대한 설명 중 옳은 것은?

① 강은 탄소의 함유량이 많을수록 강도는 작아진다.
② 신율은 탄소량이 증가할수록 비례해서 증가한다.
③ 경도는 탄소량 2%까지는 탄소량에 비례하고, 그 이상에서는 감소한다.
④ 봉강은 탄소량이 적을수록 연질이므로 굴곡가공이 용이하다.

해설 탄소함유량에 의한 탄소강의 특성
1) 강은 탄소함유량이 많을수록 강도는 증대되고 신도(연신율)는 감소된다.
2) 탄소함유량이 0.9%~1.0% 함유시 인장강도는 최대로 증대되고 이를 넘으면 감소된다.
3) 경도는 탄소함유량이 0.9% 함유시 최대가 되며 그 이상에서는 일정하다.

62 타일에 관한 설명으로 옳지 않은 것은?

① 타일은 점토 또는 암석의 분말을 성형, 소성하여 만든 박판제품을 총칭한 것이다.
② 타일은 용도에 따라 내장타일, 외장타일, 바닥타일 등으로 분류할 수 있다.
③ 일반적으로 모자이크타일 및 내장타일은 습식법, 외장타일은 건식법에 의해 제조된다.
④ 타일의 백화현상은 수산화석회와 공기 중 탄산가스의 반응으로 나타난다.

해설 건식타일 및 습식타일

명칭	성형방법	정밀도	용도
건식타일	프레스성형	치수·정밀도가 높고, 고능률이다.	내장타일 바닥타일 모자이크타일
습식타일	압출성형	프레스성형에 비해 정밀도가 낮다.	외장타일 바닥타일

63 콘크리트 제조에 사용되는 일반적인 구성재료가 아닌 것은?

① 혼화재료   ② 시멘트
③ 염화물   ④ 골재

해설 콘크리트의 구성재료 : 시멘트, 골재, 혼화재료 등

64 목재의 역학적 성질 중 옳지 않은 것은?

① 섬유 평행방향의 휨 강도와 전단강도는 거의 같다.
② 강도와 탄성은 가력방향과 섬유방향과의 관계에 따라 현저한 차이가 있다.
③ 섬유에 평행방향의 인장강도는 압축강도보다 크다.
④ 목재의 강도는 일반적으로 비중에 비례한다.

해설 1) 목재의 섬유방향에 대한 강도가 가장 작은 것은 전단강도이다.
2) **강도크기순서** : 인장강도 > 휨강도 > 압축강도 > 전단강도

65 다음 시멘트 중 댐 등 단면이 큰 구조물에 적용하기 어려운 것은?

① 중용열포틀랜드 시멘트
② 고로시멘트
③ 플라이애쉬 시멘트
④ 조강포틀랜드 시멘트

해설 1) **조강포틀랜드시멘트** : 조기강도가 커지도록 만들어진 시멘트이다.
2) **조강포틀랜드시멘트의 특성**
  ① 수화열이 크고 수화속도가 빠르므로 한중 콘크리트의 시공에 적합하다.
  ② 거푸집을 빠른 시일 내에 제거할 수 있다.
  ③ 수화열을 크게 하기 위해 C_3A(알루민산삼석회)를 많이 사용하는 조강포틀랜드시멘트는 경화, 건조에 의한 수축이 크므로 시공, 양생시 주의하지 않으면 균열이 생기기 쉽다.

66 보의 이음부분에 볼트와 함께 보강철물로 사용되는 것으로 두 부재사이의 전단력에 저항하는 목구조용 철물은?

① 꺾쇠   ② 띠쇠
③ 듀벨   ④ 감잡이쇠

해설 목재 이음용 철물
1) 꺾쇠 : 강봉 토막의 양끝을 뾰족하게 하고 ㄷ자형으로 구부려 2부대의 목재를 이어 연결 혹은 엇갈리게 고정시킬 때 쓰이는 철물
2) 띠쇠 : 띠모양으로 된 이음철물
3) 듀벨 : 본문설명
4) 감잡이쇠 : ㄷ자형으로 구부려 만든 띠쇠로 두부재를 감아 연결하는 목재이음, 맞춤을 보강하는 철물

67 목재가 건조과정에서 방향에 따른 수축률의 차이로 나이테에 직각방향으로 갈라지는 결함은?

① 변색   ② 뒤틀림
③ 할렬   ④ 수지낭

해설 할렬(갈라짐) : 불균일한 건조 및 수축에 의해서 생기는 것으로 나이테에 직각방향으로 갈라지는 결함을 말한다.

68 목재의 함수율에 관한 설명 중 옳지 않은 것은?

① 목재의 함유수분 중 자유수는 목재의 중량에는 영향을 끼치지만 목재의 물리적 또는 기계적 성질과는 관계가 없다.
② 침엽수의 경우 심재의 함수율은 항상 변재의 함수율보다 크다.
③ 섬유포화상태의 함수율은 30%정도이다.
④ 기건상태란 목재가 통상 대기의 온도, 습도와 평형된 수분을 함유한 상태를 말하며, 이 때의 함수율은 15%정도이다.

해설 심재의 함수율(40~100%정도)은 변재의 함수율(80~200%정도)보다 작다.

■ 정답 ■ 63.③ 64.① 65.④ 66.③ 67.③ 68.②

69 유화제를 써서 아스팔트를 미립자로 수중에 분산시킨 다갈색 액체로서 깬 자갈의 점결제 등으로 쓰이는 아스팔트 제품은?

① 아스팔트 프라이머
② 아스팔트 에멀젼
③ 아스팔트 그라우트
④ 아스팔트 컴파운드

해설
1) 아스팔트 프라이머 : 블로운 아스팔트를 휘발성 용제에 용해한 저점도의 흑갈색 액체로 방수시공시 첫째 공정에 쓰이는 바탕처리제이다.
2) 아스팔트 에멀젼 : 본문설명
3) 아스팔트 컴파운드(asphalt compound) : 블로운 아스팔트에 동·식물과 같은 유기질 물질을 혼합하여 유동성, 점성 등을 크게 하고 내후성, 내열성을 향상시킨 것이다.

70 알루미나시멘트의 특징에 관한 설명으로 옳지 않은 것은?

① 초기강도가 크다.
② 해수에 대한 화학적 저항성이 크다.
③ 응결, 경화시에 발열량이 크다.
④ 내화 콘크리트용으로 사용이 불가능하다.

해설 알루미나 시멘트 : Al_2O_3를 함유한 보크사이트(bauxite)에 석회석을 혼합하여 만든 시멘트로 그 특성은 다음과 같다.
1) 조기강도가 매우 커서 급결성이 강하다.(재령 1일 보통 시멘트의 28일 강도를 나타냄)
2) 발열량이 대단히 커서 −10℃의 동기(冬期)공사 및 긴급공사에 이용된다.
3) 산에는 약하나 알칼리에 강하다.(해수에 대한 저항성이 크다.)
4) 내화성이 우수하여 내화로용 시멘트로 사용한다.

71 콘크리트내의 공극을 메워 조직을 치밀하게 하는 공극 충전에 이용되는 재료로 가장 적합한 것은?

① 포졸란계
② 실리콘계
③ 아스팔트계
④ 물유리

해설 포졸란 시멘트 : 포틀랜드시멘트에 포졸란과 석고를 혼합하여 만든 시멘트로 실리카 시멘트(포틀랜드시멘트+포졸란+석고)라고 하며, 그 특성은 다음과 같다.
1) 조기강도는 포틀랜드시멘트보다 약간 낮으나 장기강도는 약간 크다.
2) 수밀성이 좋고 내구성이 있는 콘크리트를 만들 수 있다.
3) 해수 등에 대한 화학저항이 크다.
4) 워커빌리티가 좋아지고 블리딩을 감소시킨다.

72 시멘트에 물을 가하여 혼합하여 만들어진 시멘트 페이스트가 시간경과에 따라 유동성을 잃고 응고하는 현상을 무엇이라 하는가?

① 응결
② 풍화
③ 건조수축
④ 경화

해설 시멘트의 응결 및 경화
1) 응결 및 경화
① 응결 : 시멘트풀(cement paste)이 시간이 경과함에 따라 수화 반응에 의하여 유동성과 점성을 상실하고 고화하는 현상
② 경화 : 응결 이후에 점차 굳어져 가는 상태
③ 위응결 : 시멘트풀이 물과 혼합하여 발열하지 않고 10~20분 만에 굳어졌다가 다시 풀리면서 응결하는 현상
2) 응결의 시작과 종결시간 : 1시간 이후 ~10시간 이내

73 합성수지의 일반적인 성질에 관한 설명으로 옳지 않은 것은?

① 마모가 크고 탄력성이 작으므로 바닥재료로 사용이 곤란하다.
② 내산, 내알칼리 등의 내화학성 우수하다.
③ 전성, 연성이 크고 피막이 강하다.
④ 내열성, 내화성이 적고 비교적 저온에서 연화, 연질된다.

■정답■ 69.② 70.④ 71.① 72.① 73.①

[해설] 합성수지의 성질
1) 경도 및 내마모성이 작다.(강성과 강도가 작다.)
2) 내열성, 내화성, 내후성 등이 작다.
3) 열에 의한 변형 신축성이 크다.
4) 전성과 연성이 크고 피막이 강하여 도료에 적당하다.
5) 내산, 내알칼리 등의 내화학성 및 전기 절연성이 우수하다.

74 어떤 석재의 질량이 다음과 같을 때 이 석재의 표면건조 포화상태의 비중은?

- 공시체의 건조 질량 : 400g
- 공시체의 물 속 질량 : 300g
- 공시체의 침수 후 표면건조 포화상태의 공시체의 질량 : 450g

① 1.33　② 1.50
③ 2.67　④ 4.51

[해설] 석재의 표면건조포화상태의 비중(r)

$$r = \frac{W_1}{W_3 - W_2}$$

$$= \frac{400}{450 - 300} = 2.67$$

여기서, W_1 : 절대건조중량(g)
W_2 : 수중에서 측정한 중량(g)
W_3 : 표면건조포화상태의 중량 (공기 중 측정중량)(g)

75 수장용 집성재(KS F 3118)의 품질기준 항목이 아닌 것은?

① 접착력
② 난연성
③ 함수율
④ 굽음 및 뒤틀림

[해설] 1) **집성목재** : 두께 1.52~5cm의 단판을 몇 장 또는 몇 십장 겹쳐서 접착제로 접착한 것으로 합판과 다른 점은 다음과 같다.
① 판의 섬유방향을 평행으로 붙인 것이다.
② 판의 홀수가 아니어도 된다.
③ 합판과 같은 얇은 판이 아니고 두께가 두껍다.
2) 수장용 집성재의 품질기준(KSF 3118)항목
① 접착력(침지박리시험, 블록전단시험)
② 함수율
③ 굽음 및 뒤틀림
④ 홈파기, 모서리가공 및 대패가공
⑤ 재면의 품질(옹이, 수지선, 썩음, 구멍, 주선 등)

76 점토의 물리적 성질에 관한 설명으로 옳지 않은 것은?

① 점토의 압축강도는 인장강도의 약 5배 정도이다.
② 양질 점토일수록 가소성이 좋다.
③ 순수한 점토일수록 용융점이 높고 강도도 크다.
④ 불순 점토일수록 비중이 크다.

[해설] 점토의 비중
1) 2.5~2.6 정도이며 알루미나(Al_2O_3)가 많은 점토는 3.0정도이다.
2) 점토는 불순물이 많을수록 비중이 작아진다.

77 석회석을 900~1,200℃로 소성하면 생성되는 것은?

① 돌로마이트 석회
② 생석회
③ 회반죽
④ 소석회

[해설] 석회석의 열분해 반응식

$$CaCO_3 \xrightarrow{900 \sim 1200℃} CaO + CO_2$$
(석회석)　　　　　(생석회)(탄산가스)

■정답■ 74.③　75.②　76.④　77.②

78 규산칼슘판 단열재에 대한 설명으로 옳은 것은?

① 용융유리를 흡착법 등으로 수 μm 의 가는 섬유로 만든 것
② 각종 슬래그에 석회암을 첨가하여 가는 섬유형태로 만든 것
③ 주원료인 식물섬유를 쪄서 분해한 밀도 $0.4g/cm^3$ 미만인 것
④ 내열성과 내파손성이 우수하여 철골내화피복으로 사용되는 것

해설 규산칼슘판 단열재
1) 규산칼슘 보온재 : 규산질 분말, 석회 및 무기질 섬유 를 균일하게 배합하여 가열성형 및 수열처리하여 만든다.
2) 특징
    ① 경량이고 강도가 높다.
    ② 내열 및 내수성이 우수하다.
    ③ 화재로 인한 철골의 강도 저하를 방지하는 내화피복재료로 많이 사용한다.

79 미장공사에서 코너비드가 사용되는 곳은?

① 계단 손잡이
② 기둥의 모서리
③ 거푸집 가장자리
④ 화장실 칸막이

해설 코너비드(corner bead) : 벽, 기둥 등의 모서리를 보호하기 위하여 미장바름질을 할 때 붙이는 보호용 철물로 모서리쇠라고도 한다.

80 돌로마이트 플라스터는 대기 중의 무엇과 화합하여 경화하는가?

① 이산화탄소(CO_2) ② 물(H_2O)
③ 산소(O_2) ④ 수소(H)

해설 돌로마이트 플라스터[$Ca(OH)_2$, $Mg(OH)_2$] : 공기 중의 탄산가스(CO_2)와 결합하여 경화하는 기경성 미장재료이다.

제5과목 / 건설안전기술

81 강관을 사용하여 비계를 구성하는 경우 비계기둥간의 적재하중은 얼마를 초과하지 않도록 하여야 하는가?

① 200kg ② 300kg
③ 400kg ④ 500kg

해설 강관비계의 구조
1) 비계기둥의 간격은 띠장방향에서는 1.85m 이하, 장선방향에서는 1.5m 이하로 할 것
2) 띠장간격은 2m 이하로 설치할 것
3) 비계기둥의 최고부로부터 31m 되는 지점 밑부분의 비계기둥은 2본의 강관으로 묶어둘 것 (브라켓 등으로 보강하여 그 이상의 강도가 유지되는 경우에는 그러하지 아니하다)
4) 비계기둥 간의 적재하중은 400kg을 초과하지 아니하도록 할 것

82 토석붕괴의 내적 요인으로 옳은 것은?

① 사면의 경사 증가
② 공사에 의한 진동, 하중의 증가
③ 절토 및 성토 높이의 증가
④ 토석의 강도 저하

해설 토사붕괴의 원인(고용노동부고시)
1) 외적요인
    ① 사면, 법면의 경사 및 구배의 증가
    ② 절토 및 성토 높이의 증가
    ③ 공사에 의한 진동 및 반복하중의 증가
    ④ 지표수 및 지하수의 침투에 의한 토사중량 증가
    ⑤ 지진, 차량, 구조물의 하중
2) 내적요인
    ① 절토사면의 토질, 암석
    ② 성토사면의 토질
    ③ 토석의 강도저하

■ 정답 ■ 78.④ 79.② 80.① 81.③ 82.④

83 흙의 액성한계 $W_L = 48\%$, 소성한계 $W_P = 26\%$일 때 소성지수(I_P)는 얼마인가?

① 18% ② 22%
③ 26% ④ 32%

해설 소성지수(I_P)
= 액성한계(W_L) - 소성한계(W_P)
= 48 - 26 = 22%

84 수중굴착 및 구조물의 기초바닥 등과 같은 협소하고 상당히 깊은 범위의 굴착과 호퍼작업에 가장 적당한 굴착기계는?

① 파워셔블
② 항타기
③ 클램쉘
④ 리버스서큘레이션드릴

해설 클램쉘(clamshell)
1) 붐의 선단에서 버킷을 와이어로프로 매달아 바로 아래로 떨어뜨려 흙을 떠 올리는 중기
2) 수직굴착, 수중굴착, 연약지반에 사용

85 지반의 투수계수에 영향을 주는 인자에 해당하지 않는 것은?

① 토립자의 단위중량 ② 유체의 점성계수
③ 토립자의 공극비   ④ 유체의 밀도

해설 지반의 투수계수에 영향을 주는 인자
1) 유체의 점성계수
2) 토립자의 공극비
3) 유체의 밀도

86 철골작업에서 작업을 중지해야 하는 규정에 해당되지 않는 경우는?

① 풍속이 초당 10m 이상인 경우
② 강우량이 시간당 1mm 이상인 경우
③ 강설량이 시간당 1cm 이상인 경우
④ 겨울철 기온이 영상 4℃이상인 경우

해설 철골작업을 중지해야 할 기상조건
1) 풍속 : 10m/sec 이상
2) 강우량 : 1mm/hr 이상
3) 강설량 : 1cm/hr 이상

87 가설통로 중 경사로를 설치, 사용함에 있어 준수해야 할 사항으로 옳지 않은 것은?

① 경사로의 폭은 최소 90센티미터 이상이어야 한다.
② 비탈면의 경사각은 45도 내외로 한다.
③ 높이 7미터 이내마다 계단참을 설치하여야 한다.
④ 추락방지용 안전난간을 설치하여야 한다.

해설 ②항, 비탈면의 경사각은 30°이내로 한다.

88 철골기둥 건립 작업 시 붕괴·도괴 방지를 위하여 베이스 플레이트의 하단은 기준 높이 및 인접기둥의 높이에서 얼마 이상 벗어나지 않아야 하는가?

① 2mm ② 3mm
③ 4mm ④ 5mm

해설 앵커볼트를 매립하는 경우 정밀도(고용노동부 고시)
1) 기둥중심은 기준선 및 인접기둥의 중심에서 5mm이상 벗어나지 않을 것
2) 인접기둥간·중심거리의 오차는 3mm이하일 것
3) 앵커볼트는 기둥중심에서 2mm이상 벗어나지 않을 것
4) 베이스플레이트 하단은 기준높이 및 인접기둥의 높이에서 3mm 이상 벗어나지 않을 것

89 다음 중 굴착기의 전부장치와 거리가 먼 것은?

① 붐(Boom)   ② 암(Arm)
③ 버킷(Bucket) ④ 블레이드(Blade)

해설 굴착기의 전부장치 : 붐(Boom), 암(arm), 버킷(bucket) 등으로 구성

■ 정답 ■ 83.② 84.③ 85.① 86.④ 87.② 88.② 89.④

90 가설공사와 관련된 안전율에 대한 정의로 옳은 것은?

① 재료의 파괴응력도와 허용응력도의 비율이다.
② 재료가 받을 수 있는 허용응력도이다.
③ 재료의 변형이 일어나는 한계응력도이다.
④ 재료가 받을 수 있는 허용하중을 나타내는 것이다.

해설 안전율 = $\dfrac{파괴응력}{허용응력}$

91 터널작업 중 낙반 등에 의한 위험방지를 위해 취할 수 있는 조치사항이 아닌 것은?

① 터널지보공 설치　② 록볼트 설치
③ 부석의 제거　　　④ 산소의 측정

해설 터널건설작업시 낙반 등에 의한 위험방지 조치사항
1) 터널지보공 설치
2) 록볼트의 설치
3) 부석의 제거

92 토사붕괴를 방지하기 위한 대책으로 붕괴방지공법에 해당되지 않는 것은?

① 배토공법　　　② 압성토공법
③ 집수정공법　　④ 공작물의 설치

해설 토사붕괴를 방지하기 위한 공법
1) 배토공법
2) 압성토공법
3) 공작물의 설치

93 달비계에 설치되는 작업발판의 폭에 대한 기준으로 옳은 것은?

① 20cm 이상　　② 40cm 이상
③ 60cm 이상　　④ 80cm 이상

해설 달비계에 설치되는 작업발판의 폭 : 40cm 이상

94 콘크리트의 비파괴 검사방법이 아닌 것은?

① 반발경도법　　② 자기법
③ 음파법　　　　④ 침지법

해설 콘크리트의 비파괴검사법 : 반발경도법, 자기법, 음파법 등

95 콘크리트를 타설할 때 거푸집에 작용하는 콘크리트 측압에 영향을 미치는 요인과 가장 거리가 먼 것은?

① 콘크리트 타설 속도
② 콘크리트 타설 높이
③ 콘크리트의 강도
④ 기온

해설 콘크리트 측압산정시 고려되는 요소
1) 굳지 않은 콘크리트의 단위용적중량(t/m³)
2) 벽 길이(m)
3) 굳지 않은 콘크리트의 타설높이(m)
4) 콘크리트의 타설속도(보통 10~50m/h 정도)
5) 거푸집 속의 콘크리트 온도

96 차량계 건설기계의 운전자 운전위치를 이탈하는 경우 준수해야 할 사항으로 옳지 않은 것은?

① 버킷은 지상에서 1m 정도의 위치에 둔다.
② 브레이크를 걸어둔다.
③ 디퍼는 지면에 내려둔다.
④ 원동기를 정지시킨다.

해설 운전위치 이탈시 조치사항
1) 포크, 버킷, 디퍼 등의 장치를 가장 낮은 위치 또는 지면에 내려 둘 것
2) 원동기를 정지시키고 브레이크를 확실히 거는 등 갑작스러운 주행이나 이탈을 방지하기 위한 조치를 할 것
3) 운전석을 이탈하는 경우에는 시동키를 운전대에서 분리시킬 것
다만, 운전석에 잠금장치를 하는 등 운전자가 아닌 사람이 운전하지 못하도록 조치한 경우에는 그러하지 아니하다.

■ 정답 ■　90.①　91.④　92.③　93.②　94.④　95.③　96.①

97 콘크리트 타설시 안전에 유의해야 할 사항으로 옳지 않은 것은?

① 콘크리트 다짐효과를 위하여 최대한 높은 곳에서 타설한다.
② 타설 순서는 계획에 의하여 실시한다.
③ 콘크리트를 치는 도중에는 거푸집, 동바리 등의 이상 유무를 확인하여야 한다.
④ 타설시 비어있는 공간이 발생되지 않도록 밀실하게 부어 넣는다.

해설 콘크리트 타설 시 높은 곳으로부터 콘크리트를 세게 거푸집 내에 부어넣지 않는다.

98 산업안전보건기준에 관한 규칙에서 규정하는 현장에서 고소작업대 사용 시 준수사항이 아닌 것은?

① 작업자가 안전모·안전대 등의 보호구를 착용하도록 할 것
② 관계자가 아닌 사람이 작업구역 내에 들어오는 것을 방지하기 위하여 필요한 조치를 할 것
③ 작업을 지휘하는 자를 선임하여 그 자의 지휘하에 작업을 실시할 것
④ 안전한 작업을 위하여 적정수준의 조도를 유지할 것

해설 고소작업대 사용시 준수사항
1) ①, ②, ④ 항
2) 전로(電路)에 근접하여 작업을 하는 경우에는 작업감시자를 배치하는 등 감전사고를 방지하기 위하여 필요한 조치를 할 것
3) 작업대를 정기적으로 점검하고 붐·작업대 등 각 부위의 이상 유무를 확인할 것
4) 전환스위치는 다른 물체를 이용하여 고정하지 말 것
5) 작업대는 정격하중을 초과하여 물건을 싣거나 탑승하지 말 것
6) 작업대의 붐대를 상승시킨 상태에서 탑승자는 작업대를 벗어나지 말 것
다만, 작업대에 안전대 부착설비를 설치하고 안전대를 연결하였을 때에는 그러하지 아니하다.

99 다음 그림은 산업안전보건기준에 관한 규칙에 따른 풍화암에서 토사붕괴를 예방하기 위한 기울기를 나타낸 것이다. x의 값은?

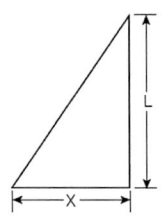

① 1.5　　　　② 1.0
③ 0.5　　　　④ 0.3

해설 굴착작업시 굴착면의 기울기 기준

구분	지반의 종류	구배
보통 흙	모래	1 : 1.8
	그 밖에 흙	1 : 1.2
암반	풍화암	1 : 1.0
	연암	1 : 1.0
	경암	1 : 0.5

100 거푸집에 작용하는 연직방향 하중에 해당하지 않는 것은?

① 고정하중　　② 작업하중
③ 충격하중　　④ 콘크리트측압

해설 거푸집의 연직방향 하중(W) 산정식
∴W=고정하중+충격하중+작업하중
　　=(r·t)+(1/2r·t)+150kg/m²
여기서 r : 철근콘크리트 비중(kg/m³)
　　　　t : 슬래브 두께(m)

1) 고정하중 : 콘크리트 자중(=철근콘크리트 비중×슬래브두께)
2) 충격하중 : 고정하중×1/2
3) 작업하중 : 작업원 중량+장비 및 가설설비의 등의 중량=150kg/m²

■ 정답 ■　97.①　98.③　99.②　100.④

건설안전산업기사

2022년 2회 CBT복원 기출문제

제1과목 / 산업안전관리론

01 토의법의 유형 중 다음에서 설명하는 것은?

> 교육과제에 정통한 전문가 4~5명이 피교육자 앞에서 자유로이 토의를 실시한 다음에 피교육자 전원이 참가하여 사회자의 사회에 따라 토의하는 방법

① 포럼 (forum)
② 패널 디스커션(panel discussion)
③ 심포지엄 (symposium)
④ 버즈 세션(buzz session)

해설 토의법 종류
1) forum(공개토론회) : 새로운 자료나 교제를 제시하고 거기서의 문제점을 피교육자로 하여금 제기케 하거나 의견을 여러 가지 방법으로 발표하게 하여 다시 깊이 파고들어 토의를 행하는 방법
2) symposium : 몇 사람의 전문가에 의하여 과제에 대한 견해를 발표한 뒤 참가자로 하여금 의견이나 질문을 하게 하여 토의하는 방법
3) panel discussion : 패널멤버(교육과제에 정통한 전문가 4~5명)가 피교육자 앞에서 자유로이 토의하고 뒤에 피교육자 전원이 참가하여 사회자의 사회에 따라 토의하는 방법
4) **버즈세션**(buzz session) : 6-6 회의라고도 하며, 먼저 사회자와 기록계를 선출한 후 나머지 사람은 6명씩 소집단으로 구분하고 소집단별로 각각 사회자를 선발하여 6분간씩 자유 토의를 행하여 의견을 종합하는 방법.

02 산업안전보건법령상 근로자 안전·보건교육의 기준으로 틀린 것은?

① 사무직 종사 근로자의 정기교육 : 매분기 3시간 이상
② 일용근로자의 작업내용 변경시의 교육 : 1시간 이상
③ 관리감독자의 지위에 있는 사람의 정기교육 : 연간 16시간 이상
④ 건설 일용근로자의 건설업 기초안전·보건교육 : 2시간 이상

해설 ④항, 건설일용근로자의 건설업 기초안전 보건교육 : 4시간 이상

03 맥그리거(McGregor)의 X이론에 따른 관리처방이 아닌 것은?

① 목표에 의한 관리
② 권위주의적 리더십 확립
③ 경제적 보상체제의 강화
④ 면밀한 감독과 엄격한 통제

해설 X,Y 이론의 관리처방

X 이론의 관리처방	Y이론의 관리처방
1. 경제적 보상체제의 강화	1. 민주적 리더십의 확립
2. 권위주의적 리더십의 확보	2. 분권화의 권한과 위임
3. 면밀한 감독과 엄격한 통제	3. 목표에 의한 관리
4. 상부책임제도의 강화	4. 직무확장
5. 조직구성의 고층성	5. 비공식적 조직의 활용
	6. 자체평가제도의 활성화

■정답■ 01.② 02.④ 03.①

04 안전·보건표지의 기본모형 중 다음 그림의 기본모형의 표시사항으로 옳은 것은?

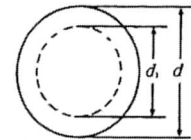

① 지시　　　　② 안내
③ 경고　　　　④ 금지

해설 지시표지
1) 기본모형 : 원형
2) 색상 : 바탕은 파랑, 관련그림은 흰색

05 지도자가 추구하는 계획과 목표를 부하직원이 자신의 것으로 받아들여 자발적으로 참여하게 하는 리더십의 권한은?

① 보상적 권한　　② 강압적 권한
③ 위임된 권한　　④ 합법적 권한

해설 리더십의 권한
1) 조직이 지도자에게 부여한 권한
  ① **보상적 권한** : 지도자가 부하들에게 보상할 수 있는 능력으로 인해 부하직원들을 통제할 수 있으며 부하들의 행동에 대해 영향을 끼칠 수 있는 권한이다.
  ② **강압적 권한** : 부하직원들을 처벌할 수 있는 권한이다.
  ③ **합법적 권한** : 조직의 규정에 의해 지도자의 권한이 공식화 된 것을 말한다.
2) 지도자 자신이 자신에게 부여한 권리 : 부하직원들이 지도자의 성격이나 그 능력을 인정하고 지도자를 존경하며 자진해서 따르는 것이다.
  ① **전문성의 권한** : 지도자가 목표수행에 필요한 전문적인 지식을 갖고 업무수행을 하므로 부하직원들의 자발적으로 지도자를 따르게 된다.
  ② **위임된 권한** : 집단의 목표를 성취하기 위해 부하직원들이 지도자가 정한 목표를 자진해서 자신의 것으로 받아들여 지도자와 함께 일하는 것이다.

06 인간의 착각현상 중 버스나 전동차의 움직임으로 인하여 자신이 승차하고 있는 정지된 차량이 움직이는 것 같은 느낌을 받는 현상은?

① 자동운동　　② 유도운동
③ 가현운동　　④ 플리커현상

해설 운동의 시지각(착각현상)
1) **자동운동** : 암실 내에서 정지된 소광점을 응시하고 있으면 그 광점이 움직이는 것을 볼 수 있는데 이것을 자동운동이라 한다. 자동운동이 생기기 쉬운 조건은 다음과 같다.
  ① 광점이 작을 것
  ② 시야의 다른 부분이 어두울 것
  ③ 광의 강도가 작을 것
  ④ 대상이 단순할 것
2) **유도운동** : 실제로 움직이지 않는 것이 어느 기준의 이동에 유도되어 움직이는 것처럼 느껴지는 현상을 말한다.
3) **가현운동** : 객관적으로 정지하고 있는 대상물이 급속히 나타난다가 소멸하는 것으로 인하여 일어나는 운동으로 마치 대상물이 운동하는 것처럼 인식되는 현상을 말한다.(β운동 : 영화영상의 방법).

07 무재해운동 추진기법 중 지적확인에 대한 설명으로 옳은 것은?

① 비평을 금지하고, 자유로운 토론을 통하여 독창적인 아이디어를 끌어낼 수 있다.
② 참여자 전원의 스킨십을 통하여 연대감, 일체감을 조성할 수 있고 느낌을 교류한다.
③ 작업 전 5분간의 미팅을 통하여 시나리오상의 역할을 연기하여 체험하는 것을 목적으로 한다.
④ 오관의 감각기관을 총동원하여 작업의 정확성과 안전을 확인한다.

해설 지적확인 : 인간의 실수를 없애기 위해 눈, 손, 입, 귀 등을 이용하여 작업을 착수하기 전에 대뇌를 자극시켜 안전을 확보하기 위한 기법

08 산업안전보건법령상 안전검사 대상 유해·위험 기계 등이 아닌 것은?

① 곤돌라
② 이동식 국소 배기장치
③ 산업용 원심기
④ 건조설비 및 그 부속설비

해설 안전검사대상 유해·위험기계·설비 등
1) 프레스
2) 전단기
3) 크레인(정격하중 2톤 미만인 것은 제외)
4) 리프트
5) 압력용기
6) 곤돌라
7) 국소배기장치(이동식은 제외)
8) 원심기(산업용에 한정)
9) 롤러기(밀폐구조는 제외)
10) 사출성형기(형체결력 294kN 미만은 제외)
11) 고소작업대(화물자동차 또는 특수자동차에 탑재한 고소작업대로 한정)
12) 컨베이너
13) 산업용로봇

09 비통제의 집단행동 중 폭동과 같은 것을 말하며, 군중보다 합의성이 없고, 감정에 의해서만 행동하는 특성은?

① 패닉(Panic)
② 모브(Mob)
③ 모방(Imitation)
④ 심리적 전염(Mental Epidemic)

해설 비통제의 집단행동 : 성원의 감정, 정서에 의해 좌우되고 연속성이 희박하다.
1) **군중**(crowd) : 성원 사이에 지위나 역할의 분화가 없고, 성원 각자는 책임감을 가지지 않으며 비판력도 가지지 않는다.
2) **모브**(mob) : 폭동과 같은 것을 말하며 군중보다 한층 합의성이 없고 가정만에 의해서 행동한다.
3) **패닉**(panic) : 이상적인 상황에서도 모브가 공격적일 때 패닉은 방어적 특징이다.
4) **심리적 전염**(mental epidemin) : 유행과 비슷하면서 해동양식이 이상적이며 비합리성이 강한 것으로 어떤 사상이 상당한 기간을 걸쳐 광범위하게 논리적 사고적 근거 없이 무비판하게 받아들여지는 것을 의미한다.

10 재해예방의 4원칙에 해당하지 않는 것은?

① 예방가능의 원칙
② 대책선정의 원칙
③ 손실우연의 원칙
④ 원인추정의 원칙

해설 재해예방의 4원칙
1) **손실우연의 원칙** : 사고에 의해 생기는 손실의 종류와 정도는 우연적이다
2) **원인계기의 원칙** : 모든 재해는 필연적인 원인에 의해서 발생되며 재해발생은 직접원인이 아니고 많은 간접원인의 연쇄로 발생되는 것이다
3) **예방가능의 원칙** : 재해는 원칙적으로 모든 방지가 가능하다
4) **대책선정의 원칙** : 가장 효과적인 재해방지대책의 선정은 사고원인의 정확한 분석에 의해서 얻어진다.

11 안전관리조직의 형태 중 라인·스탭형에 대한 설명으로 틀린 것은?

① 안전스탭은 안전에 관한 기획. 입안. 조사. 검토 및 연구를 행한다.
② 안전업무를 전문적으로 담당하는 스탭 및 생산라인의 각 계층에도 겸임 또는 전임의 안전담당자를 둔다.
③ 모든 안전관리업무를 생산라인을 통하여 직선적으로 이루어지도록 편성된 조직이다.
④ 대규모 사업장(1,000명 이상)에 효율적이다.

해설 ③항 : line형(직계형)의 특성

■정답■ 08.② 09.② 10.④ 11.③

12 강의계획에 있어 학습목적의 3요소가 아닌 것은?

① 목표　　　　② 주제
③ 학습 내용　　④ 학습 정도

해설 학습목적의 3요소
1) 목표(Goal) : 학습목적의 핵심으로 학습을 통하여 달성하려는 지표
2) 주제(Subject) : 목표달성을 위한 테마
3) 학습 정도(Level of Learning) : 학습범위와 내용의 정도

13 학습정도(level of learning)의 4단계 요소가 아닌 것은?

① 지각　　　　② 적용
③ 인자　　　　④ 정리

해설 학습정도(Level of Leaning) : 학습범위와 내용의 정도를 말하며 다음 단계에 의해 이루어진다.
1) 인지 : ~을 인지하여야 한다.
2) 지각 : ~을 알아야 한다.
3) 이해 : ~을 이해하여야 한다.
4) 적용 : ~을~에 적용할 줄 알아야 한다.

14 부주의의 발생원인과 그 대책이 옳게 연결된 것은?

① 의식의 우회 - 상담
② 질적 조건 - 교육
③ 작업환경 조건 불량 - 작업순서 정비
④ 작업순서의 부적당 - 작업자 재배치

해설 부주의 발생원인 및 대책
1) 내적원인 및 대책
　① 소질적 조건 : 적성배치
　② 경험 및 미경험 : 교육
　③ 의식의 우회 : 상담
2) 외적원인 및 대책
　① 작업환경 조건 불량 : 환경정비
　② 작업순서의 부적당 : 작업순서의 정비

15 재해발생의 주요원인 중 불안전한 상태에 해당하지 않는 것은?

① 기계설비 및 장비의 결함
② 부적절한 조명 및 환기
③ 작업장소의 정리·정돈 불량
④ 보호구 미착용

해설 ④항 보호구 미착용 : 불안전한 행동

16 재해손실비의 평가방식 중 시몬즈(R.H. Simonds) 방식에 의한 계산방법으로 옳은 것은?

① 직접비 + 간접비
② 공동비용 + 개별비용
③ 보험 코스트 + 비보험 코스트
④ (휴업상해건수 × 관련비용 평균치)+(통원상해건수 × 관련비용 평균치)

해설 시몬즈 방식
1) **총재해 코스트**(cost) = 산재보험 코스트(cost) + 비보험 코스트(cost)
2) **비보험 코스트** = (휴업 상해건수 x A) + (통원 상해건수 x B) + (응급조치 건수 x C) + (무상해 사고건수 x D)
A,B,C,D : 재해정도별 비보험 코스트의 평균치

17 하인리히의 사고방지 5단계 중 제1단계 안전조직의 내용이 아닌 것은?

① 경영자의 안전목표 설정
② 안전관리자의 선임
③ 안전활동의 방침 및 계획수립
④ 안전회의 및 토의

해설 ④ 안전회의 및 토의 : 사실의 발견(제2단계)

> **길잡이** 사고방지원리 5단계
> 1) 1단계 : 조직(안전보건관리 체제)
> 2) 2단계 : 사실의 발견(위험요인 색출)
> 3) 3단계 : 분석평가(직접·간접원인 규명)
> 4) 4단계 : 시정책 선정(개선책 선정)
> 5) 5단계 : 시정책 적용(3E적용)

■ 정답 ■　12.③　13.④　14.①　15.④　16.③　17.④

18 기업 내 정형교육 중 TWI의 훈련내용이 아닌 것은?

① 작업방법훈련 ② 작업지도훈련
③ 사례연구훈련 ④ 인간관계훈련

해설 TWI(Training Within Industry)
1) 교육대상자 : 감독자
2) 교육내용
① JI(Job Instruction) : 작업지도 기법
② JM(Job Method) : 작업개선 기법
③ JR(Job Relation) : 인간관계관리 기법 (부하통솔 기법)
④ JS(Job Safety) : 작업안전 기법
3) 교육방법 : 한 클래스는 10명 정도, 교육방법은 토의법, 1일 2시간씩 5일에 걸쳐 10시간 정도 한다.

19 어느 공장의 재해율을 조사한 결과 도수율이 20이고, 강도율이 1.2로 나타났다. 이 공장에서 근무하는 근로자가 입사부터 정년퇴직 할 때까지 예상되는 재해건수(a)와 이로 인한 근로손실 일수(b)는? (단, 이 공장의 1인당 입사부터 정년퇴직 할 때까지 평균 근로시간은 100000시간으로 한다.)

① a = 20, b = 1.2   ② a = 2, b = 120
③ a = 20, b = 0.12   ④ a = 120, b = 2

해설
1) 환산도수율(a) = $\dfrac{도수율}{10} = \dfrac{20}{10} = 2$
2) 환산강도율(b) = 강도율 × 100
   = 1.2 × 100
   = 120

20 보호구 자율안전확인 고시상 사용구분에 따른 보안경의 종류가 아닌 것은?

① 차광보안경
② 유리보안경
③ 프라스틱보안경
④ 도수렌즈보안경

해설 안전인증 및 자율안전확인대상 보안경

안전인증대상	자율안전확인대상
차광 및 비산물 위험방지용 보안경 ① 자외선용 : 자외선이 발생하는 장소 ② 적외선용 : 적외선이 발생하는 장소 ③ 복합용 : 자외선 및 적외선이 발생하는 장소 ④ 용접용 : 산소용접작업 등과 같이 자외선, 적외선 및 강렬한 가시광선이 발생하는 장소	안전인증대상 보안경을 제외한 보안경 ① 유리 보안경 ② 플라스틱 보안경 ③ 도수렌즈 보안경

제2과목
인간공학 및 시스템안전공학

21 FT 작성 시 논리게이트에 속하지 않는 것은 무엇인가?

① OR 게이트   ② 억제 게이트
③ AND 게이트   ④ 동등 게이트

해설 FT도의 논리게이트
1) AND게이트
2) OR 게이트
3) 억제 게이트
4) 부정 게이트

22 1에서 15까지 수의 집합에서 무작위로 선택할 때, 어떤 숫자가 나올지 알려주는 경우의 정보량은 약 몇 bit 인가?

① 2.91 bit   ② 3.91 bit
③ 4.51 bit   ④ 4.91 bit

해설 $H = \log_2 n$
$= \log_2 15 = \dfrac{\log 15}{\log 2} = 3.91 \,\text{bit}$

■ 정답 ■ 18.③ 19.② 20.① 21.④ 22.②

23 의자의 등받이 설계에 관한 설명으로 가장 적절하지 않은 것은?

① 등받이 폭은 최소 30.5cm가 되게 한다.
② 등받이 높이는 최소 50cm가 되게 한다.
③ 의자의 좌판과 등받이 각도는 90 ~ 105°를 유지한다.
④ 요부받침의 높이는 25 ~ 35cm로 하고 폭은 30.5cm로 한다.

해설 등받이 높이
1) 최소 50cm 이상으로 하고 등받이가 위로 제쳐진다 하더라도 요부 받침이 척주에 상대적으로 같은 위치에 있도록 할 것
2) 요부 받침의 높이는 15.2~22.9cm, 폭은 30.5cm 일 것

24 일반적인 인간 - 기계 시스템의 형태 중 인간이 사용자나 동력원으로 기능하는 것은?

① 수동체계 ② 기계화체계
③ 자동체계 ④ 반자동체계

해설 인간-기계체계의 유형
1) **수동체계** : 인간의 신체적인 힘을 동력원으로 사용
2) **기계화체계** : 인간이 기계의 표시장치를 보고 조정장치를 통하여 통제하는 체계
3) **자동체계** : 기계자체가 모든 임무를 수행하는 체계

25 작업기억과 관련된 설명으로 틀린 것은?

① 단기기억이라고도 한다.
② 오랜 기간 정보를 기억하는 것이다.
③ 작업기억 내의 정보는 시간이 흐름에 따라 쇠퇴할 수 있다.
④ 리허설(rehearsal)은 정보를 작업기억 내에 유지하는 유일한 방법이다.

해설 작업기억 : 정보들을 일시적으로 보유하고 각종 인지적 과정을 계획하고 순서 지으며 실제로 수행하는 작업량으로서의 기능을 수행하는 단기적 기억을 말한다.

26 어떤 전자기기의 수명은 지수분포를 따르며, 그 평균수명이 1000 시간이라고 할 때, 500 시간동안 고장 없이 작동할 확률은 약 얼마인가?

① 0.1353 ② 0.3935
③ 0.6065 ④ 0.8647

해설 고장없이 작동할 확률(R_t)
$$R_t = e^{-t/t_0} = e^{-500/1000} = 0.6065$$
여기서, t : 가동시간,
t_0 : 평균수명

27 FT도에 의한 컷셋(cut set)이 다음과 같이 구해졌을 때 최소 컷셋(minimal cut set)으로 맞는 것은?

[다음]
- (X₁, X₃)
- (X₁, X₂, X₃)
- (X₁, X₃, X₄)

① (X₁, X₃)
② (X₁, X₂, X₃)
③ (X₁, X₃, X₄)
④ (X₁, X₂, X₃, X₄)

해설 X_1, X_3
$X_1, X_2, X_3 \to X_1, X_3$
X_1, X_3, X_4 (최소컷셋)
(컷셋)

28 한 사무실에서 타자기의 소리 때문에 말소리가 묻히는 현상을 무엇이라 하는가?

① dBA ② CAS
③ phon ④ masking

해설 은폐현상(masking) : dB이 높은 음과 낮은 음이 공존할 때 낮은 음이 높은 음에 가로막혀 숨겨져 들리지 않게 되는 현상이다.

■ 정답 ■ 23.④ 24.① 25.② 26.③ 27.① 28.④

29 체계분석 및 설계에 있어서 인간공학의 가치와 가장 거리가 먼 것은?

① 성능의 향상
② 훈련비용의 증가
③ 사용자의 수용도 향상
④ 생산 및 보전의 경제성 증대

해설 체계설계 과정에서의 인간공학의 기여도
1) 성능향상
2) 훈련비용의 절감
3) 인력이용률의 향상
4) 사고 및 오용으로부터의 손실감소
5) 생산 및 정비유지의 경제성 증액
6) 사용자의 수용도 향상

30 FTA의 용도와 거리가 먼 것은?

① 고장의 원인을 연역적으로 찾을 수 있다.
② 시스템의 전체적인 구조를 그림으로 나타낼 수 있다.
③ 시스템에서 고장이 발생할 수 있는 부분을 쉽게 찾을 수 있다.
④ 구체적인 초기사건에 대하여 상향식(bottom-up) 접근방식으로 재해경로를 분석하는 정량적 기법이다.

해설 FTA(결함수분석법) : 하향식(Top-down)에 의한 연역적 해석 및 재해의 정량적 해석(재해발생확률계산)을 할 수 있다.

31 보전효과 측정을 위해 사용하는 설비고장 강도율의 식으로 맞는 것은?

① 부하시간 ÷ 설비가동시간
② 총 수리시간 ÷ 설비가동시간
③ 설비고장건수 ÷ 설비가동시간
④ 설비고장 정지시간 ÷ 설비가동시간

해설 1) 설비고장 강도율 = $\dfrac{설비고장정지시간}{설비가동시간}$

2) 설비고장 도수율 = $\dfrac{설비고장건수}{설비가동시간}$

32 정보 전달용 표시장치에서 청각적 표현이 좋은 경우가 아닌 것은?

① 메시지가 복잡하다.
② 시각장치가 지나치게 많다.
③ 즉각적인 행동이 요구된다.
④ 메시지가 그 때의 사건을 다룬다.

해설 표시장치의 선택(청각장치와 시각장치의 선택)

청각장치 사용	시각장치 사용
1) 전언이 간단하고 짧다	1) 전언이 복잡하고 길다.
2) 전언이 후에 재참조 되지 않는다.	2) 전언이 후에 재창조 된다.
3) 전언이 즉각적인 사상(event)을 다룬다.	3) 전언이 공간적인 위치를 다룬다.
4) 전언이 즉각적인 행동을 요구한다.	4) 전언이 즉각적인 행동을 요구하지 않는다.
5) 수신자가 시각계통이 과부하 상태일 때	5) 수신자의 청각계통이 과부하 상태일 때
6) 수신장소가 너무 밝거나 암조의 유지가 필요할 때	6) 수신장소가 너무 시끄러울 때
7) 직무상 수신자가 자주 움직이는 경우	7) 직무상 수신자가 한곳에 머무르는 경우

33 인체 측정치 중 기능적 인체치수에 해당되는 것은?

① 표준자세
② 특정작업에 국한
③ 움직이지 않는 피측정자
④ 각 지체는 독립적으로 움직임

해설 1) 기능적 인체 치수
① 움직이는 몸의 자세로부터 측정
② 특정작업등에 활용
2) 구조적 인체치수
① 표준자세에서 움직이지 않는 피측정자를 인체측정기로 측정
② 설계표준이 되는 기초적 치수 설정

■ 정답 ■ 29.② 30.④ 31.④ 32.① 33.②

34 시스템 안전 분석기법 중 인적 오류와 그로 인한 위험성의 예측과 개선을 위한 기법은 무엇인가?

① FTA ② ETBA
③ THERP ④ MORT

해설 THERP(인간과오율예측기법) : 인간의 과오를 정량적으로 평가하기 위한 안전해석기법이다.

35 휘도(luminance)가 10cd/m² 이고, 조도(illuminance)가 100lx 일 때 반사율(reflectance) (%)은?

① 0.1π ② 10π
③ 100π ④ 1000π

해설 반사율 $= \dfrac{광속발산도(fL)}{소요조명(fc)} \times 100$
$= \dfrac{cd/m^2 \times \pi}{lux} = \dfrac{10 \times \pi}{100} = 0.1\pi$

36 안전가치분석의 특징으로 틀린 것은?

① 기능위주로 분석한다.
② 왜 비용이 드는가를 분석한다.
③ 특정 위험의 분석을 위주로 한다.
④ 그룹 활동은 전원의 중지를 모은다.

해설 안전가치분석은 특정위험분석보다는 일반 위험의 분석에 더 중점을 둔다.

37 사람의 감각기관 중 반응속도가 가장 느린 것은?

① 청각 ② 시각
③ 미각 ④ 촉각

해설 감각기관의 자극에 대한 반응 시간

감각기관	청각	후각	시각	미각	통각
반응시간	0.17초	0.18초	0.20초	0.29초	0.70초

38 산업안전보건법에 따라 상시 작업에 종사하는 장소에서 보통작업을 하고자 할 때 작업면의 최소 조도(lux)로 맞는 것은?(단, 작업장은 일반적인 작업장소이며, 감광재료를 취급하지 않는 장소이다.)

① 75 ② 150
③ 300 ④ 750

해설 작업상 작업면의 조도(안전보건규칙 제8조)
1) 초정밀작업 : 750럭스(lux) 이상
2) 정밀작업 : 300럭스 이상
3) 보통작업 : 150럭스 이상
4) 그밖의 작업 : 75럭스 이상

39 단일 차원의 시각적 암호중 구성암호, 영문자암호, 숫자암호에 대하여 암호로서의 성능이 가장 좋은 것부터 배열한 것은?

① 숫자암호 - 영문자암호 - 구성암호
② 구성암호 - 숫자암호 - 영문자암호
③ 영문자암호 - 숫자암호 - 구성암호
④ 영문자암호 - 구성암호 - 숫자암호

해설 암호로서의 성능이 가장 좋은 것부터의 순서
1) 숫자 → 2) 영문자 → 3) 기하학적 형상 → 4) 구성

40 정보처리기능 중 정보보관에 해당되는 것과 관계가 깊은 것은?

① 감지 ② 정보처리
③ 출력 ④ 행동기능

해설 인간기계체계의 기능

■ 정답 ■ 34.③ 35.① 36.③ 37.③ 38.② 39.① 40. 전항 정답

제3과목 / 건설시공학

41 토질시험 중 흙 속에 수분이 거의 없고 바삭바삭한 상태의 정도를 알아보기 위한 것은?

① 함수비시험
② 소성한계시험
③ 액성한계시험
④ 압밀시험

해설 소성한계 및 액성한계시험과 압밀시험
1) **소성한계시험**: 흙속에 수분이 거의 없고 바삭바삭한 상태의 정도를 알아보기 위한 시험
2) **액성한계시험**: 흙을 가볍게 충동시켰을 때 처음으로 흐르기 시작하는 함수비를 측정하는 시험
3) **압밀시험**: 흙의 표면을 구속하고 축방향으로 배수를 허용하면서 재하할 때의 압축량과 압축 속도를 구하는 시험

42 $450m^3$ 의 콘크리트를 타설할 경우 강도시험용 1회의 공시체는 몇 m^3 마다 제작하는가?(단, KS 기준)

① $30m^3$
② $50m^3$
③ $100m^3$
④ $150m^3$

43 철골조 용접 공작에서 용접봉의 피복재 역할로 옳지 않은 것은?

① 함유 원소를 이온화하여 아크를 안정시킨다.
② 용착 금속에 합금 원소를 가한다.
③ 용착 금속의 산화를 촉진하여 고열을 발생시킨다.
④ 용융 금속의 탈산, 정련을 한다.

해설 용접봉 피복재 역할
1) ①, ②, ④항
2) 용접봉 속의 응고와 냉각속도를 완화시킨다.

44 공사계획에 있어서 공법 선택 시 고려할 사항과 가장 거리가 먼 것은?

① 공구 분할의 결정
② 품질 확보
③ 공기 준수
④ 작업의 안전성 확보와 제3자 재해의 방지

해설 공법선택시 고려할 사항: 다음 3개의 사항을 고려한 뒤에 비용을 최소화(경비절감)하도록 하여야 한다.
1) 품질확보
2) 공기준수
3) 작업의 안전성 확보와 제3자 재해의 방지

45 한 구획 전체의 벽판과 바닥판을 ㄱ자형 또는 ㄷ자형으로 짜서 이동시키는 형태의 기성재 거푸집은?

① 슬라이딩 폼(Sliding Form)
② 터널 폼(Tunnel Form)
③ 유로 폼(Euro Form)
④ 워플 폼(Waffle Form)

해설
1) **슬라이딩 폼**: 원형 철판거푸집을 요크(york)로 서서히 끌어올리면서 연속적으로 콘크리트를 타설하는 수직활동 거푸집이다. (사일로, 굴뚝 등에 사용)
2) **터널폼**: 벽식 철근콘크리트 구조를 시공할 경우 벽과 바닥의 콘크리트 타설을 한번에 가능하게 하기 위하여 벽채용 거푸집과 슬래브 거푸집을 일체로 제작하여 한번에 설치하고 해체할 수 있도록 한 시스템 거푸집이다.
3) **유로폼**: 공장에서 경량형강과 합판을 사용하여 벽판이나 바닥판용 거푸집을 제작한 것으로 현장에서 못을 쓰지 않고 간단히 조립할 수 있는 거푸집이다.
4) **와플폼**: 무량판구조, 평판구조에서 사용하는 특수상자모양으로 된 기성제 거푸집으로 돔팬(dome pan)이라고도 한다.

■ 정답 ■ 41.② 42.④ 43.③ 44.① 45.②

46 설계·시공 일괄계약제도에 관한 설명으로 옳지 않은 것은?

① 단계별 시공의 적용으로 전체 공사기간의 단축이 가능하다.
② 설계와 시공의 책임 소재가 일원화된다.
③ 발주자의 의도가 충분히 반영될 수 있다.
④ 계약 체결 시 총 비용이 결정되지 않으므로 공사비용이 상승할 우려가 있다.

해설 설계·시공 일괄계약제도는 발주자의 의도가 충분히 반영되지 않는다.

47 콘크리트 타설 시 다짐에 대한 설명으로 옳지 않은 것은?

① 내부진동기는 슬럼프가 15cm이하일 때 사용하는 것이 좋다.
② 슬럼프가 클수록 오래 다지도록 한다.
③ 진동기를 인발할 때에는 진동을 주면서 천천히 뽑아 콘크리트에 구멍을 남기지 않도록 한다.
④ 콘크리트 다짐 시 철근에 진동을 주지 않는다.

해설 슬럼프 값이 작을수록 오래 다지도록 하여야한다.

48 수직굴착, 수중굴착 등 일반적으로 협소한 장소의 깊은 굴착에 적합한 것으로 자갈 등의 적재에도 사용하는 토공장비는?

① 클램쉘
② 불도저
③ 캐리올 스크레이퍼
④ 로더

해설 클램쉘(clam shell) : 붐의 선단에서 클램쉘 버킷을 와이어로프로 매달아 바로 아래로 떨어뜨려 흙을 퍼올리는 토공기계이다.

49 프리스트레스하지 않는 부재의 현장치기 콘크리트에서 다음과 같은 조건을 가진 부재의 최소 피복두께로서 옳은 것은?

- 옥외의 공기나 흙에 직접 접하지 않는 콘크리트
- 보, 기둥

① 30mm
② 40mm
③ 50mm
④ 60mm

50 철근콘크리트구조 시공 시 콘크리트 이어 붓기 위치에 관한 설명으로 옳지 않은 것은?

① 기둥이음은 기둥의 중간에서 수평으로 한다.
② 아치의 이음은 아치축에 직각으로 설치한다.
③ 보, 바닥판이음은 그 스팬의 중앙 부근에서 수직으로 한다.
④ 벽은 개구부 등 끊기 좋은 위치에서 수직 또는 수평으로 한다.

해설 콘크리트 이어붓기의 이음위치
1) 보, 바닥판 : 간사이(span)의 중앙에서 수직
2) 캔틸레버(cantilever)로 내민보나 바닥판 : 이어붓지 않음을 원칙으로 함
3) 중앙에 작은보가 있는 바닥판 : 중앙부에서 작은보 너비의 2배 떨어진 곳에서 수직
4) 기둥 : 바닥판(slab), 연결보 또는 기초상단에서 수평
5) 벽 : 개구부(문틀)주위에서 수직, 수평
6) 아치 : 아치축에 직각

51 굳지 않은 콘크리트에 실시하는 시험이 아닌 것은?

① 슬럼프시험
② 플로우시험
③ 슈미트해머시험
④ 리몰딩시험

해설 슈미트해머시험 : 슈미트해머에 의한 경화된 콘크리트 강도의 비파괴시험

52 철골부재의 내화피복에 관한 설명으로 옳지 않은 것은?

① 뿜칠공법은 큰 면적의 내화피복을 단시간에 시공할 수 있다.
② 성형판 붙임공법은 주로 기둥과 보의 내화피복에 사용된다.
③ 타설공법은 임의의 치수와 형상의 내화피복이 가능하다.
④ 미장공법은 바탕작업이 단순하고 양생에 소요되는 시간이 짧다.

해설 내화피복 공법 분류
1) 습식내화공법
    ① **타설공법** : 철골조에 콘크리트 또는 경량 콘크리트를 타설
    ② **미장공법** : 철골조에 철망을 치고 모르타르 또는 퍼얼라이트로 미장하는 공법
    ③ **뿜칠공법** : 철골조에 암면, 모르타르, 플라스터, 실리카, 알루미나 제 모르타르를 뿜칠하는 공법
    ④ **조적공법** : 철골조에 벽돌, 콘크리트, 블록, 경량 콘크리트 블록, 돌등으로 조적하는 공법
2) **건식내화공법** : 성형판 붙임공법으로 경량제품으로 구성하여 내단열성이 우수한 판을 철골부재에 접착제로 붙이는 공법

길잡이 내화피복 목적
1) 외기의 온도에 의한 구조체 영향을 최소화
2) 인명 및 재산의 보호
3) 간접적인 단열, 흡음, 결로 방지, 화재에 대한 구조체 보호
4) 마감재 및 건축물 보호

53 흙막이벽 설계 시 고려하지 않아도 되는 것은?

① 히빙(heaving)
② 보일링(boiling)
③ 파이핑(piping)
④ 사운딩(sounding)

해설 사운딩(sounding) : 지하층의 저항을 탐사하는 시험으로 정적관입시험, 베인시험, 스웨덴식 사운딩, 표준관입시험 등이 있다.

54 Under Pinning 공법을 적용하기에 부적합한 경우는?

① 인접 지상구조물의 철거 시
② 지하구조물 밑에 지중구조물을 설치할 때
③ 기존구조물에 근접한 굴착 시 구조물의 침하나 경사를 미연에 방지할 경우
④ 기존구조물의 지지력 부족으로 건물에 침하나 경사가 생겼을 때 이것을 복원하는 경우

해설 언더피닝(under pinning)공법을 적용하는 경우
1) ②, ③, ④항
2) 기존건물에 근접하여 구조물을 구축할 때 기존 건물의 파일머리보다 깊은 건물을 건설할 때

55 공동도급(Joint Venture Contract)의 이점이 아닌 것은?

① 융자력의 증대
② 위험부담의 분산
③ 기술의 확충, 강화 및 경험의 증대
④ 이윤의 증대

해설 공동도급 : 2명 이상의 도급업자가 공동출자하여 기업체를 조직해서 협동으로 공사를 도급하는 방식(중소기업체에 유리)
1) 장점
    ① 기술·자본·위험부담의 분산·감소
    ② 신용도의 증대
    ③ 기술의 확충, 강화 및 경험의 증대
    ④ 공사계획과 시공이행의 확실
    ⑤ 공사도급 경쟁강화
2) 단점
    ① 1개 회사에 도급시키는 것보다 경비 증대 (이윤의 감소)
    ② 현장관리 곤란
    ③ 각 회사의 업무방식에서 오는 혼란

■ 정답 ■ 52.④ 53.④ 54.① 55.④

56 철근공사의 철근트러스 입체화 공법의 특징이 아닌 것은?

① 현장조립의 거푸집공사를 공장제 기성품으로 대체
② 구조적 안정성 확보
③ 가설작업장의 면적 증가
④ Support감소, 지보공수량 감소로 작업의 안전성 확보

57 탑다운(top-down) 공법에 관한 설명으로 옳지 않은 것은?

① 1층 바닥을 조기에 완성하여 작업장 등으로 사용할 수 있다.
② 지하·지상을 동시에 시공하여 공기단축이 가능하다.
③ 소음·진동이 심하고 주변구조물의 침하 우려가 크다.
④ 기둥·벽 등 수직부재의 구조이음에 기술적 어려움이 있다.

해설 탑다운(top-down)공법(역구축공법)의 특징
1) 지하와 지상층 병행 작업으로 공사기간이 단축된다.
2) 소음·진동이 적어 도심지 공사에 적합하다.
3) 토질조건에 관계없이 시공이 가능하다.
4) 공사비가 많이 든다.

58 공공 혹은 공익 프로젝트에 있어서 자금을 조달하고, 설계, 엔지니어링 및 시공 전부를 도급 받아 시설물을 완성하고 그 시설을 일정기간 운영하여 투자금을 회수한 후 발주자에게 시설을 인도하는 공사계약방식은?

① CM 계약 방식
② 공동도급 방식
③ 파트너링 방식
④ BOT 방식

해설 BOT방식(build operate transfer)
1) 정의 : 본문 설명
2) 사회간접자본(SOC)의 민간투자 유치 및 공공 또는 공익 프로젝트에 많이 이용된다.

59 기성콘크리트말뚝을 타설할 때 그 중심간격의 기준으로 옳은 것은?

① 말뚝머리지름의 2.5배 이상 또한 600mm이상
② 말뚝머리지름의 2.5배 이상 또한 750mm이상
③ 말뚝머리지름의 3.0배 이상 또한 600mm이상
④ 말뚝머리지름의 3.0배 이상 또한 750mm이상

해설 말뚝지정의 간격 및 특징비교

종류	간격	특징
나무말뚝	최소 2.5d 이상 또는 60cm 이상	① 부패방지를 위해 상수면 이하에 사용 ② 휨 정도는 길이의 1/50 이하
기성 콘크리트 말뚝	최소 2.5d 이상 또는 75cm 이상	① 대규모의 중량건물, 굳은 지층에 깊이 박을 때 사용 ② 재료구입이 용이, 주근의 개수는 6개 이상
강재말뚝	최소 2.5d 이상 또는 90cm 이상	① 해안 매립지, 경질지반이 깊을 때 사용 ② 부식시 내구성 저하
제자리 콘크리트 말뚝	최소 2.5d 이상 또는 90cm 이상	① 규모가 큰 구조물에 사용 ② 현장에서 직접 천공하여 사용

60 표준관입시험에 관한 설명으로 옳은 것은?

① 해머의 무게는 73.5kg이다.
② 해머의 낙하 높이는 100cm이다.
③ 점토지반에서 실시하여도 높은 신뢰성을 얻을 수 있다.
④ N값이 클수록 밀실한 토질이다.

해설 표준관입시험(penetration test) : 63.5 kg의 추를 75cm의 높이에서 자유 낙하시켜 30cm 관입시킬 때의 타격횟수(N)를 측정하여 흙의 경·연도의 정도를 판정하는 방법
1) 사질지반의 상대밀도 등 토질 조사시 신뢰성이 높다.
2) N값과 모래의 상태

N의 값	모래의 상태
0~5	몹시 느슨하다
5~10	느슨하다
10~30	보통
50이상	다진 상태(밀실 상태)

제4과목 / 건설재료학

---

61 목재의 특징으로 옳지 않은 것은?

① 가연성이다.
② 진동 감속성이 작다.
③ 섬유포화점 이하에서 함수율 변동에 따라 변형이 크다.
④ 콘크리트 등 다른 건축재료에 비해 내구성이 약하다.

해설 목재의 장점·단점
1) 장점
   ① 가벼워 운반, 취급이 편리하며 가공이 용이하고, 시공성이 우수하다.(보수유지의 경제성이 크다.)
   ② 무게에 비해 강도와 탄성이 크다.
   ③ 열전도율 및 열팽창률이 작고 전기의 부도체이다.
   ④ 산성, 약품 및 염분 등에 대하여 저항력이 크다.
2) 단점
   ① 재질 강도에 균일성이 없고 비틀림이 생기기 쉽다.
   ② 착화점이 낮아 내화성이 적다.
   ③ 흡수성이 크며 변형되기 쉽고 또한 부식하기 쉽다.

62 콘크리트의 블리딩 현상에 대한 설명 중 옳지 않은 것은?

① 콘크리트의 컨시스턴시가 클수록 블리딩은 증대한다.
② AE콘크리트는 보통콘크리트에 비하여 블리딩 현상이 적다.
③ 블리딩 현상에 의해 떠오른 미립물은 상호간 접착력을 증대시킨다.
④ 콘크리트 면이 침하되어 콘크리트 균열의 원인이 된다.

해설 블리딩 및 레이턴스
1) **블리딩**(bleeding) : 콘크리트 타설 후 시멘트, 골재 등의 침하에 따라 물이 분리상승되어 표면에 떠오르는 현상
2) **레이턴스**(laitance) : 블리딩에 의해 떠오른 미립물이 물의 증발에 따라 콘크리트 표면에 얇은 막으로 침적되는 현상

63 목재 기건상태의 함수율은 약 얼마인가?

① 15%   ② 30%
③ 45%   ④ 60%

해설 목재의 함수율
1) **기건재와 전건재의 흡수율**
   ① 기건재(공기중에서 건조한 상태) : 12~18%(보통 15%정도)
   ② 전건재 : 함수율 0%
2) **섬유포화점의 함수율** : 25~30% 정도

■ 정답 ■ 60.④ 61.② 62.③ 63.①

64 건축재료 중 압축강도가 일반적으로 가장 큰 것부터 작은 순서대로 나열된 것은?

① 화강암 – 보통콘크리트 – 시멘트벽돌 – 참나무
② 보통콘크리트 – 화강암 – 참나무 – 시멘트벽돌
③ 화강암 – 참나무 – 보통콘크리트 – 시멘트벽돌
④ 보통콘크리트 – 참나무 – 화강암 – 시멘트벽돌

해설 건축재료의 압축강도
1) 화강암 : 500~1,900kg/cm^2
2) 참나무 : 641kg/cm^2
3) 보통콘크리트 : 210kg/cm^2
4) 시멘트벽돌 : 80kg/cm^2

65 콘크리트의 성질에 관한 설명으로 옳지 않은 것은?

① 화재 시 결합수를 방출하므로 강도가 저하된다.
② 수밀 콘크리트를 만들려면 된비빔 콘크리트를 사용한다.
③ 수밀성이 큰 콘크리트는 중성화작용이 적어진다.
④ 콘크리트의 열팽창계수는 철에 비해서 매우 작다.

해설 콘크리트와 철의 열팽창계수는 거의 같기 때문에 온도의 변화로 인하여 일어나는 두 재료 사이의 응력을 무시하고 사용할 수 있다.
1) 콘크리트의 열팽창계수 : $1.0 \times 10^{-5} \sim 1.3 \times 10^{-5}$
2) 철의 열팽창계수 : 1.2×10^{-5}

66 비철금속에 관한 설명으로 옳지 않은 것은?

① 비철금속은 철 이외의 금속을 말한다.
② 철금속에 비하여 내식성이 우수하고 경량이다.
③ 가공이 용이하여 건축용 장식에도 사용된다.
④ 비철금속의 종류는 철강과 탄소강이 있다.

해설 1) **철금속** : 철강, 탄소강 등
2) **비철금속** : 동과 금합금, 알루미늄과 그 합금, 아연과 그합금, 납, 주석, 니켈 등

67 점토소성제품의 흡수성이 큰 것부터 순서대로 올바르게 나열된 것은?

① 토기 > 도기 > 석기 > 자기
② 토기 > 도기 > 자기 > 석기
③ 도기 > 토기 > 석기 > 자기
④ 도기 > 토기 > 자기 > 석기

해설 점토소성제품의 흡수성의 크기 : 토기 > 도기 > 석기 > 자기

68 각종 미장재료에 대한 설명으로 옳지 않은 것은?

① 석고플라스터는 가열하면 결정수를 방출하여 온도상승을 억제하기 때문에 내화성이 있다.
② 바라이트 모르타르는 방사선 방호용으로 사용된다.
③ 돌로마이트플라스터는 수축률이 크고 균열이 쉽게 발생한다.
④ 혼합석고플라스터는 약산성이며 석고라스보드에 적합하다.

해설 **혼합석고 플라스터** : 소석고에 소석회나 돌로마이트 플라스터를 첨가하고 그 밖의 혼화재료를 배합한 것이다.

69 흙바름재의 외바탕에 바름하는 재래식 재료가 아닌 것은?

① 진흙   ② 새벽흙
③ 짚여물 ④ 고무 라텍스

해설 1) 외바탕의 흙 바름재 : 진흙, 새벽흙, 짚여울 등
2) **고무 라텍스** : 고무나무에서 채취한 백색유액

70 강에 함유된 탄소량의 증감과 관련이 없는 것은?

① 경도의 증감
② 내산, 내알칼리성의 증감
③ 인장강도의 증감
④ 연성(신장률)의 증감

해설 탄소함유량에 의한 탄소강의 특성
1) 탄소함유량이 많을수록 강도는 증대되고 신도(연신율)는 감소된다.
2) 인장강도는 탄소함유량이 0.9~1.0% 함유시 최대로 증대되고 이를 넘으면 감소된다.
3) 경도는 탄소함유량이 0.9% 함유시 최대가 되며 그 이상에서는 일정하다.

71 콘크리트용 시멘트에 관한 설명으로 옳지 않은 것은?

① 콘크리트강도는 물시멘트비에 영향을 받지 않는다.
② 고로시멘트와 실리카시멘트는 보통포틀랜드 시멘트보다 수화작용이 느려서 초기강도가 작다.
③ 시멘트의 분말도가 클수록 초기 콘크리트강도 발현이 빠르다.
④ 알루미나시멘트, 고로시멘트, 실리카시멘트는 내해수성이 크다.

해설 콘크리트 강도에 가장 큰 영향을 주는 요인 : 물·시멘트 비 (w/c)

72 중용열 포틀랜드시멘트에 관한 설명으로 옳지 않은 것은?

① 수축이 작고 화학저항성이 일반적으로 크다.
② 매스콘크리트 등에 사용된다.
③ 단기강도는 보통포틀랜드시멘트보다 낮다.
④ 긴급 공사, 동절기 공사에 주로 사용된다.

해설 긴급공사, 동절기 공사에 주로 사용되는 시멘트 : 조강 포틀랜드 시멘트

73 아스팔트 방수공사 시 바탕처리에 관한 설명으로 옳지 않은 것은?

① 바탕면을 충분히 건조시킬 것
② 바탕면에 물흘림 경사를 충분히 둘 것
③ 바탕면을 거칠게 마무리할 것
④ 구석, 모서리 등을 둥글게 처리할 것

해설 ③항. 바탕면은 모르타르 고형분, 요철부분 등을 제거하고 평활하게 유지한다.

74 점토광물 중 적갈색으로 내화성이 부족하고 보통벽돌, 기와, 토관의 원료로 사용되는 것은?

① 석기점토   ② 사질점토
③ 내화점토   ④ 자토

해설 점토의 종류

종류	성질	용도
자토	순백색이며 내화성이 있고 가소성은 부족함.	도자기의 원료
내화점토	회백색·담색이며 내화도 1,580℃ 이상이고 가소성이 있음.	내화벽돌 및 도자기의 원료
석기점토	내화도가 높고 가소성이 있으며, 유색·견고·치밀함.	유색도기의 원료
석회질점토	백색이며 용해되기 쉽고, 백회질의 포함량이 많음	연질도기의 원료
사질점토	적갈색이며 내화성이 부족하고 세사 및 불순물이 포함.	보통벽돌·기와·토관 등의 원료

75 콘크리트 면에 주로 사용하는 도장재료는?

① 오일페인트
② 합성수지 에멀션페인트
③ 래커에나멜
④ 에나멜페인트

해설 콘크리트 면에 사용하는 도장재료 : 합성수지 에멀션 페인트 (수성페인트)

76 시멘트 종류에 따른 사용용도를 나타낸 것으로 옳지 않은 것은?

① 조강 포틀랜드시멘트 – 한중공사
② 중용열 포틀랜드시멘트 – 매스콘크리트 및 댐공사
③ 고로시멘트 – 타일 줄눈공사
④ 내황산염 포틀랜드시멘트 – 온천지대나 하수도공사

해설 고로시멘트의 용도
1) 화학저항성이 높아 해수, 공장폐수, 하수 등에 접하는 콘크리트에 적합
2) 수화열이 적어 매스콘트리트에 적합

77 목재의 건조속도에 관한 설명으로 옳지 않은 것은?

① 습도가 높을수록 건조속도는 늦어진다.
② 온도가 높을수록 건조속도가 빠르다.
③ 목재의 비중이 클수록 건조속도는 빠르다.
④ 목재의 두께가 두꺼울수록 건조시간이 길어진다.

해설 ③항. 목재의 비중이 클수록 건조속도는 느리다.

78 석재 백화현상의 원인이 아닌 것은?

① 빗물처리가 불충분한 경우
② 줄눈시공이 불충분한 경우
③ 줄눈폭이 큰 경우
④ 석재 배면으로부터의 누수에 의한 경우

해설 1) 백화 : 시멘트 벽돌, 타일, 석재, 콘크리트 등의 표면에 생기는 흰색의 수산화칼슘 결정체를 말한다.
2) ③항, 줄눈폭이 큰 경우 : 백화현상 원인과 관련성이 없다.

79 다음 목재 중 실내 치장용으로 사용하기에 적합하지 않은 것은?

① 느티나무
② 단풍나무
③ 오동나무
④ 소나무

해설 용도에 의한 목재의 분류
1) 구조용재 (건축물의 뼈대로 쓰이는 부재) : 주로 침엽수로 소나무, 낙엽송, 잣나무, 전나무, 삼송나무, 해송, 편백 등이 있다.
2) 수장재 (실내 치장용 : 창호재, 가구재, 장식용재) : 침엽수로 적송, 홍송, 낙엽송 등이 있고 활엽수로 느티나무, 단풍나무, 박달나무, 오동나무, 참나무 등이 있다.

80 발포제로서 보드상으로 성형하여 단열재로 널리 사용되며 천장재, 전기용품 등에도 쓰이는 열가소성 수지는?

① 폴리스티렌수지
② 실리콘수지
③ 폴리에스테르수지
④ 요소수지

해설 발포폴리스티렌 : 열가소성수지인 폴리스티렌수지에 발포제를 넣은 다공질의 기포플라스틱으로서 스티로폴(styropor)이라고도 한다.

제5과목 / 건설안전기술

81 콘크리트 타설작업을 하는 경우에 준수해야 할 사항으로 옳지 않은 것은?

① 당일의 작업을 시작하기 전에 해당 작업에 관한 거푸집동바리등의 변형·변위 및 지반의 침하 유무 등을 점검하고 이상이 있으면 보수할 것
② 작업 중에는 거푸집동바리등의 변형·변위 및 침하 유무 등을 감시할 수 있는 감시자를 배치하여 이상이 있으면 작업을 중지하고 근로자를 대피시킬 것
③ 설계도서상의 콘크리트 양생기간을 준수하여 거푸집동바리 등을 해체할 것
④ 콘크리트를 타설하는 경우에는 편심을 유발하여 한쪽 부분부터 밀실하게 타설되도록 유도할 것

해설 콘크리트 타설작업시 준수해야 할 사항
  1) ①, ②, ③항
  2) 콘크리트를 타설하는 경우에는 편심이 발생하지 않도록 골고루 분산하여 타설할 것
  3) 콘크리트의 타설 작업시 거푸집 붕괴의 위험이 발생할 우려가 있는 때에는 충분한 보강조치를 할 것

82 철골공사에서 나타나는 용접결함의 종류에 해당하지 않는 것은?

① 가우징(gouging)
② 오버랩(overlap)
③ 언더 컷(under cut)
④ 블로우 홀(blow gole)

해설 가우징(gouging) : 용접시 쪼아 따내기 등에 의해 여분을 제거하는 작업

83 버팀대(Strut)의 축하중 변화상태를 측정하는 계측기는?

① 경사계(Inclino meter)
② 수위계(Water level meter)
③ 침하계(Extension)
④ 하중계(Load cell)

해설 계측기의 종류 및 계측내용
  1) **하중계** (load cell) : 버팀보(지주) 또는 어스앵커(earth anchor) 등의 실제 축하중 변화상태를 측정 (부재의 안전상태를 파악하는 기기)
  2) **간극 수압계** (piezometer) : 지하수의 수압을 측정
  3) **수위계** (water level meter) : 지반내 지하수위 변화를 측정
  4) **경사계** (inclinometer) : 흙막이벽의 수평변위(변형) 측정
  5) **변형계** (stain gauge) : 흙막이벽의 변형과 응력을 측정

84 다음에서 설명하고 있는 건설장비의 종류는?

> 앞뒤 두 개의 차륜이 있으며(2축 2륜), 각각의 차축이 평행으로 배치된 것으로 찰흙, 점성토 등의 두꺼운 흙을 다짐하는데 적당하나 단단한 각재를 다지는 데는 부적당하며 머캐덤 롤러 다짐 후의 아스팔트 포장에 사용된다.

① 클램쉘
② 탠덤 롤러
③ 트랙터 셔블
④ 드래그 라인

해설 1) **크램쉘** : 붐의 선단에서 버킷을 와이어로프로 매달아 바로 아래로 떨어뜨려 흙을 떠올리는 중기
  2) **텐덤롤러** : 본문설명
  3) **트랙터셔블** : 트랙터 앞면에 버킷을 장착한 적재기계
  4) **드래그라인** : 지반보다 낮은 연질지반의 넓은 굴착에 적합

■ 정답 ■ 81.④ 82.① 83.④ 84.②

85 안전방망을 건축물의 바깥쪽으로 설치하는 경우 벽면으로부터 망의 내민 길이는 최소 얼마 이상이어야 하는가?

① 2m ② 3m
③ 5m ④ 10m

해설 안전방망(추락 방호망) 설치기준
1) **설치위치** : 작업면에 가장 가까운 지점에 설치하여야 하며, 작업면에서 방망설치 지점까지의 수직거리는 10m를 초과하지 않을 것
2) **방망** : 수평으로 설치
3) **방망의 처짐** : 짧은 변 길이의 12% 이상일 것
4) **방망의 내민 길이** : 벽면으로부터 3m 이상(다만, 그물코가 20mm 이하인 망을 사용한 경우에는 낙하물방지망을 설치한 것으로 봄)

86 거푸집동바리등을 조립하거나 해체하는 작업을 하는 경우 준수사항으로 옳지 않은 것은?

① 해당 작업을 하는 구역에는 관계 근로자가 아닌 사람의 출입을 금지할 것
② 비, 눈, 그 밖의 기상상태의 불안전으로 날씨가 몹시 나쁜 경우에는 그 작업을 중지할 것
③ 낙하·충격에 의한 돌발적 재해를 방지하기 위하여 버팀목을 설치하고 거푸집동바리 등을 인양장비에 매단 후에 작업을 하도록 하는 등 필요한 조치를 할 것
④ 재료, 기구 또는 공구 등을 올리거나 내리는 경우에는 근로자로 하여금 달줄·달포대 등의 사용을 금지하도록 할 것

해설 거푸집동바리 등을 조립·해체작업을 하는 경우 준수사항
1) ①, ②, ③항
2) 재료, 기구 또는 공구 등을 올리거나 내리는 경우에는 근로자로 하여금 달줄·달포대 등을 사용하도록 할 것

87 다음은 산업안전보건법령에 따른 말비계를 조립하여 사용하는 경우에 관한 준수사항이다. (   )안에 알맞은 숫자는?

> 말비계의 높이가 2m를 초과한 경우에는 작업발판의 폭을 (   )cm 이상으로 할 것

① 10 ② 20
③ 30 ④ 40

해설 말비계를 조립하여 사용시 준수사항
1) 지주부재의 하단에는 미끄럼 방지장치를 하고, 양측 끝부분에 올라서서 작업하지 아니하도록 할 것
2) 지주부재와 수평면과의 기울기를 75° 이하로 하고, 지주부재와 지주부재 사이를 고정시키는 보조부재를 설치할 것
3) 말비계의 높이가 2m를 초과할 경우에는 작업발판의 폭을 40cm 이상으로 할 것

88 다음은 산업안전보건법령에 따른 지붕 위에서의 위험 방지에 관한 사항이다. (   )안에 알맞은 것은?

> 슬레이트, 선라이트 등 강도가 약한 재료로 덮은 지붕 위에서 작업을 할 때에 발이 빠지는 등 근로자가 위험해질 우려가 있는 경우 폭 (   )센티미터 이상의 발판을 설치하거나 안전방망을 치는 등 근로자의 위험을 방지하기 위하여 필요한 조치를 하여야 하는가?

① 20 ② 25
③ 30 ④ 40

해설 슬레이트, 선라이트(sunlight) 등 지붕 위에서의 작업시 위험방지조치사항
1) 폭 30cm 이상의 발판 설치
2) 추락방호망 설치

■ 정답 ■ 85.② 86.④ 87.④ 88.③

89 건설업에서 사업주의 유해·위험 방지 계획서 제출 대상 사업장이 아닌 것은?

① 지상 높이가 31m 이상인 건축물의 건설, 개조 또는 해체공사
② 연면적 5,000m² 이상 관광숙박시설의 해체 공사
③ 저수용량 5,000톤 이하의 지방상수도 전용 댐 건설 등의 공사
④ 깊이 10m 이상인 굴착공사

해설 다목적댐, 발전용댐 및 저수용량 2천만 톤 이상의 용수 전용댐, 지방상수도 전용댐 건설 등의 공사

90 통나무 비계를 건축물, 공작물 등의 건조·해체 및 조립 등의 작업에 사용하기 위한 지상 높이 기준은?

① 2층 이하 또는 6m 이하
② 3층 이하 또는 9m 이하
③ 4층 이하 또는 12m 이하
④ 5층 이하 또는 15m 이하

해설 통나무비계를 사용할 수 있는 경우 : 지상높이 4층 이하 또는 12m 이하인 건축물·공작물 등의 건조·해체 및 조립 등 작업시

91 굴착작업을 하는 경우 지반의 붕괴 또는 토석의 낙하에 의한 근로자의 위험을 방지하기 위하여 관리감독자로 하여금 작업시작 전에 점검하도록 해야 하는 사항과 가장 거리가 먼 것은?

① 부석·균열의 유무
② 함수·용수
③ 동결상태의 변화
④ 시계의 상태

해설 굴착작업시 지반의 붕괴 또는 토석의 낙하에 의한 위험방지를 위해 관리감독자가 작업시작 전에 점검해야 할 사항
1) 작업장소 및 그 주변의 부석·균열의 유무
2) 함수·용수 및 동결상태의 변화

92 작업으로 인하여 물체가 떨어지거나 날아올 위험이 있는 경우 설치하는 낙하물 방지망의 수평면과의 각도 기준으로 옳은 것은?

① 10°이상 20°이하를 유지
② 20°이상 30°이하를 유지
③ 30°이상 40°이하를 유지
④ 40°이상 45°이하를 유지

해설 낙하물방지망 또는 방호선반 설치시 준수사항
1) **설치 높이** : 10m 이내마다 설치
2) **내민 길이** : 벽면으로부터 2m 이상으로 할 것
3) **수평면과의 각도** : 20° 내지 30°를 유지할 것

93 크레인을 사용하여 작업을 하는 경우 준수해야 할 사항으로 옳지 않은 것은?

① 인양할 하물(荷物)을 바닥에서 끌어당기거나 밀어 정위치 작업을 할 것
② 유류드럼이나 가스통 등 운반 도중에 떨어져 폭발하거나 누출될 가능성이 있는 위험물 용기는 보관함(또는 보관고)에 담아 안전하게 매달아 운반할 것
③ 미리 근로자의 출입을 통제하여 인양 중인 하물이 작업자의 머리 위로 통과하지 않도록 할 것
④ 인양할 하물이 보이지 아니하는 경우에는 어떠한 동작도 하지 아니할 것(신호하는 사람에 의하여 작업을 하는 경우는 제외한다)

해설 ①항. 인양할 하물을 바닥에서 끌어당기거나 밀어내는 방법으로 작업을 하지 않도록 할 것

■ 정답 ■ 89.③ 90.③ 91.④ 92.② 93.①

94 건설업 산업안전보건관리비의 안전시설비로 사용가능하지 않은 항목은?

① 비계·통로·계단에 추가 설치하는 추락방지용 안전난간
② 공사수행에 필요한 안전통로
③ 틀비계에 별도로 설치하는 안전난간·사다리
④ 통로의 낙하물 방호선반

해설 안전통로는 안전시설에 해당되지 않는다.

95 터널 지보공을 설치한 경우에 수시로 점검하여야 할 사항에 해당하지 않는 것은?

① 기둥침하의 유무 및 상태
② 부재의 긴압 정도
③ 매설물 등의 유무 또는 상태
④ 부재의 접속부 및 교차부의 상태

해설 터널지보공 설치시 수시점검사항
1) 부재의 손상·변형·부식·변위 탈락의 유무 및 상태
2) 부재의 긴압의 정도
3) 부재의 접속부 및 교차부의 상태
4) 기둥침하의 유무 및 상태

96 굴착공사 중 암질변화구간 및 이상암질 출현시에는 암질판별시험을 수행하는데 이 시험의 기준과 거리가 먼 것은?

① 함수비   ② R.Q.D
③ 탄성파속도   ④ 일축압축강도

해설 굴착공사중 암질변화구간 및 이상암질의 출현시 암질판별기준
1) R·Q·D(%)
2) 탄성파 속도 (m/sec)
3) R·M·R
4) 일축압축강도(kg/cm^2)
5) 진동치속도 (cm/sec=Kine)

97 고소작업대가 갖추어야 할 설치조건으로 옳지 않은 것은?

① 작업대를 와이어로프 또는 체인으로 올리거나 내릴 경우에는 와이어로프 또는 체인이 끊어져 작업대가 떨어지지 아니하는 구조여야 하며, 와이어로프 또는 체인의 안전율은 3이상일 것
② 작업대를 유압에 의해 올리거나 내릴 경우에는 작업대를 일정한 위치에 유지할 수 있는 장치를 갖추고 압력의 이상저하를 방지할 수 있는 구조일 것
③ 작업대에 정격하중(안전율 5이상)을 표시할 것
④ 작업대에 끼임·충돌 등 재해를 예방하기 위한 가드 또는 과상승방지장치를 설치할 것

해설 ①항, 와이어로프 또는 체인의 안전율은 5이상 일 것

98 추락방지망의 방망 지지점은 최소 얼마 이상의 외력에 견딜 수 있는 강도를 보유하여야 하는가?

① 500kg   ② 600kg
③ 700kg   ④ 800kg

해설 방망지지점 강도
1) 600kg 외력에 견딜 수 있을 것
2) 연속적인 구조물이 방망지지점인 경우의 외력
$F = 200B$

여기서, F: 외력(kg)
B: 지지점 간격(m)

99 이동식비계를 조립하여 작업을 하는 경우의 준수사항으로 옳지 않은 것은?

① 이동식비계의 바퀴에는 뜻밖의 갑작스러운 이동 또는 전도를 방지하기 위하여 브레이크·쐐기 등으로 바퀴를 고정시킨 다음 비계의 일부를 견고한 시설물에 고정하거나 아웃트리거(outrigger)를 설치하는 등 필요한 조치를 할 것
② 작업발판은 항상 수평을 유지하고 작업발판 위에서 안전난간을 딛고 작업을 하지 않도록 하며, 대신 받침대 또는 사다리를 사용하여 작업할 것
③ 비계의 최상부에서 작업을 하는 경우에는 안전난간을 설치할 것
④ 작업발판의 최대적재하중은 250kg을 초과하지 않도록 할 것

해설 이동식 비계를 조립하여 작업을 할 때 준수사항
1) ①, ③, ④항
2) 작업 발판은 항상 수평으로 유지하고 작업발판 위에서 안전난간을 딛고 작업을 하거나 받침대 또는 사다리를 사용하여 작업하지 않도록 할 것
3) 승강용사다리는 견고하게 설치할 것

100 아스팔트 포장도로의 노반의 파쇄 또는 토사 중에 있는 암석제거에 가장 적당한 장비는?

① 스크레이퍼(Scraper)
② 롤러(Roller)
③ 리퍼(Ripper)
④ 드래그라인(Dragline)

해설 리퍼(ripper) : 단단한 흙이나 연약한 암석을 파내는 갈고리 모양의 기계장비

■ 정답 ■ 99.② 100.③

2022년 4회 CBT복원 기출문제

건설안전산업기사

제1과목 / 산업안전관리론

01 학습을 자극에 의한 반응으로 보는 이론에 해당하는 것은?

① 손다이크(Thorndike)의 시행착오설
② 쾰러(Kohler)의 통찰설
③ 톨만(Tolman)의 기호형태설
④ 레빈(Lewin)의 장이론

해설 S-R이론 : 유기체에 자극(stimulus)을 주면 반응(response)함으로써 새로운 행동이 발달된다는 이론이다.
1) 손다이크(Thorndike)의 시행착오설
2) 파브로브(Pavlov)의 조건반사설
3) 스키너(Skinner)의 작동적(도구적) 조건화설
4) 구드리(Guthrie)의 접근적 조건화설

02 주의(attention)의 특성 중 여러 종류의 자극을 받을 때 소수의 특정한 것에만 반응하는 것은?

① 선택성   ② 방향성
③ 단속성   ④ 변동성

해설 주의의 특징
1) **선택성** : 여러 종류의 자극을 자각할 때 소수의 특정한 것에 한하여 선택하는 기능
2) **방향성** : 주시점만 인지하는 기능
3) **변동성** : 주의에는 주기적으로 부주의의 리듬이 존재

03 기업 내 정형교육 중 대상으로 하는 계층이 한정되어 있지 않고, 한번 훈련을 받은 관리자는 그 부하인 감독자에 대해 지도원이 될 수 있는 교육방법은?

① TWI(Training Within Industry)
② MTP(Management Training Program)
③ CCS(Civil Communication Section)
④ ATT(American Telephone&Telegram Co)

해설 ATT(American Telephone & Telegram Co.)
1) **교육대상** : 대상계층이 한정되어 있지 않고, 한번 훈련을 받은 관리자는 그 부하인 감독자에 대해 지도원이 될 수 있다.
2) **교육내용** : 계획적 감독, 작업의 계획 및 인원배치 작업의 감독, 공구와 자료보고 및 기록, 개인작업의 개선, 종업원의 향상, 인사관계, 훈련, 고객관계, 안전부대 군인의 복무조정 등
3) 코스는 1차 훈련(1일 8시간씩 2주간), 2차 과정에서는 문제가 발생할 때마다 하도록 되어 있으며, 진행방법은 통상 토의식에 의하여 지도자의 유도로 과제에 대한 의견을 제시하도록 하여 결론을 내려가는 방식을 취한다.

04 시행착오설에 의한 학습법칙이 아닌 것은?

① 효과의 법칙   ② 준비성의 법칙
③ 연습의 법칙   ④ 일관성의 법칙

해설 시행착오설에 의한 학습법칙
1) 연습의 법칙
2) 효과의 법칙
3) 준비성의 법칙

■ 정답 ■ 01.① 02.① 03.④ 04.④

05 산업안전보건법령상 근로자 안전·보건 교육 기준 중 다음 ( )안에 알맞은 것은?

교육과정	교육대상	교육시간
채용시의 교육	일용근로자	(㉠)시간 이상
	일용근로자를 제외한 근로자	(㉡)시간 이상

① ㉠ 1, ㉡ 8
② ㉠ 2, ㉡ 8
③ ㉠ 1, ㉡ 2
④ ㉠ 3, ㉡ 6

해설 사업 내 안전보건교육(시행규칙 별표8)

교육과정	교육대상	교육시간
1. 정기교육	1) 사무직·판매직 근로자	매반기 6시간 이상
	2) 사무직·판매직 근로자 외의 근로자	매반기 12시간 이상
2. 채용시 교육	1) 일용직 근로자 및 근로계약기간이 1주일 이하인 기간제 근로자	1시간 이상
	2) 근로계약기간이 1주일 초과 1개월 이하인 기간제 근로자	4시간 이상
	3) 그 밖에 근로자	8시간 이상
3. 작업내용 변경시 교육	1) 일용근로자 및 근로계약기간이 1주일 이하인 기간제 근로자	1시간 이상
	2) 그 밖에 근로자	2시간 이상
4. 특별교육	1) 특별교육대상 작업에 종사하는 일용근로자 및 근로계약기간이 1주일 이하인 기간제 근로자	2시간 이상
	2) 특별교육대상 작업중 타워크레인 신호작업에 종사하는 일용근로자 및 근로계약기간이 1주일 이하인 기간제 근로자	8시간 이상
	3) 특별교육대상 작업에 종사하는 일용근로자 및 근로계약기간이 1주일 이하인 기간제 근로자를 제외한 근로자	• 16시간 이상(최초 작업에 종사하기 전 4시간 이상 실시하고 12시간은 3개월 이내에서 분할하여 실시 가능) • 단기간 작업, 간헐적 작업인 경우 2시간 이상
5. 건설업 기초 안전·보건 교육	건설일용근로자	4시간 이상

06 산업안전보건법령상 건설현장에서 사용하는 크레인, 리프트 및 곤돌라의 안전검사의 주기로 옳은 것은? (단, 이동식 크레인, 이삿짐 운반용 리프트는 제외한다.)

① 최초로 설치한 날부터 6개월마다.
② 최초로 설치한 날부터 1년마다
③ 최초로 설치한 날부터 2년마다
④ 최초로 설치한 날부터 3년마다

해설 안전검사대상 유해·위험기계 등의 검사주기(시행규칙 제73조의 3)

1) 크레인(이동식크레인은 제외), 리프트(이삿짐 운반용 리프트는 제외) 및 곤돌라 : 사업장이 설치가 끝난 날부터 3년 이내에 최초 안전검사를 실시하되, 그 이후부터 2년마다(건설현장에 사용하는 것은 최초로 설치한 날부터 6개월 마다)
2) 이동식크레인, 이삿짐운반용 리프트 및 고소작업대 : 신규등록이후 3년 이내에 최초 안전검사를 실시하되, 그 이후부터 2년마다
3) 프레스, 전단기, 압력용기, 국소배기장치, 원심기, 화학설비 및 그 부속설비, 건조설비 및 그 부속설비, 롤러기, 사출성형기, 컨베이어 및 산업용 로봇(11종) : 사업장에 설치가 끝난 날부터 3년 이내에 최초 안전검사를 실시하되, 그 이후부터 2년마다 (공정안전보고서를 제출하여 확인을 받은 압력용기는 4년마다)

07 재해예방의 4원칙이 아닌 것은?

① 원인계기의 원칙
② 예방가능의 원칙
③ 사실보존의 원칙
④ 손실우연의 원칙

해설 재해예방의 4원칙
1) 손실우연의 원칙
2) 원인계기의 원칙
3) 예방가능의 원칙
4) 대책선정의 원칙

■정답■ 05.① 06.① 07.③

08 재해발생 시 조치사항 중 대책수립의 목적은?

① 재해발생 관련자 문책 및 처벌
② 재해 손실비 산정
③ 재해발생 원인 분석
④ 동종 및 유사재해 방지

해설 재해발생 시의 조치사항

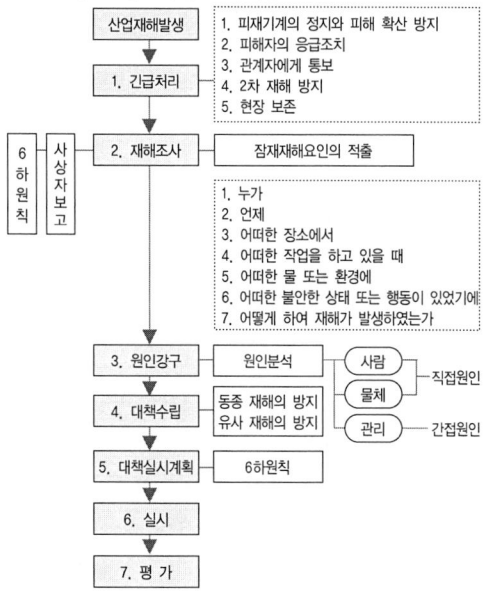

09 Safe-T-score에 대한 설명으로 틀린 것은?

① 안전관리의 수행도를 평가하는데 유용하다.
② 기업의 산업재해에 대한 과거와 현재의 안전성적을 비교 평가한 점수로 단위가 없다.
③ Safe-T-score가 +2.0이상인 경우는 안전관리가 과거보다 좋아졌음을 나타낸다.
④ Safe-T-score가 +2.0~-2.0사이인 경우는 안전관리가 과거에 비해 심각한 차이가 없음을 나타낸다.

해설 세이프 티 스코어(Safe T. Score)
1) 의미 : 과거와 현재의 안전성적을 비교·평가하는 방법으로 단위가 없으며(+)이면 나쁜 기록, (−)이면 과거에 비해 좋은 기록으로 본다.

2) 공식

$$\therefore \text{Safe T. Score} = \frac{(\text{현재})빈도율-(\text{과거})빈도율}{\sqrt{\frac{(\text{과거})빈도율}{근로총시간수}\times 10^6}}$$

3) 판정

구분	내용
+2.0이상	· 과거보다 심각하게 나쁘다.
+2.0~-2.0	· 심각한 차이 없음.
-2.0이하	· 과거보다 좋아졌다.

10 추락 및 감전 위험방지용 안전모의 일반구조가 아닌 것은?

① 착장체　　② 충격흡수재
③ 선심　　　④ 모체

해설 안전모의 구조

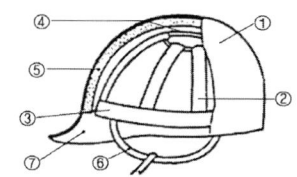

번호	명칭	
1	모체	
2	착장체	머리받침끈
3		머리고정대
4		머리받침고리
5	충격흡수재(자율안전확인에서는 제외)	
6	턱끈	
7	모자챙(차양)	

11 위험예지훈련 4R방식 중 각 라운드(Round) 별 내용 연결이 옳은 것은?

① 1R - 목표설정
② 2R - 본질추구
③ 3R - 현상파악
④ 4R - 대책수립

해설 위험예지훈련의 4R
1) 1R(현상파악) : 어떤 위험이 잠재하고 있는지

■정답■　08.④　09.③　10.③　11.②

사실을 파악하는 라운드(BS적용)
2) 2R(본질추구) : 가장 위험한 요인(위험 포인트)을 합의로 결정하는 라운드(요약)
3) 3R(대책수립) : 구체적인 대책을 수립하는 라운드(BS)적용
4) 4R(목표달성-설정) : 수립한 대책 가운데 질이 높은 항목에 합의하는 라운드(요약)

12 헤드십(Headship)에 관한 설명으로 틀린 것은?

① 구성원과의 사회적 간격이 좁다.
② 지휘의 형태는 권위주의적이다.
③ 권한의 부여는 조직으로부터 위임받는다.
④ 권한귀속은 공식화된 규정에 의한다.

해설 헤드십은 구성원과의 사회적 간격이 넓다.

길잡이 헤드십과 리더십의 구분

구분	헤드십	리더십
1. 권한부여 및 행사	위에서 위임하여 임명	아래로부터 동의에 의한 선출
2. 권한근거	법적 또는 공식적	개인능력
3. 상관과 부하의 관계	지배적	개인적인 경향
4. 지휘형태	권위주의적	민주주의적
5. 부하와의 사회적 간격	넓다	좁다

13 안전심리의 5대 요소에 해당하는 것은?

① 기질(temper)
② 지능(intelligence)
③ 감각(sense)
④ 환경(environment)

해설 안전심리의 5대 요소
  1) 습관 2) 습성
  3) 동기 4) 기질
  4) 감정

14 사고예방대책의 기본원리 5단계 중 제4단계의 내용으로 틀린 것은?

① 인사조정
② 작업분석
③ 기술의 개선
④ 교육 및 훈련의 개선

해설 사고예방대책의 기본원리 5단계

단계	과정	내용
1단계	조직	① 경영자의 안전목표 ② 안전관리자의 임명 ③ 안전의 라인 및 참모 조직구성 ④ 안전활동 방침 및 계획수립 ⑤ 조직을 통한 안전활동
2단계	사실의 발견	① 사고 및 안전활동 기록 검토 ② 작업분석 ③ 안전점검 및 안전진단 ④ 사고조사 ⑤ 안전회의 및 토의 ⑥ 근로자의 제안 및 여론조사 ⑦ 관찰 및 보고서의 연구 등을 통하여 불안전 요소 발견
3단계	분석 평가	① 사고보고서 및 현장조사 ② 사고기록 및 인적 물적 조건의 분석 ③ 작업공정 분석 ④ 교육훈련 분석 등을 통하여 사고의 직접원인 및 간접원인 규명
4단계	시정책 선정	① 기술적 개선 ② 인사조정(배치조정) ③ 교육훈련의 개선 ④ 안전행정의 개선 ⑤ 규정 및 수칙 작업표준 제도의 개선 ⑥ 확인 및 통제체제 개선
5단계	시정책 적용	① 기술적(engineering)대책 ② 교육적(education)대책 ③ 단속적(enforcement)대책

■ 정답 ■ 12.① 13.① 14.②

15 400명의 근로자가 종사하는 공장에서 휴업일수 127일, 중대 재해 1건이 발생한 경우 강도율은?(단, 1일 8시간으로 연 300일 근무 조건으로 한다.)

① 10   ② 0.1
③ 1.0   ④ 0.01

해설 강도율 = $\dfrac{\text{근로손실일수}}{\text{연근로시간수}} \times 1000$

$= \dfrac{127 \times \dfrac{300}{365}}{400 \times 8 \times 300} \times 1000 = 0.14$

16 매슬로우(Maslow)의 욕구단계 이론의 요소가 아닌 것은?

① 생리적 욕구   ② 안전에 대한 욕구
③ 사회적 욕구   ④ 심리적 욕구

해설 매슬로우(Maslow)의 욕구 5단계
1) 1단계–생리적 욕구(신체적 욕구) : 기아, 갈등, 호흡, 배설, 성욕 등 기본적 욕구
2) 2단계–안전의 욕구 : 안전을 구하려는 욕구
3) 3단계–사회적 욕구(친화욕구) : 애정, 소속에 대한 욕구
4) 4단계–인정받으려는 욕구(자기존경의 욕구, 승인욕구) : 자존심, 명예, 성취, 지위 등에 대한 욕구
5) 5단계–자아실현의 욕구(성취욕구) : 잠재적인 능력을 실현하고자 하는 욕구

17 산업안전보건법령상 안전·보건표지 중 지시 표지사항의 기본모형은?

① 사각형   ② 원형
③ 삼각형   ④ 마름모형

해설 안전보건표지의 기본모형
1) **금지표시** : 원형
2) **경고표지** : 삼각형, 마름모형
3) **지시표지** : 원형
4) **안내표지** : 원형, 사각형

18 산업안전보건법령상 관리감독자의 업무의 내용이 아닌 것은?

① 해당 작업에 관련되는 기계·기구 또는 설비의 안전·보건점검 및 이상유무의 확인
② 해당 사업장 산업보건의 지도·조언에 대한 협조
③ 위험성평가를 위한 업무에 기인하는 유해·위험요인의 파악 및 그 결과에 따라 개선조치의 시행
④ 작성된 물질안전보건자료의 게시 또는 비치에 관한 보좌 및 조언·지도

해설 관리감독자의 업무내용
1) 사업장 내 관리감독자가 지휘·감독하는 작업(이하 "당해작업")과 관련되는 기계기구 또는 설비의 안전·보건 점검 및 이상 유무의 확인
2) 관리감독자에게 소속된 근로자의 작업복·보호구 및 방호장치의 점검과 그 착용·사용에 관한 교육·지도
3) 해당 작업에서 발생한 산업재해에 관한 보고 및 이에 대한 응급조치
4) 해당 작업의 작업장 정리·정돈 및 통로확보에 대한 확인·감독
5) 해당 사업장의 산업보건의·안전관리자 및 보건관리자, 안전보건관리담당자의 지도·조언에 대한 협조
6) 위험성평가를 위한 업무에 기인하는 유해·위험요인의 파악 및 그 결과에 따른 개선조치의 시행
7) 그 밖에 당해 작업의 안전·보건에 관한 사항으로서 고용노동부령으로 정하는 사항

19 학생이 마음 속에 생각하고 있는 것을 외부에 구체적으로 실현하고 형상화하기 위하여 자기 스스로가 계획을 세워 수행하는 학습활동으로 이루어지는 학습지도의 형태는?

① 케이스 메소드(Case method)
② 패널 디스커션(Panel discussion)
③ 구안법(Project method)
④ 문제법(Problem method)

■ 정답 ■ 15.② 16.④ 17.② 18.④ 19.③

해설 구안법(Project Method)
1) 학습자가 스스로 계획을 세워서 수행하는 학습활동으로 이루어지는 교육형태
2) 구안법의 단계 : 목적 - 계획 - 수행 - 평가

20 부하의 행동에 영향을 주는 리더십 중 조언, 설명, 보상조건 등의 제시를 통한 적극적인 방법은?

① 강요 ② 모범
③ 제언 ④ 설득

해설 설득 : 본문설명

제2과목
인간공학 및 시스템안전공학

21 체계분석 및 설계에 있어서 인간공학의 가치와 가장 거리가 먼 것은?

① 성능의 향상
② 인력 이용율의 감소
③ 사용자의 수용도 향상
④ 사고 및 오용으로부터의 손실 감소

해설 체계설계 과정에서의 인간공학의 기여도
1) 성능 향상
2) 인력이용률의 향상
3) 사용자의 수용도 향상
4) 사고 및 오용으로부터의 손실감소
5) 훈련비용의 절감
6) 생산 및 정비유지의 경제성 증대

22 휘도(luminance)의 척도 단위(unit)가 아닌 것은?

① fc   ② fL
③ mL   ④ cd/m^2

해설 휘도의 단위 : cd/m^2(칸델라/제곱미터) 또는 nt(nit, 니트), fL(후트램버트), mL(밀리램버트)

23 자연습구온도가 20℃이고, 흑구온도가 30℃일 때, 실내의 습구흑구온도지수(WBGT : wet-bulb globe temperature)는 얼마인가?

① 20℃   ② 23℃
③ 25℃   ④ 30℃

해설 실내의 WBGT
=(0.7×자연습구온도)+(0.3×흑구온도)
=(0.7×20)+(0.3×30)=23℃

> **길잡이** 실외(햇빛이 내리쬐는 곳)의 WBGT
> =(0.7×자연습구온도)+(0.2×흑구온도)+(0.1×건구온도)

24 안전성의 관점에서 시스템을 분석 평가하는 접근방법과 거리가 먼 것은?

① "이런 일은 금지한다."의 개인판단에 따른 주관적인 방법
② "어떻게 하면 무슨 일이 발생할 것인가?"의 연역적인 방법
③ "어떤 일은 하면 안 된다."라는 점검표를 사용하는 직관적인 방법
④ "어떤 일이 발생하였을 때 어떻게 처리하여야 안전한가?"의 귀납적인 방법

해설 ① 항, 개인 판단에 따른 주관적인 방법은 시스템 분석평가를 하는 접근방법으로 적합하지 않다.

25 인간공학적 부품배치의 원칙에 해당하지 않는 것은?

① 신뢰성의 원칙 ② 사용 순서의 원칙
③ 중요성의 원칙 ④ 사용 빈도의 원칙

■ 정답 ■ 20.④ 21.② 22.① 23.② 24.① 25.①

해설 부품배치의 4원칙
1) **중요성의 원칙** : 부품을 작동하는 성능이 체계의 목표달성에 긴요한 정도에 따라 우선순위를 설정한다.
2) **사용빈도의 원칙** : 부품을 사용하는 빈도에 따라 우선순위를 설정한다.
3) **기능별 배치의 원칙** : 기능적으로 관련된 부품들(표시장치, 조정장치 등)을 모아서 배치한다.
4) **사용순서의 원칙** : 사용되는 순서에 따라 장치들을 가까이에 배치한다.

26 소음을 방지하기 위한 대책으로 틀린 것은?

① 소음원 통제
② 차폐장치 사용
③ 소음원 격리
④ 연속 소음 노출

해설 소음대책
1) 소음원의 제거(가장 적극적 대책)
2) 소음원의 통제
3) 소음의 격리
4) 차폐장치 및 흡음재료 사용
5) 음향처리제 사용
6) 적절한 배치(layout)
7) 방음보호구 사용

27 근골격계 질환의 인간공학적 주요 위험요인과 가장 거리가 먼 것은?

① 과도한 힘
② 부적절한 자세
③ 고온의 환경
④ 단순 반복 작업

해설 근골격계질환 : 반복적인 동작, 부적절한 작업자세, 무리한 힘의 사용, 날카로운 면과의 신체접촉, 진동 및 온도 등의 요인에 의해서 발생하는 건강장해로서 목, 어깨, 허리, 상·하지의 신경·근육 및 그 주변 신체조직등에 나타나는 질환을 말한다.

28 FTA의 활용 및 기대효과가 아닌 것은?

① 시스템의 결함 진단
② 사고원인 규명의 간편화
③ 사고원인 분석의 정량화
④ 시스템의 결함 비용 분석

해설 FTA의 활용에 따른 기대효과
1) 사고원인 규명의 간편화
2) 사고원인 분석의 일반화
3) 사고원인 분석의 정량화
4) 노력시간의 절감
5) 시스템의 결함 진단
6) 안전점검표의 작성

29 시각적 표시 장치를 사용하는 것이 청각적 표시장치를 사용하는 것보다 좋은 경우는?

① 메시지가 후에 참고되지 않을 때
② 메시지가 공간적인 위치를 다룰 때
③ 메시지가 시간적인 사건을 다룰 때
④ 사람의 일이 연속적인 움직임을 요구할 때

해설 표시장치의 선택(청각장치와 시각장치의 선택)

청각장치사용	시각장치사용
① 전언이 간단하고 짧다.	① 전언이 복잡하고 길다.
② 전언이 후에 재참조되지 않는다.	② 전언이 후에 재참조된다.
③ 전언이 즉각적인 사상(event)을 이룬다.	③ 전언이 공간적인 위치를 다룬다.
④ 전언이 즉각적인 행동을 요구한다.	④ 전언이 즉각적인 행동을 요구하지 않는다.
⑤ 수신자가 시각계통이 과부하 상태일 때	⑤ 수신자의 청각계통이 과부하 상태일 때
⑥ 수신장소가 너무 밝거나 암조의 유지가 필요할 때	⑥ 수신장소가 너무 시끄러울 때
⑦ 직무상 수신자가 자주 움직이는 경우	⑦ 직무상 수신자가 한 곳에 머무르는 경우

■ 정답 ■ 26.④ 27.③ 28.④ 29.②

30 인체 측정치의 응용 원칙과 거리가 먼 것은?

① 극단치를 고려한 설계
② 조절 범위를 고려한 설계
③ 평균치를 기준으로 한 설계
④ 기능적 치수를 이용한 설계

해설 인체계측자료의 응용원칙
1) **최대치수와 최소치수** : 최대치수 또는 최소치수를 기준으로 하여 설계한다. (극단에 속하는 사람을 위한 설계)
2) **조절범위(조절식)** : 체격이 다른 여러 사람에게 맞도록 만드는 것 이다.(조절할 수 있도록 범위를 두는 설계)
3) **평균치를 기준으로 한 설계** : 최대치수나 최소치수, 조절식으로 하기가 곤란할 때 평균치를 기준으로 하여 설계한다.(평균적인 사람을 위한 설계)

31 산업현장에서 사용하는 생산설비의 경우 안전장치가 부착되어 있으나 생산성을 위해 제거하고 사용하는 경우가 있다. 이러한 경우를 대비하여 설계 시 안전장치를 제거하면 작동이 안 되는 구조를 채택하고 있다. 이러한 구조는 무엇인가?

① Fail Safe   ② Fool Proof
③ Lock Out   ④ Tamper Proof

해설 Tamper proof(템퍼 프루프) : 설비에 부착된 안전장치를 제거하면 설비가 작동되지 않도록 하는 안전설계

32 시스템안전프로그램계획(SSPP)에서 "완성해야 할 시스템안전업무"에 속하지 않는 것은?

① 정성 해석
② 운용 해석
③ 경제성 분석
④ 프로그램 심사의 참가

해설 시스템 안전프로그램계획(SSPP)중 완성해야 할 시스템 안전 업무
1) ①, ②, ④항
2) 정량해석
3) 설계심사에의 참가
4) 계약업자의 감사활동

33 항공기 위치 표시장치의 설계원칙에 있어, 다음 보기의 설명에 해당하는 것은?

[보기]
항공기의 경우 일반적으로 이동 부분의 영상은 고정된 눈금이나 좌표계에 나타내는 것이 바람직하다.

① 통합   ② 양립적 이동
③ 추종표시   ④ 표시의 현실성

해설 양립적 이동 : 본문 [보기]설명

34 다음의 연산표에 해당하는 논리연산은?

입력		출력
X_1	X_2	
0	0	0
0	1	1
1	0	1
1	1	0

① XOR   ② AND
③ NOT   ④ OR

해설
1) XOR(배타적 논리합) : 두 가지 조건이 서로 반대의 값을 가지면 결과가 참으로 나타난다.
2) 연산표에서 X_1, X_2의 값이 서로 다를 때 출력이 "1"이 된다.

■정답■ 30.④ 31.④ 32.③ 33.② 34.①

35 선형 조정장치를 16cm 옮겼을 때, 선형 표시장치가 4cm 움직였다면, C/R비는 얼마인가?

① 0.2　　② 2.5
③ 4.0　　④ 5.3

해설 C/R비 = $\dfrac{조정장치\ 변위량}{표시장치\ 변위량}$

= $\dfrac{16}{4}$ = 4.0

36 10시간 설비 가동 시 설비고장으로 1시간 정지하였다면 설비고장강도율은 얼마인가?

① 0.1%　　② 9%
③ 10%　　④ 11%

해설 설비고장강도율 = $\dfrac{고장정지시간}{부하시간} \times 100$

= $\dfrac{1}{10} \times 100 = 10\%$

> **길잡이** 설비고장도수율 = $\dfrac{고장횟수}{부하시간} \times 100$

37 시스템 안전을 위한 업무 수행 요건이 아닌 것은?

① 안전활동의 계획 및 관리
② 다른 시스템 프로그램과 분리 및 배제
③ 시스템 안전에 필요한 사람의 동일성 식별
④ 시스템 안전에 대한 프로그램 해석 및 평가

해설 시스템 안전관리
1) 시스템 안전에 필요한 사항의 동일성의 식별 (identification)
2) 안전활동의 계획, 조직과 관리
3) 다른 시스템 프로그램 영역과 조정
4) 시스템 안전에 대한 목표를 유효하게 적시에 실현시키기 위한 프로그램의 해석검토 및 평가 등의 시스템 안전업무

38 신체 반응의 척도 중 생리적 스트레인의 척도로 신체적 변화의 측정 대상에 해당하지 않는 것은?

① 혈압　　② 부정맥
③ 혈액성분　　④ 심박수

해설 생리적 스트레인의 척도에 대한 신체적 변화의 측정대상 : 혈압, 부정맥, 심박수, 뇌전도 등

39 컷셋(cut sets)과 최소 패스셋(minimal path sets)을 정의한 것으로 맞는 것은?

① 컷셋은 시스템 고장을 유발시키는 필요 최소한의 고장들의 집합이며, 최소 패스셋은 시스템의 신뢰성을 표시한다.
② 컷셋은 시스템 고장을 유발시키는 기본고장들의 집합이며, 최소 패스셋은 시스템의 불신뢰도를 표시한다.
③ 컷셋은 그 속에 포함되어 있는 모든 기본사상이 일어났을 때 톱 사상을 일으키는 기본사상의 집합이며, 최소 패스셋은 시스템의 신뢰성을 표시한다.
④ 컷셋은 그 속에 포함되어 있는 모든 기본사상이 일어났을 때 톱 사상을 일으키는 기본사상의 집합이며, 최소 패스셋은 시스템의 성공을 유발하는 기본사상의 집합이다.

해설 1) 컷셋과 미니멀 컷
① **컷셋**(cut sets) : 정상사상을 일으키는 기본사상(통상사상, 생략사상 포함)의 집합을 컷이라 한다.
② **미니멀 컷**(minimal cut sets) : 정상사상을 일으키기 위해 필요한 최소한의 컷을 말한다. (시스템의 위험성을 나타냄)
2) 패스셋과 미니멀 패스
① **패스 셋** : 정상사상이 일어나지 않는 기본사상의 집합을 말한다.
② **미니멀 패스** : 필요한 최소한의 패스를 말한다.(시스템의 신뢰성을 나타냄)

■정답■　35.③　36.③　37.②　38.③　39.③

40 산업안전 분야에서의 인간공학을 위한 제반 언급사항으로 관계가 먼 것은?

① 안전관리자와의 의사소통 원활화
② 인간과오 방지를 위한 구체적 대책
③ 인간행동 특성자료의 정량화 및 축적
④ 인간-기계체계의 설계 개선을 위한 기금의 축적

해설 ④항 : 인간공학과 관계없음

제3과목 / 건설시공학

41 다음 중 콘크리트 타설 공사와 관련된 장비가 아닌 것은?

① 피니셔(Finisher)
② 진동기(Vibrator)
③ 콘크리트 분배기(concrete distributor)
④ 항타기(Air hammer)

해설 항타기 : 말뚝 또는 널말뚝을 박는 기계와 그 부속장치

42 철골공사에서 쓰이는 내화피복 공법의 종류가 아닌 것은?

① 성형판 붙임공법
② 뿜칠공법
③ 미장공법
④ 나중매입공법

해설 철골 내화피복공법의 종류
1) 타설공법
2) 미장공법
3) 뿜칠공법
4) 성형판붙임공법(건식공법)
5) 복합내화피복(Membrene 공법)
6) 합성 내화피복

43 VE적용 시 일반적으로 원가절감의 가능성이 가장 큰 단계는?

① 기획 설계
② 공사 착수
③ 공사 중
④ 유지관리

해설 가치공학(VE)
1) VE(Value engineering) : 건설현장에서 필요한 기능을 품질저하 없이 유지하며 가장 적은 비용으로 공사를 관리하는 원가절감기법
2) VE 대상
  ① 건설업자와 직접관련이 있을 것
  ② 일체 공사에서 반복이 많을 것
  ③ 금액, 기간 등의 규모가 클 것
3) VE적용시 원가절감이 가장 큰 단계 : 기획 설계

44 건축공사의 착수 시 대지에 설정하는 기준점에 관한 설명으로 옳지 않은 것은?

① 공사 중 건축물 각 부위의 높이에 대한 기준을 삼고자 설정하는 것을 말한다.
② 건축물의 그라운드 레벨(Ground level)은 현장에서 공사 착수 시 설정한다.
③ 기준점은 바라보기 좋고, 공사에 지장이 없는 곳에 설정한다.
④ 기준점은 대개 지정 지반면에서 0.5~1m의 위치에 두고 그 높이를 적어둔다.

해설 Bench mark(기준점)
1) 공사 중 높이의 기준을 삼고자 설정하는 것으로 바라보기 좋고 공사의 지장이 없는 곳에 설정한다(높이의 기준점으로 공사완료시까지 보존).
2) 기준점(B·M)은 최소 2개소 이상 가급적 많은 장소에 표시해 두는 것이 좋고 이동될 우려가 없는 인근 건물, 벽돌담 등을 이용한다(인접건물, 담장에 지표면(G·L)에서 0.5~1.0m 사이에 표시).

45 독립 기초판(3.0m×3.0m) 하부에 말뚝머리지름이 40cm인 기성콘크리트 말뚝을 9개 시공하려고 할 때 말뚝의 중심간격으로 가장 적당한 것은?

① 110cm ② 100cm
③ 90cm   ④ 80cm

해설 1) 기성콘크리트 말뚝의 말뚝간격 :
   최소 2.5d(d : 말뚝머리지름) 이상 또는 75cm 이상
2) 말뚝간격 = 2.5×40cm = 100cm

46 건설공사 입찰방식 중 공개경쟁입찰의 장점에 속하지 않는 것은?

① 유자격자는 모두 참가할 수 있는 기회를 준다.
② 제한경쟁입찰에 비해 등록사무가 간단하다.
③ 담합의 가능성을 줄인다.
④ 공사비가 절감된다.

해설 공개경쟁입찰의 장점·단점
1) 장점
   ① 도급업자에게 균등한 기회부여
   ② 담합의 우려가 적음
   ③ 입찰자의 선정이 공정
   ④ 공사비 절감
2) 단점
   ① 입찰자가 많으므로 입찰수속이 복잡(사무가 번잡)
   ② 부적격자 낙찰우려
   ③ 과대경쟁으로 조잡한 공사 우려

47 대상지역의 지반특성을 규명하기 위하여 실시하는 사운딩시험에 해당되는 것은?

① 함수비시험   ② 액성한계시험
③ 표준관입시험 ④ 1축 압축시험

해설 사운딩(sounding)
1) 사운딩 : 로드에 붙인 저항체를 지중에 넣고 관입, 회전, 빼올리기 등의 저항으로부터 토층의 성상을 탐사하는 방법이다.

2) 사운딩시험의 종류
   ① 표준관입시험
   ② 베인시험
   ③ 스웨덴식 사운딩 시험
   ④ 화란식 관입시험

48 흙막이 공사 후 지표면의 재하 하중에 못견디어 흙막이 벽의 바깥에 있는 흙이 안으로 밀려 흙파기 저면이 불룩하게 솟아오르는 현상은?

① 히빙 현상
② 보일링 현상
③ 수동토압 파괴 현상
④ 전단 파괴 현상

해설 히빙현상 : 연약성 점토지반 굴착시 흙막이벽 바깥에 있는 흙의 중량과 지표면의 재하하중에 못 견디어 저면 흙이 붕괴되고 흙막이벽 바깥에 있는 흘깅 저면 지표안으로 밀려 불룩하게 솟아오르는 현상

49 공사계약제도에 관한 설명으로 옳지 않은 것은?

① 일식도급계약제도는 전체 건축공사를 한 도급자에게 도급을 주는 제도이다.
② 분할도급계약제도는 보통 부대설비공사와 일반공사로 나누어 도급을 준다.
③ 공사진행 중 설계변경이 빈번한 경우에는 직영공사제도를 채택한다.
④ 직영공사제도는 근로자의 능률이 상승된다.

해설 직영공사의 장점과 단점
1) 장점
   ① 도급공사의 입찰 및 계약의 번잡한 수속이나 감독상의 곤란, 경쟁의 피해 등을 피할 수 있다.
   ② 영리를 도외시한 확실성 있는 공사를 할 수 있다.
   ③ 계약에 구속되지 않고, 임기응변의 처리가 가능하다.
2) 단점
   ① 사무가 번잡해지고, 작업관리가 어려우며

■정답■ 45.② 46.② 47.③ 48.① 49.④

공사기간이 지연되기 쉽다.
② 공사비가 증대될 우려가 있다. (가설재, 시공기계의 비경제성과 시공관리 능력 부족 등으로 경제상 불리)

50 프리스트레스트 콘크리트를 프리텐션방식으로 프리스트레싱할 때 콘크리트의 압축강도는 최소 얼마 이상이어야 하는가?

① 15MPa ② 20MPa
③ 30MPa ④ 50MPa

해설 프리스트레스트 코크리트의 프리텐션 방식
1) 프리텐션방식(pretension) : 강재에 미리 인장력을 가한 상태로 콘크리트를 부어놓고 경화한 후에 단부에서 인장력을 풀어주는 방식 (공장에서 소규모 부재 제작시 이용)
• 순서 : 강선 긴장 – 콘크리트타설, 경화 – 부착
2) 프리텐션 방식으로 프리 스트레싱(pre stressing) 할 때 콘크리트 압축강도 : 30MPa 이상

> **길잡이** 포스트텐션 방식(posttension) : 콘크리트 타설, 경화 후 미리 묻어둔 시드 내에 강재를 삽입, 긴장, 정착시킨 다음 그라우팅(grouting)하는 방식 (현장에서 대규모 부재 제작시 이용)
> • 순서 : 시드-타설, 경화-강선, 삽입·긴장·고정-그라우팅

51 기초파기 저면보다 지하수위가 높을 때의 배수공법으로 가장 적합한 것은?

① 웰포인트 공법
② 샌드드레인 공법
③ 언더피닝 공법
④ 페이퍼드레인 공법

해설 웰포인트(well point)공법의 특징
1) 사질지반에 유효한 공법이다.
2) 지하수위를 낮추기 위해 펌프를 통해 강제로 지하수를 뽑아내는 공법이다.

3) 지하수위의 저하에 따라서 부력이 감소되어 지반을 다지게 된다.
4) 지반이 압밀되어 흙의 전단저항이 증가된다.
5) 인접지반의 침하를 야기시키기 쉽다.

52 콘크리트 타설 및 다짐에 관한 설명으로 옳은 것은?

① 타설한 콘크리트는 거푸집 안에서 횡방향으로 이동시켜도 좋다.
② 콘크리트 타설은 타설기계로부터 가까운 곳부터 타설한다.
③ 이어치기 기준시간이 경과되면 콜드조인트의 발생 가능성이 높다.
④ 노출콘크리트에는 다짐봉으로 다지는 것이 두드림으로 다지는 것보다 품질관리상 유리하다.

해설 콘크리트 타설작업시 기본원칙
1) 타설구획 내의 먼 곳에서 가까운 곳으로 타설한다.
2) 타설구획 내의 콘크리트는 휴식시간에 연속적으로 타설하여야 한다.
3) 낙하높이는 작게 하고, 수직으로 낙하시킨다.
4) 타설 위치에 가까운 곳까지 펌프, 버킷 등으로 운반하여 타설한다.
5) 낮은 곳에서 높은 곳(기초-기둥-벽-계단-보의 순서)으로 부어넣는다.
6) 거푸집, 철근에 콘크리트를 충돌시키지 않는다.

53 철근이음의 종류 중 기계적 이음과 가장 거리가 먼 것은?

① 나사식 이음 ② 가스압점 이음
③ 충전식 이음 ④ 압착식 이음

해설 기계적 철근이음의 종류
1) 나사식 이음
2) (슬리브)압착식 이음
3) 충전식 이음
4) 병용이음(압착나사병용, 충전압착 병용)

■ 정답 ■ 50.③ 51.① 52.③ 53.②

54 기성 콘크리트 말뚝설치 공법 중 진동공법에 관한 설명으로 옳지 않은 것은?

① 정확한 위치에 타입이 가능하다.
② 타입은 물론 인발도 가능하다.
③ 경질지반에서는 충분한 관입깊이를 확보하기 어렵다.
④ 사질지반에서는 진동에 따른 마찰저항의 감소로 인해 관입이 쉽다.

해설 기성콘크리트 말뚝설치 공법 중 진동공법
 1) 정확한 위치에 타입가능
 2) 두부손상이 적고 타입, 인발가능
 3) 경질지반에서는 관입깊이 확보곤란(경질지반 관입능력 저하)
 4) 연약지반에서는 속도 빠르고 소음 적음

55 콘크리트의 압축강도를 시험하지 않을 경우 거푸집널의 해체 시기로 옳은 것은?(단, 조강포틀랜드시멘트를 사용한 기둥으로서 평균기온이 20℃이상일 경우)

① 2일   ② 3일
③ 4일   ④ 6일

해설 거푸집의 존치기강
 1) 시멘트의 종류에 의한 거푸집 존치기간

부위		기초, 보옆, 기둥 및 벽		바닥 및 지붕 슬래브, 보 밑	
시멘트의 종류		포틀랜드 시멘트	조강포틀랜드 시멘트	포틀랜드 시멘트	조강포틀랜드 시멘트
콘크리트의 재령(일)	평균 20℃ 이상	4	2	7	4
	평균 10~20℃ 미만	6	3	8	5
콘크리트의 압축강도		50kg/cm²		설계기준강도의 50%	

 2) 평균 20℃이상인 경우 : 콘크리트 재령 2일(최소기준) 이상이면 거푸집을 해체할 수 있다.

56 공사계획을 수립할 때의 유의사항으로 옳지 않은 것은?

① 마감공사는 구체공사가 끝나는 부분부터 순차적으로 착공하는 것이 좋다.
② 재료입수의 난이, 부품제작 일수, 운반조건 등을 고려하여 발주시기를 조절한다.
③ 방수공사, 도장공사, 미장공사 등과 같은 공정에는 일기를 고려하여 충분한 공기를 확보한다.
④ 공사 전반에 쓰이는 모든 시공장비는 착공 개시 전에 현장에 반입되도록 조치해야 한다.

해설 공사계획 수립시 유의사항
 1) **기초공사** : 옥외작업이므로 공정의 변경이 많고 기후에 좌우되기 쉬우므로 지연되는 점을 감안한다.
 2) **골조공사** : 기후에 좌우되기는 하나 비교적 공정이 적으므로 공기를 단축하기 쉽다는 점을 감안한다.
 3) **마감공사** : 주체공사가 끝나는 부분부터 순차적으로 착공하여 타공사 기간과 중복시키는 것이 좋다.
 4) **발주시기** : 재료일수의 난이, 부품제작 일수, 운반조건 등을 고려하여 발주시기를 조절한다.
 5) **공기확보** : 방수공사, 도장공사, 미장공사 등과 같은 공정에는 일기를 고려하여 발주시기를 조절한다.
 6) **공사에 사용하는 사용기계, 기구** : 공사 진행 및 순서에 따라 현장에 반입하도록 조치한다.

57 철골공사에서 용접을 할 때 발생하는 용접결함과 직접 관계가 없는 것은?

① 크랙   ② 언더컷
③ 크레이터   ④ 위핑

해설 1) 용접결함
  ① 균열(crack) : 공기구멍 또는 선상조직, 용접의 구속, 살 붙임 불량 등으로 생기는 결함

② **슬래그 섞임**(slag inclusion 슬래그 감싸돌기) : 용접에서 용융금속이 급속하게 냉각 되면 슬래그의 일부분이 달아나지 못하고 용착 금속 내에 혼입되는 결함
③ **피드**(pit) : 공기의 구멍이 발생함으로서 용접부의 표면에 생기는 작은 구멍
④ **공기구멍**(blow hole=gas pocket) : 용접금속의 내부에 생기는 구멍으로 주로 용융금속이 응고할 때 방출되어야 할 가스가 남아서 생기는 결함
⑤ **언더 컷**(under cut) : 용접상부(모재표면과 용접표면이 교차되는 점)에 따라 모재가 녹아 용착금속이 채워지지 않고 홈으로 남게 되는 부분
⑥ **오버랩**(over lap : 겹치기) : 용접금속과 모재가 융합되지 않고 겹쳐지는 결함
⑦ **위핑 홀**(weeping hole) : 용접부 내에 생기는 미세한 구멍
⑧ **기타 결함** : 외관 비틀림 결함, 불용착(녹아붙기 불량)변형, 용접치수의 불규칙, 용입부족 등

2) **위빙**(weaving≒weeping) : 용접봉을 용접 방향과 직각으로 움직이면서 용접너비를 증가시키는 운봉법

58 흙막이벽체 공법 중 주열식 흙막이 공법에 해당하는 것은?

① 슬러리 월 공법
② 엄지말뚝+토류판공법
③ C.I.P공법
④ 시트파일 공법

해설 주열식 흙막이 공법
1) CIP공법
2) PIP공법
3) MIP공법

59 벽체와 기둥의 거푸집이 굳지 않은 콘크리트 측압에 저항할 수 있도록 최종적으로 잡아주는 부재는?

① 스페이서   ② 폼타이
③ 턴버클   ④ 듀벨

해설
1) **스페이서**(spacer) : 거푸집널과 철근 또는 철근끼리의 간격을 유지하기 위한 블록이나 기구(버팀대), 간격재
2) **폼타이**(form-tie) : 거푸집간의 간격을 유지하기 위한 거푸집의 조임기구
3) **턴버클**(tun buckle) : 인장재를 팽팽히 당겨 조이는 나사있는 탕개쇠로 거푸집 연결시 철선 조임에 사용
4) **듀벨**(duwel) : 목재사이의 접합부에 끼워 볼트접합을 보강하기 위한 철물

60 콘크리트 이어붓기 위치에 관한 설명으로 옳지 않은 것은?

① 보 및 슬래브는 전단력이 작은 스팬의 중앙부에 수직으로 이어 붓는다.
② 기둥 및 벽에서는 바닥 및 기초의 상단 또는 보의 하단에 수평으로 이어 붓는다.
③ 캔틸레버로 내민보나 바닥판은 간사이의 중앙부에 수직으로 이어 붓는다.
④ 아치는 아치축에 직각으로 이어 붓는다.

해설 콘크리트 이어붓기의 이음위치
1) **보, 바닥판** : 간 사이(span)의 중앙에서 수직
2) **캔틸레버**(cantilever)**로 내민보나 바닥판** : 이어붓지 않음을 원칙으로 함
3) **중앙에 작은보가 있는 바닥판** : 중앙부에서 작은보 너비의 2배 떨어진 곳에서 수직
4) **기둥** : 바닥판(slab), 연결보 또는 기초상단에서 수평
5) **벽** : 개구부(문틀) 주위에서 수직, 수평
6) **아치** : 아치축에 직각

■ 정답 ■   58.③   59.②   60.③

제4과목 / 건설재료학

61 구리(Cu)와 주석(Sn)을 주체로 한 합금으로 주조성이 우수하고 내식성이 크며 건축장식철물 또는 미술공예 재료에 사용되는 것은?

① 청동 ② 황동
③ 양백 ④ 두랄루민

해설 1) **청동** : 동(Cu)과 주석(Sn)의 합금(공업용은 주석의 함유량이 15%이하)
① 황동보다 내식성이 크고 주조하기 쉽다.
② 용도 : 표면이 특유의 아름다운 색깔을 지니고 있어 건축물의 장식부품, 미술 고예재료 등에 사용된다.
③ 포금 : 동(Cu)에 주석(Sn) 10% 정도를 포함한 것으로 강도와 경도가 크다.
2) **황동**(일명 놋쇠) : 동(Cu)과 아연(Zn)의 합금

62 체가름 시험을 하였을 때 각 체에 남는 누계량의 전체 시료에 대한 질량백분율의 합을 100으로 나눈 값은?

① 실적률 ② 유효흡수율
③ 조립률 ④ 함수율

해설 골재의 조립률
조립률(FM)
$$= \frac{\text{각 체에 남은 골재량 누계(\%)의 합}}{100}$$
1) 골재입자의 지름이 클수록 조립률은 크다.
2) 굵은골재일수록, 조립률이 클수록 남는 중량은 크고 통과중량은 작다.

63 목재의 무늬를 가장 잘 나타내는 투명 도료는?

① 유성페인트 ② 클리어래커
③ 수성페인트 ④ 에나멜페인트

해설 1) **유성페인트** : 보일유와 안료에 용제 및 희석제, 건조제 등을 혼합하여 만든다.
2) **클리어래커** : 투명도료이다.
3) **수성페인트** : 물을 용제로 하는 도료를 총칭한 것이다.
4) **에나멜페인트** : 전색제로 유성바니시나 중합유에 안료를 섞어서 만든다.

64 모래의 함수율과 용적변화에서 이넌데이트(inundate)현상이란 어떤 상태를 말하는가?

① 함수율 0~8%에서 모래의 용적이 증가하는 현상
② 함수율 8%의 습윤상태에서 모래의 용적이 감소하는 현상
③ 함수율 8%에서 모래의 용적이 최고가 되는 현상
④ 절건상태와 습윤상태에서 모래의 용적이 동일한 현상

해설 bulking 및 inundate
1) bulking(벌킹) : 건조상태의 잔골재(모래)가 함수(含水)함에 따라 부풀어 오른 것을 bulking이라 하며,
2) inundate(이넌데이트) : 최대로 부푼(약 8% 함수되었을 때)것에 물을 더 가하면 이번에는 용적이 감소되고 포화상태(25~35%)일 경우에는 마른모래와 거의 같은 용적이 되는데 이를 inundate라고 한다.

65 금속제 용수철과 완충유와의 조합작용으로 열린문이 자동으로 닫히게 하는 것으로 바닥에 설치되며, 일반적으로 무게가 큰 중량창호에 사용되는 것은?

① 레버터리 힌지 ② 플로어 힌지
③ 피벗 힌지 ④ 도어 클로저

해설 플로어힌지(floor hinge, 마루정첩)
1) 자재여닫이 문을 열면 저절로 닫히게 되는 장치를 바닥에 설치하여 문장부를 끼우고 상부는 지도리를 축대로 하여 돌게 한 철문이다.
2) 중량이 큰 문에 쓰인다.

66 각종 시멘트의 특성에 관한 설명으로 옳지 않은 것은?

① 중용열포틀랜드시멘트는 수화 시 발열량이 비교적 크다.
② 고로세멘트를 사용한 콘크리트는 보통 콘크리트보다 초기강도가 작은편이다.
③ 알루미나시멘트는 내화성이 좋은 편이다.
④ 실리카시멘트로 만든 콘크리트는 수밀성과 화학저항성이 크다.

해설 중용열포틀랜드시멘트 : 수화열을 작게하기 위해 C_3A(알루민산 3석회)의 양을 8%이하, C_3S(규산3석회)의 양을 30%이하로 만든 시멘트이다.

67 멤브레인 방수공사와 관련된 용어에 관한 설명으로 옳지 않은 것은?

① 멤브레인 방수층 – 불투수성 피막을 형성하는 방수층
② 절연용 테이프 – 바탕과 방수층 사이의 국부적인 응력집중을 막기 위한 바탕면 부착 테이프
③ 프라이머 – 방수층과 바탕을 견고하게 밀착시킬 목적으로 바탕면에 최초로 도포하는 액상 재료
④ 개량 아스팔트 – 아스팔트 방수층을 형성하기 위해 사용하는 시트 형상의 재료

해설 개량 아스팔트 : 스트레이트 아스팔트(석유 아스팔트)에 고무(SBS : styren butadiene styrene)합성수지(APP : atactic poly propylene)를 배합하여 감온성 등 성질을 개량한 아스팔트이다.

68 절대건조비중이 0.69인 목재의 공극률은?

① 31.0%   ② 44.8%
③ 55.2%   ④ 69.0%

해설 목재내부의 공극률(v)

$$V = \left(1 - \frac{r}{1.54}\right) \times 100$$
$$= \left(1 - \frac{0.69}{1.54}\right) \times 100 = 55.2\%$$

여기서, r : 절건비중
1.54 : 목재의 진 비중

69 실링재와 같은 뜻의 용어로 부재의 접합부에 충전하여 접합부를 기밀·수밀하게 하는 재료는?

① 백업재   ② 코킹재
③ 가스켓   ④ AE감수제

해설 코킹재
1) 실링재의 일종
2) 무브먼트(movement)가 거의 없는 줄눈에 충전하여 수밀성, 기밀성을 확보하는 부정형의 재료

70 점토벽돌 1종의 흡수율과 압축강도 기준으로 옳은 것은?

① 흡수율 10% 이하 – 압축강도 24.50MPa이상
② 흡수율 10% 이하 – 압축강도 20.59MPa 이상
③ 흡수율 15% 이하 – 압축강도 24.50MPa 이상
④ 흡수율 15% 이하 – 압축강도 20.59MPa이상

해설 점토벽돌의 압축강도 및 흡수율

종류(등급)	압축강도	흡수율
1종	24.5MPa이상 (210kg/cm² 이상)	10%이하
2종	20.59MPa이상 (160kg/cm² 이상)	13%이하
3종	10.78MPa이상 (100kg/cm² 이상)	15%이하

■ 정답 ■ 66.① 67.④ 68.③ 69.② 70.①

71 콘크리트의 배합을 정할 때 목표로 하는 압축강도로 품질의 편차 및 양생온도 등을 고려하여 설계기준강도에 할증한 것을 무엇이라 하는가?

① 배합강도 ② 설계강도
③ 호칭강도 ④ 소요강도

해설 설계기준강도 및 배합강도
1) 설계기준강도(소요강도) : 구조체에 요구되는 재령 28일의 콘크리트의 압축강도(180 kg/cm² 이상)
2) 배합강도 : 설계기준강도×할증계수(안전율)

72 석재를 대상으로 실시하는 시험의 종류와 거리가 먼 것은?

① 비중 시험 ② 흡수율 시험
③ 압축강도 시험 ④ 인장강도 시험

해설 석재 대상 시험 종류
1) 석재의 강도 : 압축강도를 기준으로 한다.
2) 석재의 비중 : 겉보기비중으로 나타낸다. 보통 2.5~3.0(평균 2.65정도)
3) 석재의 흡수율 : 다공성으로 흡수율이 크다. 흡수율의 크기 : 응회암 〉 사암 〉 안산암 〉 화강암 = 점판암 〉 대리석

73 미리 거푸집 속에 특정한 입도를 가지는 굵은골재를 채워놓고 그 간극에 모르타르를 주입하여 제조한 콘크리트는?

① 폴리머 시멘트 콘크리트
② 프리플레이스트 콘크리트
③ 수밀 콘크리트
④ 서중 콘크리트

해설
1) 폴리머 시멘트 콘크리트(polymer cement concrete) : 콘크리트 결합재료 시멘트와 폴리머(polymer)를 사용한 콘크리트이다 (폴리머 시멘트 5%이상)
2) 프리플레이스트 콘크리트(preplaced concrete) : 굵은 골재를 거푸집속에 미리 넣어두고 그 골재사이의 공극에 파이프를 통해 모르타르를 압입 주입하여 콘크리트를 형성한 것으로 주입콘크리트라고도 한다.
3) 수밀콘크리트 : 방수를 목적으로 만들어진 콘크리트이다(물시멘트비 55% 이하)
4) 서중콘크리트 : 일평균기온이 25℃를 넘는 온도에서 시공하는 콘크리트이다

74 철근콘크리트구조의 부착강도에 관한 설명으로 옳지 않은 것은?

① 최초 시멘트페이스트의 점착력에 따라 발생한다.
② 콘크리트 압축강도가 증가함에 따라 일반적으로 증가한다.
③ 거푸집강성이 클수록 부착강도의 증가율은 높아진다.
④ 이형철근의 부착강도가 원형철근보다 크다.

해설 철근콘크리트의 부착강도
1) 콘크리트의 부착강도는 압축강도가 증가함에 따라 증가하나 압축강도가 커질수록 부착강도의 증가율은 낮아진다.
2) 압축강도가 350kg/cm² 이상에서 부착강도는 증가하지 않는다.
3) 이형철근의 부착강도가 원형철근보다 크다.

75 단백질 계 접착제 중 동물성 단백질이 아닌 것은?

① 카세인 ② 아교
③ 알부민 ④ 아마인유

해설 단백질 접착제
1) 동물성 단백질
 ① 카세인(casein) : 우유 중에 포함되어 있는 단백질
 ② 아교 : 가축의 혈액 중에 있는 단백질
 ③ 알부민(albumin) : 달걀의 흰자
2) 식물성 단백질
 ① 콩풀 : 탈지 대두분말
 ② 소맥 등 : 곡류 분말

■ 정답 ■ 71.① 72.④ 73.② 74.③ 75.④

76 미장재료 중 돌로마이트 플라스터에 관한 설명으로 옳지 않은 것은?

① 돌로마이트에 모래, 여물을 섞어 반죽한 것이다.
② 소석회보다 점성이 크다.
③ 회반죽에 비하여 최종강도는 작고 착색이 어렵다.
④ 건조수축이 커서 균열이 생기기 쉽다.

해설 돌로마이트 플라스터
1) 돌로마이트 플라스터 : 돌라마이트석회(마그네시아석회)에 모래, 여물, 필요한 경우에는 시멘트를 혼합하여 반죽한 미장재료이다.
2) 특성
   ① 미장재료 중 점도가 가장 크고 풀이 필요 없으며 응결시간이 길어 바르기도 좋다. (변색, 냄새, 곰팡이가 없다.)
   ② 경화시 건조수축이 커서 균열이 생기기 쉽다. (물에 약한 것이 결점)
   ③ 회반죽에 비해 강도가 높다.

77 합성수지 중 열경화성 수지가 아닌 것은?

① 페놀 수지   ② 요소 수지
③ 에폭시 수지 ④ 아크릴 수지

해설
1) 열가소성 수지 : 아크릴 수지, 염화비닐 수지, 에틸렌 수지, 스티렌 수지 등
2) 열경화성 수지 : 페놀 수지, 멜라민 수지, 폴리우레탄 수지, 에폭시 수지 등

78 미장바름의 종류 중 돌로마이트에 화강석 부스러기, 색모래, 안료 등을 섞어 정벌바름하고 충분히 굳지 않은 때에 거친 솔 등으로 긁어 거친면으로 마무리한 것은?

① 모조석   ② 라프코트
③ 리신바름 ④ 흙바름

해설 리신바름(lithin coat)
1) 돌로마이트에 화강석 부스러기, 색모래, 안료 등을 섞어 정벌바름하고 충분히 굳지 않은 때에 거친 솔, 얼레빗 등으로 긁어 거친면으로 마무리 하는 것이다.
2) 인조석 바름의 일종이다.

79 시멘트의 수화열에 의한 온도의 상승 및 하강에 따라 작용된 구속응력에 의해 균열이 발생할 위험이 있어, 이에 대한 특수한 고려를 요하는 콘크리트는?

① 매스 콘크리트
② 유동화 콘크리트
③ 한중 콘크리트
④ 수밀 콘크리트

해설 매스콘크리트(mass concrete) : 부재 또는 구조물의 치수가 커서 시멘트의 수화열에 의한 온도의 상승을 고려하여 시공하는 콘크리트를 말한다.

80 목재의 조직에 관한 설명으로 옳지 않은 것은?

① 수선은 침엽수와 활엽수가 다르게 나타난다.
② 심재는 색이 진하고 수분이 적고 강도가 크다.
③ 봄에 이루어진 목질부를 춘재라 한다.
④ 수간의 횡단면을 기준으로 제일 바깥쪽의 껍질을 형성층이라 한다.

해설
1) 수목의 횡단면을 기준으로 제일 바깥쪽에 수피(외수피와 내수피)가 있고 그 안쪽에 형성층이 있다.
2) 형성층은 점질의 조직으로서 모세포가 분열하여 새로운 목질을 내부에 형성하여 수목이 점차 바깥쪽으로 성장한다.

■ 정답 ■ 76.③ 77.④ 78.③ 79.① 80.④

제5과목 / 건설안전기술

81 기상상태의 악화로 비계에서의 작업을 중지시킨 후 그 비계에서 작업을 다시 시작하기 전에 점검해야 할 사항에 해당하지 않는 것은?

① 기둥의 침하·변형·변위 또는 흔들림 상태
② 손잡이의 탈락 여부
③ 격벽의 설치여부
④ 발판재료의 손상 여부 및 부착 또는 걸림 상태

해설 비, 눈, 그 밖의 기상상태의 악화로 작업을 중지시킨 후 또는 비계를 조립·해체하거나 변경한 후 그 비계에서 작업을 하는 경우 작업시작전 점검사항
  1) 발판재료의 손상여부 및 부착 또는 걸림상태
  2) 당해 비계의 연결부 또는 접속부의 풀림상태
  3) 연결재료 및 연결철물의 손상 또는 부식상태
  4) 손잡이의 탈락여부
  5) 기둥의 침하·변경·변위 또는 흔들림 상태
  6) 로프의 부착상태 및 매단장치의 흔들림 상태

82 달비계에 사용이 불가한 와이어로프의 기준으로 옳지 않은 것은?

① 이음매가 없는 것
② 지름의 감소가 공칭지름의 7%를 초과하는 것
③ 심하게 변형되거나 부식된 것
④ 와이어로프의 한 꼬임에서 끊어진 소선(素線)의 수가 10% 이상인 것

해설 달비계에 설치하는 이음매가 있는 와이어로프 등의 사용금지사항
  1) 이음매가 있는 것
  2) 와이어로프의 한 꼬임에서 끊어진 소선(필러선 제외)의 수가 10%이상(비전로프의 경우에는 끊어진 소선의 수가 와이어로프 호칭지름의 6배 길이 이내에서 4개 이상이거나 호칭지름의 30배 길이 이내에서 8개 이상)인 것
  3) 지름의 감소가 공칭지름의 7%를 초과하는 것
  4) 꼬인 것
  5) 심하게 변형 또는 부식된 것
  6) 열과 전기충격에 의해 손상된 것

83 다음 중 유해·위험방지 계획서 제출 대상 공사에 해당하는 것은?

① 지상높이가 25m인 건축물 건설공사
② 최대 지간길이가 45m인 교량건설공사
③ 깊이가 8m인 굴착공사
④ 제방 높이가 50m인 다목적댐 건설공사

해설 건설업 중 유해위험방지계획서 제출대상 사업장 (시행규칙 제120조 제4항)
  1) 지상높이가 31미터 이상인 건축물 또는 인공구조물, 연면적 3만 제곱미터 이상인 건축물 또는 연면적 5천 제곱미터 이상의 문화 및 집회시설(전시장 및 동물원·식물원은 제외), 판매시설, 운수시설(고속철도의 역사 및 집·배송시설은 제외), 종교시설, 의료시설 중 종합병원, 숙박시설 중 관광숙박시설, 지하도상가 또는 냉동·냉장 창고시설의 건설·개조 또는 해체(이하 "건설등"이라 함)
  2) 연면적 5천 제곱미터 이상의 냉동·냉장 창고시설의 설비공사 및 단열공사
  3) 최대 지간길이가 50미터 이상인 교량건설 등 공사
  4) 터널 건설 등의 공사
  5) 다목적댐, 발전용댐 및 저수용량 2천만톤 이상의 용수 전용 댐, 지방상수도 전용댐 건설 등의 공사
  6) 깊이 10미터 이상인 굴착공사

84 다음은 산업안전보건기준에 관한 규칙 중 가설통로의 구조에 관한 사항이다. ( )안에 들어갈 내용으로 옳은 것은?

> 수직갱에 가설된 통로의 길이가 15m이상인 경우에는 10m 이내마다 ( )을/를 설치할 것

① 손잡이 ② 계단참
③ 클램프 ④ 버팀대

해설 가설통로의 구조(가설통로 설치시 준수사항)
1) 견고한 구조로 할 것
2) 경사는 30° 이하로 할 것(다만, 계단을 설치하거나 높이 2m 미만의 가설통로로서 튼튼한 손잡이를 설치한 때에는 그러하지 아니하다)
3) 경사가 15°를 초과하는 때에는 미끄러지지 않는 구조로 할 것
4) 추락의 위험이 있는 장소에는 안전난간을 설치할 것(작업상 부득이한 때에는 필요한 부분에 한하여 임시로 이를 해체할 수 있다)
5) 수직갱에 가설된 통로의 길이가 15m 이상인 때에는 10m 이내마다 계단참을 설치할 것
6) 건설공사에서 사용하는 높이 8m이상인 비계다리에는 7m 이내마다 계단을 설치할 것

85 개착식 굴착공사에서 버팀보공법을 적용하여 굴착할 때 지반붕괴를 방지하기 위하여 사용하는 계측장치로 거리가 먼 것은?

① 지하수위계 ② 경사계
③ 변형률계 ④ 록볼트응력계

해설 굴착공사에 사용되는 계측기기
1) 간극수압계(piezometer) : 지하수의 수압을 측정
2) 수위계(water level meter) : 지반 내 지하수위 변화를 측정
3) 경사계(inclinometer) : 흙막이벽의 수평변위(변형)측정
4) 하중계(load cell) : 버팀보(지주) 또는 어스앵커(earth anchor)등의 실제 축하중 변화 상태를 측정(부재의 안전상태를 파악하는 기기)
5) 변형계(strain gauge) : 흙막이벽의 변형과 응력을 측정

86 다음 중 구조물의 해체작업을 위한 기계·기구가 아닌 것은?

① 쇄석기 ② 데릭
③ 압쇄기 ④ 철제 해머

해설 해체용 기계기구의 종류
① 압쇄기 ② 대형브레이커
③ 철제해머 ④ 핸드브레이커
⑤ 팽창제 ⑥ 절단톱 및 절단줄톱
⑦ 잭(jack) ⑧ 쐐기타입기(rock jack)
⑨ 화염방사기 ⑩ 화약류

87 강풍 시 타워크레인의 설치·수리·점검 또는 해체 작업을 중지하여야 하는 순간풍속 기준으로 옳은 것은?

① 순간풍속이 초당 10m를 초과하는 경우
② 순간풍속이 초당 15m를 초과하는 경우
③ 순간풍속이 초당 20m를 초과하는 경우
④ 순간풍속이 초당 30m를 초과하는 경우

해설 1) 타워크레인의 운전작업을 중지해야 할 순간풍속 : 15m/sec 초과시
2) 타워크레인의 설치·수리·점검 또는 해체작업을 중지해야 할 순간풍속 : 10 m/sec 초과시

88 근로자의 추락 위험이 있는 장소에서 발생하는 추락재해의 원인으로 볼 수 없는 것은?

① 안전대를 부착하지 않았다.
② 덮개를 설치하지 않았다.
③ 투하설비를 설치하지 않았다.
④ 안전난간을 설치하지 않았다.

해설 작업대 끝 및 개구부로부터의 추락재해의 원인
1) 난간이 없었다.
2) 덮개가 없었다.

■ 정답 ■ 84.② 85.④ 86.② 87.① 88.③

3) 안전대를 사용하지 않았다.
4) 방책이 없었다.
5) 난간, 방책, 덮개를 제거하고 작업했다.

89 사다리식 통로 등을 설치하는 경우 발판과 벽과의 사이는 최소 얼마 이상의 간격을 유지하여야 하는가?

① 5cm ② 10cm
③ 15cm ④ 20cm

해설 사다리식 통로의 구조
1) 견고한 구조로 할 것
2) 심한 손상·부식 등이 없는 재료를 사용할 것
3) 발판의 간격은 동일하게 할 것
4) 발판과 벽과의 사이는 15cm 이상의 간격을 유지할 것
5) 폭은 30cm 이상으로 할 것
6) 사다리가 넘어지거나 미끄러지는 것을 방지하기 위한 조치를 할 것
7) 사다리의 상단은 걸쳐놓은 지점으로부터 60cm 이상 올라가도록 할 것
8) 사다리식 통로의 길이가 10m 이상인 때에는 5m 이내마다 계단참을 설치할 것
9) 이동식 사다리식 통로의 기울기는 75° 이하로 할 것(다만, 고정식 사다리식 통로의 기울기는 90° 이하로 하고 높이 7m 이상인 경우 바닥으로부터 2.5m 되는 지점부터 등받이 울을 설치할 것
10) 접이식 사다리기둥은 사용시 접혀지거나 펴쳐지지 않도록 철물 등을 사용하여 견고하게 조치할 것

90 드럼에 다수의 돌기를 붙여 놓은 기계로 점토층의 내부를 다지는 데 적합한 것은?

① 탠덤 롤러 ② 타이어 롤러
③ 진동 롤러 ④ 탬핑 롤러

해설 탬핑 롤러(tamping roller)
1) 롤러의 표면에 돌기를 만들어 부착한 것으로 돌기가 전압층에 매입되어 풍화암을 파쇄하고 흙 속의 간극수압을 제거하는 롤러이다.
2) 실트, 점토 등 충분한 결합재가 있는 기층재료의 다지기 등에 사용된다.

91 산업안전보건법령에 따른 중량물을 취급하는 작업을 하는 경우의 작업계획서 내용에 포함되지 않는 사항은?

① 추락위험을 예방할 수 있는 안전대책
② 낙하위험을 예방할 수 있는 안전대책
③ 전도위험을 예방할 수 있는 안전대책
④ 위험물 누출위험을 예방할 수 있는 안전대책

해설 중량물 취급작업시 작업계획의 작성내용
1) 추락위험을 예방할 수 있는 안전대책
2) 낙하위험을 예방할 수 있는 안전대책
3) 전도위험을 예방할 수 있는 안전대책
4) 협착위험을 예방할 수 있는 안전대책
5) 붕괴위험을 예방할 수 있는 안전대책

92 산업안전보건관리비 계상을 위한 대상액이 56억원인 교량공사의 산업안전보건관리비는 얼마인가? (단, 일반건설공사(갑)에 해당)

① 104,160천원 ② 110,320천원
③ 144,800천원 ④ 150,400천원

해설 1) 일반건설공사(갑)인 경우 50억원 이상일 때 비율(x) : 1.97%
2) 안전관리비 = 대상액 × $\frac{비율(\%)}{100}$
= 56억 × $\frac{1.97}{100}$
= 110320천원(1억1천3십2만원)

[참고] 법 개정: 25.1.1.

93 콘크리트 구조물에 적용하는 해체작업 공법의 종류가 아닌 것은?

① 연삭 공법 ② 발파 공법
③ 오픈컷 공법 ④ 유압 공법

■ 정답 ■ 89.③ 90.④ 91.④ 92.② 93.③

해설 해체공법의 종류
1) 연삭공법 : ① 절단공법
② 다이아몬드 와이어 쏘우 공법(diamond wire saw method)
2) 발파공법 : ① 도화선발파 ② 전기발파
③ 도폭선 발파
3) 유압공법 : ① 잭 공법 ② 압쇄공법
③ 유압식 확대기 공법
4) 충격공법 : ① 핸드 브레이커 공법
② 대형 브레이커 공법
③ 강구(steel ball) 공법

94 콘크리트 타설작업 시 거푸집에 작용하는 연직하중이 아닌 것은?

① 콘크리트의 측압
② 거푸집의 중량
③ 굳지 않은 콘크리트의 중량
④ 작업원의 작업하중

해설 거푸집 및 지보공(동바리) 설계시 고려해야 할 하중(고용노동부 고시)
1) **연직방향 하중** : 거푸집, 지보공(동바리), 콘크리트, 철근, 작업원, 타설용 기계, 기구, 가설설비 등의 중량 및 충격하중
2) **횡방향 하중** : 작업할 때의 진동, 충격, 시공오차 등에 기인되는 횡방향 하중 이외에 필요에 따라 풍압, 유수압, 지진 등
3) **콘크리트의 측압** : 굳지 않은 콘크리트의 측압
4) **특수하중** : 시공 중에 예상되는 특수한 하중
5) 상기 1~4호의 하중에 안전율을 고려한 하중

95 거푸집 공사에 관한 설명으로 옳지 않은 것은?

① 거푸집 조립 시 거푸집이 이동하지 않도록 비계 또는 기타 공작물과 직접 연결한다.
② 거푸집 치수를 정확하게 하여 시멘트 모르타르가 새지 않도록 한다.
③ 거푸집 해체가 쉽게 가능하도록 박리제 사용 등의 조치를 한다.
④ 측압에 대한 안전성을 고려한다.

해설 거푸집동바리 조립시 준수사항(거푸집동바리 등의 안전조치)
1) 깔목의 사용, 콘크리트 타설(打說), 말뚝박기 등 동바리의 침하를 방지하기 위한 조치를 할 것
2) 개구부 상부에 동바리를 설치하는 때에는 상부하중을 견딜 수 있는 견고한 받침대를 설치할 것
3) 동바리의 상하고정 및 미끄러짐 방지조치를 하고, 하중의 지지상태를 유지할 것
4) 동바리의 이음은 맞댄이음 또는 장부이음으로 하고 같은 품질의 재료를 사용할 것
5) 강재와 강재와의 접속부 및 교차부는 볼트·클램프 등 전용철물을 사용하여 단단히 연결할 것
6) 거푸집이 곡면인 때에는 버팀대의 부착 등 그 거푸집의 부상(浮上)을 방지하기 위한 조치를 할 것

96 발파작업에 종사하는 근로자가 준수하여야 할 사항으로 옳지 않은 것은?

① 장전구는 마찰·충격·정전기 등에 의한 폭발의 위험이 없는 안전한 것을 사용할 것
② 발파공의 충진재료는 점토·모래 등 발화성 또는 인화성의 위험이 없는 재료를 사용할 것
③ 얼어붙은 다이나마이트는 화기에 접근시키거나 그 밖의 고열물에 직접 접촉시켜 단시간 안에 융해시킬 수 있도록 할 것
④ 전기뇌관에 의한 발파의 경우 점화하기 전에 화약류를 장전한 장소로부터 30m 이상 떨어진 안전한 장소에서 전선에 대하여 저항측정 및 도통시험을 할 것

해설 ③항, 얼어붙은 다이너마이트는 화기에 접근시키거나 기타의 고열물에 직접 접촉시키는 등 위험한 방법으로 융해하지 않도록 할 것

■정답■ 94.① 95.① 96.③

97 차량계 하역운반기계 등을 사용하는 작업을 할 때, 그 기계가 넘어지거나 굴러떨어짐으로써 근로자에게 위험을 미칠 우려가 있는 경우에 이를 방지하기 위한 조치사항과 거리가 먼 것은?

① 유도자 배치
② 지반의 부동침하방지
③ 상단부분의 안정을 위하여 버팀줄 설치
④ 갓길 붕괴방지

해설 차량계 하역운반기계의 전도(넘어짐), 전락(굴러 떨어짐) 등에 의한 근로자의 위험방지 조치사항
1) 유도자 배치
2) 지반의 부동침하 방지
3) 갓길(노견)의 붕괴 방지

98 다음은 산업안전보건법령에 따른 근로자의 추락위험 방지를 위한 추락방호망의 설치기준이다. (   )안에 들어갈 내용으로 옳은 것은?

> 추락방호망은 수평으로 설치하고, 망의 처짐은 짧은 변 길이의 (   )이상이 되도록 할 것

① 10% ② 12%
③ 15% ④ 18%

해설 추락방호망 설치기준
1) 설치위치 : 작업면에 가장 가까운 지점에 설치하여야 하며, 작업면에서 방망설치지점까지의 수직거리는 10m를 초과하지 않을 것
2) 방망 : 수평으로 설치
3) 방망의 처짐 : 짧은 변 길이의 12% 이상일 것
4) 방망의 내민 길이 : 벽면으로부터 3m 이상(다만, 그물코가 20mm 이하인 망을 사용한 경우에는 낙하물 방지망을 설치한 것으로 봄)

99 추락재해 방지용 방망의 신품에 대한 인장강도는 얼마인가? (단, 그물코의 크기가 10cm 이며, 매듭 없는 방망)

① 220kg ② 240kg
③ 260kg ④ 280kg

해설 방망사의 신품에 대한 인장강도

그물코의 크기 (단위 : cm)	방망의 종류(단위 : kg)	
	매듭 없는 방망	매듭 방망
10	240	200
5		110

100 거푸집동바리등을 조립하는 경우의 준수사항으로 옳지 않은 것은?

① 동바리로 사용하는 파이프 서포트는 최소 3개 이상 이어서 사용하도록 할 것
② 동바리의 상하 고정 및 미끄러짐 방지조치를 하고, 하중의 지지상태를 유지할 것
③ 동바리의 이음은 맞댄이음이나 장부이음으로 하고 같은 품질의 재료를 사용할 것
④ 강재와 강재의 접속부 및 교차부는 볼트·클램프 등 전용철물을 사용하여 단단히 연결할 것

해설 동바리로 사용하는 파이프서포트의 설치기준
1) 파이프서포트를 3개 이상 이어서 사용하지 아니하도록 할 것
2) 파이프서포트를 이어서 사용할 때에는 4개 이상의 볼트 또는 전용철물을 사용하여 이을 것
3) 높이가 3.5m를 초과할 때에는 높이 2m 이내마다 수평연결재를 2개 방향으로 만들고 수평연결재의 변위를 방지할 것

■정답■ 97.③ 98.② 99.② 100.①

2023년 시행

건설안전산업기사

2023년 1회 CBT복원 기출문제

건설안전산업기사

제1과목 / 산업안전관리론

01 안전관리조직의 형태 중 라인(line)형의 특징이 아닌 것은?

① 소규모 사업장에 적합하다.
② 경영자의 조언과 자문역할을 한다.
③ 생산조직 전체에 안전관리 기능을 부여한다.
④ 명령과 보고가 상하관계뿐이므로 간단 명료하다.

해설 staff형 특징 : ②항, 경영자의 조언과 자문역할을 한다.

02 그림에서 안전모의 부품명칭이 틀린 것은?

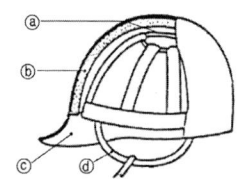

① ⓐ : 머리고정대
② ⓑ : 충격흡수재
③ ⓒ : 챙(차양)
④ ⓓ : 턱끈

해설 ⓐ : 머리받침고리

길잡이 안전모의 각부 명칭

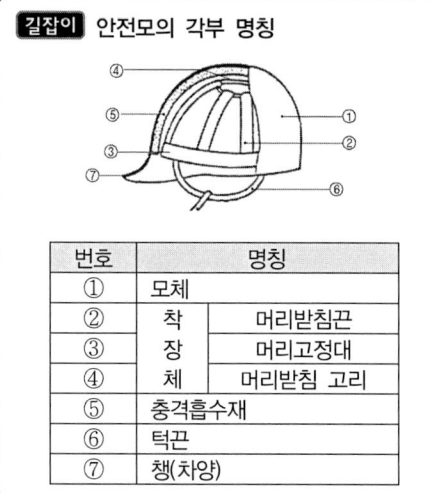

번호	명칭	
①	모체	
②	착	머리받침끈
③	장	머리고정대
④	체	머리받침 고리
⑤	충격흡수재	
⑥	턱끈	
⑦	챙(차양)	

03 무재해운동의 3원칙에 해당되지 않는 것은?

① 참가의 원칙
② 무의 원칙
③ 예방의 원칙
④ 선취의 원칙

해설 무재해운동이념 3원칙
1) **무의 원칙** : 사망, 휴업 및 불휴재해는 물론 일체의 장래위험요인을 사전에 발견, 파악, 해결함으로써 근원적인 산업재해를 없애는 것을 말한다.
2) **참가의 원칙** : 재해 및 일체의 위험요인을 발견, 해결하기 위해 전원이 무재해운동에 참가하여 문제 해결 등을 실천하는 것을 말한다.
3) **선취해결의 원칙** : 선취란 궁극의 목표로서 무재해, 무질병의 직장을 실현하기 위해 일체의 위험요인을 행동하기 전에 발견, 파악, 해결하여 재해를 예방하거나 방지하는 것을 말한다.

■정답■ 01.② 02.① 03.③

04 근로자가 중요하거나 위험한 작업을 안전하게 수행하기 위해 인간의 의식수준(Phase) 중 몇 단계 수준에서 작업하는 것이 바람직한가?

① 0 단계
② Ⅰ 단계
③ Ⅲ 단계
④ Ⅳ 단계

해설 의식수준의 단계

단계	의식의상태	주의작용	생리적상태	신뢰성
Phase 0	무의식, 실신	없음	수면, 뇌발작	0
Phase Ⅰ	정상 이하 의식 몽롱함	부주의	피로, 단조, 졸음, 술취함	0.9이하
Phase Ⅱ	정상 이완상태	수동적 마음이 안쪽으로 향함	안정기거, 휴식시, 장례작업시	0.99~0.99999
Phase Ⅲ	정상 상쾌한 상태	능동적 앞으로 향하는 주의시야도 넓다.	적극 활동시	0.999999 이상
Phase Ⅳ	초정상 과긴장상태	일점으로 응집, 판단정지	긴급 방위 반응, 당황해서 panic	0.9이하

05 위험예지훈련 4라운드에 순서가 올바르게 나열된 것은?

① 현상파악 → 본질추구 → 대책수립 → 목표설정
② 현상파악 → 대책수립 → 본질추구 → 목표설정
③ 현상파악 → 본질추구 → 목표설정 → 대책수립
④ 현상파악 → 목표설정 → 본질추구 → 대책수립

해설 위험예훈련의 4R
1) 1R(1단계)-현상파악 : 사실(위험요인)을 파악하는 단계
2) 2R(2단계)-본질추구 : 위험요인 중 위험의 포인트를 결정하는 단계(지적확인)
3) 3R(3단계)-대책수립 : 대책을 세우는 단계
4) 4R(4단계)-목표설정 : 행동계획(중점 실시항목)을 정하는 단계

06 매슬로우(Maslow)의 욕구단계 이론 중 제2단계의 욕구에 해당하는 것은?

① 사회적 욕구
② 안전에 대한 욕구
③ 자아실현의 욕구
④ 존경과 긍지에 대한 욕구

해설 매슬로우(Maslow)의 욕구 5단계
1) 1단계-생리적 욕구(신체적 욕구) : 기아, 갈등, 호흡, 배설, 성욕 등 기본적 욕구
2) 2단계-안전의 욕구 : 안전을 구하려는 욕구
3) 3단계-사회적 욕구(친화욕구) : 애정, 소속에 대한 욕구
4) 4단계-인정받으려는 욕구(자기존경의 욕구, 승인욕구) : 자존심, 명예, 성취, 지위 등에 대한 욕구
5) 5단계-자아실현의 욕구(성취욕구) : 잠재적인 능력을 실현하고자 하는 욕구

07 스트레스(Stress)에 관한 설명으로 가장 적절한 것은?

① 스트레스 상황에 직면하는 기회가 많을수록 스트레스 발생 가능성은 낮아진다.
② 스트레스는 직무몰입과 생산성 감소의 직접적인 원인이 된다.
③ 스트레스는 부정적인 측면만 가지고 있다.
④ 스트레스는 나쁜 일에서만 발생한다.

해설 스트레스(stres) : 직무 스트레스는 신체적, 정신적 건강뿐만 아니라 직무불만족, 직무성과 등과 관련되어 직무몰입과 생산성 감소 등의 직접적인 원인이 된다.

■ 정답 ■ 04.③ 05.① 06.② 07.②

08 재해통계 작성 시 유의할 점 중 관계가 가장 적은 것은?

① 재해통계를 활용하여 방지대책을 수립이 가능할 수 있어야 한다.
② 재해통계는 구체적으로 표시되고, 그 내용은 용이하게 이해되며 이용할 수 있는 것이어야 한다.
③ 재해통계는 정성적인 표현의 도표나 그림으로 표시하여야 한다.
④ 재해통계는 항목 내용 등 재해요소가 정확히 파악될 수 있도록 하여야한다.

해설 1) 재해통계에 사용하는 도표나 그림은 여러 가지 형태가 있다
2) **재해통계의 원인분석 방법**
① 파레이토도 : 사고의 유형, 기인물 등 분류 항목을 큰 순서대로 도표화하여 분석하는 방법이다.
② 특성요인도 : 특성과 요인을 도표로 하여 어골상(魚骨狀)으로 세분화한다.
③ 크로즈 분석 : 데이터를 집계하고 표로 표시하여 요인별 결과내역을 교차한 크로즈 그림을 작성하여 분석한다. (2개 이상의 문제 관계를 분석하는데 이용)
④ 관리도 : 재해발생건수 등의 추이를 파악하고 목표관리를 행하는데 필요한 월별 재해 발생수를 그래프화하여 관리선을 설정·관리하는 방법이다.

09 사고예방 대책 5단계 중 작업상황을 파악하고 사고조사를 실시하는 단계는?

① 사실의 발견
② 분석 평가
③ 시정 발법의 선정
④ 시정책의 적용

해설 사고예방 대책의 기본원리 5단계
1) 1단계-조직 : 안전의 라인 및 참모조직 구성 및 조직을 통한 안전활동을 실시하는 단계
2) 2단계-사실의 발견 : 작업상황을 파악하고 사고조사를 실시하여 위험요인(불안전한 요소)을 색출하는 단계
3) 3단계-분석·평가 : 사고의 직접원인 및 간접원인을 규명하는 단계
4) 4단계-시정책의 선정 : 개선책을 설정하는 단계
5) 5단계-시정책의 적용 : 3E(기술, 교육, 독려)를 적용시키는 단계

10 안전·보건표지에서 파란색 또는 녹색에 대한 보조색으로 사용되는 색채는?

① 빨간색   ② 검은색
③ 노란색   ④ 흰색

해설 안전표지의 색채·색도기준 및 용도(시행규칙 별표3)

색채	색도기준	용도	사용예
빨간색	7.5R 4/14	금지	정지신호, 소화설비 및 그 장소, 유해행위 금지
		경고	화학물질 취급장소에서의 유해·위험경고
노란색	5Y 8.5/12	경고	화학물질 취급장소에서의 유해·위험 경고, 그 밖의 위험 경고, 주의표지 또는 기계방호물
파란색	2.5PB 4/10	지시	특정 해위의 지시 및 사실의 고지
녹색	2.5G 4/10	안내	비상구 및 피난소, 사람 또는 차량의 통행표지
흰색	N 9.5		파란색 또는 녹색에 대한 보조색
검은색	N 0.5		문자 및 빨간색 또는 노란색에 대한 보조색

11 일반적으로 태도교육의 효과를 높이기 위하여 취할 수 있는 가장 바람직한 교육방법은?

① 강의식   ② 프로그램 학습법
③ 토의식   ④ 문답식

해설 토의법
1) 토의법 개요
① 쌍방적 의사전달방법에 의한 교육으로 적극적, 지도성, 협동성을 기르는 데 적합한 방식이다.
② 태도교육에 효과적인 교육방법이다.

■ 정답 ■ 08.③ 09.① 10.④ 11.③

③ 보통 10~15인 정도의 소집단으로 하는 것이 좋으며, 인원수가 많은 경우에는 포럼(forum : 공개토론회), 심포지움(symposium) 등의 토의방식을 채용한다.

2) 토의법 적용의 경우
① 수업의 중간이나 마지막 단계
② 학교수업이나 직업훈련의 특정 분야
③ 알고 있는 지식을 심화시키거나 어떠한 자료에 대해 보다 명료한 생각을 갖도록 하는 경우
④ 팀웍이 필요한 경우

12 산업재해조사표에서 재해발생 원인 중 작업·환경적 요인에 해당하지 않는 것은?

① 점검·정비의 부족
② 작업자세·동작의 결함
③ 작업방법의 부적결
④ 작업정보의 부적절

해설 재해발생원인(산업재해조사표 : 시행규칙 별지 제1호 서식)

재해발생 원인	세부내용
1) 인적요인	① 무의식 행동, ② 착오, ③ 피로, ④ 연령 ⑤ 커뮤니케이션 등
2) 설비적 요인	① 기계·설비의 설계상 결함 ② 방호장치의 불량 ③ 작업표준화의 부족 ④ 점검·정비의 부족 등
3) 작업·환경적 요인	① 작업정보의 부적절 ② 작업자세·동작의 결함 ③ 작업방법의 부적절 ④ 작업환경 조건의 불량 등
4) 관리적 요인	① 관리조직의 결함 ② 규정·매뉴얼의 불비·불철저 ③ 안전교육의 부족 ④ 지도감독의 부족 등

13 안전점검표의 작성 시 유의사항이 아닌 것은?

① 중요도가 낮은 것부터 높은 순서대로 만들 것
② 점검표 내용은 구체적이고 재해방지에 효과가 있을 것
③ 사업장내 점검기준을 기초로 하여 점검자 자신이 점검목적, 사용시간 등을 고려하여 작성할 것
④ 현장감독자용의 점검표는 쉽게 이해할 수 있는 내용이어야 할 것

해설 안전점검표 작성시 유의사항
1) 사업장에 적합한 독자적인 내용일 것
2) 중점도가 높은 것부터 순서대로 작성할 것(위험성이 높은 순이나 긴급을 요하는 순으로 작성)
3) 정기적으로 검토하여 재해방지에 실효성 있게 개조된 내용일 것
4) 일정양식을 정하여 점검대상을 정할 것
5) 점검표의 내용을 이해하기 쉽도록 표현하고 구체적일 것

14 기억과정 중 과거에 경험하였던 것과 비슷한 상태에 부딪쳤을 때 떠오르는 것을 무엇이라 하는가?

① 파지(retention)
② 기명(memorizing)
③ 재생(recall)
④ 재인(recognition)

해설 기억의 과정 : 기억은 기명(記銘), 파지(把持), 재생(再生), 재인(再認)의 단계를 거친다.
1) **기억** : 과거의 경험이 어떠한 형태로 미래의 행동에 영향을 주는 작용
2) **기명** : 사물의 인상을 마음속에 간직하는 것
3) **파지** : 간직, 인상이 보존되는 것
4) **재생** : 보존된 인상이 다시 의식으로 떠오른 것
5) **재인** : 과거에 경험했던 것과 같은 비슷한 상태에 부딪혔을 때 떠오르는 것

■ 정답 ■ 12.① 13.① 14.④

15 직무만족에 긍정적인 영향을 미칠 수 있고, 그 결과 개인 생산능력의 증대를 가져오는 인간의 특성을 의미하는 용어는?

① 위생 요인 ② 동기부여 요인
③ 성숙-미성숙 ④ 의식의 우회

해설 1) 동기부여 요인 : 본문설명
2) 허즈버그(Herzberg)의 2요인
① 위생요인 : 직무환경에 관계된 내용으로 기업정책, 개인 상호 간의 관계(친교, 대인관계), 감독형태, 작업조건, 임금(급료), 보수지위, 안전 등이 있다.
② 동기요인 : 직무내용(일의 내용)에 관한 것으로 목표달성에 대한 성취감, 안정감, 도전감, 책임감, 성장과 발전, 작업자체 등이 있다(자아실현을 하려는 인간의 독특한 경향 반영).

16 적응기제(adjustment mechanism)중 다음에서 설명하는 것은 무엇인가?

> 자신조차도 승인할 수 없는 욕구를 타인이나 사물로 전환시켜 바람직하지 못한 욕구로 부터 자신을 지키려는 것

① 투사 ② 합리화
③ 보상 ④ 동일화

해설 적응기제
1) 투사 : 본문설명
2) 보상 : 자신의 결함과 무능에 의하여 생긴 열등감이나 긴장을 해소시키기 위해 장점 같은 것으로 그 결함을 보충하려는 행동으로 대상(代償)이라고도 한다.
3) 합리화 : 자기의 난처한 입장이나 실패 및 결점을 그럴듯한 이유를 들어 남의 비난을 받지 않도록 하며 또한 자위도 하는 행동 기제이다. (합리화의 자기방어 방식에 따른 분류 : 신포도형, 달콤한 레몬형, 투사형, 망상형)
4) 동일시 : 사실은 자기의 것이 못되고 또 아님에도 불구하고 자기의 것이나 된 듯이 행동하여 승인을 얻고자 하는 기제이다.

17 작업의 종류나 내용에 따라 교육범위나 정도가 달라지는 이론교육 방법은?

① 지식교육
② 정신교육
③ 태도교육
④ 기능교육

해설 1) **지식교육** : 작업의 종류나 내용에 따라 교육 범위나 정도가 달라지는 이론교육
2) **기능교육** : 작업방법, 기계장치, 계기류 등의 조작행위 등을 몸으로 습득시키는 교육
3) **태도교육** : 생활지도, 작업동작지도 등을 통한 안전의 습관화교육으로 안전한 마음가짐을 몸에 익히는 교육

18 산업안전보건법상 특별안전·보건교육 대상 작업이 아닌 것은?

① 건설용 리프트·곤돌라를 이용한 작업
② 전압이 50V인 정전 및 활선작업
③ 화학설비 중 반응기, 교반기·추출기의 사용및 세척작업
④ 액화석유가스·수소가스 등 인화성 가스또는 폭발성물질 중 가스의 발생장치 취급 작업

해설 ②항, 전압이 75V 이상인 정전 및 활선작업

19 리더의 행동유형측면에서 부하들과 상담하며, 부하의 의견을 고려하는 형태의 리더십은?

① 참여적 리더십
② 지원적 리더십
③ 지시적 리더십
④ 성취 지향적 리더십

해설 참여적 리더십 : 민주적 리더십으로 참여적인 의사결정 및 목표설정을 한다.

■정답■ 15.② 16.① 17.① 18.② 19.①

20 재해율의 지표 중 도수율에 관한 설명 중 다음 (   )안에 알맞은 것은?

> 사업장에서 발생하는 재해의 빈도를 표시하는 단위로서 근로시간 (㉠)시간당 발생하는 (㉡)를 나타낸다.

① ㉠ 100만, ㉡ 재해건수
② ㉠ 1,000, ㉡ 근로손실 일수
③ ㉠ 1,000, ㉡ 재해건수
④ ㉠ 100만, ㉡ 근로손실 일

해설 도수율
1) 도수율 : 연근로시간 100만(10^6)시간당 발생하는 재해건수
$$도수율 = \frac{재해건수}{연근로시간수} \times 10^6$$
2) 연근로시간수
 =근로자수×근로일수/년×근로시간/일
 =근로자수×2400시간/년

제2과목
인간공학 및 시스템안전공학

---

21 인간 성능에 관한 척도와 가장 거리가 먼 것은?

① 빈도수 척도   ② 지속성 척도
③ 지연성 척도   ④ 시스템 척도

해설 인간성능에 관한 척도
1) **빈도 척도**(frequency measure) : 검출한 과녁(target)의 수, 키를 누른 수, 'help'스크린을 사용한 수 등
2) **강도 척도**(intensity measure) : 핸들에 발생시킨 토크 등
3) **지연성 척도**(latency measure) : 반응시간, 스위치를 돌릴 때의 지체시간 등
4) **지속성 척도**(duration measure) : 컴퓨터 시스템을 사용하는 시간, 추적 과업에서 과녁에 머무르는 시간 등

22 결함수(FT) 기호의 정의로 틀린 것은?

① 1차 사상은 외적인 원인에 의해 발생하는 사상이다.
② 결함사상은 시스템 분석에 있어 좀 더 발전시켜야 하는 사상이다.
③ 기본사상은 고장원인이 분석되었기 때문에 더 이상 분석할 필요가 없는 사상이다.
④ 정상적인 사상은 두 가지 상태가 규정되는 시간 내에 일어날 것으로 기대 및 예정되는 사상이다.

해설 1) **1차적 사상** : 부품이 지니고 있는 고유한 특성 때문에 발생하는 사상이다.
2) **2차적 사상** : 외적인 원인에 의해 발생하는 사상이다.

23 에너지 대사율(RMR)에 의한 작업강도에서 경작업이란 작업강도가 얼마인 작업을 의미하는가?

① 1~2   ② 2~4
③ 4~7   ④ 7~9

해설 에너지 대사율(RMR)에 의한 작업강도 구분
1) 0~2RMR : 經(가벼운)작업
2) 2~4RMR : 中(보통)작업
3) 4~7RMR : 重(힘든)작업
4) 7RMR 이상 : 超重(아주 힘든)작업

24 촉각적 표시장치에서 기본 정보 수용기로 주로 사용되는 것은?

① 귀   ② 눈
③ 코   ④ 손

해설 1) 촉각적 표시장치에서 주로 사용하는 기본정보수용기 : 손
2) 동적인 촉각적 표시장치
 ① 기계적 자극을 사용하는 방법
  ㉠ 피부에 전동기를 부착하는 방법
  ㉡ 증폭된 음성을 하나의 진동기를 사용하여 피부에 전달하는 방법

■정답■ 20.① 21.④ 22.① 23.① 24.④

② 전기적 자극방법 : 통증을 주지 않을 정도의 진동전류자극을 이용

25 작업장 인공조명 설계 시 고려사항으로 가장 거리가 먼 것은?

① 조도는 작업상 충분할 것
② 광색은 붉은색에 가까울 것
③ 취급이 간단하고 경제적일 것
④ 유해가스를 발생하지 않고, 폭발성이 없을 것

해설 인공조명 설계시 고려사항
1) 조도는 작업상 충분할 것
2) 광색은 주광색에 가까울 것
3) 유해가스를 발생하지 않고 폭발성과 발화성이 없을 것
4) 취급이 간단하고 경제적일 것
5) 작업장의 경우 공간전체에 빛이 골고루 퍼지게 할 것(전반조명방식 채택)

26 레버를 10° 움직이면 표시장치는 1cm 이동하는 조종 장치가 있다. 레버의 길이가 20cm 라고 하면 이 조종 장치의 통제표시비(C/D 비)는 약 얼마인가?

① 1.27
② 2.38
③ 3.49
④ 4.51

해설 통제표시비(C/D비)

$$C/D비 = \frac{\frac{a}{360} \times 2\pi L}{표시계기의 이동거리}$$

$$= \frac{\frac{10}{360} \times 2\pi \times 20}{1} = 3.49$$

27 어떤 물체나 표면에 도달하는 빛의 단위면적당 밀도를 무엇이라 하는가?

① 광량
② 광도
③ 조도
④ 반사율

해설
1) 조도 : 어떤 물체나 표면에 도달하는 빛의 단위면적당 밀도(단위 : fc, lux)
2) 광도 : 광원으로부터 나오는 빛의 세기(단위 : 칸델라, 촉광)
3) 반사율 : 반사광의 에너지와 입사광의 에너지의 비율

$$반사율 = \frac{광속발산도(fL)}{조명} \times 100(\%)$$

28 결함수분석의 최소 컷셋과 가장 관련이 없는 것은?

① Boolean Algebra
② Fussell Algorithm
③ Generic Algorithm
④ Limnios & Ziani Algorithm

해설 최소컷셋을 구하는 방법
1) Fueell Algorithm : 톱사상에서부터 차례로 상단의 사상을 하단의 사상으로 치환하면서 AND 게이트는 가로로 나열하고, OR게이트는 세로로 나열하여 최소컷셋을 구한다.
  ① 1단계 : 불대수(Boolean algebra)이론을 적용하여 시스템 고장을 유발시키는 모든 기본사상 등의 조합인 컷셋을 구한다.
  ② 2단계 : 1단계에서 구한 컷셋중 각각의 컷셋에 대하여 중복되는 기본사상을 제거한다.
  ③ 3단계 : 컷셋 중 가장 적의 수의 기본사상들로 이루어진 컷셋을 포함하고 있는 집합을 제거한다.
2) Limnios 와 Ziani Algorithm : 전체의 컷셋을 반복사상을 포함하고 있는 컷셋과 비반복사상으로 분류하여 반복사상을 포함하고 있는 컷셋들만을 비교·분석하여 최소컷셋과 향하여 톱사상에 대한 최소컷셋을 구한다.

29 목과 어깨부위의 근골격계 질환 발생과 관련하여 인과관계가 가장 적은 것은?

① 진동
② 반복작업
③ 과도한 힘
④ 작업자세

해설 근골격계질환의 원인
1) 무리한 반복작업
2) 부적절한 작업 자세
3) 과도한 힘
4) 신체적 압박
5) 부족한 휴식시간
6) 차갑거나 무더운 온도의 작업환경

30 의자 좌판의 높이를 설계하기 위한 것으로 가장 적합한 인체계측자료의 응용 원칙은?

① 최소 집단치를 위한 설계
② 최대 집단치를 위한 설계
③ 평균치를 기준으로 한 설계
④ 최대 빈도치를 기준으로 한 설계

해설 1) 인간계측자료의 응용원칙
① **최대치수와 최소치수** : 최대치수 또는 최소치수를 기준으로 하여 설계한다. (극단에 속하는 사람을 위한 설계)
② **조절범위(조절식)** : 체격이 다른 여러 사람에게 맞도록 만드는 것 이다.(조절할 수 있도록 범위를 두는 설계)
③ **평균치를 기준으로 한 설계** : 최대치수나 최소치수, 조절식으로 하기가 곤란할 때 평균치를 기준으로 하여 설계한다.(평균적인 사람을 위한 설계)
2) 최대치수와 최소치수의 적용
① **최대치수(최대집단치를 위한 설계)** : 문, 탈출구, 통로 등의 공간여유를 정할 때 적용한다.
② **최소치수(최소집단치를 위한 설계)** : 조작자와 제어버튼 사이의 거리, 작업대·선반 등의 높이, 의자좌판의 높이, 조종 장치까지의 거리 및 조작에 필요한 힘 등을 정할 때 적용한다.

31 시스템안전 계획의 수립 및 작성 시 반드시 기술하여야 하는 것으로 거리가 가장 먼 것은?

① 안전성 관리 조직
② 시스템의 신뢰성 분석 비용
③ 작성되고 보존하여야 할 기록의 종류
④ 시스템 사고의 식별 및 평가를 위한 분석법

해설 시스템안전계획의 수립 및 작성시 내용
1) 안전성 관리 조직
2) 작성·보전하여야 할 기록(문서)의 종류
3) 시스템 사고의 식별 및 평가를 위한 분석법

32 동작경제의 원칙이 아닌 것은?

① 동작의 범위는 최대로 할 것
② 동작은 연속된 곡선운동으로 할 것
③ 양손은 좌우 대칭적으로 움직일 것
④ 양손은 동시에 시작하고 동시에 끝내도록 할 것

해설 ①항, 동작범위는 최소로 할 것

> **길잡이** 동작경제의 3원칙
> 1) 동작능력의 활용의 원칙
>   ① 발 또는 왼손으로 할 수 있는 것은 오른손을 사용하지 않는다.
>   ② 양손으로 동시에 작업을 시작하고 동시에 끝낸다.
>   ③ 양손이 동시에 쉬지 않도록 함이 좋다.
> 2) 작업량 절약의 원칙
>   ① 적게 움직이게 한다.
>   ② 재료나 공구는 취급하는 부근에 정돈한다.
>   ③ 동작의 수를 줄인다.
>   ④ 동작의 양을 줄인다.
>   ⑤ 물건을 장시간 취급할 경우에는 장구를 사용할 것
> 3) 동작개선의 원칙
>   ① 동작이 자동적으로 이루어지는 순서로 한다.
>   ② 양손은 동시에 반대의 방향으로, 좌우 대칭적으로 운동한다.
>   ③ 관성, 중력, 기계력 등을 이용한다.
>   ④ 작업장의 높이를 적당히 하여 피로를 줄인다.

■ 정답 ■ 30.① 31.② 32.①

33 결함수 분석에서 사용되는 사상기호로서 결함사상이 아닌 발생이 예상되는 사상기호는 무엇인가?

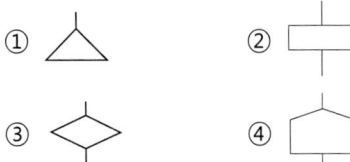

해설 ④항, **통상사상** : 시스템의 정상적인 가동상태에서 일어날 것이 기대되는 사상(발생이 예상되는 사상)

34 소음이 심한 기계로부터 1.5m 떨어진 곳의 음압수준이 100dB라면 이 기계로부터 5m 떨어진 곳의 음압수준은 약 얼마인가?

① 85dB ② 90dB
③ 96dB ④ 102dB

해설
$$dB_2 = dB_1 - 20\log\left(\frac{r_2}{r_1}\right)$$
$$= 100 - 20\log\left(\frac{5}{1.5}\right)$$
$$= 89.54 ≒ 90dB$$

35 아날로그(analog) 표시장치의 선택 시 고려해야 할 사항으로 가장 적절한 것은?

① 눈금의 증가는 시계반대 방향이 적합하다.
② 일반적으로 고정눈금에서 지침이 움직이는 것이 좋다.
③ 온도계나 고도계에 사용되는 눈금이나 지침은 수평표시가 바람직하다.
④ 이동요소의 수동조절이 필요할 때에는 지침보다 눈금을 조절할 수 있어야 한다.

해설 아날로그(analog)표시장치 선택시 고려해야 할 사항
1) ②항(정목동침형)
2) 눈금의 증가는 시계 방향이 적합하다.
3) 온도계나 고도계에 사용되는 눈금이나 지침은 수직표시가 바람직하다.
4) 이동요소의 수동조절 필요시에는 눈금보다 지침을 조절할 수 있어야 한다.

> **길잡이** 정략적 동적표시장치의 기본형
> 1) 정목동침(moving pointer)형 : 눈금이 고정되고 지침이 움직이는 형
> 2) 정침동목(moving scale)형 : 지침이 고정되고 눈금이 움직이는 형
> 3) 계수(digital)형 : 전력계나 택시요금 계기와 같이 기계·전자적으로 숫자가 표시되는 형

36 화학설비에 대한 안전성 평가 5단계 중 정성적 평가의 실시 단계는?

① 제1단계 ② 제2단계
③ 제3단계 ④ 제4단계

해설 화학설비에 대한 안정성평가 5단계
1) 1단계 : 관계자료의 작성준비
2) 2단계 : 정성적 평가
3) 3단계 : 정량적 평가
4) 4단계 : 안전대책
5) 5단계 : 재평가

37 어떤 장치의 이상을 알려주는 경보기가 있어서 그것이 울리면 일정시간 이내에 장치를 정지하고 상태를 점검하여 필요한 조치를 하게 된다. 그런데 담당 작업자가 정지조작을 잘못하여 장치에 고장이 발생하였다. 이때 작업자가 조작을 잘못한 실수를 무엇이라고 하는가?

① primary error   ② command error
③ omission error ④ secondary error

해설 인간과오 원인의 level적 분류
1) Primary error(주과오) : 작업자 자신으로부터 error(안전교육을 통하여 제거)
2) Secondary error(2차 과오) : 작업형태나 작업조건 중에서 다른 문제가 생겨 그 때문에 필요한 사항을 실행할 수 없는 error. 어떤

■ 정답 ■ 33.④ 34.② 35.② 36.② 37.①

결함으로부터 파생되어 발생하는 error
3) Command error(지시 과오) : 요구된 것을 실행하고자 하여도 필요한 물건, 정보, 에너지 등의 공급이 없는 것처럼 작업자가 움직이려 해도 움직일 수 없으므로 발생하는 error

38 인간-기계 시스템에서의 기본적인 기능으로 볼 수 없는 것은?

① 행동 기능　　② 정보의 수용
③ 정보의 저장　　④ 정보의 설계

해설 인간·기계체계의 기본기능
1) 감지(정보수용)
2) 정보저장(보관)
3) 정보처리 및 의사결정
4) 행동기능

39 시스템 설계자가 통상적으로 하는 평가방법 중 거리가 먼 것은?

① 기능평가　　② 성능평가
③ 도입평가　　④ 신뢰성평가

해설 시스템 설계자에 의한 평가방법
1) **기능평가** : 시스템의 목적을 만족시키는 기능으로 되어 있는 지를 평가한다.
2) **성능평가** : 주어진 성능목표를 만족시키고 있는지 수치인가를 검토한다.
3) **신뢰성평가** : 시스템 목표의 만족여부를 산정하기 위해 다음 사항을 검토한다.
　① 시스템 전체의 가동률
　② 시스템을 구성하는 각 요소의 신뢰도
　③ 신뢰성 향상을 위해 시행한 처리의 경제적 효과

40 각각 10,000시간의 평균수명을 가진 A, B 두 부품이 병렬로 이루어진 시스템의 평균수명은 얼마인가? (단, 요소 A,B의 평균수명은 지수분포를 따른다.)

① 5,000시간　　② 10,000시간
③ 15,000시간　　④ 20,000시간

해설 병렬계의 수명
$$= \text{MTTF} \times \left(1 + \frac{1}{2} + \cdots + \frac{1}{n}\right)$$
$$= 10,000 \times \left(1 + \frac{1}{2}\right) = 15,000 \text{시간}$$
(여기서 MTTF : 평균수명)

제3과목 / 건설시공학

41 건설공사 완료 후 보수 및 재시공을 보증하기 위하여 공사 발주체 등에 예치하는 공사금액의 명칭은?

① 입찰보증금　　② 계약보증금
③ 지체보증금　　④ 하자보증금

해설 **하자보수보증금** : 공사계약을 체결할 때에 계약이행이 완료(건설공사완료)된 후 일정기간 그 계약 목적물에 시공 상의 하자 발생에 대비하여 이에 대한 담보적 성격으로 납부하게 하는 일정금액을 말한다.

42 L.W(Labiles Wasserglass)공법에 관한 설명으로 옳지 않은 것은?

① 물유리용액과 시멘트 현탁액을 혼합하면 규산수화물을 생성하여 겔(gel)화하는 특성을 이용한 공법이다.
② 지반강화와 차수 목적을 얻기 위한 약액주입공법의 일종이다.
③ 미세공극의 지반에서도 그 효과가 확실하여 널리 쓰인다.
④ 배합비 조절로 겔타임 조절이 가능하다.

해설 LW(Labiles Wasserglass)공법
1) **LW공법** : 규산소다수용액(물유리용액)과 시멘트 현탁액을 혼합한 후 지상의 Y자관을 통하여 지반에 주입시키는 공법으로 지반의 공

■ 정답 ■　38.④　39.③　40.③　41.④　42.③

극을 시멘트 입자로 추진시켜 지반의 밀도를 높여 지반강화 및 지수성을 향상시키는 저압 침투공법이다.
2) 장점
① 약액주입공법 중에서 고결강도가 높고 침투성이 양호하다.
② 타공법에 비해 공사비가 저렴하다.
③ 협소한 위치에서도 시공이 가능하다.
④ 겔타임의 조절은 시멘트량 증감에 의하므로 간단하다.
3) 단점
① 미세공극의 지반에서는 효과가 불확실하다.
② 주입압력의 세심한 측정이 필요하다.
③ 외력에 의한 진동 및 충격에 저항이 적다
④ 장기적 상태에서는 치수효과가 떨어진다.

43 토공사의 굴착기계 용도에 관한 설명으로 옳지 않은 것은?

① 백호는 기계보다 낮은 곳을 굴착하는데 사용한다.
② 파워쇼벨은 기계보다 높은 곳을 굴착하는데 사용한다.
③ 드래그라인은 기계보다 낮은 곳의 흙을 긁어모으는데 사용한다.
④ 클램쉘은 기계보다 높은 곳의 흙과 자갈을 긁어내리는데 사용한다.

해설 클램쉘(clam shell)
1) 붐의 선단에서 클램쉘버킷을 와이어로프로 매달아 바로 아래로 떨어뜨려 흙을 퍼 올리는 토공기계이다.
2) 깊은 흙파기용, 흙막이 버팀대가 있는 좁은 곳, 케이슨(caossion) 내의 굴착 등 좁은 곳의 수직굴착, 자갈 등의 적재, 연약지반 및 수직굴착 등에 쓰인다.

44 거푸집 공사에서 거푸집 검사 시 받침기둥(지주의 안전하중)검사와 가장 거리가 먼 것은?

① 서포트의 수직 여부 및 간격
② 폼타이 등 조임철물의 재질
③ 서포트의 편심, 처짐 및 나사의 느슨함 정도
④ 수평연결대 설치 여부

해설 ②항, 「폼타이 등 조임철물의 재질」은 받침기둥 검사항목에 해당되지 않는다.

45 강재면에 강필로 볼트구멍 위치와 절단 개소 등을 그리는 일은?

① 원척도   ② 본뜨기
③ 금매김   ④ 변형바로잡기

해설
1) **원척도** : 철골가공 공장 내에 철판 또는 검정칠한 합판마루 등으로 되어있는 원척소(原尺所)에서 설계도서에 따라 철골의 각부 상세 및 재(材)의 길이 등을 원척으로 그린 것이다.
2) **본뜨기** : 원척도에 따라서 얇은 철판 또는 보르지(Board紙)·투명한 폴리에스틸 필름 등을 사용하여 이음판이나 밑창판 등의 본뜨기를 하여 본판을 작성한다.
3) **금매김(금긋기)** : 공작도, 원척, 본판 및 그림쇠 등을 사용하여 강재면에 강필로 리벳 구멍 위치, 절단개소 등의 필요한 지시사항을 그려 넣는 것을 말한다.
4) **변형바로잡기** : 변형이 있을 경우 금매김 전에 변형바로잡기를 한다.

46 공사 계약서 내용에 포함되어야 할 내용과 가장 거리가 먼 것은?

① 공사내용(공사명, 공사장소)
② 재해방지대책
③ 도급금액 및 지불방법
④ 천재지변 및 그 외의 불가항력에 의한 손해부담

해설 공사계약서 내용
1) 공사내용
2) 도급금액
3) 공사착수기기 및 완공시기
4) 도급금액 지불방법, 지불시기
5) 천재지변에 의한 손해부담
6) 준공검사 및 인도시기

■ 정답 ■ 43.④ 44.② 45.③ 46.②

47 철근가공에 관한 설명으로 옳지 않은 것은?

① 대지의 여유가 없어도 정밀도 확보를 위해 현장가공을 우선적으로 고려한다.
② 철근 가공은 현장가공과 공장가공으로 나눌 수 있다.
③ 공장가공은 현장 가공에 비해 절단손실을 줄일 수 있다.
④ 공장가공은 현장가공보다 운반비가 높은 경우가 많다.

해설 ①항, 대지의 여유가 없어도 정밀도 확보를 위해 공장가공을 우선적으로 고려한다.

길잡이 현장가공·공장가공 장·단점

구분	장점	단점
현장가공	1. 현장여건의 변화 (설계변경)시 대체 용이 2. 가공조립을 동시에 시행하므로 하도급 시공이 용이	1. 단척활용 및 자재활용관리 곤란 2. 도심지-가공 작업장 확보 불가능 3. 가공기능공 확보 곤란 4. 장비부족에 의한 생산성 저하 및 정밀가공 어려움. 공기차질 우려 5. 작업장 및 야적장 확보 및 관리비용 증감
공장가공	1. 정밀가공으로 구조물 정밀시공 가능, 부실공사 방지 2. 정밀성이 요구되는 복잡한 가공이 가능 3. 철근추가 Loss줄임, 철근 공사비 절감으로 총 공사비 절감 4. 재고관리 및 가공품·관리 용이 5. 선 가공가능, 공기단축 가능	1. 현장여건의 변화에 대한 신속한 대처 곤란 2. 초기 설비투자비용 증대 3. 소량계약 시 변호계약 기피

48 혼화재(混和材)에 관한 설명으로 옳지 않은 것은?

① 시멘트량의 1%정도 이하로 배합설계에서 그 자체의 용적을 무시한다.
② 종류로는 플라이애시, 고로슬래그, 실리카품 등이 있다.
③ 포졸란 반응이 있는 것은 플라이애시, 고로슬래그, 규산백토 등이 있다.
④ 인공산으로는 플라이애시, 고로슬래그, 소성점토 등이 있다.

해설 혼화재(混和材) : 혼화재료 중 사용량이 비교적 많아서(시멘트량의 5%이상) 그 자체의 부피가 콘크리트의 배합계산에 관계되는 혼화재료이다.

49 철근콘크리트공사에서의 철근이음에 관한 설명으로 옳지 않은 것은?

① 철근의 이음위치는 되도록 응력이 큰 곳을 피한다.
② 일반적으로 이음을 할 때는 한 곳에서 철근 수의 반 이상을 이어야 한다.
③ 철근이음에는 겹침이음, 용접이음, 기계적 이음 등이 있다.
④ 철근이음은 힘이 전달이 연속적이고, 응력 집중 등 부작용이 생기지 않아야 한다.

해설 일반적으로 이음을 할 때는 한곳에 이음이 집중되지 않게 하여야 한다.

50 콘크리트에 사용하는 AE제의 특징이 아닌 것은?

① 내구성, 수밀성 증대
② 블리딩 현상 증가
③ 단위수량 감소
④ 건조수축 감소

해설 AE제 : 블리딩 현상을 감소시킨다.

■ 정답 ■ 47.① 48.① 49.② 50.②

51 기성콘크리트 말뚝시공에 관한 설명으로 옳지 않은 것은

① 말뚝중심간격은 2.5D이상 또한 750 mm이상으로 한다.
② 적재 장소는 시공장소와 가깝고 배수가 양호하고 지반이 견고한 곳이어야 한다.
③ 2단 이하로 저장하고 말뚝받침대는 동일선상에 위치하여야 파손이 적다.
④ 시공순서는 주변 다짐효과를 높이기 위하여 주변부에서 중앙부로 박는다.

해설 기성콘크리트 말뚝 시공 및 저장
1) 대규모의 중량건물 또는 굳은 지층에 깊어서 말뚝을 깊이 박아야 할 경우에 쓰인다.
2) 말뚝의 외경은 25~50cm, 말뚝 1개의 길이는 외경의 45배 이하로 한다.
3) 말뚝박기의 중심간격 : 말뚝외경의 2.5배 이상 또는 75cm 이상
4) 15m 이상의 장척물이 필요한 경우에는 이어서 사용한다.
5) 적재장소는 지반이 견고하고 배수가 잘되며 시공장소나 가까운 곳으로 한다.
6) 2단 이하로 저장하고 파손방지를 위해 말뚝받침대는 동일 선상에 위치하여야 한다.

52 공사에 필요한 표준시방서의 내용에 포함되지 않는 사항은?

① 재료에 관한 사항
② 공법에 관한 사항
③ 공사비에 관한 사항
④ 검사 및 시험에 관한 사항

해설 시방서의 기재내용
1) 공사전체의 개요
2) 시방서의 적용범위, 공통주의 사항
3) 시공방법(준비사항, 공사의 정도, 사용 장비, 주의사항 등)
4) 사용재료(종류, 품질, 필요한 시험, 저장방법, 검사방법 등)
5) 특기사항

53 모래의 부피증가계수(L)가 15%이고, 굴토량이 261m³라면 잔토처리량은?

① 300m³   ② 250m³
③ 231m³   ④ 200m³

해설 잔토처리량 = 흙파기체적 × 토량환산계수(흙의 부피증가량)
= $261m^3 \times 1.15 ≒ 300m^3$

> **길잡이** 1.15%를 곱하는 이유
> 원래 굴토량(흙 분량)이 100%(261m³)이고 이 흙을 파내고 나니 흙의 부피가 15% 증가하였으므로 흙의 총 부피는 1.15%가 되기 때문에 1.15를 곱한 것이다.

54 무량판구조에 사용되는 특수상자모양의 기성재 거푸집은?

① 터널폼   ② 유로폼
③ 슬라이딩폼 ④ 워플폼

해설 와플폼(waffle form)
1) 와플폼 : 무량판구조, 평판구조에서 사용하는 특수상자모양으로 된 기성제 거푸집으로 돔팬(dome pan)이라고도 한다.
2) 특징
① 층높이를 낮추거나 슬래브(slab)의 스팬(span)을 크게 하기 위한 목적으로 사용된다.
② 격자형(格子形)의 보와 슬래브(slab)의 거푸집으로 적합하다.

55 거푸집 공사 중 콘크리트의 측압에 관한 설명으로 옳지 않은 것은?

① 치어붓기 속도가 빠를수록 측압이 크다.
② 묽은 콘크리트일수록 측압이 작다.
③ 거푸집의 수평단면이 작을수록 측압이 작다.
④ 철골 또는 철근량이 많을수록 측압이 작아진다.

해설 콘크리트 타설을 할 때 거푸집의 측압에 미치는 영향
1) 슬럼프가 클수록 크다(물-시멘트 비가 클수록 크다).
2) 기온이 낮을수록 크다(대기 중에 습도가 높을수록 크다).
3) 콘크리트의 치어붓기 속도가 클수록 크다.
4) 거푸집의 수밀성이 높을수록 크다.
5) 콘크리트의 다지기가 강할수록 크다(진동기 사용시 측압은 30% 정도가 증가).
6) 거푸집의 수평단면이 클수록 크다(벽두께가 클수록 크다).
7) 거푸집의 강성이 클수록 크다.
8) 거푸집 표면이 매끄러울수록 크다.
9) 콘크리트의 비중이 클수록 크다(단위중량이 클수록 크다).
10) 묽은 콘크리트일수록 크다.
11) 철근량이 적을수록 크다.
12) 측압은 생콘크리트의 높이가 높을수록 커지는 것이나, 일정 높이에 이르면 측압의 증대는 없게 된다.

56 연약한 점성토 지반을 굴착할 때 주로 발생하며 흙막이 바깥에 있는 흙이 안으로 밀려들어와 흙막이가 파괴되는 현상은?

① 파이핑(Piping) ② 보일링(Boiling)
③ 히빙(Heaving) ④ 캠버(Camber)

해설 히빙(Heaving) : 히빙이란 점성토 지반의 굴착이 진행됨에 따라 흙막이벽 뒤쪽 흙의 중량과 상부재하 하중이 굴착부 바닥의 지지력 이상이 되면 흙막이벽 근입(根入) 부분의 지반 이동이 발생하여 굴착부 저면이 솟아오르는 현상이다. 이 현상이 발생하면 흙막이벽의 근입부분이 파괴되면서 흙막이벽 전체가 붕괴되는 경우가 많다.

57 네트워크 공정표의 구성요소중 부주공정(Semi-Critical Path)에 관한 설명으로 옳지 않은 것은?

① 여유시간이 상대적으로 적은 공정을 의미한다.
② 공정이 부분적 또는 불연속적으로 발생한다.
③ 공기단축 시 관리대상에서는 제외된다.
④ 주공정화 할 가능성이 많은 공정이다.

해설 부주공정(semi-critical path)
1) ①, ②, ④항
2) 공기단축 시 유의해야할 공정이다.

> **길잡이** 주 공정(critical path)
> 1) TF(총 여유시간)가 0(zero)인 작업을 주공정작업이이라 하며 이들을 연결한 공정을 주 공정이라 한다.
> 2) 총 공기는 공사착수에서부터 공사만공까지의 주 공정상의 소요시간의 합계이며 최장시간이 소요되는 경로이다.
> 3) 주 공정은 고정적이거나 절대적인 것이 아니며 가변적이다.
> 4) 주 공정은 명목상의 활동(Dummy Activity)상도 통과할 수 있다.
> 5) 주 공정은 여러 개가 성립할 수 있다.

58 건축생산 조직에 관한 설명으로 옳은 것은?

① CM은 시공자가 직접 공사의 타당성조사, 설계, 시공, 사용 등을 포함하는 건설공사 전 과정을 조정하는 것이다.
② EC화는 종래의 단순한 시공업과 비교하여 건설사업 전반에 걸쳐 종합, 기획, 관리하는 업무 영역의 확대를 말한다.
③ 발주자와 직접 공사 계약을 하는 업자를 하도급자라고 한다.
④ 감리자란 시공자의 위탁을 받아 공사의 시공과정을 검사·승인하는 자를 말한다.

해설 EC(Engineering Constructor)화 : 기계·장치·시스템 등을 포함한 시설 전체를 기획·설계·시공·보수 등 포괄적이고 종합적으로 하는 방법을 말한다.

■정답■ 56.③ 57.③ 58.②

59 철골공사에 관한 설명으로 옳지 않은 것은?

① 현장용접 시 기온과 관계없이 부재를 예열하지 않는다.
② 세우기 장비는 철골구조의 형태 및 총중량을 고려한다.
③ 철골 세우기는 가조립 후 변형 바로잡기를 한다.
④ 가조립 시 최소 2개 이상 가볼트 조임한다.

해설 현장용접 시 기온 : 기온이 0℃ 이하일 때에는 용접을 하여서는 아니 된다. 다만, 기온이 0℃~-15℃일 때라도 용접 시작부에서 100 mm 이내의 거리에 있는 모재의 온도가 36℃ 이상이 되도록 가열하였을 때에는 무방하다.

60 한중 콘크리트 공사에서 콘크리트의 물-결합재비는 원칙적으로 얼마 이하이어야 하는가?

① 50% ② 55%
③ 60% ④ 65%

해설
1) 한중콘크리트 : 동결위험이 있는 기간(겨울) 중에 시공하는 콘크리트(치어붓기 후 28일 간의 예상 평균기온이 약 3℃ 이하인 경우에 적용)
2) 한중콘크리트 시공시의 주의사항
   ① 물-시멘트비(W/C)를 60% 이하로 가급적 작게 한다.
   ② 압축강도는 초기양생 기간 내에 약 50kg/cm² 정도가 얻어지도록 한다.
   ③ 동결의 위험이 있으므로 AE제, AE감수제 등을 반드시 사용한다.

제4과목 / 건설재료학

61 다음 중 골재로 사용할 수 없는 것은?

① 락크 울(rock wool)
② 질석(vermiculite)
③ 펄라이트(perlitr)
④ 화산자갈(volcanic gravel)

해설 라크울(rock wool)
1) 라크울(암면) : 내열성이 높은 광물질인 현무암·안산암·혈암·돌로마이트 등을 용용한 것을 원심력 압축공기 또는 고압증기 등으로 섬유화시킨 것이다.
2) 라크울은 단열·보온 및 흡음성 등이 우수하고 내화성도 있어 열이나 음의 차단에도 이용되고 있다.

62 굳지 않은 콘크리트의 성질을 나타낸 용어에 관한 설명으로 옳지 않은 것은?

① 컨시스턴시(Consistency) - 콘크리트에 사용되는 물의 양에 의한 콘크리트 반죽의 질기
② 워커빌리티(Workability) - 콘크리트의 부어넣기 작업 시의 작업 난이도 및 재료분리에 대한 저항성
③ 피니셔빌리티(Finishability) - 굵은골재의 최대치수, 잔골재율, 잔골재의 입도 등에 따른 마무리 작업의 난이도
④ 플라스티시티(Plasticity) - 콘크리트를 펌핑하여 부어넣는 위치까지 이동시킬 때의 펌핑성

해설
1) 플라스티시티(plasticity ; 성형성) : 거푸집의 형상에 순응하여 채우기 쉽고 분리가 일어나지 않는 성실
2) 펌퍼빌리티(pumpability ; 압송성) : 콘크리트를 펌핑하여 부어넣는 위치까지 이동시킬 때의 펌핑성

63 보통벽돌에 관한 설명으로 옳지 않은 것은?

① 일반적으로 잘 구워진 것일수록 치수가 작아지고 색이 옅어지며, 두드리면 탁음이 난다.
② 건축용 점토소성벽돌의 적색은 원료의 산화철성분에서 기인한다.
③ 보통벽돌의 기본치수는 190 × 90 × 57 mm 이다.
④ 진흙을 빚어 소성하여 만든 벽돌로서 점토벽돌이라고도 한다.

해설 보통벽돌
1) 보통벽돌 : 진흙을 빚어 소성하여 만든 벽돌로서 불완전 연소로 구운 검은 벽돌과 완전연소로 구운 붉은 벽돌이 있다.
2) 일반적으로 벽돌은 잘 구워진 것일수록 치수가 작아지고 색이 짙어지며 두드리면 청음이 난다.

64 플라스틱의 특성에 관한 설명으로 옳지 않은 것은?

① 전기절연성이 양호하다.
② 내열성 및 내후성이 강하다.
③ 착색이 자유롭고 높은 투명성을 가질 수 있다.
④ 내약품성이 있고 접착성이 우수하다.

해설 플라스틱은 내열성 및 내후성이 약하다.

65 시멘트의 안정성 시험에 해당하는 것은?

① 슬럼프 시험
② 브레인법
③ 길모아 시험
④ 오토클레이브 팽창도 시험

해설 시멘트의 안정성 시험 : 오토클레이브를 이용한 팽창도 시험법을 통하여 안정성의 한계를 규정하고 있다.
1) 팽창도 계산식

$$팽창도 = \frac{L_2 - L_1}{L_1} \times 100\%$$

여기서, L_1 : 시험전 시험체의 유효표점길이
L_2 : 시험후 시험체의 길이

2) 판정기준 : 포틀랜드시멘트의 팽창도가 0.8% 이하일 때를 합격으로 한다.

66 합판에 관한 설명으로 옳은 것은?

① 곡면가공 시 균열이 발생하기 때문에 곡면가공이 불가능하다.
② 함수율 변화에 따른 팽창·수축의 방향성이 크다.
③ 표면가공법으로 흡음효과를 낼 수 있다.
④ 내수성이 매우 작기 때문에 내장용으로만 사용된다.

해설 합판의 특성
1) 단판을 서로 직교시켜서 붙인 것이므로 잘 갈라지지 않으며, 방향에 따른 강도의 차가 적다.
2) 판재에 비해 균질이며, 유리한 재료를 많이 얻을 수가 있다.
3) 나비가 큰 판을 얻을 수 있고, 쉽게 곡면판으로 만들 수가 있다.
4) 아름다운 무늬가 되도록 얇게 벗긴 단판을 합판 양 표면에 사용하면 값싸게 무늬가 좋은 판을 얻을 수 있다.
5) 합판은 함수율 변화에 의한 신축변형이 작고 방향성이 적으며 곡면가공을 하여도 균열이 생기지 않고 표면가공법으로 흡음효과를 낼 수 있다.
6) 주조 내장용(천장, 칸막이벽, 내벽의 바탕 등)으로 사용되고 거푸집재로도 사용된다.

67 콘크리트 인장강도는 압축강도의 대략 얼마 정도인가?

① 2배
② 1배
③ 1/10
④ 1/30

해설 콘크리트의 강도 : 표준양생을 한 재령 28일의 압축강도를 기준으로 한다.
1) 인장강도 : 압축강도의 1/10~1/13
2) 휨강도 : 압축강도의 1/5~1/8

(인장강도의 1.6~2배)
3) 전단강도 : 압축강도의 1/4~1/6
∴ 콘크리트 강도크기 순서 : 압축강도 > 전단강도 > 휨강도 > 인장강도

68 에폭시 도장에 관한 설명으로 옳지 않은 것은?

① 내마모성이 우수하고 수축, 팽창이 거의 없다.
② 내약품성, 내수성, 접착력이 우수하다.
③ 자외선에 특히 강하여 외부에 주로 사용한다.
④ Non-Slip 효과가 있다.

해설 엑폭시수지 도료 특성
1) 내산, 내알칼리성이 특히 우수하다.
2) 금속의 접착성이 크고 내약품성 및 내열성도 우수하다.
3) 내마모성이 우수하다.
[주] Nom-slip(논슬립) : 계단코에 대어 미끄러짐을 막는 철물

69 다음 중 20℃ 기건상태에서 단열성이 가장 우수한 것은?

① 화강암   ② 판유리
③ 알루미늄   ④ ALC

해설 ALC의 특성
1) 경량으로 인력에 의한 취급이 가능하고, 필요에 따라 현장에서 전단 및 가공이 용이하다.
2) 열전도율은 보통콘크리트의 약 1/10 정도로서 단열성이 있다
3) 보통콘크리트에 비하여 중성화의 우려가 높다.
4) 압축강도에 비해 휨강도나 인장강도는 상당히 약하다.
5) 흡수율이 커서 동결, 융해에 대한 저항성이 낮다.
6) 석면슬레이트나 석고보드 등의 박판상 제품에 비해 단열성, 차음성이 우수하다.

70 다음 중 천연석에 해당되지 않는 것은?

① 트래버틴   ② 대리석
③ 화강석   ④ 테라조

해설 테라조(terrazzo) : 대리석종석+백색시멘트+안료 등을 물로 반죽하여 다지고 경화한 후 대리석 계통의 색조가 나게 표면을 물갈기한 석조 제품이다.

71 다음 단열재료 중 가장 높은 온도에서 사용할 수 있는 것은?

① 세라믹 파이버   ② 암면
③ 석면   ④ 그래스울

해설 세라믹 파이버(ceramics fibers)
1) 내화벽돌과 같은 조성의 것을 섬유화하여 단열 보온과 방재용(防災用)으로 사용되는 세라믹계 섬유이다.
2) 내열성, 단열성, 보온성이 매우 우수하다.

72 풍화된 시멘트를 사용했을 경우에 관한 설명으로 옳지 않은 것은?

① 응결이 늦어진다.
② 수화열이 증가한다.
③ 비중이 작아진다.
④ 강도가 감소된다.

해설 ②항, 수화열이 감소한다.

73 고온소성의 무수석고를 특별히 화학처리한 것으로 킨스시멘트라고도 하는 것은?

① 혼합석고 플라스터
② 보드용 석고 플라스터
③ 경석고 플라스터
④ 돌로마이트 플라스터

해설 킨스시멘트(keene's cement) : 경석고 플라스터라고도 하며 경석고에 명반 등의 촉진제를 배합한 것으로 약간 붉은 빛을 띤 백색을 나타

내는 플라스터이다.
1) 석고계 플라스터 중 가장 경질이며, 경화한 것은 현저히 강도가 크고 표면의 경도가 커서 광택성을 갖고 있으며 방습적인 매끈한 면을 갖는다.
2) 산성을 나타내어 금속재료를 부식시킨다.
3) 점도가 있어서 바르기 쉬우며, 벽바름 재료나 바닥바름 재료로 쓰인다.

74 알루미늄의 용도로 가장 적합하지 않은 것은?

① 창호철물
② 콘크리트에 면하는 마감재
③ 새시
④ 라디에이터

해설 알루미늄(Al)은 내산성 및 내알칼리성에 약하기 때문에 콘크리트에 접하면 부식되기 쉽다.

75 공기 중의 탄산가스와 화학반응을 일으켜 경화하는 미장재료는?

① 경석고 플라스터
② 시멘트 모르타르
③ 돌로마이트 플라스터
④ 혼합석고 플라스터

해설 응결·경화방식에 따른 미장재료의 분류
1) 수경성 미장재료(팽창성) : 물(H_2O)과 수화반응에 의해 경화하는 미장재료이다.
  ① 시멘트 모르타르 : 시멘트+모래+물
  ② 석고 플라스터 : 석고+모래+여물+물
  ③ 경석고 플라스터 : 무수석고+모래+여물+물
  ④ 인조석 바름 : 시멘트모르타르+인조석
  ⑤ 테라조(terrazzo) 현장바름 : 백시멘트+안료+종석(대리석, 화강석 등)
2) 기경성 미장재료(수축성) : 공기 중에서 경화하는 미장재료이며 종류는 다음과 같다.
  ① 진흙 : 진흙+짚여물+물
  ② 회반죽 : 소석회+모래+여물+해초풀
  ③ 회사벽 : 석회죽(lime cream)+모래(필요시 시멘트 또는 여물 혼입)
  ④ 돌로마이트 플라스터 : 돌로마이트 석회(마그네시아 석회)+모래+여물+몰

76 금속성형 가공제품 중 천장, 벽 등의 모르타르 바름 바탕용으로 사용되는 것은?

① 인서트
② 메탈라스
③ 와이어클리퍼
④ 와이어로프

해설 메탈라스(metal lath)
1) 열강판에 일정한 간격으로 그물눈을 내고 늘여 철망모양으로 만든 것이다.
2) 천장, 벽 등의 모르타르 바름 바탕용으로 사용된다.

77 수분 상승으로 인하여 콘크리트의 표면에 떠올라 얇은 피막으로 되어 침적한 물질은?

① 레이턴스
② 폴리머
③ 마그네시아
④ 포졸란

해설 레이턴스(laitance)
1) 레이턴스 : 블리딩에 의해 떠오른 미립물이 콘크리트 표면에 엷은 막으로 침적되는 현상
2) 레이턴스가 생기는 원인
  ① 물-시멘트비(W/C)가 큰 콘크리트일 경우
  ② 풍화한 시멘트를 사용하였을 경우
  ③ 불순물 및 미세입분이 많은 골재를 사용하였을 경우

78 마루판으로 사용할 때 적합하지 않은 것은?

① 코펜하겐 리브
② 프로어링 보드
③ 파키트 블록
④ 파키트 패널

해설 코펜하겐 리브판(copenhagen rib board)
1) 두께 5cm, 폭(너비) 10cm 정도의 긴 판에다 표면을 리브로 가공한 것이다.
2) 면적이 넓은 강당, 집회장, 극장 등의 전장 또는 내벽에 붙여 음향조절용으로 쓰거나 수장재로 사용된다.

■ 정답 ■ 74.② 75.③ 76.② 77.① 78.①

79 어떤 목재의 건조 전 질량이 200g, 건조 후 전건질량이 150g 일 때, 이 목재의 함수율은?

① 10% ② 25%
③ 33.3% ④ 66.7%

해설 목재의 함수율
$= \dfrac{W_1 - W_2}{W_2} \times 100$
$= \dfrac{200 - 150}{150} \times 100 = 33.33\%$

여기서, W_1 : 건조전 목재중량
W_2 : 건조후 전건중량

80 대리석의 성질과 용도에 관한 설명으로 옳은 것은?

① 석질이 치밀하고, 판석으로서 지붕 외벽 등에 사용되며 비석, 숫돌로도 이용된다.
② 조적재, 기초석재 등으로 주로 쓰인다.
③ 내화도는 높으나 조잡하여 경량골재, 내화재 등에 사용한다.
④ 열, 산에는 약하지만 외관이 미려하므로 장식용으로 사용된다.

해설 대리석
1) 대리석 : 석회암이 변성작용에 의해서 결정화된 석재로서 주성분은 탄산석회($CaCO_3$)이다.
2) 성질 및 용도
   ① 석질이 치밀하고 견고하며 외관이 미려하여 연마하면 아름다운 광택을 낸다.
   ② 강도는 높지만 내산성 및 내화성이 낮고 풍화되기 쉽다.

제5과목 / 건설안전기술

81 철골 작업 시 강우량에 대해 작업을 중단하는 기준으로 옳은 것은?

① 시간당 1mm이상인 경우
② 시간당 5mm이상인 경우
③ 시간당 10mm이상인 경우
④ 시간당 15mm이상인 경우

해설 철골작업을 중지해야할 기상조건
1) 풍속 : 10m/sec 이상
2) 강우량 : 1mm/hr 이상
3) 강설량 : 1cm/hr 이상

82 발파작업에 종사하는 근로자가 발파 시 준수하여야 할 기준으로 옳지 않은 것은?

① 벼락이 떨어질 우려가 있는 경우에는 화약 또는 폭약의 장전 작업을 중지하고 근로자들을 안전한 장소로 대피시켜야 한다.
② 근로자가 안전한 거리에 피난할 수 없는 경우에는 전면과 상부를 견고하게 방호한 피난장소를 설치하여야 한다.
③ 전기뇌관 외의 것에 의하여 점화 후 장전된 화약류의 폭발여부를 확인하기 곤란한 경우에는 점화한 때부터 15분 이내에 신속히 확인하여 처리하여야 한다.
④ 얼어붙은 다이너마이트는 화기에 접근시키거나 그 밖의 고열물에 직접 접촉시키는 등 위험한 방법으로 융해되지 않도록 한다.

해설 점화 후 장진된 화약류가 폭발하지 아니한 때 또는 장진된 화약류의 폭발여부를 확인하기 곤란할 때에는 다음 항목이 정하는 바에 따를 것
1) 전기뇌관에 의한 때에는 발파모선을 점화기에서 떼어 그 끝을 단락시켜 놓는 등 재점화되지 아니하도록 조치하고 그때부터 5분 이상 경과한 후가 아니면 화약류의 장진장소에 접근시키지 아니하도록 할 것

■ 정답 ■ 79.③ 80.④ 81.① 82.③

2) 전기뇌관 외의 것에 의한 때에는 점화한 때부터 15분 이상 경과한 후가 아니면 화약류의 장진장소에 접근시키지 아니하도록 할 것

83 낙하물에 위한 위험의 방지를 위하여 낙하물 방지망을 설치하는 경우 수평면과의 유지각도로 옳은 것은?

① 20도 이상 30도 이하
② 30도 이상 40도 이하
③ 40도 이상 45도 이하
④ 45도 초과

해설 낙하물방지망 또는 방호선반 설치시 준수사항
1) 설치높이는 10m 이내마다 설치하고, 내민 길이는 벽면으로부터 2m 이상으로 할 것
2) 수평면과의 각도는 20° 내지 30°를 유지할 것

84 안전난간은 구조적으로 가장 취약한 지점에서 가장 취약한 방향으로 작용하는 최소 얼마 이상의 하중에 견딜 수 있는 구조이어야 하는가?

① 100kg   ② 150kg
③ 200kg   ④ 250kg

해설 안전난간은 구조적으로 가장 취약한 지점에서 가장 취약한 방향으로 작용하는 100kg 이상의 하중에 견딜 수 있는 튼튼한 구조일 것

85 양끝이 힌지(Hinge)인 기둥에 수직하중을 가하면 기둥이 수평방향으로 휘게 되는 현상은?

① 피로파괴   ② 폭열현상
③ 좌굴   ④ 전단파괴

해설 좌굴 및 좌굴하중
1) 양단이 힌지(hinge, 상단에는 수직 변위를 자유롭게 하기 위하여 수평재를 설치)인 주재(主材)에 하중(P)을 가하면 중앙에 인장력을 가한 것과 같이 기둥이 수평으로 변곡하게 된다.
2) 하중이 작으면 기둥은 쉽게 원상태로 복원되지만 일정한도 이상이 되면 변곡이 계속되어 파괴에 이르게 된다. 이 복원의 한계점 부근에서의 상태가 존재하게 되는데 이 상태를 좌굴이라 하고 이때의 하중을 좌굴하중(또는 한계하중)이라 한다.

86 건설산업기본법 시행령에 따른 토목공사업에 해당되는 토목 건설공사현장에서 전담 안전관리자 최소 1인을 두어야 하는 공사금액의 기준으로 옳은 것은?

① 150억원 이상   ② 180억원 이상
③ 210억원 이상   ④ 250억원 이상

해설 건설업의 규모별 안전관리자 수

사업의 종류	규모	안전관리자 수
45. 건설업	1. 공사금액 50억원(관계수급인은 100억원) 이상 120억원 미만(토목공사업은 150억원 미만)	1명 이상
	2. 공사금액 120억원(토목공사업은 150억원) 이상 800억원 미만	2명 이상
	3. 공사금액 800억원 이상 1500억원 미만 • 전체 공사시간 중 전후 15에 해당하는 기간	2명 이상 1명 이상

87 고소작업대를 설치 및 이동하는 경우의 준수사항으로 옳지 않은 것은?

① 바닥과 고소작업대는 가능하면 수평을 유지하도록 할 것
② 이동하는 경우에는 작업대를 가장 높게 올릴 것
③ 이동통로의 요철상태 또는 장애물의 유무 등을 확인할 것
④ 갑작스러운 이동을 방지하기 위하여 아웃트리거 또는 브레이크 등을 확실히 사용할 것

해설 ②항. 이동하는 경우에는 작업대를 가장 낮게 할 것

■ 정답 ■ 83.① 84.① 85.③ 86.① 87.②

88 강관을 사용하여 비계를 구성하는 경우의 준수사항으로 옳지 않은 것은?

① 비계기둥의 간격은 띠장 방향에서는 1.85m 이하, 장선방향에서는 1.5 이하로 할 것
② 비계기둥 간의 적재하중은 300kg을 초과하지 않도록 할 것
③ 띠장의 간격은 2m이하로 설치할 것
④ 비계기둥의 제일 윗부분으로부터 31m 되는 지점 밑부분의 비계기둥은 2개의 강관으로 묶어 세울 것

해설 ②항. 비계기둥 간의 적재하중은 400kg을 초과하지 아니하도록 할 것

89 공사용 가설도로에서 일반적으로 허용되는 최고 경사도는 얼마인가?

① 5% ② 10%
③ 20% ④ 30%

해설 1) 가설도로의 최고 허용경사도 : 10%를 넘지 않도록 할 것
2) 도로는 배수를 위해 도로중심부를 약간 넓게 하거나 배수시설을 할 것

90 파이핑(pipung) 현상에 의한 흙 댐(earth dam)의 파괴를 방지하기 위한 안전대책 중 옳지 않은 것은?

① 흙 댐의 하류측에 필터를 설치한다.
② 흙 댐의 상류측에 차수판을 설치한다.
③ 흙 댐 내부에 점토코아(core)를 넣는다.
④ 흙 댐에서 물의 침투유도 길이를 짧게 한다.

해설 1) piping : 연약 사질토지반에서 굴착면에 침투수류가 용출하여 급격히 지반파괴가 생기는 현상
2) 파이핑현상에 의한 흙 댐의 파괴 방지 대책 : ①, ②, ③항

91 산업안전보건법령에 따른 크레인을 사용하여 작업을 하는 때 작업시작 전 점검사항에 해당되지 않는 것은?

① 권과방지장치·브레이크·클러치 및 운전장치의 기능
② 주행로의 상측 및 트롤리(trolley)가 횡행하는 레일의 상태
③ 원동기 및 풀리(pulley)기능의 이상 유무
④ 와이어로프가 통하고 있는 곳의 상태

해설 1) 크레인의 작업시작 전 점검사항 : ①, ②, ④항 3개뿐
2) 원동기 및 풀리 기능의 이상 유무 : 컨베이어의 작업시작 전 점검사항

92 차량계 건설기계 중 도로포장용 건설기계에 해당되지 않는 것은?

① 아스팔트 살포기 ② 아스팔트 피니셔
③ 콘크리트 피니셔 ④ 어스오거

해설 1) 도로포장용 건설기계
(안전보건규칙 별표6)
① 아스팔트 살포기
② 콘크리트 살포기
③ 아스팔트 피니셔
④ 콘크리트 피니셔
2) 어스오거 : 땅을 천공할 때에 쓰이는 기계

93 다음은 산업안전보건법령 중 계단 형상으로 조립하는 거푸집 동바리에 관한 사항이다. ( )안에 들어갈 내용으로 알맞은 것은?

> 거푸집의 형상에 따른 부득이한 경우를 제외하고는 깔판·깔목 등을 ( )이상 끼우지 않도록 할 것

① 2단 ② 3단
③ 4단 ④ 5단

해설 계단 형상으로 조립하는 거푸집 : 깔판 및 깔목 등을 끼워서 계단 형상으로 조립하는 거푸집동

■ 정답 ■ 88.② 89.② 90.④ 91.③ 92.④ 93.①

바리에 대한 준수사항(안전보건규칙 제333조)
1) 거푸집 형상에 따른 부득이한 경우를 제외하고는 깔판·깔목 등을 2단 이상 끼우지 않도록 할 것
2) 깔판·깔목 등을 이어서 사용하는 경우에는 그 깔판·깔목 등을 단단히 연결할 것
3) 동바리는 상·하부의 동바리와 동일 수직선상에 위치하도록 하여 깔판·깔목 등에 고정시킬 것

94 다음은 ( )안에 들어갈 내용으로 옳은 것은?

> 콘크리트 측압은 콘크리트 타설속도, ( ), 단위용적질량, 온도, 철근배근상태 등에 따라 달라진다.

① 골재의 형상　② 콘크리트 강도
③ 박리재　　　④ 타설높이

해설 콘크리트 측압산정시 고려되는 요소
1) 굳지 않은 콘크리트의 단위 용적중량(t/m^3)
2) 벽길이(m)
3) 굳지 않은 콘크리트의 타설높이(m)
4) 콘크리트의 타설속도
　(보통 10m~50 m/h정도)
5) 거푸집 속의 콘크리트 온도

95 강관비계 중 단관비계의 벽이음 및 버팀설치 시 수직 및 수평 방향 조립간격으로 옳은 것은?

① 수직방향 : 3m, 수평방향 : 3m
② 수직방향 : 5m, 수평방향 : 5m
③ 수직방향 : 6m, 수평방향 : 8m
④ 수직방향 : 8m, 수평방향 : 6m

해설 강관비계의 조립간격

강관비계의 종류	조립간격(단위 : m)	
	수직방향	수평방향
단관비계	5	5
틀비계(높이가 5m 미만의 것은 제외)	6	8

96 인력에 의한 굴착작업 시 준수해야할 사항으로 옳지 않은 것은?

① 지반의 종류에 따라서 정해진 굴착면의 높이와 기울기로 진행시켜야 한다.
② 굴착면 및 굴착심도 기준을 준수하여 작업 중 붕괴를 예방하여야 한다.
③ 굴착토사나 자재 등을 경사면 및 토류벽 천단부 주변에 쌓아두어 하중을 보강한다.
④ 용수 등의 유입수가 있는 경우 배수시설을 한 뒤에 작업을 하여야 한다.1

해설 굴착작업 시 준수사항(고용노동부고시)
1) ①, ②, ④항
2) 굴착토사나 자재 등을 경사면 및 토류벽 전단부 주변에 쌓아두어서는 안된다.
3) 굴착면 및 흙막이지보공의 상태를 주의하여 작업을 진행시켜야 한다.
4) 매설물, 장애물 등에 항상 주의하고 대책을 강구한 후에 작업을 하여야한다.
5) 수중펌프나 벨트컨베이어 등 전동기를 사용할 경우는 누전차단기를 설치하고 작동여부를 확인하여야 한다.

97 굴착공사에서 굴착 깊이가 5m, 굴착 저면의 폭이 5m인 경우, 양단면 굴착을 할 때 굴착부 상단면의 폭은?(단, 굴착면의 기울기는 1 : 1로 한다.)

① 10m　② 15m
③ 20m　④ 25m

해설 1) 굴착깊이 5m, 굴착저면의 폭 5m, 굴착면의 기울기 1 : 1

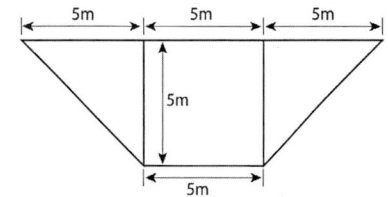

2) 굴찰부 상단면의 폭=5+5+5=15m

■ 정답 ■　94.④　95.②　96.③　97.②

98 토석의 붕괴 원인 중 외적 요인이 아닌 것은?

① 법면의 경사 증가
② 절토 및 성토 높이 증가
③ 진동 및 각종 하중 작용
④ 토석의 강도 저하

해설 토사붕괴의 원인
1) 외적요인
   ① 사면, 법면의 경사 및 구배의 증가
   ② 절토 및 성토의 높이의 증가
   ③ 지표수 및 지하수의 침투에 의한 토사중량의 증가
   ④ 공사에 의한 진동 및 반복하중의 증가
   ⑤ 지진, 차량, 구조물의 증가
2) 내적요인
   ① 절토사면의 토질, 암석
   ② 성토사면의 토질
   ③ 토석의 강도 저하

99 철골보 인양작업 시 준수사항으로 옳지 않은 것은?

① 선회와 인양작업은 가능한 동시에 이루어지도록 한다.
② 인양용 와이어로프의 매달기 각도는 양변 60°정도가 되도록 한다.
③ 유도 로프로 방향을 잡으며 이동시킨다.
④ 철골보의 와이어로프 체결지점은 부재의 1/3지점을 기준으로 한다.

해설 철골보 인양 작업 시 준수사항
1) 인양와이어 로프의 매달기 각도는 양변 60°를 기준으로 2열로 매달고 와이어 체결 지점은 수평 부재의 1/3 기점을 기준하여야 한다.
2) 조립되는 순서에 따라 사용될 부재가 하단부에 적치되어 있을 대에는 상당부의 부재를 무너뜨리는 일이 없도록 주의하여 옆으로 옮긴 후 부재를 인양하여야 한다.
3) 클램프로 부재를 체결할 때는 다음 각 목의 사항을 준수하여야 한다.
   ① 클램프는 부재를 수평으로 하는 두 곳의 위치에 사용하여야 하며 부재 양단 방향을 등간격이어야 한다.
   ② 부득이 한군데만을 사용할 때는 위험이 적은 장소로서 간단한 이동을 하는 경우에 한하여야 하며 부재의 길이의 1/3지점을 기준하여야 한다.
   ③ 두 곳을 매어 인양시킬 때 와이어로프의 내각은 60°이하여야 한다.
   ④ 클램프의 정격 용량 이상 매달지 않아야 한다.
   ⑤ 체결 작업 중 클램프 본체가 장애물에 부딪히지 않게 주의하여야 한다.
   ⑥ 클램프의 작동 상태를 점검한 후 사용하여야 한다.
4) 유도 로프는 확실히 매야 한다.
5) 인양할 때는 다음 각 목의 사항을 준수하여야 한다.
   ① 인양 와이어로프는 훅의 중심에 걸어야 하며 훅은 용접의 경우 용접장 등 용접 규격을 확인하여 인양 시 취성 파괴에 의한 탈락을 방지하여야 한다.
   ② 신호자는 운전가가 잘 보이는 곳에서 신호하여야 한다.
   ③ 불안정하거나 매단 부재가 경사지면 지상에 내려 다시 체결하여야 한다.
   ④ 부재의 균형을 확인하며 서서히 인양하여야 한다.
   ⑤ 흔들리거나 선회하지 않도록 유도 로프로 유도하며 장애물에 닿지 않도록 주의하여야 한다.

100 크레인의 와이어로프가 일정 한계 이상 감기지 않도록 작동을 자동으로 정지시키는 장치는?

① 훅 해지장치   ② 권과방지장치
③ 비상정지장치 ④ 과부하방지장치

해설 1) 훅 해지장치 : 훅걸이용 와이어로프 등이 훅으로부터 벗겨지는 것을 방지하기 위한 장치
2) 비상정지장치 : 위험상태의 발생이 예상되는 경우 이것을 방지하기 위하여 인위적으로 급정지 시키는 장치
3) 과부하방지장치 : 기계설비에 허용 이상의 부하가 가해졌을 때에 그 동작을 정지 또는 방지하기 위해 안전 쪽으로 작동시키는 장치

■ 정답 ■   98.④   99.①   100.②

2023년 2회 CBT복원 기출문제
건설안전산업기사

제1과목 / 산업안전관리론

01 산업안전보건위원회의 근로자위원 구성 기준 중 틀린 것은?

① 근로자 대표
② 해당 사업의 대표자가 지명하는 9명 이내의 해당 사업장 부서의 장
③ 명예산업안전감독관이 위촉되어 있는 사업장의 경우 근로자대표가 지명하는 1명 이상의 명예산업안전감독관
④ 근로자대표가 지명하는 9명 이내의 해당 사업장의 근로자

해설 산업안전보건위원회의 구성(시행령 제25조의 2)
1) 근로자 위원
   ① 근로자대표(근로자 과반수를 대표하는 자, 근로자 과반수로 조직된 노동조합의 대표자 또는 노동단체의 대표자)
   ② 근로자대표가 지명하는 1인 이상의 명예산업안전감독관(명예산업안전감독관이 위촉되어 있는 경우에 한함)
   ③ 근로자대표가 지명하는 9인 이내의 당해 사업장의 근로자(명예산업안전감독관이 지명되어 있는 경우에는 그 수를 제외한 수의 근로자)
2) 사용자 위원
   ① 해당 사업의 대표자(동일 사업 내에 지역을 달리하는 사업장은 그 사업장의 최고 책임자)
   ② 안전관리자 1인(안전관리대행기관에 위탁한 사업장은 대행기관의 당해 사업장 담당자)
   ③ 보건관리자 1인(보건관리대행기관에 위탁한 사업장은 대행기관의 당해 사업장 담당자)
   ④ 산업보건의(선임되어 있는 경우에 한함)
   ⑤ 해당 사업의 대표자가 지명하는 9인 이내의 당해 사업장 부서의 장

02 적응기제(Adjustment Mechanism) 중 방어적 기제에 해당하는 것은?

① 고립   ② 퇴행
③ 억압   ④ 보상

해설 적응기제
1) **방어적 기제** : 보상, 합리화, 동일시, 승화
2) **도피적 기제** : 고립, 퇴행, 억압, 백일몽 등
3) **공격적 기제** : 직접적 공격 기제, 간접적 공격 기제

03 안전모에 있어 착장체의 구성요소가 아닌 것은?

① 턱끈   ② 머리고정대
③ 머리받침고리   ④ 머리받침끈

해설 착장체의 구성요소
1) 머리 고정대
2) 머리 받침고리
3) 머리 받침끈

04 리더십에 대한 설명 중 틀린 것은?

① 조직원에 의하여 선출된다.
② 지휘의 현태는 민주주의적이다.
③ 조직원과의 사회적 간격이 넓다.
④ 권한의 근거는 개인의 능력에 의한다.

■ 정답 ■   01.②   02.④   03.①   04.③

해설 헤드십과 리더십의 구분

구분	헤드십	리더십
선출방식 (권한부여)	위에서 위임하여 임명	아래로부터 동의에 의한 선출
권한근거	법적 또는 공식적	개인능력
상사와 부하와의 관계 및 책임귀속	지배적, 상사	개인적 경향, 상사와 부하
지휘 형태	권위주의적	민주주의적
부하와의 사회적 간격	넓다	좁다

05 산업안전보건법령상 자율안전확인대상에 해당하는 방호장치는?

① 압력용기 압력방출용 파열판
② 가스집합 용접장치용 안전기
③ 양중기용 과부하방지장치
④ 방폭구조 전기기계·기구 및 부품

해설 안전인증 및 자율안전확인대상

안전인증대상 방호장치	자율 안전인증대상 방호장치
① 프레스 및 전단기 방호장치 ② 양중기용 과부하 방지장치 ③ 보일러 압력방출용 안전밸브 ④ 압력용기 압력방출용 안전밸브 ⑤ 압력용기 압력방출용 파열판 ⑥ 절연용 방호구 및 활선작업용 기구 ⑦ 방폭구조 전기기계·기구 및 부품 ⑧ 추락·낙하 및 붕괴 등의 위험방호에 필요한 가설기자재로서 고용노동부장관이 정하여 고시하는 것	① 아세틸렌 용접장치용 또는 가스집합용접 장치용 : 안전기 ② 교류아크 용접기용 : 자동전격방지기 ③ 롤러기 : 급정지장치 ④ 연삭기 : 덮개 ⑤ 목재가공용 둥근 톱 : 반발예방장치 및 날접촉예방장치 ⑥ 동력식 수동 대패용 : 칼날접촉방지장치

06 사업장에서 발생한 990회의 사고 중 사망재해가 3건이었다면 하인리히의 재해구성비율에 따를 경우 경상이 예상되는 발생 건수는?

① 60 ② 87
③ 120 ④ 330

해설 1) 하인릿히의 재해구성비율
중상 또는 사망 : 경상 : 무상해사고
= 1 : 29 : 300
2) 사망 : 경상 = 1 : 29
경상 = 사망 × $\frac{29}{1}$ = 3 × $\frac{29}{1}$ = 87건

07 레윈(LewinK)의 B=f(P·E) 이론에 대한 설명으로 옳은 것은?

① B : 인간의 행동
② f : 인간관계, 작업환경
③ P : 적성
④ E : 심신상태, 성격, 지능, 연령

해설 레빈(Lewin·K)의 법칙 : Lewin은 인간의 행동(B)은 그 사람이 가진 자질 즉, 개체(P)와 심리학적 환경(E)과의 상호함수관계에 있다고 하였다.

$$B = f(P \cdot E)$$

1) B(Behavior) : 인간의 행동
2) f(function, 합수 관계) : 적성 기타 P와 E에 영향을 미칠 수 있는 조건
3) P(Person, 개체) : 연력, 경험, 심신상태, 성격, 지능 등 인간의 조건
4) E(Environment, 심리적 환경) : 인간관계, 작업환경 등 환경조건

08 경보기가 올려도 전철이 오기까지 아직 시간이 있다고 스스로 판단하여 건널목을 건너다가 사고를 당한 것은 무엇에 의한 것인가?

① 생략행위 ② 근도반응
③ 억측판단 ④ 초조반응

■ 정답 ■ 05.② 06.② 07.① 08.③

해설 억측판단
1) 억측판단 : 자기 주관적인 판단
2) 억측판단이 발생하는 배경
   ① 희망적인 관측 : 그때도 그랬으니까 괜찮겠지 하는 관측
   ② 정보나 지식의 불확실 : 위험에 대한 정보의 불확실 및 지식의 부족
   ③ 과거의 선입견 : 과거에 그 행위로 성공한 경험의 선입관
   ④ 초조한 심정 : 일을 빨리 끝내고 싶은 초조한 심정

09 학습의 전이에 영향을 주는 조건이 아닌 것은?

① 학습자의 지능 원인
② 학습자의 태도 요인
③ 학습장소의 요인
④ 선행학습과 후행학습간 시간적 간격의 원인

해설 학습전이의 조건
1) 학습정도의 요인 : 선행학습의 정도에 따라 전이의 가능정도가 다르다.
2) 유사성의 요인 : 선행학습과 후행학습에 유사성이 있어야 한다는 것으로 자극의 유사성, 반응의 유사성, 원리의 유사성이 있다.
3) 시간적 간격의 요인 : 선행학습과 후행학습의 시간간격에 따라 전이의 효과가 다르다.
4) 학습자의 지능요인 : 학습자의 지능정도에 따라 전이효과가 달라진다.
5) 학습자의 태도요인 : 학습자의 주의력 및 능력, 특히 태도에 따라 전이의 정도가 다르다.

10 산업안전보건법령상 사업주가 근로자에 대하여 실시하여야 하는 교육 중 특별안전·보건교육의 대상 작업 기준으로 틀린 것은?

① 동력에 의하여 작동되는 프레스기계를 3대 이상 보유한 사업장에서 해당 기계로 하는 작업
② 1톤 미만의 크레인 또는 호이스트를 5대 이상 보유한 사업장에서 해당 기계로 하는 작업
③ 굴착면의 높이가 2m이상이 되는 암석의 굴착작업
④ 전압이 75V인 정전 및 활선작업

해설 ①항, 동력에 의하여 작동되는 프레스기계를 5대 이상 보유한 사업장에서 해당 기계로 하는 작업

11 브레인 스토밍(Brain Storming)의 4원칙에 해당하는 것은?

① 점검정비   ② 본질추구
③ 목표달성   ④ 자유분방

해설 브레인스토밍(BS, brain storming)의 4원칙
1) 비평금지 : 좋다, 나쁘다고 비평하지 않는다.
2) 자유분방 : 마음대로 편안히 발언한다.
3) 다량발언 : 무엇이건 좋으니 많이 발언한다.
4) 수정발언 : 타인의 아이디어에 수정하거나 덧붙여 말하여도 좋다.

12 맥그리거(McGregor)의 Y이론의 관리처방에 해당하는 것은?

① 목표에 의한 관리
② 권위주의적 리더십 확립
③ 경제적 보상체제의 강화
④ 면밀한 감독과 엄격한 통제

해설 맥그리거(McGregor)의 X · Y이론의 관리처방

X이론의 관리처방	Y이론의 관리처방
1) 경제적 보상체제의 강화	1) 민주적 리더십의 확립
2) 권위주의적 리더십의 확보	2) 분권화의 권한과 위임
3) 면밀한 감독과 엄격한 통제	3) 목표에 의한 관리
4) 상부책임제도의 강화	4) 직무 확장
5) 조직구조의 고층성	5) 비공식적 조직의 활용
6) 자체평가제도의 활성화	

■정답■ 09.③ 10.① 11.④ 12.①

13 눈으로는 작업 내용을 보고 손과 발로는 습관적으로 작업을 하고 있지만 머릿속에는 고민이나 공상으로 가득 차 있어서 작업에 필요한 주의력이 점차 약화되고 작업자가 눈으로 보고 있는 작업 상황이 의식에 전달되지 않는 상태를 의미하는 것은?

① 의식의 과잉   ② 의식의 단절
③ 의식의 우회   ④ 의식수준의 저하

해설 부주의 현상
1) **의식의 단절** : 지속적인 의식의 흐름에 단절이 생기고 공백의 상태가 나타나는 것으로 특수한 질병이 있는 경우에 나타난다.(의식수준 : Phase 0)
2) **의식의 우회** : 의식의 흐름이 옆으로 빗나가 발생하는 경우로서 작업도중 걱정, 고뇌, 욕구 불만 등에 의해 다른 것에 정신을 빼앗기는 경우이다.
(의식수준 : Phase 0)
3) **의식수준의 저하** : 혼미한 정신 상태에서 심신이 피로할 경우나 단조로운 반복작업 시 일어나기 쉽다.
(의식수준 : Phase Ⅰ 이하)
4) **의식의 과잉** : 지나친 의욕에 의해서 생기는 부주의 현상으로 긴급사태시 순간적으로 긴장이 한 방향으로만 쏠리게 되는 경우이다.
(의식수준 : Phase Ⅳ)

14 O.J.T(On the Job Training)의 특징 중 틀린 것은?

① 직장의 실정에 맞게 실제적 훈련이 가능하다.
② 훈련과 업무의 계속성이 끊어지지 않는다.
③ 훈련의 효과가 곧 업무에 나타나며, 훈련의 개선이 용이하다.
④ 다수의 근로자들에게 조직적 훈련이 가능하다.

해설 1) OJT와 off-JT
① OJT(on the job training, 현장중심 교육) : 직속상사가 현장에서 업무상의 개별교육이나 지도훈련을 하는 교육 형태
② off-JT(off the job training, 현장 외 중심교육) : 계층별 또는 직능별 등과 같이 공통된 교육대상자를 현장 외의 한 장소에 모아 집체 교육 훈련을 실시하는 교육형태

2) OJT와 off-JT의 특징

OJT	off-JT
① 개개인에게 적합한 지도 훈련 가능	① 다수의 근로자에게 조직적 훈련이 가능
② 직장의 실정에 맞는 실제적 훈련이 가능	② 훈련에만 전념하게 됨
③ 훈련에 필요한 업무의 계속성이 끊어지지 않음	③ 특별설비기구를 이용할 수 있음
④ 즉시 업무에 연결되는 관계로 신체와 관련 있음	④ 전문가를 강사로 초청할 수 있음
⑤ 효과가 곧 업무에 나타나며 훈련의 좋고 나쁨에 따라 개선이 용이함	⑤ 각 직장의 근로자끼리 많은 지식이나 경험을 교류할 수 있음
⑥ 교육을 통한 훈련효과에 의해 상호 신뢰 이해도가 높아짐	⑥ 교육훈련 목표에 대해서 집단적 노력이 흐트러질 수도 있음

15 재해발생의 주요원인 중 불안전한 행동이 아닌 것은?

① 불안전한 적재   ② 불안전한 설계
③ 권한 없이 행한 조작   ④ 보호구 미착용

해설 불안전한 설계 : 불안전한 상태

16 산업안전보건법령상 다음 안전·보건표지의 종류로 옳은 것은?

① 산화성물질 경고
② 폭발성물질 경고
③ 부식성물질 경고
④ 인화성물질 경고

■ 정답 ■ 13.③ 14.④ 15.② 16.④

해설

산화성물질 경고	폭발성물질 경고	부식성물질 경고	인화성물질 경고

17 무재해운동을 추진하기 위한 세 기둥이 아닌 것은?

① 관리감독자의 적극적 추진
② 소집단 자주활동의 활성화
③ 전 종업원의 안전요원화
④ 최고경영자의 경영자세

해설 무재해운동의 추진 3기둥(무재해운동의 3요소)
 1) 최고경영자의 엄격한 안전경영자세
 2) 관리감독자에 의한 안전보건의 추진
  (라인화의 철저)
 3) 직장 소집단 자주활동의 활발화

18 학습지도 중 구안법(Project Method)의 4단계 순서로 옳은 것은?

① 계획 → 목적 → 수행 → 평가
② 계획 → 수행 → 목적 → 평가
③ 목적 → 수행 → 계획 → 평가
④ 목적 → 계획 → 수행 → 평가

해설 **구안법**(project method) : 학습자 스스로가 계획을 세워서 수행하는 학습활동으로 이루어지는 교육형태
 1) **구안법의 단계** : 목적 – 계획 – 수행 – 평가
 2) **특징**
  ① 동기부여가 충분하다.
  ② 현실적인 학습방법이다.
  ③ 작업에 대하여 창조력이 생긴다.
  ④ 시간과 에너지가 많이 소비된다.
   (단점)

19 기업의 산업재해에 대한 과거와 현재의 안전성적을 비교, 평가한 점수로 안전관리의 수행도를 평가하는데 유용한 것은?

① Safe-T-Score
② 평균강도율
③ 종합재해지수
④ 안전활동률

해설 세이프 티 스코어(Safe T. Score)
 1) 의미 : 과거와 현재의 안전성적을 비교·평가하는 방법으로 단위가 없으며 (+)이면 나쁜 기록, (−)이면 과거에 비해 좋은 기록으로 본다.
 2) 공식

$$\text{Safe T. Score} = \frac{(현재)빈도율 - (과거)빈도율}{\sqrt{\frac{(과거)빈도율}{근로총시간수(현재)} \times 10^6}}$$

 3) 판정

구분	내용
+2.0 이상	· 과거보다 심각하게 나쁘다.
+2.0~−2.0	· 심각한 차이 없음
−2.0 이하	· 과거보다 좋아졌다.

20 강도율이 5.5이라 함은 연 근로시간 몇 시간 중 재해로 인한 근로손실이 110일 발생하였음을 의미하는가?

① 10,000 ② 20,000
③ 50,000 ④ 100,000

해설 강도율 $= \frac{근로손실일수}{연근로시간수} \times 1000$

연근로시간수 $= \frac{근로손실일수}{강도율} \times 1000$

$= \frac{110}{5.5} \times 1000 = 20,000$ 시간

■정답■ 17.③ 18.④ 19.① 20.②

제2과목
인간공학 및 시스템안전공학

21 감지되는 모든 우발상황에 대하여 적절한 행동을 취하게 완전히 프로그램화되어 있으며, 인간은 주로 감시, 프로그램, 정비유지 등의 기능을 수행하는 인간-기계 체계는?

① 수동 체계 ② 자동화 체계
③ 반자동화 체계 ④ 기계화 체계

해설 인간기계체계의 유형
  1) **수동체계** : 인간의 신체적인 힘을 동원력으로 사용
  2) **기계화체계(반자동체계)** : 인간이 기계의 표시장치를 보고 조종장치를 통하여 통제하는 체계
  3) **자동체계**
      ① 기계자체가 감지, 정보처리 및 의사결정, 행동을 포함한 모든 임무를 수행하는 체계
      ② 인간의 역할 : 감시(Monitor), 프로그램, 정비유지 등의 기능을 수행함

22 fail-safe의 종류가 아닌 것은?

① 중복구조
② 상하 경감구조
③ 교대구조
④ 다경로 하중 구조

해설 1) **페일세이프(fail-safe)** : 인간이나 기계에 과오나 동작상의 실수가 있더라도 사고방지를 위해 2중, 3중으로 통제를 가하는 것
  2) **구조적 페일세이프**
      ① 저균열 속도 구조
      ② 조합구조
      ③ 다경로 하중구조
      ④ 하중해방 구조
  3) **중복구조**(중복설계 : redundancy), **교대구조** 등도 fail safe에 해당된다.

23 결함수분석법에 관한 설명으로 틀린 것은?

① 잠재위험을 효율적으로 분석한다.
② 연역적 방법으로 원인을 규명한다.
③ 정성적 평가보다 정량적 평가를 먼저 실시한다.
④ 복잡하고 대형화된 시스템의 분석에 사용한다.

해설 **결함수분석법(FTA) 특징**
  1) 정성적 평가 실시 후 정량적 평가(재해발생확률계산)
  2) 연역적 해석(Top down형식)
  3) 잠재위험의 효율적 분석
  4) 컴퓨터 처리가능
  5) 복잡하고 대형화된 시스템 분석

24 일반적으로 사람의 청력으로 감지할 수 있는 주파수 영역은?

① 0 ~ 20Hz
② 20 ~ 20000Hz
③ 20000 ~ 50000Hz
④ 50000 ~ 100000Hz

해설 가청주파수 : 20~20,000Hz

25 부품검사 작업자가 한 로트 당 5000개를 검사하여 400개의 부적합품을 검출하였다. 실제 로트 당 1000개의 부적합품이 있었다고 가정할 때, 휴먼에러 확률(HEP)은?

① 0.12 ② 0.22
③ 0.32 ④ 0.42

해설 휴먼에러확률 (HEP)
$$HEP = \frac{인간의\ 실수\ 수}{전체실수\ 발생기회의\ 수}$$
$$= \frac{1000-400}{5000} = 0.12$$

■ 정답 ■ 21.② 22.② 23.③ 24.② 25.①

26 광원으로부터의 직사 휘광을 줄이기 위한 처리방법으로 틀린 것은?

① 가리개 및 차양을 사용한다.
② 광원을 시선에서 멀리 위치시킨다.
③ 광원의 휘도를 줄이고 수를 늘린다.
④ 휘광원의 주위를 밝게 하여 광도비를 높인다.

해설 광원으로부터의 직사휘광 처리
1) 광원의 휘도를 줄이고 수를 증가시킨다.
2) 광원을 시선에서 멀리 위치시킨다.
3) 휘광원 주위를 밝게 하여 광속발산비(휘도)를 줄인다.
4) 가리개(shield), 갓(hood), 혹은 차양(visor)을 사용한다.

27 실내면의 추천반사율이 낮은 것에서부터 높은 순으로 올바르게 배열된 것은?

① 바닥 < 가구 < 벽 < 천장
② 바닥 < 벽 < 가구 < 천장
③ 천장 < 가구 < 벽 < 바닥
④ 천장 < 벽 < 가구 < 바닥

해설 옥내 최적 반사율
1) 천장 : 80~90%
2) 벽, 창문 발(blind) : 40~60%
3) 가구, 사무기기, 책상 : 25~45%
4) 바닥 : 20~40%

28 물품을 일정기간 가동시켜 결함을 찾아내고 제거하여 고장률을 안정시키는 기간은?

① 우발고장 기간   ② 말기고장 기간
③ 초기고장 기간   ④ 마모고장 기간

해설 고장률의 유형
1) 초기고장 : 불량제조나 생산과정에서의 품질관리 미비로 생기는 고장으로 점검 작업이나 시운전 등에 의해 사전에 방지할 수 있는 고장
① 디버깅(debugging)기간 : 결함을 찾아내 고장률을 안정시키는 기간
② 번인(burn in)기간 : 실제로 장시간 움직여 보고 그동안 고장난 것을 제거하는 공정기간
2) 우발고장 : 예측할 수 없을 때 생기는 고장으로 시운전이나 점검 작업으로는 방지할 수 없는 고장
3) 마모고장 : 수명이 다해 생기는 고장으로, 안전진단 및 적당한 보수(정비)에 의해서 방지할 수 있는 고장

29 가청 주파수내에서 사람의 귀가 가장 민감하게 반응하는 주파수 대역은?

① 20Hz ~ 20000Hz
② 50Hz ~ 15000Hz
③ 100Hz ~ 10000Hz
④ 500Hz ~ 3000Hz

해설
1) 가청주파수 : 20~20,000Hz
2) 저진동범위 : 20~500Hz
3) 가장 민감한 주파수 범위(회화범위) : 500~3,000Hz

30 인간 - 기계 체계에서 시스템 활동의 흐름과정을 탐지 분석하는 방법이 아닌 것은?

① 가동분석   ② 운반공정분석
③ 신뢰도분석   ④ 사무공정분석

해설 시스템 활동의 흐름과정 탐지분석법
1) **가동분석** : 기계와 작업자의 움직이는 상황을 알기위해 실행하는 분석으로 표준작업시간
2) **운반공정분석** : 물재의 흐름 중에서 특히 운반에 주안을 두어 행하여지는 공정분석이다.
3) **사무공정분석** : 사무 흐름도 작성에 관한 분석이다.

31 반사율이 80%인 종이에 인쇄된 글자의 반사율이 20%라 하면, 대비는 몇 %인가?

① −75%   ② −33%
③ 25%   ④ 75%

■ 정답 ■ 26.④ 27.① 28.③ 29.④ 30.③ 31.④

[해설] 대비 $= \dfrac{Lb - Lt}{Lb} \times 100$

$= \dfrac{80 - 20}{80} \times 100 = 75\%$

여기서, Lb : 배경의 광속발산도
Lt : 표적의 광속발산도

32 시스템을 성공적으로 작동시키는 경로의 집합을 시스템 신뢰도 측면에서는 무엇이라 하는가?

① cut set ② true set
③ path set ④ module set

[해설] 1) 컷셋과 미니멀 컷
① 컷셋(cut sets) : 정상사상을 일으키는 기본사상(통상사상, 생략사상 포함)의 집합을 컷이라 한다.
② 미니멀 컷(minimal cut sets) : 정상사상을 일으키기 위해 필요한 최소한의 컷을 말한다.(시스템의 위험성을 나타냄)
2) 패스셋과 미니멀 패스
① 패스셋(path sets) : 정상사상이 일어나지 않는 기본사상의 집합을 말한다.
② 미니멀 패스(minimal path sets) : 필요한 최소한의 패스를 말한다.(시스템의 신뢰성을 나타냄)

33 원자력 산업과 같이 이미 상당한 안전이 확보되어 있는 장소에서 관리, 설계, 생산, 보전 등 광범위하고 고도의 안전달성을 목적으로 하는 시스템 해석법은?

① ETA ② MORT
③ FHA ④ FMECA

[해설] MORT(Management Oversight and Risk Tree)
1) MORT(경영소홀 및 위험수분석) : FTA(결함수분석법)와 같은 논리기법을 이용하여 관리, 설계, 생산, 보존 등의 광범위한 안전을 도모하고 고도의 안전을 달성하는 것을 목적으로 한 안전해석이다.

2) 미국 에너지 연구 개발청(ERDA)의 Johnson에 의해 개발된 시스템 안전프로그램이다.

34 복권추첨을 할 때 복권에 당첨되지 않을 확률과 당첨될 확률이 각각 0.9, 0.1이라면, 정보량은 약 몇 bits인가?

① 0.47 ② 0.50
③ 3.32 ④ 3.47

[해설] 평균정보량(Hav)

$Hav = \sum_{i=1}^{n} P_i \log_2(\dfrac{1}{P_i}) = \left[0.9 \times \dfrac{\log(\dfrac{1}{0.9})}{\log(2)} \right]$
$+ \left[0.1 \times \dfrac{\log(\dfrac{1}{0.1})}{\log(2)} \right] = 0.47$

35 인체계측자료를 응용하여 제품을 설계하고자 할 때, 제품과 적용기준으로 틀린 것은?

① 공구 - 평균치 설계기준
② 출입문 - 최대 집단치 설계기준
③ 안내 데스크 - 평균치 설계기준
④ 선반 높이 - 최대 집단치 설계기준

[해설] 선반높이 : 최소 집단치 설계기준

36 FTA에서 사용하는 논리기호 중 3개 이상의 입력현상 중 2개가 발생할 경우 출력이 되는 것은?

① 조합 AND 게이트
② 배타적 OR 게이트
③ 우선적 AND 게이트
④ 위험지속 AND 게이트

[해설] 수정기호의 종류
1) 우선적 AND게이트 : 입력사상 가운데 어느 사상이 다른 사상보다 먼저 일어났을 때에 출력사상이 생긴다. 「A는 B보다 먼저」와 같이

■ 정답 ■ 32.③ 33.② 34.① 35.④ 36.①

기입
2) 짜맞춤(조합) AND게이트 : 3개 이상의 입력 사상 가운데 어느 것인가 2개가 일어나면 출력사상이 생긴다. 「어느 것이든 2개」라고 기입
3) 위험지속기호 : 입력사상이 생겨 어느 일정시간 지속하였을 때에 출력사상이 생긴다. 「위험지속시간」과 같이 기입
4) 배타적 OR게이트 : OR게이트로 2개 이상의 입력이 동시에 존재한 때에는 출력사상이 생기지 않는다. 「동시에 발생하지 않는다.」라고 기입

37 위험조정을 위해 필요한 방법으로 틀린 것은?

① 위험보류(retention)
② 위험감축(reduction)
③ 위험회피(avoidance)
④ 위험확인(confirmation)

해설 위험(risk)의 처리방법
1) 보류(retention) 2) 감축(reduction)
3) 회피(avoidance) 4) 전가(transfer)

38 부품을 작동하는 성능이 체계의 목표달성에 긴요한 정도를 고려하여 우선순위를 설정하는 원칙은?

① 중요도의 원칙   ② 사용빈도의 원칙
③ 기능성의 원칙   ④ 사용순서의 원칙

해설 부품배치의 4원칙
1) **중요성의 원칙** : 부품을 작동하는 성능이 체계의 목표달성에 긴요한 정도에 따라 우선 순위를 설정한다.
2) **사용빈도의 원칙** : 부품을 사용하는 빈도에 따라 우선순위를 설정한다.
3) **기능별 배치의 원칙** : 기능적으로 관련된 부품들(표시장치, 조정장치 등)을 모아서 배치한다.
4) **사용 순서의 원칙** : 사용되는 순서에 따라 장치들을 가까이 배치한다.

39 조종 장치의 촉각적 암호화를 위하여 고려하는 특성이 아닌 것은?

① 형상   ② 무게
③ 크기   ④ 표면 촉감

해설 조종 장치의 촉각적 암호화를 위하여 고려하는 특성
1) 형상   2) 크기   3) 표면촉감

40 심장의 박동주기 동안 심근의 전기적 신호를 피부에 부착한 전극들로부터 측정하는 것으로 심장이 수축과 확장을 할 때, 일어나는 전기적 변동을 기록한 것은?

① 뇌전도계   ② 근전도계
③ 심전도계   ④ 안전도계

해설 심전도계
1) 심전도계 : 본문 설명
2) 심전도를 기록하는 장치로 입력부, 증폭부, 기록부, 전원부로 구성되어 있다.

제3과목 / 건설시공학

41 공업화 공법(PC공법)에 의한 콘크리트 공사의 특징과 관련이 없는 것은?

① 프리패브 공법이기 때문에 현장에서의 공정이 단축된다.
② 기상의 영향을 덜 받는다.
③ 각 부품의 접합부가 일체화되기가 어렵다.
④ 품질의 균질성을 기대하기 어렵다.

해설 프리캐스트 콘크리트(precast concrete) : P.C concrete
1) P.C concrete : 공장에서 기성제품화한 콘크리트로 프리패브 콘크리트(prefab concrete)라고도 한다.

■ 정답 ■ 37.④ 38.① 39.② 40.③ 41.④

2) 장점
① 양질의 부재를 경제적으로 생산할 수 있다.(품질의 균질성을 기대할 수 있다.)
② 기계화 작업으로 공기 단축을 꾀할 수 있다.
③ 기상과 관계없이 작업이 가능하며, 특히 한냉기의 시공시 유리하다.
3) 단점
① 큰 치수의 부재를 운반할 때 도로 및 장비 등의 제약을 받는다.
② 접합의 임부가 약하다.

42 콘크리트 타설 작업의 기본원칙 중 옳은 것은?

① 타설구획 내의 가까운 곳부터 타설한다.
② 타설구획 내의 콘크리트는 휴식시간을 가지면서 타설한다.
③ 낙하높이는 가능한 크게 한다.
④ 타설위치에 가까운 곳까지 펌프, 버킷 등으로 운반하여 타설한다.

해설 콘크리트 타설작업시 기본원칙
1) 타설구획 내의 먼 곳에서 가까운 곳으로 타설한다.
2) 타설구획 내의 콘크리트는 휴식시간에 연속적으로 타설하여야 한다.
3) 낙하높이는 작게 하고, 수직으로 낙하시킨다.
4) 타설 위치에 가까운 곳까지 펌프, 버킷 등으로 운반하여 타설한다.
5) 낮은 곳에서 높은 곳(기초-기둥-벽-계단-보의 순서)으로 부어넣는다.
6) 거푸집, 철근에 콘크리트를 충돌시키지 않는다.

43 말뚝설치 공법을 타입공법과 매입공법으로 구분할 때 다음 중 타입공법에 해당하는 것은?

① 진동 공법   ② 중굴 공법
③ 선굴착 공법   ④ 워트제트 공법

해설 말뚝설치 공법의 분류
1) **타입공법** : 진동공법, 타격공법 등
2) **매입공법** : 중굴공법, 선굴착(preboring)공법(매입말뚝공법), 워트제트 공법

44 철근의 이음방식이 아닌 것은?

① 용접이음   ② 겹침이음
③ 갈고리이음   ④ 기계적이음

해설 철근이음의 종류
1) **겹침이음** : #18~#20철선으로 결속하여 이음
2) **용접이음** : 아크(arc)전기용접에 의한 이음
3) **가스압점** : 철근을 가열·가압하여 연결하는 일종의 용접이음(보와 같은 수평부재에서는 사용하지 않음)
4) **기계적 이음** : 각종연결재(sleeve, 나사 등)를 이용한 철근의 이음

45 거푸집공사의 발전방향으로 옳지 않은 것은?

① 소형 패널 위주의 거푸집 제작
② 설치의 단순화를 위한 유닛(unit)화
③ 높은 전용 횟수
④ 부재의 경량화

해설 거푸집공사에서 사회·기술환경의 변화에 따른 합리적인 공법으로서의 발전방향
1) 부재의 경량화
2) 부재단면의 효율화
3) 거푸집의 대형화
4) 설치의 단순화(설치의 unit화)
5) 공장제작 조립화
6) 높은 전용회수
7) 기계를 사용한 운반설치

46 주로 이음이 필요한 지중보 등에서 특수 리브라스(rib lath)와 목재프레임을 부속철물로 고정하고 콘크리트를 타설함으로써 거푸집 해체작업이 필요 없는 공법은?

① 터널 폼   ② 메탈라스 폼
③ 슬라이딩 폼   ④ 플라잉 폼

■ 정답 ■ 42.④ 43.① 44.③ 45.① 46.②

해설 1) 터널 폼(tunnel form) : 벽식 철근콘크리트 구조를 시공할 경우 벽과 바닥의 콘크리트 타설을 한 번에 가능하게 하기 위하여 벽체용 거푸집과 슬래브 거푸집을 일체로 제작하여 한 번에 설치하고 해체할 수 있도록 한 시스템 거푸집이다.
2) 메탈라스 폼(metal lath form) : 본문 설명
3) 슬라이딩 폼(sliding form) : 수직활동거푸집
   ① 슬라이딩 폼 : 원형 철판거푸집을 요크(york)로 서서히 끌어올리면서 연속적으로 콘크리트를 타설하는 수직활동 거푸집이다.
   ② 사일로(silo), 굴뚝 등의 단면형상 변화가 없는 구조물에 사용하며 돌출물이 있는 곳에는 사용할 수 없다.

47 지름 3~5cm 정도의 파이프 끝에 여과기를 달아 1~2m 간격으로 박고, 이를 수평으로 굵은 파이프에 연결하여 진공으로 물을 뽑아내어 지하수위를 저하시키는 공법은?

① 웰 포인트 공법
② 슬러르 월 공법
③ 페이퍼 드레인 공법
④ 샌드 드레인 공법

해설 1) **웰 포인트 공법**(well point) : 본문 설명
2) **지하연속벽 공법**(slurry wall) : 벤토나이트 이수(泥水)를 사용해서 지반을 굴착하여 여기에 철근망을 삽입하고 콘크리트를 타설하여 지중에 철근콘크리트 연속벽체를 형성하는 공법
3) **페이퍼 드레인**(paper drain)**공법** : 샌드파일(sand pile)을 형성한 후 모래대신에 흡수지를 삽입하여 지반의 물을 뽑아내는 공법이다. (연약점토층에 사용)
4) **샌드드레인**(sand drain)**공법** ; 적당한 간격으로 모래말뚝을 형성하고 그 지반위에 하중을 가하여 지반중의 물을 유출시키는 공법이다.

48 지반의 토질시험 과정에서 보링구멍을 이용하여 +자형 날개를 지반에 박고 이것을 회전시켜 점토의 점착력을 판별하는 토질시험방법은?

① 표준관입시험   ② 베인전단시험
③ 지내력시험   ④ 압밀시험

해설 현장토질시험방법
1) **베인 테스트**(vane test) : 십자형 날개의 vane test를 지반에 때려 박고 회전시켜 그 회전력에 의해 점토의 점착력을 판별하는 방법(연한 점토질에 주로 쓰이는 방법)
2) **표준관입시험** : 63.5kg의 추를 75cm의 높이에서 자유 낙하시켜 30cm 관입시킬 때의 타격회수(N)를 측정하여 흙의 경·연도의 정도를 판정하는 방법(사질지반)
3) **지내력시험(평판재하시험)** : 지반면에 직접 재하하여 허용 지내력을 구하기 위한 시험방법으로 기초구조 결정을 위한 것이다.

49 다음 건설 기계 중 이동식 양중장비에 해당하는 것은?

① 타워크레인
② 크롤러 크레인
③ 러핑형 타워 크레인
④ 지브 크레인

해설 양중장비의 분류
1) 고정식
   ① 타워 크레인(T형, Luffing형, 미니 타워크레인)
   ② 지브 크레인
2) 이동식
   ① 크롤러 크레인
   ② 트럭 크레인
   ③ 휠 크레인(hydro 크레인)
   ④ 카고 크레인

■정답■ 47.① 48.② 49.②

50 2개 이상의 기둥을 1개의 기초판으로 받치는 기초는?

① 독립기초   ② 복합기초
③ 호박돌기초 ④ 말뚝기초

해설 직접기초(얕은 기초)
1) 푸팅(footing)기초 : 슬래브(slab)의 형식에 따라 다음과 같이 구분한다.
   ① 독립기초 : 단일 기둥을 하나의 기초에 연결하여 지지하는 방식
   ② 복합기초 : 2개 이상의 기둥을 하나의 기초에 연결하여 지지하는 방식
   ③ 연속기초(줄기초) : 연속된 기초판이 기둥 또는 벽의 하중을 지지하는 방식
2) 온통기초(전체기초)
   ① 건물하부 전체를 하나의 기초 판으로 지지하는 방식
   ② 독립기초보다 구조·설계가 복잡하나 연약지반의 부동침하에 효과적

51 순수형 CM의 공사단계별 기본업무 중 시공단계의 업무가 아닌 것은?

① 품질검사
② 작업변화 승인 및 계약변경
③ 기록문서의 제출
④ 시공자와 발주간 분쟁 해결

해설 CM(construction management ; 건설관리) : 건설의 전 과정에 걸쳐 프로젝트를 보다 효율적이고 경제적으로 수행하기 위하여 각 부분의 전문가들로 구성된 통합된 관리기술을 건축주에게 서비스 하는 것을 말한다.

52 토공사용 굴착기계 중 위치한 지면보다 낮은 우물통과 같은 협소한 장소의 흙을 퍼올리는 데 가장 적합한 장비는?

① 파워쇼벨   ② 지브크레인
③ 스크레이퍼 ④ 클램셀

해설 클램셀(clam shell) : 붐의 선단에서 클램셀 버킷을 와이어로프로 매달아 바로 아래로 떨어뜨려 흙을 퍼올리는 토공기계이다.

53 공정계획에서 공정표 작성 시 주의사항으로 옳지 않은 것은?

① 기초공사는 옥외 작업이기 때문에 기후에 좌우되기 쉽고 공정변경이 많다.
② 노무, 재료, 시공기기는 적절하게 준비할 수 있도록 계획한다.
③ 공기를 단축하기 위하여 다른 공사와 중복하여 시공할 수 없다.
④ 마감공사는 기후에 좌우되는 것이 적으나 공정단계가 많으므로 충분한 공기(工期)가 필요하다.

해설 ③항, 공기를 단축하기 위하여 다른 공사와 중복하여 시공할 수 있다.

54 기둥거푸집의 고정 및 측압 버팀용으로 사용되는 부속재료는?

① 세퍼레이터   ② 컬럼밴드
③ 스페이서   ④ 잭 서포트

해설 1) 세퍼레이터(separator ; 격리제) : 거푸집의 상호간의 간격을 유지시켜주는 긴결재
2) 컬럼밴드(column band ; 긴결재) : 본문설명
3) 스페이서(spacer ; 간격제) : 철근과 거푸집 간의 간격을 유지

55 공정관리에 있어서 자원배당의 대상이 아닌 것은?

① 인력   ② 장비
③ 자재   ④ 계약

해설 공정관리에서 자원배당(분배)의 대상
1) 인력(manpower)
2) 기계, 장치(machine)
3) 자재(material)
4) 자금(money)

> **길잡이** 자원분배시 고려사항
> 1) 인력의 변동 최소화
> 2) 한정된 자원이용
> 3) 자원의 일정계획 효율적 관리

■ 정답 ■ 50.② 51.③ 52.④ 53.③ 54.② 55.④

56 공사계약 방식 중 계약기간 및 예산에 따른 계약에서 계약의 이행에 수 년을 요하는 경우 체결하는 계약은?

① 단년도 계약 ② 개산 계약
③ 장기계속 계약 ④ 총액 계약

해설 1) **단년도 계약** : 이행기간이 1회계연도인 경우로서 해당연도 세출예산에 계상된 예산을 재원으로 체계하는 계약방법이다.
2) **장기계속계약** : 본문설명
3) **개산계약** : 상세가 결정되지 않은 상태에서 계약을 맺고 공사종료까지 정산을 하는 계약으로 계약을 체결하기 전에 미리 예정가격을 정할 수 없을 때 개산가격으로 계약을 체결한다.
4) **총액계약** : 완성될 목적물의 전체 공사비를 정하여 체결하는 계약으로 정액계약이라고도 한다.

57 철골구조의 용접 결함에 대한 검사 방법이 아닌 것은?

① 자연전극 전위법
② 육안검사
③ 염색침투 탐상검사
④ 초음파 탐상검사

해설 철골구조의 용접결함에 대한 검사방법
1) ②, ③, ④항
2) 누설검사
3) 자분탐사검사
4) 와전류탐상검사
5) 방사선투과검사

58 입찰의 절차에 있어 입찰공고에 포함되는 주요항목이 아닌 것은?

① 계약에 관한 분쟁의 해결방법
② 입찰의 일시와 장소
③ 개략적인 공사의 특성, 유형 및 규모
④ 발주자와 설계자의 명칭과 주소

해설 ①항, 계약에 관한 분쟁의 해결방법 : 공사계약서의 내용

59 철근콘크리트공사에서 철근의 최소 피복두께를 확보하는 이유로 볼 수 없는 것은?

① 콘크리트 산화막에 의한 철근의 부식방지
② 콘크리트의 조기강도 증진
③ 철근과 콘크리트의 부착응력 확보
④ 화재, 염해, 중성화 등으로부터의 보호

해설 철근의 피복두께를 확보하는 이유
1) ①, ③, ④항
2) 콘크리트의 내구성 증진

60 콘크리트 공사에서 거푸집 설계시 고려사항으로 가장 거리가 먼 것은?

① 콘크리트의 측압
② 콘크리트 타설시의 하중
③ 콘크리트 타설시의 충격과 진동
④ 콘크리트의 강도

해설 거푸집 설계시 고려사항
1) 콘크리트의 측압
2) 콘크리트 타설시의 하중
3) 콘크리트 타설시의 충격과 진동

제4과목 / 건설재료학

61 KS L 5201에 따른 1종 보통 포틀랜드 시멘트의 28일 압축강도 기준으로 옳은 것은?

① 10MPa 이상 ② 12.5MPa 이상
③ 22.5MPa 이상 ④ 42.5MPa 이상

해설 1종 보통포틀랜드시멘트의 28일 압축강도 : 42.5MPa 이상

■ 정답 ■ 56.③ 57.① 58.① 59.② 60.④ 61.④

62 재료의 열에 관한 성질 중 '재료표면에서의 열전달 → 재료속에서의 열전도 → 재료표면에서의 열전달'과 같은 열이동을 나타내는 용어는?

① 열용량　　② 열관류
③ 비열　　　④ 열팽창계수

해설 재료의 열에 관한 성질
1) **열용량** : 재료에 열을 저장할 수 있는 용량으로 비열에다 비중을 곱하여 구하며 단위는 kcal/℃ 이다.
2) **열관류** : 어떤 재료를 통과하는 열 이동과정은 다음의 세과정으로 이루어지며, 이 전 과정에 의한 열이동을 열관류라 한다.
　① 재료표면에서의 열전달 → ② 재료속에서의 열전도 → ③ 재료표면에서의 열전달
3) **비열** : 중량 1g인 재료를 1℃ 높이는데 필요한 열량을 말한다(단위 : cal/g℃).
4) **열팽창계수** : 온도의 변화에 따라 재료가 팽창 수축하는 비율을 말한다.

63 금속, 유리, 플라스틱, 목재, 도자기, 고무 등의 접착에 우수한 성질을 나타내면 특히 알루미늄과 같은 경금속 접착에 사용되는 접착제는?

① 에폭시 수지 접착제
② 아크릴 수지 접착제
③ 알키드 수지 접착제
④ 폴리에스테르 수지 접착제

해설 에폭시수지 접착제
1) 내산성, 내알칼리성, 내수성, 내약품성, 전기 절연성 등이 우수하다.
2) 강도 등의 기계적 성질도 뛰어나다.
3) 용도 : 금속접착에 적당하고 플라스틱, 도자기, 유리, 석재, 콘크리트 등의 접착에 사용되는 만능형 접착제이다.

64 금속의 종류 중 아연에 관한 설명으로 옳지 않은 것은?

① 인장강도나 연신율이 낮은 편이다.
② 이온화 경향이 크고, 구리 등에 의해 침식된다.
③ 아연은 수중에서 부식이 빠른 속도로 진행된다.
④ 철판의 아연도금에 널리 사용된다.

해설 아연(Zn)의 성질 및 용도
1) ①, ②, ④항
2) 아연은 습기와 탄산가스 존재하에 염기성 탄산염[$ZnCO_3 \cdot Zn(OH)_2$]을 만들어 내부의 산화를 방지한다.
3) 묽은 산류에 쉽게 용해되며 알칼리에도 침식된다.
4) 함석 제조에 사용되며 가장 큰 용도는 철판의 아연 도금이다.

65 점토소성제품의 특징에 관한 설명으로 옳은 것은?

① 내열성 및 전기절연성이 부족하다.
② 화학적 저항성, 내후성이 우수하다.
③ 백화현상 발생의 우려가 적다.
④ 연성이며 가공이 용이하다.

해설 점토소성제품의 특징
1) 내열성 및 전기절연성이 우수하다.
2) 화학적 저항성, 내후성이 우수하다.
3) 백화현상 발생의 우려가 있다.
4) 경성이며 가공이 어렵다.

66 9cm×9cm×210cm 목재의 건조 전 질량이 7.83kg 이고 건조 후 질량이 6.8kg 이었다면 이 목재의 대략적인 함수율은? (단, 절대건조상태가 될 때까지 건조)

① 15%　　② 20%
③ 25%　　④ 30%

해설 함수율
$$= \frac{건조전질량 - 건조후질량}{건조후질량} \times 100$$
$$= \frac{7.83 - 6.8}{6.8} \times 100 = 15.15\%$$

■ 정답 ■ 62.② 63.① 64.③ 65.② 66.①

67 각종 도료 및 도료의 원료에 관한 설명으로 옳지 않은 것은?

① 알키드 수지를 활용한 도료는 건조 초기의 내수성이 떨어지며 내알칼리성이 좋지 못하다.
② 바니쉬는 수지류를 건성유 또는 휘발성 용제로 용해한 것이다.
③ 가소제는 건조된 도막에 탄성·교착성 등을 줌으로써 내구력을 증가시키는 데 쓰이는 도막형성 부요소이다.
④ 신너(Thinner)는 도막형성재로서 도막 주요소를 용해시킨다.

해설 시너(thinner) : 희석재로서 래커나 유상도료를 희석하는데 사용한다.
  1) 래커용 시너 : 아세트산 에스테르, 부탄올, 톨루엔의 혼합액이다.
  2) 유상도료용 시너 : 테레핀유나 미네랄 스피릿이 사용된다.

68 회반죽 바름의 주원료가 아닌 것은?

① 소석회   ② 점토
③ 모래   ④ 해초풀

해설 회반죽 재료 : 소석회+모래+여물+해초풀

69 점토의 종류별 특성과 용도에 대한 설명으로 옳지 않은 것은?

① 자토는 백색으로 가소성이 부족하며 도자기 원료로 쓰인다.
② 석기점토는 유색의 치밀한 구조로 내화도가 높으며 유색도기의 원료로 쓰인다.
③ 석회질 점토는 용해되기가 어려우며 경질도기의 원료로 쓰인다.
④ 내화점토는 회백색 또는 담색이며 내화벽돌, 유약원료로 쓰인다.

해설 석회점 점토
  1) 백색이며 용해되기 쉽고, 백회질의 포함량이 많다.
  2) 연질도기의 원료로 쓰인다.

70 물 시멘트 비 65%로 콘크리트 $1m^3$를 만드는데 필요한 물의 양으로 적당한 것은? (단, 콘크리트 $1m^3$당 시멘트 8포대이며, 1포대는 40kg임)

① $0.1m^3$ ② $0.2m^3$
③ $0.3m^3$ ④ $0.4m^3$

해설 1) 시멘트 중량=40kg/포×8포=320kg
  2) 물 시멘트비(%)
    $= \dfrac{물의 중량(\%)}{시멘트 중량(kg)} \times 100$

  물의중량 = 시멘트중량 $\times \dfrac{물시멘트비}{100}$

  $= 320kg \times \dfrac{65}{100} = 208kg$

  3) 물의 용량 $= \dfrac{물의 중량(W)}{물의 비중(W/V)}$

  $= \dfrac{208kg}{1000kg/m^3} = 0.208m^3$

71 강의 열처리란 금속재료에 필요한 성질을 주기 위하여 가열 또는 냉각하는 조작을 말하는데 다음 중 강의 열처리 방법에 해당하지 않는 것은?

① 늘림   ② 불림
③ 풀림   ④ 뜨임질

해설 강의 열처리 방법
  ① **풀림** : 강을 800~1,000℃로 가열 후 로속에서 서서히 냉각시키는 방법
  ② **불림** : 강을 800~1,000℃로 가열 후 대기중에서 냉각시키는 방식
  ③ **담금질** : 강을 가열한 후 물 또는 기름속에서 급랭시키는 방식
  ④ **뜨임질** : 불림·담금질한 강을 200 ~ 600℃로 가열한 후 공기중에서 냉각시키는 방법

72 물을 가한 후 24시간 이내에 보통포틀랜드 시멘트의 4주 강도 정도가 발현되며, 내화성이 풍부한 시멘트는?

① 팽창시멘트　　② 중용열시멘트
③ 고로시멘트　　④ 알루미나시멘트

해설 알루미나시멘트
1) 제조법 : Al_2O_3를 함유한 보크사이트(bauxite)에 석회석을 혼합하여 만든다.
2) 알루미나시멘트의 특성
① 조기강도가 매우 커서 급결성이 강하다.(재령 1일 보통 시멘트의 28일 강도를 나타냄)
② 발열량이 대단히 커서 -10℃의 동기(冬期) 공사 및 긴급공사에 이용된다.
③ 산에는 약하나 알칼리에 강하다.(해수에 대한 저항성이 크다.)
④ 내화성이 우수하여 내화로용 시멘트로 사용한다.
⑤ 포틀랜드시멘트와 혼합하여 사용할 때에는 순결현상이 있다.

73 미장공사에서 바탕청소를 하는 가장 주된 목적은?

① 바름층의 경화 및 건조촉진
② 바탕층의 강도증진
③ 바름층과의 접착력 향상
④ 바름층의 강도증진

해설 미장공사시 바탕청소를 하는 주된 목적 : 바름층과의 접착력 향상

> **길잡이** 미장 바탕면의 요구조건
> 1) 바름층과 유해한 화학반응을 하지 않을 것
> 2) 바름층을 지지하는 데 필요한 접착강도를 얻을 수 있을 것
> 3) 바름층보다 강도, 강성이 클 것
> 4) 바름층의 경화, 건조를 방해하지 않을 것

74 경량콘크리트 제작에 사용되는 골재와 거리가 먼 것은?

① 펄라이트　　② 화산암
③ 중정석　　　④ 팽창질석

해설 중정석 : 중량콘크리트용 골재

75 다음 석재 중에서 외장용으로 적합하지 않은 것은?

① 대리석　　② 화강석
③ 안산암　　④ 점판암

해설 대리석
1) 대리석 : 석회암이 변성작용에 의해서 결정화된 석재로서 주성분은 탄산석회($CaCO_3$)이다.
2) 성질 및 용도
① 석질이 치밀하고 견고하며, 외관이 미려하여 연마하면 아름다운 광택을 낸다.
② 강도는 높지만 내산성이 낮고 풍화되기 쉽다.
③ 용도 : 내장재(실내장식용), 조각재 등에 쓰인다.

76 목재의 강도 중 가장 큰 것은? (단, 섬유에 평행한 가력방향 임)

① 인장강도　　② 휨강도
③ 압축강도　　④ 전단강도

해설 목재의 강도
1) 목재강도의 크기순서
인장강도 〉 휨강도 〉 압축강도 〉 전단강도
2) 목재의 강도에 영향을 주는 요인
① 비중 : 비중이 클수록 강도가 크다.
② 함수율 : 함수율과 강도는 반비례하며, 섬유포화점 이상의 함수상태에서는 함수율이 변화해도 강도는 일정하다.
③ 홈 : 홈이 있으면 강도가 매우 떨어진다.
④ 목재수종 : 목재수종에 따라 강도가 큰 것이 있고 작은 것이 있다.

■ 정답 ■　72.④　73.③　74.③　75.①　76.①

77 시멘트 모르타르 바름의 작업성이나 부착력 향상을 위해 첨가하는 혼화제에 속하지 않는 것은?

① 메틸 셀룰로스(CMC)
② 합성수지에멀션
③ 고무계 라텍스
④ 에폭시수지

해설 작업성이나 부착력 향상을 위한 혼화제
　1) 메틸 셀룰로스(CMC)
　2) 합성수지에멀션
　3) 고무계 라텍스

78 콘크리트용 골재에 관한 설명 중 옳지 않은 것은?

① 골재는 시멘트 페이스트와의 부착이 강한 표면구조를 가져야 한다.
② 부순골재는 실적률이 크고 콘크리트에 사용될 때 워커빌리티가 좋아진다.
③ 골재의 강도는 경화 시멘트 페이스트의 강도이상이어야 한다.
④ 골재는 비중이 작은 것일수록 공극과 내부균열이 많다.

해설 부순골재(쇄석)는 모래나 자갈보다 실적률이 작고 콘크리트에 사용될 때 워커빌리티도 나빠진다.

79 천연수지·합성수지 또는 역청질 등을 건섬유와 같이 열반응시켜 건조제를 넣고 용제에 녹인 것은?

① 유성페인트　② 래커
③ 바니쉬　　　④ 에나멜 페인트

해설 1) 유성페인트 : 보일유와 안료에 용제 및 희석제, 건조제 등을 혼합시켜 만든다.
　2) 래커(lacguer) : 섬유소나 합성수지 용액에 수지, 가소제, 안료 등을 섞은 도료이다.
　3) 바니쉬(Vernis) : 본문설명

4) 에나멜 페인트(enamel paint) : 전색제로 유성바니시나 중합유에 안료를 섞어서 만들며 통상 에나멜이라고 한다.

80 강재의 인장시험 시 탄성에서 소성으로 변하는 경계는?

① 비례한계점　② 변형경화점
③ 항복점　　　④ 인장강도점

해설 항복점
　1) 재료에 인장 또는 압축을 가함에 따라 탄성역에서 소성역으로 넘어가는 점이다.
　2) 금속재료 인장시험시 신장은 종점으로서 하중은 증가하지 않고 재료가 급격히 신장하기 시작하는 응력을 말한다.

제5과목 / 건설안전기술

---

81 산업안전보건법령에서 정의하는 산소결핍증의 정의로 옳은 것은?

① 산소가 결핍된 공기를 들여 마심으로써 생기는 증상
② 유해가스로 인한 화재·폭발 등의 위험이 있는 장소에서 생기는 증상
③ 밀폐공간에서 탄산가스·황화수소 등의 유해물질을 흡입하여 생기는 증상
④ 공기 중의 산소농도가 18% 이상 23.5% 미만의 환경에 노출될 때 생기는 증상

해설 1) **산소결핍** : 공기 중의 산소농도가 18% 미만인 상태
　2) **산소결핍증** : 산소가 결핍된 공기를 들이마심으로써 생기는 증상

■ 정답 ■　77.④　78.②　79.③　80.③　81.①

82 연약점토 굴착 시 발생하는 히빙현상의 효과적인 방지대책으로 옳은 것은?

① 언더피닝공법 적용
② 샌드드레인공법 적용
③ 아일랜드공법 적용
④ 버팀대공법 적용

해설 1) 히빙(Heaving)현상
① 히빙 : 굴착이 진행됨에 따라 흙막이 벽 뒤쪽 흙의 중량이 굴착부 바닥의 지지력 이상이 되면 흙막이 벽 근입 부분의 지반이 동이 발생하여 굴착부 저면이 솟아오르는 현상
② 지반조건 : 연약성 점토지반
2) 아일랜트 컷 공법
① 얕고 면적이 넓은 기초파기에 쓰이는 공법이다.(히빙현상 방지대책으로 효과적임)
② 좁은 대지에서는 비탈면 온통파기가 곤란하므로 흙막이를 주위에 박고, 그 주위는 비탈면으로 남겨두고 중앙 부분을 먼저 파고 구조물의 기초를 여기에 축조한 다음 버팀대를 여기에 지지시켜 주변 흙을 파내고 지하 구조물을 완성하는 공법이다.

83 동바리로 사용하는 파이프 서포트의 높이가 3.5m를 초과하는 경우 수평연결재의 설치 높이 기준은?

① 1.5m 이내 마다
② 2.0m 이내 마다
③ 2.5m 이내 마다
④ 3.0m 이내 마다

해설 거푸집의 동바리로 사용하는 파이프 서포트에 대한 설치기준
1) 파이프 서포트를 3개 이상 이어서 사용하지 아니하도록 할 것
2) 파이프 서포트를 이어서 사용할 때에는 4개 이상의 볼트 또는 전용철물을 사용하여 이을 것
3) 높이가 3.5m를 초과할 때에는 높이가 2m 이내마다 수평 연결재를 2개 방향으로 만들고 수평연결재의 변위를 방지할 것

84 굴착공사를 위한 기본적인 토질조사 시 조사내용에 해당되지 않는 것은?

① 주변에 기 절토된 경사면의 실태조사
② 사운딩
③ 물리탐사(탄성파조사)
④ 반발경도시험

해설 굴착공사를 위한 토질조사시 조사내용
1) 지하탐사 : 시험파기(터파보기), 짚어보기, 물리적탐사(탄성파식 지하탐사, 전기저항탐사)
2) 사운딩 : 베인시험, 표준관입시험, 스웨덴식 사운딩 시험, 화란식관입시험
3) 절토면 조사 : 주변에 기절토된 경사면의 실태조사

85 철도(鐵道)의 위를 가로질러 횡단하는 콘크리트 고가교가 노후화되어 이를 해체하려고 한다. 철도의 통행을 최대한 방해하지 않고 해체하는데 가장 적당한 해체용 기계·기구는?

① 철제해머
② 압쇄기
③ 핸드브레이커
④ 절단기

해설 절단공법 : 절단기에 의해 질서정연한 해체나 무진동이 요구될 때 유리하다.

86 철골구조에서 강풍에 대한 내력이 설계에 고려되었는지 검토를 실시하지 않아도 되는 건물은?

① 높이 30m인 구조물
② 연면적당 철골량이 45kg인 구조물
③ 단면구조가 일정한 구조물
④ 이음부가 현장용접인 구조물

해설 철골구조물 건립시 강풍에 의한 풍압 등 외압에 대한 내력이 설계에 고려되었는지 검토할 사항
1) 높이 20m 이상의 구조물
2) 구조물의 폭과 높이의 비가 1 : 4이상인 구조물
3) 단면구조의 현저한 차이가 있는 구조물
4) 연면적당 철골량이 50kg/m² 이하인 구조물

■ 정답 ■ 82.③ 83.② 84.④ 85.④ 86.③

5) 기둥이 타이 플레이트(tie plate)형인 구조물
6) 이음부가 현장용접인 경우

87 비탈면 붕괴 재해의 발생 원인으로 보기 어려운 것은?

① 부석의 점검을 소홀히 하였다.
② 지질조사를 충분히 하지 않았다.
③ 굴착면 상하에서 동시작업을 하였다.
④ 안식각으로 굴착하였다.

해설 비탈면 붕괴 재해의 발생원인
1) 부석의 점검 소홀
2) 지질조사 불충분
3) 굴착면 상하에서 동시 작업

88 철골기둥 건립 작업 시 붕괴·도괴 방지를 위하여 베이스 플레이트의 하단은 기준 높이 및 인접기둥의 높이에서 얼마 이상 벗어나지 않아야 하는가?

① 2mm ② 3mm
③ 4mm ④ 5mm

해설 철골기둥 건립 작업시 붕괴·도괴방지 : 베이스트 플레이트 하단은 기준높이 및 인접기둥의 높이에서 3mm 이상 벗어나지 않을 것

89 토중수(soil water)에 관한 설명으로 옳은 것은?

① 화학수는 원칙적으로 이동과 변화가 없고 공학적으로 토립자와 일체로 보며 100℃이상 가열하여 제거할 수 있다.
② 자유수는 지하의 물이 지표에 고인 물이다.
③ 모관수는 모관작용에 의해 지하수면 위쪽으로 솟아 올라온 물이다.
④ 흡착수는 이동과 변화가 없고 110±5℃이상으로 가열해도 제거되지 않는다.

해설 1) 토중수 : 흙 속에 포함되는 물의 총칭

2) 모관수
① 모관작용에 의해 지하수면 위쪽으로 솟아 올라온 물
② 모관력에 의하여 유지되고 있는 물
3) 중력수
① 중력에 의하여 흙 입자사이를 자유로이 이동할 수 있는 물
② 지표에서 지하수면을 향하여 침투하는 물
4) 지하수 : 지하수면 이하에 존재하는 물
5) 보유수 : 흙의 틈이나 표면에 보유되고 있는 물

90 일반적으로 사면이 가장 위험한 경우에 해당하는 것은?

① 사면이 완전 건조 상태일 때
② 사면의 수위가 서서히 상승할 때
③ 사면이 완전 포화 상태일 때
④ 사면의 수위가 급격히 하강할 때

해설 사면이 가장 위험한 때 : 사면의 수위가 급격히 하강할 때

91 항타기 및 항발기의 도괴방지를 위하여 준수해야할 기준으로 옳지 않은 것은?

① 버팀대만으로 상단부분을 안정시키는 경우에는 버팀대는 2개 이상으로 하고 그 하단부분은 견고한 버팀·말뚝 도는 철골 등으로 고정시킬 것
② 버팀줄만으로 상단 부분을 안정시키는 경우에는 버팀줄을 3개 이상으로 하고 같은 간격으로 배치할 것
③ 평형추를 사용하여 안정시키는 경우에는 평형추의 이동을 방지하기 위하여 가대에 견고하게 부착시킬 것
④ 연약한 지반에 설치하는 경우에는 각부(脚部)나 가대(架臺)의 침하를 방지하기 위하여 깔판·깔목 등을 사용할 것

해설 항타기·항발기의 도괴를 방지하기 위하여 준수해야 할 사항

■ 정답 ■ 87.④ 88.② 89.③ 90.④ 91.①

1) ②, ③, ④항
2) 시설 또는 가설물 등에 설치하는 때에는 그 내력을 확인하고 내력이 부족한 때에는 그 내력을 보강할 것
3) 각부 또는 가대가 미끄러질 우려가 있는 때에는 말뚝 또는 쐐기 등을 사용하여 각부 또는 가대를 고정시킬 것
4) 궤도 또는 차로 이동하는 항타기 또는 항발기에 대하여는 불시에 이동하는 것을 방지하기 위하여 레일클램프 및 쐐기 등으로 고정시킬 것
5) 버팀대만으로 상단부분을 안정시키는 때에는 버팀대는 3개 이상으로 하고 그 하단 부분은 견고한 버팀·말뚝 또는 철골 등으로 고정시킬 것

92 건설공사 현장에서 사다리식 통로 등을 설치하는 경우 준수해야할 기준으로 옳지 않은 것은?

① 사다리의 상단은 걸쳐놓은 지점으로부터 40cm 이상 올라가도록 할 것
② 폭은 30cm 이상으로 할 것
③ 사다리식 통로의 기울기는 75°이하로 할 것
④ 발판의 간격은 일정하게 할 것

해설 ①항, 사다리의 상단은 걸쳐놓은 지점으로부터 60cm이상 올라가도록 할 것

93 유해·위험방지계획서 제출대상 공사의 규모기준으로 옳지 않은 것은?

① 최대 지간길이가 50m 이상인 교량 건설등 공사
② 다목적댐, 발전용댐 및 저수용량 2천만톤 이상의 용수 전용 댐, 지방상수도 전용 댐 건설 등의 공사
③ 깊이 12m 이상인 굴착공사
④ 터널 공사 등의 공사

해설 유해위험방지계획서 제출대상 사업의 종류
1) 지상높이가 31미터 이상인 건축물 또는 인공구조물, 연면적 3만 제곱미터 이상인 건축물 또는 연면적 5천 제곱미터 이상의 문화 및 집회시설(전시장 및 동물원·식물원은 제외), 판매시설, 운수시설(고속철도의 역사 및 집·배송시설은 제외), 종교시설, 의료시설 중 종합병원, 숙박시설 중 관광숙박시설, 지하도상가 또는 냉동·냉장 창고시설의 건설·개조 또는 해체(이하 "건설등"이라 함)
2) 연면적 5천 제곱미터 이상의 냉동·냉장 창고시설의 설비공사 및 단열공사
3) 최대 지간길이가 50미터 이상인 교량건설 등 공사
4) 터널 건설 등의 공사
5) 다목적댐, 발전용댐 및 저수용량 2천만톤 이상의 용수 전용 댐, 지방상수도 전용댐 건설 등의 공사
6) 깊이 10미터 이상인 굴착공사

94 화물용 승강기를 설계하면서 와이어로프의 안전하중이 10ton 이라면 로프의 가닥수를 얼마로 하여야 하는가? (단, 와이어로프 한 가닥의 파단강도는 4ton이며, 화물용 승강기 와이어로프의 안전율은 6으로 한다.)

① 10가닥 ② 15가닥
③ 20가닥 ④ 30가닥

해설 1) 와이어로프 한가닥의 허용하중(안전하중)

$$안전율 = \frac{파단강도}{안전하중}$$

$$안전하중 = \frac{파단강도}{안전율}$$

2) 안전하중 10ton의 로프가닥수

$$로프가닥수 = \frac{안전하중}{한가닥 안전하중}$$

$$= \frac{10}{4/6} = 15가닥$$

■ 정답 ■ 92.① 93.③ 94.②

95 산업안전보건관리비 중 안전관리자 등의 인건비 및 각종 업무수당 등의 항목에서 사용할 수 없는 내역은?

① 교통 통제를 위한 교통정리 신호수의 인건비
② 공사장 내에서 양중기·건설기계 등의 움직임으로 인한 위험으로부터 주변 작업자를 보호하기 위한 유도자 또는 신호자의 인건비
③ 전담 안전·보건관리자의 인건비
④ 고소작업대 작업 시 낙하물 위험예방을 위한 하부통제, 화기작업 시 화재감시 등 공사현장의 특성에 따라 근로자 보호만을 목적으로 배치된 유도자 및 신호자 또는 감시자의 인건비

해설 교통통제를 위한 교통정리 신호수의 인건비는 안전관리비 항목에서 제외된다.

96 지반을 구성하는 흙의 지내력시험을 한 결과 총 침하량이 2cm가 될 때까지의 하중(P)이 32tf이다. 이 지반의 허용 지내력을 구하면? (단, 이때 사용된 재하판은 40cm×40cm임)

① 50tf/m²
② 100tf/m²
③ 150tf/m²
④ 200tf/m²

해설 지반의 허용지내력
$= \dfrac{하중(tf)}{재하판면적(m^2)}$
$= \dfrac{32tf}{0.4m \times 0.4m} = 200 tf/m^2$

97 낮은 지면에서 높은 곳을 굴착하는데 가장 적합한 굴착기는?

① 백호우
② 파워셔블
③ 드래그라인
④ 클램쉘

해설 파워셔블(power shovel) : 중기가 위치한 지면보다 높은 곳의 땅을 파는데 적합하다.

98 달비계에 설치되는 작업발판의 폭에 대한 기준으로 옳은 것은?

① 20cm 이상
② 40cm 이상
③ 60cm 이상
④ 80cm 이상

해설 달비계에 설치되는 작업발판의 폭 : 40cm 이상

99 다음 중 작업부위별 위험요인과 주요사고 형태와의 연관관계로 옳지 않은 것은?

① 암반의 절취법면 – 낙하
② 흙막이 지보공 설치 작업 – 붕괴
③ 암석의 발파 – 비산
④ 흙막이 지보공 토류판 설치 – 접촉

해설 흙막이 지보공 토류판 설치 – 붕괴

100 다음 중 양중기에 해당하지 않는 것은?

① 크레인
② 곤돌라
③ 항타기
④ 리프트

해설 양중기의 종류
1) 크레인(hoist 포함)
2) 이동식 크레인
3) 리프트(이삿짐운반용 리프트는 적재하중이 0.1톤 이상인 것)
4) 곤돌라
5) 승강기

■ 정답 ■ 95.① 96.④ 97.② 98.② 99.④ 100.③

2023년 4회 CBT복원 기출문제
건설안전산업기사

01 산업안전보건법령에 따른 교육대상별 교육 내용 중 근로자 정기안전·보건교육 내용이 아닌 것은? (단, 산업안전보건법 및 일반관리에 관한 사항은 제외한다.)

① 산업재해보상보험 제도에 관한 사항
② 산업보건 및 직업병 예방에 관한 사항
③ 유해·위험 작업환경 관리에 관한 사항
④ 작업공정의 유해·위험과 재해 예방대책에 관한 사항

해설 ④ 작업공정의 유해·위험과 재해예방대책에 관한 사항 : 관리감독자의 교육내용

02 공정안전보고서의 안전운전계획에 포함하여야 할 세부 내용이 아닌 것은?

① 설비배치도
② 안전작업허가
③ 도급업체 안전관리계획
④ 설비점검·검사 및 보수계획, 유지계획 및 지침서

해설 안전운전계획의 세부내용
1) 안전운전지침서
2) 설비점검·검사 및 보수 계획, 유지계획 및 지침서
3) 안전작업허가
4) 도급업체 안전관리계획
5) 근로자 등 교육계획
6) 가동전 점검지침
7) 변경요소 관리계획
8) 자체검사 및 사고조사 계획
9) 기타 안전운전에 필요한 사항

03 상해의 종류 중 타박, 충돌, 추락 등으로 피부 표면보다는 피하조직 등 근육부를 다친 상해를 무엇이라 하는가?

① 골절　　　② 자상
③ 부종　　　④ 좌상

해설 1) **골절** : 뼈가 부러진 상해
2) **자상(찔림)** : 칼날 등 날카로운 물건에 찔린 상해
3) **부종** : 국부의 혈액순환 이상으로 몸이 퉁퉁 부어오르는 상해
4) **좌상** : 본문 설명

04 재해원인의 분석방법 중 사고의 유형, 기인물 등 분류항목을 큰 순서대로 도표화하는 통계적 원인분석 방법은?

① 특성 요인도　　② 관리도
③ 크로스도　　　④ 파레토도

해설 통계적 원인 분석 방법
1) **파렛토도** : 분류항목을 큰 순서대로 도표화한 분석법
2) **특성 요인도** : 특성과 요인관계를 도표로 하여 어골상으로 세분화한 분석법
3) **클로즈(Close)분석** : 데이터(data)를 집계하고 표로 표시하여 요인별 결과 내역을 교차한 클로즈 그림을 작성하여 분석하는 방법
4) **관리도** : 재해발생 건수 등의 추이를 파악하여 목표관리를 행하는데 필요한 월별 재해발생 수를 그래프화하여 관리선을 설정관리하는 방법

■정답■　01.④　02.①　03.④　04.④

05 모랄 서베이(Morale Survey)의 주요방법 중 태도조사법에 해당하는 것은?

① 사례연구법　② 관찰법
③ 실험연구법　④ 면접법

해설 모랄 서어베이(morale survey : 사기조사)의 주요방법
1) 통계에 의한 방법 : 사고 상해율, 생산고, 결근, 지각, 조퇴, 이직 등을 분석하여
2) 사례 연구법 : 경영 관리상의 여러 가지 제도에 나타나는 사례에 대해 케이스 스터디(case study)로서 현상을 파악하는 방법
3) 관찰법 : 종업원의 근무 실태를 계속 관찰함으로서 문제점을 찾아내는 방법
4) 실험연구법 : 실험 그룹과 통제 그룹으로 나누고 정황, 자극을 주어 태도 변화 여부를 조사하는 방법
5) 태도조사법(의견조사) : 질문지법, 면접법, 집단토의법, 투사법(projective technique) 등에 의해 의견을 조사하는 방법

06 평균 근로자수가 1,000명인 사업장의 도수율이 10.25이고 강도율이 7.25이었을 때 이 사업장의 종합재해지수는?

① 7.62　② 8.62
③ 9.62　④ 10.62

해설 종합재해지수
$= \sqrt{도수율 \times 강도율}$
$= \sqrt{10.25 \times 7.25} = 8.62$

07 산업안전보건법령에 따른 근로자 안전·보건교육 중 건설업 기초안전·보건교육 과정의 건설 일용근로자의 교육시간으로 옳은 것은?

① 1시간　② 2시간
③ 4시간　④ 6시간

해설 건설업 기초안전보건교육 교육시간 : 4시간

08 인간의 의식수준 5단계 중 의식수준의 저하로 인한 피로와 단조로움의 생리적 상태가 일어나는 단계는?

① Phase Ⅰ　② Phase Ⅱ
③ Phase Ⅲ　④ Phase Ⅳ

해설 의식수준의 단계

단계	의식의상태	주의작용	생리적상태	신뢰성
Phase 0	무의식, 실신	없음	수면, 뇌발작	0
Phase Ⅰ	정상 이하 의식 몽롱함	부주의	피로, 단조, 졸음, 술취함	0.90이하
Phase Ⅱ	정상 이완상태	수동적 마음이 안쪽으로 향함	안정기거, 휴식시, 장례작업시	0.99~0.99999
Phase Ⅲ	정상 상쾌한 상태	능동적 앞으로 향하는 주의시야도 넓다.	적극 활동시	0.999999 이상
Phase Ⅳ	초정상 과긴장상태	일점으로 응집, 판단정지	긴급 방위 반응, 당황해서 panic	0.90이하

09 산업안전보건법령에 따른 안전·보건표지 중 금지표지의 종류가 아닌 것은?

① 금연
② 물체이동금지
③ 접근금지
④ 차량통행금지

해설 금지표지 종류
1) 출입금지　2) 보행금지
3) 차량통행금지　4) 사용금지
5) 탑승금지　6) 금연
7) 화기금지　8) 물체이동금지

10 산업재해의 발생형태 종류 중 상호자극에 의하여 순간적으로 재해가 발생하는 유형으로 재해가 일어난 장소나 그 시점에 일시적으로 요인이 집중하는 것은?

① 단순 자극형
② 단순 연쇄형
③ 복합 연쇄형
④ 복합형

해설 산업재해의 발생형태 종류
1) **단순자극형(집중형)** : 상호자극에 의해 순간적으로 재해가 발생하는 유형.
2) **연쇄형** : 하나의 사고요인이 또 다른 요인을 발생시키며 재해를 발생하는 유형.
3) **복합형** : 연쇄형과 단순자극형의 복합적인 발생유형.

11 보호구 안전인증 고시에 따른 다음 방진마스크의 형태로 옳은 것은?

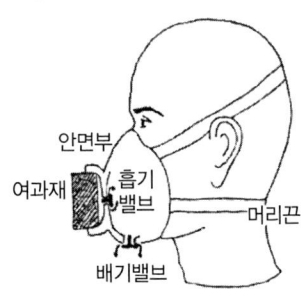

① 격리식 반면형
② 직결식 반면형
③ 격리식 전면형
④ 직결실 전면형

해설 방진마스크의 종류별 공기흡입 방식
1) 분리식
 ① 격리식(전면형, 반면형) : 여과재→연결관→흡기밸브
 ② 직결식(전면형, 반면형) : 여과재→흡기밸브
2) 안면 여과식 : 여과재인 안면부에 의해 흡입

12 다음에서 설명하는 착시 현상과 관계가 깊은 것은?

> 그림에서 선 ab와 선 cd는 그 길이가 동일한 것이지만, 시각적으로는 선 ab가 선 cd보다 길어 보인다.
>
>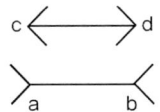

① 헬몰쯔의 착시
② 쾰러의 착시
③ 뮬러 – 라이어의 착시
④ 포겐 도르프의 착시

해설 뮬러 · 라이어(Muler · Lyer)의 착시(시각의 착각)현상 : 본문설명

13 자신의 결함과 무능에 의하여 생긴 열등감이나 긴장을 해소시키기 위하여 장점 같은 것으로 그 결함을 보충하려는 행동의 방어기제는?

① 보상
② 승화
③ 투사
④ 합리화

해설 적응기제
1) **투사** : 받아들일 수 없는 충동이나 욕망 또는 실패 등을 타인의 탓으로 돌리는 행위이다.
2) **보상** : 자신의 결함과 무능에 의하여 생긴 열등감이나 긴장을 해소시키기 위해 장점 같은 것으로 그 결함을 보충하려는 행동으로 대상(代償)이라고도 한다.
3) **합리화** : 자기의 난처한 입장이나 실패 및 결점을 그럴듯한 이유를 들어 남의 비난을 받지 않도록 하며 또한 자위도 하는 행동 기제이다. (합리화의 자기방어 방식에 따른 분류 : 신포도형, 달콤한 레몬형, 투사형, 망상형)
4) **동일시** : 사실은 자기의 것이 못되고 또 아님에도 불구하고 자기의 것이나 된 듯이 행동을 하여 승인을 얻고자 하는 기제이다.
5) **승화** : 정신적인 역량의 전환을 의미하는 것이다.

14 앞에 실시한 학습의 효과는 뒤에 실시하는 새로운 학습에 직접 또는 간접으로 영향을 주는 현상을 의미하는 것은?

① 통찰(Insight)
② 전이(Transference)
③ 반사(Reflex)
④ 반응(Reaction)

해설 전이(transference) : 학습의 전이란 어떤 내용을 학습한 결과가 다른 학습이나 반응에 영향을 주는 현상을 말한다.

15 작업을 하고 있을 때 걱정거리, 고민거리, 욕구불만 등에 의해 다른데 정신을 빼앗기는 부주의 현상은?

① 의식의 중단 ② 의식의 우회
③ 의식의 과잉 ④ 의식수준의 저하

해설 부주의 현상
1) 의식의 단절 : 지속적인 의식의 흐름에 단절이 생기고 공백의 상태가 나타나는 것으로 특수한 질병이 있는 경우에 나타난다(의식수준 : Phase 0).
2) 의식의 우회 : 의식의 흐름이 옆으로 빗나가 발생하는 경우로서 작업도중 걱정, 고뇌, 욕구불만 등에 의해 다른 것에 정신을 빼앗기는 경우이다(의식수준 : Phase 0).
3) 의식수준의 저하 : 혼미한 정신상태에서 심신이 피로할 경우나 단조로운 반복작업시 일어나기 쉽다(의식수준 : Phase Ⅰ 이하).
4) 의식의 과잉 : 지나친 의욕에 의해서 생기는 부주의 현상으로 긴급사태시 순간적으로 긴장이 한 방향으로만 쏠리게 되는 경우이다(의식수준 : Phase Ⅳ).

16 학습지도의 형태 중 몇 사람의 전문가에 의하여 과제에 관한 견해가 발표된 뒤 참가자로 하여금 의견이나 질문을 하게 하여 토의하는 방법은?

① 패널 디스커션(panel discussion)
② 심포지엄(symposium)
③ 포럼(forum)
④ 버즈 세션(buzz session)

해설 토의법 종류
1) forum(공개토론회) : 새로운 자료나 교제를 제시하고 거기서의 문제점을 피교육자로 하여금 제기케 하거나 의견을 여러 가지 방법으로 발표하게 하여 다시 깊이 파고들어 토의를 행하는 방법
2) symposium : 몇 사람의 전문가에 의하여 과제에 대한 견해를 발표한 뒤 참가자로 하여금 의견이나 질문을 하게 하여 토의하는 방법
3) panel discussion : 패널멤버(교육과제에 정통한 전문가 4~5명)가 피교육자 앞에서 자유로이 토의하고 뒤에 피교육자 전원이 참가하여 사회자의 사회에 따라 토의하는 방법
4) 버즈세션(buzz session) : 6-6 회의라고도 하며, 먼저 사회자와 기록계를 선출한 후 나머지 사람은 6명씩 소집단으로 구분하고 소집단별로 각각 사회자를 선발하여 6분간씩 자유토의를 행하여 의견을 종합하는 방법.

17 산업안전보건법령에 따른 안전검사 대상 유해·위험기계에 해당하지 않는 것은?

① 산업용 원심기
② 이동식 국소 배기장치
③ 롤러기(밀폐형 구조는 제외)
④ 크레인(정격 하중이 2톤 미만인 것은 제외)

해설 안전검사대상 유해·위험기계·설비 등
(시행령 제28조의 6)
1) 프레스
2) 전단기
3) 크레인(이동식 크레인과 정격하중 2톤 미만인 호이스트는 제외)
4) 리프트
5) 압력용기
6) 곤돌라
7) 국소배기장치(이동식은 제외)
8) 원심기(산업용에 한정)
9) 롤러기(밀폐구조는 제외)
10) 사출성형기(형체결력 294kN 미만은 제외)

■ 정답 ■ 14.② 15.② 16.② 17.②

11) 고소작업대(화물자동차 또는 특수자동차에 탑재한 고소작업대로 한정)
12) 컨베이어
13) 산업용 로봇

18 보호구 안전인증 고시에 따른 안전화 정의 중 다음 (   )안에 알맞은 것은?

> 중작업용 안전화란 (㉠)mm의 낙하높이에서 시험했을 때 충격과 (㉡ ±0.1)kN의 압축하중에서 시험했을 때 압박에 대하여 보호해 줄 수 있는 선심을 부착하여, 착용자를 보호하기 위한 안전화를 말한다.

① ㉠ 250, ㉡ 4.4
② ㉠ 500, ㉡ 10
③ ㉠ 750, ㉡ 7.5
④ ㉠ 1000, ㉡ 15

해설 작업구분에 따른 안전화의 내충격성 및 내압박성 시험방법

작업구분	내충격성 및 내압박성 시험방법
1. 중작업용	·1000mm낙하높이에서 내충격성 시험 ·(15.0±0.1)KN의 압축하중시험
2. 보통작업용	·500mm낙하높이에서 내충격성 시험 ·(10.0±0.1)KN의 압축하중시험
3. 경작업용	·250mm낙하높이에서 내충격성 시험 ·(4.4±0.1)KN의 압축하중시험

19 매슬로우(Maslow)의 욕구단계 이론 중 제3단계로 옳은 것은?

① 생리적 욕구
② 안전에 대한 욕구
③ 존경과 긍지에 대한 욕구
④ 사회적(애정적)욕구

해설 매슬로우의 욕구 5단계
1) 1단계 : 생리적 욕구
2) 2단계 : 안전의 욕구
3) 3단계 : 사회적 욕구
4) 4단계 : 인정받으려는 욕구
5) 5단계 : 자아실현의 욕구

20 OJT(On the Job Training)교육방법에 대한 설명으로 옳은 것은?

① 교육훈련 목표에 대한 집단적 노력이 흐트러질 수 있다.
② 다수의 근로자에게 조직적 훈련이 가능하다.
③ 직장의 실정에 맞게 실제적 훈련이 가능하다.
④ 전문가를 강사로 초빙 가능하다.

해설 OJT와 off-JT의 특징

O·J·T (현장중심교육)	off J·T (현장외 중심교육)
① 개개인에게 적합한 지도훈련이 가능	① 다수의 근로자에게 조직적 훈련이 가능
② 직장의 실정에 맞는 실제적 훈련을 할 수 있다.	② 훈련에만 전념하게 된다.
③ 훈련 필요한 업무의 계속성이 끊어지지 않음	③ 특별설비기구를 이용할 수 있음
④ 즉시 업무에 연결되는 관계로 신체와 관련 있음	④ 전문가를 강사로 초청할 수 있음
⑤ 효과가 곧 업무에 나타나며 훈련의 좋고 나쁨에 따라 개선이 용이함	⑤ 각 직장의 근로자가 많은 지식이나 경험을 교류할 수 있음
⑥ 교육을 통한 훈련 효과에 의해 상호 신뢰 이해도가 높아짐	⑥ 교육훈련 목표에 대해서 집단적 노력이 흐트러질 수도 있음

■ 정답 ■ 18.④ 19.④ 20.③

제2과목
인간공학 및 시스템안전공학

21 조정장치를 15mm움직였을 때, 표시계기의 지침이 25mm움직였다면 이 기기의 C/R비는?

① 0.4　② 0.5
③ 0.6　④ 0.7

해설　$\dfrac{C}{R}$비 $= \dfrac{X(조종장치 이동거리)}{Y(표시장치 이동거리)}$

$= \dfrac{15}{25} = 0.6$

22 인간이 느끼는 소리의 높고 낮은 정도를 나타내는 물리량은?

① 음압　② 주파수
③ 지속시간　④ 명료도

해설
1) 음압 : 매질 속을 지나는 음파에 의해서 발생하는 압력
2) 주파수(단위 ; Hz, 헤르츠)
   ① 인간이 느끼는 소리의 높고 낮은 정도를 나타낸다.
   ② 진동운동에서 단위시간당 반복운동이 일어난 횟수를 말한다.

23 조작자와 제어버튼 사이의 거리, 조작에 필요한 힘 등을 정할 때, 가장 일반적으로 적용되는 인체측정자료 응용원칙은?

① 조절식 설계원칙
② 평균치 설계원칙
③ 최대치 설계원칙
④ 최소치 설계원칙

해설
1) 인간계측자료의 응용원칙
   ① 최대치수와 최소치수 : 최대치수 또는 최소치수를 기준으로 하여 설계한다. (극단에 속하는 사람을 위한 설계)
   ② 조절범위(조절식) : 체격이 다른 여러 사람에게 맞도록 만드는 것 이다.(조절할 수 있도록 범위를 두는 설계)
   ③ 평균치를 기준으로 한 설계 : 최대치수나 최소치수, 조절식으로 하기가 곤란할 때 평균치를 기준으로 하여 설계한다.(평균적인 사람을 위한 설계)
2) 최대치수와 최소치수의 적용
   ① 최대치수(최대집단치를 위한 설계) : 문, 탈출구, 통로 등의 공간여유를 정할 때 적용한다.
   ② 최소치수(최소집단치를 위한 설계) : 조작자와 제어버튼 사이의 거리, 작업대·선반 등의 높이, 의자좌판의 높이, 조종 장치까지의 거리 및 조작에 필요한 힘 등을 정할 때 적용한다.

24 어떤 상황에서 정보 전송에 따른 표시장치를 선택하거나 설계할 때, 청각장치를 주로 사용하는 사례로 맞는 것은?

① 메시지가 길고 복잡한 경우
② 메시지를 나중에 재참조하여야 할 경우
③ 메시지가 즉각적인 행동을 요구하는 경우
④ 신호의 수용자가 한 곳에 머무르고 있는 경우

해설 청각장치와 시각장치의 선택

청각장치 사용	시각장치 사용
① 전언이 간단하고 짧다.	① 전언이 복작하고 길다.
② 전언이 후에 재참조되지 않는다.	② 전언이 후에 재참조된다.
③ 전언이 즉각적인 사상(event)을 이룬다.	③ 전언이 공간적인 위치를 다룬다.
④ 전언이 즉각적인 행동을 요구한다.	④ 전언이 즉각적인 행동을 요구하지 않는다.
⑤ 수신자의 시각계통이 과부하 상태일 때	⑤ 수신자의 청각계통이 과부하 상태일 때
⑥ 수신 장소가 너무 밝거나 암조용 유지가 필요할 때	⑥ 수신 장소가 너무 시끄러울 때
⑦ 직무상 수신자가 자주 움직이는 경우	⑦ 직무상 수신자가 한 곳에 머무르는 경우

■ 정답 ■　21.③　22.②　23.④　24.③

25 사고 시나리오에서 연속된 사건들의 발생 경로를 파악하고 평가하기 위한 귀납적이고 정량적인 시스템안전 분석기법은?

① ETA ② FMEA
③ PHA ④ THERP

해설 ETA(Event Tree Analysis, 사상분석법)
1) 사상(事象)의 안전도를 사용한 시스템의 안전도를 나타내는 시스템모델의 하나로서 귀납적이고 정량적인 분석방법이다.
2) 재해의 확대요인을 분석하는 데 적합한 방법이다.
3) 디시젼트리(decision tree)를 재해사고의 분석에 이용할 경우의 분석법을 ETA(사상수분석법)라 한다.

26 기능적으로 분류한 전형적인 안전성 설계 기준과 거리가 먼 것은?

① 수송설비
② 기계시스템
③ 유연생산시스템
④ 화기 또는 폭약시스템

해설 기능적으로 분류한 안전성 설계
1) 기계 시스템(system)
2) 수송설비
3) 화기 또는 폭약시스템

27 반사 눈부심을 최소화하기 위한 옥내 추천반사율이 높은 순서대로 나열한 것은?

① 천정 > 벽 > 가구 > 바닥
② 천정 > 가구 > 벽 > 바닥
③ 벽 > 천정 > 가구 > 바닥
④ 가구 > 천정 > 벽 > 바닥

해설 옥내 최적 반사율
1) 천장 : 80~90%
2) 벽, 창문 발(blind) : 40~60%
3) 가구, 사무기기, 책상 : 25~45%
4) 바닥 : 20~40%

28 동전던지기에서 앞면이 나올 확률이 0.2이고, 뒷면이 나올 확률이 0.8일 때, 앞면이 나올 확률의 정보량과 뒷면이 나올 확률의 정보량이 맞게 연결된 것은?

① 앞면 : 약 2.32bit, 뒷면 : 약 0.32bit
② 앞면 : 약 2.32bit, 뒷면 : 약 1.32bit
③ 앞면 : 약 3.32bit, 뒷면 : 약 0.32bit
④ 앞면 : 약 3.32bit, 뒷면 : 약 1.52bit

해설 1) 앞면이 나올 확률의 정보량
$= \log_2\left(\frac{1}{0.2}\right) = 2.32 bit$

2) 뒷면이 나올 확률의 정보량
$= \log_2\left(\frac{1}{0.8}\right) = 0.32 bit$

29 체계 설계 과정의 주요 단계가 다음과 같을 때, 가장 먼저 시행되는 단계는?

[다음]
- 기본 설계
- 계면 설계
- 체계의 정의
- 촉진물 설계
- 시험 및 평가
- 목표 및 성능 명세 결정

① 기본 설계
② 계면 설계
③ 체계의 정의
④ 목표 및 성능 명세 결정

해설 인간·기계 시스템 설계과정의 6단계
1) 1단계 : 목표 및 성능 명세 결정
2) 2단계 : 시스템 정의
3) 3단계 : 기본설계
4) 4단계 : 인간·기계 인터페이스(interface) 설계
5) 5단계 : 매뉴얼 및 성능보조자료 작성
6) 6단계 : 시험 및 평가

■ 정답 ■ 25.① 26.③ 27.① 28.① 29.④

30 인간 - 기계 시스템에서 기본적인 기능에 해당하지 않는 것은?

① 감각 기능
② 정보 저장 기능
③ 작업환경 측정 기능
④ 정보처리 및 결정 기능

해설 인간·기계체계의 기본기능
　　1) 감지(정보수용)
　　2) 정보저장(보관)
　　3) 정보처리 및 의사결정
　　4) 행동기능

31 상황해석을 잘못하거나 목표를 착각하여 행하는 인간의 실수는?

① 착오(Mistake)　② 실수(Slip)
③ 건망증(Lapse)　④ 위반(Violation)

해설 1) 착오 : 본문설명
　　2) 실수 : 주의력이 부족한 상태에서 발생하는 에러
　　3) 건망증 : 기억을 잊어서 해야 할 일을 못해 발생하는 에러
　　4) 위반 : 규정을 어기거나 지키지 않는 것

32 FT도 작성에 사용되는 기호에서 그 성격이 다른 하나는?

① 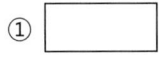　②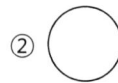
③ 　④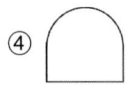

해설 ①항, 결함사상 : 해석하고자 하는 정상사상과 중간사상에 사용한다.
　　②항, 기본사상 : 더 이상 해석할 필요가 없는 기본적인 기계의 결함 또는 오작동을 나타낸다.
　　③항, 통상사상 : 결함사상이 아닌 발생이 예상되는 사상을 나타낸다.
　　④항, AND gate : 출력사상이 일어나기 위해서는 입력 A, B, C의 사상이 일어나지 않으면 안된다는 논리조작을 나타낸다.

33 시스템 주명주기(Life Cycle)단계에서 운용단계와 가장 거리가 먼 것은?

① 설계변경 검토
② 교육 훈련의 진행
③ 안전담당자의 사고조사 참여
④ 최종 생산물의 수용여부 결정

해설 1) 시스템 수명주기 단계
　　① 1단계 : 구상단계
　　② 2단계 : 정의단계
　　③ 3단계 : 개발단계
　　④ 4단계 : 생산단계
　　⑤ 5단계 : 운용(운반)단계
　2) 운용단계(5단계)
　　① 교육훈련이 진행되고 사고·사건으로부터 자료축적
　　② 시스템안전담당자의 조사업무에 참여하여 위험상태 확인 및 설계변경검토

34 수평 작업대에서 윗팔과 아래팔을 곧게 뻗어서 파악할 수 있는 작업 영역은?

① 작업 공간 포락면
② 정상 작업 영역
③ 편안한 작업 영역
④ 최대 작업 영역

해설 정상작업역과 최대작업역
　　1) **정상작업역** : 상완(위팔)을 자연스럽게 수직으로 늘어뜨린 채 전완(아래팔)만으로 편하게 뻗어 파악할 수 있는 구역(34~45cm)
　　2) **최대작업역** : 전완과 상완을 곧게 펴서 파악할 수 있는 구역(55~65cm)

35 거리가 있는 한 물체에 대한 약간 다른 상이 두 눈의 망막에 맺힐 때, 이것을 구별할 수 있는 능력은?

① vernier acuity
② stereoscopic acuity
③ dynamic visual acuity
④ miniumum perceptible acuity

해설 스터레오스코픽(입체시력) : 본문설명

36 다음 FT에서 G_1의 발생확률은?

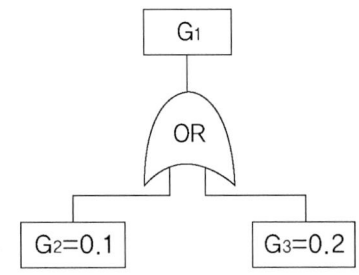

① 0.02
② 0.28
③ 0.98
④ 0.72

$G_1 = 1 - (1 - G_2)(1 - G_3)$
$\quad = 1 - (1 - 0.1)(1 - 0.2) = 0.28$

37 결함수 분석을 적용할 필요가 없는 경우는?

① 여러 가지 지원 시스템이 관련된 경우
② 시스템의 강력한 상호작용이 있는 경우
③ 설계특성상 바람직하지 않은 사상이 시스템에 영향을 주지 않는 경우
④ 바람직하지 않은 사상 때문에 하나 이상의 시스템이나 기능이 정지될 수 있는 경우

해설 결함수분석법(FTA)을 적용하는 경우
  1) 여러 가지 지원시스템이 관련된 경우
  2) 시스템의 강력한 상호작용이 있는 경우
  3) 바람직하지 않은 사상 때문에 하나 이상의 시스템이나 기능이 정지될 수 있는 경우

38 중추신경계의 피로 즉, 정신피로의 척도로 사용되는 것으로서 점멸률을 점차 증가(감소)시키면서 피실험자가 불빛이 계속 켜져 있는 것으로 느끼는 주파수를 측정하는 방법은?

① VFF
② EMF
③ EEG
④ MTM

해설 VFF(시각적 점멸융합주파수)
  1) VFF : 본문설명
  2) VFF에 영향을 주는 변수
    ① VFF는 조명강도의 대수치에 선형적으로 비례한다.
    ② 시표(視標)와 주변의 휘도가 같을 때에 VFF는 최대로 된다.
    ③ 휘도만 같으면 색은 VFF에 영향을 주지 않는다.
    ④ 암조응 때는 VFF에 영향을 주지 않는다.
    ⑤ VFF는 사람들 간에는 큰 차이가 있으나, 개인의 경우 일관성이 있다.
    ⑥ 연습의 효과는 아주 적다.

39 신체와 환경 간의 열교환 과정을 바르게 나타낸 식은? (단, W는 수행한 일, M은 대사열발생량, S는 열함량 변화, R은 복사 열교환량, C는 대류 열교환량, E는 증발 열발산량, Clo는 의복의 단열률이다.)

① $W = (M + S) \pm R \pm C - E$
② $S = (M - W) \pm R \pm C - E$
③ $W = Clo \times (M - S) \pm R \pm C - E$
④ $S = Clo \times (M - W) \pm R \pm C - E$

해설 열교환 과정의 관계식
  $S = (M - W) - E \pm R \pm C$
  여기서, S : 열함량 변화(열이득 및 열손실량)
    M : 대사열 발생량
    W : 수행한 일(한 일)
    E : 증발열 발산량
    R : 복사 열교환량
      (+는 열이득, −열손실)
    C : 대류 열교환량
      (+는 열이득, −열손실)

40 설계 강도 이상의 급격한 스트레스에 의해 발생하는 고장에 해당하는 것은?

① 초기고장
② 우발고장
③ 마모고장
④ 열화고장

해설 고장의 유형
① 초기고장(감소형) : 불량제조나 생산과정에서의 품질관리 미비로 생기는 고장
② 우발고장(일정형) : 예측할 수 없을 때 생기는 고장
③ 마모고장(증가형) : 시스템의 일부가 수명을 다하여 생기는 고장

제3과목 / 건설시공학

41 콘크리트 타설 시 거푸집에 작용하는 측압에 관한 설명으로 옳은 것은?

① 타설속도가 빠를수록 측압이 작아진다.
② 철골 또는 철근량이 많을수록 측압이 커진다.
③ 온도가 높을수록 측압이 작아진다.
④ 슬럼프가 작을수록 측압이 커진다.

해설 콘크리트 타설 때 거푸집의 측압에 미치는 영향
1) 슬럼프가 클수록 크다(물-시멘트비가 클수록 크다.)
2) 기온이 낮을수록 크다(대기 중에 습도가 높을수록 크다).
3) 콘크리트의 치어붓기 속도가 클수록 크다.
4) 거푸집의 수밀성이 높을수록 크다.
5) 콘크리트의 다지기가 강할수록 크다(진동기를 사용할 때 측압은 30% 정도 증가)
6) 거푸집의 수평단면이 클수록 크다.
7) 거푸집의 강성이 클수록 크다.
8) 거푸집 표면이 매끄러울수록 크다.
9) 콘크리트의 비중이 클수록 크다(단위중량이 클수록 크다).
10) 묽은 콘크리트일수록 크다.
11) 철근량이 적을수록 크다.
12) 측압은 생콘크리트의 높이가 커지는 것이나, 일정한 높이에 이르면 측압의 증대는 없게 된다.

42 거푸집 내에 자갈을 먼저 채우고, 공극부에 유동성이 좋은 모르타르를 주입해서 일체의 콘크리트가 되도록 한 공법은?

① 수밀 콘크리트
② 진공 콘크리트
③ 숏크리트
④ 프리팩트 콘크리트

해설 프리팩트 콘크리트(pre-packed concrete)
1) 비교적 시공이 쉽고 grout는 유동성이 크고 또 물과 잘 섞이지 않으므로 수중 콘크리트의 시공이나 지수벽 등에 이용된다.
2) 주입 콘크리트라고도 하며, 거푸집 속에 미리 자갈을 충진하고 특수 모르타르를 주입하여 불투성 및 내구성을 갖도록 한 특수시공법으로 만들어진 것이다.

43 기계가 서 있는 위치보다 낮은 곳, 넓은 범위의 굴착에 주로 사용되며 주로 수로, 골재 채취에 많이 이용되는 기계는?

① 드래그 셔블
② 드래그 라인
③ 로더
④ 케리올 스크레이퍼

해설 드래그 라인(drag line)
1) 지반보다 낮은 연질지반의 넓은 굴착에 적합하다.
2) 8m 정도의 기초흙파기, 깊은 곳 굴착 등에 쓰인다.

44 공동도급의 장점 중 옳지 않은 것은?

① 공사이행의 확실성을 기대할 수 있다.
② 공사수급의 경쟁완화를 기대할 수 있다.
③ 일식도급보다 경비 절감을 기대할 수 있다.
④ 기술, 자본 및 위험 등의 부담을 분산시킬 수 있다.

■ 정답 ■ 40.② 41.③ 42.④ 43.② 44.③

해설 공동도급 : 2명 이상의 도급업자가 공동출자하여 기업체를 조직해서 협동으로 공사를 도급하는 방식(중소기업체에 유리)
1) 장점
① 기술·자본·위험부담의 분산·감소
② 신용도의 증대
③ 기술의 확충, 강화 및 경험의 증대
④ 공사계획과 시공이행의 확실
⑤ 공사도급 경쟁강화
2) 단점
① 1개 회사에 도급시키는 것보다 경비 증대
② 현장관리 곤란
③ 각 회사의 업무방식에서 오는 혼란

45 철근콘크리트 슬래브의 배근 기준에 관한 설명으로 옳지 않은 것은?

① 1방향 슬래브는 장변의 길이가 단변길이의 1.5배 이상되는 슬래브이다.
② 건조수축 또는 온도변화에 의하여 콘크리트 균열이 발생하는 것을 방지하기 위해 수축·온도철근을 배근한다.
③ 2방향 슬래브는 단변방향의 철근을 주근으로 본다.
④ 2방향 슬래브는 주열대와 중간대의 배근방식이 다르다.

해설 ①항, 1방향 슬래브는 장변의 길이가 단변길이의 2배 이상(장변/단변=2이상)되는 슬래브이다.

46 건설시공분야의 향후 발전방향으로 옳지 않은 것은?

① 친환경 시공화
② 시공의 기계화
③ 공법의 습식화
④ 재료의 프리패브(pre - fab)화

해설 건설시공분야의 향후 발전방향(건설시공분야의 근대화)
1) 시공의 기계화
2) 재료의 건식화

3) 건축의 공업화
4) 가설구조의 강재화
5) 재료의 프리패브(pre-fab)·시스템화
6) 친환경 시공화

47 건축공사의 일반적인 시공순서로 가장 알맞은 것은?

① 토공사 → 방수공사 → 철근콘크리트공사 → 창호공사 → 마무리공사
② 토공사 → 철근콘크리트공사 → 창호공사 → 마무리공사 → 방수공사
③ 토공사 → 철근콘크리트공사 → 방수공사 → 창호공사 → 마무리공사
④ 토공사 → 방수공사 → 창호공사 → 철근콘크리트공사 → 마무리공사

해설 공사 도급 계약 체결 후 공사순서

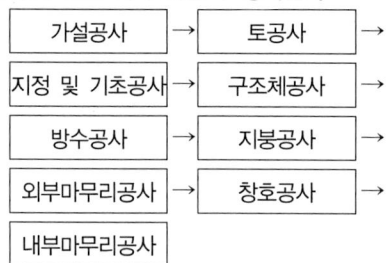

48 철근가공에 관한 설명으로 옳지 않은 것은?

① D35이상의 철근은 산소절단기를 사용하여 절단한다.
② 유해한 휨이나 단면결손, 균열 등의 손상이 있는 철근은 사용하면 안된다.
③ 한번 구부린 철근은 다시 펴서 사용해서는 안된다.
④ 표준갈고리를 가공할 때에는 정해진 크기 이상의 곡률 반지름을 가져야 한다.

해설 철근의 가공(구부리기)
1) 직경 25mm 이하 : 상온가공(냉간가공)
2) 직경 28mm 이상 : 가열가공

■ 정답 ■ 45.① 46.③ 47.③ 48.①

49 철골공사에서 현장 용접부 검사 중 용접 전검사가 아닌 것은?

① 비파괴 검사
② 개선 정도 검사
③ 개선면의 오염 검사
④ 가부착 상태 검사

해설 용접검사
1) 용접착수전 검사 : 트임새모양, 모아대기법, 구속법, 자세의 적부, 개선면 오염검사, 가부착 상태검사
2) 용접작업중 검사 : 용접봉, 운봉, 전류
3) 용접완료후 검사 : 외관검사, 비파괴검사(방사선투과검사, 초음파탐상시험, 자기분말탐상법)

50 철골공사의 용접결함에 해당되지 않는 것은?

① 언더컷   ② 오버랩
③ 가우징   ④ 블로우홀

해설 가우징(gouging) : 용접시 쪼아 따내기 등에 의해 여분을 제거하는 작업

51 토질시험을 흙의 물리적 성질시험과 역학적 성질시험으로 구분할 때 물리적 성질시험에 해당되지 않는 것은?

① 직접전단시험   ② 비중시험
③ 액성한계시험   ④ 함수량시험

해설 흙의 물리적 성질시험
1) 함수비 시험 : 흙의 함수량을 결정하기 위한 시험이다.
2) 흙의 비중시험 : 피크노메타 비중병에 증류수를 채운 중량 및 흙입자와 물을 채울 때의 중량의 관계, 흙입자의 건조중량을 측정하여 비중을 구한다.
3) 흙의 액성 한계시험 : 흙속에 수분이 있어 끈기가 있는 상태의 정도를 알아내기 위해 실시하는 실험이다.
4) 흙의 소성 한계실험 : 흙속에 수분이 거의 없고 바삭바삭한 상태의 정도를 알아보기 위해 실시하는 실험이다.

52 바닥판, 보 밑 거푸집 설계에서 고려하는 하중에 속하지 않는 것은?

① 굳지 않은 콘크리트 중량
② 작업하중
③ 충격하중
④ 측압

해설 거푸집 설계시 고려하중
1) 바닥판, 보밑 등 수평부재
  ① 작업하중
  ② 충격하중
  ③ 생콘크리트의 중량
2) 벽, 기둥, 보옆 등 수직부재
  ① 생콘크리트의 중량
  ② 측압

53 콘크리트 타설작업 시 진동기를 사용하는 가장 큰 목적은?

① 재료분리 방지
② 작업능률 증진
③ 경하작용 촉진
④ 콘크리트 밀실화 유지

해설 콘크리트 타설시 진동기 사용목적 : 콘크리트 밀실화 유지

54 시트 파일(sheet pile)이 쓰이는 공사로 옳은 것은?

① 마감공사   ② 구조체공사
③ 기초공사   ④ 토공사

해설 시트 파일(sheet pile)
1) 토공사시 사용하는 판상의 말뚝이다.
2) 종류 : 목재, 강재, 철근콘크리트제 등이 있다.

■ 정답 ■ 49.① 50.③ 51.① 52.④ 53.④ 54.④

55 콘크리트의 공기량에 관한 설명으로 옳은 것은?

① 공기량은 잔골재의 입도에 영향을 받는다.
② AE제의 양이 증가할수록 공기량은 감소하나 콘크리트의 강도는 증대한다.
③ 공기량은 비빔 초기에는 기계비빔이 손비빔의 경우보다 적다.
④ 공기량은 비빔시간이 길수록 증가한다.

해설 콘크리트의 공기량
1) 공기량은 잔골재의 입도에 영향을 받으며 단위 잔골재량이 많을수록 많아진다.
2) AE제의 양이 증가할수록 공기량은 증가하나 콘크리트의 강도는 감소한다.
3) 공기량은 비빔초기에는 손비빔이 기계비빔의 경우보다 적다.
4) 공기량은 비빔시간이 길수록 감소한다.
5) 공기량은 콘크리트의 온도가 낮을수록 많게 된다.

56 굳지 않은 콘크리트의 품질측정에 관한 시험이 아닌 것은?

① 슬럼프 시험
② 블리딩 시험
③ 공기량 시험
④ 블레인 공기투과 시험

해설 굳지 않는 콘크리트 품질측정시험
1) 슬럼프 시험(KSF 2402)
2) 공기량 시험(KSF 2409)
3) 블리딩 시험
4) 염화물량 측정(KSF 4009)
5) 온도 측정

57 보통 콘크리트 공사에서 굳지 않은 콘크리트에 포함된 염화물량은 염소이온량으로서 얼마 이하를 원칙으로 하는가?

① $0.2kg/m^3$
② $0.3kg/m^3$
③ $0.4kg/m^3$
④ $0.7kg/m^3$

해설 염화물(Cl^-) 규정
1) 잔골재의 염화물이온(Cl^-)량 : 골재 절건중량의 0.02% 이하, 염분(NaCl, 염화나트륨)으로 환산하면 0.04%에 해당
2) 콘크리트의 염화물이온(Cl^-)량 : $0.3kg/m^3$ 이하

58 기초지반의 성질을 적극적으로 개량하기 위한 지반개량 공법에 해당하지 않는 것은?

① 다짐공법
② SPS공법
③ 탈수공법
④ 고결안정공법

해설 지반개량공법
1) 다짐공법 : 바이브로 플로테이션 공법, 샌드콤팩션말뚝 공법
2) 탈수공법 : 웰포인트 공법, 샌드드레인 공법
3) 고결안정공법 : 약액 주입법
4) 치환공법 : 성토 자중에 의한 치환법, 굴착치환공법 및 폭파치환공법

길잡이 SPS공법 : 흙막이벽 지지공법 중 버팀대 방식인 가설 스트러트(strut)공법을 개선한 흙막이벽 공법이다.

59 건설공사 원가 구성체계 중 직접공사비에 포함되지 않는 것은?

① 자재비
② 일반관리비
③ 경비
④ 노무비

해설 공사비의 산정
1) 공사비 구성체계
총공사비(견적가격)=총원가+이윤
① 총원가=공사원가+일반관리비
② 이윤=총원가+이윤율(%)
2) 공사원가 및 일반관리비
① 공사원가 : 시공과정에서 필요한 재료비, 노무비, 경비 등의 직접공사비와 간접공사비의 합계액
공사원가=직접공사비+간접공사비
② 일반관리비 : 기업의 유지를 위한 관리활동에서 발생되는 비용(본사직원급여, 수당, 퇴직금 등)

■ 정답 ■ 55.① 56.④ 57.② 58.② 59.②

3) **직접공사비** : 재료비(자재비)+노무비+외주비+경비
   ① **재료비** : 공사목적물의 실체를 적용하는 직접재료비와 공사목적물의 실체를 형성하지는 않으나 공사에 보조적으로 소비되는 간접재료비로 구성된다.
   ② **노무비** : 직접노무비+간접노무비
      ㉠ 직접노무비 : 작업에 종사하는 종업원, 노무자의 기본급, 제수당, 퇴직급여 등에 포함된다.
      ㉡ 간접노무비 : 직접노무비 외의 노무비
   ③ **외주비** : 건축물의 일부를 위탁하고 그 비용을 지급하는 것
   ④ **경비** : 현장에서 발생하는 순공사비 이외의 비용으로 가설비, 보험료, 안전관리비, 운반비, 전력비 등이 포함된다.

60 기존 건물의 파일 머리보다 깊은 건물을 건설할 때, 지하수면의 이동이 일어나거나 기존 건물 기초의 침하나 이동이 예상될 때 지하에 실시하는 보강공법은?

① 리버스 서큘레이션 공법
② 프리보링 공법
③ 베노토 공법
④ 언더피닝 공법

해설 언더피닝 공법(underpinning) : 기존 건물 가까이에 구조물을 축조할 때 기존 건물의 지반과 기초를 보강하는 공법

제4과목 / 건설재료학

61 판유리를 특수 열처리하여 내부 인장응력에 견디는 압축응력층을 유리 표면에 만들어 파괴강도를 증가시킨 유리는?

① 자외선투과유리
② 스테인드글라스
③ 열선흡수유리
④ 강화유리

해설 강화유리 : 평면 및 곡면의 판유리를 열처리(600℃정도)한 후 냉각공기로 양면을 급랭강화하여 강도를 높인 안전유리이다.

62 시멘트에 관한 설명으로 옳지 않은 것은?

① 시멘트의 강도는 시멘트의 조성, 물시멘트비, 재령 및 양생조건 등에 따라 다르다.
② 응결시간은 분말도가 미세한 것일수록, 또한 수량이 작을수록 짧아진다.
③ 시멘트의 풍화란 시멘트가 습기를 흡수하여 생성된 수산화칼슘과 공기 중의 탄산가스가 작용하여 탄산칼슘을 생성하는 작용을 말한다.
④ 시멘트의 안정성은 단위중량에 대한 표면적에 의하여 표시되며, 브레인법에 의해 측정된다.

해설 1) **시멘트의 안정성** : 시멘트가 경화 중에 체적이 팽창하여 팽창균열이나 뒤틀림 등이 생기는 정도를 나타내는 것을 말한다.
2) **시멘트의 분말도** : 단위중량에 대한 표면적에 의하여 표시되며, 브레인법에 의해 측정된다(브레인값 : cm^2/g으로 표시)

63 건설 구조용으로 사용하고 있는 각 재료에 관한 설명으로 옳지 않은 것은?

① 레진 콘크리트는 결합재로 시멘트, 폴리머와 경화제를 혼합한 액상 수지를 골재와 배합하여 제조한다.
② 섬유보강콘크리트는 콘크리트의 인장강도와 균열에 대한 저항성을 높이고 인성을 대폭개선시킬 목적으로 만든 복합재료이다.
③ 폴리머 함침 콘크리트는 미리 성형한 콘크리트에 액상의 폴리머원료를 침투시켜 그 상태에서 고결시킨 콘크리트이다.
④ 폴리머시멘트 콘크리트는 시멘트와 폴리머를 혼합하여 결합재로 사용한 콘크리트이다.

해설 레진콘크리트
1) 불포화폴리에스테르수지, 에폭시수지 등을 액상으로 하여 모래, 자갈 등의 골재와 혼합하여 만든 콘크리트이다.
2) 보통 콘크리트보다 강도, 내구성, 내약품성 등이 우수하다.

64 집성목재의 특징에 관한 설명으로 옳지 않은 것은?

① 응력에 따라 필요로 하는 단면의 목재를 만들 수 있다.
② 목재의 강도를 인공적으로 자유롭게 조절할 수 있다.
③ 3장 이상의 단판인 박판을 홀수로 섬유방향에 직교하도록 접착제로 붙여 만든 것이다.
④ 외관이 미려한 박판 또는 치장합판, 프린트 합판을 붙여서 구조재, 마감재, 화장재를 겸용한 인공목재의 제조가 가능하다.

해설 집성목재 : 두께 1.52~5cm의 단판을 몇 장 또는 몇십장 겹쳐서 접착제로 접착한 것으로 합판과 다른 것은 다음과 같다.
1) 판의 섬유방향에 평행으로 붙인 것이다.
2) 보나 기둥에 사용할 수 있는 단면을 가진다.

65 다음 합성수지 중 열가소성수지가 아닌 것은?

① 염화비닐수지   ② 페놀수지
③ 아크릴수지   ④ 폴리에틸렌수지

해설 합성수지의 종류
1) **열가소성 수지** : 고형상에 열을 가하면 연화되거나 용융되어 점성 또는 가소성이 생기고 다시 냉각하면 고형상으로 되는 수지이다.
① 염화비닐수지 ② 폴리에틸렌수지
③ 폴리프로필렌수지 ④ 아크릴수지
⑤ 폴리스티렌수지 ⑥ 메타크릴수지
⑦ ABS수지 ⑧ 폴리아미드수지
⑨ 셀룰로이드 ⑩ 비닐아세탈수지
⑪ 플루오르수지
2) **열경화성수지** : 고형상에 열을 가하여도 연화되지 않는 수지로서 보통축합반응에 의하여 합성시킨 고분자 물질이다.
① 페놀수지 ② 요소수지
③ 멜라민수지 ④ 알키드수지
⑤ 불포화 폴리에스테르수지
⑥ 실리콘 ⑦ 에폭시수지
⑧ 우레탄수지 ⑨ 규소수지
⑩ 프란수지

66 벽돌면 내벽의 시멘트 모르타르 바름두께 표준으로 옳은 것은?

① 24mm   ② 18mm
③ 15mm   ④ 12mm

해설 모르타르 바름두께

구분	바름두께
1회 바름두께	바닥을 제외하고 6mm표준
외벽, 바닥	24mm
안벽(내벽)	18mm
천장, 차양	15mm

■ 정답 ■ 63.① 64.③ 65.② 66.②

67 초속경시멘트의 특징에 관한 설명으로 옳지 않은 것은?

① 주수 후 2~3시가 내에 100kgf/cm² 이상의 압축강도를 얻을 수 있다.
② 응결시간이 짧으나 건조수축이 매우 큰 편이다.
③ 긴급공사 및 동절기 공사에 주로 사용된다.
④ 장기간에 걸친 강도증진 및 안정성이 높다.

해설 초속경시멘트의 특징
1) ①, ③, ④항
2) 응결시간이 짧으나 건조수축이 적은 편이다.
3) 경화시 발열이 크고 2~3시간만에 강도를 발현한다.

68 미장재료의 균열방지를 위해 사용되는 보강재료가 아닌 것은?

① 여물   ② 수염
③ 종려잎   ④ 강섬유

해설 미장재료의 균열방지를 위해 사용되는 보강재료
: 여물, 수염, 종려잎, 풀 등

69 석고플라스터의 일반적인 특성에 관한 설명으로 옳지 않은 것은?

① 해초풀을 섞어 사용한다.
② 경화시간이 짧다.
③ 신축이 적다.
④ 내화성이 크다.

해설 석고 플라스터
1) 석고에 풀 등의 접착제, 응결시간조절제, 혼화제 등을 혼합한 플라스터이다.
2) 벽, 천정 등에 사용하는 미장 재료이다.
3) 특성
  ① 경화시간이 짧고 신축이 적다
  ② 내화성이 크다.

70 도료의 사용부위별 페인트를 연결한 것으로 옳지 않은 것은?

① 목재면 – 목재용 래커 페인트
② 모르타르면 – 실리콘 페인트
③ 외부 철재구조물 – 조합페인트
④ 내부 철재구조물 – 수성페인트

해설 내부 철재구조물 – 유성페인트 중 견련페인트, 에멀션페인트

71 콘크리트의 건조수축, 구조물의 균열방지를 주목적으로 사용되는 혼화재료는?

① 팽창재   ② 지연제
③ 플라이애시   ④ 유동화제

해설 팽창제
1) 경화과정에서 팽창을 일으키는 혼화재이다.
2) 콘크리트의 건조수축, 구조물의 균열방지를 주목적으로 사용된다.

72 골재의 입도분포가 적정하지 않을 때 콘크리트에 나타날 수 있는 현상으로 옳지 않은 것은?

① 유동성, 충전성이 불충분해서 재료분리가 발생할 수 있다.
② 경화콘크리트의 강도가 저하될 수 있다.
③ 콘크리트의 곰보 발생의 원인이 될 수 있다.
④ 콘크리트의 응결과 경화에 크게 영향을 줄 수 있다.

해설 1) 골재의 입도 : 골재의 작고 큰 입자의 혼합될 정도를 말한다.
2) 골재의 입도분포가 적정하지 않을 때 콘크리트에 나타나는 현상
  ① 불충분한 유동성, 충전성 등에 의한 재료분리 발생
  ② 경화콘크리트의 강도 저하
  ③ 콘크리트의 곰보발생

■ 정답 ■ 67.② 68.④ 69.① 70.④ 71.① 72.④

73 콘크리트 배합설계에 있어서 기준이 되는 골재의 함수상태는?

① 절건상태　② 기건상태
③ 표건상태　④ 습윤상태

해설 표건상태(표면건조내부포화상태)
1) 골재의 표면에는 물이 없으나 내부의 공극에는 물이 꽉 차있는 상태
2) 콘크리트 배합설계시 기준이 되는 골재의 함수상태

74 돌로마이트 플라스터에 관한 설명으로 옳지 않은 것은?

① 소석회에 비해 점성이 높다.
② 풀이 필요하지 않아 변색, 냄새, 곰팡이가 없다.
③ 회반죽에 비하여 조기강도 및 최종강도가 작다.
④ 건조수축이 크기 때문에 수축균열이 발생한다.

해설 돌라마이트 플라스터
1) 미장재료 중 점도가 가장 크고 풀이 필요 없다.
2) 경화시 건조수축이 커서 균열이 생기기 쉽다.
3) 공기중의 탄산가스(CO_2)에 의해 경화하는 기경성 미장재료이다.
4) 회반죽에 비해 강도가 크다.

75 어떤 목재의 전건비중을 측정해 보았더니 0.77이었다. 이 목재의 공극율은?

① 25%　② 37.5%
③ 50%　④ 75%

해설 공극률(V)
$$V = (1 - \frac{r}{1.54}) \times 100$$
$$= (1 - \frac{0.77}{1.54}) \times 100 = 50\%$$
여기서, r : 전건비중
1.54 : 진비중

76 금속의 부식을 최소화하기 위한 방법으로 옳지 않은 것은?

① 표면을 평활하게 하고 가능한 한 습한상태를 유지할 것
② 가능한 한 이종금속을 인접 또는 접촉시켜 사용하지 말 것
③ 큰 변형을 준 것은 가능한 한 풀림하여 사용할 것
④ 부분적으로 녹이 나면 즉시 제거할 것

해설 금속의 부식을 최소화하기 위한 방법
1) ②, ③, ④항
2) 표면을 평활하고 깨끗이 하며 가능한 한 건조상태를 유지할 것
3) 균질의 것을 선택하고 사용시 큰 변형을 주지 않도록 할 것

77 목재에 관한 설명으로 옳지 않은 것은?

① 활엽수는 침엽수에 비해 경도가 크다.
② 제재 시 취재율은 침엽수가 높다.
③ 생재를 건조하면 수축하기 시작하고 함수율이 섬유포화점 이하로 되면 수축이 멈춘다.
④ 활엽수는 침엽수에 비해 건조시간이 많이 소요되는 편이다.

해설 함수율에 의한 목재 재질의 변화
1) 목재의 재질 변동(수축, 팽창 등)은 섬유포화점 이하의 함수 상태에서만 발생한다.
① 변재는 심재보다 수축이 크다.
② 활엽수가 침엽수보다 수축이 크다.
2) 섬유 포화점 이하에서 함수율의 감소에 따라 강도는 증가하고 탄성은 감소한다.

78 강의 물리적 성질 중 탄소함유량이 증가함에 따라 나타나는 현상으로 옳지 않은 것은?

① 비중이 낮아진다.
② 열전도율이 커진다.
③ 팽창계수가 낮아진다.
④ 비열과 전기저항이 커진다.

■ 정답 ■　73.③　74.③　75.③　76.①　77.③　78.②

해설 강의 물리적 성질 : 강은 탄소함유량의 증가에 따라 다음과 같은 성질을 갖는다.
1) 비중, 열전도율, 열팽창계수 등은 감소한다.
2) 비열, 전기저항 등은 증가한다.

79 ALC 제품의 특성에 관한 설명으로 옳지 않은 것은?

① 흡수성이 크다.
② 단열성이 크다.
③ 경량으로서 시공이 용이하다.
④ 강알칼리성이며 변형과 균열의 위험이 크다.

해설 경량기포콘크리트(ALC)의 특징
1) 열전도율이 콘크리트의 약 1/10 정도로서 단열성이 있다.
2) 경량으로 인력에 의한 취급이 가능하고, 필요에 따라 현장에서 절단 및 가공이 용이하다.
3) 흡수율이 커서 동결, 융해에 대한 저항성이 낮다.
4) 압축강도에 비해 휨강도나 인장강도가 상당히 약하다.
5) 박판상 제품에 비해 단열성, 차음성이 우수하다.

80 목면·마사·양모·폐지 등을 원료로 하여 만든 원지에 스트레이트 아스팔트를 가열·용융하여 충분히 흡수시켜 만든 방수지로 주로 아스팔트 방수 중간층재로 이용되는 것은?

① 콜타르
② 아스팔트 프라이머
③ 아스팔트 펠트
④ 합성 고분자 루핑

해설 아스팔트 펠트 : 펠트(felt)상으로 만든 원지에 연질의 스트레이트 아스팔트를 침투시켜 롤러로 압착하여 제조한 것으로 아스팔트방수 중간층 재료, 내외벽라스, 몰탈 바탕의 방수 및 방습 재료로 사용된다.

제5과목 / 건설안전기술

81 가설구조물 부재의 강성이 부족하여 가늘고 긴 부재가 압축력에 의하여 파괴되는 현상은?

① 좌굴   ② 피로파괴
③ 지압파괴 ④ 폭열현상

해설 좌굴 및 좌굴하중
1) 양단이 힌지(hinge, 상단에는 수직 변위를 자유롭게 하기 위하여 수평재를 설치)인 주재(主材)에 하중(P)을 가하면 중앙에 인장력을 가한 것과 같이 기둥이 수평으로 변곡하게 된다.
2) 하중(P)이 작으면 기둥은 쉽게 원상태로 복원되지만 일정한도 이상이 되면 변곡이 계속되어 파괴에 이르게 된다. 이 복원의 한계점 부근에서의 상태가 존재하게 되는데 이 상태를 좌굴이라 하고 이때의 하중을 좌굴하중(또는 한계하중)이라 한다.
3) 좌굴에 대한 억제대책
① 부재의 끝을 회전하지 않도록 구속한다.
② 부재의 중간에 사재를 연결한다.
③ 부재에 작용하는 하중을 감소시킨다.
④ 부재의 중간에 보를 연결한다.

82 웰 포인트, 샌드드레인공법 작업 전에는 압밀침하를 예상하여 간극수압을 측정하여야 한다. 이 간극수압을 측정하는 기구는 무엇인가?

① Piezometer   ② Tiltmeter
③ Inclinometer ④ Water level meter

해설 토공사에 사용되는 계측기기
1) 간극수압계 : 피에조 미터(piezo meter)
2) 경사계 : 인클리노 미터(inclino meter)
3) 인접구조물 기울기 측정 : 틸트 미터(tilt meter)
4) 버팀대 변형 측정계 : 스트레인게이지(strain gauge)
5) 인접구조물의 균열측정 : 크랙 게이지(crack

■ 정답 ■ 79.④ 80.③ 81.① 82.①

gauge)
6) **지중침하계** : 익스텐션 미터(extension meter)
7) **지하수위계** : water level meter
8) **하중계** : 로드 셀(lad cell)
9) **토압측정계** : soil pressure gauge

83 다음 중 차량계 건설기계에 해당되지 않는 것은?

① 곤돌라 ② 항타기 및 항발기
③ 어스드릴 ④ 앵글도저

해설 차량계 건설기계의 종류(별표 6)
1) 도저형 건설기계 : 불도저, 스트레이트도저, 틸트도저, 앵글도저, 버킷도저 등
2) 모터그레이더
3) 로더 : 포크 등 부착물 종류에 따른 용도 변경 형식을 포함
4) 스크레이퍼
5) 크레인형 굴착기계 : 클램셸, 드래그라인 등
6) 굴삭기 : 브레이커, 크러셔, 드릴 등 부착물 종류에 따른 용도 변경 형식을 포함
7) 항타기 및 항발기
8) 천공용 건설기계 : 어스드릴, 어스오거, 크롤러드릴, 점보드릴 등
9) 지반 압밀침하용 건설기계 : 샌드드레인머신, 페이퍼드레인머신, 팩드레인머신 등
10) 지반 다짐용 건설기계 : 타이어롤러, 매커덤롤러, 탠덤롤러 등
11) 준설용 건설기계 : 버킷준설선, 그래브준설선, 펌프준설선 등
12) 콘크리트 펌프카
13) 덤프트럭
14) 콘크리트 믹서 트럭
15) 도로포장용 건설기계 : 아스팔트 살포기, 콘크리트 살포기, 아스팔트 피니셔, 콘크리트 피니셔 등

84 콘크리트 타설 시 안전수칙 사항으로 옳은 것은?

① 콘크리트는 한 곳으로 치우쳐 타설하여야 한다.
② 콘크리트 타설 작업 시 거푸집 붕괴의 위험이 발생할 우려가 있더라도 타설작업을 우선 완료하고 나서 상황을 판단한다.
③ 바닥 위에 흘린 콘크리트는 그대로 양생하도록 한다.
④ 최상부의 슬래브(Slab)는 이어붓기를 가급적 피하고 일시에 전체를 타설한다.

해설 콘크리트 타설시 안전수칙
1) 콘크리트는 한곳으로 치우쳐 타설하지 않도록 한다.
2) 콘크리트 타설 작업시 거푸집 붕괴의 위험이 발생할 우려가 있으면 즉시 작업을 중지시키고 필요한 조치를 하여야 한다.
3) 바닥 위에 흘린 콘크리트는 완전히 청소한다.

85 다음은 산업안전보건법령에 따른 추락의 방지를 위하여 설치하는 안전방망에 관한 내용이다. ( )안에 들어갈 내용으로 옳은 것은?

> 안전방망은 수평으로 설치하고, 망의 처짐은 짧은 변 길이의 ( )퍼센트 이상이 되도록 할 것

① 8 ② 12
③ 15 ④ 20

해설 추락방호망 설치기준
① 설치위치 : 가능하면 작업 면으로부터 가까운 지점에 설치하며, 작업 면으로부터 망의 설치지점까지의 수직거리는 10m를 초과하지 않을 것
② 안전방망은 수평으로 설치하고 망의 처짐은 짧은 변 길이의 12%이상이 되도록 할 것
③ 망의 내민 길이 : 벽면으로부터 3m 이상이 되도록 할 것(단, 그물코가 20mm 이하인 망을 사용할 경우에는 낙하물 방지망을 설치한 것으로 봄)

■ 정답 ■ 83.① 84.④ 85.②

86 사다리식 통로의 설치기준으로 옳지 않은 것은?

① 폭은 30cm 이상으로 할 것
② 발판과 벽과의 사이는 15cm 이상의 간격을 유지할 것
③ 사다리의 상단은 걸쳐놓은 지점으로부터 60cm 이상 올라가도록 할 것
④ 사다리식 통로의 길이가 10m 이상인 경우에는 7m 이내마다 계단참을 설치할 것

해설 ④항, 사다리식 통로의 길이가 10m 이상일 경우에는 5m이내마다 계단참을 설치할 것

87 슬레이트, 선라이트 등 강도가 약한 재료로 덮은 지붕위에서 작업을 할 때 발이 빠지는 등의 위험을 방지하기 위한 산업안전보건법령에 따른 작업발판의 최소 폭 기준은?

① 20cm 이상
② 30cm 이상
③ 40cm 이상
④ 50cm 이상

해설 슬레이트, 선라이트(sunlight)등 지붕 위에서의 작업시 위험방지조치사항
1) 폭 30cm 이상의 발판 설치
2) 추락 방호망 설치

88 건설공사에서 발코니 단부, 엘리베이터 입구, 재료 반입구 등과 같이 벽면 혹은 바닥에 추락의 위험이 우려되는 장소를 의미하는 용어는?

① 중간난간대   ② 가설통로
③ 개구부   ④ 비상구

해설 개구부 : 벽이나 지붕, 바닥 등에 뚫린 구멍 또는 그 부분을 총칭하는 것

89 기계운반하역 시 걸이 작업의 준수사항으로 옳지 않은 것은?

① 와이어로프 등은 크레인의 후크 중심에 걸어야 한다.
② 인양 물체의 안정을 위하여 2줄 걸이 이상을 사용하여야 한다.
③ 매다는 각도는 70° 정도로 한다.
④ 근로자를 매달린 물체위에 탑승시키지 않아야 한다.

해설 매다는 각도는 60°정도로 한다.

90 철골작업을 중지하여야 하는 경우의 강우량 기준으로 옳은 것은?

① 시간당 0.5mm 이상
② 시간당 1mm 이상
③ 시간당 2mm 이상
④ 시간당 3mm 이상

해설 철골작업을 중지해야 하는 기상조건
1) 풍속이 10m/sec 이상인 경우
2) 강우량이 1mm/hr 이상인 경우
3) 강설량이 1cm/hr 이상인 경우

91 콘크리트의 재료분리현상 없이 거푸집 내부에 쉽게 타설할 수 있는 정도를 나타내는 것은?

① Bleeding   ② Thixotropy
③ Workability   ④ Finishability

해설 1) Bleeding(블리딩) : 콘크리트 타설 후 시멘트, 골재 입자 등의 침하에 따라 물이 분리 상승되어 콘크리트 표면에 떠오르는 현상이다.
2) Thixotropy(틱소트로피) : 응력에 의한 물체의 연화 현상 중 회복이 따르는 것을 말한다.
3) Workability(워커빌리티) : 본문 설명
4) Finishability(피니셔빌리티) : 굵은골재의 최대치수, 잔골재율, 잔골재의 입도, 반죽질기 등에 의한 콘크리트 표면의 마무리 정도를 나타내는 성질이다.

■ 정답 ■ 86.④ 87.② 88.③ 89.③ 90.② 91.③

92 기존 건물에서 인접된 장소에서 새로운 깊은 기초를 시공하고자 한다. 이 때 기존 건물의 기초가 얕아 안전상 보강하려고 할 때 적당한 공법은?

① 압성토 공법   ② 언더피닝 공법
③ 선행 재하공법 ④ 치환공법\

해설 언더피닝 공법(underpinning) : 기존건물 가까이에 구조물을 축조할 때 기존건물의 지반과 기초를 보강하는 공법

93 양중기의 와이어로프 등 달기구의 안전계수 기준으로 옳은 것은?(단, 화물의 하중을 직접 지지하는 달기와이어로프 또는 달기체인의 경우)

① 4 이상   ② 5 이상
③ 7 이상   ④ 10 이상

해설 양중기의 와이어로프 또는 달기체인(고리걸이용 포함)의 안전계수

$$안전계수 = \frac{절단하중}{최대사용하중(허용하중)}$$

1) 근로자가 탑승하는 운반구를 지지하는 경우 : 10이상
2) 화물의 하중을 직접 지지하는 경우 : 5이상
3) 훅, 샤클, 클램프, 리프팅 빔의 경우 : 3이상
4) 그 밖의 경우 : 4이상

94 현장에서 근로자가 안전하게 통행할 수 있도록 통로에 설치해야 하는 조명시설은 최소 몇 럭스 이상인가?

① 75Lux 이상
② 80Lux 이상
③ 85Lux 이상
④ 90Lux 이상

해설 통로에 설치하는 조명시설 : 75Lux 이상

95 비계 설치작업 시 유의사항으로 옳지 않은 것은?

① 항상 수평, 수직이 유지되도록 한다.
② 파괴, 도괴, 동요에 대한 안정성을 고려하여 설치한다.
③ 비계의 도괴 방지를 위해 가새 등 경사재는 설치하지 않는다.
④ 외쪽비계와 같은 특수비계는 문제점을 충분히 검토하여 설치한다.

해설 비계의 도괴방지를 위해 가새 등 경사재를 설치한다.

96 건설공사 착공 시 유해·위험방지계획서 제출대상 사업규모에 해당되지 않는 것은?

① 터널건설 공사
② 깊이가 15m인 굴착공사
③ 지상높이가 25m인 건축물 건설 공사
④ 최대지간길이가 55m인 교량건설 공사

해설 건설업 중 유해위험방지계획서 제출대상 사업장
(시행규칙 제120조 제4항)
1) 지상높이가 31미터 이상인 건축물 또는 인공구조물, 연면적 3만 제곱미터 이상인 건축물 또는 연면적 5천 제곱미터 이상의 문화 및 집회시설(전시장 및 동물원·식물원은 제외), 판매시설, 운수시설(고속철도의 역사 및 집·배송시설은 제외), 종교시설, 의료시설 중 종합병원, 숙박시설 중 관광숙박시설, 지하도상가 또는 냉동·냉장 창고시설의 건설·개조 또는 해체(이하 "건설등"이라 함)
2) 연면적 5천 제곱미터 이상의 냉동·냉장 창고시설의 설비공사 및 단열공사
3) 최대 지간길이가 50미터 이상인 교량건설 등 공사
4) 터널 건설 등의 공사
5) 다목적댐, 발전용댐 및 저수용량 2천만톤 이상의 용수 전용 댐, 지방상수도 전용댐 건설 등의 공사
6) 깊이 10미터 이상인 굴착공사

■ 정답 ■ 92.② 93.② 94.① 95.③ 96.③

97 지반의 붕괴, 구축물의 붕괴 또는 토석의 낙하 등에 의하여 근로자가 위험해질 우려가 있는 경우 그 위험을 방지하기 위하여 취해야할 조치로 옳지 않은 것은?

① 흙막이 지보공 제거
② 토석의 낙하 원인이 되는 빗물이나 지하수 등을 배제
③ 낙하의 위험이 있는 토석 제거
④ 옹벽 설치

해설 지반의 붕괴·구축물의 붕괴 또는 토석의 낙하 등에 의한 위험방지 조치사항
1) 지반은 안전한 경사로 하고 낙하의 위험이 있는 토석을 제거하거나 옹벽, 흙막이 지보공 등을 설치할 것
2) 지반의 붕괴 또는 낙하원인이 되는 빗물이나 지하수 등을 배제할 것
3) 갱내에서의 낙반 또는 측벽의 붕괴에 의한 위험방지 조치사항
 ① 지보공 설치
 ② 부석 제거

98 인력에 의한 하물 운반 시 준수사항으로 옳지 않은 것은?

① 수평거리 운반을 원칙으로 한다.
② 운반시의 시선은 진행방향을 향하고 뒷걸음 운반을 하여서는 아니 된다.
③ 쌓여있는 하물을 운반할 때에는 중간 또는 하부에서 뽑아내어서는 아니 된다.
④ 어깨 높이보다 낮은 위치에서 하물을 들고 운반하여서는 아니 된다.

해설 1) 어깨보다 높이 들어 올리지 않는다.
2) 어깨보다 낮은 위치에서 하물을 들고 운반하여야 한다.

99 항타기 또는 항발기의 권상용 와이어로프의 안전계수 기준은?

① 2이상　　② 3이상
③ 4이상　　④ 5이상

해설 1) 항타기 또는 항발기의 권상용 와이어로프의 안전계수 : 5이상
2) 안전계수 = $\dfrac{절단하중}{최대사용하중}$

100 유한사면에서 사면기울기가 비교적 완만한 점성토에서 주로 발생되는 사면파괴의 형태는?

① 저부파괴
② 사면선단파괴
③ 사면내파괴
④ 국부전단파괴

해설 1) **저부파괴** : 본문 설명
2) **사면선단파괴** : 사면의 하단을 통과하는 활동면을 따라 발생하는 사면파괴

2024년 시행
건설안전산업기사

2024년 1회 CBT복원 기출문제

건설안전산업기사

제1과목 / 산업안전관리론

01 매슬로우의 욕구단계 이론에서 자기의 잠재능력을 극대화하여 원하는 것을 이루고자 하는 욕구에 해당되는 것은?

① 자아실현의 욕구
② 사회적 욕구
③ 존경의 욕구
④ 안전의 욕구

해설 매슬로우(Maslow)의 욕구 5단계
1) 1단계-생리적 욕구(신체적 욕구) : 기아, 갈등, 호흡, 배설, 성욕 등 기본적 욕구
2) 2단계-안전의 욕구 : 안전을 구하려는 욕구
3) 3단계-사회적 욕구(친화욕구) : 애정, 소속에 대한 욕구
4) 4단계-인정받으려는 욕구(자기존경의 욕구, 승인욕구) : 자존심, 명예, 성취, 지위 등에 대한 욕구
5) 5단계-자아실현의 욕구(성취욕구) : 잠재적인 능력을 실현하고자 하는 욕구

02 안전·보건교육계획 수립 시 고려하여야 할 사항과 가장 거리가 먼 것은?

① 교육지도안 및 교재
② 교육의 종류와 교육대상
③ 교육 장소 및 교육 방법
④ 교육의 과목 및 교육 내용

해설 안전교육계획에 포함되어야 할 사항(안전교육계획의 내용)

1) 교육목표(첫째 과제)
   ① 교육 및 훈련의 범위
   ② 교육 보조자료의 준비 및 사용지침
   ③ 교육훈련의 의무와 책임관계 명시
2) 교육의 종류 및 교육대상(교육계획 수립 시 최우선적으로 고려해야 할 사항)
3) 교육의 과목 및 교육내용
4) 교육 장소
5) 교육 담당자 및 강사

03 정지된 열차 내에서 창밖으로 이동하는 다른 기차를 보았을 때, 실제로 움직이지 않아도 움직이는 것처럼 느껴지는 심리적 현상을 무엇이라 하는가?

① 가상운동   ② 유도운동
③ 자동운동   ④ 지각운동

해설 운동의 시지각(착각현상)
1) **자동운동** : 암실 내에서 정지된 소광점을 응시하고 있으면 그 광점이 움직이는 것을 볼 수 있는데 이것을 자동운동이라 한다. 자동운동이 생기기 쉬운 조건은 다음과 같다.
   ① 광점이 작을 것
   ② 시야의 다른 부분이 어두울 것
   ③ 광의 강도가 작을 것
   ④ 대상이 단순할 것
2) **유도운동** : 실제로 움직이지 않는 것이 어느 기준의 이동에 유도되어 움직이는 것처럼 느껴지는 현상을 말한다.
3) **가현운동** : 객관적으로 정지하고 있는 대상물이 급속히 나타나든가 소멸하는 것으로 인하여 일어나는 운동으로 마치 대상물이 운동하는 것처럼 인식되는 현상을 말한다.(β운동 : 영화영상의 방법).

■ 정답 ■   01.①   02.①   03.②

04 산업안전보건법령상 산업재해로 사망자가 발생하거나, 3일 이상의 휴업이 필요한 부상을 입거나, 질병에 걸린 사람이 발생한 경우, 산업재해가 발생한 날부터 얼마 이내에 산업재해조사표를 작성하여 관할 지방고용노동청장 또는 지청장에게 제출하여야 하는가?

① 24시간 이내 ② 7일 이내
③ 14일 이내   ④ 1개월 이내

해설 산업재해 발생보고(시행규칙 제4조) : 산업재해가 발생한 날 부터 1개월 이내에 산업재해조사표를 작성하여 지방고용노동관서의 장에게 제출할 것

05 산업안전보건법령상 사업 내 안전·보건교육 중 채용시의 교육 내용에 해당하지 않는 것은? (단, 산업안전보건법 및 일반관리에 관한 사항은 제외한다.)

① 사고 발생시 긴급조치에 관한 사항
② 유해·위험 작업환경 관리에 관한 사항
③ 산업보건 및 직업병 예방에 관한 사항
④ 기계·기구의 위험성과 작업의 순서 및 동선에 관한 사항

해설 채용시 및 작업내용 변경시 교육내용
① 기계·기구의 위험성과 작업의 순서 및 동선에 관한 내용
② 작업 개시 전 점검에 관한 사항
③ 정리정돈 및 청소에 관한 사항
④ 사고발생 시 긴급조치에 관한 사항
⑤ 산업보건 및 직업병 예방에 관한 사항
⑥ 물질안전보건자료에 관한 사항
⑦ 산업안전보건법 및 일반관리에 관한 사항
⑧ 산업안전 및 사고 예방에 관한 사항
⑨ 산업안전보건법령 및 산업재해보상보험 제도에 관한 사항
⑩ 직무스트레스 예방 및 관리에 관한 사항
⑪ 직장 내 괴롭힘, 고객의 폭언 등으로 인한 건강장해 예방 및 관리에 관한 사항

06 위험예지훈련 기초 4라운드법의 진행에서 위험의 포인트를 결정하여 전원이 지적확인을 하는 단계로 가장 적절한 것은?

① 제1라운드 : 현상파악
② 제2라운드 : 본질추구
③ 제3라운드 : 대책수립
④ 제4라운드 : 목표설정

해설 1) 4R 중 BS원칙을 적용하는 단계 : 1R(현상파악)와 3R(대책수립)
2) 4R 중 원포인트(one point)지적확인을 하는 단계
① 2R(본질추구) : 위험 포인트를 결정하여 지적확인
② 4R(목표달성) : 수립대책 중 가장 질이 높은 항목에 합의한 후 지적확인

07 재해 발생과 관련된 버드(Frank Bird)의 도미노 이론을 올바르게 나열한 것은?

① 기본원인 → 제어의 부족 → 직접원인 → 사고 → 상해
② 기본원인 → 직접원인 → 제어의 부족 → 사고 → 상해
③ 제어의 부족 → 기본원인 → 직접원인 → 사고 → 상해
④ 제어의 부족 → 직접원인 → 기본원인 → 상해 → 사고

해설 버드(Bird)의 최신사고연쇄성 이론(버드의 관리모델)
1) 1단계 : 통제의 부족 – 관리 소홀(재해발생의 근본적 원인)
2) 2단계 : 기본적인 – 기원
3) 3단계 : 직접원인 – 징후
4) 4단계 : 사고 – 접촉
5) 5단계 : 상해 – 손해 – 손실

■ 정답 ■ 04.④ 05.② 06.② 07.③

08 사고예방대책의 기본원리 5단계에서 "사실의 발견"단계에 해당하는 것은?

① 작업환경 측정
② 안전진단 · 평가
③ 점검 및 조사 실시
④ 안전관리 계획 수립

해설 사고예방대책의 기본원리 5단계

단계	과정	내용
1단계	조직	① 경영자의 안전 목표 ② 안전관리자의 임명 ③ 안전의 라인 및 참모 조직구성 ④ 안전활동 방침 및 계획수립 ⑤ 조직을 통한 안전활동
2단계	사실의 발견	① 사고 및 안전활동 기록 검토 ② 작업분석 ③ 안전점검 및 안전진단 ④ 사고조사 ⑤ 안전회의 및 토의 ⑥ 근로자의 제안 및 여론조사 ⑦ 관찰 및 보고서의 연구 등을 통하여 불안전 요소 발견
3단계	분석평가	① 사고보고서 및 현장조사 ② 사고기록 및 인적 물적 조건의 분석 ③ 작업공정 분석 ④ 교육훈련 분석 등을 통하여 사고의 직접원인 및 간접원인 규명
4단계	시정책 선정	① 기술적 개선 ② 인사조정(배치조정) ③ 교육훈련의 개선 ④ 안전행정의 개선 ⑤ 규정 및 수칙 작업표준 제도의 개선 ⑥ 확인 및 통제체제 개선
5단계	시정책 적용	① 기술적(engineering)대책 ② 교육적(education)대책 ③ 단속적(enforcement)대책

09 파브로브(pavlov)의 조건반사설에 의한 학습이론의 원리에 해당되지 않는 것은?

① 일관성의 원리   ② 시간의 원리
③ 강도의 원리   ④ 준비성의 원리

해설 조건반사설에 의한 학습이론의 원리
1) 시간의 원리 : 조건자극(종소리)이 무조건자극(음식물)보다 시간적으로 동시 또는 조금 앞서서 주어야만 조건화, 즉시 강화가 잘 된다는 원리이다.
2) 강도의 원리 : 조건 반사적인 행동이 이루어지려면 먼저 준 자극의 정도에 비해 적어도 같거나 그보다 강한 자극을 주어야 바람직한 결과를 낳게 된다.
3) 일관성의 원리 : 조건자극은 일관된 자극물을 사용하여야 한다는 원리이다.
4) 계속성의 원리 : 자극과 반응과의 관계를 반복하여 횟수를 거듭할수록 조건화가 잘 형성된다는 원리이다.

10 기업 내 한 부서의 구성원 상호간의 선호도를 나타낸 소시오그램(sociogram)이다. 리더에 해당하는 인물은?

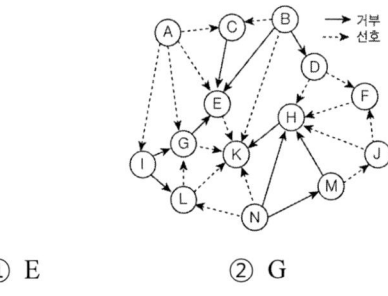

① E   ② G
③ H   ④ K

해설 선호선이 가장 많이 모이는 K : 리더자

11 75명의 상시근로자가 근무하는 사업장에서 1일 8시간, 연간 320일을 작업하는 동안에 6건의 재해가 발생하였다면 이 사업장의 도수율은 얼마인가?

① 17.65   ② 26.04
③ 31.25   ④ 33.33

해설 도수율 $= \dfrac{\text{재해건수}}{\text{연 근로시간수}} \times 10^6$

$= \dfrac{6}{75 \times 8 \times 320} \times 10^6 = 31.25$

■ 정답 ■ 08.③ 09.④ 10.④ 11.③

12 A 사업장에서 각 부서별 안전경쟁제도를 실시할 때 위험도를 비교하는 수단과 안전관심을 높이는 데 가장 효과적인 것은?

① 강도율(severity rate of injury)
② 도수율(frequency rate of injury)
③ 세이프 티 스코어(safe-T-Score)
④ 종합재해지수(frequency severity indicator)

해설 종합재해지수= $\sqrt{\text{도수율} \times \text{강도율}}$
1) 도수율 : 재해의 양을 나타냄
2) 강도율 : 재해의 질(강약)을 나타냄

13 안전모의 의무안전인증기준에 있어 시험성능 기준의 항목에 해당되지 않는 것은?

① 내관통성　　② 내수성
③ 내식성　　　④ 난연성

해설 안전모의 성능시험항목에 내식성은 없다.

14 무재해운동의 근본이념으로 가장 적절한 것은?

① 인간존중의 이념　② 이윤추구의 이념
③ 고용증진의 이념　④ 복리증진의 이념

해설 무재해운동의 근본이념 : 인간존중

15 피로에 의한 정신적 증상과 가장 관련이 깊은 것은?

① 주의력이 감소 또는 경감된다.
② 작업의 효과나 작업량이 감퇴 및 저하된다.
③ 작업에 대한 몸의 자세가 흐트러지고 지치게 된다.
④ 작업에 대하여 무감각 · 무표정 · 경련 등이 일어난다.

해설 피로에 의한 정신적 증상 : 주의력의 감소, 경감

16 조직이 리더에게 부여한 권한으로 볼 수 없는 것은?

① 전문성의 권한　② 보상적 권한
③ 강압적 권한　　④ 합법적 권한

해설 리더십의 권한
1) 조직이 지도자에게 부여한 권한
① **보상적 권한** : 지도자가 부하들에게 보상할 수 있는 능력으로 인해 부하직원들을 통제할 수 있으며 부하들의 행동에 대해 영향을 끼칠 수 있는 권한이다.
② **강압적 권한** : 부하직원들을 처벌할 수 있는 권한이다.
③ **합법적 권한** : 조직의 규정에 의해 지도자의 권한이 공식화 된 것을 말한다.
2) **지도자 자신이 자신에게 부여한 권한** : 부하직원들이 지도자의 성격이나 그 능력을 인정하고 지도자를 존경하며 자진해서 따르는 것이다.
① **전문성의 권한** : 지도자가 목표수행에 필요한 전문적인 지식을 갖고 업무수행을 하므로 부하직원들이 자발적으로 지도자를 따르게 된다.
② **위임된 권한** : 집단의 목표를 성취하기 위해 부하직원들이 지도자가 정한 목표를 자진해서 자신의 것으로 받아들여 지도자와 함께 일하는 것이다.

17 산업안전보건법령상 안전·보건표지에 있어 금지표지의 종류에 해당하지 않는 것은?

① 금연
② 물체이동금지
③ 접근금지
④ 차량통행금지

해설 금지표지 종류
1) 출입금지　　2) 보행금지
3) 차량통행금지　4) 사용금지
5) 탑승금지　　6) 금연
7) 화기금지　　8) 물체이동금지

■ 정답 ■　12.④　13.③　14.①　15.①　16.①　17.③

18 안전점검 시 점검자가 갖추어야 할 태도 및 마음가짐과 가장 거리가 먼 것은?

① 점검 본래의 취지 준수
② 점검 대상 부서의 협조
③ 모범적인 점검자의 자세
④ 점검결과 통보 생략

19 Off JT(Off the Job Training)의 특징으로 옳지 않은 것은?

① 많은 지식, 경험을 교류할 수 있다.
② 직장의 실정에 맞게 실제적 훈련이 가능하다.
③ 다수의 근로자들에게 조직적 훈련이 가능하다.
④ 특별한 교재, 교구 및 설비 등을 이용하는 것이 가능하다.

해설 OJT와 off-JT의 특징

O·J·T (현장중심교육)	off J·T (현장외 중심교육)
① 개개인에게 적합한 지도 훈련을 할 수 있다.	① 다수의 근로자에게 조직적 훈련이 가능하다.
② 직장의 실정에 맞는 실체적 훈련을 할 수 있다.	② 훈련에만 전념하게 된다.
③ 훈련 필요한 업무의 계속성이 끊어지지 않는다.	③ 특별설비기구를 이용할 수 있다.
④ 즉시 업무에 연결되는 관계로 신체와 관련이 있다.	④ 전문가를 강사로 초청할 수 있다.
⑤ 효과가 곧 업무에 나타나며 훈련의 좋고 나쁨에 따라 개선이 용이하다.	⑤ 각 직장의 근로자가 많은 지식이나 경험을 교류할 수 있다.
⑥ 교육을 통한 훈련 효과에 의해 상호 신뢰 이해도가 높아진다.	⑥ 교육훈련 목표에 대해서 집단적 노력이 흐트러질 수도 있다.

20 학업 성취에 직접적인 영향을 미치는 요인과 가장 거리가 먼 것은?

① 적성(Aptitude)
② 준비도(Readiness)
③ 동기유발(Motivating)
④ 기억과 망각(Memory, Forgetting)

제2과목
인간공학 및 시스템안전공학

21 설비의 성능 저하 또는 고장에 의한 정지 때문에 수리하는 설비보전 방법은?

① 예지보전(predictive maintenance)
② 개량보전(corrective maintenance)
③ 보전예방(maintenance prevention)
④ 사후보전(break-down maintenance)

해설
1) **예지보전** : 설비의 이상상태 여부를 검출·측정 또는 감시하여 열화의 정도가 사용한도에 이른 시점에서 분해, 검사, 부품교환, 수리하는 설비보전 방법을 뜻한다.
2) **개량보전** : 설비고장대책으로서 그 원인을 조사·해석하여 고장을 미연에 방지하기 위하여 설비를 개조하기도하고, 설계에서 시정조치를 취하고, 설비의 체질개선을 도모하는 설비보전방법을 뜻한다.
3) **보전예방** : 설비보전 정보와 새로운 기술을 기초로 신뢰성, 조작성, 보전성, 안전성, 경제성 등이 우수한 설비의 선정, 조달 또는 설계를 하고 궁극적으로는 설비의 설계, 제작단계에서 보전활동이 불필요한 체제를 목표로 한 설비보전 방법을 뜻한다.
4) **사후보존** : 본문 설명

■ 정답 ■ 18.④ 19.② 20.① 21.④

22 주변 환경이 알맞은 온도에서 더운 환경으로 바뀔 때 인체의 적응 현상으로 틀린 것은?

① 발한이 시작된다.
② 직장 온도가 올라간다.
③ 피부 온도가 올라간다.
④ 피부를 경유하는 혈액량이 증가한다.

해설 온도변화에 대한 인체 적응
1) 적온에서 고온 환경으로 변할 때의 신체적 조절 작용
   ① 많은 양의 혈액이 피부를 경유하게 되며 온도가 올라간다.
   ② 직장(直腸)온도가 내려간다.
   ③ 발한(發汗)이 시작된다.
2) 적온에서 한냉 환경으로 변할 때의 신체의 조절 작용
   ① 피부 온도가 내려간다.
   ② 혈액은 피부를 경유하는 순환량이 감소하고, 많은 양의 혈액이 몸의 중심부를 순환한다.
   ③ 직장(直腸)온도가 약간 올라간다.
   ④ 소름이 돋고 몸이 떨린다.

23 다음 중 인체측정과 작업공간 설계에 관한 용어의 설명으로 틀린 것은?

① 정상작업영역 : 상완을 자연스럽게 수직으로 늘어뜨린 채, 손목을 움직여 닿을 수 있는 영역을 말한다.
② 최대작업영역 : 전완과 상완을 곧게 펴서 파악할 수 있는 영역을 말한다.
③ 정적 인체치수 : 마틴식 인체 측정기를 사용하여 측정한다.
④ 동적 인체치수 : 신체의 움직임에 따른 활동범위 등을 측정한다.

해설 정상작업역과 최대작업역
1) **정상작업역** : 상완(위팔)을 자연스럽게 수직으로 늘어뜨린 채 전완(아래팔)만으로 편하게 뻗어 파악할 수 있는 구역(34~45cm)
2) **최대작업역** : 저완과 상완을 곧게 펴서 파악할 수 있는 구역(55~65cm)

24 FT도의 기호 중 전이기호에 해당하는 것은?

① 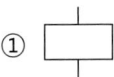 ②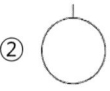

③ 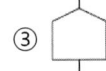 ④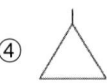

해설 ①항 : 결함사상
②항 : 기본사상
③항 : 통상사상
④항 : 전이기호(연결기호)

25 정량적 표시장치 중 정확한 정보전달 측면에서 가장 우수한 장치는?

① 디지털 표시 장치
② 지침고정형 표시장치
③ 원형 지침이동형 표시장치
④ 수직형 지침이동형 표시장치

해설 정량적 동적표시장치의 기본형
1) 정목동침(moving pointer)형 : 눈금이 고정되고 지침이 움직이는 형
2) 정침동목(moving scale)형 : 지침이 고정되고 눈금이 움직이는 형
3) 계수(digital)형 : 전력계나 택시요금 계기와 같이 기계, 전자적으로 숫자가 표시되는 형

26 표시장치의 지침을 움직이기 위한 회전형 노브(knob)의 반지름을 1cm에서 2cm로 바꾸었을 때 조정반응(C/R)비율의 변화에 대한 설명으로 옳은 것은?

① 4배 감소 ② 2배 감소
③ 2배 증가 ④ 4배 증가

해설 노브(knob)의 반지름을 1cm에서 2cm로 변경 시 C/R : 2배 증가

27 FTA에서 패스셋(path set) 및 최소패스셋(minimal path set)에 관한 내용으로 틀린 것은?

① 패스셋은 포함된 모든 사상이 일어나지 않았을 때 정상사상이 발생하지 않는 기본사상의 집합이다.
② 최소패스셋은 시스템의 신뢰성을 표시한다.
③ 패스셋에서 구한 정상사상의 발생확률이 그 시스템의 위험도이다.
④ 최소패스셋은 어떤 고장이나 실수를 일으키지 않으면 재해가 일어나지 않는가를 나타내는 것이다.

해설 ③항, 패스셋에서 구한 정상사상의 발생확률이 그 시스템의 신뢰도이다.

28 인간-기계 시스템에서 인간 실수가 발생하는 원인 중 출력 착오에 해당하는 것은?

① 감각의 착오
② 입력의 착오
③ 정보 처리 착오
④ 신체적 반응의 착오

해설 출력착오(out put error) : 신체적 반응의 착오

29 인간에 의한 제어 정도에 따른 인간-기계 시스템의 유형에 해당하지 않는 것은?

① 기계화 시스템
② 자동화 시스템
③ 수동 시스템
④ 감시제어 시스템

해설 인간·기계체계의 유형
  1) 수동체계
  2) 기계화체계(반자동체계)
  3) 자동체계

30 다음 중 인체계측 치수의 성격이 다른 것은?

① 팔 뻗침
② 눈 높이
③ 앉은 키
④ 엉덩이 너비

해설 1) 팔 뻗침 : 기능적 인체치수(동적인체계측)
  2) 눈높이, 앉은 키, 엉덩이 너비 등 : 구조적 인체치수(정적인체계측)

31 인적오류와 그에 따른 위험성을 예측하고 개선하기 위한 시스템 위험분석기법은?

① FMEA
② MORT
③ FHA
④ THERP

해설 THERP(인간과오율예측기법) : 인간의 과오를 정량적으로 평가하기 위한 안전해석기법이다.

32 기계설비의 본질 안전화를 개선시키기 위하여 검토하여야 할 사항으로 가장 적절한 것은?

① 재료, 제품, 공구 등을 놓아둘 수 있는 충분한 공간의 확보
② 작업자의 실수나 잘못이 있어도 사고가 발생하지 않도록 기계설비 설계
③ 안전한 통로를 설정하고, 작업장소와 통로를 명확히 구분
④ 작업의 흐름에 따라 기계설비를 배치시켜 운반작업 최소화

해설 기계설비의 본질안전화
  1) 안전기능이 기계설비에 내장되어 있을것
  2) 조작상 위험이 없도록 설계할 것
  3) fail safe 기능을 가질 것
  4) fool proof 기능을 가질 것

33 시스템의 위험분석기법에 해당하지 않는 것은?

① RULA ② ETA
③ FMEA ④ MORT

해설 시스템 위험분석기법
1) ETA : 사상수분석법
2) FMEA : 고장 형태와 영향분석
3) MORT : 경영소홀 및 위험수분석

34 다음 중 음성통신 시스템의 구성 요소에서 우수한 화자(speaker)의 조건으로 틀린 것은?

① 큰 소리로 말한다.
② 음절 지속시간이 길다.
③ 말할 때 기본 음성주파수의 변화가 작다.
④ 전체 발음시간이 길고, 쉬는 시간 짧다.

해설 ③항, 말할 때 기본 음성주파수의 변화가 크다.

35 휘도가 200cd/m²이고, 반사율이 40%인 작업장의 조도(lux)는?

① 80π ② 240π
③ 500π ④ 800π

해설 반사율 $= \pi \times \dfrac{휘도(cd/m^2)}{조도(lux)}$

∴ 조도(lux) $= \pi \times \dfrac{휘도(cd/m^2)}{반사율}$

$= \pi \times \dfrac{200}{0.4} = 500\pi$ [lux]

36 시스템의 평가척도 중 시스템의 목표를 잘 반영하는가를 나타내는 척도는?

① 신뢰성 ② 타당성
③ 민감도 ④ 무오염성

해설 타당성 : 측정하고자 하는 본래의 목적과 일치하느냐의 정도를 나타내는 기준이다.

37 동전던지기에서 앞면이 나올 확률 P(앞) = 0.5이고, 뒷면이 나올 확률 P(뒤) = 0.25일 때, 앞면과 뒷면이 나올 사건의 정보량을 각각 올바르게 나타낸 것은?

① 앞면 : 0.2bit, 뒷면 : 0.4bit
② 앞면 : 1.0bit, 뒷면 : 2.0bit
③ 앞면 : 0.1bit, 뒷면 : 1.0bit
④ 앞면 : 2.0bit, 뒷면 : 1.0bit

해설 1) 앞면이 나올 사건의 정보량(H_1)

$H_1 = \log_2\left(\dfrac{1}{P}\right) = \log_2\left(\dfrac{1}{0.5}\right) = 1.0\,bit$

2) 뒷면이 나올 사건의 정보량(H_2)

$H_2 = \log_2\left(\dfrac{1}{0.25}\right) = 2.0\,bit$

38 FT도에서 정상사상 G_1의 발생확률은? (단, G_2 = 0.1, G_3 = 0.2, G_4 = 0.3의 발생확률을 갖는다.)

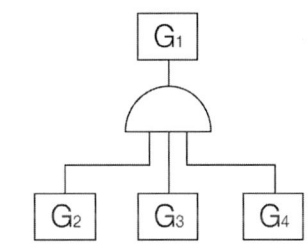

① 0.006 ② 0.300
③ 0.496 ④ 0.600

해설 $G_1 = G_2 \times G_3 \times G_4$
$= 0.1 \times 0.2 \times 0.3 = 0.006$

39 산업안전보건법령상 95dB(A)의 소음에 대한 허용노출 기준시간은? (단, 충격소음은 제외한다.)

① 1시간 ② 2시간
③ 4시간 ④ 8시간

■ 정답 ■ 33.① 34.③ 35.③ 36.② 37.② 38.① 39.③

해설 음압과 허용노출한계

dB	90	95	100	105	110	115	120
허용 노출 시간	8시간	4시간	2시간	1시간	30분	15분	5~8분

∴ 120dB 이상 : 격리 또는 격벽 설비

40 다음 중 부품배치의 원칙에 해당하지 않는 것은?

① 중요성의 원칙
② 사용빈도의 원칙
③ 사용순서의 원칙
④ 작업공간의 원칙

해설 부품배치의 4원칙
1) **중요성의 원칙** : 부품을 작동하는 성능이 체계의 목표달성에 긴요한 정도에 따라 우선순위를 설정한다.
2) **사용빈도의 원칙** : 부품을 사용하는 빈도에 따라 우선순위를 설정한다.
3) **기능별 배치의 원칙** : 기능적으로 관련된 부품들(표시장치, 조정장치 등)을 모아서 배치한다.
4) **사용순서의 원칙** : 사용되는 순서에 따라 장치들을 가까이에 배치한다.

제3과목 / 건설시공학

41 다음 흙막이 공법 중 지하연속벽 공법이 아닌 것은?

① 이코스공법   ② 웰 포인트 공법
③ 오거파일공법   ④ 슬러리월공법

해설 ②항, 웰 포인트공법 : 배수에 의한 지반개량 공법

42 콘크리트 재료적 성질에 기인하는 콘크리트 균열의 원인이 아닌 것은?

① 알칼리 골재반응
② 콘크리트의 중성화
③ 시멘트의 수화열
④ 혼화재료의 불균일한 분산

해설 콘크리트 균열의 원인
1) 알칼리 골재반응
2) 콘크리트의 중성화
3) 시멘트의 수화열
4) 염해

43 다음 중 토질시험 항목에 해당하지 않는 것은?

① 소성 한계시험   ② 3축 압축시험
③ 할렬 인장시험   ④ 비중 시험

해설 토질시험항목
1) 비중 시험
2) 소성한계 및 액성시험
3) 삼축압축시험
4) 압밀시험 등

44 현장에서 철근공사와 관련된 사항으로 옳지 않은 것은?

① 철근공사 착공 전 구조도면과 구조계산서를 대조하는 확인작업 수행
② 도면오류를 파악한 후 정정을 요구하거나 철근상세도를 구조평면도에 표시하여 승인 후 시공
③ 품질이 규격값 이하인 철근의 사용배제
④ 구부러진 철근을 다시 펴는 가공작업을 거친 후 재사용

해설 구부러진 철근을 다시 펴서 재사용하지 않는다.

■ 정답 ■ 40.④ 41.② 42.④ 43.③ 44.④

45 다음 중 시방서에 기재하는 사항이 아닌 것은?

① 재료, 장비, 설비의 유형과 품질
② 조립, 설치, 세우기의 방법
③ 도면의 도해적 표현
④ 시험 및 코드 요건

해설 **시방서의 기재내용**
1) 공사전체의 개요
2) 시방서의 적용범위, 공통 주의사항
3) 시공방법(준비사항, 공사의 정도, 사용 장비, 주의사항 등)
4) 사용재료(종류, 품질, 필요한 시험, 저장방법, 검사방법 등)
5) 특기사항

46 거푸집 해체작업 시 주의사항 중 옳지 않은 것은?

① 지주를 바꾸어 세우는 동안에는 그 상부작업을 제한하여 하중을 적게 한다.
② 높은 곳에 위치한 거푸집은 제거하지 않고 미장 공사를 실시한다.
③ 제거한 거푸집은 재사용을 위해 묻어 있는 콘크리트를 제거한다.
④ 진동, 충격 등을 주지 않고 콘크리트가 손상되지 않도록 순서에 맞게 거푸집을 제거한다.

해설 **거푸집 해체작업시 주의사항**
1) 거푸집의 제거는 보 옆이나 기둥을 먼저하고 보 밑이나 슬래브를 나중에 한다.
2) 진동, 충격 등을 주지 않고 콘크리트가 손상되지 않도록 한다.
3) 높은 곳 작업시에는 낙하사고에 유의해야 한다.
4) 터널폼은 크레인에 연결시켜 충분히 짖한 후 제거한다.
5) 지주(받침기둥)를 바꾸어 세우기 할 때는 상부의 작업을 제한하여 적재하중을 적게 하고, 집중하중을 받는 부분의 지주는 그대로 둔다.
6) 제거한 거푸집은 재사용할 수 있도록 적당한 장소에 정리하여 둔다.

47 섬유제 거푸집에 관한 설명으로 옳지 않은 것은?

① 탈수효과로 표면강도가 약간 감소한다.
② 경화시간이 단축된다.
③ 동결융해 저항성이 향상된다.
④ 통기효과로 인한 블리딩 감소 및 잉여수의 배출로 미관이 좋아진다.

해설 **섬유제 거푸집을 사용하였을 경우 효과**
1) 경화시간의 단축
2) 표면강도의 증가
3) 동결융해 저항성의 향상
4) 중성화 속도의 지연, 염분 침투성의 저감 등 내구성 향상
5) 물곰보 방지로 미관향상 등

48 흙막이 벽은 보통 버팀대로 지지되어 있으나 그 대신 어스앵커를 사용하기도 하는데 어스앵커의 PC강선에 가하는 힘의 종류는?

① 인장력   ② 압축력
③ 비틀림   ④ 전단력

해설 **어스앵커공법**(earth anchor)
1) 흙막이벽 이면 지반에 어스앵커를 설치하여 인발력으로 토압에 저항한다.
2) 어스앵커는 소정의 각도로써 소정의 깊이까지 원통형으로 굴착한 후 PC강선을 넣고 모르타르를 정착장까지 그라우팅하여 모르타르가 경화한 후에 PC강선을 재키로 당겨 인장응력을 준 다음 끝을 정착시킨다.

주 타이로드(tie rod) : 대형의 둥근막대(인장봉)

49 당해 공사의 특수한 조건에 따라 표준시방서에 대하여 추가, 변경, 삭제를 규정한 시방서는?

① 특기시방서   ② 안내시방서
③ 자료시방서   ④ 성능시방서

해설 **특기시방서** : 본문 설명

50 다음 금속 커튼월 공사의 작업흐름 중 ( )에 가장 적합한 것은?

> 기준먹매김 – ( ) – 커튼월 설치 및 보양 – 부속재료의 설치 – 유리설치

① 자재정리
② 구체 부착철물의 설치
③ seal 공사
④ 표면마감

해설 금속커튼월 공사 작업흐름도
1) 기준먹매김 → 2) 구체 부착철물의 설치 → 3) 커튼월 설치 및 보양 → 4) 부속 재료의 설치 → 5) 유리 설치

51 기초의 종류 중 기초슬래브의 형식에 따른 분류가 아닌 것은?

① 독립기초 ② 연속기초
③ 복합기초 ④ 직접기초

해설 푸팅(footing)기초 : 슬래브(slab)의 형식에 따라 다음과 같이 구분한다.
1) 독립기초 : 단일 기둥을 하나의 기초에 연결하여 지지하는 방식
2) 복합기초 : 2개 이상의 기둥을 하나의 기초에 연결하여 지지하는 방식
3) 연속기초(줄기초) : 연속된 기초판이 기둥 또는 벽의 하중을 지지하는 방식

52 건설도급회사의 공사실적 및 기술능력에 적합한 3~7개 정도의 시공회사를 선택한 후 그 시공회사로 하여금 입찰에 참여시키는 방법은?

① 특명입찰   ② 공개경쟁입찰
③ 지명경쟁입찰 ④ 제한경쟁입찰

해설 지명경쟁입찰 : 공사에 가장 적합하다고 인정되는 시공업자(3~7명 정도)를 지명하여 경쟁입찰에 붙이는 방식

53 철골공사에서 녹막이칠을 해야 하는 부분은?

① 고력볼트 마찰접합부의 마찰면
② 조립상 표면접합이 되는 면
③ 콘크리트에 매설되는 부분
④ 개방형 단면을 한 부재

해설 녹막이 칠을 할 필요가 없는 부분
1) 콘크리트에 밀착 또는 매입되는 부분
2) 조립에 의해 서로 밀착되는 면
3) 현장용접을 하는 부위 및 그곳에 인접하는 양측 10mm 이내(용접부에서 50mm 이내)
4) 고장력 볼트 마찰접합부의 마찰면
5) 폐쇄형 단면을 한 부재의 밀폐된 내면
6) 기계깎기 마무리면

54 그림과 같은 독립기초의 흙파기량으로 적당한 것은?

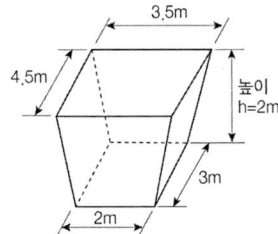

① 19.5m³
② 21.0m³
③ 23.7m³
④ 25.4m³

해설 길이가 서로 다른 것은 더한 후 2로 나누면 평균값이 나온다.

$$흙파기량 = \left(\frac{4.5+3}{2}\right) \times \left(\frac{3.5+2}{2}\right) \times 2 = 20.63 m^3$$

55 콘크리트 배합을 결정하는데 있어서 직접적으로 관계가 없는 것은?

① 물시멘트비 ② 골재의 강도
③ 단위시멘트량 ④ 슬럼프값

해설 **콘크리트의 배합설계 순서**
1) 소요강도(설계기준강도) · 배합강도 · 시멘트 강도 결정
2) 물 · 시멘트비 결정
3) 슬럼프값의 결정
4) 굵은골재 최대치수 및 잔골재율 결정
5) 단위수량 결정
6) 표준배합(시방배합)의 산출 및 현장배합의 조정

56 현장용접 시 발생하는 화재에 대한 예방조치와 가장 거리가 먼 것은?

① 용접기의 완전한 접지(earth)를 한다.
② 용접부분 부근의 가연물이나 인화물을 치운다.
③ 착의, 장갑, 구두 등을 건조상태로 한다.
④ 불꽃이 비산하는 장소에 주의한다.

57 철근의 가스압접이음에 대한 설명으로 옳지 않은 것은?

① 접합전에 압접면을 그라인더로 평탄하게 가공해야 한다.
② 이음공법 중 접합강도가 아주 큰 편이며 성분 원소의 조직변화가 적다.
③ 철근의 항복점 또는 재질이 다른 경우에도 적용가능하다.
④ 이음위치는 인장력이 가장 적은 곳에서 하고 한곳에 집중해서는 안된다.

해설 ③항, 철근의 항복점 또는 재질이 다른 경우에는 적용이 불가능하다.

58 다음 중 굳지 않은 콘크리트의 측압에 대한 영향이 가장 작은 것은?

① 굳지 않은 콘크리트의 다지기 방법
② 기온 및 대기의 습도
③ 콘크리트 부어넣기 속도
④ 콘크리트 발열

해설 **콘크리트 발열** : 콘크리트 측압에 영향을 주지 않는다.

59 콘크리트 타설시 물과 다른 재료와의 비중 차이로 콘크리트 표면에 물과 함께 유리석회, 유기불순물 등이 떠오르는 현상을 무엇이라 하는가?

① 블리딩 ② 컨시스턴시
③ 레이턴스 ④ 워커빌리티

해설 **블리딩 및 레이턴스**
1) **블리딩**(bleeding) : 콘크리트 타설 후 시멘트, 골재등의 침하에 따라 물이 분리 상승되어 표면에 떠오르는 현상
2) **레이턴스**(laitance) : 블리딩에 의해 떠오른 미립물이 물의 증발에 따라 콘크리트 표면에 얇은 막으로 침적되는 현상

60 건축 목공사의 시공계획을 수립함에 있어서 필요치 않은 것은?

① 가설물 계획
② 시공계획도의 작성
③ 현치도 작성
④ 공정표 작성

해설 **현치도(원척도) 및 시공도 작업** : 시공계획이 아닌 본공사 진행 중에 필요한 도면

■ 정답 ■ 55.② 56.③ 57.③ 58.④ 59.① 60.③

제4과목 / 건설재료학

61 화재에 의한 목재의 가연 발생을 막기 위한 방화법 중 옳지 않은 것은?

① 유성페인트 도포
② 난연처리
③ 불연석 막에 의한 피복
④ 대 단면화

해설 유성페인트 도포는 방습 및 방부효과는 있으나 방화법은 될 수 없다.

62 흡음재료의 특성에 대한 설명으로 옳은 것은?

① 유공판재료는 재료내부의 공기진동으로 고음역의 흡음효과를 발휘한다.
② 판상재료는 뒷면의 공기층에 강제진동으로 흡음효과를 발휘한다.
③ 다공질재료는 적당한 크기나 모양의 관통구멍을 일정 간격으로 설치하여 흡음효과를 발휘한다.
④ 유공판재료는 연질섬유판, 흡음텍스가 있다.

해설 판상흡음재
1) 판상 또는 박막상의 재료를 견고한 바탕위에 설치한 띠 모양에 고정시킨 흡음재 이다.
2) 판상흡음재는 그 표면에 입사된 음파에 의하여 재료가 진동을 일으켜서 판상재에 생기는 내부마찰에 의하여 음에너지를 흡수한다.

63 바닥강화재의 사용목적과 가장 거리가 먼 것은?

① 내마모성 증진　② 내화확성 증진
③ 분진방지성 증진　④ 내수성 증진

해설 바닥강화제의 사용목적
1) 내마모성 증진
2) 내화학성(내약품성)증진
3) 분진방지성 증진
4) 내구성 증진

64 다음 중 방청도료와 가장 거리가 먼 것은?

① 알루미늄 페인트
② 역청질 페인트
③ 워시 프라이머
④ 오일 서페이서

해설 방청도료
1) 광명단 도료
2) 산화철 도료
3) 알루미늄 도료
4) 징크로메이트 도료(zincromate paint)
5) 워시 프라이머(wash primer)
6) 역청질 도료

65 염화비닐과 적산비닐을 주원료로 하여 석면, 펄프 등을 충전제로 하고 안료를 혼합하여 롤러로 성형 가공한 것으로 폭 90cm, 두께 2.5mm 이하의 두루마리형으로 되어 있는 것은?

① 염화비닐 타일
② 아스팔트 타일
③ 폴리스티렌 타일
④ 비닐 시트

해설 비닐시트(polyvinyl chloride sheet)
1) 본문설명
2) 부드럽고 보행촉감이 좋으며 자국이 나도 회복되기 쉽고 마모도 적다
3) 목조마루, 온돌, 콘크리트바닥 등의 바탕에 자유로이 이용할 수 있다.

66 수밀콘크리트의 배합에 관한 설명으로 옳지 않은 것은?

① 배합은 콘크리트의 소요품질이 얻어지는 범위 내에서 단위수량 및 물결합재비를 가급적 적게 한다.
② 콘크리트의 소요 슬럼프는 가급적 크게 하고 210mm 이하가 되도록 한다.
③ 콘크리트의 워커빌리티를 개선시키기 위해 공기연행제, 공기연행감수제 또는 고성능 공기연행감수제를 사용하는 경우라도 공기량은 4% 이하가 되게 한다.
④ 물결합재비는 50% 이하를 표준으로 한다.

해설 콘크리트의 소요슬럼프는 가급적 적게하여 180mm 이하가 되도록 한다.

67 보통 포틀랜드시멘트와 비교한 고로시멘트의 특징으로 옳지 않은 것은?

① 장기강도가 크다.
② 해수나 하수 등에 대한 저항성이 우수하다.
③ 미분말로서 초기강도 발현이 용이하다.
④ 초기 수화열이 낮다.

해설 고로시멘트는 초기강도가 작고 장기강도는 크다.

68 다음 접착제 중에서 내수성이 가장 강한 것은?

① 아교　　　　② 카세인
③ 실리콘수지　　④ 혈액알부민

해설 실리콘수지 접착제
1) 특성 : 내수성이 뛰어나고 200℃열을 계속가해도 견디는 내열성이 우수하며 전기절연성이 있다.
2) 용도 : 피혁류, 텍스, 유리섬유판 등의 접착제로 사용된다.

69 단열재의 특성에서 전열의 3요소가 아닌 것은?

① 전도　　　　② 대류
③ 복사　　　　④ 결로

해설
1) 단열재 : 열을 차단할 수 있는 성능을 가진 재료로서 상온에서 열전도율의 값이 0.05 kcal/m hr ℃ 내외의 값을 갖는 재료를 말한다.
2) 단열재로 전열의 3요소
① 전도
② 대류
③ 복사

70 다음 합성수지 중 투명도가 가장 큰 것은?

① 페놀수지　　　② 메타크릴수지
③ 네오프렌수지　④ A.B.S수지

해설 메타크릴수지 : 무색투명하고 강인성, 내약품성이 매우 크다.

71 보통포틀랜드시멘트의 비중에 관한 설명으로 옳지 않은 것은?

① 동일한 시멘트인 경우에 풍화한 것일수록 비중이 작아진다.
② 일반적으로 3.15 정도이다.
③ 르샤틀리에의 비중병으로 측정된다.
④ 소성온도와 상관없이 일정하며, 제조 직후의 값이 가장 작다.

해설 보통포틀랜드시멘트의 비중
1) ①, ②, ③항
2) 소성이 불충분하거나 소성온도가 높을수록 비중은 작아진다.
3) 성분중에 SiO_2, Fe_2O_3가 부족할수록 비중이 작아진다.

■ 정답 ■　66.②　67.③　68.③　69.④　70.②　71.④

72 일반적으로 목재의 강도 중 가장 작은 것은?

① 압축강도　② 전단강도
③ 인장강도　④ 휨강도

[해설] 목재강도의 크기순서 : 인장강도 〉 휨강도 〉 압축강도 〉 전단강도

73 점토의 종류와 제품과의 관계를 나타낸 것 중 옳지 않은 것은?

① 토기 – 벽돌　② 자기 – 기와
③ 도기 – 내장타일　④ 석기 – 외장타일

[해설] 전토의 종류와 제품

종류	원료	제품
토기	전답의흙(보통점토)	벽돌, 기와, 토관
도기	도토(석영・운모의풍화물)	타일, 테라코타, 위생용기
석기	양질점토(유기질없음)	벽돌, 타일, 토관, 테라코타
자기	양질점토또는 장석분	타일, 위생토기

74 목재의 방부제 처리법 중 가장 침투깊이가 깊어 방부효과가 크고 내구성이 양호한 것은?

① 침지법
② 도포법
③ 가압주입법
④ 상압주입법

[해설] 목재의 방부제 처리법
1) 도포법 : 방주레르 목재 표면에 도포하는 방법이다.
2) 주입법 : 방부제를 목재 중에 주입하는 방법으로, 상압주입법, 가압주입법(침투깊이 가장 깊음)이 있다.
3) 침지법 : 목재를 방부제 용액 중에 침지시키는 방법이다.

75 수경성 미장재료를 시공할 때 주의사항이 아닌 것은?

① 적절한 통풍을 필요로 한다.
② 물을 공급하여 양생한다.
③ 습기가 있는 장소에서 시공이 유리하다.
④ 경화 시 직사일광 건조를 피한다.

[해설] 적절한 통풍이 필요한 것은 기경성 재료이다.

> **[길잡이]** 응결・경화방식에 따른 미장재료의 분류
> 1) 수경성 미장재료(팽창성) : 물(H_2O)과 수화반응에 의해 경화하는 미장재료이다.
>   ① 시멘트 모르타르 : 시멘트+모래+물
>   ② 석고 플라스터 : 석고+모래+여물+물
>   ③ 경석고 플라스터 : 무수석고+모래+여물+물
>   ④ 인조석 바름 : 시멘트모르타르+인조석
>   ⑤ 테라조(terrazzo)현장바름 : 백시멘트+안료+종석(대리석, 화강석 등)
> 2) 기경성 미장재료(수축성) : 공기중에서 경화하는 미장재료이며 종류는 다음과 같다.
>   ① 진흙 : 진흙+짚여물_물
>   ② 회반죽 : 소석회+모래+여물+해초풀
>   ③ 회사벽 : 석회죽(lime cream)+모래 (필요시 시멘트 또는 여물 혼입)
>   ④ 돌로마이트 플라스터 : 돌로마이트 석회(마그네시아 석회)+모래+여물+물

76 시멘트 혼화재료 중 연행공기를 발생시켜 볼베어링 효과가 나타나도록 하는 것은?

① 포졸란　② 플라이애시
③ A.E.제　④ 경화 촉진제

[해설] AE제(air entraining agent) : 공기연행제
1) 계면활성제의 일종으로 콘크리트 속에 독립된 미세한 기포를 골고루 분산시키는 작용을 한다.
2) 콘크리트의 작업성 및 동결융해에 대한 저항성을 향상시킨다.

■ 정답 ■　72.②　73.②　74.③　75.①　76.③

3) 블리딩을 감소시킨다.
4) 콘크리트 경화시 경화수축을 감소시키는 균열을 방지한다.
5) 물-시멘트비(W/C)가 일정할 경우 공기량이 10% 증가함에 따라 압축강도는 약 4~6%, 휨강도는 약 2~3%, 탄성계수는 8×10^3 kg/cm² 정도 감소시킨다.

77 벽, 기둥 등의 모서리를 보호하기 위하여 미장바름질을 할 때 붙이는 보호용 철물은?

① 줄눈대 ② 코너비드
③ 드라이브 핀 ④ 조이너

해설 1) 줄눈대 : 테라조, 인조석 등의 신축균열방지 및 의장효과를 위해 구획하는 줄눈에 넣는 철물(줄눈쇠라고도 함)
2) 코너비드(corner bead) : 본문설명(모서리쇠)
3) 드라이브 핀 : 못박이총(drivit)을 사용하여 콘크리트나 철판등에 순간적으로 처박는 특수못
4) 조이너(joiner) : 천정, 벽 등에 보드(board)류를 붙이고 그 이음새를 감추는 데 쓰이는 철물

78 각종 석재에 대한 설명으로 옳지 않은 것은?

① 대리석은 강도는 매우 높지만 내화성이 낮고 풍화되기 쉬우며 산에 약하기 때문에 실외용으로 적합하지 않다.
② 점판암은 박판으로 채취할 수 있으므로 슬레이트로서 지붕 등에 사용된다.
③ 화강암은 견고하고 대형재를 생산할 수 있으며 외장재로 사용이 가능하다.
④ 응회암은 화성암의 일종으로 내화벽 또는 구조재 등에 쓰인다.

해설 응회암 : 수성암의 일종이다.

79 시멘트의 저장과 관련된 기준으로 옳지 않은 것은?

① 3개월 이하 단기간 저장한 시멘트는 굳은 덩어리가 있더라도 사용이 가능하다.
② 시멘트를 쌓아올리는 높이는 13포대 이하로 하는 것이 바람직하다.
③ 시멘트의 온도는 일반적으로 50℃ 정도 이하를 사용하는 것이 좋다.
④ 시멘트는 방습적인 구조로 된 사일로 또는 창고에 품종별로 구분하여 저장하여야 한다.

해설 저장중의 시멘트에 덩어리가 생겼을 경우에는 구조물에 사용해서는 안된다.

80 알루미늄에 관한 설명으로 옳지 않은 것은?

① 250 ~ 300℃ 에서 풀림한 것은 콘크리트 등의 알칼리에 침식되지 않는다.
② 비중은 철의 1/3 정도이다.
③ 전연성이 좋고 내식성이 우수하다.
④ 온도가 상승함에 따라 인장강도가 급격히 감소하고 600℃ 에 거의 0이 된다.

해설 알루미늄(Al) : 250~300℃에서 풀림한 것은 특히 산이나 알칼리 및 해수에 침식되기 쉬우므로 콘크리트 및 해수에 접하거나 흙속에 매립된 경우에는 사용을 금하거나 특히 주의하여 사용하여야 한다.

제5과목 / 건설안전기술

81 말뚝박기 해머(hammer)중 연약지반에 적합하고 상대적으로 소음이 적은 것은?

① 드롭 해머(drop hammer)
② 디젤 해머(diesel hammer)
③ 스팀 해머(steam hammer)
④ 바이브로 해머(vibro hammer)

해설 바이브로 해머(vibro hammer ; 진동해머)
1) 진동에 의한 말뚝박기 및 빼기 기구이다.
2) 소음이 적고 연약지반에 적합하다.

82 철골 작업을 중지해야 할 강설량 기준으로 옳은 것은?

① 강설량이 시간당 1mm 이상인 경우
② 강설량이 시간당 5mm 이상인 경우
③ 강설량이 시간당 1cm 이상인 경우
④ 강설량이 시간당 5cm 이상인 경우

해설 철골작업을 중지해야하는 기상조건
1) 풍속 : 10m/sec 이상
2) 강우량 : 1mm/hr 이상
3) 강우량 : 1cm/hr 이상

83 옥외에 설치되어 있는 주행크레인에 대하여 이탈방지장치를 작동시키는 등 이탈 방지를 위한 조치를 하여야 하는 순간 풍속 기준은?

① 초당 10m 초과
② 초당 20m 초과
③ 초당 30m 초과
④ 초당 40m 초과

해설 폭풍에 의한 이탈방지조치 및 이상유무 점검
1) 이탈방지조치 : 순간 풍속이 30m/sec를 초과하는 바람이 불어올 우려가 있을 때는 옥외 설치 주행 크레인에 대하여 이탈방지장치를 작동시킬 것
2) 이상유무점검 : 순간 풍속이 30m/sec를 초과하는 바람이 불어온 후 또는 중진 이상 진도의 지진 후에는 크레인의 각 부위의 이상유무를 점검할 것

84 철골조립 공사 중에 볼트작업을 하기 위해 주체인 철골에 매달아서 작업발판으로 이용하는 비계는?

① 달비계   ② 말비계
③ 달대비계   ④ 선반비계

해설 달비계 및 달대비계
1) 달비계 : 와이어로프나 철선 등을 이용하여 상부지점에 승강할 수 있는 작업용 발판을 매다는 형식의 비계로서 건물외벽의 도장이나 청소 등의 작업에 사용된다.
2) 달대비계 : 철골공사의 리벳치기, 볼트 작업시에 주로 이용되는 것으로 주체인 철골에 매달아서 작업발판을 만드는 비계로서 상하이동을 시킬 수 없는 것이다.

85 철골공사의 용접, 용단작업에 사용되는 가스의 용기는 최대 몇 ℃ 이하로 보존해야 하는가?

① 25℃   ② 36℃
③ 40℃   ④ 48℃

해설 금속의 용접·용단 또는 가열에 사용되는 가스 등의 용기의 온도 : 40℃이하로 유지할 것

86 기계가 서 있는 지면보다 높은 곳을 파는 작업에 가장 적합한 굴착기계는?

① 파워셔블   ② 드래그라인
③ 백호우   ④ 클램쉘

해설
1) 파워셔블(power shovel) : 중기가 위치한 지면보다 높은 장소 굴착시 적합
2) 백호우(drag shovel, 드래그 셔블) : 중기가 위치한 지면보다 낮은 장소 굴착시 적합(앞쪽

■ 정답 ■ 81.④ 82.③ 83.③ 84.③ 85.③ 86.①

으로 끌어당기면서 작업)
3) 드래그 라인(drag line) : 지반보다 낮은 연질 지반의 넓은 굴착에 적합(힘이 약함)
4) 클램셸(clamshell) : 붐의 선단에서 버킷을 와이어로프로 매달아 바로 아래로 떨어뜨려 흙을 떠 올리는 중기

87 이동식 사다리를 설치하여 사용하는 경우의 준수 기준으로 옳지 않은 것은?

① 길이가 6m를 초과해서는 안된다.
② 다리의 벌림은 벽 높이의 1/4 정도가 적당하다.
③ 미끄럼방지 발판은 인조고무 등으로 마감한 실내용을 사용하여야 한다.
④ 벽면 상부로부터 최소한 90cm 이상의 연장 길이가 있어야 한다.

해설 벽면 상부로부터 최소한 1m이상의 연장길이가 있어야 한다(고용노동부고시)

88 토석붕괴의 요인 중 외적 요인이 아닌 것은?

① 토석의 강도저하
② 사면, 법면의 경사 및 기울기의 증가
③ 절토 및 성토 높이의 증가
④ 공사에 의한 진동 및 반복하중의 증가

해설 토사붕괴의 원인(고용노동부고시)
1) 외적요인
  ① 사면, 법면의 경사 및 구배의 증가
  ② 절토 및 성토 높이의 증가
  ③ 공사에 의한 진동 및 반복하중의 증가
  ④ 지표수 및 지하수의 침투에 의한 토사중량 증가
  ⑤ 지진, 차량, 구조물의 하중
2) 내적요인
  ① 절토사면의 토질, 암석
  ② 성토사면의 토질
  ③ 토석의 강도저하

89 안전난간의 구조 및 설치기준으로 옳지 않은 것은?

① 안전난간은 상부난간대, 중간난간대, 발끝 막이판, 난간기둥으로 구성할 것
② 상부난간대와 중간난간대는 난간 길이 전체에 걸쳐 바닥면 등과 평행을 유지할 것
③ 발끝막이판은 바닥면 등으로부터 10cm이상의 높이를 유지할 것
④ 안전난간은 구조적으로 가장 취약한 지점에서 가장 취약한 방향으로 작용하는 80kg 이상의 하중에 견딜 수 있는 튼튼한 구조일 것

해설 안전난간의 구조 및 설치요건(안전보건규칙 제13조)
1) ①, ②, ③항
2) 안전난간은 구조적으로 가장 취약한 지점에서 가장 취약한 방향으로 작용하는 100kg이상의 하중에 견딜 수 있는 튼튼한 구조일 것
3) 상부난간대는 바닥면, 발판 또는 경사로의 표면(이하 "바닥면 등")으로부터 90cm 이상지점에 설치하고, 상부난간대를 120cm 이하에 설치하는 경우 중간난간대는 상부난간대와 바닥면 등의 중간에 설치하여야 하며, 120cm 이상 지점에 설치하는 경우에는 중간난간대를 2단 이상으로 균등하게 설치하고 난간의 상하간격은 60cm 이하가 되도록 할 것
4) 난간기둥은 상부난간대와 중간난간대를 견고하게 떠받칠 수 있도록 적정 간격을 유지할 것
5) 난간대는 지름 2.7cm 이상의 금속제 파이프나 그 이상의 강도가 있는 재료일 것

90 콘크리트의 양생 방법이 아닌 것은?

① 습윤 양생   ② 건조 양생
③ 증기 양생   ④ 전기 양생

해설 1) 습윤양생(수중양생, 살수양생)
2) 증기양생
3) 전기양생
4) 피막양생

■ 정답 ■ 87.④ 88.① 89.④ 90.②

91 공사종류 및 규모별 안전관리비 계상기준표에서 공사종류의 명칭에 해당되지 않는 것은?

① 철도·궤도신설공사
② 일반건설공사(병)
③ 중건설공사
④ 특수 및 기타건설공사

해설 안전관리비 계상기준에서 공사의 종류
  1) 일반건설공사(갑)
  2) 일반건설공사(을)
  3) 중건설공사
  4) 철도·궤도 신설공사
  5) 특수 및 기타건설공사
  [참고] 법 개정 : 내용 변경

92 철골공사에서 기둥의 건립작업 시 앵커볼트를 매립할 때 요구되는 정밀도에서 기둥중심은 기준선 및 인접기둥의 중심으로부터 얼마 이상 벗어나지 않아야 하는가?

① 3mm ② 5mm
③ 7mm ④ 10mm

해설 철골기둥 건립시 앵커볼트를 매립할 때 요구되는 정밀도 : 철골기둥중심이 기준선 및 인접기둥 중심에서 5mm 이상 벗어나지 않을 것

93 추락재해를 방지하기 위하여 10cm 그물코인방망을 설치할 때 방망과 바닥면 사이의 최소 높이로 옳은 것은? (단, 설치된 방망의 단변방향 길이 L = 2m, 장변방향 방망의 지지간격 A = 3m이다.)

① 2.0m ② 2.4m
③ 3.0m ④ 3.4m

해설 L<A일 때 10cm 그물코의 방망과 바닥면 사이의 높이(H)
$$H = \frac{0.85}{4}(L+3A)$$
$$= \frac{0.85}{4} \times (2+3\times 3) = 2.34\text{m}$$

길잡이 허용낙하높이 및 방망과 바닥면 높이

높이 종류 조건	낙하높이(H_1)		방망과 바닥면 높이(H_2)		방망의 처짐길이 (S)
	단일방망	복합방망	10cm 그물코	5cm 그물코	
L < A	$\frac{1}{4}(L+2A)$	$\frac{1}{5}(L+2A)$	$\frac{0.85}{4}(L+3A)$	$\frac{0.95}{4}(L+3A)$	$\frac{1}{4}(L+2A)\times\frac{1}{3}$
L ≥ A	$\frac{3}{4}L$	$\frac{3}{5}L$	0.85L	0.95L	$\frac{3}{4}L\times\frac{1}{3}$

위 [표]에서,
L : 단편방향길이[m]
A : 장편방향 방망의 지지간격

94 화물용 승강기를 설계하면서 와이어로프의 안전하중은 10ton이라면 로프의 가닥수를 얼마로 하여야 하는가? (단, 와이어로프 한 가닥의 파단강도는 4ton이며, 화물용 승강기 와이어로프의 안전율은 6으로 한다.)

① 10가닥 ② 15가닥
③ 20가닥 ④ 30가닥

해설 1) 와이어로프 한가닥의 허용하중(안전하중)
$$\text{안전율} = \frac{\text{파단강도}}{\text{안전하중}}$$
$$\text{안전하중} = \frac{\text{파단강도}}{\text{안전율}}$$
2) 안전하중 10ton의 로프가닥수
$$\text{로프가닥수} = \frac{\text{안전하중}}{\text{한가닥 안전하중}}$$
$$= \frac{10}{4/6} = 15\text{가닥}$$

95 강재 거푸집과 비교한 합판 거푸집의 특성이 아닌 것은?

① 외기 온도의 영향이 적다.
② 녹이 슬지 않음으로 보관하기가 쉽다.
③ 중량이 무겁다.
④ 보수가 간단하다.

해설 합판거푸집 : 강재거푸집보다 중량이 가볍다.

■ 정답 ■ 91.② 92.② 93.② 94.② 95.③

96 다음은 지붕 위에서의 위험방지를 위한 내용이다. 빈 칸에 알맞은 수치로 옳은 것은?

> 슬레이트, 선라이트(sunlight)등 강도가 약한 재료로 덮은 지붕 위에서 작업을 할 때에 발이 빠지는 등 근로자가 위험해질 우려가 있는 경우 폭 (　) 이상의 발판을 설치하거나 안전방망을 치는 등 위험을 방지하기 위하여 필요한 조치를 하여야 한다.

① 20cm　　② 25cm
③ 30cm　　④ 40cm

해설 슬레이트, 선라이트(sunlight)등 지붕 위에서의 작업시 위험방지조치사항
1) 폭 30cm 이상의 발판 설치
2) 안전방망 설치

97 다음 중 건설공사관리의 주요 기능이라 볼 수 없는 것은?

① 안전관리　　② 공정관리
③ 품질관리　　④ 재고관리

해설 건축시공의 5대관리
1) 공정관리　　2) 원가관리
3) 품질관리　　4) 안전관리
5) 환경관리

98 다음은 작업으로 인하여 물체가 떨어지거나 날아올 위험이 있는 경우에 조치하여야 하는 사항이다. 빈 칸에 알맞은 내용으로 옳은 것은?

> 낙하물 방지망 또는 방호선반을 설치하는 경우 높이 10m 이내마다 설치하고, 내민 길이는 벽면으로부터 (　) 이상으로 할 것

① 2m　　② 2.5m
③ 3m　　④ 3.5m

99 사다리를 설치하여 사용함에 있어 사다리 지주 끝에 사용하는 미끄럼 방지 재료로 적당하지 않은 것은?

① 고무　　② 코르크
③ 가죽　　④ 비닐

해설 미끄럼방지장치 : 사다리를 설치하여 사용할 때는 다음 사항을 준수하도록 할 것
1) 미끄럼방지장치 사다리 지주의 끝에 고무, 코르크, 가죽, 강스파이크 등을 부착시켜 바닥과의 미끄럼을 방지하는 안전장치가 있어야 한다.
2) 쐐기형 강스파이크는 지반이 평탄한 맨땅 위에 세울 때 사용하여야 한다.
3) 미끄럼방지 판자 및 미끄럼방지 고정쇠는 돌마무리 또는 인조선 깔기마감한 바닥용으로 사용하여야 한다.
4) 미끄럼방지 발판은 인조고무 등으로 마감한 실내용으로 사용하여야 한다.

100 현장에서 가설통로의 설치 시 준수사항으로 옳지 않은 것은?

① 건설공사에 사용하는 높이 8m 이상인 비계다리에는 10m 이내마다 계단참을 설치할 것
② 수직갱에 가설된 통로의 길이가 15m 이상인 때에는 10m 이내마다 계단참을 설치할 것
③ 경사가 15°를 초과하는 때에는 미끄러지지 아니하는 구조로 할 것
④ 경사는 30°이하로 할 것

해설 가설통로의 구조 : 가설통로 설치시 준수사항
1) 견고한 구조로 할 것
2) 경사는 30° 이하로 할 것(다만, 계단을 설치하거나 높이 2m 미만의 가설통로로서 튼튼한 손잡이를 설치한 때에는 그러하지 아니하다)
3) 경사가 15°를 초과하는 때에는 미끄러지지 않는 구조로 할 것
4) 추락의 위험이 있는 장소에는 안전난간을 설치할 것(작업상 부득이한 때에는 필요한 부분에 한하여 임시로 이를 해체할 수 있다)
5) 수직갱에 가설된 통로의 길이가 15m 이상인 때에는 10m 이내마다 계단참을 설치할 것
6) 건설공사에서 사용하는 높이 8m이상인 비계다리에는 7m 이내마다 계단을 설치할 것

2024년 2회 CBT복원 기출문제
건설안전산업기사

제1과목 / 산업안전관리론

01 인지과정 착오의 요인이 아닌 것은?

① 정서 불안정
② 감각차단 현상
③ 작업자의 기능미숙
④ 생리·심리적 능력의 한계

해설 착오요인(대뇌의 휴먼에러)
1) 인지과정 착오
   ① 생리, 심리적 능력의 한계
   ② 정보량 저장능력의 한계
   ③ 감각차단현상(단조로운 업무, 반복작업시 발생)
   ④ 정서불안정(공포, 불안, 불만)
2) 판단과정 착오
   ① 능력부족
   ② 정보부족
   ③ 자기합리화
   ④ 환경조건의 불비
3) 조치과정 착오 : 기술능력 미숙 및 경험부족에서 발생

02 재해예방의 4원칙에 해당되지 않는 것은?

① 손실발생의 원칙 ② 원인계기의 원칙
③ 예방가능의 원칙 ④ 대책선정의 원칙

해설 재해예방의 4원칙
1) 손실우연의 원칙 2) 원인계기의 원칙
3) 예방가능의 원칙 4) 대책선정의 원칙

03 자율검사프로그램을 인정받으려는 자가 한국산업안전보건공단에 제출해야 하는 서류가 아닌 것은?

① 안전검사대상 유해·위험기계 등의 보유현황
② 유해·위험기계 등의 검사 주기 및 검사기준
③ 안전검사대상 유해·위험기계의 사용 실적
④ 향후 2년간 검사대상 유해·위험기계 등의 검사 수행계획

해설 자율검사프로그램을 인정받으려는 자가 산업안전보건공단에 제출해야 할 서류(시행규칙 제74조의 2)
1) ①, ②, ④항
2) 검사원 보유현황과 검사를 할 수 있는 장비 관리방법
3) 과거 2년간 자율검사프로그램 수행 실적(재신청의 경우만 해당)
4) 자율검사프로그램 인정신청서

04 도수율이 12.57, 강도율이 17.45인 사업장에서 1명의 근로자가 평생 근무한다면 며칠의 근로손실이 발생하겠는가? (단, 1인 근로자의 평생근로시간은 10^5시간이다.)

① 1257일   ② 126일
③ 1745일   ④ 175일

해설 1) 환산강도율 : 근로자가 평생(입사 → 퇴직, 40년, 10만 시간)근무하였을 때 발생하는 근로손실일수를 의미한다.
2) 환산강도율 = 강도율×100
            = 17.45×100 = 1745일

■정답■ 01.③ 02.① 03.③ 04.③

05 피로를 측정하는 방법 중 동작분석, 연속 반응시간 등을 통하여 피로를 측정하는 방법은?

① 생리학적 측정
② 생화학적 측정
③ 심리학적 측정
④ 생역학적 측정

해설 피로의 측정법
1) **생리학적 방법** : 근전도(EMG), 산소소비량 및 에너지대사율, 피부전기반사(GSR), 프릿가값(융합점멸주파수 : 대뇌활동측정) 등
2) **화학적 방법** : 혈색소농도, 혈액수준, 혈단백, 응혈시간, 혈액, 요전해질, 요단백, 요교질, 배설량 등
3) **심리학적 방법** : 피부(전위)저장, 동작분석, 연속반응시간, 행동기록, 정신작업, 전신자각 증상, 집중유지기능 등

06 자신의 약점이나 무능력, 열등감을 위장하여 유리하게 보호함으로써 안정감을 찾으려는 방어적 적응기제에 해당하는 것은?

① 보상   ② 고립
③ 퇴행   ④ 억압

해설 1) 보상 : 본문설명
2) 고립(isolation) : 자신이 없을 때 현실에서 피함으로서 곤란한 상황과의 접촉을 벗어나 자기 내부로 도피하려는 행동이다.
3) 퇴행(regression) : 현실의 곤란한 장면에서 이겨내지 못하고 옛날 어린 시절로 되돌아가려는 행동이다. 즉 발전단계를 역행함으로서 욕구를 충족하려는 행동이다.
4) 억압(repression) : 불쾌감이나 욕구불만 등의 갈등으로 생긴 욕구를 의식 밖으로 배제함으로서 얻는 행동이다.
즉 현실적인 필요(역망, 감정)를 묵살함으로서 오히려 자신의 안정을 유지하려는 행동이다.

07 ERG(Existence Relation Growth)이론을 주창한 사람은?

① 매슬로우(Maslow)
② 맥그리거(McGregor)
③ 테일러(Taylor)
④ 알더퍼(Alderfer)

해설 알더퍼(Alderfer)의 ERG이론
1) **생존(Existence)욕구(존재욕구)** : 신체적인 차원에서 유기체의 생존과 유지에 관련된 욕구
2) **관계(Relatedness)욕구** : 타인과의 상호작용을 통해 만족되는 대인욕구
3) **성장(Growth)욕구** : 개인적인 발전과 증진에 관한 욕구

08 공장 내에 안전·보건표지를 부착하는 주된 이유는?

① 안전의식 고취
② 인간 행동의 변화 통제
③ 공장 내의 환경 정비 목적
④ 능률적인 작업을 유도

해설 1) 안전·보건표지를 부착하는 주된 이유 : 안전의식 고취
2) 안전표지의 사용목적 : 위험성을 표지로 경고 → 인간행동의 변화 및 작업환경 통제 → 사전에 재해예방

09 하인리히(Heinrich)의 이론에 의한 재해 발생의 주요 원인에 있어 다음 중 불안전한 행동에 의한 요인이 아닌 것은?

① 권한 없이 행한 조작
② 전문지식의 결여 및 기술, 숙련도 부족
③ 보호구 미착용 및 위험한 장비에서 작업
④ 결함 있는 장비 및 공구의 사용

해설 ②항, 전문지식의 결여 및 기술, 숙련도 부족 : 간접원인 중 교육적 원인

■정답■ 05.③ 06.① 07.④ 08.① 09.②

10 인간의 실수 및 과오의 요인과 직접적인 관계가 가장 먼 것은?

① 관리의 부적당 ② 능력의 부족
③ 주의의 부족 ④ 환경조건의 부적당

해설 인간의 실수 및 과오의 3대요인
1) 능력의 부족
   ① 적성의 부적합 ② 지식의 부족
   ③ 기술의 미숙 ③ 인간관계
2) 주의의 부족
   ① 개성   ② 감성의 불안정
   ③ 습관성 ④ 감수성 미약
3) 환경조건의 불량
   ① 재해표준 및 작업조건 불량
   ② 연락 및 의사소통 불량
   ③ 계획 불충분
   ④ 불안과 동요

11 산업안전보건법상 사업 내 안전·보건교육의 교육과정에 해당하지 않는 것은?

① 검사원 정기점검교육
② 특별안전·보건교육
③ 근로자 정기안전·보건교육
④ 작업내용 변경 시의 교육

해설 안전보건교육의 교육과정(시행규칙 별표8)
1) 근로자 정기안전·보건교육
2) 관리감독자 정기안전·보건교육
3) 채용시 교육
4) 작업내용 변경시의 교육
5) 특별안전·보건교육

12 위험예지훈련 기초 4라운드(4R)에서 라운드별 내용이 바르게 연결된 것은?

① 1라운드 : 현상파악
② 2라운드 : 대책수립
③ 3라운드 : 목표설정
④ 4라운드 : 본질추구

해설 위험예지훈련의 문제해결 4라운드(4Round)
1) 1R - **현상파악** : 전원이 토의를 통해서 잠재위험요인을 발견하는 단계
2) 2R - **본질추구** : 가장 위험한 요인(위험 포인트)을 합의로 결정하는 단계
3) 3R - **대책수립** : 구체적인 대책을 수립하는 단계
4) 4R - **행동목표 설정** : 행동계획을 정하고 수립한 대책 가운데서 질이 높은 항목에 합의하는 단계(요약)

13 안전관리의 중요성과 가장 거리가 먼 것은?

① 인간존중이라는 인도적인 신념의 실현
② 경영 경제상의 제품의 품질 향상과 생산성 향상
③ 재해로부터 인적·물적 손실 예방
④ 작업환경 개선을 통한 투자 비용 증대

해설 산업안전의 이념(안전관리의 효과)
1) 인간존중 : 안전제일 이념
2) 생산성 향상 및 품질향상 : 안전태도 개선 및 손실예방
3) 기업의 경제적 손실예방 : 재해로 인한 인적·재산손실예방
4) 대외여론 개선으로 신뢰성 향상 : 노사협력의 경영태세 완성
5) 사회복지증진 : 경제성 향상

14 안전모의 종류 중 머리 부위의 감전에 대한 위험을 방지할 수 있는 것은?

① A형 ② B형
③ AC형 ④ AE형

해설 안전모의 종류

안전인증대상	자율안전확인대상
① AB형 : 낙하 및 비래, 추락방지용	안전인증대상 안전모를 제외한 안전모
② AE형 : 낙하 및 비래, 감전방지용 (내전압성 : 7,000V이하의 전압에서 견디는 것)	
③ ABE형 : 낙하 및 비래, 추락, 감전방지용 (내전압성)	

■ 정답 ■ 10.① 11.① 12.① 13.④ 14.④

15 적응기제에서 방어기제가 아닌 것은?

① 보상 ② 고립
③ 합리화 ④ 동일시

해설 적응기제
1) 방어적 기제 : 보상, 합리화, 동일시, 승화 등
2) 도피적 기제 : 고립, 퇴행, 억압, 백일몽 등

16 OJT(On the Job Training)에 관한 설명으로 옳은 것은?

① 집합교육형태의 훈련이다.
② 다수의 근로자에게 조직적 훈련이 가능하다.
③ 직장의 설정에 맞게 실제적 훈련이 가능하다.
④ 전문가를 강사로 활용할 수 있다.

해설 OJT와 offJT
1) OJT(현장중심교육) : 현장에서 개인에 대한 직속상사의 개별교육 및 지도
2) offJT(현장외중심교육) : 공통교육대상자에 대한 집합교육
3) 특징

O·J·T (현장중심교육)	off J·T (현장외 중심교육)
① 개개인에게 적합한 지도훈련이 가능	① 다수의 근로자에게 조직적 훈련이 가능
② 직장의 실정에 맞는 실체적 훈련을 할 수 있다.	② 훈련에만 전념하게 된다.
③ 훈련 필요한 업무의 계속성이 끊어지지 않음	③ 특별설비기구를 이용할 수 있음
④ 즉시 업무에 연결되는 관계로 신체와 관련 있음	④ 전문가를 강사로 초청할 수 있음
⑤ 효과가 곧 업무에 나타나며 훈련의 좋고 나쁨에 따라 개선이 용이함	⑤ 각 직장의 근로자가 많은 지식이나 경험을 교류할 수 있음
⑥ 교육을 통한 훈련 효과에 의해 상호 신뢰 이해도가 높아짐	⑥ 교육훈련 목표에 대해서 집단적 노력이 흐트러질 수도 있음

17 재해손실비용 중 직접비에 해당되는 것은?

① 인적손실 ② 생산손실
③ 산재보상비 ④ 특수손실

해설 하인리히의 재해손실비
1) 직접비 : 법정 산재보상비
2) 간접비 : 인적손실, 물적손실, 생산손실, 기타 손실 등

18 토의식 교육지도에 있어서 가장 시간이 많이 소요되는 단계는?

① 도입 ② 제시
③ 적용 ④ 확인

19 모랄 서베이(Morale Survey)의 주요 방법 중 태도조사법에 해당하는 것은?

① 사례연구법 ② 관찰법
③ 실험연구법 ④ 문답법

해설 모랄 서어베이(morale survey : 사기조사)의 주요방법
1) 통계에 의한 방법 : 사고 상해율, 생산고, 결근, 지각, 조퇴, 이직 등을 분석하여
2) 사례 연구법 : 경영 관리상의 여러 가지 제도에 나타나는 사례에 대해 케이스 스터디(case study)로서 현상을 파악하는 방법
3) 관찰법 : 종업원의 근무 실태를 계속 관찰함으로서 문제점을 찾아내는 방법
4) 실험연구법 : 실험 그룹과 통제 그룹으로 나누고 정황, 자극을 주어 태도 변화 여부를 조사하는 방법
5) 태도조사법(의견조사) : 질문지법, 면접법, 집단토의법, 투사법(projective technique) 등에 의해 의견을 조사하는 방법

■ 정답 ■ 15.② 16.③ 17.③ 18.③ 19.④

20 산업안전보건법상 안전보건관리규정을 작성하여야 할 사업 중에 정보서비스업의 상시 근로자 수는 몇 명 이상인가?

① 50   ② 100
③ 300   ④ 500

해설 안전보건관리규정을 작성하여야 할 사업의 종류 및 규모(시행규칙 별표 6의 2)

사업의 종류	규모
1. 농업 2. 어업 3. 소프트웨어 개발 및 공급법 4. 컴퓨터 프로그래밍, 시스템 통합 및 관리업 5. 정보서비스업 6. 금융 및 보호법 7. 임대업 ; 부동산 제외 8. 전문, 과학 및 기술 서비스업(연구개발업은 제외한다) 9. 사업지원 서비스업 10. 사회복지 서비스업	상시근로자 300명 이상을 사용하는 사업장
11. 제11호부터 제10호까지의 사업을 제외한 사업	상시근로자 100명 이상을 사용하는 사업장

제2과목
인간공학 및 시스템안전공학

21 실효온도(ET)의 결정요소가 아닌 것은?

① 온도   ② 습도
③ 대류   ④ 복사

해설 실효온도(ET)
1) 실효온도(체감온도 또는 감각온도)에 영향을 주는 요인 : 온도, 습도, 기류(공기유동)
2) 허용한계 : 정신(사무작업)(60~64°F), 중작업(50~55°F)

22 조종장치의 저항 중 갑작스런 속도의 변화를 막고 부드러운 제어동작을 유지하게 해주는 저항을 무엇이라 하는가?

① 점성저항   ② 관성저항
③ 마찰저항   ④ 탄성저항

해설 조종장치의 저항종류
1) 점성저항
① 출력과 반대방향으로 속도에 비례해서 작용하는 힘 때문에 생기는 저항이다.
② 점성저항은 갑작스러운 속도변화를 막고 원활한 제어동작을 유지하게 해준다.
2) 관성저항 : 물체의 질량으로 인한 운동에 대한 저항으로 가속도에 따라 변한다.
3) 마찰저항 : 정적마찰은 초기 동작에 대한 저항으로 동작초기에 최대이지만 급격히 감소하며, 미끄럼(coulomb)마찰은 동작에 대한 저항으로 계속되지만 마찰력은 속도나 변위와는 무관하다.
4) 탄성저항 : 조종장치의 변위에 따라 변한다(변위가 클수록 저항이 커진다)

23 시스템 수명주기에서 예비위험분석을 적용하는 단계는?

① 구상단계   ② 개발단계
③ 생산단계   ④ 운전단계

해설 시스템의 수명주기
1) 구상단계
① 특정위험을 찾아내기 위해 예비위험분석(PHA)을 이용한다.
② 위험관리와 안전설계기준을 개발하고 우선적으로 필요한 사항을 결정하기 위해서 리스크 분석을 수행한다.
2) 정의단계 : 예비설계와 생산기술을 확인하는 단계이다.
3) 개발단계 : 고장형태 및 영향분석(FMEA)과 관련된 신뢰성공학이 적용된다.
4) 생산단계 : 안전부서에 의한 모니터링이 가장 중요하며 품질관리부서는 생산물을 검사하고 조사하는 역할을 한다.
5) 운전단계 : 교육훈련이 진행되고 사고 또는 사건으로 부터 자료가 축적된다.

■ 정답 ■ 20.③ 21.④ 22.① 23.①

24 인간이 현존하는 기계를 능가하는 기능으로 거리가 먼 것은?

① 완전히 새로운 해결책을 도출할 수 있다.
② 원칙을 적용하여 다양한 문제를 해결할 수 있다.
③ 여러 개의 프로그램된 활동을 동시에 수행할 수 있다.
④ 상황에 따라 변하는 복잡한 자극 형태를 식별할 수 있다.

해설 기계가 우수한 기능 : 여러 개의 프로그램 된 활동을 동시에 수행할 수 있다.

길잡이 인간과 기계의 상대적 재능	
인간이 우수한 기능	기계가 우수한 기능
① 저 에너지 자극(시각, 청각, 후각 등) 감지	① 인간 감지범위 밖의 자극(X선, 초음파 등) 감지
② 복잡 다양한 자극 형태 식별	② 인간 및 기계에 대한 모니터 기능
③ 예기치 못한 사건 감지(예감, 느낌)	③ 드물게 발생하는 사상 감지
④ 다량정보를 오래 보관	④ 암호화된 정보를 신속하게 대량보관
⑤ 귀납적 추리	⑤ 연역적 추리
⑥ 과부하 상황에서는 중요한 일에만 전념	⑥ 과부하시 효율적으로 작동
⑦ 임기응변, 융통성, 원칙적용, 주관적 추산, 독창력 발휘 등의 기능	⑦ 정량적 정보처리, 장시간 중량작업, 반복작업, 동시에 여러 가지 작업수행

25 표시 값의 변화 방향이나 변화 속도를 관찰할 필요가 있는 경우에 가장 적합한 표시장치는?

① 동목형 표시장치
② 계수형 표시장치
③ 묘사형 표시장치
④ 동침형 표시장치

해설 정량적 동적표시장치의 기본형
1) **정목동침**(moving pointer)형 : 눈금이 고정되고 지침이 움직이는 형
2) **정침동목**(moving scale)형 : 지침이 고정되고 눈금이 움직이는 형
3) **계수**(digital)형 : 전력계나 택시요금 계기와 같이 기계, 전자적으로 숫자가 표시되는 형

26 설비보전 방식의 유형 중 궁극적으로는 설비의 설계, 제작 단계에서 보전 활동이 불필요한 체계를 목표로 하는 것은?

① 개량보전(corrective maintenance)
② 예방보전(preventiv maintenance)
③ 사후보전(break-down maintenance)
④ 보전예방(maintenance prevention)

해설 설비보전방식의 유형
1) **예방보존** : 설비를 항상 정상, 양호한 상태로 유지하기 위한 정기검사와 초기단계에서 성능의 저하나 고장을 제거하거나 조정 또는 수복(修復)하기 위한 설비의 보수활동을 의미한다.
2) **일상보존** : 설비의 열화를 방지하고 그 진행을 지연시켜 수명을 연장하기 위한 설비의 점검, 청소, 주유, 교체 등의 활동을 의미한다.
3) **개량보존** : 고장을 미연에 방지하기 위해 설비를 개조하거나 설계에서부터 시정조치를 취하고 설비의 체질개선을 도모하는 설비보전 방법을 의미한다.
4) **보전예방** : 본문설명
5) **사후보전** : 수리를 행하는 설비보전방법을 의미한다.
6) **예지보전** : 설비의 이상 상태를 검출, 측정 또는 감시하여 열화의 정도가 사용한도에 이른 시점에서 분해, 검사, 부품교환, 수리하는 설비보전방법을 의미한다.

27 FT도에서 정상사상 A의 발생확률은?(단, 사상 B_1의 발생확률은 0.3이고, B_2의 발생확률은 0.2이다.)

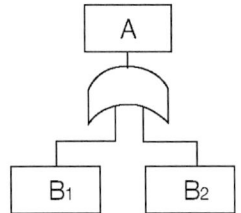

① 0.06 ② 0.44
③ 0.56 ④ 0.94

해설 $A = 1 - (1-B_1)(1-B_2)$
     $= 1 - (1-0.3)(1-0.2) = 0.44$

28 청각신호의 수신과 관련된 인간의 기능으로 볼 수 없는 것은?

① 검출(detection)
② 순응(adaptation)
③ 위치 판별(directional judgement)
④ 절대적 식별(absolute judgement)

해설 청각적 신호의수신에 관계되는 인간의 기능(또는 과업)
1) 검출 : 경고신호와 같은 신호의 존재 여부 판단
2) 위치판별 : 신호가 오는 방향의 판별
3) 절대적식별 : 단독으로 존재하는 특정 신호의 확인
4) 상대적분간 : 인접해 있는 두가지 이상의 신호 분간
   주 순응(adaptation) : 빛에 대한 감도변화를 말한다.

29 녹색과 적색의 두 신호가 있는 신호등에서 1시간 동안 적색과 녹색이 각각 30분씩 켜진다면 이 신호등의 정보량은?

① 0.5 bit ② 1 bit
③ 2 bit   ④ 4 bit

해설 신호등의 정보량(H)
$$H = \sum_{i=1}^{n} P_i \log_2\left(\frac{1}{P_i}\right) = \left[\frac{1}{2}\log_2\left(\frac{1}{1/2}\right)\right] \times 2 = 1\,bit$$

30 FTA의 논리게이트 중에서 3개 이상의 입력사상 중 2개가 일어나면 출력이 나오는 것은?

① 억제 게이트
② 조합 AND 게이트
③ 배타적 OR 게이트
④ 우선적 AND 게이트

해설 수정기호의 종류
1) **우선적 AND Gate** : 입력사상 가운데 어느 사상이 다른 사상보다 먼저 일어났을 때에 출력사상이 생긴다. 예를 들면 「A는 B보다 먼저」와 같이 기입
2) **짜맞춤 AND Gate** : 3개 이상의 입력사상 가운데 어느 것이든 2개가 일어나면 출력사상이 생긴다. 예를 들면 「어느 것이든 2개」라고 기입
3) **위험지속기호** : 입력사상이 생겨서 어느 일정 시간 지속하였을 때에 출력사상이 생긴다. 예를 들면 「위험지속시간」과 같이 기입
4) **배타적 OR Gate** : OR Gate로 2개 이상의 입력이 동시에 존재할 때에는 출력사상이 생기지 않는다. 예를 들면 「동시에 발생하지 않는다」라고 기입

31 인적 오류로 인한 사고를 예방하기 위한 대책 중 성격이 다른 것은?

① 작업의 모의훈련
② 정보의 피드백 개선
③ 설비의 위험요인 개선
④ 적합한 인체측정치 적용

해설 인적오류로 인한 사고예방대책
1) 정보의 피드백 개선
2) 설비의 위험요인 개선
3) 적합한 인체측정치 적용
4) 경보장치 및 방호장치 설치

■정답■ 27.② 28.② 29.② 30.② 31.①

32 창문을 통해 들어오는 직사 휘광을 처리하는 방법으로 가장 거리가 먼 것은?

① 창문을 높이 단다.
② 간접 조명 수준을 높인다.
③ 차양이나 발(blind)을 사용한다.
④ 옥외 창 위에 드리우개(overhang)를 설치한다.

해설 창문으로부터의 직사휘광 처리
1) 창문을 높이 단다.
2) 창 위(실외)에 드리우개(overhang)를 설치한다.
3) 창문(안쪽)에 수직날개(fin)들을 달아서 직시선을 제한한다.
4) 차양(shade)혹은 발(blind)을 사용한다.

33 일반적으로 의자설계의 원칙에서 고려해야 할 사항과 거리가 먼 것은?

① 체중분포에 관한 사항
② 상반신의 안정에 관한 사항
③ 개인차의 반영에 관한 사항
④ 의자 좌판의 높이에 관한 사항

해설 의자설계의 원칙
1) 체중분포 : 체중이 좌골 결절에 실려야 한다.
2) 의자 좌판의 높이 : 좌판 앞부분이 오금의 높이보다 높지 않아야 한다.
3) 의자 좌판의 깊이와 폭 : 폭은 큰 사람에게, 깊이는 작은 사람에게 맞도록 해야 한다.
4) 몸통의 안정 : 의자의 좌판 각도는 3˚, 좌판 등판 간의 등판 각도는 100˚가 몸통안정에 효과적이다.

34 사고의 발단이 되는 초기 사상이 발생할 경우 그 영향이 시스템에서 어떤 결과(정상 또는 고장)로 진전해 가는지를 나뭇가지가 갈라지는 형태로 분석하는 방법은?

① FTA
② PHA
③ FHA
④ ETA

해설 ETA(Event Tree Analysis, 사상분석법)
1) 사상(事象)의 안전도를 사용한 시스템의 안전도를 나타내는 시스템모델의 하나로서 귀납적이고 정량적인 분석방법이다.
2) 재해의 확대요인을 분석하는 데 적합한 방법이다.
3) 디시젼트리(decision tree)를 재해사고의 분석에 이용할 경우의 분석법을 ETA(사상수분석법)라 한다.

35 과전압이 걸리면 전기를 차단하는 차단기, 퓨즈 등을 설치하여 오류가 재해로 이어지지 않도록 사고를 예방하는 설계 원칙은?

① 에러복구 설계
② 풀-프루프(fool-proof)설계
③ 페일-세이프(fail-safe)설계
④ 템퍼-프루프(tamper proog)설계

해설 페일 세이프(fail safe) : 인간이나 기계에 과오(error)나 동작상의 실수가 있더라도 사고방지를 위해서 2중, 3중으로 통제를 가하도록 한 체계를 말함

36 결함수 분석의 컷셋(cut set)과 패스셋(path set)에 관한 설명으로 틀린 것은?

① 최소 컷셋은 시스템의 위험성을 나타낸다.
② 최소 패스셋은 시스템의 신뢰도를 나타낸다.
③ 최소 패스셋은 정상사상을 일으키는 최소한의 사상 집합을 의미한다.
④ 최소 컷셋은 반복사상이 없는 경우 일반적으로 퍼셀(Fussell)알고리즘을 이용하여 구한다.

해설 최소 패스셋은 정상사상을 일으키지 않는 최소한의 사상 집합을 의미한다.

■ 정답 ■ 32.② 33.③ 34.④ 35.③ 36.③

37 인간공학적 수공구의 설계에 관한 설명으로 맞는 것은?

① 손잡이 크기를 수공구 크기에 맞추어 설계한다.
② 수공구 사용 시 무게 균형이 유지되도록 설계한다.
③ 정밀 작업용 수공구의 손잡이는 직경 5mm 이하로 한다.
④ 힘을 요하는 수공구의 손잡이는 직경을 60mm 이상으로 한다.

해설 수공구 설계원칙
1) 수공구 무게를 줄이고 사용시 무게 균형이 유지되도록 설계한다.
2) 손바닥면에 압력이 가해지지 않도록 설계한다.
3) 손가락이 지나치게 반복적인 동작을 하지 않도록 한다.
4) 손목을 곧게 펼 수 있도록 한다.
5) 안전측면을 고려한 디자인이 이루어지도록 한다.

38 음의 세기인 데시벨(dB)을 측정할 때 기준 음압의 주파수는?

① 10 Hz
② 100 Hz
③ 1,000 Hz
④ 10,000 Hz

해설 dB수준과 음압과의 관계식 : 음의 강도는 음압의 제곱에 비례하므로 dB수준은 다음과 같다.

dB수준 = $20\log\left(\dfrac{P_1}{P_0}\right)$

여기서, P_1 : 측정하려는 음압
P_0 : 기준음의 음압(2×10^{-5} N/m² : 1,000Hz에서의 최소 가정치)

39 그림의 부품 A, B, C로 구성된 시스템의 신뢰도는? (단, 부품 A의 신뢰도는 0.85, 부품 B와 C의 신뢰도는 각각 0.9이다.)

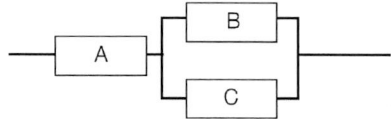

① 0.8415
② 0.8425
③ 0.8515
④ 0.8525

해설 R=A×[1−(1−B)(1−C)]
=0.85×[1−(1−0.9)(1−0.9)]=0.8415

40 건강한 남성이 8시간 동안 특정 작업을 실시하고, 산소소비량이 1.2L/분 으로 나타났다면 8시간 총 작업시간에 포함되어야 할 최소 휴식시간은? (단, 남성의 권장 평균에너지소비량은 5kcal/분, 안정 시 에너지소비량은 1.5 kcal/분으로 가정한다.)

① 107분
② 117분
③ 127분
④ 137분

해설 $R = \dfrac{T(W-S)}{W-1.5}$

$= \dfrac{480 \times (6-5)}{6-1.5} = 107$분

여기서, R : 필요한 휴식시간
T : 총 작업시간(8×60=480분)
W : 작업중 에너지소비량
(1.2L/분×5kcal/L=6kcal/분)
S : 권장 평균에너지소비량
(4~5kcal/분)

제3과목 / 건설시공학

41 건축 공사관리에 관한 설명으로 옳지 않은 것은?

① 공사현장의 관리에는 산업안전보건법령의 적용을 받지 않는다.
② 지급재료는 검수 후 도급자가 보관하되 다른 자재와 구분하여 보관한다.
③ 정기안전점검은 정해진 시기에 반드시 실시한다.
④ 현장에 반입한 재료는 모두 검사를 받아야 하나, KS표준에 의하여 제작된 합격품은 검사를 생략할 수 있다.

해설 ①항, 공사현장의 관리에는 산업안전보건법령의 적용을 받는다.

42 철근가공에 관한 설명으로 옳지 않은 것은?

① D35 이상의 철근은 산소절단기를 사용하여 절단한다.
② 한번 구부린 철근은 다시 펴서 사용해서는 안 된다.
③ 공장가공은 현장가공에 비해 절단손실을 줄일 수 있다.
④ 표준갈고리를 가공할 때에는 정해진 크기 이상의 곡률 반지름을 가져야 한다.

해설 철근의 가공(구부리기)
  1) 직경 25mm 이하 : 상온가공(냉간가공)
  2) 직경 28mm 이상 : 가열가공

43 콘크리트에 관한 설명으로 옳지 않은 것은?

① 진동다짐한 콘크리트의 경우가 그렇지 않은 경우의 콘크리트보다 강도가 커진다.
② 공기연행제는 콘크리트의 시공연도를 좋게 가다.
③ 물시멘트비가 커지면 콘크리트의 강도가 커진다.
④ 양생온도가 높을수록 콘크리트의 강도발현이 촉진되고 초기강도는 커진다.

해설 ③항, 물시멘트비가 커지면 콘크리트의 강도가 작아진다.

> **길잡이** 콘크리트의 장점 및 단점
> 1) 장점
>   ① 압축강도가 크다.
>   ② 내화성, 내구성, 내전성, 내수성, 차음성 등이 좋다
>   ③ 강과의 접착이 잘 되고 강알칼리성이 있어 방청력이 크다.
>   ④ 크기에 제한을 받지 않으므로 임의의 크기, 모형의 구조물을 만들 수 가 있다.
> 2) 단점
>   ① 자체중량이 비교적 크고, 압축강도에 비하여 인장강도와 휨강도가 적다.(철근을 사용하여 보강한다.)
>   ② 경화시에 수축균열이 발생하기 쉽다.

44 용접작업에서 용접봉을 용접방향에 대하여 서로 엇갈리게 움직여서 용가금속을 용착시키는 운봉방법은?

① 단속용접 ② 개선
③ 레그   ④ 위빙

해설 1) 단속용접 : 하나의 이음 중에서 연속으로 용접비드(끈모양의 돌기)를 잇지 않고 일정간격으로 일정길이씩 띄엄띄엄 하는 용접
2) 개선(開先) : 용접을 하기 위해 모재의 용접해야 할 면을 절삭하는 것(모떼기)
3) 레그(leg) : 용접부의 다리

■정답■ 41.① 42.① 43.③ 44.④

45 경량콘크리트(Lightweight Concrete)에 관한 설명으로 옳지 않은 것은?

① 기건비중은 2.0 이하, 단위중량은 1,400 ~ 2,000kg/㎥ 정도이다.
② 열전도율이 보통 콘크리트와 유사하여 동일한 열성능을 갖는다.
③ 물과 접하는 지하실 등의 공사에는 부적합하다.
④ 경량이어서 인력에 의한 취급이 용이하고, 가공도 쉽다.

해설 경량콘크리트 : 보통콘크리트보다 열전도율이 작으며 내화성, 방음성 등이 크다.

46 철근단면을 맞대고 산소-아세틸렌염으로 가열하여 접합단면을 녹이지 않고 적열상태에서 부풀려 가압, 접합하는 철근이음방식은?

① 나사방식이음
② 겹침이음
③ 가스압접이음
④ 충전식이음

해설 가스압점이음 : 피용접재를 미리 밀착시키고 주위에서 가스불꽃으로 가열하여 용융되지 않은 상태로 가열하여 압력을 가해서 압접시키는 이음방법이다.
 1) 화염을 사용해야 하며 기후에 따라 작업이 용이하지 않다.
 2) 조립된 철근이음에는 부적합하고 이음부에 강도저하가 나타난다.

47 파헤쳐진 흙을 담아 올리거나 이동하는데 사용하는 기계로 쇼벨, 버킷을 장착한 트랙터 또는 크롤러 형태의 기계는?

① 불도저
② 앵글도저
③ 로더
④ 파워쇼벨

해설 1) 불도저(bull dozer) : 블레이드를 트랙터 앞부분에 90°로 설치하여 블레이드를 상하로 조정하면서 임의의 각도로 기울일 수 없게 한 정지용 기계
 2) 앵글도저(angle dozer) : 블레이드 길이가 길고 높이를 30°의 각도로 회전시킬 수 있어 흙을 측면으로 보낼 수 있다.
 3) 로더(loader) : 본문 설명
 4) 파워셔블(power shovel) : 중기가 위치한 지면보다 높은 곳의 땅을 파는데 적합하다.

48 콘크리트의 경화 후 거푸집 제거 작업 시 주의사항 중 옳지 않은 것은?

① 진동, 충격 등을 주지 않고 콘크리트가 손상되지 않도록 순서대로 제거한다.
② 지주를 바꾸어 세울 동안에는 상부의 작업을 제한하여 적재하중을 적게 하고, 집중하중을 받는 부분의 지주는 그대로 둔다.
③ 제거한 거푸집은 재사용할 수 있도록 적당한 장소에 정리하여 둔다.
④ 구조물의 손상을 고려하여 남은 거푸집 쪽널은 그대로 두고 미장공사를 한다.

해설 ④항, 남은 거푸집쪽널은 제거한 후에 미장공사를 한다.

49 민간자본 유치방식 중 사회간접시설을 설계, 시공한 후 소유권을 발주자에게 이양하고, 투자자는 일정기간 동안 시설물의 운영권을 행사하는 계약방식은?

① BOT(Build Operate Transfer)
② BTO(Build Transfer Operate)
③ BOO(Build Operate Own)
④ BTL(Build Transfer Lease)

해설 BTO : 민간이 시설을 건설하고 일정기간 직접 시설을 운영해 민간사업자가 사업에서 수익을 거두는 방식으로 건설(Build) → 이전(Transfer) → 운영(Operate)방식으로 진행되는 수익형 민간투자사업방식을 말한다.

정답 45.② 46.③ 47.③ 48.④ 49.②

50 연약한 점토질 지반에서 진흙의 점착력을 판별하는 토질시험은?

① 표준관입시험　② 지내력시험
③ 슈미트해머시험　④ 베인테스트

해설 현장토질 시험방법
1) 베인테스트 : 연약한 점토질 지반에서 점토의 점착력을 판별하는 시험
2) 표준관입시험 : 사질지반의 흙의 경·연도의 정도를 판정하는 시험
3) 지내력시험 : 지반면의 허용지내력을 구하기 위한 시험

51 무게 63.5kg의 추를 76cm 높이에서 낙하시켜 샘플러가 30cm 관입하는데 필요한 타격횟수(N)를 측정하는 토질시험의 종류는?

① 전단시험　② 지내력시험
③ 표준관입시험　④ 베인시험

해설 표준관입시험 : 63.5kg의 추를 76cm의 높이에서 자유낙하시켜 30cm관입시킬 때의 타격 회수(N)를 측정하여 흙의 경 연도의 정도를 판정하는 방법
1) 사질지반의 상대밀도 등 토질조사시 신뢰성이 높다
2) N값과 모래의 상태

N값	모래의 상태
0~5	몹시 느슨하다
5~10	느슨하다
10~30	보통
50이상	다진상태(밀실상태)

52 다음 중 언더피닝 공법이 아닌 것은?

① 2중널말뚝 공법
② 강재말뚝 공법
③ 웰 포인트 공법
④ 모르타르 및 약액 주입법

해설 1) 언더피닝 공법(underpinning) : 기존건물 가까이에 구조물을 축조할 때 기존 건물의 지반과 기초를 보강하는 공법
2) 언더피닝 공법의 종류
① 2중널말뚝 공법
② 강재말뚝공법
③ 모르타르 및 약액주입법
④ 현장타설콘크리트 말뚝 설치

53 입찰방식에 관한 설명으로 옳지 않은 것은?

① 공개경쟁입찰은 관보, 신문, 게시판 등에 입찰공고를 하여야 한다.
② 지명경쟁입찰은 경쟁입찰에 의하지 않고 그 공사에 특히 적당하다고 판단되는 1개의 회사를 선정하여 발주하는 방식이다.
③ 제한경쟁입찰은 양질의 공사를 위하여 업체 자격에 대한 조건을 만족하는 업체라면 입찰에 참가하는 방식이다.
④ 부대입찰은 발주자가 입찰참가자에게 하도급할 공종, 하도급 금액 등에 대한 사항을 미리 기재하게 하여 입찰시 입찰서류에 첨부하여 입찰하는 제도이다.

해설 지명경쟁입찰 : 공사에 가장 적합하다고 인정되는 시공업자(3~7명 정도)를 지명하여 경쟁입찰에 붙이는 방식이다.

54 흙을 이김에 따라 약해지는 정도를 표시한 것은?

① 간극비　② 함수비
③ 포화도　④ 예민비

해설 예민비 : 자연시료에 대한 함수율을 변화시키지 않고 이기면 약하게 되는 성질이 있는데 그 정도를 나타낸 것을 예민비라 한다.

예민비 = $\dfrac{\text{자연시료의 강도}}{\text{이간시료의 강도}}$

55 콘크리트를 양생하는데 있어서 양생분(養生粉)을 뿌리는 목적으로 옳은 것은?

① 빗물의 침입을 막기 위해서
② 표면의 양생분을 경화시키기 위해서
③ 표면에 떠 있는 물을 양생분으로 제거하기 위해서
④ 혼합수(混合水)의 증발을 막기 위해서

해설 콘크리트 양생시 양생분을 뿌리는 목적 : 혼합수의 증발을 막기 위함

56 철골공사에서 철골세우기 계획을 수립할 때 철골제작공장과 협의해야 할 사항이 아닌 것은?

① 철골 세우기 검사 일정 확인
② 반입 시간의 확인
③ 반입 부재수의 확인
④ 부재 반입의 순서

해설 철골세우기 계획 수립시 철골제작공장과 협의해야 할 사항
1) 반입시간의 확인
2) 반입부재의 확인
3) 부재반입의 순서

57 공정계획에 관한 설명으로 옳지 않은 것은?

① 지정된 공사기간 안에 완성시키기 위한 통제수단이다.
② 사업성과 원가관리와는 관계가 없다.
③ 공정표의 종류는 횡선식공정표, 네트워크공정표 등이 있다.
④ 우기와 혹한기, 명절 등은 공정계획 시 반영한다.

해설 공정계획 : 공사를 공사기간 내에 완성하기 위해 공사가 원활하게 진행되도록 계획하는 것이다.

58 보통의 철근콘크리트 구조에서 콘크리트 $1m^3$당 필요한 거푸집의 개략 면적으로서 가장 적당한 것은?

① $1 \sim 2m^2$
② $3 \sim 4m^2$
③ $6 \sim 8m^2$
④ $15 \sim 16m^2$

해설 콘크리트 $1m^3$당 거푸집 면적 : $6 \sim 8m^2$

59 거푸집 측압에 영향을 주는 요인과 거리가 먼 것은?

① 기온
② 콘크리트의 강도
③ 콘크리트의 슬럼프
④ 콘크리트 타설 높이

해설 거푸집의 측압에 영향을 미치는 요인 및 커지는 조건

측압에 영향을 미치는 요인	측압이 커지는 조건
1. 거푸집의 강성	강성이 클수록
2. 거푸집의 수평단면, 벽두께	단면 벽 두께가 클수록
3. 철근 및 철골량	철근 및 철골량이 적을수록
4. 콘크리트의 비중	비중이 클수록
5. 온도	온도가 낮을수록
6. 대기중의 습도	습도가 높을수록
7. 투수성	투수성이 클수록
8. 물-시멘트비	물-시멘트비시멘트비가 클수록(묽은 콘크리트 일수록)
9. 슬럼프	슬럼프가 클수록
10. 다짐(다지기)	콘크리트 다짐이 과할수록
11. 타설속도 (치어붓기속도)	타설속도가 빠를수록
12. 콘크리트의 배합	부배합일수록
13. 거푸집의 수밀성	수밀성이 높을수록
14. 거푸집의 표면	표면이 매끄러울수록

■ 정답 ■ 55.④ 56.① 57.② 58.③ 59.②

60 V.E(Value Engineering)에서 원가절감을 실현할 수 있는 대상 선정이 잘못된 것은?

① 수량이 많은 것
② 반복효과가 큰 것
③ 장시간 사용으로 숙달되어 개선효과가 큰 것
④ 내용이 간단한 것

해설 VE(가치공학)
1) VE(Value engineering, 가치공학) : 건설현장에서 필요한 기능을 품질저하 없이 유지하며 가장 적은 비용으로 공사를 관리하는 원가절감기법을 말한다.
2) VE 대상선정
  ① 건설업자와 직접 관련이 있을 것
  ② 일체공사에서 반복이 많을 것
  ③ 금액, 기간 등의 규모가 클 것

제4과목 / 건설재료학

---

61 최근 에너지저감 및 자연친화적인 건축물의 확대정책에 따라 에너지저감, 유해물질저감, 자원의 재활용, 온실가스 감축 등을 유도하기 위한 건설자재 인증제도와 거리가 먼 것은?

① 환경표지 인증제도
② GR(Good Recycle) 인증제도
③ 탄소성적표지 인증제도
④ GD(Good Design)마크 인증제도

해설 건설자재 인증제도
1) 환경표지 인증제도
2) GR(good reycle) 인증제도
   (GR :우수재활용제품)
3) 탄소성적표지 인증제도

62 유리 섬유를 불규칙하게 혼입하고 상온 가압하여 성형한 판으로 설비재·내외수장재로 쓰이는 것은?

① 멜라민 치장판
② 폴리에스테르 강화판
③ 아크릴 평판
④ 염화비닐판

해설 폴리에스테르 강화판(유리섬유 보강 플라스틱 FIRP)
1) **제법** : 가는 유리섬유에 불포화폴리에스테르수지를 넣어 상온 가압하여 성형한 것으로서 건축재료로서는 섬유를 불규칙하게 넣어 사용한다.
2) **용도**
  ① 설비재료 (세면기, 변기 등), 내외수장재료로 사용
  ② 항공기 차량 등의 구조재 및 욕조 창호재 등으로 사용

63 석고보드공사에 관한 설명으로 옳지 않은 것은?

① 석고보드는 두께 9.5mm이상의 것을 사용한다.
② 목조 바탕의 띠장 간격은 200mm 내외로 한다.
③ 경량철골 바탕의 칸막이벽 등에서는 기둥, 샛기둥의 간격을 450mm 내외로 한다.
④ 석고보드용 평머리못 및 기타 설치용 철물은 용융아연 도금 또는 유니크롬 도금이 된 것으로 한다.

해설 석고보드(석고판) : 경석고에 톱밥, 석면 등을 넣어서 판상으로 굳히고 그 양면에 석고액을 침지시킨 회색의 두꺼운 종이를 부착시켜 압축 성형한 것이다.(목조바탕의 띠장간격은 450mm 내외)

■ 정답 ■ 60.④ 61.④ 62.② 63.②

64 목재에 관한 설명으로 옳지 않은 것은?

① 석재나 금속에 비하여 손쉽게 가공할 수 있다.
② 다른 재료에 비하여 열전도율이 매우 크다.
③ 건조한 것은 타기 쉬우며 건조가 불충분한 것은 썩기 쉽다.
④ 건조재는 전기의 불량 도체이지만 함수율이 커질수록 전기전도율도 증가한다.

해설 목재는 열전도율 및 열팽창률이 작다.

65 화재 시 유리가 파손되는 원인과 관계가 적은 것은?

① 열팽창 계수가 크기 때문이다.
② 급가열시 부분적 면내(面內)온도차가 커지기 때문이다.
③ 용융온도가 낮아 녹기 때문이다.
④ 열전도율이 작기 때문이다.

해설 화재시 유리가 파손되는 원인
1) ①, ②, ④항
2) 충격강도가 약하다.

66 알루미늄창호의 특징에 관한 설명으로 옳지 않은 것은?

① 알칼리성에 강하다.
② 비중이 철의 1/3 정도이다.
③ 금속과 접촉하면 부식된다.
④ 적고 열에 의한 팽창·수축이 크다.

해설 알루미늄(Al)은 내산성 및 내알칼리성에 약하여 콘크리트면에 접하면 부식되기 쉽다.

67 철근콘크리트 1m³ 무게는 대략 얼마 정도인가?

① 1t   ② 2t
③ 2.4t ④ 3t

해설 철근콘크리트 1m³의 무게 : 2.4t(단위용적중량 : 2.4t/m³)

68 콘크리트의 배합설계 시 표준이 되는 골재의 상태는?

① 절대건조상태
② 기건상태
③ 표면건조 내부포화상태
④ 습윤상태

해설
1) 콘크리트 배합설계시 표준이 되는 골재의 상태 : 표면건조 내부포화사태(표건상태)
2) 표면건조 내부포화상태 : 골재의 표면에는 물이 없으나 내부의 공극에는 물이 가득 차 있는 상태

69 콘크리트의 건조수축 시 발생하는 균열을 보완, 개선하기 위하여 콘크리트 속에 다량의 거품을 넣거나 기포를 발생시키기 위해 첨가하는 혼화재는?

① 고로슬래그   ② 플라이애쉬
③ 실리카 흄   ④ 팽창재

해설 팽창재 : 콘크리트의 경화과정 중 팽창을 일으키는 혼화재

70 돌로마이트 플라스터(dolomite plaster)에 관한 설명으로 옳지 않은 것은?

① 점성이 커서 풀이 필요 없다.
② 수경성 미장재료에 해당된다.
③ 회반죽에 비해 조기강도가 크다.
④ 냄새, 곰팡이가 없어 변색될 염려가 없다.

해설 돌라마이트 플라스터
1) 미장재료 중 점도가 가장 크고 풀이 필요 없다.
2) 경화시 건조수축이 커서 균열이 생기기 쉽다.
3) 공기중의 탄산가스(CO_2)에 의해 경화하는 기경성 미장재료이다.

■ 정답 ■ 64.② 65.③ 66.① 67.③ 68.③ 69.④ 70.②

71 시멘트를 저장할 때의 주의사항 중 옳지 않은 것은?

① 쌓을 때 너무 압축력을 받지 않게 13포대 이내로 한다.
② 통풍을 좋게 한다.
③ 3개월 이상된 것은 재시험하여 사용한다.
④ 저장소는 방습구조로 한다.

해설 시멘트 저장소는 습기가 없고 통풍이 되지 않는 기밀한 구조여야 한다.

72 미장재료인 회반죽을 혼합할 때 소석회와 함께 사용되는 것은?

① 카세인 ② 아교
③ 목섬유 ④ 해초풀

해설 회반죽(기경성) : 소석회 + 모래 + 여물 + 해초풀

73 다음은 특정 콘크리트의 절대용적배합을 나타낸 것이다. 이 콘크리트의 물시멘트비는? (단, 시멘트의 밀도는 3.15g/cm³이다.)

- 단위수량(kg/m³): 180
- 절대용적(L/m³): 시멘트 95, 모래 305, 자갈 380

① 50% ② 55%
③ 60% ④ 65%

해설
1) 단위수량 (물의용적량 중량) : 180kg/m³
2) 시멘트의 용적당중량
 = 3.15kg/L × 95L/m³ = 299.25kg/m³
3) 물시멘트비 $= \dfrac{물의중량}{시멘트중량} \times 100$
 $= \dfrac{180\text{kg/m}^3}{299.25\text{kg/m}^3} \times 100 = 60.15\%$

74 화재 시 개구부에서의 연소(延燒)를 방지하는 효과가 있는 유리는?

① 망입유리 ② 접합유리
③ 열선흡수유리 ④ 열선반사유리

해설 망입유리
1) **망입유리** : 유리내부에 금속망을 삽입하고 압착 성영한 판유리로 철망유리 또는 그물유리라고도 한다.
2) **용도** : 유리의 파손방지, 파편비산방지, 도난방지, 연소 및 화재방지, 위험한 천장, 엘리베이터의 문 등에 쓰인다.

75 점토 제품 중 흡수성이 가장 작은 것은?

① 도기류 ② 토기류
③ 자기류 ④ 석기류

해설
1) 점토제품의 소성온도 크기순서 : 자기 > 석기 > 도기 > 토기
2) 점토제품의 흡수율의 크기순서 : 자기 < 석기 < 도기 < 토기

76 점토제품으로 소성온도가 가장 높은 것은?

① 도기 ② 토기
③ 자기 ④ 석기

77 방사선 차단성이 가장 큰 금속은?

① 납 ② 알루미늄
③ 동 ④ 주철

해설 납(Pb)의 성질
1) 비중이 크고 연질이며 연성, 전성이 크다.
2) x선 차단효과가 크다 (콘크리트의 100배 이상).
3) 염산, 황산, 진한 질산에는 침해되지 않으나 묽은 질산에 녹는다.
4) 알칼리에 약하다.

■ 정답 ■ 71.② 72.④ 73.③ 74.① 75.③ 76.③ 77.①

78 인조석 및 석재가공제품에 관한 설명으로 옳지 않은 것은?

① 테라죠는 대리석, 사문암 등의 종석을 백색 시멘트나 수지로 결합시키고 가공하여 생산한다.
② 에보나이트는 주로 가구용 테이블 상판, 실내벽면 등에 사용된다.
③ 초경량 스톤패널은 로비(lobby) 및 엘리베이터의 내장재 등으로 사용된다.
④ 블스톤은 조약돌의 질감을 내지만 백화현상의 우려가 있다.

79 다음 중 목재의 건조법이 아닌 것은?

① 주입건조법   ② 공기건조법
③ 증기건조법   ④ 송풍건조법

해설 목재건조법
 1) **수액제거법** : 현지에 방치하는 방식, 강물에 장기간 담가두는 방식, 물에 삶는 방식
 2) **자연건조법** : 대기(공기)건조법, 침수건조법 등
 3) **인공건조법** : 증기법, 훈연법, 진공법, 열기법, 자비법 등

80 다음 중 마루판으로 사용되지 않는 것은?

① 플로링 보드
② 파키트리 패널
③ 파키트리 블록
④ 코펜하겐 리브

해설 마루판류(floorng board)
 1) 플로링 보드(flooring board)
 2) 파키트리보드(parquetry board)
 3) 파키트리 패널(parquetry panel)
 4) 파키트리 블록(parquetry block)
 5) 플로링 블록(flooring block)

제5과목 / 건설안전기술

81 흙의 연경도(Consistency)에서 반고체 상태와 소성상태의 한계를 무엇이라 하는가?

① 액성한계   ② 소성한계
③ 수축한계   ④ 반수축한계

해설
 1) **흙의 연경도** : 점착성이 있는 흙이 함수량이 점차 감소함에 따라 액성 → 소성 → 반고체 → 고체 상태로 변하는 성질을 흙의 연경도라 한다.
 2) 연경도의 한계

| 고체상태(절건상태) |
| ↓ [수축한계] |
| 반고체상태(끈기 없는 상태) |
| ↓ [소성한계] |
| 소성상태(반죽상태) |
| ↓ [액성한계] |
| 액체상태(유동성상태) |

 ① **수축한계** : 고체와 반고체 경계의 함수비(함수량이 감소하여도 부피가 변하지 않는 상태)
 ② **소성한계** : 반고체와 소성경계의 함수비(파괴 없이 변형시킬 수 있는 최소함수비 상태)
 ③ **액성한계** : 소성과 액체 경계의 함수비(전단력이 0인 최소 함수비 상태)

82 층고가 높은 슬래브 거푸집 하부에 적용하는 무지주 공법이 아닌 것은?

① 보우빔(bow beam)
② 철근일체형 데크플레이트(deck plate)
③ 페코빔(pecco beam)
④ 솔져시스템(soldier system)

해설 솔져시스템(soldier system ; 합벽지지대) : 건물지하 터파기 공사 후 벽면에 콘크리트 타설 시 유로폼 설치 후 지지해주는 지지대

■ 정답 ■   78.④   79.①   80.④   81.②   82.④

83 굴착작업 시 근로자의 위험을 방지하기 위하여 해당 작업, 작업장에 대한 사전조사를 실시하여야 하는데 이 사전조사 항목에 포함되지 않는 것은?

① 지반의 지하수위 상태
② 형상·지질 및 지층의 상태
③ 굴착기의 이상 유무
④ 매설물 등의 유무 또는 상태

해설 굴착작업시 굴착시기와 작업순서를 정하기 위해 작업 장소 및 그 주변의 지반에 대한 조치사항
  1) 형상, 지질 및 지층의 상태
  2) 균열·함수·용수 및 동결의 유무 또는 상태
  3) 매설물의 유무 또는 상태
  4) 지반의 지하수위 상태

84 사질토지반에서 보일링(boiling)현상에 의한 위험성이 예상될 경우의 대책으로 옳지 않은 것은?

① 흙막이 말뚝의 밑둥넣기를 깊게 한다.
② 굴착 저면보다 깊은 지반을 불투수로 개량한다.
③ 굴착 밑 투수층에 만든 피트(pit)를 제거한다.
④ 흙막이벽 주위에서 배수시설을 통해 수두차를 적게 한다.

해설 보일링 현상 방지대책
  1) ①, ②, ④ 항
  2) 굴착토를 즉시 원상매립한다.

85 재료비가 30억원, 직접노무비가 50억원인 건설공사의 예정가격상 안전관리비로 옳은 것은? (단, 일반건설공사(갑)에 해당되며 계상기준은 1.97%임)

① 56,400,000원
② 94,000,000원
③ 150,400,000원
④ 157,600,000원

해설 안전관리비 = 대상액 × $\frac{\text{비율}(\%)}{100}$

= (30억+50억) × $\frac{1.97}{100}$

= 1억 5천 7백 6십만원(157,600,000원)

86 다음 (   )안에 알맞은 수치는?

> 슬레이트, 선라이트(sunlight) 등 강도가 약한 재료로 덮은 지붕 위에서 작업을 할 때에 발이 빠지는 등 근로자가 위험해질 우려가 있는 경우 폭 (   )이상의 발판을 설치하거나 안전방망을 치는 등 위험을 방지하기 위하여 필요한 조치를 하여야 한다.

① 30cm
② 40cm
③ 50cm
④ 60cm

해설 슬레이트, 선라이트(sunlight) 등 지붕 위에서의 작업시 위험방지조치사항
  1) 폭 30cm 이상의 발판 설치
  2) 안전방망(추락방호망) 설치

87 화물을 적재하는 경우 준수하여야 할 사항으로 옳지 않은 것은?

① 침하 우려가 없는 튼튼한 기반 위에 적재할 것
② 화물의 압력정도와 관계없이 건물의 벽이나 칸막이 등을 이용하여 화물을 기대어 적재할 것
③ 하중이 한쪽으로 치우치지 않도록 쌓을 것
④ 불안정할 정도로 높이 쌓아 올리지 말 것

해설 화물적재시 준수사항
  1) 침하의 우려가 없는 튼튼한 기반 위에 적재할 것
  2) 건물의 칸막이나 벽 등이 화물의 압력이 견딜 만큼의 강도를 지니지 아니한 때에는 칸막이나 벽에 기대어 적재하지 아니하도록 할 것
  3) 불안정할 정도로 높이 쌓아 올리지 말 것
  4) 하중이 한쪽으로 치우치지 않도록 적재할 것

■ 정답 ■ 83.③ 84.③ 85.④ 86.① 87.②

88 발파공사 암질 변화구간 및 이상암질 출현 시 적용하는 암질 판별방법과 거리가 먼 것은?

① R.Q.D ② RMR 분류
③ 탄성파 속도 ④ 하중계(Load Cell)

해설 굴착공사 중 암질변화구간 및 이상암질의 출현 시 암질판별기준(고용노동부고시)
1) R·Q·D(%)
2) 탄성파 속도(m/sec)
3) R·M·R
4) 일축압축강도(kg/cm^2)
5) 진동치속도(cm/sec=Kine)

89 토사 붕괴의 내적 요인이 아닌 것은?

① 사면, 법면의 경사 증가
② 절토 사면의 토질구성 이상
③ 성토 사면의 토질구성 이상
④ 토석의 강도 저하

해설 토사붕괴의 원인(고용노동부고시)
1) 외적요인
 ① 사면, 법면의 경사 및 구배의 증가
 ② 절토 및 성토 높이의 증가
 ③ 공사에 의한 진동 및 반복하중의 증가
 ④ 지표수 및 지하수의 침투에 의한 토사중량 증가
 ⑤ 지진, 차량, 구조물의 하중
2) 내적요인
 ① 절토사면의 토질, 암질
 ② 성토사면의 토질
 ③ 토석의 강도 저하

90 도심지에서 주변에 주요시설물이 있을 때 침하와 변위를 적게 할 수 있는 가장 적당한 흙막이 공법은?

① 동결공법
② 샌드드레인공법
③ 지하연속벽공법
④ 뉴매틱케이슨공법

해설 지하연속벽공법(slurry wall method) : 안정액을 사용하여 굴착한 뒤 지중에 연속된 철근콘크리트 벽을 형성하는 현장타설말뚝공법을 말한다.

91 철골용접 작업자의 전격 방지를 위한 주의사항으로 옳지 않은 것은?

① 보호구와 복장을 구비하고, 기름기가 묻었거나 젖은 것은 착용하지 않을 것
② 작업 중지의 경우에는 스위치를 떼어 놓을 것
③ 개로 전압이 높은 교류 용접기를 사용할 것
④ 좁은 장소에서의 작업에서는 신체를 노출시키지 않을 것

해설 ③항, 개로 전압이 낮은 교류용접기를 사용할 것

92 유해·위험 방지계획서 제출 시 첨부서류의 항목이 아닌 것은?

① 보호장비 폐기계획
② 공사개요서
③ 산업안전보건관리비 사용계획
④ 전체공정표

해설 유해·위험방지계획서 제출 시 첨부서류(공사개요 및 안전보건관리계획)
1) 공사개요서(별지 제45호 서식)
2) 공사현장의 주변현황 및 주변과의 관계를 나타내는 도면(매설물 현황 포함)
3) 건설물·공사용 기계설비 등의 배치를 나타내는 도면 및 서류
4) 전체공정표
5) 산업안전보건관리비 사용계획(별지 제46호 서식)
6) 안전관리조직표
7) 재해발생위험시 연락 및 대피방법

■정답■ 88.④ 89.① 90.③ 91.③ 92.①

93 철골작업을 중지하여야 하는 풍속과 강우량 기준으로 옳은 것은?

① 풍속 : 10m/sec 이상, 강우량 : 1mm/h이상
② 풍속 : 5m/sec 이상, 강우량 1mm/h 이상
③ 풍속 : 10m/sec 이상, 강우량 : 2mm/h이상
④ 풍속 : 5m/sec 이상, 강우량 : 2mm/h이상

해설 철골작업을 중지해야 하는 기상 조건
1) 풍속이 10m/sec 이상
2) 강우량이 1mm/hr 이상
3) 강설량이 1cm/hr 이상

94 잠함 또는 우물통의 내부에서 근로자가 굴착작업을 하는 경우의 준수사항으로 옳지 않은 것은?

① 산소결핍 우려가 있는 경우에는 산소의 농도를 측정하는 사람을 지명하여 측정하도록 할 것
② 근로자가 안전하게 오르내리기 위한 설비를 설치할 것
③ 굴착깊이가 20m를 초과하는 경우에는 해당 작업장소와 외부와의 연락을 위한 통신설비 등을 설치할 것
④ 잠함 또는 우물통의 급격한 침하에 의한 위험을 방지하기 위하여 바닥으로부터 천장 또는 보까지의 높이는 2m 이내로 할 것

해설 잠함·우물통·수직갱 기타 이와 유사한 건설물 또는 설비의 내부에서 굴착작업시 준수사항
① 산소결핍의 우려가 있는 때에는 산소의 농도를 측정하는 자를 지명하여 측정하도록 할 것
② 근로자가 안전하게 승강하기 위한 설비를 설치할 것
③ 굴착 깊이가 20m를 초과하는 때에는 해당 작업장소와 외부와의 연락을 위한 통신설비 등을 설치할 것
④ 산소결핍이 인정되거나 굴착 깊이가 20m를 초과할 때에는 송기설비를 설치하여 필요한 양의 공기를 송급할 것

95 지반 종류에 따른 굴착면의 기울기 기준으로 옳지 않은 것은?

① 보통 흙의 모래 – 1 : 1.8
② 연암 – 1 : 0.7
③ 풍화암 – 1 : 1.0
④ 경암 – 1 : 0.5

해설 굴착작업시 굴착면의 기울기 기준

구분	지반의 종류	구배
보통 흙	모래	1 : 1.8
	그 밖에 흙	1 : 1.2
암반	풍화암	1 : 1.0
	연암	1 : 1.0
	경암	1 : 0.5

96 다음은 산업안전보건법령에 따른 작업장에서의 투하설비 등에 관한 사항이다. 빈 칸에 들어갈 내용으로 옳은 것은?

> 사업주는 높이가 ( )이상인 정소로부터 물체를 투하하는 경우 적당한 투하설비를 설치하거나 감시인을 배치하는 등 위험을 방지하기 위하여 필요한 조치를 하여야 한다.

① 2m
② 3m
③ 5m
④ 10m

해설 높이가 3m 이상인 장소에 물체를 투하하는 경우 위험방지 조치사항
1) 투하설비 설치
2) 감시인 배치

■ 정답 ■ 93.① 94.④ 95.② 96.②

97 달비계(곤돌라의 달비계는 제외)의 최대 적재하중을 정하는 경우 달기와이어로프 및 달기강선의 안전계수 기준으로 옳은 것은?

① 5이상 ② 7이상
③ 8이상 ④ 10이상

해설 달비계(곤돌라의 달비계는 제외)를 작업발판으로 사용할 때 최대적재하중을 정함에 있어서의 안전계수
1) 달기와이어로프 및 달기강선의 안전계수 : 10이상
2) 달기체인 및 달기훅의 안전계수 : 5이상
3) 달기강대와 달비계의 하부 및 상부지점의 안전계수
   ① 강재의 경우 2.5 이상
   ② 목재의 경우 5이상

98 다음은 비계발판용 목재재료의 강도상의 결점에 대한 조사기준이다. ( )안에 들어갈 내용으로 옳은 것은?

> 발판의 폭과 동일한 길이 내에 있는 결점치수의 총합이 발판폭의 ( )을 초과하지 않을 것

① 1/2 ② 1/3
③ 1/4 ④ 1/6

해설 발판의 폭과 동일한 길이 내에 있는 결점치수의 총합 : 발판폭의 1/4을 초과하지 않을 것

99 다음 중 쇼벨계 굴착기계에 속하지 않는 것은?

① 파워쇼벨(power shovel)
② 크램쉘(clamshell)
③ 스크레이퍼(scraper)
④ 드래그라인(dragline)

해설 쇼벨계 굴착기계
① 파워쇼벨   ② 크램쉘
③ 드래그라인 ④ 백호우

100 근로자의 추락 등의 위험을 방지하기 위하여 안전난간을 설치하는 경우 안전난간은 구조적으로 가장 취약한 지점에서 가장 취약한 방향으로 작용하는 얼마 이상의 하중에 견딜 수 있는 튼튼한 구조이어야 하는가?

① 50kg
② 100kg
③ 150kg
④ 200kg

해설 안전난간은 구조적으로 가장 취약한 지점에서 가장 취약한 방향으로 작용하는 100kg이상의 하중에 견딜 수 있는 튼튼한 구조일 것

■ 정답 ■ 97.④ 98.③ 99.③ 100.②

제1과목 / 산업안전관리론

01 산업안전보건법령상 안전·보건표지에 관한 설명으로 틀린 것은?

① 안전·보건표지 속의 그림 또는 부호의 크기는 안전·보건표지의 크기와 비례하여야 하며, 안전·보건표지 전체 규격의 30%이상이 되어야 한다.
② 안전·보건표지 색채의 물감은 변질되지 아니하는 것에 색채 고정완료를 배합하여 사용하여야 한다.
③ 안전·보건표지는 그 표시내용을 근로자가 빠르고 쉽게 알아볼 수 있는 크기로 제작하여야 한다.
④ 안전·보건표지에서 야광물질을 사용하여서는 아니 된다.

해설 ④항, 야간에 필요한 안전·보건표지는 야광물질을 사용하는 등 쉽게 알아볼 수 있도록 제작하여야 한다.

02 개인 카운슬링(Counseling)방법으로 가장 거리가 먼 것은?

① 직접적 충고
② 설득적 방법
③ 설명적 방법
④ 반복적 충고

해설 개인적인 카운셀링 방법
1) **직접충고** : 안전수칙 불이행시 적합, 지시적 방법
2) **설득적 방법** : 비지시적 방법
3) **설명적 방법** : 비지시적 방법

03 무재해운동의 추진을 위한 3요소에 해당하지 않는 것은?

① 모든 위험잠재요인의 해결
② 최고경영자의 경영자세
③ 관리감독자(Line)의 적극적 추진
④ 직장 소집단의 자주활동 활성화

해설 무재해운동의 추진 3기둥(무재해운동의 3요소)
1) 최고경영자의 엄격한 안전경영자세
2) 관리감독자에 의한 안전보건의 추진(라인화의 철저)
3) 직장 소집단 자주 활동의 활발화

04 억측판단의 배경이 아닌 것은?

① 생략 행위
② 초조한 심정
③ 희망적 관측
④ 과거의 성공한 경험

해설 억측판단
1) **억측판단** : 자기 주관적인 판단
2) **억측판단이 발생하는 배경**
① 희망적인 관측 : 그때도 그랬으니까 괜찮겠지 하는 관측
② 정보나 지식의 불확실 : 위험에 대한 정보의 불확실 및 지식의 부족
③ 과거의 선입견 : 과거에 그 행위로 성공한 경험의 선입관
④ 초조한 심정 : 일을 빨리 끝내고 싶은 초조한 심정

■ 정답 ■ 01.④ 02.④ 03.① 04.①

05 재해의 기본원인 4M에 해당하지 않는 것은?

① Man   ② Machine
③ Media   ④ Measurement

해설 산업재해의 기본원인 4M(인간과오의 배후요인 4요소)
1) Man : 본인 이외의 사람
2) Machine : 장치나 기기 등의 물적요인
3) Media : 인간과 기계를 잇는 매체(작업방법, 순서, 작업정보의 실태, 작업환경, 정리정돈 등)
4) Management : 안전법규의 준수방법, 단속, 점검 관리 외에 지휘 감독, 교육훈련 등

06 다음과 같은 스트레스에 대한 반응은 무엇에 해당하는가?

> 여동생이나 남동생을 얻게 되면서 손가락을 빠는 것과 같이 어린 시절의 버릇을 나타낸다.

① 투사   ② 억압
③ 승화   ④ 퇴행

해설 퇴행(regression) 현실의 곤란한 장면에서 이겨내지 못하고 옛날 어린 시절로 되돌아가려는 행동이다. 즉 발전단계를 역행함으로서 욕구를 충족하려는 행동이다.

07 산업안전보건법령상 사업주가 근로자에 대하여 실시하여야 하는 교육 중 특별안전·보건교육의 대상이 되는 작업이 아닌 것은?

① 화학설비의 탱크 내 작업
② 전압이 30V인 정전 및 활선작업
③ 건설용 리프트·곤돌라를 이용한 작업
④ 동력에 의하여 작동되는 프레스기계를 5대 이상 보유한 사업장에서 해당 기계로 하는 작업

해설 ②항, 전압이 75볼트(V) 이상인 정전 및 활선작업

08 인간의 행동 특성에 관한 레빈(Lewin)의 법칙에서 각 인자에 대한 내용으로 틀린 것은?

$$B = f(P \cdot E)$$

① B : 행동   ② f : 함수관계
③ P : 개체   ④ E : 기술

해설 레빈(K. Lewin)의 법칙 : Lewin은 인간의 행동(B)은 그 사람이 가진 자질 즉, 개체(P)와 심리학적 환경(E)과의 상호 함수관계에 있다고 하였다.
∴ $B = f(P \cdot E)$
여기서,
1) B(Behavior) : 인간의 행동
2) f(function, 함수관계) : 적성 기타 P와 E에 영향을 미칠 수 있는 조건
3) P(Person, 개체) : 연령, 경험, 심신상태, 성격, 지능 등 인간의 조건
4) E(Environment, 심리적 환경) : 인간관계, 작업환경 등 환경 조건

09 보호구 안전인증 고시에 따른 안전모의 일반 구조 중 턱끈의 최소 폭 기준은?

① 5mm 이상
② 7mm 이상
③ 10mm 이상
④ 12mm 이상

해설 안전모의 일반구조 요약정리
1) 안전모의 착용높이는 85mm 이상이고, 외부 수직거리는 80mm 미만일 것
2) 안전모의 내부수직거리는 25mm 이상 50mm 미만일 것
3) 안전모의 수평간격은 5mm 이상일 것
4) 머리받침끈이 섬유인 경우에는 각각의 폭은 15mm 이상이어야 하며, 교차되는 끈의 폭의 합은 72mm 이상일 것
5) 턱끈의 폭은 10mm 이상일 것
6) 안전모의 모체, 착장체 및 충격흡수재를 포함한 질량은 440g을 초과하지 않을 것.

■ 정답 ■ 05.④ 06.④ 07.② 08.④ 09.③

10 교육의 효과를 높이기 위하여 시청각 교재를 최대한으로 활용하는 시청각적 방법의 필요성이 아닌 것은?

① 교재의 구조화를 기할 수 있다.
② 대량 수업체제가 확립될 수 있다.
③ 교수의 평준화를 기할 수 있다.
④ 개인차를 최대한으로 고려할 수 있다.

해설 시청각 교육의 특징
1) 교수의 효율성 증대
2) 교재의 구조화
3) 대량 수업체제 확정
4) 교수의 평준화

11 재해의 원인과 결과를 연계하여 상호관계를 파악하기 위해 도표화하는 분석 방법은?

① 특성요인도　　② 파렛토도
③ 크로스분류도　④ 관리도

해설 통계적 원인 분석 방법
1) 파렛토도 : 분류항목을 큰 순서대로 도표화한 분석법
2) 특성요인도 : 특성과 요인관계를 도표로 하여 어골상으로 세분화 한 분석법
3) 클로즈(Close)분석 : 데이터(data)를 집계하고 표로 표시하여 요인별 결과내역을 교차한 클로즈그림을 작성하여 분석하는 방법
4) 관리도 : 재해발생건수 등의 추이를 파악하여 목표관리를 행하는데 필요한 월별 재해 발생수를 그래프화하여 관리선을 설정·관리하는 방법

12 연평균 근로자수가 1,000명인 사업장에서 연간 6건의 재해가 발생한 경우, 이 때의 도수율은? (단, 1일 근로시간수는 4시간, 연평균 근로일수는 150일이다.)

① 1　　　　　② 10
③ 100　　　　④ 1,000

해설 도수율 $= \dfrac{재해건수}{연근로시간수} \times 10^6$

$= \dfrac{6}{1,000 \times 4 \times 150} \times 10^6 = 10$

13 허츠버그(Herzberg)의 동기·위생 이론에 대한 설명으로 옳은 것은?

① 위생요인은 직무내용에 관련된 요인이다.
② 동기요인은 직무에 만족을 느끼는 주요인이다.
③ 위생요인은 매슬로우 욕구단계 중 존경, 자아실현의 욕구와 유사하다.
④ 동기요인은 매슬로우 욕구단계 중 생리적 욕구와 유사하다.

해설 허츠버그(Herzberg)의 위생요인 및 동기요인
1) **위생요인** : 직무환경에 관계된 내용으로 기업 정책, 개인 상호간의 관계(친교, 대인관계), 감독형태, 작업조건, 임금(급료), 보수지위, 안전 등이 있다.
2) **동기요인** : 직무내용 (일의 내용)에 관한 것으로 목표달성에 대한 성취감, 안정감, 도전감, 책임감, 성장과 발전, 작업자체 등이 있다. (자아실현을 하려는 인간의 독특한 경향 반영)

14 산업안전보건법령상 일용근로자의 안전·보건교육 과정별 교육시간 기준으로 틀린 것은?

① 채용 시의 교육 : 1시간 이상
② 작업내용 변경 시의 교육 : 2시간 이상
③ 건설업 기초안전·보건교육(건설 일용근로자) : 4시간
④ 특별교육 : 2시간 이상(흙막이 지보공의 보강 또는 동바리를 설치하거나 해체하는 작업에 종사하는 일용근로자)

해설 일용근로자의 작업내용 변경 시의 교육시간 : 1시간 이상

■ 정답 ■ 10.④ 11.① 12.② 13.② 14.②

15 산업안전보건법상 고용노동부장관이 산업재해 예방을 위하여 종합적인 개선조치를 할 필요가 있다고 인정할 때에 안전보건개선계획의 수립·시행을 명할 수 있는 대상 사업장이 아닌 것은?

① 산업재해율이 같은 업종의 규모별 평균 산업재해율보다 높은 사업장
② 사업주가 안전보건조치의무를 이행하지 아니하여 중대재해가 발생한 사업장
③ 고용노동부장관이 관보 등에 고시한 유해인자의 노출기준을 초과한 사업장
④ 경미한 재해가 다발로 발생한 사업장

해설 안전보건개선계획 수립대상 사업장
1) ①, ②, ③항
2) 대통령령으로 정하는 수 이상의 직업성 질병자가 발생한 사업장

16 적응기제(Adjustment Mechanism)의 도피적 행동인 고립에 해당하는 것은?

① 운동시합에서 진 선수가 컨디션이 좋지 않았다고 말한다.
② 키가 작은 사람이 키 큰 친구들과 같이 사진을 찍으려 하지 않는다.
③ 자녀가 없는 여교사가 아동교육에 전념하게 되었다.
④ 동생이 태어나자 형이 된 아이가 말을 더듬는다.

해설 고립 : 현실을 피하고 자신의 내부로 도피하려는 행동기제

17 산업안전보건법령상 안전인증대상 기계·기구 등이 아닌 것은?

① 프레스　　② 전단기
③ 롤러기　　④ 산업용 원심기

해설 안전인증대상 기계·기구

구분	안전인증대상 기계·기구	자율안전확인대상 기계·기구
기계·기구 및 설비	① 프레스 ② 전단기 및 절곡기 ③ 크레인 ④ 리프트 ⑤ 압력용기 ⑥ 롤러기 ⑦ 사출성형기 ⑧ 고소작업대 ⑨ 곤돌라	① 연삭기 또는 연마기(휴대형은 제외) ② 산업용 로봇 ③ 혼합기 ④ 파쇄기 또는 분쇄기 ⑤ 컨베이어 ⑥ 식품가공용기계(파쇄·절단·혼합·제면기만 해당) ⑦ 자동차정비용리프트 ⑧ 인쇄기 ⑨ 공작기계(선반,드릴기, 평삭·형삭기, 밀링만 해당) ⑩ 고정형 목재가공용 기계(둥근톱, 대패, 루타기, 띠톱, 모떼기 기계만 해당)
방호장치	① 프레스 및 전단기 방호장치 ② 양중기용 과부하방지장치 ③ 보일러 압력추출용 안전밸브 ④ 압력용기 압력방출용 안전밸브 ⑤ 압력용기 압력방출용 파열판 ⑥ 절연용 방호구 및 활선작업용 기구 ⑦ 방폭구조 전기기계·기구 및 부품 ⑧ 추락·낙하 및 붕괴 등의 위험 방지 및 보호 필요한 가설기자재로서 고용노동부 장관이 정하여 고시하는 것 ⑨ 충돌협착 등의 위험방지에 필요한 산업용로봇 방호장치로서 고용노동부장관이 정하여 고시하는 것	① 아세틸렌 용접장치용 또는 가스집합 용접장치용 안전기 ② 교류아크 용접기용 자동전격방지기 ③ 롤러기 급정지장치 ④ 연삭기 덮개 ⑤ 목재가공용 둥근톱 반발예방장치 및 날접촉 예방장치 ⑥ 동력식 수동 대패용 칼날접촉방지장치 ⑦ 추락낙하 및 붕괴 등의 위험방지 및 보호에 필요한 가설기자재로서 고용노동부 장관이 정하여 고시하는 것
보호구	① 추락 및 감전 위험방지용 안전모 ② 차광 및 비산물 위험 방지용 보안경 ③ 방진마스크 ④ 방독마스크 ⑤ 송기마스크 ⑥ 전동식 호흡보호구 ⑦ 방음용 귀마개 또는 귀덮개 ⑧ 용접용 보안면 ⑨ 안전장갑 ⑩ 안전화 ⑪ 안전대 ⑫ 보호복	① 안전모(추락 및 감전 위험방지용 제외) ② 보안경(차광 및 비산물 위험방지용 제외) ③ 보안면(용접용 제외)

18 조직이 리더에게 부여하는 권한으로 볼 수 없는 것은?

① 보상적 권한   ② 강압적 권한
③ 합법적 권한   ④ 위임된 권한

해설 리더십의 권한
  1) 조직이 지도자에게 부여한 권한
    ㉠ 보상적 권한
    ㉡ 강압적 권한
    ㉢ 합법적 권한
  2) 지도자 자신이 자신에게 부여한 권한
    ㉠ 전문성의 권한
    ㉡ 위임된 권한

19 안전교육 훈련기법에 있어 태도 개발 측면에서 가장 적합한 기본교육 훈련방식은?

① 실습방식   ② 제시방식
③ 참가방식   ④ 시뮬레이션방식

해설 안전교육 훈련기법 (사업장에서의 기본교육 훈련방식)
  1) **지식형성** : 제시방식
  2) **기능숙련** : 실습방식
  3) **태도개발** : 참가방식

20 무재해운동의 추진을 위한 3요소에 해당하지 않는 것은?

① 모든 위험잠재요인의 해결
② 최고경영자의 경영자세
③ 관리감독자(Line)의 적극적 추진
④ 직장 소집단의 자주활동 활성화

해설 무재해 운동 추진의 3기둥(무재해 운동의 3요소)
  1) 최고 경영자의 경영자세
  2) 라인화의 철저(관리감독자에 의한 안전보건의 추진)
  3) 직장(소집단)의 자주 활동의 활발화

제2과목
인간공학 및 시스템안전공학

21 반복되는 사건이 많이 있는 경우에 FTA의 최소 컷셋을 구하는 알고리즘이 아닌 것은?.

① Fussel Algorithm
② Boolean Algorithm
③ Monte Carlo Algorithm
④ Limnios & Ziani Algorithm

해설 최소컷셋을 구하는 알고리즘(Algorithm)
  1) Fussel 알고리즘
  2) Boolean 알고리즘
  3) Limnios & Ziani 알고리즘

22 1cd의 점광원에서 1m떨어진 곳에서의 조도가 3lux이었다. 동일한 조건에서 5m 떨어진 곳에서의 조도는 약 몇 lux인가?

① 0.12   ② 0.22
③ 0.36   ④ 0.56

해설 1) 조도는 거리의 제곱 (자승)에 반비례한다.
$$조도 = \frac{1}{(거리)^2}$$
  2) $조도 = 3(\text{lux}) \times \frac{1^2}{5^2} = 0.12\text{lux}$

23 지게차 인장벨트의 수명은 평균이 100,000시간, 표준편차가 500시간인 정규분포를 따른다. 이 인장벨트의 수명이 101,000시간 이상일 확률은 약 얼마인가? (단, P(Z≤1) =0.8413, P(Z≤2)=0.9772, P(Z≤3)=0.9987이다.)

① 1.60%   ② 2.28%
③ 3.28%   ④ 4.28%

해설 1) $Z = \frac{101,000 - 100,000}{500} = 2$
  2) $P(Z \leq 2) = 0.9772$
  $P(Z \geq 2) = (1 - 0.9772) \times 100 = 2.28\%$

■ 정답 ■ 18.④ 19.③ 20.① 21.③ 22.① 23.②

24 산업안전보건법령에서 정한 물리적 인자의 분류 기준에 있어서 소음은 소음성난청을 유발할 수 있는 몇 dB(A)이상의 시끄러운 소리로 규정하고 있는가?

① 70
② 85
③ 100
④ 115

해설 소음 : 소음성난청을 유발할 수 있는 85 dB(A) 이상의 시끄러운 소리

25 모든 시스템 안전 프로그램 중 최초 단계의 분석으로 시스템 내의 위험요소가 어떤 상태에 있는지를 정성적으로 평가하는 방법은?

① CA
② FHA
③ PHA
④ FMEA

해설
1) PHA(예비위험분석) : 대부분 시스템 안전 프로그램에 있어서 최초단계의 분석으로, 시스템 내의 위험한 요소가 얼마나 위험한 상태에 있는가를 정성적으로 평가하는 것이다.
2) PHA의 목적 : 시스템의 개발 단계에 있어서 시스템 고유의 위험상태를 식별하고 예상되는 재해의 위험수준을 결정하는 데 있다.

26 위험처리 방법에 관한 설명으로 틀린 것은?

① 위험처리 대책 수립 시 비용문제는 제외된다.
② 재정적으로 처리하는 방법에는 보류와 전가 방법이 있다.
③ 위험의 제어 방법에는 회피, 손실제어, 위험분리, 책임 전가 등이 있다.
④ 위험처리 방법에는 위험을 제어하는 방법과 재정적으로 처리하는 방법이 있다.

해설 ①항, 위험처리 대책 수립시 비용문제가 포함된다.

27 FTA에 의한 재해사례 연구의 순서를 올바르게 나열한 것은?

[다음]
A. 목표사상 선정
B. FT도 작성
C. 사상마다 재해원인 규명
D. 개선계획 작성

① A→B→C→D
② A→C→B→D
③ B→C→A→D
④ B→A→C→D

해설 FTA에 의한 재해사례의 연구순서
1) 1step : 톱사상의 선정
2) 2step : 사상마다 재해원인·요인의 규명
3) 3step : FT도의 작성
4) 4step : 개선계획의 작성
5) 5step : 개선안의 실시계획

28 청각적 표시장치에서 300m 이상의 장거리용 경보기에 사용하는 진동수로 가장 적절한 것은?

① 800Hz 전후
② 2,200Hz 전후
③ 3,500Hz 전후
④ 4,000Hz 전후

해설 300m 이상의 장거리용 경보기는 1,000Hz 이하의 진동수를 사용하여야 한다.

길잡이 경계 및 경보신호의 선택 또는 설계 시의 설계 지침
1) 500~3,000Hz(또는 2,000~5,000Hz)의 진동수 사용
2) 장거리 (300m 이상)용은 1,000Hz 이하의 진동수 사용 (고음은 멀리가지 못함)
3) 장애물 및 칸막이 통과시 500Hz 이하의 진동수 사용
4) 주의를 끌기 위해서는 변조된 신호 (초당 1~8번 나는 소리, 초당 1~3번 오르내리는 소리 등) 사용
5) 배경소음의 진동수와 구별되는 신호 사용

29 인터페이스 설계 시 고려해야 하는 인간과 기계와의 조화성에 해당되지 않는 것은?

① 지적 조화성   ② 신체적 조화성
③ 감성적 조화성   ④ 심미적 조화성

해설 인간기계 체계에서의 계면설계
1) 계면(interface) : 인간기계 체계에서 인간과 기계가 만나는 면(面)
2) 인간과 기계(환경)의 계면에서의 조화성 : 다음 3가지 차원이 고려되어야 함
   ① 신체적 조화성
   ② 지적 조화성
   ③ 감성적 조화성

30 FT도에 사용되는 다음 기호의 명칭으로 맞는 것은?

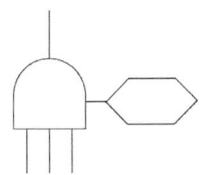

① 억제 게이트
② 부정 게이트
③ 배타적 OR 게이트
④ 우선적 AND 게이트

해설 수정기호의 종류
1) **우선적 AND 게이트** : 입력사상 가운데 어느 사상이 다른 사상보다 먼저 일어났을 때에 출력사상이 생긴다. (A는 B보다 먼저)와 같이 기입
2) **짜맞춤(조합) AND 게이트** : 3개 이상의 입력사상 가운데 어느 것인가 2개가 일어나면 출력사상이 생긴다. (어느 것이든 2개)라고 기입
3) **위험지속기호** : 입력사상이 생기어 어느 일정시간 지속하였을 때에 출력사상이 생긴다.(위험지속시간)과 같이 기입
4) **배타적 OR 게이트** : OR 게이트로 2개 이상의 입력이 동시에 존재한 때에는 출력사상이 생기지 않는다. (동시에 발생하지 않는다.)라고 기입

31 산업안전보건법에서 규정하는 근골격계 부담작업의 범위에 해당하지 않는 것은?

① 단기간작업 또는 간헐적인 작업
② 하루에 10회 이상 25kg 이상의 물체를 드는 작업
③ 하루에 총 2시간 이상 쪼그리고 앉거나 무릎을 굽힌 자세에서 이루어지는 작업
④ 하루에 4시간 이상 집중적으로 자료입력 등을 위해 키보드 또는 마우스를 조작하는 작업

해설 근골격계 부담작업의 범위 : "근골격계부담작업"이라 함은 다음 각 호의 1에 해당하는 작업을 말한다. 다만, 단기간작업 또는 간헐적인 작업은 제외된다.
1) 하루에 4시간 이상 집중적으로 자료입력 등을 위해 키보드 또는 마우스를 조작하는 작업
2) 하루에 총 2시간 이상 목, 어깨, 팔꿈치, 손목 또는 손을 사용하여 같은 동작을 반복하는 작업
3) 하루에 총 2시간 이상 머리위에 손이 있거나, 팔꿈치가 어깨위에 있거나, 팔꿈치를 몸통으로 들거나, 팔꿈치를 몸통뒤쪽에 위치하도록 하는 상태에서 이루어지는 작업
4) 지지되지 않은 상태이거나 임의로 자세를 바꿀 수 없는 조건에서, 하루에 총 2시간 이상 목이나 허리를 구부리거나 트는 상태에서 이루어지는 작업
5) 하루에 총 2시간 이상 쪼그리고 앉거나 무릎을 굽힌 자세에서 이루어지는 작업
6) 하루에 총 2시간 이상 지지되지 않은 상태에서 1kg이상의 물건을 한손의 손가락으로 집어 올리거나, 2kg이상에 상응하는 힘을 가하여 한손의 손가락으로 물건을 쥐는 작업
7) 하루에 총 2시간 이상 지지되지 않은 상태에서 4.5kg 이상의 물체를 드는 작업
8) 하루에 10회 이상 25kg 이상의 물체를 드는 작업
9) 하루에 25회 이상 10kg 이상의 물체를 무릎 아래에서 들거나, 어깨 위에서 들거나, 팔을 뻗은 상태에서 드는 작업
10) 하루에 총 2시간 이상, 분당 2회 이상 4.5kg 이상의 물체를 드는 작업

■ 정답 ■   29.④   30.④   31.①

11) 하루에 총 2시간 이상 시간당 10회 이상 손 또는 무릎을 사용하여 반복적으로 충격을 가하는 작업

32 작업장 내의 색채조절이 적합하지 못한 경우에 나타나는 상황이 아닌 것은?

① 안전표지가 너무 많아 눈에 거슬린다.
② 현란한 색배합으로 물체 식별이 어렵다.
③ 무채색으로만 구성되어 중압감을 느낀다.
④ 다양한 색채를 사용하면 작업의 집중도가 높아진다.

해설 ④항, 다양한 색체를 사용하면 작업의 집중도가 낮아진다.

33 인간의 가청주파수 범위는?

① 2 ~ 10,000Hz
② 20 ~ 20,000Hz
③ 200 ~ 30,000Hz
④ 200 ~ 40,000Hz

해설 가청주파수 범위 : 20~20,000Hz

34 기능식 생산에서 유연생산 시스템 설비의 가장 적합한 배치는?

① 합류(Y)형 배치   ② 유자(U)형 배치
③ 일자(—)형 배치 ④ 복수라인(=)형 배치

해설 시스템 설비의 배치 : 기능식 생산에서 생산성 향상을 위한 가장 효율적인 배치는 U자형으로 배치하는 것이다.

35 인간-기계 체계에서 인간의 과오에 기인된 원인 확률을 분석하여 위험성의 예측과 개선을 위한 평가 기법은?

① PHA   ② FMEA
③ THERP   ④ MORT

해설
1) PHA(예비사고분석) : 최초단계 분석법, 정성적분석법
2) FMEA(고장형과 영향분석) : 정성적·귀납적 분석법
3) THERP(인간과오율 예측기법) : 정량적 분석법
4) MORT(경영소홀 및 위험수 분석) : 광범위한 안전도모, 고도의 안전 달성

36 인간공학에 관련된 설명으로 틀린 것은?

① 편리성, 쾌적성, 효율성을 높일 수 있다.
② 사고를 방지하고 안전성과 능률성을 높일 수 있다.
③ 인간의 특성과 한계점을 고려하여 제품을 설계한다.
④ 생산성을 높이기 위해 인간을 작업 특성에 맞추는 것이다.

해설 인간공학의 정의 : 기계기구, 환경 등의 물적 조건을 인간의 특성과 능력에 잘 조화되도록 설계하기 위한 수단을 연구하는 학문이다.

37 인체계측 자료에서 주로 사용하는 변수가 아닌 것은?

① 평균   ② 5백분위수
③ 최빈값   ④ 95 백분위수

해설 인체 측정자료의 응용원리
1) **최대치수와 최소치수**(극단적 개인용 설계) : 최대 및 최소 설계 매개변수로 서는 남성의 제 95백분위수와 여성의 제 5백분위수를 사용한다.
2) **조절식 (가변적 설계)** : 여성의 제 5백분위수 및 남성의 제 95백분위 수 범위에서 조정하도록 한다.
3) **평균 설계** : 극단적 설계 및 가변적 설계가 곤란할 때 적용한다.

38 다음 그림은 C/R비와 시간관의 관계를 나타낸 그림이다. ㉠~㉣에 들어갈 내용이 맞는 것은?

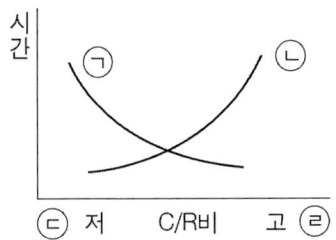

① ㉠ 이동시간 ㉡ 조정시간 ㉢ 민감 ㉣ 둔감
② ㉠ 이동시간 ㉡ 조정시간 ㉢ 둔감 ㉣ 민감
③ ㉠ 조정시간 ㉡ 이동시간 ㉢ 민감 ㉣ 둔감
④ ㉠ 조정시간 ㉡ 이동시간 ㉢ 둔감 ㉣ 민감

해설 통제표시비 (C/D비 또는 C/R비) : 통제표시비가 감소함에 따라 이동시간은 급격히 감소하다가 안정되며 조정시간은 이와 반대의 형태를 갖는다.
(최적 C/D비 : 1.18~2.42)

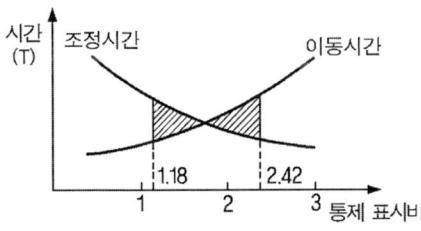

39 어떤 작업자의 배기량을 측정하였더니, 10분간 200L이었고, 배기량을 분석한 결과 O_2 : 16%, CO_2 : 4%였다. 분당 산소 소비량은 약 얼마인가?

① 1.05L/분   ② 2.05L/분
③ 3.05L/분   ④ 4.05L/분

해설
1) 배기량 = 200L/10min = 20L/min
2) 흡기량 × 79% = 배기량 × N_2%

$$흡기량 = 배기량 \times \frac{N_2\%}{79\%}$$
$$= 20 \times \frac{100-(16+4)}{79}$$
$$= 20.25 L/min$$

3) 산소소비량
$$= \left(흡기량 \times \frac{21}{100}\right) - \left(배기량 \times \frac{16}{100}\right)$$
$$= (20.25 \times 0.21) - (20 \times 0.16)$$
$$= 1.05 L/min$$

40 설비나 공법 등에서 나타날 위험에 대하여 정성적 또는 정량적인 평가를 행하고 그 평가에 따른 대책을 강구하는 것은?

① 설비보전
② 동작분석
③ 안전계획
④ 안전성 평가

해설 안전성평가의 6단계
1) 제1단계 : 관계 자료의 정비 검토
2) 제2단계 : 정성적 평가
3) 제3단계 : 정략적 평가
4) 제4단계 : 안전대책
5) 제5단계 : 재해정보에 의한 재평가
6) 제6단계 : F.T.A에 의한 재평가

제3과목 / 건설시공학

41 콘크리트 재료적 성질에 기인하는 콘크리트 균열의 원인이 아닌 것은?

① 알칼리 골재반응
② 콘크리트의 중성화
③ 시멘트의 수화열
④ 혼화재료의 불균일한 분산

해설 콘크리트 균열의 원인
1) 알칼리 골재반응
2) 콘크리트의 중성화
3) 시멘트의 수화열
4) 염해

42 다음 중 토질시험 항목에 해당하지 않는 것은?

① 소성 한계시험   ② 3축 압축시험
③ 할렬 인장시험   ④ 비중 시험

해설 토질시험항목
1) 비중 시험
2) 소성한계 및 액성시험
3) 삼축압축시험
4) 압밀시험 등

43 현장에서 철근공사와 관련된 사항으로 옳지 않은 것은?

① 철근공사 착공 전 구조도면과 구조계산서를 대조하는 확인작업 수행
② 도면오류를 파악한 후 정정을 요구하거나 철근상세도를 구조평면도에 표시하여 승인 후 시공
③ 품질이 규격값 이하인 철근의 사용배제
④ 구부러진 철근을 다시 펴는 가공작업을 거친 후 재사용

해설 구부러진 철근을 다시 펴서 재사용하지 않는다.

44 다음 흙막이 공법 중 지하연속벽 공법이 아닌 것은?

① 이코스공법   ② 웰 포인트 공법
③ 오거파일공법   ④ 슬러리월공법

해설 ②항, **웰 포인트공법** : 배수에 의한 지반개량 공법

45 다음 중 시방서에 기재하는 사항이 아닌 것은?

① 재료, 장비, 설비의 유형과 품질
② 조립, 설치, 세우기의 방법
③ 도면의 도해적 표현
④ 시험 및 코드 요건

해설 시방서의 기재내용
1) 공사전체의 개요
2) 시방서의 적용범위, 공통 주의사항
3) 시공방법(준비사항, 공사의 정도, 사용 장비, 주의사항 등)
4) 사용재료(종류, 품질, 필요한 시험, 저장방법, 검사방법 등)
5) 특기사항

46 거푸집 해체작업 시 주의사항 중 옳지 않은 것은?

① 지주를 바꾸어 세우는 동안에는 그 상부작업을 제한하여 하중을 적게 한다.
② 높은 곳에 위치한 거푸집은 제거하지 않고 미장 공사를 실시한다.
③ 제거한 거푸집은 재사용을 위해 묻어 있는 콘크리트를 제거한다.
④ 진동, 충격 등을 주지 않고 콘크리트가 손상되지 않도록 순서에 맞게 거푸집을 제거한다.

■ 정답 ■ 41.④ 42.③ 43.④ 44.② 45.③ 46.②

해설 거푸집 해체작업시 주의사항
1) 거푸집의 제거는 보 옆이나 기둥을 먼저하고 보 밑이나 슬래브를 나중에 한다.
2) 진동, 충격 등을 주지 않고 콘크리트가 손상되지 않도록 한다.
3) 높은 곳 작업시에는 낙하사고에 유의해야 한다.
4) 터널폼은 크레인에 연결시켜 충분히 짖한 후 제거한다.
5) 지주(받침기둥)를 바꾸어 세우기 할 때는 상부의 작업을 제한하여 적재하중을 적게 하고, 집중하중을 받는 부분의 지주는 그대로 둔다.
6) 제거한 거푸집은 재사용할 수 있도록 적당한 장소에 정리하여 둔다.

47 섬유제 거푸집에 관한 설명으로 옳지 않은 것은?

① 탈수효과로 표면강도가 약간 감소한다.
② 경화시간이 단축된다.
③ 동결융해 저항성이 향상된다.
④ 통기효과로 인한 블리딩 감소 및 잉여수의 배출로 미관이 좋아진다.

해설 섬유제 거푸집을 사용하였을 경우 효과
1) 경화시간의 단축
2) 표면강도의 증가
3) 동결융해 저항성의 향상
4) 중성화 속도의 지연, 염분 침투성의 저감 등 내구성 향상
5) 물곰보 방지로 미관향상 등

48 흙막이 벽은 보통 버팀대로 지지되어 있으나 그 대신 어스앵커를 사용하기도 하는데 어스앵커의 PC강선에 가하는 힘의 종류는?

① 인장력   ② 압축력
③ 비틀림   ④ 전단력

해설 어스앵커공법(earth anchor)
1) 흙막이벽 이면 지반에 어스앵커를 설치하여 인발력으로 토압에 저항한다.
2) 어스앵커는 소정의 각도로써 소정의 깊이까지 원통형으로 굴착한 후 PC강선을 넣고 모르타르를 정착장까지 그라우팅하여 모르타르가 경화한 후에 PC강선을 재키로 당겨 인장응력을 준 다음 끝을 정착시킨다.
주 타이로드(tie rod) : 대형의 둥근막대(인장봉)

49 당해 공사의 특수한 조건에 따라 표준시방서에 대하여 추가, 변경, 삭제를 규정한 시방서는?

① 특기시방서   ② 안내시방서
③ 자료시방서   ④ 성능시방서

해설 특기시방서 : 본문 설명

50 다음 금속 커튼월 공사의 작업흐름 중 ( )에 가장 적합한 것은?

기준먹매김 – ( ) – 커튼월 설치 및 보양
– 부속재료의 설치 – 유리설치

① 자재정리
② 구체 부착철물의 설치
③ seal 공사
④ 표면마감

해설 금속커튼월 공사 작업흐름도
1) 기준먹매김 → 2) 구체 부착철물의 설치 → 3) 커튼월 설치 및 보양 → 4) 부속 재료의 설치 → 5) 유리 설치

51 다음 중 굳지 않은 콘크리트의 측압에 대한 영향이 가장 작은 것은?

① 굳지 않은 콘크리트의 다지기 방법
② 기온 및 대기의 습도
③ 콘크리트 부어넣기 속도
④ 콘크리트 발열

해설 콘크리트 발열 : 콘크리트 측압에 영향을 주지 않는다.

■ 정답 ■ 47.① 48.① 49.① 50.② 51.④

52 기초의 종류 중 기초슬래브의 형식에 따른 분류가 아닌 것은?

① 독립기초 ② 연속기초
③ 복합기초 ④ 직접기초

해설 푸팅(footing)기초 : 슬래브(slab)의 형식에 따라 다음과 같이 구분한다.
1) 독립기초 : 단일 기둥을 하나의 기초에 연결하여 지지하는 방식
2) 복합기초 : 2개 이상의 기둥을 하나의 기초에 연결하여 지지하는 방식
3) 연속기초(줄기초) : 연속된 기초판이 기둥 또는 벽의 하중을 지지하는 방식

53 철골공사에서 녹막이칠을 해야 하는 부분은?

① 고력볼트 마찰접합부의 마찰면
② 조립상 표면접합이 되는 면
③ 콘크리트에 매설되는 부분
④ 개방형 단면을 한 부재

해설 녹막이 칠을 할 필요가 없는 부분
1) 콘크리트에 밀착 또는 매입되는 부분
2) 조립에 의해 서로 밀착되는 면
3) 현장용접을 하는 부위 및 그곳에 인접하는 양측 10mm 이내(용접부에서 50mm 이내)
4) 고장력 볼트 마찰접합부의 마찰면
5) 폐쇄형 단면을 한 부재의 밀폐된 내면
6) 기계깎기 마무리면

54 건설도급회사의 공사실적 및 기술능력에 적합한 3~7개 정도의 시공회사를 선택한 후 그 시공회사로 하여금 입찰에 참여시키는 방법은?

① 특명입찰
② 공개경쟁입찰
③ 지명경쟁입찰
④ 제한경쟁입찰

해설 지명경쟁입찰 : 공사에 가장 적합하다고 인정되는 시공업자(3~7명 정도)를 지명하여 경쟁입찰에 붙이는 방식

55 그림과 같은 독립기초의 흙파기량으로 적당한 것은?

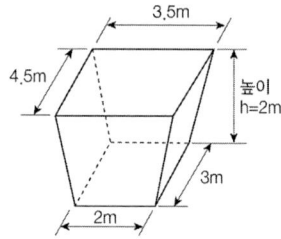

① 19.5m³ ② 21.0m³
③ 23.7m³ ④ 25.4m³

해설 길이가 서로 다른 것은 더한 후 2로 나누면 평균값이 나온다.

흙파기량 $= \left(\dfrac{4.5+3}{2}\right) \times \left(\dfrac{3.5+2}{2}\right) \times 2$
$= 20.63 m^3$

56 콘크리트 배합을 결정하는데 있어서 직접적으로 관계가 없는 것은?

① 물시멘트비 ② 골재의 강도
③ 단위시멘트량 ④ 슬럼프값

해설 콘크리트의 배합설계 순서
1) 소요강도(설계기준강도)·배합강도·시멘트 강도 결정
2) 물·시멘트비 결정
3) 슬럼프값의 결정
4) 굵은골재 최대치수 및 잔골재율 결정
5) 단위수량 결정
6) 표준배합(시방배합)의 산출 및 현장배합의 조정

57 현장용접 시 발생하는 화재에 대한 예방조치와 가장 거리가 먼 것은?

① 용접기의 완전한 접지(earth)를 한다.
② 용접부분 부근의 가연물이나 인화물을 치운다.
③ 착의, 장갑, 구두 등을 건조상태로 한다.
④ 불꽃이 비산하는 장소에 주의한다.

■ 정답 ■ 52.④ 53.④ 54.③ 55.② 56.② 57.③

58 철근의 가스압접이음에 대한 설명으로 옳지 않은 것은?

① 접합전에 압접면을 그라인더로 평탄하게 가공해야 한다.
② 이음공법 중 접합강도가 아주 큰 편이며 성분 원소의 조직변화가 적다.
③ 철근의 항복점 또는 재질이 다른 경우에도 적용가능하다.
④ 이음위치는 인장력이 가장 적은 곳에서 하고 한곳에 집중해서는 안된다.

해설 ③항, 철근의 항복점 또는 재질이 다른 경우에는 적용이 불가능하다.

59 콘크리트 타설시 물과 다른 재료와의 비중 차이로 콘크리트 표면에 물과 함께 유리석회, 유기불순물 등이 떠오르는 현상을 무엇이라 하는가?

① 블리딩　　② 컨시스턴시
③ 레이턴스　④ 워커빌리티

해설 블리딩 및 레이턴스
1) 블리딩(bleeding) : 콘크리트 타설 후 시멘트, 골재등의 침하에 따라 물이 분리 상승되어 표면에 떠오르는 현상
2) 레이턴스(laitance) : 블리딩에 의해 떠오른 미립물이 물의 증발에 따라 콘크리트 표면에 얇은 막으로 침적되는 현상

60 건축 목공사의 시공계획을 수립함에 있어서 필요치 않은 것은?

① 가설물 계획
② 시공계획도의 작성
③ 현치도 작성
④ 공정표 작성

해설 현치도(원척도) 및 시공도 작업 : 시공계획이 아닌 본공사 진행 중에 필요한 도면

제4과목 / 건설재료학

61 콘크리트 표면도장에 가장 적합한 도료는?

① 염화비닐수지도료
② 조합페인트
③ 클리어래커
④ 알루미늄페인트

해설 염화비닐수지도료 : 내산·내알칼리성이 있어 콘크리트나 플라스터(plaster)면에 적합한 도료이다.

62 목재의 부패 조건에 관한 설명 중 옳지 않은 것은?

① 대부분의 부패균은 섭씨 약 20 ~ 40℃ 사이에서 가장 활동이 왕성하다.
② 목재의 증기 건조법은 살균효과도 있다.
③ 부패균의 활동은 습도는 약 90% 이상에서 가장 활발하고 약 20% 이하로 건조시키면 번식이 중단된다.
④ 수중에 잠겨진 목재는 습도가 높기 때문에 부패균의 발육이 왕성하다.

해설 수중에 잠겨진 목재 : 공기에 노출되지 않기 때문에 부패균의 발육이 중지된다.

63 점토 벽돌(KS L 4201)의 성능 시험방법과 관련된 항목이 아닌 것은?

① 겉모양　　② 압축강도
③ 내충격성　④ 흡수율

해설 점토벽돌의 성능시험 항목(KS L 4201)
1) 겉모양
2) 흡수율 시험
3) 압축강도 시험

■ 정답 ■　58.③　59.①　60.③　61.①　62.④　63.③

64 점토제품 제조에 관한 설명으로 옳지 않은 것은?

① 원료조합에는 필요한 경우 제검제를 첨가한다.
② 반죽과정에서는 수분이나 경도를 균질하게 한다.
③ 숙성과정에서는 반죽덩어리를 되도록 크게 뭉쳐둔다.
④ 성형은 건식, 반건식, 습식 등으로 구분한다.

65 다음 중 열경화성 수지가 아닌 것은?

① 요소수지   ② 폴리에틸렌수지
③ 실리콘수지 ④ 알키드수지

해설 합성수지의 종류

열가소성 수지	열경화성 수지
1. 염화비닐수지(PVC)	1. 페놀수지
2. 에틸렌수지	2. 요소수지
3. 프로필렌수지	3. 멜라민수지
4. 아크릴수지	4. 알키드수지
5. 스틸렌수지	5. 폴리에스테르수지
6. 메타크릴수지	6. 실리콘
7. ABS수지	7. 에폭시수지
8. 폴리아미드수지	8. 우레탄수지
9. 비닐아세틸수지	9. 규소수지

66 P.S 콘크리트 부재 제작 시 프리스트레스(prestress)를 도입시키기 위해 개발된 시멘트는?

① 제트 시멘트   ② 알루미나 시멘트
③ 인산 시멘트   ④ 팽창 시멘트

해설 P.S(prestressed)콘크리트 : 고강도 강재나 피아노선과 같은 특수 선재를 사용하여 재축 방향으로 콘크리트에 미리 압축력을 주어서 콘크리트의 강도를 증가시켜 휨 저항이 증대되도록 한 콘크리트

67 지하실 방수공사에 사용되며, 아스팔트 펠트, 아스팔트 루핑 방수재료의 원료로 사용되는 것은?

① 스트레이트 아스팔트
② 블로운 아스팔트
③ 아스팔트 컴파운드
④ 아스팔트 프라이머

해설 스트레이트 아스팔트(straight saphalt) : 잔류유를 증류하여 남은 것으로 증기아스팔트와 진공아스팔트 2종이 있다.
1) 신장성, 접착성, 방수성이 풍부하다.
2) 연화점이 낮고 내후성 및 온도에 의한 변화가 크다.
3) 지하방수에 쓰이고 아스팔트 펠트 삼투용으로 사용한다.

68 시멘트의 응결시험 방법으로 옳은 것은?

① 비카 시험   ② 오토클레이브 시험
③ 브레인 시험   ④ 비비 시험

해설 시멘트의 응결시험 방법 : 비카 시험

69 코펜하겐 리브판에 관한 설명 중 옳지 않은 것은?

① 두께 50mm, 나비 100mm 정도의 판을 가공한 것이다.
② 집회장, 강당, 영화관, 극장에 붙여 음향조절 효과를 낸다.
③ 열의 차단성이 우수하며 강도도 커서 외장용으로 주로 사용된다.
④ 원래 코펜하겐의 방송국 벽에 음향효과를 내기 위해 사용한 것이 최초이다.

해설 코펜하겐 리프판(copenhagen rib board)
1) 두께 5cm, 폭(너비) 10cm 정도의 긴 판에다 표면을 리브로 가공한 것이다.
2) 면적이 넓은 강당, 집회장, 극장 등의 천장 또는 내벽에 붙여 음향조절용으로 쓰거나 수장제로 사용된다.

■ 정답 ■ 64.③ 65.② 66.④ 67.① 68.① 69.③

70 다음 중 열 및 전기 전도율이 가장 큰 금속은?

① 알루미늄　② 크롬
③ 니켈　　　④ 구리

해설 열 및 전기전도율이 가장 큰 공업용 금속 : 구리(Cu)

71 다음 중 실(seal)재가 아닌 것은?

① 코킹재　② 퍼티
③ 개스킷　④ 트래버틴

해설 트래버틴(travertin) : 벌레에 침식된 듯한 구멍이 있는 무늬를 가진특수 대리석이 일종이다.

72 목재의 강도에 관한 설명 중 옳지 않은 것은?

① 목재의 제강도 중 섬유 평행방향의 인장강도가 가장 크다.
② 목재를 기둥으로 사용할 때 일반적으로 목재는 섬유의 평행방향으로 압축력을 받는다.
③ 함수율이 섬유포화점 이상으로 클 경우 함수율 변동에 따른 강도변화가 크다.
④ 목재의 인장강도 시험 시 죽은 옹이의 면적을 뺀 것을 재단면을 가정한다.

해설 ③항, 함수율이 섬유포화점 이상으로 클 경우 함수율 변동에 따른 강도 변화는 없다.

> **길잡이** 섬유포화점과 목재의 강도
> 1) 섬유포화점 이상에서는 강도가 일정하다.
> 2) 섬유포화점 이하에서는 함수율의 감소에 따라 강도는 증가하고 탄성은 감소한다.

73 건축용 단열재 중 무기질이 아닌 것은?

① 암면　　　② 유리섬유
③ 세라믹파이퍼　④ 셀룰로즈파이버

해설 셀룰로즈파이버(cellulose fiver) : 식물성섬유(유기질)

74 습기가 있는 콘크리트나 모르타르에 알루미늄 새시를 직접 닿지 않도록 해야 하는데 그 이유로 가장 적합한 것은?

① 연질이며 강도가 낮아서
② 내수성이 약해서
③ 산, 알칼리, 해수 등에 쉽게 침식되어서
④ 열팽창율이 달라서

해설 알루미늄(Al) : 내산성 및 내알칼리성이 약하여 콘크리트에 접하면 부식되기 쉽다.

75 혼화재료 중 사용량이 비교적 많아서 그 자체의 부피가 콘크리트 비비기 용적에 계산되는 혼화재에 해당되지 않는 것은?

① 플라이 애쉬
② 팽창재
③ 고성능 AE 감수제
④ 고로슬래그 미분말

해설 콘크리트의 혼화재료
1) 혼화제 : 사용량이 적어 콘크리트의 배합계산에서 무시되는 혼화재료
　① AE제(Air Entraining agent) : 공기연행제
　② 분산제(감수제)
　③ 응결경화촉진제
　④ 급결재 및 지연제
　⑤ 방수제
2) 혼화재 : 사용량이 비교적 많아서 콘크리트 배합계산에서 고려되는 혼화재료
　① 경화과정 중 팽창을 일으키는 것: 팽창제
　② 포졸란 작용이 있는 것 : 고로슬래그, 플라이애시
　③ 증량제 : 폴리머 증량재, 광물질미분말

■ 정답 ■　70.④　71.④　72.③　73.④　74.②　75.③

76 철근콘크리트에 사용하는 굵은 골재의 최대치수를 정하는 가장 중요한 이유는?

① 재료분리현상을 막기 위해서
② 콘크리트가 철근사이를 자유롭게 통과할 수 있도록 하기 위해서
③ 균질한 콘크리트를 만들기 위해서
④ 사용골재를 줄이기 위해서

해설 굵은골재의 최대치수 : 굵은골재의 최대치수는 골재와 같은 크기의 중량비로 90% 이상 통과하여야 한다(콘크리트가 철근사이를 자유롭게 통과할 수 있어야 함)

77 스테인리스강에 대한 설명으로 옳지 않은 것은?

① 강도가 높고 열에 대한 저항성이 크다.
② 먼지가 잘 끼고 표면이 더러워지면 청소가 어렵다.
③ 크롬(Cr)의 첨가량이 증가할수록 내식성이 좋아진다.
④ 전기저항성이 크고 열전도율이 낮다.

해설 스테인리스강은 먼지가 잘 끼지 않고 표면이 더러워져도 청소하기 쉽다.

78 점토제품의 원료와 그 역할이 올바르게 연결된 것은?

① 규석, 모래 – 점성 조절
② 장석, 석회석 – 균열방지
③ 샤모트(cahmotte) – 내화성 증대
④ 식염, 붕사 – 용융성 조절

해설 규석 : 규산(SiO_2)을 화학성분으로 한 석영 및 수정 등의 광물로서 점성을 조절하는 효과가 있다.

79 매스콘크리트의 타설 및 양생에 대한 설명 중 옳은 것은?

① 외기온이 영하로 내려가도 자체의 수화열만으로 충분히 양생가능하므로 별도의 양생조치가 불필요하다.
② 내부 수화열에 의한 콘크리트의 온도 상승 및 하강 시 온도응력으로 인한 균열발생 가능성이 있다.
③ 부재의 단면크기가 작기 때문에 건조수축에 의한 균열발생 가능성이 가장 크다.
④ 매트기초의 경우 수화발열량이 커서 콘크리트 온도가 높으므로, 표면온도를 낮추기 위한 방안이 필요하다.

해설 1) 매스콘크리트 : 부재 또는 구조물의 치수가 커서 시멘트의 수화열에 의한 온도상승을 고려하여 시공하는 콘크리트이다.
2) 균열발생 : 콘크리트 부재표면과 내부와의 온도차 또는 부재전체의 온도가 강하할 때의 수축변형 구속 등에 의해 응력이 생겨 균열발생(온도균열)을 초래한다.

80 합성수지계 접착제가 아닌 것은?

① 비닐 수지 접착제
② 에폭시 수지 접착제
③ 요소 수지 접착제
④ 카세인

해설 카세인 : 단백질(우유 중에 포함)접착제

■ 정답   76.②   77.②   78.①   79.②   80.④

제5과목 / 건설안전기술

81 철골 작업 시 강우량에 대해 작업을 중단하는 기준으로 옳은 것은?

① 시간당 1mm이상인 경우
② 시간당 5mm이상인 경우
③ 시간당 10mm이상인 경우
④ 시간당 15mm이상인 경우

해설 철골작업을 중지해야할 기상조건
  1) 풍속 : 10m/sec 이상
  2) 강우량 : 1mm/hr 이상
  3) 강설량 : 1cm/hr 이상

82 안전난간은 구조적으로 가장 취약한 지점에서 가장 취약한 방향으로 작용하는 최소 얼마 이상의 하중에 견딜 수 있는 구조이어야 하는가?

① 100kg
② 150kg
③ 200kg
④ 250kg

해설 안전난간은 구조적으로 가장 취약한 지점에서 가장 취약한 방향으로 작용하는 100kg 이상의 하중에 견딜 수 있는 튼튼한 구조일 것

83 낙하물에 위한 위험의 방지를 위하여 낙하물 방지망을 설치하는 경우 수평면과의 유지각도로 옳은 것은?

① 20도 이상 30도 이하
② 30도 이상 40도 이하
③ 40도 이상 45도 이하
④ 45도 초과

해설 낙하물방지망 또는 방호선반 설치시 준수사항
  1) 설치높이는 10m 이내마다 설치하고, 내민 길이는 벽면으로부터 2m 이상으로 할 것
  2) 수평면과의 각도는 20° 내지 30°를 유지할 것

84 건설산업기본법 시행령에 따른 토목공사업에 해당되는 토목 건설공사현장에서 전담 안전관리자 최소 1인을 두어야 하는 공사금액의 기준으로 옳은 것은?

① 150억원 이상
② 180억원 이상
③ 210억원 이상
④ 250억원 이상

해설 건설업의 규모별 안전관리자 수

사업의 종류	규모	안전관리자 수
45. 건설업	1. 공사금액 50억원(관계수급인은 100억원) 이상 120억원 미만(토목공사업은 150억원 미만)	1명 이상
	2. 공사금액 120억원(토목공사업은 150억원) 이상 800억원 미만	2명 이상
	3. 공사금액 800억원 이상 1500억원 미만 • 전체 공사시간 중 전후 15에 해당하는 기간	2명 이상 1명 이상

85 양끝이 힌지(Hinge)인 기둥에 수직하중을 가하면 기둥이 수평방향으로 휘게 되는 현상은?

① 피로파괴
② 폭열현상
③ 좌굴
④ 전단파괴

해설 좌굴 및 좌굴하중
  1) 양단이 힌지(hinge, 상단에는 수직 변위를 자유롭게 하기 위하여 수평재를 설치)인 주재(主材)에 하중(P)을 가하면 중앙에 인장력을 가한 것과 같이 기둥이 수평으로 변곡하게 된다.
  2) 하중이 작으면 기둥은 쉽게 원상태로 복원되지만 일정한도 이상이 되면 변곡이 계속되어 파괴에 이르게 된다. 이 복원의 한계점 부근에서의 상태가 존재하게 되는데 이 상태를 좌굴이라 하고 이때의 하중을 좌굴하중(또는 한계하중)이라 한다.

■ 정답 ■ 81.① 82.① 83.① 84.① 85.③

86 고소작업대를 설치 및 이동하는 경우의 준수사항으로 옳지 않은 것은?

① 바닥과 고소작업대는 가능하면 수평을 유지하도록 할 것
② 이동하는 경우에는 작업대를 가장 높게 올릴 것
③ 이동통로의 요철상태 또는 장애물의 유무 등을 확인할 것
④ 갑작스러운 이동을 방지하기 위하여 아웃트리거 또는 브레이크 등을 확실히 사용할 것

해설 ②항. 이동하는 경우에는 작업대를 가장 낮게 할 것

87 공사용 가설도로에서 일반적으로 허용되는 최고 경사도는 얼마인가?

① 5%   ② 10%
③ 20% ④ 30%

해설 1) 가설도로의 최고 허용경사도 : 10%를 넘지 않도록 할 것
2) 도로는 배수를 위해 도로중심부를 약간 넓게 하거나 배수시설을 할 것

88 산업안전보건법령에 따른 크레인을 사용하여 작업을 하는 때 작업시작 전 점검사항에 해당되지 않는 것은?

① 권과방지장치·브레이크·클러치 및 운전장치의 기능
② 주행로의 상측 및 트롤리(trolley)가 횡행하는 레일의 상태
③ 원동기 및 풀리(pulley)기능의 이상 유무
④ 와이어로프가 통하고 있는 곳의 상태

해설 1) 크레인의 작업시작 전 점검사항 : ①, ②, ④항 3개뿐
2) 원동기 및 풀리 기능의 이상 유무 : 컨베이어의 작업시작 전 점검사항

89 발파작업에 종사하는 근로자가 발파 시 준수하여야 할 기준으로 옳지 않은 것은?

① 벼락이 떨어질 우려가 있는 경우에는 화약 또는 폭약의 장전 작업을 중지하고 근로자들을 안전한 장소로 대피시켜야 한다.
② 근로자가 안전한 거리에 피난할 수 없는 경우에는 전면과 상부를 견고하게 방호한 피난장소를 설치하여야 한다.
③ 전기뇌관 외의 것에 의하여 점화 후 장전된 화약류의 폭발여부를 확인하기 곤란한 경우에는 점화한 때부터 15분 이내에 신속히 확인하여 처리하여야 한다.
④ 얼어붙은 다이나마이트는 화기에 접근시키거나 그 밖의 고열물에 직접 접촉시키는 등 위험한 방법으로 융해되지 않도록 한다.

해설 점화 후 장진된 화약류가 폭발하지 아니한 때 또는 장진된 화약류의 폭발여부를 확인하기 곤란할 때에는 다음 항목이 정하는 바에 따를 것
1) 전기뇌관에 의한 때에는 발파모선을 점화기에서 떼어 그 끝을 단락시켜 놓는 등 재점화되지 아니하도록 조치하고 그때부터 5분 이상 경과한 후가 아니면 화약류의 장진장소에 접근시키지 아니하도록 할 것
2) 전기뇌관 외의 것에 의한 때에는 점화한 때부터 15분 이상 경과한 후가 아니면 화약류의 장진장소에 접근시키지 아니하도록 할 것

90 차량계 건설기계 중 도로포장용 건설기계에 해당되지 않는 것은?

① 아스팔트 살포기   ② 아스팔트 피니셔
③ 콘크리트 피니셔   ④ 어스오거

해설 1) 도로포장용 건설기계
(안전보건규칙 별표6)
① 아스팔트 살포기
② 콘크리트 살포기
③ 아스팔트 피니셔
④ 콘크리트 피니셔
2) 어스오거 : 땅을 천공할 때에 쓰이는 기계

■ 정답 ■ 86.② 87.② 88.③ 89.③ 90.④

91 강관을 사용하여 비계를 구성하는 경우의 준수사항으로 옳지 않은 것은?

① 비계기둥의 간격은 띠장 방향에서는 1.85m 이하, 장선방향에서는 1.5 이하로 할 것
② 비계기둥 간의 적재하중은 300kg을 초과하지 않도록 할 것
③ 띠장의 간격은 2m이하로 설치할 것
④ 비계기둥의 제일 윗부분으로부터 31m 되는 지점 밑부분의 비계기둥은 2개의 강관으로 묶어 세울 것

해설 ②항. 비계기둥 간의 적재하중은 400kg을 초과하지 아니하도록 할 것

92 인력에 의한 굴착작업 시 준수해야할 사항으로 옳지 않은 것은?

① 지반의 종류에 따라서 정해진 굴착면의 높이와 기울기로 진행시켜야 한다.
② 굴착면 및 굴착심도 기준을 준수하여 작업 중 붕괴를 예방하여야 한다.
③ 굴착토사나 자재 등을 경사면 및 토류벽 천단부 주변에 쌓아두어 하중을 보강한다.
④ 용수 등의 유입수가 있는 경우 배수시설을 한 뒤에 작업을 하여야 한다.1

해설 굴착작업 시 준수사항(고용노동부고시)
1) ①, ②, ④항
2) 굴착토사나 자재 등을 경사면 및 토류벽 전단부 주변에 쌓아두어서는 안된다.
3) 굴착면 및 흙막이지보공의 상태를 주의하여 작업을 진행시켜야 한다.
4) 매설물, 장애물 등에 항상 주의하고 대책을 강구한 후에 작업을 하여야한다.
5) 수중펌프나 벨트컨베이어 등 전동기를 사용할 경우는 누전차단기를 설치하고 작동여부를 확인하여야 한다.

93 다음은 산업안전보건법령 중 계단 형상으로 조립하는 거푸집 동바리에 관한 사항이다. ( )안에 들어갈 내용으로 알맞은 것은?

> 거푸집의 형상에 따른 부득이한 경우를 제외하고는 깔판·깔목 등을 ( )이상 끼우지 않도록 할 것

① 2단   ② 3단
③ 4단   ④ 5단

해설 계단 형상으로 조립하는 거푸집 : 깔판 및 깔목 등을 끼워서 계단 형상으로 조립하는 거푸집동바리에 대한 준수사항(안전보건규칙 제333조)
1) 거푸집 형상에 따른 부득이한 경우를 제외하고는 깔판·깔목 등을 2단 이상 끼우지 않도록 할 것
2) 깔판·깔목 등을 이어서 사용하는 경우에는 그 깔판·깔목 등을 단단히 연결할 것
3) 동바리는 상·하부의 동바리와 동일 수직선상에 위치하도록 하여 깔판·깔목 등에 고정시킬 것

94 다음은 ( )안에 들어갈 내용으로 옳은 것은?

> 콘크리트 측압은 콘크리트 타설속도, ( ), 단위용적질량, 온도, 철근배근상태 등에 따라 달라진다.

① 골재의 형상
② 콘크리트 강도
③ 박리재
④ 타설높이

해설 콘크리트 측압산정시 고려되는 요소
1) 굳지 않은 콘크리트의 단위 용적중량(t/m³)
2) 벽길이(m)
3) 굳지 않은 콘크리트의 타설높이(m)
4) 콘크리트의 타설속도 (보통 10m~50 m/h정도)
5) 거푸집 속의 콘크리트 온도

■정답■ 91.② 92.③ 93.① 94.④

95 파이핑(pipung) 현상에 의한 흙 댐(earth dam)의 파괴를 방지하기 위한 안전대책 중 옳지 않은 것은?

① 흙 댐의 하류측에 필터를 설치한다.
② 흙 댐의 상류측에 차수판을 설치한다.
③ 흙 댐 내부에 점토코아(core)를 넣는다.
④ 흙 댐에서 물의 침투유도 길이를 짧게 한다.

해설 1) piping : 연약 사질토지반에서 굴착면에 침투수류가 용출하여 급격히 지반파괴가 생기는 현상
2) 파이핑현상에 의한 흙 댐의 파괴 방지 대책 : ①, ②, ③항

96 굴착공사에서 굴착 깊이가 5m, 굴착 저면의 폭이 5m인 경우, 양단면 굴착을 할 때 굴착부 상단면의 폭은?(단, 굴착면의 기울기는 1 : 1로 한다.)

① 10m   ② 15m
③ 20m   ④ 25m

해설 1) 굴착깊이 5m, 굴착저면의 폭 5m, 굴착면의 기울기 1 : 1

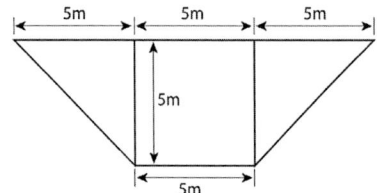

2) 굴찰부 상단면의 폭=5+5+5=15m

97 토석의 붕괴 원인 중 외적 요인이 아닌 것은?

① 법면의 경사 증가
② 절토 및 성토 높이 증가
③ 진동 및 각종 하중 작용
④ 토석의 강도 저하

해설 토사붕괴의 원인
1) 외적요인
   ① 사면, 법면의 경사 및 구배의 증가
   ② 절토 및 성토의 높이의 증가
   ③ 지표수 및 지하수의 침투에 의한 토사중량의 증가
   ④ 공사에 의한 진동 및 반복하중의 증가
   ⑤ 지진, 차량, 구조물의 증가
2) 내적요인
   ① 절토사면의 토질, 암석
   ② 성토사면의 토질
   ③ 토석의 강도 저하

98 크레인의 와이어로프가 일정 한계 이상 감기지 않도록 작동을 자동으로 정지시키는 장치는?

① 훅 해지장치
② 권과방지장치
③ 비상정지장치
④ 과부하방지장치

해설 1) 훅 해지장치 : 훅걸이용 와이어로프 등이 훅으로부터 벗겨지는 것을 방지하기 위한 장치
2) 권과방지장치 : 본문설명
3) 비상정지장치 : 위험상태의 발생이 예상되는 경우 이것을 방지하기 위하여 인위적으로 급정지 시키는 장치
4) 과부하방지장치 : 기계설비에 허용 이상의 부하가 가해졌을 때에 그 동작을 정지 또는 방지하기 위해 안전 쪽으로 작동시키는 장치

99 강관비계 중 단관비계의 벽이음 및 버팀 설치 시 수직 및 수평 방향 조립간격으로 옳은 것은?

① 수직방향 : 3m, 수평방향 : 3m
② 수직방향 : 5m, 수평방향 : 5m
③ 수직방향 : 6m, 수평방향 : 8m
④ 수직방향 : 8m, 수평방향 : 6m

■ 정답 ■ 95.④ 96.② 97.④ 98.② 99.②

해설 강관비계의 조립간격

강관비계의 종류	조립간격(단위 : m)	
	수직방향	수평방향
단관비계	5	5
틀비계(높이가 5m 미만의 것은 제외)	6	8

100 철골보 인양작업 시 준수사항으로 옳지 않은 것은?

① 선회와 인양작업은 가능한 동시에 이루어지도록 한다.
② 인양용 와이어로프의 매달기 각도는 양변 60°정도가 되도록 한다.
③ 유도 로프로 방향을 잡으며 이동시킨다.
④ 철골보의 와이어로프 체결지점은 부재의 1/3지점을 기준으로 한다.

해설 철골보 인양 작업 시 준수사항(표준안전작업지침-고용노동부 고시)
  1) 인양와이어 로프의 매달기 각도는 양변 60°를 기준으로 2열로 매달고 와이어 체결 지점은 수평 부재의 1/3 기점을 기준하여야 한다.
  2) 조립되는 순서에 따라 사용될 부재가 하단부에 적치되어 있을 대에는 상단부의 부재를 무너뜨리는 일이 없도록 주의하여 옆으로 옮긴 후 부재를 인양하여야 한다.
  3) 클램프로 부재를 체결할 때는 다음 각 목의 사항을 준수하여야 한다.
    ① 클램프는 부재를 수평으로 하는 두 곳의 위치에 사용하여야 하며 부재 양단 방향을 등간격이어야 한다.
    ② 부득이 한군데만을 사용할 때는 위험이 적은 장소로서 간단한 이동을 하는 경우에 한하여야 하며 부재의 길이의 1/3지점을 기준하여야 한다.
    ③ 두 곳을 매어 인양시킬 때 와이어로프의 내각은 60°이하여야 한다.
    ④ 클램프의 정격 용량 이상 매달지 않아야 한다.
    ⑤ 체결 작업 중 클램프 본체가 장애물에 부딪히지 않게 주의하여야 한다.
    ⑥ 클램프의 작동 상태를 점검한 후 사용하여야 한다.
  4) 유도 로프는 확실히 매야 한다.
  5) 인양할 때는 다음 각 목의 사항을 준수하여야 한다.
    ① 인양 와이어로프는 훅의 중심에 걸어야 하며 훅은 용접의 경우 용접장 등 용접 규격을 확인하여 인양 시 취성 파괴에 의한 탈락을 방지하여야 한다.
    ② 신호자는 운전가가 잘 보이는 곳에서 신호하여야 한다.
    ③ 불안정하거나 매단 부재가 경사지면 지상에 내려 다시 체결하여야 한다.
    ④ 부재의 균형을 확인하며 서서히 인양하여야 한다.
    ⑤ 흔들리거나 선회하지 않도록 유도 로프로 유도하며 장애물에 닿지 않도록 주의하여야 한다.

■정답■ 100.①

2025년 시행

건설안전산업기사

2025년 1회 CBT복원 기출문제

건설안전산업기사

제1과목 / 산업안전관리론

01 산업안전보건법상 안전·보건 표지에서 기본모형의 색상이 빨강이 아닌 것은?

① 산화성물질 경고   ② 화기금지
③ 탑승금지   ④ 고온 경고

해설 고온 경고
 1) 바탕은 노랑색
 2) 기본모형·관련부호 및 그림은 검정색

02 재해예방의 4원칙에 해당하지 않는 것은?

① 예방 가능의 원칙
② 손실 우연의 원칙
③ 원인 계기의 원칙
④ 선취 해결의 원칙

해설 재해예방의 4원칙
 1) 손실우연의 원칙 : 사고에 의해 생기는 손실(상해)의 종류와 정도는 우연적이다.
 2) 원인계기의 원칙 : 모든 재해는 필연적인 원인에 의해서 발생되며 재해발생은 직접원인만이 아니고 많은 간접원인의 연쇄로 발생되는 것이다.
 3) 예방가능의 원칙 : 재해는 원칙적으로 모든 방지가 가능하다.
 4) 대책선정의 원칙 : 가장 효과적인 재해방지대책의 선정은 이들 원인의 정확한 분석에 의해서 얻어진다.

03 안전을 위한 동기부여로 틀린 것은?

① 기능을 숙달시킨다.
② 경쟁과 협동을 유도한다.
③ 상벌제도를 합리적으로 시행한다.
④ 안전목표를 명확히 설정하여 주지시킨다.

해설 안전 동기의 유발방법
 1) 안전의 기본이념(참 가치)을 인식시킬 것.
 2) 안전 목표를 명확히 설정할 것
 3) 결과를 알려줄 것(K.R법 : Knowledge Results).
 4) 상과 벌을 줄 것.
 5) 경쟁과 협동을 유도할 것.
 6) 동기유발 수준을 유지할 것.

04 산업안전보건법령상 특별안전·보건 교육의 대상 작업의 해당하지 않는 것은?

① 석면해체·제거작업
② 밀폐된 장소에서 하는 용접작업
③ 화학설비 취급품의 검수·확인 작업
④ 2m 이상의 콘크리트 인공구조물의 해체 작업

해설 화학설비 관련 특별안전·보건교육의 대상작업
 1) 화학설비 중 반응기, 교반기, 추출기의 사용 및 세척작업
 2) 화학설비의 탱크 내 작업
 3) 분말·원재료 등을 담은 호퍼·저장탱크 등 저장탱크의 내부작업
 4) 건조설비에 의한 물건의 가열·건조작업

■ 정답 ■   01.④   02.④   03.①   04.③

05 다음 중 스트레스(Stress)에 관한 설명으로 가장 적절한 것은?

① 스트레스는 나쁜 일에서만 발생한다.
② 스트레스는 부정적인 측면만 가지고 있다.
③ 스트레스 직무몰입과 생산성 감소의 직접적인 원인이 된다.
④ 스트레스 상황에 직면하는 기회가 많을수록 스트레스 발생 가능성은 낮아진다.

해설 1) 스트레스의 정의
① 스트레스(stress) : 인체에 가해지는 여러 가지 자극에 대해 체내에 일어나는 반응을 말한다.
② 직무스트레스의 정의(NIOSH) : 직무스트레스란 직무요구조건이 개인의 능력, 자원 또는 근로자의 욕구와 맞지 않을 때 발생하는 유해한 신체적, 정서적 반응이라고 할 수 있다.

2) 스트레스의 특성
① 스트레스는 위협적인 환경특성에 대한 개인의 반응이라고 볼 수 있다.
② 스트레스 수준은 작업성과와 반비례의 관계에 있다.
③ 적정수준의 스트레스는 작업성과에 긍정적으로 작용할 수 있다.
④ 지나친 스트레스를 지속적으로 받으면 인체는 자기조절능력을 상실할 수 있다.

06 안전교육의 3단계에서 생활지도, 작업동작지도 등을 통한 안전의 습관화를 위한 교육은?

① 지식교육 ② 기능교육
③ 태도교육 ④ 인성교육

해설 안전교육의 3단계
1) 지식교육(제1단계) : 강의, 시청각교육을 통한 지식의 전달과 이해
2) 기능교육(제2단계) : 시범, 견학, 실습, 현장실습교육을 통한 경험체득과 이해
3) 태도교육(제3단계) : 작업동작지도, 생활지도 등을 통한 안전의 습관화

07 재해발생 형태별 분류 중 물건이 주체가 되어 사람이 상해를 입는 경우에 해당되는 것은?

① 추락 ② 전도
③ 충돌 ④ 낙하·비래

해설 재해 형태별 분류

분류항목	세부항목
1. 추락	사람이 건축물, 비계, 기계, 사다리, 계단, 경사면, 나무 등에서 떨어지는 것
2. 전도	사람이 평면상으로 넘어졌을 때를 말함(과속, 미끄러짐 포함)
3. 충돌	사람이 정지물에 부딪힌 경우
4. 낙하, 비래	물건이 주체가 되어 사람이 맞은 경우
5. 협착	물건에 끼워진 상태, 말려든 상태
6. 감전	전기 접촉이나 방전에 의해 사람이 충격을 받은 경우
7. 폭발	압력의 급격한 발생, 개방으로 폭음을 수반한 팽창이 일어난 경우
8. 붕괴, 도괴	적재물, 비계, 건축물이 무너진 경우
9. 파열	용기 또는 장치가 물리적인 압력에 의해 파열한 경우
10. 화재	화재로 인한 경우를 말하며 관련물체는 발화물을 기재
11. 무리한 동작	무거운 물건을 들다 허리를 삐거나 부자연할 자세나 반동으로 상해를 입는 경우
12. 이상온도 접촉	고온이나 저온에 접촉한 경우
13. 유해물 접촉	유해물 접촉으로 중독이나 질식된 경우
14. 기타	1-13 항으로 구분 불능 시 발생형태를 기재할 것

08 제조업자는 제조물의 결함으로 인하여 생명·신체 또는 재산에 손해를 입은 자에게 그 손해를 배상하여야 하는데 이를 무엇이라 하는가?(단, 당해 제조물에 대해서만 발생한 손해는 제외한다.)

① 입증 책임 ② 담보 책임
③ 연대 책임 ④ 제조물 책임

■ 정답 ■ 05.③ 06.③ 07.④ 08.④

09 모랄 서베이(Morale Survey)의 효용이 아닌 것은?

① 조직 또는 구성원의 성과를 비교·분석한다.
② 종업원의 정화(Catharsis)작용을 촉진시킨다.
③ 경영관리를 개선하는 데에 대한 자료를 얻는다.
④ 근로자의 심리 또는 욕구를 파악하며 불만을 해소하고, 노동의욕을 높인다.

해설 조직 또는 구성원의 성과를 비교·분석하는 것은 모랄 서베이(사기조사)의 효용을 저하시키는 행위이다.

10 방독마스크의 정화통 색상으로 틀린 것은?

① 유기화합물용 – 갈색
② 할로겐용 – 회색
③ 황화수소용 – 회색
④ 암모니아용 – 노란색

해설 정화통의 외부 측면의 표시색

종류	표시색
유기화합물용 정화통	갈색
할로겐용 정화통	회색
황화수소용 정화통	
시안화수소용 정화통	
아황산용 정화통	노란색
암모니아용 정화통	녹색
복합용 및 겸용의 정화통	·복합용의 경우 : 해당가스 모두 표시(2층 분리) ·겸용의 경우 : 백색과 해당가스 모두 표시(2층 분리)

11 산업안전보건법상 직업병 유소견자가 발생하거나 다수 발생할 우려가 있는 경우에 실시하는 건강진단은?

① 특별 건강진단
② 일반 건강진단
③ 임시 건강진단
④ 채용시 건강진단

해설 임시건강진단 : 다음 각 목의 어느 하나에 해당하는 경우에 특수건강진단 대상 유해인자 또는 그 밖의 유해인자에 의한 중독 여부, 질병에 걸렸는지 여부 또는 질병의 발생 원인 등을 확인하기 위하여 지방고용노동관서의 장의 명령에 따라 사업주가 실시하는 건강진단을 말한다.
1) 같은 부서에 근무하는 근로자 또는 같은 유해인자에 노출되는 근로자에게 유사한 질병의 자각·타각증상이 발생한 경우
2) 직업병 유소견자가 발생하거나 여러 명이 발생할 우려가 있는 경우
3) 그밖에 지방고용노동관서의 장이 필요하다고 판단하는 경우

12 주의(Attention)의 특징 중 여러 종류의 자극을 자각할 때, 소수의 특정한 것에 한하여 주의가 집중되는 것은?

① 선택성 ② 방향성
③ 변동성 ④ 검출성

해설 (1) 주의의 특징
1) 선택성 : 여러 종류의 자극을 자각할 때 수소의 특정한 것에 한하여 선택하는 기능
2) 반향성 : 주시점만 인지하는 기능
3) 변동성 : 주의에는 주기적으로 부주의의 리듬이 존재
(2) 주의의 특성
1) 주의력의 중복집중의 곤란 : 주의는 동시에 2개 방향에 집중하지 못한다(선택성).
2) 주의력의 단속성 : 고도의 주의는 장시간 지속할 수 없다(변동성).
3) 한 지점에 주의를 집중하면 다른데 주의는 약해진다(방향성).

■ 정답 ■ 09.① 10.④ 11.③ 12.①

13 OJT(On the Job Training)의 특징이 아닌 것은?

① 훈련에 필요한 업무의 계속성이 끊어지지 않는다.
② 교육효과가 업무에 신속히 반영된다.
③ 다수의 근로자들을 대상으로 동시에 조직적 훈련이 가능하다.
④ 개개인에게 적절한 지도훈련이 가능하다.

해설 O.J.T와 off.J.T의 특징

O. J. T	off. J. T
① 개개인에 적합한 지도훈련을 할 수 있다.	① 다수의 근로자에게 조직 훈련이 가능하다.
② 직장의 실정에 맞는 실제적 훈련을 할 수 있다.	② 훈련에만 전념하게 된다.
③ 훈련에 필요한 업무의 계속성이 끊어지지 않는다.	③ 특별 설비 기구를 이용할 수 있다.
④ 즉시 업무에 연결되는 관계로 신체와 관련이 있다.	④ 전문가를 강사로 초청할 수 있다.
⑤ 효과가 곧 업무에 나타나며 훈련의 좋고 나쁨에 따라 개선이 용이하다.	⑤ 각 직장의 근로자가 많은 지식이나 경험을 교류할 수 있다.
⑥ 교육을 통한 훈련 효과에 의해 상호신뢰 이해도 높아진다.	⑥ 교육 훈련 목표에 대해서 집단적 노력이 흐트러질 수 있다.

14 하인리히의 재해구성비율에 따라 경상사고가 87건 발생하였다면 무상해사고라는 몇 건이 발생하였겠는가?

① 300건 ② 600건
③ 900건 ④ 1200건

해설 1) 하인리히의 재해구성 비율
중상 또는 사망 : 경상 : 무상해사고
= 1 : 29 : 300
2) 무상해사고 = 87건 × $\frac{300}{29}$ = 900건

15 객관적인 위험을 자기 나름대로 판정해서 의지결정을 하고 행동에 옮기는 인간의 심리특성은?

① 세이프 테이킹(safe taking)
② 액션 테이킹(action taking)
③ 리스크 테이킹(risk taking)
④ 휴먼 테이킹(human taking)

해설 1) 리스크 테이킹(risk taking) : 본문설명
2) 안전태도가 양호한 자는 리스크 테이킹 정도가 적고 안전태도가 불량한 자는 리스크 테이킹 정도가 크다.

16 위험예지훈련 중 TMB(Tool Box Meeting)에 관한 설명으로 틀린 것은?

① 작업 장소에서 원형의 형태를 만들어 실시한다.
② 통상 작업시작 전·후 10분 정도 시간으로 미팅한다.
③ 토의는 다수인(30인)이 함께 수행한다.
④ 근로자 모두가 말하고 스스로 생각하고 "이렇게 하자"라고 합의한 내용이 되어야 한다.

해설 ③항, 토의는 소수인(5~7명)이 함께 수행한다.

17 인간의 적응기제(適應機制)에 포함되지 않는 것은?

① 갈등(conflict)
② 억압(repression)
③ 공격(aggression)
④ 합리화(rationalization)

해설 적응기제의 분야
1) 방어적 기제 : 보상, 합리화, 동일시, 승화 등
2) 도피적 기제 : 고립, 퇴행, 억압, 백일몽 등
3) 공격적 기제 : 직접적 공격기제(폭행, 싸움 등), 간접적 공격기제(조소, 비난, 욕설 등)

■ 정답 ■ 13.③ 14.③ 15.③ 16.③ 17.①

18 누전차단장치 등과 같은 안전장치를 정해진 순서에 따라 작동시키고 동작상황의 양부를 확인하는 점검은?

① 외관점검 ② 작동점검
③ 기술점검 ④ 종합점검

해설 안전점검방법
1) 외관점검 : 기기의 적정한 배치, 설치 상태, 변형, 균열, 손상, 부식, 볼트의 여유 등의 유무를 외관에서 시각 및 촉감 등에 의해 조사하고, 점검 기준에 의해 양부를 확인하는 것이다.

> **참고** (1) 장치 구조의 점검
> (2) 오염상태의 점검
> (3) 부식, 손모의 점검
> (4) 균열, 깨어짐의 점검
> (5) 액누출, 가스누출의 점검
> (6) 볼트·너트의 여유, 탈락, 파손의 점검
> (7) 윤활유의 점검
> (8) 이상음의 발생상황 유무의 점검

2) 기능점검 : 간단한 조작을 행하여 대상 기기의 기능의 양부를 확인하는 것이다.

> **참고** (1) 축수부의 니플 등이 벗겨지거나 윤활유의 상태에 이상이 없는가를 점검
> (2) V벨트를 손가락으로 가볍게 눌러 여유가 없는가를 점검
> (3) 전동기를 가동시켜 그 회전상황에 이상이 없는가를 점검
> (4) 회전은 정상인 회전방향인가를 점검
> (5) 이상음, 이상 진동이 없는가를 점검

3) 작동점검 : 안전장치나 누전차단장치 등을 정해진 순서에 의해 작동시켜 작동상황의 양부를 확인하는 것이다.
4) 종합점검 : 정해진 점검 기준에 의해 측정, 검사를 행하고 또 일정한 조건하에서 운전시험을 행하여 그 기계 설비의 종합적인 기능을 확인하는 것이다.

19 하버드 학파의 5단계 교수법에 해당되지 않는 것은?

① 교시(Presentation)
② 연합(Association)
③ 추론(Reasoning)
④ 총괄(Generalization)

해설 하버드 학파의 5단계 교수법
1) 1단계 : 준비시킨다(preparation).
2) 2단계 : 교시한다(presentation).
3) 3단계 : 연합한다(association).
4) 4단계 : 총괄시킨다(generalization).
5) 5단계 : 응용시킨다(application).

20 재해사례연구에 관한 설명으로 틀린 것은?

① 재해사례연구는 주관적이며 정확성이 있어야 한다.
② 문제점과 재해요인의 분석은 과학적이고, 신뢰성이 있어야 한다.
③ 재해사례를 과제로 하여 그 사고와 배경을 체계적으로 파악한다.
④ 재해요인을 규명하여 분석하고 그에 대한 대책을 세운다.

해설 ①항, 재해사례연구는 객관적이며 정확성이 있어야 한다.

제2과목
인간공학 및 시스템안전공학

21 신뢰성과 보전성을 효과적으로 개선하기 위해 작성하는 보전기록 자료로서 가장 거리가 먼 것은?

① 자재관리표 ② MTBF분석표
③ 설비이력카드 ④ 고장원인대책표

해설 보전기록 자료의 종류
1) MTBF 분석표 : 설비의 고장정지 발생시기, 현상, 원인, 소요공수, 정지시간 등의 일체를 기록한 것
2) 설비이력카드 : 설비의 운전개시점에서부터 현재까지 발생한 고장이력, 중요한 수리공사 내용 및 수리후 성능등을 설비마다 기록한 것
3) 고장원인 대책표 : 중요설비의 기술적 조치에 대한 상세한 자료 등을 설비고장이 발생할 때마다 기록한 것

22 작업장에서 구성요소를 배치하는 인간공학적 원칙과 가장 거리가 먼 것은?

① 중요도의 원칙
② 선입선출의 원칙
③ 기능성의 원칙
④ 사용빈도의 원칙

해설 부품배치의 4원칙
1) 중요성의 원칙 : 부품을 작동하는 성능이 체계의 목표달성에 긴요한 정도에 따라 우선 순위를 설정한다.
2) 사용빈도의 원칙 : 부품을 사용하는 빈도에 따라 우선순위를 설정한다.
3) 기능별 배치의 원칙 : 기능적으로 관련된 부품들(표시장치, 조정장치 등)을 모아서 배치한다.
4) 사용 순서의 원칙 : 사용되는 순서에 따라 장치들을 가까이에 배치한다.

23 동전던지기에서 앞면이 나올 확률 P(앞) = 0.6, 뒷면이 나올 확률 P(뒤)=0.4일 때, 앞면과 뒷면이 나올 사건의 정보량을 각각 맞게 나타낸 것은?

① 앞면 : 0.10bit, 뒷면 : 1.00bit
② 앞면 : 0.74bit, 뒷면 : 1.32bit
③ 앞면 : 1.32bit, 뒷면 : 0.74bit
④ 앞면 : 2.00bit, 뒷면 : 1.00bit

해설 1) 앞면 :
$$H = \log_2\left(\frac{1}{P}\right) = \log_2\left(\frac{1}{0.6}\right) = 0.74 bit$$
2) 뒷면 : $H = \log_2\left(\frac{1}{P}\right) = \log_2\left(\frac{1}{0.4}\right) = 1.32 bit$

24 FT도에 사용되는 기호 중 입력신호가 생긴 후, 일정시간이 지속된 후에 출력이 생기는 것을 나타내는 것은?

① OR 게이트
② 위험 지속 기호
③ 억제 게이트
④ 배타적 OR 게이트

해설 FT도의 수정기호
1) 우선적 AND Gate : 입력사상 가운데 어느 사상이 다른 사상보다 먼저 일어났을 때에 출력사상이 생긴다. 예를 들면 「A는 B보다 먼저」와 같이 기입한다.
2) 짜 맞춤 AND Gate : 3개 이상의 입력사상 가운데 어느 것이든 2개가 일어나면 출력사상이 생긴다. 예를 들면 「어느 것이든 2개」라고 기입한다.
3) 위험지속기호 : 입력사상이 생겨서 어느 일정 시간 지속하였을 때에 출력사상이 생긴다. 예를 들면 「위험지속시간」과 같이 기입한다.
4) 배타적 OR Gate : OR Gate로 2개 이상의 입력이 동시에 존재할 때에는 출력사상이 생기지 않는다. 예를 들면 「동시에 발생하지 않는다」라고 기입한다.

■ 정답 ■ 21.① 22.② 23.② 24.②

25 전통적인 인간 - 기계(Man - Machine) 체계의 대표적 유형과 거리가 먼 것은?

① 수동체계　② 기계화체계
③ 자동체계　④ 인공지능체계

해설 인간기계체계의 유형
1) 수동체계 : 인간의 신체적인 힘을 동원력으로 사용
2) 기계화체계(반자동체계) : 인간이 기계 표시 장치를 보고 조종장치를 통하여 통제하는 체계

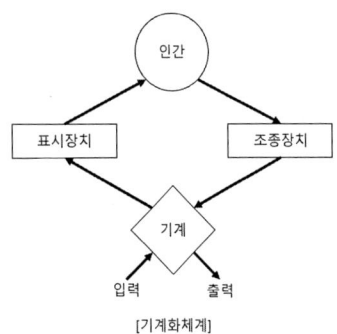
[기계화체계]

3) 자동체계
① 기계자체가 감지, 정보처리 및 의사결정, 행동을 포함한 모든 임무를 수행하는 체계
② 인간의 역할 : 감시(Monitor), 프로그램, 정비유지 등의 기능을 수행함

26 위험조정을 위해 필요한 기술은 조직형태에 따라 다양하며 4가지로 분류하였을 때 이에 속하지 않는 것은?

① 전가(transfer)
② 보류(retention)
③ 계속(continuation)
④ 감축(reduction)

해설 위험조정을 위한 처리기술
1) 전가(transfer)
2) 보류(retention)
3) 감축(redeution)
4) 회피(avoidance)

27 체내에서 유기물을 합성하거나 분해하는 데는 반드시 에너지의 전환이 뒤따른다. 이것을 무엇이라 하는가?

① 에너지 변환
② 에너지 합성
③ 에너지 대사
④ 에너지 소비

해설 에너지 대사 : 체내에서 유기물의 합성 및 분해에 따른 에너지의 방출, 전환, 저장 및 이용의 모든 과정을 말한다.

28 다음 FTA 그림에서 a, b, c의 부품고장률이 각각 0.01일 때, 최소 컷셋(minimal cut sets)과 신뢰도로 옳은 것은?

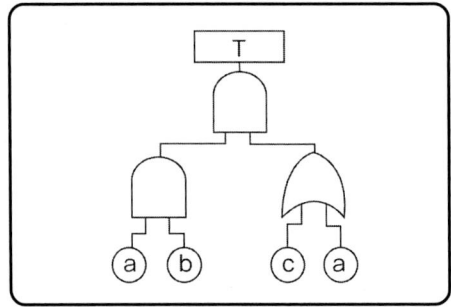

① $\{a, b\}$, $R(t) = 99.99\%$
② $\{a, b, c\}$, $R(t) = 98.99\%$
③ $\{a, c\}$, $R(t) = 96.99\%$
　$\{a, b\}$
④ $\{a, c\}$, $R(t) = 97.99\%$
　$\{a, b, c\}$

해설 1) 최소컷셋
$T \to 1 \cdot 2 \to a \cdot b \cdot 2 \to \begin{bmatrix} abc \\ aba \end{bmatrix} \to [a \cdot b]$
　　　　　　　　　　　　(컷셋)　(최소컷셋)

2)
$F_t = a \times b \times [1 - (1-C)(1-a)]$
$\quad = 0.01 \times 0.01 \times [1 - (1-0.01)(1-0.01)]$
$\quad = 1.99 \times 10^{6}$
$R_t = 1 - F_t = 1 - 1.99 \times 10^{-6}$
$\quad = 0.9999 = 99.99\%$

■ 정답 ■　25.④　26.③　27.③　28.①

29 광원으로부터의 직사 휘광을 줄이기 위한 방법으로 적절하지 않은 것은?

① 휘광원 주위를 어둡게 한다.
② 가리개, 갓, 차양 등을 사용한다.
③ 광원을 시선에서 멀리 위치시킨다.
④ 광원의 수는 늘리고 휘도는 줄인다.

해설 광원으로부터의 직사휘광 처리
1) 광원의 휘도를 줄이고 수를 증가시킨다.
2) 광원을 시선에서 멀리 위치시킨다.
3) 휘광원 주위를 밝게 하여 광속발산비(휘도)를 줄인다.
4) 가리개(shield), 갓(hood), 혹은 차양(visor)을 사용한다.

30 통제표시비(contol/display ratio)를 설계할 때 고려하는 요소에 관한 설명으로 틀린 것은?

① 통제표시비가 낮다는 것은 민감한 장치라는 것을 의미한다.
② 목시거리(目示距離)가 길면 길수록 조절의 정확도는 떨어진다.
③ 짧은 주행 시간 내에 공차의 인정범위를 초과하지 않는 계기를 마련한다.
④ 계기의 조절시간의 짧게 소요되도록 계기의 크기(size)는 항상 작게 설계한다.

해설 통제표시비(조종반응비율) 설계시 고려사항
1) 계기의 크기 : 계기의 조절시간에 짧게 소요되는 크기를 선택하되 너무 작으면 오차발생이 커지므로 상대적으로 고려한다.
2) 공차 : 짧은 주행시간 내에 공차의 인정범위를 초과하지 않는 계기를 마련한다.
3) 목측거리 : 목시거리가 길면 길수록 조절의 정확도는 떨어진다.
4) 조작시간 : 조작시간의 지연은 직접적으로 조종반응비에 크게 영향을 주어 필요시 통제비 감소조치를 하여야 한다.
5) 방향성 : 조작방향과 표시계기의 운동방향이 일치하지 않으면 조작의 정확성이 감소한다.

31 일반적인 수공구의 설계원칙으로 볼 수 없는 것은?

① 손목을 곧게 유지한다.
② 반복적인 손가락 동작을 피한다.
③ 사용이 용이한 검지만 주로 사용한다.
④ 손잡이는 접촉면적을 가능하면 크게 한다.

해설 수공구의 개선방법(수공구의 인간공학적 설계원칙)
1) 손목을 곧게 유지할 것(손목을 똑바로 펴서 사용, 손목대신 손잡이를 굽힘)
2) 손바닥에 과도한 압박을 피할 것(조직에 가해지는 접촉 스트레스를 피할 것)
3) 사용자의 손크기에 적합하게 설계(design)할 것
4) 반복적 손가락 동작을 피할 것
5) 가장 큰 힘을 낼 수 있는 가운데 손가락이나 엄지손가락을 사용할 것
6) 정적 근육부하가 오래 지속되지 않도록 할 것
7) 팔을 회전하는 작업에는 팔꿈치를 구부린 자세에서 행할 것
8) 힘을 발휘하는 작업에는 파워쥐기(power grip), 정밀을 요하는 작업에는 핀치쥐기(pinch grip)을 사용할 것
   ① 파워쥐기(power grip) : 모든 손가락을 핸들을 감싸 쥐듯이 잡는 것
   ② 핀치취기(pinch grip) : 엄지와 나머지 손가락으로 꼬집듯이 잡는 것
9) 수공구 대신 동력공구를 사용하도록 할 것
10) 손잡이는 가능한 접촉면을 넓게 한다.

32 자동차나 항공기의 앞유리 혹은 차양판 등에 정보를 중첩 투사하는 표시장치는?

① CRT　　② LCD
③ HUD　　④ LED

해설 HUD(head up display) : 전방표시장치

■ 정답 ■　29.①　30.④　31.③　32.③

33 암호체계 사용상의 일반적인 지침에 해당하지 않는 것은?

① 암호의 검출성
② 부호의 양립성
③ 암호의 표준화
④ 암호의 단일 차원화

해설 암호체계 사용상의 일반적인 지침
1) 암호의 검출성 : 검출이 가능해야 한다.
2) 암호의 변별성 : 다른 암호표시와 구별되어야 한다.
3) 부호의 양립성 : 양립성이란 자극들 간의, 반응들 간의, 또는 자극-반응 조합의 관계를 말하는 것으로 인간의 기대와 모순되지 않는다.
4) 부호의 의미 : 사용자가 그 뜻을 분명히 알아야 한다.
5) 암호의 표준화 : 암호를 표준화하여야 한다.
6) 다차원 암호의 사용 : 2가지 이상의 암호차원을 조합해서 사용하면 정보전달이 촉진된다.

34 다음 중 연마작업장의 가장 소극적인 소음대책은?

① 음향 처리제를 사용할 것
② 방음 보호 용구를 착용할 것
③ 덮개를 씌우거나 창문을 닫을 것
④ 소음원으로부터 적절하게 배치할 것

해설 1) 소극적 소음대책 : 방음 보호구(귀마개 및 귀덮개) 착용
2) 적극적 소음대책
① 소음원 제거(가장 적극적인 소음대책)
② 소음원 통제(기계의 적절한 설계, 정비 및 주유)
③ 소음의 격리(덮개를 씌우거나 창문을 닫을 것)
④ 차폐장치 및 흡음재료 사용
⑤ 음향처리제 사용
⑥ 적절한 배치

35 다음의 설명에서 ( ) 안의 내용을 맞게 나열한 것은?

> 40 phon은 (㉠) sone을 나타내며, 이는 (㉡)dB의 (㉢)Hz 순음의 크기를 나타낸다.

① ㉠ 1, ㉡ 40, ㉢ 1000
② ㉠ 1, ㉡ 32, ㉢ 1000
③ ㉠ 2, ㉡ 40, ㉢ 2000
④ ㉠ 2, ㉡ 32, ㉢ 2000

해설 음의 크기의 수준
1) phon : 1000Hz 순음의 음압수준(dB)을 나타낸다.
2) sone : 1000Hz, 40dB의 음압수준을 가진 순음의 크기(=40phon)를 1sone이라한다.
3) sone와 phon의 관계식
$$\therefore \text{sone}치 = 2^{(Phon-40)/10}$$

36 어떤 결함수의 쌍대결함수를 구하고, 컷셋을 찾아내어 결함(사고)을 예방할 수 있는 최소의 조합을 의미하는 것은?

① 최대 컷셋
② 최소 컷셋
③ 최대 패스셋
④ 최소 패스셋

해설 1) 패스셋과 미니멀 패스
① 패스셋(path sets) : 정상사상이 일어나지 않는 기본사상의 집합을 말한다.
② 미니멀 패스(minimal path sets) : 필요한 최소한의 패스를 말한다.(시스템의 신뢰성을 나타냄)
2) 패스와 미니멀 패스 구하는 법 : 쌍대 FT(AND게이트를 OR게이트로, OR게이트를 AND게이트로 치환시킨 FT도)를 구하여 쌍대 FT의 미니멀 컷을 구하면 원하는 FT의 미니멀 패스가 되는 것이다.

37 화학설비의 안전성 평가 과정에서 제3단계인 정량적 평가 항목에 해당되는 것은?

① 목록
② 공정계통도
③ 화학설비용량
④ 건조물의 도면

해설 제3단계 : 정량적 평가 항목
1) 취급물질   2) 화학설비 용량
3) 온도   4) 압력
5) 조작

38 인간 - 기계시스템에 대한 평가에서 평가 척도나 기준(criteria)으로서 관심의 대상이 되는 변수는?

① 독립변수
② 종속변수
③ 확률변수
④ 통제변수

해설 1) 독립변수 : 연구자가 조종하거나 통제하고자 하는 변수로서, 연구자가 선택하고 어떤 특정 수준을 설정하여 그것이 다른 변수에 미치는 효과를 측정한다.(평가척도도 관심대상이 되는 변수)
2) 종속변수 : 독립변수의 영향을 평가하기 위하여 측정하는 변수로 조사 연구되어야 할 인자(factor)이다.(실험연구에서 실험자가 연구하고 싶은 대상이 되는 변수)

39 다음 그림 중 형상 암호화된 조종 장치에서 단회전용 조종 장치로 가장 적절한 것은?

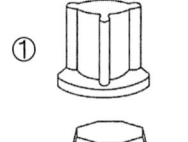 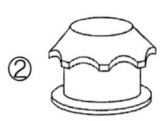
① ②
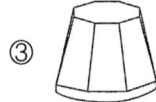 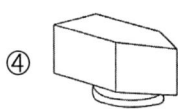
③ ④

해설 형상 암호화된 조종장치
1) 만져봐서 식별되는 손잡이 : 단회전용, 다회전용, 이산멈춤위치용 등
2) 용도와 관련된 형상으로 식별되는 손잡이 : 회전수, 역출력, 착륙장치 등

40 인간 - 기계 시스템에서의 신뢰도 유지 방안으로 가장 거리가 먼 것은?

① lock system
② fail - safe system
③ fool - proof system
④ risk assessment system

해설 인간 · 기계시스템의 신뢰도 유지방법
1) lock system : interlock system은 인간과 기계 사이에 두는 lock system이다.
2) Fail safe : 인간이나 기계 등에 과오나 동작상의 실수가 있더라도 사고·재해를 발생시키지 않도록 철저하게 2중, 3중으로 통제를 가하는 것이다.
3) Fool proof : 인간이 기계 등의 취급을 잘못해도 사고로 연결되는 일이 없도록 하는 안전기구로서 기계장치 설계단계에서 안전화를 도모하는 것이다.

제3과목 / 건설시공학

---

41 콘크리트 공사에서 비교적 간단한 구조의 합판거푸집을 적용할 때 사용되며 측압력을 부담하지 않고 단지 거푸집의 간격만 유지시켜 주는 역할을 하는 것은?

① 컬럼밴드
② 턴버클
③ 폼타이
④ 세퍼레이터

해설 1) 컬럼밴드(column band) : 기둥거푸집의 고정 및 측압버팀용으로 쓰이는 것으로서 주로 합판거푸집에 사용된다.
2) 턴버클(turn buckle) : 인장재(줄)를 팽팽히 당겨 조이는 나사있는 탕개쇠로 거푸집 연결 시 철선을 조이는데 쓰는 긴장기를 말한다.
3) 폼타이(form tie) : 거푸집판을 일정한 간격으로 유지시켜 주는 동시에 콘크리트의 측압을 최종적으로 지지하는 역할을 하는 부재이다.
4) 세퍼레이터(separator) : 본문설명

■ 정답 ■ 37.③ 38.② 39.① 40.④ 41.④

42 지하연속벽(slurry wall)공법에 관한 설명으로 옳지 않은 것은?

① 도심지 공사에서 탑다운 공법과 같이 병행할 수 있다.
② 단면강성이 높고 지수성이 뛰어나다.
③ 벽 두께를 자유로이 설계하기 어렵다.
④ 공사비가 비교적 높고 공기가 불리한 편이다.

해설
1) **지하연속벽 공법(slurry wall)** : 벤토나이트 이수(泥水)를 사용해서 지반을 굴착하여 여기에 철근망을 삽입하고 콘크리트를 타설하여 지중에 철근콘크리트 연속벽체를 형성하는 공법
2) **지하연속벽 공법의 특징**
   ① 무진동, 무소음 공법이다.
   ② 인접건물에 근접시공이 가능하다.
   ③ 차수성이 높다.
   ④ 벽체 강성이 높다(연약지반의 변형 및 이면 침하를 최소한으로 억제할 수 있음)
   ⑤ 형상치수가 자유롭다.
   ⑥ 공사비가 고가이고 고도의 기술경험이 필요하다.

43 벽과 바닥의 콘크리트 타설을 한 번에 가능하도록 벽체용 거푸집과 슬래브 거푸집을 일체로 제작하여 한 번에 설치하고 해체할 수 있도록 한 시스템거푸집은?

① 갱폼   ② 클라이밍폼
③ 슬립폼   ④ 터널폼

해설
1) **갱폼** : 옹벽, 피어(pier)등에 사용하는 거푸집이다.
2) **클라이밍폼**(climbing form) : 벽체용 거푸집으로 거푸집과 벽체 마감공사를 위한 비계틀을 일체로 제작한 거푸집이다.
3) **슬립폼** : 거푸집공법 중 수평적 또는 수직적으로 반복된 구조물을 시공이음이 없이 균일한 형상으로 시공하기 위하여 거푸집을 연속적으로 이동시키면서 콘크리트를 타설하는데 사용되는 거푸집이다.

44 지반조사 방법 중 보링에 관한 설명으로 옳지 않은 것은?

① 보링은 지질이나 지층의 상태를 비교적 깊은 곳까지도 정확하게 확인할 수 있다.
② 충격식 보링은 토사를 분쇄하지 않고 연속적으로 채취할 수 있으므로 가장 정확한 방법이다.
③ 회전식보링은 불교란시료 채취, 암석 채취 등에 많이 쓰인다.
④ 수세식 보링은 30m 까지의 연질층에 주로 쓰인다.

해설 보링(boring) 방법
1) **오우거보링** : 나선형으로 된 송곳을 인력으로 지중에 틀어박는 방법이다.
2) **회전식보링** : 날을 회전시켜 천공하는 것으로 불교란 시료 채취가 가능하다(가장 정확한 방법)
3) **충격식보링** : 와이어로프 끝에 충격날(bit)을 달고 낙하 충격을 주어 경지층을 천공하는 방식이다.
4) **수세식보링** : 비교적 연약한 토사에 충격을 주며 물을 뿜어 파진 흙과 물을 같이 배출시켜 흙탕물이 침전되어 나타난 지층의 토질을 판별한다(30m까지의 연질층에 쓰이며 공사비도 싸다)

45 다음 중 사운딩 시험방법과 가장 거리가 먼 것은?

① 표준관입시험   ② 공내재하시험
③ 콘 관입 시험   ④ 베인전단시험

해설
1) **사운딩**(sounding) : 로드에 붙인 저항체를 지중에 넣고 관입, 회전, 빼올리기 등의 저항으로부터 토층의 성질을 탐사하는 법을 말한다.
2) **사운딩 시험방법**
   ① 표준관입시험
   ② 스웨덴식 사운딩시험
   ③ 화란식 관입시험
   ④ 베인시험

46 공사에 필요한 특기 시방서에 기재하지 않아도 되는 사항은?

① 인도시 검사 및 인도시기
② 각 부위별 시공방법
③ 각 부위별 사용재료
④ 사용재료의 품질

해설 **시방서의 기재내용**
1) 공사전체의 개요
2) 시방서의 적용범위, 공통주의사항
3) 시공방법(준비사항, 공사의 정도, 사용 장비, 주의사항 등)
4) 사용재료(종류, 품질, 필요한 시험, 저장방법, 검사방법 등)
5) 특기사항

47 다음 중 철골 공사와 관계가 없는 것은?

① 가이데릭(Gay derrick)
② 고력 볼트(High tension bolt)
③ 맞댐 용접(Butt welding)
④ 램머(Rammer)

해설 **램머**(rammer) : 흙을 다지는 기계

48 철근의 이음방법 중 용접이음의 종류가 아닌 것은?

① 아크(Arc)용접
② 플러시 버트(Flush Butt)용접
③ Cad Welding
④ 가스(Gas)압접

해설 **철근의 용접이음 종류**
1) 아크용접(arc welding ; 전호용접) : 아크열을 이용하여 용접하는 방법이다.
2) 플러시 버트 용접(flush butt welding ; 불꽃 맞대기 용접) : 전기용접으로 접합시킬 수 있는 철근을 클램프로 끼워 맞대고 전류를 통하게 하여 불꽃이 발생하면 큰 압력을 가하여 밀착시키면서 용접하는 방법이다.
3) 가스압점 : 가스버너에 의해 용접하는 방법이다.

49 흙막이 벽에 사용되는 계측장비의 연결이 옳은 것은?

① 두부변형·침하 – 트랜싯
② 측압·수동토압 – 변형계
③ 응력 – 경사계
④ 중간부 변형 – 레벨

해설 **흙막이벽의 측정항목 및 계측기에 의한 측정방법**
1) 두부변형·침하 : 트랜싯, 레벨 등
2) 측압·수동토압 : 토압계, 수분계
3) 응력 : 변형계, 크랙육안
4) 중간부 변형 : 경사계

50 철근콘크리트 구조용으로 쓰이는 것으로 보기 어려운 것은?

① 피아노 선(piano wire)
② 원형철근(round bar)
③ 이형철근(deformed bar)
④ 메탈라스(metal lath)

해설 **메탈라스**(metal lath) : 연강판에 일정한 간격으로 그물눈을 내고 늘여 철망모양으로 만든 것이다. (천정, 벽 등의 모르타르바름 바탕용)

51 공사 관리기법 중 VE(Value Engineering) 가치향상의 방법으로 옳지 않은 것은?

① 기능은 올리고 비용은 내린다.
② 기능은 많이 내리고 비용은 조금 내린다.
③ 기능은 많이 올리고 비용은 약간 올린다.
④ 기능은 일정하게 하고 비용은 내린다.

해설 **VE**(Value engineering, 가치공학) : 건설현장에서 필요한 기능을 품질저하 없이 유지하며 가장 적은 비용으로 공사를 관리하는 원가절감 기법

■ 정답 ■ 46.① 47.④ 48.③ 49.① 50.④ 51.②

52 철골조와 목조건축에서는 지붕대들보를 올릴 때 행하는 의식이며, 철근콘크리트조에서는 최상층의 거푸집 혹은 철근배근 시 또는 콘크리트를 타설한 후 행하는 식은?

① 상량식(上梁式)   ② 착공식(着工式)
③ 정초식(定礎式)   ④ 준공식(竣工式)

해설 상량식 : 본문설명

53 레디믹스트 콘크리트 중 믹싱플랜트에서 어느 정도 비빈 것을 트럭믹서에 실어 운반도중 완전히 비벼 만드는 것은?

① 제너럴믹스트 콘크리트
② 센트럴믹스트 콘크리트
③ 쉬링크믹스트 콘크리트
④ 트랜싯믹스트 콘크리트

해설 레디믹스트 콘크리트
1) 센트럴믹스트 콘크리트(Central mixed concrete) : 제조공정의 고정믹서에서 완전히 비벼진 콘크리트를 트럭믹서로 회전시키면서 목적지까지 운반하여 사용한다.(공장과 근거리 현장에 유리)
2) 쉬링크믹스트 콘크리트(shrink mixed concrete) : 본문설명
3) 트랜싯믹스트 콘크리트(transit mixed concrete) : 제조공장의 배처플랜트(batcher plant)에서 재료만을 공급받아 운반중에 트럭믹서 속에서 완전히 비벼 공급하는 것이다 (공장과 장거리 현장에 유리)

54 토량 6,000m³을 8톤 트럭으로 운반할 때 필요한 트럭 대수는? (단, 8톤 트럭 1대의 적재량은 6m³이고 트럭은 5회 운행함)

① 120대   ② 150대
③ 180대   ④ 200대

해설 필요한 트럭댓수 = $\dfrac{6{,}000\text{m}^3}{6\text{m}^3 \text{댓수} \times 5\text{회}} = 200$대

55 철근콘크리트공사에서 일반적으로 거푸집 존치기간이 가장 긴 부분은?

① 보옆   ② 기둥
③ 외벽   ④ 바닥판밑

해설 포틀랜드 시멘트에 의한 거푸집 존치기간(온도 : 평균 10~20℃미만)
1) 기초, 보옆, 기둥 및 벽 : 6일
2) 바닥 및 지붕슬래브, 보 밑 : 8일

길잡이 시멘트 종류에 의한 거푸집 존치기간

부위		기초, 보옆, 기둥 및 벽		바닥 및 지붕 슬래브, 보 밑	
시멘트의 종류		포틀랜드 시멘트	조강포틀랜드 시멘트	포틀랜드 시멘트	조강포틀랜드 시멘트
콘크리트의 재령(일)	평균 20℃ 이상	4	2	7	4
	평균 10~20℃미만	6	3	8	5
콘크리트의 압축강도		50kg/cm²		설계기준강도의 50%	

56 보일링(boiling)이나 부풀어오름을 방지하기 위한 대책으로 옳지 않은 것은?

① 흙막이벽의 타입깊이를 늘린다.
② 흙막이 외부의 지반면을 진동 가압한다.
③ 웰포인트 공법으로 지하수위를 낮춘다.
④ 약액주입 등으로 굴착지면을 지수한다.

해설 보일링(boiling) 현상
1) 보일링 : 투수성이 좋은 사질지반에서 흙막이벽 배면부의 수위가 높아서 지하수가 흙막이벽을 돌아서 굴착부 저면이 모래와 같이 액상화되어 솟아오르는 현상
2) 대책
① 굴착배면의 지하수위를 낮춘다.
② 흙막이벽(토류벽)의 근입깊이를 깊게 한다.
③ 흙막이벽 하단부에 버팀대를 보강한다.
④ 흙막이벽 선단에 코어 및 필터 층을 설치한다.

■ 정답 ■ 52.①   53.③   54.④   55.④   56.②

57 공사의 진척에 따라 정해진 시기에 실비와 이실비에 미리 계약된 비율을 곱한 금액을 보수로서 시공자에게 지불하는 실비정산식 시공계약제도는?

① 실비비율보수가산식
② 실비한정비율보수가산식
③ 실비정액보수가산식
④ 단가도급식

해설 실비정산식 시공계약제도
1) 실비비율보수가산식 : 본문설명
2) 실비한정비율보수가산식 : 실비에 제한을 두고 시공자에게 제한된 금액내에서 공사를 완성시키는 책임을 지우는 방식이다.
3) 실비정액보수가산식 : 실비의 여하를 막론하고 미리계약된 일정액의 보수만을 지불하는 방식이다.
4) 실비변동보수가산식 : 실비를 몇 단계로 나누어 공사비가 각 단계의 금액보다 증가될 때는 반대로 빙류보수·정액보수를 체감하는 방식이다.

58 철골공사 중 고력볼트접합에 관한 설명으로 옳지 않은 것은?

① 고력볼트 세트의 구성은 고력볼트 1개, 너트 1개 및 와셔 2개로 구성한다.
② 접합방식의 종류는 마찰접합, 지압접합, 인장접합이 있다.
③ 볼트의 호칭지름에 의한 분류는 D16, D20, D22, D24로 한다.
④ 조임은 토크관리법과 너트회전법에 따른다.

해설
1) **고장력 볼트접합** : 인장강도 $9t/cm^2$(항복점 $7t/cm^2$)이상의 강도가 큰 볼트를 강한 힘으로 조여 접합재 사이의 마찰력에 의해 응력을 전달하는 방식의 접합
2) **고장력 볼트의 호칭 분류** : M16, M20, M22, M24, M27, M30

59 초고층 건물의 콘크리트 타설시 가장 많이 이용되고 있는 방식은?

① 자유낙하에 의한 방식
② 피스톤으로 압송하는 방식
③ 튜브속의 콘크리트를 짜내는 방식
④ 물의 압력에 의한 방식

해설 콘크리트 펌프의 형식
1) 압축공기에 의한 압송방식 : 탱크내의 콘크리트를 압축공기의 압력으로 밀어보내는 방식이다.
2) 피스톤에 의한 압송방식
  ① 피스톤의 왕복운동에 의하여 콘크리트를 압송하는 방식이다.
  ② 초고층 건물의 콘크리트 타설시 많이 사용되고 있다.
3) 튜브속의 콘크리트를 짜내어 압송하는 방식 : 원형의 진공실에서 회전하는 로울러에 의해 튜브속의 콘크리트를 짜내어 압송하는 방식이다.

60 강말뚝(H형강, 강관말뚝)에 관한 설명 중 옳지 않은 것은?

① 깊은 지지층까지 도달시킬 수 있다.
② 휨강성이 크고 수평하중과 충격력에 대한 저항이 크다.
③ 부식에 대한 내구성이 뛰어나다.
④ 재질이 균일하고 절단과 이음이 쉽다.

해설 강재말뚝지정의 특징
1) 강한 타격에도 견디며 다져진 중간지층의 관통도 가능하다.
2) 지지력이 크고 이음이 안전하고 강하며 확실하므로 장척말뚝에 적당하다.
3) 상부구조와의 결합이 용이하나 가격이 고가이다.
4) 말뚝의 절단·가공 및 현장접합이 가능하다.
5) 휨 모멘트에 대한 저항성은 크나 흙에 묻히면 부식에 의해 내구성이 떨어진다.

제4과목 / 건설재료학

61 금속의 기계적 성질에 대한 설명 중 옳은 것은?
① 강은 탄소의 함유량이 많을수록 강도는 작아진다.
② 신율은 탄소량이 증가할수록 비례해서 증가한다.
③ 경도는 탄소량 2%까지는 탄소량에 비례하고, 그 이상에서는 감소한다.
④ 봉강은 탄소량이 적을수록 연질이므로 굴곡가공이 용이하다.

해설 탄소함유량에 의한 탄소강의 특성
1) 강은 탄소함유량이 많을수록 강도는 증대되고 신도(연신율)는 감소된다.
2) 탄소함유량이 0.9%~1.0% 함유시 인장강도는 최대로 증대되고 이를 넘으면 감소된다.
3) 경도는 탄소함유량이 0.9% 함유시 최대가 되며 그 이상에서는 일정하다.

62 타일에 관한 설명으로 옳지 않은 것은?
① 타일은 점토 또는 암석의 분말을 성형, 소성하여 만든 박판제품을 총칭한 것이다.
② 타일은 용도에 따라 내장타일, 외장타일, 바닥타일 등으로 분류할 수 있다.
③ 일반적으로 모자이크타일 및 내장타일은 습식법, 외장타일은 건식법에 의해 제조된다.
④ 타일의 백화현상은 수산화석회와 공기 중 탄산가스의 반응으로 나타난다.

해설 건식타일 및 습식타일

명칭	성형방법	정밀도	용도
건식 타일	프레스 성형	치수·정밀도가 높고, 고능률이다.	내장타일 바닥타일 모자이크타일
습식 타일	압출 성형	프레스성형에 비해 정밀도가 낮다.	외장타일 바닥타일

63 합성수지의 일반적인 성질에 관한 설명으로 옳지 않은 것은?
① 마모가 크고 탄력성이 작으므로 바닥재료로 사용이 곤란하다.
② 내산, 내알칼리 등의 내화학성 우수하다.
③ 전성, 연성이 크고 피막이 강하다.
④ 내열성, 내화성이 적고 비교적 저온에서 연화, 연질된다.
⑤ 전성 및 연성이 크다.

해설 합성수지의 성질
① 경도 및 내마모성이 작다.(강성과 강도가 작다.)
② 내열성, 내화성, 내후성 등이 작다.
③ 열에 의한 변형 신축성이 크다.
④ 전성과 연성이 크고 피막이 강하여 도료에 적당하다.
⑤ 내산, 내알칼리 등의 내화학성 및 전기 절연성이 우수하다.

64 어떤 석재의 질량이 다음과 같을 때 이 석재의 표면건조 포화상태의 비중은?

· 공시체의 건조 질량 : 400g
· 공시체의 물 속 질량 : 300g
· 공시체의 침수 후 표면건조 포화상태의 공시체의 질량 : 450g

① 1.33 ② 1.50
③ 2.67 ④ 4.51

해설 석재의 표면건조포화상태의 비중(r)

$$r = \frac{W_1}{W_3 - W_2}$$

$$= \frac{400}{450 - 300} = 2.67$$

여기서, W_1 : 절대건조중량(g)
W_2 : 수중에서 측정한 중량(g)
W_3 : 표면건조포화상태의 중량 (공기 중 측정중량)(g)

■ 정답 ■ 61.④ 62.③ 63.① 64.③

65 유화제를 써서 아스팔트를 미립자로 수중에 분산시킨 다갈색 액체로서 깬 자갈의 점결제 등으로 쓰이는 아스팔트 제품은?

① 아스팔트 프라이머
② 아스팔트 에멀젼
③ 아스팔트 그라우트
④ 아스팔트 컴파운드

해설 1) **아스팔트 프라이머** : 블로운 아스팔트를 휘발성 용제에 용해한 저점도의 흙갈색 액체로 방수시공시 첫째 공정에 쓰이는 바탕처리제이다.
2) **아스팔트 에멀젼** : 본문설명
3) **아스팔트 컴파운드**(asphalt compound) : 블로운 아스팔트에 동·식물과 같은 유기질 물질을 혼합하여 유동성, 점성 등을 크게 하고 내후성, 내열성을 향상시킨 것이다.

66 목재의 함수율에 관한 설명 중 옳지 않은 것은?

① 목재의 함유수분 중 자유수는 목재의 중량에는 영향을 끼치지만 목재의 물리적 또는 기계적 성질과는 관계가 없다.
② 침엽수의 경우 심재의 함수율은 항상 변재의 함수율보다 크다.
③ 섬유포화상태의 함수율은 30%정도이다.
④ 기건상태란 목재가 통상 대기의 온도, 습도와 평형된 수분을 함유한 상태를 말하며, 이 때의 함수율은 15%정도이다.

해설 심재의 함수율(40~100%정도)은 변재의 함수율(80~200%정도)보다 작다.

67 콘크리트 제조에 사용되는 일반적인 구성재료가 아닌 것은?

① 혼화재료   ② 시멘트
③ 염화물   ④ 골재

해설 **콘크리트의 구성재료** : 시멘트, 골재, 혼화재료 등

68 목재의 역학적 성질 중 옳지 않은 것은?

① 섬유 평행방향의 휨 강도와 전단강도는 거의 같다.
② 강도와 탄성은 가력방향과 섬유방향과의 관계에 따라 현저한 차이가 있다.
③ 섬유에 평행방향의 인장강도는 압축강도보다 크다.
④ 목재의 강도는 일반적으로 비중에 비례한다.

해설 1) 목재의 섬유방향에 대한 강도가 가장 작은 것은 전단강도이다.
2) **강도크기순서** : 인장강도 〉 휨강도 〉 압축강도 〉 전단강도

69 돌로마이트 플라스터는 대기 중의 무엇과 화합하여 경화하는가?

① 이산화탄소(CO_2)
② 물(H_2O)
③ 산소(O_2)
④ 수소(H)

해설 **돌로마이트 플라스터**[$Ca(OH)_2$, $Mg(OH)_2$] : 공기 중의 탄산가스(CO_2)와 결합하여 경화하는 기경성 미장재료이다.

70 점토의 물리적 성질에 관한 설명으로 옳지 않은 것은?

① 점토의 압축강도는 인장강도의 약 5배 정도이다.
② 양질 점토일수록 가소성이 좋다.
③ 순수한 점토일수록 용융점이 높고 강도도 크다.
④ 불순 점토일수록 비중이 크다.

해설 **점토의 비중**
1) 2.5~2.6 정도이며 알루미나(Al_2O_3)가 많은 점토는 3.0정도이다.
2) 점토는 불순물이 많을수록 비중이 작아진다.

■ 정답 ■ 65.② 66.② 67.③ 68.① 69.① 70.④

71 보의 이음부분에 볼트와 함께 보강철물로 사용되는 것으로 두 부재사이의 전단력에 저항하는 목구조용 철물은?

① 꺽쇠 ② 띠쇠
③ 듀벨 ④ 감잡이쇠

해설 목재 이음용 철물
1) 꺽쇠 : 강봉 토막의 양끝을 뾰족하게 하고 ㄷ자형으로 구부려 2부대의 목재를 이어 연결 혹은 엇갈리게 고정시킬때 쓰이는 철물
2) 띠쇠 : 띠모양으로 된 이음철물
3) 듀벨 : 본문설명
4) 감잡이쇠 : ㄷ자형으로 구부려 만든 띠쇠로 두부재를 감아 연결하는 목재이음, 맞춤을 보강하는 철물

72 규산칼슘판 단열재에 대한 설명으로 옳은 것은?

① 용융유리를 흡착법 등으로 수 μm의 가는 섬유로 만든 것
② 각종 슬래그에 석회암을 첨가하여 가는 섬유형태로 만든 것
③ 주원료인 식물섬유를 쪄서 분해한 밀도 0.4g/cm³미만인 것
④ 내열성과 내파손성이 우수하여 철골내화피복으로 사용되는 것

해설 규산칼슘판 단열재
1) 규산칼슘 보온재 : 규산질 분말, 석회 및 무기질 섬유 를 균일하게 배합하여 가열성형 및 수열처리하여 만든다.
2) 특징
① 경량이고 강도가 높다.
② 내열 및 내수성이 우수하다
③ 화재로 인한 철골의 강도 저하를 방지하는 내화피복재료로 많이 사용한다.

73 알루미나시멘트의 특징에 관한 설명으로 옳지 않은 것은?

① 초기강도가 크다.
② 해수에 대한 화학적 저항성이 크다.
③ 응결, 경화시에 발열량이 크다.
④ 내화 콘크리트용으로 사용이 불가능하다.

해설 알루미나 시멘트 : Al_2O_3를 함유한 보크사이트 (bauxite)에 석회석을 혼합하여 만든 시멘트로 그 특성은 다음과 같다.
① 조기강도가 매우 커서 급결성이 강하다.(재령 1일 보통 시멘트의 28일 강도를 나타냄)
② 발열량이 대단히 커서 −10℃의 동기(冬期)공사 및 긴급공사에 이용된다.
③ 산에는 약하나 알칼리에 강하다.(해수에 대한 저항성이 크다.)
④ 내화성이 우수하여 내화로용 시멘트로 사용한다.

74 다음 시멘트 중 댐 등 단면이 큰 구조물에 적용하기 어려운 것은?

① 중용열포틀랜드 시멘트
② 고로시멘트
③ 플라이애쉬 시멘트
④ 조강포틀랜드 시멘트

해설 1) **조강포틀랜드시멘트** : 조기강도가 커지도록 만들어진 시멘트이다.
2) **조강포틀랜드시멘트의 특성**
① 수화열이 크고 수화속도가 빠르므로 한중 콘크리트의 시공에 적합하다.
② 거푸집을 빠른 시일 내에 제거할 수 있다.
③ 수화열을 크게 하기 위해 C_3A(알루민산삼석회)를 많이 사용하는 조강포틀랜드시멘트는 경화, 건조에 의한 수축이 크므로 시공, 양생시 주의하지 않으면 균열이 생기기 쉽다.

■ 정답 ■ 71.③ 72.④ 73.④ 74.④

75 미장공사에서 코너비드가 사용되는 곳은?

① 계단 손잡이 ② 기둥의 모서리
③ 거푸집 가장자리 ④ 화장실 칸막이

해설 코너비드(corner bead) : 벽, 기둥 등의 모서리를 보호하기 위하여 미장바름질을 할 때 붙이는 보호용 철물로 모서리쇠라고도 한다.

76 콘크리트내의 공극을 메워 조직을 치밀하게 하는 공극 충전에 이용되는 재료로 가장 적합한 것은?

① 포졸란계 ② 실리콘계
③ 아스팔트계 ④ 물유리

해설 포졸란 시멘트 : 포틀랜드시멘트에 포졸란과 석고를 혼합하여 만든 시멘트로 실리카 시멘트(포틀랜드시멘트+포졸란+석고)라고 하며, 그 특성은 다음과 같다.
1) 조기강도는 포틀랜드시멘트보다 약간 낮으나 장기강도는 약간 크다.
2) 수밀성이 좋고 내구성이 있는 콘크리트를 만들 수 있다.
3) 해수 등에 대한 화학저항이 크다.
4) 워커빌리티가 좋아지고 블리딩을 감소시킨다.

77 시멘트에 물을 가하여 혼합하여 만들어진 시멘트 페이스트가 시간경과에 따라 유동성을 잃고 응고하는 현상을 무엇이라 하는가?

① 응결 ② 풍화
③ 건조수축 ④ 경화

해설 시멘트의 응결 및 경화
1) 응결 및 경화
① 응결 : 시멘트풀(cement paste)이 시간이 경과함에 따라 수화 반응에 의하여 유동성과 점성을 상실하고 고화하는 현상
② 경화 : 응결 이후에 점차 굳어져 가는 상태
③ 위응결 : 시멘트풀이 물과 혼합하여 발열하지 않고 10~20분 만에 굳어졌다가 다시 풀리면서 응결하는 현상

2) 응결의 시작과 종결시간 : 1시간 이후 ~10시간 이내

78 목재가 건조과정에서 방향에 따른 수축률의 차이로 나이테에 직각방향으로 갈라지는 결함은?

① 변색 ② 뒤틀림
③ 할렬 ④ 수지낭

해설 할렬(갈라짐) : 불균일한 건조 및 수축에 의해서 생기는 것으로 나이테에 직각방향으로 갈라지는 결함을 말한다.

79 수장용 집성재(KS F 3118)의 품질기준 항목이 아닌 것은?

① 접착력 ② 난연성
③ 함수율 ④ 굽음 및 뒤틀림

해설 1) 집성목재 : 두께 1.52~5cm의 단판을 몇장 또는 몇십장 겹쳐서 접착제로 접착한 것으로 합판과 다른 점은 다음과 같다.
① 판의 섬유방향을 평행으로 붙인 것이다.
② 판의 홀수가 아니어도 된다.
③ 합판과 같은 얇은 판이 아니고
2) 수장용 집성재의 품질기준(KSF 3118)항목
① 접착력(침지박리시험, 블록전단시험)
② 함수율
③ 굽음 및 뒤틀림
④ 홈파기, 모서가공 및 대패가공
⑤ 재면의 품질(옹이, 수지선, 썩음, 구멍, 주선 등)

80 석회석을 900~1,200℃로 소성하면 생성되는 것은?

① 돌로마이트 석회 ② 생석회
③ 회반죽 ④ 소석회

해설 석회석의 열분해 반응식

$$CaCO_3 \xrightarrow{900 \sim 1200℃} CaO + CO_2$$

(석회석)　　　　　(생석회) (탄산가스)

■ 정답 ■ 75.② 76.① 77.① 78.③ 79.② 80.②

제5과목 / 건설안전기술

81 일반 거푸집 설계시 강도상 고려해야 할 사항이 아닌 것은?

① 고정하중
② 풍압
③ 콘크리트 강도
④ 측압

해설 거푸집 설계시 고려해야 할 하중
1) **연직방향하중** : 고정하중, 충격하중, 작업하중 등
2) **횡방향하중** : 진동, 충격, 시공오차 등에 기인되는 횡방향하중, 풍압, 유수압, 지진 등
3) **콘크리트의 측압** : 굳지 않은 콘크리트의 측압
4) **특수하중** : 시공 중에 예상되는 특수한 하중
5) 상기 1~4호의 하중에 안전율을 고려한 하중

82 채석작업을 하는 경우 지반의 붕괴 또는 토석의 낙하로 인하여 근로자에게 발생할 우려가 있는 위험을 방지하기 위하여 취하여야 할 조치와 가장 거리가 먼 것은?

① 작업 시작 전 작업장소 및 그 주변 지반의 분석과 균열의 유무와 상태 점검
② 함수·용수 및 동결상태의 변화 점검
③ 진동치 속도 점검
④ 발파 후 발파장소 점검

해설 채석작업시 지반의 붕괴 또는 토석의 낙하에 의한 위험방지 조치사항
1) 점검자를 지명하고 작업 장소 및 그 주변의 지반에 대하여 당일의 작업을 시작하기 전에 부석과 균열의 유무와 상태, 함수·용수 및 동결상태의 변화를 점검할 것
2) 점검자는 발파를 행한 후 당해 발파를 행한 장소와 그 주변의 부석과 균열의 유무 및 상태를 점검할 것

83 감전재해의 방지대책에서 직접접촉에 대한 방지대책에 해당하는 것은?

① 충전부에 방호망 또는 절연덮개 설치
② 보호접지(기기외함의 접지)
③ 보호절연
④ 안전전압 이하의 전기기기 사용

해설 1) 직접접촉에 의한 감전방지대책
① 충전부 전체를 절연할 것
② 노출형 배전설비 등은 폐쇄 배전반형으로 하고 전동기 등은 적절한 방호구조의 형식을 사용할 것
③ 설치장소의 제한, 별도의 실내 또는 울타리 등을 설치하고 시건장치를 할 것
2) 간접접촉에 의한 감전방지대책
① 계통 또는 기기접지(보호접지)
② 누전차단기 설치
③ 비접지방식의 전로채용
④ 안전전압 이하의 전기기기 사용
⑤ 보호절연

84 철골공사 시 도괴의 위험이 있어 강풍에 대한 안전 여부를 확인해야 할 필요성이 가장 높은 경우는?

① 연면적당 철골양이 일반건물보다 많은 경우
② 기둥에 H형강을 사용하는 경우
③ 이음부가 공장용접인 경우
④ 호텔과 같이 단면구조가 현저한 차이가 있으며 높이가 20m 이상인 건물

해설 철골공사시 철공의 자립도 검토사항 : 구조안전의 위험성이 큰 다음 항목의 철골구조물은 건립 중 강풍에 의한 풍압 등 외압에 대한 내력이 설계에 고려되었는지 확인할 것
1) 높이 20m 이상의 구조물
2) 구조물의 폭과 높이의 비가 1:4 이상인 구조물
3) 단면구조에 현저한 차이가 있는 구조물
4) 연면적당 철골량이 50kg/m² 이하인 구조물
5) 기둥이 타이 플레이트(tie plate)형인 구조물
6) 이음부가 현장용접인 구조물

■ 정답 ■ 81.③ 82.③ 83.① 84.④

85 작업발판에 최대적재하중을 적재함에 있어 달비계의 하부 및 상부지점이 강재인 경우 안전계수는 최소 얼마 이상인가?

① 2.5　　② 5
③ 10　　④ 15

해설 달비계(곤돌라의 달비계는 제외)를 작업발판으로 사용할 때 최대적재하중을 정함에 있어서의 안전계수
1) 달기와이어로프 및 달기강선의 안전계수 : 10 이상
2) 달기체인 및 달기훅의 안전계수 : 5이상
3) 달기강대와 달비계의 하부 및 상부지점의 안전계수
　① 강재의 경우 2.5 이상
　② 목재의 경우 5이상

86 토사 붕괴의 내적 요인이 아닌 것은?

① 절토 사면의 토질구성 이상
② 성토 사면의 토질구성 이상
③ 토석의 강도 저하
④ 사면, 법면의 경사 증가

해설 ④항, 사면, 법면의 경사 증가 : 토사 붕괴의 외적요인

87 산업안전보건기준에 관한 규칙에 따른 굴착면의 기울기 기준으로 틀린 것은?

① 보통흙 모래 – 1 : 1.8
② 풍화암 – 1 : 0.5
③ 보통흙 그 밖에 흙 – 1 : 1.2
④ 경암 – 1 : 0.5

해설 굴착작업시 굴착면의 기울기 기준

구분	지반의 종류	구배
보통 흙	모래	1 : 1.8
	그 밖에 흙	1 : 1.2
암반	풍화암	1 : 1.0
	연암	1 : 1.0
	경암	1 : 0.5

88 지반의 침하에 따른 구조물의 안전성에 증대한 영향을 미치는 흙의 간극비의 정의로 옳은 것은?

① $\dfrac{공기의\ 부피}{흙입자의\ 부피}$

② $\dfrac{공기와\ 물의\ 부피}{흙입자의\ 부피}$

③ $\dfrac{공기와\ 물의\ 부피}{흙입자에\ 포함된\ 물의\ 부피}$

④ $\dfrac{공기의\ 부피}{흙입자에\ 포함된\ 물의\ 부피}$

해설
1) 흙=토립자+공극(간극 : 물+공기)
2) 간극비(공극비)= $\dfrac{공극의\ 용적}{흙입자의\ 용적}$ = $\dfrac{공기와\ 물의\ 부피}{흙입자의\ 부피}$

89 옹벽이 외력에 대하여 안정하기 위한 검토 조건이 아닌 것은?

① 전도　　② 활동
③ 좌굴　　④ 지반 지지력

해설 옹벽이 외력에 대하여 안정하기 위한 검토조건
1) 전도　2) 활동　3) 지반지지력

90 흙파기 공사용 기계에 관한 설명 중 틀린 것은?

① 불도저는 일반적으로 거리 60m 이하의 배토 작업에 사용된다.
② 클램쉘은 좁은 곳의 수직파기를 할 때 사용한다.
③ 파워쇼벨은 기계가 위치한 면보다 낮은 곳을 파낼 때 유용하다.
④ 백호우는 토질의 구멍파기나 도랑파기에 이용된다.

해설 파워쇼벨 : 기계가 위치한 면보다 높은 곳을 굴착하는 기계

■정답■　85.①　86.④　87.②　88.②　89.③　90.③

91 콘크리트 측압에 관한 설명 중 옳지 않은 것은?

① 슬럼프가 클수록 측압은 커진다.
② 벽 두께가 두꺼울수록 측압은 커진다.
③ 부어 놓는 속도가 빠를수록 측압은 커진다.
④ 대기 온도가 높을수록 측압은 커진다.

해설 대기온도가 낮을수록 측압이 커진다.

92 차량계 하역운반기계에 화물을 적재할 때의 준수사항과 거리가 먼 것은?

① 하중이 한쪽으로 치우치지 않도록 적재할 것
② 구내운반차 또는 화물자동차의 경우 화물의 붕괴 또는 낙하에 의한 위험을 방지하기 위하여 화물에 로프를 거는 등 필요한 조치를 할 것
③ 운전자의 시야를 가리지 않도록 화물을 적재할 것
④ 제동장치 및 조정장치 기능의 이상 유무를 점검할 것

해설 ④항, 제동장치 및 조종장치 기능의 이상유무 : 지게차의 작업시작 전 점검사항

93 공사현장에서 낙하물방지망 또는 방호선반을 설치할 때 설치높이 및 벽면으로부터 내민 길이 기준으로 옳은 것은?

① 설치높이 : 10m 이내마다, 내면 길이 2m 이상
② 설치높이 : 15m 이내마다, 내면 길이 2m 이상
③ 설치높이 : 10m 이내마다, 내면 길이 3m 이상
④ 설치높이 : 15m 이내마다, 내면 길이 3m 이상

해설 낙하물방지망 또는 방호선반 설치시 준수사항
1) 설치 높이는 10m 이내마다 설치하고, 내민 길이는 벽면으로부터 2m 이상으로 할 것
2) 수평면과의 각도는 20° 내지 30°를 유지할 것

94 차량계 건설기계의 작업시 작업시작 전 점검사항에 해당되는 것은?

① 권과방지장치의 이상 유무
② 브레이크 및 클러치의 기능
③ 슬링·와이어 슬링의 매달린 상태
④ 언로드밸브의 이상 유무

해설 차량계 건설기계의 작업시작 전 점검사항 : 브레이크, 클러치 등의 기능

95 추락재해 방지설비의 종류가 아닌 것은?

① 추락방망   ② 안전난간
③ 개구부 덮개   ④ 수직보호망

해설 수직보호망 : 낙하·비래 방지설비

96 건설업 산업안전보건관리비의 사용항목으로 가장 거리가 먼 것은?

① 안전시설비
② 사업장의 안전진단비
③ 근로자의 건강관리비
④ 본사 일반관리비

해설 건설업 안전관리비 항목별 사용기준
1) 안전관리자 등의 인건비 및 각종 업무수당비 등
2) 안전시설비 등
3) 개인보호구 및 안전장구 구입비 등
4) 사업장의 안전진단비 등
5) 안전보건교육비 및 행사비 등
6) 근로자의 건강관리비 등
7) 건설재해예방 기술지도비
8) 본사사용비

■ 정답 ■   91.④   92.④   93.①   94.②   95.④   96.④

97 달비계 설치 시 달기체인의 사용 금지 기준과 거리가 먼 것은?

① 달기체인의 길이가 달기체인이 제조된 때의 길이의 5%를 초과한 것
② 균열이 있거나 심하게 변형된 것
③ 이음매가 있는 것
④ 링의 단면지름이 달기체인이 제조된 때의 해당 링의 지름이 10%를 초과하여 감소한 것

해설 부적격한 달기체인 사용금지사항
1) 달기체인의 길이의 증가가 그 달기체인이 제조된 때의 길이의 5%를 초과한 것
2) 링의 단면지름 감소가 그 달기체인이 제조된 때의 해당 링의 지름의 10%를 초과한 것
3) 균열이 있거나 심하게 변형된 것

98 차량계 하역운반기계의 운전자가 운전위치를 이탈하는 경우 조치해야 할 내용 중 틀린 것은?

① 포크 및 버킷을 가장 높은 위치에 두어 근로자 통행을 방해하지 않도록 하였다.
② 원동기를 정지시켰다.
③ 브레이크를 걸어두고 확인 하였다.
④ 경사지에서 갑작스런 주행이 되지 않도록 바퀴에 블록 등을 놓았다.

해설 차량계 하역운반기계의 운전자가 운전위치를 이탈할 경우 준수할 사항
1) 포크 및 버킷시 등의 하역장치를 가장 낮은 위치에 둘 것
2) 원동기를 정지시키고 브레이크를 확실히 거는 등 불시 주행을 방지하기 위한 조치를 할 것

99 다음은 이음매가 있는 권상용 와이어로프의 사용금지 규정이다. ( )안에 알맞은 숫자는?

> 와이어로프의 한 꼬임에서 소선의 수가 ( )% 이상 절단된 것을 사용하면 안된다.

① 5 ② 7
③ 10 ④ 15

해설 부적격한 와이어로프의 사용금지사항
1) 이음매가 있는 것
2) 와이어로프의 한 꼬임에서 끊어진 소선(필러선 제외)의 수가 10%이상인 것
3) 지름의 감소가 공칭지름의 7%를 초과하는 것
4) 꼬인 것
5) 심하게 변형 또는 부식된 것
6) 열과 전기충격에 의해 손상된 것

100 철골작업시 추락재해를 방지하기 위한 설비가 아닌 것은?

① 안전대 및 구명줄
② 트렌치박스
③ 안전난간
④ 추락방지용 방망

해설 철골공사시 추락재해 방지설비 : 안전대 및 구명줄, 안전난간 및 울타리, 추락방지용 방망 등

2025년 2회 CBT복원 기출문제
건설안전산업기사

제1과목 / 산업안전관리론

01 작업의 종류나 내용에 따라 교육범위나 정도가 달라지는 이론교육 방법은?

① 지식교육 ② 정신교육
③ 태도교육 ④ 기능교육

해설 1) **지식교육** : 작업의 종류나 내용에 따라 교육 범위나 정도가 달라지는 이론교육
2) **기능교육** : 작업방법, 기계장치, 계기류 등의 조작행위 등을 몸으로 습득시키는 교육
3) **태도교육** : 생활지도, 작업동작지도 등을 통한 안전의 습관화교육으로 안전한 마음가짐을 몸에 익히는 교육

02 사고예방 대책 5단계 중 작업상황을 파악하고 사고조사를 실시하는 단계는?

① 사실의 발견 ② 분석 평가
③ 시정 방법의 선정 ④ 시정책의 적용

해설 사고예방 대책의 기본원리 5단계
1) 1단계-조직 : 안전의 라인 및 참모조직 구성 및 조직을 통한 안전활동을 실시하는 단계
2) 2단계-사실의 발견 : 작업상황을 파악하고 사고조사를 실시하여 위험요인(불안전한 요소)을 색출하는 단계
3) 3단계-분석·평가 : 사고의 직접원인 및 간접 원인을 규명하는 단계
4) 4단계-시정책의 선정 : 개선책을 설정하는 단계
5) 5단계-시정책의 적용 : 3E(기술, 교육, 독려) 를 적용시키는 단계

03 리더의 행동유형측면에서 부하들과 상담하며, 부하의 의견을 고려하는 형태의 리더십은?

① 참여적 리더십
② 지원적 리더십
③ 지시적 리더십
④ 성취 지향적 리더십

해설 참여적 리더십 : 민주적 리더십으로 참여적인 의사결정 및 목표설정을 한다.

04 일반적으로 태도교육의 효과를 높이기 위하여 취할 수 있는 가장 바람직한 교육방법은?

① 강의식 ② 프로그램 학습법
③ 토의식 ④ 문답식

해설 토의법
1) 토의법 개요
① 쌍방적 의사전달방법에 의한 교육으로 적극적, 지도성, 협동성을 기르는 데 적합한 방식이다.
② 태도교육에 효과적인 교육방법이다.
③ 보통 10~15인 정도의 소집단으로 하는 것이 좋으며, 인원수가 많은 경우에는 포럼(forum : 공개토론회), 심포지움(symposium) 등의 토의방식을 채용한다.
2) 토의법 적용의 경우
① 수업의 중간이나 마지막 단계
② 학교수업이나 직업훈련의 특정 분야
③ 알고 있는 지식을 심화시키거나 어떠한 자료에 대해 보다 명료한 생각을 갖도록 하는 경우
④ 팀웍이 필요한 경우

■ 정답 ■ 01.① 02.① 03.① 04.③

05 매슬로우(Maslow)의 욕구단계 이론 중 제2단계의 욕구에 해당하는 것은?

① 사회적 욕구
② 안전에 대한 욕구
③ 자아실현의 욕구
④ 존경과 긍지에 대한 욕구

해설 매슬로우(Maslow)의 욕구 5단계
1) 1단계-생리적 욕구(신체적 욕구) : 기아, 갈등, 호흡, 배설, 성욕 등 기본적 욕구
2) 2단계-안전의 욕구 : 안전을 구하려는 욕구
3) 3단계-사회적 욕구(친화욕구) : 애정, 소속에 대한 욕구
4) 4단계-인정받으려는 욕구(자기존경의 욕구, 승인욕구) : 자존심, 명예, 성취, 지위 등에 대한 욕구
5) 5단계-자아실현의 욕구(성취욕구) : 잠재적인 능력을 실현하고자 하는 욕구

06 근로자가 중요하거나 위험한 작업을 안전하게 수행하기 위해 인간의 의식수준(Phase) 중 몇 단계 수준에서 작업하는 것이 바람직한가?

① 0 단계
② Ⅰ 단계
③ Ⅲ 단계
④ Ⅳ 단계

해설 의식수준의 단계

단계	의식의상태	주의작용	생리적상태	신뢰성
Phase 0	무의식, 실신	없음	수면, 뇌발작	0
Phase Ⅰ	정상 이하 의식 몽롱함	부주의	피로, 단조, 졸음, 술취함	0.90이하
Phase Ⅱ	정상 이완상태	수동적 마음이 안쪽으로 향함	안정기거, 휴식시, 장례작업시	0.99~0.99999
Phase Ⅲ	정상 상쾌한 상태	능동적 앞으로 향하는 주의시야도 넓다.	적극 활동시	0.999999 이상
Phase Ⅳ	초정상 과긴장상태	일점으로 응집, 판단정지	긴급 방위 반응, 당황해서 panic	0.90이하

07 안전점검표의 작성 시 유의사항이 아닌 것은?

① 중요도가 낮은 것부터 높은 순서대로 만들 것
② 점검표 내용은 구체적이고 재해방지에 효과가 있을 것
③ 사업장내 점검기준을 기초로 하여 점검자 자신이 점검목적, 사용시간 등을 고려하여 작성할 것
④ 현장감독자용의 점검표는 쉽게 이해할 수 있는 내용이어야 할 것

해설 안전점검표 작성시 유의사항
1) 사업장에 적합한 독자적인 내용일 것
2) 중점도가 높은 것부터 순서대로 작성할 것(위험성이 높은 순이나 긴급을 요하는 순으로 작성)
3) 정기적으로 검토하여 재해방지에 실효성 있게 개조된 내용일 것
4) 일정양식을 정하여 점검대상을 정할 것
5) 점검표의 내용을 이해하기 쉽도록 표현하고 구체적일 것

08 기억과정 중 과거에 경험하였던 것과 비슷한 상태에 부딪쳤을 때 떠오르는 것을 무엇이라 하는가?

① 파지(retention)
② 기명(memorizing)
③ 재생(recall)
④ 재인(recognition)

해설 기억의 과정 : 기억은 기명(記銘), 파지(把持), 재생(再生), 재인(再認)의 단계를 거친다.
1) 기억 : 과거의 경험이 어떠한 형태로 미래의 행동에 영향을 주는 작용
2) 기명 : 사물의 인상을 마음속에 간직하는 것
3) 파지 : 간직, 인상이 보존되는 것
4) 재생 : 보존된 인상이 다시 의식으로 떠오른 것
5) 재인 : 과거에 경험했던 것과 같은 비슷한 상태에 부딪혔을 때 떠오르는 것

■ 정답 ■ 05.② 06.③ 07.① 08.④

09 위험예지훈련 4라운드에 순서가 올바르게 나열된 것은?

① 현상파악 → 본질추구 → 대책수립 → 목표설정
② 현상파악 → 대책수립 → 본질추구 → 목표설정
③ 현상파악 → 본질추구 → 목표설정 → 대책수립
④ 현상파악 → 목표설정 → 본질추구 → 대책수립

해설 위험예지훈련의 4R
   1) 1R(1단계)-현상파악 : 사실(위험요인)을 파악하는 단계
   2) 2R(2단계)-본질추구 : 위험요인 중 위험의 포인트를 결정하는 단계(지적확인)
   3) 3R(3단계)-대책수립 : 대책을 세우는 단계
   4) 4R(4단계)-목표설정 : 행동계획(중점 실시항목)을 정하는 단계

10 재해통계 작성 시 유의할 점 중 관계가 가장 적은 것은?

① 재해통계를 활용하여 방지대책을 수립이 가능할 수 있어야 한다.
② 재해통계는 구체적으로 표시되고, 그 내용은 용이하게 이해되며 이용할 수 있는 것이어야 한다.
③ 재해통계는 정성적인 표현의 도표나 그림으로 표시하여야 한다.
④ 재해통계는 항목 내용 등 재해요소가 정확히 파악될 수 있도록 하여야한다.

해설
1) 재해통계에 사용하는 도표나 그림은 여러 가지 형태가 있다
2) 재해통계의 원인분석 방법
   ① 파레이토도 : 사고의 유형, 기인물 등 분류항목을 큰 순서대로 도표화하여 분석하는 방법이다.
   ② 특성요인도 : 특성과 요인을 도표로 하여 어골상(魚骨狀)으로 세분화한다.
   ③ 크로즈 분석 : 데이터를 집계하고 표로 표시하여 요인별 결과내역을 교차한 크로즈 그림을 작성하여 분석한다. (2개 이상의 문제 관계를 분석하는데 이용)
   ④ 관리도 : 재해발생건수 등의 추이를 파악하고 목표관리를 행하는데 필요한 월별 재해발생수를 그래프화하여 관리선을 설정·관리하는 방법이다.

11 안전·보건표지에서 파란색 또는 녹색에 대한 보조색으로 사용되는 색채는?

① 빨간색   ② 검은색
③ 노란색   ④ 흰색

해설 안전표지의 색채·색도기준 및 용도(시행규칙 별표3)

색채	색도기준	용도	사용예
빨간색	7.5R 4/14	금지	정지신호, 소화설비 및 그 장소, 유해행위 금지
		경고	화학물질 취급장소에서의 유해·위험경고
노란색	5Y 8.5/12	경고	화학물질 취급장소에서의 유해·위험 경고, 그 밖의 위험 경고, 주의표지 또는 기계방호물
파란색	2.5PB 4/10	지시	특정 해위의 지시 및 사실의 고지
녹색	2.5G 4/10	안내	비상구 및 피난소, 사람 또는 차량의 통행표지
흰색	N 9.5		파란색 또는 녹색에 대한 보조색
검은색	N 0.5		문자 및 빨간색 또는 노란색에 대한 보조색

12 안전관리조직의 형태 중 라인(line)형의 특징이 아닌 것은?

① 소규모 사업장에 적합하다.
② 경영자의 조언과 자문역할을 한다.
③ 생산조직 전체에 안전관리 기능을 부여한다.
④ 명령과 보고가 상하관계뿐이므로 간단 명료하다.

해설 staff형 특징 : ②항, 경영자의 조언과 자문역할을 한다.

■ 정답 ■ 09.① 10.③ 11.④ 12.②

13 그림에서 안전모의 부품명칭이 틀린 것은?

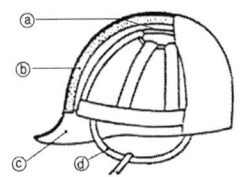

① ⓐ : 머리고정대
② ⓑ : 충격흡수재
③ ⓒ : 챙(차양)
④ ⓓ : 턱끈

해설 ⓐ : 머리받침고리

> **길잡이** 안전모의 각부 명칭
>
> | 번호 | 명칭 | |
> |---|---|---|
> | ① | 모체 | |
> | ② | 착 | 머리받침끈 |
> | ③ | 장 | 머리고정대 |
> | ④ | 체 | 머리받침 고리 |
> | ⑤ | 충격흡수재 | |
> | ⑥ | 턱끈 | |
> | ⑦ | 챙(차양) | |

14 적응기제(adjustment mechanism)중 다음에서 설명하는 것은 무엇인가?

> 자신조차도 승인할 수 없는 욕구를 타인이나 사물로 전환시켜 바람직하지 못한 욕구로 부터 자신을 지키려는 것

① 투사   ② 합리화
③ 보상   ④ 동일화

해설 적응기제
 1) 투사 : 본문설명
 2) 보상 : 자신의 결함과 무능에 의하여 생긴 열등감이나 긴장을 해소시키기 위해 장점 같은 것으로 그 결함을 보충하려는 행동으로 대상(代償)이라고도 한다.
 3) 합리화 : 자기의 난처한 입장이나 실패 및 결점을 그럴듯한 이유를 들어 남의 비난을 받지 않도록 하며 또한 자위도 하는 행동 기제이다. (합리화의 자기방어 방식에 따른 분류 : 신포도형, 달콤한 레몬형, 투사형, 망상형)
 4) 동일시 : 사실은 자기의 것이 못되고 또 아님에도 불구하고 자기의 것이나 된 듯이 행동을 하여 승인을 얻고자 하는 기제이다.

15 산업재해조사표에서 재해발생 원인 중 작업·환경적 요인에 해당하지 않는 것은?

① 점검·정비의 부족
② 작업자세·동작의 결함
③ 작업방법의 부적결
④ 작업정보의 부적절

해설 재해발생원인(산업재해조사표 : 시행규칙 별지 제1호 서식)

재해발생 원인	세부내용
1) 인적요인	① 무의식 행동, ② 착오, ③ 피로, ④ 연령 ⑤ 커뮤니케이션 등
2) 설비적 요인	① 기계·설비의 설계상 결함 ② 방호장치의 불량 ③ 작업표준화의 부족 ④ 점검·정비의 부족 등
3) 작업· 환경적 요인	① 작업정보의 부적절 ② 작업자세·동작의 결함 ③ 작업방법의 부적절 ④ 작업환경 조건의 불량 등
4) 관리적 요인	① 관리조직의 결함 ② 규정·매뉴얼의 불비·불철저 ③ 안전교육의 부족 ④ 지도감독의 부족 등

16 무재해운동의 3원칙에 해당되지 않는 것은?

① 참가의 원칙　② 무의 원칙
③ 예방의 원칙　④ 선취의 원칙

해설 무재해운동이념 3원칙
1) 무의 원칙 : 사망, 휴업 및 불휴재해는 물론 일체의 장래위험요인을 사전에 발견, 파악, 해결함으로써 근원적인 산업재해를 없애는 것
2) 참가의 원칙 : 재해 및 일체의 위험요인을 발견, 해결하기 위해 전원이 무재해운동에 참가하여 문제 해결 등을 실천하는 것
3) 선취해결의 원칙 : 선취란 궁극의 목표로서 무재해, 무질병의 직장을 실현하기 위해 일체의 위험요인을 행동하기 전에 발견, 파악, 해결하여 재해를 예방하거나 방지하는 것

17 스트레스(Stress)에 관한 설명으로 가장 적절한 것은?

① 스트레스 상황에 직면하는 기회가 많을수록 스트레스 발생 가능성은 낮아진다.
② 스트레스는 직무몰입과 생산성 감소의 직접적인 원인이 된다.
③ 스트레스는 부정적인 측면만 가지고 있다.
④ 스트레스는 나쁜 일에서만 발생한다.

해설 스트레스(stres) : 직무 스트레스는 신체적, 정신적 건강뿐만 아니라 직무불만족, 직무성과 등과 관련되어 직무몰입과 생산성 감소 등의 직접적인 원인이 된다.

18 직무만족에 긍정적인 영향을 미칠 수 있고, 그 결과 개인 생산능력의 증대를 가져오는 인간의 특성을 의미하는 용어는?

① 위생 요인　② 동기부여 요인
③ 성숙 – 미성숙　④ 의식의 우회

해설
1) 동기부여 요인 : 본문설명
2) 허즈버그(Herzberg)의 2요인
① 위생요인 : 직무환경에 관계된 내용으로 기업정책, 개인 상호 간의 관계(친교, 대인관계), 감독형태, 작업조건, 임금(급료), 보수지위, 안전 등이 있다.
② 동기요인 : 직무내용(일의 내용)에 관한 것으로 목표달성에 대한 성취감, 안정감, 도전감, 책임감, 성장과 발전, 작업자체 등이 있다(자아실현을 하려는 인간의 독특한 경향 반영).

19 산업안전보건법상 특별안전·보건교육 대상 작업이 아닌 것은?

① 건설용 리프트·곤돌라를 이용한 작업
② 전압이 50V인 정전 및 활선작업
③ 화학설비 중 반응기, 교반기·추출기의 사용및 세척작업
④ 액화석유가스·수소가스 등 인화성 가스 또는 폭발성물질 중 가스의 발생장치 취급 작업

해설 ②항, 전압이 75V 이상인 정전 및 활선작업

20 재해율의 지표 중 도수율에 관한 설명 중 다음 (　)안에 알맞은 것은?

> 사업장에서 발생하는 재해의 빈도를 표시하는 단위로서 근로시간 (㉠)시간당 발생하는 (㉡)를 나타낸다.

① ㉠ 100만,　㉡ 재해건수
② ㉠ 1,000,　㉡ 근로손실 일수
③ ㉠ 1,000,　㉡ 재해건수
④ ㉠ 100만,　㉡ 근로손실 일

해설 도수율
1) 도수율 : 연근로시간 100만(10^6)시간당 발생하는 재해건수
$$도수율 = \frac{재해건수}{연근로시간수} \times 10^6$$
2) 연근로시간수
 =근로자수×근로일수/년×근로시간/일
 =근로자수×2400시간/년

■ 정답 ■　16.③　17.②　18.②　19.②　20.①

제2과목
인간공학 및 시스템안전공학

21 인간 성능에 관한 척도와 가장 거리가 먼 것은?

① 빈도수 척도
② 지속성 척도
③ 지연성 척도
④ 시스템 척도

해설 인간성능에 관한 척도
1) 빈도 척도(frequency measure) : 검출한 과녁(target)의 수, 키를 누른 수, 'help'스크린을 사용한 수 등
2) 강도 척도(intensity measure) : 핸들에 발생시킨 토크 등
3) 지연성 척도(latency measure) : 반응시간, 스위치를 돌릴 때의 지체시간 등
4) 지속성 척도(duration measure) : 컴퓨터 시스템을 사용하는 시간, 추적 과업에서 과녁에 머무르는 시간 등

22 의자 좌판의 높이를 설계하기 위한 것으로 가장 적합한 인체계측자료의 응용 원칙은?

① 최소 집단치를 위한 설계
② 최대 집단치를 위한 설계
③ 평균치를 기준으로 한 설계
④ 최대 빈도치를 기준으로 한 설계

해설 1) 인간계측자료의 응용원칙
  ① **최대치수와 최소치수** : 최대치수 또는 최소치수를 기준으로 하여 설계한다. (극단에 속하는 사람을 위한 설계)
  ② **조절범위(조절식)** : 체격이 다른 여러 사람에게 맞도록 만드는 것 이다.(조절할 수 있도록 범위를 두는 설계)
  ③ **평균치를 기준으로 한 설계** : 최대치수나 최소치수, 조절식으로 하기가 곤란할 때 평균치를 기준으로 하여 설계한다.(평균적인 사람을 위한 설계)
2) 최대치수와 최소치수의 적용
  ① **최대치수(최대집단치를 위한 설계)** : 문, 탈출구, 통로 등의 공간여유를 정할 때 적용한다.
  ② **최소치수(최소집단치를 위한 설계)** : 조작자와 제어버튼 사이의 거리, 작업대·선반 등의 높이, 의자좌판의 높이, 조종 장치까지의 거리 및 조작에 필요한 힘 등을 정할 때 적용한다.

23 작업장 인공조명 설계 시 고려사항으로 가장 거리가 먼 것은?

① 조도는 작업상 충분할 것
② 광색은 붉은색에 가까울 것
③ 취급이 간단하고 경제적일 것
④ 유해가스를 발생하지 않고, 폭발성이 없을 것

해설 인공조명 설계시 고려사항
1) 조도는 작업상 충분할 것
2) 광색은 주광색에 가까울 것
3) 유해가스를 발생하지 않고 폭발성과 발화성이 없을 것
4) 취급이 간단하고 경제적일 것
5) 작업장의 경우 공간전체에 빛이 골고루 퍼지게 할 것(전반조명방식 채택)

24 결함수(FT) 기호의 정의로 틀린 것은?

① 1차 사상은 외적인 원인에 의해 발생하는 사상이다.
② 결함사상은 시스템 분석에 있어 좀 더 발전시켜야 하는 사상이다.
③ 기본사상은 고장원인이 분석되었기 때문에 더 이상 분석할 필요가 없는 사상이다.
④ 정상적인 사상은 두 가지 상태가 규정되는 시간 내에 일어날 것으로 기대 및 예정되는 사상이다.

해설 1) **1차적 사상** : 부품이 지니고 있는 고유한 특성 때문에 발생하는 사상이다.
2) **2차적 사상** : 외적인 원인에 의해 발생하는 사상이다.

■ 정답 ■ 21.④ 22.① 23.② 24.①

25 결함수분석의 최소 컷셋과 가장 관련이 없는 것은?

① Boolean Algebra
② Fussell Algorithm
③ Generic Algorithm
④ Limnios & Ziani Algorithm

해설 **최소컷셋을 구하는 방법**
  1) Fueell Algorithm : 톱사상에서부터 차례로 상단의 사상을 하단의 사상으로 치환하면서 AND 게이트는 가로로 나열하고, OR게이트는 세로로 나열하여 최소컷셋을 구한다.
    ① 1단계 : 불대수(Boolean algebra)이론을 적용하여 시스템 고장을 유발시키는 모든 기본사상 등의 조합인 컷셋을 구한다.
    ② 2단계 : 1단계에서 구한 컷셋중 각각의 컷셋에 대하여 중복되는 기본사상을 제거한다.
    ③ 3단계 : 컷셋 중 가장 적의 수의 기본사상들로 이루어진 컷셋을 포함하고 있는 집합을 제거한다.
  2) Limnios 와 Ziani Algorithm : 전체의 컷셋을 반복사상을 포함하고 있는 컷셋과 비반복사상으로 분류하여 반복사상을 포함하고 있는 컷셋들만을 비교·분석하여 최소컷셋과 향하여 톱사상에 대한 최소컷셋을 구한다.

26 촉각적 표시장치에서 기본 정보 수용기로 주로 사용되는 것은?

① 귀   ② 눈
③ 코   ④ 손

해설 1) 촉각적 표시장치에서 주로 사용하는 기본정보수용기 : 손
  2) 동적인 촉각적 표시장치
    ① 기계적 자극을 사용하는 방법
      ㉠ 피부에 전동기를 부착하는 방법
      ㉡ 증폭된 음성을 하나의 진동기를 사용하여 피부에 전달하는 방법
    ② 전기적 자극방법 : 통증을 주지 않을 정도의 진동전류자극을 이용

27 목과 어깨부위의 근골격계 질환 발생과 관련하여 인과관계가 가장 적은 것은?

① 진동   ② 반복작업
③ 과도한 힘   ④ 작업자세

해설 **근골격계질환의 원인**
  1) 무리한 반복작업
  2) 부적절한 작업 자세
  3) 과도한 힘
  4) 신체적 압박
  5) 부족한 휴식시간
  6) 차갑거나 무더운 온도의 작업환경

28 에너지 대사율(RMR)에 의한 작업강도에서 경작업이란 작업강도가 얼마인 작업을 의미하는가?

① 1~2   ② 2~4
③ 4~7   ④ 7~9

해설 **에너지 대사율(RMR)에 의한 작업강도 구분**
  1) 0~2RMR : 經(가벼운)작업
  2) 2~4RMR : 中(보통)작업
  3) 4~7RMR : 重(힘든)작업
  4) 7RMR 이상 : 超重(아주 힘든)작업

29 시스템 설계자가 통상적으로 하는 평가방법 중 거리가 먼 것은?

① 기능평가   ② 성능평가
③ 도입평가   ④ 신뢰성평가

해설 **시스템 설계자에 의한 평가방법**
  1) **기능평가** : 시스템의 목적을 만족시키는 기능으로 되어 있는 지를 평가한다.
  2) **성능평가** : 주어진 성능목표를 만족시키고 있는지 수치인가를 검토한다.
  3) **신뢰성평가** : 시스템 목표의 만족여부를 산정하기 위해 다음 사항을 검토한다.
    ① 시스템 전체의 가동률
    ② 시스템을 구성하는 각 요소의 신뢰도
    ③ 신뢰성 향상을 위해 시행한 처리의 경제적 효과

■ 정답 ■ 25.③ 26.④ 27.① 28.① 29.③

30 레버를 10° 움직이면 표시장치는 1cm 이동하는 조종 장치가 있다. 레버의 길이가 20cm 라고 하면 이 조종 장치의 통제표시비 (C/D 비)는 약 얼마인가?

① 1.27
② 2.38
③ 3.49
④ 4.51

해설 통제표시비(C/D비)

$$C/D비 = \frac{\frac{a}{360} \times 2\pi L}{표시계기의\ 이동거리}$$

$$= \frac{\frac{10}{360} \times 2\pi \times 20}{1} = 3.49$$

31 어떤 장치의 이상을 알려주는 경보기가 있어서 그것이 울리면 일정시간 이내에 장치를 정지하고 상태를 점검하여 필요한 조치를 하게 된다. 그런데 담당 작업자가 정지조작을 잘못하여 장치에 고장이 발생하였다. 이때 작업자가 조작을 잘못한 실수를 무엇이라고 하는가?

① primary error
② command error
③ omission error
④ secondary error

해설 인간과오 원인의 level적 분류
1) Primary error(주과오) : 작업자 자신으로부터 error(안전교육을 통하여 제거)
2) Secondary error(2차 과오) : 작업형태나 작업조건 중에서 다른 문제가 생겨 그 때문에 필요한 사항을 실행할 수 없는 error. 어떤 결함으로부터 파생되어 발생하는 error
3) Command error(지시 과오) : 요구된 것을 실행하고자 하여도 필요한 물건, 정보, 에너지 등의 공급이 없는 것처럼 작업자가 움직이려 해도 움직일 수 없으므로 발생하는 error

32 동작경제의 원칙이 아닌 것은?

① 동작의 범위는 최대로 할 것
② 동작은 연속된 곡선운동으로 할 것
③ 양손은 좌우 대칭적으로 움직일 것
④ 양손은 동시에 시작하고 동시에 끝내도록 할 것

해설 ①항, 동작범위는 최소로 할 것

> **길잡이** 동작경제의 3원칙
> 1) 동작능력의 활용의 원칙
>   ① 발 또는 왼손으로 할 수 있는 것은 오른손을 사용하지 않는다.
>   ② 양손으로 동시에 작업을 시작하고 동시에 끝낸다.
>   ③ 양손이 동시에 쉬지 않도록 함이 좋다.
> 2) 작업량 절약의 원칙
>   ① 적게 움직이게 한다.
>   ② 재료나 공구는 취급하는 부근에 정돈한다.
>   ③ 동작의 수를 줄인다.
>   ④ 동작의 양을 줄인다.
>   ⑤ 물건을 장시간 취급할 경우에는 장구를 사용할 것
> 3) 동작개선의 원칙
>   ① 동작이 자동적으로 이루어지는 순서로 한다.
>   ② 양손은 동시에 반대의 방향으로, 좌우 대칭적으로 운동한다.
>   ③ 관성, 중력, 기계력 등을 이용한다.
>   ④ 작업장의 높이를 적당히 하여 피로를 줄인다.

33 인간-기계 시스템에서의 기본적인 기능으로 볼 수 없는 것은?

① 행동 기능
② 정보의 수용
③ 정보의 저장
④ 정보의 설계

해설 인간·기계체계의 기본기능
1) 감지(정보수용) 2) 정보저장(보관)
3) 정보처리 및 의사결정
4) 행동기능

■ 정답 ■ 30.③ 31.① 32.① 33.④

34 화학설비에 대한 안전성 평가 5단계 중 정성적 평가의 실시 단계는?

① 제1단계　② 제2단계
③ 제3단계　④ 제4단계

해설 화학설비에 대한 안정성평가 5단계
1) 1단계 : 관계자료의 작성준비
2) 2단계 : 정성적 평가
3) 3단계 : 정량적 평가
4) 4단계 : 안전대책
5) 5단계 : 재평가

35 어떤 물체나 표면에 도달하는 빛의 단위면적당 밀도를 무엇이라 하는가?

① 광량　② 광도
③ 조도　④ 반사율

해설
1) **조도** : 어떤 물체나 표면에 도달하는 빛의 단위면적당 밀도(단위 : fc, lux)
2) **광도** : 광원으로부터 나오는 빛의 세기(단위 : 칸델라, 촉광)
3) **반사율** : 반사광의 에너지와 입사광의 에너지의 비율

$$반사율 = \frac{광속발산도(fL)}{조명} \times 100(\%)$$

36 시스템안전 계획의 수립 및 작성 시 반드시 기술하여야 하는 것으로 거리가 가장 먼 것은?

① 안전성 관리 조직
② 시스템의 신뢰성 분석 비용
③ 작성되고 보존하여야 할 기록의 종류
④ 시스템 사고의 식별 및 평가를 위한 분석법

해설 시스템안전계획의 수립 및 작성시 내용
1) 안전성 관리 조직
2) 작성·보전하여야 할 기록(문서)의 종류
3) 시스템 사고의 식별 및 평가를 위한 분석법

37 결함수 분석에서 사용되는 사상기호로서 결함사상이 아닌 발생이 예상되는 사상기호는 무엇인가?

① △　② ▭
③ ◇　④ ⬠

해설 ④항, **통상사상** : 시스템의 정상적인 가동상태에서 일어날 것이 기대되는 사상(발생이 예상되는 사상)

38 소음이 심한 기계로부터 1.5m 떨어진 곳의 음압수준이 100dB라면 이 기계로부터 5m 떨어진 곳의 음압수준은 약 얼마인가?

① 85dB　② 90dB
③ 96dB　④ 102dB

해설
$$dB_2 = dB_1 - 20\log\left(\frac{r_2}{r_1}\right)$$
$$= 100 - 20\log\left(\frac{5}{1.5}\right)$$
$$= 89.54 ≒ 90dB$$

39 각각 10,000시간의 평균수명을 가진 A,B두 부품이 병렬로 이루어진 시스템의 평균수명은 얼마인가? (단, 요소 A,B의 평균수명은 지수분포를 따른다.)

① 5,000시간　② 10,000시간
③ 15,000시간　④ 20,000시간

해설 병렬계의 수명
$$= MTTF \times \left(1 + \frac{1}{2} + \cdots + \frac{1}{n}\right)$$
$$= 10,000 \times \left(1 + \frac{1}{2}\right) = 15,000시간$$

(여기서 MTTF : 평균수명)

■정답■ 34.② 35.③ 36.② 37.④ 38.② 39.③

40 아날로그(analog) 표시장치의 선택 시 고려해야 할 사항으로 가장 적절한 것은?

① 눈금의 증가는 시계반대 방향이 적합하다.
② 일반적으로 고정눈금에서 지침이 움직이는 것이 좋다.
③ 온도계나 고도계에 사용되는 눈금이나 지침은 수평표시가 바람직하다.
④ 이동요소의 수동조절이 필요할 때에는 지침보다 눈금을 조절할 수 있어야 한다.

해설 아날로그(analog)표시장치 선택시 고려해야 할 사항
1) ②항(정목동침형)
2) 눈금의 증가는 시계 방향이 적합하다.
3) 온도계나 고도계에 사용되는 눈금이나 지침은 수직표시가 바람직하다.
4) 이동요소의 수동조절 필요시에는 눈금보다 지침을 조절할 수 있어야 한다.

> **길잡이** 정략적 동적표시장치의 기본형
> 1) 정목동침(moving pointer)형 : 눈금이 고정되고 지침이 움직이는 형
> 2) 정침동목(moving scale)형 : 지침이 고정되고 눈금이 움직이는 형
> 3) 계수(digital)형 : 전력계나 택시요금 계기와 같이 기계·전자적으로 숫자가 표시되는 형

제3과목 / 건설시공학

41 건설공사 완료 후 보수 및 재시공을 보증하기 위하여 공사 발주체 등에 예치하는 공사금액의 명칭은?

① 입찰보증금   ② 계약보증금
③ 지체보증금   ④ 하자보증금

해설 하자보수보증금 : 공사계약을 체결할 때에 계약이행이 완료(건설공사완료)된 후 일정기간 그 계약 목적물에 시공 상의 하자 발생에 대비하여 이에 대한 담보적 성격으로 납부하게 하는 일정 금액을 말한다.

42 기성콘크리트 말뚝시공에 관한 설명으로 옳지 않은 것은

① 말뚝중심간격은 2.5D이상 또한 750 mm이상으로 한다.
② 적재 장소는 시공장소와 가깝고 배수가 양호하고 지반이 견고한 곳이어야 한다.
③ 2단 이하로 저장하고 말뚝받침대는 동일선 상에 위치하여야 파손이 적다.
④ 시공순서는 주변 다짐효과를 높이기 위하여 주변부에서 중앙부로 박는다.

해설 기성콘크리트 말뚝 시공 및 저장
1) 대규모의 중량건물 또는 굳은 지층에 깊어서 말뚝을 깊이 박아야 할 경우에 쓰인다.
2) 말뚝의 외경은 25~50cm, 말뚝 1개의 길이는 외경의 45배 이하로 한다.
3) 말뚝박기의 중심간격 : 말뚝외경의 2.5배 이상 또는 75cm 이상
4) 15m 이상의 장척물이 필요한 경우에는 이어서 사용한다.
5) 적재장소는 지반이 견고하고 배수가 잘되며 시공장소나 가까운 곳으로 한다.
6) 2단 이하로 저장하고 파손방지를 위해 말뚝받침대는 동일 선상에 위치하여야 한다.

■정답■ 40.② 41.④ 42.④

43 L.W(Labiles Wasserglass)공법에 관한 설명으로 옳지 않은 것은?

① 물유리용액과 시멘트 현탁액을 혼합하면 규산수화물을 생성하여 겔(gel)화하는 특성을 이용한 공법이다.
② 지반강화와 차수 목적을 얻기 위한 약액주입공법의 일종이다.
③ 미세공극의 지반에서도 그 효과가 확실하여 널리 쓰인다.
④ 배합비 조절로 겔타임 조절이 가능하다.

해설 LW(Labiles Wasserglass)공법
1) LW공법 : 규산소다수용액(물유리용액)과 시멘트 현탁액을 혼합한 후 지상의 Y자관을 통하여 지반에 주입시키는 공법으로 지반의 공극을 시멘트 입자로 추진시켜 지반의 밀도를 높여 지반강화 및 지수성을 향상시키는 저압 침투공법이다.
2) 장점
① 약액주입공법 중에서 고결강도가 높고 침투성이 양호하다.
② 타공법에 비해 공사비가 저렴하다.
③ 협소한 위치에서도 시공이 가능하다.
④ 겔타임의 조절은 시멘트량 증감에 의하므로 간단하다.
3) 단점
① 미세공극의 지반에서는 효과가 불확실하다.
② 주입압력의 세심한 측정이 필요하다.
③ 외력에 의한 진동 및 충격에 저항이 적다
④ 장기적 상태에서는 치수효과가 떨어진다.

44 콘크리트에 사용하는 AE제의 특징이 아닌 것은?

① 내구성, 수밀성 증대
② 블리딩 현상 증가
③ 단위수량 감소
④ 건조수축 감소

해설 AE제 : 블리딩 현상을 감소시킨다.

45 혼화재(混和材)에 관한 설명으로 옳지 않은 것은?

① 시멘트량의 1%정도 이하로 배합설계에서 그 자체의 용적을 무시한다.
② 종류로는 플라이애시, 고로슬래그, 실리카 퓸 등이 있다.
③ 포졸란 반응이 있는 것은 플라이애시, 고로슬래그, 규산백토 등이 있다.
④ 인공산으로는 플라이애시, 고로슬래그, 소성점토 등이 있다.

해설 혼화재(混和材) : 혼화재료 중 사용량이 비교적 많아서(시멘트량의 5%이상) 그 자체의 부피가 콘크리트의 배합계산에 관계되는 혼화재료이다.

46 건축생산 조직에 관한 설명으로 옳은 것은?

① CM은 시공자가 직접 공사의 타당성조사, 설계, 시공, 사용 등을 포함하는 건설공사 전 과정을 조정하는 것이다.
② EC화는 종래의 단순한 시공업과 비교하여 건설사업 전반에 걸쳐 종합, 기획, 관리하는 업무 영역의 확대를 말한다.
③ 발주자와 직접 공사 계약을 하는 업자를 하도급자라고 한다.
④ 감리자란 시공자의 위탁을 받아 공사의 시공과정을 검사·승인하는 자를 말한다.

해설 EC(Engineering Constructor)화 : 기계·장치·시스템 등을 포함한 시설 전체를 기획·설계·시공·보수 등 포괄적이고 종합적으로 하는 방법을 말한다.

47 거푸집 공사 중 콘크리트의 측압에 관한 설명으로 옳지 않은 것은?

① 치어붓기 속도가 빠를수록 측압이 크다.
② 묽은 콘크리트일수록 측압이 작다.
③ 거푸집의 수평단면이 작을수록 측압이 작다.
④ 철골 또는 철근량이 많을수록 측압이 작아진다.

해설 콘크리트 타설을 할 때 거푸집의 측압에 미치는 영향
1) 슬럼프가 클수록 크다(물-시멘트 비가 클수록 크다).
2) 기온이 낮을수록 크다(대기 중에 습도가 높을수록 크다).
3) 콘크리트의 치어붓기 속도가 클수록 크다.
4) 거푸집의 수밀성이 높을수록 크다.
5) 콘크리트의 다지기가 강할수록 크다(진동기 사용시 측압은 30% 정도가 증가).
6) 거푸집의 수평단면이 클수록 크다(벽두께가 클수록 크다).
7) 거푸집의 강성이 클수록 크다.
8) 거푸집 표면이 매끄러울수록 크다.
9) 콘크리트의 비중이 클수록 크다(단위중량이 클수록 크다).
10) 묽은 콘크리트일수록 크다.
11) 철근량이 적을수록 크다.
12) 측압은 생콘크리트의 높이가 높을수록 커지는 것이나, 일정한 높이에 이르면 측압의 증대는 없게 된다.

48 강재면에 강필로 볼트구멍 위치와 절단 개소 등을 그리는 일은?

① 원척도 ② 본뜨기
③ 금매김 ④ 변형바로잡기

해설 1) **원척도** : 철골가공 공장 내에 철판 또는 검정 칠한 합판마루 등으로 되어있는 원척소(原尺所)에서 설계도서에 따라 철골의 각부 상세 및 재(材)의 길이 등을 원척으로 그린 것이다.

2) **본뜨기** : 원척도에 따라서 얇은 철판 또는 보르지(Board紙)·투명한 폴리에스틸 필름 등을 사용하여 이음판이나 밑창판 등의 본뜨기를 하여 본판을 작성한다.
3) **금매김(금긋기)** : 공작도, 원척, 본판 및 그림쇠 등을 사용하여 강재면에 강필로 리벳 구멍 위치, 절단개소 등의 필요한 지시사항을 그려 넣는 것을 말한다.
4) **변형바로잡기** : 변형이 있을 경우 금매김 전에 변형바로잡기를 한다.

49 철근콘크리트공사에서의 철근이음에 관한 설명으로 옳지 않은 것은?

① 철근의 이음위치는 되도록 응력이 큰 곳을 피한다.
② 일반적으로 이음을 할 때는 한 곳에서 철근수의 반 이상을 이어야 한다.
③ 철근이음에는 겹침이음, 용접이음, 기계적 이음 등이 있다.
④ 철근이음은 힘이 전달이 연속적이고, 응력 집중 등 부작용이 생기지 않아야 한다.

해설 일반적으로 이음을 할 때는 한곳에 이음이 집중되지 않게 하여야 한다.

50 공사에 필요한 표준시방서의 내용에 포함되지 않는 사항은?

① 재료에 관한 사항
② 공법에 관한 사항
③ 공사비에 관한 사항
④ 검사 및 시험에 관한 사항

해설 시방서의 기재내용
1) 공사전체의 개요
2) 시방서의 적용범위, 공통주의 사항
3) 시공방법(준비사항, 공사의 정도, 사용 장비, 주의사항 등)
4) 사용재료(종류, 품질, 필요한 시험, 저장방법, 검사방법 등)
5) 특기사항

51 토공사의 굴착기계 용도에 관한 설명으로 옳지 않은 것은?

① 백호는 기계보다 낮은 곳을 굴착하는데 사용한다.
② 파워쇼벨은 기계보다 높은 곳을 굴착하는데 사용한다.
③ 드래그라인은 기계보다 낮은 곳의 흙을 긁어모으는데 사용한다.
④ 클램쉘은 기계보다 높은 곳의 흙과 자갈을 긁어내리는데 사용한다.

해설 클램쉘(clam shell)
　1) 붐의 선단에서 클램쉘버킷을 와이어로프로 매달아 바로 아래로 떨어뜨려 흙을 퍼 올리는 토공기계이다.
　2) 깊은 흙파기용, 흙막이 버팀대가 있는 좁은 곳, 케이슨(caossion) 내의 굴착 등 좁은 곳의 수직굴착, 자갈 등의 적재, 연약지반 및 수직굴착 등에 쓰인다.

52 거푸집 공사에서 거푸집 검사 시 받침기둥(지주의 안전하중)검사와 가장 거리가 먼 것은?

① 서포트의 수직 여부 및 간격
② 폼타이 등 조임철물의 재질
③ 서포트의 편심, 처짐 및 나사의 느슨함 정도
④ 수평연결대 설치 여부

해설 ②항, 「폼타이 등 조임철물의 재질」은 받침기둥 검사항목에 해당되지 않는다.

53 공사 계약서 내용에 포함되어야 할 내용과 가장 거리가 먼 것은?

① 공사내용(공사명, 공사장소)
② 재해방지대책
③ 도급금액 및 지불방법
④ 천재지변 및 그 외의 불가항력에 의한 손해부담

해설 공사계약서 내용
　1) 공사내용
　2) 도급금액
　3) 공사착수시기 및 완공시기
　4) 도급금액 지불방법, 지불시기
　5) 천재지변에 의한 손해부담
　6) 준공검사 및 인도시기

54 네트워크 공정표의 구성요소중 부주공정(Semi-Critical Path)에 관한 설명으로 옳지 않은 것은?

① 여유시간이 상대적으로 적은 공정을 의미한다.
② 공정이 부분적 또는 불연속적으로 발생한다.
③ 공기단축 시 관리대상에서는 제외된다.
④ 주공정화 할 가능성이 많은 공정이다.

해설 부주공정(semi-critical path)
　1) ①, ②, ④항
　2) 공기단축 시 유의해야할 공정이다.

> **길잡이** 주 공정(critical path)
> 1) TF(총 여유시간)가 o(zero)인 작업을 주공정작업이이라 하며 이들을 연결한 공정을 주 공정이라 한다.
> 2) 총 공기는 공사착수에서부터 공사만공까지의 주 공정상의 소요시간의 합계이며 최장 시간이 소요되는 경로이다.
> 3) 주 공정은 고정적이거나 절대적인 것이 아니며 가변적이다.
> 4) 주 공정은 명목상의 활동(Dummy Activity)상도 통과할 수 있다.
> 5) 주 공정은 여러 개가 성립할 수 있다.

55 철근가공에 관한 설명으로 옳지 않은 것은?

① 대지의 여유가 없어도 정밀도 확보를 위해 현장가공을 우선적으로 고려한다.
② 철근 가공은 현장가공과 공장가공으로 나눌 수 있다.
③ 공장가공은 현장 가공에 비해 절단손실을 줄일 수 있다.
④ 공장가공은 현장가공보다 운반비가 높은 경우가 많다.

해설 ①항, 대지의 여유가 없어도 정밀도 확보를 위해 공장가공을 우선적으로 고려한다.

길잡이 현장가공 · 공장가공 장 · 단점		
구분	장점	단점
현장가공	1. 현장여건의 변화(설계변경)시 대체 용이 2. 가공조립을 동시에 시행하므로 하도급 시공이 용이	1. 단척활용 및 자재활용 관리 곤란 2. 도심지-가공 작업장 확보 불가능 3. 가공기능공 확보 곤란 4. 장비부족에 의한 생산성 저하 및 정밀가공 어려움, 공기차질 우려 5. 작업장 및 야적장의 확보 및 관리비용 증감
공장가공	1. 정밀가공으로 구조물 정밀시공 가능, 부실공사 방지 2. 정밀성이 요구되는 복잡한 가공이 가능 3. 철근추가 Loss줄임, 철근 공사비 절감으로 총 공사비 절감 4. 재고관리 및 가공품 · 관리 용이 5. 선 가공가능, 공기단축 가능	1. 현장여건의 변화에 대한 신속한 대처 곤란 2. 초기 설비투자비용 증대 3. 소량계약 시 변호계약 기피

56 철골공사에 관한 설명으로 옳지 않은 곳은?

① 현장용접 시 기온과 관계없이 부재를 예열하지 않는다.
② 세우기 장비는 철골구조의 형태 및 총중량을 고려한다.
③ 철골 세우기는 가조립 후 변형 바로잡기를 한다.
④ 가조립 시 최소 2개 이상 가볼트 조임한다.

해설 현장용접 시 기온 : 기온이 0℃ 이하일 때에는 용접을 하여서는 아니 된다. 다만, 기온이 0 ~ -15℃일 때도 용접 시작부에서 100mm 이내의 거리에 있는 모재의 온도가 36℃ 이상이 되도록 가열하였을 때에는 무방하다.

57 무량판구조에 사용되는 특수상자모양의 기성재 거푸집은?

① 터널폼   ② 유로폼
③ 슬라이딩폼   ④ 와플폼

해설 와플폼(waffle form)
1) 와플폼 : 무량판구조, 평판구조에서 사용하는 특수상자모양으로 된 기성제 거푸집으로 돔팬(dome pan)이라고도 한다.
2) 특징
① 층높이를 낮추거나 슬래브(slab)의 스팬(span)을 크게 하기 위한 목적으로 사용된다.
② 격자형(格子形)의 보와 슬래브(slab)의 거푸집으로 적합하다.

58 연약한 점성토 지반을 굴착할 때 주로 발생하며 흙막이 바깥에 있는 흙이 안으로 밀려들어와 흙막이가 파괴되는 현상은?

① 파이핑(Piping)
② 보일링(Boiling)
③ 히빙(Heaving)
④ 캠버(Camber)

■ 정답 ■   55.①   56.①   57.④   58.③

해설 히빙(Heaving) : 히빙이란 점성토 지반의 굴착이 진행됨에 따라 흙막이벽 뒤쪽 흙의 중량과 상부재하 하중이 굴착부 바닥의 지지력 이상이 되면 흙막이벽 근입(根入) 부분의 지반 이동이 발생하여 굴착부 저면이 솟아오르는 현상이다. 이 현상이 발생하면 흙막이벽의 근입부분이 파괴되면서 흙막이벽 전체가 붕괴되는 경우가 많다.

59 모래의 부피증가계수(L)가 15%이고, 굴토량이 261m³라면 잔토처리량은?

① 300m³ ② 250m³
③ 231m³ ④ 200m³

해설 잔토처리량 = 흙파기체적 × 토량환산계수(흙의 부피증가량)
= $261m^3 \times 1.15 ≒ 300m^3$

> 길잡이 1.15%를 곱하는 이유
> 원래 굴토량(흙 분량)이 100%(261m³)이고 이 흙을 파내고 나니 흙의 부피가 15% 증가하였으므로 흙의 총 부피는 1.15%가 되기 때문에 1.15를 곱한 것이다.

60 한중 콘크리트 공사에서 콘크리트의 물-결합재비는 원칙적으로 얼마 이하이어야 하는가?

① 50% ② 55%
③ 60% ④ 65%

해설 1) 한중콘크리트 : 동결위험이 있는 기간(겨울) 중에 시공하는 콘크리트(치어붓기 후 28일 간의 예상 평균기온이 약 3℃ 이하인 경우에 적용)
2) 한중콘크리트 시공시의 주의사항
   ① 물-시멘트비(W/C)를 60% 이하로 가급적 작게 한다.
   ② 압축강도는 초기양생 기간 내에 약 50kg/cm² 정도가 얻어지도록 한다.
   ③ 동결의 위험이 있으므로 AE제, AE감수제 등을 반드시 사용한다.

제4과목 / 건설재료학

61 풍화된 시멘트를 사용했을 경우에 관한 설명으로 옳지 않은 것은?

① 응결이 늦어진다.
② 수화열이 증가한다.
③ 비중이 작아진다.
④ 강도가 감소된다.

해설 ②항, 수화열이 감소한다.

62 다음 중 골재로 사용할 수 없는 것은?

① 락크 울(rock wool)
② 질석(vermiculite)
③ 펄라이트(perlitr)
④ 화산자갈(volcanic gravel)

해설 라크울(rock wool)
1) 라크울(암면) : 내열성이 높은 광물질인 현무암·안산암·혈암·돌로마이트 등을 용융한 것을 원심력 압축공기 또는 고압증기 등으로 섬유화시킨 것이다.
2) 라크울은 단열·보온 및 흡음성 등이 우수하고 내화성도 있어 열이나 음의 차단에도 이용되고 있다.

63 다음 중 천연석에 해당되지 않는 것은?

① 트래버틴 ② 대리석
③ 화강석   ④ 테라조

해설 테라조(terrazzo) : 대리석종석+백색시멘트+안료 등을 물로 반죽하여 다지고 경화한 후 대리석 계통의 색조가 나게 표면을 물갈기한 석조 제품이다.

■ 정답 ■ 59.① 60.③ 61.② 62.① 63.④

64 고온소성의 무수석고를 특별히 화학처리한 것으로 킨스시멘트라고도 하는 것은?

① 혼합석고 플라스터
② 보드용 석고 플라스터
③ 경석고 플라스터
④ 돌로마이트 플라스터

해설 킨스시멘트(keene's cement) : 경석고 플라스터라고도 하며 경석고에 명반 등의 촉진제를 배합한 것으로 약간 붉은 빛을 띤 백색을 나타내는 플라스터이다.
  1) 석고계 플라스터 중 가장 경질이며, 경화한 것은 현저히 강도가 크고 표면의 경도가 커서 광택성을 갖고 있으며 방습적인 매끈한 면을 갖는다.
  2) 산성을 나타내어 금속재료를 부식시킨다.
  3) 점도가 있어서 바르기 쉬우며, 벽바름 재료나 바닥바름 재료로 쓰인다.

65 굳지 않은 콘크리트의 성질을 나타낸 용어에 관한 설명으로 옳지 않은 것은?

① 컨시스턴시(Consistency) - 콘크리트에 사용되는 물의 양에 의한 콘크리트 반죽의 질기
② 워커빌리티(Workability) - 콘크리트의 부어넣기 작업 시의 작업 난이도 및 재료분리에 대한 저항성
③ 피니셔빌리티(Finishability) - 굵은골재의 최대치수, 잔골재율, 잔골재의 입도 등에 따른 마무리 작업의 난이도
④ 플라스티시티(Plasticity) - 콘크리트를 펌핑하여 부어넣는 위치까지 이동시킬 때의 펌핑성

해설 1) **플라스티시티**(plasticity ; 성형성) : 거푸집의 형상에 순응하여 채우기 쉽고 분리가 일어나지 않는 성질
  2) **펌퍼빌리티**(pumpability ; 압송성) : 콘크리트를 펌핑하여 부어넣는 위치까지 이동시킬 때의 펌핑성

66 보통벽돌에 관한 설명으로 옳지 않은 것은?

① 일반적으로 잘 구워진 것일수록 치수가 작아지고 색이 옅어지며, 두드리면 탁음이 난다.
② 건축용 점토소성벽돌의 적생은 원료의 산화철성분에서 기인한다.
③ 보통벽돌의 기본치수는 190 × 90 × 57 mm이다.
④ 진흙을 빚어 소성하여 만든 벽돌로서 점토벽돌이라고도 한다.

해설 보통벽돌
  1) **보통벽돌** : 진흙을 빚어 소성하여 만든 벽돌로서 불완전 연소로 구운 검은 벽돌과 완전연소로 구운 붉은 벽돌이 있다.
  2) 일반적으로 벽돌은 잘 구워진 것일수록 치수가 작아지고 색이 짙어지며 두드리면 청음이 난다.

67 대리석의 성질과 용도에 관한 설명으로 옳은 것은?

① 석질이 치밀하고, 판석으로서 지붕 외벽 등에 사용되며 비석, 숫돌로도 이용된다.
② 조적재, 기초석재 등으로 주로 쓰인다.
③ 내화도는 높으나 조잡하여 경량골재, 내화재 등에 사용한다.
④ 열, 산에는 약하지만 외관이 미려하므로 장식용으로 사용된다.

해설 대리석
  1) **대리석** : 석회암이 변성작용에 의해서 결정화된 석재로서 주성분은 탄산석회($CaCO_3$)이다.
  2) **성질 및 용도**
    ① 석질이 치밀하고 견고하며 외관이 미려하여 연마하면 아름다운 광택을 낸다.
    ② 강도는 높지만 내산성 및 내화성이 낮고 풍화되기 쉽다.

■ 정답 ■ 64.③ 65.④ 66.① 67.④

68 합판에 관한 설명으로 옳은 것은?

① 곡면가공 시 균열이 발생하기 때문에 곡면가공이 불가능하다.
② 함수율 변화에 따른 팽창·수축의 방향성이 크다.
③ 표면가공법으로 흡음효과를 낼 수 있다.
④ 내수성이 매우 작기 때문에 내장용으로만 사용된다.

해설 합판의 특성
1) 단판을 서로 직교시켜서 붙인 것이므로 잘 갈라지지 않으며, 방향에 따른 강도의 차가 적다.
2) 판재에 비해 균질이며, 유리한 재료를 많이 얻을 수가 있다.
3) 나비가 큰 판을 얻을 수 있고, 쉽게 곡면판으로 만들 수가 있다.
4) 아름다운 무늬가 되도록 얇게 벗긴 단판을 합판 양 표면에 사용하면 값싸게 무늬가 좋은 판을 얻을 수 있다.
5) 합판은 함수율 변화에 의한 신축변형이 작고 방향성이 적으며 곡면가공을 하여도 균열이 생기지 않고 표면가공법으로 흡음효과를 낼 수 있다.
6) 주조 내장용(천장, 칸막이벽, 내벽의 바탕 등)으로 사용되고 거푸집재로도 사용된다.

69 시멘트의 안정성 시험에 해당하는 것은?

① 슬럼프 시험
② 브레인법
③ 길모아 시험
④ 오토클레이브 팽창도 시험

해설 시멘트의 안정성 시험 : 오토클레이브를 이용한 팽창도 시험법을 통하여 안정성의 한계를 규정하고 있다.
1) 팽창도 계산식

$$팽창도 = \frac{L_2 - L_1}{L_1} \times 100\%$$

여기서, L_1 : 시험전 시험체의 유효표점길이
L_2 : 시험후 시험체의 길이
2) 판정기준 : 포틀랜드시멘트의 팽창도가 0.8% 이하일 때를 합격으로 한다.

70 콘크리트 인장강도는 압축강도의 대략 얼마 정도인가?

① 2배
② 1배
③ 1/10
④ 1/30

해설 콘크리트의 강도 : 표준양생을 한 재령 28일의 압축강도를 기준으로 한다.
1) 인장강도 : 압축강도의 1/10~1/13
2) 휨강도 : 압축강도의 1/5~1/8
   (인장강도의 1.6~2배)
3) 전단강도 : 압축강도의 1/4~1/6
∴ 콘크리트 강도크기 순서 : 압축강도 〉전단강도 〉휨강도 〉인장강도

71 공기 중의 탄산가스와 화학반응을 일으켜 경화하는 미장재료는?

① 경석고 플라스터
② 시멘트 모르타르
③ 돌로마이트 플라스터
④ 혼합석고 플라스터

해설 응결·경화방식에 따른 미장재료의 분류
1) 수경성 미장재료(팽창성) : 물(H_2O)과 수화반응에 의해 경화하는 미장재료이다.
   ① 시멘트 모르타르 : 시멘트+모래+물
   ② 석고 플라스터 : 석고+모래+여물+물
   ③ 경석고 플라스터 : 무수석고+모래+여물+물
   ④ 인조석 바름 : 시멘트모르타르+인조석
   ⑤ 테라조(terrazzo) 현장바름 : 백시멘트+안료+종석(대리석, 화강석 등)
2) 기경성 미장재료(수축성) : 공기 중에서 경화하는 미장재료이며 종류는 다음과 같다.
   ① 진흙 : 진흙+짚여물+물
   ② 회반죽 : 소석회+모래+여물+해초풀
   ③ 회사벽 : 석회죽(lime cream)+모래(필요 시 시멘트 또는 여물 혼입)
   ④ 돌로마이트 플라스터 : 돌로마이트 석회(마그네시아 석회)+모래+여물+몰

72 다음 단열재료 중 가장 높은 온도에서 사용할 수 있는 것은?

① 세라믹 파이버 ② 암면
③ 석면 ④ 그래스울

해설 세라믹 파이버(ceramics fibers)
1) 내화벽돌과 같은 조성의 것을 섬유화하여 단열보온과 방재용(防災用)으로 사용되는 세라믹계 섬유이다.
2) 내열성, 단열성, 보온성이 매우 우수하다.

73 다음 중 20℃ 기건상태에서 단열성이 가장 우수한 것은?

① 화강암 ② 판유리
③ 알루미늄 ④ ALC

해설 ALC의 특성
1) 경량으로 인력에 의한 취급이 가능하고, 필요에 따라 현장에서 전단 및 가공이 용이하다.
2) 열전도율은 보통콘크리트의 약 1/10 정도로서 단열성이 있다
3) 보통콘크리트에 비하여 중성화의 우려가 높다.
4) 압축강도에 비해 휨강도나 인장강도는 상당히 약하다.
5) 흡수율이 커서 동결, 융해에 대한 저항성이 낮다.
6) 석면슬레이트나 석고보드 등의 박판상 제품에 비해 단열성, 차음성이 우수하다.

74 플라스틱의 특성에 관한 설명으로 옳지 않은 것은?

① 전기절연성이 양호하다.
② 내열성 및 내후성이 강하다.
③ 착색이 자유롭고 높은 투명성을 가질 수 있다.
④ 내약품성이 있고 접착성이 우수하다.

해설 플라스틱은 내열성 및 내후성이 약하다.

75 알루미늄의 용도로 가장 적합하지 않은 것은?

① 창호철물
② 콘크리트에 면하는 마감재
③ 새시
④ 라디에이터

해설 알루미늄(Al)은 내산성 및 내알칼리성에 약하기 때문에 콘크리트에 접하면 부식되기 쉽다.

76 수분 상승으로 인하여 콘크리트의 표면에 떠올라 얇은 피막으로 되어 침적한 물질은?

① 레이턴스 ② 폴리머
③ 마그네시아 ④ 포졸란

해설 레이턴스(laitance)
1) 레이턴스 : 블리딩에 의해 떠오른 미립물이 콘크리트 표면에 얇은 막으로 침적되는 현상
2) 레이턴스가 생기는 원인
① 물-시멘트비(W/C)가 큰 콘크리트일 경우
② 풍화한 시멘트를 사용하였을 경우
③ 불순물 및 미세입분이 많은 골재를 사용하였을 경우

77 에폭시 도장에 관한 설명으로 옳지 않은 것은

① 내마모성이 우수하고 수축, 팽창이 거의 없다.
② 내약품성, 내수성, 접착력이 우수하다.
③ 자외선에 특히 강하여 외부에 주로 사용한다.
④ Non-Slip 효과가 있다.

해설 엑폭시수지 도료 특성
1) 내산, 내알칼리성이 특히 우수하다.
2) 금속의 접착성이 크고 내약품성 및 내열성도 우수하다.
3) 내마모성이 우수하다.
[주] Nom-slip(논슬립) : 계

■ 정답 ■ 72.① 73.④ 74.② 75.② 76.① 77.③

78 마루판으로 사용할 때 적합하지 않은 것은?

① 코펜하겐 리브 ② 프로어링 보드
③ 파키트 블록 ④ 파키트 패널

해설 코펜하겐 리브판(copenhagen rib board)
1) 두께 5cm, 폭(너비) 10cm 정도의 긴 판에다 표면을 리브로 가공한 것이다.
2) 면적이 넓은 강당, 집회장, 극장 등의 천장 또는 내벽에 붙여 음향조절용으로 쓰거나 수장제로 사용된다.

79 어떤 목재의 건조 전 질량이 200g, 건조 후 전건질량이 150g 일 때, 이 목재의 함수율은?

① 10% ② 25%
③ 33.3% ④ 66.7%

해설 목재의 함수율
$$= \frac{W_1 - W_2}{W_2} \times 100$$
$$= \frac{200 - 150}{150} \times 100 = 33.33\%$$

여기서, W_1 : 건조전 목재중량
W_2 : 건조후 전건중량
단코에 대어 미끄러짐을 막는 철물

80 금속성형 가공제품 중 천장, 벽 등의 모르타르 바름 바탕용으로 사용되는 것은?

① 인서트 ② 메탈라스
③ 와이어클리퍼 ④ 와이어로프

해설 메탈라스(metal lath)
1) 열강판에 일정한 간격으로 그물눈을 내고 늘여 철망모양으로 만든 것이다.
2) 천장, 벽 등의 모르타르 바름 바탕용으로 사용된다.

제5과목 / 건설안전기술

81 달비계에 사용이 불가한 와이어로프의 기준으로 옳지 않은 것은?

① 이음매가 없는 것
② 지름의 감소가 공칭지름의 7%를 초과하는 것
③ 심하게 변형되거나 부식된 것
④ 와이어로프의 한 꼬임에서 끊어진 소선(素線)의 수가 10% 이상인 것

해설 달비계에 설치하는 이음매가 있는 와이어로프 등의 사용금지사항
1) 이음매가 있는 것
2) 와이어로프의 한 꼬임에서 끊어진 소선(필러선 제외)의 수가 10%이상(비전로프의 경우에는 끊어진 소선의 수가 와이어로프 호칭지름의 6배 길이 이내에서 4개 이상이거나 호칭지름의 30배 길이 이내에서 8개 이상)인 것
3) 지름의 감소가 공칭지름의 7%를 초과하는 것
4) 꼬인 것
5) 심하게 변형 또는 부식된 것
6) 열과 전기충격에 의해 손상된 것

82 드럼에 다수의 돌기를 붙여 놓은 기계로 점토층의 내부를 다지는 데 적합한 것은?

① 탠덤 롤러
② 타이어 롤러
③ 진동 롤러
④ 탬핑 롤러

해설 탬핑 롤러(tamping roller)
1) 롤러의 표면에 돌기를 만들어 부착한 것으로 돌기가 전압층에 매입되어 풍화암을 파쇄하고 흙 속의 간극수압을 제거하는 롤러이다.
2) 실트, 점토 등 충분한 결합재가 있는 기층재료의 다지기 등에 사용된다.

■ 정답 ■ 78.① 79.③ 80.② 81.① 82.④

83 발파작업에 종사하는 근로자가 준수하여야 할 사항으로 옳지 않은 것은?

① 장전구는 마찰·충격·정전기 등에 의한 폭발의 위험이 없는 안전한 것을 사용할 것
② 발파공의 충진재료는 점토·모래 등 발화성 또는 인화성의 위험이 없는 재료를 사용할 것
③ 얼어붙은 다이나마이트는 화기에 접근시키거나 그 밖의 고열물에 직접 접촉시켜 단시간 안에 융해시킬 수 있도록 할 것
④ 전기뇌관에 의한 발파의 경우 점화하기 전에 화약류를 장전한 장소로부터 30m 이상 떨어진 안전한 장소에서 전선에 대하여 저항측정 및 도통시험을 할 것

해설 ③항, 얼어붙은 다이너마이트는 화기에 접근시키거나 기타의 고열물에 직접 접촉시키는 등 위험한 방법으로 융해하지 않도록 할 것

84 기상상태의 악화로 비계에서의 작업을 중지시킨 후 그 비계에서 작업을 다시 시작하기 전에 점검해야 할 사항에 해당하지 않는 것은?

① 기둥의 침하·변형·변위 또는 흔들림 상태
② 손잡이의 탈락 여부
③ 격벽의 설치여부
④ 발판재료의 손상 여부 및 부착 또는 걸림 상태

해설 비, 눈, 그 밖의 기상상태의 악화로 작업을 중지시킨 후 또는 비계를 조립·해체하거나 변경한 후 그 비계에서 작업을 하는 경우 작업시작전 점검사항
1) 발판재료의 손상여부 및 부착 또는 걸림상태
2) 당해 비계의 연결부 또는 접속부의 풀림상태
3) 연결재료 및 연결철물의 손상 또는 부식상태
4) 손잡이의 탈락여부
5) 기둥의 침하·변경·변위 또는 흔들림 상태
6) 로프의 부착상태 및 매단장치의 흔들림 상태

85 차량계 하역운반기계 등을 사용하는 작업을 할 때, 그 기계가 넘어지거나 굴러떨어짐으로써 근로자에게 위험을 미칠 우려가 있는 경우에 이를 방지하기 위한 조치사항과 거리가 먼 것은?

① 유도자 배치
② 지반의 부동침하방지
③ 상단부분의 안정을 위하여 버팀줄 설치
④ 갓길 붕괴방지

해설 차량계 하역운반기계의 전도(넘어짐), 전락(굴러 떨어짐) 등에 의한 근로자의 위험방지 조치사항
1) 유도자 배치
2) 지반의 부동침하 방지
3) 갓길(노견)의 붕괴 방지

86 다음은 산업안전보건기준에 관한 규칙 중 가설통로의 구조에 관한 사항이다. ( )안에 들어갈 내용으로 옳은 것은?

> 수직갱에 가설된 통로의 길이가 15m이상인 경우에는 10m 이내마다 (　　)을/를 설치할 것

① 손잡이　　② 계단참
③ 클램프　　④ 버팀대

해설 가설통로의 구조(가설통로 설치시 준수사항)
1) 견고한 구조로 할 것
2) 경사는 30° 이하로 할 것(다만, 계단을 설치하거나 높이 2m 미만의 가설통로로서 튼튼한 손잡이를 설치한 때에는 그러하지 아니하다)
3) 경사가 15°를 초과하는 때에는 미끄러지지 않는 구조로 할 것
4) 추락의 위험이 있는 장소에는 안전난간을 설치할 것(작업상 부득이한 때에는 필요한 부분에 한하여 임시로 이를 해체할 수 있다)
5) 수직갱에 가설된 통로의 길이가 15m 이상인 때에는 10m 이내마다 계단참을 설치할 것
6) 건설공사에서 사용하는 높이 8m이상인 비계다리에는 7m 이내마다 계단을 설치할 것

■ 정답 ■　83.③　84.③　85.③　86.②

87 다음 중 구조물의 해체작업을 위한 기계·기구가 아닌 것은?

① 쇄석기　　② 데릭
③ 압쇄기　　④ 철제 해머

해설 해체용 기계기구의 종류
① 압쇄기　　② 대형브레이커
③ 철제해머　④ 핸드브레이커
⑤ 팽창제　　⑥ 절단톱 및 절단줄톱
⑦ 잭(jack)　⑧ 쐐기타입기(rock jack)
⑨ 화염방사기　⑩ 화약류

88 강풍 시 타워크레인의 설치·수리·점검 또는 해체 작업을 중지하여야 하는 순간풍속 기준으로 옳은 것은?

① 순간풍속이 초당 10m를 초과하는 경우
② 순간풍속이 초당 15m를 초과하는 경우
③ 순간풍속이 초당 20m를 초과하는 경우
④ 순간풍속이 초당 30m를 초과하는 경우

해설 1) 타워크레인의 운전작업을 중지해야 할 순간풍속 : 15m/sec 초과시
2) 타워크레인의 설치·수리·점검 또는 해체작업을 중지해야 할 순간풍속 : 10m/sec 초과시

89 산업안전보건법령에 따른 중량물을 취급하는 작업을 하는 경우의 작업계획서 내용에 포함되지 않는 사항은?

① 추락위험을 예방할 수 있는 안전대책
② 낙하위험을 예방할 수 있는 안전대책
③ 전도위험을 예방할 수 있는 안전대책
④ 위험물 누출위험을 예방할 수 있는 안전대책

해설 중량물 취급작업시 작업계획의 작성내용
1) 추락위험을 예방할 수 있는 안전대책
2) 낙하위험을 예방할 수 있는 안전대책
3) 전도위험을 예방할 수 있는 안전대책
4) 협착위험을 예방할 수 있는 안전대책
5) 붕괴위험을 예방할 수 있는 안전대책

90 근로자의 추락 위험이 있는 장소에서 발생하는 추락재해의 원인으로 볼 수 없는 것은?

① 안전대를 부착하지 않았다.
② 덮개를 설치하지 않았다.
③ 투하설비를 설치하지 않았다.
④ 안전난간을 설치하지 않았다.

해설 작업대 끝 및 개구부로부터의 추락재해의 원인
1) 난간이 없었다.
2) 덮개가 없었다.
3) 안전대를 사용하지 않았다.
4) 방책이 없었다.
5) 난간, 방책, 덮개를 제거하고 작업했다.

91 사다리식 통로 등을 설치하는 경우 발판과 벽과의 사이는 최소 얼마 이상의 간격을 유지하여야 하는가?

① 5cm　　② 10cm
③ 15cm　　④ 20cm

해설 사다리식 통로의 구조
1) 견고한 구조로 할 것
2) 심한 손상·부식 등이 없는 재료를 사용할 것
3) 발판의 간격은 동일하게 할 것
4) 발판과 벽과의 사이는 15cm 이상의 간격을 유지할 것
5) 폭은 30cm 이상으로 할 것
6) 사다리가 넘어지거나 미끄러지는 것을 방지하기 위한 조치를 할 것
7) 사다리의 상단은 걸쳐놓은 지점으로부터 60cm 이상 올라가도록 할 것
8) 사다리식 통로의 길이가 10m 이상인 때에는 5m 이내마다 계단참을 설치할 것
9) 이동식 사다리식 통로의 기울기는 75° 이하로 할 것(다만, 고정식 사다리 통로의 기울기는 90° 이하로 하고 높이 7m 이상인 경우 바닥으로부터 2.5m 되는 지점부터 등받이 울을 설치할 것)
10) 접이식 사다리기둥은 사용시 접혀지거나 펼쳐지지 않도록 철물 등을 사용하여 견고하게 조치할 것

92 산업안전보건관리비 계상을 위한 대상액이 56억원인 교량공사의 산업안전보건관리비는 얼마인가? (단, 일반건설공사(갑)에 해당)

① 104,160천원 ② 110,320천원
③ 144,800천원 ④ 150,400천원

해설 1) 일반건설공사(갑)인 경우 50억원 이상일 때
비율(x) : 1.97%

2) 안전관리비 = 대상액 × $\frac{비율(\%)}{100}$

= 56억 × $\frac{1.97}{100}$

= 110320천원(1억1천3십2만원)

[참고] 법 개정: 25.1.1.

93 거푸집 공사에 관한 설명으로 옳지 않은 것은?

① 거푸집 조립 시 거푸집이 이동하지 않도록 비계 또는 기타 공작물과 직접 연결한다.
② 거푸집 치수를 정확하게 하여 시멘트 모르타르가 새지 않도록 한다.
③ 거푸집 해체가 쉽게 가능하도록 박리제 사용 등의 조치를 한다.
④ 측압에 대한 안전성을 고려한다.

해설 거푸집동바리 조립시 준수사항(거푸집동바리 등의 안전조치)
1) 깔목의 사용, 콘크리트 타설(打設), 말뚝박기 등 동바리의 침하를 방지하기 위한 조치를 할 것
2) 개구부 상부에 동바리를 설치하는 때에는 상부하중을 견딜 수 있는 견고한 받침대를 설치할 것
3) 동바리의 상하고정 및 미끄러짐 방지조치를 하고, 하중의 지지상태를 유지할 것
4) 동바리의 이음은 맞댄이음 또는 장부이음으로 하고 같은 품질의 재료를 사용할 것
5) 강재와 강재와의 접속부 및 교차부는 볼트·클램프 등 전용철물을 사용하여 단단히 연결할 것
6) 거푸집이 곡면인 때에는 버팀대의 부착 등 그 거푸집의 부상(浮上)을 방지하기 위한 조치를 할 것

94 다음 중 유해·위험방지 계획서 제출 대상 공사에 해당하는 것은?

① 지상높이가 25m인 건축물 건설공사
② 최대 지간길이가 45m인 교량건설공사
③ 깊이가 8m인 굴착공사
④ 제방 높이가 50m인 다목적댐 건설공사

해설 건설업 중 유해위험방지계획서 제출대상 사업장
(시행규칙 제120조 제4항)
1) 지상높이가 31미터 이상인 건축물 또는 인공구조물, 연면적 3만 제곱미터 이상인 건축물 또는 연면적 5천 제곱미터 이상의 문화 및 집회시설(전시장 및 동물원·식물원은 제외), 판매시설, 운수시설(고속철도의 역사 및 집·배송시설은 제외), 종교시설, 의료시설 중 종합병원, 숙박시설 중 관광숙박시설, 지하도상가 또는 냉동·냉장 창고시설의 건설·개조 또는 해체(이하 "건설등"이라 함)
2) 연면적 5천 제곱미터 이상의 냉동·냉장 창고시설의 설비공사 및 단열공사
3) 최대 지간길이가 50미터 이상인 교량건설 등 공사
4) 터널 건설 등의 공사
5) 다목적댐, 발전용댐 및 저수용량 2천만톤 이상의 용수 전용 댐, 지방상수도 전용댐 건설 등의 공사
6) 깊이 10미터 이상인 굴착공사

95 콘크리트 구조물에 적용하는 해체작업 공법의 종류가 아닌 것은?

① 연삭 공법   ② 발파 공법
③ 오픈컷 공법 ④ 유압 공법

해설 해체공법의 종류
1) **연삭공법** : ① 절단공법
② 다이아몬드 와이어 쏘우 공법
2) **발파공법** : ① 도화선발파 ② 전기발파
③ 도폭선 발파
3) **유압공법** : ① 잭 공법 ② 압쇄공법
③ 유압식 확대기 공법
4) **충격공법** : ① 핸드 브레이커 공법
② 대형 브레이커 공법
③ 강구(steel ball) 공법

96 콘크리트 타설작업 시 거푸집에 작용하는 연직하중이 아닌 것은?

① 콘크리트의 측압
② 거푸집의 중량
③ 굳지 않은 콘크리트의 중량
④ 작업원의 작업하중

해설 거푸집 및 지보공(동바리) 설계시 고려해야 할 하중(고용노동부 고시)
1) **연직방향 하중** : 거푸집, 지보공(동바리), 콘크리트, 철근, 작업원, 타설용 기계, 기구, 가설설비 등의 중량 및 충격하중
2) **횡방향 하중** : 작업할 때의 진동, 충격, 시공오차 등에 기인되는 횡방향 하중 이외에 필요에 따라 풍압, 유수압, 지진 등
3) **콘크리트의 측압** : 굳지 않은 콘크리트의 측압
4) **특수하중** : 시공 중에 예상되는 특수한 하중
5) 상기 1~4호의 하중에 안전율을 고려한 하중

97 개착식 굴착공사에서 버팀보공법을 적용하여 굴착할 때 지반붕괴를 방지하기 위하여 사용하는 계측장치로 거리가 먼 것은?

① 지하수위계
② 경사계
③ 변형률계
④ 록볼트응력계

해설 굴착공사에 사용되는 계측기기
1) **간극수압계**(piezometer) : 지하수의 수압을 측정
2) **수위계**(water level meter) : 지반 내 지하수위 변화를 측정
3) **경사계**(inclinometer) : 흙막이벽의 수평변위(변형)측정
4) **하중계**(load cell) : 버팀보(지주) 또는 어스앵커(earth anchor)등의 실제 축하중 변화상태를 측정(부재의 안전상태를 파악하는 기기)
5) **변형계**(strain gauge) : 흙막이벽의 변형과 응력을 측정

98 추락재해 방지용 방망의 신품에 대한 인장강도는 얼마인가? (단, 그물코의 크기가 10cm 이며, 매듭 없는 방망)

① 220kg
② 240kg
③ 260kg
④ 280kg

해설 방망사의 신품에 대한 인장강도

그물코의 크기 (단위 : cm)	방망의 종류(단위 : kg)	
	매듭 없는 방망	매듭 방망
10	240	200
5		110

99 거푸집동바리등을 조립하는 경우의 준수사항으로 옳지 않은 것은?

① 동바리로 사용하는 파이프 서포트는 최소 3개 이상 이어서 사용하도록 할 것
② 동바리의 상하 고정 및 미끄러짐 방지조치를 하고, 하중의 지지상태를 유지할 것
③ 동바리의 이음은 맞댄이음이나 장부이음으로 하고 같은 품질의 재료를 사용할 것
④ 강재와 강재의 접속부 및 교차부는 볼트·클램프 등 전용철물을 사용하여 단단히 연결할 것

해설 동바리로 사용하는 파이프서포트의 설치기준
1) 파이프서포트를 3개 이상 이어서 사용하지 아니하도록 할 것
2) 파이프서포트를 이어서 사용할 때에는 4개 이상의 볼트 또는 전용철물을 사용하여 이을 것
3) 높이가 3.5m를 초과할 때에는 높이 2m 이내마다 수평연결재를 2개 방향으로 만들고 수평연결재의 변위를 방지할 것

100 다음은 산업안전보건법령에 따른 근로자의 추락위험 방지를 위한 추락방호망의 설치기준이다. (   )안에 들어갈 내용으로 옳은 것은?

> 추락방호망은 수평으로 설치하고, 망의 처짐은 짧은 변 길이의 (   )이상이 되도록 할 것

① 10% ② 12%
③ 15% ④ 18%

해설 추락방호망 설치기준
 1) **설치위치** : 작업면에 가장 가까운 지점에 설치하여야 하며, 작업면에서 방망설치지점까지의 수직거리는 10m를 초과하지 않을 것
 2) **방망** : 수평으로 설치
 3) **방망의 처짐** : 짧은 변 길이의 12% 이상일 것
 4) **방망의 내민 길이** : 벽면으로부터 3m 이상(다만, 그물코가 20mm 이하인 망을 사용한 경우에는 낙하물 방지망을 설치한 것으로 봄)

■정답■ 100.②

2025년 3회 CBT복원 기출문제

건설안전산업기사

제1과목 / 산업안전관리론

01 보호구 안전인증 고시에 따른 안전화의 정의 중 다음 ( )안에 알맞은 것은?

> 경작업용 안전화란 (㉠)mm의 낙하높이에서 시험했을 때 충격과 (㉡ ± 0.1)kN의 압축하중에서 시험했을 때 압박에 대하여 보호해 줄 수 있는 선심을 부착하여, 착용자를 보호하기 위한 안전화를 말한다.

① ㉠ 500, ㉡ 10.0
② ㉠ 250, ㉡ 10.0
③ ㉠ 500, ㉡ 4.4
④ ㉠ 250, ㉡ 4.4

해설 안전화에 대한 용어의 정리
1) **중작업용 안전화** : 1000mm의 낙하 높이에서 시험했을 때 충격과(15.0±0.1)kN의 압축하중에서 시험했을 때 압박에 대하여 보호해줄 수 있는 선심을 부착하여 착용자를 보호하기 위한 안전화를 말한다.
2) **보통작업용 안전화** : 500mm의 낙하높이에서 시험했을 때 충격과(10.0±0.1)kN의 압축하중에서 시험했을 때 압박에 대하여 보호해줄 수 있는 선심을 부착하여 착용자를 보호하기 위한 안전화를 말한다.
3) **경작업용 안전화** : 250mm의 낙하높이에서 시험했을 때 충격과(4.4±0.1) kN의 압축하중에서 시험했을 때 압박에 대하여 보호해줄 수 있는 선심을 부착하여 착용자를 보호하기 위한 안전화를 말한다.

02 안전모의 시험성능기준 항목이 아닌 것은?

① 내관통성   ② 충격흡수성
③ 내구성   ④ 난연성

해설 안전모의 시험항목

구분	시험항목
1) 시험성능기준	① 내관통성 ② 충격흡수성 ③ 내전압성 ④ 내수성 ⑤ 난연성 ⑥ 턱끈풀림
2) 부가성능기준	① 측면변형방호 ② 금속용융물분사방호

03 근로자가 작업대 위에서 전기공사 작업 중 감전에 의하여 지면으로 떨어져 다리에 골절 상해를 입은 경우의 기인물과 가해물로 옳은 것은?

① 기인물 – 작업대, 가해물 – 지면
② 기인물 – 전기, 가해물 – 지면
③ 기인물 – 지면, 가해물 – 전기
④ 기인물 – 작업대, 가해물 – 전기

해설 재해원인분석
1) **기인물** : 불안전상태에 있는 물체(환경포함)
2) **가해물** : 직접 사람에게 접촉되어 위해를 가한 물체
3) **사고의 형(재해형태)** : 물체와 사람과의 접촉현상(추락, 전도, 충돌, 낙하 및 비래, 협착, 감전, 폭발, 붕괴 및 도괴, 파열, 화재, 이상온도 접촉, 유해물 접촉 등)

■ 정답 ■   01.④   02.③   03.②

04 안전교육 방법 중 TWI의 교육과정이 아닌 것은?

① 작업지도 훈련 ② 인간관계 훈련
③ 정책수립 훈련 ④ 작업방법 훈련

해설 TWI 교육내용
1) JI(Job Instruction) : 작업지도기법
2) JM(Job Method) : 작업개선기법
3) JR(Job Relation) : 인간관계관리기법(부하통솔기법)
4) JS(Job Safety) : 작업안전기법

05 착오의 요인 중 인지과정의 착오에 해당하지 않는 것은?

① 정서불안정
② 감각차단현상
③ 정보부족
④ 생리·심리적 능력의 한계

해설 착오요인(대뇌의 휴먼에러)
1) 인지과정 착오
  ① 생리, 심리적 능력의 한계
  ② 정보량 저장능력의 한계
  ③ 감각차단현상(단조로운 업무, 반복작업시 발생)
  ④ 정서불안정(공포, 불안, 불만)
2) 판단과정 착오
  ① 능력부족 ② 정보부족
  ③ 자기합리화 ④ 환경조건의 불비
3) 조치과정 착오

06 재해율 중 재직 근로자 1000명 당 1년간 발생하는 재해자 수를 나타내는 것은?

① 연천인율   ② 도수율
③ 강도율   ④ 종합재해지수

해설
1) **연천인율** : 1000명 당 1년간 발생하는 재해자(상해자) 수
2) **도수율** : 100만 시간당 발생하는 재해건수
3) **강도율** : 1000시간당 잃어버린 근로손실일수
4) **종합재해지수** : 도수율과 강도율의 평균치

07 산업안전보건법령상 안전·보건표지의 색채, 색도기준 및 용도 중 다음 ( )안에 알맞은 것은?

색채	색도기준	용도	사용례
( )	5Y 8.5/12	경고	화학물질 취급 장소에서의 유해·위험경고 이외의 위험경고, 주의표지 또는 기계방호물

① 파란색   ② 노란색
③ 빨간색   ④ 검은색

해설 안전표지의 색채·색도기준 및 용도(시행규칙 별표3)

색채	색도기준	용도	사용예
빨간색	7.5R 4/14	금지	정지신호, 소화설비 및 그 장소, 유해행위 금지
		경고	화학물질 취급장소에서의 유해·위험경고
노란색	5Y 8.5/12	경고	화학물질 취급장소에서의 유해·위험경고, 그 밖의 위험경고, 주의표지 또는 기계방호물
파란색	2.5PB 4/10	지시	특정 행위의 지시 및 사실의 고지
녹색	2.5G 4/10	안내	비상구 및 피난소, 사람 또는 차량의 통행표지
흰색	N 9.5		파란색 또는 녹색에 대한 보조색
검은색	N 0.5		문자 및 빨간색 또는 노란색에 대한 보조색

■ 정답 ■ 04.③ 05.③ 06.① 07.②

08 산업안전보건법령상 안전관리자가 수행하여야 할 업무가 아닌 것은? (단, 그밖에 안전에 관한 사항으로서 고용노동부장관이 정하는 사항은 제외한다.)

① 위험성평가에 관한 보좌 및 조언·지도
② 물질안전보건자료의 게시 또는 비치에 관한 보좌 및 조언·지도
③ 사업장 순회점검·지도 및 조치의 건의
④ 산업재해에 관한 통계의 유지·관리·분석을 위한 보좌 및 조언·지도

해설 안전관리자의 업무내용 (시행령 제13조)
1) 산업안전보건위원회 또는 안전보건에 관한 노사협의체에서 심의·의결한 직무와 당해 사업장의 안전보건 관리규정 및 취업규칙에 정한 직무
2) 안전인증대상 기계·기구등과 자율안전확인 대상 기계·기구 등 구입시 적격품의 선정에 관한 보좌 및 조언·지도
3) 위험성 평가에 관한 보좌 및 조언·지도
4) 해당사업장 안전교육계획의 수립 및 안전교육 실시에 관한 보좌 및 조언·지도
5) 사업장 순회점검·지도 및 조치의 건의
6) 산업재해발생의 원인조사분석 및 재발방지를 위한 기술적 보좌 및 조언·지도
7) 산업재해에 관한 통계의 유지·관리·분석을 위한 보좌 및 조언·지도
8) 법 또는 법에 따른 명령으로 정한 안전에 관한 사항의 이행에 관한 보좌 및 조언·지도
9) 업무수행 내용의 기록·유지
10) 그 밖에 안전에 관한 사항으로서 고용노동부장관이 정하는 사항

09 점검시기에 의한 안전점검의 분류에 해당하지 않는 것은?

① 성능점검 ② 정기점검
③ 임시점검 ④ 특별점검

해설 점검시기에 의한 안전점검의 종류
1) 수시점검(일상점검)
2) 정기점검(계획점검)
3) 임시점검
4) 특별점검

10 모랄 서베이(Morale Suvey)의 효용이 아닌 것은?

① 조직 또는 구성원의 성과를 비교·분석한다.
② 종업원의 정화(Catharsis)작용을 촉진시킨다.
③ 경영관리를 개선하는 자료를 얻는다.
④ 근로자의 심리 또는 욕구를 파악하여 불만을 해소하고, 노동의욕을 높인다.

해설 1) 모랄 서베이(morale suvey) : 사기 조사
2) 조직 또는 구성원의 성과를 비교·분석하는 것은 모랄 서베이의 역효과를 초래할 수 있다.

11 인간관계의 매커니즘 중 다른 사람으로부터의 판단이나 행동을 무비판적으로 논리적, 사실적 근거 없이 받아들이는 것은?

① 모방(imitation)
② 투사(projection)
③ 동일화(identification)
④ 암시(suggestion)

해설 인간관계의 메커니즘
1) 동일화(identification) : 다른 사람의 행동 양식이나 태도를 투입시키거나, 다른 사람 가운데서 자기와 비슷한 것을 발견하는 것
2) 투사(projection) : 자기 속의 억압된 의식을 다른 사람의 의식으로 만드는 것
3) 커뮤니케이션(communication) : 갖가지 행동 양식이나 기호를 매개로 하여 어떤 사람으로부터 다른 사람에게 전달되는 과정
4) 모방(imitation) : 남의 행동이나 판단을 표본으로 하여 그것과 같거나 또는 그것에 가까운 행동 또는 판단을 취하려는 것
5) 암시(suggestion) : 다른 사람으로부터의 판단이나 행동을 무비판적으로 논리적, 사실적 근거 없이 받아들이는 것

■ 정답 ■ 08.② 09.① 10.① 11.④

12 내전압용절연장갑의 성능기준상 최대사용 전압에 따른 절연장갑의 구분 중 00등급의 색상으로 옳은 것은?

① 노란색　② 흰색
③ 녹색　　④ 갈색

해설 절연장갑 등급

등급	최대사용전압		색상
	교류(V, 실효값)	직류(V)	
00	500	750	갈색
0	1000	1500	빨강색
1	750	11250	흰색
2	17000	25500	노랑색
3	26500	39750	녹색
4	36000	54000	등색

주 직류 = 교류×1.5배

13 파블로프(Pavlov)의 조건반사설에 의한 학습 이론의 원리에 해당되지 않는 것은?

① 일관성의 원리
② 시간의 원리
③ 강도의 원리
④ 준비성의 원리

해설 조건반사설에 의한 학습이론의 원리
1) **시간의 원리** : 조건자극(종소리)이 무조건자극(음식물)보다 시간적으로 동시 또는 조금 앞서서 주어야만 조건화, 즉시 강화가 잘 된다는 원리이다.
2) **강도의 원리** : 조건 반사적인 행동이 이루어지려면 먼저 준 자극의 정도에 비해 적어도 같거나 그보다 강한 자극을 주어야 바람직한 결과를 낳게 된다.
3) **일관성의 원리** : 조건자극은 일관된 자극물을 사용하여야 한다는 원리이다.
4) **계속성의 원리** : 자극과 반응과의 관계를 반복하여 횟수를 거듭할수록 조건화가 잘 형성된다는 원리이다.

14 산업안전보건법령상 근로자 안전·보건교육 중 채용 시의 교육 및 작업내용 변경시의 교육 사항으로 옳은 것은?

① 물질안전보건자료에 관한 사항
② 건강증진 및 질병 예방에 관한 사항
③ 유해·위험 작업환경 관리에 관한 사항
④ 표준안전작업방법 및 지도 요령에 관한 사항

해설 1) 관리감독자의 정기안전·보건교육의 내용
① 작업공정의 유해·위험과 재해예방대책에 관한 사항
② 표준안전작업방법 및 지도요령에 관한 사항
③ 관리감독자의 역할과 임무에 관한 사항
④ 유해·위험 작업환경관리에 관한 사항
⑤ 산업보건 및 직업병 예방에 관한 사항(공통사항)
⑥ 산업안전 및 사고예방에 관한 사항
⑦ 산업안전보건법령 및 산업재해보상보험 제도에 관한 사항
⑧ 직무스트레스 예방 및 관리에 관한 사항
⑨ 직장 내 괴롭힘, 고객의 폭언 등으로 인한 건강장해 예방 및 관리에 관한 사항
⑩ 안전보건교육 능력 배양에 관한 사항

2) **채용시 및 작업내용 변경시 교육내용**(시행규칙 별표 8의 2)
① 기계·기구의 위험성과 작업의 순서 및 동선에 관한 사항
② 작업개시 전 점검에 관한 사항
③ 정리정돈 및 청소에 관한 사항
④ 사고발생시 긴급조치에 관한 사항
⑤ 물질안전보건자료에 관한 사항
⑥ 산업보건 및 직업병 예방에 관한 사항(공통사항)
⑦ 산업안전 및 사고예방에 관한 사항
⑧ 산업안전보건법령 및 산업재해보상보험 제도에 관한 사항
⑨ 직무스트레스 예방 및 관리에 관한 사항
⑩ 직장 내 괴롭힘, 고객의 폭언 등으로 인한 건강장해 예방 및 관리에 관한 사항

■정답■　12.④　13.④　14.①

15 안전교육 훈련의 기법 중 하버드 학파의 5단계 교수법을 순서대로 나열한 것으로 옳은 것은?

① 총괄 → 연합 → 준비 → 교시 → 응용
② 준비 → 교시 → 연합 → 총괄 → 응용
③ 교시 → 준비 → 연합 → 응용 → 총괄
④ 응용 → 연합 → 교시 → 준비 → 총괄

해설 하버드 학파의 5단계 교수법
1) 1단계 : 준비시킨다(preparation)
2) 2단계 : 교시한다(presentation)
3) 3단계 : 연합한다(association)
4) 4단계 : 총괄시킨다(generalization)
5) 5단계 : 응용시킨다(application)

16 산업재해에 있어 인명이나 물적 등 일체의 피해가 없는 사고를 무엇이라고 하는가?

① Near Accident ② Good Accident
③ True Accident ④ Original Accident

해설 Near accident(무상해 무사고)
1) 사고가 일어나더라도 손실을 수반하지 않는 경우
2) 인명이나 물적 등 일체의 피해가 없는 사고(앗차사고 등)

17 산업안전보건법령상 특별안전·보건교육 대상 작업별 교육내용 중 밀폐공간에서의 작업별 교육내용이 아닌 것은? (단, 그 밖에 안전·보건관리에 필요한 사항은 제외한다.)

① 산소농도 측정 및 작업환경에 관한 사항
② 유해물질의 인체에 미치는 영향
③ 보호구 착용 및 사용방법에 관한 사항
④ 사고 시의 응급처치 및 비상 시 구출에 관한 사항

해설 밀폐공간에서 작업시 특별안전보건교육내용
1) 산소농도 측정 및 작업환경에 관한 사항
2) 사고 시의 응급처치 및 비상 시 구출에 관한 사항
3) 보호구 착용 및 사용방법에 관한 사항
4) 밀폐공간작업의 안전작업방법에 관한 사항
5) 그 밖에 안전·보건관리에 필요한 사항

18 매슬로우(Maslow)의 욕구단계 이론 중 제5단계 욕구로 옳은 것은?

① 안전에 대한 욕구
② 자아실현의 욕구
③ 사회적(애정적) 욕구
④ 존경과 긍지에 대한 욕구

해설 매슬로우의 욕구 5단계
1) 1단계 : 생리적 욕구
2) 2단계 : 안전욕구
3) 3단계 : 사회적 욕구(친화욕구)
4) 4단계 : 인정받으려는 욕구(자기존경의 욕구)
5) 5단계 : 자아실현의 욕구

19 지난 한 해 동안 산업재해로 인하여 직접 손실 비용이 3조 1600억원이 발생한 경우의 총재해 코스트는? (단, 하인리히의 재해 손실비 평가방식을 적용한다.)

① 6조 3200억원   ② 9조 4800억원
③ 12조 6400억원 ④ 15조 8000억원

해설 총재해코스트=직접비+간접비
= 3조 1600억+(3조 1600억×4)
= 15조 8000억원

20 부주의 현상 중 의식의 우회에 대한 예방대책으로 옳은 것은?

① 안전교육   ② 표준작업제도 도입
③ 상담   ④ 적성배치

해설 부주의 발생원인 및 대책
1) 내적원인 및 대책
  ① 소질적 조건 : 적성배치
  ② 경험 및 미경험 ; 교육
  ③ 의식의 우회 : 상담
2) 외적원인 및 대책
  ① 작업환경 조건 불량 : 환경정비
  ② 작업순서의 부적당 : 작업순서의 정비

■ 정답 ■ 15.② 16.① 17.② 18.② 19.④ 20.③

제2과목
인간공학 및 시스템안전공학

21 그림과 같은 시스템에서 전체 시스템의 신뢰도는 얼마인가? (단, 네모 안의 숫자는 각 부품의 신뢰도이다.)

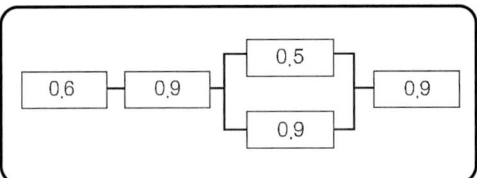

① 0.4104
② 0.4617
③ 0.6314
④ 0.6804

해설 R=0.6×0.9×[1−(1−0.5)(1−0.9)]×0.9
=0.4617

22 Chapanis의 위험수준에 의한 위험발생률 분석에 대한 설명으로 맞는 것은?

① 자주 발생하는(frequent) > 10^{-3}/day
② 가끔 발생하는(occasional) > 10^{-5}/day
③ 거의 발생하지 않는(remote) > 10^{-6}/day
④ 극히 발생하지 않는(impossible) > 10^{-8}/day

해설 확률수준과 그에 따른 위험발생률
1) frequent(자주 발생하는) : 발생빈도 > 10^{-2}/day
2) reasonably probable(보통 발생하는) : 발생빈도 > 10^{-3}/day
3) occasional(가끔 발생하는) : 발생빈도 > 10^{-4}/day
4) remote(거의 발생하지 않는) : 발생빈도 > 10^{-5}/day
5) extremely unlikely(극히 발생하지 않을 것 같은) : 발생빈도 > 10^{-6}/day
6) impossible(발생이 불가능한) : 발생빈도 > 10^{-8}/day

23 인간공학적인 의자설계를 위한 일반적 원칙으로 적절하지 않은 것은?

① 척추의 허리부분은 요부 전만을 유지한다.
② 허리 강화를 위하여 쿠션을 설치하지 않는다.
③ 좌판의 앞 모서리 부분은 5cm 정도 낮아야 한다.
④ 좌판과 등받이 사이의 각도는 90~105°를 유지하도록 한다.

해설 의자의 설계원칙
1) **체중분포** : 체중이 좌골 결절에 실려야 편안하다.
2) **의자 좌판의 높이** : 좌판 앞부분이 오금의 높이보다 높지 않아야 한다.
3) **의자 좌판의 깊이와 폭** : 폭은 큰 사람에게, 깊이는 작은 사람에게 맞도록 해야 한다.
4) **몸통의 안정** : 의자의 좌판각도는 3°, 좌판 등판 간의 각도는 100°가 몸통안정에 효과적이다. (좌판 앞 모서리 부분은 5cm정도 낮을 것)

24 인간의 눈에서 빛이 가장 먼저 접촉하는 부분은?

① 각막
② 망막
③ 초자체
④ 수정체

해설
1) **망막** : 인간의 눈의 부위 중에서 실제로 빛을 수용하여 두뇌로 전달하는 역할을 하는 부분 (상이 맺히는 곳)
2) **각막** : 눈의 가장 바깥쪽에 있는 투명한 무혈관 조직으로 눈에서 빛이 가장 먼저 접촉하는 부분
3) **수정체** : 빛을 굴절시켜 망막에 상이 맺히는 역할(카메라 렌즈 역할)
4) **모양체** : 수정체의 두께를 조절하는 근육
5) **홍채** : 눈으로 들어가는 빛의 양을 조절(카메라 조리개 역할)

■정답■ 21.② 22.④ 23.② 24.①

25 건습지수로서 습구온도와 건구온도의 가중 평균치를 나타내는 Oxford지수의 공식으로 맞는 것은?

① WD = 0.65WB + 0.35DB
② WD = 0.75WB + 0.25DB
③ WD = 0.85WB + 0.15DB
④ WD = 0.95WB + 0.05DB

해설 WD = 0.85WB + 0.15DB
여기서, WD : 건습지수 또는 습건지수
　　　　WB : 습구온도
　　　　DB : 건구온도

26 시스템의 정의에 포함되는 조건 중 틀린 것은?

① 제약된 조건 없이 수행
② 요소의 집합에 의해 구성
③ 시스템 상호간에 관계를 유지
④ 어떤 목적을 위하여 작용하는 집합체

해설
1) 시스템(system)의 정의 : 시스템이란 여러 개의 요소 또는 요소의 집합에 의해서 구성되고 시스템 상호 간의 관계를 유지하면서 정해진 조건하에서 어떤 목적을 위해 작용하는 집합체를 말한다.
2) 시스템의 구성요소(sub system) : 재료, 부품, 기계설비, 일하는 사람 등

27 체계분석 및 설계에 있어서 인간공학적 노력의 효능을 산정하는 척도의 기준에 포함되지 않는 것은?

① 성능의 향상
② 훈련비용의 절감
③ 인력 이용율의 저하
④ 생산 및 보전의 경제성 향상

해설 체계설계 과정에서의 인간공학의 기여도
1) 성능 향상　2) 인력이용률의 향상
3) 사용자의 수용도 향상
4) 사고 및 오용으로부터의 손실감소
5) 훈련비용의 절감
6) 생산 및 정비유지의 경제성 증대

28 휴먼 에러의 배후 요소 중 작업방법, 작업순서, 작업정보, 작업환경과 가장 관련이 깊은 것은?

① man   ② machine
③ media   ④ management

해설 인간과오의 배후요인 4요소(4M)
① 맨(man) : 본인 이외의 사람(팀워크, 커뮤니케이션)
② 머신(machine) : 장치나 기계 등의 물적요인 (본질안전화, 표준화, 점검, 정비)
③ 미디어(media) : 인간과 기계를 잇는 매체란 뜻으로 작업의 방법이나 순서, 작업정보의 실태나 환경과의 관계, 정리정돈 등이 포함된다. (환경개선, 작업방법개선 등)
④ 매니지먼트(management) : 안전법규의 준수방법, 단속, 점검 관리 외에 지휘감독, 교육훈련 등이 여기에 속한다. (적성배치, 교육·훈련)

29 정보를 전송하기 위해 청각적 표시장치를 사용해야 효과적인 경우는?

① 전언이 복잡할 경우
② 전언이 후에 재참조될 경우
③ 전언이 공간적인 위치를 다룰 경우
④ 전언이 즉각적인 행동을 요구할 경우

해설 표시장치의 선택(청각장치와 시각장치의 선택)

청각장치 사용	시각장치 사용
1) 전언이 간단하고 짧다.	1) 전언이 복잡하고 길다.
2) 전언이 후에 재참조되지 않는다.	2) 전언이 후에 재참조된다.
3) 전언이 즉각적인 사상(event)을 이룬다.	3) 전언이 공간적인 위치를 다룬다.
4) 전언이 즉각적인 행동을 요구한다.	4) 전언이 즉각적인 행동을 요구하지 않는다.
5) 수신자가 시각계통이 과부하 상태일 때	5) 수신자의 청각계통이 과부하 상태일 때
6) 수신장소가 너무 밝거나 암조의 유지가 필요할 때	6) 수신장소가 너무 시끄러울 때
7) 직무상 수신자가 자주 움직이는 경우	7) 직무상 수신자가 한 곳에 머무르는 경우

■ 정답 ■ 25.③　26.①　27.③　28.③　29.④

30 인간의 기대하는 바와 자극 또는 반응들이 일치하는 관계를 무엇이라 하는가?

① 관련성 ② 반응성
③ 양립성 ④ 자극성

해설 1) 양립성 : 정보입력 및 처리와 관련한 양립성은 인간의 기대와 모순되지 않는 자극들 간의, 반응들 간의 또는 자극반응 조합의 관계를 말하는 것이다.
2) 양립성의 종류
① 공간적 양립성 : 표시장치나 조종 장치에서 물리적 형태나 공간적인 배치의 양립성
② 운동 양립성 : 표시 및 조종 장치, 체계반응에 대한 운동방향의 양립성
③ 개념적 양립성 : 사람들이 가지고 있는 개념적 연상(어떤 암호체계에서 청색이 정상을 나타내듯이)의 양립성

31 소음성 난청 유소견자로 판정하는 구분을 나타내는 것은?

① A ② C
③ D_1 ④ D_2

해설 건강진단에 의한 건강관리 구분

건강관리 구분		판정기준	조치사항
A		정상자 (건강자)	사후관리가 필요없는 자
C	C_1	직업병 요관찰자	추적검사 등 관찰이 필요한 자
	C_2	일반질병 요관찰자	추적관찰이 필요한 자
D_1		직업병 유소견자	사후관리자 필요한 자
D_2		일반질병 유소견자	사후관리자 필요한 자
R		질환 의심자	제 2차 건강진단 대상자(통보일로부터 10일 이내 실시)

32 FTA에서 어떤 고장이나 실수를 일으키지 않으면 정상사상(top event)은 일어나지 않는다고 하는 것으로 시스템의 신뢰성을 표시하는 것은?

① cut set ② minimal cut set
③ free event ④ minimal path set

해설 1) 컷셋과 미니멀 컷
① 컷셋(cut sets) : 정상사상을 일으키는 기본사상(통상사상, 생략사상 포함)의 집합을 컷이라 한다.
② 미니멀 컷(minimal cut sets) : 정상사상을 일으키기 위해 필요한 최소한의 컷을 말한다. (시스템의 위험성을 나타냄)
2) 패스셋과 미니멀 패스
① 패스셋(path sets) : 정상사상이 일어나지 않는 기본사상의 집합을 말한다.
② 미니멀 패스(minimal path sets) : 필요한 최소한의 패스를 말한다.(시스템의 신뢰성을 나타냄)

33 작업기억(working memory)에서 일어나는 정보코드화에 속하지 않는 것은?

① 의미 코드화 ② 음성 코드화
③ 시각 코드화 ④ 다차원 코드화

해설 작업기억의 정보코드화
① 의미(semantic)코드화
② 음성(표음 ; phonetic)코드화
③ 시각(visual)코드화

34 인체에서 뼈의 주요 기능으로 볼 수 없는 것은?

① 대사작용 ② 신체의지지
③ 조혈작용 ④ 장기의 보호

해설 인체 뼈의 기능
1) 인체의 지주
2) 장기 보호
3) 조혈 기능

■정답■ 30.③ 31.③ 32.④ 33.④ 34.①

35 결함수분석법에서 일정 조합 안에 포함되어 있는 기본사상들이 모두 발생하지 않으면 틀림없이 정상사상(top event)이 발생되지 않는 조합을 무엇이라고 하는가?

① 컷셋(cut set)
② 패스셋(path set)
③ 결함수셋 (fault tree set)
④ 부울대수 (boolean algebra)

해설 패스셋(path set) : 정상사상이 일어나지 않는 기본사상의 집합

36 FT도에서 사용되는 기호 중 "전이기호"를 나타내는 기호는?

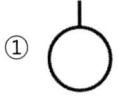 ①
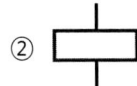 ②
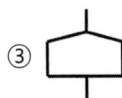 ③
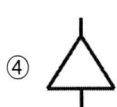 ④

해설 ①항 : 기본사상
②항 : 결함사상
③항 : 통상사상
④항 : 전이기호(연결기호)

37 반경 10cm의 조종구(ball control)를 30°움직였을 때, 표시장치가 2cm이동하였다면 통제표시비(C/R비)는 약 얼마인가?

① 1.3 ② 2.6
③ 5.2 ④ 7.8

해설 $C/R비 = \dfrac{\dfrac{a}{360} \times 2\pi L}{표시장치 이동거리}$

$= \dfrac{\dfrac{30}{360} \times 2 \times 3.14 \times 10}{2} = 2.62$

38 설비의 위험을 예방하기 위한 안전성 평가 단계 중 가장 마지막에 해당하는 것은?

① 재평가 ② 정성적 평가
③ 안전대책 ④ 정량적 평가

해설 공장설비의 안전성 평가의 5단계
1) 1단계 : 관계 자료의 작성준비
2) 2단계 : 정성적 평가
3) 3단계 : 정량적 평가
4) 4단계 : 안전대책
5) 5단계 : 재평가

39 윤활관리시스템에서 준수해야 하는 4가지 원칙이 아닌 것은?

① 적정량 준수
② 다양한 윤활제의 혼합
③ 올바른 윤활법의 선택
④ 윤활기간의 올바른 준수

해설 윤활관리의 4대원칙
1) 적정량 준수(적량)
2) 올바른 윤활법의 선택(적법)
3) 윤활기간의 올바른 준수(적기)
4) 적절한 윤활유 선정(적유)

40 단위 면적 당 표면을 떠나는 빛의 양을 설명한 것으로 맞는 것은?

① 휘도 ② 조도
③ 광도 ④ 반사율

해설 1) 휘도 : 단위면적당 표면에서 반사 또는 발산되는 광량(단위 : nit= cd/m²)
2) 조도 : 어떤 물체나 표면에 도달하는 빛의 단위 면적당 밀도(단위 : fc, lux)
3) 광도 : 광원으로부터 나오는 빛의 세기(단위 : 칸델라, 촉광)
4) 반사율 : 반사광의 에너지와 입사광의 에너지의 비율

$반사율 = \dfrac{광속발산도(fL)}{조명} \times 100(\%)$

■ 정답 ■ 35.② 36.④ 37.② 38.① 39.② 40.①

제3과목 / 건설시공학

41 주로 이음이 필요한 지중보 등에서 특수 리브라스(rib lath)와 목재프레임을 부속철물로 고정하고 콘크리트를 타설함으로써 거푸집 해체작업이 필요 없는 공법은?

① 터널 폼
② 메탈라스 폼
③ 슬라이딩 폼
④ 플라잉 폼

해설 1) 터널 폼(tunnel form) : 벽식 철근콘크리트 구조를 시공할 경우 벽과 바닥의 콘크리트 타설을 한 번에 가능하게 하기 위하여 벽체용 거푸집과 슬래브 거푸집을 일체로 제작하여 한 번에 설치하고 해체할 수 있도록 한 시스템 거푸집이다.
2) 메탈라스 폼(metal lath form) : 본문 설명
3) 슬라이딩 폼(sliding form) : 수직활동거푸집
  ① 슬라이딩 폼 : 원형 철판거푸집을 요크(york)로 서서히 끌어올리면서 연속적으로 콘크리트를 타설하는 수직활동 거푸집이다.
  ② 사일로(silo), 굴뚝 등의 단면형상 변화가 없는 구조물에 사용하며 돌출물이 있는 곳에는 사용할 수 없다.

42 철근콘크리트공사에서 철근의 최소 피복두께를 확보하는 이유로 볼 수 없는 것은?

① 콘크리트 산화막에 의한 철근의 부식방지
② 콘크리트의 조기강도 증진
③ 철근과 콘크리트의 부착응력 확보
④ 화재, 염해, 중성화 등으로부터의 보호

해설 철근의 피복두께를 확보하는 이유
1) ①, ③, ④항
2) 콘크리트의 내구성 증진

43 공업화 공법(PC공법)에 의한 콘크리트 공사의 특징과 관련이 없는 것은?

① 프리패브 공법이기 때문에 현장에서의 공정이 단축된다.
② 기상의 영향을 덜 받는다.
③ 각 부품의 접합부가 일체화되기가 어렵다.
④ 품질의 균질성을 기대하기 어렵다.

해설 프리캐스트 콘크리트(precast concrete) : P.C concrete
1) P.C concrete : 공장에서 기성제품화한 콘크리트로 프리패브 콘크리트(prefab concrete)라고도 한다.
2) 장점
  ① 양질의 부재를 경제적으로 생산할 수 있다.(품질의 균질성을 기대할 수 있다.)
  ② 기계화 작업으로 공기 단축을 꾀할 수 있다.
  ③ 기상과 관계없이 작업이 가능하며, 특히 한랭기의 시공시 유리하다.
3) 단점
  ① 큰 치수의 부재를 운반할 때 도로 및 장비 등의 제약을 받는다.
  ② 접합의 임부가 약하다.

44 다음 건설 기계 중 이동식 양중장비에 해당하는 것은?

① 타워크레인
② 크롤러 크레인
③ 러핑형 타워 크레인
④ 지브 크레인

해설 양중장비의 분류
1) 고정식
  ① 타워 크레인(T형, Luffing형, 미니 타워크레인)
  ② 지브 크레인
2) 이동식
  ① 크롤러 크레인
  ② 트럭 크레인
  ③ 휠 크레인(hydro 크레인)
  ④ 카고 크레인

■ 정답 ■ 41.② 42.② 43.④ 44.②

45 순수형 CM의 공사단계별 기본업무 중 시공단계의 업무가 아닌 것은?

① 품질검사
② 작업변화 승인 및 계약변경
③ 기록문서의 제출
④ 시공자와 발주간 분쟁 해결

해설 CM(construction management ; 건설관리) : 건설의 전 과정에 걸쳐 프로젝트를 보다 효율적이고 경제적으로 수행하기 위하여 각 부분의 전문가들로 구성된 통합된 관리기술을 건축주에게 서비스 하는 것을 말한다.

46 말뚝설치 공법을 타입공법과 매입공법으로 구분할 때 다음 중 타입공법에 해당하는 것은?

① 진동 공법
② 중굴 공법
③ 선굴착 공법
④ 워트제트 공법

해설 말뚝설치 공법의 분류
  1) **타입공법** : 진동공법, 타격공법 등
  2) **매입공법** : 중굴공법, 선굴착(preboring)공법 (매입말뚝공법), 워트제트 공법

47 2개 이상의 기둥을 1개의 기초판으로 받치는 기초는?

① 독립기초
② 복합기초
③ 호박돌기초
④ 말뚝기초

해설 직접기초(얕은 기초)
  1) **푸팅(footing)기초** : 슬래브(slab)의 형식에 따라 다음과 같이 구분한다.
    ① 독립기초 : 단일 기둥을 하나의 기초에 연결하여 지지하는 방식
    ② 복합기초 : 2개 이상의 기둥을 하나의 기초에 연결하여 지지하는 방식
    ③ 연속기초(줄기초) : 연속된 기초판이 기둥 또는 벽의 하중을 지지하는 방식
  2) **온통기초(전체기초)**
    ① 건물하부 전체를 하나의 기초 판으로 지지하는 방식
    ② 독립기초보다 구조·설계가 복잡하나 연약지반의 부동침하에 효과적

48 콘크리트 타설 작업의 기본원칙 중 옳은 것은?

① 타설구획 내의 가까운 곳부터 타설한다.
② 타설구획 내의 콘크리트는 휴식시간을 가지면서 타설한다.
③ 낙하높이는 가능한 크게 한다.
④ 타설위치에 가까운 곳까지 펌프, 버킷 등으로 운반하여 타설한다.

해설 콘크리트 타설작업시 기본원칙
  1) 타설구획 내의 먼 곳에서 가까운 곳으로 타설한다.
  2) 타설구획 내의 콘크리트는 휴식시간에 연속적으로 타설하여야 한다.
  3) 낙하높이는 작게 하고, 수직으로 낙하시킨다.
  4) 타설 위치에 가까운 곳까지 펌프, 버킷 등으로 운반하여 타설한다.
  5) 낮은 곳에서 높은 곳(기초-기둥-벽-계단-보의 순서)으로 부어넣는다.
  6) 거푸집, 철근에 콘크리트를 충돌시키지 않는다.

49 지반의 토질시험 과정에서 보링구멍을 이용하여 +자형 날개를 지반에 박고 이것을 회전시켜 점토의 점착력을 판별하는 토질시험방법은?

① 표준관입시험
② 베인전단시험
③ 지내력시험
④ 압밀시험

해설 현장토질시험방법
  1) **베인 테스트(vane test)** : 십자형 날개의 vane test를 지반에 때려 박고 회전시켜 그 회전력에 의해 점토의 점착력을 판별하는 방법(연한 점토질에 주로 쓰이는 방법)
  2) **표준관입시험** : 63.5kg의 추를 75cm의 높이에서 자유 낙하시켜 30cm 관입시킬 때의 타격회수(N)를 측정하여 흙의 경·연도의 정도를 판정하는 방법(사질지반)
  3) **지내력시험(평판재하시험)** : 지반면에 직접 재하하여 허용 지내력을 구하기 위한 시험방법으로 기초구조 결정을 위한 것이다.

■ 정답 ■ 45.③ 46.① 47.② 48.④ 49.②

50 철근의 이음방식이 아닌 것은?

① 용접이음 ② 겹침이음
③ 갈고리이음 ④ 기계적이음

해설 철근이음의 종류
1) **겹침이음** : #18~#20철선으로 결속하여 이음
2) **용접이음** : 아크(arc)전기용접에 의한 이음
3) **가스압접** : 철근을 가열·가압하여 연결하는 일종의 용접이음(보와 같은 수평부재에서는 사용하지 않음)
4) **기계적 이음** : 각종연결재(sleeve, 나사 등)를 이용한 철근의 이음

51 거푸집공사의 발전방향으로 옳지 않은 것은?

① 소형 패널 위주의 거푸집 제작
② 설치의 단순화를 위한 유닛(unit)화
③ 높은 전용 횟수
④ 부재의 경량화

해설 거푸집공사에서 사회·기술환경의 변화에 따른 합리적인 공법으로서의 발전방향
1) 부재의 경량화
2) 부재단면의 효율화
3) 거푸집의 대형화
4) 설치의 단순화(설치의 unit화)
5) 공장제작 조립화
6) 높은 전용회수
7) 기계를 사용한 운반설치

52 지름 3~5cm 정도의 파이프 끝에 여과기를 달아 1~2m 간격으로 박고, 이를 수평으로 굵은 파이프에 연결하여 진공으로 물을 뽑아내어 지하수위를 저하시키는 공법은?

① 웰 포인트 공법
② 슬러르 월 공법
③ 페이퍼 드레인 공법
④ 샌드 드레인 공법

해설
1) **웰 포인트 공법**(well point) : 본문 설명
2) **지하연속벽 공법**(slurry wall) : 벤토나이트 이수(泥水)를 사용해서 지반을 굴착하여 여기에 철근망을 삽입하고 콘크리트를 타설하여 지중에 철근콘크리트 연속벽체를 형성하는 공법
3) **페이퍼 드레인**(paper drain)**공법** : 샌드파일(sand pile)을 형성한 후 모래대신에 흡수지를 삽입하여 지반의 물을 뽑아내는 공법이다. (연약점토층에 사용)
4) **샌드드레인**(sand drain)**공법** ; 적당한 간격으로 모래말뚝을 형성하고 그 지반위에 하중을 가하여 지반중의 물을 유출시키는 공법이다.

53 토공사용 굴착기계 중 위치한 지면보다 낮은 우물통과 같은 협소한 장소의 흙을 퍼올리는 데 가장 적합한 장비는?

① 파워쇼벨 ② 지브크레인
③ 스크레이퍼 ④ 클램셸

해설 **클램셸**(clam shell) : 붐의 선단에서 클램셸 버킷을 와이어로프로 매달아 바로 아래로 떨어트려 흙을 퍼올리는 토공기계이다.

54 공정계획에서 공정표 작성 시 주의사항으로 옳지 않은 것은?

① 기초공사는 옥외 작업이기 때문에 기후에 좌우되기 쉽고 공정변경이 많다.
② 노무, 재료, 시공기기는 적절하게 준비할 수 있도록 계획한다.
③ 공기를 단축하기 위하여 다른 공사와 중복하여 시공할 수 없다.
④ 마감공사는 기후에 좌우되는 것이 적으나 공정단계가 많으므로 충분한 공기(工期)가 필요하다.

해설 ③항, 공기를 단축하기 위하여 다른 공사와 중복하여 시공할 수 있다.

■ 정답 ■ 50.③ 51.① 52.① 53.④ 54.③

55 콘크리트 공사에서 거푸집 설계시 고려사항으로 가장 거리가 먼 것은?

① 콘크리트의 측압
② 콘크리트 타설시의 하중
③ 콘크리트 타설시의 충격과 진동
④ 콘크리트의 강도

해설 거푸집 설계시 고려사항
1) 콘크리트의 측압
2) 콘크리트 타설시의 하중
3) 콘크리트 타설시의 충격과 진동

56 공사계약 방식 중 계약기간 및 예산에 따른 계약에서 계약의 이행에 수 년을 요하는 경우 체결하는 계약은?

① 단년도 계약   ② 개산 계약
③ 장기계속 계약 ④ 총액 계약

해설
1) **단년도 계약** : 이행기간이 1회계연도인 경우로서 해당연도 세출예산에 계상된 예산을 재원으로 체계하는 계약방법이다.
2) **장기계속계약** : 본문설명
3) **개산계약** : 상세가 결정되지 않은 상태에서 계약을 맺고 공사종료까지 정산을 하는 계약으로 계약을 체결하기 전에 미리 예정가격을 정할 수 없을 때 개산가격으로 계약을 체결한다.
4) **총액계약** : 완성될 목적물의 전체 공사비를 정하여 체결하는 계약으로 정액계약이라고도 한다.

57 입찰의 절차에 있어 입찰공고에 포함되는 주요항목이 아닌 것은?

① 계약에 관한 분쟁의 해결방법
② 입찰의 일시와 장소
③ 개략적인 공사의 특성, 유형 및 규모
④ 발주자와 설계자의 명칭과 주소

해설 ①항, 계약에 관한 분쟁의 해결방법 : 공사계약서의 내용

58 기둥거푸집의 고정 및 측압 버팀용으로 사용되는 부속재료는?

① 세퍼레이터   ② 컬럼밴드
③ 스페이서   ④ 잭 서포트

해설
1) **세퍼레이터**(separator ; 격리제) : 거푸집의 상호간의 간격을 유지시켜주는 긴결재
2) **컬럼밴드**(column band ; 긴결재) : 본문설명
3) **스페이서**(spacer ; 간격제) : 철근과 거푸집 간의 간격을 유지

59 공정관리에 있어서 자원배당의 대상이 아닌 것은?

① 인력   ② 장비
③ 자재   ④ 계약

해설 공정관리에서 자원배당(분배)의 대상
1) 인력(manpower)
2) 기계, 장치(machine)
3) 자재(material)
4) 자금(money)

> **길잡이** 자원분배시 고려사항
> 1) 인력의 변동 최소화
> 2) 한정된 자원이용
> 3) 자원의 일정계획 효율적 관리

60 철골구조의 용접 결함에 대한 검사 방법이 아닌 것은?

① 자연전극 전위법
② 육안검사
③ 염색침투 탐상검사
④ 초음파 탐상검사

해설 철골구조의 용접결함에 대한 검사방법
1) ②, ③, ④항
2) 누설검사
3) 자분탐사검사
4) 와전류탐상검사
5) 방사선투과검사

■ 정답 ■ 55.④ 56.③ 57.① 58.② 59.④ 60.①

제4과목 / 건설재료학

61 물을 가한 후 24시간 이내에 보통포틀랜드 시멘트의 4주 강도 정도가 발현되며, 내화성이 풍부한 시멘트는?

① 팽창시멘트　　② 중용열시멘트
③ 고로시멘트　　④ 알루미나시멘트

해설 알루미나시멘트
1) **제조법** : Al_2O_3를 함유한 보크사이트(bauxite)에 석회석을 혼합하여 만든다.
2) 알루미나시멘트의 특성
   ① 조기강도가 매우 커서 급결성이 강하다. (재령 1일 보통 시멘트의 28일 강도를 나타냄)
   ② 발열량이 대단히 커서 -10℃의 동기(冬期) 공사 및 긴급공사에 이용된다.
   ③ 산에는 약하나 알칼리에 강하다.(해수에 대한 저항성이 크다.)
   ④ 내화성이 우수하여 내화로용 시멘트로 사용한다.
   ⑤ 포틀랜드시멘트와 혼합하여 사용할 때에는 순결현상이 있다.

62 9cm×9cm×210cm 목재의 건조 전 질량이 7.83kg 이고 건조 후 질량이 6.8kg 이었다면 이 목재의 대략적인 함수율은? (단, 절대건조상태가 될 때까지 건조)

① 15%　　② 20%
③ 25%　　④ 30%

해설 함수율
$$= \frac{건조전질량 - 건조후 질량}{건조후 질량} \times 100$$
$$= \frac{7.83 - 6.8}{6.8} \times 100 = 15.15\%$$

63 재료의 열에 관한 성질 중 '재료표면에서의 열전달 → 재료속에서의 열전도 → 재료표면에서의 열전달'과 같은 열이동을 나타내는 용어는?

① 열용량　　② 열관류
③ 비열　　　④ 열팽창계수

해설 재료의 열에 관한 성질
1) **열용량** : 재료에 열을 저장할 수 있는 용량으로 비열에다 비중을 곱하여 구하며 단위는 kcal/℃ 이다.
2) **열관류** : 어떤 재료를 통과하는 열 이동과정은 다음의 세과정으로 이루어지며, 이 전 과정에 의한 열이동을 열관류라 한다.
   ① 재료표면에서의 열전달 → ② 재료속에서의 열전도 → ③ 재료표면에서의 열전달
3) **비열** : 중량 1g인 재료를 1℃ 높이는데 필요한 열량을 말한다(단위 : cal/g℃)
4) **열팽창계수** : 온도의 변화에 따라 재료가 팽창 수축하는 비율을 말한다.

64 각종 도료 및 도료의 원료에 관한 설명으로 옳지 않은 것은?

① 알키드 수지를 활용한 도료는 건조 초기의 내수성이 떨어지며 내알칼리성이 좋지 못하다.
② 바니쉬는 수지류를 건성유 또는 휘발성 용제로 용해한 것이다.
③ 가소제는 건조된 도막에 탄성·교착성 등을 줌으로써 내구력을 증가시키는 데 쓰이는 도막형성 부요소이다.
④ 신너(Thinner)는 도막형성재로서 도막 주요소를 용해시킨다.

해설 시너(thinner) : 희석재로서 래커나 유상도료를 희석하는데 사용한다.
1) **래커용 시너** : 아세트산 에스테르, 부탄올, 톨루엔의 혼합액이다.
2) **유상도료용 시너** : 테레핀유나 미네랄 스피릿이 사용된다.

■ 정답 ■　61.④　62.①　63.②　64.④

65 금속의 종류 중 아연에 관한 설명으로 옳지 않은 것은?

① 인장강도나 연신율이 낮은 편이다.
② 이온화 경향이 크고, 구리 등에 의해 침식된다.
③ 아연은 수중에서 부식이 빠른 속도로 진행된다.
④ 철판의 아연도금에 널리 사용된다.

해설 아연(Zn)의 성질 및 용도
1) ①, ②, ④항
2) 아연은 습기와 탄산가스 존재하에 염기성 탄산염[$ZnCO_3 \cdot Zn(OH)_2$]을 만들어 내부의 산화를 방지한다.
3) 묽은 산류에 쉽게 용해되며 알칼리에도 침식된다.
4) 함석 제조에 사용되며 가장 큰 용도는 철판의 아연 도금이다.

66 금속, 유리, 플라스틱, 목재, 도자기, 고무 등의 접착에 우수한 성질을 나타내면 특히 알루미늄과 같은 경금속 접착에 사용되는 접착제는?

① 에폭시 수지 접착제
② 아크릴 수지 접착제
③ 알키드 수지 접착제
④ 폴리에스테르 수지 접착제

해설 에폭시수지 접착제
1) 내산성, 내알칼리성, 내수성, 내약품성, 전기절연성 등이 우수하다.
2) 강도 등의 기계적 성질도 뛰어나다.
3) 용도 : 금속접착에 적당하고 플라스틱, 도자기, 유리, 석재, 콘크리트 등의 접착에 사용되는 만능형 접착제이다.

67 회반죽 바름의 주원료가 아닌 것은?

① 소석회   ② 점토
③ 모래   ④ 해초풀

해설 회반죽 재료 : 소석회+모래+여물+해초풀

68 다음 석재 중에서 외장용으로 적합하지 않은 것은?

① 대리석   ② 화강석
③ 안산암   ④ 점판암

해설 대리석
1) 대리석 : 석회암이 변성작용에 의해서 결정화된 석재로서 주성분은 탄산석회($CaCO_3$)이다.
2) 성질 및 용도
① 석질이 치밀하고 견고하며, 외관이 미려하여 연마하면 아름다운 광택을 낸다.
② 강도는 높지만 내산성이 낮고 풍화되기 쉽다.
③ 용도 : 내장재(실내장식용), 조각재 등에 쓰인다.

69 점토소성제품의 특징에 관한 설명으로 옳은 것은?

① 내열성 및 전기절연성이 부족하다.
② 화학적 저항성, 내후성이 우수하다.
③ 백화현상 발생의 우려가 적다.
④ 연성이며 가공이 용이하다.

해설 점토소성제품의 특징
1) 내열성 및 전기절연성이 우수하다.
2) 화학적 저항성, 내후성이 우수하다.
3) 백화현상 발생의 우려가 있다.
4) 경성이며 가공이 어렵다.

70 강재의 인장시험 시 탄성에서 소성으로 변하는 경계는?

① 비례한계점   ② 변형경화점
③ 항복점   ④ 인장강도점

해설 항복점
1) 재료에 인장 또는 압축을 가함에 따라 탄성역에서 소성역으로 넘어가는 점이다.
2) 금속재료 인장시험시 신장은 종점으로서 하중은 증가하지 않고 재료가 급격히 신장하기 시작하는 응력을 말한다.

■ 정답 ■ 65.③ 66.① 67.② 68.① 69.② 70.③

71 점토의 종류별 특성과 용도에 대한 설명으로 옳지 않은 것은?

① 자토는 백색으로 가소성이 부족하며 도자기 원료로 쓰인다.
② 석기점토는 유색의 치밀한 구조로 내화도가 높으며 유색도기의 원료로 쓰인다.
③ 석회질 점토는 용해되기가 어려우며 경질도기의 원료로 쓰인다.
④ 내화점토는 회백색 또는 담색이며 내화벽돌, 유약원료로 쓰인다.

해설 석회점 점토
1) 백색이며 용해되기 쉽고, 백회질의 포함량이 많다.
2) 연질도기의 원료로 쓰인다.

72 물 시멘트 비 65%로 콘크리트 1m³를 만드는데 필요한 물의 양으로 적당한 것은? (단, 콘크리트 1m³당 시멘트 8포대이며, 1포대는 40kg임)

① 0.1m³   ② 0.2m³
③ 0.3m³   ④ 0.4m³

해설
1) 시멘트 중량=40kg/포×8포=320kg
2) 물 시멘트비(%)
$$= \frac{물의 중량(\%)}{시멘트 중량(kg)} \times 100$$
물의중량 = 시멘트중량 × $\frac{물시멘트비}{100}$
$$= 320kg \times \frac{65}{100} = 208kg$$
3) 물의 용량 = $\frac{물의 중량(W)}{물의 비중(W/V)}$
$$= \frac{208kg}{1000kg/m^3} = 0.208m^3$$

73 목재의 강도 중 가장 큰 것은? (단, 섬유에 평행한 가력방향 임)

① 인장강도   ② 휨강도
③ 압축강도   ④ 전단강도

해설 목재의 강도
1) 목재강도의 크기순서
   인장강도 〉 휨강도 〉 압축강도 〉 전단강도
2) 목재의 강도에 영향을 주는 요인
   ① **비중** : 비중이 클수록 강도가 크다.
   ② **함수율** : 함수율과 강도는 반비례하며, 섬유포화점 이상의 함수상태에서는 함수율이 변화해도 강도는 일정하다.
   ③ **홈** : 홈이 있으면 강도가 매우 떨어진다.
   ④ **목재수종** : 목재수종에 따라 강도가 큰 것이 있고 작은 것이 있다.

74 미장공사에서 바탕청소를 하는 가장 주된 목적은?

① 바름층의 경화 및 건조촉진
② 바탕층의 강도증진
③ 바름층과의 접착력 향상
④ 바름층의 강도증진

해설 미장공사시 바탕청소를 하는 주된 목적 : 바름층과의 접착력 향상

> **길잡이** 미장 바탕면의 요구조건
> 1) 바름층과 유해한 화학반응을 하지 않을 것
> 2) 바름층을 지지하는 데 필요한 접착강도를 얻을 수 있을 것
> 3) 바름층보다 강도, 강성이 클 것
> 4) 바름층의 경화, 건조를 방해하지 않을 것

75 KS L 5201에 따른 1종 보통 포틀랜드 시멘트의 28일 압축강도 기준으로 옳은 것은?

① 10MPa 이상
② 12.5MPa 이상
③ 22.5MPa 이상
④ 42.5MPa 이상

해설 1종 보통포틀랜드시멘트의 28일 압축강도 : 42.5MPa 이상

■ 정답 ■   71.③   72.②   73.①   74.③   75.④

76 경량콘크리트 제작에 사용되는 골재와 거리가 먼 것은?

① 펄라이트 ② 화산암
③ 중정석   ④ 팽창질석

해설 중정석 : 중량콘크리트용 골재

77 강의 열처리란 금속재료에 필요한 성질을 주기 위하여 가열 또는 냉각하는 조작을 말하는데 다음 중 강의 열처리 방법에 해당하지 않는 것은?

① 늘림   ② 불림
③ 풀림   ④ 뜨임질

해설 강의 열처리 방법
① **풀림** : 강을 800~1,000℃로 가열 후 로속에서 서서히 냉각시키는 방법
② **불림** : 강을 800~1,000℃로 가열 후 대기중에서 냉각시키는 방식
③ **담금질** : 강을 가열한 후 물 또는 기름속에서 급랭시키는 방식
④ **뜨임질** : 불림·담금질한 강을 200~600℃로 가열한 후 공기중에서 냉각시키는 방법

78 콘크리트용 골재에 관한 설명 중 옳지 않은 것은?

① 골재는 시멘트 페이스트와의 부착이 강한 표면구조를 가져야 한다.
② 부순골재는 실적률이 크고 콘크리트에 사용될 때 워커빌리티가 좋아진다.
③ 골재의 강도는 경화 시멘트 페이스트의 강도이상이어야 한다.
④ 골재는 비중이 작은 것일수록 공극과 내부 균열이 많다.

해설 부순골재(쇄석)는 모래나 자갈보다 실적률이 작고 콘크리트에 사용될 때 워커빌리티도 나빠진다.

79 천연수지·합성수지 또는 역청질 등을 건성유와 같이 열반응시켜 건조제를 넣고 용제에 녹인 것은?

① 유성페인트 ② 래커
③ 바니쉬   ④ 에나멜 페인트

해설
1) **유성페인트** : 보일유와 안료에 용제 및 희석제, 건조제 등을 혼합시켜 만든다.
2) **래커(lacguer)** : 섬유소나 합성수지 용액에 수지, 가소제, 안료 등을 섞은 도료이다.
3) **바니쉬(Vernis)** : 본문설명
4) **에나멜 페인트(enamel paint)** : 전색제로 유성바니시나 중합유에 안료를 섞어서 만들며 통상 에나멜이라고 한다.

80 시멘트 모르타르 바름의 작업성이나 부착력 향상을 위해 첨가하는 혼화제에 속하지 않는 것은?

① 메틸 셀룰로스(CMC)
② 합성수지에멀션
③ 고무계 라텍스
④ 에폭시수지

해설 작업성이나 부착력 향상을 위한 혼화제
1) 메틸 셀룰로스(CMC)
2) 합성수지에멀션
3) 고무계 라텍스

제5과목 / 건설안전기술

81 핸드 브레이커 취급 시 안전에 관한 유의사항으로 옳지 않은 것은?

① 기본적으로 현장 정리가 잘되어 있어야 한다.
② 작업 자세는 항상 하향 45°방향으로 유지하여야 한다.
③ 작업 전 기계에 대한 점검을 철저히 한다.
④ 호스의 교차 및 꼬임여부를 점검하여야 한다.

해설 핸드 브레이커 작업 자세 : 하향 90°방향으로 유지할 것

82 강관틀비계의 높이가 20m를 초과하는 경우 주틀간의 간격은 최대 얼마 이하로 사용해야 하는가?

① 1.0m
② 1.5m
③ 1.8m
④ 2.0m

해설 강관틀비계
1) 비계기둥의 밑둥에는 밑받침 철물을 사용하여야 하며 밑받침에 고저차(高低差)가 있는 경우에는 조절형 밑받침 철물을 사용하여 각각의 강관틀비계가 항상 수평 및 수직을 유지하도록 할 것
2) 높이가 20m를 초과하거나 중량물의 적재를 수반하는 작업을 할 경우에는 주틀간의 간격을 1.8m 이하로 할 것
3) 주틀 간에 교차 가새를 설치하고 최상층 및 5층 이내마다 수평재를 설치할 것
4) 수직방향으로 6m, 수평방향으로 8m 이내마다 벽이음을 할 것
5) 길이가 띠장 방향으로 4m 이하이고 높이가 10m를 초과하는 경우에는 10m 이내마다 띠장 방향으로 버팀기둥을 설치할 것

83 가설통로를 설치하는 경우 준수해야 할 기준으로 옳지 않은 것은?

① 경사는 45° 이하로 할 것
② 경사가 15°를 초과하는 경우에는 미끄러지지 아니하는 구조로 할 것
③ 추락할 위험이 있는 장소에는 안전난간을 설치할 것
④ 수직갱에 가설된 통로의 길이가 15m 이상인 경우에는 10m 이내마다 계단참을 설치할 것

해설 가설통로의 구조(가설통로 설치시 준수사항)
1) 견고한 구조로 할 것
2) 경사는 30도 이하로 할 것 다만, 계단을 설치하거나 높이 2미터 미만의 가설통로로서 튼튼한 손잡이를 설치한 경우에는 그러하지 아니하다.
3) 경사가 15도를 초과하는 경우에는 미끄러지지 아니하는 구조로 할 것
4) 추락할 위험이 있는 장소에는 안전난간을 설치할 것. 다만, 작업상 부득이한 경우에는 필요한 부분만 임시로 해체할 수 있다.
5) 수직갱에 가설된 통로의 길이가 15m 이상인 경우에는 10m 이내마다 계단참을 설치할 것
6) 건설공사에 사용하는 높이 8m 이상인 비계다리에는 7m이내마다 계단참을 설치할 것

84 철골작업을 중지하여야 하는 제한 기준에 해당되지 않는 것은?

① 풍속이 초당 10m 이상인 경우
② 강우량이 시간당 1mm 이상인 경우
③ 강설량이 시간당 1cm 이상인 경우
④ 소음이 65dB 이상인 경우

해설 철골작업을 중지해야 하는 기상조건
1) 풍속이 10m/sec 이상인 경우
2) 강우량이 1mm/hr 이상인 경우
3) 강설량이 1cm/hr 이상인 경우

■ 정답 ■ 81.② 82.③ 83.① 84.④

85 유한사면에서 사면기울기가 비교적 완만한 점성토에서 주로 발생되는 사면파괴의 형태는?

① 저부파괴　　② 사면선단파괴
③ 사면내파괴　④ 국부전단파괴

86 산업안전보건관리비 중 안전시설비 등의 항목에서 사용가능한 내역은?

① 외부인 출입금지, 공사장 경계표시를 위한 가설울타리
② 비계·통로·계단에 추가 설치하는 추락방지용 안전난간
③ 절토부 및 성토부 등의 토사유실 방지를 위한 설비
④ 공사 목적물의 품질 확보 또는 건설장비 자체의 운행 감시, 공사 진척상황 확인, 방범 등의 목적을 가진 CCTV 등 감시용 장비

[해설] 원활한 공사 수행을 위한 가설시설, 장치, 도구, 자재 등(안전시설비 등의 항목에서 사용불가내역)
  1) 외부인 출입금지, 공사장 경계표시를 위한 가설울타리
  2) 각종 비계, 작업발판, 가설계단·통로, 사다리 등
    ① 안전발판, 안전통로, 안전계단 등과 같이 명칭에 관계없이 공사 수행에 필요한 가시설들은 사용 불가
    ② 다만, 비계·통로·계단에 추가 설치하는 추락방지용 안전난간, 사다리 전도방지장치, 틀비계에 별도로 설치하는 안전난간·사다리, 통로의 낙하물방호선반 등은 사용 가능
  3) 절토부 및 성토부 등의 토사유실 방지를 위한 설비
  4) 작업장 간 상호 연락, 작업 상황 파악 등 통신수단으로 활용되는 통신시설·설비
  5) 공사 목적물의 품질 확보 또는 건설장비 자체의 운행 감시, 공사 진척상황 확인, 방법 등의 목적을 가진 CCTV 등 감시용 장비

87 흙막이지보공을 설치하였을 때 정기적으로 점검하고 이상을 발견하면 즉시 보수하여야 하는 사항으로 거리가 먼 것은?

① 부재의 손상 변형, 부식, 변위 및 탈락의 유무와 상태
② 부재의 접속부, 부착부 및 교차부의 상태
③ 침하의 정도
④ 발판의 지지 상태

[해설] 흙막이지보공 설치시 붕괴 등의 위험방지를 위한 정기점검사항
  1) 부재의 손상·변형·부식·변위 및 탈락의 유무와 상태
  2) 버팀대의 긴압의 정도
  3) 부재의 접속부·부착부 및 교차부의 상태
  4) 침하의 정도

88 콘크리트 타설용 거푸집에 작용하는 외력 중 연직방향 하중이 아닌 것은?

① 고정하중　② 충격하중
③ 작업하중　④ 풍하중

[해설] 거푸집의 연직방향 하중(W) 산정식
W= 고정하중+충격하중+작업하중
　　$= (r \cdot t) + (1/2r \cdot t) + 150\text{kg/m}^2$
여기서, r : 철근콘크리트 비중(kg/m^3)
　　　　t : 슬래브 두께(m)
  1) 고정하중 : 콘크리트 자중(=철근콘크리트 비중×슬래브 두께)
  2) 충격하중 : 고정하중×1.2
  3) 작업하중 : 작업원 중량+장비 및 가설설비의 등의 중량=150kg/m^2

89 굴착이 곤란한 경우 발파가 어려운 암석의 파쇄굴착 또는 암석제거에 적합한 장비는?

① 리퍼　　② 스크레이퍼
③ 롤러　　④ 드래그라인

[해설] 리퍼(ripper) : 암석 파쇄 공구

■ 정답 ■　85.①　86.②　87.④　88.④　89.①

90 추락방지망의 달기로프를 지지점에 부착할 때 지지점의 간격이 1.5m인 경우 지지점의 강도는 최소 얼마 이상이어야 하는가?

① 200kg ② 300kg
③ 400kg ④ 500kg

해설 방망 지지점의 강도(F : 외력)
F=200B
=200×1.5=300kg
여기서, B : 지지점의 간격(m)

91 추락방지용 방망을 구성하는 그물코의 모양과 크기로 옳은 것은?

① 원형 또는 사각으로서 그 크기는 10cm 이하이어야 한다.
② 원형 또는 사각으로서 그 크기는 20cm 이하이어야 한다.
③ 사각 또는 마름모로서 그 크기는 10cm 이하이어야 한다.
④ 사각 또는 마름모로서 그 크기는 20cm 이하이어야 한다.

해설 방망의 구조 및 치수(표준안전작업지침) : 방망은 망, 테두리 로프, 달기 로프, 시험용사로 구성되어진 것으로서 각 부분은 다음 각 호에 정하는 바에 적합하여야 한다.
1) 소재 : 합성섬유 또는 그 이상의 물리적 성질을 갖는 것이어야 한다.
2) 그물코 : 사각 또는 마름모로서 그 크기는 10cm 이하이어야 한다.
3) 방망의 종류 : 매듭방망으로서 매듭은 원칙적으로 단 매듭을 한다.
4) 테두리 로프와 방망의 재봉 : 테두리 로프는 각 그물코를 관통시키고 서로 중복됨이 없이 재봉사로 결속한다.
5) 테두리 로프 상호의 접합 : 테두리 로프를 중간에서 결속하는 경우는 충분한 강도를 갖도록 한다.
6) 달기 로프의 결속 : 달기 로프는 3회 이상 엮어 묶는 방법 또는 이와 동등 이상의 강도를 갖는 방법으로 테두리 로프에 결속하여야 한다.

92 흙막이 가시설의 버팀대(Strut)의 변형을 측정하는 계측기에 해당하는 것은?

① Water level meter
② strain gauge
③ Piezometer
④ Load cell

해설 굴착공사에 사용되는 계측기기의 계측내용(계측기기 설치목적)
1) 변형계(strain gauge) : 흙막이벽의 변형과 응력을 측정
2) 간극수압계(piezometer) : 지하수의 수압을 측정
3) 수위계(water level meter) : 지반내 지하수위 변화를 측정
4) 경사계(inclinometer) : 흙막이벽의 수평변위(변형) 측정
5) 하중계(load cell) : 버팀보(지주) 또는 어스앵커(earth anchor) 등의 실제 축하중 변화상태를 측정(부재의 안전상태를 파악하는 기기)

93 지반조사의 방법 중 지반을 강관으로 천공하고 토사를 채취 후 여러 가지 시험을 시행하여 지반의 토질 분포, 흙의 층상과 구성 등을 알 수 있는 것은?

① 보링 ② 표준관입시험
③ 베인테스트 ④ 평판재하시험

해설 보링(boring)
1) 보링 : 지하에 깊게 작은 구멍을 뚫어 깊이에 따른 토질의 시료를 채취하여 그에 따라 지층의 상태를 판단하는 방법이다.
2) 종류
① 기계식 보링 : 수세식 보링, 충격식 보링, 회전식 보링(가장 정확한 방법)
② 오우거 보링(Auger boring) : 인력으로 간단하게 실시하는 방법

■ 정답 ■ 90.② 91.③ 92.② 93.①

94 유해위험방지계획서를 제출해야 하는 공사의 기준으로 옳지 않은 것은?

① 최대 지간길이 30m 이상인 교량 건설등 공사
② 깊이 10m 이상인 굴착공사
③ 터널 건설등의 공사
④ 다목적댐, 발전용댐 및 저수용량 2천만톤 이상의 용수 전용 댐, 지방상수도 전용 댐 건설등의 공사

해설 유해·위험 방지 계획서 제출 대상 공사(건설업)
1) 지상 높이가 31m 이상인 건축물 또는 인공구조물, 연면적 3만m² 이상인 건축물 또는 연면적 5천m² 이상의 문화 및 집회시설(전시장·동물원·식물원은 제외)·판매시설·운수시설(고속철도의 역사 및 집배송시설은 제외)·종교시설·의료시설 중 종합병원·숙박시설 중 관광숙박시설 또는 지하도상가 또는 냉동·냉장창고시설의 건설·개조 또는 해체공사
2) 연면적 5천m² 이상의 냉동·냉장창고시설이 설비 공사 및 단열공사
3) 최대지간 길이가 50m 이상인 교량건설 등 공사
4) 터널건설 등의 공사
5) 다목적댐, 발전용댐 및 저수용량 2천만톤 이상의 용수전용댐, 지방상수도 전용댐 건설 등의 공사
6) 깊이 10m 이상인 굴착공사

95 사다리식 통로 등을 설치하는 경우 준수해야 할 기준으로 옳지 않은 것은?

① 접이식 사다리 기둥은 사용 시 접혀지거나 펼쳐지지 않도록 철물 등을 사용하여 견고하게 조치할 것
② 발판과 벽과의 사이는 25cm 이상의 간격을 유지할 것
③ 폭은 30cm 이상으로 할 것
④ 사다리식 통로의 길이가 10m 이상인 경우에는 5m 이내마다 계단참을 설치할 것

해설 사다리식 통로의 설치기준
1) 견고한 구조로 할 것
2) 심한 손상·부식 등이 없는 재료를 사용할 것
3) 발판의 간격은 일정하게 할 것
4) 발판과 벽과의 사이는 15cm 이상의 간격을 유지할 것
5) 폭은 30cm 이상으로 할 것
6) 사다리가 넘어지거나 미끄러지는 것을 방지하기 위한 조치를 할 것
7) 사다리의 상단은 걸쳐놓은 지점으로부터 60cm 이상 올라가도록 할 것
8) 사다리식 통로의 길이가 10m 이상인 경우에는 5m 이내마다 계단참을 설치할 것
9) 사다리식 통로의 기울기는 75° 이하로 할 것. 다만, 고정식 사다리식 통로의 기울기는 90° 이하로 하되, 그 높이가 7m 이상인 경우에는 바닥으로부터 높이가 2.5m 되는 지점부터 등받이울을 설치할 것
10) 접이식 사다리 기둥은 사용 시 접혀지거나 펼쳐지지 않도록 철물 등을 사용하여 견고하게 조치할 것

96 중량물의 취급작업 시 근로자의 위험을 방지하기 위하여 사전에 작성하여야 하는 작업계획서 내용에 해당되지 않는 것은?

① 추락위험을 예방할 수 있는 안전대책
② 낙하위험을 예방할 수 있는 안전대책
③ 전도위험을 예방할 수 있는 안전대책
④ 침수위험을 예방할 수 있는 안전대책

해설 중량물 취급 작업시 작업계획의 작성내용
1) 추락위험을 예방할 수 있는 안전대책
2) 낙하위험을 예방할 수 있는 안전대책
3) 전도위험을 예방할 수 있는 안전대책
4) 협착위험을 예방할 수 있는 안전대책
5) 붕괴위험을 예방할 수 있는 안전대책

■ 정답 ■ 97.① 95.② 96.④

97 화물을 적재하는 경우에 준수하여야 하는 사항으로 옳지 않은 것은?

① 침하 우려가 없는 튼튼한 기반 위에 적재할 것
② 건물의 칸막이나 벽 등이 화물의 압력에 견딜 만큼의 강도를 지니지 아니한 경우에는 칸막이나 벽에 기대어 적재하지 않도록 할 것
③ 불안정할 정도로 높이 쌓아 올리지 말 것
④ 편하중이 발생하도록 쌓아 적재효율을 높일 것

해설 ④항, 편하중이 발생하지 않도록 적재할 것

98 철골공사에서 용접작업을 실시함에 있어 전격예방을 위한 안전조치 중 옳지 않은 것은?

① 전격방지를 위해 자동전격방지기를 설치한다.
② 우천, 강설시에는 야외작업을 중단한다.
③ 개로 전압이 낮은 교류 용접기는 사용하지 않는다.
④ 절연 홀더(Holder)를 사용한다.

해설 ③항, 개로 전압이 낮은 교류용접기를 사용한다.

99 타워크레인의 운전작업을 중지하여야 하는 순간풍속기준으로 옳은 것은?

① 초당 10m 초과
② 초당 12m 초과
③ 초당 15m 초과
④ 초당 20m 초과

해설 강풍시 타워크레인의 작업제한
1) 순간풍속이 매초당 10m를 초과하는 경우 : 타워크레인의 설치·수리·점검 또는 해체 작업을 중지할 것
2) 순간풍속이 매초당 15m를 초과하는 경우 : 타워크레인의 운전작업을 중지할 것

100 말비계를 조립하여 사용하는 경우의 준수사항으로 옳지 않은 것은?

① 지주부재의 하단에는 미끄럼 방지장치를 할 것
② 지주부재와 수평면과의 기울기는 85°이하로 할 것
③ 말비계의 높이가 2m를 초과할 경우에는 작업발판의 폭을 40cm 이상으로 할 것
④ 지주부재와 지주부재 사이를 고정시키는 부조부재를 설치할 것

해설 ②항, 지주부재와 수평면과의 기울기는 75°이하로 할 것

■ 정답 ■ 97.④ 98.③ 99.③ 100.②

건설안전산업기사 필기
11개년 과년도 [2026]

초판 1쇄 발행　2020년 01월 10일
초판 2쇄 발행　2021년 01월 20일
초판 3쇄 발행　2022년 01월 20일
초판 4쇄 발행　2023년 01월 20일
초판 5쇄 발행　2024년 01월 10일
초판 6쇄 발행　2025년 01월 10일
초판 7쇄 발행　2026년 01월 20일

지은이 | 경국현
펴낸이 | 이주연
펴낸곳 | **명인북스**
등　록 | 제 409-2021-000031호

주　소 | 인천시 서구 완정로65번안길 10, 114동 605호
전　화 | 032-565-7338
팩　스 | 032-565-7348
E-mail | phy4029@naver.com
정　가 | 42,000원

ISBN 979-11-94269-20-5 (13530)

이 책은 저작권법에 따라 보호받는 저작물이므로 무단 전재와 무단 복제를 금합니다.
※ 파본은 구입하신 서점에서 교환해 드립니다.